Introduction to

Game Design, Prototyping, and Development:

From Concept to Playable Game with Unity and C#, 2nd Edition

游戏设计、原型与开发

基于Unity与C#从构思到实现

（第2版）

[美] **Jeremy Gibson Bond** 著

姚待艳 刘思嘉 张一淼 译

電子工業出版社

Publishing House of Electronics Industry

北京•BEIJING

内 容 简 介

这是一本将游戏设计理论、原型开发方法以及编程技术巧妙结合在一起的书，目的是填补游戏设计与编程开发之间的缺口，将两者联系起来。随着 Unity 游戏开发技术日趋成熟，游戏设计师把自己的想法转换为数字原型已变得极为重要。书中汇集了国际知名游戏设计专家——Jeremy Gibson Bond 在北美地区颇具盛名的游戏设计课程的教学经验，整合了成为成功游戏设计师和原型设计师所需要的相关技能与知识，能够有效帮助读者熟练运用 Unity 进行原型开发与游戏设计，并且借助 C#实行游戏编程。

游戏制作是一门手艺，是很多人的梦想，但其创意、设计、原型和开发等重重困难也时常令人望而却步。当你徘徊在游戏制作的门前手足无措时，这本书可以从理论和实践两方面帮你打下牢固的基础。翻开这本书，跟随其中的指引冲破阻碍，也许创造下一个经典游戏的就是你！

图书在版编目（CIP）数据

游戏设计、原型与开发：基于 Unity 与 C#从构思到实现：第 2 版 /（美）杰里米 · 吉布森 · 邦德（Jeremy Gibson Bond）著；姚待艳，刘思嘉，张一淼译. —北京：电子工业出版社，2020.6

书名原文：Introduction to Game Design, Prototyping, and Development: From Concept to Playable Game with Unity and C#, 2nd Edition

ISBN 978-7-121-38981-8

Ⅰ. ①游… Ⅱ. ①杰… ②姚… ③刘… ④张… Ⅲ.①游戏程序－程序设计 Ⅳ. ①TP317.6

中国版本图书馆 CIP 数据核字(2020)第 075877 号

责任编辑：牛　勇
文字编辑：孔祥飞
印　　刷：北京捷迅佳彩印刷有限公司
装　　订：北京捷迅佳彩印刷有限公司
出版发行：电子工业出版社
　　　　　北京市海淀区万寿路 173 信箱　　邮编：100036
开　　本：787×1092　1/16　印张：49.75　字数：1239 千字
版　　次：2017 年 5 月第 1 版
　　　　　2020 年 6 月第 2 版
印　　次：2025 年 4 月第 14 次印刷
定　　价：188.00 元

凡所购买电子工业出版社图书有缺损问题，请向购买书店调换。若书店售缺，请与本社发行部联系，联系及邮购电话：（010）88254888，88258888。

质量投诉请发邮件至 zlts@phei.com.cn，盗版侵权举报请发邮件至 dbqq@phei.com.cn。

本书咨询联系方式：010-51260888-819，faq@phei.com.cn。

译者序

让我直截了当地告诉你，你是否需要这本书，以及为什么需要它吧。

在你手中的这本书，前半部分为游戏的理论框架和实用技巧，后半部分为 Unity 开发实践。本书作者的思路根植于当今欧美游戏教学的成熟体系，并且更注重实践。如果你与作者一样，把游戏看作一门手艺，或者看成一门武功，那么前者是内功真气，后者则是武学招法。至于学游戏的最好途径，很多游戏设计书中都提过要亲手做游戏，这恰恰是体现本书价值的地方。

如果你已经是一名富有经验的游戏设计师，本书可能有些“基本”，甚至有些内容与你的经验不同，但你仍可发现许多真知灼见，得遇知音。但是如果你对游戏开发有兴趣，刚要入门或者打算入门，我可以说这本书是绝好的入口，其不仅手把手带你走过“万事开头难”的部分，还能防止你误入歧途。

游戏制作称得上是这世界上最复杂的事情之一，当你站在它的门口手足无措时，本书可以从理论和实践两方面帮你打下牢固的基础。就像做画作的要用小样展示自己的构思，设计师也需要通过游戏原型表达自己的想法。而本书明智地采用了 Unity，是目前在专业性和易上手之间极其平衡的选择。

以本书为基础，你可以继续在游戏理论框架里深入探索各个细分领域，或者试试其他游戏引擎和编程语言，找到适合自己的游戏设计、开发或编程的成功之路，最后成就自己的梦想，开创自己的游戏。总而言之，你可以把本书看作游戏设计师的入门之径，成功的指南。

由于水平有限，疏漏之处在所难免，还请广大读者和专家指正。

最后，作为行业中的一员，我很欣慰地看到国内的游戏业就要结束野蛮生长，进入以质取胜的阶段。学习欧美同行这些年“真金白银”的积累，在我看来是在这条路上需要踏出的第一步。

刘思嘉

序

我认为尽管游戏设计师和教师的外在不尽相同，但其内在是一样的，许多优秀游戏设计师拥有的技能，优秀教师也具备。你可能遇到过这样的教师，用谜题和故事让全班同学着迷；或是展示一些容易入门，但又难以精通的技能；或在不知不觉中巧妙地帮你梳理脑中零散的信息碎片，直到有一天可以看着你做出你自己都意想不到的杰作。

我们的电子游戏设计师花费大量的时间教人们玩游戏的技巧，还要让他们乐在其中。不过游戏设计师并不想让人感觉是在教他们，通常最好的游戏教学看起来像是惊奇冒险的开始。我曾有幸在屡获殊荣的顽皮狗（Naughty Dog）工作室工作了八年，以主/副设计师的身份参与制作了《神秘海域》（*Uncharted*）系列的三部 PS3 游戏。工作室的所有人都非常喜欢《神秘海域 2：纵横四海》（*Uncharted 2: Among Thieves*）的开场。在玩家精神紧绷的同时，有效地教会了他们游戏的基础操作，当时我们的游戏主角内森·德雷克正在“悬崖边摇摇欲坠的火车上命悬一线”。

游戏设计师在创造虚拟冒险游戏时不断重复这个过程。比如开发类似《神秘海域》系列之类的续作游戏时，设计师要格外留意玩家刚刚学会的内容，需要以好玩的方式呈现出来，让玩家能将新技巧派上用场，同时游戏难度又不会过高，还要足够有挑战性，能让他们全神贯注。通过游戏场景、人物和物体的描绘、游戏发出的声音对游戏进行交互操作，让纯粹的新玩家做这些事情，难度可想而知。

现在，我作为一名教授在大学里讲授游戏设计，真切体会到了许多游戏设计技巧对我的教学非常有帮助。另外，我还发现，教学就像设计游戏一样让人满足。所以我毫不意外地发现本书的作者 Jeremy 也在游戏设计和教学方面都有天赋，不久你也会发现。

大约在十五年前，我在南加州的年度游戏开发者大会上与 Jeremy 相识，并一见如故。在游戏开发方面已经颇有建树的他，因为对游戏设计的热爱与我一拍即合。如你将在书中所见，他喜欢把游戏设计当作一门手艺、一种设计实践和新兴艺术。随后 Jeremy 回到了卡内基梅隆大学出色的娱乐科技中心继续完成研究生课程，师从 Randy Pausch 博士和 Jesse Schell 等梦想家。数年来，Jeremy 一直和我保持联系。最终，我得知其成为了 USC（南加州大学）的游戏分部——电影艺术学院互动媒体游戏部的一名教授，也是我现在任教的地方。

事实上，他在 USC 任教时，我作为他的学生得以深入地了解他。为了取得在 USC 游戏创新实验室进行研究的必要技能，我上了 Jeremy 的一门课程，他让我从一个只有编程基础的 Unity 新手成为了一位熟练的 C#程序员，从而能够充分运用 Unity——世界上最强大、易用且具有广泛适应性的游戏引擎之一。Jeremy 的课程不仅有 C#和 Unity 的内容，还有游戏设计和开发方面的真知灼见，从构思创意、时间管理和任务优先级，到游戏设计师利用电子表格优化游戏。修完 Jeremy 的课程后，我甚至希望能再来一次，我知道还能从中学到很多。

所以，听到 Jeremy 在写这本书时我非常高兴，当我真正读到这本书时更是喜出望外。好消息是，Jeremy 已经将所有你我想了解的内容都写在书中了。我已经从游戏业中的优秀游戏设计、制作和开发范例中学到了许多，并且很开心地告诉你，Jeremy 已经将这些最有用的制作游戏方法汇总在了这本书中。你会读到手把手的教程及代码范例，这有助于你成为更优秀的游戏设计师和开发者。虽然书中的练习案例有点复杂， 但是 Jeremy 会在一旁用浅显易懂的语言一路指引着你。

你还会在书中读到游戏历史和理论。Jeremy 不仅对游戏设计颇有研究，而且博览群书。在本书的第 I 部分，你会读到他对最先进的游戏设计方法广泛深刻的分析，并且还有他从游戏设计经验中总结出的心得体会。Jeremy 借助人类历史上与游戏相关的逸闻支持自己的理论。他不断地让你质疑自己对游戏的理解，超越主机、手柄、屏幕和音响，催生出新一代的游戏创新者。

游戏设计是一个不断重复的过程，测试作品、收到反馈、修改设计，然后改善内容。如果一名作家能够出版图书的第 2 版，那么该作家也是需要一遍遍修改内容的，Jeremy 也是这样做的。他用了一年多的时间写完了你现在拿在手里的这本书，重新浏览并修改了每一章，增加了一些游戏设计理论，而且在第III部分的游戏教程上做出了很大的改进。修改后的教程增加了步骤、指示和 Unity 新版本的内容。在第 1 版中，《太空射击》是最有用的内容之一，也是篇幅最长的，在第 2 版里它被分为两个部分，这样能让读者更容易理解。在第 2 版里将第 1 版中的两个老旧教程替换成了 *Dungeon Delver*，这是一个受到《塞尔达传说》启发的作品，同样表现了游戏原型中以内容为基础的设计的力量。我很喜欢本书的第 1 版，并推荐给了很多学生、老师和开发者。在第 2 版中能看到这些新改动我很激动，能看见这本书问世我也十分高兴。

在 2013 年 Jeremy 离开了 USC，现任教于密歇根州立大学，负责 gamedev.msu.edu 项目。我为密歇根州立大学的学生们感到庆幸，他们能够在他的引领下对游戏设计进行学习。那一年春天，当 Jeremy 参加 USC 游戏专业举办的年度 GDC 校友晚宴时，屋里充满了同学们的惊呼声和热烈的掌声，Jeremy 为人师表的成绩可见一斑。多亏了这本书，你也有幸成为他的学生之一。

游戏设计和开发的世界瞬息万变。我全身心地爱着独一无二的它，你可以成为这个奇妙世界的一员。借助在本书中学到的知识，你可以开发各种新颖的游戏原型或其他交互媒体的类型，也许能创立全新的游戏类型、表现风格、细分市场。全世界游戏设计的明日之星正在家中、学校或公司学习设计和编程，而许多人用的正是这本书。如果你好好利用这本书，跟随这里的建议并且多做练习，也许创造下一个经典游戏的就是你。

祝你好运，玩得开心！

Richard Lemarchand

USC 游戏专业副教授

互动媒体及游戏专业副主任

前言

欢迎阅读本书。笔者有多年游戏设计方面的经验，并在多所大学担任过游戏设计课程的教授，其中包括密歇根州立大学的媒体和信息系，以及南加州大学的互动媒体及游戏专业，本书便是基于笔者多年的专业经验编写而成的。

本前言主要介绍本书的写作目的、内容以及使用方法。

本书的写作目的

本书的写作目的非常明确：提供读者成为成功游戏设计师和原型设计师所需要的工具和知识，笔者尽可能地将所有的相关知识和技能都纳入了本书。与其他教程类的书籍不同的是，本书结合了游戏设计的原则与数字开发（也就是计算机编程）内容，并将两者融入互动原型中。随着性能先进且简便易用的游戏开发引擎的出现（比如 Unity），原型构建正变得前所未有的简单。而且，学会原型开发也有助于你成为一名更优秀的游戏设计师。

第Ⅰ部分：游戏设计和纸面原型

本书第Ⅰ部分介绍了游戏设计的不同理论和分析框架，这些内容在早年出版的一些书籍里均有涉及。本部分介绍了一种将这些理论结合并拓展的方法——四元分层法。四元分层法探究了与互动体验设计相关的决策内容。本部分同时含有不同游戏设计原则及其挑战难度，阐述了纸面原型的设计过程、游戏测试和迭代设计。这些具体的信息和知识将有助于你成为合格的设计师，有效的项目和时间管理策略将帮助你管理好自己的开发项目。

第Ⅱ部分：数字原型

本书第Ⅱ部分介绍了编程的内容。该部分基于笔者作为教授多年为零基础的学生授课的经验，笔者在课堂上也使用这些内容教导学生如何利用数字编程表达自己游戏设计的理念。如果你此前没有学过任何编程或开发的相关知识，也没有任何经验的话，那么第Ⅱ部分的内容就是为你量身定做的。如果你此前有过一定的编程经验，那么你也可以学到编程的几个小窍门，了解到一些不同的编程方法。第Ⅱ部分囊括了 C#的基础内容及类继承和面向对象编程。

第Ⅲ部分：游戏原型实例和教程

本书第Ⅲ部分围绕多种风格迥异的原型实例教程展开，你能学习到不同类型游戏的开发方法。该部分内容的主要目的是，通过展示不同类型游戏的开发方式，展现开发游戏原型的最佳办法，并且这些知识为你将来的工作打下了良好的基础。市场上其他图书多数只介绍一种类型的教程，篇幅长达上百页。相比之下，本书的教程种类繁多，短小精悍。虽然没有那些书籍的单个教程内容详尽，但是笔者认为学习多种不同类型的教程更有助于读者将来自己开发项目。

第Ⅳ部分：附录

本书包含了一些很重要的附录内容，值得在这里提一下。笔者将书中多次提及的信息，以及笔者认为读者阅读后有可能想要再次查阅的内容放在了附录，因此本书的附录并不是通篇为重复的内容，也不需要你翻阅不同章节查找。附录 A 是运用 Unity 创建游戏项目的步骤。附录 B 是篇幅最长的附录，虽然该附录的名字十分平庸，但是笔者认为你以后会经常查阅这部分的知识。附录 B“实用概念”里集合了笔者在游戏原型开发中经常使用的技术和策略。

其他书籍

作为设计师很重要的一点是要了解前人的成就。市面上有很多关于游戏和游戏设计的书籍，下面列出的是对笔者在游戏设计上的思考和在设计过程中影响最大的书籍。在本书中，你会发现笔者多次提到下面的内容，如果可能的话，也推荐你看一看。

Game Design Workshop

最初由 Tracy Fullerton、Chris Swain 和 Steven S. Hoffman 执笔的 *Game Design Workshop* 现在已经发行第 3 版了。这本书有很多关于游戏设计的内容，基于 Tracy 和 Chris 在南加州大学讲授的课程创作（也是笔者在 2009 到 2013 年讲授的课程）。南加州大学的互动媒体及游戏硕士专业在北美游戏设计领域几乎年年排行第一，*Game Design Workshop* 一书也是该专业能有所成就的基础之一。此书中文版为《游戏设计梦工厂》，由电子工业出版社出版。

与其他讲述游戏理论的书籍不同，Tracy 的书更强调提高开发者技术。很久以前笔者就学过这本书（甚至早于笔者在南加州大学任教）。如果你能把书中所有的练习完成，那么最后一定能创作一个优秀的游戏。

The Art of Game Design A Book of Lenses

Jesse Schell 是笔者在美国卡内基梅隆大学学习时的教授之一，曾多年在 Walt Disney Imagineering 设计主题公园。Jesse 的书深受许多开发者的喜爱，因为这本书将游戏设计看作一个学科，并从 100 种不同视角透彻分析。此书内容通俗易懂且包含了很多笔者没有写到的话题。此书中文版为《游戏设计艺术》，由电子工业出版社出版。

The Grasshopper

Bernard Suits 的书并不完全关于游戏设计内容，更多的是对游戏定义理解的拓展。此书以苏格拉底问答模式呈现，对游戏的定义追溯至 Grasshopper（伊索寓言中的 *The Ant and the Grasshopper*），他的学生后来尝试评价和理解这个定义。此书还对游戏的社会地位进行了探讨。

Level Up! The Guide to Great Video Game Design

Scott Rogers 将多年的游戏开发经验凝聚成一本有趣、实用且浅显易懂的作品。笔者和他一起讲授一门课程时用的就是这本教材。Rogers 也是一名漫画艺术家，他的书充满了幽默和实用的图解，清晰讲解了每个设计概念。

Imaginary Games

Chris Bateman 在这本书中提出游戏是一个学术性研究的合法媒介，并谈到学术、实际及哲学方面的内容，其中对 Johan Huizinga 的 *Homo Ludens*、Roger Caillois 的 *Man, Play, and Games* 以及 Mary Midgley 的 *The Game* 等书的见解十分独到。

Game Programming Patterns

这本书适合中级水平的游戏开发者。Robert Nystrom 在此书中提出了在大多数游戏开发中实用的软件开发模式（最初是在 *Design Patterns: Ele ments of Reusable Object-Oriented Software* 一书中提出）。如果你有一些游戏编程经验，那么应该看一看这本书。书中的例子都是围绕伪代码的，与 C++相似，如果你了解 C#就不会太难理解。

Game Design Theory

在这本书中，Keith Burgun 指出了他所认为的当今游戏设计和开发中的缺陷，并提出了对游戏的定义，比 Suits 的理论范围更小。Burgun 创作此书是为了刺激对游戏设计理论的探讨并推动游戏设计理论的发展。虽然全篇大部分内容语气消极，但是 Burgun 提出了很多有趣的观点，这让笔者对游戏设计有了更深刻的个人见解。

数字原型：Unity 和 C#

本书提到的所有电子游戏实例均基于游戏引擎 Unity 和 C#语言。笔者在讲授电子游戏开发和互动体验课程上有十多年的经验，在笔者看来，目前为止 Unity 是学习游戏开发的最佳工具，C#语言则最适合原型设计师学习。虽然现在也有一些开发工具不需要使用者具备任何编程技术（比如 Game Maker 和 Construct 2），但是 Unity 的资源包更灵活多变，并且基本上都是免费的（Unity 的免费版本包含付费版本的大多数功能，本书通篇用到的 Unity 功能也都是免费版本的）。很多工作室会用 Unreal，但是 Unreal 的内容不是太简单就是太难。如果你真的想学习游戏编程，那么 Unity 是你的最佳选择。

同样，有一些编程语言要比 C#语言更容易使用。过去笔者教过学生 ActionScript 和 JavaScript，但这么长时间以来 C#的灵活性和强大的功能一直让笔者印象深刻。学习 C#不仅是学习简单的编程知识，更是学习编程的方法。JavaScript 对使用者在编程时的严谨性要求不高，可笔者发现这实际上会减慢开发的速度。C#在这方面则要严格得多（通过强类型变量等内容），这不仅有助于使用者成为更出色的程序员，同时也会提升编程速度（比如强类型提供代码自动完成的提示，让使用者更快速、更准确地编程）。

本书面向的受众群体

市面上有很多关于游戏设计的书籍，也有很多关于编程的图书。本书的宗旨就是填补游戏设计和编程之间的缺口，将两者联系起来。随着像 Unity 的游戏开发技术趋于成熟，游戏设计师把自己的想法转换为数字原型就变得极为重要。本书能帮助你：

- **如果你有兴趣致力于游戏设计领域，但是从未学过编程**，那么本书是你的合适选择。**第 I 部分**介绍几种不同的游戏设计理论，以及探索设计理念和方法。**第 II 部分**主要教零基础的读者学习编程，使其了解面向对象的体系。自从笔者担任大学教授以来，主讲的课程主要都是面向没有编程基础的学生。笔者将自己的所有教学经验提炼浓缩至第 II 部分内容中。**第 III 部分**阐述了不同游戏类型的游戏原型开发方法，每一种方法都能快速地把概念转变成数字原型。本书的附录列举了游戏开发和编程的概念，提供了扩展学习的资源。附录 B“实用概念”里有很多深入探究的内容，接下来的很多年里你也会经常用到这部分内容。
- **如果你有过编程经验，同时对游戏设计感兴趣**，那么本书第 I 部分和第 III 部分对你最有用。**第 I 部分**介绍几种不同的游戏设计理论以及探索设计理念和方法。**第 II 部分**介绍 C#语言，以及如何在 Unity 环境中运用 C#，你可以跳过这部分内容。如果你熟悉其他编程语言，那么就会发现 C#和 C++很相似，同时带有 Java 的一些高级功能。**第 III 部分**阐述了不同游戏类型的游戏原型开发方法。用 Unity 开发游戏和用其他游戏引擎开发游戏截然不同，因为许多元素都是在编程外进行设计的。本书中举出的每一种原型实例都适合用在 Unity 上，并且开发速度都很快。你应该仔细阅读附录 B，该附录包含了不同 Unity 开发概念的详细信息和内容，值得翻阅查看。

本书约定

本书设计了很多特殊的版式内容，让你更容易理解和学习。

> **文本框**
>
> 本书将一些有用的重要信息和内容放在文本框内，与正文格式不同。

> **提示**
>
> 此类内容提供与章节内容相关的额外信息，便于你理解概念。

> **警告**
>
> 小心！此类内容是你应该避免的错误或陷阱。

> **专栏**
>
> 这里用于探讨那些对理解要点有用但却因篇幅较长需要分开展示的内容。

代码

本书中提及的代码遵守以下排版规则。

```
1 public class SampleClass {
2    public GameObject          variableOnExistingLine;          // a
3    public GameObject          variableOnNewLine;               // b
     …                                                           // c
7    void Update(){ … }                                          // d
8 }
```

a．代码经常有额外注释，在本例中，代码行右侧的//符号及后面的字母表示下文中有对应的额外说明。

b．出于某些原因，一些代码会基于前面已写过的代码扩展或者为 C#脚本中已有的代码。在这种情况下，原有的代码为普通格式，新的代码会**加粗表示**。

c．省略代码的地方（为了节省空间）笔者会打上省略号（…）。在这里笔者省略了第 4 到 6 行代码。

d．当省略前面出现过的函数时，你会看到这样的标记{ … }。

本书前两部分中的代码大多会带有行序号（如上所示）。在 MonoDevelop 中不需要输入行序号（它会自动显示）。在本书最后部分，因为代码数量多，故不再标记行序号。

若一行代码较长在本书中放不下时，笔者会在下一行用➥符号。这样告诉你在计算机中输入这些代码时，应该在一行中连续输入。

读者服务

微信扫码回复：38981

- 获取各种共享文档、线上直播、技术分享等免费资源
- 加入“游戏”读者交流群，与更多读者互动
- 获取博文视点学院在线课程、电子书 20 元代金券

作者简介

Jeremy Gibson Bond 在密歇根州立大学的媒体和信息系任教，负责游戏设计和开发的课程。在过去几十年里，该专业在游戏设计专业排行前十。从 2013 年起，Jeremy 同时担任 IndieCade 独立游戏展会的教育和发展主席以及 IndieX-change 联合主席，在 2013 年创立了 ExNinja Interactive 公司开发独立游戏项目。Jeremy 曾多次在游戏开发者大会上发表演讲。

在密歇根州立大学任教前，Jeremy 曾在密歇根大学安娜堡分校的电气工程与计算机科学系任教，讲授计算机游戏设计和软件开发课程。在 2009 年至 2013 年间，担任南加州大学电影艺术学院的互动媒体及游戏专业的助理教授，讲授游戏设计和原型开发课程。在他任职期间，该学院的游戏设计课程在北美地区首屈一指。

Jeremy于1999年取得了得克萨斯大学奥斯汀分校的广播电视电影专业的理学学士学位，于 2007 年取得了卡内基梅隆大学娱乐技术专业的硕士学位。Jeremy 曾在 Human Code 和 Frog Design 公司担任程序员和原型设计师，曾在 Great Northern Way Campus（温哥华，BC）、得克萨斯州立大学、匹兹堡艺术学院、奥斯汀社区学院、得克萨斯大学奥斯汀分校任教，并曾在迪士尼、Maxis、Electronic Arts 和 Pogo.com 等公司任职。在攻读研究生期间，Jeremy 的团队开发了游戏 *Skyrates*，荣获 2008 年独立游戏峰会的 Silver Gleemax 奖项。同时 Jeremy 也是第一位在哥斯达黎加讲授游戏设计课程的教授。

目录

第I部分

游戏设计和纸面原型

第 1 章

像设计师一样思考

你的“旅途”从此开始了。本章将介绍设计的基本理论，整本书都由此展开。在本章中，你还会遇到第一个游戏设计练习，可以进一步了解本书的基本原则。

1.1 你是一名游戏设计师

此时此刻，你是一名游戏设计师，笔者希望你大声地说出来[1]：

“我是一名游戏设计师。”

没关系。就算别人能听到你，也要大声说出来。根据心理学家罗伯特·西奥迪尼的著作《影响力》[2]所言，如果其他人听到你许诺某事，你会更有可能去实现它。所以，大胆地写在社交软件上，告诉你的朋友和家人：

“我是一名游戏设计师。”

但是，如何成为游戏设计师呢？本书将帮你回答这个问题，并且给你工具开始制作自己的游戏。让我们先从一个游戏设计练习开始。

1.2 *Bartok*：游戏练习

笔者曾在 Foundations of Digital Gaming（FDG）大会上的游戏设计工坊中，第一次看到游戏设计师 Malcolm Ryan 使用这个游戏练习。这个练习的目标是演示哪怕很简单的改动也会对游戏体验产生巨大的影响。

Bartok 与商业游戏 *Uno* 类似，是一种简单的纸牌游戏。最好的情况是与其他三名游戏设计师一起玩，不过笔者也制作了游戏的电子版，单人也可以玩。不管是纸质的还是电子版的都能实现我们的目标。[3]

---

1. 感谢笔者的前任教授 Jesse Schell 要求我在坐满同学的教室里如此公开声明。他在自己的书中也这么写过。*The Art of Game Design: A Book of Lenses*。
2. 罗伯特·西奥迪尼所著的 *Influence: The Psychology of Persuasion*。
3. 本书以及电子卡牌游戏中的卡牌图案均来自 *Vectorized Playing Cards 1.3*, Copyright 2011, Chris Aguilar. Licensed under LGPL 3。

获取电子版 *Bartok*

Bartok 的电子版可以在本书的“读者服务”中获取。

目标

第一个打光自己手中的牌。

入门指南

下面是 *Bartok* 的基本规则：

1．拿一副标准扑克牌，去掉大小王，留下 52 张牌（每种花色从 A~K 为 13 张牌）。

2．洗牌后向每个玩家发 7 张牌。

3．将其他牌的牌面朝下扣在桌上作为抽牌堆。

4．将顶部的牌抽出，正面向上放在桌上作为弃牌堆。

5．从发牌人左边的玩家开始，按顺时针方向，每个玩家如果可以出牌，必须出一张牌，如果不能出牌，该玩家必须从抽牌堆中抽一张牌（如图 1-1 所示）。

图 1-1　*Bartok* 一开始的布局：玩家可以选择打出梅花 7，梅花 J，红心 2，黑桃 2

6．如果符合下列条件，玩家可以出一张牌。

   a．玩家手牌中的花色与弃牌堆顶部的牌一致（比如顶部的牌是梅花 2，任何梅花花色的牌均可以出）。

   b．玩家手牌中的数字与弃牌堆顶部的牌一致（比如顶部的牌是梅花 2，任何数字是 2 的牌均可以出）。

7．获胜者为第一个把手牌打光的人。

试玩测试

试玩几次游戏找找感觉，记得每次都要好好洗牌。如果洗不彻底，弃牌堆常常会出现特定排列的牌，影响之后游戏的效果。

小窍门：

分块　将一组类似的牌拆散成小块的策略即为分块。在 *Bartok* 中，每次游戏结束后，牌都会变成花色或数字相同的小块。如果不把它们打散，后续游戏会结束得很快，因为更容易匹配到满足条件的牌。

根据数学家兼魔术师的 Persi Diaconis 的说法，七次鸽尾式洗牌法足以满足所有的游戏要求。不过上面这些方法应该足够应对你遇到的问题了。

如果洗牌不彻底，下面是一些洗牌的标准策略：

- 把牌分成几个不同的队列，最后一起洗牌。
- 把弃牌尽量打散，不要堆在一起。用两只手像搅水一样洗牌，多米诺骨牌通常这么洗，能帮助你打散牌的顺序。最后收集起来组成一套牌。
- 把所有的牌丢到地上，然后全部捡回来。

分析：找准问题

每次试玩后，要找到问题所在，尽管它们大多数遵循下面的基本规则，但每个游戏的问题不尽相同：

- 游戏的难度对于目标受众是否合适？太难，太简单，还是刚好？
- 游戏的结果靠运气还是策略？随机性是否占比太多，或是玩家一旦占了上风，就会锁定胜局，其他玩家难以翻盘。
- 当你的回合结束后，游戏还依然有趣吗？你是否能影响别人回合的行动，或他们的回合对你是否有直接影响？

  还有许多其他问题，但这些是最常见的。花点时间想想你的答案，把它们写下来。如果你和其他人玩实体牌，最好也让他们写出自己的答案，之后一起讨论，这样可以保证玩家间互不影响。

更改规则

你将会在本书中发现，游戏设计其实就是一个过程：

1. 逐渐修改规则，在每次测试后修改一些内容；
2. 测试新规则；
3. 分析新规则是如何影响游戏体验的；
4. 按你想要的方向设计新规则；
5. 回到步骤 1，重复这个过程，直到你满意为止。

迭代设计的过程是对游戏设计进行小幅修改，以及实现和测试，并且分析对玩法的影响，随后重新进行另一项修改。第 7 章有关于迭代设计的详细内容。

以 *Bartok* 为例，你可以试试采用下面的三种规则并试玩一下：

- **规则 1：**如果一名玩家打出数字为 2 的牌，他左边的人必须抽两张牌，不能出牌。
- **规则 2：**如果任意玩家的牌的数字和颜色（红或黑）都与顶部的牌相同，可以打出并宣布“匹配牌”，便可不按顺序立即打出。随后继续从这名玩家左边开始。这样可以跳过其他玩家的出牌回合。
- **规则 3：**一名玩家必须在只有一张牌时宣布“最后一张”。如果其他人先宣布，他必须抽两张牌（令其持牌数达到 3 张）。

从上述几条规则中选择一条并尝试几次，试玩后对照着前文四个问题写出每个人的答案。你还应该试一试其他规则（不过笔者建议一次只用一条规则）。

如果你玩的是数字版，可以利用菜单栏的复选框调整各类游戏选项。

警告

小心试玩中的运气成分　牌没洗好或者其他外界因素可能让某次游戏体验变得与众不同，这被叫作随机性，在设计随机性的游戏时要慎重做出设计决定。如果新的规则以意想不到的方式影响游戏体验，要多试玩几次确保没有随机性的干扰。

分析：回合对比

现在你已经玩过修改规则后的游戏，该去分析每回合游戏的结果了。回顾你的笔记，看看每次游戏的体验有何不同。如你所见，即使更改简单的规则也能极大地影响游戏体验。下面是一些对于之前规则修改的场景反馈：

- **原始规则：**许多玩家觉得游戏原本的规则有些无聊，没有什么有趣的选择，随着玩家打出手牌，选择的余地也会变少，在游戏后期经常只有一种选择。游戏很靠运气，玩家没有必要在意其他玩家的回合，因为没有办法互相影响。
- **规则 1：**如果一名玩家打出数字为 2 的牌，他左边的人必须抽两张牌，不能出牌。这个规则允许玩家直接影响其他人，增加了游戏趣味性。不过玩家是否能拿到数字为 2 的牌纯靠运气，而且每个人只能影响左边的玩家，不是太公平。尽管如此，还是让其他玩家的回合稍微有趣了一点，因为玩家（至少是你右手边的玩家）可以影响到他人。
- **规则 2：**如果任何玩家的牌的数字和颜色（红或黑）都与顶部的牌相同，可以打出并宣布“匹配牌”，便可不按顺序立即打出。随后继续从这名玩家左边开始。这样可以跳过其他玩家的回合。这条规则对吸引玩家注意力大有帮助，因为任何玩家都有机会打断其他玩家的回合，所以他会更留意其他人的回合。与类似规则的游戏相比，更加刺激和吸引人。

- **规则 3：**一名玩家必须在只有一张牌时宣布“最后一张”。如果其他人先宣布，他必须抽两张牌（令持牌数达到 3 张）。
  这条规则只会在游戏将要结束时生效，所以不会影响主要游戏过程，不过会影响玩家最后的行为。这条规则会引发一种有趣的紧张感，当玩家就要剩最后一张牌之前，其他人会想办法抢先说出“最后一张”。这种规则常见于一些需要打光手牌的游戏，如果领先的玩家忘记了这条规则，就给了其他玩家迎头赶上的机会。

设计你想要的游戏气质

现在你已经见识过了不同的规则对 *Bartok* 产生的影响，是时候发挥你的设计能力优化游戏了。首先，确定你想要什么样的游戏体验：想要激烈残酷或从容淡定，还是需要策略和运气？

一旦你确定了游戏的大致体验，回忆一下刚刚改过的规则，想出几条可以改进游戏体验的规则。下面是设计新规则时要注意的一些地方：

- 每次试玩时只更改一条规则。如果你每次修改多处规则，可能很难分辨每条规则对游戏的影响。保持改动足够简单，理解每条规则产生的影响。
- 改动越大，就需要更多的试玩去体会变化。如果你稍微修改，玩一两次就能搞明白。但如果大幅修改规则，就需要更多次体验，避免被游戏的随机性蒙蔽。
- 修改一个数字也会影响体验，就是很小的改动也能产生巨大的影响。设想一下，如果 *Bortok* 有两个弃牌堆或者玩家起手要抓 5 张牌而不是 7 张牌。

当然，比起数字原型，与其他人一起玩游戏时修改规则的难度要低得多。所以说纸质原型很有必要，即使你设计的是电子游戏。本书第 I 部分对两者都有涉及，不过大多数设计范例和练习都用纸质游戏完成，因为它们制作和测试起来比电子版方便多了。

1.3　游戏的定义

在进一步深入设计和迭代之前，应该先弄清楚当我们在谈论游戏和游戏设计时，到底在谈什么。许多聪明人想去定义游戏，根据时间顺序排列如下：

- Bernard Suits（滑铁卢大学的哲学教授）在他 1978 年出版的 *The Grasshopper* 书中提到“游戏是一种自愿克服不必要的障碍的活动”。
- 游戏设计传奇人物 Sid Meier 说：“游戏是一系列有趣的抉择。”
- 在《游戏设计梦工厂》（*Game Design Workshop*）中，Tracy Fullerton 定义游戏为“一个闭合有序的系统，与玩家进行有组织的冲突并以不稳定的结果消除自身的不确定性。”
- 在《游戏设计艺术》（*The Art of Game Design*）中，Jesse Schell 幽默地检验了几种游戏的定义，并最后决定“游戏是一种以娱乐的态度解决问题的活动。”
- 在 *Game Design Theory* 中，Keith Burgun 提出了一种更狭义的游戏：“玩家通过做

出模糊和自发的重要决定对抗一套规则体系。”[4]

如你所见，在某种程度上这些答案都令人信服且正确。比起每种定义，也许更重要的是体会出每位作者在尝试定义时的意图。

Bernard Suits 的定义

除了“游戏是一种自愿克服不必要的障碍的活动。”这样简短的定义，Suits 还有一种更详细的版本：

进行游戏是只利用规则允许的方法达到一种特定的状态。规则禁止高效的方式，更倾向于低效的方式，因为这让活动有意义。

贯彻全书，Suits 不断为自己的定义辩护，在读过之后，笔者可以确定地说他所定义的“游戏”更适用于日常生活中提及的游戏。

然而，要记得这个定义是在 1978 年提出的，尽管那时电子游戏和角色扮演游戏都已经存在，但 Suits 并未注意到或刻意忽略了它们。实际上，在 *The Grasshopper* 的第 9 章中，Suits 感叹没有游戏能抒发人类的情感（类似小孩子通过各类运动消磨其旺盛的精力），然而像 *Dungeons & Dragons* 这样的角色扮演游戏是可以做到的。[5]

尽管只是百密一疏，但恰恰是定义中缺失的部分：Suits 的定义精确解释了游戏的字面意思，但对设计师制作优秀的游戏没有帮助。

举例解释的话，请先玩一下 Jason Rohrer 的游戏 *Passage*（如图 1-2 所示）。[6]虽然游戏流程只有 5 分钟，但完美地展示了短小精悍的游戏也有惊人的能量。玩几次看看吧。

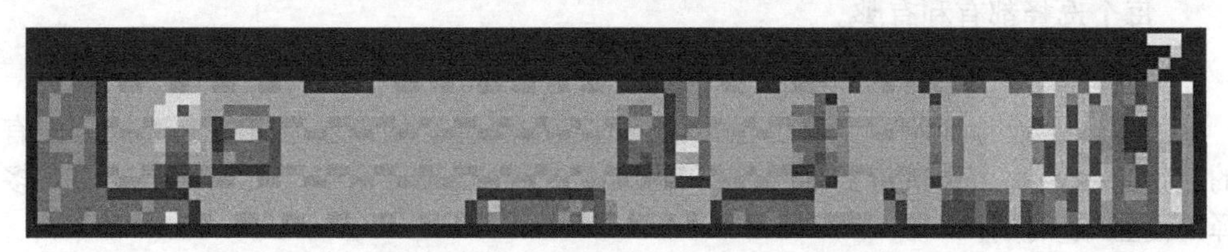

图 1-2 Jason Rohrer 的 *Passage*（于 2007 年 12 月 13 日发行）

从 Suits 的定义来看，这确实是个游戏。更具体一些，这是一个“开放游戏”，在他的定义中这类游戏的进程只有一个目标。[7]在 *Passage* 中，目标是不停地玩下去吗？其实游戏中有数个潜在目标，取决于玩家的选择。这些目标包括：

- 在角色死之前尽量向屏幕右侧移动（探索）；

---

4. 自发的意思是来自某物体的内部系统，所以“自发的重要决定”是会影响游戏的状态改变和产生后果的。在 *Farmville* 中选择人物衣着颜色不算重要决定，而在《合金装备 4》（*Metal Gear Solid 4*）中则是，因为不同的衣着颜色会影响你的隐秘程度。
5. Suits 所著 *The Grasshopper*, 95。
6. *Passage* 发行比较久了，Rohrer 有时无法在新系统运行它，但过去有更新过。
7. Suits 对闭合游戏的定义是：需要有特定目标（比如在赛跑中冲过终点或者在 *Bartok* 中打光手牌）。Suits 举的是开放游戏的例子，如小孩子玩的过家家。

- 找到尽可能多的宝箱赢取高分（成就）；
- 找到一位伴侣（社交）。

Passage 的意义在于用艺术手法展现了生命中的各类目标，比如上述三个目标共处于一个情境中。如果在游戏中角色很早就找到了伴侣，则更难找到宝箱，因为有些地方只允许一个人进入（如果向右走则可以获得两分而不是一分）。如果你选择寻宝，需要花时间探索垂直方向，没法看到右边的景致。如果你打算向右侧深入，则不会找到很多宝箱。

在这个极其简单的游戏中，Rohrer 描绘出了每个人在人生中遇到的重大选择，以及它们产生的深远影响。重要的是，他给予玩家选择，让他们明白选择的意义。

这是本书中笔者举例说明的第一个设计师目标：体验式理解。图书中的线性剧情确实可以通过向你展现角色的人生和选择以产生共鸣，但游戏规则能使玩家不仅理解选择的结果，还能让玩家参与选择并承担后果。在第 8 章中，将对其他的设计师目标进行深入探讨。

Sid Meier 的定义

Meier 对游戏的定义为“游戏就是一系列有趣的选择”，其实很含糊（许多可以视为一系列有趣的选择的事情并非游戏），也看不出来他个人对于好游戏的看法。Meier 参与设计了 *Pirates*、《文明》、*Alpha Centauri* 等许多游戏，他是现存最成功的游戏设计师之一，不断把有趣的选择呈现给玩家。当然，怎么定义有趣是个问题，不过总的来说，一个有趣的选择应该是：

- 玩家有多个可行选择。
- 每个选择都有利有弊。
- 每个选择的结果可预测但不绝对。

这里引入了设计师的第二个目标：创造有趣的选择。如果玩家有多个选择，但有明显的最优选择，那么做决定的体验就不存在。如果游戏设计得当，玩家常常要面对多个选择，而且难以抉择。

Tracy Fullerton 的定义

如 Tracy 的书中所述，她更关注给予设计师工具去创造更好的游戏，而不是关于游戏的定义。所以，在她看来“游戏是一个闭合且规范的系统，玩家参与结构化的冲突，并以不平衡的结局消解它的不确定性”，这不仅是一个优秀的定义，而且还列出了设计游戏时所涉及的元素：

- **形式元素**：用以区分游戏和其他媒体的元素：规则、步骤、玩家、资源、目标、限制、冲突和结局。
- **（动态）系统**：随着游戏进行并进化的交互方式。
- **冲突结构**：玩家与其他人交互的方式。
- **不确定性**：随机性、确定性和玩家策略间的相互作用。
- **不平衡结局**：游戏如何结束？玩家赢还是输？还是其他？

在 Tracy 书中的另一个关键元素是不停地制作游戏，成为更好的游戏设计师的唯一办法就是制作游戏。你设计的一些游戏可能很糟糕，笔者也是这样的，但设计“烂游戏”也是学习的过程，每做出一个游戏都能提高你的设计技巧，帮助你更好地理解游戏。

Jesse Schell 的定义

Schell 定义游戏为“以玩乐的态度去解决问题的活动”。这个接近 Suits 的定义，都是以玩家的角度看游戏的，正是玩家的玩乐态度成就了游戏。实际上，Suits 在他的书中提出，两个人做同样的事，一个人的行为可能成为游戏，另一个人则未必。他举了一个例子，在一场赛跑中，一个人可能只是为了参与而跑步，另一个人则因为他必须冲到终点并及时解除炸弹。根据 Suits 所说，尽管两人都在赛跑，单纯比赛的人会遵守比赛规则，因为他是玩乐（lusory）态度；另一个人则会时刻想要打破规则，因为他的态度要严肃得多（因为要求其解除炸弹），并且不会投入比赛。

Ludus 是拉丁文“玩”的意思，所以 Suits 用玩乐（lusory）形容一个人自愿参与游戏的态度。因为以玩乐的态度，即便有更容易的方式达成游戏目标（Suits 称此为前玩乐目标），玩家也乐于遵守游戏规则。比如既定的目标是将高尔夫球打入洞中，但是比起站在百米外用球杆打，更容易的方法多得是。当人们拥有玩乐的态度时，他们设定挑战是为了体验战胜它们的喜悦。

所以，另一个设计目标是鼓励玩乐的态度。你的游戏应该鼓励玩家乐于接受规则的限制。想想规则为何如此，又是怎么影响玩家体验的。如果游戏平衡性好，规则也合理，玩家将会享受这种限制，而不是被它们激怒。

Keith Burgun 的定义

Burgun 对游戏的定义是“参与者遵循一整套规则，通过做出模糊且有内在意义的选择来竞争”，他试图将游戏的定义缩小到可以被检验和理解的范围。这个定义的核心是玩家做出选择，这些选择不仅模糊（玩家不确定选择会导致何种结果），而且有内在意义（选择之所以有意义，因为它会影响到游戏系统）。

Burgun 的定义有意排除了人们普遍认为是游戏的几种活动，包括竞走和其他取决于身体技巧的比赛。还有反思类游戏，在游戏《墓园》中，玩家扮演一个老太太漫步于墓园，因为其缺少不确定性和内在意义，所以被排除在定义之外。

Burgun 之所以限制定义，是因为他想要找到游戏的本质和独特的根源。如此一来，他得出了几个有趣的观点，比如他曾表示，体验是否有趣与它是不是游戏没有必然联系。一些极其无聊的游戏也被称为游戏，只是很糟糕罢了。

在与其他设计师的讨论中，笔者发现大家对这个问题的分歧很大，到底什么能归类为游戏？游戏作为一种媒介，在过去几十年中得到了极大的成长和扩展，如今独立游戏的大爆发更是加快了这个过程。现在越来越多的背景各异的人参与到游戏领域，推进了游戏媒介的发展。这势必会让一些人感到困扰，因为游戏的界限更加模糊。Burgun 对此情况的回应是，如果没办法准确地定义这个媒体，就很难去严谨地发展它。

为什么要关注游戏的定义

Ludwig Wittgenstein 在他于 1953 年写的 *Philisophical Investigations* 书中提出，游戏在口语中指代好几种不同的事物，有着同样的特性（他将其比作家族相似），但又不能概括成一个定义。在 1978 年，Bernard Suits 用自己的书 *The Grasshopper* 反驳了这种观点，如你之前在本章中读到的，他用十分严谨的定义描述游戏。然而，如 Chirs Bateman 在他的 *Imaginary Games* 书中指出的那样，尽管 Wittgenstein 用游戏这个词举例，其实他的观点并不局限于此：词语是用来定义事物的，但事物不是用来匹配言语的。

在 1974 年（介于 *Philisophical Investigations* 和 *The Grasshopper* 出版之间），哲学家 Mary Midgley 发表了名为 *The Game Game* 的论文，通过探索游戏这个词从何而来，反驳了 Wittgenstein 提出的“家族相似”。在她的论文中，同意了 Wittgenstein 关于游戏这个词在其存在很久之后才出现的关系，但是她认为像游戏这个词不是由它所包含的内容定义的，而是来源于需求。

如她所说：可以用来坐的东西就能被称作椅子，不管它是一个皮球、一大块泡沫塑料，还是吊在天花板上的篮子。这些例子帮你理解某件事物是拥有作为椅子的合适特征和共性。

在她的论文中，Midgley 探讨了游戏应当满足的需求。她列举了几个游戏结果的影响超越了游戏本身的例子，指出了游戏并非闭合，因为人们不是毫无理由地进行游戏，她借此彻底驳斥了游戏为封闭系统的说法。对她而言，动机是关键。下面列举了一些玩游戏的理由：

- **人类喜欢设计好的冲突：**如 Midgley 所说，“并不是随便一套规则就能满足象棋玩家想要的智力活动。他们想要的恰恰是象棋这套玩法的活动。”如 Suits 在他的定义中提到的，限制玩家的规则正好是因为这种限制带来了挑战，才对玩家有吸引力。
- **人类想要成为别人：**众所周知，我们只有一种人生，游戏则可以让你体验另一种生活。比如在《使命召唤》中扮演士兵，在《墓园》中体验老太太的生活，而扮演哈姆雷特则可以让你体验丹麦王子的动荡人生。
- **人类想要刺激：**许多流行的媒体都追求刺激，如动作片、法庭剧或浪漫小说。游戏与它们不同的是，玩家主动参与，不像主流线性媒体那样间接地接收。作为玩家，你不是看别人被僵尸追赶，而是亲身参与。

Midgley 发现，找到由游戏满足的需求，是了解它们对玩家和社会影响的关键。Suits 和 Midgley 都在 20 世纪 70 年代提到过游戏的成瘾性，远早于导致大量玩家沉溺的大型多人在线游戏的出现。作为游戏设计师，了解这些需求并敬畏它们的能量很重要。

模棱两可的定义

正如 Medgley 所说，用需求定义游戏的思路很有用，她还提出象棋玩家可不是什么都乐意一玩。不仅游戏的万全定义难以得出，而且在不同的时间对不同的人来说，游戏的定义也是不一样的。当笔者说要玩游戏时，一般指的是主机游戏，当笔者的妻子说要玩游戏时，一般指的是 Alan R. Moon 的 *Ticket to Ride*（有趣且不需激烈对抗的桌面游戏），对笔者的岳父母来说，通常指的是纸牌或者多米诺骨牌。仅仅在笔者家里，游戏就有这样的广度。

游戏这个词也在不断进化。当电子游戏发明时，谁也想不到它会成为几十亿美元的产业，或是近几年的独立游戏复兴。他们当时所见的是人们用计算机玩一些战争桌面游戏（笔者脑中想的是 *Space War*），它们被叫作电子游戏，用来区分之前已存在的游戏概念。

电子游戏的进步是一个取代旧事物的过程。随着它的发展，游戏这个词逐渐将它们全部囊括。

现在，随着游戏这个艺术形式的成熟，许多其他学科的设计师进入这个领域，带来了创造游戏的全新概念、设计思路和技术（你也许就是其中一员）。随着这些新鲜血液的加入，一些人采取了非常规的制作方法。实际上，这不仅没错，而且棒极了！不是只有笔者这么想。国际独立游戏盛会 IndieCade 每年都在寻找推陈出新的游戏，根据大会主席 Celia Pearce 和大会总监 Sam Roberts 所说，如果开发者想把自己开发的互动小样叫作游戏，IndieCade 不会介意[8]。

1.4　本章小结

看过这些互相交织甚至矛盾的定义后，你可能好奇为什么本书花费如此多的篇幅讨论游戏的字面意思。笔者必须承认，作为教师和设计师，平时不会花费这么多时间纠结文字游戏。如莎士比亚所言，就算玫瑰的名字改变，闻着还是一样的，仍然脆弱、美丽又带刺。不过，笔者认为理解这些定义，对你有如下三个重要意义：

- 定义帮你理解人们玩游戏的动机。尤其针对特性类型和制作游戏的受众。理解游戏受众对游戏的期望可以帮助你做出更棒的游戏。
- 定义帮你理解游戏的核心和边界。在你读本章时，会遇到不同的人做出的不同定义，每种都有内有外（比如，有的游戏完美符合定义“内”，而有的只是勉强符合定义“外”）。那些不完全符合的外围边界，正是新游戏探索的领域。比如，Fullerton 和 Midgley 之间关于游戏是否为封闭系统的分歧，突显了 21 世纪成长起来的虚拟实境游戏（ARG）不断颠覆着游戏的边界。[9]
- 定义可以帮助你与同行交流。本章有全书最多的脚注和引用，因为笔者想让你能够在哲学的范畴上探索游戏，不仅限于本书的范围（尤其是本书更着重于制作电子游戏）。寻着这些脚注去找到阅读材料，可以帮助你深入理解游戏。

---

8. Celia Pearce 和 Sam Roberts 在 2014 年 IndieCade East 的“Festival Submission Workshop”阶段所说，并收录在 IndieCade 作品的提交网站。
9. 第一款大规模的 ARG 游戏叫作 *Majestic*（艺电，2001），会在半夜给玩家打电话，并发传真和邮件。小型的 ARG 游戏有 *Assassin*，常常在大学校园进行，玩家利用玩具枪或水枪在教室外“刺杀”彼此。这些游戏的独特之处是它们总在进行，并渗透进日常生活。

本书的核心目标

本书不仅教会你如何设计游戏，实际上还包括打造各类交互体验。笔者的定义如下：

由设计师创造，内含规则、媒体、技术，并且通过游玩呈现，就可被称为互动体验。

这样一来，互动体验覆盖范围甚广。实际上，任何时候你为别人营造一种体验时，不论是设计游戏、筹划生日派对，甚至是婚礼，都与游戏设计有共通之处。本书不只教会你设计游戏的方法，也会帮你解决所有的设计难题，并教你如何迭代设计过程。如第 7 章中提到的"像设计师一样行动"，是提高设计水平的核心方法。

没人生下来就会设计游戏。笔者的朋友 Chris Swain[10]的口头禅是"游戏设计是 1%的灵感和 99%的迭代"，改编自爱迪生的名言。他所言极是，游戏设计最关键的是（不同于之前提到的生日派对和婚礼）可以迭代你的设计，或者通过试玩一点点调整。随着制作每个原型和每次迭代，你的设计技能就会提升。同样，当你读到本书中关于电子游戏的开发时，一定记得试验和迭代。代码范例和教程是为了向你展示如何制作可玩的游戏原型，但当你开始设计时，教程就结束了。本书介绍的每个原型都能制作成更大、更完整和更平衡的游戏，笔者强烈建议你这么做。

前进

现在你对游戏设计有了一些了解，也读了各类游戏的定义，是时候深入探索一些设计师常用的分析框架，进一步了解游戏和游戏设计了。在下一章，笔者将会探索在过去几年中实践的各类框架，在第 3 章中将它们总结成贯穿全书的分层四元法。

---

10. Chris Swain 与 Tracy Fullerton 一起写了 *Game Design Workshop* 的第 1 版，并在南加州大学任教多年。他现在是一名独立游戏制作人和企业家。

第2章

游戏分析框架

游戏学（Ludology）是研究游戏和游戏设计学科的时髦叫法。过去10年来，游戏学者提出了众多游戏分析框架，帮助他们理解和讨论游戏的构架和基础，以及游戏对玩家与社会的影响。

本章将介绍几种作为游戏设计师有必要了解的常见框架。第3章将会综合这些常用框架的概念归纳为分层四元法。

2.1 游戏学的常用框架

本章介绍的设计框架有：

- **MDA**：由 Robin Hunicke、Marc LeBlanc 和 Robert Zubek 首次提出，MDA 分别代表机制（mechanics）、动态（dynamics）和美学（aesthetics）。这是专业设计师最熟知的框架，并且它对游戏玩家和设计师之间的关系颇有研究。
- **形式（Formal）、戏剧（Dramatic）和动态元素（Dynamic Elements）**：由 Tracy Fullerton 和 Chris Swain 在《游戏设计梦工厂》中提出，形式、戏剧和动态元素框架专注于实打实的分析工具，帮助设计师改进游戏和打磨创意。它与电影学有着千丝万缕的联系。
- **四元法（Elemental Tetrad）**：由 Jesse Schell 在《游戏设计艺术》中提出，四元法将游戏分为四个内嵌元素：机制、美学、剧情和技术。

每个框架都有优缺点，它们促成了本书中的分层四元法。以上为按照它们出版的顺序进行排名。

2.2 MDA：机制、动态和美学

MDA 在2001年的游戏开发者大会上被首次提出，并于2004年正式作为论文发表：《MDA：游戏设计和研究的形式方法》[1]。MDA 是游戏学引用最频繁的分析成果，核心元

---

1. Robin Hunicke, Marc LeBlanc 和 Robert Zubek, “MDA: A Formal Approach to Game Design and Game Research,”发表在 *Proceedings of the AAAI workshop on Challenges in Game AI Workshop* (San Jose, CA: AAAI Press, 2004)。

素是 MDA 对机制、动态和美学的定义，以及对玩家和设计师看待游戏视角差异的理解，并且它提出设计师应当首先以美学的眼光看待游戏，确定美学后再处理动态和机制。

机制、动态和美学的定义

上面提到的三个框架可能会让你感到困惑，它们都提到了同一组词汇，但是定义不尽相同。MDA 对它们的定义如下：

- 机制：游戏的数据层面上的组件和算法。
- 动态：响应玩家输入和其他输出的实时行为。
- 美学：玩家与游戏系统交互时，应当唤起的情绪反应[2]。

设计师和玩家的游戏视角

基于 MDA 理论，设计师倾向于优先从美学角度看待游戏，通过游戏向玩家传达情感。一旦设计师确定了美学，他将逆向寻找激发这些情感的动态，并最终利用游戏机制创造出这些动态。玩家看待游戏的视角与设计师相反，首先体验机制（通常是阅读游戏的规则），然后通过玩游戏体会动态，最终体会到设计师一开始预想的美学，如图 2-1 所示。

图 2-1 MDA 理论，设计师和玩家看待游戏的视角不同[3]

从美学到动态，再到机制

根据视角的不同，MDA 提出设计师应该首先确定想要玩家体会到的美学，再根据美学方向逆向创造动态和机制。

比如，孩子们玩的游戏经常被设计成让他们感觉良好，始终都有赢的可能。为了达到这种体验，玩家必须知道结局不是既定的，在游戏过程中可以寄希望于好运气。怀着这种想法，再去看看《蛇和梯子》（*Snakes and Ladders*）游戏的布局。

《蛇和梯子》的布局

《蛇和梯子》源自古印度的儿童桌面游戏 *Moksha Patamu*[4]。游戏完全不需要技术，全靠运气。每回合，玩家掷骰子并移动棋子相应的步数。一开始棋子并不在桌面上，所以如果你掷出了 1，那么就移动一步落在 1 区。游戏的目标是率先到达终点（100 区）。如

2. 注意这只是美学的一种单独定义，其他设计框架在定义美学上并不相同。美学是哲学上的分支，与美丽、丑陋等相关。简单地说，设计美学是设计的意图。
3. 改编自 Hunicke, LeBlanc 和 Zubek 所著的 *MDA: A Formal Approach to Game Design and GameResearch*。
4. Jack Botermans 所著的 *The Book of Games: Strategy*。

果玩家的棋子落在了有黑色箭头起始的区块（梯子），就可以移动到箭头指定的地点（比如直接从 1 区移动到 38 区）。如果玩家的棋子落到了灰色箭头的起始区块（蛇），则移动到蛇指向的区块（比如落在了 87 区的话，就要跌回到 24 区），如图 2-22 所示。

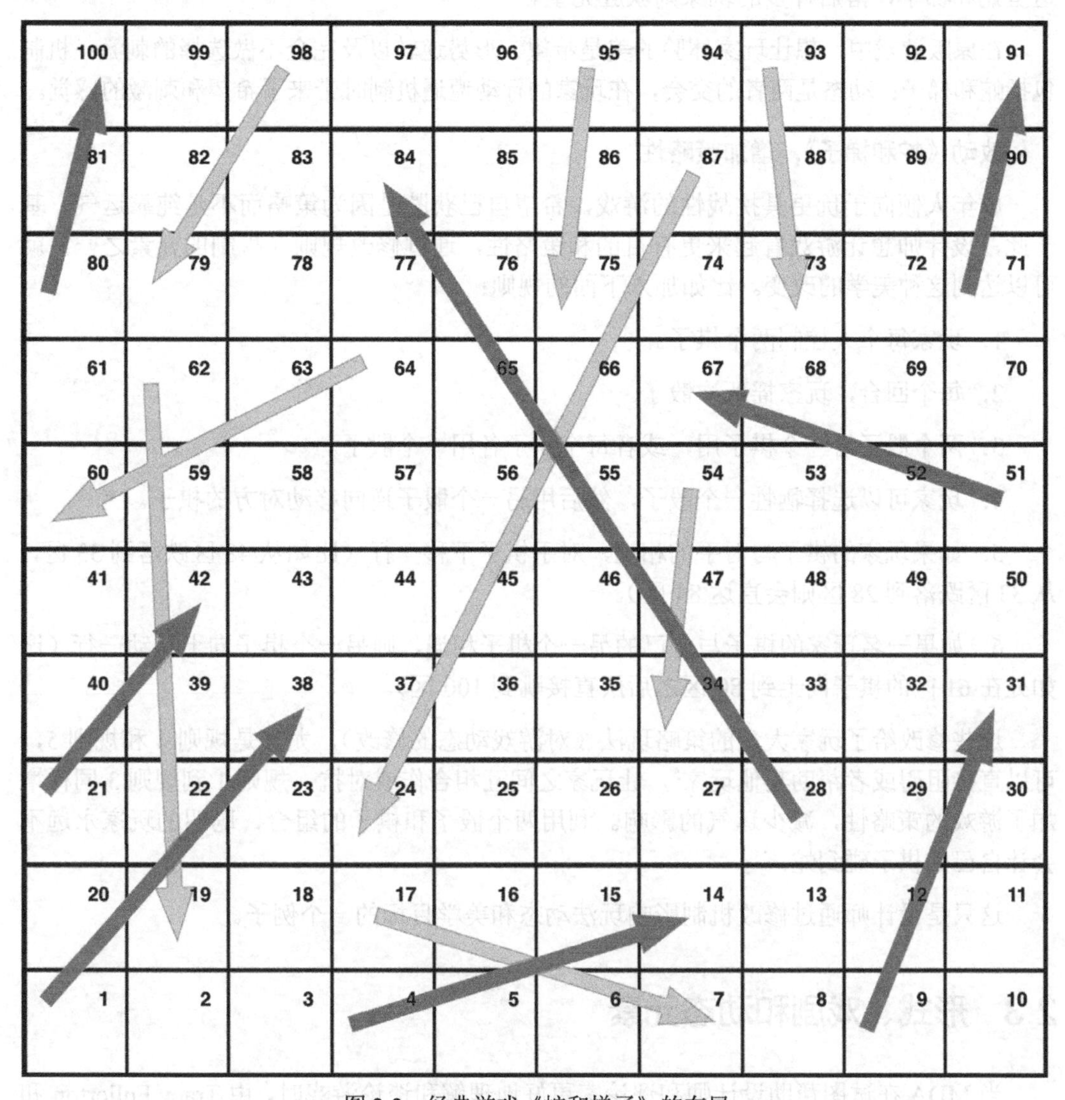

图 2-2 经典游戏《蛇和梯子》的布局

在图 2-2 中可以看到，《蛇和梯子》中的位置很重要。下面是几条原因：

- 从 1 区到 38 区的梯子。玩家首轮掷出 1 的话（本来算运气不好），则可以直接到达 38 区，占据巨大优势。
- 在游戏最后几个区块有三条蛇（93 区到 73 区，95 区到 75 区，98 区到 79 区），这是为了拖慢领先玩家的游戏速度。
- 从 87 区到 24 区的蛇和从 28 区到 84 区的梯子这一对设计很有意思。如果玩家的棋子走到 28 区并跳到了 84 区，作为对手会希望他再走到 87 区，然后退回到 24 区。同理，如果玩家的棋子走到 87 区并退回到了 24 区，也会想要走到 28 区，再回到 84 区。

蛇和梯子放置的位置都是为了给玩家希望，让他们相信可以迎头赶上。如果去掉了这些蛇和梯子，落后许多的玩家则获胜无望。

在原版游戏中，想让玩家体验的美是希望、形势逆转以及完全不做选择的刺激；机制包括蛇和梯子；动态是两者的交会，在玩家的行动遭遇机制时带来了希望和刺激的感觉。

改动《蛇和梯子》，增加策略性

成年人倾向于玩更具挑战性的游戏，希望自己获胜是因为策略而不是纯靠运气。基于此，设计师想让游戏看起来更有目的和策略性，通过修改规则（机制的元素之一）就可以达到这种美学的改变。比如加入下面的规则：

1. 玩家每个人控制两个棋子。

2. 每个回合，玩家摇两次骰子。

3. 两个骰子给一个棋子用，或者每个棋子各用一个骰子。

4. 玩家可以选择牺牲一个骰子，然后用另一个骰子逆向移动对方的棋子。

5. 如果玩家的棋子与对手的相遇，对手棋子下移一行（比如从 48 区跌落到 33 区，从 33 区跌落到 28 区则会直达 84 区）。

6. 如果一名玩家的棋子与自己的另一个棋子相遇，则另一个棋子向上移动一行（比如处在 61 区的棋子向上到 80 区之后层直接跳到 100 区）。

这些修改给了玩家大量的策略玩法（对游戏动态的修改），尤其是规则 4 和规则 5，可以直接阻碍或者帮助其他玩家[5]，让玩家之间互相合作或对抗。规则 1 到规则 3 同样增加了游戏的策略性，减少运气的影响。利用两个骰子和棋子的组合，聪明的玩家永远不会让自己的棋子碰到蛇。

这只是设计师通过修改机制影响玩法动态和美学目标的一个例子。

2.3 形式、戏剧和动态元素

当 MDA 在试图帮助设计师和评论家更好地理解和谈论游戏时，由 Tracy Fullerton 和 Chris Swain 提出的形式、戏剧和动态元素（简称 FDD），旨在帮助在 USC 参加游戏设计课程的学生们更有效地设计游戏。

这个框架将游戏拆分为三类元素：

- **形式**：规则让游戏与其他媒体和互动区分开，是游戏的骨架。形式包括规则、资源和界限。
- **戏剧**：游戏的剧情和叙事，包括设定。戏剧元素让游戏成型，帮助玩家理解规则，

5. 一个可以帮助其他玩家的例子：将其他玩家的棋子顶到下一行，到达梯子的起始处。

促使玩家与游戏产生情感共鸣。

- **动态**：游戏运行的状态。一旦玩家真正进行游戏，游戏就进入了动态。动态元素包括决策、行为和游戏实体间的关系。要注意这里的动态与 MDA 中的类似，但是范围更广，因为范围超越了机制的实时运行。

形式元素

《游戏设计梦工厂》提出了游戏的 7 种形式元素，并且与其他媒体的形式不同：

- **玩家交互模式**：玩家如何交互？单人、单挑、队伍对抗、乱斗（多个玩家互相对抗，常见于桌面游戏）、一对多（比如 *Mario Party* 或者桌游《苏格兰场》）、合作甚至多人分别对抗一个系统。
- **目标**：玩家在游戏中的目标是什么？怎样获得胜利。
- **规则**：规则限制玩家的行动，告诉他们能做些什么。许多规则明确地写在游戏中，有的则暗中传达给玩家（比如，在《大富翁》中没有写出，但玩家也明白不能抢银行）。
- **过程**：玩家在游戏中的行动。《蛇与梯子》中的规则是根据骰子摇出的数字移动棋子。规则所示的过程就是摇骰子和移动棋子，而且过程经常是多种规则互相定义的。也有一些位于规则之外的情况：尽管扑克规则中没提到过，但虚张声势是游戏中一个重要的过程。
- **资源**：资源是游戏中有价值的各种元素。比如金钱、血量、物品和财产。
- **边界**：游戏与现实的界限在哪里？Johan Huizinga 在他的书 *Homo Ludens* 中介绍了游戏所创造的特定规则（非现实世界的规定）的暂时世界，引入了术语“魔力圈（magic circle）”。像足球或冰上曲棍球一类的运动中，运动场地就是游戏世界的界限，但是虚拟实境游戏 *I Love Bees*（《光环 2》的实境游戏）的边界则很模糊。
- **结局**：游戏如何结束？除了终点，过程也不断导向结局。在国际象棋中，最后的结局是某位玩家胜出，另一位输掉。在《龙与地下城》等桌面角色扮演游戏中，玩家杀怪升级时逐渐导向结局，甚至死亡也不算结束，因为还有办法复活玩家。

根据 Fullerton 的理论，另一种审视形式元素的办法是：尝试移除任意一种规则，看看它是否还称得上游戏。

戏剧元素

戏剧元素有助于玩家理解规则和资源，并且更加投入游戏。

Fullerton 指出了 3 种戏剧元素。

- **前提**：游戏世界的背景故事。在《大富翁》中，玩家首先是地产商，努力在亚特兰大和新泽西垄断房地产。在《大金刚》（*Donkey Kong*）中，玩家只身去营救被猩猩绑架的女友，前提为游戏叙事打下基础。
- **角色**：角色是故事中的人物，有些像《雷神》（*Quake*）中沉默的无名主角，有些如《神秘海域》（*Uncharted*）中的 Nathan Drake，丰富且有深度，就像电影的主演。电影导演的目标是让观众关心主角，而在游戏中，玩家就是主角，设计师要决定让主角作为玩家的代言人（将玩家的意图传达到游戏世界中）或是让玩家扮演一个角色（玩家遵从游戏角色的意志）。后者更容易实现，所以比较常见。

- **戏剧**：游戏的情节。戏剧包含了整个游戏过程的叙事内容。前提是为戏剧搭台。

戏剧元素的主要目的不包含这三种类型，而是帮助玩家理解规则。在桌游《蛇与梯子》中，我们把黑色的箭头称作“梯子”，玩家可以用来爬升。1943 年时，Milton Bradley 开始在美国出版游戏，他把名字改成了《滑梯和梯子》(*Chutes and Ladders*)。可能是为了让美国儿童更易理解游戏规则，因为滑梯（游乐园里的滑梯）比原版的蛇更直观。

除此之外，游戏还有许多其他版本，如孩子在梯子底部做好事，之后在梯子顶部得到奖励，相反，孩子在滑梯顶部犯错，在滑梯底部被惩罚。戏剧元素兼具融合叙事帮助玩家记忆规则（在这个例子中，蛇换成了滑梯）和传达游戏叙事超越游戏本身的能力，比如用图片表示行善或作恶的后果。

动态元素

动态元素指的是玩游戏过程中发生变化的东西。Fullerton 所说的动态游戏元素的核心如下：

- **涌现**：简单规则的碰撞可以导致难以预期的结果，如《蛇与梯子》，也有难料的动态体验。如果一个玩家恰好每次都遇到梯子，另一个玩家则不断遇到蛇，体验会差别巨大。再考虑到已经提出的增加策略的 6 条规则，可以想象玩法的多样性之广（比如玩家 B 选择不断攻击玩家 A，导致玩家 A 有负面体验）。简单的规则会导致复杂难料的行为。游戏设计师最重要的任务之一就是理解游戏规则的内涵。
- **涌现叙事**：除了在 MDA 模型中机制的动态行为，Fullerton 的模型指出游戏玩法本身得益于它的多样性也会催生动态叙事。游戏与生俱来有能力让玩家置身于不寻常的情景中，因此产生了有趣的故事，这是《龙与地下城》跑团的核心魅力：其中一人扮演地下城主(Dungeon Master)，创造其他玩家体验和互动的一个场景。这与 Fullerton 提过的内在叙述不同，并且也是一种独特的交互体验。
- **试玩是唯一理解动态的方式**：成熟的游戏设计师更擅长预测游戏的动态行为和涌现，但是没人能在试玩之前准确理解游戏动态的运行。《蛇与梯子》的另外 6 条规则看似增加了策略性，但只有试玩几次才能确定。重复测试可以揭示游戏潜藏的各类动态行为，并且帮助设计师理解游戏可能出现的不同体验。

2.4 四元法

在《游戏设计艺术》中，Jesse Schell 提出了四元法：游戏的四个基本元素。

- **机制**：玩家和游戏互动的规则。机制是游戏区别于其他非互动媒体（书和电影）的元素，它包括规则、目标和其他 Fullerton 提到的形式元素。这与 MDA 中提到的机制不同，因为 Schell 用此术语区别游戏机制和实现它们的技术。

- **美学**：美学解释了游戏如何被五感接受：视觉、听觉、嗅觉、味觉和触觉。从游戏原声到人物模型，以及包装和封面都属于美学范围。这里“美学”的用法与 MDA 中的不同，因为 MDA 中指的是由游戏触动的情绪，而 Schell 指的是由开发者制作的艺术和声音。
- **技术**：这个元素涵盖了所有游戏使用的技术。最明显的就是主机硬件、计算机软件、渲染管线等，它还包括了桌面游戏中的技术性元素。桌面游戏中的技术包括骰子的类型和数字，用骰子或者卡组产生随机数，还有影响结局的各类表格。实际上，2012 年 IndieCade 上的最佳技术奖授予了 *Zac S. for Vornheim*，用一套彩印的工具合集主持一个设定在都市里的桌面角色扮演游戏。
- **剧情**：Schell 使用“剧情”这个词涵盖了 Fullerton 提出的动态元素。戏剧是游戏中的叙事，包括背景和人物。

Schell 定义的四元素关系如图 2-3 所示。

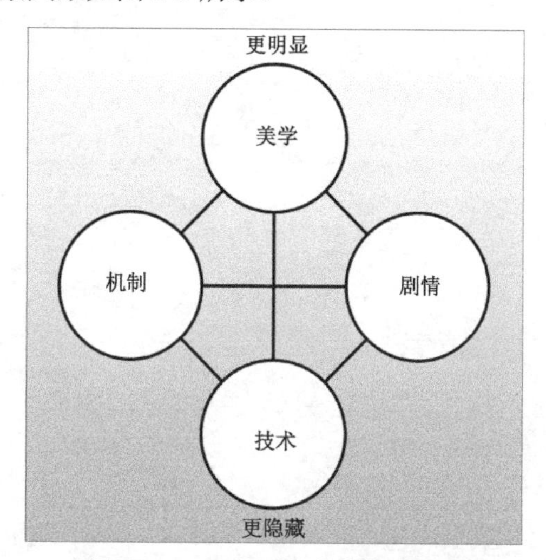

图 2-3　Jesse Schell 定义的四元法

图 2-3 展示了四元素如何相互关联。另外，Schell 指出游戏的美学对于玩家始终可见（这与 MDA 中描述美学的体验不同），而且玩家对游戏机制（例如《蛇和梯子》对玩家位置的影响）的了解应该多于技术（例如用骰子摇到两个六的概率）。Schell 的四元法没有提及游戏的动态玩法，而是更关注封装在盒子（桌游）或者光盘中的静态游戏元素。Schell 的四元法将会在下一章中着重讨论，因为它构成了分层四元法的一层。

2.5　本章小结

下面将这些用来理解游戏和互动体验的框架分别从不同视角解读：

- MDA 试图展示玩家与设计师看待游戏的不同方式和目的，设计师通过玩家的视角可以更有效地审视自己的游戏。

- 形式、戏剧和动态元素将游戏设计细分为特定组件并分别对待和改进。本意是帮助设计师细分游戏的各组成部分，并分别优化。它们还强调了叙事对玩家体验的重要性。
- 四元法以游戏开发者视角看待游戏。它将原属于不同团队的游戏基本元素分区：设计师负责机制，艺术家负责美学，编剧负责剧情，还有程序员负责技术。

在接下来的章节中，分层四元法结合并扩展了上述的所有框架，所以了解这些分层四元法的前置理论很重要。笔者强烈推荐阅读这些理论的原著。

第3章

分层四元法

前文介绍了一些理解游戏和游戏设计的分析框架，本章中的分层四元法结合了这些框架的精华，每层内容可扩展出下面小节的内容。

分层四元法帮助你了解和创作游戏的各个方面，并帮助分析你喜爱的游戏，让你更全面地审视自己的游戏。最终，你不仅了解游戏的机制，还包括玩的内涵、社会属性、意义和文化。

分层四元法是前文中三种游戏分析框架的结合与扩展，它不是为了定义游戏，而是作为一种工具帮助你理解创作游戏的各类要素，以及这些要素在游戏内外的意义。

分层四元法与 Schell 的四元法一样结合了四种元素，但这四种元素通过 3 个层次表现，前两个分别是内嵌层和动态层，根据 Fullerton 的形式和动态元素划分。另外，还有文化层涵盖游戏之外产生的影响，提供了连接游戏和文化的纽带，对于有担当的游戏创作者来说至关重要。

本章将简单介绍各层，之后的 3 章中会逐层详细解释。

3.1 内嵌层

内嵌层，类似 Schell 的四元法，如图 3-1 所示。四元素的定义类似 Schell 的理论，但它们仅存在于游戏层面。

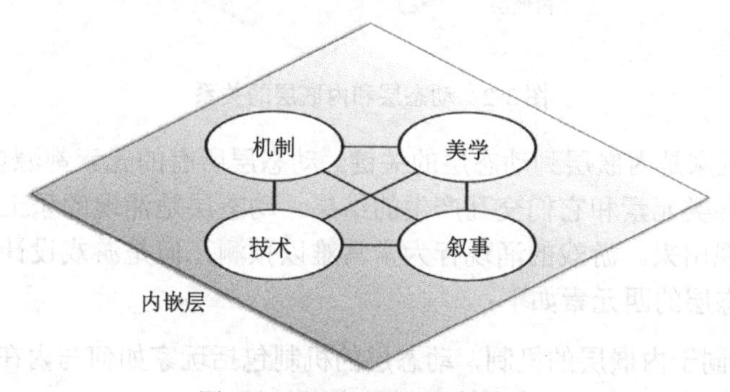

图 3-1 分层四元法的内嵌层[1]

■ **机制**：定义玩家和游戏互动的系统，包括游戏的规则和 Fullerton 书中的形式元素

1. 改编自: Jesse Schell, *The Art of Game Design: A Book of Lenses*。

（玩家互动模式、目标、规则、资源和边界）。

- **美学**：美学描述了游戏的“色香味”和感觉，包括从游戏原声到角色建模、包装和封面。这个定义与 MDA（机制、动态和美学）的用法不同，因为 MDA 指的是游戏激发的情感，而 Schell 和笔者指的是内在元素，如游戏的美术和声音。
- **技术**：如 Schell 的技术元素，涵盖了让游戏运行的所有技术，包括电子游戏。对电子游戏来说，技术元素主要依靠程序员，但对于设计者来说理解它也很重要，因为程序员为设计师的想法实现提供了技术基础。这种理解的重要性也可以体现在看似简单的设计决策中（比如，把关卡从地面搬到在暴风雨中飘摇的船只上），会需要数千个小时去开发。
- **叙事**：Schell 在他的四元法中使用的是“剧情”，但笔者选择了范围更广的叙事（narrative），与 Fullerton 的用法类似，涵盖了背景、角色和情节。内在叙事包括所有脚本剧情和提前生成的游戏角色。

3.2 动态层

和 Fullerton 在《游戏梦工厂》中提到的一样，动态层，在玩游戏时的涌现如图 3-2 所示。

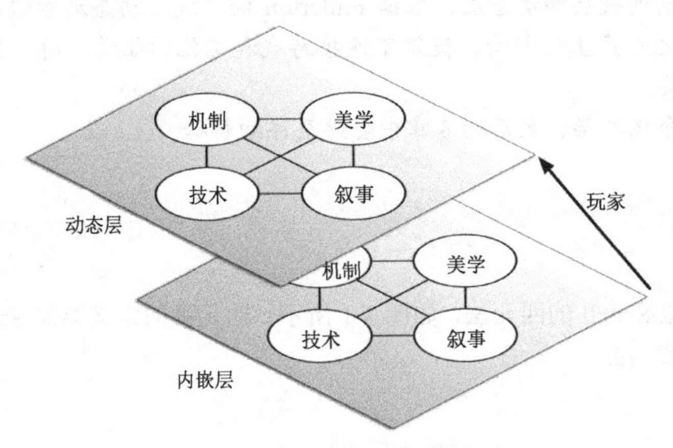

图 3-2　动态层和内嵌层的关系

如你所见，玩家是内嵌层到动态层的关键。动态层所有的元素都源自玩家进行游戏，包括玩家控制的各类元素和它们交互产生的结果。动态层是涌现的乐土，复杂的行为从简单的规则里显现出来。游戏的涌现行为常常难以预测，但是游戏设计最重要的技能之一就是预测。动态层的四元素如下：

- **机制**：不同于内嵌层的机制，动态层的机制包括玩家如何与内在元素互动。动态机制包含过程、策略、游戏的涌现行为和结局。
- **美学**：动态层的美学包括在游戏过程中创造的美学元素。
- **技术**：动态的技术指的是游戏过程中技术性组件的行为，包括一对骰子的点数如何不符合数学预测的平滑钟形曲线，以及电子游戏的所有代码。游戏中敌人的 AI（人工智能）表现就是个例子，这里的技术包括游戏启动后代码产生的所有行为。

- **叙事**：动态叙事指的是在游戏过程中产生的剧情，可以是《黑色洛城》和《暴雨》（*Heavy Rain*）中玩家选择的剧情分支，或者玩《模拟人生》（*Sims*）时产生的家族故事，甚至是与其他玩家结伴游玩的轶事。2013年，波士顿的红袜队触底崛起的故事反映了该城市从当年的马拉松炸弹事件后复苏。对于这种故事，如果靠游戏规则实现，也算是动态叙事。

3.3　文化层

分层四元法最后一层是文化层，超越游戏本身，社会和游戏的碰撞产生了文化层，如图3-3所示。文化层涵盖了游戏对文化的相互作用，游戏的玩家社群产生了文化层。在这里，玩家的力量比游戏设计师更大，设计师的社会责任在这变得清晰。

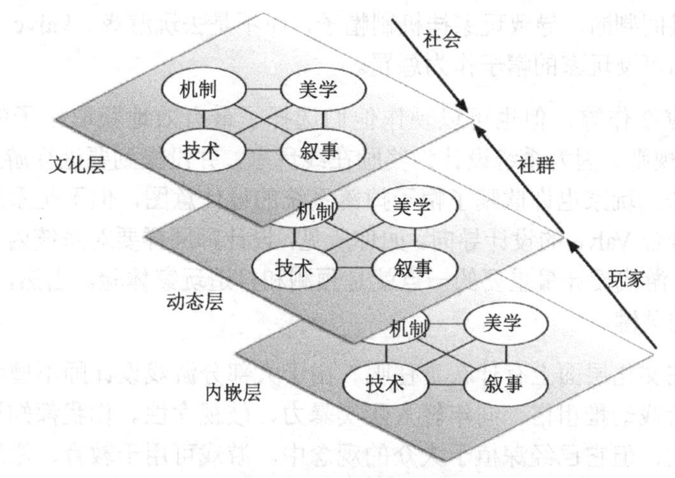

图3-3　社会和游戏的碰撞产生了文化层

在文化层中，四元素没有那么泾渭分明，但仍然值得从四元素的角度解读。

- **机制**：文化层机制最简单的表现形式就是游戏mod（玩家直接改变游戏机制）。同样也包括游戏即时行为对社会的影响。
- **美学**：与机制类似，文化层美学涵盖了同人作品、游戏音乐重制，或者其他美学上的行为，如Cosplay（角色扮演的简称，粉丝装扮成游戏角色的样子）。这里的要点是经授权的跨媒体产品（游戏题材转换成其他媒体，比如《古墓丽影》电影版等）不属于文化层，因为它们属于游戏知识产权的所有者，而文化层美学是游戏玩家社群创造和控制的。
- **技术**：文化层技术涵盖了游戏技术的非游戏应用（比如群集算法可以用于机器人领域）以及影响游戏体验的技术。在NES时代（任天堂娱乐系统），Advantage或Max手柄允许玩家使用连发键（自动快速连按A或B键），在某些游戏中，这会是巨大优势，影响游戏体验。文化层技术还包括不断探索游戏的可能性和用游戏mod改变游戏内在元素的技术。

- **叙事：**文化层叙事涵盖了游戏同人跨媒体产品的叙事部分（比如同人小说、游戏 mod 和玩家自制游戏视频中的叙事部分）。它还包括了社会文化中关于游戏的故事，比如对《风之旅人》和 *ICO* 的美谈。

3.4　设计师的责任

游戏设计师都明白要直接为游戏的形式层负责。游戏开发当然要有明确的规则，有趣的美术等元素会鼓励玩家进行游戏。

到了动态层，某些设计师就不太明白，有的人会惊讶于他们的游戏所呈现的行为，想要将这部分责任推给玩家。比如，几年前 Valve 决定在《军团要塞 2》（*Team Fortress*2）中加入帽子，他们选择的机制是随机奖励帽子给多次登录游戏的玩家。由于帽子奖励只依据玩家登录的时间判断，导致玩家挂机刷帽子，而不是去玩游戏。Valve 觉察到了这种行为，并收回行为可疑玩家的帽子作为惩罚。

看起来是玩家在作弊，但也可以视作他们选择了最有效地获取帽子的方法，符合 Valve 制定的游戏规则。因为系统设计为奖励在线玩家，并没提到要进行游戏，玩家就选择了最容易的方法。玩家也许欺骗了帽子掉落系统的设计意图，但不是系统本身。玩家的动态行为完全符合 Valve 的设计导向。如你所见，设计师同样要对系统内含的动态层体验负责。事实上，游戏设计最重要的一点就是预测和打造玩家体验。当然，做起来很难，但这是游戏好玩的关键。

那么设计师在文化层面上有什么责任呢？由于大部分游戏设计师不曾考虑过，所以社会上普遍认为游戏幼稚粗俗，向年轻人贩卖暴力，歧视女性。你我都知道这本可以避免，并且言过其实，但它已经深植于大众的观念中。游戏可用于教育、激励和治疗。游戏能造福社会，帮助玩家学习技能。嬉戏的态度和简单的规则可以让沉闷的工作变得有趣。作为设计师，你要对游戏给社会和玩家产生的影响负责。我们已经很擅长制作让人沉迷，甚至废寝忘食的游戏，还有些人诱骗小孩子在游戏上花费巨资（甚至一些情况恶劣到要集体诉讼）。可悲的是，这类行为破坏了游戏在社会上的形象，让人们蔑视游戏或望而却步。

笔者相信，作为设计师，这是我们的责任，通过游戏造福社会，尊重玩家和他们花在游戏上的时间和精力。

3.5　本章小结

分层四元法的重点在于理解三个层次表现的游戏从开发者到玩家的所有权转变。内嵌层的所有内容同属于设计师和开发者，并且完全在开发者的掌控中。

动态层是游戏的体验所在，所以游戏设计师需要玩家付诸行动，做出选择去体验游戏。通过玩家的决定和对游戏系统的影响，玩家拥有部分体验，但总的来说还在开发者的控制之下。如此一来，玩家和开发者共享动态层。

在文化层，游戏脱离了开发者的控制，这也是为什么游戏 mod 适用于文化层：通过游戏 mod，玩家得以控制游戏内容。当然，大部分游戏保持内容不变，特定元素则由玩家（mod 开发者）说了算。这也是为什么排除掉了授权改编作品，因为玩家和社群对游戏所有权转变的过程定义了文化层。

另外，文化层也包括社会中的非玩家对游戏的看法，它会受到玩家社群代表的游戏体验影响。不玩游戏的人通过媒体了解游戏，他们阅读的内容（但愿）是玩家所写的。虽然说文化层大部分由玩家控制，但是开发者和设计师依然有强大的影响力，并要对游戏的社会影响负责。

之后三章，我们将逐个详解分层四元法中的各个细节。

第4章

内嵌层

这是首个深入探索分层四元法的章节。

在第 3 章“分层四元法”中我们已经了解，内嵌层涵盖了所有游戏开发者直接设计和编程的内容。

在本章中，我们将从四个角度分析内嵌层：机制、美学、叙事和技术。

4.1 机制内嵌

机制内嵌是传统游戏设计师最了解的东西。在桌面游戏中，它包括了桌面的布局、规则和游戏用到的各类卡牌表格等。在 Tracy Fullerton 的《游戏设计梦工厂》一书中，她提到的游戏形式元素很好地描述了大部分内嵌机制，为了保持一致性（笔者不喜欢每本设计书用不同的术语），在本章中笔者尽量用了她用过的术语。

第 2 章中提到了“游戏分析框架”，笔者列出了 Tracy Fullerton 在书中提到的 7 种游戏形式元素：玩家行为规律、目标、规则、步骤、资源、边界和结果。在形式、叙事和动态元素框架中，这 7 种形式元素被视作游戏与其他媒体的不同之处。

机制内嵌与此不同，虽然同为游戏独占要素，互有重叠，但不尽相同。然而内嵌层的重点是游戏开发者刻意设计的内容，机制也不例外。机制内嵌不包括步骤和结果（虽然它们属于 Fullerton 的形式元素），因为它们都由玩家控制，所以属于动态层。我们还增加了一些新的元素：

- **目标**：包括玩家在游戏中的目标，玩家想要达成什么？
- **玩家关系**：定义玩家之间如何战斗和协作。玩家的目标如何相互影响，是互相竞争还是互相帮助？
- **规则**：规则明确和限制了玩家的行为。为了达到目标，玩家什么能做，什么不能做。
- **边界**：定义游戏的界限，与魔力圈息息相关。游戏的边界在哪里？魔力圈的范围如何？
- **资源**：包括游戏边界内的财产和价值，玩家在游戏中能获取什么奖励？
- **空间**：定义游戏区域和其中可能的交互行为。最明显的是桌面游戏，桌面本身就是游戏的空间。
- **表格**：定义游戏的数值数据，玩家如何升级？既定时间内玩家可做些什么？

所有这些内嵌机制的元素互相影响，并且之间肯定有重复（比如，《文明》中的科技树是类似空间展开的表格），将它们分为七类的目标是帮助设计师思考设计的各种可能性。不是每个游戏都包括所有元素，但是如 Jesse Schell 的《游戏设计艺术》书中讲的一样，这些机制内嵌元素是 7 种游戏设计的角度。

目标

许多游戏目标很简单明了——为了赢，但实际上，在游戏中玩家们会不停地权衡数个目标。它们可以通过轻重缓急分类，而且对不同玩家，程度也不相同。

目标的紧迫性

如图 4-1 所示是来自 thatgamecompany（TGC）的游戏《风之旅人》，现代游戏几乎每个画面中都有短期、中期和长期目标。

图 4-1 《风之旅人》第一关中短期、中期和长期目标

- **短期目标**：玩家想要给角色的围巾充能（游戏中驱动飞行的能量），所以角色在唱歌（环绕他的白圈），用来吸引围巾碎片，同时玩家还被周围的建筑吸引。
- **中期目标**：视平线上还有 3 座建筑。因为沙漠很荒芜，所以玩家肯定会被建筑吸引（这类间接设计在游戏中很常见，并将在第 13 章“引导玩家”中分析）。
- **长期目标**：在游戏最开始的几分钟里，游戏向玩家展现了发光的高山，那么长期目标就是登上山顶。

目标的重要性

如目标的紧迫性一样，它们对于玩家的重要程度也很多样。在贝塞斯达（Bethesda）游戏工作室制作的《上古卷轴 5：天际》的开放世界中，分为主线和支线目标。某些玩家只玩主线目标，通关需要 10~20 小时，而其他沉迷于支线目标和探索的玩家可以花掉 400 多个小时（甚至不包括完成主线目标的时间）。支线目标常常是特定玩法，比如《上古卷轴 5：天际》中想要加入盗贼工会的玩家需要完成一系列任务，专精于潜行和盗窃。还有一系列专注于射箭或近战（melee）的任务[1]。这样确保了游戏适合喜好不同玩法的玩家。

1. 很多玩家会读错“melee”这一词。法语词“melee”读作“may-lay”。“mealy”（读作“mee-lee”）意为苍白的或谷物粉（如玉米粉）。

目标冲突

作为玩家，你遇到的目标经常互相冲突，争抢同种资源。在《大富翁》中，游戏宏观目标是结束时获得最多的金钱，但你必须花费金钱投资房地产和酒店，为了随后挣到更多的钱。审视一下呈现在玩家面前的选择，最有趣的常常是此消彼长、有利有弊的那种。

从实用主义的角度出发，游戏中的目标需要耗时完成，玩家花在游戏中的时间有限。回到《上古卷轴 5：天际》的例子，许多玩家（包括笔者）从来完不成游戏的主线目标，因为时间都花在了众多支线目标中而忘记了主线。如此推测，《上古卷轴 5：天际》的设计师的目标是让每个玩家在游戏中自行体验，目标只要玩家开心就好，无所谓通关，但是作为玩家，笔者在连绵不绝的任务中感到意犹未尽。如果作为设计师的你，认为玩家有必要完成主线目标，你一定要时刻提醒玩家任务紧迫性（很多开放世界没做到），给不能按时完成的任务增加后果。比如，在经典的游戏 *Star Control* 中，如果玩家没在规定时间内营救特定的外星种族，这个种族的母星会从宇宙中消失。

玩家关系

玩家心中常会有好几个目标，它们决定了玩家与游戏的关系。

玩家交互模式

在《游戏设计梦工厂》中，Fullerton 列出了 7 种互动模式：

- **单人对抗游戏**：玩家的目标就是打通游戏。
- **多人对抗游戏**：数个玩家协作，每个玩家有不同的目标，但是彼此合作不多。常见于 MMO 游戏（大型多人在线角色扮演游戏，又叫作 MMORPG 游戏），如《魔兽世界》，玩家各自完成任务，但交互并不很多。
- **合作游戏**：数个玩家一起通关游戏，目标一致。
- **玩家对玩家**：两个玩家的目标就是击败对方。
- **多方竞赛**：类似玩家对玩家，人数更多且互相对抗。
- **单方竞赛**：一个玩家对一队玩家。如桌游《苏格兰场》，玩家扮演罪犯躲避警察，其他 2~4 个玩家扮演警察合作抓捕罪犯。
- **团队对抗**：两队玩家互相对抗。

由目标定义玩家关系和角色

除了上面列出的交互模式，还有各种它们的组合。在实际的游戏中，玩家之间的结盟和竞争关系会改变。比如在《大富翁》中，玩家交易资产时会短暂合作，但游戏本质上是多方竞赛。

任何时候，玩家间的关系由所有玩家目标的组合构成。这些关系让玩家扮演了多个角色：

- **主角**：主角是征服游戏的角色。
- **竞争者**：玩家试图征服其他玩家。多数情况是单独获胜，少数是站在游戏这一方（比如 2004 年发售的桌游 *Betrayal at House On the Hill*，游戏中一个玩家角色变邪恶会反过来对抗其他玩家角色）。

- **合作者**：玩家帮助其他人。
- **市民**：玩家与其他人在同一个世界，但不会合作或竞争。

在不少多人游戏中，玩家们会在不同时刻扮演不同的角色，类似我们在动态层所见，不同玩家的倾向也不同。

规则

规则限制玩家的行动，同样也是设计师的概念最直观的体现。在桌面游戏的规则中，设计师试图将体验加入在规则中，随后，玩家理解这些规则，体会设计师的意图。

与纸笔游戏不同，电子游戏规则不能直接阅读，而是通过玩游戏解读开发者用代码编写的规则。因为规则是设计师与玩家进行沟通的最直接的方式，规则同时定义了许多其他元素。《大富翁》中的货币具有价值是因为规则声明钱可以购买各类资产。

明文写出是最直观的方式，但也能通过规则暗示。比如玩扑克牌，规则暗示你不能把牌藏在袖子中，虽然没有明文写在规则中，但每个玩家都知道这么干就是作弊[2]。

边界

边界定义了进行游戏的范围。在这个范围里，游戏规则才适用，扑克游戏的筹码才有价值，才允许冲撞其他冰球玩家，赛车第一个出线才有意义。有时候边界是实体，比如冰球场的围墙。有时边界不太明显，玩家在玩 ARG 游戏（虚拟现实游戏）时，常常一直置身于其中。如笔者在第 1 章“像设计师一样思考”中提到的，*Majestic* 的玩家提供给 EA 公司他们的电话号码、传真、电子邮件和家庭地址，他们则会收到电话、传真，时刻进行着游戏，游戏的本意就是模糊日常生活和游戏的边界。

资源

资源是游戏中的价值物，这些东西可以是资产（游戏内物品）或只是数值。游戏中的资产包括了如《塞尔达传说》中的装备，《卡坦岛拓荒者》（*Settlers of Catan*）中的资源卡和《大富翁》中的房产酒店。数值常包括生命值、潜水时的氧气值、经验值。因为金钱太普遍和常用，所以介于两者之间。游戏可以有实体货币（如《大富翁》中的现金），也可以是非实体的数值（如《侠盗猎车手》中的金钱数额）。

空间

设计师经常要负责创造空间，包括设计桌面游戏的桌板和电子游戏中的虚拟关卡。在这两种情况下，你都需要设计得独特有趣，并且考虑创造流程。设计空间时要记住以下要点：

---

2. 这是一个单人和多人游戏设计的好例子。在多人扑克游戏中，藏起一张牌会视为作弊。然而在 Rockstar 的《荒野大镖客》（*Red Dead Redemption*）中，游戏内置的扑克游戏允许玩家穿上特定服装，开启换牌作弊功能（有概率被 NPC 识破）。

- **空间的目的**：建筑师克里斯托弗·亚历山大花了多年时间研究为什么一些空间特别好用。他提炼出这些设计模式，写在了《建筑模式语言》（*A Pattern Language*）中，探索了各类优秀建筑的空间。这本书的目的是列出一系列模式，帮助其他人创造合适的空间。
- **流程**：空间是适合玩家通过还是限制行动？背后有何动机？在桌面游戏 *Clue* 中，玩家每回合摇骰子决定移动距离，但穿过版面会非常慢（版面尺寸为 24×25，平均每次移动 3.5，需要 7 回合才能穿过版面）。意识到这点后，设计师加入了隐藏的传送点设计，可以直达版面对角，帮助玩家快速移动。
- **地标**：让玩家在虚拟 3D 空间记住地形比现实中更难。鉴于此，更需要在虚拟场景中设置地标让玩家围绕它行动。在夏威夷的檀香山，除非日落之后，否则游客不以方向定位，而是用地标 Mauka（东北方向的山）、Makai（西南的海洋）、Diamond Head（东南方向的大山）和 Ewa（西南方向的区域）定位。夏威夷岛上的其他地方，Mauka 意味着内陆，而 Makai 则朝向海洋，而不太在意方向（这个岛是圆形的）。放置玩家容易识别的地标能节约玩家查看地图的时间。
- **经验**：总的来说，游戏是一种体验，但游戏的地图或空间也需要布置一些玩家可以体验的兴趣点。在《刺客信条 4：黑旗》中，游戏地图是个缩小的真实的加勒比海。尽管真实的加勒比海中岛屿之间相隔数天的航程，但游戏中的加勒比海散布了许多活动，保证玩家每隔几分钟都有事做，这可能是一个岛上的宝箱或者穿越整支敌军舰队。
- **短、中、长期目标**：如图 4-1《风之旅人》中展示的那样，你的空间可以有多层目标。在开放世界中，玩家经常会在早期遇到高级敌人，激励玩家之后击败他。许多游戏也在地图上标记出高中低难度的地区。

表格

表格是游戏平衡性的关键，尤其是现代的电子游戏。简单地说，表格就是一堆数字，但也能用来设计和描绘各类其他东西。

- **概率**：表格可以用来定义特殊场景下的可能性。在桌游 *Tales of the Arabian Nights* 中，玩家遇到生物时用一张表格列出一系列遭遇后可能的反应和后果。
- **进程**：在纸面 RPG 游戏（如《龙与地下城》）中，表格展示了玩家的能力和属性的成长。
- **试玩数据**：除了玩家使用表格进行游戏，设计师也用表格记录试玩数据和玩家体验。第 10 章有关于这部分的详细内容。

当然，表格也是游戏中的一项技术，跨越了机制和技术界限。作为一种技术，它包括存储信息和在表格中进行演算（比如表格中的公式）。作为机制，表格包括设计师印刻在设计中的决定。

4.2 美学内嵌

美学内嵌是开发者置于游戏中的美学元素，包括所有的五感。作为设计师，你应该意识到玩家在进行游戏时能全部体会到。

五种美学感受

设计师在制作游戏时必须考虑五种感受，这些感受如下。

- **视觉**：在五感中，视觉是游戏中最引人注目的。所以，影像逼真度在近几年得到了长足的进步。当考虑游戏中的视觉元素时，不要局限于 3D 美术或者桌面游戏中的画板。玩家（或潜在玩家）看到的一切都会影响其对游戏的印象和体验。过去一些开发者花费大量精力在游戏美术上，但游戏却隐藏在丑陋的封面包装之下。
- **听觉**：如今游戏中音效的拟真度仅次于视觉。所有的现代主机都可以输出 5.1 声道甚至更好的音效。游戏音效包括声效、音乐和对话。每个都需要传达给玩家不同的时长和最佳使用场景。另外，在中型或者大型团队中，三者会交给不同的艺术家处理。

音效类型	即时性	适用场景
声效	立即	提醒玩家，传达简单信息
音乐	中	营造氛围
对话	中/长	传达复杂信息

还有一方面要注意的是背景噪声。对手机游戏来说，玩家几乎都是在嘈杂的环境下玩。你当然可以给游戏加入音效，但是不要太仰赖它，除非声音是你游戏的核心要素（比如 somethin'Else 制作的 *Papa Sangre* 和 Psychic Bunny 制作的 *Freeq*）。你需要注意主机和计算机的噪声，它们的散热风扇可能很吵。

- **触感**：数字和桌面游戏的触感完全不同，但对玩家来说这是最直观的。在桌面游戏中，触感在于游戏道具、卡牌和桌面等，这些道具的质量是高档还是廉价？通常情况下，你当然希望是前者，但廉价也不完全是坏事。曾大赚一笔的桌游设计师 James Ernst 开了一家叫作 Cheap Ass Games 的公司，任务就是让好游戏以最低的价格卖给玩家。为了压缩成本，他们公司的游戏道具使用的都是廉价材料，但是玩家照样买账。因为通常售价为 40~50 美元的游戏，在他这里只需 10 美元。这也是设计的一种，当你做决定时，搞清楚你有多少种选择。

  桌游界近期最令人振奋的进步就是 3D 打印，许多设计师开始 3D 打印他们游戏的道具原型。也有公司为道具和卡牌提供在线 3D 打印服务。

  电子游戏也有触感，设计师要考虑手柄的手感和玩家操作时的疲劳感。当 PS2 神作《大神》（*Okami*）移植到任天堂 Wii 时，设计师决定用 WiiMote 手柄的摇摆代替 PS2 手柄的 X 键进行攻击（模仿 Wii 上的《塞尔达传说：黄昏公主》）。但是《塞尔达传说：黄昏公主》中的攻击几秒钟进行一次，而《大神》则是一秒钟发生几次，导致玩家很容易疲劳。随着平板和智能手机上的游戏越来越多，触摸手感也需要设计师用心考虑。

电子游戏的另一大触感就是手柄的振动。作为设计师，在现代多数手柄中你都可以决定振动的强度和振动的类型，比如 Nintendo Switch 更是十分依赖振动功能。

- **嗅觉**：味道虽然不常见，但也不是没有。比如有些书用特别的印刷工艺制作气味，桌游印刷时也可以采用。但大量印刷之前一定要先试闻一下样品。
- **味觉**：在游戏中，味觉的影响比嗅觉要少，但是在一些游戏中，味觉还是影响因素之一，比如喝酒游戏和一些接吻游戏。

美学目标

人类在发明文字之前就已开始画画和作曲。在设计和制作游戏的美学元素时，设计师要利用长期对艺术形式的理解。交互体验的优势是利用这些经验，结合美学的技艺和知识融入我们设计的游戏中。但是这么做必须有理有据，并与其他元素和谐共处。下面列出了一些能服务于游戏的美学元素。

- **情绪**：美学帮助游戏营造情绪氛围的效果出众。虽然可以通过机制传达情绪，但视听比机制的影响力有效得多。
- **信息**：颜色信息内置于我们哺乳动物的心智中。警示颜色红、黄、黑色在哺乳动物界随处可见[3]。反之，蓝色和绿色通常代表平和。
- 另外，可以训练玩家对特定美学进行理解。在 LucasArts 的 *X-Wing* 游戏中首次使用了根据环境生成的原声[4]，增加音乐强度以警告玩家。同样如本书第 13 章所写，顽皮狗在《神秘海域 3》中用明亮的黄蓝色提示玩家攀爬路线。

4.3　叙事内嵌

与其他形式的体验一样，剧情和叙事是许多交互体验的重要一环。但在游戏中遇到的挑战不同于任何线性媒体，所以编剧还要学习如何创作和呈现交互叙事。本节将一探叙事的核心组件、动机和方法，以及游戏叙事和线性叙事的差异。

叙事内嵌的组件

在线性和互动叙事中，叙事的组件是一样的：前提、设定、角色和情节。

- **前提**：前提是叙事的基础，故事在此产生。

  很久以前，在遥远的太空，一场星际大战波及了一位年轻的农夫，此时他还不知道自己和其祖先是何等重要的人物。

  戈登·弗里曼还不知道，黑山研究所为他第一天来此上班准备了怎样的惊喜。

---

3. 警示颜色又叫作警戒态，由 Alfred Russel Wallace 于 1867 提出，并在 1877 年发表相关文章 *The Colours of Animals and Plants*.。
4. 早期游戏中使用环境原声的另一个作品还有 Origin Systems 的 *Wing Commander*（1990 年）和 LucasArts 的 *Monkey Island 2: Le Chuck's Revenge*（1991 年）。

爱德华·肯威必须在加勒比海上追寻宝藏和神秘的观测所，这也是圣殿骑士和刺客都在追寻的神殿[5]。

- **设定**：设定在前提的骨架上扩展开，详细描绘故事发生的世界。可以远在天边，也可近在眼前，但一定要在前提约定的范围内可信和恰当，如果你的角色在热兵器时代用剑战斗，你最好能解释得通。在《星球大战》中，当欧比旺把光剑交给卢克时，他用一句“这不是什么破烂爆能枪能比的，它是来自文明时代的精致武器。”解释合理性。
- **角色**：故事为角色服务，最棒的故事往往有着让我们在意的角色。从叙事上来说，角色是背景和目标的结合体。这种结合赋予了角色在叙事中的位置：主角、反派、同伴、仆人或是导师等。
- **情节**：情节是叙事时发生的一系列事件。不同的是，它发生在主角想要达成某个目标却遭遇反派或者逆境时。于是情节变成了主角如何克服这些困境和障碍。

传统戏剧

尽管互动叙事提供给编剧和开发者许多新机会，但整体还是要遵循传统戏剧结构。

五幕结构

德国编剧 Gustav Freytag 在其 1863 年的著作 *Die Technlk des Dramas*（戏剧技术）中提到了五幕结构。莎士比亚等人（还有罗马剧作家）就经常用这种结构，被后人称之为 Freytag 金字塔，如图 4-2 所示。图 4-2 和图 4-3 的垂直轴代表了观众的兴奋程度。

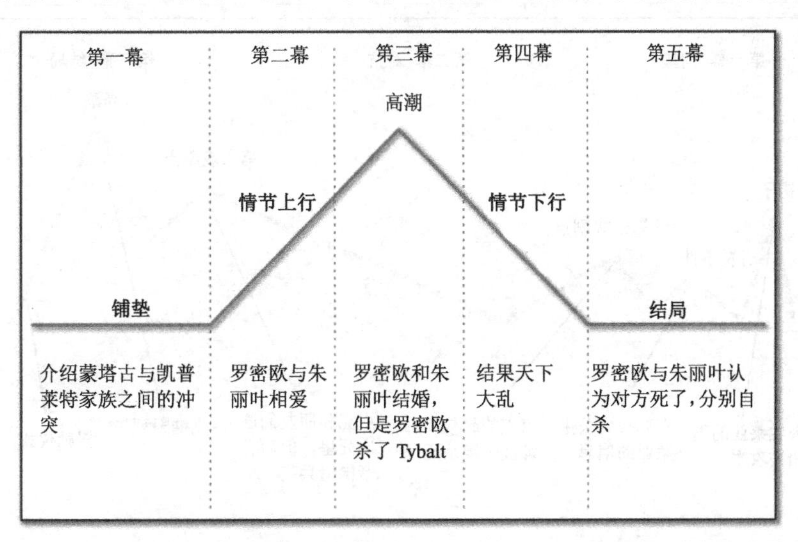

图 4-2　用 Freytag 金字塔的五幕结构解读莎士比亚的《罗密欧与朱丽叶》

根据 Freytag 的理论，每一幕作用如下：

- **第一幕　铺垫**：介绍前情、设置和重要角色。在《罗密欧与朱丽叶》的第一幕中，

5. 这些分别是《星球大战：新希望》《半条命》和《刺客信条 4：黑旗》的前提。

我们认识了维也纳、意大利和两大家族蒙塔古与凯普莱特的冲突。罗密欧以蒙塔古家族的儿子出场，并且被罗莎琳迷得神魂颠倒。

- **第二幕 情节上行**：有事发生导致了重要角色间和戏剧的张力上升。罗密欧潜入卡普莱特家族的舞厅，瞬间迷倒了卡普莱特家族的朱丽叶。
- **第三幕 高潮**：所有的事情会首一处，结局定型。罗密欧和朱丽叶秘密结婚，本地的修士希望可以化解两家人的矛盾。然而，第二天朱丽叶的堂兄 Tybalt 找上了罗密欧。罗密欧不想动粗，所以他的朋友 Mercutio 替他出战，在这个过程中，Tybalt 失手杀死了 Mercutio（因为罗密欧碍事）。盛怒之下的罗密欧追打 Tybalt，最后杀死了他。那一瞬间剧情达到了高潮，因为观众都知道，原本美满的一对恋人从此之后要成为悲剧。
- **第四幕 情节下行**：剧情朝着结尾发展。如果是喜剧，一切开始转好，如果是悲剧，看起来可能好转，但其实不然。高潮的后果继续发酵。罗密欧被逐出维也纳。修士意图让罗密欧与朱丽叶一起远走高飞。他让朱丽叶假死，然后派信使通知罗密欧，但事与愿违，信使失败了。
- **第五幕 结局**：故事结尾。罗密欧进入墓穴以为朱丽叶已死，于是殉情自杀。朱丽叶醒来后也选择赴死。两个家族得知后，人人为之动容，选择和解。

三幕结构

美国剧作家 Syd Field 在他的著作和演讲中提出过一种传统叙事的解读方式，即三幕。[6]每幕之间有个情节点改变故事走向，强迫玩家应对，如图 4-3 所示。以下是这个案例的详解。

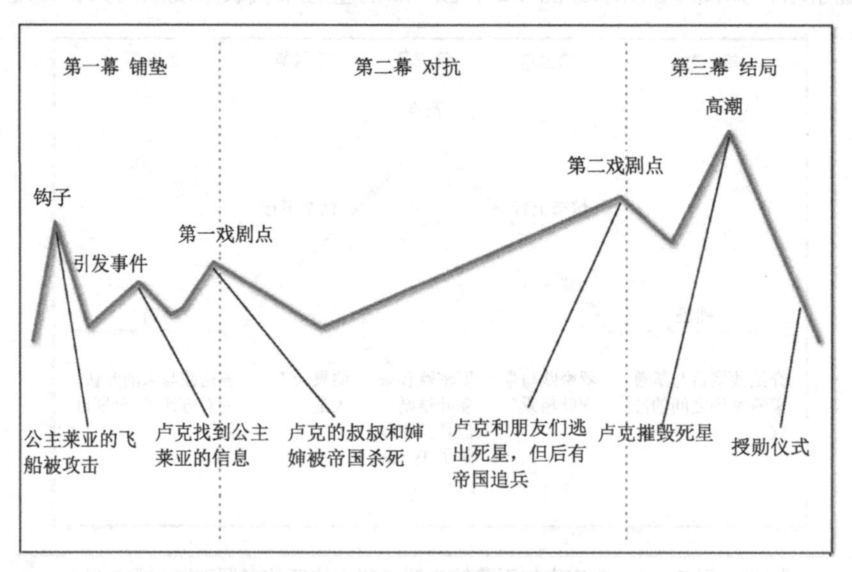

图 4-3　三幕结构，以《星球大战：新希望》举例

- **第一幕 铺垫**：向观众介绍世界、背景设定和主要角色。在《星球大战》的第一幕中，卢克是个年轻的理想主义少年，在他叔叔的农场干活。在星系中，星际叛

6. Syd Field *Screenplay* 所著 *The Foundations of Screenwriting*。

军正在对抗帝国，而他梦想成为一名星舰飞行员。

— **钩子**：迅速勾起观众的注意，前几分钟决定了观众会不会看下去，所以一定要够刺激，哪怕跟电影内容无关也不怕（比如 *007* 系列电影的片头）。在《星球大战：新希望》开场，莱亚公主飞船被攻击的场景用了当时最先进的特效和 John Williams 精彩配乐，两者都牢牢吸引住了观众。

— **引发事件**：主角生活中的某件事情让他启程冒险。卢克在听到 R2-D2 里隐藏的秘密前一直过着平凡的生活。正是这个发现让他上路寻找"老班"肯诺比，从而改变了他的人生。

— **第一戏剧点**：第一戏剧点随着第一幕结束，推进玩家向第二个出发。卢克决定在家不去帮欧比旺，但得知帝国杀害他叔叔和婶婶后，他改变了心意，决定加入欧比旺的队伍，成为绝地武士。

- **第二幕 对抗**：主角踏上征途，但一路坎坷。卢克和欧比旺招募到了韩索罗和楚巴卡帮忙，将 R2-D2 身藏的秘密带到奥德兰，但到达时奥德兰被毁，飞船也被死星俘获。

— **第二戏剧点**：第二戏剧点结束后推进主角做出决定，进入第三幕。历经磨难后，卢克和他的朋友带着计划和公主逃出了死星，但他的导师欧比旺不幸身亡。死星跟随他们来到了叛军的秘密基地，卢克必须决定帮助叛军，还是随韩索罗而去。

- **第三幕 结局**：故事结束，主角成功或失败。不论成败，这些经历让他重新认识自己。卢克选择摧毁死星，终于拯救众人。

— **高潮**：所有冲突的汇集，悬念落下。卢克在死星战斗到孤身一人。就在被黑武士击毙之前，韩索罗和楚巴卡出现救下了他。这时卢克决定相信原力，利用空当闭眼一搏，居然射中了黑武士。

在大多数现代电影和几乎所有的电子游戏中，高潮常常接近剧情尾声，结束得很仓促。一个非常好的反例是 Rockstar 的《荒野大镖客》。在高潮结束后，主角 John Marston 终于杀死了政府要犯，得以回家与妻儿团聚。在雪中，伴随着游戏中一首歌曲，John 骑马缓缓前行。之后玩家接到一系列平淡的任务，如驱赶谷仓的乌鸦，教孩子放牛之类的琐事。紧接着一开始找他的政府官员出现，射杀了主角。John 死后，主角变成了 3 年后他的儿子 Jack。玩家开始追踪杀死他父亲的凶手，回归了动作游戏玩法。在游戏中这样的情节很罕见，让《荒野大镖客》过目难忘。

互动叙事和线性叙事的区别

因为观众和玩家的区别，线性叙事和互动叙事有本质的区别。尽管观众会以个人经验解读其消费的各种媒体，但并不能改变媒体本身，区别在于个人的悟性不同。然而，玩家在参与时会不断影响媒体，成为互动叙事的动因。也就是说，互动叙事的作者要注意两者的本质区别。

情节 vs 自由意识

创作互动叙事时最难办的就是要放弃控制情节。作者和读者都习惯了情节中的伏笔、命运、讽刺等意图影响剧情走向的手法。但在真正的互动体验中，玩家的自由意识让这些都行不通。因为不知道玩家的选择，很难去提前做铺垫。有几种解决办法，常见于纸笔 RPG 游戏，但是并没有多少电子游戏实践过：

- **限制可能性**：几乎所有的互动剧情都限制可能性。事实上，大多数游戏本质上都不具有互动叙事。过去十年间最流行的系列游戏（《波斯王子》《使命召唤》《光环》《神秘海域》等）本质上都是线性剧情。不管你在游戏中干什么，只能继续游戏或者退出。而 Yager 开发《特殊行动：命悬一线》（*Spec Ops: The Line*）的处理手法则精妙得多，将玩家和主角置于同种处境，其只有两个选择：继续作恶或者彻底退出。而在《波斯王子：时之沙》中则引入叙述者（主角），每次失败后他会说“不不，事情不该这样。我该再试一次？”随即载入最近的存档点。在《刺客信条》系列，则提示你与祖先的记忆“不同步”，如果玩家的技术不好，祖先也会死。还有一些例子是根据玩家的行动限制可能性。Lionhead Studios 的《神鬼寓言》（*Fable*）和 Bioware 的《星球大战：旧帝国骑士》（*Star Wars: Knights of the Old Republic*）称他们根据玩家的行为决定游戏结局，但实际上游戏只记录了善恶对比，玩家在两者（以及其他游戏）结局前的一个决断就可以推翻之前所有的善恶选择。

  其他游戏如日本 RPG 游戏《最终幻想 7》和《时空之轮》有更多、更巧妙的可能性。在《最终幻想 7》中，主角克劳德前往 Golden Saucer 游乐场赴约，默认是要去见艾莉丝，但如果你在游戏中一直无视她并不带她战斗，克劳德则会见到蒂法。约会的人选包括艾莉丝、蒂法、尤菲和巴雷特，虽然最后这个比较麻烦。游戏没有解释背后的算法，并且在《最终幻想 10》的浪漫场景中，又这么做了一次。《时空之轮》用了多项数据决定游戏从十三个结局中挑选哪一个（这些结局本身也有多个可能性）。同样，这些计算基本不会让玩家知晓。
- **允许玩家选择多个线性支线任务**：许多贝塞斯达的开放世界游戏使用这个策略，包括《辐射 3》和《上古卷轴 5：天际》。虽然这些游戏的主线任务非常线性，但这只是游戏的一小部分。举例来说，《上古卷轴 5：天际》的主线任务大约需要 12~16 个小时完成，但完成其他支线任务则需要 400 多个小时。玩家在游戏中的作为和声望会解锁一些任务，同时又无法完成另一些任务。这就是说，不同的线性体验组合在一起，玩家们对游戏的宏观体验各不相同。
- **多个伏笔**：如果你对可能发生的事情留了几个伏笔，其中一些事情也许以后会发生，玩家一般只有在事情真正发生时才会意识到。这个手法经常在电视剧中看到，之前留下的数个伏笔只有在之后出现（比如，Nebari 要夺取宇宙的阴谋直到 *Farscape* 中的“A Clockwork Nebari”这集才显现，还有在《神秘博士》（*Doctor Who*）的“The Doctor‘s Daughter”一集中出现的博士女儿再也没出现）。
- **做一些配角 NPC 支持主角**：游戏主持（GM）常在纸笔 RPG 游戏中用这种方法。比如玩家被 10 个强盗袭击，但跑了一个。游戏主持（GM）可以之后让这个人回来报复。这与《最终幻想 6》（在美国名为《最终幻想 3》）不一样，因为 Kefka 从游戏开始就是一个不停烦你的大反派。尽管玩家的队员没感觉，但开发者给 Kefka 添加了特殊的音效供玩家识别。

小窍门

笔者还是非常推崇纸笔 RPG 游戏的，其提供了独一无二的互动体验。当笔者在南加州大学任教时，要求所有的学生与其他同学玩几次纸笔 RPG 游戏。每学期大概40%的学生将其列为最喜爱的作业。

因为纸笔 RPG 游戏由人主持，主持人可以实时创造剧情，这是计算机没法比的。在之前列出的所有策略中，主持人都会利用不同的策略并给玩家带来合适的体验，比如线性叙事中常见的伏笔或讽刺。

由 Wizard of the Coast 出品的老牌 RPG 游戏《龙与地下城》是最好的入门游戏，相关书籍数不胜数。然而，笔者发现《龙与地下城》着重战斗，想要体验叙事的话，笔者推荐 Evil Hat Productions 的 *FATE* 系列游戏。

感情投入：角色 vs 化身

在线性叙事中，主角常是玩家需要投入感情的角色。当观众看到罗密欧和朱丽叶做傻事时，他们会想起自己年轻的时候，并对这对年轻恋人的悲惨遭遇感同身受。与之相对的，互动叙事中的主角不只是个角色，还是玩家的化身。这会引起玩家的真实性格和角色性格的错位。对笔者来说，当扮演克劳德·史特莱夫时体会最深。笔者比克劳德的暴脾气好一些，但总的来说，他的沉默让笔者将自己的性格投射到他身上。然而，在一个关键场景中（克劳德失去亲人时），他选择在轮椅上茫然不动，而不是如笔者所愿的奋起反抗，从 Sephiroth 中拯救世界。这种玩家与角色选择的分歧让笔者非常沮丧。

一个关于这种分歧绝好的例子来自四叶草工作室（Clover Studio）的游戏《大神》。在《大神》中，玩家是日本神话中的天照大神，但是天照大神的力量经过 100 多年已经消减，玩家必须找回神力。在剧情进行四分之一后，主要反派无双大蛇选择献祭一名侍女，玩家和天照大神的同伴 Issun 知道这时候自己还非常虚弱，不能对抗无双大蛇。尽管 Issun 一再反对，天照大神还是卷入战斗。这时音乐风格突变，响应着她的决定，玩家也从害怕转向热血，因为知道这场战斗的悬殊，但还是奋不顾身地战斗，让玩家觉得自己像个英雄。

游戏设计师在游戏的互动叙事中经常用到这种角色对化身的错位。

- **角色扮演**：到目前为止，游戏中最常用的手法是让玩家进行角色扮演。如《古墓丽影》或《神秘海域》，玩家不再是他自己，而是劳拉·克劳馥或内森·德雷克。玩家摒弃自己的性格，扮演游戏主角。
- **沉默的主角**：追溯到第一部《塞尔达传说》的年代，大部分主角沉默不语。其他角色会跟主角对话，假装做出反应，但玩家从没看过角色说一句话。这种做法能让玩家把自己的性格投射在主角上，而不是接受开发者强加的个性。但是，不管林克说不说话，他的行动诠释了自己的个性，克劳德一言不发，玩家也能感受到前文描述的玩家与角色之间的性格失调。

- **多种对话选择**：许多游戏给玩家的角色提供多种对话选择，提升玩家的控制感。但这种做法有几个必要条件：

  玩家必须了解对话的内涵：有时候，编剧看来明显不过的对话玩家未必能体会。如果玩家理解错了编剧的意图，NPC 的反应会让玩家很奇怪。

  玩家的选择要有意义：一些游戏给玩家选择的假象，预测玩家的选择。比如请求玩家拯救世界，如果拒绝，则提示“你不是认真的吧。”并没有真正给玩家选择。Bioware 的《质量效应》系列在这方面处理得非常好，游戏中玩家通过转轮选择对话，每个位置有对应的意义。转轮左边的选项表示继续对话，右边的选项表示停止对话，上方表示友善，下方当然就是表示敌对了。经过这样的安排，确保玩家理解自己的选择，对后果有所准备。

- **根据玩家选择做出反应**：一些游戏会记录玩家与各派系的关系，让派系成员回应玩家。如帮兽人一个忙，他们才会与你做生意。抓捕一个盗贼工会成员，他们以后可能会报复你。这类道德系统在贝塞斯达的开放世界游戏中很常见，源自《创世纪 4》中的八种美德和三个原则，这也是这类复杂的道德系统第一次在电子游戏中出现。

叙事内嵌的目标

在游戏设计中叙事内嵌的目标：

- **唤起情感**：过去数个世纪，作家们掌握了通过叙事操控观众情感的技能。这对游戏和互动叙事同样适用，甚至单纯的线性叙事游戏也能做到这一点。
- **提供动机和理由**：叙事可以操纵情绪，同样可能促使玩家采取行动，或是把恶行正当化。在由 Joseph Conrad 所著 *Heart of Darkness* 的改编游戏《特殊行动：生死一线》中，尤其是这样的。正面例子可见于《塞尔达传说：风之仗》。游戏开始时，林克的姐姐 Aryll 在林克生日的这天借给他望远镜，同一天，她被巨鸟抓走，游戏的第一部分就由林克救他姐姐的剧情驱动。Aryll 在被抓走之前给予玩家物品，增加了玩家营救她的动力。
- **进程和奖励**：许多游戏用过场讲故事和奖励玩家。如果游戏的叙事比较线性，玩家对传统三段叙事结构的理解可以帮助他了解自己的进度，也能明白自己处在剧情的哪个阶段。这在几乎所有卖座的线性游戏中都适用（比如：《使命召唤：现代战争》《光环》和《神秘海域》系列）。
- **加强机制**：叙事内嵌的主要目标之一就是加强游戏机制。德国 Ravensburger 出品的桌游 *Up the River* 就是绝好的例子。在游戏中，玩家试图移动三艘船逆流而上。将桌面叫作“河”，强化了逆向流动的机制。阻挡前进的部分叫作“沙堤”（船只经常停靠在沙堤上），同时推动玩家前进的叫作“高潮”。因为每个元素对应着剧情，玩家理解和记忆很简单。相比之下，数字 3 表示停船，数字 7 表示前进，就难记得多。

4.4 技术内嵌

类似机制内嵌，技术内嵌也主要通过动态行为表现。数字或者桌面游戏都这样。投骰子只有在玩游戏时有用，就像程序员编写的代码，只有在运行时才有意义。正如 Jesse Schell 所提到的四元法[7]，这也是导致技术元素比较隐晦的原因之一。

另外，机制和技术大量的重叠，技术驱动机制，机制和设计决定了技术的方向。

桌面游戏技术内嵌

常见的桌面游戏的技术内嵌为随机、状态记录和进度。

- **随机**：桌游最常用的技术就是随机化。牌、骰子、陀螺等都能产生随机数。作为设计师，你要掌控大局，决定随机方式。随机还可以与表格配合使用，比如随机化遭遇和游戏角色。在第 11 章“数学和游戏平衡”中，你会见到各类乱数产生器。
- **状态记录**：状态记录可以是记录玩家的分数（如克里比奇牌的记分板）或者 RPG 游戏中复杂的人物属性表。
- **进度**：进度经常用图表展示，包括了玩家升级时能力的提升，类似《文明》中的技能树，还有桌游 *Power Grid* 中的资源补充等。

电子游戏的技术内嵌

本书的后半部分用 Unity 和 C#编程语言，大篇幅讲解了电子游戏技术。和桌面游戏技术类似，游戏编程的艺术就是把体验编写成规则（以代码的形式），随后玩家通过游戏解码。

4.5 本章小结

内嵌层的四元素组成了玩家通过购买游戏得到的全部内容，所以这是开发者唯一完全掌控的一层。下一章里，我们将看到游戏从内嵌层的静态转向动态层的涌现。

内嵌层正如 Jesse Schell 所讲的四元法一样，每一个元素都与游戏工作室的各个工作息息相关：游戏设计师制造机制，美术人员营造美学，作者创造故事，而程序员开发技术。

---

7. 本书第 2 章讲解了 Schell 的四元法。

第5章

动态层

一旦玩家开始游戏，就从内嵌层走向了动态层。玩法、策略和玩家选择在这个层面涌现。

在本章中，我们将会探索动态层的各种涌现行为，以及设计师如何预估设计决策的后果。

5.1 玩家的角色

一位设计同行曾对笔者说，游戏只有被人玩时，才能称得上是游戏。尽管这听起来像是“森林里一棵树倒下，没有人听到，它发出声音了吗？”但对互动媒体来说尤其重要。电影可以在空无一人的影院放映[1]，电视信号即使没人收看也没什么影响，然而游戏不能离开玩家。只有通过玩家行动，游戏才能从一系列内嵌要素转变成一种体验，如图5-1所示。

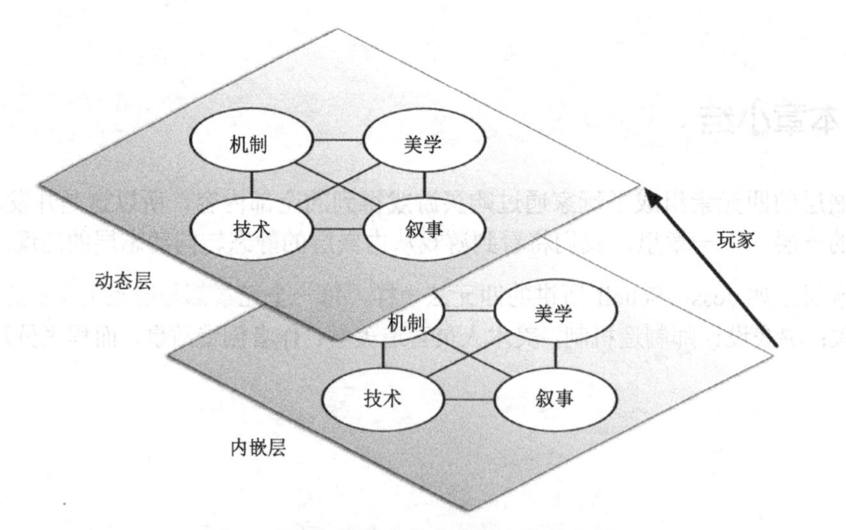

图 5-1　玩家使游戏从内嵌层走向动态层

1. 有的电影，如《洛基恐怖秀》（*Rocky Horror Picture Show*）靠着观众参与赢得了众多影迷，同时观众对电影的反应也影响其他观众的体验。然而，电影完全不受观众的影响。游戏的动态就源于这种媒体会给玩家反馈。

当然了，这也不是绝对的，总有特殊的个例。黑客游戏 *Core War* 中，每个玩家编写病毒争夺目标计算机的控制权，玩家提交了病毒后等它们互相厮杀即可。在每年的 RoboCup 大奖赛中，各个团队的机器人在无人干涉情况下进行足球比赛。在经典卡牌游戏 *War* 中，玩家选择卡组开始比赛，之后就没事做了，游戏完全靠排序和运气进行。

尽管这些例子里，玩家在游戏时并没参与，但还是在游戏前受玩家的决策影响，玩家也对游戏结局相当在意。以上所有例子中，玩家仍然需要创建游戏，做出影响结局的决策。

尽管玩家对游戏和玩法影响巨大（包括四元素），但在游戏过程中是置身其外作为"引擎"驱动游戏，这是玩家让开发者置入的内嵌元素显现，成为一种体验。作为设计师，我们依靠玩家帮助我们实现游戏的目的。但有几个方面完全无法控制，比如玩家是否遵循规则，是否在意输赢，还有玩家的心情和进行游戏时的环境等。因为玩家非常重要，我们作为开发者要尊重他们，确保规则清晰易懂，以便顺利地传达我们的设计意图。

5.2 涌现

本章最重要的概念就是涌现，它的核心是即使简单的规则也能产生复杂的动态行为。回忆一下第 1 章中玩过的游戏 *Bartok*，尽管它的规则不多，还是能涌现出复杂的玩法。而且，当你开始自己修改规则时，会发现即使微调规则，也可能大幅改变游戏的体验。

分层四元法的动态层包含了玩家与四类（机制，美学，叙事，技术）元素互动的结果。

出乎意料的涌现机制

笔者的同事 Scott Rogers 在游戏设计方面有两本著作[2]，他曾向笔者表示自己不相信涌现，经过一番讨论之后，我们达成了共识，他其实相信涌现，但不认同游戏设计师用涌现当作不负责的借口。Scott 相信，作为游戏系统的设计师，需要为它们涌现的行为负责。当然了，想要预测涌现很难，所以试玩才显得尤其重要。作为游戏开发者，及早测试，经常测试，留意异常情况。一旦游戏发布，玩家人数的激增会大大增加产生异常的机会。所有设计师都会遇到这种情况，比如《万智牌》中的非法卡牌，但如 Scott 所言，设计师要负责解决这些问题。

5.3 动态机制

动态层中的动态机制让互动媒体与其他媒体区别开，动态机制包括了步骤、有意义的玩法、策略、规则、玩家意图和结果。与内嵌机制类似，在 Tracy Fullerton 的《游戏设计梦工厂》中，也提到过这些扩展元素。动态机制包括以下内容：

---

2. Scott Rogers, *Level up* 所著 *The Guide to Great Video Game Design* 和 *Swipe this! The Guide to Great Tablet Game Design*。

- **步骤**：玩家采取的行动。
- **有意义的玩法**：让玩家的决策有意义。
- **策略**：由玩家制订计划。
- **自定规则**：由玩家简单修改游戏规则。
- **玩家意图**：玩家的意图和目标。
- **结果**：玩游戏后的结果。

步骤

内嵌层的机制包括了规则：设计师给玩家准备的游戏指南。步骤是玩家回应规则的动态行为。在第 1 章提到的游戏 *Bartok* 中，有这样一条可选规则：

- 玩家必须在仅有一张卡的情况下公布“自己只有一张牌”。如果其他人先说了，那么这名玩家需要抽两张牌（也就是加起来变成三张牌）。

这条规则直接指示玩家在只有一张牌的情况下要公开自己只剩一张牌的情况。然而，这里有一条隐藏规则：其他玩家会互相监督。在此之前，没有玩家会注意别人的手牌，但这一条简单的规则改变了玩家的游戏过程。

有意义的玩法

在 *Rules of Play* 中，Katie Salen 和 Eric Zimmerman 定义了有意义的玩法：既要玩家可识别，还能整合到更大的游戏中。

- **可识别**：可识别的玩法就是玩家行为产生的可见后果。比如当你坐电梯时，按钮灯亮起就是可识别的。如果你曾遇到过电梯按钮灯坏掉，就能体会到无法分辨自己行动的沮丧感。
- **相互协调**：如果玩家知道行为会影响游戏结果，这就叫协调。比如，当你知道按电梯按钮时，电梯会在你这层停下，这就算相互协调。

在《超级马里奥兄弟》中，踩死敌人还是避开它们并不是很有意义的选择，因为单个动作没有影响游戏的结果。《超级马里奥兄弟》从来不记录你的杀敌数，只要角色活着到达关底即可。然而在 HAL Laboratories 的系列游戏《星之卡比》中，玩家吞噬敌人获得特别能力，所以杀敌直接与能力获取相关，这种选择才有意义。

如果玩家的行为没意义，很快就会丧失兴趣。Salen 和 Zimmerman 提出“有意义玩法”的概念，在于提醒设计师注意玩家的心态和他们与游戏的互动是否清晰明了。

策略

当游戏允许有意义的行为时，玩家通常会利用策略取胜。策略是一系列精心算计的行为，帮助玩家达成某个目标。另外，目标不限于赢得游戏，比如，当小孩子与同样低水平的玩家进行游戏时，玩家的目标可能是享受过程、获取知识，而不是取胜。

最优策略

当游戏非常简单时，玩家可能会找出游戏的最优策略。如果玩家很理性地为了获胜玩游戏，最优策略就是赢面最大的策略。大多数游戏都太过复杂，没有最优策略，但一些特别简单的游戏（如《井字棋》）就会有。实际上，《井字棋》简单到经过训练的鸡都可以做到不败。

通常意义上的最优策略指的是帮助玩家扩大赢面的笼统概念。比如 Manfred Ludwig 的桌游 *Up the River*，玩家要把三条船移动到游戏板顶端的码头，第一条船靠岸赢得 12 分，第二条 11 分，依此类推直到只剩 1 分。每回合（每个玩家行动过）河流逆向移动一格，任何掉下瀑布的船算损失掉。每回合玩家从 1 到 6 摇一个数字（六面骰子），选择移动哪条船。因为 6 面骰子的平均数为 3.5，玩家有三条船，也就是每三个回合每条船平均移动 3.5 格。然而 3 回合后河流会逆向流动 3 格，所以平均每条船向前移动了 0.5 格（或者说每回合移动 0.1666 格）[3]。

在这个游戏中，最优策略是舍弃一条船，那么每两回合就可以向前移动 3.5 格。河流 2 回合移动 2 格，每条船每 2 回合可以向前移动 1.5 格（每回合 0.75 格），这比起保持所有船在河上的效果好得多，更有可能最快靠岸，获得 23 分（12+11）。在双人游戏中，这个策略不好用，因为第二个玩家最终可以得到 27 分（10+9+8），但如果有三四个玩家的话，这就是游戏的最佳策略。然而，其他玩家的选择和骰子的随机性决定了不可能次次得胜，只是增加获胜的可能性。

策略性设计

作为设计师，有好多种方式确保游戏更倾向策略性。首先，要记住提供给玩家多种获胜选择，每个都需要做出艰难的选择。另外，如果这些目标之间互相纠缠（比如两个目标的条件一样），在游戏时会让玩家朝特定角色发展。一旦玩家察觉到正在实现某个目标时，也会选择与其互补的目标，这样会引导他做出符合既定角色目标的决策。如果这些目标需要在游戏中执行特定行为，便会影响他与其他玩家在游戏中的关系。

在 Klaus Teuber 设计的游戏《卡坦岛拓荒者》中有个范例。在游戏中，玩家需要获取的资源的方式有掷骰子和交易，5 种资源有些用于前期，有些用于后期。三种前期不太有用的资源是绵羊、小麦和矿石，但是这三种资源合在一起可以用来交换建设卡。最常见的建设卡是士兵卡，可以驱赶抢匪到任何位置，允许玩家偷取其他玩家资源。所以，开局时额外的矿石、小麦和绵羊方便玩家购入建设卡，同时持有大量的士兵卡能赢得胜利点数，两者的结合会让玩家更倾向于劫掠其他玩家，成为游戏中的恶霸角色。

自定义规则

如你在 *Bartok* 中所见，玩家自定义游戏规则，即使细小的改动也可能大幅影响游戏体验。比如《大富翁》中，最常见的自定义规则是取消地产竞拍（当某人前进到别人的房产并且无意购买时产生）和将所有罚金放在 Free Parking 处，被行进至此的玩家取得。

---

3. 为了简化，笔者在这忽略掉了部分游戏规则。

移除拍卖规则等于去掉了《大富翁》几乎所有潜在策略（将它转化成了拖沓、随机的地产分配系统），虽然第一条规则不太好，但是多数的自定义规则都有助于使游戏更有趣[4]。自定义规则让玩家开始掌控游戏，让游戏成为玩家自己的东西，而不是设计师的。自定义规则的美妙之处在于，这是大多数人开始尝试游戏设计的开始。

玩家意图：Bartel 的分类，作弊者和扫兴者

玩家意图是你几乎无法控制的。虽然大多数玩家的动机是获胜，但你也要满足作弊者和扫兴者。即使在正常玩家中，你也可以识别出四种 Richard Bartel（第一个 MUD 游戏的设计师之一）定义的人格类型。这种定义从早期的 *MUD* 一直延续到今天的网游。他在 1996 年发表的文章"Hearts, Clubs, Diamonds, Spades: Players Who Suit MUDs"中，描述了这几类玩家如何互动，提供了如何培养玩家社区良性发展的信息。

Bartle 定义的四类（花色）玩家如下：

- **成就型（方块）**：追求游戏中的最高分，想要称霸游戏。
- **探索型（黑桃）**：致力于探索游戏每个角落，想要了解游戏。
- **社交型（红心）**：想和朋友一起玩游戏，希望了解其他玩家。
- **杀手型（梅花）**：喜欢挑衅其他玩家，想要主宰其他玩家。

图 5-2 以图像的形式展示了他们之间的关系。

当然也有其他玩家类型和动机的理论[5]，但游戏内最广为人知的还是 Bartle 这一套。

还有两类你可能遇到的玩家是作弊者和扫兴者。

- **作弊者**：在意输赢但不在乎游戏公平。作弊者会为了取胜扭曲规则。
- **扫兴者**：不在乎输赢也不在意游戏。扫兴者常常会破坏其他玩家的体验。

你不会希望上面两类玩家玩你的游戏，但还是要理解他们的动机。比如，如果作弊者认为他可以正当取胜也许不会作弊。扫兴者要麻烦得多，但在单人游戏中无所谓，因为他们压根不会想要玩你的游戏。但是正常玩家也会被糟糕的游戏机制逼成扫兴者，尤其是在愤怒退出游戏之前。

---

4. 如果你玩过 Atlas Games 的 *Lunch Monkey*，试一下允许玩家互相攻击、治疗和随意弃卡（而不只是三选一）。这会让游戏变得异常疯狂。

5. 参见 Nick Yee 的"Motivations of Play in MMORPGs: Results from a Factor Analytic Approach"。其他值得一看的内容还有 Scott Rigby 与 Richard Ryan 的文章"The Player Experience of Need Satisfaction (PENS)"。

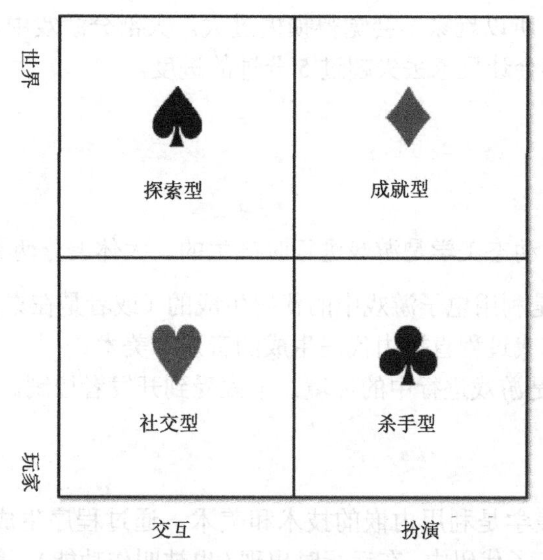

图 5-2 Richard Bartle 网络游戏中的四类玩家

结果

玩游戏就会有结果，所有游戏都如此。许多传统游戏是零和游戏，也就是说有一方赢就会有一方输。当然这不是游戏的唯一出路。事实上，游戏中每时每刻都有自己的结果。大多数游戏都有下列结果：

- **直接结果**：每个独立行为都有结果。当玩家攻击敌人，攻击的结果不是落空便是击中。当玩家在《大富翁》中购买资产时，结果是玩家现金变少，但后面有可能挣得更多。
- **任务结果**：许多游戏中都有任务，完成后会给予奖励。任务经常围绕着叙事展开（比如《蜘蛛侠 2》中小女儿的气球丢了，蜘蛛侠就要帮她找回来），所以任务的结果常标志着一小段故事的结束。
- **积累结果**：当玩家花费时间朝一个目标努力并最终达成，这就叫积累结果。最常见的形式就是刷经验值（XP）升级。玩家的各类行动会增加经验点数，当积累超过某个值后玩家角色升级，并获得能力点数上的增长。与任务结果最大的区别是没有叙事成分，玩家常常是干别的事情时被动得到升级（比如第四版《龙与地下城》的玩家积极进行各种活动，最终积累够 10000 点 XP 升到了 7 级）。
- **最终结果**：大多数游戏结束是会有个结果的，如玩家下棋获胜（另一方输），玩家通关了《最终幻想 7》等。也有一些游戏的最终结果并不是游戏结束，比如在《上古卷轴 5：天际》中，玩家完成主线任务后仍然可以继续游玩[6]。有意思的是，玩家角色的死亡常常不是游戏的最终结局。

某些游戏中主角死亡就是结束（比如游戏 *Rogue*，一旦死亡会丢掉全部进度），每段

6. 一开始玩家在《辐射 3》完成主线剧情，那么游戏就结束了，后来公布的 DLC 让玩家可以继续接着剧情玩。

游戏过程往往比较短，所以玩家不会觉得损失过大。大部分游戏中，主角死亡只是回到之前的检查点，一般不会让玩家丢失超过 5 分钟的进度。

5.4 动态美学

与动态机制类似，动态美学是游戏进行时产生的。大体上分两类：

- **过程美学**：这是利用电子游戏中的代码生成的（或者是在桌面游戏中利用机制生成的），包括游戏过程直接由代码生成的音乐和美术。
- **环境美学**：这是游戏进行中的环境，不太受到开发者控制。

过程美学

一般认为，过程美学是利用内嵌的技术和美术，通过程序生成[7]。它们被叫作“过程”，是因为它们被写入了代码中，在运行时出现（也被叫作功能）。第 18 章“Hello World：你的首个程序”中制作的瀑布，可以被看作过程美术，因为它通过 C#代码实现。在专业游戏中，最常见的过程美学是音乐和美术。

过程音乐

过程（生成）音乐在现代游戏中随处可见，目前通过三种不同技术实现：

- **横向重排**（HRS）：HRS 是根据设计师对当前游戏氛围的需要，重新排列预先录制好的音乐段落。比如 LucasArt 的 iMUSE（Interactive MUsic StreamingEngine），用在了《X 翼战机》（*X-Wing*）系列和其他旗下冒险游戏中。使用 iMUSE，在玩家正常飞行时播放安详的音乐，在敌人攻击时播放不详的音乐，在达成目标或击毁敌机时播放胜利音乐等。长音乐用来循环播放，短促的音乐用来掩饰不同音乐间的过渡。这是目前最常见的过程音乐技术，甚至可以追溯到《超级马里奥兄弟》(Nintendo, 1985)，当你通关时间不足 99 秒时会有短暂音效做背景音乐。
- **竖向重编**（VRO）：VRO 包括了一首歌的多条音轨，可以启动和禁用，常见于音乐游戏，如 *PaRappa the Rapper* 和 *Frequency* 中。在 *PaRappa* 中，有四条音轨代表玩家的水平。游戏每过一段时间会评价玩家水平，切换到更好或者更糟的音轨去，借此反映玩家的游戏情况。在 *Frequency* 和续作 *Amplitude* 中，玩家控制飞船穿越隧道，墙壁就是录制好的不同音轨。当玩家在哪面墙上发挥好，就会播放对应的音轨[8]。
  音乐游戏中普遍存在这种做法，除了日本的《押忍！战斗！应援团》（*Osu Tatake Ouendan!*）和《精英节拍特工》（*Elite Beat Agents*），其他游戏中这种用法也非常常见，比如给玩家音乐反馈，提示玩家血量和车辆速度等。

---

7. 过程美学的例子之一有 *Carcassonne*（Klaus-Jürgen Wrede, 2000）的地图砖块设计，过程美学在电子游戏中更普遍。

8. *Amplitude* 还包括了一个玩家可以选择何时开始音轨的模式。

- **过程编曲**（PCO）：PCO 是最少见的过程音乐做法，因为花费时间最多，难度最大。PCO 不是将已有的音乐段落重新排序，而是通过程序规则实时编曲。早期的商业尝试之一是 Sid Meier 和 Jeff Brigs 制作的 *C.P.U. Bach*（1994），玩家选择乐器设定参数，游戏便可以利用规则生成类似巴赫曲风的音乐。
- 另一个杰出的例子是 thatgamecompany 的《花》（2009），由作曲家和游戏设计师 Vincent Diamante 制作音乐。在游戏中，Diamante 利用了预先录制好的段落和过程生成规则。进行游戏时，玩家掠过花，让它们在绽放时播放背景音乐（用 HRS 方式重新编排）。每朵花在绽放时播放一个音调，此时 Diamante 制作的 PCO 引擎会选择一个合适的音调与预先录好的音乐完美融合。不管什么时候玩家掠过花，系统总会播放一个合适的音调，如果一次掠过许多花朵则会变成一段动听的旋律。

过程美术

由代码动态生成游戏中的美术就叫作过程美术。你可能遇到过以下几种过程美术：

- **粒子系统**：作为最常见的过程美术形式，当今游戏几乎都有粒子系统。比如《马里奥银河》中马里奥脚下的尘土、《神秘海域 3》中的火焰、《火爆狂飙》中车辆相撞的碎片都属于粒子系统。Unity 的粒子系统高效强健，如图 5-3 所示。

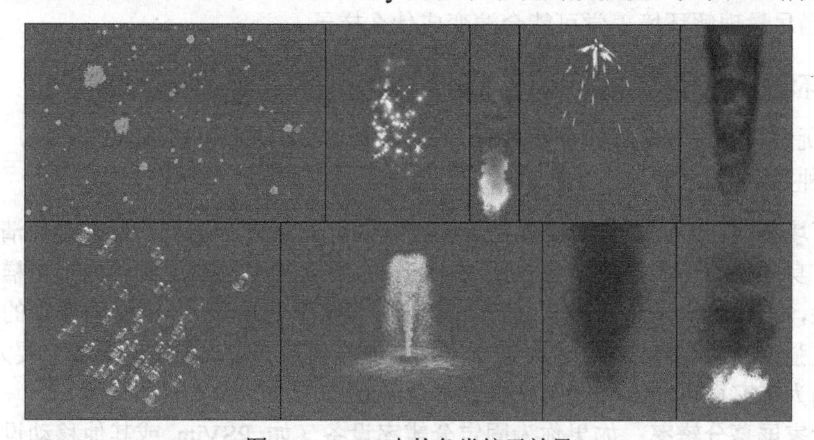

图 5-3 Unity 中的各类粒子效果

- **过程动画**：过程动画涵盖了一群生物的集群行为，如 Will Wright 在《孢子》中制作的过程动画引擎，为各类玩家创造了生物移动、攻击和其他各类动画。普通动画只能按照既定的设计原样演出，而在过程动画中，动画可以根据规则生成复杂的动作和行为。在第 27 章“面向对象思维”中介绍了名为 Boids 的集群行为，如图 5-4 所示。

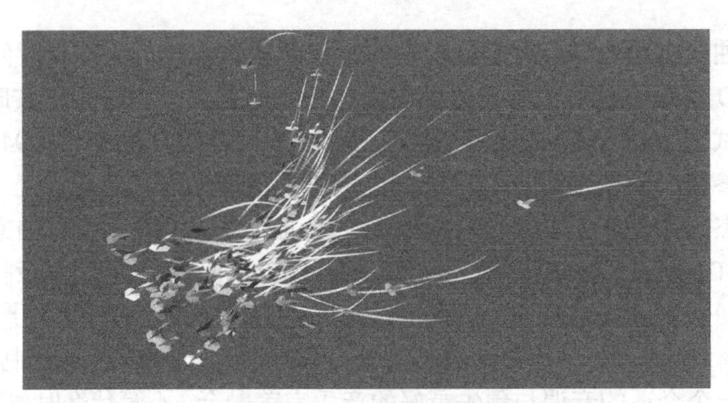

图 5-4 Boids，第 27 章中的过程动画粒子

- **过程环境**：最知名的例子是 Mojang 的《我的世界》(2011)。每次玩家开始新游戏，整个世界（上亿个方格）以一个种子数字创建（也被叫作随机种子），因为程序中的随机是伪随机，也就是说，同样的种子，其创建的世界也是一样的。

环境美学

另一大类的动态美学是由游戏过程中的环境控制的，虽然这些超出了设计师的掌控，但仍然应当尽量理解环境美学可能会演变成什么样子。

游戏环境视觉

玩家玩游戏的设备和设定不尽相同，所以设计师要注意可能造成的影响，尤其要注意下面两种要素：

- **环境亮度**：绝大多数游戏要在精心控制的灯光条件下进行，保证画面清晰。玩家自身所处的环境不一定有合适的光照。如果玩家用投影仪或者处于糟糕的采光环境，则很难看清昏暗场景（比如黑暗的洞窟里的场景）。记得确保你的视觉美学有强烈的明暗对比，或者允许玩家调节伽马值或亮度。在移动设备上要尤其注意，因为玩家很可能直接在阳光直射下玩游戏。
- **玩家屏幕分辨率**：如果你为固定分辨率设备（如 PSVita 或其他移动设备，比如 Nintendo DS）开发游戏，这不算问题。然而在计算机和主机上，你难以控制玩家屏幕的分辨率或者质量，尤其是主机游戏。你不能保证玩家会用 1080p 或者 720p 的屏幕。在 PS4 和 Xbox One 之前所有的现代主机仍然使用标准的复合视频信号，这个标准从 20 世纪 50 年代就已经存在了。如果玩家使用标准分辨率电视，文字需要很大才可看清。即使像《质量效应》《最后生还者》和《刺客信条》这种 AAA 游戏这点也做得不太好，在超过出厂 10 年以上的电视中，文字几乎不可读。你永远不知道某人会用什么旧设备玩你的游戏，但是你可以选择是否检测设备并调整文字大小。

游戏声音环境

与游戏视觉环境类似，你对游戏进行时的声音环境无能为力。对任何游戏都一样，尤其是移动设备上的游戏。要考虑的因素包括：

- **环境噪音**：游戏进行时遇到其他声音干扰再正常不过了，所以你要保证玩家漏听某些声音时仍然可以进行游戏。你还需要保证游戏本身不要太吵，不影响玩家获取关键信息。大体上，重要的对话和语音指导应该是音量最大的，其他声音小一点没关系。你还要注意不要用细微的声音当作重要的声音提示。
- **玩家控制音量**：玩家可能会开启静音，在手游上更是如此。对任何游戏，除了声音，还要有后备手段。如果有重要的对话，确保玩家可以打开字幕。如果利用声音提示玩家，确保同时也有视觉引导。

体贴玩家

关于环境另外还有一点很重要，不是所有的玩家都能感受到全部 5 种美学。如果你注意上面的规则，即使有听力障碍的玩家也能照样玩你的游戏。然而下面两点经常被设计师忽略：

- **色盲**：在美国，有欧洲东北部血统的 8%的男性和 0.5%的女性是色盲[9]。色盲有几种，最常见的是不能区分红色和绿色。因为色盲相当普遍，你应该能找到色盲的朋友帮忙测试游戏，看看重要的视觉信息能否传达。另一个测试的好办法是用 Photoshop，在其视图目录下找到 Proof Setup，这里有两种常见的色盲设置，可以帮助你模拟色盲人士的观感[10]。
- **癫痫和偏头痛**：频繁闪光可以引起癫痫和偏头痛，儿童尤其容易对光敏感。1997 年，日本的一条《宝可梦》电视广告，因包含闪动的图像，引发了数百人的癫痫[11]。现在几乎所有的游戏都自带引起癫痫的警告，但实际已经很少引发癫痫了。因为开发者已经意识到这点，移除了游戏中的快速闪光。

5.5 动态叙事

动态叙事可以从各种角度解读。比如在传统纸笔 PRG 游戏里，玩家的体验和他们的游戏主持。虽然有人致力于打造真正的互动电子叙事，但经过了三十余年仍然没有达到《龙与地下城》(*D&D*)的高度。*D&D* 之所以有这么厉害的动态叙事，是因为地下城主(DM，*D&D* 中主持游戏的人）一直在考虑玩家的欲望、恐惧和增进技艺，以角色的性格为中心打造剧情。在本书前文提到过，如果玩家遇到难缠的低等级敌人（因为骰子点数倾向于它)，DM 可以让这个敌人逃跑，之后回来找玩家寻仇。一个人类 DM 可以根据玩家情况改编叙事，但计算机很难做到。

---

9. 男性要比女性更容易患有色盲。
10. 两个例子为 Kazunori Asada 的 iOS 平台的 *Chromatic Vision Simulator* 和 Electron Software 的 iOS 平台的 *Color DeBlind*。
11. 1Sheryl WuDunn, “电视卡通闪光引发了 700 位日本人痉挛,” 纽约时报 , 1997 年 12 月 18 日。

互动叙事的摇篮期

1997 年，佐治亚理工学院的一位教授 Janet Murray 出版了《甲板上的哈姆雷特》（*Hamlet on the Holodeck*）。书中讨论了早期互动叙事和其他媒体的关系。Murray 在书中探索了其他媒体的摇篮期，即这些媒体从出现到成熟的历史。比如，在电影的摇篮期，导演试图拍摄 10 分钟版的《哈姆雷特》和《李尔王》（因为一卷 16mm 的胶片只能播放 10 分钟）；在电视的摇篮期，基本就是流行电台节目的电视化。Murray 继续谈到互动电子小说正在摇篮期成长。她谈及了 Infocom 公司早期的文字冒险游戏，如 *Zork* 系列和 *Planetfall*，并指出两个让互动小说与众不同的点。

互动小说影响玩家

不像其他形式的叙事，互动小说直接影响玩家。下面是游戏 *Zork* 的开头[12]（>开头的句子表示由玩家输入）。

……挪开地毯，可以看到满是尘土的陷阱门。

>打开陷阱门

门吱吱地打开后，一段蜿蜒曲折的台阶陷进黑暗中。

>向下

一片漆黑，你好像要被恐惧吞噬。

>点灯

灯亮了。你在阴暗潮湿的地下室，一条小道向东，另一条走廊向南。西边是陡峭的金属墙，爬不上去。门大声地被关上了，你听到有人正在将门钉死。

这里的要点是当你听到有人将门钉死时，就出不去了。互动小说是唯一一种读者/玩家角色需要采取行动并承担后果的叙事媒体。

通过共同体验构建关系

互动小说另一个特别的地方在于玩家通过共同体验与其他角色建立关系。Murray 评论说，Infocom 的另一个文字冒险游戏 *Planetfall*[13]是个绝佳的例子。玩家在 *Planetfall* 中是飞船上的清洁工，在飞船被毁后一直独处。最终，玩家遇到了一台制作机器人战士的机器，但机器失灵，玩家做出了一个叫作 Floyd 的废柴机器人。Floyd 的主要功能是提示玩家和调剂场面。在游戏后期，玩家需要在生化实验室中取得一个设备，但是里面到处是辐射和凶恶的外星人。随即，Floyd 说了一句“Folyd 去拿！”，然后便进入实验室拿到了设备，但受损严重，最后玩家唱着“Ballad of the Starcrossed Miner”看着它死在了其怀中。很多玩家对 *Planetfall* 的设计师 Steven Merezky 说他们当时泣不成声。Murry 表示，这便是早期玩家和游戏内角色建立感情联系的例子之一。

---

12. Tim Anderson, Marc Blank,Bruce Daniels 和 Dave Lebling 于 1977 到 1979 年间，在马塞诸萨技术学院创造了 *Zork*。他们在 1979 年成立了 Infocom，并将 *Zork* 做为商品发行。

13. *Planetfall* 由 Steve Meretzky 设计，1983 年由 Infocom 发售。

5.6 涌现叙事

真正的动态叙事在玩家和系统共同叙事时出现。几年前，笔者与朋友玩3.5版本的《龙与地下城》。我们刚刚从其他维度的邪恶势力手中拿回了神器，但是被一个大个炎魔[14]紧追不舍，最后我们乘坐飞毯逃进了一个窄洞，向着自己的维度传送门狂奔。炎魔眼看就要追上了，我们的武器又太弱。这时候笔者突然想起了我的壮丽之杖（Rod kof Splendor）。这个杖可以每周一次释放一个法术，创造一个60英尺宽的丝绸帐篷，其中有家具和够100人吃的美食。一般我们都是在任务结束后用它庆祝的，但这次笔者直接在身后释放了法术。因为隧道只有30英尺宽，炎魔一头栽入了帐篷中被缠住了，让我们得以全身而退。

这种难以预料的突发状况来自主持人、游戏规则和玩家的创意。在笔者参与的角色扮演战役中（不管当玩家还是城主），这样的情况时有发生，而且你还可以特意鼓励这种合作的叙事方法。更多关于角色扮演游戏和如何跑团的内容，参见附录B的“角色扮演游戏”内容。

5.7 动态技术

如前所述，因为本书有大量篇幅涉及技术，所以本章会简单带过。这里的核心概念是：你创作的代码（你的内嵌技术）将会成为供玩家体验的系统。与其他动态系统一样，会有事件涌现，也就是说好事和坏事都可能会发生。动态技术包括了所有运行时影响玩家的代码，这可以是任何代码实现的内容，比如物理模拟或者人工智能。

想了解实体游戏的动态行为，如骰子、转盘、卡片和其他随机产生器，请学习第11章“数学和游戏平衡”。关于电子游戏所用的技术，可以参考本书最后两章或者附录B。

5.8 本章小结

机制、美学、叙事和技术都来自玩家进行游戏。虽然难以预测会涌现什么，但这是设计师的责任——去试玩和理解涌现背后的意义。

下一章我们将会探讨分层四分法中的文化层，它凌驾于游戏性之上。在文化层玩家比游戏开发者更有发言权，而且文化层是唯一可以被从未玩过游戏的社会人员所体验的一层。

---

14. 炎魔就是托尔金的《魔戒：护戒使者》中甘道夫只身拦住的怪物，其中有经典台词“you shall not pass”。

第6章

文化层

分层四元法的最后一层为文化层，是离设计师最远的，也是最难掌控的一层，但是文化层对游戏设计开发的整体理解至关重要。

在本章中，我们将探讨文化层及其紧密相连的玩家社区内容。

6.1 游戏之外

设计师很容易了解内嵌层和动态层，因为它们和互动体验概念是一个整体，而文化层则没有那么明显易懂。文化层存在于游戏和社会的交互影响中，一个游戏的玩家会因为他们之间共同的游戏体验而组成一个社区，社区玩家将游戏的概念和信息带到游戏外的世界。游戏的文化层主要由两种社区玩家体现，其中一种是游戏的硬核玩家，另一种是刚刚接触游戏的新玩家。后者了解游戏往往不是通过游戏本身，而是通过硬核玩家写的指导、指南等，如图 6-1 所示。

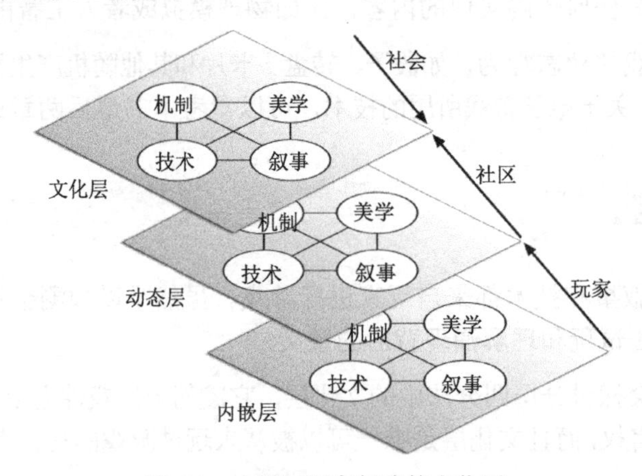

图 6-1 由社区玩家创建的文化层

Constance Steinkuehler 在她的"The Mangle of Play"文章中指出，一个游戏的动态层，特别是大型多人游戏的动态层是交互稳定的混合体。在前一章也提到过，动态层不仅包含游戏开发者的意图，也包含玩家的意向，游戏体验受玩家和开发者两方共同影响。延伸这个概念后我们会发现，玩家对文化层的影响和控制要比开发者更大。在文化层面上，社区玩家改变游戏的元素，在游戏叙事的基础上创作自己的同人小说、音乐和漫画。

在内嵌层中，四要素（美学、机制、叙事和技术）分别分配给开发团队的不同成员。而在文化层中，这些要素互有重叠，界限模糊。玩家制作的 mod 在文化层中占有重要一席，通常由四要素融合组成。[1]

下面小节的内容与前一章的内容保持一致，并且建议你仔细研究每个要素下面列出的具体例子，每个例子并不局限于一个文化要素内。

6.2　文化机制

文化机制发生在玩家掌握游戏机制时，有时也发生在游戏外。以下是几种最常见的例子：

- **游戏 mod：** 玩家改动游戏机制，制作成 mod，这在 Windows 系统的计算机上最常见。比如玩家制作了《雷神之锤 2》几十上百个 mod ，这些 mod 都使用了游戏的技术，替换成玩家自己设计的机制和关卡内容（也有外观内容）。
  有一些出色的游戏 mod 后来变成了赚钱的商业产品。《反恐精英》一开始是《半条命》的游戏 mod，后来被 Valve 收购。*DOTA* 最初是玩家制作的《魔兽争霸 3》的游戏 mod，后来成为独立游戏，推动 MOBA 类型游戏风潮越来越热。[2]
  一些公司也会发布自己的官方编辑器，鼓励玩家创作。比如 Bethesda 发布了《上古卷轴 5:天际》的 Creation Kit 编辑器，玩家可以用 Creation Kit 设计关卡、任务、NPC 等。Bethesda 之前的游戏也公布过编辑器，比如《辐射 3》等在《上古卷轴》系列之前的游戏。
- **定制关卡：** 在不改变核心机制的前提下，一些游戏提供玩家制作关卡的工具。Media Molecule 的《小小大星球》和 Queasy Games 的 *Sound Shape* 都内置关卡编辑工具，鼓励玩家创作游戏关卡。这两部游戏里玩家都可以把自己设计的关卡发布出去，让其他玩家评分。《上古卷轴 5:天际》《辐射 3》的编辑器和 mod 编辑套件里面也有关卡编辑工具。Epic 公司的第一人称射击游戏《虚幻》，它的游戏 mod 社区可能是最成熟、规模最大的社区了。

判断游戏 mod 的文化机制是否脱离了规则，就看内嵌机制是否被改动很多内容。如果内嵌机制没有变化，但是玩家修改了游戏的任务目标（例如，玩家选择“快速奔跑”使自己尽可能快地打通游戏，或是在玩像《上古卷轴 5:天际》一样的动作游戏时，不击杀任何敌人通关），在动态机制内玩家依然可以做到。玩家拿到了修改游戏内嵌元素的权力后，玩家的行为就进入了文化层面。

1. 笔者绝对没有贬低玩家的 mod 的意思。我这样做是为了避免混淆开发者（内嵌内容的开发者）和玩家（开发 mod 的玩家）。许多杰出的设计师和开发者一开始也尝试过做游戏 mod，这也是锻炼技艺的一个绝佳办法。
2. 最初根据《星际争霸》的 Aeon of Strife 地图，制作了《魔兽争霸 3》的 *DOTA* mod。

6.3 美学文化

美学文化是指社区玩家创作游戏相关的艺术作品。其形式丰富多样，有角色人物图、音乐等，也可以用游戏引擎进行创作：

- **同人图：**许多艺术家将游戏和游戏角色视为工作的灵感来源，以此描绘这些角色。
- **Cosplay：**和同人相似，Cosplay（costume 和 play 的混合词）是指粉丝装扮成游戏（或漫画、动画、电影等）中的角色的样子。Cosplay 者扮演这个角色时要塑造人物的性格，就如同在虚拟的游戏世界一样。Cosplay 多在游戏展会、动画展会、漫画展会上表演。
- **游戏性的艺术：**Keith Burgun 在他的 *Game Design Theory* 一书中呼吁大家应该将游戏开发者和乐器制作人同等看待。据他所说，游戏开发者开发的不仅是游戏，更是游戏性。那些技术娴熟、从容自在的玩家的游戏操作也是一门艺术，一些有很多动作内容的游戏会展现出这样的艺术，比如《街头霸王》和《职业滑板高手》。

6.4 叙事文化

有时，玩家社区会根据游戏的世界创作自己的故事和剧情。像是角色扮演游戏《龙与地下城》，文化叙事是游戏的必要组成部分。除此以外，还有很多与其不同的例子：

- **同人小说：**和电影、电视剧一样，游戏玩家会写关于游戏世界和游戏角色的故事。
- **剧情 mod：**像是《上古卷轴 5：天际》《无冬之夜》的一些游戏，提供玩家工具让玩家在游戏世界内创造自己的互动剧情。并且因为玩家用的工具和开发者用的工具类似，玩家的叙事能和游戏内原有的叙事一样有深度和广度。

Mike Hoye 是一位父亲，也是《塞尔达传说：风之杖》的玩家，他把游戏做了微小的修改后制作成了一个特别的 mod。Mike 一直和他的女儿 Maya 玩这款游戏，而 Maya 也很喜欢。但是游戏里的主角林克（Maya 的角色）一直是男孩，Mike 想为自己的女儿找到一个正面的女性形象。Mike 直接破解了游戏，替换文本内容，将林克改为女性角色。Mike 的原话是这样说的："我不希望女儿长大后认为女性中就没有英雄，就不能拯救她们的兄弟。"玩家这样的一点小改动，让他的女儿能够感受到在原本专注男性角色的游戏里不能体会到的女性英雄形象。[3]

- **引擎电影：**另一个有趣的例子就是引擎电影。其中较知名的就是 Rooster Teeth 出品的 *Red vs. Blue (RvB)*，该作品是根据 Bungie 工作室的《光环》创作的。视频是宽银幕格式的，屏幕上方有黑色的细条，底部则较宽，这样是为了挡住游戏里的枪。在早期视频里，你还能看见枪的准心。*Red vs. Blue* (RvB)于 2003 年 4 月开始播出，多年以来不断改进，甚至获得了 Bungie 工作室的大力支持。《光环》里有个 Bug，玩家将枪向下指向地面时，角色的头会抬起来向前看。RoosterTeeth 利

---

3. 你可以在 Mike Hoye 的博客上读到这个故事。

用这个 Bug，让角色边说话边点头（手里没有枪）。在《光环 2》里，Bungie 修复了这个 Bug，给角色添加了放下枪的姿势，让大家在制作视频时更简单。也有其他游戏用到了引擎电影，《雷神之锤》是早期大量使用引擎电影的游戏之一。顽皮狗工作室的《神秘海域 3：德雷克的欺骗》有一个多人引擎电影模式，玩家可以调整镜头制作动画等。

6.5 技术文化

本章前面提到，文化层中的四要素之间界限模糊，因此技术文化的例子与之前的几项例子有所重复（例如，游戏 mod 列在文化机制中，但是也可以列在技术文化里）。技术文化的核心由两部分组成：游戏的技术对玩家生活的影响，社区玩家用来修改游戏内置技术和体验的技术。

- **游戏外的游戏技术**：在过去几十年里，游戏技术的发展翻天覆地。分辨率的提高（比如，电视经历了从 480i 到 1080p 再到 4K 的更新换代）和玩家“口味”的提升驱使着开发者持续不断地改善技术，以提供更好的画质。这些实时的技术不仅能够用来开发游戏，也可以应用到医学成像和电影的可视化预览中（制作像游戏一样的动画，为拍摄做计划）。
- **玩家制作的外部工具**：玩家制作的外部工具能够影响玩家的游戏体验，但不算是游戏 mod，因为它并不修改任何游戏内嵌机制。例子如下：
  - 在《我的世界》里添加地图工具，让玩家能了解地区的概貌，寻找特定的区域或矿石。
  - 大型多人在线游戏（MMOG）的 DPS（每秒伤害）计算器，能够帮助玩家了解自己角色的实力，选择最优的装备提高攻击力。
  - 有几款工具可以让玩家在 iOS 平台上玩 Eve Online，功能有管理技能、资产、邮件等。[4]
- **玩家制作的游戏指南**：这些指南有助于其他玩家更好地理解游戏，提升其游戏水平，这些指南没有修改任何游戏内容。

6.6 授权的跨媒体不属于文化层

跨媒体（transmedia）指的是把同一件事情在多个不同的渠道传播。一个典型的例子就是《宝可梦》。《宝可梦》诞生于 1996 年，该作品有自己的动画、卡牌游戏、任天堂的掌机游戏，还有漫画连载。还有很多相似的例子，比如和每部迪士尼电影同期发售的游戏，还有类似《生化危机》《古墓丽影》的电影。

跨媒体是游戏品牌的一个重要组成部分，也是提升市场占有率和品牌效应时间的一

---

4. 在 *Eve Online* 里，玩家登不登录游戏都可以提升技能。设置一个提醒，告诉玩家技能升级完成，这样玩家可以回去再选择一个技能，很方便。

个好策略。但是，我们要分清授权的跨媒体（如《宝可梦》）和未授权的玩家制作作品，后者属于文化层，而前者不是，如图 6-2 所示。

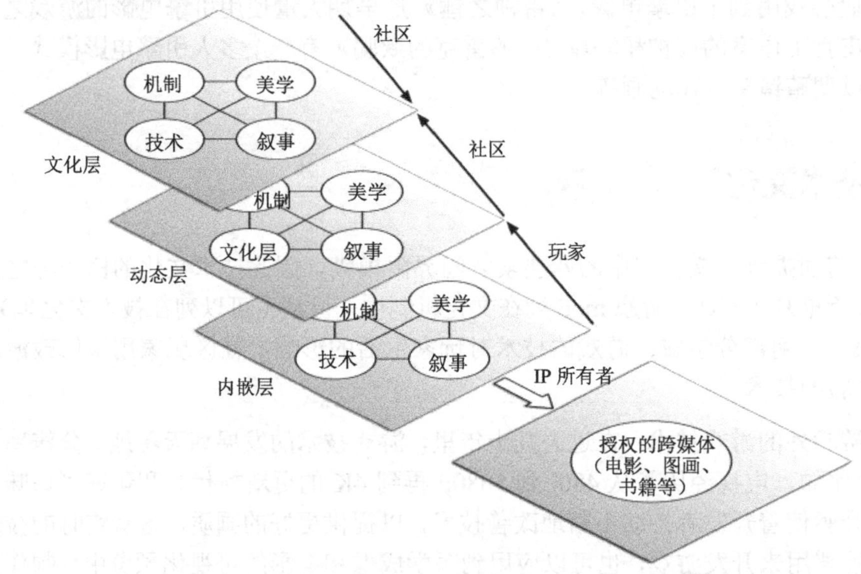

图 6-2　分层四元法与跨媒体之间的位置关系

分层四元法中的内嵌层、动态层和文化层是相互分开的，这基于游戏制作人嵌入游戏内的要素的不断发展，以及玩家的游玩和游戏对玩家及社会造成的文化影响。相比之下，授权的跨媒体是由品牌和知识产权所有者对游戏的重新描绘和刻画，所以授权的跨媒体与内嵌层不可分割。每一个跨媒体作品都是内嵌层的产品，就像系列游戏里的新作品一样，都有属于自己的动态层和文化层，最大的区别就是操控方不同。游戏和授权的跨媒体的内嵌层由开发的公司控制；而动态层则由开发者用到的技术、机制和玩家的行为、策略等控制；在文化层上则完全由社区玩家控制。所以同人小说、Cosplay、游戏 mod、玩家制作的跨媒体都属于文化层，而授权的跨媒体则不属于。

你若想要了解更多关于跨媒体的内容，笔者推荐你阅读 Henry Jenkins 的书和论文。

6.7　游戏的文化影响

到目前为止，我们所讨论的文化层都是玩家将游戏内容带到游戏之外进行的活动。我们还可以从另一个视角看待文化层，那就是游戏对玩家的影响。让人大失所望的是，过去几十年以来，游戏产业一直都主张和支持表明游戏积极影响的科学研究（例如，提高多任务工作能力、对环境的观察能力），然而却否认发现游戏消极影响的科学研究（例如，游戏成瘾、暴力内容的负面作用等）。[5]几乎所有受娱乐软件协会监管的公司设计的游戏内容，多多少少都有暴力元素，而“暴力电子游戏”总是被记者归结为所有暴力事件

5. 简单浏览一下娱乐软件协会（ESA）的文件你就会发现，多数内容都是电子游戏的优点，几乎没有文章写了游戏的负面影响。

的罪魁祸首。然而在2011年，美国最高法院在一项裁决中称，电子游戏是艺术，理应和其他艺术形式一样受到美国宪法第一修正案的保护。在这次裁决以前，游戏开发商和娱乐软件协会的成员都有充分的理由害怕政府禁止销售“暴力电子游戏”。但是现在，游戏和其他艺术形式一样受到保护，开发者不必再心惊胆战地开发游戏了。

负面文化影响的例子

当然，与自由的权利相伴的是相应的义务，要明白游戏对社会能够造成影响，而且这里的游戏不仅局限于暴力游戏。在2011年，Meguerian指控苹果公司的App Store应用商店能让儿童简单容易地购买第三方的游戏内购产品，虽然最后双方达成了和解，但问题是，儿童对真实货币没有完全的认知，一些儿童在未经父母的同意下每月购买了不多于1000美元的游戏内购产品。有研究表明，人们玩社交网络游戏（如Facebook游戏）的高峰时间是在上班时间，社交网络游戏一般都有“体力”和“作物腐烂”的机制，这种机制鼓励玩家每15分钟就回去登录游戏，这肯定对工作效率有一定影响。

游戏与玩家所传递的信息

第一次电子游戏与《纽约时报》封面搭上关系是由于2014年10月15日的一篇名为*Feminist Critics of Video Games Facing Threats in “GamerGate” Campaign*的文章。GamerGate事件是一场小型“厌女”运动，自称为了游戏媒体着想，实则担心游戏会让女性、自由主义者和其他“社会正义战士”掌控。女权主义评论家Anita Sarkeesian取消了她在犹他州立大学的演讲计划，此篇文章正是围绕这件事情进行评论的。Anita Sarkeesian在YoutTube上投稿了一系列对游戏中厌女现象的评论的视频，此后她收到了连续数月的死亡威胁。同时还有人表示要在学校射杀观众，而犹他州立大学并未禁止携带武器参加演讲，所以Anita Sarkeesian最后选择取消了演讲。

笔者和很多游戏开发者谈论过GamerGate，多数人都讨厌GamerGate所标榜的仇恨观念。但是，作为游戏开发社区的一份子，我们必须承认正是我们的行为造就了GamerGate。通过在游戏和游戏广告里物化女性，标榜白人男子为英雄，同时将女性看作需要被救援的过关奖品，我们让玩家相信这一切都是真实正确的，而当像Sarkeesian这样的人站出来时，玩家感到害怕和恐惧。在《超级马里奥：奥德赛》里，马里奥能在纽约大街来回闲逛。可是《马里奥》系列都有30年的历史了，故事情节仍然没变，依旧是打赢Boss营救完全被动的桃子公主，桃子公主在整个系列里一直只是被绑架的人质和马里奥的奖品。[6]“厌女”不是我们游戏作品中的唯一问题，还有游戏中的主要角色多数都是白人男性的情况。这个现象目前在商业游戏里有所转好，但仍然需要继续努力改善。

另外，我们还需要小心游戏机制所传达的信息。《我的世界》是一款激发创造力与探

6. 桃子公主是在美国发售的《超级马里奥兄弟2》里的角色。《超级马里奥兄弟2》其实是日本游戏《梦工厂：心跳恐慌》的翻新版，并不是严格意义上的《马里奥》系列游戏。桃子公主在其他《马里奥》游戏里也登场过（比如《马里奥派对》《马里奥网球》《马里奥赛车》），但在《马里奥》系列里的核心游戏中，桃子公主仍只被当作一件物品，一个奖品。

索精神的游戏，同时它也蕴含一个概念——整个世界由矿物资源组成。2b2t.org 是现存最早的《我的世界》服务器之一，玩家第一次进入服务器时，周围荒无人烟，什么资源都没有，方圆几千米的资源都被其他玩家消耗光了，只剩下一些石头桥。玩家需要走几小时才能到达有资源和材料的地方。一个有经验的老玩家说："有标记的地点就是有好东西的地方。"玩家以平均每秒 5 米的速度行走，需要 2 或 3 天才能到达标记的地方（所谓的标记地点就是说没有其他玩家设置的障碍、陷阱和圈套）。虽然这算得上是《我的世界》一种与众不同的体验了，但它体现了《我的世界》的核心内容：挖矿就是带走自己想要的材料，然后创造自己想要的东西，最后没给后来人留下什么资源。

与其他形式的媒体一样，游戏也有影响力，它们会影响世界对玩家的看法。游戏当然不会让人犯罪，但是游戏里的警察几乎每天都开枪，游戏确实让暴力正常化了。而现实世界里，2013 年只有 1/850 的警察开枪射击过嫌疑人，也就是说任意一天里，一个警察开枪射击嫌犯的概率为 0.00032%（或 1/310250）。作为游戏设计师和媒体，应该对自己创作的游戏和向公众传递的信息负责。

游戏机制能使浪费资源和暴力的行为正常化，同时也可以培养有助于社会和环境发展的行为习惯。我们可以创作一个迷你版本的《我的世界》，玩家需要进行农作物劳作，用有限的水资源可持续发展生存。还可以设计一种社交游戏，玩家拥有的资源会随着时间变质，通过给予其他人资源玩家能获得点数，然后用点数交易换取其他资源。如果这样的游戏机制变得普遍的话，那么利他主义也能够盛行起来。

6.8 本章小结

在本书以前，也有很多书籍谈到了分层四元法的内嵌层和动态层的内容，但是对文化层的讨论却少之甚少。事实上，笔者作为一名游戏设计师和游戏设计课程的教授，虽然日常笔者对内嵌层和动态层有着丰富的研究，但是笔者在思考游戏的文化影响和玩家对游戏的影响上花的时间却很少。

受篇幅限制，本书不能详细探究游戏设计的职业道德问题，但是对于游戏设计师来说，思考自己所创作的游戏能带来什么影响和后果是至关重要的。玩家打通游戏后，游戏的文化层不可避免地会对玩家造成影响。

第 7 章

像设计师一样工作

你已经学会了如何用设计师的方法思考和分析游戏，那么现在开始教你游戏策划是如何创造交互式体验的。

正如上一章提到的那样，游戏设计需要大量的练习。你练习的设计越多，你就会越来越熟练。同时，你也要知道如何在加班时保证最高的工作效率。以上是本章的主要学习内容。

7.1 迭代设计

“游戏设计由 1%的灵感和 99%的迭代组成。”——Chris Swin

你还记得第 1 章里提到的这句名言吗？在本节里，我们就这个内容继续深入研究。

一个好设计的关键，也是你能从本书里学到的最重要的内容，是图 7-1 中的迭代设计。笔者见过一开始很糟糕的游戏后来通过迭代设计变得非常不错，并且迭代设计适用于多个方面，从游戏内的背景到故事叙事和游戏设计，都可以得到很好的应用。

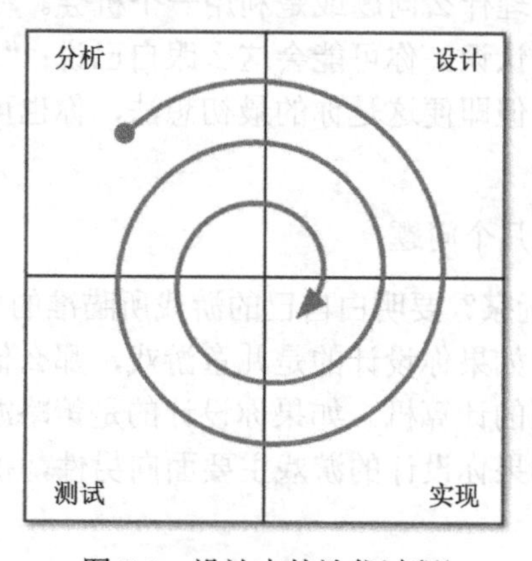

图 7-1　设计中的迭代过程[1]

迭代设计的四个阶段是：

- **分析**：分析阶段主要是弄清楚自己所处的位置和自己想要达成的目标。明确你在

1. 改编自 Tracy Fullerton，Christopher Swain，Steven Hoffman 所著的 *Game Design Workshop: A Playcentric Approach to Creating Innovative Games*。

设计里想要解决的问题（或是你想要利用的机会），考虑在项目开发上你能利用哪些资源，并统筹一下你一共有多少时间。

- **设计：**现在你已经清楚自己的位置以及期望的目标，用你现有的资源创造一个设计，这个设计要能够解决你的难题或是提供可利用的机会。通过头脑风暴的方式开始设计，最后决定一个切实可行的计划。
- **实现：**你已经有设计方案了，现在开始贯彻实现它。有一句古谚语是这样说的："直到有人开始玩它，它才是一个游戏。"该阶段的任务是把游戏设计的想法尽可能快地转换成可玩的原型。你在本书后半部分的数字教程内容里，可以看到在贯彻自己想法的初期，开发者还只是在屏幕上移动角色，单纯地观察模型的移动是否灵敏、自然，还没有任何物体和敌人的模型。并且，先只做游戏的一小部分内容再进行测试是完全可以接受的。小范围的测试要比大规模的游戏性测试更有针对性。完成了这个阶段以后，你就可以准备进行游戏性测试了。
- **测试：**请一些人玩你的游戏，并观察他们的反应。随着你在设计上的经验不断积累，你就会更加清楚自己设计的游戏机制会带来什么样的玩家反应。但即便你拥有多年的经验，你也不能百分之百地预测测试的结果，所以一定要进行测试，测试能反映出设计的不足。最好是早一点测试，这样你还有机会做些改变并纠正错误。并且测试的频率要高，这样才能知道是什么原因导致了玩家反应的变化。如果你在两轮测试中改动了太多的东西，那么你很难发现是哪个变动内容导致了玩家反应的变化。

下面让我们再详细讨论一下每个阶段。

分析

每一个设计都是为了处理什么问题或是利用一个机会。在你开始设计以前，你需要对问题和机会有一个清晰的认识。你可能会这么跟自己说："我只是想做个好游戏。"我们大多数人都是这么想的。但即便这是你的最初想法，你也可以挖掘更深层次的问题并透彻分析它。

开始前，先问自己下面几个问题：

1．我的游戏面向哪些玩家？要明白自己的游戏所瞄准的玩家群，他们可以指明你的设计里需要哪些其他要素。如果你设计的是儿童游戏，那么他们的父母更有可能让孩子用手机玩游戏，而不是联网的计算机。如果你设计的是策略游戏，那么相对应的玩家群则更倾向于使用计算机。如果你设计的游戏主要面向男性，那么你就应该了解近 10%的男性白种人是色盲。

如果你只是为自己设计游戏，那么很有可能这个游戏最终只有你想玩它。调查一下你所瞄准的玩家群，了解他们为什么喜欢这种类型的游戏，你就知道自己的设计应该往哪个方向走，这样你的设计才会越来越好。

玩家想要什么内容和玩家喜欢什么内容是完全不同的，这也是你需要记住的另外一点。在对玩家的调查里，他们自己说的喜欢的内容和真正激发他们玩的因素是不同的，把这两者区分出来是非常重要的。

2. 我有什么资源？大多数人做游戏，都没有上千万美元的资金支持，也没有 200 名员工的工作室团队，更没有超过两年的制作周期。你所拥有的是一些时间和才华，可能你也认识一些有才华的朋友。正面看待自己现有的资源、优势和劣势，这样能帮助你更好地策划游戏。作为一名独立游戏开发者，你最主要的资源就是才能和时间。通过雇佣承包商或人才获得的资源也同样是上述两者。你应该确保你在开发中充分利用了你的团队资源，不要浪费了它。

3. 现有技术有什么？笔者的学生们经常忽视这个问题。现有技术是一个用来描述与你的游戏相关的现存游戏和其他媒介的术语。没有任何一个游戏从一片空白中诞生，作为一名设计师，你要知道的不仅仅是哪些游戏激发了你的灵感，也要知道哪些最近和将来的作品将成为你的竞争者。

例如，你要给主机平台设计一款第一人称射击游戏，你接下来肯定会想到《泰坦陨落》和《使命召唤：现代战争》系列，你也肯定很熟悉《光环》（首部主机平台上的第一人称射击游戏，当时的主流观念认为在主机平台上开发射击游戏是不可能的事情）《马拉松》（Bungie 公司的游戏，比《光环》更早发售，奠定了《光环》游戏里的很多设计理念），还有其他在《马拉松》前面的 FPS 游戏。

你必须要彻底搜索一遍同类型下有什么其他作品，这样你才能知道别人在处理同样一个问题时是如何应对的。即便有人和你有同样的创意，但是他肯定是用不同的方式实现的，从他们的成功和失败中学习，你能够将自己的游戏设计得更出色。

4. 我想快点做出一个能投入测试的可玩性高的游戏，有没有什么捷径？虽然大家经常忽视这个问题，其实它是非常重要的。每天只有 24 小时，假如你们都像我一样的话，那么一天里只有很少的时间能拿来开发游戏。所以如果你想要按时完成制作的话，就要尽可能每天高效地利用时间。想想你的作品里的核心机制是什么（比如在《超级马里奥》中，核心机制就是跳跃），再来设计和测试。这样你就知道值不值得继续开发了。美工、音乐以及其他外观要素对于游戏开发的最后阶段尤为重要，但是在现在这个时间点上，你关注的重点还是应该在游戏的机制和游戏性上。先把这些弄明白，这是你作为一名游戏设计师的核心目标。

当然，除了上述四个问题，你还可以加入其他问题。但是无论你做的是什么游戏，在分析阶段都要牢牢记住这四个问题。

设计

本书的很大篇幅都在介绍游戏策划，但是在本节中，笔者将谈一谈职业设计师的工作态度问题（更详细的内容参见第 14 章“电子游戏产业”）。

设计师不是天才也不是电影导演，并不是说团队里的其他人只要听从设计师的想法就可以了。设计所关心的不是你自己本身，而是项目团队成员的合作。作为一名游戏设计师，你要做的工作是和团队的其他人合作与沟通，最重要的就是倾听。

在 Jesse Schell 的著作《全景探秘游戏设计艺术》的前几页里，阐述了倾听是游戏设计师的一项重要技能，笔者实在是不能更同意了。Schell 列出了你需要留心的那些方面：

- **倾听玩家的声音**：你想要哪类玩家玩你的游戏？你想要哪类玩家买你的游戏？正如前面所讲，这些是你要回答的问题。在你有了答案以后，你需要问一问这些玩家想要什么样的游戏体验。整个设计的迭代过程就是你先做出一些内容，然后交给游戏测试人员，最后得到玩家的反应。他们给了你反馈以后，即便结果和你的期望相差甚远，甚至你根本不想听到，你也一定要认真浏览和分析。
- **倾听团队的声音**：在多数游戏项目里，你都要和其他才华横溢的团队成员一起工作。作为设计师的职责就是收集所有团队成员的想法，并合作挖掘出对于所瞄准的目标玩家的最好的游戏创意。如果你的同事在和你意见相左时能够畅所欲言，那么你们才能做出优秀的游戏。团队成员不应该动辄争吵，相反，团队成员应该是有创新意识的，怀着对游戏的热情工作。
- **倾听客户的声音**：作为一名职业游戏设计师，在很长的一段时间里，你都在为客户工作（老板、委员会等），你也需要他们的投资。他们通常都不是游戏策划方面的专家，这也是为什么他们要聘用你，但是你必须满足他们一些独特的需求。你的工作就是在各个阶段里听取他们的想法：他们告诉你想要的是什么，他们心里想要的但没有说出来的东西，甚至是他们自己都没承认但却是内心深处真正想要的东西。与客户接触时，你需要谨慎小心和察言观色，这样才能给客户一个出色的合作印象以及优秀的游戏。
- **倾听游戏的声音**：有的时候在游戏设计里，把特定元素组合在一起就像双手戴上手套一样贴合，而有的时候，就像把肥胖的貂熊塞到圣诞节袜子里一样臃肿（这不是个好主意）。作为一名设计师，你是最接近作品的游戏设计的，你也可以从整体的角度俯瞰游戏的全貌。即使游戏的某个方面的设计非常巧妙，它也有可能和剩下的部分不融洽。不要担心，如果这真的是一个巧妙出色的设计的话，你也有机会把它应用到其他游戏中去。在你的职业生涯里，你会参与很多游戏的制作。
- **倾听自己的声音**：有几个重要方面是你需要留意的：
  - **听从你的直觉**：有的时候你对某件事情会有一种直觉，有时这种直觉是错的，而有时又是对的。在策划设计时如果你有了灵光一现，不如尝试一下，说不定是你的直觉比理性先一步找到了答案。
  - **注意你的健康**：保重身体，保持健康。真的，现在已经有太多的调查表明，经常通宵且压力大的人群若是没有定期锻炼身体的话，这样的生活习惯将影响到创造性的工作。为了成为一名优秀的游戏设计师，你需要保持身体健康，保证充分的休息时间，不要试图通过疯狂整夜工作的方式解决任何问题。
  - **自己的声音别人听是什么样的**：当你在和同事、同辈、朋友、家人或熟人交谈时，仔细感受一下自己说的话听起来是什么样的。笔者不是想要说得很复杂，笔者就是想让你听一听自己谈话时的声音，再问自己以下这些问题：

    我听起来有礼貌吗？
    我听起来真的关心对方吗？

> 我是不是应该听起来更在乎这个项目？
>
> 成功人士总是表现得恭敬和关爱他人，而笔者认识的一些人却不理解这个道理。他们一开始做得都很好，但是由于不懂得尊重对方，事业直线下滑，最终没有几个人愿意和他们合作。游戏设计是一个需要团队成员互相尊重的事业。

当然了，比起倾听，行为上像一位专业的设计师也同样重要。本书的后半部分会继续阐述关于如何成为一名设计师的具体内容。如上述所言，做任何事情时都要秉承着谦恭的态度，保持身体的健康，以合作创新的心态去对待工作。

实现

本书的三分之二内容都是关于数字实现的，但是你要认识到，在迭代设计过程中为了有效实现自己的想法，测试游戏是最有用的方法。假如你要给《超级马里奥兄弟》《洛克人》这样的平台游戏做测试，你就需要做个数字化原型。如果你是给图形用户界面（GUI）菜单系统做测试的话，你不用特地构建一个完整的数字版本，只需要打印出菜单的不同页面，然后你在计算机上操作画面的同时，给测试人员浏览这些页面就可以了。

你能用纸面原型很快地测试自己的游戏想法并获得反馈。比起数字原型，纸面原型花费的时间要少得多，而且如果发现问题，可以在测试中途改变游戏规则。笔者在第 9 章里详细说明了纸面原型技巧和它的优缺点。

你要知道自己不可能亲力亲为所有事情，明白这一点也能节省很多时间。笔者的很多学生在学习游戏开发时，什么都想自己做。他们想自己设计游戏、写代码、画角色、建模型、写故事，有的人甚至想自己写新的游戏引擎，如果你有个资产百万的工作室，并且有好几年时间的话，那么完全可以自己试试。但是作为一名独立设计师来讲，全都自己做就不合适了。就连 Notch（《我的世界》开发者）这样被称赞为天才的开发者也是站在巨人的肩膀上才有今天的成就，《我的世界》一开始是由多人一起合作开发的。想做一个游戏，你难道要从开始做晶体管开始吗？那样就太傻了。这个想法和你想自己做游戏引擎一样傻。笔者选择 Unity 作为这本书的引擎是因为 Unity Technologies 有上百名员工绞尽脑汁地让游戏开发者的工作更轻松。相信这些人的能力，我们才能更关注游戏设计和开发，而不是写自己的游戏引擎。[2]

你可以通过 Unity Asset Store 花钱节省时间，在这里不仅能够购买到各式各样的插件、模型和动画，还有一些能用在原型上的插件。[3]在你准备写原型的代码之前，笔者建议你先看看商店里有没有别人已经写好的成品，说不定你能用上。花一点钱就能节省你几十个小时的开发时间。

---

2. 如果你想自己写引擎的话，笔者的朋友 Jason Gregory 写了一本相关的书你可以看看，Jason Gregory 所著 *Game Engine Architecture*。
3. 相关内容笔者推荐 Controller Input—*InControl* by Gallant Games, Better Text Rendering—*TextMeshPro* by Digital Native Studios, Physically Based Rendering—*Alloy* by RUST, LTD。

测试

做完原型的工作后就可以测试了。你要记住的是，不管现在你觉得自己的作品怎么样，只有直到玩家（不是你）测试并给出反馈时，你才真正对游戏的好坏有个客观的理解。测试的玩家越多，相应的反馈也就越真实合理。

笔者在南加州大学开设了一门游戏设计的讲习班，我们在研究室里花费了四周多的时间开展桌游项目。在刚开始时，学生们要和自己的团队成员一起进行关于游戏内容的头脑风暴，然后对当前版本的游戏进行测试。经过为期四周的训练，每名学生都有近 6 小时的测试经验，他们的设计能力也得到了显著提高。提高设计水平的最好办法就是，尽可能多地让别人测试你的游戏并获得他们的反馈。另外，测试人员在告诉你反馈内容时你最好能记录下来，如果你忘了反馈内容是什么，测试就前功尽弃了。

你一定要确保测试者提供的反馈是真实有效的。有时，他们不想让你感到难受，可能会夸大一些积极乐观的反馈。《全景探秘游戏设计艺术》的作者 Jesse Schell 建议大家这样告诉游戏测试员：

“我需要你的帮忙，这个游戏现在有一些问题，但是我还不知道是什么。请你一定要告诉我哪里你不喜欢，这能帮我大忙。”

第 10 章“游戏测试”里有更多关于测试的详细内容。

迭代，迭代，再迭代！

在你做完测试以后，肯定记下了很多测试的反馈，现在是分析这些反馈内容的时候了。玩家喜欢什么？不喜欢什么？哪些部分过于简单或过于困难？这个游戏吸引人吗？

根据以上问题的回答，你就可以着手解决设计上的问题了。试着分析玩家的回馈（参考第 10 章），然后制定下一次的目标。比如把第Ⅱ部分的关卡设计得更吸引人，或是减少一些随机性。

每次改变一些内容后再测试，但是也不要改动太多或者妄图一次性解决所有问题。最重要的是尽快进行下一次测试，看看之前想要处理的问题是否真的得到了解决。

7.2 创新

Frans Johansson 在他的著作 *The Medici Effect* 写到，世界上一共有两种创新：渐进型创新和交会点创新。

渐进型创新是在可预知的情况下进行改善的。在 20 世纪 90 年代，英特尔奔腾处理器的迅速发展就是渐进型创新的例子。每年公布的新奔腾处理器都要比上一代容量更大，带有更多的晶体管。渐进型创新可以预料，值得信赖。如果你在找人投资自己的项目时，这样的创新很容易说服投资人投入资金。然而，正如渐进型这几个字说明的那样，这种类型的创新永远不会瞬间出现飞跃性的成果。

交汇点创新出现在两种截然不同的观念碰撞的时候，这也是很多伟大理念出现的时刻。然而，正是因为交汇点创新的成果过于新颖且难以预料，要让别人认同这种成果是非常困难的。

1991 年，Richard Garfield 尝试给自己的桌游 *RoboRally* 寻找发行商。在这个过程中，他认识了一个叫 Peter Adkison 的人，他是威世智公司的创立者和 CEO。虽然 Adkison 也热爱游戏，但是他认为公司没有那么多的资源给他发行一个内容如此庞大的游戏。同时 Adkison 提到，他们公司正在寻找一种只需很少的道具且在 15 分钟内就可以结束的新游戏。

Richard 把道具少、快节奏的卡牌游戏理念和一直在他脑海里盘旋的像棒球卡一样收集的卡牌游戏理念相结合。最终在 1993 年，威世智发行了《万智牌》，开辟了集换式卡牌游戏（CCG）的先河。

虽然在 Garfield 和 Adkison 见面前，Garfield 就曾想到过把卡牌游戏做成集换式，但正是这种想法和 Adkison 对快速游戏的要求相结合，才诞生出了集换式卡牌游戏类型。而且后来所有的集换式卡牌游戏都有相同的基本格式：基本的卡组规则、高于基本卡组的卡组规则、卡牌组建以及快捷的游戏节奏。

在下一节，笔者将详细地说明一下头脑风暴，这种方法同时利用了两种创新模式，可以让你创造出更棒的游戏。

7.3　头脑风暴与构思

“找到好点子的最佳办法就是尽可能多想点子，再扔掉那些不好的点子。”——Linus Pauling，诺贝尔化学奖和诺贝尔和平奖双项得主。

你和所有人一样，一个人的全部想法不见得都是好点子，所以你能做到的就是想出尽量多的点子，再筛选出最好的那一个，这是头脑风暴的核心概念。在本节中，笔者将介绍一种特殊的头脑风暴方式，这种方法在很多人身上都颇有成效，尤其是对那些有创造力的人才。

首先你要准备：一个白板、一堆卡片（或者是一堆纸片）、一个用来记下点子的笔记本、各种颜色的白板笔、钢笔、铅笔等。这个方法在 5 到 10 个人时使用效果最佳，但是人少时通过迭代过程也同样适用。笔者曾经把这个流程修改成适用于一个 65 人的班级（比如，上面的流程写的是某个任务一个人做一次，如果你是一个人进行头脑风暴的话，就自己多做几次，直到满意为止）。

步骤 1：拓展阶段

比方说你要和一些朋友进行 48 小时的 Game Jam（以某个主题进行游戏创作的比赛）。主题为乌洛波洛斯（一条用嘴咬住自己尾巴的蛇的象征），这是 2012 年 Global Game Jam 的主题。是不是粗略想一想，没有什么太多可供参考的？所以，你接下来就可以开始进行你在小学时学过的头脑风暴方法。在白板上画一条“咬尾”蛇，画一个圈把它围起来，然后开始联想。在这个阶段，不要担心自己写的内容，不要删掉任何东西，想到什么就写什么，如图 7-2 所示。

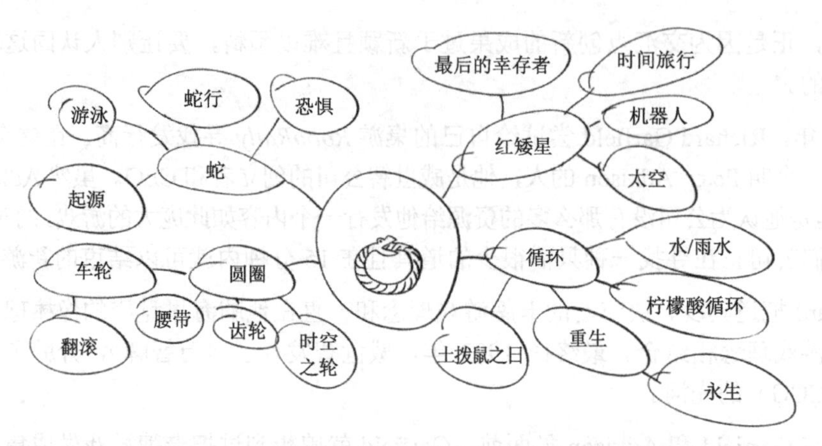

图 7-2　以"乌洛波洛斯"为主题的头脑风暴阶段

警告

小心"白板笔暴政"　头脑风暴时，如果成员的人数多于白板笔的数量，那么你应该时刻注意要让所有人的想法都能被听到。有创意的人才什么性格都有，而最内向的那些人有时有最好的主意。你在管理一支团队时，要让内向的成员手拿白板笔，当他们不愿意大声说出想法时，可能会愿意写在白板上。

在完成了以后，给白板拍一张照片。笔者的手机里面有几百张这样的白板照片，每一张都非常有意义。拍完了以后，把照片发给团队的所有成员。

步骤 2：收集阶段

收集之前所有集思广益得来的想法，将它们每个依次写到卡片上。这些就叫作思想卡片，如图 7-3 所示。

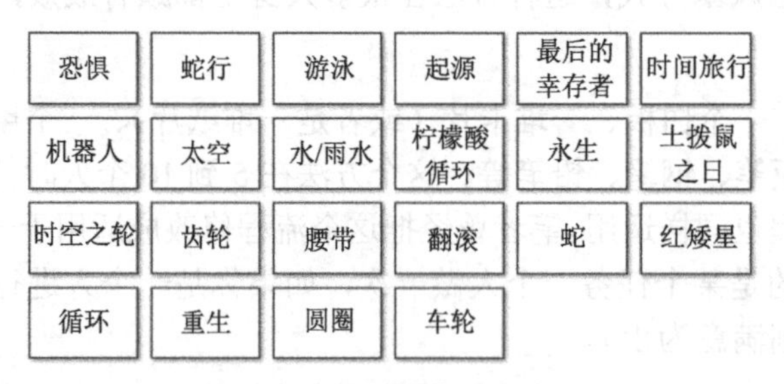

图 7-3　乌洛波洛斯思想卡片

一点题外话和一两个笑话

先来讲几个糟糕的笑话：

两个锂原子在一起走路。一个锂原子对另一个说："Phil，我刚才丢了一个电子。"然后 Phil 说："真的吗？Jason，你确定？"Jason 回答道："真的！我现在带正电（positive）了！"

还有一个：

为什么 6 害怕 7?

因为 7 吃了（英文 8 与“吃”同音）9!

抱歉，笔者知道这些笑话不好笑。

你可能好奇为什么笔者给你讲这两个糟糕的笑话。笔者这么做是因为，这些笑话与交汇点创新是基于同一原则的。人类是一种喜欢思考且愿意尝试结合各种奇怪点子的生物。笑话之所以好笑，是因为它引领你的思维混合了两个迥然不同的领域。你的大脑连接起了两个完全不同的、看上去毫无关联的两种概念，就在其中的交汇混合里，幽默诞生了。

在你融合两个点子时，也是上述相同的道理。这也是为什么在我们把两种寻常易见的观点转化成不寻常的概念时会让人感到开心愉悦的原因。

步骤 3：碰撞阶段

这个阶段就开始有趣了。把所有的思想卡片整理好，给每名团队成员发两张卡片。每个人把自己的两张卡片放到白板上给所有人展示，然后大家根据这两张卡片的内容一起想出三个不同的游戏点子（如果两张卡片上的想法都过于相似或是完全不能融合到一起的话，可以跳过这两张卡片）。图 7-4 提供了一些例子。

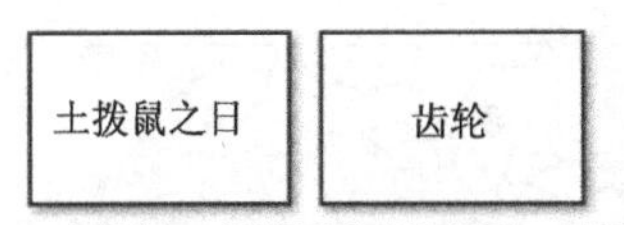

1. 土拨鼠一直破坏园丁的花园，园丁制造了一些疯狂的装置抓住这些土拨鼠。
2. 像《战争机器》一样的射击游戏，士兵必须一进行一次次战斗，直到取得完美的结果（类似电影《土拨鼠之日》）。
3. 时间管理类型游戏（例如 Nick Fortugno 的《美女餐厅》），玩家需要考虑季节因素，完成每个季节的目标并成功到达下一阶段。

1. 经典游戏《贪吃蛇》（蛇吃苹果可以变长，但是要避免吃到自己），但游戏在一条移动的传送带上进行。
2. 一条为了穿过房间的蛇，伪装成腰带，从人们的腰间缠成腰带跳来跳去。
3. 一条会催眠人的蛇，能控制人做一些简单的事情。这条蛇可以弯曲摇摆成各种姿势，装成人类的腰带，从而逃出动物园。

图 7-4　乌洛波洛斯相关的思想碰撞

笔者将所能快速想到的点子写在了图 7-4 里，你们也应该能第一时间想出来。在这个阶段，我们不做太多筛选工作，只需写下你所能想到的各种不同的新想法即可。

步骤 4：评分阶段

现在你有了很多想法，是时候辨别和挑选了。每个人选出步骤 3 中最好的两个点子，并写到白板上。

所有人写完了以后，在最受欢迎的前三个点子旁边打对钩。最后你就会发现，有的点子上的对钩很多，有些则很少。

步骤 5：讨论

修改并整合几个评价较高的点子，然后继续挑选。在十几个不同的疯狂的点子中你总能找到几个听起来靠谱的，然后把它们揉捏整合到一起。

7.4 改变你的想法

迭代设计过程中重要的一环就是改变自身的想法。随着你在游戏里完成了各种各样的迭代设计后，你就会不可避免地对自己的设计做出相应的改变。

如图 7-5 所示，没有人能把自己的点子在没有任何变化的情况下直接实现为游戏（如图 7-5 上半部所示），如果谁做到了，那几乎可以肯定是个质量差的游戏。真实情况更像是该图的下半部分，一开始你有了个想法，然后做出一个初始原型，这个原型又激发出了更多的灵感，所以你又做了一个原型，可能新原型不是很好，所以你重新做了一个，你一直继续这个过程，直到把想法成功转换成一个优秀的游戏。在工作中，如果你善于倾听别人的意见，积极和同事进行创新性合作的话，做出来的成果将会比你的初始原型好得多。

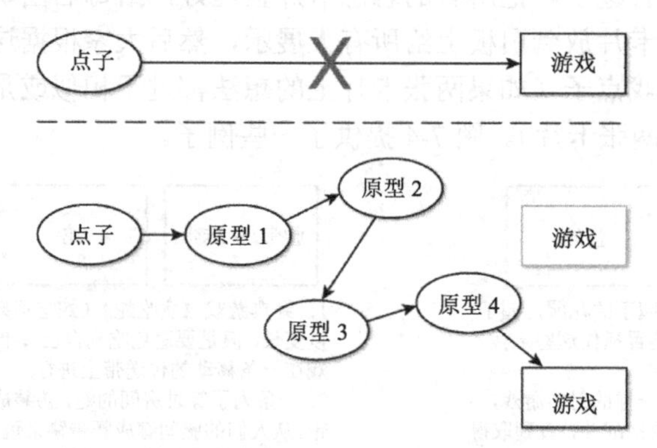

图 7-5　游戏设计的实际情况

随着开发的进行，你会越来越投入

上面描述的方法对于小型企划或是项目的产前阶段都很适用。但是如果项目的参与人数众多，成员又投入了大量的时间和精力的话，改变想法则是一件既困难又昂贵的事情。一个标准的专业游戏开发分为几个不同阶段：

- **制作前（Preproduction）**：大多数游戏教程都讲了这部分内容。在制作前的阶段，你要试验各种不同的原型，并找出最有趣且最吸引人的那一个。在这个阶段完全可以随时改变自己的想法。在大型项目中，制作前阶段的成员数量约为 4 到 16 人。在本阶段结束时，你应该做出一个可以展示游戏整体样貌的小样（demo），简短的五分钟内容即可，质量要与最终发售的游戏水平相当。这样的一个小样要给主管领导过目，由他决定是否可以继续制作。虽然其余的部分还停留在概念上，但是也应该设计好大概内容。

- **制作（Production）：**在游戏行业里，游戏进入制作阶段后，团队成员的规模将会显著增大。主机平台的游戏大作在这个阶段，员工数量可能会超过 100 人，很多同事都不和自己在同一个城市甚至不在同一个国家。在制作阶段，需要及早地定好系统设计（例如游戏机制），随着系统设计落实了以后，其他方面的设计（像是关卡设计、调整角色能力等）才会逐渐确定。在美工方面，这个阶段也是建模、材质、动画制作和其他设计美学要素工作内容开始的时候，该阶段主要以 demo 为核心做出相应高完成度的内容。
- **内部测试（Alpha）：**进入这个阶段时，所有的功能设计和游戏机制都已经 100%确定了。在这个阶段，我们不能再对系统的设计做出更改，只能针对测试中出现的问题做出相应的更改，比如在关卡设计上。这个时间点上的游戏测试，更多的是向品控靠拢，主要工作围绕在找出问题和 Bug 上面（比如编程上的 Bug，更多详情见第 10 章）。这个阶段很可能还有很多错误（比如编程上的 Bug），你应该及时发现并改正它们。
- **Beta 测试：**进入这个阶段时，作品已经基本完成了。在本阶段，你应该修复所有可能会崩溃游戏的 Bug，即便是有的 Bug 仍然没被发现，这些 Bug 也只能是一些轻微的错误。Beta 阶段的主要目的是找到并修复余下的 Bug，从美术角度上讲，要保证所有结构和质地绘制正确，每个文本都没有拼写错误等。在 Beta 阶段不允许做出任何更改，只能修复和解决你找到的问题。
- **“黄金”阶段（Gold）：**当你的项目进入“黄金”阶段时，就离发售就不远了。在过去 CD-ROM 的时代，在大量刻录碟片前需要一张母盘，而这张母盘是由黄金做的。虽然现在以磁碟形式销售的主机游戏有了网上更新的方式，“黄金”阶段也在一定程度上失去了原有的意义，但是“黄金”这一词成了游戏已经准备好发售的代名词。
- **发售后（Post-release）：**因为网络在我们的生活里无处不在，所以所有非卡带形式销售的游戏（比如，任天堂 DS 游戏和一些 3DS 游戏是卡带形式的）在发售后都可以做些修改与调整[4]。发售后的这个时间段可以用来开发 DLC。因为 DLC 通常包含多个新任务和新关卡，所以每个 DLC 的开发要经历的过程和大型游戏开发是一样的（虽然规格相对较小）：制作前、制作、内部测试、Beta 测试、以及“黄金”阶段。

虽然你刚开始做的项目肯定要比专业的规模小很多，但还是最好尽早决定设计目标和方向。在专业团队中，创作过程中的一个设计理念的变动要耗费上百万美元，但是独立游戏开发团队可以很容易地推迟几个月甚至几年发售。随着你逐步深入行业内，你会发现没人在乎你的半成品游戏和未成真的设计理念，人们只关心你做完和发售的游戏。完成的游戏代表你工作的成果，这也正是游戏开发者需要的品质。

---

4. 调整是指在游戏机制的开发后期阶段，做一点微小的改变。

7.5 规划游戏的范围大小

作为一名游戏设计师，你要明白的一个重要概念是如何规划游戏内容的范围。根据你现有的时间和资源合理地压缩设计内容的过程就是规划范围，而过多的设计内容则是游戏项目的第一杀手。

再说一遍：过多的内容是游戏项目的第一杀手。

你所见到的和玩到的游戏都是由几十个人在几个月的时间里全职工作完成的。一些主机游戏大作花费了近 5 亿美元的资金开发，而进行开发的团队成员也都是有着多年工作经验的人才。

笔者不是想要打击你的积极性，只是想让你规划的设计范围小一些。为了你自己，不要尝试做那些你能想到的知名游戏，像是《泰坦陨落》《魔兽世界》或是什么其他大作。相反，你应该找到一个相对较小的、非常棒的核心机制，在一个小尺度范围里深度挖掘它。

如果你想要找灵感，去看看每年 IndieCade 展会上的提名游戏。IndieCade 是一个针对独立游戏的展会，游戏大小不一，笔者认为这个展会正是推动独立游戏发展的先驱。[5]如果你看了他们的网站，能发现很多出色的游戏，每一个游戏都是对游戏领域的一个新的创新。这些游戏都是个人激情投入的作品，许多个人或小团队花费了上百甚至上千个小时开发创作。

在浏览网站后，你可能对他们游戏的短小而感到惊讶。这没关系，虽然这些游戏的规格确实非常小，但是仍然足够优秀，可以赢得 IndieCade 的奖项。

在你的事业蒸蒸日上的时候，你可能有机会去做一些像《星际争霸》《侠盗猎车手》的大型游戏，但是要记住，所有人都是从一个小游戏开始的。George Lucas 制作《星球大战》电影前，他还只是南加州大学电影专业的一个有才华的学生，事实上，在他拍摄《星球大战》时，他把电影内容缩减得恰到好处，只用了一千一百万美元就制作了迄今为止票房最高的电影之一（在票房、玩具销售、家庭影片销售等，该作品获利高达七亿七千五百万美元）。

所以，你要将作品的设计范围规划得小一些，设法想出一些能在短时间内完整制作的点子，然后完成它。只要你能做得出色，之后你想再添加什么内容都可以。

7.6 本章小结

在本章中提到的工具和理论都是笔者教给自己学生的内容，也是笔者在设计游戏时会用到的知识。上面笔者列出的头脑风暴的方法，对大团队或小团队在思考优秀的点子时非常有帮助。在游戏行业和学术界多年的经验告诉笔者，迭代设计、快速制作原型以及合理地规划内容范围是改善游戏设计的重点，强烈推荐给你。

---

5. 笔者从 2013 年开始担任 IndieCade 的教育与发展主席，我很荣幸成为机构中的一员。

第8章

设计目标

本章讲述了游戏设计要争取达到的几个重要目标。它包括如"好玩"那样极具欺骗性的复杂的目标，以及体验式理解等许多内容，这些都对创造互动体验很重要。

在你阅读本章时，思考一下哪些目标对于你来讲最重要。你在不同的项目上有了工作经验后，这些目标的重要性也会发生变化，甚至在开发的不同阶段也会有所改变。但是你应该时刻记住，即便这其中的一个目标对于你来说并不重要，这个目标也应该是你深思熟虑后的结果，而不应该是无意间造成的疏忽。

8.1 设计目标：一个待完成的清单

在策划游戏或创作互动体验时，你都应该在心里想一想自己应该达到哪几个目标。笔者知道本章里提到的目标不会完全包含大家的想法。基于笔者作为一名游戏策划的经验以及和学生、朋友合作的经历，笔者将尽可能地把自己能想到的都写在了本章里。

以设计师为中心的目标

下面这些内容是你作为一名设计师所关注的目标。你想从设计游戏里得到什么呢？

- **财富**：你想赚钱。
- **名气**：你想要人们知道你是谁。
- **团队**：你想成为团队中的一员。
- **个人表达**：你想通过游戏和别人交流。
- **更高的善**：你想通过这种方式让世界变得更美好。
- **成为一名出色的游戏策划**：你单纯地想要做游戏，提升自己的技艺。

以玩家为中心的目标

下面这些目标围绕你想提供给玩家什么：

- **趣味**：你想要玩家喜欢玩你的游戏。
- **游戏性态度**：你想要玩家投入游戏的幻想世界中。
- **心流**：你想提供给玩家最优的挑战。
- **结构化的冲突**：你想提供一个玩家间竞争对抗的途径，这种途径对游戏系统也是极大的挑战。

- **力量感**：你想让玩家在游戏里感觉强大。
- **兴趣/关注/投入**：你想让游戏吸引玩家。
- **有意义的决定**：你想让玩家做出的选择对他们自身和游戏都有意义。
- **体验式理解**：你想让玩家通过玩游戏学到东西。

下面我们再详细说说。

8.2 以设计为中心的目标

作为一名游戏设计师和开发者，你想要通过游戏制作帮你达成一些人生目标。

财富

笔者的朋友 John Chowanec 进入游戏行业已有多年时间了，第一次遇见他时，他给了笔者一些关于在游戏行业赚钱的建议。

他说："你能在这个行业里赚到几百美元。"

其实他的玩笑说得很对，这世界上有太多比游戏行业赚钱的买卖了。笔者告诉我的学生，如果你们想赚大钱，你们应该去银行工作，银行持有大量的资金，他们也很愿意为员工支付高薪，让他们帮助银行继续持有大量的资金。但是，游戏产业和其他娱乐产业一样，不仅"僧多粥少"，而且选择进入这个行业工作的人都是热爱这份事业的，所以游戏公司可以在同等条件下雇佣同样水平的员工却支付更少的薪水。当然游戏行业里也有人赚得了高薪，但是这些人寥寥无几。

想要在游戏行业里过高质量的生活是完全有可能的，特别是如果你单身或没有孩子。如果你给大公司工作那就更有可能了，他们更愿意支付高薪，提供高福利待遇。小公司（或是自己成立公司）则有很多不稳定性，通常薪水也较低，在这里你有机会持有一定比例的股份，虽然这些股份最后不太可能给你多大的回报。

名气

笔者跟你说实话，很少会有人因为设计游戏而出名，因为想出名去做游戏设计和为了出名去电影行业做特效艺术家是一样的。即便是有上百万名玩家玩过你的游戏，也不见得有多少人认识你本人。

当然，游戏行业也是有名人的，像是 Sid Meier、Will Wright 和 John Romero，但是这些人在行业里已经工作太久了，从很早以前就大有名气。还有一些在年代上相对较近的新人，如 Jenova Chen、Jonathan Blow 和 Markus "Notch" Persson，很多人并不知道这些名字，更多的是熟悉他们的游戏（各自的作品分别为《流》《花》《风之旅人》，《时空幻境》和《我的世界》）。

比起出名，笔者觉得游戏行业里的社区更有意义。游戏行业名人其实要比那些外行人想得更少。这是个非常出色的社区，尤其是独立游戏社区和游戏展会 IndieCade 的包容性和开放性，给笔者留下了深刻的印象。

社区

当然了，这个行业里还有很多其他不同的社区，但总体来看，笔者觉得这是一个人才济济的好地方。笔者很多最亲密的朋友都是通过一起在学习游戏设计或一起在游戏行业里工作认识的。虽然很多高预算的 3A 游戏里都有性别歧视和暴力的内容，但是以笔者自身的经验来讲，制作这些游戏的人都是真诚的好人。还有一些大型的充满生机的社区，由一帮开发者、设计师和艺术家组成，这些人从不同的角度推动了游戏的进步。在过去的几年里，在独立游戏展会 IndieCade 上，不仅展出的游戏多样性十足，而且游戏的开发团队也充满多元性。独立游戏社区更像是一个精英管理的社区，无论你是什么种族、性别，信奉什么宗教，只要你工作干得好，你就会受到独立游戏社区的欢迎和尊重。当然，游戏开发者社区依然存在进步的空间，而现在的社区成员也都十分积极地想把社区环境建设得更加友好、热情。

个人表达与交流

以玩家为中心的目标里，有一项是体验式理解，而个人表达与交流就是体验式理解的一个方面。然而，个人表达与交流要比体验式理解的形式多得多（主要是互动媒体形式）。设计师和艺术家用各种媒介展示自己，他们这么做已有上百年的时间了。如果你有表现自己的欲望，那么你应该问问自己下面这两个重要的问题：

什么形式的媒介能最好地展现这个概念？

什么形式的媒介你运用的最熟练？

通过回答上述两个问题，你就能知道一种互动方式是不是你表达的最佳方式了。值得高兴的是，很多玩家也都热切地希望能在互动领域上表达自我。像是 *That Dragon*、*Cancer*、*Mainichi* 和 *Papo y Yo*，这些游戏都获得了大量的关注和称赞，这也标志着互动体验作为个人表达的一种渠道在逐渐趋于成熟。[1]

更高的善

有一些人做游戏是因为他们想要把世界变得更美好，这些游戏通常都叫作严肃游戏或是变革型游戏，它们已经成了几个游戏开发者会议的主题。小工作室通过开发这种类型的游戏起步是一个不错的选择，现在也有一些政府机构、公司和非营利组织为开发者们提供资金，帮助其开发这类游戏。

这些为了改善世界的游戏有很多名字，最主要分为以下三类：

---

1. *That Dragon, Cancer*（2014，Ryan Green 和 Josh Larson 制作的游戏）讲述了一对父母的小儿子患有晚期癌症的故事，创作该游戏帮助 Ryan 面对自己患有癌症的儿子。*Mainnichi*（2013，作者 Mattie Brice）的创作是为了展现给自己的朋友，作为一名跨性别者女性在旧金山的生活是什么样的。*Papo y Yo*（2014, 作者 Minority Media）中，玩家置身于一个男孩的梦中世界，梦中有一个有时善意、有时暴力的怪兽形象，代表他的酒鬼父亲，男孩在这里试图保护自己和他的妹妹。

- **严肃游戏**：这个是最老的称呼了，而且这类游戏多数都这么叫。当然，虽然名字里有“严肃”，但也可以有趣。“严肃”两个字只是为了说明游戏除了趣味性还有特殊的意义和目的，一个典型的例子就是教育类游戏。
- **改善社会类游戏**：这类游戏主要围绕在影响和改变人们在某一个话题上的想法，通常是关于全球变暖、政府预算赤字、政客的各种美德和恶习等。
- **改善行为类游戏**：这类游戏的目的不是想要改变玩家的想法和观念（这种多为改善社会类游戏），相反，它的主要目的是改善玩家在真实世界里的行为。比如，一些医学游戏有助于抑制儿童肥胖，提高儿童注意力和增加持续时间，甚至能及早查明某些疾病，如儿童弱视。越来越多的调查发现，玩游戏对人的精神和身体健康有显著影响（有好也有坏）。

成为更出色的游戏设计师

要成为更出色的游戏设计师，你最应该做的就是，做游戏……不，做很多很多的游戏。本书的目的是教会你如何设计，这也是为什么本书涵盖了多种不同类型游戏的制作教程。每一个教程都是围绕一种类型游戏的原型开发的，同时包含了一些具体的主题。你所制作的这些原型不仅仅是学习工具，这也是在为你将来的游戏制作奠定基础。

8.3 以玩家为中心的目标

作为一位游戏设计师和开发者，你肯定想为玩家带来些什么。

趣味性

很多人都把趣味性视为游戏的唯一目的，作为本书的读者，你应该已经明白这是不对的。正如本章后面所讨论的那样，只要游戏能吸引住玩家，玩家是愿意玩趣味性低的游戏的。这个道理在所有形式的艺术上都是一样的。虽然《辛德勒的名单》《美丽人生》《美梦成真》这些电影一点也不“有趣”，但是笔者还是很愿意观看这些作品的。虽然趣味性不是游戏制作的唯一目的，但是趣味性这个相对模糊的概念对游戏制作人来讲是相当重要的。

在 *Game Design Theory* 书中，Keith Burgun 提出了提高游戏趣味性的三个方面，分别为：乐趣性、吸引力与满足感。

- **乐趣性**：生活中有很多让人愉快的方式，而大多数玩家买游戏也是为了寻找乐趣。在 Roger Caillois 的 *Les Jeux et Les Hommes* 书中提到，在乐趣性上，一共有四种不同类型的游戏：
  - — 竞争性游戏（如象棋、棒球游戏、《神秘海域》）
  - — 概率性游戏（如纸牌、石头剪刀布）
  - — 眩晕性游戏（如过山车、让孩子们转到头晕为止的游戏、其他会让玩家感觉眩晕的游戏）
  - — 围绕虚构与模拟的游戏（如过家家游戏、孩子玩的玩偶，还有角色扮演）

每一种类型都有自己独特的趣味性，所有的游戏都依赖于玩家玩的态度才变得有意思（在之后的章节会讲到）。正如 Chris Bateman 在他的 *Imaginary Games* 书中提到，眩晕性游戏所带给玩家的感受是兴奋还是恐惧，取决于玩家玩游戏的心态，而不是游戏本身。迪士尼乐园里的 Tower of Terror 中有一个鬼屋跳楼电梯机，模拟失去控制的电梯，但是真实世界里的电梯失控可没什么意思，正是因为这是游戏才好玩。

- **吸引力**：游戏必须要有吸引力，能够抓住玩家的注意力。Richard Lemarchand 是《神秘海域》系列的副设计师，在 2012 年旧金山游戏开发者大会上发表了“要关注，不要沉浸”的演讲，并且说明了抓住玩家的注意力是游戏设计里一个很重要的方面。在本章的后半部分笔者将详细讨论该演讲的细节。
- **满足感**：在玩的过程中，游戏必须要满足玩家的一些期望。无论是在真实世界里玩游戏，还是在虚拟世界里玩游戏，都可以满足这一点。比如对社会化和社区的需求期望，我们可以通过和朋友玩桌游或是和《动物之森》里的朋友一起度过一天满足期望。你在玩足球游戏时带领队友取胜，或是在像《拳皇》[2]一样的格斗游戏里战胜朋友，又或是玩节奏游戏《押忍!战斗!应援团》时通过了特别难的最后关卡，这些都能给你带来无与伦比的满足感（原文“fiero”，为意大利词汇，指个人从困境中取胜）。[3]不同的玩家有不同的需求，而每一位玩家每天的需求也是在变化的。

游戏性态度

在 *The Grasshopper* 里，Bernard Suits 详细探讨了游戏性态度：指玩家愿意全身心投入到游戏中的态度。在这样的情况下，玩家能够很开心地遵守游戏的规则，并最终根据规则获取胜利（而不是躲避规则）。正如 Suits 指出的那样，作弊的玩家和扫兴的玩家都没有这样的心态。作弊的玩家希望通过躲避规则获胜，而扫兴的玩家可能会遵守规则，也可能不会遵守，他们没有兴趣在游戏里获胜（他们多数人甚至不让其他玩家玩得开心）。

作为一名设计师，你应该努力让玩家保持这种良好的游戏心态。从更广的角度讲，你应该尊重玩家而不是利用他们。在 2008 年，笔者和同事 Bryan Cash 在游戏开发者大会上发表了演讲，谈到了间断性玩（sporadic-play）[4]的游戏，这类游戏的玩家在一天的时间里可以时断时续地玩。我们演讲的内容主要是基于 *Skyrates*[5]的开发经验。开发者有 Howard Braham、Bryan Cash、Jeremy Gibson、Chuck Hoover、Henry Clay Reister、Seth Shain、Sam Spiro 和角色设计师 Chris Daniel。教师顾问为 Jesse Schell 和 Dr. Drew Davidson。发布 *Skyrates* 后，我们把它作为一个爱好继续进行开发，另外加入了其他开发者 Phil Light 和 JasonBuckner。*Skyrates* 是我们当时学生团队的一个项目，在 2008 年赢得了一些设计奖项。

---

2. Nicole Lazzaro 在游戏开发者大会上讨论感情引导玩家时，经常谈到 fiero 一词。
3. 感谢笔者的好朋友 Donald McCaskill 和 Mike Wabschall 推荐了这么复杂且有趣的游戏——《拳皇》，我们一起对战了上千局。
4. Cash, Bryan，Gibson, Jeremy。“Sporadic Games: The History and Future of Games for Busy People”（在 2010 年旧金山游戏开发者大会的社交游戏峰会上提出）。
5. *Skyrates* 是笔者在卡内基梅隆大学读本科时，在 2006 年的两个学期里开发出的游戏。

在策划 *Skyrates* 时，我们打算做一个生活忙碌的人也可以玩的网游（像大型多人在线游戏 *MMO* 类型，比如暴雪公司的《魔兽世界》），在 *Skyrates* 中，玩家扮演的是太空海盗，在一个个漂浮的岛屿之间穿梭进行贸易并与海盗战斗。这个游戏的间断性玩是指玩家每天可以每隔一段时间登录游戏，给自己的角色下达命令，可以和海盗战斗，也可以升级飞船和角色，然后玩家就可以退出游戏让角色自己去完成命令了。在一天的时间里，玩家可能会收到飞船正在被攻击的消息提示，这时可以选择回到游戏里继续战斗或是直接留给飞船自己处理。

在那段时间里，作为设计师的我们见证了社交游戏的兴起壮大，像是《开心农场》这样的游戏。这种社交游戏要求玩家在线时长久，对不登录游戏的玩家有相应的惩罚。

在社交游戏里，体力点是一种资源，无论玩家是否登录，体力点都在缓慢地恢复增长。但是玩家能持有的体力点有最高限额，这个限额要比每天一共恢复的数量低，也要比玩家最大程度玩的需求数量低。这样的机制就在无形之中要求玩家每天多次上线花费掉恢复的体力点，避免体力回复满了造成浪费。当然，玩家也可以选购买额外的体力点。这也正是这类游戏的主要收入来源之一。

腐烂机制在《开心农场》里则展现得淋漓尽致。在这个游戏中，玩家种植作物后，需要等待一段时间再来收获。然而，如果作物在成熟后被放置的时间太长，作物就会腐烂，玩家就会损失种子和时间的成本。高价值的作物在成熟后可放置的时间要比低价值的作物、新手级别的作物短，所以玩家会发现可收获的时间段非常短，要经常及时地返回游戏。

笔者和 Bryan 都希望通过开发者大会上的讨论，能够抵制这类游戏的潮流，或者至少提供一些其他的选择。间断性玩的概念是指在时间上给玩家绝对的权利（选择的权利）。笔者的教授 Jesse Schell 曾这样评价过 *Skyrates*：这个游戏就像是一位朋友，每隔一段时间它会在你繁忙的工作中提示你休息一下，在玩了几分钟后又提示你该回去工作了。正是这样对玩家的尊重使我们的游戏有高达 90%的留存率，这意味着在 2007 年一开始尝试该游戏的玩家，有 90%成了常驻玩家。

尊重玩家才能让玩家一直保持游戏性的态度，进而生成“魔法圈”。

魔法圈理论

第 2 章里也简单谈到了该理论，魔法圈理论是 Johan Huizinga 在 1938 年，在其 *Homo Ludens* 一书中提出来的。魔法圈会出现在人们玩游戏的时候，可以是精神上的，也可以是物理上的，有时是两者的结合。在这个圈内，规则随玩家变化，有一些在日常生活中不得当的行为，在这里是被允许的，反之亦然。

比如，两个朋友一起玩扑克牌，他们都会向对方虚张声势（或是撒谎），假装自己有什么牌，表现得极为自信。然而，在真实世界里，这两个人就会认为欺骗是对友情的亵渎。同样，在冰上曲棍球比赛中，运动员之间会互相推搡，进行激烈的肢体冲突（当然是在规则允许范围里），但是在赛后运动员们还是会互相握手道别，甚至成为亲密的朋友。

Ian Bogost 和许多其他游戏理论家都指出魔法圈是一个易变且暂时性的状态。甚至小孩子都明白这个道理，他们会在玩耍中喊出“暂停”。暂停在游戏过程里，指的是规则与魔法圈的暂停，这样玩家们有时间讨论如何修改规则，然后继续剩下的游戏。讨论结束后喊“开始”，游戏和魔法圈就又从刚才暂停的地方继续了。

玩家可以暂停和继续魔法圈，但是有时很难保证魔法圈的一体性。在足球比赛里有时会推迟很长时间（例如，在下半场时因为天气原因推迟 30 分钟），这时解说员通常会讨论运动员在推迟比赛和返回赛场时，保持心态十分困难。

心流

如心理学家 Mihaly Csíkszentmihályi 所说的那样，最优的挑战程度状态是波动的。因为心流这一概念与许多游戏设计师的努力方向密切相关，所以曾在游戏开发者大会上被多次讨论过。在波动状态下，玩家全身心投入到挑战困难中，很少会体验到困难以外的感受。你可能也感受过，在这种集中投入的过程里，时间有时过得飞快，有时让人感觉很慢。

Jenova Chen 在南加州大学的艺术硕士的论文主题也是“感受中的波动性”，同时这也是他的游戏 *Flow* 的主题。Jenova 也在游戏开发者大会上多次谈过这个概念。

正如你在图 8-1 看到的那样，波动状态夹在无聊和挫败感之间。如果游戏的难度太高于玩家的水平，玩家会有挫败感。相反，如果玩家的水平太高于游戏的难度，玩家则会觉得无聊。

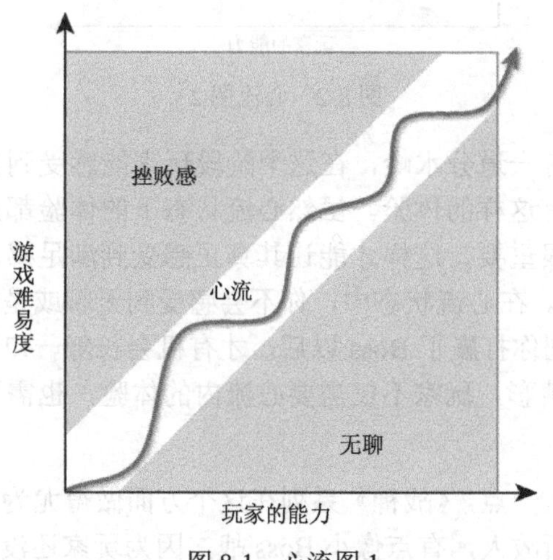

图 8-1 心流图 1

Jeanne Nakamura 和 Mihaly Csíkszentmihályi 在 2002 年发表了一篇文章《心流的概念》，其中提到了即便是玩家的文化背景、性别、年龄和活跃程度不同，所有人都会有心流体验。这主要基于两个前提条件：

- 玩家能够感受到游戏的难度和获胜的机会，这样的挑战性（刚刚好）不断提高玩家的水平。在这样的状态下，挑战的难易度和玩家的能力匹配。
- 存在明确的最优目标，以及每次玩家的进步都有立刻的反馈。

这就是心流在游戏设计领域里主要围绕的内容。这两个前提条件简单明确，设计师都能够明白如何在游戏里达到这样的目标。通过仔细的测试和玩家的反馈，也很容易分辨出游戏有没有做到这一点。

在 1990 年，Csíkszentmihályi 发表了一部著作《心流：最佳体验中的心理学》。在这本书中，提到了对波动性的深入研究，而这个研究发现对游戏的开发尤为重要：波动并不会一直保持下去。人们发现，虽然玩家喜欢心流的体验，那些让人难以忘怀的游戏体验都是在波动中出现的，但是波动很难维持在 15 到 20 分钟。相反，如果玩家一直保持在完美的波动状态下，他就能感受到自己的水平一直在提高。所以，大多数玩家都想要体验如图 8-2 所示的理想状态。

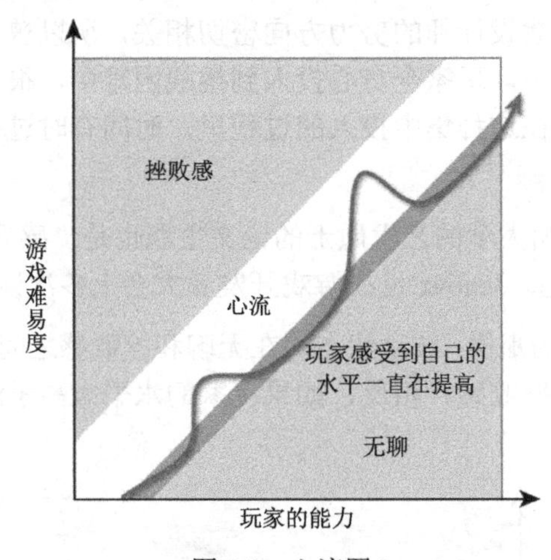

图 8-2　心流图 2

在无聊与心流之间有一道分水岭，在这个阶段玩家能感受到自己在变强，技巧也变得更加熟练，玩家需要有这样的体验。虽然心流状态下的体验都是积极的，但是让玩家时不时地脱离出波动也很重要，这样才能让其真正感受到满足感。想想你之前玩游戏时打过的最精彩的 Boss 战。在心流状态中，你不会感受到无聊或是挫败感，因为心流需要完全的投入和关注。直到你打赢了 Boss 以后，才有机会长舒一口气放松下来，这时你才意识到刚才的战斗多么精彩。玩家不仅需要心流内的体验，也需要心流外的时间发现自己水平的提高。

很多游戏都做到了这一点，《战神》系列在这个方面做得尤为突出。游戏里玩家总会接二连三地面对单体的新敌人，有点像小 Boss 战，因为玩家还没打败过该类型的敌人，也不会知道相应的策略。最终，玩家学会了如何应对这种敌人。经过与同一类型的敌人多次对战，玩家的水平也有所提升。然后过去几分钟后，玩家又会遇见上次的敌人，只不过这次的数量更多。这其实比第一次遇到时挑战性要低，之前在对战单个新敌人时玩家觉得困难重重，而现在能同时应付多个相同的敌人，这让玩家感受到自己水平的提升。

在你设计游戏时，记得不仅要给玩家提供最佳的难易度，还要让他们发现自己的进步，让玩家有时间为自己的胜利欢欣鼓舞。在每场艰难的战斗后，留给玩家一些时间感受一下自己的能力在逐渐变强。

冲突对抗

你在第 1 章也看到了，冲突是玩家的需求之一。单纯的玩乐和游戏之间最本质的区别就是游戏总包含对抗或竞争，这种竞争可能是玩家之间的竞争，也可以是玩家和游戏系统之间的对抗（详见第 4 章中“玩家关系”内容）。这种竞争让玩家通过互相竞争、与系统对抗、和概率博弈，提供了一个测试自己水平（或玩家在团队中的水平）的机会。

这种对冲突与对抗的需求在动物之间的玩耍里也很常见。Chris Bateman Chris BatemanChris Bateman 在 *Imaginary Games* 书中指出：在我们的宠物狗和其他狗一起玩耍时，特定行为是否可以接受有着清晰可辨别的范围。在小狗们假装互相打架时，它们互相默认允许有轻微的撕咬、攀爬到对方身上、在地上翻滚等虚假的有些暴力的行为，动物之间的玩耍也是有规则的。

甚至在真实的战争中，也有像游戏一样的规则。在北美土著乌鸦部落的首领 Plenty Coups 的回忆录里，讲述了族群战争时的荣誉制度。Coup 是从战场上奋战拼搏死里逃生的象征。用 Coup-Stick（一种象征勇敢与荣誉的棍棒）或骑马用的短鞭与全副武装的敌人战斗，或是从敌人营地里偷取马匹和武器、在战场上第一个击杀敌人都算作是 Coup，是一种勇敢的象征。如果能毫发无损地回来，这对部落的人来说更加荣誉。Plenty Coups 在书中也说明了部落的两根象征意义的棍棒：

> 每个部落社群里会有一根笔直的棍棒，在较尖的一端插满一只鹰的羽毛。如果发生战争，拿棍棒的人要把它竖在地上，表示自己不能撤退或离开棍棒，除非他的族群兄弟正在赶来，否则他即便是战死也不能离开这根具有象征意义的棍棒。只要是棍棒插在地上，它代表的就是整个部落。持有弯曲棍棒的人，每人有两根羽毛，他们可以自行决定怎么绑在棍棒上比较方便。只有自己战死，棍棒才会被敌人所有。用这样的在社群里有象征意义的棍棒做出代表勇敢与荣誉的行为（如击倒敌人），算作双重荣誉。因为持有者携带部落特殊意义的棍棒，所以他们的处境会更加危险。

战斗过后，计算 Coup 的数量，也就是计算每名战士在战斗中有多少壮举。若是死里逃生并毫发无伤，战士会收到一根鹰的羽毛，可以戴在头上或系到棍棒上。如果负伤归来，赠予的羽毛则会被染成红色。

北美洲平原上的土著部落计算 Coup（勇敢与荣誉）的行为，为部落之间的战争增添了别样的意义，提供了一个系统的方法，将战场上的英勇事迹在战后转变为对个人的荣誉。

现在许多游戏为团队之间提供一个冲突竞争的平台，包括多数的传统运动（足球、橄榄球、篮球，还有世界范围都流行的曲棍球），网游例如《英雄联盟》《军团要塞》和《反恐精英》都是如此。但即便不是团队比赛，游戏也为玩家提供了在逆境中冲突和获胜的平台。

力量感

在心流的内容里也涉及了一类玩家的权利（玩家在游戏世界感到强大）。本节将讲述另一种权利：玩家在游戏里有权选择做什么。这主要分为两方面：自主设定目标与表演。

内在动力（Autotelic）

Autotelic 这个词来源于拉丁语，Auto 是自己，telic 是目标的意思。Autoletic 就是指玩家为自己建立一个目标。Csíkszentmihályi 在一开始研究心流时，就意识到内在动力在这里会占有重要的一席之地。他的研究表明，拥有内在动力的玩家能够在心流状态下获得最大限度的愉悦感。相反，那些缺乏内在动力的玩家，在自己的能力远远高于难度时获得的愉快感更多。Csíkszentmihály 认为，无论是什么样的环境，正是内在动力这个因素让人们能够感受快乐。

那么，什么样的游戏能促进玩家产生内在动力呢？有一个非常恰当的例子就是《我的世界》。在这个游戏里，玩家进入一个随机生成的世界里，唯一的目标就是生存（僵尸和其他怪物在夜间会攻击玩家）。玩家可以在四处的环境里挖掘资源，利用资源建造工具和建筑物。《我的世界》的玩家不仅造出了城堡、桥梁和等规格《星际迷航》企业号星舰，甚至建造出了上千米长的过山车和带 RAM 的简单计算机。这是《我的世界》最聪明的地方：它给了玩家选择的机会，并通过多变的游戏机制让选择的多样性成为可能。

虽然多数游戏都没有《我的世界》自由度高，但还是有机会提供给玩家多样的选择。文字冒险游戏（如《魔域帝国》《银河系漫游指南》）和单击式冒险游戏（如雪乐山的《国王密使》）近年来人气渐弱，其中一个主要的原因就是游戏通常只提供给玩家一个选择。在 *Space Quest 2* 里，如果你刚开始没到柜子里拿三角绷带，之后你就不能拿它当吊索用了，玩家不得不退出游戏重新开始。Infocom 的《银河系漫游指南》里，当玩家的房子前出现了一辆推土机，玩家必须要在淤泥前躺下等推土机推三次。如果玩家做得不对就会死，然后重新开始游戏。[6]相比之下，在游戏《羞辱》中，每一个环节至少有一个用战斗解决的办法和一个不需要战斗就通过的办法，赋予玩家选择如何达成目标的权利，将极大地提高游戏对玩家的吸引力。[7]

表演

力量感的另一种重要体现，是提供给玩家表演的权利。在 *Game Design Theory* 书中，Keith Burgun 指出不仅游戏设计师在进行创作艺术，他们也提供给玩家创作艺术的能力。设计师作为游戏这种被动媒介的创作者，可以看作为作曲人，作曲人是为观众演奏的。但是作为一名设计师，你更像是作曲人和乐器制作人两者的结合。你不仅仅要创造出给他人弹奏的曲谱，你也要制作出玩家可以用来创造艺术的乐器。其中做得最好的一个例子就是《托尼霍克滑板》，在这个游戏里，玩家可以做出各种各样的动作，目的是通过组合这些动作达到高分。设计师提供给玩家创作艺术的能力，玩家也能够成为一名艺术家。在其他类型的游戏里也可以看到这样完美的例子，比如有多种动作组合的格斗游戏、策略选择多样的即时战略游戏。

---

6. 会发生这样的情况主要是因为如果允许玩家在游戏里做任何事情的话，可能发生的事件太多了。笔者见过的真正开放式有分支剧情的作品就是 Michael Mateas 和 Andrew Stern 的互动小说 *Façade*。
7. 但是，你必须客观地看待开发的成本。如果你不小心的话，你所有提供给玩家的选项都会增加开发的成本，有资金上的成本，也有时间上的成本。这是你作为设计师和开发者必须小心保持的成本平衡。

关注和投入

本章的前面也提到过，杰出的游戏设计师 Richard Lemarchand 在 2012 年游戏开发者大会上发表了关于关注的演讲“要关注，不要沉浸：用心理学和游戏测试把游戏做得更好，这是《神秘海域》的诀窍”。这次演讲的目的是解答设计游戏时人们对沉浸的疑惑，以及说明抓住玩家的注意力是游戏设计师最应该做的事情。

在 Lemarchand 发表演讲之前，许多游戏设计师都试图在自己的游戏里追求沉浸感。如果像 Lemarchand 所说的那样，尽量远离沉浸的设计，那么相应要做的就是减少或去掉 HUD，减少影响玩家投入游戏的因素。但正像 Lemarchand 在演讲里说的那样，玩家从来就不能达到沉浸的目标，他们也不想达到。如果一个玩家真的相信他就是《神秘海域 3》里的德雷克，那么玩家在沙漠几千英尺上空的一架运输机上途中被击中，玩家岂不会要惊恐万分。魔法圈的一个重要点就是进入或停在这个圈内都是玩家自己的选择，玩家意识到自己是自发进行游戏的（正如 Suits 所说，一旦这个游戏的参与不再是自发的，这个体验也就不再是游戏了）。

比起沉浸，Lemarchand 追求在一开始就吸引住玩家，并一直保持下去。为了清楚说明，所有立即吸引我的都叫作关注，长期吸引我的则叫作投入（虽然无论长期或短期 Lemarchand 都选择用关注这个词）。Lemarchand 也指出了反射性注意（我们对周围刺激的无意识反应）和主动性注意（我们自主选择去关注什么）。

根据他的演讲，美学的要素、强烈的反差，这些都有助于吸引玩家。*007* 系列电影总是以动作戏作为开场就是这个原因，他们这样做是因为观众在影院里无聊地等待电影开始和影片刚开始时激烈的动作戏形成强烈的反差。这种关注就是反射性注意，让人不由自主地做出反应。在你看见什么东西正在脱离你的视野里时，不管你想不想，你都会不由自主地去看它。就这样，*007* 系列电影一旦吸引到你的注意，电影内容就开始叙述剧情了。因为观众已经上钩了，所以接下来会进行的是主动性注意（也就是选择去关注）。

在 *The Art of Game Design* 书中，Jesse Schell 提出了他的兴趣曲线理论。该理论主要围绕在吸引注意力上。据 Schell 的研究，图 8-3 为良好的兴趣曲线。

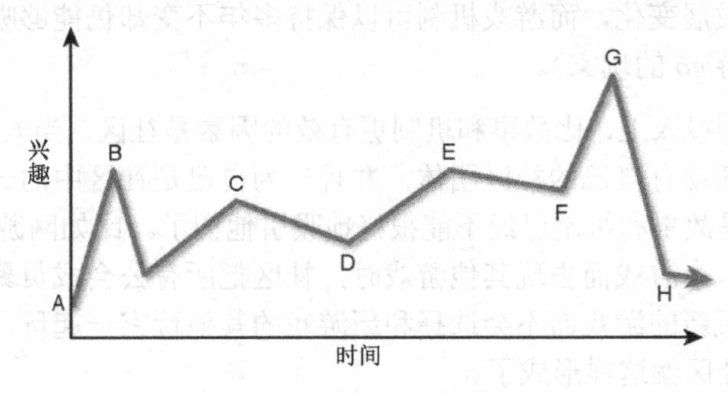

图 8-3 兴趣曲线

据 Schell 的研究结果，一条完美的兴趣曲线，观众先会从稍微低的兴趣（A）开始，然后你会想吸引观众上钩（B）。在你引起他们的兴趣后，可以稍微放松下来，让观众的兴趣逐渐形成波峰和波谷（C，D，E 和 F），最后到达兴趣的最高峰（G）。之后马上将迎来结束，观众的兴趣就会回落（H）。这和 Syd Field 用来分析故事和电影的标准三幕戏剧曲线图表是相似的。Schell 同时也表示，这个不规则的图形可以在长时间里继续延长。有一个办法可以让兴趣延长，那就是在大型游戏里设置结构性的任务，保证每一个任务都有相应的兴趣曲线，而整个游戏又有更长的曲线。但是真正实行起来又很复杂，因为 Schell 所讨论的兴趣是我们所说的关注，如果要玩家长期保持兴趣曲线，还需要考虑到投入。

仔细想一想关注和投入，关注总是和反射性注意（无意识反应）成双成对，而投入几乎是只需要主动性注意。经过认真地思索，笔者结合 Lemarchand 的概念与作为设计师和玩家的经验，绘制了图 8-4。

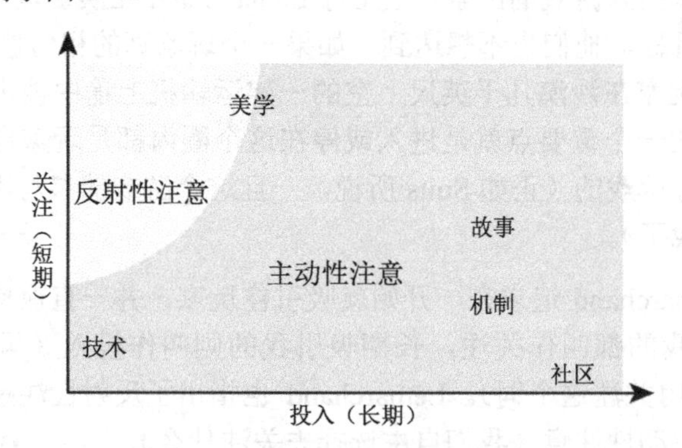

图 8-4　四要素与关注和投入的关系（因为科技要素对玩家并没有显著作用，所以没写进该图）

正如你所看见的，美学要素在引起玩家关注上有很重要的作用，并且美学要素引起的关注多是反射性注意。这是因为美学直接影响我们的感官，从而引起注意。

故事和游戏机制都需要主动性注意。正如 Lemarchand 指出的那样，剧情容易引起我们的注意，但是笔者不同意 Lemarchand 和 Jason Rohrer 的观点，他们认为游戏机制要比故事更容易让玩家保持投入的状态。一部电影通常要一两个小时，这对游戏的一小节内容同样适用。根据笔者的个人经验，只要电视剧的机制足够优秀到能保持笔者的投入状态超过 100 个小时，那么剧情就能够吸引笔者一直看到 100 集。机制和故事之间的主要区别是，故事必须发展变化，而游戏机制可以保持多年不变却仍能够吸引玩家（想想毕生都在玩象棋和桌游 *go* 的玩家）。

在保持玩家长期投入上，比故事和机制更有效的因素是社区。当人们发现一个游戏、一部电影或是一个活动有自己的社区团体，并且认为自己是社区中的一员，他们就会继续参与进去，即便是故事和机制已经不能很好地吸引他们了。比如网游《网络创世纪》，在很多玩家不再玩这个游戏而去玩其他游戏时，社区把所有公会成员聚集了起来。他们更可能会选择一起玩新的游戏而不会选择和新游戏的其他玩家一起玩，一个在不同网游中保持稳定的固定社区就这样形成了。

令人感兴趣的决定

你在第 1 章也读到了，Sid Meier 指出游戏是（或应该是）由一系列有意义的决定组成的，但是我们对什么是有意义的决定提出了质疑。

纵观全书，我们已经学习了几种有助于解答这个问题的概念。

Katie Salen 和 Eric Zimmerman 在第 5 章中提出的关于有意义的游戏概念“多变的层次”，能让我们更好地理解这个问题。一个决定要有意义，要满足两个条件：辨别性和完整性。

- **辨别性**：玩家可以传递给游戏自己的决定，系统能够领会玩家的意图（例如即时反馈）。
- **完整性**：玩家认为自己的决定能够造成长期影响（比如长时间的影响）。

Katie Burgun 在他对游戏的定义里，指出了决定必须“含糊不清”的重要性。

- **含糊不清**：玩家能够对自己做出的决定将如何影响游戏做出猜想，但是不能百分之百肯定。把钱投到股票市场，这一决策的结果是不确定的。作为一位聪明的投资者，你应该能猜到股票价格不是上升就是下降，但是市场波动太大了，你是不能肯定结果是什么的。

几乎所有吸引人的决定都是有双重影响的（正如一把双刃剑）：

- **双重效果**：决定的结果既有积极的一面又有消极的一面。在股票市场里，积极的一面就是长期潜在的升值，而消极的一面则是立刻资源（金钱）的损失。

决定吸引人的另一个方面是选择的新颖。

- **新颖**：如果选项和玩家最近做出的决定有很大不同，那么这个选择就是新颖的。在经典日式 RPG 游戏《最终幻想 7》里，玩家和每种敌人之间的战斗不会产生什么变化。如果敌人怕火，那么玩家就要有足够的蓝条放火系魔法，一直用火系魔法击败敌人。相反同样是日式 RPG 游戏的《格兰蒂亚》，要找准角度和位置才能释放出特殊攻击，玩家可以选择时间停止，在停止的过程中，分析敌人和伙伴的位置是否合适，再来进行选择。角色的移动性和位置的重要性使得每场战斗中的选择都新奇有趣。

最后一个要求，游戏提供的选择必须清晰明白。

- **清晰**：虽然每个选项对应的后果应该模糊不清，但选项本身应该清晰明白。有几种可能性会让选项缺乏清晰度：
  - 在一定的时间里，提供过多的选项会让玩家一头雾水，难以分辨出其中的不同。这会导致选择瘫痪，因为选项的数量过多而造成无法选择。
  - 如果玩家凭直觉不能知道选择对应的可能后果，那么这个选择就是模糊不清的。这个问题经常出现在游戏里的对话树上，这些选项只是尽可能多地列出了玩家可能想到的选择，但是完全没有显示出每条信息暗含的结果。在《质量效应》的对话树中，玩家可以从选项的内容辨别出这个选择是延长还是缩短两个人之间的对话，是以友好的态度还是敌对的态度交谈。这样比起具体的行为，玩家能选择出明确的态度，也就避免了对话树的模糊不清。
  - 如果玩家不能明白选项的重要性，这个选项也有可能不清晰。《格兰蒂亚 3》的战斗系统比《格兰蒂亚 2》的系统有一个非常大的进步，那就是角色受到威胁时，以及轮到其他角色的回合时，该角色可以向其他人求援。如果角色 A 就要被敌人攻击了，轮到角色 B 的回合，A 可以向 B 求援，B 可以选择为 A 抵挡攻击。玩家也可以选择给角色 B 下达其他的指令，但是游戏明确地表明了这是抵挡袭击 A 的攻击的最后一个机会。

正是这六个要素的结合，完美地阐述了如何让选择更加吸引玩家：辨别性、完整性、含糊不清、双重效果、新颖和清晰。通过让你游戏中的选择与选项更加吸引玩家，你的游戏的机制也会更加有感染力，这样玩家才会长期投入到你的游戏里。

体验性理解

本章我们要讨论的以玩家为中心的最后一个目标是体验性理解。这个设计目标在游戏设计中实现要比在其他媒体中实现更加容易。

在 2013 年，游戏评论家和理论家 Mattie Brice 发布了游戏 *Mainichi*，这是她设计和开发的第一款游戏，如图 8-5 所示。

据 Brice 所说，*Mainichi* 是给她的一位朋友做的游戏，更像是私人信件，让她的朋友了解自己的每日生活。Brice 是一名“跨性别者”女性，住在旧金山的 Castro 街区。在 *Mainichi* 里，玩家扮演 Mattie Brice 本人，并做出一系列的选择，准备和朋友去咖啡店喝一杯：穿着是否漂亮得体、要不要化妆、吃不吃些东西等。每一个选择都会一定程度影响玩家去咖啡店点饮品的途中所遇到的镇子里的人对自己的反应，甚至是一个非常简单的选择在游戏里也有深刻的意义，像是用信用卡支付还是现金支付（如果玩家用信用卡支付的话，咖啡店的服务员就会说“Brice 女士……呃……先生”，因为他看信用卡上的名字是一个男性的名字）。

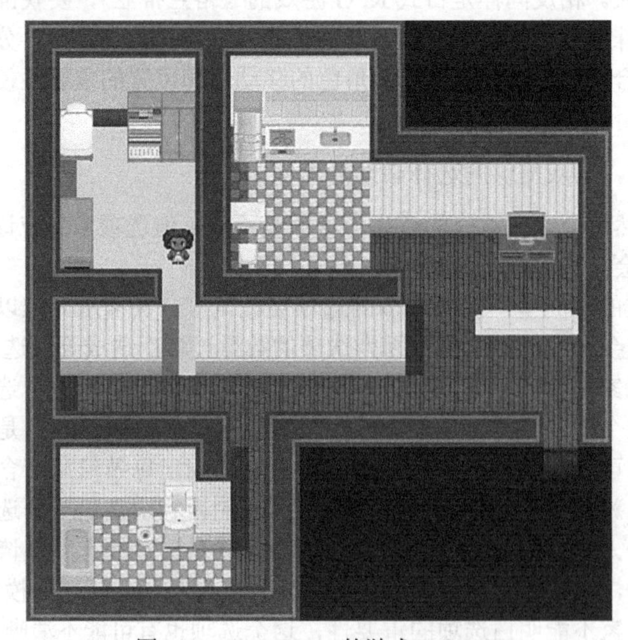

图 8-5　Mattie Brice 的游戏 *Mainichi*

游戏流程非常短，作为玩家，你玩过一遍之后很想再玩一次，试试选择和之前不同的选项能有什么样的结局。因为玩家的选择将改变 Brice 是怎么被其他人看待的，所以周围人是善意相处还是恶言相向，玩家都会与角色感同身受。电影《土拨鼠之日》的那种剧情分支和故事结构也可以传达出 Brice 的选择被赋予的意义，但是它们都不能让观众和角色建立起感情联系。在这种情况下，只有游戏这种方式，才能让观众真正站在角色的视角里，感受每次选择时角色的感受。本节所探讨的目标，是我们作为游戏设计师要努力达成的最有吸引力的目标之一。

8.4 本章小结

每个人做游戏时都有不同的设计目标。有些人想要创造有趣的体验，有些人想给玩家制作有意思的谜题，有些人则想鼓励玩家就某个特定话题深入思考，而有些人想提供给玩家一个能感受到自己强大的竞争舞台。无论你是基于什么目标开发游戏的，现在你都应该开始创作了。下面两章的内容为纸面原型和游戏测试，这两者是游戏设计的核心内容。几乎在所有游戏里，特别是电子游戏，你有上百个要素的变量可以调整，以改变游戏体验，但是在电子游戏里，一个看上去细微的改变可能就要花费大量的精力去实现。下一章提到的纸面原型方法，能帮助你快速从游戏的概念过渡到可应用的原型（纸面原型）上，然后更高效、快速地制作下一个新原型。对于许多游戏来讲，纸面原型的阶段能为你节省很多开发时间，因为你能够在编程前就通过纸上测试找到游戏对的方向。

第9章

纸面原型

在本章中，你将学习纸面原型的内容。纸面原型是游戏设计师迅速测试游戏和改变想法的重要工具之一，这个工具简便易用。虽然你的想法和概念最终都要数字化，但是它能告诉你作品还缺少什么内容。

在本章的末尾，你能学习到纸面原型的最优方案，了解到哪些电子游戏适合用纸面原型测试。

9.1　纸面原型的优势

虽然数字技术为游戏开发提供了全新的平台，但是许多设计师在研究游戏概念时，都觉得传统的纸面原型是一个好方法。计算机在计算数字和显示信息的速度上比人快得多，你可能想为什么我们还要用纸面原型呢？这主要归结于两个因素：实现想法的速度和简易度。除了这两点，纸面原型还有其他优点，包括：

- **初始开发速度：**如果要迅速做出一个游戏，没什么比使用纸更便捷的了。你可以拿个骰子和一些纸牌大小的卡片，在很短的时间里就能做出一个游戏。即便你是一个经验丰富的游戏设计师，在开始制作一个没尝试过的游戏类型时，你也会觉得起步很难。
- **重复迭代速度：**你可以很快地改变纸上游戏的内容和规则。事实上，你甚至可以边玩边改。因为改变是如此容易，所以在项目的制作前阶段（这时经常有大改动），纸面原型十分适合头脑风暴。如果项目现有的纸面原型不好用，修改它只需要几分钟时间。
- **低技术门槛：**因为纸面原型对技术知识和美术水平的要求都很低，所以游戏开发团队的任何人都可以参与到这个环节中来。对于那些不太可能在数字原型上有什么贡献的成员，这是一个极佳的机会让你从这些人那里听取一些建议和点子。
- **协作的原型：**因为纸面原型低门槛和快速迭代的特点，我们可以合作创作和快速修改原型。团队成员在纸面原型阶段，可以简单快捷地分享自己的想法。
- **集中的原型构建与测试：**即便是一个新手，也能看出纸面原型和最终的电子游戏有很大差距。在纸面测试时，测试员能够集中测试原型的功能性，而不是其他细节内容。许多年以前，苹果公司有一份内部文件曾发给公司的用户界面设计师，建议他在纸面原型上画一些粗糙大概的按钮图样，然后把纸张扫描，再做 UI 原型。因为草图和扫描出来的按钮菜单之类的 UI 原型肯定不会是苹果公司最后决定的产品设计，所以测试者不会纠结于按钮的样式，而会更关注界面的实用性，这才是苹果公司在测试时最感兴趣的内容。纸面原型有助于引导测试者的关注方向，这样他们不会过分关注原型的外观，而是会重点研究游戏内容，这也是你最想测试的内容。

9.2 纸面原型工具

你最好有几个纸面原型工具。你几乎可以拿任何东西做纸面原型，其中有一些工具可以加快你制作的速度：

- **几张大纸：**几乎所有的办公用品商店都卖画架规格大小的纸张（大概宽 25 英寸，长 36 英寸）。像便签本一样，其后面有胶可以粘在墙上。你也能买到印好方格或六边形的纸。在下面的专栏“不同方格上的移动”里你可以看到为什么要用带有六边形或方格的纸，以及怎么在开放的桌游格子上处理移动的问题。
- **骰子：**多数人都有 d6 骰子（普通的六面骰子）。作为游戏设计师，手里有各种不同种类的骰子总是有好处的。一般的游戏商店里应该会卖可以用来玩 d20 角色扮演游戏的骰子，还有 2d6（两个六面骰子）、1d8、1d12、1d20 和百分骰（两个 10 面骰子，一个标有 0~9，另一个标有 00~90，一起掷出可得到一个 00~99 的数字）。第 11 章里有很多关于不同种类的骰子以及随机空间的内容。例如，掷 1 个 6 面骰子，你掷 1~6 的每个数字的机会是相等的，但是用 2d6 的骰子（两个六面骰子），你有 6 种组合掷出 5（6/36 的概率），却只有一种组合掷出 12（1/36 的概率）。
- **卡牌：**因为卡牌的可塑性很强，所以这是一个很不错的原型工具。做一套标有 1~6 数字的卡牌，你就有了一个 1d6 的卡组。如果你每次抓牌前都洗牌的话，那么和 1d6 骰子的作用是一样的。如果你是一次性抓完所有牌再洗牌的话，那么在你抓过 1、2、3、4、5、6 以后才会看见两次相同的数字。
- **卡套：**多数游戏商店都售卖不同类型的卡套。卡套的设计最初是用来保护棒球卡牌的，随着 20 世纪 90 年代集换式卡牌游戏《万智牌》的兴起，卡套的使用逐渐延伸至游戏行业中。卡套是保护单张卡牌的塑料封套，里面有空间装下一张普通大小的卡牌和一张纸条。这对原型设计有很大帮助，因为你可以用普通的打印纸打印出你的原型卡牌，然后放进卡套里。这样的卡牌足够用来洗牌，免去了特地印刷专门的卡牌纸张所需要花费的时间和金钱。卡套可以让卡组看起来统一美观，也可以用来区分卡组中的特殊牌。

不同方格上的移动

如图 9-1 所示，你需要决定玩家以什么样的规则在方格上移动。如图 A 所示，对角线方向移动要比垂直移动多出约 50%的距离（根据勾股定理，对角线的距离为 $\sqrt{2}$，约等于 1.414）。然而，从六边形格子里移动到任何一个相邻的格子的话，无论你的出发点在哪里，距离都是相同的，如图 B 所示。

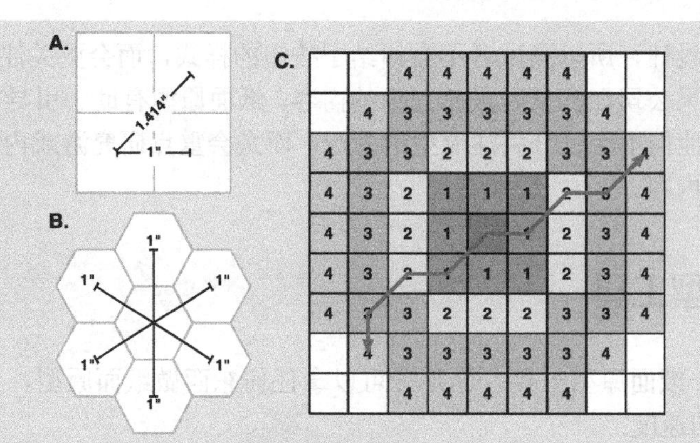

图 9-1 移动系统

图 C 展示了另外一个简单的正方形移动系统，可以用在桌游上，既可以对角线移动，也可以垂直移动。玩家每次的对角线移动需要间隔一次其他形式的移动。这种办法平均了移动距离，让移动的轨迹向圆形靠拢。图 C 中的线段是 4 次移动的两种不同路线。

六边形格子多用于军事模拟桌游上，其对距离和移动精确的要求十分严格。但是，现实世界中的多数建筑物都是四边形的，所以建筑物并不是很适用于六边形格子。选择哪种方格最终还是取决于设计师。

- **3 英寸×5 英寸卡片**：把这样的卡片裁成一半，这种大小很适合用来做卡组，裁开以前的卡片适用于头脑风暴。现在一些商店直接卖剪好的卡片（3 英寸×2.5 英寸）。
- **便笺纸**：这种简单的小贴纸很适合用来快速整理想法。
- **白板**：头脑风暴的必备用品。一定要准备很多种颜色的笔，因为白板上的字很容易擦掉，所以如果你写了什么值得留住的内容，记得拍张照片留存。如果你有桌面用的白板或者是有磁性的垂直白板，可以在上面画个桌游，但是笔者更推荐你用纸画，因为不容易擦掉。
- **烟斗通条/乐高**：这两个东西都可以用来干一件事：迅速制作小东西。可以单个使用，也可以组合使用，你能想到的小东西基本都可以做出来。乐高的方块更结实一些，烟斗通条更便宜也更灵活。
- **笔记本**：作为设计师，你应该随时携带一本笔记本。笔者喜欢 Moleskine 牌的没有横线的口袋本，这个牌子还有其他类型的笔记本。挑选笔记本时最需要注意的是，规格要足够小且能够随时带在身上，要有足够多的页数，不用隔几周就要换。在别人测试你的原型时，你应该记下来。你也许认为自己脑子就能记住重要的事，但是事实上你是记不住的。

纸面原型的界面

纸面原型的另一大好处就是它还可以用来制作界面。图 9-2 是一款手游的界面选项模型图。测试人员每一次只能看见一张菜单，比如在界面①时，让测试人员点击打开选项菜单中的选项（让测试人员像面对真的触屏一样点击纸面）。

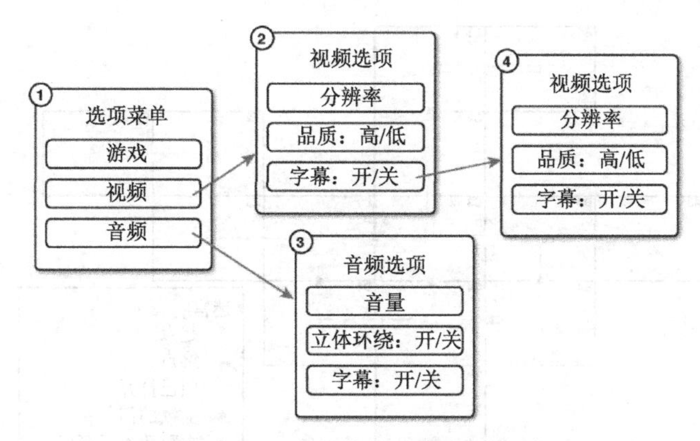

图 9-2 一个简单的界面选项模型

一些测试人员可能点击视频选项，另一些测试人员可能点击音频选项（基本没人点游戏选项）。在他们点击完后，翻到该选项下的纸张（比如，②视频选项）。然后，测试人员接下来点击“字幕：开/关”，这样就能从②转换到④。

这里需要记住的重要一点是，在视频和音频界面都可以对字幕进行开关，因为无论玩家选择的是哪个选项（视频或音频），你都可以通过这样的方式测试出“开/关”按键能否显示出当前字幕已关闭。

9.3 纸面原型的示例

在本节里，笔者会带你设计第 35 章的纸面原型，了解一个游戏概念是如何过渡到清晰明确的原型阶段的，这有助于你制作出最终的电子游戏。

游戏概念——2D 冒险

在本书最后一章，笔者会带你了解 NES 的 2D 冒险游戏《塞尔达传说》，这类游戏的关卡设计最重要的内容之一就是钥匙和门锁。

作为开发者，你要把门锁和钥匙放在合适的位置，通过你放的位置，让玩家能以独特的路线前进。但是玩家的想法是不可预知的，图 9-3 是《塞尔达传说》的第一个迷宫的两条不同路线。图 9-3 上图中的实线里，玩家把所有的房间都走过了，集齐并使用了所有的钥匙，获得了所有的道具（包括 B1 房间中的弓和 D3 房间中的回旋镖）。一般第一次玩的玩家都是这么走的，但这并不是唯一到达终点的路线。

图 9-3 下图是两条快速通过迷宫的捷径，走这两条路线的话是拿不到 B1 房间中的弓的，但是可以拿到 D3 房间中的回旋镖。走实线的路线玩家什么特殊物品也拿不到，虚线的路线是最快开始 Boss 战的路线，用了 6 把钥匙中的 2 把，通过 17 个房间中的 9 个房间。B1 房间中的弓给了玩家很强的动力把所有房间走一遍，玩家也可以放弃拿特殊道具，留着钥匙，将其用在之后的迷宫。

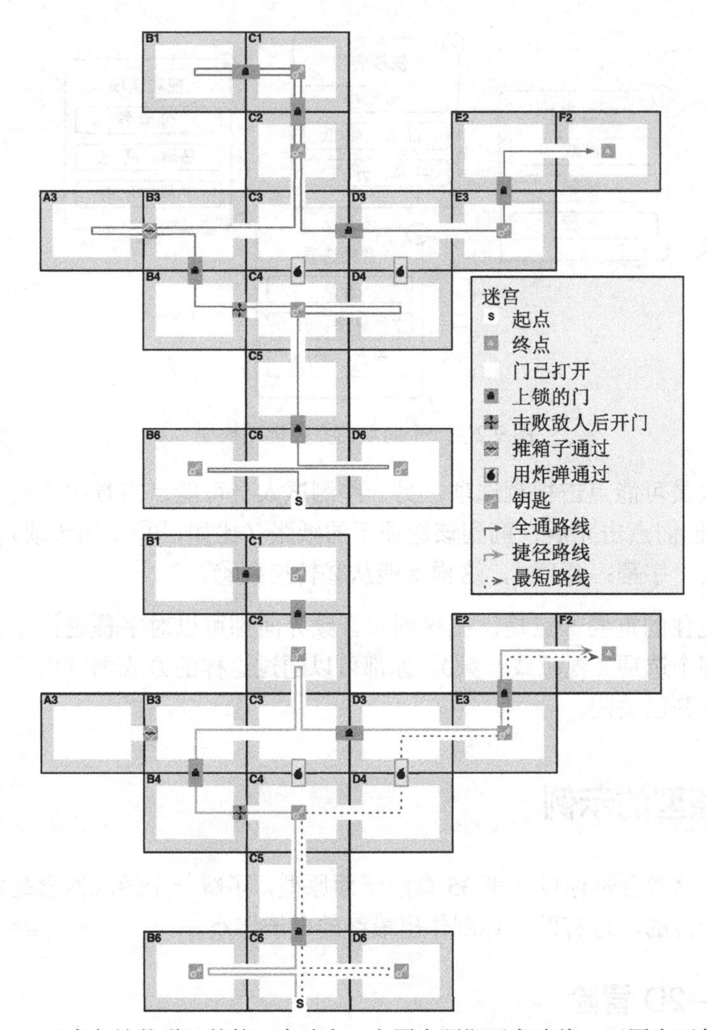

图 9-3 《塞尔达传说》的第一个迷宫，上图为预期玩家路线，下图为两条捷径

如果玩家在最短路线里把炸弹用了，但是还想拿到弓的话，他会怎么做？你应该做个纸面原型找出答案。在一张白纸上把这个迷宫的地图画出来，然后标出有钥匙的房间（放一枚硬币或者在一张小纸片上画上钥匙）。在每个锁住的门上放个回形针（或者其他长方形的东西），找个正方形的标记放在可以炸开的墙上，[1]然后在起始房间放个标记。前进时发现钥匙要捡起来，开锁后要扔掉钥匙并拿走回形针，什么时候都可以用炸弹。那么在到达 F2 房间之前，走到 B1 房间的最短路线需要通过几个房间呢？[2]如果你有炸弹并且想拿到 B1 房间中的弓，是否可以不用耗费所有钥匙离开迷宫？[3]

这个迷宫设计得非常好，你能发现玩家各种不同探索的路线。试着设计一个你自己的《塞尔达传说》迷宫，只用钥匙和上锁的门（没有可以炸开的墙），看看玩家在你的地

1. 《塞尔达传说》里可以炸开的墙看起来和普通的墙一样，我们在原型里不需要考虑这一点。
2. 笔者发现的最短路线是走过 12 个房间，拿到 5 把钥匙，用了 4 把。还有一条路线是走了 14 个房间，捡起 5 把钥匙，只用了 3 把。
3. 完全可能，玩家可以拿着多余的钥匙到之后的迷宫使用。

图中是否可以用多种路线探索。

建立新的横越机制原型

在《塞尔达传说》系列的后续版本中，有几个道具提升了主角林克穿越迷宫的能力。其中一个典型的例子是铁索钩（一个抓钩），林克可以用它钩住地面缺口另一端的墙，把自己拉过去。铁索钩之类的道具是你可以很容易地通过纸面原型进行研究的另一类对象。

笔者使用上述概念设计的一个迷宫如图 9-4 所示，在图中可以看到迷宫的布局和完整的穿越路径。

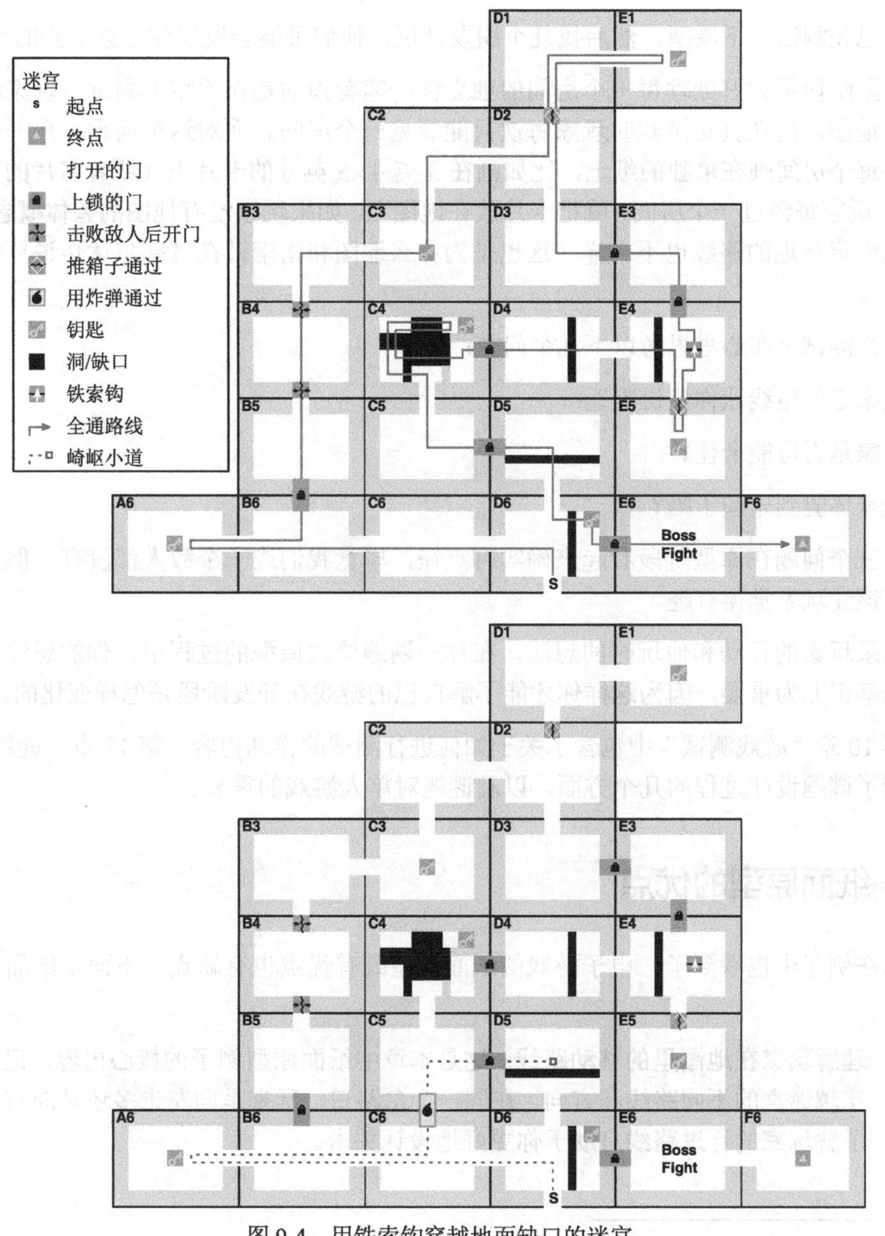

图 9-4　用铁索钩穿越地面缺口的迷宫

注意：

捷径的危险之处 图 9-4 没有可以炸毁的墙，因为这种短路线可能造成玩家无法到达最终目的地的尴尬局面。比如，图 9-4 的下方，如果在 C6 和 C5 房间之间放置可以炸毁的墙的话，玩家可能会把钥匙用错，跟着虚线的路线走然后走到死胡同。纸面原型可以帮你解决这个问题。

测试

自己先测试一下原型，然后找几个朋友试玩。他们可能会发现你注意不到的路线。

原型阶段不太好处理每一个房间的独立性。笔者指的是在原型上测试，玩家看见的是整个地图，而在真正游戏时玩家每次只能看见一个房间。面对这个问题，最好的办法就是将每个房间画在单独的纸上，比如画在 3 英寸×5 英寸的卡片上（或者名片的背面空白处），玩家每经过一个房间，就把卡片放在地图上。如果玩家没有地图的整体概念的话，那么他们肯定走的路线也不一样（这也是为什么地图和指南针在《塞尔达传说》中这么重要）[4]。

每次测试时在心里思考以下几个问题：

玩家走的路线让你惊讶吗？

玩家是否可能卡住？

玩家体验到乐趣了吗？

第三个问题在原型阶段看起来确实有点怪，毕竟我们连一个敌人都没有，但是谜题本身应该让玩家觉得有趣。

记录玩家的行动和他玩时的想法，在你一遍遍修改原型的过程中，你的想法也在改变。记笔记尤为重要，因为这样你才能了解自己的游戏在开发阶段是怎样变化的。

第 10 章“游戏测试”中包含了关于如何进行测试的详细内容，第 13 章“谜题设计”也讲到了谜题设计过程的几个方面，以及谜题对单人游戏的重要性。

9.4 纸面原型的优点

你在例子中也看到了，电子游戏的纸面原型既有优点也有缺点。下面是纸面原型的优点：

- **理解玩家在地图里的移动路线：**这是本章中纸面原型例子的核心内容，记录玩家穿越迷宫的不同路线和方向。在同一个岔路口，玩家是向左走多还是向右走多？了解玩家的行进路线有助于你更好地设计关卡。

4. 在 NES 版本的地图上，蓝色网格代表迷宫的房间，地图上的红点代表 Boss 战的地点。

- **平衡系统：** 即便只有几个变量，平衡武器也是很复杂的。比如，霰弹枪和机关枪每个就有三个变量：基于距离变化的命中率、每轮弹药量、每发伤害值。虽然只有三个，但是要平衡这三个变量要远比看上去复杂得多。比如，平衡霰弹枪和机枪的能力：
  - **霰弹枪：** 霰弹枪近距离攻击伤害很高，但是距离越远，命中率越低。另外每次只能开一枪，所以如果射偏，敌人不会受到任何伤害。
  - **机枪：** 机枪每发伤害很低，但是每次可以射出多发子弹，命中率不会随着距离的增加而降低太多，可以计算出每发子弹大致命中率的范围。

如果在计算命中率时加入随机性，那么机枪的每轮攻击更容易造成稳定伤害，而霰弹枪虽然伤害高，但是容易射偏，伤害数值并不稳定。在第11章我们会就具体数学问题进行探讨。

- **图形用户界面（GUI）：** 如图9-2所示，打印几个GUI模型（比如按钮、菜单、输入字段等），然后让测试人员测试特定的任务（如停止游戏、选择角色等）。
- **尝试大胆的主意：** 因为纸面原型的快速迭代和开发速度，你完全可以时不时地尝试一些疯狂的想法，看看这样会对游戏性产生什么影响。

9.5 纸面原型的缺点

看过上面举出的纸面原型的例子，你可能发现了它的一些缺点：

- **信息缺乏：** 在纸面原型里，有些内容用计算机运行效果更好。其中包含可视范围的大小、跟踪血量、计算攻击者的位置等。你在用纸面原型时，关注的重点应该放在游戏的系统、关卡设计的布局和每个武器的情况（比如伤害波动性大的霰弹枪和稳定的机关枪），之后你可以在数字模型里做调整。
- **游戏节奏过快或过慢：** 纸面原型在游戏节奏上可能会给你一个错误的印象。比如，笔者见过一个团队在纸面原型上放的内容过多，多到要世界各地的玩家玩一个月才能给出结果。纸面原型有一套完整、有趣的复仇机制，玩家们可以直接讥讽嘲笑其他玩家，与其竞争。玩家们在一个房间里玩纸面原型的时间不超过一个小时的时候，复仇机制的效果最好。但是在真实游戏里，玩家是分布在世界各地的，游戏时间又持续几周甚至几月，复仇机制就不会立即生效，效果也会大打折扣。
- **实体界面：** 纸面原型在测试GUI时表现出色，但在实体界面上的效果却不是很好（比如手柄、触屏、键盘和鼠标）。只有玩家在数字模型进行实体界面的测试时，你才能了解游戏实体界面的情况。这是个比较棘手的问题，你能从许多系列游戏里对操作的微妙更改中感觉到（比如多年来《刺客信条》系列游戏在操作上的调整）。

9.6　本章小结

笔者希望本章的内容能让你明白纸面原型的简便和强大之处。在一些优秀的大学游戏设计课程里，学生们第一学期的课程就是通过制作桌游和卡牌游戏锻炼自己构建纸面原型和调整游戏平衡的能力。纸面原型不仅可以帮你探索最适合电子游戏的概念，还可以锻炼你迭代设计和选择问题的能力，这些技术在你做电子游戏时非常重要。

每次你开始设计新游戏时（或是为开发中的游戏设计一个新系统），问一问自己这个游戏或是这个系统是否能从纸面原型中受益。比如，笔者只花了不到一个小时就完成了本章中纸面原型的设计、实现和测试，但是用了好几天才完成了数字模型的逻辑、镜头移动、AI 等的设计。在纸面原型上多加一个道具（比如铁索钩）可能只用几分钟就完成了，但是用 Unity 和 C#要用好几个小时。

你还可以从纸面原型上学到一件事情，那就是如果你的设计事与愿违，不必灰心沮丧。我们所有人在游戏设计的事业里都做过错误的设计决定。你把错误的想法做成纸面原型的好处就是，你能立刻发现这是个糟糕的点子，扔掉它，继续研究下一个点子。

在下一章中，你能学习到各种形式的游戏测试和可用性测试，学会如何从游戏测试里得到准确有效的信息，然后在第 11 章里，你能了解游戏设计背后的数学知识，学会如何用电子表格调整游戏平衡。

第 10 章

游戏测试

在原型和迭代设计里，我们发现要做出优秀的游戏设计，高质量的测试是不可或缺的。但是问题来了，怎样才能做好游戏测试呢？

在本章中，你将学习到各种游戏测试的方法、如何合理地使用这些方法以及每种方法适用于开发的哪个阶段。

10.1 为什么要做游戏测试

等你分析完目标，设计好方案，完成原型制作以后，就该测试原型并获取反馈了。笔者明白你看到这里可能会有点害怕，游戏设计很难，要有很丰富的经历才能做得好。即便你已经成了经验丰富的设计师，想到把自己的游戏第一次给别人测试也会觉得恐惧。你应该记住的最重要一点就是测试你的游戏的人会让你的游戏变得更好；你获得的所有评价，无论是正面的还是负面的，都能帮你改善玩家的体验和你的设计。

测试的目的就是为了改进设计，你必须要有来自外部的回馈。笔者在几个游戏设计展会上做过评委，让笔者觉得吃惊的是大家能很轻易地发现一个制作团队有没有做充分的测试。一个游戏若是没有做充分的测试，它的游戏目标通常都是不明显的，游戏难度也是突然飙升的。这些迹象都表明了试玩者是知道游戏机制的人，他们了解通关难点，所以他们感受不到正常测试时玩家会感受到的难度。

在本章里，你将学习如何进行有意义的游戏测试，以及如何利用反馈的信息改善游戏。

> **小贴士**
>
> **监控员 VS 试玩者**　在游戏行业里，我们把测试游戏的人和参与游戏测试的人统称为试玩者。为了说明清楚，在本书中笔者将使用以下术语：
>
> - 监控员：管理游戏测试的人。
> - 试玩者：试玩游戏并给出反馈的人。

10.2 成为出色的试玩者

在了解不同形式的游戏测试和寻找试玩者之前，先来看一看自己怎样才能成为一名合格的试玩者。

- **边想边说：**作为一名试玩者，你应该在测试游戏时把自己的感想说出来，这样可以让监控员更好地理解你的想法。如果你是第一次接触游戏的话，这种方法就更有效了。
- **展示你的偏好：**所有玩家都会因为自己的经历有所偏好，而监控员却很难知道试玩者有哪些偏好。在你测试时，谈一谈这个游戏让你想起来的其他游戏、电影、书籍、回忆等。这样有助于监控员了解你的背景和偏好。
- **自我分析：**让监控员明白为什么你会对这个游戏有这样的反应。不要只说“我感觉开心”，要说“我觉得开心，因为这个跳跃机制让我感觉愉快”会更好。
- **区分不同要素：**作为试玩人员，在你针对游戏体验给出反馈以后，尝试一下把所有要素分开看待；单独分析游戏的美术、机制、氛围、音效、音乐等。这对监控员的工作有很大帮助。而且，说“这把大提琴弹得跑调了”和“我不喜欢这个交响乐”是一样的，并没有什么用处。设计师的洞察力比多数的普通玩家更好，给出的反馈也更准确，你要充分利用这个优势。
- **如果他们不喜欢你的想法，不要担心：**面对监控员，你应该畅所欲言，只要是能改善游戏的想法，都应该告诉他。但是如果他们没有采用你的想法，也不要生气，自我约束也是游戏设计和游戏测试的一部分。

10.3 试玩者圈子

开始测试以后，试玩者会不断增多，一开始是你自己测试，然后你的朋友和熟人测试，最后几乎你周围认识的人都要试玩。不同的人试玩游戏能提供不同角度的反馈。

第一个试玩者——你自己

作为游戏制作人，这个游戏的第一个和最后一个试玩者很有可能都是你自己。你是第一个体验游戏的人，也是第一个感受游戏机制和界面的人。

本书最主要的内容就是教会你如何尽快地制作出一个游戏原型。在你完成原型之前，你有的只是一堆杂乱的想法，但是在你制作好游戏原型以后，你终于有了可以做游戏测试的内容了。

在本书的后半部分里，你将学习用 Unity 制作电子游戏。每次你在 Unity 里按下 Play 按钮时，你都在扮演着试玩者的角色。即便你不是项目的首席工程师，但是作为一名设计师，辨别游戏的制作方向是否和团队的期望相符也是你的工作之一。在你想让其他成员更好地理解游戏设计，或是你还在寻找游戏的核心机制和核心体验时，拥有熟练的试玩技巧在这个开发阶段是非常重要的。因为你自己的试玩并不能说明出这个游戏的第一印象，你对它太了解了。你最终是要把游戏给别人试玩的，只要你觉得自己的游戏不太差，你就应该找一些人让他们试玩。

纸巾试玩者

纸巾试玩者是一个行业术语，用来描述试玩者测试游戏并给出反馈后，试玩者就被“抛弃”了。他们就像纸巾一样是一次性的。试玩者的存在很重要，因为他们能给你最真实的反馈。如果有人在之前玩过一次你的游戏，那么他就对游戏有所了解，之后让他进行测试难免会有偏颇的想法。所以在试玩中，是不是第一次玩非常重要：

- 教程系统
- 前几个关卡
- 剧情转折或其他意外剧情对情绪的影响
- 游戏结局对情绪的影响

所有人只能成为一次纸巾试玩者

一个人对一个游戏形成初步印象的机会只有一次。陈星汉在制作《风之旅人》时，笔者和他是室友。他等到开发一年多以后才让笔者试玩，之后他说，他想等游戏完成度较高时再让笔者测试，看看玩家有没有期望的情绪共鸣。如果在开发初期笔者就试玩的话，就没有这样的效果了。让亲密的朋友试玩时，记得注意这一点。思考一下如何才能让每个人给出最有价值的反馈，并且保证让每个人在正确的时间试玩。

不要把“等我准备好了”这句话当作不想给别人测试游戏的借口。在笔者试玩《风之旅人》前，已经有上百人测试过了。你会发现，在游戏开发初期的测试里，很多人的反馈都有些不同。即便是在开发初期，你也需要这些反馈，你需要试玩者告诉你游戏机制的缺陷。留几名好朋友放在最后测试，他们的反馈对你很有帮助。

第二类试玩者——值得信赖的朋友

在你自己反复测试完游戏，做了一些改进，游戏体验已经接近你的最初期望以后，这时该把游戏给其他人测试了。第一批人应该是你值得信赖的朋友和家人，他们最好是你的游戏瞄准的目标玩家或是游戏开发社区的人。目标玩家能从潜在玩家的视角给你反馈，游戏开发者能提供独到的见解和经验，这在原型开发初期对你很有帮助。

第三类试玩者——熟人和其他人

在你重复设计过几次，有了比较像样的成品后，是时候给其他人试玩了。但是现在还不是在网上发布测试版的时候，现在你应该让那些不怎么联系的朋友测试，他们的反馈很有用。你的朋友和家人通常和你有同样的背景和经历，这就意味着他们很有可能和你有同样的偏好和偏见。如果你只让他们试玩，那么得到的反馈也通常是有相应偏好的。

和这种情况有一个相似的例子：美国得克萨斯州选出了一位共和党总统候选人，而得克萨斯州的首府奥斯汀的人们则会觉得很惊讶，因为奥斯汀的群众多数都是民主党，但是得克萨斯州的群众多数都是共和党。如果你只计算奥斯汀的选票，你就不会知道整个州的选票情况是什么样的。同样的，你需要离开你平时的社交圈子，找更多的人试玩游戏，这样才能明白玩家对游戏的真正看法是什么样的。

那么你去哪里找更多人试玩呢？下面有一些建议：

- **本地的大学：**许多大学生喜欢玩游戏。你可以在学校学生中心做测试。当然，在这么做之前你应该检查好校园的安保。也可以看看本地大学里有没有游戏开发的俱乐部或是定期晚上一起玩游戏的团体，问问他们愿不愿测试游戏。
- **本地的游戏商店/商场：**玩家来这里买游戏，这也是一个测试游戏的好地方。这种商店通常都有自己的公司政策，你应该先问问他们。
- **农贸市场/社区活动/聚会：**这样的群体活动中，包含了游戏的很多不同受众。笔者在聚会上认识的一些人给过我很用的反馈。

互联网

互联网有时是个吓人的地方，匿名往往意味着人们不用对自己的言行负责，而有的网友有时只是觉得好玩刺激就恶语伤人。互联网也有很多你能利用的试玩者，如果你开发的是网游，那么你最终肯定要发布在网上并等待反馈结果。你需要大量的数据和用户支持测试，在本章的“在线游戏测试”内容里你能了解到详细内容。

10.4 游戏测试方法

游戏测试有许多方法，每个阶段的方法都各不相同。在下文中，笔者列出了几种在设计过程中有帮助作用的游戏测试方法。

非正式的单独测试

这是笔者独立开发游戏时最喜欢用的测试方法。最近笔者在开发移动平台的游戏，所以可以很容易地把游戏随身携带给朋友看。在和朋友谈话时，笔者会中途打断一下，问他是否愿意看看我的游戏。在开发的早期阶段，或是你有一个想测试的新要素时，这种方法十分有效。在测试时，有下列几个注意事项：

- **避免给玩家提供太多信息：**即便是在开发初期，辨别游戏的界面是否直观、游戏目的是否明确也是很重要的。在你指示试玩者操作前，先让他们自己尝试一下。这样你能看出游戏有没有应有的互动作用。最后你再指引玩家如何继续玩，这基本上相当于你游戏里的教程内容。
- **不要引导试玩者：**不要向玩家提出有引导性的提问，这样有引导性的提问可能会使你的试玩者产生偏见，甚至像这样的简单问题“你注意到加血道具了吗？”也会暗示他们游戏里存在恢复道具，他们就会知道收集恢复道具很重要。等你公布游戏以后，你就没机会和玩家解释游戏内容了。所以现在让你的试玩者自己研究游戏内容是很重要的，这能让你明白游戏里的哪些内容不直观。
- **切勿争论或找借口：**在测试游戏时，你应该把自己的自尊放在一边。即便你不同意别人的想法，你也要听一听试玩者的反馈。这不是你维护自己游戏的时候，试玩者拿出自己的时间为你测试游戏，你应该倾听他们的想法并改善设计。

- **记笔记：** 随身携带一本笔记本，记录你获得的反馈内容，特别是你没预料到的或是不想听的内容。之后整理好这些笔记，找找哪些反馈内容是相同的。你不用太关注一个试玩者说过什么，但是一定要注意那些很多人都反馈过的相同内容。

记录游戏测试

记录游戏测试细节有助于理解游戏内容和改善游戏质量，你需要用有效合理的方式记录笔记，如果只是随机写下一堆内容也不分析评论的话那么笔记也没什么用了。如表 10-1 所示，是笔者在测试游戏时经常记录下来的内容。

表 10-1　一个记录测试内容的例子

玩家	地点	反馈	潜在问题	严重程度	解决方案
（名字和联系方式）	Boss1	“打完第一个Boss我不知道做什么了，应该往哪里走？”	玩家在打败第一个Boss后不知道下一步怎么走	严重	击败第一个Boss后，导师角色返回，给玩家布置第二阶段的任务

第 7 章中笔者也说过，每次测试尽可能收集更多的信息是非常重要的。在测试期间完成列表前三项的问题。一个测试者用一个表格，不能混在一起。

测试后，与你的团队讨论并完成后三项内容。所有工作做完后你会发现，一些问题只有一部分玩家提出来了，而有一些问题玩家普遍都遇到了，这样你可以把相同问题集中起来解决。

正式的团体测试

很多年来，这都是大型工作室选择的游戏测试方法。笔者在 EA 工作时，参加过很多次这样的测试。在测试时，试玩者们一起进入一个房间里玩游戏。有时我们会提供一些教程指导，有时不会。玩家们在规定的时间内玩游戏。玩过后，试玩者需要填写一份调查报告，监控员有的时候也会单独询问个别问题。测试的人数越多越好，你能从他们那里获得问题的答案。

测试问卷的一些例子：

- “在这款游戏里，你最喜欢哪三个部分？”
- “在这款游戏中，最讨厌哪三个部分？”
- 将游戏的不同内容列成一个列表（截图更好），然后问“你如何评价以下内容？”
- “如何评价主角（或其他角色）？在试玩过程中，你对主角的看法有变化吗？”
- “你愿意为这个游戏支付多少钱？你觉得这个游戏应该以什么价格销售？”[1]
- “指出你觉得困惑的三个地方。”

---

1. 这两个问题很有价值（把这两个问题分开询问不同试玩者），问他愿意花多少钱买这个游戏时，人们通常说的价格相对较低，而问他这个游戏应该以多少价格销售时，其回答的价格通常较高。正常的销售价应该在这两个数值之间。

所有正式的测试都需要一个计划稿

在你做正式测试之前，无论监控员是团队成员还是团队外的人，你都应该先准备好一个计划稿。计划稿能确保每个测试人员的体验内容是固定的，进而减少影响测试的其他变动的外部因素。计划搞需要包含以下内容：

- 在试玩者开始玩游戏之前，监控员应该对试玩者说些什么？应该提供哪些操作指南？
- 在测试过程中，监控员应该如何反应？如果试玩者做了什么有趣或反常的事情，监控员是否应该询问？监控员是否可以在测试中给玩家提示？
- 应该怎样安排测试环境？试玩者应该测试多久？
- 测试完成后，监控员应该问试玩者一些什么问题？
- 测试期间，监控员应该记录什么样的笔记？

正式的个人测试

正式的团体测试侧重于从众多的玩家那里收集大量的数据，监控员对试玩者的体验有更清晰直观的了解。而正式的个人测试则倾向于从单个试玩者的游戏体验那里收集更详细的数据。为了达到这个目标，监控员要把单个试玩者的体验数据仔细记录下来，然后再检查一遍，保证没有忘记保存的内容。在做正式的单独测试时，有几个不同的数据你要记录：

- **屏幕录制**：你想知道试玩者看的是什么。
- **记录试玩者的动作**：你要看看试玩者测试时的动作。如果游戏是采用鼠标操作的，那么在其上方放一个摄像头。如果游戏是触屏的，那么你应该拍摄试玩者的手部动作。
- **录制试玩者的面部**：通过观察试玩者的面部表情，你就能了解他们的情绪。
- **把试玩者说的话记录音频**：即便试玩者没有把自己的想法全都说出来，但是通过听他说话的方式也能多少感受到他心里是怎么想的。
- **记录游戏数据**：记录时间和游戏内的数据。其中包含：试玩者的输出（比如手柄按键）、试玩者在任务上的成功或失败、试玩者的位置、每一阶段花费的时间等。阅读“自动数据记录”能了解关于这方面的更详细的内容。

将这些不同的数据同步，设计师就能清楚地看见它们之间的关系。你在观察试玩者面部的表情时，也能知道其屏幕上显示的内容是什么，同时也可以看见他在手柄上的动作。虽然这些数据数量庞大，但是现代科技能帮助我们既简单又便宜地进行单独测试。详情如下。

为正式的个人测试设置实验室

建造一个个人测试的实验室可能要花几千甚至几万美元，很多工作室也花了这么多钱，但是你也可以花很少的钱模拟一个实验室。

以计算机平台来讲，你只需要一台性能较好的笔记本计算机和一台摄像机就可以记录本章提到的所有数据。在试玩者测试时用笔记本计算机录屏记录游戏过程，用笔记本计算机的摄像头记录试玩者的面部表情，然后再用摄像机记录试玩者的手部动作，同时录制音频，这些数据也应该标明好时间，有助于你同步数据。

同步数据

许多软件都可以帮你同步视频数据流，但是往往那些最古老的方法才是最简单易用的。在这里，笔者推荐你用数字版本的制作电影用的场记板。在拍摄电影时会用到场记板，工作人员拿着板子，上面写着电影的名字、场景编号，以及第几幕。他要把这三个内容大声读出来，然后打板。这么做是为了后期剪辑时能让声音和影像同步。

你可以给你的游戏做一个数字版场记板。在测试的开始阶段，在游戏画面上显示出带有编号的场记板。监控员大声读出数字，然后按下按钮。同时，软件也可以模拟打板合上的声音，然后记录游戏数据和测试的时间。这些在之后同步视频数据时都有用，甚至也可以用来同步游戏数据。基本上所有视频编辑软件都可以把这些视频放进一个四格的屏幕里，然后在第四格里填写上日期、时间和测试阶段 ID。最后你就能把它们同步到一个视频里了。

隐私问题

在当今社会很多人都关注个人隐私问题，你需要提前和试玩者说明拍摄的问题。你应该向他们保证该视频只会做内部使用，不会泄露给任何公司外的人。

运行正式的个人测试

监控员应该把测试的环境尽量模拟得和试玩者在家玩新游戏的环境一样，最好能让他人觉得舒服自在。准备一些零食、饮料、舒服的沙发或者椅子（如果是计算机游戏，桌子和办公椅更合适）。

在开始测试时，你应该表达一下感激之情，感谢试玩者愿意抽出时间试玩，并且表示出他的反馈将会很有帮助。你也要要求试玩者在游戏过程中大声说出自己的想法。很少有试玩者能真正做到这一点，但问问也无妨。

在试玩者完成测试以后，监控员应该和他一起坐下来，谈一谈刚才的体验。监控员问的问题和正式的团体测试的问题差不多，但是一对一的问答可以让监控员继续深入提问，获得更详尽的信息。测试后的问答环节也应该被记录下来，音频记录要比视频记录更好。

不管是什么形式的测试，监控员最好都不是游戏开发团队的成员。这样监控员看问题的角度不会受到个人对游戏投入的影响。在找到了合适的监控员以后，在整个开发过程里，你最好一直用这个人，这样他能提供一个试玩者整体体验的变化。

在线游戏测试

在本章前面笔者也提到过，互联网测试也是测试的一种形式。你的游戏必须进入测试阶段以后才能尝试这个测试，这种测试俗称 Beta 测试，有以下几种形式：

- **封测**：一种限制人数的邀请制测试。一开始，你应该只让几个值得信任的朋友上网测试。这是在服务器架构上找 Bug 的好机会，也是挑出游戏哪些内容不清晰的好时机。

  笔者参与制作的 *Skyrates*[2]，它的封闭测试花了八周的时间，参与人员包括 4 名开发成员和其他 12 人，所有人都在同一间办公室工作。我们花了两周时间修复游戏和服务器的问题，还加了一些新的功能，把测试团队扩大到了 25 人。又过了两周，扩大到了 50 人。在这时，开发团队的一名成员专门负责指导每位试玩者如何进行游戏。两周以后，我们写了一个在线游戏指南，然后进入内测阶段。
- **内测**：内测有一些特殊的限制，只要注册，玩家就能参与测试。最常见的限制是对试玩者人数的限制。

  在 *Skyrates* 刚开始内测时，我们把人数限制在了 125 人，并且告诉试玩者们可以邀请自己的朋友或家人参加。这轮测试的人数要比封测时多得多，所以我们想确保服务器能撑得住。在公测前的最后一次测试时，我们把人数控制在了 250 人。
- **公测**：公测没有人数限制，任何人都可以玩。这个阶段你会感觉非常奇妙，因为你的游戏能获得全球玩家的关注，但是你也会觉得害怕，因为人数的突然飙升可能会导致服务器过载。总的来说，你应该先保证游戏基本上完成了，然后进行线上公测。

  在开发的第一期末，*Skyrates* 进入了公测阶段。我们没打算一直公测到第二期，所以就让服务器运行到夏天结束。令我们惊讶的是，*Skyrates* 是一个只开发了两周的游戏，却有不少人在夏天试玩了这个游戏，总人数大概在 500 至 1000 人。在我们公测时，Facebook 还没有游戏平台，手机和平板游戏还不是普遍存在的。虽然这些平台 99%的游戏在当时都没有什么人气，但是你要知道，在这些平台上发售的游戏，都是有机会在几天里从几名玩家跃升至几百万名玩家的。在社交平台上公测要小心一些，但是你最终不管怎么样都是要公测的。

自动记录数据

你要尽早地把自动数据记录功能（ADL）放进游戏里，ADL 可以自动记录玩家的行为和游戏事件。记录的数据通常存储在服务器上，也可以下载到本地里。

2007 年，笔者在 EA 设计和开发了 Pogo.com 上的游戏 *Crazy Cakes*。*Crazy Cakes* 是当时 Pogo 上唯一一个运用了 ADL 的游戏。在这之后，ADL 的使用成为了行业制作的标准。在 *Crazy Cakes* 上设置的 ADL 很简单，每个关卡里我们会记录以下几个数据：

- 时间戳：关卡开始的日期和时间。
- 玩家用户名：这样我们可以咨询一下得高分的玩家在玩的过程中采用了什么策略，或者如果发现记录里有奇怪的事情，也可以直接询问本人。

2. *Skyrates*（Airship Studios, 2006）是在第 8 章介绍的一个游戏，这个游戏利用了间断性游戏的概念，玩家在一天的时间里，可以间断性地玩游戏，每次玩几分钟即可。虽然现在这类游戏在 Facebook 上已经很常见了，但是在当时还是个新奇的概念，需要很多轮测试完善它。

- 关卡难度和回合数：一共有五种难度，每种难度有四个回合，难度递增。
- 得分。
- 每回合使用的增益道具数量和种类。
- 获得的代币数量。
- 服务的顾客数量。
- 提供的甜点数量：一些顾客点了几份甜点，有助于我们追踪数据。

当时，Pogo.com 上有几百名试玩者，在我们封测三天后，收到了 25000 多条测试的数据。笔者把这些数据随机筛选出 4000 条，然后用之前平衡游戏的电子表格整理出来。在笔者根据数据确定了游戏确实平衡以后，另外随机选出 4000 条再确认一次。

10.5 其他重要的测试方法

除了试玩测试，还有其他几种重要的测试方法。

焦点测试

将开发团队的核心成员组成一个小组，收集他们对游戏的外观、场景、音乐等要素和剧情的看法。许多大型工作室经常用这种方法决定是否应该继续开发项目。

兴趣投票

现在可以用社交网站 Facebook 或者众筹网站 Kickstarter 调查人们对你的游戏感兴趣的程度。在这些网站上，你可以发布一个游戏的介绍视频，然后等待大家的反馈。如果你是独立游戏开发者，拥有的资源有限，这也是一个集资的好方法，但是，结果如何就不一定了。

可用性测试

这是许多正式的个人测试里运用到的技术，现在逐渐应用到了可用性测试里。可用性测试的核心是：试玩者能否理解和使用软件的界面。因为可用性的基础就是理解，所以我们要收集屏幕的数据、玩家的互动、试玩者的面部表情等数据。除了试玩游戏，针对个人的可用性测试也很重要，你应该调查试玩者和游戏之间的互动情况，试玩者是否能理解游戏的意图。可用性测试也包含了对界面信息和不同操作设置的测试。

质量保证测试

质量保证测试（QA）的重点是寻找游戏 Bug、修改 Bug。整个游戏行业都要用到这种测试，它的内容比较庞大，以下是其核心的几个要素：

1. 找到游戏的 Bug（游戏里不能正常运行或互动的部分）。
2. 写下修改 Bug 的步骤。

3．按轻重缓急排列 Bug 的顺序。是否会造成游戏崩溃？发生的频率如何？问题是否明显？

4．告知工程团队修复 Bug。

通常会由开发团队成员和最终阶段的试玩者进行 QA 测试，虽然你也可以让玩家提交 Bug，但是多数玩家都没有受过专业训练，他们不知道怎么写出准确清晰的 Bug 报告。有很多你可以用的 Bug 追踪工具，如 Bugzilla、Mantis Bug Tracker，还有 Trac 等。

自动化测试

自动化测试（AT）是用软件自动查找游戏或服务器里 Bug 的测试方法，这种方法不需要人工。针对游戏查找 Bug，AT 可以快速模拟用户的输入（如每秒单击几百下）。针对服务器查找 Bug，AT 可以每秒提出几千次的申请，用来测试服务器的负载量。AT 测试相对来说比较复杂，但是它要比 QA 测试高效得多。现在有的公司就是专门做自动化测试的。

10.6　本章小结

本章的主要目的是让你宏观地了解一下不同形式的游戏测试。作为一名游戏设计的新手，你应该找一种对你最有用的方法。笔者成功地用过几种不同的测试方法，本章包含的所有方法都能多多少少帮助你改善游戏。

在下一章，你将会进入游戏背后的数学世界，以及学习如何用电子表格调整游戏平衡。

第 11 章

数学和游戏平衡

在本章中，我们会探索桌面游戏中用到的各种概率系统和随机性，你还会学到一些 Google Sheets 软件的知识。

在讲完数学（笔者尽可能地保证简单易懂）后，我们会看看这些系统如何在桌面和电子游戏中进行平衡调整，帮助提升游戏体验。

11.1 游戏平衡的意义

现在你已经做过游戏原型并且测试过几次了，你可能需要进行平衡调整。平衡这个词在游戏开发中很常见，但它的意思会随着语境不同而变化。

在多人游戏中，平衡一般指的是公平：每个玩家取胜的机会相同。在对称的游戏中这个最容易实现，因为大家技能和起始点一样。但在不对称游戏中，平衡调整的难度显著提高，因为看似平衡的设计对于个别玩家可能会严重倾斜，这也是为什么要测试的重要原因之一。

在单人游戏中，平衡一般指的是难度等级和曲线。如果游戏在某点上难度大增，玩家很容易流失。在第 8 章中的“以玩家为中心的目标”中，有相关“心流”的讨论。

在本章中，你将会学到几种迥然不同的游戏设计和平衡数学方法，其中包括理解概率和桌面游戏中各类乱数产生器，以及权重、排列和正负反馈的概念。在这个过程中，会使用 Google Sheets 软件帮助你理解上面的概念。

11.2 表格的重要性

针对本章要做的事情，Google Sheets 软件不是必需的，你可以用草稿纸和计算器达到同样效果，但是笔者认为有必要说明电子表格在游戏平衡上的重要性：

- 电子表格可以帮助你从数据中快速获取信息。在第 9 章中，笔者展示了几种不同数据的武器——霰弹枪和机关枪。在本章结尾，我们会重新平衡这些武器，并用电子表格与之前靠感觉得出的结果做对比。
- 图表和数据经常用来向非设计师验证你决策的正确性。为了开发游戏，你需要与各类人打交道，其中一些决策更依靠数据而不是直觉。这不是说你一定要跟着数据走，笔者想要你在必要的时候能够做出电子表格来。

- 许多专业游戏设计师会经常使用电子表格，但是笔者没怎么见过游戏设计课程有相关教学内容，另外，大学中教电子表格的课程，更着重商业和核算而不是游戏平衡，然而笔者在工作中发现，各种电子表格的应用十分有用。

与游戏开发的其他方面一样，创建电子表格也是混乱和迭代的。这里不打算从头到尾展示一个完美的电子表格如何制作，而是更倾向于展示真实的迭代过程，包括途中计划和制作的过程。

本书之所以选择 Google Sheets 作为教学软件，是因为它不仅免费、支持多平台，而且很容易上手。很多软件都能实现 Google Sheets 的功能（比如 Microsoft Excel、Apache Open Office Calc 和 LibreOffice Calc），每一款软件都有所不同，用 Google Sheets 完成本章内容对于你来说应该更简单一些。

下面的专栏是有关于不同电子表格软件的详细内容。

不同电子表格软件有各自的特点

电子表格主要用来处理和分析大量的数据，知名的电子表格软件有 Microsoft Excel、Apache OpenOffice Calc、LibreOffice Calc、Google Sheets 以及 Apple Numbers。

- **Google Sheets** 是 Google Drive 在线免费工具套件的一部分。该软件是用 HTML5 写的，所以能适用于大多数浏览器。但是为了用起来方便，最好找个网络状况比较好的地方使用。在本书第 1 版发售后，Google Sheets 改善了很多内容，现在它已经是笔者的首选电子表格软件了，它的一大优势就是可以与多名团队成员同步工作。Google Sheets 已支持 iOS 和 Android 平台并且可以免费购买，离线也能使用。
- **Microsoft Excel**（以下简称为 Excel）是最广为人知的电子表格软件，但它也是最贵的。另外 Excel 在 PC 和 macOS 上有所区别。Excel 的语法和 Google Sheets 一样，但是没有 Google Sheets 流畅好看。
- **Apache Open Office Calc**（以下简称为 Open Office）是一款免费开源的软件，拥有和 Excel 一样的功能，在 PC、macOS 和 Linux 平台均适用。Excel 和 Open Office 有微妙的不同，但基本功能一致。一个主要的区别就是 Open Office 用分号分开公式，而 Excel 和 Google Sheets 用逗号。笔者在本书第 1 版介绍的软件是 Open Office，但是 Google Sheets 现在开发得非常好，所以笔者就不再用 Open Office 了。
- **Apple Numbers** 在 Mac 上可以使用，是一款收费软件，有一些其他软件没有的功能，但是其中一些功能笔者觉得反而不方便。该软件的核心功能与其他软件差不多。
- **LibreOffice Calc**（以下简称为 LibreOffice）是一款免费开源的软件，拥有和 Excel 一样的功能。LibreOffice 起初脱胎于 OpenOffice，所以这两者有一些相似。如果你用惯了 Excel，那么可能用 LibreOffice 会比较舒服，因为 LibreOffice 也是用逗号分开公式的。

> 虽然每款软件都有不同的文档格式，但是以上所有软件都可以打开并输出 Excel 文档。如果你已经对其中的某个软件有所了解，笔者还是建议你先学习一下 Google Sheets。

11.3 用表格分析骰子的概率

游戏中数学常与概率有关，所以了解一些概率的知识非常重要。我们将会用 Google Sheets 帮助理解掷骰子的数字分布，这里使用两个六面骰子（2d6）作为示例。

对于投掷一次单个骰子（1d6）的结果，很明显，你得到 1、2、3、4、5、6 的机会均等。然而两个骰子（2d6）一起投掷的结果会有趣得多，会有 36 种结果，如下：

骰子 A: 1 2 3 4 5 6 1 2 3 4 5 6 1 2 3 4 5 6 1 2 3 4 5 6 1 2 3 4 5 6 1 2 3 4 5 6

骰子 B: 1 1 1 1 1 1 2 2 2 2 2 2 3 3 3 3 3 3 4 4 4 4 4 4 5 5 5 5 5 5 6 6 6 6 6 6

用手写出来当然没什么问题，但笔者想让你用 Google Sheets 做到，当作调整游戏平衡的入门练习。

认识 Google Sheets

Google Sheets 需要在有网络的情况下使用，虽然有点不方便，但是这款软件已经逐渐变成很多开发者的标配软件了，你应该熟悉它。

1．打开浏览器，进入官网。

笔者建议你用 Google Chrome 或 Mozilla Firefox 浏览器，Chrome 有一些离线编辑的功能，在线使用体验也更好。进入官网并创建新表格，如图 11-1 所示。

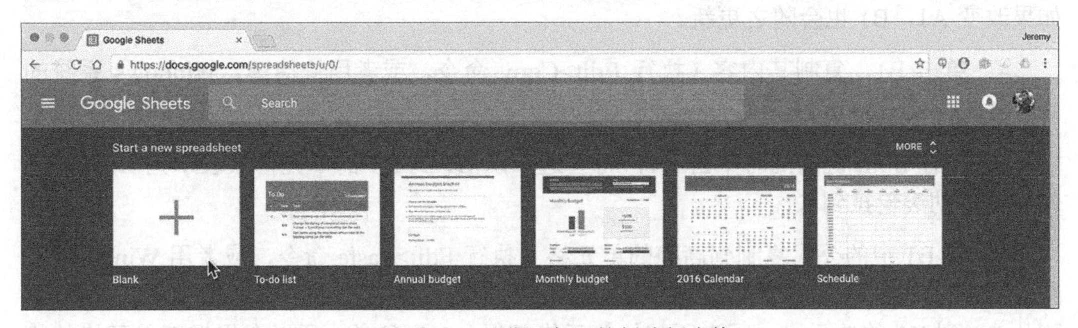

图 11-1 进入官网并创建新表格

2．打开网站后，创建一个新的空白表格，其界面如图 11-2 所示。

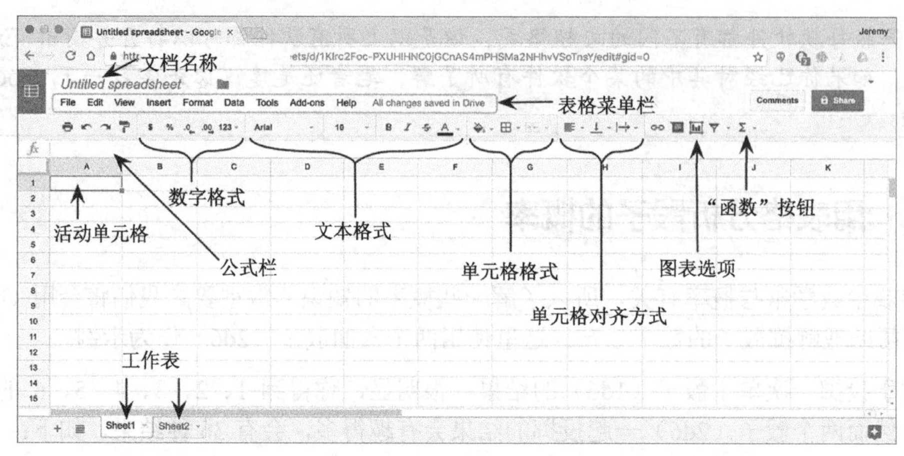

图 11-2　Google Sheets 表格界面

Google Sheets 入门

表格中的单元格以列字母和行数字表示。图 11-2 中左上角的单元格为 A1（下文省略"单元格"），带有蓝色加粗的边框，并且右下角还有一个蓝色小方块，表示它是活动单元格。

下面的说明会告诉你如何使用 Google Sheets：

1．单击 A1，使其成为活动单元格。

2．按下键盘上的数字键 1 并且按回车键，A1 现在的值为 1。

3．在 B1 中输入`=A1+1`，按回车键，这样 B1 中会加入一个公式，根据 A1 的值计算结果。所有的公式都以=开始。你现在可以看到 B1 的值为 2（也就是 A1 加 1 的结果值），如果改变 A1，B1 也会随之更新。

4．单击 B1，复制其内容（执行 Edit>Copy 命令，或者用快捷键，Windows 系统的为 Ctrl+C，macOS 系统为 Command+ C）。

5．按住 Shift 键的同时单击 K1，将会选中从 B1 到 K1 的单元格（表示为 B1:K1）。你需要滚动滚轮拉到 K1。

6．将 B1 中的公式复制到高亮的单元格（执行 Edit>Paste 命令，或者用 Windows 系统的快捷键 Ctrl+V，macOS 系统的快捷键为 Command + V）。这样会把公式`=A1+1`复制到从 B1 到 K1 的单元格。因为所有的单元格都以 A1 为参考，所以会根据新单元格的相对位置自动更新。换句话说，在 K1 中的公式为`J1+1`，因为 J1 在 K1 的左边，如同 A1 在 B1 的左边一样。

相对引用与绝对引用

B1 中的公式`=A1+1`，是根据 B1 的相对位置决定的，而不是 A1 的绝对位置。也就是说，如果把公式复制到其他单元格里内容就会改变，了解这一点对熟练运用电子表格很重要。

要创建一个绝对引用（也就是说公式不会受到单元格位置的影响），在列（A）和行（1）之前都加上$符号。这样公式就变成了=$A$1+1，包含了 A1 的绝对位置。你可以灵活地用一个$符号选择让行或者列固定。

图 11-3 是一个绝对引用的例子。在这里笔者记录了朋友的生日，避免忘记送礼物。你可以看到 B5 中的公式为=B$3-$A5，然后粘贴这个公式到 B5:O7。B$3 表示行变化；但列不变。$A5 表示列变化，但行不变。

fx =B$3-$A5

	A	B	C	D	E	F	G	H	I	J	K	L	M	N	O
1		Angus	Gromit	Zoe	Thomas	Jim	Shep	Coop	Jin	Marty	Henry	Jean-Luc	Scott	James	—
3	Birthday	1/23	2/12	2/15	3/11	3/22	4/11	4/19	4/23	6/12	7/1	7/13	9/27	11/11	12/31
4	Days before														
5	7	1/16	2/5	2/8	3/4	3/15	4/4	4/12	4/16	6/5	6/24	7/6	9/20	11/4	12/24
6	14	1/9	1/29	2/1	2/26	3/8	3/28	4/5	4/9	5/29	6/17	6/29	9/13	10/28	12/17
7	30	12/24	1/13	1/16	2/10	2/21	3/12	3/20	3/24	5/13	6/1	6/13	8/28	10/12	12/1

图 11-3　绝对引用的例子

下面是图 11-3 所示表格中部分单元格的不同公式：

```
B5:=B$3-$A5                          O5:= O$3-$A5
                 H6:= H$3-$A6
B7:=B$3-$A7                          O7:= O$3-$A7
```

命名文件

给文件命名需要按照下面的步骤进行：

1．在图 11-2 所示的文档名称区域，单击 Unitled spreadsheet 文本。

2．将名称改为“2d6 骰子概率”，然后按下回车键。

创建从 1 到 36 的一行数字

完成前面的步骤之后，A1:K1 中会有 1 到 11 这些数字。下面我们要把它扩展到 1 到 36（为了骰子的 36 种可能性）：

增加列

首先要保证有足够多的单元格。在默认情况下，所有表格列都很宽，将表格拉到最右你会发现一直到 Z 列。首先，缩短列的宽度，保证有足够的屏幕空间显示放置 36 个数字的列。

1．单击 A 列的标题。

2．一直向右拖动（用表格窗口下的滚动条），按住 Shift 键并单击 Z 列，这样便能全选 A:Z。

3．将鼠标光标放在 Z 栏的标题上你会发现一个带有下箭头的小按钮，单击此按钮，在弹出菜单里选择 Insert 26 right 命令，就会增加 26 列。

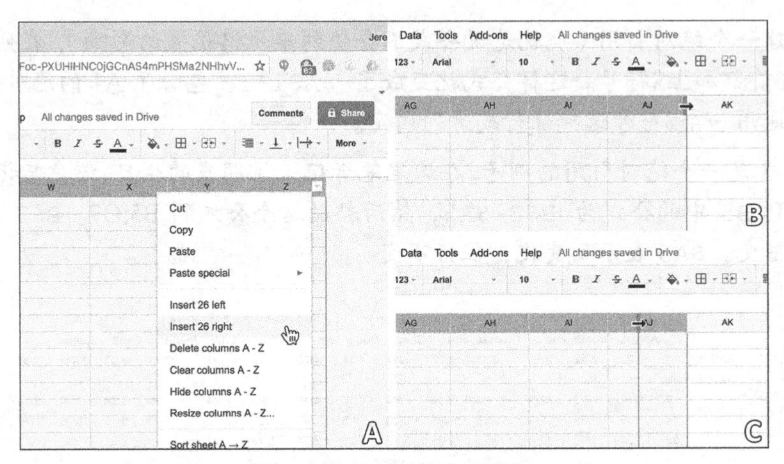

图 11-4　在 Z 列的右侧增加 26 列

设定列宽

想要同时在屏幕上看见 36 列，需要这样缩短宽度：

1．单击 A 列的标题。

2．将页面滚动到右侧，按下 Shift 键并单击 AJ 列的标题。

3．将鼠标光标移动到 AJ 列的右侧边缘，边缘线条会变粗并变成蓝色，如图 11-4B 所示。

4．单击蓝色的线条，将其向左拖动至三分之一处（如图 11-4C 所示），这样就缩短了 A:AJ 的所有宽度。如果你觉得对于你的屏幕还是太宽，可以按情况调整。

在一行里填入数字 1 到 36

执行以下操作填充第 1 行数据：

1. 单击 B1，选中它。向多个单元格填充数据的另一种方法是使用所选单元格右下角的蓝色小方块（可以在图 11.2 所示的 A1 的右下角看到）。

2. 向右拖动 B1 右下角的蓝色小方块，直到选中 B1:AJ1 为止。释放鼠标键时，A1:AJ1 将被填入从 1 到 36 的一系列数字。

3. 如果列太窄，无法完整显示数字，可再次选中 A:AJ 列并调整为合适的宽度。也可以双击任意两列之间的分隔线，使所选列自动设置为合适宽度，而不用手动拖动各列之间的分隔线。但是，若此时执行此操作，则包含一位数字的列将比包含两位数字的列窄。

骰子 A 数据

现在有了一系列数字，但我们想要的是代表骰子 A 和骰子 B 的两行数字。我们可以用简单的公式达到这样的效果：

1．单击“函数”按钮（参见图 11-2），选择 More Functions 选项。

2．在搜在弹出的界面中搜索并找到 MOD 函数（归类为数学类型）。

3．单击 Learn more 链接后，会弹出一个新的页面，详有关述 MOD 函数的内容。我们能看到 MOD 函数的作用为返回取模运算的结果，即除法运算后的余数。比如公式=MOD(1,6)和=MOD(7,6)的结果都是 1，因为 1/6 和 7/6 的余数都是 1。

4．单击浏览器窗口中的“2d6 骰子概率”标签返回到表格。

5．单击选中 A2。

6．输入=MOD(A1,6)，会显示在 A2 和公式栏中。完成后，你将看到 A2 格中的数字是 1。

7．单击 A2，按下 Shift 键并单击 AJ2（A2:AJ2）。

8．按 Command+R（或 Ctrl+R）组合键可以填充 A2 右侧的单元格（B2:AJ2）。

至此，完成在 36 个单元格里使用 MOD 函数。如果你不需要 0 到 5，而是想要从 1 到 6 的数字，就需要迭代了。

迭代骰子 A 数据

我们需要解决两个问题：第一，最小的数字应该在 A、F、L 列中，以此类推；第二，数字应该是从 1 到 6，而不是从 0 到 5。这两点调整起来都不难。

1．选中 A1，把它的值从 1 改到 0，然后按回车键。这样会让 B1:AJ1 的数字变成从 0 到 35。现在，A2 的公式会返回 0（0 除以 6 得到的数），A2:AJ2 的数字为 0、1、2、3、4、5，第一个目标达成。

2．要解决第二个问题，选择 A2 然后把公式改成=MOD(A1,6)+1。这样会在之前的公式上加 1，让 A2 从 0 变成 1。虽然这看起来像是在绕圈，但完成第三步后你就明白为什么要这么做了。

3．选中 A2，然后按住 Shift+Command（或 Shift+Ctrl）组合键和右方向键将 A2 的内容粘贴到 A2:AJ2。用 Command+R（或 Ctrl+R）组合键可以再次粘贴。

现在，骰子 A 行的数据已经完成了，得到了 1、2、3、4、5、6。MOD 数据的值现在仍然为从 0 到 5，但是其顺序对了，而且都加了 1，正好符合我们想要的骰子 A 数值。

骰子 B 数据

骰子 B 行包括 6 个数字，每个数字重复 6 次。要实现这种效果，我们需要使用表格中的除法和向下取整函数。除法就是普通用法（比如，公式=3/2 会得到 1.5），然而你可能不了解向下取整函数。

1．选中 A3。

2．输入=FLOOR，FLOOR 是将数值向下取整为指定因数的最接近的整数。FLOOR 用来把小数部分去掉，而且总是向下取值。比如 FLOOR(5.1)返回 5，FLOOR(5.999)也返回 5。

3．在函数栏输入=FLOOR(A1/6)，你会看到结果更新为 0。

4．与骰子 A 的数据处理方法一样，我们要给结果加 1。将公式改成 =FLOOR(A1/6)+1，你会看到现在结果为 1。

5．复制 A3 的内容，然后粘贴到 A3:AJ3。

你的电子表格现在看起来如图 11-5 的上图所示。然而，如果为数据加上标签，如图 11-5 的下图所示的话，会更容易理解。

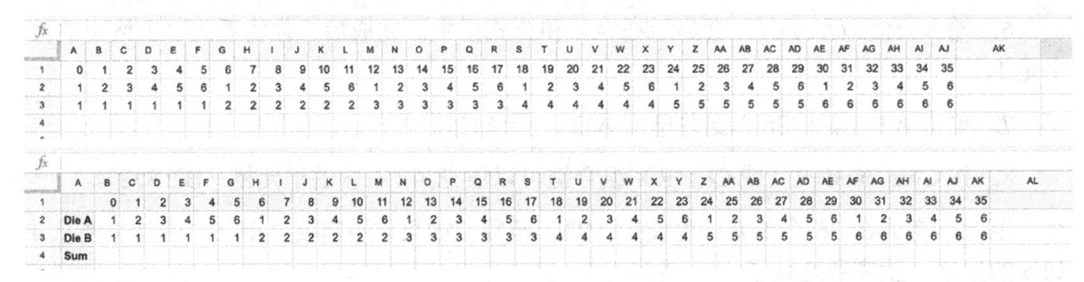

	A	B	C	D	E	F	G	H	I	J	K	L	M	N	O	P	Q	R	S	T	U	V	W	X	Y	Z	AA	AB	AC	AD	AE	AF	AG	AH	AI	AJ	AK
1	0	1	2	3	4	5	6	7	8	9	10	11	12	13	14	15	16	17	18	19	20	21	22	23	24	25	26	27	28	29	30	31	32	33	34	35	
2	1	2	3	4	5	6	1	2	3	4	5	6	1	2	3	4	5	6	1	2	3	4	5	6	1	2	3	4	5	6	1	2	3	4	5	6	
3	1	1	1	1	1	1	2	2	2	2	2	2	3	3	3	3	3	3	4	4	4	4	4	4	5	5	5	5	5	5	6	6	6	6	6	6	
4																																					

	A	B	C	D	E	F	G	H	I	J	K	L	M	N	O	P	Q	R	S	T	U	V	W	X	Y	Z	AA	AB	AC	AD	AE	AF	AG	AH	AI	AJ	AK	AL
1		0	1	2	3	4	5	6	7	8	9	10	11	12	13	14	15	16	17	18	19	20	21	22	23	24	25	26	27	28	29	30	31	32	33	34	35	
2	Die A	1	2	3	4	5	6	1	2	3	4	5	6	1	2	3	4	5	6	1	2	3	4	5	6	1	2	3	4	5	6	1	2	3	4	5	6	
3	Die B	1	1	1	1	1	1	2	2	2	2	2	2	3	3	3	3	3	3	4	4	4	4	4	4	5	5	5	5	5	5	6	6	6	6	6	6	
4	Sum																																					

图 11-5　添加标签

添加标签

要给图 11-5 的上图加标签的话，你需要在 A 列的左侧新加一列：

1．右击 A 列的标题，在弹出菜单中选择 Insert I left 命令，这样就可以在左侧加入新的 1 列。新的一列是 A 列，旧的 A 列成了 B 列。如果你用 macOS 系统而且鼠标没有右键的话，可以按住 Ctrl 键单击。参见附录 B “实用概念”，有更多关于使用鼠标右键的信息。

2．单击新增列中的 A2 并输入 Die A。

3．为了看清每列的标签，可以双击 A 列标题的右侧分隔线，或单击并拖动 A 列标题的右侧分隔线调整列宽。

4．在 A3 中输入 Die B。

5．在 A4 中输入 Sum。

6．单击 A 列标题，按 Command+B（或 Ctrl+B）组合键，或者单击上方文本格式区中的 B 按钮，加粗 A 列中的文本。

7．要将 A 列的单元格背景变灰，需要选中 A 列，单击单元格格式区中的填充颜色按钮，在下拉菜单中选择一种浅灰色，这样选中的单元格就变成灰色了。

8．要想把行 1 的单元格变成灰色，先单击行 1 标题（即行 1 最左边的 1），然后填充与上一步相同的浅灰色。

现在，你的电子表格应该与图 11-5 中的一样了。

小技巧

不需要保存表格！　在本书中，笔者一直提醒你要保存文件，因为在参与的众多项目中，笔者经历了太多的程序错误和系统崩溃，但是在用 Google Sheets 时完全不需要这样小心翼翼，因为它将文件实时存储在云服务器中。需要注意的一点是，如果你在未联网的情况下通过 Chrome 浏览器使用 Google Sheets，然后在联网前关闭了页面，那么你的修改可能不会被保存。但是根据笔者的经验，有的时候也会进行自动保存。

将两个骰子的结果求和

要求两个骰子的和，需要另一个公式。

1. 单击 B4，输入公式`=SUM(B2,B3)`，这样会将 B2 到 B3 的值相加（与公式`=B2+B3`的效果一样）。这样 B4 的值为 2。

2. 复制 B4 的内容，粘贴到 B4:AK4。现在行 4 的数字为 2d6 的全部可能结果。

3. 为了让结果的视觉效果更好，可以选中行 4 所有单元格并加粗。

计算骰子之和

行 4 现在为 2d6 的全部可能结果。尽管数据有了，但并不太容易解读，这里可以发挥电子表格真正的力量。要解读数据，我们要计算每个和出现的次数（例如，2d6 有几种组合得到 7）。计算步骤如下：

1. 在 A7 中输入 2。

2. 在 A8 中输入 3。

3. 选中 A7 和 A8。

4. 拖动 A8 右下角的蓝色小方块，直到选中 A7:A17，松开鼠标左键。

现在 A7:A17 的数字是 2 到 12。Google Sheets 能够识别相邻单元格中以 2 和 3 开头的数字序列，只要你拖动相连的单元格，就会继续填充数字。

下一步，计算第 4 行中出现了多少次 2。

5. 选择 B7 然后输入`=COUNTIF`（但是不要按回车键）。

6. 选中 B4 到 AK4，这样会框起 B4:AK4 并且输入`B4:AK4`到上面的公式里。

7. 输入,（逗号）。

8. 单击 A7。这样 A7 会加入公式中。至此，整个公式看起来为`=COUNTIF(B4:AK4,A7`。

9. 输入右括号并按回车键，现在 B7 的公式为`=COUNTIF(B4:AK4,A7)`。

COUNTIF 函数用来计算一系列单元格中特定数字的出现次数。第一个参数是单元格的范围（`B4:AK4`），第二个参数（逗号后面）是搜索的内容（A7）。在 B7 中，COUNTIF 函数查看 B4:AK4 单元格并计算数字 2 出现的次数（因为 A7 中的数值为 2）。

计算所有可能结果

接下来需要从统计数字 2 扩展到所有可能出现的骰子之和，也就是 2 到 12。

1．从 B7 中复制公式并粘贴到 B7:B17。

你会发现有问题：对 2 以外数值的计算结果都为 0。我们来看看哪里出错了。

2．选择 B7 然后单击公式栏，这样会高亮显示 B7 内公式涉及的所有单元格。

3．按 Esc 键。这步很重要，因为可以退出单元格编辑模式。如果你在单击其他单元格前没有按过 Esc 键，当前选中的单元格就会作为参数会被加入公式。在下面的警告中可以查看更多信息。

> **警告**
>
> **退出公式编辑**　当使用 Google Sheets 时，你需要按 Esc 键或回车键从公式编辑模式退出。按回车键会结束你的修改，而按 Esc 键会放弃修改。如果你没有从公式编辑中正确退出，你单击的单元格将被加入公式中（也许是你不想要的意外情况）。如果已经发生，你可以按 Esc 键取消做出的修改。

4．选择 B8，单击公式栏。

现在你能看到 B8 中的公式的问题了，我们想计算 3 在 B4:AK4 中出现的次数，但其实在计算 3 在 B5:AK5 中出现的次数，这是本章之前提到过的相对引用导致的。因为 B8 在 B7 下面一行，所以 B8 中的引用目标就自动更新为下一行的对应单元格。公式中的第 2 个参数是正确的（即 B8 应该在 A8 中进行查找，而不是 A7）。我们需要将第 1 个参数的相对引用改为绝对引用，以强制函数在第 4 行进行查找，而不管公式被粘贴到哪里。

5．按 Esc 键结束编辑。

6．选择 B7，将公式改成 `=COUNTIF(B$4:AK$4,A7)`。$表示对数据区域的绝对引用。

7．复制 B7 内的公式并粘贴到 B7:B17。现在你能看到数字更新正确了，B7:B17 的每个公式都从 B$4:AK$4 取值。

绘制结果图

现在 B7:B17 中有了我们所需的数据。在 2d6 的 36 种可能结果中，有 6 种组合能得到 7，但是只有 1 种方式能得到 2 或者 12。这些信息展示在单元格中，若将它们放在图表中会易读得多。根据下面的步骤绘制图表，参考图 11-6，它会告诉你每一步怎么做。

1．选中 A7:B17。

2．单击图 11-2 所示界面中的“图表”按钮（如果你在界面中找不到此按钮，可能是因为窗口太小了，此时单击右侧的 More 按钮就能看到了），打开图表编辑器面板，如图 11-6 所示。

3．展开 Chart type（图表类型）选项区（A）（当前显示的是 Scatter chart），选择第一个柱形图类型（B）。

4．在图表编辑器面板的 DATA 选项卡下部，选中 Use column A as labels（将列 A 作为标签）复选框（C），将表格中的 A 列数据作为图表中的分类标签。

5．切换到 CUSTOMIZE（自定义）选项卡（D），展开 Chart & axis titles（图表与轴标题）选项区（E），将图表的标题设置为“2d6 Dice Roll Probability”（2d6 骰子投掷概率）（F）。

6．展开 Horizontal axis（横轴）选项区（G），选中 Treat labels as text（将标签视为文本）复选框（H），这样可以在每一根柱形下面显示数字标签。

7．单击图表编辑器面板右上角的“关闭”按钮（I）。如果需要，可以调整图表的位置和大小。

图 11-6　2d6 概率分布结果图

笔者知道获得这些数据有些累人，但笔者想让你试试 Goggle Sheets，因为它是做数据平衡的重要工具。

11.4　概率

到了这一步，你可能会想肯定有比列举掷骰子的全部结果更简单的方法学习概率。幸好，有一个数学分支与概率有关，本节我们就来看看从中可以学到什么。

首先，让我们看看 2d6 有多少种可能结果。因为有两个骰子，每个有 6 种可能，所以有 6×6=36 种不同的结果。如果是 3d6，就有 6×6×6=216 种结果（或者 6^3）。如果是 8d6，则有 6^8=1 679 616 种结果。如果我们还用 2d6 的枚举法，要制作 8d6 的图表几乎不可能。

在 Jesse Schell 所著的 *The Art of Game Design* 中提到了“每个游戏设计师都应该知道的十条概率规则”，笔者改述如下：

- **规则 1：分数=小数=百分数**。分数、小数和百分数是同种东西，你会发现自己经常换着用。比如，1d20 得到 1 的概率是 1/20 或者 0.05 或者 5%。它们之间的转换遵循以下规则：

— 分数到小数：在计算器中输入分数（输入 1÷20= 会得到结果 0.05）。小数并不是精确的，比如 2/3 是精确值，0.666666667 是近似值。

— 百分数到小数：除以 100（5%=5/100=0.05）。

— 小数到百分数：乘以 100（0.05=(0.05×100)%=5%）。

— 任意数到分数：这有点难，一般没有简单方法将小数或百分数换算为分数，除了几个众所周知的结果（比如 0.5=50%=1/2，0.25=1/4）。

- **规则 2：概率从 0 到 1 就好（等同于 0%到 100%和 0/1 到 1/1）**。事情发生的概率不可能低于 0%或者高于 100%。
- **规则 3：用想要的除以可能的结果等于概率**。如果你想从 1d6 里得到 6，也就是说想要的结果（6）在 6 种可能结果中。得到 6 的概率为 1/6（大约等于 0.16666 或者 17%）。一副牌中有 13 张黑桃，所以你随便抽一张牌，得到黑桃的概率是 13/52（等于 1/4、0.25 或者 25%）。
- **规则 4：枚举可以解决复杂的数学难题**。如果你遇到的可能结果不多，可以枚举它们，就像 2d6 的例子。如果你有大量数字（比如 10d6，有 60 466 种结果），你可以写一个程序枚举它们。如果你有编程功底，可以参考附录 B 中写好的程序。
- **规则 5：在互斥情况下，“或”意为“加”**。Schell 举的例子是在一副牌中抽到一张人头或者 A 的概率。一副牌中有 12 张人头和 4 张 A，A 和人头是互斥的，也就是说没有哪张牌既有 A 也有人头。因此，如果你的问题是“抓到人头或者 A 的概率是多少？”你就可以将两种概率相加。12/52+4/52=16/52（0.3077≈31%）。那么用 1d6 得到 1、2 或者 3 的概率是多少？1/6+1/6+1/6=3/6（0.5=50%）。记得如果你用“或”连接互斥的几个想要结果，它们的概率可以相加。
- **规则 6：在非互斥情况下，“和”意为“乘”**。如果你想要的结果是人头和黑桃，可以将两个概率相乘。当概率小于 1 或等于 1 时，相乘后的概率会变得更小。一副牌中一共有 13 张黑桃（13/52）和 12 张人头（12/52）。相乘结果如下：

  13/52 ×12/52=(13×12)/(52×52)

  =156/2704　　　　两者都可以被 52 整除

  =3/52（0.0577≈6%）

  我们知道这个结果没错，因为在一副牌中既是黑桃又是人头的牌确实只有 3 张。另一个例子是 2 个 1d6 都为 1 的概率，应该是 1/6×1/6=1/36（0.0278≈3%），我们在前面的表格例子中能看到，两个骰子都为 1 的概率正好是 1/36。

  记住，如果你用“和”连接非互斥的结果，可以将概率相乘。

  推论：想要的结果如果互相独立，则概率相乘。如果两种行为完全互相独立（非互斥的子集），它们发生的概率为彼此相乘。比如，1d6 取 6 的概率是 1/6，硬币正面朝上的概率是 1/2，抽牌抽到 A 的概率是 4/52，满足所有条件的概率是 1/156（1/6×1/2×4/52=4/624=1/156）。
- **规则 7：1 减“是”等于“不是”**。一件事发生的概率等于 1 减去不会发生的概率。比如 1d6 得到 1 的概率是 1/6，那么不得到 1 的概率是 1-1/6=5/6（0.8333≈83%）。这个的用处在于有时计算发生的概率很难，计算不发生的概率容易。

  比如你想算出 2d6 至少得到一个 6 的概率，如果我们枚举的话，可以发现概率为

11/36（想要的结果是 6_*x*，*x*_6 和 6_6，*x* 是不为 6 的任意数字）。你还可以在图表中统计含有至少一个 6 的列，但通过规则 5、6、7，我们可以计算概率。

1d6 得到 6 的概率是 1/6，得到非 6 的概率是 5/6，所以得到 6 和一个非 6（6_*x*）的概率是 1/6×5/6=5/36（记得规则 6 中，“和”意为“乘”）。因为 6_*x* 与 *x*_6 效果相同，我们需要把这两个概率相加，5/36+5/36=10/36（规则 5，“或”意为“加”）。得到两个 6（6_6）的概率为 1/6×1/6=1/36，因为这也是 6_*x* 或 *x*_6 类似的互斥概率，所以可以相加，5/36+5/36+1/36=11/36（0.3055≈31%）。

虽然很容易变成一团乱麻，但我们能用规则 7 简化它。如果你反过来看问题，可以解读为“第一次得到一个非 6，第二次也得到一个非 6”。这两个可能性不是互斥的，所以可以 5/6×5/6 或者 25/36，1–25/36=11/36，这样比之前的算法简单多了。

如果我们要从 4d6 中得到至少一个 6 呢？

1–(5/6×5/6×5/6×5/6)

=1–($5^4/6^4$)

=1–(625/1296)

=(1296/1296)–(625/1296)　　296/1296 等于 1

=（1296-625）/1296　　因为分母都是 1296，所以可以去括号

=671/1296　（0.5177≈52%）

从 4d6 中得到至少一个 6 的概率约为 52%。

- **规则 8：多个骰子之和不是线性分布的。**如我们在前面的 2d6 表格案例中看到的，尽管单个骰子的结果是线性分布的，也就是说 1~6 出现的机会均等，但是把它们相加，你会得到权重分配。骰子越多结果越复杂，如图 11-7 所示。

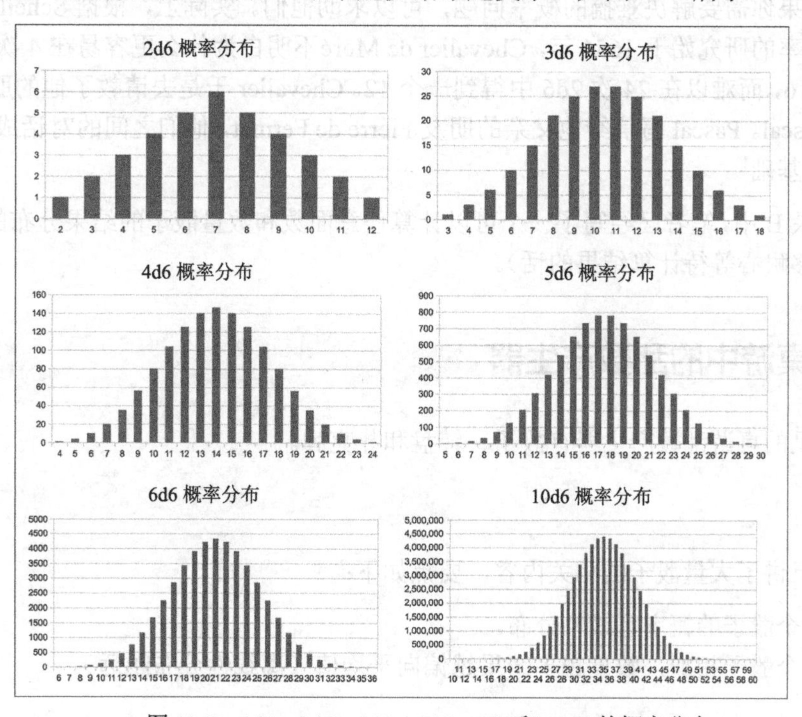

图 11-7　2d6、3d6、4d6、5d6、6d6 和 10d6 的概率分布

如图 11-7 所示，用的骰子越多就越倾向于骰子之和的平均数。实际上，10d6 全部为 6 的概率是 1/60466176，但结果之和为 35 的概率为 4395456/60466176（0.0727≈7%），或者结果之和为 30~40 的概率为 41539796/60466176（0.6869922781≈69%），要写清楚算数过程很费纸，笔者根据规则 4 写了一个程序来完成计算（见附录 B）。

作为游戏设计师，并不需要你了解这些概率的准确数字。你真正要记住的是，骰子越多，得到的数值越接近平均值。

- **规则 9：理论与现实**。除了理论上的概率，有时从实际出发更容易理解概率，或者说掷骰子的结果并不总与理论预测相符。数字化和模拟方法都是出路。

  数字化，你可以写一个简单程序，然后运行上百万次进行试验，这常被称作蒙特卡罗法，实际上几个最强的人工智能都采用这种方法玩国际象棋和围棋。围棋复杂度太高，计算机其实在计算自己和人类对手的随机百万种走法，从中找出最优解。这个方法还能用来解决非常复杂的理论问题。在 Schell 举的例子中，计算机可以快速模拟《大富翁》中上百万次掷骰子，让程序员知道玩家最可能移动到哪里，这条规则的另一个角度是所有的骰子“生来平等”。比如，如果你想发行桌游，寻找骰子的制造商，最好的方法就是掷几百次这几家可选制造商的骰子，并记录数据。这可能要花几个小时，但能告诉你其生产的骰子是不是重量均衡，而不是倾向于某个特定的数字。

- **规则 10：求助朋友**。几乎所有专业是计算机科学或者数学的大学生都学过概率，如果你需要解决难搞的概率问题，可以求助他们。实际上，根据 Schell 所言，对概率的研究始于 1654 年，Chevalier de Méré不明白为什么更容易在 4 次 1d6 中得到 6，而难以在 24 次 2d6 中得到一个 12。Chevalier 于是去请教了他的朋友 Blaise Pascal。Pascal 写信给他父亲的朋友 Pierre de Fermat，他们之间的对话成了概率论的基础[1]。

在附录 B 中，笔者已经写了一个可以计算任意面数和数量骰子的结果分布的程序（如果你有足够耐心等待计算结果的话）。

11.5 桌游中的乱数产生器

最常见的桌游乱数产生器有骰子、转盘和扑克牌。

骰子

本章已讲了大量骰子的相关内容，要点如下：

- 单个骰子的概率呈线性分布。
- 多个骰子相加，数量越多结果越偏向平均值（离线性分布越远）。

1. Schell 所著的 *The Art of Game Design*。

- 标准骰子包括 d4、d6、d8、d10、d12 和 d20。游戏常用的骰子一般为 1d4、2d6、1d8、2d10、1d12 和 1d20。
- 2d10 有时被叫作百分位骰子（*percentile dice*），因为第一个用来确定个位（取值范围为 0~9），第二个用来确定十分位（取值范围为 00~90），能够得到从 00 到 99 的概率平均分布（00 表示 100%）。

转盘

转盘有很多种类型，但是都有旋转部件和静止部件。在大多数桌游中，转盘一般用硬纸板作为表盘并划分几个区域，上面安着一个箭头（如图 11-8 中 A 图所示）。大个的转盘则是箭头不动，表盘转动（如图 11-8 中 B 图所示）。只要玩家力量足够，转盘从概率角度看与骰子一样。

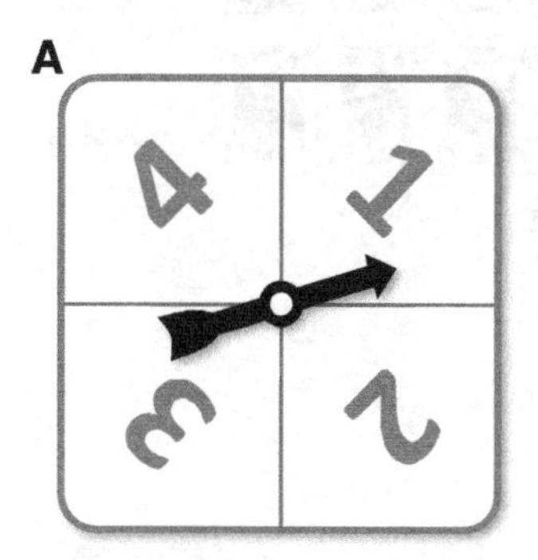

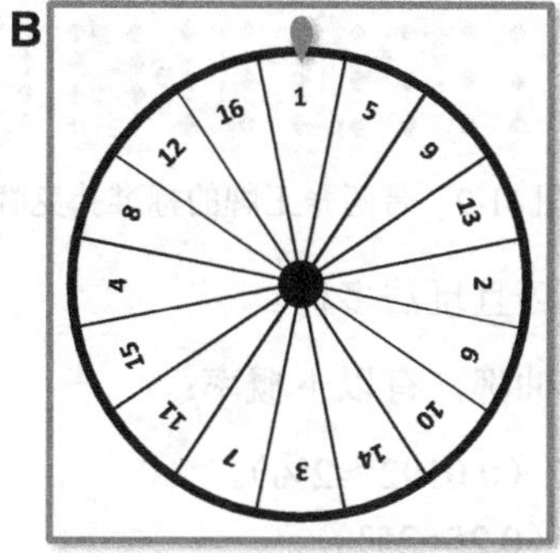

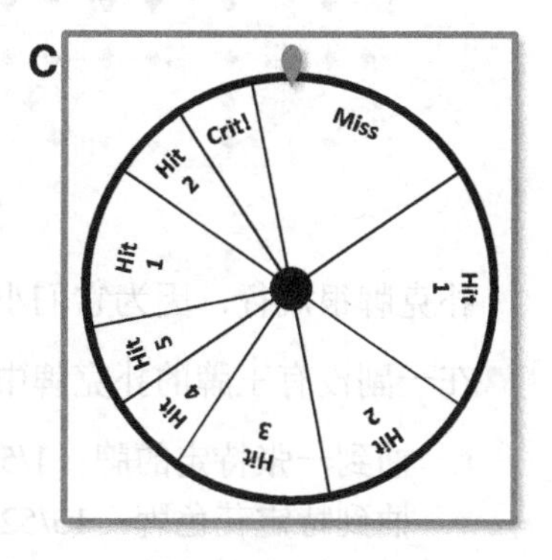

图 11-8 各类转盘

转盘经常用在儿童游戏中，出于以下两个原因：

- 年幼儿童难以控制力量，所以他们经常把骰子扔飞。
- 转盘不容易被吃下去。

尽管在成年人游戏中比较少见，但是转盘能够提供超出骰子的趣味性：

- 转盘上可以写任意数字。虽然也不是没可能，但是很难制造有 3、7、13 或者 200 面的骰子。
- 使用转盘能方便地设置不同项目的权重，以控制各可能结果的发生概率。如图 11-8 中 C 图是一个假想的玩家攻击转盘。在这个转盘中，攻击效果地概率是这样的：
  - 有 3/16 的概率打偏
  - 有 1/16 的概率造成 4 点伤害
  - 有 5/16 的概率造成 1 点伤害
  - 有 1/16 的概率造成 5 点伤害
  - 有 3/16 的概率造成 2 点伤害
  - 有 1/16 的概率暴击
  - 有 2/16 的概率造成 3 点伤害

扑克牌

一副标准扑克牌中包括各 13 张的 4 种花色牌，有时还包括 2 张王牌（如图 11-9 所示）。这包括了级别 1（也叫作 A）到 10 和 J、Q、K，分别为 4 种花色——梅花、红桃、方块和黑桃。

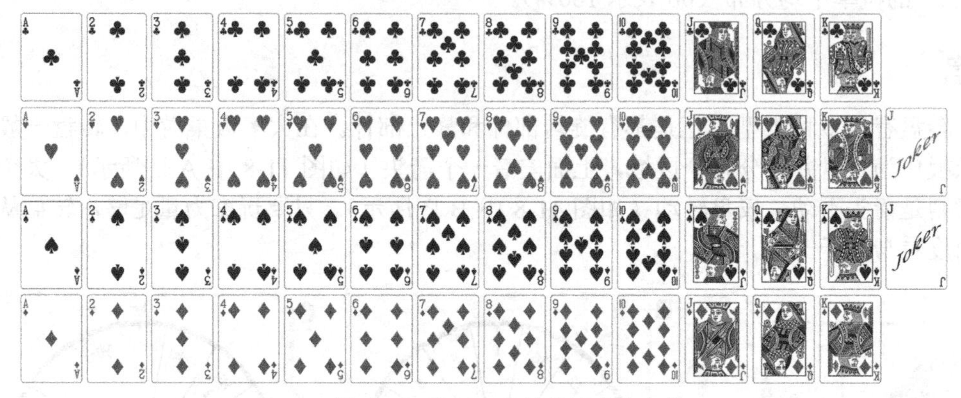

图 11-9　带两张王牌的标准扑克牌

扑克牌很流行，因为它们小巧且玩法多样。

在一副没有王牌的扑克牌中抽牌，有以下概率：

- 抽到一张特定的牌：1/52（0.0192≈2%）。
- 抽到特定花色牌：13/52（0.25=25%）。
- 抽到一张人头牌（J，Q，K）：12/52=3/13（0.2308≈23%）。

自定义牌组

一副扑克牌是最简单和最容易定制的乱数产生器，你可以随意去掉某张牌更改抽牌时的概率。更多内容参见下文的“权重分配”。

制作自定义牌组的技巧

制作自定义牌组的麻烦之一是找到合适的材料。3 英寸×5 英寸的便条不能拿来洗牌，但是有更好的材料：

- 用签字笔或者贴纸更改已有的牌组。签字笔很好用，而且不会让牌变厚。
- 买一盒卡套（类似塑料封套），然后插进去规整的纸片，在第 9 章提到过。

制作牌组时（或者任何桌游原型时），切记不要花费太多时间制作道具。比如你在精心制作一堆牌后，可能不舍得扔掉其中某些牌，或者彻底推倒重来。

构建电子扑克牌

最近笔者在制作游戏原型时，用到了一个电子扑克牌构建工具——nanDECK。nanDECK 是用标记语言（像 HTML）构建扑克牌的一款 Windows 软件。它有一个功能，可以从 Google Sheets 上抽取数据，然后构建一副完整的扑克牌。本书不能详述这个功能是如何运作的，但是如果你有兴趣的话，笔者强烈建议你了解一下这个软件。不仅网上有 PDF 格式的说明书，YouTube 上还有视频教程。

洗牌的时机

如果你每次抽牌前都洗牌，抽到任意一张牌的概率均等（与骰子和转盘一样）。然而大部分人不这么干。人们常常抽完牌之后再洗牌，这样得到的结果与正常掷骰子差别很大。如果你有 6 张牌，数字为 1~6，全抽完不洗牌，肯定会从 1 到 6 过一遍。然而掷 6 次骰子可不是这样的。另外，玩家还可以记牌，知道接下来特定牌被抽到的概率。比如，如果牌 1、3、4 和 5 都被抽完了，那么抽到 2 和 6 的概率都是 50%。

骰子和卡牌的区别可以在桌游《卡坦岛拓荒者》中看到，一些玩家很不爽发行商将 2d6 骰子换成了 36 张卡牌（写着 2d6 的每个可能结果），但这样做其实保证了实际概率与理论概率一致。

11.6　权重分配

权重分配指的是让某个可能结果比其他的更容易发生。我们目前遇到的例子大多是概率线性分布，但作为设计师，经常想要让某个可能结果更容易发生。比如在桌面游戏 *Small World* 中，设计师想让一半玩家的攻击带有随机加成，他们想把加成的范围控制在 +1 到+3。要达到这个效果，他们创造了下面这个六面骰子，如图 11-10 所示。

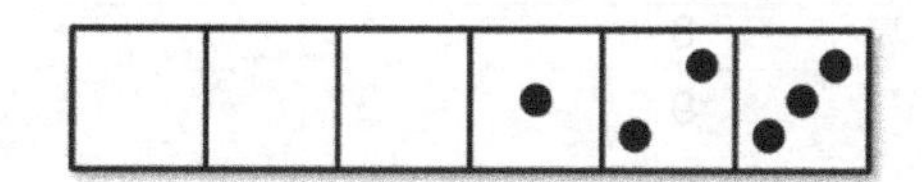

图 11-10　*Small World* 中加权过的攻击加成

用这个骰子，获得加成的概率为 3/6=1/2（0.5=50%），获得加成 2 的概率为 1/6（0.1666 ≈ 17%），所以没有加成的结果比其他三种结果的权重要高很多。

换个做法，比如你还想让玩家有一半的机会获得加成，但是获得加成 1 的概率是 3 的 3 倍，获得加成 2 的概率是 3 的 2 倍，那么会得到如图 11-11 所示的权重分配。

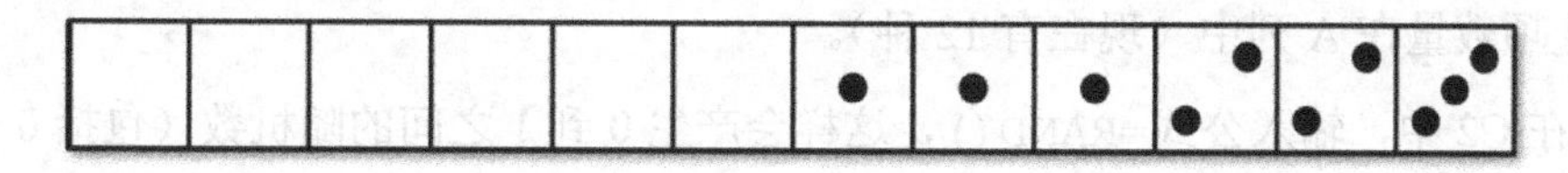

图 11-11　1/2 概率为 0，1/4 概率为 1，1/6 概率为 2，1/12 概率为 3

幸好，它们加起来刚好能做成一个骰子（标准骰子）。即使它们加起来不是标准尺寸，你总能用转盘或者一副牌得到相同的概率（对于卡牌，你需要在每次抽牌之前洗牌）。而且也可以用软件给加权后的随机结果建模，做法与你之后用 C#在 Unity 中处理随机数类似。

Google Sheets 中的概率加权

概率加权在电子游戏中随处可见。比如你想让敌人遇到玩家时，有 40%的概率攻击、40%的概率防御、20%的概率逃跑，你可以建立一个数组［攻击，攻击，防御，防御，逃跑］[2]，并且让敌人的 AI 在第一次遭遇玩家时取一个随机数。

跟着下面几步做，最终你会得到一个可以用来随机取值的工作表，启动后它会从 1~12 随机选一个数字，随后你可以把 A 列的数字替换成任意值。

1．在已有的表格文件中，单击 Sheet1 工作表标签左侧的加号创建一个新工作表。

2．在新工作表的 A 列和 B 列中填上图 11-12 所示的数字和文本，但是现在 C 列留空。为了右对齐 B 列中的内容，选中 B1:B4，然后在表格菜单栏上执行 Format＞Align＞Right 命令。

A	B	C
1	# Choices:	12
2	Random:	0.4843701814
3	Index:	6
4	Result:	6
5		
6		
7		
8		
9		
10		
11		
12		

图 11-12　Google Sheets 加权数字选择表

3．选择 C1，输入公式=`COUNTIF(A1:A100,"<>")`。它会计算 A1:A100 中的非空单元格中数量（在公式中，< >意为“不同于”，括号内留空意味着“不同于空”）。此结果的可选项数量在 A 列中（现在有 12 种）。

4．在 C2 中，输入公式=`RAND()`，这样会产生 0 到 1 之间的随机数（包括 0 但不会到 1）。[3]

5．选择单元格 C3，输入公式=`FLOOR(C2*C1)+1`。我们向下取整的数是 0 到 0.9999 之间的随机数乘以可选项数量，在这个例子字为 12。也就是说，我们向下取整的数在 0 到 11.9999 之间，结果为 0~11 的某个整数。然后我们在结果上加 1，得到整数 1 到 12。

6．在 C4 中输入公式=`INDEX(A1:A100,C3)`。`INDEX()`在一定范围内取值（如

2. 方括号在 C#中代表数组（一组数值），所以笔者在此分组 5 个可能的值。

3. 包括 0 的意思是随机数可能是 0，不包括 1 的意思是随机数永远不可能是 1（可能是 0.99999999）。

A1:A100），然后根据指针（本例中为 C3，也就是 1 到 12）取值。现在，C4 会从 A 列选择一个随机的值。

为了取得不同的随机数，复制 C2 然后粘贴回 C2，这样可以让 RAND 函数重新计算。你也可以对表格进行某项修改，使 RAND 函数重新计算随机数（比如，在 E1 输入 1，然后按回车键）。

你可以在 A 列中放入其他数字或者文字，注意不要有空单元格。试着用图 11-11（也就是[0, 0, 0, 0, 0, 0, 1, 1, 1, 2, 2, 3]）中的加权数值替换 A1:A12 的内容。替换好后重新计算几次 C2 的随机数，可以看到 C4 中 0 出现的概率为 50%。你还可以用[攻击，攻击，防守，防守，逃跑]替换 A1:A5 的内容，试试看。

11.7 排列

有个传统游戏《猜数字》（*Bulls and Cows*），如图 11-13 所示，后来的桌游 *Master Mind*（Mordecai Meirowitz 制作于 1970 年）就建立在它的基础上。在这个游戏中，每次开始游戏时玩家要偷偷写下 4 位数密码（每个数字不能相同）。玩家们轮流猜对方的密码，第一个猜对的获胜。当玩家猜数字时，他的对手则以公牛和母牛的数量回应。猜的人猜对了数字位置的话得一头公牛，猜对数字但位置不对的话得一头母牛。图 11-13 中，灰色圆点代表一头公牛，白色圆点代表一头母牛。

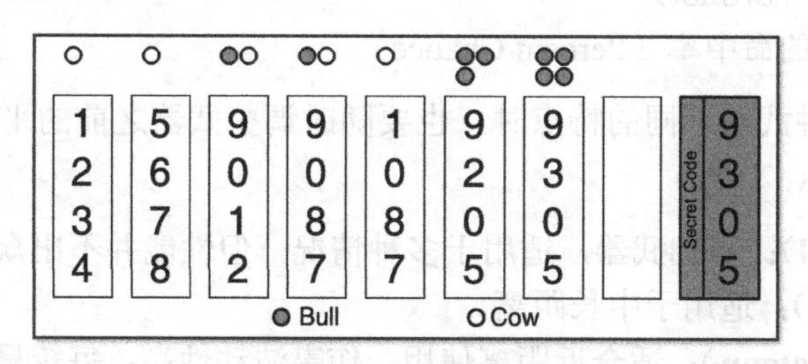

图 11-13 《猜数字》游戏实例

从猜的人角度看，密码是一系列随机数的选择，数学家把这个称为排列。在《猜数字》中，密码是 0~9 的排列，在其中选择 4 个不重复的元素。在游戏 *MasterMind* 中，则为 8 种可能的颜色，选择不重复的 4 种。在两种情况下，密码被叫作排列而不是组合是因为与位置相关（9305 不同于 3905）。组合中位置不重要，比如 1234、2341、3421 和 2431 等在组合里都是一样的。还有个组合例子是往圣代冰激凌里加三种口味，加入的顺序不重要，重要的是组合。

含有重复元素的排列

允许重复的排列在数学上比较简单，我们先从这里开始。如果 4 位数还允许重复，则有 10 000 种可能的组合（从 0000 到 9999）。用数字来看简单一些，但你要有一个更宽泛的思考方式（有的情况下每一位并不是有 10 种选择）。因为每一位与其他位独立而且有 10 种可能性，根据概率规则 6，取得任意数字的概率是 1/10×1/10×1/10×1/10 = 1/10000。

同时，这也能告诉我们这组数字有 10000 种可能性（如果允许重复）。

允许重复的排列一般就是每一位上的可能性相乘。4 位 10 种可能性就是 10×10×10×10=10000。如果你打算用六面骰子替代数字，那就是 4 位 6 种可能性，一共 6×6×6×6=1296 种可能性。

不含重复的排列

但《猜数字》这种不允许数字重复的情况呢？实际上比你想象的简单。一旦你用过某数字，就不能再用了。所以，第一位可以从 0~9 随便选，一旦选好数字（比如 9），那第二位就剩下 9 种（0~8）可能性。其他位同理，所以计算《猜数字》的可能性其实是 10×9×8×7=5040，几乎是允许重复情况下的一半。

11.8　使用 Google Sheets 调整武器平衡性

Google Sheets 在游戏设计中的另一大用处就是平衡不同武器或能力的属性。在本节中，我们将详细讨论第 9 章中提到的在纸面原型上调整武器平衡性的内容。如第 9 章所述，每种武器的属性围绕以下三个方面：

- 每轮子弹数量（Shots）
- 每发伤害值（D/Shot）
- 一定距离内的命中率（Percent Chance）

我们在赋予每种武器不同的特点时，也要随时调整武器之前的平衡性。以下是几种常见武器的相应特点：

- **手枪（Pistol）**：基础武器，适用于多种情况，但性能并不出众。
- **步枪（Rifle）**：适用于中长距离。
- **霰弹枪（Shotgun）**：适合近距离使用，伤害波动性高；每轮只有一发子弹，若是一次未击中则没有伤害。
- **狙击步枪（Sniper Rifle）**：不适合近距离使用，在远距离中表现出色。
- **机枪（Machine Gun）**：一轮能射出很多子弹，容错率高，伤害稳定但并不高。

图 11-14 是笔者一开始设计的武器平衡电子表格。ToHit 是指在不同距离下玩家需要掷出多大的骰子数字算作击中。比如，在 K3 里，手枪在距离 7 的情况下 ToHit 值为 4，也就是说，在距离 7 的位置上射击，掷出的骰子大于或等于 4 才能命中，也就是有 50% 的机会命中（六面骰子掷出 4、5 或 6）。

	A	B	C	D	E	F	G	H	I	J	K	L	M	N	O	P	Q	R	S	T	U	V	W	X	Y	Z
1	Weapon	Shots	D/Shot		ToHit											Percent Chance										
2	Original				1	2	3	4	5	6	7	8	9	10		1	2	3	4	5	6	7	8	9	10	
3	Pistol	4	2		2	2	2	3	3	4	4	5	5	6												
4	Rifle	3	3		4	3	2	2	2	3	3	3	4	4												
5	Shotgun	1	10		2	2	3	3	4	5	6															
6	Sniper Rifle	1	8		6	5	4	4	3	3	2	2	3	4												
7	Machine Gun	6	1		3	3	4	4	5	5	6	6														

图 11-14　武器平衡电子表格

计算单发命中率

在 Percent Chance（“命中率”列）区域，我们要计算每种武器在不同距离下的单发命中率。步骤如下：

1. 创建新表格，然后按图 11-14 所示输入数据。你可以单击 Cell Color（单元格颜色）按钮改变单元格的背景色。

E3 表示手枪在距离 1 时射击，玩家要掷出大于 2 的骰子才能命中。这也就是说，如果掷出 1，就算作射失；如果掷出 2、3、4、5 或 6，则算作击中，命中率为 5/6（约等于 83%）。我们需要一个公式计算它，根据概率规则 7，我们知道有 1/6 的概率射失（也就是掷出 1）。

2. 选中 P3，填入公式`=(E3-1)/6`。这样 P3 就可以直接显示出手枪的命中率。记住一定要在这里用括号，否则公式会先作除法，然后作减法。

3. 根据概率规则 7，我们知道 1-射失率=命中率，所以把 P3 的公式改为`=1-((E3-1)/6)`。完成以后，P3 的值显示为 0.8333333。

4. 如果要把 P3 中的数字从小数格式改为百分数格式，选中 P3，单击图 11-2 所示的数字格式区中标有%的按钮。你可能还需要单击 2 次%按钮右侧的按钮（此按钮看起来像带有左箭头的.0），这将减少单元格中数字的小数位数，以显示 83%，而不是更精确但更显得混乱的 83.33%。此操作只会更改数字的显示，而不会更改实际数据，因此数值仍然保持足够精度，以便进行后续计算。

5. 复制 P3，在 P3:Y7 中粘贴。你会发现除了 ToHit 值为空白的对应单元格显示的结果不对，其他都计算正确。那些单元格显示 117%，这肯定是错误的，你需要把它们修改成空白单元格。

6. 再次选中 P3，将公式改为`=IF(E3="","",1-((E3-1)/6))`。这个公式由逗号分为三个部分。

- **E3=""**：判断 E3 是否等于""。（即确认 E3 是否为空白单元格。）
- **""**：如果上一步的判断结果为真，即在单元格内填入相应的内容。如果 E3 是空白的，那么 P3 就是空白单元格。
- **1-((E3-1)/6)**：如果 E3 单元格不是空白的，那么该单元格内容为此公式的结果值。

7. 复制 P3 的新公式，在 P3:Y7 里粘贴。你会发现若 ToHit 值为空白，则在命中率区域中的对应单元格变成了空白单元格（比如，L5:N5 是空白的，那么 W5:Y5 也应该是空白的）。

8. 接下来为表格添加颜色。选择 P3:Y7，在表格菜单栏中选择 Format（格式）>Conditional formatting（条件格式）命令，页面右侧会显示 Conditional format rules（条件格式规则）面板，此功能用于根据单元格内容自动调整显示格式。

9. 单击展开 Conditional format rules 面板顶部的 Color scale（色阶）选项区。

10. 在 Color scale 选项区的 Preview（预览）区单击 Default（默认）选项，然后选择中下部的 Green to yellow to red（绿-黄-红）选项。

11．单击“完成”按钮，你的表格就和图 11-15 一样了。

	O	P	Q	R	S	T	U	V	W	X	Y	Z	AA	AB	AC	AD	AE	AF	AG	AH	AI	AJ	AK
1		Percent Chance											Average Damage										
2		1	2	3	4	5	6	7	8	9	10		1	2	3	4	5	6	7	8	9	10	
3		83%	83%	83%	67%	67%	50%	50%	33%	33%	17%		6.67	6.67	6.67	5.33	5.33	4.00	4.00	2.67	2.67	1.33	
4		50%	67%	83%	83%	83%	67%	67%	67%	50%	50%		4.50	6.00	7.50	7.50	7.50	6.00	6.00	6.00	4.50	4.50	
5		83%	83%	67%	67%	50%	33%	17%					8.33	8.33	6.67	6.67	5.00	3.33	1.67				
6		17%	33%	50%	50%	67%	67%	83%	83%	67%	50%		1.33	2.67	4.00	4.00	5.33	5.33	6.67	6.67	5.33	4.00	
7		67%	67%	50%	50%	33%	33%	17%	17%				4.00	4.00	3.00	3.00	2.00	2.00	1.00	1.00			

图 11-15　武器的命中率和平均伤害值。接下来会制作平均伤害值的部分（在这里笔者把图表拉到最右侧，所以你能看全）

计算平均伤害值

下面计算每种武器在一定距离内的伤害值。因为一些枪每次可以射击多发子弹，而每发子弹又有一定的伤害值，所以平均伤害值就等于射出的子弹数量×单发伤害值×单发命中率。

1．复制 O:Z（按 Command+C 或 Ctrl+C 组合键，或者执行 Edit＞Copy 命令）。

2．选中 ZA 后粘贴（按 Command+V 或 Ctrl+V 组合键，或者执行 Edit＞Paste 命令）。这样可以把表格扩展到 AK，并粘贴之前复制的内容。

3．在 AA1 中输入 Average Damage“平均伤害值”。

4．选中单元格 AA3，填入公式`= IF(P3="";"";$B3*$C3*P3)`。这里的 `IF` 语句和 P3 的一样。这里用到了$B3 和$C3，B3 指射出的子弹数量，C3 指单发伤害值。不要引用其他列的单元格（列地址为绝对引用）。

5．选中 AA3，单击数字格式区最右侧的 123▼按钮。在弹出菜单中选择 Number（数字）命令。

6．复制 AA3，粘贴到 AA3:AJ7。现在数字是准确的，由于前面针对平均伤害值设置了条件格式，因此命中率 0 至 100%的值也都变成绿色了。

7．选中 AA3:AJ7，若 Conditional format rules 面板没有打开，在表格菜单栏中选择 Format > Conditional formatting 命令打开它。

8．保持 AA3:AJ7 的选中状态，可以在 Conditional format rules 面板中看到一条规则，该规则根据 P3:Y7 和 AA3:AJ7 的值设置显示的颜色，单击这条规则。

9．展开规则内容并进行编辑，将 Apply to range（应用范围）选项更改为 P3:Y7，并单击 Done（完成）按钮。这样，以前设置的格式就仅应用于命中率数值了。

10．再次选择 AA3:AJ7，在 Conditional format rules 面板中单击 Add new rule（添加新规则）按钮。

11．参照上文的方法，将 Color scale 选项设置为 Green to yellow to red（绿-黄-红），然后单击 Done 按钮。

这样命中率和平均伤害值的格式是不一样的。通过分别设置条件格式规则来让不同数值显示不同颜色十分重要，因为不同部分的数值范围差异很大。现在你的平均伤害值部分应该和图 11-15 一样。

绘制平均伤害值的图表

下一步是做出平均伤害值的图表。虽然你也可以自己分析数据，但是用 Google Sheets 更加简单，它可以把你已有的数据绘制成表，更直观地展现数据的信息。操作步骤如下：

1．选中 A2:A7。

2．滚动页面显示平均伤害值部分。确保 A2:A7 仍为选中状态，按住 Command 键（对于 Windows 系统则为 Ctrl 键），单击 AA2 并拖动至 AJ7，现在应选中了 A2:A7 和 AA2:AJ7 两个单元格区域。

3．单击“图表”按钮（参见图 11.2）打开图表编辑器面板。

4．展开 Chart type（图表类型）选项区（见图 11.6A），然后单击 Line 标题下的第 1 个图表类型（显示蓝色和红色线条的折线图）。

5．在 DATA 选项卡底部选中 Switch rows / columns（切换行/列）复选框。

6．选中 Use column A as headers（将列 A 作为标题）复选框，还要确保选中了 Use row 2 as labels（将行 2 作为标签）复选框。

7．关闭图表编辑器面板，图表制作完成。

图 11-16 是最终完成的表格样子。如你所见，武器之间的平衡性确实有些问题。虽然狙击步枪和霰弹枪与我们初始的设计想法很接近（霰弹枪在近距离使用时很有效，而狙击步枪适用于长距离射程），但是也有很多其他问题：

- 机枪太弱。
- 手枪太强。
- 步枪与其他武器相比过于强大。

总而言之，各种武器的性能并不平衡。

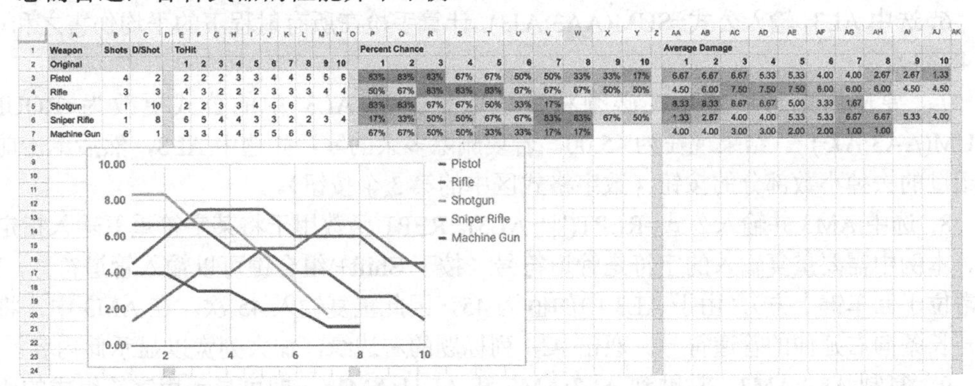

图 11-16　平衡调整过程中的武器数据图表（笔者通过图表的自定义功能进行了一些设置，以便数据更易读）

复制武器数据

要调整武器平衡，最好先把原始数据和要修改的数据放在一起：

1．先将图表向下移动，放到第 16 行以下。

2．双击图表的任意位置，打开图表编辑器面板，切换到 CUSTOMIZE 选项卡（参见

图 11.6D）。展开 Chart axis & titles（图表与轴标题）选项区（参见图 11.6E），将图表的标题设置为 Original（原始数据）（参见图 11.6F）。

3．下面需要复制已有的数据和公式。复制 A1:AK8。

4．单击 A9 并粘贴。这样，刚才复制的内容被粘贴到了 A9:AK16。

5．将 A10 中的文本更改为 Rebalanced（平衡数据）。我们将在此区域输入新的平衡数据。

6．现在，要为新数据制作一个与武器原始数据相同的图表。选中 A10:A15 和 AA10:AJ15，操作步骤与在上一小节的步骤 1 和 2 中选中 A2:A7 和 AA2:AJ7 一样。使用与上一小节一样的方法创建第 2 个图表，显示平衡后的数据。

7．将新图表放置在原图表的右侧，以便可以同时查看两个图表及上方的数据。

8．将新图表的标题改为 Rebalanced。

计算综合伤害值

还有一个需要分析的属性是综合伤害。综合伤害是指一种武器在所有范围内的平均伤害值，用于描述一种武器的综合威力。在这里，笔者将教你一个小技巧，在电子表格的单元格内制作简单的条形图（不使用图表功能）。

1．右键单击 AK 列标题，在弹出菜单中选择 Insert 1 right（在左侧插入 1 列）命令。

2．右键单击 B 列标题，在弹出菜单中选择 Copy 命令，复制整个 B 列。

3．右键单击 AL 列标题，在弹出菜单中选择 Paste 命令，将 B 列所有内容粘贴到 AL 列，包括背景色和字体样式。

4．右键单击 AL 列标题，在弹出菜单中选择 Insert 1 right（在右侧插入 1 列）命令。

5．在 AL1 和 AL9 中输入 Overall Damage（综合伤害）。

6. 选中 AL3，输入公式=SUM(AA3:AJ3)，计算手枪在所有射程下的平均伤害之和（值为 45.33）。

7．要应用条形图技巧，必须将数值取整。将 AL3 中的公式更改为=ROUND (SUM(AA3:AJ3))。结果现在为 45.00。若要删除多余的零，先选中 AL3，然后单击前面介绍过的去掉小数部分的按钮（数字格式区中的第 3 个按钮）。

8. 选中 AM3 并输入公式=REPT("|", AL3)。REPT 函数用于将某字符重复输入指定次数。本例中需要重复输入的字符是管道符号（按下 Shift+\组合键可以输入管道符号，\键通常位于回车键上方），由于 AL3 中的值为 45，因此重复输入 45 次。在 AM3 中，将出现一长条向右延伸的管道符号。双击 AM 列标题的右边缘，加大列宽以显示此内容。

9．复制 AL3:AM3，粘贴到 AL3:AM7 和 AL11:AM15，即可显示用字符组成的所有武器的综合伤害条形图，包括原始数据和平衡后的数据。最后，再次调整 AM 列的宽度，以确保可以看到所有字符。

调整武器平衡性

现在你有两套数据和两张图表了，可以开始着手调整武器平衡了。怎么样可以让机枪的威力更强？是增加载弹量、命中率还是单发伤害？在修改武器属性时，要时刻牢记以下几点：

- 在这个游戏案例里，每个个体只有 6 点血，如果受到了大于或等于 6 的伤害时，就会昏迷。
- 如果攻击敌人后，敌人没有被击倒，那么敌人可以对玩家进行反击。这就使得在距离 6 进行攻击要比在距离 5 进行攻击更好，因为可以有效保护攻击一方免于受到反击。
- 一次可以射出多发子弹的武器（如机枪），在单回合中造成的伤害更容易达到平均值。而只可以射出一发子弹的武器，其伤害波动性非常大（如霰弹枪和狙击步枪）。从图 11-7 中就能看出来，需要投掷多次骰子的武器要比投掷单次骰子的武器的综合伤害值更平均。
- 即便有这么多的数据和信息，武器平衡性的有些内容还是不能完全反映在图表中。比如具有多发弹药的武器总体伤害更平均，以及使用狙击步枪在进行远程射击时，能够有效避免反击。

先从这几个武器开始平衡调整性，你应该先只变动 B11:N15，不变动原始数据，也不变动命中率和平均伤害值，因为在你调整了 ToHit、载弹量或单发伤害后，这些单元格就会有相应的变化。等你调整了几次以后，再继续阅读下面的内容。

举一个数据调整后的例子

图 11-17 是笔者调整后的武器数据[4]。当然，这不是唯一平衡调整的方法，也不是最佳方法，但是这个调整结果达到了很多设计的要求和目标。

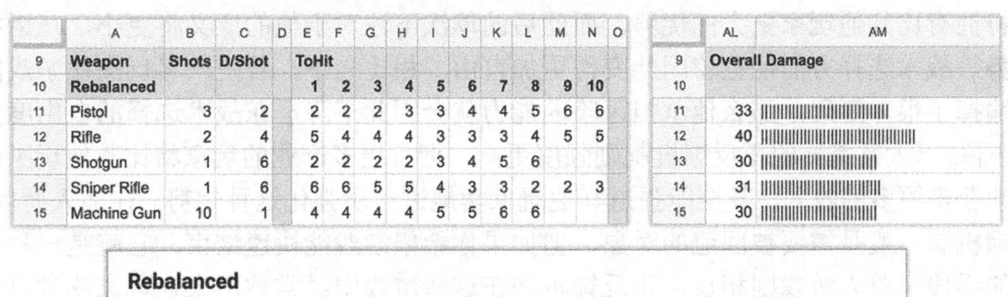

	A	B	C	D	E	F	G	H	I	J	K	L	M	N	O	AL	AM
9	Weapon	Shots	D/Shot		ToHit												Overall Damage
10	Rebalanced				1	2	3	4	5	6	7	8	9	10			
11	Pistol	3	2		2	2	2	3	3	4	4	5	6	6			33
12	Rifle	2	4		5	4	4	4	3	3	3	4	5	5			40
13	Shotgun	1	6		2	2	2	2	3	4	5	6					30
14	Sniper Rifle	1	6		6	6	5	5	4	3	3	2	2	3			31
15	Machine Gun	10	1		4	4	4	4	5	5	6	6					30

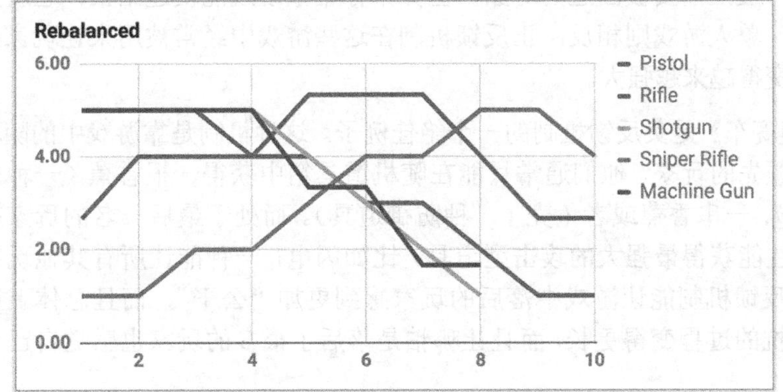

图 11-17 平衡后的武器数据

4. 这是笔者在本书第 1 版的第 9 章“纸面原型”中提到的案例和数据调整。

- 每种武器有自己的特点，没有哪种武器显得过分强大或过分弱小。
- 虽然图中的霰弹枪和机枪看起来威力差不多，但是这两者在两个方面有很大差异：

  1.霰弹枪若是命中，则敌人立即被击倒；2.机枪的载弹量高，射出的子弹数多，其综合伤害更平均。
- 手枪近战表现很好，它比霰弹枪和机枪适用范围更广，也可以用在远距离射击。
- 步枪在中距离作战时最有效。
- 狙击步枪不适合近战，但是非常适合远程射击。它和霰弹枪一样，若是命中就直接造成 6 点伤害，一枪击倒敌人。

虽然这种电子表格不能囊括武器平衡的所有信息，但是它在游戏设计上还是一个很重要的工具，因为电子表格能帮助你快速分析大量数据。很多免费游戏的设计师会在电子表格上花很多精力调整游戏的细微平衡，所以如果你对这个领域有兴趣的话，这种基于电子表格的数据驱动设计是非常重要的技能。

11.9　正负反馈

理解游戏平衡最重要的一点就是搞清楚正反馈和负反馈。在一个拥有正反馈机制的游戏中，一名在游戏初期就取得了有利条件的玩家，将更容易取得优势并最终赢得游戏。在一个拥有负反馈机制的游戏中，一名正处于下风的玩家将被赋予更多的优势。

扑克牌游戏是一个典型的正反馈例子。在扑克牌游戏中，一名玩家在抓了一手好牌之后将拥有比其他玩家更大的优势，而此后的单次下注对于他的意义将更小，在诸如虚张声势等战术选择方面他也将因此变得更加自由。相比之下，若是一名玩家在游戏的早期就输掉了很多筹码，那么他承担风险的能力就会因此下降，在战术选择的自由度方面也会下降。《大富翁》的正反馈机制则强度更高，拥有更多产业的玩家将比其他玩家能持续性地获得更多的收入，甚至能强迫其他玩家卖地进一步强化这种优势。在多人游戏中，正反馈机制一般是需要被回避的对象，但如果你希望游戏能快速结束，它就是一种非常有效的手段。单人游戏则相反，正反馈机制在这些游戏中经常被用来让玩家感觉自己在游戏过程中变得越来越强大。

《马里奥赛车》是负反馈机制的一个绝佳例子。这种机制是靠游戏中的随机道具箱实现的，对于领先的玩家，他们通常只能在随机道具箱中获得一根香蕉（一种效果很差的攻击型道具）、一串香蕉或者龟壳（一种防御道具）。而处于最后一名的玩家就大不一样了，他们往往能获得最强大的攻击型道具，比如闪电，一种能让所有其他玩家减速的攻击道具。负反馈机制能让游戏中落后的玩家感到更加“公平”，而且总体上讲，这种机制还能让对抗的过程变得更长，而且让哪怕是落后了很多的玩家也感觉自己还有翻盘的机会。

11.10　本章小结

本章有很多数学内容，笔者希望你通过阅读本章，能够学会一些对游戏设计有帮助的数学知识。本章里谈到的很多知识点都有相应的课程和书籍，如果你有兴趣的话，笔者建议你深入学习。

第 12 章

指引玩家

在读过前文后你应该明白，作为设计师的主要工作就是给玩家制造富有乐趣的体验。随着开发工作的不断拓展，你会觉得自己的设计越来越显得直观和明确。这种感觉源自你对游戏的理解正在不断加深，这非常正常。

不过值得注意的是，这也意味着你必须比以前更加谨慎地观察自己的游戏，以确保其他不怎么了解这个游戏的玩家也能像你一样，能够直观地感受到游戏的设计意图。为了实现这一目标，你将需要在游戏中小心地加入一些可能是“隐形”的指引功能，这也是本章将要讨论的内容。

本章将主要介绍两种玩家指引机制：一种是直接的，玩家知道自己在被指引；另外一种是间接的，玩家可能都没有意识到自己被指引就能发挥作用。本章还将介绍一种循序渐进的指引方式，这种方式将随着玩家的游戏进度一点一点地将新的机制介绍给他们。

12.1 直接指引

玩家通常可以明确而清楚地感受到直接指引。直接指引的方法有很多，其效果主要由四点决定：及时性、稀缺性、整洁性和明确性。

- **及时性：**指引信息必须在需要时立即传达给玩家。有些游戏喜欢在一开始时就把所有的操作机制一股脑地教给玩家（有时他们会在游戏中放上一张手柄图，上面标示了所有按键的功能），并希望玩家一下子就能记住所有的指南性内容，并在需要它们时立刻能想起来，这其实非常荒谬。关于操作的指引应该在玩家需要使用到这项操作时才立刻出现在屏幕之上。PS2 游戏 *Kya: Dark Lineage* 中有这样的一个场景：一棵大树倒在了玩家的面前，这时候屏幕上会出现“按 X 键跳跃”的字样，这是直接指引及时性的一个绝佳例子。
- **稀缺性：**不少现代游戏涉及许许多多的操作机制与模拟目标，所以，不要让玩家一次性地被大量的操作信息冲昏头脑，这非常重要。让直接的指引信息变得很稀少，会让这些信息显得更有价值，也更容易被接受。在任务设计方面，这个道理也同样适用。一名玩家同一时间只能全神贯注于一个任务，像是《上古卷轴：天际》这样的游戏总是同时赋予玩家大量的任务，以至于不少玩家在经过好几个小时的游戏之后，发现自己的任务列表中所有的任务都只完成了一半，许多任务就这样被忽略了。

- **整洁性：**在指引中永远不要使用任何不必要的语句，也不要一次塞给玩家太多的信息。像是在策略游戏《战场女武神》中，如果你希望教会玩家“在沙袋前按 O 键可以进入掩体”，那么最好的表述方式大概就是“接近沙袋时，按 O 键进入掩体”。
- **明确性：**保证你想要传达的信息 100%准确。比如在上面的例子中，你可能真的就会在游戏指引中写上“接近沙袋时，按 O 键进入掩体”，因为你可能会假定玩家一定会明白，掩体能够帮他们阻挡敌人射来的子弹。但实际情况则是，在《战场女武神》中，掩体不仅能够减少玩家被打中的概率，还能降低玩家被击中后遭受的伤害（即便敌人已经绕到掩体后面也如此）。所以，为了保证玩家能够确实了解这一机制，你还必须在指引信息中加入有关减少伤害的内容。

直接指引的四种具体方法

关于直接指引，有许多典型的方法。

- **介绍：**游戏明确地告诉玩家该干什么。形式可以是直接出现在屏幕上的文字，可以是与 NPC 的对话，可以是图表或图形，在更多情况下，上面几种元素会同时使用。介绍是最明确的指引方法，但它也是最容易让玩家被过多的信息淹没或感到反感的一种方式。
- **尝试行动：**游戏清晰地指引玩家行动的步骤，最常见的方法就是 NPC 给玩家布置任务。在这里推荐一种方法，先给玩家设立一个长期目标，然后给玩家设立一系列期间可以完成的短期和中期目标。

在《塞尔达传说：时之笛》中，剧情开始于妖精那薇把主角林克从噩梦之中唤醒，并告诉他被荣耀地召唤到村落的守护神——大迪古树面前。在这里，长期目标就是找到大迪古树（在林克醒来以前，大迪古树和那薇的对话暗示了林克的长期目标就是到达那里）。在途中林克被米多阻挡，他告诉林克进入森林前需要一把剑和一个盾。这就是完成长期目标前可以完成的中期目标。为了达成这些任务，主角需要探索迷宫，在路上遇见很多人，获得至少 40 卢比的钱。这些短期任务与找到“大迪古树”的长期任务紧紧相连。

- **地图或导航系统：**很多游戏都内置一个地图或像 GPS 一样的导航系统，指引玩家完成目标或任务。在《侠盗猎车手 5》里，屏幕的角落上有一个雷达/迷你地图，上面高亮显示着玩家到达下一个目标的路线。《侠盗猎车手 5》的开放世界实在是太大了，很多任务要求去的地方玩家还不熟悉，所以玩家很依赖 GPS 地图。但是要注意，这样的导航系统可能会使玩家在跟随 GPS 指示上花费太多时间，而不是自己思考下一个目标是哪里，然后选择一条路线。
- **弹出信息：**在一些游戏里，操作可能会根据玩家周围情景的变化而改变。比如在《刺客信条 4：黑旗》中，一个按钮在不同的情况下，功能可能是开门、点燃成桶的火药、控制已装备的武器等。为了让玩家能快速了解这些功能，在其进行操作时弹出一个按钮图标，在旁边注明一条简短的功能描述。

12.2 间接指引

间接指引是一门潜移默化的艺术，在玩家不知不觉的基础上指引玩家。作为设计师，有很多间接指引你都能用到。我们可以用及时、稀缺、整洁、明确以及无形和可靠的标准评价间接指引的质量和水平。

- **无形**：玩家是否知道自己在游戏中被引导？如果他知道的话，会对游戏体验有负面影响吗？回答完第二个问题后，你就应该为自己的游戏设定一个间接指引的无形程度标准。在一些情况下，你想把指引过程做到无法发现，而在一些时候你想要让玩家发觉这些指引。总的来讲，间接指引的质量取决于玩家的感知对游戏体验的影响。
- **可靠**：间接指引是如何影响玩家的行为，让他去做我们想让他做的事呢？间接指引是微妙的，所以在一定程度上它不可靠。比如场景是一个非常黑暗的空间的话，多数玩家会朝着有光的方向走，而有一些玩家就不这样做。你在游戏中设置间接指引后，要记得进行彻底、全面的测试，保证多数玩家都会跟从你的指导。如果只有很少玩家跟着走的话，你就要考虑一下自己设计的指引是不是太不明显了。

12.3 七种间接指引的方法

下面笔者要向你介绍的间接指引的方法是 Jesse Schell 在 *The Art of Game Design* 书中的第 16 章提到的“间接控制”。下面是对他的六种方法的扩展。

约束

如果你提供有限的选择给玩家，那么玩家就只能从这些选项里选择。这看起来很简单，但是你想想填空和选择的区别。没有限制的话，玩家可能会陷入选择困难。这就是为什么餐馆的菜单上可能有 100 种食物，但是却只有 20 种是带图片的。店主这样做是为了让顾客更容易点餐。

目标

在前文里，我们讨论了直接指引的几种途径。目标也可以用来间接指引玩家。Schell 指出，如果玩家有一个收集香蕉的目标，还有两扇门可以进去，那么在其中一扇门后面放置玩家能看见的香蕉就能起到指引玩家完成任务的目的。

玩家也喜欢给自己设置目标，设计师可以通过提供材料帮助玩家完成目标。在《我的世界》（英文名为 *Minecraft*，其名字就直接显示出了“mine”和“craft”两个意思）里，设计师提供了一些可以制作的物品，隐含玩家可以自行设置制作物品的目标。合成的菜单里有建筑物原料、简单的工具和武器，玩家可以设定目标，为自己建造一个防御性堡垒。为了达成这个目标，玩家就会去寻找所需的原材料。另外，钻石可以做出最好的工具，这样玩家就会为了钻石挖掘得更深（钻石很稀有，只在地下 50~55 米深的地方出现），鼓励玩家探索未知的世界。

物理界面

Schell 在他的书中提到，物理界面也可以用来间接引导玩家：如果你给《吉他英雄》和《摇滚乐队》的玩家一个吉他形状的游戏手柄，玩家就会期待拿它弹奏。给《吉他英雄》的玩家一个普通的游戏手柄，他可能会认为是拿它移动角色。

物理上的感知也可以用来间接指引。其中一个例子就是通过游戏手柄振动的不同强度提示玩家。现实生活中的机动车道上有红色和白色的振动带，如果司机离弯道太远，那么他经过振动带时就会感到颠簸振动。赛车手在过弯时，都会尽量靠近弯道内侧，在车内人们往往看不见车轮行进中的具体位置，而振动带就起到了完美的提示作用。许多赛车游戏都用到了这种方法，玩家在过弯时手柄会振动。如果玩家行进的路线平稳正确，那么手柄不会振动。如果玩家脱离了道路开进了草地里，那么手柄会剧烈振动。手柄振动的触感引导玩家开回道路上去。

视觉设计

有几种视觉设计的途径可以用来间接引导玩家。

- **光线：**人们天生会被光线吸引。如果玩家置身在一个黑暗的房间里，房间的另一端射出一道光线，玩家在探索其他区域以前都会先向光线走去。
- **相似性：**如果玩家在游戏里找到了什么有益的（有用的、恢复血量的、有价值的等）物品，那么他会继续寻找和它相似的东西。
- **路径：**相似性会引发一种像是“面包屑小路”一样的影响。玩家捡起了一个特定的道具以后，会追随同样的道具前进探索。
- **路标：**大型建筑物或目标可以当作路标。在 Thatgamecompany 的《风之旅人》里，玩家一开始出现在沙漠中央的沙丘旁。除了沙丘上矗立着的一块高大的石碑，周围一切的颜色都是相似的（如图 12-1 左图所示）。因为这片景色里唯一凸显出来的就是这块石碑，所以玩家就被引导至那里。玩家到达石碑后，镜头从下至上，远方逐渐显露出一座高山（如图 12-1 右图所示）。镜头移动的方式暗示着玩家，那座山是新的目标地点。

图 12-1　《风之旅人》的地标

在刚开始设计迪士尼乐园时，华特迪士尼幻想工程部门（当时叫 WED 部门）设计了不同的地标引导游客游览乐园，避免游客全部集中在一个区域。游客刚进入公园时，他们会进入美国小镇大街，这是一个 20 世纪初期的美国经典小镇，走到小镇的尽头，游客会立刻被远处的睡美人城堡吸引，等游客到达那里后就会发现，实际上城堡要比看起来小得多，并没有什么可以游览的内容。现在游客位于迪士尼乐园的主干道上，能看见远方的马特洪峰、右侧的明日世界和左侧的边域世界。从游客现在的视角向外看，这些新的地标要比城堡更有趣，这样就成功分流了客流。[1]

《刺客信条》系列游戏里的地标也得到了充分利用。玩家第一次进入新区域时，能看见有一些建筑要比其他建筑高。这些地标的鸟瞰点除了能吸引玩家，还可以更新地图信息。设计师不仅提供了地标，还赋予了其任务，主角每到一个新地区都会先找到这些鸟瞰点，拓展地图后再进行其他活动。

- **箭头：**图 12-2 展示了运用线条和对比巧妙地引导玩家的方法，图中游戏为顽皮狗工作室的《神秘海域 3：德雷克的骗局》。在图中，玩家（德雷克）在追赶一个叫 Talbot 的敌人。

图 12-2　《神秘海域 3》运用线条和对比巧妙地引导玩家

A. 在主角翻越屋顶时，场景里的线条勾勒和灯光指引玩家的注意力向左。这些线条包括主角翻越的屋顶、面前的矮墙、左方的木板，还有面前的灰色椅子。

B. 在主角翻越至屋顶后，镜头随之旋转，突出的岩石、矮墙和木板，无一不指向主角下一个跳跃的方向（从木板上跳到另一个屋顶上），甚至旁边的煤渣砖块和矮墙形成了一个指示箭头。

因为主角跳落的地点会坍塌，玩家会质疑主角行进的方向是否正确，所以这个指示在追逐战中特别重要，箭头能尽可能地打消玩家的质疑。

在《神秘海域 3》里，开发团队多次用到木板指示主角跳跃的方向，你可以从图 12-3 的 A 图看出来。

C. 在这场追逐中，Talbot 穿过了一个大门后随手“砰”地把门关上了。矮墙上蓝色的布指引主角向左走。

D. 这时摄像头向左转去，从这个角度看，蓝色布形成了一个箭头，直接指向前方黄

---

1. 参见 Scott Rogers 在 *Level Up! : The Guide to Great Video Game Design* 一书。

色的窗户框（主角的下一个目标）。在这里，游戏运用了明亮的蓝色和黄色指引主角正确行进的道路。

- **镜头**：许多有到达目的地任务的游戏会用移动镜头的方法指引玩家。通过镜头给玩家展示远处的物品或跳跃地点，指引主角前进的方向，避免玩家质疑。图 12-3 的《神秘海域 3》用的就是同一种方法。

在图 12-3 的图 A 中，镜头正好在主角的背后。在主角跳跃到对面后，镜头向左移，指向主角左方（图 B）。在主角爬到左边梯子以前，镜头都是一直指向左面（图 C）。在向下爬的过程中，镜头一直向前，最后露出一条黄色的指示性管子（图 D）。

图 12-3 《神秘海域 3》中的镜头指引

- **对比**：图 12-2 和图 12-3 里也运用了对比的方法吸引玩家注意力。在图 12-2 和图 12-3 有几种不同形式的对比，如下所述。
  - **亮度**：在图 12-2 的图 A 和图 B 里，形成箭头的区域亮度差异最大，较暗的区域和明亮的区域延伸出了一条明显的线条。
  - **材质**：在图 12-2 的图 A 和图 B 里，木板材质细腻，而周围的石头质地粗糙。
  - **颜色**：在图 12-2 的图 C 和图 D 里，蓝色布料、黄色窗框、黄色梯子都和场景里的其他颜色有明显差异。在图 D 里，因为场景多数都是蓝色和灰色的，所以梯子下面的黄色管子非常突出。
  - **方向性**：虽然上面几种方法比较常见，但是方向性的反差也可以有效吸引玩家的视线。在图 12-3 的图 A 里，水平的梯子非常显眼，这是因为画面中的其他线条都是垂直的。

音频设计

Schell 指出音乐能够影响玩家的心情和行为。[2]特定类型的音乐能联系到不同类型的活动：缓慢、安静、爵士风格的音乐通常会和潜行或搜查任务联系在一起；然而高亢的

2. 参见 Schell 所著的 *Art of Game Design*。

快节奏、强有力的音乐适合用在激烈的战斗中。

音效也可以通过吸引玩家的注意力，从而影响玩家的行为。在《刺客信条》系列中，当玩家控制的角色接近宝箱时，就会出现铃声的音效，这样可以通知玩家可以寻找箱子，并且因为只有接近时才会响铃，所以这也能表明宝箱不会离角色太远。基于有保证的回报，玩家通常都会去找宝箱，除非自己有更重要的任务。

玩家化身

玩家化身的模型（也就是玩家控制的角色）能对玩家的行为有深远的影响。如果玩家控制的角色看起来是个摇滚明星，还拿把吉他，那么玩家就可能猜测自己控制的角色可能会弹奏音乐。如果玩家控制的角色手持一把剑，那么玩家就会想可能要进入战斗。如果玩家控制的角色头戴巫师帽，身穿长袍，手拿一本书而不是武器，那么玩家就会尽量避免硬碰硬的战斗，而是会专注施法。

NPC

NPC 是间接指引中最复杂、灵活的形式之一。NPC 指引也有很多方法。

构建行为

NPC 角色有不同模式的行为。在游戏中，构建行为的目的是为了让玩家能看出规律。图 12-4 展示了 *Kya:Dark Lineage* 中的几种 NPC 构建行为。

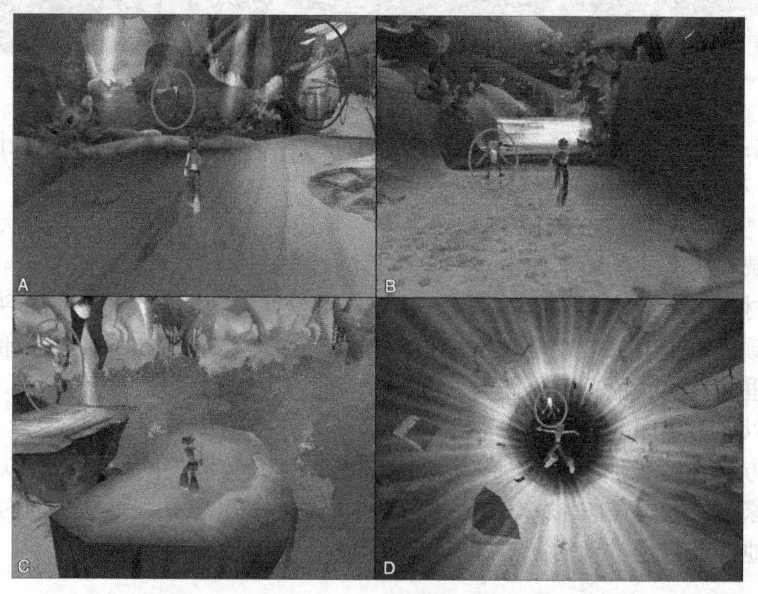

图 12-4　*Kya: Dark Lineage* 中的 NPC 构建行为

- **消极的行为：** NPC 通常会做一些玩家应该避免做的事情，NPC 起到了示范的作用。在图 12-4 的图 A 中，NPC（标注了圆圈）踩进了地上圆形的陷阱里被抓住了（陷阱把 NPC 抬起来，向敌人方向扔去）。

- **积极的行为：** 图 12-4 的图 A 中的另一个 NPC（标注了圆圈）飞跃陷阱，示范了玩家应该如何躲避陷阱。这就是构建积极行为，向玩家展示正确的操作方法。图 12-4 的图 B 说明了另外一个例子，NPC 等移动的气流停到面前才继续往前移动，这也表明了玩家应该在气流前等待正确的时机再前进。
- **安全的行为：** 在图 12-4 的图 C 和图 D 里。NPC 跳进的区域看起来很危险，但正是因为 NPC 能够跳进去，所以玩家才知道跟着跳进去是安全的。

情感联系

情感联系是 NPC 影响玩家行为的另一种方法。

在图 12-5 的《风之旅人》中，玩家正是因为情感联系才跟随 NPC 前进的。在初始的旅途中，玩家感到孤独寂寞，在整个穿越沙漠的旅行里，NPC 是唯一一个玩家接触到的有情感的生物。如图 12-5 的图 A 所示，NPC 围着玩家控制的角色快乐地转圈，然后走开（图 12-5 的图 B）。在这个游戏中，玩家一直追随 NPC。

玩家也可能会因为负面的情感联系去跟随一个 NPC。比如，NPC 偷了玩家控制的角色的东西然后逃跑了，玩家就会去追回自己的东西。不管是哪种情况，玩家都能跟随 NPC，都能起到指引玩家到达目的地的效果。

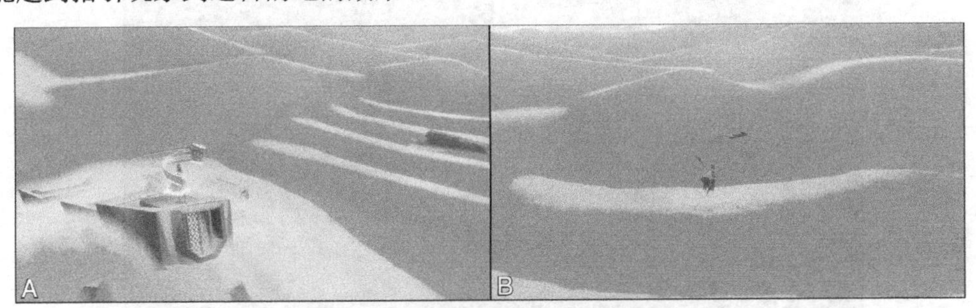

图 12-5　《风之旅人》的情感联系

12.4　介绍新技能和新概念

以上提到的直接和间接指引重点都放在玩家的移动上。在最后一节里，笔者将介绍如何指引玩家更好地理解游戏内容。

如果游戏操作简单，你可以给玩家展示一个操作图，或者让玩家直接自己体验。在《超级马里奥兄弟》里，一个按钮的功能是跳跃，另一个按钮的功能是跑（如果马里奥捡起了火焰花，按这个按键就可以发射火球）。只要简单试几次，玩家就知道 NES 手柄上 A 和 B 按钮的作用是什么了。但是现在的手柄基本都有两个摇杆（也可以用来像按钮那样按下）、一个八向方向键、八个正面按钮、两个肩部按钮、两个扳机按钮。在有限按键的基础上，根据不同场景能组合出多种按钮功能，比如前文在直接指引中提到的跳出按钮。

因为现代游戏的复杂性，所以让玩家学会如何玩变得极其重要。你在设计时不能简简单单地给玩家一个说明书手册，而是要通过体验慢慢教会玩家如何操作。

排序

排序是一门排列信息的艺术。图 12-6 展示了一个典型的例子。*Kya: Dark Lineage* 通过设置几个步骤，让玩家学会了游戏里经常用到的盘旋机制。

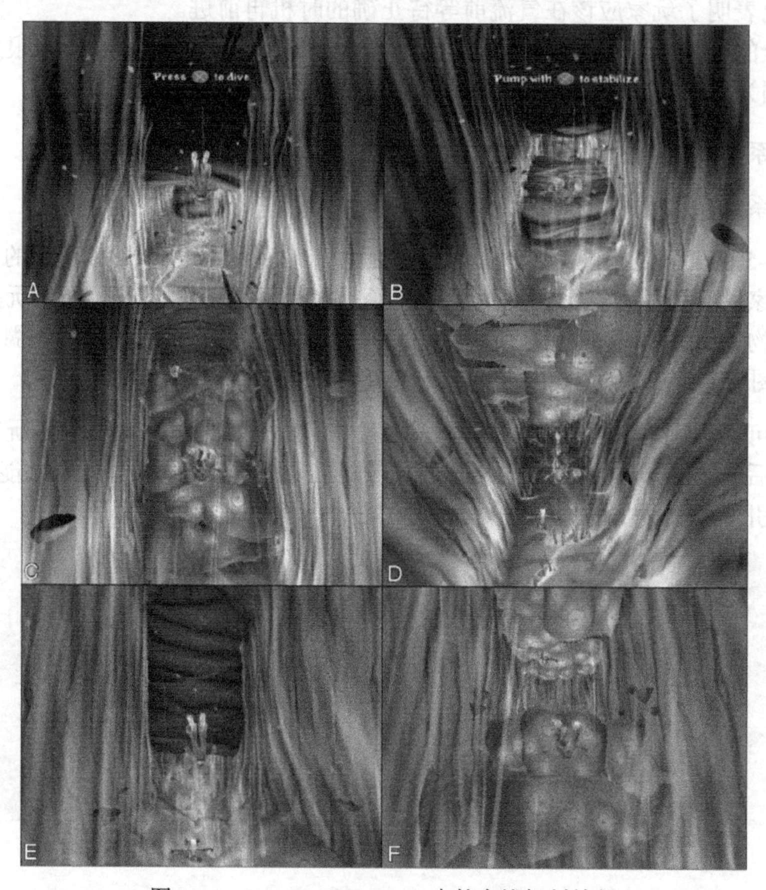

图 12-6　*Kya: Dark Lineage* 中的盘旋机制教程

- **单独介绍：**系统向玩家介绍一种新机制时，要等玩家适应了以后再继续介绍。在图 12-6 的图 A 中，空气持续上升，玩家需要按住 X 键向下移动至底下。玩家在这里按住 X 键之前，是没有时间限制的。
- **扩展：**图 12-6 的图 B 展示了排序教程的下一个步骤。地道的上下两端都被堵住了，所以玩家需要用 X 键将角色盘旋到中间位置。在这个阶段玩家操作不对也不会有什么惩罚。
- **增加危险：**在图 12-6 的图 C 中，增加了额外的难度。玩家接近红色的东西会受伤。同样，本阶段也没有时间限制，只要不按 X 键玩家都是安全的。在图 12-6 的图 D 里，玩家不能碰触上面，但是地面是安全的，所以如果玩家已经学会了如何操作，那么他按住 X 键就可以轻松通过。
- **提升难度：**图 12-6 的图 E 和图 F 展示了教程介绍的最后一个步骤。图 12-6 的图 E 中上面还是安全的，但是玩家需要小心穿越狭窄的通道。图 12-6 的图 F 也需要穿越一个狭窄的通道，但是顶端和最下面都是危险的。玩家需要熟练掌握按 X 键的机制安全通过隧道。[3]

在本章中，笔者用了很多 *Kya: Dark Lineage* 的截图，因为这是笔者见过最好的关于教程排序的例子。在该游戏的前 6 分钟，玩家要体验移动、跳跃、躲避陷阱和荆棘、踢开动物来破坏陷阱、避免踩空气流、盘旋、潜行等十多项机制。所有这些技能都要通过一定的排序教会玩家，并且玩家完成教程后都能记住它们。

在许多游戏里基本都是这样安排教程的。在《战神》系列里，奎托斯每拿到一种新武器或是咒语，系统会跳出一个文本信息告诉玩家如何使用，然后直接展示给玩家。如果咒语是闪电类的，那么它可以用来给设备充能或电击敌人，玩家通常第一次都是要用在非战斗的目的上（比如，玩家在一个上锁的房间里拿到了闪电咒语，就可以用它激活装置开门）。然后玩家将面对一场能直接使用新咒语的战斗。这不仅让玩家体验了战斗中使用咒语的感觉，同时也展示了咒语的效果，使玩家感觉强大。

融合

在玩家掌握了每个单独的机制以后（如上面所述的例子），玩家就该学习如何应用这些不同的机制了。系统可以清晰直接地介绍（例如，系统直接告诉玩家在水面上使用闪电，伤害范围会从原来的 6 英尺扩大到整个水面），也可以含蓄地暗示（例如，将玩家安排到水面的战斗，玩家使用闪电时就会发现伤害范围变大了）。《战神》里玩家后面会学会一种新咒语，能浸湿敌人，玩家就能立刻明白自己可以把两种咒语结合起来使用。

12.5　本章小结

除了本章介绍的内容，还有很多其他指引玩家的方法。笔者希望你不仅能了解每种指引方法，同时能体会每种方法背后的原理和概念。在你设计游戏时，要时刻牢记指引玩家。这个任务对于你来说可能是最艰难的任务之一，因为作为一名设计师，所有的机制你都了然于胸。多数游戏公司在开发阶段，都要找十几甚至上百名试玩者测试，而要你自己转换视角看待问题是非常难的。找更多人测试你的游戏并获取他们对指引系统的反馈是至关重要的。游戏开发如果不经历测试的话，最后的成品通常不是太难就是难度起伏过大，容易让玩家受挫。在第 10 章“游戏测试”中笔者也说过，尽早且频繁地测试，找更多的人试玩。

3. 图 12-6 通过使用颜色反差告诉玩家哪部分区域是安全的，颜色从绿转红表明危险性的提高。在图 12-6 的图 F 中，远处的紫色光线表明玩家即将完成任务。

第 13 章
谜题设计

在电子游戏里，谜题设计和难度设计同样占有重要的一席之地。在本章，我们将从最伟大的谜题设计师之一 Scott Kim 的视角探寻谜题设计的魅力。

在本章的后半部分，笔者将介绍现代游戏常用的几种谜题，其中有几种你可能没有想到过。

几乎所有的单人游戏都有谜题的内容，但是多人游戏却经常没有，主要原因是单人游戏和谜题都依靠系统给玩家提供挑战，而多人游戏依靠其他玩家保证挑战和难度。因为单人游戏和谜题有着这样的相似之处，所以学习如何设计谜题对你设计单人和多人合作模式的游戏都有帮助。

13.1 Scott Kim 与谜题设计

Scott Kim 是当今一流的谜题设计师。他从 1990 年开始就为 *Discover*、*Scientific American*、*Games* 等杂志设计谜题，曾创造过许多模式的谜题，其中包括《宝石迷阵 2》。他在 TED 和游戏开发者大会上都发表过关于谜题设计的演讲，其中他和 Alexey Pajitnov（《俄罗斯方块》的创始人）在 1999 年和 2000 年的游戏开发者大会上发表了题为 *The Art of Puzzle Design* 的论文集，启发了许多设计师在谜题上的想法。

什么是谜题

Kim 说他自己最喜欢这样简单地定义谜题：“妙趣横生的谜题都有一个正确的答案。”[1] 这个定义区别了玩具和解谜，玩具虽然有趣，但是没有一个正确的答案，然而游戏也使人愉快，但是比起确切的答案，游戏的目标更多地是玩。虽然笔者觉得谜题是游戏的一种，但是 Kim 将谜题和游戏分开看待。此定义的概念虽然简单，但是这里面隐藏着难以说明的微妙之处。

谜题让人开心

Kim 指出了有趣谜题的三个要素：

1. 参见 Scott Kim 于 2014 年 1 月 17 日发表的文章 *What Is a Puzzle*。

- **新奇**：许多谜题都有自己的解题思路，玩家一旦掌握了谜题的模式，解谜就变得非常简单。人们觉得解谜有趣，主要原因就是灵光一现所带来的快感以及找到解决方法的喜悦。如果谜题老旧，玩家很有可能早就知道了解题的思路，也就没什么乐趣可言了。
- **合适的难度**：和游戏一样，谜题的难度也应该和玩家的能力、阅历、创造力相符。每个玩家在解谜时，都有不同水平的解谜经验，他们在放弃之前能够承受一定程度的打击。优秀的谜题通常都有一种中等难度的解决方案和另一种需要高端技巧才能解决的方案。还有一种设计策略是谜题看起来很简单，但实际上非常难。如果玩家一开始感觉难度很低，他就不太可能放弃。
- **棘手**：很多出色的谜题让玩家不能及时地变换自己看问题的角度。即便玩家能够从另一个角度思考，也会发现自己还缺少一定的技巧以实现自己的解谜方案。最典型的例子就是 Klei Entertainment 的解谜潜入类战斗游戏《忍者之印》，在这个游戏里，玩家需要思考如何进入一个全是敌人的房间，然后精确地实施自己的解决方案。[2]

谜题有一个正确的答案

每个谜题都要有一个答案，有的谜题有多个答案。优秀的谜题还有一个重要的标志，那就是玩家发现了答案以后，他能清楚地肯定自己是对的。如果玩家不能肯定，那么谜题一定是模糊不清的。

谜题的种类

Kim 指出了四种谜题类型，如图 13-1 所示。[3]每一种类型都需要玩家用不同的方案和不同的技巧解题。所有种类的谜题都与其他内容相交，融合。比如，一个故事谜题就是剧情和谜题的结合。

- **动作**：像《俄罗斯方块》的动作类游戏，都有一定的时间限制和容错空间。这种类型就是动作和解谜的结合。
- **故事**：比如游戏《神秘岛》《雷顿教授》就是将剧情与解谜结合了起来。多数找物品的游戏[4]都要通过探索剧情和环境解题，这种类型将剧情和解谜紧密地结合了起来。

---

2. 参见 Nels Anderson 于 2013 年游戏开发者大会上所做的演讲 *Of Choice and Breaking New Ground: Designing Mark of the Ninja*。Nels Anderson 是《忍者之印》的首席设计师，在演讲中谈到了缩短意图和实现的距离。《忍者之印》的制作团队发现，若谜题的解决方案更容易实现，能让游戏更倾向于解谜要素，而不是动作内容，能更吸引住玩家。
3. 参见 Scott Kim 和 Alexey Pajitnov 所著的 *The Art of Puzzle Game Design*。
4. 《神秘岛》是第一批 CD-ROM 冒险游戏之一，在《模拟人生》夺冠以前，它是销售量最高的 CD-ROM 游戏。《雷顿教授》系列发布在任天堂掌机上，将许多独立的解谜游戏融合进一个神秘的故事里。找物品游戏是一个非常有人气的游戏类型，要求玩家在一个复杂的场景里找到一张列表里的所有物品，游戏的剧情也需要玩家通过找物品推动。

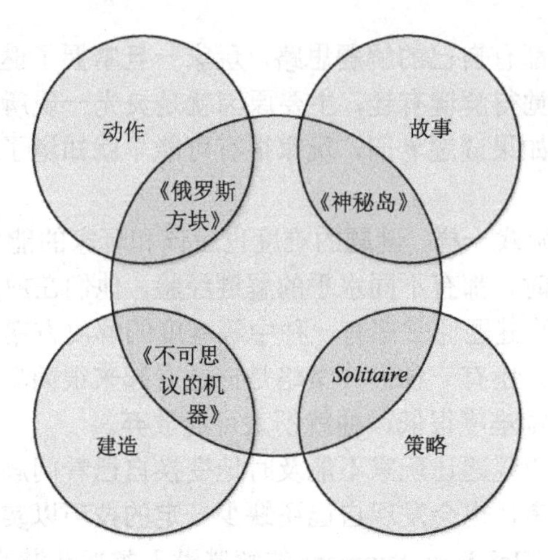

图 13-1 Kim 的四种谜题类型

- **建造**：在建造类解谜游戏里，玩家用各种零件制造物品，从而解决问题。《不可思议的机器》是其中最成功的游戏之一，玩家在游戏里建造的装置极其复杂，却只是用来做很简单的事情。有一些建造游戏里甚至内置独立的建造装置，玩家可以自己设计谜题。建造类解谜游戏融合了建造、工程以及空间推理谜题几个要素。
- **策略**：策略类解谜游戏一般都是将多人的游戏转变成单人的版本。比如桥牌解谜（给玩家不同的手牌，然后问玩家如何继续打牌）和象棋解谜（给玩家一个对局中途的象棋对阵，问玩家如何在规定的步数内获胜）。这种类型的游戏将多人游戏的思考方式和解谜所需要的技巧巧妙地结合起来，从而提高玩家在多人游戏中的水平。

Kim 同时也表示，有一些纯粹的解谜不能融入这四种类型里，比如数独、纵横填字游戏等。

玩解谜游戏的四个理由

Kim 认为人们主要基于四个理由选择玩解谜游戏。

- **挑战**：玩家喜欢挑战困难的感觉，更喜欢战胜挑战时带来的喜悦。解谜能让人们感觉到成就和进步。
- **打发时间**：一些人追求挑战，而另外一些人则单纯希望找个有趣的游戏打发时间。像是《宝石迷阵》《愤怒的小鸟》这样的游戏，没有什么难度和压力，但是很有趣。这种类型的解谜游戏难度相对简单，重复内容居多，并不需要多少技巧就能破解（而很多休闲玩家都是为了难度才玩的）。
- **角色和氛围**：玩家喜欢有趣的剧情、刻画丰满的角色、漂亮的画面。像是《神秘岛》《旅人计划》《雷顿教授》《未上锁的房间》这些系列游戏，出色的故事和美术吸引着玩家继续玩。
- **心灵之旅**：一些解谜游戏用各种形式模仿心灵之旅。其中魔方就是里程碑式的发明。你可能一生里成功解开过魔方，也有可能没解开过，有一些迷宫游戏也是这个道理。另外谜题也可以模仿典型的英雄之旅：玩家一开始在解谜上还是新手，在不断坚持下进行各种解谜训练，之前觉得非常困难的谜题也能轻松解决。

解谜需要的思考模式

玩家需要用各种不同的思考模式解谜，而每个玩家都有自己喜欢的一种思考模式和谜题类型。图 13-2 说明了解谜的各种要素。

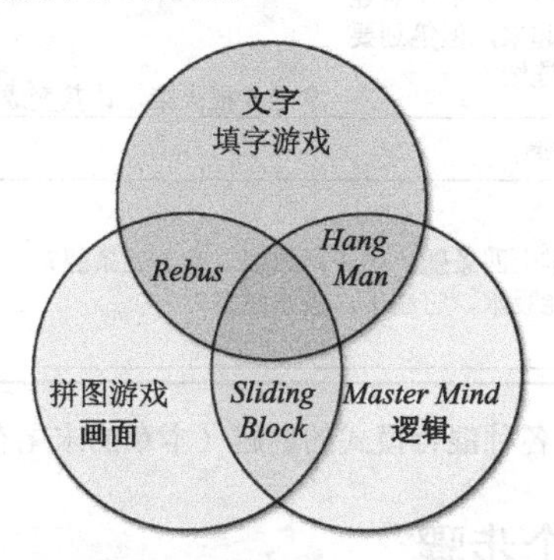

图 13-2 Scott Kim 发现解谜的几种思考模式，其中也有几种交叉思考的模式[5]

- **文字**：有许多不同类型的文字解谜游戏，多数都要求玩家有庞大的词汇量。
- **图像**：包含拼图、寻物解谜、2D/3D 空间解谜。该类型倾向于锻炼处理影像、空间和模式识别的能力。
- **逻辑**：像是 *Master Mind*、《猜数字》（在第 11 章中提到的）这样的游戏，还有谜语和推理谜题都可以锻炼人的逻辑推理能力。许多游戏都基于演绎推论，排除掉所有错误的可能性，只留下正确的一个（比如玩家的推理“我知道其他嫌疑人都是无辜的，所以肯定是 Colonel Mustard 杀了 Boddy”），这种类型的游戏有妙探寻凶、猜数字和逻辑矩阵益智游戏。归纳推理的游戏是从明确的一个事实推论整体的可能性（比如一个玩家的推理：“玩扑克时，John 最后虚张声势了 5 次，每次他会习惯性地蹭一蹭鼻子。他现在在蹭鼻子，所以他可能是假装的。”），这种游戏比我们想象中的少。演绎逻辑可以推导至必然的结果，而归纳逻辑只能以合理的可能性进行猜测。演绎逻辑的确定性更吸引设计师。
- **文字/图像**：如 *Scrabble* 是把文字和图像相结合寻找词语的游戏。*Scrabble* 是个混合模式的解谜游戏，而纵横填字游戏则不是，因为在 *Scrabble* 里，由玩家决定把字母放在哪里。纵横填字游戏里不需要图像和空间推理，也不需要做任何决策。[6]
- **图像/逻辑**：滑动拼图、激光迷宫以及图 13-3 的第二个分类里的游戏都是这种类型。
- **逻辑/文字**：许多谜语游戏都属于这个分类，像是经典的斯芬克斯谜语，如图 13-3 所示，出自于经典的希腊神话。

---

5. 参见 Scott Kim 和 Alexey Pajitnov 所著的 *The Art of Puzzle Game Design*。
6. 在写本书第 2 版时，笔者同时在开发一款文字与画面混合的谜题游戏 *Ledbetter*。

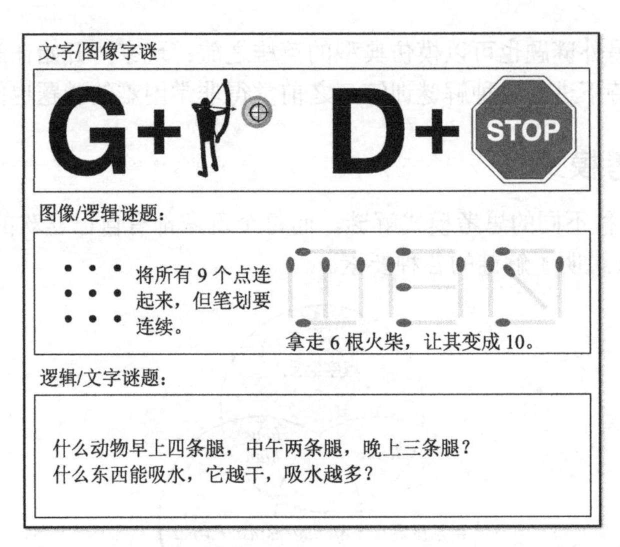

图 13-3　各种混合模式的谜题（本章的末尾有答案）

Kim 设计数字谜题的八个步骤

Scott Kim 在设计谜题时遵循八个步骤。[7]

1．灵感：和游戏一样，谜题的灵感也无处不在。Alexey Pajitnov 的《俄罗斯方块》的灵感就来自于数学家 Solomon Golomb 的五格骨牌概念（五格骨牌指的是一组由 5 个边长为一个单位长度的正方形连接所构成的图形），并将其应用在动作游戏里。然而在五格骨牌里有很多五格形状的骨牌，难以改到谜题里，所以 Alexey Pajitnov 将它变成了 4 格的形状。

2．简单化：需要把原本的想法简单化才能变成可玩的谜题游戏。

a．找出谜题的核心机制和玩家需要的解题技巧。

b．去除不相关的内容，聚焦重点内容。

c．一体化。比如，如果你做的是建造类谜题，就要让玩家能把每个小块合成一个完整的整体，方便操作。

d．简化操作。确保玩家方便操作。Kim 曾经谈到，玩实物的魔方很容易操作，但是用键盘和鼠标玩电子版的魔方就非常困难。

3．建造组件：制作一个可以简便快速制作谜题的工具。许多谜题都可以用纸面原型制作和测试，但是如果纸面原型不适合你的谜题，那你就需要编程了。无论是纸面还是数字原型，高效的制作工具能让你事半功倍。找一找你设计的谜题里哪些部分的内容是重复的，然后看看能不能把制作这部分的内容自动化。

4．规则：确定规则。定义面板、方块、移动的方式、谜题最终的目标、级别等。

5．谜题：设置不同难度的谜题。保证不同难度的谜题相应的解题机制不同。

---

7. 参见 Scott Kim 和 Alexey Pajitnov 所著的 *The Art of Puzzle Game Design*。

6．测试：和游戏一样，只有给试玩者测试后你才知道玩家会有什么感想和反馈。即便 Kim 有着多年的经验，他在测试前也不能确定自己的谜题是否难度适中。游戏测试是所有设计的关键要素。设计师进行到第 6 步以后，通常要再回到第 4 和第 5 步重新打磨设计。

7．排序：在你修改好规则和级别难度以后，就该排列谜题的顺序了。你在游戏里每加入一个新概念，都应该单独拿出来，让玩家先以低难度解一次谜题，最后你再把所有概念和要素混合在一起，这样玩家才能理解明白，这和第 12 章提到的排序是一样的。

8．外观：完成了所有级别、规则、序列设计以后，就该细化外观了。任务包括完善界面的外观和改善系统信息的方式。

谜题设计的七个目标

在设计时，你需要在心里牢记以下内容。总的来说，能达到的目标越多，设计的谜题就越好：

- **用户友好**：指用户可以比较容易地熟悉和理解谜题。谜题可以有一些巧妙的“诡计”，但是不能利用玩家或是让玩家觉得自己愚蠢。
- **入门简单**：玩家在一分钟之内就能明白游戏的玩法。玩家在几分钟以内就可以体验游戏。
- **即时反馈**：Kyle Gabler（《粘粘世界》《小小地狱之火》的制作人）曾经说过，解谜游戏应该及时对玩家的输入形成反馈。
- **永动**：游戏机制要刺激玩家继续玩，并且在游戏过程中，不应该有明显的停止点。笔者在 Pogo.com 工作时，所有的游戏过关界面上都有 Play Again 按钮，而不是 Game Over。就是这么微小的细节能推动玩家继续玩。
- **清晰的目标**：你要让玩家清晰地知道谜题的主要目的。你也可以给玩家设置进阶性的多个目标。比如 *Hexic* 和 *Bookworm*，这两个游戏就有着清晰的初始目标，同时也包含了进阶的高难的任务目标，玩家在熟练操作以后能够完成。
- **难度级别**：游戏的难度应该与玩家的能力相当。和所有游戏一样，合适的难度对游戏体验有很大的影响。
- **一些特别的内容**：多数出色的谜题游戏都有一些自己独特的内容。Alexey Pajitnov 的《俄罗斯方块》看似简单，其实暗藏玄机。《粘粘世界》《愤怒的小鸟》则内容丰富、游戏性强、互动体验积极。

13.2　动作解谜游戏的几种类型

有很多 3A 级别的解谜游戏，这些游戏多数都是下面列出的分类中的一种。

滑块/位置解谜

这种游戏通常都是第三人称动作游戏，要求玩家移动地面上的方块或箱子一类的东西。和这个类似的还有用来反射光线或激光的镜子。还有一个变种是，游戏中的地面极其光滑，玩家推动一下箱子后，箱子会一直移动到墙面或撞到其他障碍物才停止。

- **代表作品：**《神秘海域》《波斯王子：时之沙》《古墓丽影》《塞尔达传说》。

物理谜题

这个类型的游戏涉及物理环境模拟，玩家需要通过移动物品来击中目标。最典型的例子就是《传送门》系列。在这个领域里，物理引擎 Havok 和英伟达物理加速系统（植入到 Unity）应用得较多。

横越谜题

这种类型的谜题的任务是让玩家到达一个目标地点，但是中间的过程很复杂。玩家需要绕很多路去解锁大门或桥梁才能到达目标地点。《GT赛车》也可以看作是这个类型的游戏，玩家需要找到完美的路线才能开得尽可能的快。在*Burnout*系列里，玩家要穿越一个有各种障碍物的跑道和一些U形弯路，其间不能有任何失误。

- **代表作品：**《神秘海域》《古墓丽影》《刺客信条》《GT赛车》《传送门》。

潜行谜题

因为其独特的优势，潜行作为一个单独的分类从横越谜题里延伸出来。在这种类型的游戏中，要求玩家在不被敌人发现的前提下到达目标地点，敌人巡逻的路径都是事先安排好的。通常玩家都有打击敌人的手段，但是如果运用得不好，很有可能会被敌人察觉。

- **代表作品：**《合金装备》《神秘海域》《忍者之印》《辐射 3》《上古卷轴 5：天际》《刺客信条》。

连锁反应

这种游戏里都有物理模拟系统，各种物品之间可以相互影响，可以制造爆炸等。玩家可以通过使用工具制作陷阱，用来解谜或是攻击敌人。竞速游戏 *Burnout* 有一个碰撞模式，玩家制造的连环碰撞所造成的经济损失越高，得分就越高。

- **代表作品：**《古墓丽影（2013）》《半条命 2》《不可思议的机器》《魔法对抗》《红色派系：游击战》《孤岛惊魂 2》《生化奇兵》。

Boss 战

多数游戏都有“Boss 战”，尤其是在经典游戏里，玩家要找到 Boss 攻击的模式和节奏才能打败 Boss。任天堂的第三人称动作游戏尤其明显，比如《塞尔达传说》《密特罗德》《超级马里奥》。这种类型游戏的共同特点是：[8]

1. 玩家在第一次找到正确的方法对 Boss 造成伤害时，会很惊讶。

2. 第二次时，玩家会尝试打败 Boss 或解开谜题。

---

8. 笔者认为这三点是 Jesse Schell 首先提出来的。

3. 第三次时，玩家的技巧已经成熟，能成功击败 Boss 或破解谜题了。《塞尔达传说》系列从《塞尔达传说：时光之笛》开始，只要玩家找到了 Boss 的攻击模式和诀窍，都可以很容易击败 Boss。

- **代表作品：**《塞尔达传说》《战神》《合金装备》《密特罗德》《超级马里奥兄弟》《墨西哥英雄大混战》《旺达与巨像》，以及《魔兽世界》的多人副本。

13.3 本章小结

在许多有单人模式的游戏里，谜题是游戏的重要元素。作为游戏设计师，谜题设计和你之前学过的技术没有太多不同，但是多多少少有点区别。游戏设计的重点是实时的游戏性，谜题设计的重点则是洞察与观察的技巧（比如《俄罗斯方块》，每次方块的掉落和摆放都需要玩家仔细观察和应用技巧）。另外，谜题设计要让玩家在解谜时能分清自己的答案是否正确，而游戏设计里的选项则要让玩家不能确定选项的结果或选项的正确性。

无论谜题设计和游戏设计有多大区别，重复迭代设计过程都在这些设计里的互动体验中扮演着不可或缺的角色。作为谜题设计师，你也要制作原型，并且像测试游戏那样测试谜题，而且你的试玩者最好之前没有看过相同类型的谜题（因为这样他们就会知道解谜思路了）。

图 13-4 是图 13-3 谜题的答案。笔者并非单纯地给你一份答案，火柴棍谜题十分经典，包含的要素齐全：逻辑、图像和文字，值得你仔细研究。

图 13-4　图 13-3 中谜题的答案

第 14 章

敏捷思维

在本章中，你会学到如何从敏捷原型开发者的角度考虑项目，以及在项目之初如何对各种选项加以权衡。本章会向你介绍敏捷开发思维和 Scrum（迭代式增量开发）方法论。我们还会看到很多的燃尽图（Burndown Chart），笔者建议你在将来的项目中使用这种图表。

学完本章之后，你会更好地知道如何处理自己的项目，如何把项目分解成可以在确定时间内完成的 Sprint（冲刺任务），如何处理这些 Sprint 之间的优先级。

14.1 敏捷软件开发宣言

多年以来，包括游戏在内的很多软件趋向于使用一种称为“瀑布式”的开发方法。在瀑布式开发方法中，由一个预开发团队使用一套庞大的游戏设计文件定义整个项目。严格遵循瀑布式开发方法，经常会导致游戏直到接近完成之时才进行测试，这些开发团队的成员会感觉自己更像是一台庞大机器中的小齿轮，而非真正的游戏开发者。

通过你从本书的纸面和数字化原型中获得的经验，你肯定马上能发现这种方式中的问题。2001 年，一些开发人员也看到了这些问题，他们成立了“敏捷联盟”（Agile Alliance），发布了《敏捷软件开发宣言》[1]，内容如下：

我们正在通过亲身实践以及帮助他人实践来揭示更好的软件开发方法。通过这项工作，我们认为：

- **个体和交互** 胜过 过程和工具
- **按要求运行的软件** 胜过 详尽的文档
- **客户合作** 胜过 合同谈判
- **响应变化** 胜过 遵循计划

虽然右项具有价值，但我们更注重左项。

透过这四种核心价值，你可以看到笔者在本书中始终想表达的一些原则：

- 跟随你的设计感觉，不断提出问题，与遵守预定的规则或使用特定的开发框架相比，建立起对流程思维的理解更为重要。

1. Kent Beck 等，《敏捷软件开发宣言》，敏捷联盟（2001）。

- 先建立起一个可以运行的简单原型，再反复修改它直至变得有趣味，这比花费数月建立一个完美的游戏想法或解决方案更为成功。
- 在一个积极、合作的环境中对其他人的创意发表看法，比纠结谁对此拥有知识产权更为重要。[2]
- 听取游戏试玩者的反馈并做出改进，比遵循原始的设计更为重要。你必须让你的游戏不断改进。

笔者在课堂上介绍敏捷开发方法论之前，学生们经常会在开发自己的游戏时大幅落后于进度。事实上，他们经常不清楚自己落后了多少进度，因为他们缺少管理项目进程的工具。这也意味着只有在项目很晚的阶段才能进行试玩。

在课堂上介绍完敏捷开发以及相关的工具和方法论之后，笔者观察到了以下变化：

- 学生们对于项目进程有了更深的理解，更能遵守进度。
- 学生们开发出的游戏有了明显的进步，很大程度上源于学生始终注重可玩的游戏版本，这让他们可以更早、更频繁地试玩。
- 随着学生们的技能提升，他们对于 C#和 Unity 的理解也随之加深。

在上述三点中，前两点是意料之中的，而第三点则是意外发现的，但笔者现在发现教过敏捷开发的每个班级都是如此。因此，笔者一直在课堂上和游戏开发实践中都持续使用敏捷开发，甚至在编写本书时也用了这种方法。笔者希望你也能够用到。[3]

14.2 Scrum 方法论

在 2001 年以后，很多人都开发了帮助开发团队更轻松地接受敏捷开发思维的工具和方法论。笔者最喜欢的一种是 Scrum 方法论。

实际上，Scrum 开发的出现比敏捷软件开发宣言还要早上几年，由不同的人共同开发而来，但它与敏捷开发的关联是由 Ken Schwaber 和 Mike Beedle 在 2001 年出版了 *Agile Software Development wlth Scrum* 一书之后才巩固下来的。在该书中，两位作者描述了 Scrum 方法论的很多常见要素，在书籍出版之后的几年中非常流行。

Scrum 方法论的目标与敏捷方法论相似，都是尽快推出可运行的产品或游戏，让产品设计可以灵活接受试玩者和设计团队成员的反馈。本章其余的内容将介绍 Scrum 方法论中的一些术语和实践，并展示如何使用基于表格的燃尽图，这些图是笔者为授课和本书而设计的。

2. 当然你应该尊重他人的知识产权。笔者的意思是创作要比讨论谁应该拥有产权的多少百分比更重要。
3. 感谢笔者的朋友 Tom Frisina 介绍的 Scrum 方法和敏捷软件。

Scrum 团队

游戏原型开发中的 Scrum 团队是由一名产品负责人、一名 Scrum 主管和一个由 10 名以下人员组成的跨学科开发团队组成的，组员分别为编程、游戏设计、建模、材质贴图、音频等相关领域的技术人员。

- **产品负责人：**代表客户或未来游戏玩家。产品负责人需要确保所有有趣的功能都能在游戏中实现，还负责理解对游戏的完整观感。[4]
- **Scrum 主管：**代表理性思维。Scrum 主管主持每日的 Scrum 会议，并确保每个人都在执行任务而且没有过度劳累。Scrum 主管扮演产品负责人助手的角色，以务实的态度监督项目剩余的工作量，以及开发团队人员的进度。如果项目落后于进度或者需要放弃某些功能时，将由 Scrum 主管负责督促完成。
- **开发团队：**一线工作人员。开发团队由参与项目的全体人员构成，产品负责人在每日的 Scrum 会议上向开发团队成员分配任务，并且靠这些成员在下一次会议之前完成这些任务。在 Scrum 开发中，团队成员获得的权限远高于其他开发方式下的自主性，但这种自主性会有每天向团队其他成员做汇报的义务。

产品 Backlog（功能列表）

开始一个 Scrum 项目时，要有一个 Backlog（称为待完成任务列表，也称为功能列表），其中列出了团队希望在最终的游戏产品中实现的所有功能、机制、技巧等。其中有些在最初不太明确，随着项目的进展，必须细化为更加具体的子功能。

发布和 Sprint（冲刺任务）

将产品细化为几次发布和 Sprint。你可以把发布想象为向其他人展示游戏成果的时间（例如与投资者举行的会议、公开测试或正式试玩），而 Sprint 是发布之前的各个阶段。在每个 Sprint 开始前创建一个 Sprint 任务列表，其中包括在 Sprint 结束时应实现的功能。一次 Sprint 通常耗时 1~4 周，不论你承担哪项工作，你都需要确保在 Sprint 结束时，能有一个可以运行的游戏（或游戏的一个部分）。事实上，在理想情况下，从你完成第一个可以运行的游戏原型之后，你就应该确保每天在结束工作时，游戏都处于可以运行的状态（尽管有时很难做到）。

Scrum 会议

Scrum 会议是每天举行的一个 15 分钟站立会议（每位成员始终站立参加会议），旨在保证整个团队处于正常轨道。会议由 Scrum 主管主持，在会议上，每位成员需回答三个问题：

4. 产品拥有者是实际客户的情况比较少见，更多是公司内部的某人作为客户的代表。

1．你从昨天至今完成了哪些工作？

2．你今天计划完成哪些工作？

3．你可能会遇到哪些难题？

Scrum 会议旨在使每位成员快速达成一致。问题 1、2 的回答会与燃尽图进行对比，以便查看项目进展如何。尽可能让 Scrum 会议的时间缩短，这样能节省团队中有创造力的人的时间。例如，由问题 3 带来的任何问题都加以标记，在会后进行讨论。作为 Scrum 主管，如果在会上有问题被提到，笔者会寻找一名自愿帮助解决问题的志愿者，但问题本身会在会后进行讨论。

在 Scrum 会议中，团队中的每一个人要明确自己的职责，一些人在研究其他问题时，可以去找别人寻求帮助。每天都要开 Scrum 会议，在问题出现的那一刻就要尽快解决，不要遗留问题。

燃尽图

笔者认为燃尽图是游戏开发最有用的工具之一。燃尽图首先是 Sprint 的一系列冲刺任务，然后对每个任务估算工时（小时、天、周等）。燃尽图包含每个人分配的任务以及项目进程，不仅要记录项目的剩余工作时间，还能表示团队是否能准时完成项目。

燃尽图的美妙之处就在于它可以将海量数据转换为简单的图表，并为下面的问题提供答案：

1．团队是否能按时完成任务?

2．分配给每个人的任务是什么?

3．是否每个人都发挥了自己的能力？（是否所有人都努力了？）

在任何团队中工作时，这些问题都难以得到解答。但是燃尽图可以很好地回答这些问题。燃尽图至关重要，下面的内容将帮助你更好地理解如何使用笔者给你的燃尽图手册。

燃尽图示例

笔者在 Google Sheets 上创建了一个燃尽图手册。本书第 11 章提到的 Google Sheets 是 Microsoft Excel 的强有力竞争者。本书将不会具体解释燃尽图所涉及的公式，你可以在第 11 章中了解更多关于表格的基础框架以及如何使用其平衡游戏数据。

现在打开图表，如果你想编辑该图表，可以先复制一份原件，在菜单栏中执行 File ＞Make a copy 命令，如图 14-1 所示。

复制完成后，打开 Google Sheets 继续阅读本章。

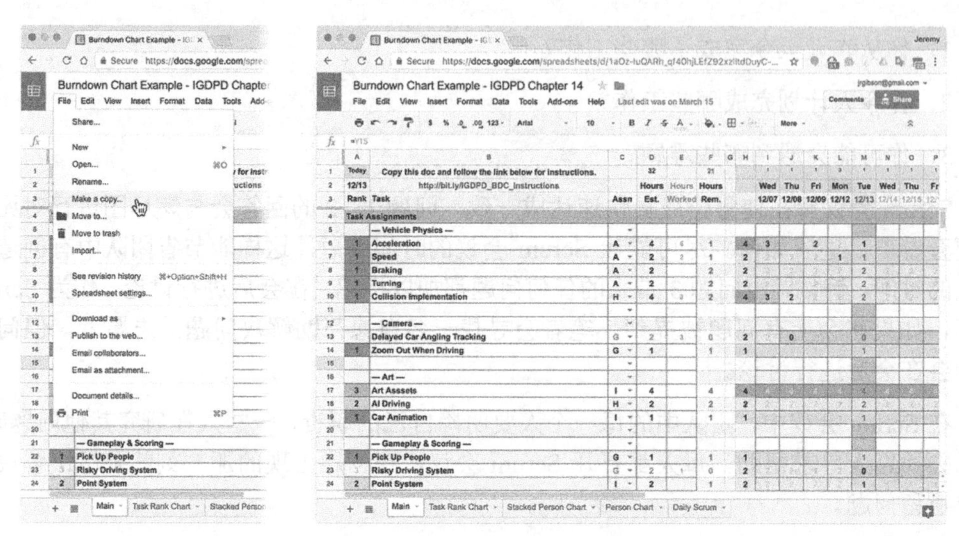

图 14-1　在 Google Sheets 中进行复制的界面

燃尽图示例：工作表

现代电子表格可以包含多个工作表，你可以通过窗口下方的选项卡（如图 14-1 所示的 Main 和 Task Rank Chart 标签）选中其中一个工作表。看完每个工作表的释义后，单击工作表的下方标签。

每个工作表有各自不同的用处：

- **Main：**记录任务和剩余时间的工作表。这是你输入数据最多的工作表。
- **Task Rank Chart：**展示项目的进度，并根据不同任务的优先级排列。
- **Stacked Person Chart：**展示项目的进度，并根据不同任务的负责人进行排列。
- **Person Chart：**包含个人任务以及任务距离结束时间还有多久。
- **Daily Scrum：**团队中的成员无须面对面，在这里就可以进行一次日常 Scrum 会议。

下面将具体讲解每个工作表。

> **提醒**
>
> **只编辑深灰色边框单元格中的数字！**尽图示例和燃尽图手册中，你只能编辑深灰色边缘的单元格。其他单元格不是数据不动的单元格就是用公式计算的单元格。比如 I3:Z3 单元格中的日期是由公式、起始时间（F102）、结束时间（F103）以及工作日数据（J102:J108）计算的。不要直接编辑 I3:Z3 单元格。

工作表——Main

编辑 Main 花费的时间是最多的。这个工作表几乎包括了 100 条任务信息，比如任务的负责人，还剩下多少工作等。在这里可以输入团队成员的姓名、项目的起始时间以及工作日。在该工作表底部的一片区域是用来计算数据的。

Sprint 设置

下拉图表到第 101 行，你能看到 Sprint 设置，如图 14-2 所示。在本章中笔者提到过，一个 Sprint 通常要花费几周时间，并且包含一些特殊任务（Sprint 积压的工作）。

	A	B	C	D	E	F	G	H	I	J	K	L	M	N
1	Today	Copy this doc and follow the link below for instructions.		32		21			1	1	1	3	1	1
2	12/13	http://bit.ly/IGDPD_BDC_Instructions		Hours	Hours	Hours			Wed	Thu	Fri	Mon	Tue	Wed
3	Rank	Task	Assn	Est.	Worked	Rem.			12/07	12/08	12/09	12/12	12/13	12/14
100														
101	Sprint Settings – Only change cells with dark gray borders								Workdays					
102		Archon	A		Start Date	12/07			Sun	0				
103		Henri	H		End Date	12/21			Mon	1				
104		Icarus	I						Tue	1				
105		Gilbert	G		Total Days	14			Wed	1				
106					Work Days	10			Thu	1				
107									Fri	1				
108		All	ALL						Sat	0				
109		Unassigned												
110		Days to Look Back for Burndown Velocity	2											

图 14-2 Main 工作表下的 Sprint 设置

- **团队成员：**该 Sprint 下共有六名团队成员（B102:B107），并在后面用各自名字的首字母标出（C102:C107），在分配任务时将会用到首字母。
- **Sprint 日期：**在 F102 设定 Sprint 的开始日期，在 F103 设定截止日期。
- **工作日：**在 J102:J107 单元格中工作的日子输入 1，不工作的日子输入 0。根据工作的天数将影响 F106 的数字。

剩下的表格根据上面填写的信息完成。刚才谈到的相关信息位于 Main 工作表的下方，每次在开始 Sprint 前先要完成填写这些内容。

> **提示**
>
> 预估时间 在这个燃尽图示例中，今天（A2 单元格）是 12 月 13 日星期二。在燃尽图手册中，今天（A2 单元格）是真实的日期。

分配任务及时间预估

回到 Main 工作表的上方，如图 14-3 所示。

在开始 Sprint（冲刺任务）以前，你需要填写 A:D 下的一些信息。每一行包括一些内容：

A 等级：任务的重要程度分为从 1（重要）到 5（不重要）。

B 任务：任务的内容描述。

C 分配任务：负责该任务的成员的名字首字母。

D 预估时长：预计完成该任务需要花费的时间。

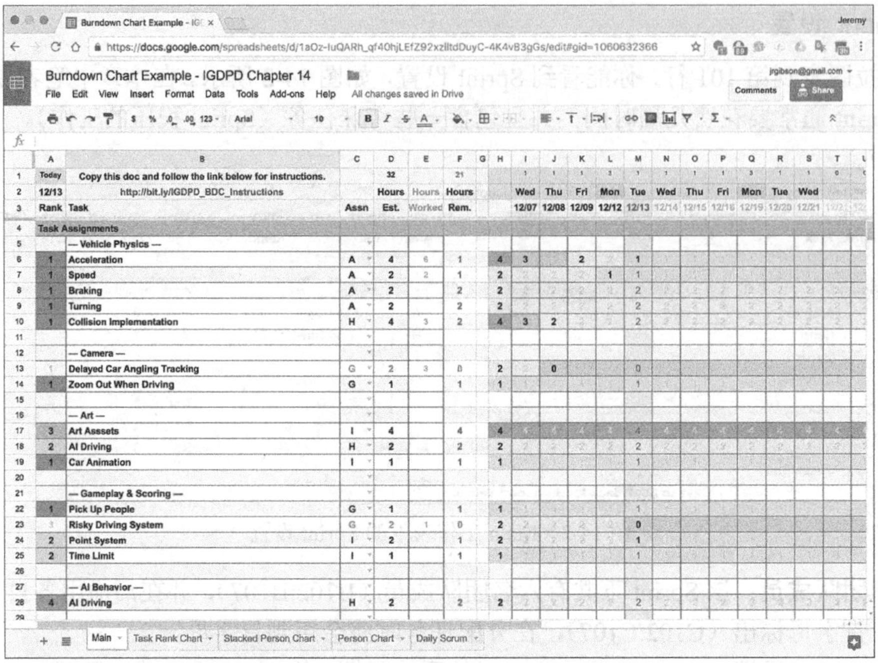

Burndown Chart Example - IGDPD Chapter 14

File　Edit　View　Insert　Format　Data　Tools　Add-ons　Help　All changes saved in Drive

https://docs.google.com/spreadsheets/d/1aOz-luQARh_qf40hjLEfZ92xzlltdDuyC-4K4vB3gGs/edit#gid=1060632366

	A	B	C	D	E	F	G	H	I	J	K	L	M	N	O	P	Q	R	S	T
1	Today	Copy this doc and follow the link below for instructions.		32		21			1	1	1	3	1	1	1	1	3	1	1	0
2	12/13	http://bit.ly/IGDPD_BDC_Instructions		Hours	Hours	Hours			Wed	Thu	Fri	Mon	Tue	Wed	Thu	Fri	Mon	Tue	Wed	
3	Rank	Task	Assn	Est.	Worked	Rem.			12/07	12/08	12/09	12/12	12/13	12/14	12/15	12/16	12/19	12/20	12/21	
4	Task Assignments																			
5		— Vehicle Physics —																		
6	1	Acceleration	A	4	6	1		4	3		2		1							
7	1	Speed	A	2	2	1		2				1	1							
8	1	Braking	A	2		2		2					2							
9	1	Turning	A	2		2		2					2							
10	1	Collision Implementation	H	4	3	2		4	3	2			2							
11																				
12		— Camera —																		
13	1	Delayed Car Angling Tracking	G	2	3	0		2		0			0							
14	1	Zoom Out When Driving	G	1		1		1					1							
15																				
16		— Art —																		
17	3	Art Asssets	I	4		4		4					4							
18	2	AI Driving	H	2		2		2					2							
19	1	Car Animation	I	1		1		1					1							
20																				
21		— Gameplay & Scoring —																		
22	1	Pick Up People	G	1		1		1					1							
23	[illegible]	Risky Driving System	G	2	1	0		2					0							
24	2	Point System	I	2		1		2					1							
25	2	Time Limit	I	1		1		1					1							
26																				
27		— AI Behavior —																		
28	4	AI Driving	H	2		2		2					2							

Main　Task Rank Chart　Stacked Person Chart　Person Chart　Daily Scrum

图 14-3　Main 工作表下的分配任务小节

预估时间对整个燃尽图的概念至关重要。在项目推进过程中，你要根据这些数字工作，所以准确的预估时间十分必要。详见提示“估算工时”。

> **提示**
>
> **估算工时**　对程序员和其他创意人员来说，估算完成一项任务所需的时间是一件很困难的事。除了有一两件任务可能你估算需要花费 20 个小时才能完成，但实际只需要 2 个小时，通常任务所花费的时间会比你预计得长。你目前要做的就是根据一些简单估算方法尽可能地估算出一个最为靠谱的时长，一个基本事实是，任务规模越大，你估算的精确度越低。如果你预计一项任务需要 4 到 8 个小时，只需把它舍入为 8。
>
> - 如果以小时为单位，把数字定为 1、2、4、8 个小时。
> - 如果以天为单位，把数字定为 1、2、3、5 天。
> - 如果以周为单位，把数字定为 1、2、4、8 周。
>
> 但是，如果任何任务的时间需要以周计算，你需要把它细化为更小的任务。

Sprint 过程（冲刺任务过程）

Main 工作表的右侧是记录 Sprint 过程的区域。H 列是每个任务的估算工时，右侧的单元格记录团队进程。今日日期的单元格是高亮的蓝色，文本是红色（例如 M）。

团队成员的各自任务不同，在 I:Z 上表示的估算工时也不相同。每个工作日结束前你都应该填完表格，填写剩余时间还有多少（蓝色单元格）。在今天和前几天的日期上有用粗体黑色数字标写的团队已完成的工作。

估算工时与实际工时

估算工时和实际工时的区别是燃尽图中的重要概念之一。在估算完一项任务所需的工时之后，你在这项任务上所花的时间并不是以实际工时计算的，而是以任务完成的百分比计算的。以下面图表中的 Acceleration 任务为例，如图 14-4 所示。

	A	B	C	D	E	F	G	H	I	J	K	L	M	
1	Today	Copy this doc and follow the link below for instructions.		32		21			1	1	1	3	1	
2	12/13	http://bit.ly/IGDPD_BDC_Instructions		Hours	Hours	Hours			Wed	Thu	Fri	Mon	Tue	W
3	Rank	Task	Assn	Est.	Worked	Rem.			12/07	12/08	12/09	12/12	12/13	12
4	Task Assignments													
5		— Vehicle Physics —												
6	1	Acceleration	A	4	6	1		4	3		2	2	1	
7	1	Speed	A	2	2	1		2	2	2	2	1	1	
8	1	Braking	A	2		2		2	2	2	2	2	2	

图 14-4　显示项目前 5 天任务进展的 Acceleration 任务

Acceleraton 任务的初始估算工时为 4。

- **12/07（12 月 7 日）：**Archon（缩写为 A）在 Acceleration 任务上工作了 2 小时，但只完成了任务的 25%。任务还有 75%待完成，因为一个 4 工时任务的 75%是 3 工时，所以他在工作表的 I6 中输入了 3。他还在 Hours Worked 栏（E 列）中输入了 2，记录他实际工作了 2 个小时。
- **12/09：**他又工作了 3 个小时，使任务进展到 50%，最初估算的 4 个工时现在只剩下了 2 个工时，因此，他在 12/09（K6）中输入了 2，在 Hours Worked 栏中加入 3 小时，一共就是 5 小时。
- **12/13（今天）：**一个小时的工作又完成了任务的 25%（他现在工作进展更快了），到今天为止，他还有 Acceleration 任务的 25%，或 1 个工时未完成。他在 12/13 列（L6）中输入 1，在 E6 的 Hours Worked 中输入 6。

可以看到，最重要的数据是预计剩余工时表示的任务待完成比例。但是 Archon 还在 Hours Worked 一栏（E 列）中记录了他在 Acceleration 项目中投入的 6 个工时，可以帮助他在将来更好地估算任务工时（现在看来实际工作时间会是刚开始估算的两倍）。

Main 工作表的数据汇编成三张图表，可以帮助你更好地了解团队进程以及每个成员的工作情况。

工作表——Task Rank Chart

Task Rank Chart 是根据任务等级进行排列的，表示任务进程的一种图表。在这里，你可以通过两种截然不同的方式了解项目的进度，如图 14-5 所示。

- On-Track line 表示为了按时完成进度，每个团队平均每天需要完成的工作量。如果所有等级任务的线位于该线上方，那么项目进度是落后的；如果所有等级任务的线位于该线下方，那么项目进度是超前的。这样就可以给团队一个任务进度的概念。
- Burndown Velocity 是根据团队最近燃尽图的速度，预估出来的项目完成所需时间。如果在截止日期前该线触底（比如预计工时为 0），那么团队的完成速度很好。

如果该线没有触及基线，那么团队的进度是落后的。

Burndown Velocity（简称 BDV）是根据现在工作的速度计算出来的估算工时。C110 单元格会影响 BDV 的结果（如图 14-2 所示）。在这里的结果是 2 天（除去 10 号和 11 号周末，12/9 到 12/13）。

在 Task Rank Chart 中你也可以了解关于不同级别任务的区别对待。在该图中，Rank1 得到了优先处理，Rank 4 和 Rank 5 则没有什么变动。Rank 1 的区域越来越窄，而 Rank 4 的区域几乎没有变化。

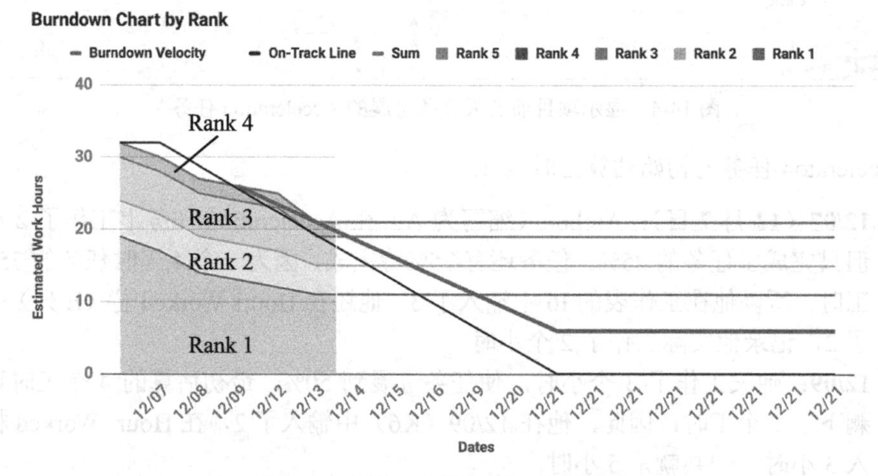

图 14-5　根据任务等级划分的燃尽图

工作表——Stacked Person Chart

Stacked Person Chart 表示团队个人的项目进程情况，如图 14-6 所示。从这张图中你能了解每个人的工作进度。在理想情况下，每个成员的区域最好能是同样的大小，并以同样的速度变小。在这个例子中，Archon 的任务比其他人多，Icarus 比其他人完成任务的速度慢，绿色区域几乎没有变窄。

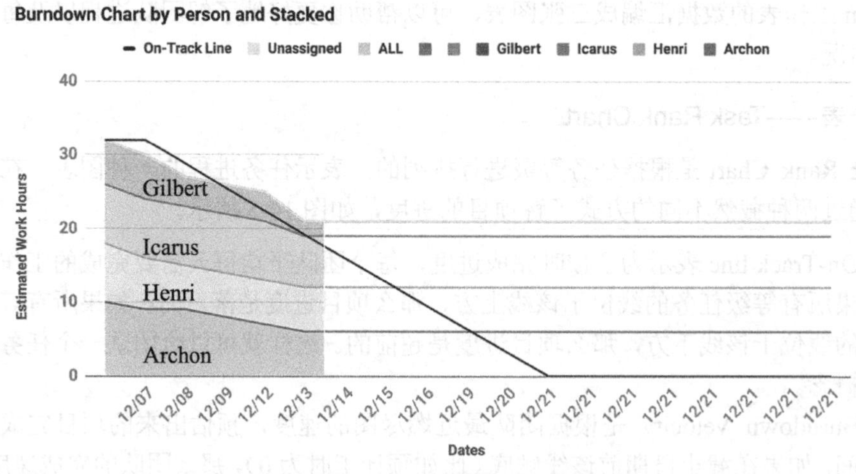

图 14-6　根据个人任务进度设计的燃尽图

工作表——Person Chart

如图 14-7 所示，从 Person Chart 中我们能了解每个人的不同任务。如果工作量是相同的，背景中的灰色区域表示每位成员的平均任务量。On-Track 线表示每位成员为了保障进度每天需要完成的工作量，其他不同颜色的线条代表团队不同成员。

从该图能看出虽然 Archon 的工作量很多，但是工作速度很快。Henri 和 Icarus 的工作速度则不理想，Gilbert 并不是持续工作，但是完成度很高。

通过该图表我们能了解项目的情况以及哪些人的工作速度较快，哪些人需要督促完成工作。

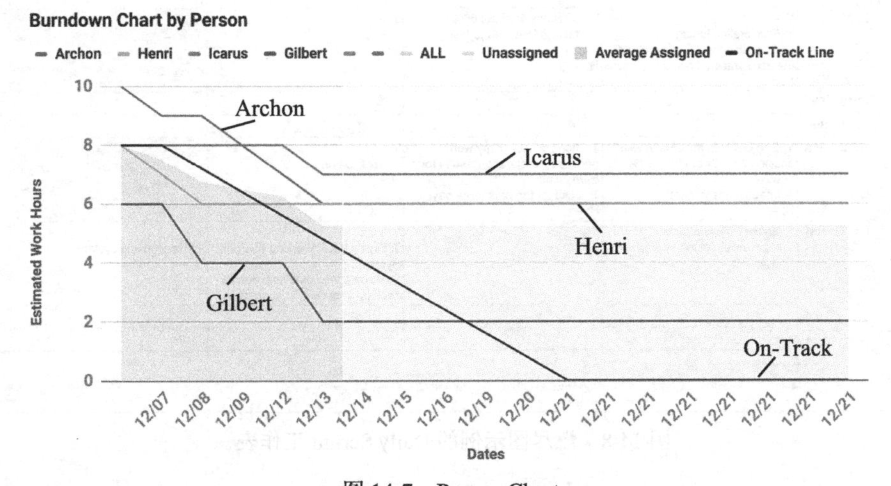

图 14-7　Person Chart

工作表——Daily Scrum

每天都能和成员开一次 Scrum 会议当然最好，如果不能的话，这个工作表能让团队成员互相之间保持联系，如图 14-8 所示。每名成员每天需要汇报三件事情：

- 昨天（Y）：每个人汇报昨天完成了什么工作（或是上次 Scrum 会议后完成了什么任务）。
- 今天（T）：每个人汇报今天的工作计划（或距离下次会议前的工作任务）。
- 帮助（H）：有问题的时候寻求帮助。

整个团队在每天规定时间内完成 Scrum 报告。在下面的例子中规定的时间是每天上午 10 点前报告。如果团队报告的时间设定在下午六点的话，那么表格的内容应该是今天（T）、计划（N）和帮助（H）。

		Team Members			
Dates		Archon	Henri	Icarus	Gilbert
12/07	Wed	Yesterday: Prokect Kickoff Today: Acceleration Help: – Nothing now	Yesterday: Project Kickoff Today: Collisions Help: –	Yesterday: Project Kickoff Today: I'm out of town until 12/13 Help: –	Yesterday: Project Kickoff Today: No time today H: –
12/08	Thu	Y: About 25% of Accel T: – Not able to work today H: –	Y: Collisions about 25% done T: More collisions H: –	Y: – T: Still out of town. Call if you need anything (555) 867-5309. H: –	Y: – T: Follow cam (delayed car angling tracking thing) H: –
12/09	Fri	Y: – T: Acceleration tuning H: Something feels wrong about the acceleration. I could use some help.	Y: Collisions at about 50% now T: I have a little time to help Archon H: –	Y: – T: – H: –	
12/10	Sat				
12/11	Sun				
12/12	Mon	Y: (Fri) Got help from Henri with acceleration. It's at about 50% now. T: Speed management. H: –	Y: Didn't do any of my work because Acceleration issues took all my time. T: – Out for the next three days H: –	Y: – T: Back tomorrow. H: –	
12/13	Tue	Y: Speed 50% complete T: More accel; hopefully finishing. H: –		Y: – T: Finally back! Working on Point System. H: If someone could help get me back up to speed, I'd appreciate it.	Y: – T: Risky driving system H: –
12/14	Wed				
12/15	Thu				
12/16	Fri				

图 14-8　燃尽图示例的 Daily Scrum 工作表

相比其他表格而言，Daily Scrum 提供了一个全新的观察团队的视角。比如，根据 Person Chart，Icarus 没有完成多少工作。但是通过 Daily Scrum，我们发现 Icarus 已经离开本市两天了，今天才刚回来。虽然他这几天出门，但是他每天都有汇报工作并提供个人联系信息，以防有谁需要自己的帮助。

另外，虽然 Gilbert 完成了不少任务，但是他没有每天汇报他什么时候工作以及什么时候没工作。Gilbert 并没有很好地与其他成员沟通，这是一个需要解决的问题。

在图表的今天（12/13）内容上你能发现 Henri 还没有填写 Scrum 表（也许因为他不在单位）。Daily Scrum 中今天未填写的单元格背景是绿色的，如果直到明天仍然没有填完，那么第二天单元格的背景就会变成红色。

沟通交流在团队合作上至关重要，这些表格能帮助你做到这一点。笔者的一些学生曾经担心自己找不到团队成员在哪里或者不知道他们在做什么。通过在班级实行这样的表格制度，学生们在进行项目时就不会那么紧张了。即便团队中的某人有一两天不能工作，只要其他人知道，这个项目就能进行下去。

设计自己的燃尽图

现在你已经熟悉了燃尽图的几个功能。在了解几个图表例子后，就可以开始创建自己的图表了。

14.3 本章小结

在设计和开发你自己的游戏时，你可能很难保证项目按计划进行。在笔者多年的开发和教学工作中，发现敏捷思维和 Scrum 方法论是最好的两种工具。当然，笔者不敢断言你一定能像我和我的学生们从这些工具中获得同样的帮助，但仍强烈推荐给你。最后，不论 Scrum 和敏捷开发对你来说是否有效，重要的是你要找到适合自己的工具，并利用这些工具在游戏开发中保持激情和创作力。

在下一章中，笔者会详细讲述游戏产业的情况、如何融入行业中去、如何在游戏展会上与人交流以及如何选择大学游戏专业。[5]

5. 你可能疑惑为什么笔者在这里举例用的名字都是男性名字，而在本书其他部分用的多是女性名字。这是笔者在学校和其他三位成员一起设计的一款游戏 *Skyrates* 中的角色名字。出于敬意，笔者将其放在燃尽图中，能与这三位成员一起工作是笔者的幸运，若能与他们再次合作更是笔者的荣幸。

第 15 章

电子游戏产业

正在读本书的你如果在学习游戏设计，那么笔者认为你应该有投身到游戏产业中的兴趣。

本章主要阐述了现阶段游戏产业的一些情况，然后就大学的游戏教学课程做了一些简单的介绍，笔者会给你一些关于结识朋友、建立关系网、寻找工作方面的建议，最后笔者会教你如何准备自己的独立游戏项目。

15.1 关于游戏产业

笔者能告诉你的最绝对的事情就是整个游戏产业都在变化。像是美国艺电、动视这样的大公司，已经经营了三十多年，到现在依然健在。而我们也目睹了许多新创业公司的兴起，如拳头公司（2008 年时还只有很少的员工，现在该公司拥有世界范围内最热门的网游之一）。仅仅几年前，人们还不能相信手机会成为最成功的游戏设备之一，但是现在光是 iOS 平台上的游戏销售额就达到了数十亿美元。鉴于现在产业内的变化非常快，笔者不会事无巨细地给出太具体的建议。相反，笔者会告诉你什么资源与数据能引领你走向具体的方向，并且这些内容每年都是不断更新的。

娱乐软件协会基本事实

娱乐软件协会是大多数大型游戏开发公司的交易协会与游说组织。该协会成功地在美国最高法院上争取到了对游戏保护的第一修正案。娱乐软件协会每年会发布一份关于游戏产业现状的报告 *Essential Facts*，你可以在谷歌上搜索“ESA Essential Facts”。在这份报告中，虽然确实有一些不完全是事实的地方（娱乐软件协会的工作就是以过分乐观的眼光看待游戏产业），但这是一个绝佳的途径让我们了解整个产业的现状。下面是 2016 年 *Essential Facts* 中的 10 个事实：

1．63%的美国家庭至少有一个人每周花 3 个小时以上的时间玩游戏，每个家庭平均有个 1.7 个玩家。根据现在美国的家庭数量，大约有 1.25 亿人是游戏玩家。

2．2015 年，消费者在游戏软件、硬件和配件上的花费为 235 亿美元。

3．2015 年，数字下载占据了游戏销售额的 56%（2012 年为 40%），其中包含游戏、DLC、App、会员订阅、社交网络游戏。

4. 玩家的平均年龄为 35 岁，玩家的平均“游戏龄”为 13 年。女性玩家平均年龄为 44 岁。

5. 26%的玩家年龄超过 50 岁。根据之前的数据，有 3200 万美国玩家的年龄超过了 50 岁！这是个亟待开发的大市场。

6. 女性玩家占了全部玩家的 41%（2014 年为 48%）。超过 18 岁的女性玩家仍然占据了相当大的玩家比例（31%），比 18 岁的男性玩家（17%）更多。

7. 个人计算机是最常用的游戏设备（56%），其他常见的设备包括主机（53%）、智能手机（36%），其他无线设备如 iPads（31%）、掌机（17%）。

8. 解谜游戏主宰了无线和手机设备。最常见的移动设备游戏类型为解密/桌面/卡牌游戏（38%）、动作游戏（6%）和策略游戏（6%）。

9. 89%的游戏由娱乐软件分级委员会评级，“E”级代表所有人，“E10+”代表 10 岁以上，“T”则代表青少年。

10. 在“硬核”玩家中，55%的人熟悉 VR（虚拟现实）设备，22%的人预计会在下一年购买 VR 硬件。

正在发生的变革

在游戏产业中，员工的工作环境、制作游戏的成本、免费游戏、独立游戏等都在不断发生变化。

游戏公司的工作环境

如果你对游戏产业完全不了解，那么你可能以为在游戏公司工作一定是既轻松又愉快的。如果你稍微接触过一点，就应该听说过游戏公司的员工一周工作 60 个小时，在没有加班费的条件下强制加班。虽然实际情况要比这个传言好一些，但这些基本都是属实的。笔者在游戏产业的一些好友现在一到紧急的截止日期前，还要每周工作 70 个小时（每天工作 10 个小时，没有休息日）。令人高兴的是，这种情况在过去的十几年里减少了很多。虽然现在大多数公司，尤其是大公司，有时还是要求员工加班加点工作的，但是游戏开发人员一周都没有机会见到自己的配偶或是孩子的情况越来越少见了（虽然听起来很悲惨，但现在确实还存在这样的情况）。你在任何游戏公司应聘时，都应该咨询一下该公司的加班政策和项目最后赶工的状况。

3A 游戏成本的上涨

每一代游戏主机都见证了游戏大作成本的上涨（指 AAA 游戏，称作 3A 游戏）。在 PlayStation3、Xbox360 与 PlayStation2、Xbox 这两个世代尤为明显，在 Xbox One 和 PlayStation4 上的游戏成本也继续上升。3A 游戏通常都是由 100 人或 200 人的制作团队完成的，其中一些相对精简的团队则是把任务外包给其他拥有上百名员工的工作室。一个 3A 游戏的预算超过 1 亿美元且由超过 1000 人的多个工作室完成的情况虽然少见，但不再是闻所未闻了。

这种成本预算的提高对游戏产业的影响和成本预算的提高对电影产业的影响是一样的：公司在一个项目上花费越多的资金，就越不愿意承担风险。这也就是为什么 2015 年娱乐软件协会公布的销售量前 20 的游戏里只有一个游戏不是续作（《消逝的光芒》，这里《我的世界》被视作 PC 的重制版）的原因，如图 15-1 所示。

1《使命召唤：黑色行动3》	11《蝙蝠侠：阿卡姆之城》
2《麦登橄榄球16》	12《乐高侏罗纪世界》
3《辐射4》	13《战地：硬仗》
4《星球大战：战争前线2015》	14《光环5：守护者》
5《NBA 2K16》	15《任天堂大乱斗》
6《侠盗飞车5》	16《巫师3：狂猎》
7《我的世界》	17《消逝的光芒》
8《FIFA 16》	18《命运：邪神降临》
9《真人快打 X》	19《NBA 2K15》
10《使命召唤：高级战争》	20《合金装备5：幻痛》

图 15-1　2015 年销售量前 20 的游戏（来源于 2016 年 ESA Essential Facts）

免费游戏的崛起和衰落

据 Flurry Analytics 称，2011 年 1 月至 6 月，免费游戏在 iOS 平台的收入总额所占比迅速超过了付费游戏。在 2011 年 1 月时，付费游戏（预先购买的游戏）占据了 iOS App 商店游戏收入的 61%。到该年 6 月时，这一数字直线下降到 35%，而剩下的 65%则来源于免费游戏。在免费游戏的模式中，虽然玩家可以不花钱就玩到游戏，但是这种模式鼓励玩家通过支付小额的金钱获得游戏上的优势或是独特的功能。社交游戏公司 Zynga 从最初两个人的创业团队发展到 2000 名员工的公司，仅仅用了几年时间。这种免费模式，相比过去传统的游戏类型来说，更适用于休闲游戏类型。现在一些传统类型游戏的开发商，开始在手机游戏平台开发游戏，并且选择过去那种付费模式，这些开发商认为市场的走向是不利于免费模式游戏的。

免费游戏很少能吸引到相对“硬核”（不那么休闲）的玩家。这两种游戏模式的最大不同在于，休闲游戏引导玩家通过购买获取游戏内的优势（也就是花的钱越多，优势越大），相反，像是《军团要塞 2》这样的硬核游戏，玩家只能购买外观道具（如服装），或是不破坏游戏平衡性的道具（比如使用黑匣子火箭发射器，虽然弹夹容量会减少 25%，但是每击中一个敌人回复自身血量 15 点），并且在游戏里能够买到的物品，玩家也可以通过制作获取。最重要的因素是，硬核玩家不希望其他人通过简单的购买就获得游戏上的优势。

选择免费模式还是收费模式，主要取决你想要开发的游戏类型，瞄准的是什么样的市场和玩家。了解市场上的其他游戏和它们相应的标准，再决定你是要跟风还是逆向而行。

独立游戏的兴起

随着 3A 游戏的制作成本越来越高，像是 Unity、GameMaker 以及 Unreal Engine 这样廉价的开发工具让世界范围内独立游戏的崛起成了可能。在本书的后面你能读到，几乎所有人都可以学会编程。很多开发人员都证明了，要制作一个游戏需要的只是一个好点子、一些才能和大量的时间。许多知名独立游戏策划都源自个人的激情，这其中有《我的世界》《洞穴探险》和《史丹利的寓言》。IndieCade 起源于 2005 年，是一个针对独立游戏的展会。除此之外，其他数十个展会要么是关注独立游戏的发展，要么是给独立游戏的开发者一个竞争的渠道和机会。[1]现在做一个游戏要比过去容易得多，本书余下的内容会教你如何创作游戏。

15.2 游戏教育

在过去，大学里的游戏设计课程还是很新奇的。经过十年的发展，游戏设计已经成为一个成熟完备的课程。《普林斯顿评论》每年会评选出最好的本科及研究生游戏课程，现在有些学校甚至已经开设有游戏相关的博士学位课程了。

在选择游戏课程前，你需要问自己的两个最重要的问题：

- 我应该学习游戏教育课程吗？
- 我应该参加哪个游戏教育课程？

我应该学习游戏教育课程吗？

作为一名过去几年里一直在讲授游戏相关课程的老师，笔者可以明确地告诉你，答案是肯定的。参加这样的课程有几个明确的好处：

- 你能够有一个集中的地点和时间系统地磨炼自己游戏设计和开发的能力。
- 老师能给你的游戏提供诚实且有意义的反馈。你能接触到可以成为合作者的同龄人。另外，许多课程的老师也在游戏产业内工作，他们和多家游戏公司都有关系。
- 许多游戏公司会从顶尖学校里招聘人才。学习这样的课程意味着你也有机会去你最喜欢的公司面试实习。
- 学习过游戏课程的学生，尤其是学习过尖端课程的学生，在进入游戏公司时通常要比其他应聘者职位更高。通常来讲，初次进入游戏公司的员工将负责品控和游戏测试。如果员工在品控上表现得非常出色，就可能会被上级赏识，然后换到其他的岗位上。虽然说这也是深入该行业的一种不错的方法，但是笔者见过一些刚从大学毕业的学生，比通过负责品控升职的人获得的职位更高。
- 高等教育使你成长，让你成为一个更好的人。

然而，事先声明，上学是要花费时间和金钱的。如果你还没有学士学位，笔者认为你应该读一个。学士学位在你的人生里，是能给你打开更多机会的大门。在这个行业里，硕士学位就不那么必要了，但是硕士级别的课程都会更有针对性，和本科课程比起来是迥然不同的。本科课程的学习时间通常要 2 到 3 年，花费为 6 万美元以上。笔者的教授

1. 事先声明，从 2013 年起，笔者开始担任 IndieCade 教育和发展部门主席，并负责 IndieXchange 和 Game U，笔者很荣幸能成为该团体的一员。

Randy Pausch 很喜欢说的一段话：“你总能赚到更多的钱，也可以拿贷款和奖学金支付学费；但是时间是永远不能赚回来的。你要停止问自己上学值不值得这些钱，你要问的是值不值得你的时间。”长期债务和掠夺性的借贷方式不是儿戏，也提高了高等学位的潜在代价。但即便如此，你在考虑读取一个高级学位时更应该思考，值不值得花 2 到 6 年可能在产业里工作的时间用来学习。当笔者决定去卡内基梅隆大学时，是因为笔者想要改变自己的职业轨迹。笔者选择了用 2 年时间花钱而不是挣钱，对笔者来说，这个决定绝对值得。当然，你要自己决定了。

我应该参加哪个游戏教育课程

现在有太多的游戏教育课程，每年都在增加。《普林斯顿评论》上列出来的顶尖学校固然很好，但最重要的是选择一所对于你来说正确的学校，瞄准你想要从事的岗位。你应该花时间搜索游戏课程的信息，了解课程的内容和教师。调查一下课程所针对的是游戏开发的哪些方面：诸如游戏设计、美术设计、编程、管理等。教课老师是仍在行业内工作的，还是只专注于教学？在浏览这些内容时，你应该时刻记住每一个学校都有自己的独特之处。

作为一名学生，笔者取得了卡内基梅隆大学的娱乐技术研究生学位。在卡内基梅隆大学，娱乐技术中心的教学主要围绕在团队合作和与客户的沟通交流上（这是笔者经历过的最好的教学体验）。其中一项课程叫作搭建虚拟世界，新来的学生要和班级内随机的一个小组完成五个作业，时间为期 2 周。班级通常至少有 60 名学生，正是因为人数众多，学生才能在整个学期里锻炼自己与陌生人沟通交流的能力。在一个学期里，学生除了要和其他班级的团队合作完成两个或三个作业，每周还要在自己的小组作业上花上 80 多个小时研究。在最后的一个学期中，每名学生将被指派到一个单独的项目团队中去，在整个学期里不会再和其他团队工作。每一个项目都有一个真实的客户，这样学生能够直接学习如何满足客户的愿望、如何与同事工作、如何处理团队内部的争执、如何应对变化的行业规定。学生们能够在短短 2 年的学习里，获得工作多年才能得到的宝贵经验。这些项目的目标便是让设计师、制作人、程序员和技术美术准备好与产业的团队一起工作。

相反，南加州大学的交互媒体与游戏专业（笔者在那里教了四年课），它的教学体系则完全不同。每年的新生班级最多 15 人，所有的学生在第一年里一起上课。学生除了要做团体项目，还要完成几个独立任务。第二年，学校鼓励学生们出去探索自己最感兴趣的内容。学生们一半的课程会与本专业的人一起上，其余的一半课程可以在大学里任选。第三年的时间基本全部花在每个学生的个人项目上。虽然每名学生都有论文计划，但在多数情况下都是和多人一起工作的。论文的合作团队通常要 6 到 10 人，这其中一部分是本专业的人，另一部分是来自感兴趣的其他专业学生。对这些合作项目感兴趣的业内人士和学术导师会组成一个论文委员会，并由本专业的教师担任委员会主席。这个专业的主要教学意图是让学生成为有思想的领导人。塑造富有创新精神的学生，要比单纯地为学生将来的工作做准备重要得多。

在笔者目前的工作中，笔者在密歇根州立大学的媒体与信息学院教授的游戏设计与开发专业，是世界上评价最高的辅修专业。我们的辅修专业专注于让学生直接投身到专业的游戏开发工作中去。作为辅修专业，其中的一个巨大优势就是让每个学生可以在媒体与信息、计算机科学或者工作室艺术（三个游戏开发中最常见的课程）方面获得主修级别的经验，还有大学内最好的游戏设计与开发教育，这与大部分其他学校的辅修专业只能得到次等版本的游戏教育很不一样。

正如你所想的，学生从不同学校的课程里获取的知识是不一样的。因为上面三所学校是笔者最熟悉的，所以笔者举这三个教学课程作为例子说明自己的观点。但是每所学校都有自己的独特之处，你要自己弄清楚每所学校为自己的学生设立的目标是什么，以及为了让学生达成这样的目标，是如何安排教学计划的。

15.3 走进产业中去

本节的内容节选于笔者在 2010 年游戏开发者大会上的演讲“与专业人士一起工作”。

与业内人士会面

要和行业内的人士见上一面，最好的方法就是去他们在的地方。如果你喜欢桌面游戏，那你就去 Gen Con；如果对 3A 游戏有兴趣，那么你就去参加旧金山的游戏开发者大会；如果你热爱独立游戏开发，那么就去 IndieCade。虽然还有很多其他优秀的游戏展会，但是这三个展会，对相应的游戏开发商有着最大的吸引力。[2]

然而，参加同一个游戏开发大会并不意味着你就和开发者打成一片了。为了能和他们有一面之缘，你需要寻找时机打招呼并介绍自己。像是在聚会上、演讲后、展台上都是攀谈的好机会。在任何情况下，对开发者和与他交谈的人，你都要保持言语谦恭和简短。游戏开发者们日程繁忙，他们参加展会也是有自己的任务的。他们也想要结交朋友，扩展自己的人脉，和其他开发者探讨工作。所以不要占用他们太多的时间，避免让他们觉得和你说得没完没了，同时你也要有话可说。这样才能引起他们对你的兴趣。

第一次与他们见面时，不要表现得像个粉丝一样。无论是 Will Wright 还是 Jenova Chen，设计师都是普通人，没有几个人想要自己被粉丝崇拜。遵循以上规则，不要说“我爱你！我是你的超级粉丝！”这样的话。坦白讲，这么说话真是让人觉得怪异。如果你说“我很喜欢你的《风之旅人》”就会好得多。这样你是在赞扬整个游戏，而不是奉承一位你了解甚少的制作人。

当然，最好还是他人把你介绍给开发者认识而且共同的朋友是绝佳的讨论话题。然而这个时候，你有义务避免让你的朋友出丑。无论是谁介绍你，他都是在为你作担保。如果你做了什么尴尬为难的事情，对他个人的影响也不好。

另外，不要只关注知名的游戏开发者。参加展会的所有人对游戏都怀有热忱之心，一些激情澎湃有创意的学生和志愿者，也是你应该去交谈的对象。况且，你在展会上见到的任何人都可能会成为下一个人人知晓的著名设计师。这些人会给你的游戏提出很棒

---

2. E3 和 PAX 也是知名的游戏展会，但是在这两个地方你不太可能见到游戏开发者。

的建议。

去游戏展会要随身携带什么物品

与人见面时要携带名片。只要字体清晰可读，那么你在名片上面印什么都行。笔者建议你把名片背面留成空白，这样得到名片的人就可以在其背面写一些字，易于他们之后回想起你是谁。

下面列出了其他笔者喜欢带的东西：

- 清新口气的薄荷糖和牙签。
- 口袋工具，像是 Leatherman（类似于瑞士军刀）。房间里如果有什么东西坏了，你能及时修好的话会让人刮目相看。
- 简历。你很满意现在的工作，可以不带简历。但是如果你在找工作的话，一定要随身携带几份简历。

跟进

那么，在之前的展会上你已经和很多人见过面了，也拿到了名片。下一步做什么？

展会过了两个星期，再给你想联系的人写邮件。因为开发者们离开展会后，他们会被海量的邮件和工作淹没。你的邮件格式应大体参考图 15-2。

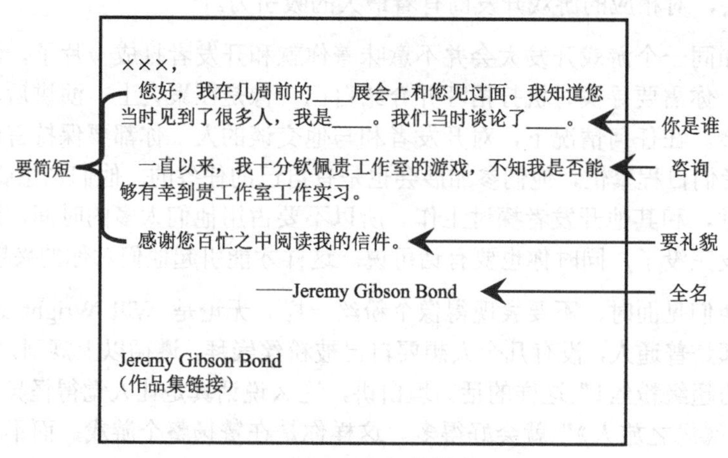

图 15-2　邮件格式

发送邮件后等几周，如果还是没有回音的话，再写一封邮件，开头大概这样："我猜您可能是展会后工作繁忙，无暇阅读我的邮件。所以我再次写了一封想确保您收到信件。"如果第二封邮件还是没有回信，不要再发邮件了。你还会碰到很多业内人士，别惹人烦。

应聘

如果进展顺利，那么之后你就有机会去工作室面试了。你该如何准备呢？

面试前要问什么问题

你的面试官都是游戏开发团队的员工，在面试之前，和你说话的是招聘人员。招聘人员的一部分工作就是让应聘者准备好面试。年末时公司对招聘人员的审核评价一部分是基于他所招纳进公司的员工能力。也就是说，他会尽最大可能让你胜任你的职位，也很乐意回答你面试相关的问题。

要问的问题：

- **我的职位是什么？**你对自己应聘的职位了解得越详细，你就可以做更多的准备。如果在招聘时工作岗位已经明确列出，就不要再问了。
- **我会去哪个项目工作？**公司是针对明确的岗位招聘还是只单纯聘用有才华的员工？咨询这个问题，你就会得到答案。
- **公司文化是什么样的？**每个公司的文化都不相同，尤其是在游戏行业里。这个问题通常会谈到加班和截止前赶工的情况。在面试阶段，你还不需要了解公司的工作条件，但是在签合同前你一定要知道。
- **面试的时候我应该穿什么？**这是看似简单却非常重要的问题，很多人都忽略了。总体来讲，笔者倾向于穿得比工作日的着装更正式一些，但是大多数游戏公司的员工从来不穿西装（也从来不系领带）。记住，你不是去参加晚宴或聚会，也不是约会。笔者的妻子是一名职业的服装设计师和教授，她的建议是：你想要把自己打扮得漂亮，但是你应该把面试官的关注放在你的能力上，而不是你的外表上。

在面试时你想穿一些舒适的衣服，也想穿能让面试官觉得得体的衣服。每个工作室都会有和投资人、媒体、发行商等其他人交谈商讨的时候，而这些人此时的穿着要比在工作室时更庄重一些。工作室在招聘你的时候，他们需要知道在上述的场合中，你能否大大方方地和投资人一起开会，还是只能把你藏在里屋以防丢人现眼，确保自己是前者。

关于穿什么衣服去面试合适，网络上有很多不同的观点，所以你最好咨询一下招聘人员。招聘人员见过无数的应聘者，他们知道穿什么好穿什么不好。

除了衣着，你也应该确保你的发型（包括胡须）看起来不那么随意。

- **面试前，有什么游戏我应该确保玩过？**你绝对应该玩一下你应聘的工作室的游戏。如果你是应聘到一个明确的游戏开发团队的话，那么没玩过其游戏或是前作的话是不可原谅的。你也应该了解一些工作室竞争对手的游戏。
- **你可以告诉我谁会面试我吗？**如果你提前知道谁会面试你的话，你就可以调查他的背景，做一些功课。了解面试官在这里工作以前，曾经参与过哪些项目的制作，或是了解面试官之前曾在哪里就职，都有助于你对他们的背景有更深层次的了解，也让你们有更多交谈的话题。

有些问题是你绝对不能问的：

- **工作室都做过什么游戏？工作室成立多久了？**这些问题的答案在网上太容易找到了。问这样的问题会让人觉得你在面试前没有做任何准备，因此你也不会关心面试结果，也不会重视这份工作。

- **我的薪资是多少？**虽然最后肯定是要问薪资有多少的，但是现在向一名面试官或是招聘人员询问实在是不合时宜的。当你已经拿到这份工作的时候，才可以在协商中讨论薪资问题。

面试结束后

面试之后，你最好手写一些感谢的便条，送给那些和你交谈过的人。在面试期间，尽量随身携带便条，这样你可以及时记录对每个人的印象。“十分感谢您带我进入工作室，特别是您介绍我到 X 团队中去。”这样的便条要比“遇见你太棒了，与你的交谈很愉快。”好得多。这好比是游戏中的道具，手写信件很珍贵，因为它的的确确很稀有。每个月，笔者都会收到上千封电子邮件，超过 100 封邮局信件，却没有一张手写的便条。手写的便条要比邮件好上太多了。

15.4 马上开始做游戏

还没成为游戏公司的一名员工，并不意味着你不能制作游戏。在你阅读完本书，并在编程和原型开发上有一定的经验以后，你可能就想要着手制作一个游戏了。针对这个阶段，下面有一些建议。

加入一个项目团队

笔者知道你心里有一大堆关于游戏的好点子，但是如果你对开发还很陌生，加入一个有开发经验的团队是最好的选择。即便这个团队也像你一样还在摸索中，和团队的其他开发者一起工作，仍然是磨炼技能的最佳方法。

开展自己的项目

一旦你在团队里获得一些经验，或是你找不到一个能与之工作的团队，现在就是自己开始做游戏的时候了。做游戏，你需要五个重要的要素。

正确的想法

关于游戏的想法成千上万，你需要选出一个真正有用的想法，选出一个你知道自己永远不会对其失去兴趣的，或是模仿了你最爱的游戏的，或是其他人认为很有趣的想法。最重要的是，这是一个你能实现的想法。

正确的游戏规模

避免制作内容过多而无法完工是项目的重中之重。大多数开发新手不明白制作一个游戏要花费多长时间，所以他们的游戏制作期望通常都夸大了很多。你应该把游戏的制作范围缩短到游戏的本质内容，删除掉花哨的添加。为保证游戏制作的大小合适，首先你要对完成一个游戏需要多长时间有个实际准确的了解。你要确保你的团队有充分的时间完成制作。

比起一开始就尝试做内容巨大的游戏，尝试先制作小规模的游戏会比较好。记住你玩过的多数游戏都是由大型团队的众多专业人士完成的，更不用说他们有上百万美元资金的支持。在你刚开始起步的时候，设想的小一些，等你做完了以后，你想添加什么内容都可以。避免做的内容过多却无法完成，及时完成小而精的游戏更能打动业内人士。

正确的团队

与他人一起开发游戏是一个长期的过程，所以你要做好长期的准备。不幸的是，能成为好朋友的人不见得是一个合格的团队伙伴。当你在设想你的团队时，你希望他们和你有着同样的工作习惯，最好是都喜欢在一天里的同一个时间段里工作。如果你组建的是个远程团队，同时工作也有助于更好地使用短信或视频交流。

在你组建团队时，你需要和工作伙伴提前商谈好游戏的知识产权所属问题。如果没有事先立下任何协议的话，游戏的知识产权将被默认为所有参与者所有。[3]产权问题很棘手，虽然还没有游戏就讨论这个事情看起来很可笑，但这确实是一个非常重要的商谈协议。笔者也确实目睹过有团队因为在知识产权所属问题上无法谈拢，从一开始就没能开工。你绝对不想处于那样的困境里。

正确的工作计划

在第 14 章“敏捷思维”中，笔者提到了敏捷开发和燃尽图。你在开发项目以前应该先读一遍这章。虽然每个人的游戏规模不同，但是笔者发现对于大多数的学生团队，燃尽图是一个极好的工具，能监控和了解每个员工的开发任务。并且，燃尽图有助于你明白你所估计的工作耗时和实际耗时的差距。通过图标获悉这个时间差距，你能准确估计出完成剩余任务需要的时长。

版税点数

在笔者的公司，笔者一直采用版税点数公平分配所开发独立游戏的版权。版权点数的核心是每个人根据花在整个项目上的时间计算酬劳。下面是笔者的团队如何操作的：

50%的项目收入直接分给公司。这样帮助我们为了将来雇佣其他人储备资金（目前大家只为了未来的版权而工作）。

另一半根据总的版税点数按比例分配给在项目上工作的人。

每在项目上投入 10 个小时，挣得一个点数。

这些点数在游戏的开发和后续支持上持续累积。

点数在一个表格中记录，每个人都可以在任何时候访问（只有笔者可以编辑）。

根据这个点数系统，团队成员可以直接在工作中获取点数，干的越多，占的版权比例就越大。如果团队里面有人没有认真工作，可以从队伍中移除他们，他们仍然保留他们已有的点数，但是他们的贡献随着其他成员持续工作而占比越来越小。

3. 笔者不是律师，笔者也不能给你什么法律建议，只是提供一些自己的经验和理解。如果你有朋友是律师的话，笔者建议你向他们咨询或上网搜索。

这也意味着，后续支持团队最终会获得比开发团队更多的版权点数，设计初衷亦是如此。过去绝大多数小的独立团队会在项目开始给每个人许诺特定比例，让未来很难修改和适应工作情况的变化。笔者认为版税点数允许工作室在保持政策灵活的同时，对每个参与人要兼顾清晰和公平。

完成的决心

在开发的过程中，到一个时间点上，你就会发现自己完全可以做得更好。你发现你的代码一团糟，美工还可以更好，设计漏洞百出。很多团队在这个阶段就离关门大吉不远了。在制作快要接近尾声之时，你需要给自己加一把油。你要有决心和毅力完成游戏。如果说游戏制作的第一杀手是过大的篇幅，那么第二大杀手就是项目最后 10%的冲刺阶段。不要放弃，继续努力，即便游戏不完美，相信我，没有任何完美的游戏，即使成果没有你想象中的那么好，甚至离自己的期望相距甚远，也要完成它。因为只有完整地完成一个游戏，你才能被称作有过开发经验的游戏开发者，这对于你将来寻找合作至关重要。

15.5 本章小结

关于游戏产业的知识，你还有很多内容需要了解，但是本章包含不下了。幸运的是，很多网站和出版物都介绍了游戏产业，像是如何进入产业内部，如何组建自己的公司。在网络上搜索就能很容易地找到，另外 GDC Vault 是找各类演讲的好地方。

如果你选择自己成立公司，那么在这个过程中，你可能会碰到各种绊脚石，你要确保事先找到自己能够信任的律师和会计。律师和会计在如何组建和保护公司权益上有多年的培训与经验，及时向他们咨询能让你的创业之路更轻松从容。

第 II 部分

数字原型

第 16 章

数字化系统中的思维

如果你没编写过程序，本章会带你领略一个全新的世界，你将学会为自己构思的游戏制作数字化原型，并掌握相关的技巧。

本章介绍了制作编程项目时需要具备的思维模式，还给出了一些实例练习，旨在探索这一思维模式，并帮助你从互相关联的关系系统以及从内在含义的角度研究这个世界。通过学习本章，你将具备正确的思维模式，为学习本书“游戏原型实例和教程”部分打好基础。

16.1 棋类游戏中的系统思维

通过本书第 I 部分的学习，你可以认识到游戏是由互相关联的系统构成的。在游戏中，这些系统表示为游戏规则和玩家本身，所有玩家都将某些预期、能力、知识和社会规范带入到游戏当中。比如，以一对棋类游戏中常见的六面骰子为例，你会马上假设在游戏中如何使用这两个骰子。

■ 在棋类游戏中掷骰子 2d6（两个六面骰子）时常见的假设行为

1．每个骰子在掷出后都会随机得到一个 1 到 6 之间（包括 1 和 6）的点数。

2．通常一起掷出两个骰子，尤其是两个骰子的外形、颜色和大小都相同的时候。

3．在一起掷两个骰子时，通常会计算总点数。例如，一个骰子为 3 点，另一个骰子为 4 点时，总点数为 7。

4．如果掷出一对同样的点数（即两个骰子的点数都一样），有时会给玩家特殊利益。

你可能已经想了几种掷骰子时不符合预期的行为方式。

■ 在棋类游戏中掷骰子 2d6 的常见假设限制

1．玩家不能直接用骰子摆出自己想要的点数。

2．骰子必须停在桌面上，并且必须一个面完全朝下才算有效，否则需要重新掷。

3．玩家掷出骰子后，在这一回合内通常不允许再触碰骰子。

4．骰子通常不能掷向其他玩家（或吃下去）。

这些规则很简单，通常不用书面规定，如果在这方面“较真儿”的话会显得过于死板，但这个例子说明：棋类游戏中有很多规则其实并未写入规则手册中，而是由玩家基于公平比赛的共识默契遵守。这一观念可以在很大程度上解释为什么一群儿童可以自创游戏并且他们全都能凭直觉明白玩法。对大多数玩家来说，游戏玩法中隐藏着大量的默认规则。

但是，计算机游戏做每件事时都要依赖明确的指令。尽管计算机经过近几十年的发展，功能已经达到堪称强大的程度，但其本质仍然是无意识的机器，只能每秒上百万次地（甚至更多）依次执行各条明确指令。只有当你把自己的想法编译成非常简单的指令让它执行时，计算机才能产生貌似智能的行为表现。

16.2　简单命令练习

这里有个经典的练习实例，可以帮助学习计算机科学的学生理解如何从简单指令的角度思考问题，方法就是，用简单命令指挥另外一个人从卧姿转为站姿。你需要找个同伴配合完成这一练习。

首先，让同伴仰卧在地板上，然后告诉他严格按你所发出的命令的字面含义做相应动作。你的目标是向同伴发出一系列命令，使他站立起来。但你不能使用“站起来”之类的复杂命令，只能像指挥机器人一样使用简单命令。例如：

- 把你的左胳膊肘弯成 90°。
- 将你的右腿半伸展。
- 将你的左手手心向下放在地上。
- 举起你的右臂指向电视。

事实上，相对于大多数机器人接受能力来说，上述这些简单命令还是过于复杂，而且解读时也容易出现偏差。不过，作为一个练习，简化到这种程度已经足够了，请尝试一下。

你用正确的命令让同伴站立起来花了多长时间？如果你和同伴都尽量遵守这个练习的规则，用时肯定不会短。如果你换不同的人一起做这个练习，你会发现，如果你的同伴事先不知道你需要让他站立起来，那么花的时间会更长。

你在几岁时家长开始让你摆餐具？笔者在四岁的时候，家长就觉得，只要告诉笔者“请把餐具摆好”，笔者就能完成这样复杂的工作了。基于上面的练习，你可以想象一下，要让一个人完成像摆餐具这样复杂的工作，你需要发出多少条简单命令，但是很多儿童在上小学以前就可以自己完成了。

数字化编程的意义

当然，上面的练习不是为了让你失去信心，而是为了帮助你理解计算机的思维方式，用类比的方式说明计算机编程的几个方面。实际上，接下来的两章会增加你的信心，请接着往下看。

计算机语言

笔者在上文中给出了四个简单命令的例子，只是为了大致说明你应该用什么样的语言给同伴发命令。显然，这种语言的定义很模糊。在本书中，我们将使用 C#（英文发音是 see sharp）编程语言，幸好，这种语言的定义要明确得多。我们将在这一部分的后续章节中深入探索 C#语言。十几年来，笔者教过几百名学生，讲过多种编程语言，根据笔者的经验，C#是最佳的编程入门语言之一。尽管 C#比 Processing 或者 JavaScript 之类的编程语言需要学习者更加认真仔细，但它能让学习者更好地理解一些“核心编程”概念，使他们在游戏原型设计和开发的职业生涯中长期获益，还能帮助学习者建立良好的代码书写习惯，使代码开发更加轻松快捷。

代码库

从上面的练习中你可以看到，比起花费力气发出很多简单命令，如果你能告诉同伴“站起来”的话，事情会简单许多。在这里，“站起来”就相当于一个多功能复杂命令，你可以用这个命令把你的要求告诉同伴，而不用考虑同伴最开始是什么姿势。“把餐具摆好”与此类似，也是一个常用的复杂命令，不管要准备什么食物、有多少人就餐，或者是在谁家，都可以通过这样的高级命令得到预期的结果。在 C#中，常用行为的复杂命令集称为代码库（code library）。如果你使用 C#和 Unity 进行开发，有上百个这样的代码库供你使用。

最常用的是把 C#语言集成到 Unity 开发环境的代码库中。这个代码库功能非常强大，以 UnityEngine 的名称导入。UnityEngine 代码库包含用于以下功能的代码：

- 卓越的光影效果，例如烟雾和反射。
- 物理模拟，包括重力、碰撞，甚至是布料模拟。
- 来自鼠标、键盘、游戏手柄、触摸平板的输入。
- 上千种其他功能。

另外，还有几十万种免费或收费的代码库，帮你更轻松地编写代码。如果你要做的工作非常常见（比如让物体在一秒钟内平滑地穿过屏幕），很有可能其他人已经写好了这种用途的代码库（Bob Berkebile 的 iTween 免费代码库就有这一功能）。

业内有许多流行的 Unity 和 C#优秀代码库，这意味着你可以专注于编写游戏中新出现的独特内容，而不必在每次开始新游戏项目时都重复劳动。慢慢地，你也可以把自己代码中的常用片段整理到一个代码库中，以便在多个项目中重用。在本书中，我们会创建一个叫作 ProtoTools 的代码库，在本书的几个项目中使用，并逐渐给它添加功能。

开发环境

Unity 游戏开发环境是本书开发体验的必备工具。Unity 程序可以当作一个开发环境，我们先创建各个游戏组件，然后在这个开发环境中把所有组件组合在一起。在 Unity 中，三维模型、音乐和音频片段、二维图像和纹理以及你编写的 C#脚本，这些资源都不是直接在 Unity 中创建的，但通过 Unity，你可以把它们整合成一个完整的计算机游戏。Unity 还可以用来在三维空间中布置游戏的对象，处理用户输入，设置屏幕中的虚拟摄像机，并最终把这些资源编译成一个可以运行的游戏。在第 17 章“Unity 开发环境简介”中，我们将深入探讨 Unity 的这种能力。

把复杂命令分解为简单命令

通过前面的练习，你一定会注意到，如果不允许给出“站起来”这样的复杂命令，你就需要把复杂命令分解成更细化、更琐碎的简单命令。尽管这在练习时很困难，但你会在编程过程中发现，把复杂命令分解为简单命令的技巧是你处理所面临的挑战时最重要的能力，让你把所要创建的游戏一点一点建立起来。在开发游戏时，笔者每天都会用到这种技巧，笔者敢保证这种技巧也会帮到你。接下来，我们将分解第 28 章“游戏原型 1：《拾苹果》”中的《拾苹果》游戏。

16.3 游戏分析：《拾苹果》

《拾苹果》游戏是本书中制作的第一个游戏原型（见第 28 章）。这个游戏的玩法基于 Activision 的经典炸弹人游戏 *Kaboom!*，*Kaboom!*由 Larry Kaplan 设计，由 Activision 公司于 1981 年发行。多年来，模仿 *Kaboom !* 游戏的版本层出不穷，我们这个版本相对来说不是那么暴力。在原始的 *Kaboom !* 游戏中，有一个“疯狂炸弹投手”的游戏角色不停地扔出炸弹，玩家需要左右移动篮筐接住这些炸弹。在我们这个版本中，玩家使用篮筐收集从树上掉下来的苹果，如图 16-1 所示。

图 16-1 《拾苹果》游戏

在本节中，我们将研究《拾苹果》游戏中的每个游戏对象[1]，分析它们的行为，将这些行为分解为简单命令，以流程图的形式表示出来。通过这个示例，我们可以看到简单命令如何构成复杂的行为和有趣的游戏。笔者建议你在网上试着搜索 *Kaboom!*游戏，看看有没有这个游戏的网络版，在进行游戏分析之前先试玩一下，但是这个游戏的玩法非

1. 游戏对象是 Unity 对游戏中活动对象的称呼。每个游戏对象可以包含多个组件，如 3D 模型、材质信息和 C#代码等。

常简单，即使不试玩也无所谓。

《拾苹果》游戏的基本玩法

玩家控制着屏幕下方的三个篮筐，可以用鼠标左右移动它们。苹果树在屏幕上方快速左右移动，并每隔一段时间掉下一个苹果，玩家必须在苹果落地之前用篮筐接住它。玩家每接住一个苹果就会获得一定的分数，但如果一个苹果落地，所有的苹果就会立即消失，并且玩家会损失一个篮筐。玩家损失全部三个篮筐后，游戏结束。原版 *Kaboom!* 游戏中还有另外一些规则，规定了每接住一个炸弹（苹果）的分数，以及各个关卡如何发展，但这些细节对于游戏分析来说并不重要。

《拾苹果》游戏中的游戏对象

在 Unity 的术语中，游戏中的任何物体（通常指屏幕上可以看到的任何物体）都称为游戏对象（GameObject）。我们也可以使用这一术语指代如图 16-2 所示的各个可见元素。

A．篮筐：篮筐由玩家控制，随鼠标左右移动。篮筐在碰到苹果时即可接住苹果，同时玩家得分。

B．苹果：苹果从苹果树上落下，并垂直向下坠落。如果苹果碰到任何一个篮筐，即被篮筐接住，同时从屏幕上消失（让玩家得分）。在碰到游戏窗口的底边时，苹果也会消失，并且会使其他苹果同时消失。这会使篮筐数目减少一个（按从下到上的顺序减少），然后苹果树上又重新开始掉苹果。

C．苹果树：苹果树会随机向左或向右移动，并不时掉下苹果。苹果掉落的时间间隔是固定的，因此，只有左右移动是随机行为。

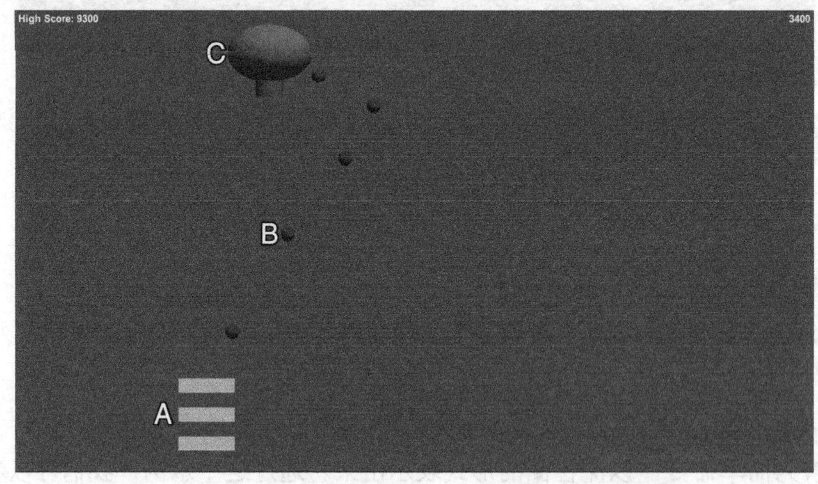

图 16-2　《拾苹果》游戏，图中标出了各类游戏对象

《拾苹果》游戏的游戏对象动作列表

在本节分析中，我们将不考虑原版 *Kaboom!*游戏中出现的难度级别或回合制，而只关注每个游戏对象在各个时刻的动作。

篮筐的动作

篮筐的动作包括：

- 随玩家的鼠标左右移动
- 如果篮筐碰到苹果，则接住苹果[2]

仅此而已！篮筐的动作非常简单。

苹果的动作

苹果的动作包括：

- 下落
- 如果苹果碰到地面，它就会消失，并且使其他苹果一起消失[3]

苹果的动作也非常简单。

苹果树的动作

苹果树的动作包括：

- 左右随机移动
- 每隔 0.5 秒落下一个苹果

苹果树的动作同样非常简单。

《拾苹果》游戏的游戏对象流程图

要考虑游戏中的动作和决策流程，使用流程图通常是一个不错的方法。让我们看看《拾苹果》游戏中的流程图是什么样的。尽管下面的流程图显示了得分和结束游戏等内容，但就目前来说，我们只需要考虑单个回合中发生的动作，所以不必考虑如何实现计分和回合动作。

篮筐的流程图

如图 16-3 所示，用流程图列出了篮筐的行为。游戏的每帧都循环经历这一流程（每秒钟 30 帧以上）。图中最上方的椭圆形代表游戏的帧，方框代表篮筐的动作（例如，随着鼠标左右移动），而菱形代表判别。关于帧的构成，详见“PC 游戏的帧”专栏。

2. 也可以把碰撞当作苹果的动作，但是笔者选择把它当作篮筐的动作。
3. 一个回合结束会让屏幕上所有的苹果消失，并且在下一回合前删掉一个篮筐，但这个不需要成为苹果的动作之一。这个行为会被一个 AppPicker 脚本处理成全局的游戏元素。

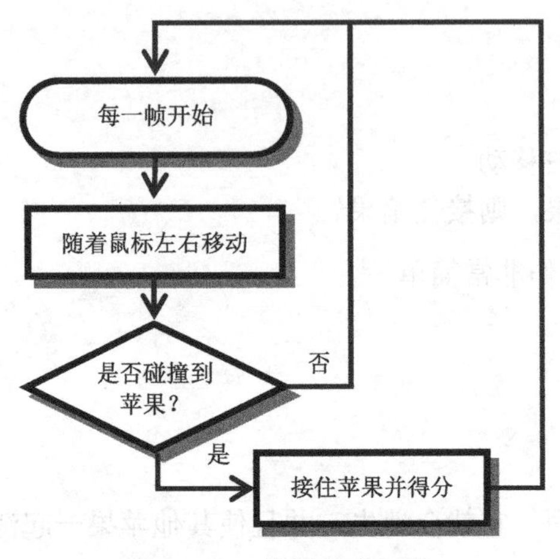

图 16-3 篮筐的流程图

PC 游戏中的帧

“帧”的概念起源于电影行业。从前，电影影片是由成千上万张单独的胶片（称为帧）构成的，这些胶片在快速依次播放时（速度为 16 或 24 帧/秒）就会产生动态的效果。在电视领域，动态效果是由投射到屏幕上的一系列电子影像产生的，这些影像也称为帧（速度约为 30 帧/秒）。

随着计算机图形快到足以显示动画和其他运动影像，在计算机屏幕上显示的各个单幅画面也被称为帧。另外，使计算机屏幕上产生该画面的所有运算都是该帧的组成部分。当 Unity 以 60 帧/秒的速度运行游戏时，它每秒在屏幕上显示 60 幅画面，同时，它还在进行大量必要的数学运算，使物体按要求从一帧运动到下一帧。

图 16-3 显示了让篮筐从一帧运动到下一帧所进行的全部运算。

苹果的流程图

苹果的流程图也非常简单，如图 16-4 所示。

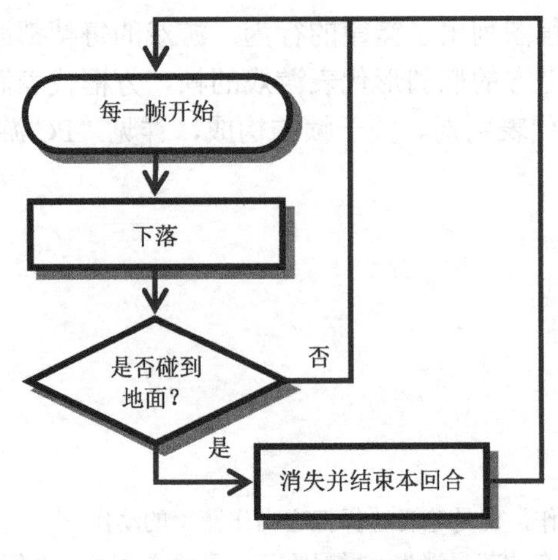

图 16-4 苹果的流程图

苹果树的流程图

苹果树的流程图稍微有些复杂，如图 16-5 所示。因为在每一帧中，苹果树都要做出两个选择：

- 是否变化方向
- 是否落下苹果

可以在运动之前或之后确定是否要变化方向。在本章中，两者都可以。

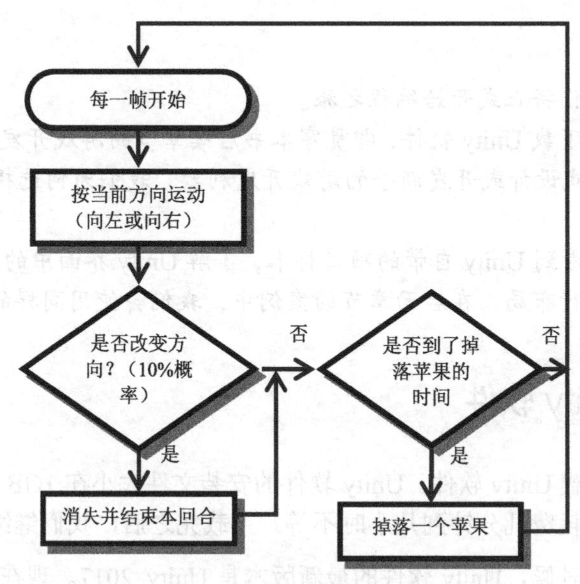

图 16-5　苹果树的流程图

16.4　本章小结

电子游戏可以分解为一系列非常简单的选择和命令。这项工作暗含在本书创建模型的过程中，你在设计和开发自己的游戏项目时也需要进行这项工作。

在第 28 章中，我们会进行详细分析，并演示这些动作列表如何转化为代码，让篮筐运动、苹果下落、苹果树不断地掉下苹果。

第 17 章

Unity 开发环境简介

从本章开始，我们将正式开始编程之旅。

本章将介绍如何下载 Unity 软件，即贯穿本书后续章节的游戏开发环境。我们还会讨论 Unity 为何堪称游戏设计或开发新手的游戏开发利器，我们为何选择 C#作为学习的目标语言。

本章中，你还会看到 Unity 自带的项目样本，了解 Unity 界面中的各种窗口面板，并把这些面板按逻辑进行布局，在后面章节的案例中，我们会使用同样的布局。

17.1 下载 Unity 软件

首先，我们要下载 Unity 软件。Unity 软件的安装文件大小在 1GB 以上，所以，根据网速快慢，下载可能耗费几分钟到几小时不等。下载完之后，我们继续研究 Unity。

笔者在写本书的时候，Unity 软件的最新版本是 Unity 2017。现在 Unity 版本在不断更新，大约每 90 天一个新版本，但不管版本号是多少，我们总是可以从官网地址免费下载到它。

官网提供了与你操作系统相匹配的软件最新版本下载链接，如图 17-1 所示。Unity 有 Windows 和 macOS 两种版本，但在这两个平台上几乎没有差别。Personal 版本就能实现本书需要的功能，单击 Personal 开始下载过程，然后单击页面中出现的下载按钮。Unity 商店经常更新，但是这个下载过程基本是不变的。

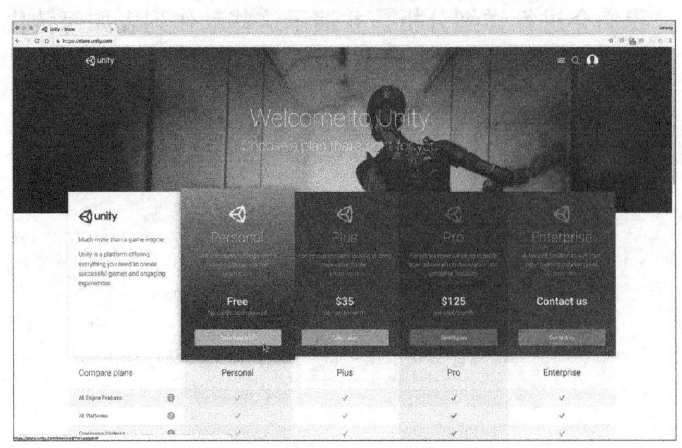

图 17-1　Unity 的下载页面

接下来，计算机会开始下载一个小程序 Unity Download Assistant（小于 1MB），在你开始运行它后就会下载 Unity 的剩余内容。在下载文件夹中你能找到 Unity Download Assistant。

macOS 版

1．打开 UnityDownloadAssistant-x.x.x.dmg 文件（x.x.x 代表刚才安装的版本）。

2．双击 Unity Download Assistant.app（如图 17-2 的图 A 所示）。

3．macOS 询问你是否想要打开这个应用，因为该内容是从网络上下载来的。选择打开（如图 17-2 的图 B 所示）。

4．在安装界面单击“继续”按钮。

5．为了安装 Unity，你需要同意服务条款。

6．如图 17-2 的图 C 所示的界面，单击以下选项：

- Unity x.x.x——当前 Unity 版本。
- Documentation——你会需要它的。
- Standard Assets——一些有用资源，包括粒子效果 、地形等。
- Example Project——后面的章节会讲到它。
- WebGL Build Support——这是将 Unity 项目联网的唯一办法，之后的章节会用到它。

你可能需要输入账户名及密码。

7．Download Assistant 询问你在哪里安装 Unity。笔者建议你安装在主硬盘上更容易找到。然后单击“继续”按钮。

然后 Download Assistant 会开始下载。根据上面笔者建议安装的内容，整个软件大小大约为 3GB，所以可能安装很长时间。

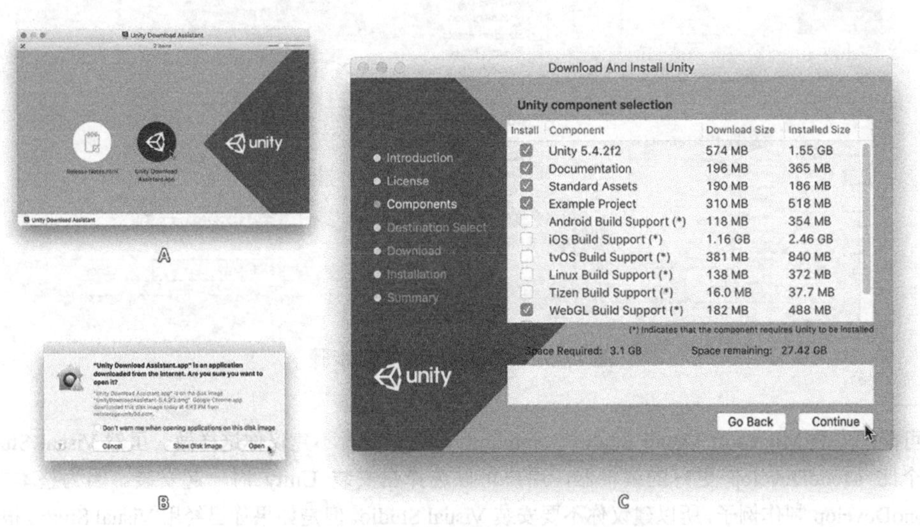

图 17-2 macOS 版的安装步骤

Windows 版

在 Windows 系统上安装 Unity 需要以下步骤：

1．打开刚才下载的 UnityDownloadAssistant-x.x.x.exe（x.x.x 代表下载的 Unity 版本号）。

2．Windows 系统询问是否允许该软件改变你的计算机参数，单击“确认”按钮（如图 17-3A 所示）。

3．在安装界面单击“下一步”按钮。

4．为了安装 Unity，你需要接受许可协议的条款，然后单击“下一步”按钮。

5．你的 Windows 系统应该是 64 位的，所以选择 64-bit。如果你的是 32 位的 Windows 系统，就选择 32-bit。如果想知道自己的系统是 64 位的还是 32 位的话，就打开“设置”中的“系统”（图标看起来像个计算机），然后单击左侧的“关于”选项，你能就看见自己是多少位的了（如图 17-3B 所示）。选择版本后，单击“下一步”按钮。

6．如图 17-3C 所示的界面，选择下列选项：[1]

- Unity x.x.x——当前 Unity 版本。
- Documentation——相信我，你会需要它的。
- Standard Assets——一些有用资源，包括粒子效果、地形等。
- Example Project——本章会讲到它。
- WebGL Build Support——这是将 Unity 项目联网的唯一办法，之后的章节会用到它。

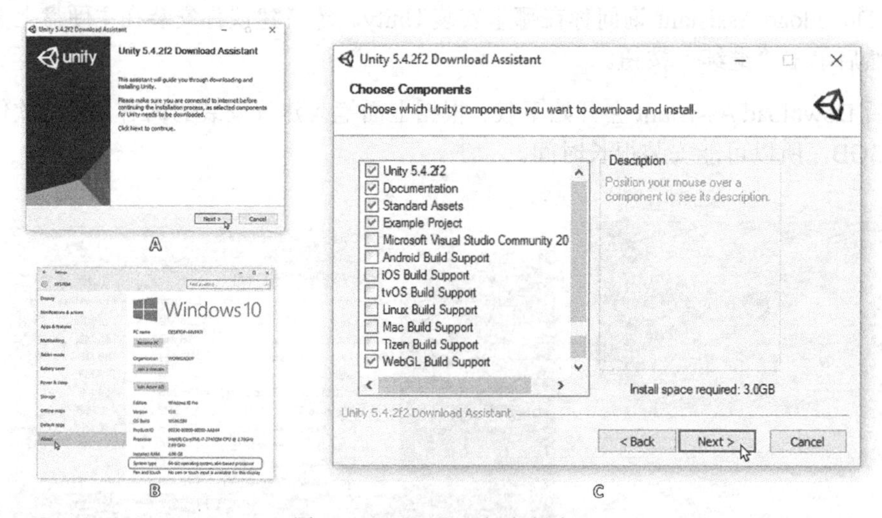

图 17-3 Windows 版安装步骤

1．你可能想安装 Microsoft Visual Studio Community，但是笔者不建议你这样做。虽然 Visual Studio 是一个比 MonoDevelop 更好的编辑器，用户可以选择在安装 Unity 时一起安装。因为整本书都用 MonoDevelop 制作例子，所以建议你不要安装 Visual Studio。但是如果你已经用 Visual Studio 很久了，那么也可以尝试一下。

7. Download Assistant 询问用户安装目录。笔者建议你安装在 C:\Program Files\Unity，然后单击“下一步”按钮。

然后 Download Assistant 会开始下载。根据上面笔者建议安装的内容，整个大小大约为 3GB，所以可能下载并安装很长时间。在等待期间，你可以开始阅读下一小节。

17.2 开发环境简介

在认真学习原型设计之前，需要先熟悉我们所选择的 Unity 开发环境。Unity 本身可以被视作一个组装软件，虽然 Unity 可以把游戏原型中的元素全部组装到一起，但大部分资源是在其他程序中创建的。我们将在 MonoDevelop 中编写代码；在 MAYA、Autodesk、3DS MAX 或 Blender 等三维建模软件中创建模型和材质；在 Photoshop 或 GIMP 等图像编辑软件中制作图像；在 Pro Tools 或 Audacity 等音频编辑软件中编辑声音。我们的大部分时间将用来学习 C#语言编程、MonoDevelop 软件的教程、管理 Unity 的项目。因为 Unity 在整个开发过程中很重要，所以接下来在了解 Unity 如何使用，以及 Unity 环境如何有效设置时要注意。

选择 Unity 的理由

游戏开发引擎有许多，但出于下面几个理由，我们选择使用 Unity。

- **Unity 是免费的**：我们可以使用 Unity 的免费版本创建和开发兼容多个平台的游戏。在写本书时，Unity Plus 和 Unity Pro 有很多 Unity Personal 没有的功能。如果你的公司年收入或启动资金超过 10 万美元，那么一定要买 Unity Plus （35 美元/月），如果超过 20 万美元，那么应该买 Unity Pro（125 美元/月）。Plus 和 Pro 可以分屏，多人游戏同时存在更多角色，还有黑色编辑器皮肤。虽然 Unity 专业版中附加了一些非常实用的功能，但对于学习游戏原型制作的设计者来说，免费版已经够用了。

> **提示**
>
> **Unity 的价格** 随着时间的变化，Unity 的价格有很大变化，所以笔者建议你在官网上仔细了解一下。

- **一次编写，到处部署**：Unity 免费版可以创建兼容 macOS 、Windows、Web、Linux、iOS、Apple tvOS、Samsung TV、Tizen、Windows Store 等各种平台的程序，而且使用相同的源代码和源文件。这种灵活性是 Unity 的核心，事实上，这也是 Unity 公司名称和软件名称的起源。Unity 专业版中还有付费插件，供专业人员创建运行于 PlayStation 3、XBox 360 和其他游戏平台的游戏。
- **良好的支持**：除了优良的说明文档，Unity 还有非常活跃和热心的开发人员社区。全球有几十万名开发人员在使用 Unity，其中很多人在网上各个 Unity 论坛上参与讨论。

- **它非常出色！**笔者和学生开玩笑说 Unity 有一个“变出色”按钮。尽管这种说法严格来说不正确，但 Unity 内置了多种卓越的功能，有时只需勾选某个复选框就可以让你的游戏拥有更佳的外观和体验。Unity 的开发人员已经替你解决了很多游戏编程中的难题，其中包括：碰撞检测、物理模拟、寻找路径、粒子系统、绘制调用批处理、着色器、游戏主循环，以及许多其他代码编写中的难题。我们只需充分利用这些功能创建游戏。

选择 C#语言的理由

在 Unity 中，我们可以从 JavaScript 和 C#两种编程语言中选择一种使用。

JavaScript

JavaScript 经常被认为是为初学者准备的语言，它的语法比较宽容和灵活，通常用于网页脚本编程。JavaScript 最初由网景公司于 20 世纪 90 年代中期开发，被当作 Java 编程语言的“轻量级”版本。它最初充当了网页脚本语言，但是在早期，这也意味着 JavaScript 的各种函数可能会在某种浏览器下运行良好而在另一种浏览器下无法运行。JavaScript 的语法是 HTML 5 的基础，语法也非常接近 Adobe Flash 软件的 ActionScript 3。除此之外，其实是 JavaScript 宽容和灵活的特性使它在本书中退居次席。例如，JavaScript 使用“弱类型”，也就是说，如果我们创建一个名为 *bob* 的变量（或容器），我们可以给它赋任何类型的值，包括数值、单词、整本小说的内容，甚至是游戏的主要角色。由于 *bob* 变量没有变量类型，Unity 永远不知道 *bob* 到底代表什么，它的类型随时都可以改变。JavaScript 的这种灵活性使脚本编写更加乏味，也使程序员无法充分利用现代编程语言中一些强大而有趣的特性。

C#

在 2000 年，微软为对抗 JavaScript 而开发了 C#语言。他们借鉴了 JavaScript 中许多现代编程特性，将其糅合到 C++程序员所熟悉和习惯的语法当中。这意味着 C#具备现代编程语言的全部功能。对于经验丰富的程序员来说，这些功能包括：函数虚拟化和委托、动态绑定、运算符重载、Lambda 表达式和强大的 LINQ 查询库等。对于编程初学者来说，你只需要知道，通过入门 C#会把你培养成更合格的程序员和原型制作人员。在南加州大学的原型制作教学课堂上，笔者在不同的学期分别使用了 JavaScript 和 C#。通过与之前学期中学习 JavaScript 的学生对比，笔者发现学习 C#的学生制作出的游戏原型水平更高，编码习惯更强，对于自己的编程能力也更为自信。

各种语言的运行速度

如果你拥有一定的编程经验，你可能会认为 C#代码在 Unity 中会比 JavaScript 运行得更快。这种推测源于 C#是编译型语言，而 JavaScript 是解释型语言（编译型语言的代码会被编译器编译成机器语言，而解释型语言是在玩家玩游戏的过程中即时解释的，这会导致解释型语言的代码运行得较慢，相关内容将在第 18 章进行讨论）。但是在 Unity 中，每次保存 C#和 JavaScript 代码文件时，Unity 都会导入这个文件，并将其中的语言代码转换为通用中间语言 CIL（Common Intermediate Language），然后才把 CIL 编译成机器语言。因此，不管使用什么语言创建的 Unity 游戏原型的运行速度都一样。

关于语言学习的艰巨性

毋庸置疑，掌握一门新语言并非是一件易事。你之所以购买本书而不是试图自学成才，笔者相信这也是原因之一。和西班牙语、韩语、汉语、法语等人类语言一样，C#中也会有一些内容让人初学起来感觉毫无头绪，笔者可能会让你写一些你不能马上就弄明白的代码。到特定的时候，你可能开始会感觉有些一知半解，但对语言整体仍然似懂非懂（感觉就像你学了一学期的西班牙语，然后去看 Telemundo 电视台的西班牙语肥皂剧）。笔者几乎所有的学生在学完半个学期的课程后会有这种感觉，但在学期结束时，每个人都会对 C#和游戏原型制作更加自信和适应。

请放心，把本书完整地学完之后，你不但会对 C#有足够的理解，而且还能学到几个简单的游戏原型，你可以把它们应用到自己的游戏项目当中。笔者在本书中采用的教学方法，源自笔者多年来教导“编程菜鸟”的经验，笔者教他们学会了如何发掘自身的编程能力，往大了说，笔者让他们有能力把自己的游戏创意转变为可以运行的游戏。你可以从本书中看出，这种教学方法包含三个步骤：

1. **概念介绍**：在要求你编写每个项目的代码之前，笔者会告诉你需要做什么，为什么这样做。在每个教程中，这种关于开发目的的常规概念可以给你提供一个框架，之后再在这个框架上添加本章中引入的各种代码元素。

2. **引导性的教程**：之后，笔者会一步步地引导你学习教程，用可以运行的游戏演示上述概念。与其他教学方法不同，我们将全程编译和测试，这样你就可以发现和纠正 Bug（即代码中的问题），而不是到最后再统一纠错。另外，笔者甚至会给你制造一些 Bug，这样你就会明白它们会造成什么样的错误。以后当你遇到 Bug 时，处理起来也会更简单。

3. **重复练习**：在很多教程中，都会要求学习者重复练习。例如，在第 30 章介绍的射击游戏中，教程会先引导你先创建一种敌人角色类型，然后第 31 章再让你创建三种其他敌人角色类型。请不要跳过这一部分！这种重复练习会让你把概念弄清楚，巩固你的理解。

专家提示

90%的 Bug 是手误　笔者花过太多时间帮助学生们纠正 Bug，现在笔者可以很快地找出代码中的手误。常见的手误包括：

- 拼写错误：即使只打错一个字符，计算机也会无法理解你的代码。
- 大小写错误：对于 C #编译器来说，A 和 a 是两个完全不同的字符，因此 `variable`、`Variable`、`variAble` 是三个完全不同的单词。
- 漏写分号：正如英语中几乎所有句子后面都要有句号一样，C#中几乎所有语句后面都要有分号（；）。如果你漏写了分号，就会在下一行产生一个错误。

> 顺便说一下，C#中使用分号结束语句是因为句号被用作数字中的小数点，也用于变量名称与子变量的点语法（例如：`varName.x`）。

笔者在上文中提到过，笔者几乎所有的学生在学完半个学期的课程后会感到困惑和气馁，而这正是笔者给他们布置经典游戏项目作业的时期。笔者要求他们在 4 周时间内逼真地还原一款经典游戏的游戏机制和体验，这些经典游戏包括《超级马里奥兄弟》《银河战士》《恶魔城》《宝可梦》，甚至是 *Crazy Taxi*[2]。通过强迫学生自己解决问题、规划时间、深挖这些貌似简单的游戏内部机制，可以让学生对 C#产生更深的认识，这时学习才开始步入正轨。这里最关键的要素是，思维方式需要从“我在学习这本教程”转变为“我想做成这件事情……现在我需要怎么做？”在学完本书后，你会做好准备解决自己游戏项目（或者你自己版本的经典游戏项目）中的问题。本书中的教程可能会成为你创建自己游戏的美妙起点。

17.3 首次运行 Unity 软件

第一次运行 Unity 时应该先设置几个内容。[3]

1．Windows 系统可能会询问用户是否允许 Unity 通过防火墙连接网络。请选择允许。

2．软件要求你登录 Unity 账户。如果你还没有账户，就创建一个新的。

3．选择 Unity Personal 版，单击“下一步”按钮，然后会出现许可协议。

4．如果你的公司年收入超过 10 万美元，那么你不能使用 Unity Personal 版。作为本书的读者，你应该选择“I don't use Unity in a professional capacity”，然后单击“下一步”按钮。

5．单击屏幕上方的 Getting Started 按钮，然后观看视频。它会给你一些关于如何启动的提示，不用担心。

演示项目

根据以下步骤打开演示项目：[4]

1．单击窗口上的 Projects 标签后会看见 Standard Assets Example Project，然后打开该项目。

2．项目打开后，你的界面应该和图 17-4 差不多。单击“播放”按钮，如图 17-4 所示。

---

2. 笔者最喜欢重置的经典游戏之一就是《塞尔达传说》，你在第 35 章就会看到。
3. 通常，因为 Unity 每隔 90 天就会公布新版本，所以这些步骤是会变化的。
4. 这里讲到的是用 Unity 5.6 版演示项目的步骤。希望 Unity 以后会公布更好的版本。

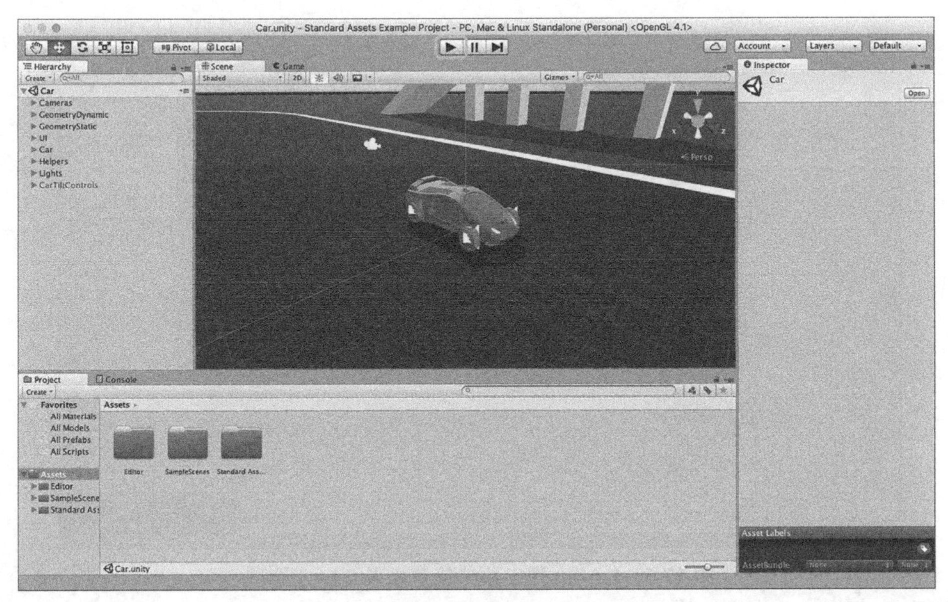

图 17-4　演示项目的“播放”按钮

播放时你可以按下 Esc 键打开菜单。笔者在播放该项目时有一个 Bug，回放时鼠标光标会消失，换到下一个场景时鼠标光标不会出现，所以笔者建议，最后播放第一人称视角的画面。按下 Esc 键后鼠标光标会重新出现，单击“播放”按钮可以暂停。

实话实说，Unity 4 版的演示项目 *Angry Bots* 很好地展现了 Unity，但同时也展示了 Unity 的极限。

Unity 的 YouTube 频道有很多用 Unity 做的游戏视频，搜索 YouTube Unity，然后在 Made with Unity 分组视频中就可以看到。

17.4　设置 Unity 的窗口布局

在正式开始使用 Unity 制作游戏之前，我们需要进行的最后一项工作是合理规划工作环境。Unity 非常灵活，比如它允许你按自己的偏好布置窗口面板。在 Unity 窗口右上角的 Layout（布局）弹出菜单中选择各种不同选项，你可以看到不同的窗口布局，如图 17-5 所示。

1．请从弹出菜单中选择 2 by 3 选项，这是设计布局的第一步。

2．在做其他工作之前，我们首先要让 Project（项目）面板变得更加整洁。请在 Project 面板上单击选项，在弹出菜单中选择 One Column Layout（一栏式布局）选项，如图 17-6 所示。

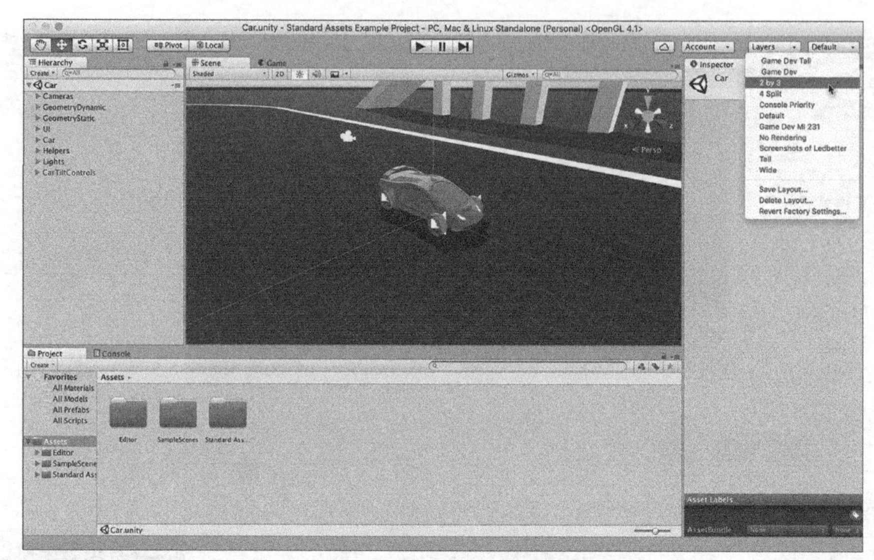

图 17-5　Layout 弹出菜单位置以及 2 by 3 选项

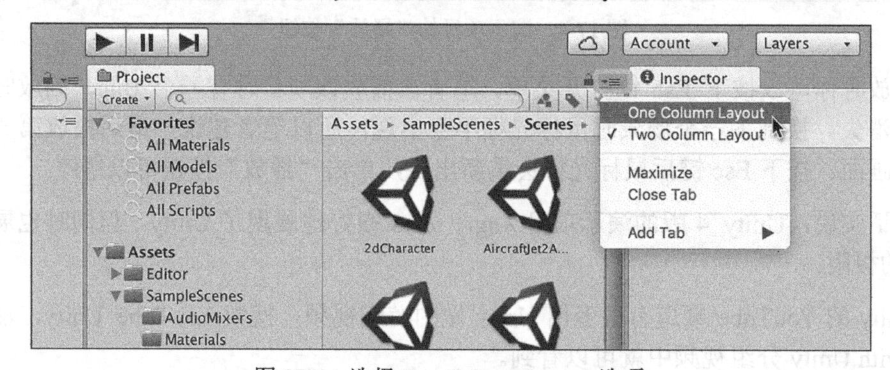

图 17-6　选择 One Column Layout 选项

Unity 允许你移动窗口面板或者调整两个面板中间的边框。如图 17-7 所示，你可以拖动面板的选项卡（图中箭头状光标所指控件）移动面板，也可以拖动两个面板之间的边框（图中水平调整光标所指部位）调整面板边框位置。

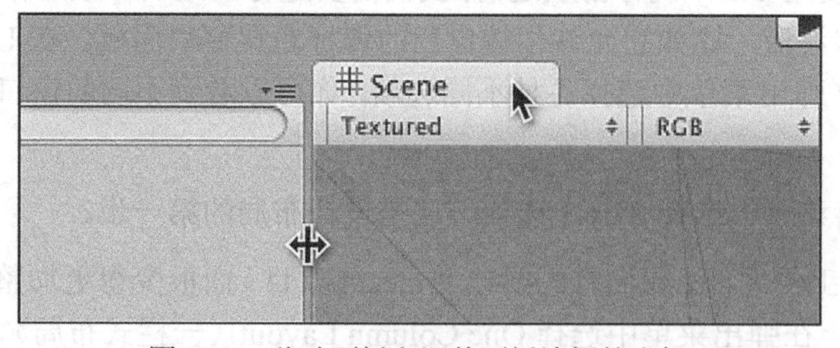

图 17-7　移动面板和调整面板边框的光标

在拖动选项卡移动面板时，在新的位置会预览到虚化的面板形状。在某些位置，面板会停靠，如果发生这种情况，处于虚化状态的面板会显示在新位置上，如图 17-8 所示。

图 17-8 处于虚化状态和停靠状态的面板

3．请移动窗口面板，直到 Unity 窗口达到如图 17-9 所示的 Unity 窗口的合理布局。

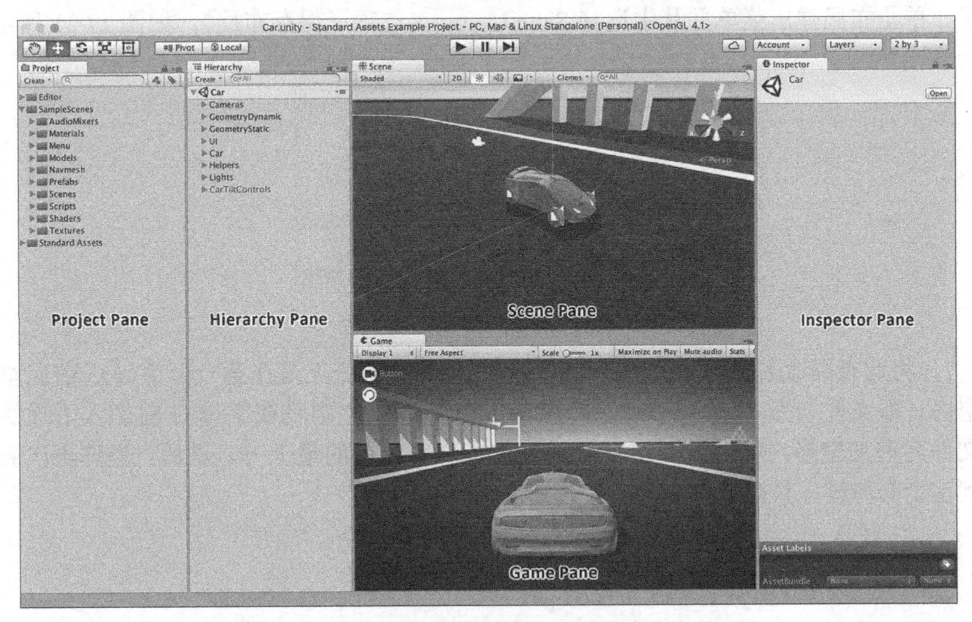

图 17-9 Unity 窗口的合理布局（但仍有所欠缺）

4．我们需要添加 Console（控制台）面板，在菜单栏中执行 Window>Console 命令，把 Console 面板拖动到 Hierarchy（层级）面板下方。

5．之后，你还需要单击并移动 Project 面板到右侧，嵌入 Hierarchy pane 的左侧，松开鼠标后达到如图 17-10 所示的在 Unity 窗口的最终布局。

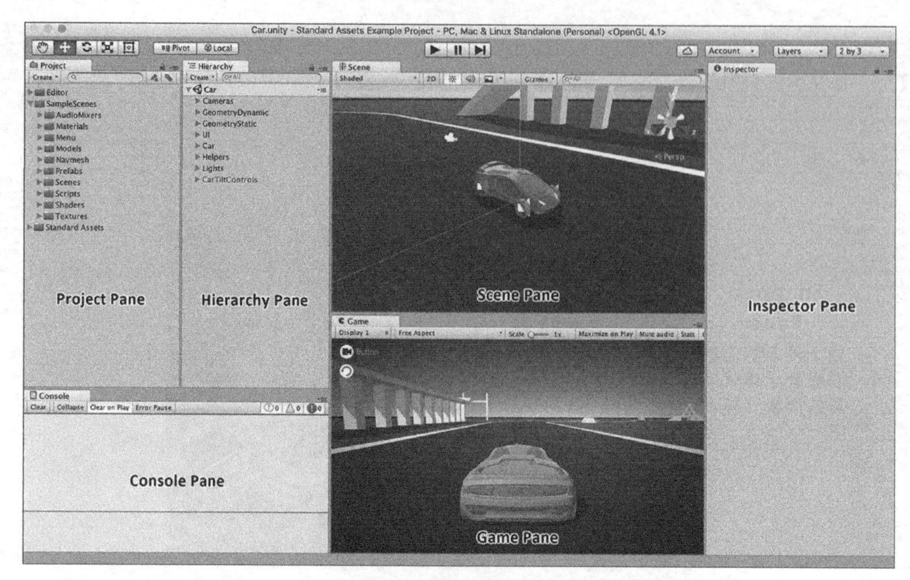

图 17-10　Unity 窗口的最终布局，包含 Console 面板

6. 现在你只需在 Layout 弹出菜单中保存当前布局即可，这样下次你就不需要从头再来了。单击布局弹出菜单并从中选择 Save Layout...选项（保存布局），如图 17-11 所示。

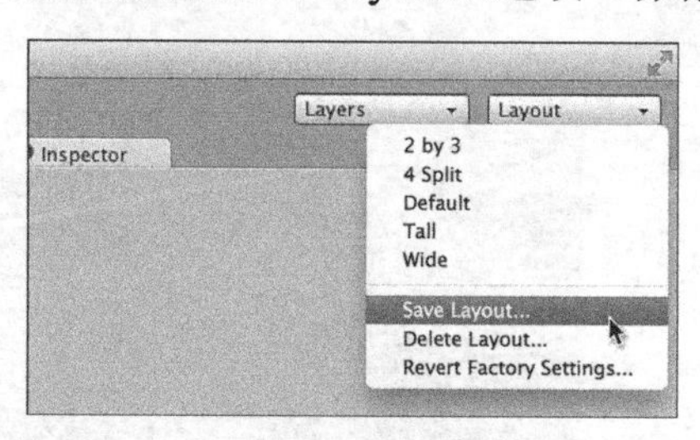

图 17-11　保存布局

7. 将此布局命名为 Game Dev 保存，在 macOS 系统上是在第一个字母 G 前保留一个空格（即文件名为“ Game Dev”），在 Windows 系统上则是在字母 G 前加入下画线。在文件名前加空格，可以保证这个布局总是出现在菜单的最上方。以后，当你再次需要用到这个布局时，只需从弹出菜单中选中它就可以了。

17.5　熟悉 Unity 界面

在我们正式进行代码编写之前，你需要对刚才布置的各个窗口面板有一定了解。接下来在探讨每个面板的时候，你可以参考图 17-10 的内容。

- **Scene（场景）面板（后文统称“场景面板”）**：场景面板为你提供三维场景内容的导航，允许你选择、移动、旋转或缩放场景中的对象。
- **Game（游戏）面板（后文统称“游戏面板”）**：你可以在游戏面板中查看游戏运行时的实际画面，这里是刚才你播放演示项目的地方。这个面板还用来显示场景中主摄像机的视图。

- **Hierarchy（层级）面板（后文统称“层级面板”）**：层级面板展示了当前场景中包含的每个游戏对象（GameObject）。在目前这个阶段，你可以把场景当作游戏的关卡。从摄像机到游戏角色，场景中存在的所有东西都是游戏对象。
- **Project（项目）面板（后文统称“项目面板”）**：项目面板包含了项目中所有的 Assets（资源）。每一项资源都是构成项目的一个任何类型的文件，包括图像、三维模型、C#代码、文本文件、音频、字体等文件。项目面板是对 Assets 文件夹的一个映射，该文件夹位于计算机硬盘上 Unity 项目文件夹下。这些资源不一定出现在当前场景中。
- **Inspector（检视）面板（后文统称“检视面板”）**：当在项目面板中选中一项资源，或在场景面板或层级面板中选中一个游戏对象时，你可以在检视面板中查看或编辑它的相关信息。
- **Console（控制台）面板（后文统称“控制台面板”）**：你可以在控制台面板中查看 Unity 软件给出的关于错误或代码 Bug 的消息，也可以通过它帮助自己理解代码的内部运行情况[5]。在第 19 章“Hello World：你的首个程序”和第 20 章“变量和组件”中，我们会频繁用到控制台面板。

17.6 本章小结

关于如何安装文件，到这里就讲完了。接下来，我们会正式开始游戏开发！如本章中所见，Unity 可以创建非常出色的视觉效果和引人入胜的游戏。在下一章中，你会开始写自己的第一个 Unity 程序。

5. Unity 中的 `Print()` 和 `Debug.Log()` 函数可以将消息显示在控制台面板中。

第18章

C#编程语言简介

本章将介绍C#语言的一些重要特性，并且说明选择它作为本书编程语言的原因。本章还回顾了C#语言的基本语法，解释了一些C#简单句式结构的含义。

通过本章的学习，你将对C#有更深刻的理解。

18.1 理解C#的特性

如第16章“数字化系统中的思维”所述，编程其实是给计算机发出一系列的简单命令，C#语言正是用来做这个的。目前存在着许多编程语言，这些编程语言各有所长，也各有所短。C#语言的特性在于它：

- 是编译型语言
- 是托管代码
- 是强类型语言
- 基于函数
- 面向对象

接下来笔者将分别说明上述特性，这些特性将会以多种方式给你提供帮助。

C#是一种编译型语言

大部分人在编写计算机程序时，他们所用的编程语言并不能被计算机所理解。事实上，市面上的每种处理器芯片所能理解的简单命令集都稍有不同，这些命令集一般被称为机器语言。这种语言在芯片上执行起来非常快，但是人类很难读懂。

例如，000000 00001 00010 00110 00000 100000

这样一行机器语言在某种处理器芯片上有一定的含义，但是对人类来说没什么意义。你可能注意到了，机器代码的字符只有0或1。因为所有更复杂的数据（数字、字母等）都可以分解为单个二进制数据（即0或1）。你或许知道，人们曾经使用穿孔卡进行计算机编程，他们是这样做的：对于某些格式的二进制穿孔卡，在卡片材料上打一个孔代表1，而不打孔则代表0。

为了让人们更容易编写代码，于是诞生了便于人类阅读的编程语言（有时称为编辑语言）。你可以把编程语言当作人和计算机之间的一种过渡语言。像C#这样的编程语言，一方面有足够的逻辑性和简单性，让计算机易于编译；另一方面还近似于人类语言，让程序员易于读懂。

编程语言还分为编译型语言和解释型语言，前者包括 BASIC、C++、C#和 Java 等，后者包括 JavaScript、Perl、PHP 和 Python 等，如图 18-1 所示。

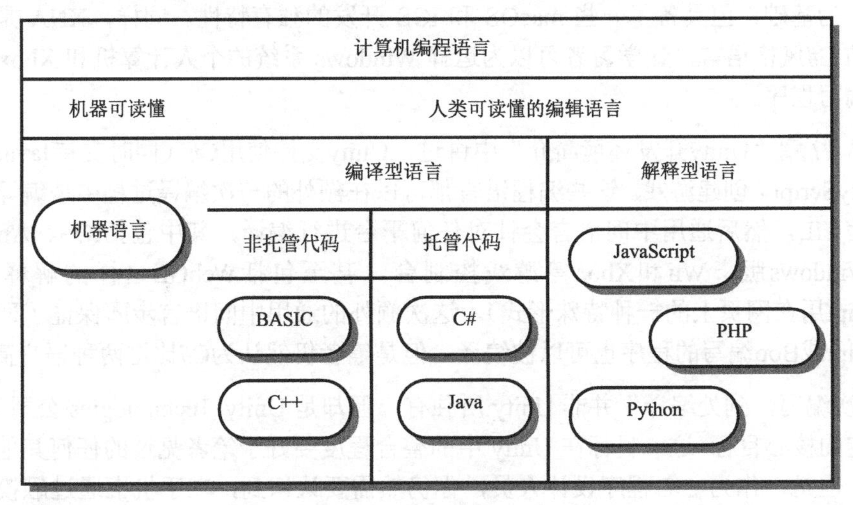

图 18-1　编程语言分类图

在解释型语言中，编辑和执行代码有两个步骤：

- 程序员先编写游戏代码。
- 然后在玩家每次玩游戏时，代码都是实时由编程语言转化为机器语言的。

这样做的好处是使代码具有可移植性，因为代码可以专门针对当前计算机进行解释。例如，一个网页上的 JavaScript 几乎可以在所有新款计算机上运行，不管计算机上运行的系统是 macOS、Windows 还是 Linux，甚至连 iOS、Android 这样的移动操作系统也没问题。但是这种灵活性也会造成代码执行速度缓慢，原因为在计算机上解释代码会花费时间，编程语言没有专门为运行代码的设备做优化，还有许多其他原因。因为一段解释型代码要在所有设备上运行，所以无法针对某种运行设备做优化。正是因为这种原因，使用 JavaScript 这样的解释型语言创造的 3D 游戏运行会很慢，即使在同一台计算机上，也会比用编译型语言创建的游戏慢许多。

使用 C#等编译型语言，编程过程分为三个独立的步骤：

- 用 C#这类语言编写代码。
- 编译器转换代码为可执行文件。
- 执行编译后的程序。

中间多出的编译步骤是把代码从编程语言转化为可执行文件（即应用程序或 App），该文件无需解释器即可直接在计算机上运行。因为编译器既完全理解该程序又完全理解该程序运行的平台，所以它可以在编译过程对许多项进行优化。对于游戏来说，这些优化直接体现为更高的帧率、更细致的画面和更灵敏的游戏操作体验。正是因为这种优化或速度上的优势，多数高成本投入的游戏都使用编译型语言开发，但这也意味着必须针对每种运行平台进行一次编译。

在很多情况下，编译型语言只适用于一种运行平台。例如，Objective C 是苹果计算机独有的编程语言，用于制作 macOS 和 iOS 系统上的应用程序。这种语言以 C 语言（C++的前身）为基础，但具备了一些 macOS 和 iOS 开发的独有特性。同样，XNA 是微软专门开发的 C#风格语言，让学习者可以为运行 Windows 系统的个人计算机和 Xbox 360 游戏主机编写程序。

在第 17 章"Unity开发环境简介"中讲过，Unity支持使用C#（同时支持JavaScript风格的UnityScript）创建游戏。这些编程语言都可以在额外的一次编译过程中被编译为通用中间语言CIL，然后通用中间语言会针对任何平台进行编译，其中包括iOS、Android、Mac、Windows版、Wii和Xbox等游戏控制台，甚至包括WebGL这样的解释型语言（JavaScript用在网页上的一种特殊形式）。这次额外的通用中间语言步骤保证了即使是用UnityScript或Boo编写的程序也可以被编译，但是笔者仍然认为C#比这两种语言高级。

"一次编写，到处编译"并非 Unity 所独有，但却是 Unity Technologies 公司为 Unity 软件设定的核心目标，这一目标在 Unity 中的整合程度要好于笔者见过的任何其他游戏开发软件。但是，作为一名程序设计人员，你仍然需要认识到，在手机上通过触摸方式操控的游戏与在个人计算机上通过鼠标和键盘操控的游戏之间，以及使用虚拟现实和增强现实技术的游戏之间，其设计也会存在差异。因此，不同平台上的代码通常会有细微的差异。

C#是托管代码

BASIC、C++、ObjectiveC 等多数传统的编译型语言需要程序员直接管理内存，要求程序员每次创建或销毁变量时都要手动分配和释放内存[1]。在这些编程语言中，如果程序员没有手动释放内存，程序会发生"内存泄露"，最终占完计算机所有内存，导致计算机崩溃。

幸运的是，C#属于托管代码，也就是说，内存的分配和释放是自动进行的。[2]在托管代码中仍然可能发生内存泄漏，但意外导致内存泄漏的情况会很难发生。

C#是一种强类型语言

在后面的章节中会对变量进行更多讲解，但是目前你需要知道一些关于变量的知识。首先，变量只是一个具有命名的容器。例如在代数中，你可能见过类似于下面的表达式：

---

1. 内存分配是从计算机的随机存取存储器（RAM）中划分出特定大小的空间，使其可以容纳一段数据的过程。尽管现在的计算机通常都有数百 GB 的硬盘空间，但其 RAM 大小通常不超过 20GB，RAM 比硬盘要快得多，所以所有程序都把图像、音频等资源从硬盘中读取出来，在 RAM 中分配部分空间，把这些资源存储到 RAM 中，以便快速访问。
2. 托管代码的缺点之一是，很难控制释放和分配内存。自动分配和释放的过程叫作 garbage collection。在一些机能较弱的设备上（如手机等），游戏可能会发生帧率问题，虽然很难发现。

```
x = 5
```

上面这行代码创建了一个名为 x 的变量，并为它指定了一个数值 5。如果想知道 x + 2 的值，你肯定回答的结果是 7，因为你记得 x 中存储的数值是 5，也记得+2。在编程中，变量的作用也正是如此。

在 JavaScript 等多数解释型语言中，在单个变量中可以存储任何类型的数据。x 可能现在存储数值 5，过一会儿可能存储一张图像，之后又可能存储一个音频文件。如果一种编程语言允许变量存储任意类型的数值，我们就称这种语言是弱类型语言。

相反，C#则是一种强类型语言。也就是说，我们在创建变量的同时，会指定它可以存储的数据的类型：

```
int x = 5;
```

在上面这个语句中，我们创建了一个名为 x 的变量，规定它只能存储 int 数值（即不带小数的数值），并为它赋值为 5。尽管强类型语言会使编程变得更困难，但它可以让编译器执行得到更多优化，也让 Unity 的代码编辑器 MonoDevelop 可以进行实时语法检查（非常类似 Word 的语法检查）。这也强化了 MonoDevelop 的代码自动完成功能，这种技术使它可以预测你将要输入什么单词，并基于已经写出的代码提供有效选项。有了代码自动完成功能，当输入代码时发现 MonoDevelop 提供了正确的自动完成建议，你只需按下 Tab 键接受建议。当你习惯这种操作以后，就能每分钟节省数百次的按键动作。

C#是基于函数的语言

在早期的编程中，程序是由一系列命令构成的。这些程序直接从头运行到尾，有点类似有朋友开车到你家，你这样给他指路：

1. 从学校出发，沿 Vermont 街向北走。
2. 到 I-10 公路向西拐，走 7.5 英里。
3. 到 I-405 交叉路口，上 I-405 公路再向南走 2 英里。
4. 从 Venice 大道下公路。
5. 右拐上 Sawtelle 大道。
6. 我家就在 Venice 北头的 Sawtelle 大道的边上。

后来，可重复的片段以循环（一段重复执行的代码片段）和子过程（只能以跳入、执行、返回的方式运行的代码片段）的方式加入程序中。

过程化语言的发展（比如利用函数的语言）[3]允许程序员为一段代码定义名称，同时将特定功能封装（即将一系列的动作组合在一个函数名称下）在里面。例如，如果上文中除了给朋友指路，你还要让他顺路帮你买牛奶过来，他自己知道如果他在路上看到商店，他应该停车、下车、进商店找到牛奶、付款、回到车上、继续上路去你家。因为你

3. 函数语言还有 Lisp、Scheme、Mathematica（Wolfram Language）和 Haskell，但是这些函数语言的“函数”和我们写的 C#的函数不一样。

的朋友已经知道怎么买牛奶，所以你只需要告诉他“买牛奶”（BuySomeMilk），而不必告诉他那些细枝末节。这个对话差不多应该是这样的：

“路上要是有商店，能帮我 BuySomeMilk()吗？”

在这句话中，你把所有与买牛奶有关的动作封装到一个名为“BuySomeMilk()”的函数中了。在过程语言中，同样也可以这样做。当计算机处理 C#语言代码并遇到一个带圆括号的函数名时，它就会调用这个函数（即执行函数中封装的所有动作）。你会在第 24 章“函数与参数”中学到更多关于函数的知识。

函数还有另一大妙处，你写完“BuySomeMilk()”函数代码之后，将来就不必重新写了。即使你在写另一个全新的程序时，你也可以把“BuySomeMilk()”的代码重复使用，而不必从头再写。在本书中，你会写一个名为 Utils.cs 的脚本，其中包括很多可重复使用的函数。

C#是面向对象的语言

函数的概念出现许多年后，人们又发明了面向对象编程（OOP）。在 OOP 中，功能和数据都被封装到对象中，严格点说，其实是封装到类中。在第 26 章“类”中将对它进行全面讨论，这里只做一个类比。

假设有各种动物，每种动物都了解其自身的一些特定信息，这些信息可以是物种、年龄、体形尺寸、情绪状态、饥饿程度、当前位置等。每种动物都能做出一些动作，例如进食、描述、呼吸等。上面这些信息类似于代码中的变量，而动物能做出的这些动作类似于函数。

在 OOP 编程出现之前，用代码表示的动物只包含数据信息（即变量），但不能做出任何动作。这些动作是由与这些动物无关的函数实现的。程序员可以写一个 Move()函数，用来描述所有动物的移动，但他可能必须写好几行代码，以确定当前移动的动物是什么。例如，狗需要奔跑，鱼需要游泳，而鸟需要飞翔。程序中每加入一种新的动物，都需要修改 Move()函数以适应这种动物的移动方式，而 Move()函数也会变得越来越庞大，越来越复杂。

在面向对象中引入了类和类继承的思想，从而彻底改变了这一状况。类将变量和函数组合在一起，形成一个完整的对象。在 OOP 编程中，你不需要编写一个可处理所有动物运动的大型 Move()函数，而只需为每种动物写一个更小、更具体的 Move()函数。这样，每次添加一种新动物时，你不必每次都修改 Move()函数，而是为每种新动物编写一个更小的 Move()函数。

在面向对象中还包括类继承的概念。它可以允许类拥有更为具体的子类，并且允许每个子类继承或重写父类的函数。通过继承，可创建一个名为 Animal 的类，其中包括所有动物共有的数据类型声明。这个类将包含一个 Move()函数，但这个函数并不确定。在 Animal 类的子类（例如 Dog 和 Fish）中，可重写 Move()函数，产生行走或游泳的行为。这是现代游戏编程中的一个关键元素，如果你希望创建一个基本的 Enemy 类，之后根据具体细分需要，再创建每种 Enemy 子类，它可以充分满足具体的要求。

18.2　阅读和理解 C#语法

与所有其他编程语言一样，C#遵守自己特定的语法。请阅读下面的汉语示例语句：

- 狗咬松鼠
- 松鼠狗咬
- 狗松鼠咬
- 咬狗松鼠

上面四个句子的文字都一样，但顺序不同，因为你熟悉汉语，所以可以轻松地知道第一句正确，其他三句都是错的。

你也可以用句子成分这样的抽象概念检查这些句子：

- [主语] [动词] [宾语]
- [宾语] [主语] [动词]
- [主语] [宾语] [动词]
- [动词] [主语] [宾语]

改变句子成分先后顺序的同时，句子的语法也发生了变化，后面三句是不正确的，因为存在语法错误。

与其他编程语言一样，C#有自己的语法规则，必须按这些语法规则书写语句。接下来我们以下面这个简单语句为例：

```
int x = 5 ;
```

如前文所述，这个语句做了以下几件事：

- 声明了一个名为 x 的 int 变量。
- 在任何以变量类型开头的语句中，语句的第二个单词都是新声明的该类型变量的名称（见第 20 章“变量和组件”），称为“声明一个变量”。
- 将 x 的值定义为 5。
- 等号（=）用于为变量赋值（也称为定义变量，第一次为变量赋值）。
- 这时，等号左侧是变量名称，等号右侧是为变量所赋的数值。
- 以分号（;）结束语句。
- C#中的每个简单语句都必须以分号（;）结束，这与英语句子结尾处的句号（.）类似。

> **提示**
>
> C#语句为什么不以英文句号（.）结尾呢？计算机编程语言必须要有明确含义。C#语句不以英文句号结尾的原因是，这个符号已经用作数字中的小数点了（例如 3.14159 中的小数点）。为了明确，分号在 C#语言中仅用于表示语句结束。

现在，让我们再添加一个简单语句：

```
int x = 5 ;
int y = x * ( 3 + x );
```

第二个语句做了以下几件事：

- 声明了一个名为 y 的 int 变量。
- 计算 3 + x（即 3+5，结果为 8）。
- 与代数中一样，首先执行圆括号内的运算，即首先计算圆括号中 3 + x 的值。这两个数的和为 8，因为在上一个语句中，x 的值被定义为 5。请参阅附录 B“实用概念”中的“运算符优先级和运算顺序”，详细了解 C#中的运算顺序，但在编程中需要牢记一点，如果你对于运算顺序存在任何疑问，应使用圆括号消除这些疑问（同时提高代码的可读性）。
- 计算 x×8 的乘积（x 是 5，因此结果是 40）。
- 如果没有圆括号，乘法和除法则优先于加法和减法执行。那样的话就变成了 x * 3 + 5，也就是 5 * 3 + 5，然后 15+5，最后得 20。
- 将变量 y 的值定义为 40。
- 以分号（;）结束语句。

在本章结束之前，我们最后再看两个 C#语句。在本例中，每个语句前面都加上了引号。加上引号以后，可以更容易引用代码中的特定语句，笔者希望，你在计算机上输入本书中的代码时，这些引号可以帮你更轻松地阅读和理解这些代码。要记得，你不需要在 MonoDevelop 中输入这些引号。在你编写代码时，MonoDevelop 将自动为代码生成引号：

```
1   string greeting = "Hello World!";
2   print ( greeting );
```

这两个语句处理的不是数字，而是字符串（一系列的字符，例如词语或句子）。在第一个语句中：

- 声明了一个名为 greeting 的 string 类型变量。
- string 即字符串，与 int 相似，也是一种变量类型。
- 将变量 greeting 的值定义为"Hello World!"。
- "Hello World!"两头的双引号告诉 C#其中所包含的字符串应当作原义字符串处理，在编译器解释时不要为添加其他含义。在代码中加入“ x = 10”的原义字符串不会将 x 的值定义为 10，因为编译器知道忽略双引号中的原义字符串，而不是解释成 C#代码。
- 以分号（;）结束语句。

在第二个语句中：

- 调用 print()函数。
- 如之前所讨论的，函数是命名的动作集合。在函数被调用时，函数会执行其中包含的动作。你可能会想到，print()函数中包含了将字符串输出到控制台面板的动作。当代码中出现一个单词后面带有一对圆括号时，这个语句不是定义函数，就是调用函数。直接写出函数名称和圆括号，表示调用函数，执行函数中的代码。

在下一章中，你会看到定义函数的例子。

- 将变量 greeting 传递给 print() 函数。
- 有些函数只执行动作，不要求参数，但很多函数要求传入一些内容。在函数后面的圆括号中包含的变量是传递给函数的参数。在本例中，变量 greeting 被传递给函数 print()，在控制台面板中会输出 Hello World!字样。
- 以分号（;）结束语句。
- 每个简单语句都以分号结束。

18.3　本章小结

你已经了解了一些关于 C#和 Unity 的知识，接下来可以用你的首个程序将二者结合使用了。下一章，笔者将带领你创建新的 Unity 项目、创建 C#脚本、向脚本中添加代码，操作 3D Game Object。

第 19 章

Hello World：你的首个程序

欢迎进入编程的世界。

在本章结束时，你将完成自己第一个项目的创建，并写出你的首段代码。很长时间以来，“Hello World”是编程语言学习中的首个程序，本章也以经典的“Hello World”项目开始，然后学习具有 Unity 特色的其他内容。

19.1 创建新项目

现在已经配置好了 Unity 窗口（见上一章），是时候创建你自己的程序了。当然，第一步应该是创建新项目。

附录 A“项目创建标准流程”中详细讲解了如何为本书各章创建 Unity 新项目。在本书每个项目开始之前，你会看到类似下面的注释框，请根据注释框中的指导创建本章所讲的新项目。

为本章创建新项目

按照标准的项目创建流程，在 Unity 中创建一个新项目。标准的项目创建流程，请参阅附录 A。

- 项目名称：Hello World
- 场景名称：（暂无）
- C#脚本名称：（暂无）

你应当参阅附录 A 中的完整流程，但现在，你只需创建新项目。场景和 C#脚本将在本章中创建。

当在 Unity 中创建项目时，你实际上创建了一个包含所有项目文件的文件夹。如你所见，在 Unity 完成项目创建时，新项目自带一个仅包含一个主摄像机（Main Camera）的空白场景，项目面板中空无一物。在做其他事之前，你应在菜单栏中执行 File>Save Scene 命令保存场景。Unity 将自动为场景选择正确的保存位置，所以只需将它命名为_Scene_0 并单击 Save 按钮保存[1]。现在，你的场景将出现在项目面板当中。

---

1. 场景名称_Scene_0 中的下画线（_）可以让场景永远排列在项目面板的最上方（在 macOS 系统上）。

右击项目面板，选择 Reveal in Finder（在查看器中显示）选项，如果是 Windows 系统，该选项文字为“Show in Explorer”（在资源管理器中显示），如图 19-1 所示。

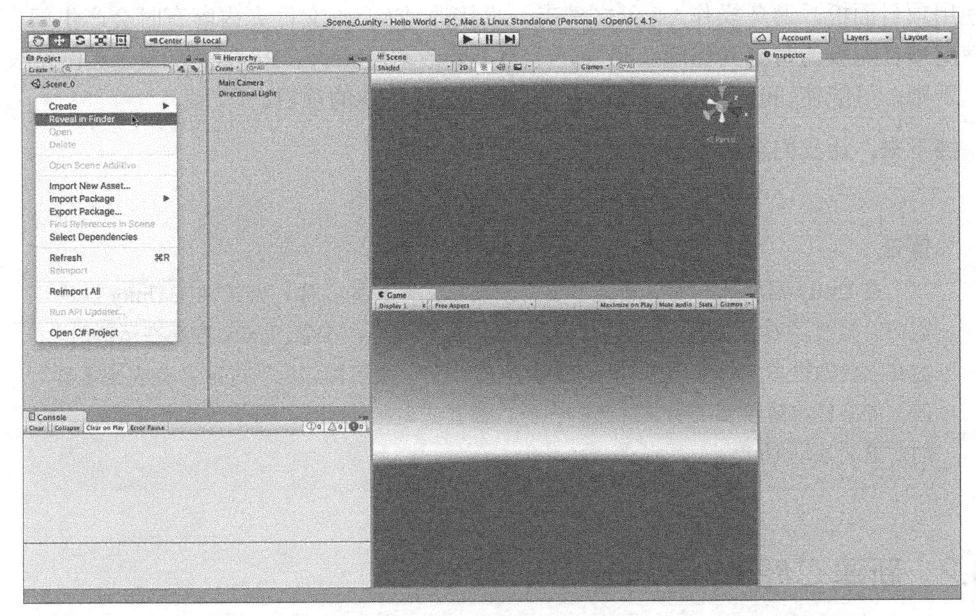

图 19-1 显示项目面板的弹出菜单中的 Reveal in Finder 选项

提示

在 macOS 系统的鼠标或触控板上进行右击操作可能不像在 Windows 系统上那样直观。关于如何操作，请查看附录 B“实用概念”中的“在 macOS 系统中实现鼠标右击”。

选择 Reveal in Finder 或（Show in Explorer）选项后，将在查看器（或者资源管理器）中显示 Hello World 项目文件夹，如图 19-2 所示。

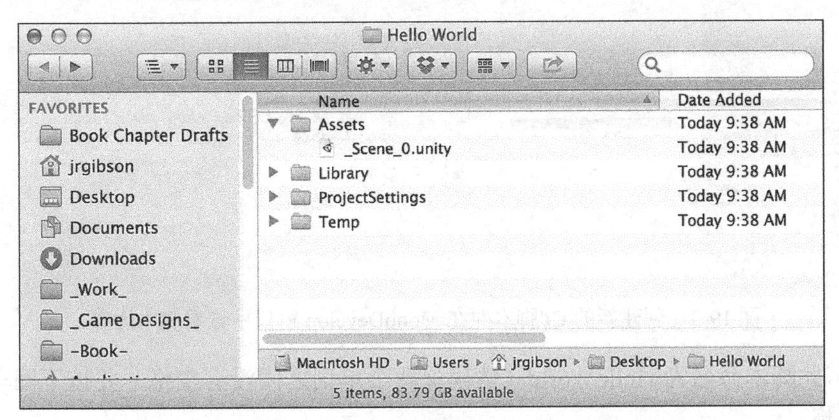

图 19-2 在 macOS 系统的查看器中的 Hello World 项目文件夹

如图 19-2 所示，在Unity的项目面板中显示的所有内容都存储在Assets文件夹中。理论上，你可以将Assets文件夹和项目面板互换使用（例如，如果你在Assets文件夹中添加一张图片文件时，这张图片也会显示在项目面板当中，反过来也如此），但笔者强烈建议仅使用项目面板，避免操作Assets文件夹。直接改动Assets文件夹内容有时会产生问题，而使用项目面板通常更为保险。另外，千万不要改动Library、ProjectSettings或Temp文件夹。否则，可能使Unity出现异常行为，甚至可能损坏你的项目。

接下来，让我们重新回到 Unity。

> **警告**
>
> **在 Unity 程序运行时，千万不要修改项目文件夹的名称** 如果你在 Unity 程序运行时修改了项目文件夹的名称，Unity 程序会崩溃得很难看。Unity 程序在运行时，会在后台做很多文件管理工作，如果此时修改文件夹名称，几乎肯定会造成程序崩溃。如果你希望改变项目文件夹的名称，需要先退出 Unity，再修改文件夹名称，然后重新启动 Unity。

19.2 新建 C#脚本

现在已是万事俱备，你可以编写你的首段代码了。我们将在后续章节中以很大篇幅研究 C#，但现在，你只需将在这里看到的代码复制过去。

1．在项目面板中单击 Create（创建）按钮，执行 Create>C# Script 命令，如图 19-3 所示。项目面板中将添加一个新的 C#脚本，脚本名称将自动处于选中状态，以便进行修改。

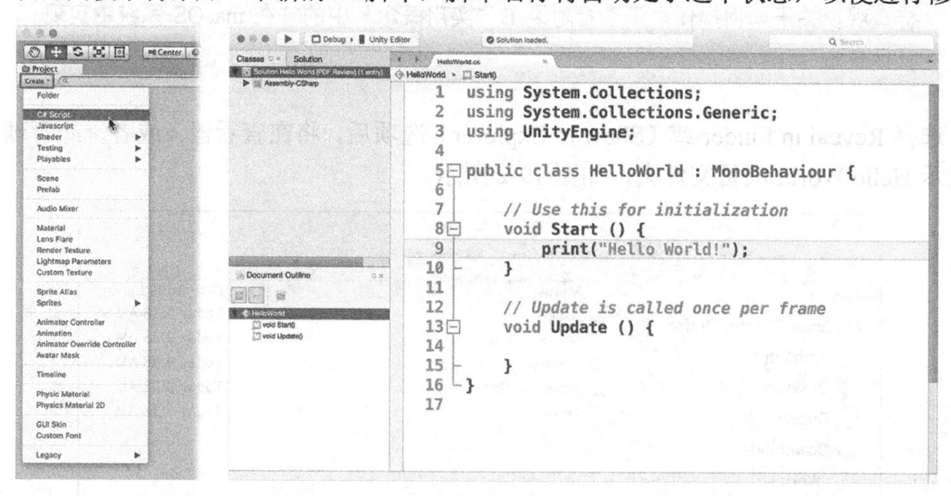

图 19-3 创建新的 C#脚本并在 MonoDevelop 窗口中查看脚本内容

2．将此脚本命名为 HelloWorld（请确保两个单词之间没有空格）并按下回车键，修改脚本名称。

3．双击 HelloWorld 脚本的脚本名称或图标，打开 C#编辑器——MonoDevelop 程序。

除第 8 行稍有不同外，你的脚本应当与图 19-3 一模一样。

4．将光标移到代码的第 9 行，按两次 Tab 键并输入代码 `print ("Hello World");`。请确保单词的拼写和大小写等均正确无误，并且以分号（;）结束。

你的 HelloWorld 脚本应该和下面的代码片段完全一致。在本书所有的代码片段中，任何新增加的内容将以粗体显示，之前已存在的代码将以正常字体显示。

下列代码语句的每一行之前都有一个行号。如图 19-3 所示，MonoDevelop 将自动显示代码的行号，因此你不需要自己输入这些行号。书中为使代码片段更加清晰，因此保留了行号。

```
1 using System.Collections;
2 using System.Collections.Generic;
3 using UnityEngine;
4
5 public class HelloWorld : MonoBehaviour {
6
7     // Start()函数用于初始化
8     void Start () {
9         print("Hello World!");
10    }
11
12    // Update()函数每帧调用一次
13    void Update () {
14
15    }
16 }
```

注意

你的 MonoDevelop 版本可能会在代码的某些部分自动加入多余的空格。例如，它会在第 9 行位于 Start 函数的 print 和“(”之间加入空格。这种现象很正常，你不必过于关注。通常，当编码中的大小写很重要时，空格的使用会更加灵活。另外，连续的多个空格（或者连续多个换行/回车）会被计算机看作是 1 个，因此，为增强代码的可读性，你可以在一些地方使用多个空格或回车（尽管多余的回车会使你的行号异于代码片段）。

如果你的行号与代码片段所示的行号不同，你也不必感到烦恼。只要代码一样，代码行号不会有任何影响。

5．现在，在 MonoDevelop 菜单栏中，执行 File>Save 命令，保存这段脚本并切换回 Unity 程序。

接下来的操作会稍有点复杂，但你很快就会适应，因为这在 Unity 中很常用。

6．在项目面板中的 HelloWorld 脚本上按下鼠标左键并保持，把它拖动到层级面板中的主摄像机（Main Camera）之上，然后松开鼠标左键，如图 19-4 所示。在拖动脚本的同时，你会看到 HelloWorld（Monoscript）这几个字跟随着鼠标移动，当在主摄像机上松开鼠标左键时，HelloWorld（Monoscript）这几个字会消失。

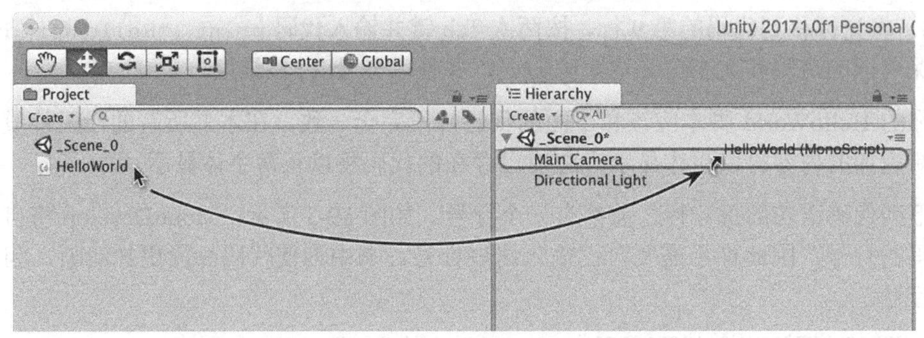

图 19-4　将 HelloWorld 脚本拖动到层级面板中的主摄像机上

将 HelloWorld 脚本拖动到主摄像机上，会将脚本绑定到主摄像机上，成为它的一个组件。出现在场景层级面板上的所有对象（例如主摄像机）都是 GameObject，GameObject 是由组件构成的。如果你现在单击层级面板上的主摄像机，你会在检视面板中看到 HelloWorld（Script）位于主摄像机组件列表之中。如图 19-5 所示，检视面板中显示了主摄像机的各个组件，包括变换（Transform）、摄像机（Camera）、GUI 图层（GUI Layer）、光晕层（Flare Layer）、音频侦听器（Audio Listener）和 Hello World（Script）。在后续章节中将详细讨论 GameObject 和组件[2]。

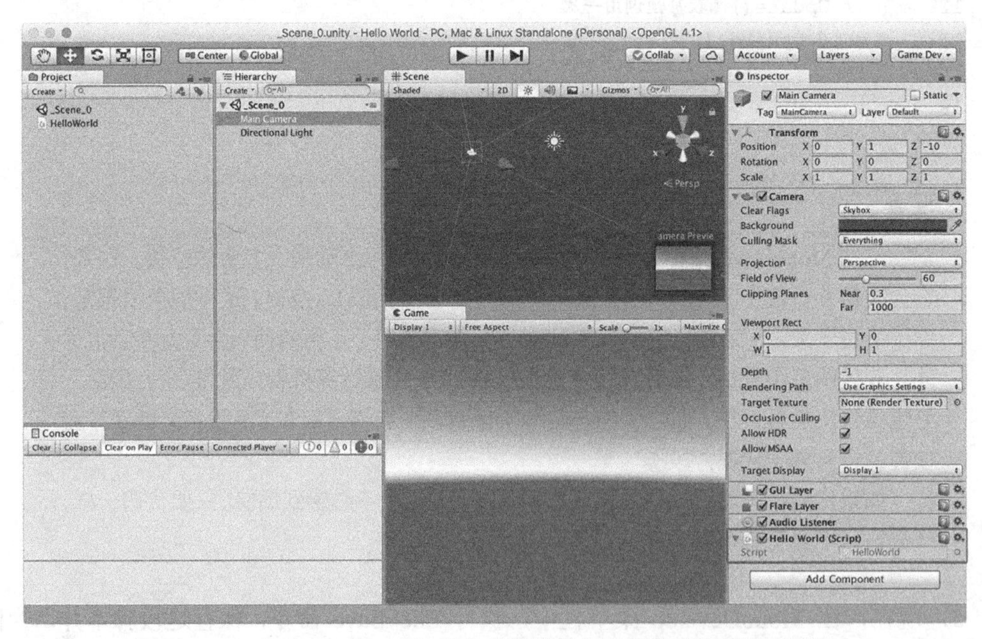

图 19-5　HelloWorld（Script）现在已经显示在主摄像机的检视面板当中

7．现在，单击 Unity 窗口上的 Play（播放）按钮，看看会发生什么神奇的事情吧！

2．如果你意外在主摄像机上粘贴了更多脚本，你可以单击“HelloWorld（Script）”右边的齿轮按钮，在弹出窗口中选择移除组件（Remove Component）。

这段脚本会在控制台面板上输出“Hello World!”字样，如图 19-6 所示。你会注意到脚本还将“Hello World!”字样输出到了屏幕左下角灰色的状态栏上。这可能不是你遇到过的最神奇的事，但万事都有开端，这就是我们的开端。你已经迈出了进入一个全新世界的第一步。

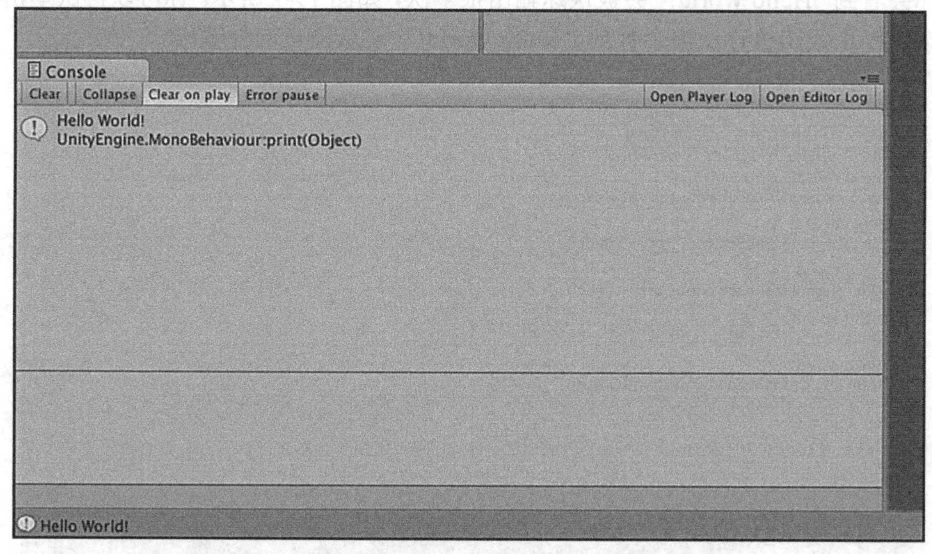

图 19-6 在控制台面板上输出的“Hello World!”字样

Start()和 Update()的区别

现在，我们试着把对 print()函数的调用从 Start()移到 Updata()中。

1. 回到 MonoDevelop 程序，如下面代码片段所示的编辑代码。

```
1 using System.Collections;
2 using System.Collections.Generic;
3 using UnityEngine;
4
5 public class HelloWorld : MonoBehaviour {
6
7     // Start()函数用于初始化
8     void Start () {
9         // print("Hello World!"); // This line is now ignored.
10    }
11
12    // Update()函数每帧调用一次
13    void Update () {
14        print("Hello World!");
15    }
16 }
```

在第 9 行前面加上双斜线（//），这会把第 9 行中双斜线后面的部分转变为“备注”。备注内容在执行时会被计算机完全忽略，可以用来使代码失效（如当前对第 9 行的操作）或者用来为阅读代码的其他人留言（如第 7 行和第 12 行所示）。在一行代码之前添加双斜线（如对第 9 行所做的操作）可以称为“注释掉整行代码”。在第 14 行的 `Update()` 函数代码中输入 `print ("Hello World");`。

2．保存脚本（覆盖掉原始版本）并再次单击“播放”按钮。

你会看到“Hello World!”会被快速输出很多次，如图 19-7 所示。你可以再次单击“播放”按钮停止代码执行，你会看到“Hello World!”消息停止向外输出。

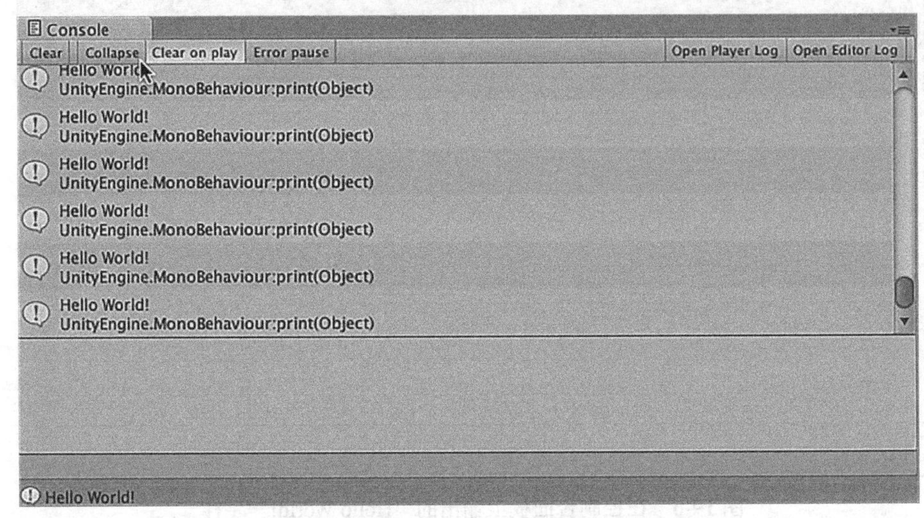

图 19-7　“Hello World!”被快速输出很多次

`Start()`函数和 `Update()`都是 `Unity` 版 `C#`语言中的特殊函数。`Start()`函数会在每个项目的第一帧中被调用一次，而 `Update()`函数会在每一帧[3]中被调用一次，因此，图 19-6 中只显示了一条消息，而图 19-7 中显示了很多条消息。`Unity` 中有很多这样被调用多次的特殊函数，其中很多函数会在本书后续章节讲到。

提示

在图 19-7 中可以看到 Hello World!重复出现了多次。如果你希望相同的消息在重复出现时只显示一次，你可以单击控制台面板上的“折叠”（Collapse）按钮（如图 19-7 中鼠标光标所指位置），这会保证各种不同消息内容各只显示一次。

19.3　让事情更有趣

现在，我们将在你的第一个项目中添加更多 Unity 风格的内容。在本示例中，我们将创建并复制很多立方体。每个立方体将各自独立反弹并做出物理反应。这将展示 Unity 运行的速度，并在 Unity 中展示创建内容是如何简单。

3. 在本书前文（尤其是第 16 章“数字化系统中的思维”中），Unity 每次重绘画面为一帧，一般 1 秒钟刷新 30 到 200 次。

我们将从创建新场景开始。

1．在菜单栏中执行 File（文件）>New Scene（新建场景）命令，这时你注意不到界面有任何变化，因为我们只是在场景_Scene_0 的摄像机上加了一段代码，其他什么都没做。但是，当你单击主摄像机时，你会看到它上面没有绑定脚本，你还会注意到 Unity 窗口的标题栏文字从_Scene_0.unity-变为 Untitled-。

2．如往常一样，我们要做的第一件事是，保存这个新建场景。在菜单栏中执行 File（文件）>Save Scene（保存场景）命令，把场景命名为_Scene_1。

3．现在，在菜单栏中执行 GameObject（游戏对象）>3D 对象（3D Object）>立方体（Cube）命令，将会在场景面板中放置一个名为 Cube 的 GameObject，它同时还会出现在层级面板中。如果在场景中很难看到这个立方体，请在层级面板中双击它的名字，这样它就会成为屏幕焦点。请查看本章下文中的“改变场景视图”专栏。

4．在层级面板中单击 Cube，它在场景面板中会变为选中状态，同时在检视面板中可以看到它的组件，如图 19-8 所示。检视面板的首要目的是，使用户可以查看和编辑 GameObject 的各个组件。Cube 的 GameObject 具有 Transform（变换）、Cube（Mesh Filter）（网格过滤器）、Box Collider（盒碰撞器）和 Mesh Renderer（网格渲染器）组件。

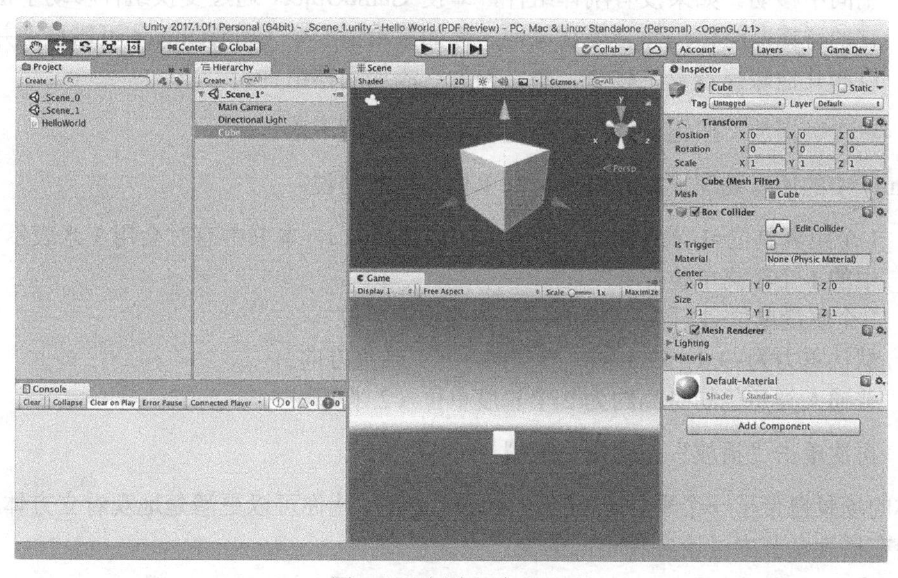

图 19-8 新建一个 Cube

- **Transform（变换）**：变换组件设置 GameObject 的位置、旋转和缩放。这是唯一一个所有 GameObject 都必有的组件。确保立方体的 *X*，*Y* 和 *Z* 轴的值设为 0。
- **Cube（Mesh Filter）（网格过滤器）**：Mesh Filter 组件为 GameObject 提供 3D 外形，并以三角形构成的网格建立模型。游戏中的 3D 模型通常是中空的，仅具有表面。例如鸡蛋的 3D 模型将只有模拟蛋壳形状的三角形网格，而不像真正的蛋壳那样还包含蛋清和蛋黄。网格过滤器在 GameObject 上绑定一个 3D 模型。在立方体中，网格过滤器使用 Unity 中内置的简单 3D 模型。但你也可以在项目面板中导入复杂的 3D 模型，在你的游戏中添加更为复杂的网格。

- **Box Collider（盒碰撞器）**：碰撞器组件允许 GameObject 在 Unity 的物理模拟系统中与其他对象发生交互。软件中有几种不同形状的碰撞器，最常用的有球状、胶囊状、盒状和网格状（按运算复杂度从低到高排序）。具有碰撞器组件的 GameObject（以及非刚体组件）会被当作空间中不可移动的物体，可与其他物体发生碰撞。
- **Mesh Renderer（网格渲染器）**：虽然网格过滤器可以提供 GameObject 的实际几何形状，但要使 GameObject 显示在屏幕上，要通过网格渲染器。没有渲染器，Unity 中任何物体都无法显示在屏幕上。渲染器与主摄像机一起把网格过滤器的 3D 几何形状转化为在屏幕上显示的像素。

5．现在你将为 GameObject 再添加一个组件：Rigidbody（刚体）。让立方体在层级面板中仍处于选中状态，在菜单栏中执行 Component（组件）>Physics（物理组件）>Rigidbody（刚体）命令，你会在检视面板中看到新添加的刚体组件。

- **Rigidbody（刚体）**：刚体组件可以通知 Unity 对这个 GameObject 进行物理模拟，其中包括重力、碰撞和拉拽等机械力。刚体可允许具有碰撞器的 GameObject 在空间中移动。如果没有刚体组件，即使 GameObject 通过变换组件移动了位置，它的碰撞器组件仍然会停在原地。你如果希望一个 GameObject 可以移动并且可以和其他碰撞器发生碰撞，就必须为它添加刚体组件。

6．单击“播放”按钮，你会看到盒子因为重力而下落。

Unity 中的所有物理模拟都基于公制单位，也就是说：

- 1 个距离单位=1 米（例如，变换中的位置单位）。本书中有时会用 1 米表示 Unity 中的 1 个距离单位。
- 1 个质量单位=1 千克（例如，刚体的质量单位）。
- 默认重力为–9.8 =9.8m/s^2，方向向下（*Y* 轴负方向）。
- 普通人类角色的身高约为 2 个长度单位（2 米）。

7．再次单击“播放”按钮结束模拟。

你的场景自带了一个平行光（Directional Light），让你可以更清楚地观看立方体对象。我们会在后续章节中讨论各种不同的光。

创建预设（Prefab）

现在，我们将把立方体添加到预设中。预设是指项目中的可重用元素，可以任意次实例化（复制产生）。你可以把预设当作 GameObject 的模子，每个从预设中创建的 GameObject 都称为预设的一个实例（所以这个过程被称为实例化）。要创建一个预设，需要在层级面板上单击 Cube，把它拖动到项目面板上之后释放鼠标左键，如图 19-9 所示。

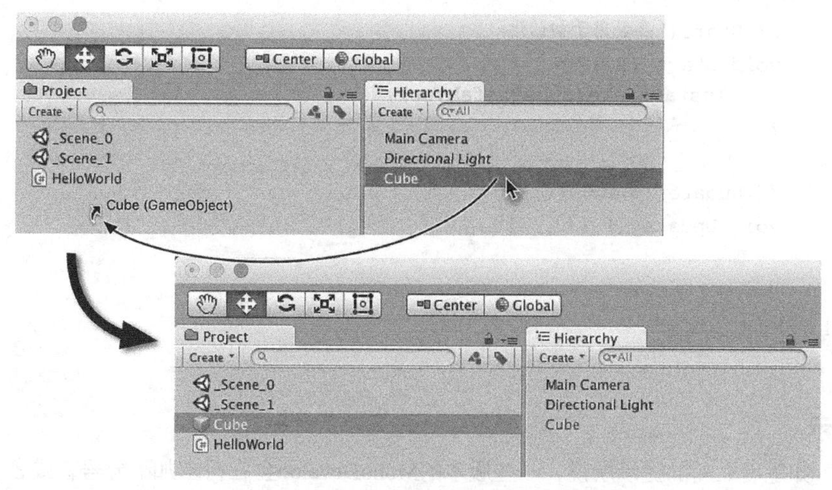

图 19-9　将立方体拖动到项目面板上

你会看到以下事情：

- 在项目面板中会创建一个名为 Cube 的预设。你可以通过它旁边的蓝色图标看出它是一个预设（不论预设本身是什么形状，它的图标永远是一个立方体）。
- 立方体在层级面板中的名称会变成蓝色。如果 GameObject 的名称显示为蓝色，说明它是预设的一个实例（从预设模子中产生的副本）。

为了让你理解得更明白，我们把项目面板中的 Cube 预设重命名为 Cube Prefab。

1. 双击 Cube 预设并重命名它，你也可以先选中它，然后按下回车键，或按下 F2 键，将它的名字改为 Cube Prefab。你可以看到层级面板中的实例只是它的一个副本，它的名字同样会变。如果你在层级面板中把实例的名字修改得与预设不同，实例名称不会发生变化。

2. 在创建了预设之后，实际上我们就不再需要场景中的实例了。在层级面板（注意不是项目面板）中单击“Cube Prefab”选项，然后在菜单中执行编辑（Edit）>删除（Delete）命令。

接下来，我们需要着手编写一些代码。

3. 在菜单中执行 Assets（资源）>Create（创建）>C# Script（C#脚本）命令，并将新创建的脚本命名为 CubeSpawner（确保名称中有两个大写字母，并且不含空格）。

4. 双击 CubeSpawner 脚本，打开 MonoDevelop 程序，在其中添加下面粗体字代码，并保存：

```
1  using System.Collections.Generic;
2  using System.Collections;
3  using UnityEngine;
4
5  public class CubeSpawner : MonoBehaviour {
6      public GameObject   cubePrefabVar;
7
```

```
8        // Start()函数用于初始化
9        void Start () {
10           Instantiate(cubePrefabVar);
11       }
12
13       // Update()函数每帧调用一次
14       void Update () {
15
16       }
17   }
```

提示

如笔者之前的提示所说，一些版本的MonoDevelop会在行末加上分号，或者当你按下回车键后新增或删除额外的空格，这都不是事儿。在笔者之前的代码示例中，比如在第 6 行声明变量时笔者加了几个空格。笔者这么做是因为这样排列更加易读，但是有时候MonoDevelop会因为对齐删除掉这些空格。别担心，这对代码没任何影响。

5. 和上一个脚本一样，它也需要绑定到其他对象上才能运行。所以，应当按照图 19-4 所示，在 Unity 中把 CubeSpawner 脚本绑定到主摄像机上。

6. 在层级面板中单击主摄像机，你会看到 Cube Spawner(Script)组件已经绑定到了主摄像机上，如图 19-10 所示。

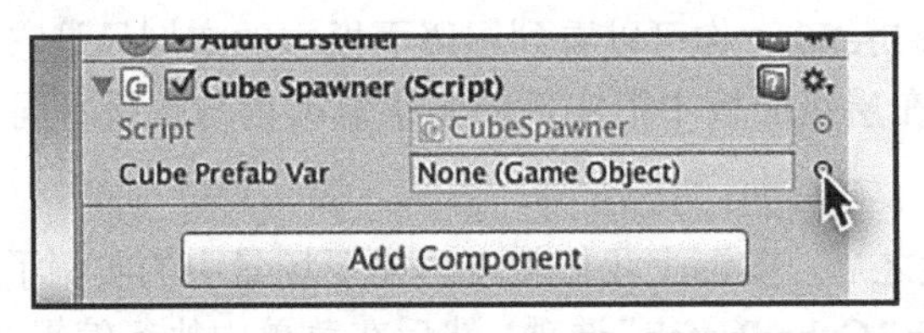

图 19-10 在检视面板中查看绑定到主摄像机上的 Cube Spawner（Script）

你会在组件中看到一个名为 Cube Prefab Var 的变量（但实际上它的名字应该是 cubePrefabVar，如下方警告文本框中所解释）。这个变量来自你在第 5 行中输入的“`public GameObject cubePrefabVar;`”语句。如果脚本中的变量标识为“public”，它会出现在检视面板中。

警告

变量名在检视面板中会发生变化 Unity 公司当初认为改变检视面板中的变量大小写并在中间加上空格会更美观。笔者不明白为什么这种情形一直延续到现在的版本，但这意味着 `cubePrefabVar` 这样的变量名称在检视面板中将不能正确显示。注意，你在编程过程中应该使用正确的变量名，请忽视检视面板中看到的怪异大小写和空格。在本书中，笔者在代码中会始终使用变量的正确名称，而不是检视面板中显示的名称。

7．如检视面板中所示，cubePrefabVar 当前没有赋值。单击 cubePrefabVar 右侧的圆形图标（如图 19-10 中箭头所示），将会弹出 Select GameObject（选择 GameObject）对话框，你可以从中选择一个预设赋给这个变量。请确保资源选项卡被选中，在资源选项卡中显示项目面板中的 GameObject，而场景选项卡则显示层级面板中的 GameObject。双击 Cube Prefab，如图 19-11 所示。

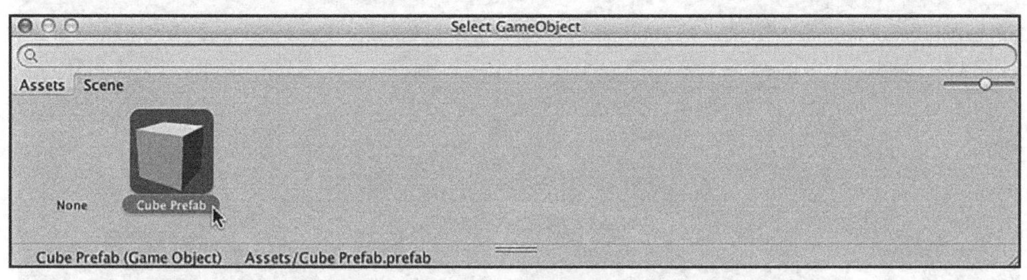

图 19-11　为 cubePrefabVar 变量选择 Cube Prefab

8．现在，你可以在检视面板中看到 cubePrefabVar 变量的值为项目面板中的 Cube Prefab。为了验证，你可以在检视面板中单击 Cube Prefab，会看到项目面板中的 Cube Prefab 也会高亮显示。

9．单击“播放”按钮，你会看到在层级面板中实例化了一个 Cube Prefab（副本）GameObject。如我们在 Hello World 脚本中所见，Start()函数只被调用一次，它会创建 Cube Prefab 的一个实例（或副本）。

10．现在，切换到 MonoDevelop 界面，注释掉第 10 行位于 Start()函数内部的 Instantiate()函数调用，并在第 15 行 Update()函数内部添加 Instantiate (cubePrefabVar)；语句，完整代码如下：

```
1   using System.Collections.Generic;
2   using System.Collections;
3   using UnityEngine;
4
5   public class CubeSpawner : MonoBehaviour {
6       public GameObject   cubePrefabVar;
7
8       // Start()函数用于初始化
9       void Start () {
10          // Instantiate(cubePrefabVar);
11      }
12
13      // Update()函数每帧调用一次
14      void Update () {
15          Instantiate( cubePrefabVar );
16      }
17  }
```

11．保存 CubeSpawner 脚本，切换回 Unity，再次单击“播放”按钮，如图 19-12 所示，会很快添加大量的立方体。[4]

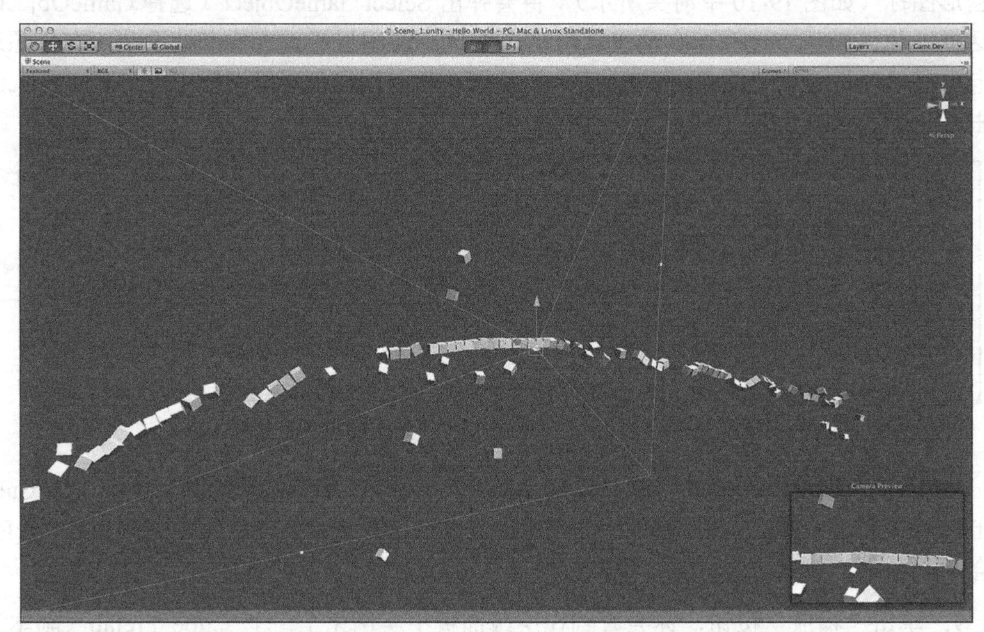

图 19-12　在每次 `Update()` 事件中创建 CubePrefab 的新实例，会很快添加大量的立方体

这是 Unity 功能的一个示例。很快，我们会加快学习进度，制作出非常有趣和炫酷的东西。现在让我们为场景添加更多与立方体进行交互的对象。

1．单击“播放”按钮，停止运行。

2．在层级面板中，单击“Create（创建）”选项并弹出菜单，从中选择 Cube（立方体）。将创建出的立方体重命名为 Ground。

3．当在场景或层级面板中选中一个 GameObject 时，你可以按下 W、E 或 R 键分别平移、旋转或缩放这个 GameObject，这会为 Ground 对象显示操作插槽。关于如何使用手形工具及其旁边的工具，如图 19-13 所示。

在平移模式中，单击并拖动其中一个箭头，将使立方体仅沿箭头所指的轴（*X*、*Y* 或 *Z*）平移。而旋转和缩放操作手柄中的彩色要素以相似的方式锁定特定轴向上的变换。见“改变场景视图”专栏，了解如何使用如图 19-13 所示的手形工具。

4．请将 Ground 对象的 *Y* 坐标修改为-4，并把它在 *X* 和 *Z* 方向的缩放比例设置为 10。在本书中，笔者会始终建议使用下面的坐标、旋转和缩放比例格式。

Ground (Cube)　　P:[0,-4,0]　　R:[0,0,0]　　S:[10,1,10]

4．你可能好奇，为什么这些立方体飞得到处都是而不是掉下来呢？好问题！因为这些立方体紧挨着且彼此生成，所以 PhysX 物理物理认为它们应该互相排斥（因为 Unity 里碰撞体们不能占用同一个空间），于是它让立方体们互相快速远离。

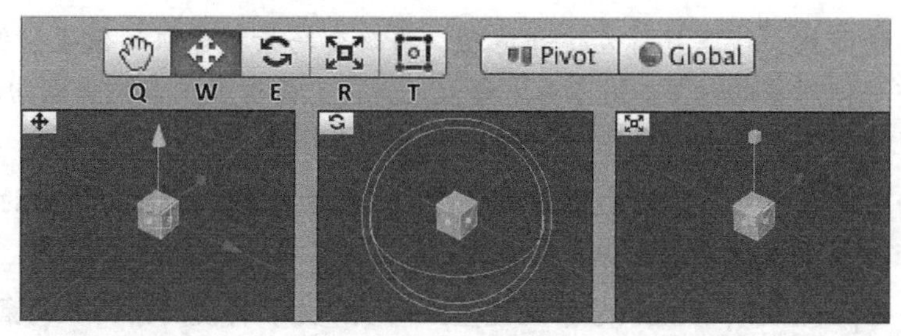

图 19-13　手形、平移（位置）、旋转和缩放工具，工具快捷键分别为 Q、W、E 和 R 键，T 键用来定位 2D 和 GUI GameObject

这里的 Ground 是 GameObject 的名称，（Cube）是 GameObject 的类型，P:[0, -4, 0] 是指将 *X*、*Y*、*Z* 坐标分别设计为 *0*、*-4*、*0*；与此类似，R:[0, 0, 0]是指让 *X*、*Y*、*Z* 轴的旋转保持为 *0* 不变，S:[10,1,10]是指将 *X*、*Y*、*Z* 方向的缩放比例分别设置为 10、1、10。你可以使用工具和操作手柄实现这些修改，也可以在 Ground 对象检视面板中找到 Transform（变换）组件，在其中直接输入这些数字。

你可以随意试验，也可以添加更多对象。Cube 预设的实例将从你放入场景的静态对象上弹开，如图 19-14 所示，对于新添加到场景中的形状，只要你未为其添加任何 Rigidbody（刚体），它们就是静态的（即实心且不可移动）。在完成以后，别忘了保存场景。

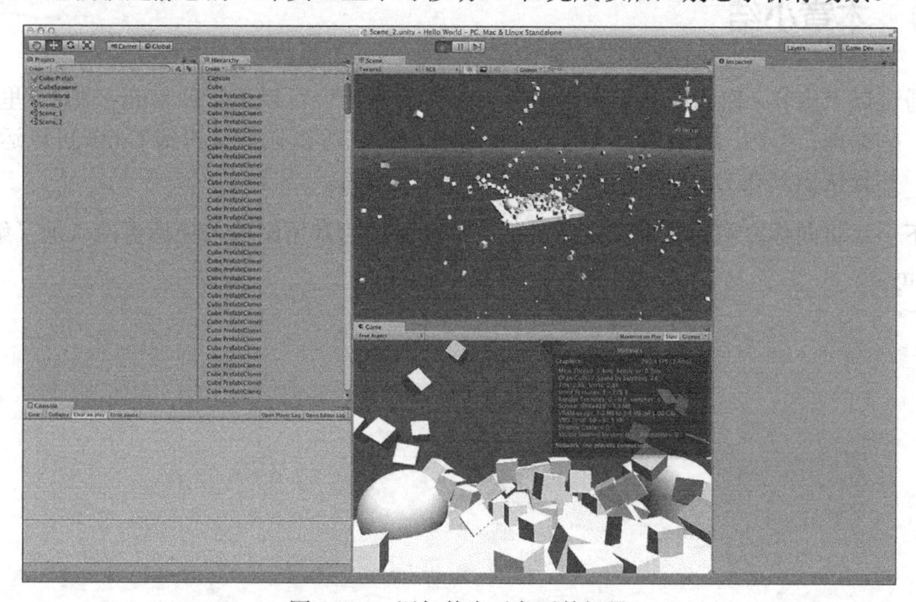

图 19-14　添加静态对象后的场景

改变场景视图

图 19-13 所示工具栏中的第一个图标（称为手形图标）用于操作场景面板中的视图。场景面板有个不可见的场景摄像机（Scene Camera），它有别于层级面板中的主摄像机。手形工具有多个功能，请选择手形工具（可通过鼠标单击或按下键盘上的 Q 键选择），并尝试以下操作：

- 在场景面板中按下鼠标左键并拖动，将改变场景摄像机的位置，但不影响场景中任何对象的位置。用专业术语表述就是，在垂直于其镜头朝向的方向（即垂直于摄像机前向矢量）的平面中移动场景摄像机。
- 在场景面板中按下鼠标右键并拖动，将使场景摄像机向你所拖动的方向转动。在拖动过程中，场景摄像机的位置保持不变。
- 按下 Option 键（Windows 系统键盘上的 Alt 键）将使场景面板的鼠标光标形状从手形变为眼睛，若在按下 Option 键的同时按下鼠标左键并进行拖动，场景视图将围绕场景视图中的对象转动（称为围绕场景转动摄像）。当按下 Option 键的同时按下鼠标左键并进行拖动，场景摄像机的位置会改变，但场景摄像机的焦点不变。
- 滚动鼠标滚轮将使场景摄像机拉近或拉远场景。镜头缩放也可通过在场景视图中按下 Option 键的同时按下鼠标右键并进行拖动实现。

要找到手形工具的使用感觉，最好的方法是在场景中反复使用本专栏中提供的方法。在使用一段时间以后，你就能够得心应手了。

19.4 本章小结

通过以上内容，你已经从零开始学会了如何创建一个可以运行的 Unity 项目，里面还带有一些编程。当然，这个项目非常小，但笔者希望它可以让你认识到 Unity 可以运行多么快，并且认识到在 Unity 中创建一个项目是多么容易。

下一章将向你介绍变量和 GameObject 中可添加的常用组件，让你更深入地了解 C# 和 Unity。

第 20 章

变量和组件

本章将介绍 Unity 中 C#编程会用到的多种变量和组件类型。在本章结束时，你会学到多种常用的 C#变量类型和一些 Unity 独有的重要变量类型。

本章还将介绍 Unity 的 GameObject 和组件。Unity 场景中的任何对象都是 GameObject，构成 GameObject 的组件可以使用 GameObject 完成定位、物理模拟、特效、在屏幕显示 3D 模型、角色动画等各种功能。

20.1 变量

如第 18 章“C#编程语言简介”中所说的，变量只是一个名称，可被赋予特定的值。这个概念其实来源于代数。例如，在代数中，你可以这样定义：

```
x = 5
```

这里定义了一个值为 5 的变量 *x*。换句话说，它为 *x* 赋予了一个值：5。如果之后你看到另一句定义：

```
y = x + 2
```

你就会知道变量 *y* 的值是 7（因为 *x*=5 并且 5+2=7）。*x* 和 *y* 被称为变量，是因为它们的值可以随时被重新定义。但是，这些定义发生的先后顺序将产生影响。以下面的定义语句为例（双斜线后面是注释内容，起到理解代码的作用）：

```
x = 10          //x 现在等于 10
y = x - 4       //y 现在等于 6，因为 10-4 = 6
x = 12          //x 现在等于 12，但 y 仍然是 6
z = x + 3       //z 现在等于 15，因为 12 + 3 = 15
```

在经过上述定义之后，赋给 *x*、*y*、*z* 的值分别是 12、6、15。如你所见，即使 *x* 的值发生变化，*y* 也不会受到影响，因为 *y* 先被赋值为 6，然后 *x* 才被赋值为 12，*y* 不会反过来受到影响。

20.2 C#中的强类型变量

C#中的变量是强类型变量，也就是说，变量只能接受指定类型的值，而不能被随意赋值。这种做法很必要，因为计算机需要知道应该为各个变量分别分配多少内存空间。

一张大型图片可能占用几兆字节甚至是几吉字节，而一个布尔型数值（只存储一个 1 或者 0）只需要一个二进制位。而 1 吉字节等于 8,388,608 个二进制位。

C#中变量的声明和定义

在 C#中，变量必须经过声明和定义才能具有可用的值。

声明变量是指创建一个变量并指定一个名称和类型。但是，声明变量时，变量不会被赋值（不过有些简单的变量会有默认值）。声明变量举例：

```
bool     bravo; //声明一个叫作bravo的布尔型变量
int      india; //声明一个叫作india的整型变量
float    foxtrot; //声明一个叫作foxtrot的浮点型变量
char     charlie; //声明一个叫作charlie的字符型变量
```

定义变量是指为变量指定一个值。以下是定义以上声明的变量：

```
bravo = true;
india = 8;
foxtrot = 3.14f; // 后缀f表示foxtrot是一个浮点数，详见下文
charlie = 'c';
```

当你在代码中书写一个特定值时（例如 `true`、`8` 或者`'c'`），这个特定值称为字面值。在前面的代码中，`true` 是一个布尔型字面值，`8` 是一个整型字面值，`3.14f` 是一个浮点型字面值，而`'c'`是一个字符型字面值。在默认设置下，MonoDevelop 以亮洋红色显示这些字面值，不同变量类型有不同的字面值表示方法。请查看后续小节中关于各种变量类型的更多详情。

先声明，后定义

你必须先声明一个变量，然后才能定义它，但这两个步骤经常会在同一行代码中完成。

```
string sierra = "Mountain";
```

先初始化，再访问

第一次给新变量赋值叫作初始化。一些简单的变量类型（比如布尔、整型和浮点等）在声明时自带默认值（分别是 `false`、`0` 和 `0f`）。更加复杂的变量类型（比如 GameObject，列表等）默认值是 `null`，一个非初始化的状态，并且在初始化前不能正常使用。

一般来说，尽管简单变量自带默认值。如果你尝试访问（例如读取）一个已声明但未定义的变量，Unity 通常会抛出一个编译时错误[1]。

---

1. 在第 18 章“C#编程语言简介”中，你知道 C#是一门编译语言。一个编译错误会在 Unity 编译你写的代码时抛出。在第 26 章“代码调试”中详细解释了错误和错误类型。

20.3 重要的 C#变量类型

在 C#中，有些变量类型非常重要。以下是几种经常遇到的重要变量类型。所有这些 C#基础变量类型都以小写字母开头，而 Unity 的数据类型则以大写字母开头。对于每种类型，笔者会列出相关资料并讲解如何声明和定义变量。

布尔型（bool）：1 个二进制位的真值（true）或假值（false）

bool 是 Boolean 的缩写。本质上，所有变量都是由二进制位所构成的，这些二进制位可以是 true 或 false。布尔型的长度是一个二进制位，是所有变量类型中最短的一个[2]。布尔型在 `if` 语句以及其他条件语句的逻辑运算中非常实用，详见后文。在 C#中，布尔型字面值只有关键字 `true` 和 `false`：

```
bool verified = true;
```

整型（int）：32 位整数

int 是 integer 的缩写，整型变量可以存储一个整数值（整数值是不带小数部分的数值，例如 `5`、`2`、`-90`）。整数运算非常精确和快速。在 Unity 中，整型变量可存储一个介于-2147483648 到 2147483647 之间的数值，其中 1 个二进制位用于存储数值的正负号，剩余 31 个二进制位用于存储数值。一个整型变量可以存储上面两个数之间（包括这两个数在内）的任何整数：

```
int nonFractionalNumber = 12345;
```

浮点型（float）：32 位小数

浮点型数值是 Unity 中最常见的小数形式。它被称为"浮点数"是因为它采用了一套类似于科学计数法的体系。科学计数法以 $a\times10^b$ 的形式表示数值（例如 300 表示为 3×10^2，12345 表示为 1.2345×10^4）。浮点数的存储方式类似于 $a\times10^b$。在内存中以这种方式存储数值时，其中 1 个二进制位用于存储正负号，23 个二进制位用于存储数值的有效数字（数字本身和上面的 a 部分），剩余 8 个二进制位用于存储指数（b 部分）。这意味着，对于非常大的数字以及 1 和–1 之间的任何数来说，其精度差异非常巨大。例如，无法用浮点数精确表示 1/3。[3]

在多数情况下，浮点数不精确的性质对游戏的影响并不大，但会在碰撞检测等方面造成小错误，所以，如果使游戏元素的大小介于 1 到数千个单位之间，会使碰撞检测更为精确。浮点字面值必须是一个整数或者是一个带有后缀 `f` 的小数。因为在 C#中，不带后缀 `f` 的小数字面值会被当作双精度浮点数（具有双倍精度的浮点数），而非 Unity 中所

2. 尽管布尔型变量的存储仅需要 1 个二进制位的长度，但 C#实际上至少使用 1 个字节（8 个二进制位）存储每个布尔型变量。在 32 位操作系统上，最小的内存块是 32 个二进制位（4 字节），而在 64 位系统上，则为 64 个二进制位（8 字节）。

3. 浮点值的准确问题也是为什么有时候在 Unity Transform 组件中，本该是 0 时会显示一个非常复杂的数值。

使用的单精度浮点数。为达到最快的运算速度，Unity 内置函数中使用了浮点数，而不使用双精度浮点数，但这种做法是以牺牲精确度为代价的。

```
float notPreciselyOneThird = 1.0f/3.0f;
```

解决浮点准确性的一个办法是用 `Mathf.Approximately()` 比较函数，这会在本章后面的函数库部分提及。这个函数会对比两个浮点值，如果差别不大，就会返回 `true`。

> **提示**
>
> 如果你在代码中看到下列编程错误：
>
> `error CS0664: Literal of type double cannot be implicitly converted to type 'float'. Add suffix 'f' to create a literal of this type`
>
> （错误 CS0664：双精度浮点型字面值不能隐式转换为浮点型。请添加后缀`'f'`创建浮点型字面值）
>
> 这表示你忘记了在某处浮点型字面值后面添加后缀 `f`。

字符型（char）：16 位单个字符

字符型变量是以 16 个二进制位表示的单个字符。字符型变量使用 Unicode 值存储字符，可表示 100 多个字符集和语言（例如：包括所有的简化汉字）中的 11 万多个字符。字符型字面值的两边使用单引号：

```
char theLetterA = 'A';
```

字符串（string）：一系列的 16 位字符

字符串既可以表示短到单个字符，也可以表示长到整本书文本的字符。在 C#中，字符串的理论长度上限是 20 亿个字符，但在达到这个上限之前，多数计算机会遇到内存分配问题。为了有个参考概念，莎士比亚的《哈姆雷特》完整剧本有 17.5 万多字，其中包含舞台指示、换行等。也就是说，仅一个字符串就可以包含 12000 个《哈姆雷特》完整剧本。字符串字面值的两边使用双引号：

```
string theFirstLineOfHamlet = "Who's there?";
```

还可以通过下标（方括号）访问字符串中的单个字符：

```
char theCharW = theFirstLineOfHamlet[0]; // 字符串中第 0 个字符是 W
char theChart = theFirstLineOfHamlet[6]; // 字符串中第 6 个字符是 t
```

在字符串变量的后面使用带数字的方括号可以返回字符串中该位置的字符（不会影响字符串）。当使用下标访问时，计数是从 0 开始的，所以在上面的代码中 `W` 是《哈姆雷特》第一句台词的第 0 个字符，`t` 则是第 6 个字符。在 List 和数组中，你会经常用到下标访问。

提示

如果你在代码中看到下列编程错误：

```
error CS0029: Cannot implicitly convert type 'string' to 'char'
error CS0029: Cannot implicitly convert type 'char' to 'string'
error CS1012: Too many characters in character literal
error CS1525: Unexpected symbol '<internal>'
```

错误 CS0029：不能将字符串型隐式转换为字符型

错误 CS0029：不能将字符型隐式转换为字符串型

错误 CS1012：字符型字面值中的字符数量过多

错误 CS1525：意外符号'<internal>'

这通常意味着你在代码某处不小心在应该使用表示字符的单引号（''）的地方使用了表示字符串的双引号（""）。字符串型字面值总需要双引号，字符型字面值总需要单引号。

类：定义新的变量类型

类可以定义新的变量类型，这种变量类型可以当作变量和功能的集合。本章“Unity 中的重要变量类型“小节中所列的全部 Unity 变量类型和组件都是类的示例。第 26 章“类”会更加详细地讲解类。

20.4　变量的作用域

除了变量类型，变量的另一个重要概念是作用域。变量的作用域是指变量存在并可被计算机理解的代码范围。如果你在代码的某个部分声明了一个变量，它可能在代码的另一部分中毫无意义。这是贯穿本书的一个复杂问题，如果你想逐步学习，请按章节顺序阅读。如果你现在就想深入了解变量的作用域，你可以参阅附录 B“实用概念”中的“变量的作用域”内容。

20.5　命名惯例

本书代码在变量、函数、类等命名时遵循一定的规则。尽管这些规则都不是强制性的，但是遵守这些规则会使你的代码更易于阅读，这不但有助于其他人理解你的代码，而且有助于你在经过很长时间以后重新理解和使用这些代码。尽管每个程序员所遵守的规则之间有细微差异（甚至笔者的私人规则隔几年后也会发生变化），但笔者接下来要介绍的规则对笔者本人和笔者的学生都很有帮助，这些规则也兼容笔者在 Unity 中遇到的 C#代码。

骆驼式命名法

骆驼式命名法是编程中书写变量名称的常用方法。这种方法可以让程序员或代码阅读者更容易解析较长的变量名称。使用示例如下：

- aVariableNameStartingWithALowerCaseLetter
- AclassNameStartingWithACapitalLetter
- aRealLongNameThatIsEasierToReadBecauseOfCamalCase

骆驼式命名法的一个重要特点是它允许将多个单词合并成一个，并且原始单词的首字母都使用大写字母。用这种方式命名的名称看起来有点像骆驼的驼峰，所以被称为骆驼式命名法。

1．在所有名称中都使用骆驼式命名法（见“骆驼式命名法”专栏）。

2．变量名称应使用小写字母开头（例如 `someVariableName`）。

3．函数名称应使用大写字母开头（例如 `Start()`、`Update()`）。

4．类名称应使用大写字母开头（例如 `GameObject`、`ScopeExample`）。

5．私有变量名称应以下画线开头（例如 `_hiddenVariable`）。

6．静态变量名称应全部使用大写字母，并且使用蛇底式命名法（例如 `NUM_INSTANCES`）。蛇底式命名法在多个单词之间使用下画线连接。

为了便于你今后参考，在附录 B 的“命名惯例”中将重复讲述上面内容。

20.6 Unity 中的重要变量类型

Unity 中有几种变量类型，你在每个项目中几乎都可能看到它们。这些变量类型都是类，并且遵循 Unity 中类的命名惯例，即所有类名称都以大写字母开头。[4]对于每种 Unity 变量类型，你可以了解如何创建该类的新实例（详见关于类实例的专栏），以及该数据类型中的重要变量和函数的列表。对于本节中所列的多数 Unity 类来说，其变量和函数可分为两组：

- **实例变量和函数**：这些变量和函数绑定到这种变量类型的单个实例上。如果你查看下面的 Vector3 类型，你会看到 `x`、`y`、`z` 和 `magnitude` 都是 Vector3 的实例变量，均通过点语法（Dot Syntax，即 Vector3 变量名.实例变量名称）访问，例如 `position.x`。每个 Vector3 的实例的变量值可能不同。类似地，`Normalize()` 函数在 Vector3 的单个实例上起作用，把该实例的 `magnitude` 变量设置为 1。
- **静态类变量和函数**：静态变量绑定到类定义本身上，而不是绑定到单个实例上。

4．确切地说，某些 Unity 的变量类型是类，其他则是结构。结构（struct）与类（class）大致相同，而且本书内容不涉及编写结构，所以笔者把这些都叫作类。

这些变量和函数通常用于存储对类的所有实例都统一的信息（例如，color.red 总是同一种红颜色）或者在类的所有实例上都起作用但不对它们产生影响的信息，例如，Vector3.Cross(v3a,v3b)用于计算两个 Vector3 的向量积并将得到的值作为一个新的 Vector3 返回，但不改变 v3a 或 v3b。

类的实例和静态函数

如第 19 章“Hello World：你的首个程序”中所述，类可以有实例。任何类的实例（也被称为类的成员）都是这个类所定义类型的数据对象。

例如，你可以定义一个 Human（人）类，你认识的每个人都是这个类的一个实例。所有人都有一些共同的功能（例如 Eat()、Sleep()、Breathe()）。

但正如你有别于身边其他人一样，这个类的每个实例都有别于其他实例。即使两个实例的所有值都一样，它们在计算机内的存储位置也有区别（如果继续以人类来做类比的话，你可以把这两个实例当作双胞胎）。类的实例不是通过值传递的，而是通过引用传递的。也就是说，当你检查类的两个实例是否相同时，你对比的其实是它们内在的位置，而不是它们的值（就像一模一样的双胞胎有不同的名字）。

当然，也可以用不同的名称引用同一个类的实例。就像一个人，笔者称她为“女儿”，而笔者的父母则称她为“孙女”，但其实是同一个人，而一个类的实例也可以被赋给任意多个变量名称，但它仍然是同一个数据对象，如下列代码所示：

```
1  using System.Collections;
2  using System.Collections.Generic;
3  using UnityEngine;
4
5  // 定义 Human 类
6  public class Human {
7      public string name;
8      public Human partner;
9  }
10
11 public class Family : MonoBehaviour {
12     public variable declaration
13     public Human husband;
14     public Human wife;
15
16     void Start() {
17         // 初始状态
18         husband = new Human();
19         husband.name = "Jeremy Gibson";
20         wife = new Human();
21         wife.name = "Melanie Schuessler";
22
23         // 我和妻子结婚
24         husband.partner = wife;
```

```
25          wife.partner = husband;
26
27          // 我们改变自己的姓名
28          husband.name = "Jeremy Gibson Bond";
29          wife.name = "Melanie Schuessler Bond";
30
31          // 因为 wife.partner 与 husband 指向同一个实例，
32          // 所以 wife.partner 的 name 属性也发生了变化
33          print(wife.partner.name);
34          // 上面这句会输出"Jeremy Gibson Bond"
35      }
36 }
```

在 Human 类中也可以创建用于一个或多个类实例的静态函数，如以下静态函数 Marry()，这样可以在一个函数内设置两个 Human 类成为对方的配偶。

```
33          prlut(wife.partner.name);
34          //prluts"Jeremy Gibson Bond"
35 }
36          // 用下面几行代码替代上面代码中的第 35 行
37          // 原代码中的第 36 行会变成下面的第 42 行
38          static public void Marry(Human h0, Human h1) {
39          h0.partner = h1;
40          h1.partner = h0;
41      }
42 }
```

有了这个函数，现在就可以用一行代码 Human.Marry(wife, husband)取代原始代码中的第 23 和 24 行。因为 Marry()是一个静态函数，它可以在代码中任意位置使用。在本书后面章节中，你会学到更多关于静态函数的知识。

三维向量（Vector3）：三个浮点数的集合

三维向量是 3D 软件中常见的数据类型，常用于存储对象的三维空间位置。请查看脚注深入了解三维向量。

```
Vector3 position = new Vector3( 0.0f, 3.0f, 4.0f ); // 设置 x、y、z 的值
```

三维向量的实例变量和函数

Vector3 作为一个类，它的每个实例也包含一些实用的内置值和函数。

```
print( position.x ); // 0.0, Vector3 的 x 值
print( position.y ); // 3.0, Vector3 的 y 值
print( position.z ); // 4.0, Vector3 的 z 值
print( position.magnitude ); // 5.0, 三维向量到坐标原点 0,0,0 的距离长度
                             // magnitude 是"长度"的另一种叫法
position.Normalize(); // 设置 position 变量的 Magnitude 属性为 1
                      // position 的 x、y、z 值现在变成了[0.0, 0.6, 0.8]
```

三维向量的静态类变量和函数

此外，三维向量自身还关联了几个静态类变量和函数。

```
print( Vector3.zero ); // (0,0,0), new Vector3(0, 0, 0)的简写
print( Vector3.one ); // (1,1,1), new Vector3(1, 1, 1) 的简写
print( Vector3.right ); // (1,0,0), new Vector3(1, 0, 0) 的简写
print( Vector3.up ); // (0,1,0), new Vector3(0, 1, 0)的简写
print( Vector3.forward ); // (0,0,1), new Vector3(0, 0, 1)的简写
Vector3.Cross( v3a, v3b ); // 计算两个Vector3的向量积
Vector3.Dot( v3a, v3b ); //计算两个Vector3的标量积
```

以上仅为三维向量相关字段和函数的部分样本。请查看脚注中引用的 Unity 帮助文档，深入了解更多知识。

颜色（Color）：带有透明度信息的颜色

Color 变量类型可以存储关于颜色及其透明度（alpha 值）的信息。计算机上的颜色由光的三原色（红、绿、蓝）混合而成。这有别于你小时候学到的颜料的三原色（红、黄、蓝），因为计算机屏幕上的颜色是通过加色法叠加生成的，而不是减色法。在颜料等减色法颜色系统中，多种不同颜色混合后生成的新颜色更偏向于黑色（或者非常暗的褐色）。而在加色法颜色系统（例如计算机屏幕、舞台灯光设计或网页颜色）中，添加多种颜色后生成的新颜色将越来越亮，最终混合色为白色。C#中的红、绿、蓝的颜色成分分别存储为一个 `0.0f` 到 `1.0f` 之间的浮点数，其中 `0.0f` 代表该颜色通道亮度为 0，而 `1.0f` 代表该颜色通道亮度为最高[5]。

```
// 颜色由红、绿、蓝、alpha四个通道的数值定义
Color darkGreen = new Color( 0f, 0.25f, 0f);
// 如果未传入alpha信息，则默认alpha值为1（完全不透明）
Color darkRedTransparent = new Color( 0.25f, 0f, 0f, 0.5f );
```

如上，定义颜色有两种方式：一种有三个参数（红、绿、蓝），另一种有四个参数（红、绿、蓝、alpha）[6]。alpha 值设置颜色的透明度：alpha 值为 0，表示颜色完全透明；alpha 值为 1，表示颜色完全不透明。

颜色的实例变量和函数

可通过实例变量访问每个颜色通道。

```
print( Color.yellow.r ); // 1, 颜色的红色通道值
print( Color.yellow.g ); // 0.92f, 颜色的绿色通道值
print( Color.yellow.b ); // 0.016f, 颜色的蓝色通道值
print( Color.yellow.a ); // 1, 颜色的alpha通道值
```

---

5. 在 Unity 的拾色器中，颜色的四个通道被定义为 0 到 255 之间的整数。这些数值与网页颜色值相对应，但在 Unity 中会被自动轮换为 0~1 之间的数。
6. 新 `Color()` 函数可以接受不同数目参数的能力，被称为函数重载（overloading），请在第 24 章“函数和参数”深入了解。

颜色的静态类变量和函数

Unity 中将多种常用颜色预定义为静态类变量。

```
// 三原色：Red、Green 和 Blue
Color.red = new Color(1, 0, 0, 1);      // red：纯红色
Color.green = new Color(0, 1, 0, 1);    // green：纯绿色
Color.blue = new Color(0, 0, 1, 1);     // blue：纯蓝色
//合成色：Cyan、Magenta 和 Yellow
Color.cyan = new Color(0, 1, 1, 1);     // cyan：青色，亮蓝绿色
Color.magenta = new Color(1, 0, 1, 1); // Magenta：品红，粉紫色
Color.yellow = new Color(1, 0.92f, 0.016f, 1); //Yellow：黄色
// 按常理推想，标准的黄色应该是 new Color(1,1,0,1)，但 Unity 认为，这种黄色更为悦目
// Black、White 和 Clear
Color.black = new Color(0, 0, 0, 1);             // black：纯黑色
Color.white = new Color(1, 1, 1, 1);             // white：纯白色
Color.gray = new Color(0.5f, 0.5f, 0.5f, 1)      // gray：灰色
Color.grey = new Color(0.5f, 0.5f, 0.5f, 1)      // grey：灰色（英式拼写）
Color.clear = new Color(0, 0, 0, 0); // clear：完全透明
```

四元数（Quaternion）：旋转信息

要解释四元数类的内部工作机制会远远超出本书的范围，但你会经常用四元数 `GameObject.transform.rotation` 设置和调整对象的旋转，它是每个 GameObject 的组成部分。四元数定义旋转的方式可避免发生万向节锁死（gimbal lock），万向节锁死是标准的 *X,Y,Z* 旋转（或者称为欧拉旋转）的难题，其中有一个轴可能与另一个轴指向相同，从而限制了旋转的自由度。在多数情况下，你会将欧拉旋转作为参数传入，使 Unity 可以将其转换成四元数，从而定义一个四元数：

```
Quaternion lookUp45Deg = Quaternion.Euler( -45f, 0f, 0f );
```

在这种情况下，传入 `Quaternion.Euler()` 函数的三个浮点数是沿 *X*、*Y* 和 *Z* 轴（在 Unity 中分别以红、绿、蓝色显示）旋转的角度，包括场景主摄像机在内的 GameObject 初始都是沿 *Z* 轴正方向偏下的角度。上面代码将使主摄像机沿 *X* 轴旋转–45°，使它与 *Z* 轴正方向呈 45°角。如果感觉这句代码有点难懂，现在也不必过于担心，以后你可以进入 Unity 尝试在 GameObject 的检视面板中修改 *X*、*Y*、*Z* 的旋转值，然后查看这样操作后会如何改变对象的方向。

四元数的实例变量和函数

你也可以使用实例变量 `eulerAngles` 让四元数返回以欧拉角表示的旋转信息：

```
print( lookUp45Deg.eulerAngles ); // ( -45, 0, 0 ), 欧拉角
```

数学运算（Mathf）：一个数学函数库

Mathf 不算一个真正的数据类型，而是一个非常实用的数学函数库。Mathf 附带的所

有变量和函数都是静态的，你不能创建 Mathf 的实例。Mathf 库中有太多实用的函数，在此无法一一列举，但可以列举其中一部分：

```
Mathf.Sin(x);              // 计算x的正弦值
Mathf.Cos(x);              // .Tan()、.Asin()、.Acos()、.Atan()也可调用
Mathf.Atan2( y, x );       // 计算出沿 Z 轴旋转的角度，使原来朝向 X 轴正方向的对象转而朝向点 X，Y。
print(Mathf.PI);           // 3.141593; 圆周率
Mathf.Min( 2, 3, 1 );// 1, 三个数字（浮点数或整数）中的最小值
Mathf.Max( 2, 3, 1 );// 3, 三个数字（浮点数或整数）中的最小值
Mathf.Round( 1.75f );// 2, 四舍五入到最接近的整数
Mathf.Ceil( 1.75f );  // 2, 向上舍入到最接近的整数
Mathf.Floor( 1.75f );// 1, 向下舍入到最接近的整数
Mathf.Abs( -25 );     // 25, -25 的绝对值
```

屏幕（Screen）：关于屏幕显示的信息

屏幕是另一个类似于 Mathf 的库，可提供关于 Unity 游戏所使用的特定计算机屏幕的信息。它与设备无关，因此，不论你使用的是 Windows、macOS、iOS 还是 Android 系统的设备，它都可以提供精确的信息。

```
print( Screen.width );          // 以像素为单位输出屏幕宽度
print( Screen.height );         // 以像素为单位输出屏幕宽高度
Screen.showCursor = false;      // 隐藏光标
```

系统信息（SystemInfo）：关于设备的信息

系统信息可以提供关于游戏运行设备的特定信息。它包括关于操作系统、处理器数量、显示硬件等设备的信息。

```
print( SystemInfo.operatingSystem ); // 输出操作系统名称，例如Mac OS X 10.8.5
```

GameObject：场景中任意对象的类型

GameObject 是 Unity 场景中所有实体的基类。你在 Unity 游戏屏幕上看到的所有东西都是 GameObject 类的子类。GameObject 可以包含任意数量的不同组件，包括在下一小节“Unity GameObject 和组件”中提到的所有组件。但是，除了下一小节中讨论的内容，GameObject 还有其他一些重要变量。

```
GameObject gObj = new GameObject("MyGO"); //创建一个名为 MyGO 的 GameObject
print( gObj.name ); //输出 MyGO, GameObjectgObj 的名称
Transform trans = gObj.GetComponent<Transform>(); //定义变量 trans 为 gObj 的变换组件
Transform trans2 = gObj.transform; // 访问同一个变换组件的另一快捷方式
gObj.SetActive(false); // 让 gObj 失去焦点，变为不可见，使其不可运行代码
```

这里的 gObj.Getcomponent<Transform>()方法[7]特别重要，因为它可以用来访问 GameObject 所绑定的组件。你有时会看到像 GetComponent<>()这样带有尖括号（<>）的方法，我们称之为泛型方法（generic methods），因为它们可用于多种不同的数据类型。在 GetComponent<Transform>()中，数据类型为 Transform，它通知 GetComponent<>()方法去查找 GameObject 的变换组件并返回它。这种方法也可用来获取 GameObject 的任何其他组件，只要在尖括号中输入该组件的名称即可。以下是其中几个示例：

```
Renderer rend = gObj.GetComponent<Renderer>(); // 获取渲染器组件
Collider coll = gObj.GetComponent<Collider>(); // 获取碰撞器组件
HelloWorld hwInstance = gObj.GetComponent<HelloWorld>();
```

如上面第三行代码所示，GetComponent<>()也可用于返回绑定在 GameObject 上的任何 C#类的实例。如果 gObj 上面绑定了一个 C#脚本类 HelloWorld 的实例，那么 gObj.Getcomponent <HelloWrold>()将返回这个实例。在本书中会多次用到这一技巧。

20.7 Unity GameObject 和组件

如前一小节所述，Unity 中所有显示在屏幕上的元素都是 GameObject，并且所有的 GameObject 都由组件构成。当你在层级面板或场景面板上选择一个 GameObject 时，该 GameObject 的组件会显示在检视面板中，如图 20-1 所示。

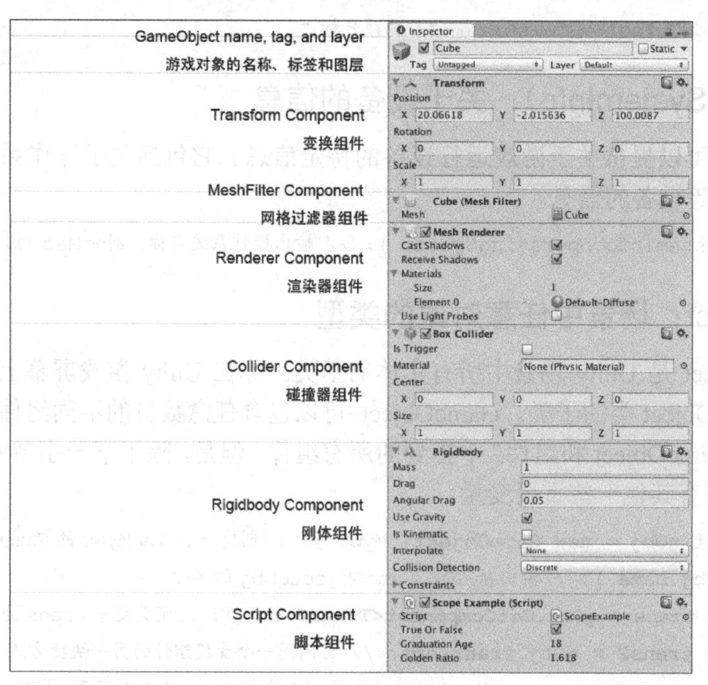

图 20-1 检视面板

---

7. “函数”和“方法”的基本概念相同。唯一的区别是函数用于描述独立的函数，而方法是指从属于类的函数。

变换组件：定位、旋转和缩放

变换组件是所有 GameObject 中必然存在的组件。变换组件控制着 GameObject 的定位（GameObject 的位置）、旋转（GameObject 的方向）和缩放（GameObject 的尺寸）操作。尽管在检视面板上不体现，但实际上，变换组件还负责层级面板中的父/子关系。若一个对象是另一对象的子对象，它将像附着在父对象一样，随父对象同步移动。

网格过滤器组件：你所看到的模型

网格过滤器组件将项目面板中的 MeshFilter 绑定到 GameObject 上。要使模型显示在屏幕上，GameObject 必须有一个网格过滤器（用于处理实际的三维网格数据）和一个网格渲染器（用于将网格与着色器或材质相关联，在屏幕上显示图形）。网格过滤器为 GameObject 创建一个皮肤或表面，网格渲染器决定该表面的形状、颜色和纹理。

渲染器组件：使你能够查看 GameObject

渲染器组件（多数为网格渲染器）允许你从屏幕上查看场景和游戏面板中的 GameObject。网格渲染器要求网格过滤器提供三维网格数据，如果你不希望看到一团丑陋的洋红色，还应该至少为网格渲染器提供一种材质（材质决定对象的纹理）。渲染器将网格过滤器、材质和光照组合在一起，将 GameObject 呈现在屏幕上。

碰撞器组件：GameObject 的物理存在

碰撞器组件使 GameObject 在游戏世界中产生物理特性，可与其他对象发生碰撞。Unity 中有四种类型的碰撞器组件：

- **球状碰撞器**：运算速度最快的碰撞器形状，为球体。
- **胶囊碰撞器**：两端为球体，中间部分为圆柱体的碰撞器，运算速度次之。
- **盒状碰撞器**：一种长方体，适用于箱子、汽车、人体躯干等。
- **网格碰撞器**：由三维网格构成的碰撞器。尽管它实用并且精确，但运算速度比另外三种碰撞器要慢许多。并且只有将凸多面体（Convex）属性设置为 true 的网格碰撞器才可以与其他网格碰撞器发生碰撞。

Unity 中的物理过程和碰撞是通过 NVIDIA PhysX 引擎处理的。尽管它通常不能提供非常快速和精确的碰撞，但要知道，所有的物理引擎都有其局限性，即使 PhysX 在处理高速对象或薄墙壁时偶尔也会出现问题。

刚体组件：物理模拟

刚体组件控制 GameObject 的物理模拟操作。刚体组件在每次 FixedUpdate（通常每隔 1/50 秒执行一次）函数中模拟加速度和速度，更新变换组件中的定位和旋转。它还使用碰撞器组件处理与其他 GameObject 的碰撞。刚体组件还可以为重力、拉力、风力、爆炸力等各种力建模。如果你希望直接设置 GameObject 的位置，而不使用刚体所提供的物理过程，请将运动学模式（`isKinematic`）设置为 `true`。

警告

要使碰撞器随 GameObject 移动，GameObject 必须有刚体组件，否则在 Unity 的 PhysX 物理模拟过程中，碰撞器将原地不动。也就是说，如果未添加刚体组件，GameObject 将在屏幕中移动，但在 PhysX 引擎中，GameObject 的碰撞器组件将保持原样，因此保留在原来的位置。

脚本：你编写的 C#脚本

所有 C#脚本也是 GameObject 组件。把脚本当作组件处理的好处之一是你可以在每个 GameObject 添加多个脚本，我们在本书第Ⅲ部分的一些内容将利用这一优势。在本书后续部分，你将读到更多关于脚本组件以及如何访问它们的知识。

警告

检视面板中的变量名称会发生变化：在图 20-1 中，你可以看到脚本的名称为 Scope Example (Script)，但这个名称打破了类的命名规则，因为类名称中不允许出现空格。

笔者代码中的真实脚本名称采用的是骆驼式命名法：`ScopeExample`。笔者不知道具体原因，但在检视面板中，类和变量的名称会与它们在 C#脚本中的拼写不同，变换规则如下：

- 类名 `ScopeExample` 变为 `Scope Example (Script)`
- 变量名 `trueOrFalse` 变为 `True Or False`
- 变量名 `graduationAge` 变为 `Graduation Age`
- 变量名 `goldenRatio` 变为 `Golden Ratio`

这是一个重要差异，它曾经困扰了笔者的一些学生。尽管检视面板中的名称显示有异，代码中的变量名不会发生变化。

20.8 本章小结

本章篇幅比较长，包含了很多信息，你可能需要重复阅读，或在将来拥有更多代码编写经验之后再次查阅本章。但是，在你继续学习本书后面内容并开始编写自己的代码时，你会发现本章的内容是非常重要的。一旦你理解了 Unity 中 GameObject 和组件的架构，并掌握了利用 Unity 的检视面板设置和修改变量的方法，你会发现你的 Unity 代码会运行得更加快速与“平滑”。

第 21 章

布尔运算和比较运算符

很多人都知道，计算机数据从根本上说是由 1 和 0 构成的，这些二进制位要么为 true，要么为 flase。但是，只有程序员真正了解编程中有多少内容涉及把问题分解为 true 或 false 值，然后分别应对。

在本章中，你将学到逻辑与（AND）、逻辑或（OR）、逻辑非（NOT）等布尔运算，还将学到>、<、==、!=等比较运算符，并了解 if 和 switch 条件语句。在编程时，这些都是编程的核心概念。

21.1 布尔值

如上一章中所讲，布尔值可以存储一个 true 或 false 的值。布尔型变量的名称来自数学家乔治・布尔（George Boole），他专门研究 true 和 false 值以及逻辑运算（也称为"布尔运算"）。尽管计算机在他从事研究的时代还没有出现，但计算机的逻辑运算是基于其研究成果的。

在 C#编程中，布尔值用于存储游戏状态的简单信息（例如，`bool gameOver =false;`）或者通过 `if` 和 `switch` 语句（详见本章下文介绍）控制游戏的走向。

布尔运算

布尔运算可以让程序员有机地修改或组合布尔型变量。

逻辑非运算符（!）

!运算符可反转布尔值，使 false 变为 true，或使 true 变为 false。

```
print( !true );         // 输出 false
print( !false );        // 输出 true
print( !(!true) );      // 输出 true（true 经过两次逻辑非运算之后的值仍然是 true）
```

!运算符有时也称为逻辑取反运算符，有别于按位取反运算符（~），附录 B "实用概念"中的"按位布尔运算符和图层蒙版"部分将对后者加以解释。

逻辑与运算符（&&）

只有两个操作数均为 true 时，&&运算符才返回 true。[1]

```
print( false && false );  // false
print( false && true );   // false
print( true && false );   // false
print( true && true );    // true
```

逻辑或运算符（||）

两个操作数中有一个为 true 或均为 true 时，||运算符返回 true。

```
print( false || false );  // false
print( false || true );   // true
print( true || false );   // true
print( true || true );    // true
```

标准的逻辑与和逻辑或（&&和||）是“短路”运算符。也就是说，如果运算符可以根据第一个参数确定返回值，它将不对第二个运算符做判断。反之，非短路运算符（&和|）始终对两个参数做完整判断。

下列代码片段中包含的几个示例可以说明二者之间的区别。在代码片段中，代码右侧带有数字的双斜线（例如//1）表示下文中对该行代码有相应的注释。

```
1   // 此函数输出"—true"并返回 true 值
2   bool printAndReturnTrue() {
3       print( "--true" );
4       return( true );
5   }
6
7   // 此函数输出"—false"并返回 false 值
8   bool printAndReturnFalse() {
9       print( "--false" );
10      return( false );
11  }
12
13  void ShortingOperatorTest() {
14      // 第 15、17、19 和 21 行使用短路运算符&&和||
15      bool andTF = ( printAndReturnTrue() && printAndReturnFalse() ); // a
16      print( "andTF: "+andTF ); // 输出"--true --false andTF: false"
17      bool andFT = ( printAndReturnFalse() && printAndReturnTrue() ); // b
18      print( "andFT: "+andFT ); // 输出"--false andFT: false"
19      bool orTF = ( printAndReturnTrue() || printAndReturnFalse() );  // c
20      print( "orTF: "+orTF ); // 输出"--true orTF: true"
21      bool orFT = ( printAndReturnFalse() || printAndReturnTrue() );  // d
22      print( "orFT: "+orFT ); // 输出"--false --true orTF: true"
23      // 第 24 和 26 行使用非短路运算符&和|
24      bool nsAndFT = ( printAndReturnFalse() & printAndReturnTrue() );
    // e
```

1. 笔者已经在这些代码中加入了额外的空格来增加可读性。记得不管多少个空格，Unity 只会当成一个。

```
25        print( "nsAndFT: "+nsAndFT ); // 输出"--false --true nsAndFT: false"
26        bool nsOrTF = (printAndReturnTrue() | printAndReturnFalse() );   // f
27        print( "nsOrTF: "+nsOrTF ); // 输出"--true --false nsOrTF: false"
28    }
```

a．本行代码输出- -true 和- -false，并将变量 andTF 的值设为 false。因为短路运算符&&的第一个参数为 true，必须对第二个参数进行判断，并确定结果为 false。

b．本行代码只输出- -false，并将变量 andFT 的值设为 false。因为短路运算符&&的第一个参数为 false，将直接返回 false，而不对第二个参数进行判断。在本行中，没有执行 printAndReturnTrue()函数。

c．本行代码只输出--true，并将变量 orTF 的值设为 true。因为短路运算符||的第一个参数为 true，会直接返回 true，而不对第二个参数进行判断。

d．本行代码输出--false 和--true，并将变量 orFT 的值设为 true。因为短路运算符||的第一个参数为 false，必须对第二个参数进行判断，才能确定返回何值。

e．不管第一个参数的值是什么，非短路运算符&都将对两个参数都进行判断。因此，本行代码输出- -false 和- -true，并将变量 nsAndFT 的值设为 false。

f．不管第一个参数的值是什么，非短路运算符|都将对两个参数进行判断。因此，本行代码输出- -true 和- -false，并将变量 nsOrTF 的值设为 true。

在编写你自己的代码时，短路运算符和非短路运算符的知识都很有用。短路运算符（&&和||）用得更多，因为它们的效率更高，但当你需要确保对运算符的两个参数都进行判断时，&和|也很实用。

如果你愿意，笔者希望你能把上述代码输入到 Unity 中并逐步调试一遍，了解具体过程。要了解关于代码调试的更多知识，请参阅第 25 章“代码调试”。

位运算符

|和&有时也被称为“位与”和“位或”运算符，因为它们可以对整数进行位运算。它们在 Unity 中与碰撞检测有关的一些深奥问题上很实用；在附录 B 的“位运算符和图层蒙版”内容中，你可以学到关于这两个运算符的更多知识。

布尔运算符的组合

有时会在一行代码中进行多个布尔运算，这种方式很实用。

```
bool tf = true || false && false;
```

但是，这样做的时候要加倍小心，因为布尔运算符同样有优先级之分。在 C#中，布尔运算符的优先级如下：

```
! - 逻辑非
& - 非短路逻辑与 / 位与
| - 非短路逻辑或 / 位或
&& - 逻辑与
```

```
|| - 逻辑或
```

这就是说，上面那行代码会被编译器解释为：

```
bool tf = true || ( false && false);
```

&&运算每次都会比||运算先执行。如果你忽略了运算顺序并从左到右计算了这行公式，可能会得到 false 这个结果（例如，(true || false) && false 为 false），但是不加任何括号的话，此行公式的结果为 true！

> **提示：**
>
> 不管运算符的优先级如何，你应该尽量使用圆括号表示运算次序，以便使代码更清晰。如果你计划和其他人合作（或者如果你自己希望在几个月后重新浏览这些代码），代码的可读性就非常重要了。笔者在编码过程中给自己定了一条规则：如果有任何可能产生误解的部分，笔者都会使用圆括号并添加注释，说明笔者在代码中要做的事情以及计算机将如何解读代码。

布尔运算中的逻辑等价式

布尔逻辑的奥妙超出了本书介绍的范围，但笔者想说，可以将多个布尔运算组合起来完成一些非常有趣的事情。在下面的示例代码中，a 和 b 是布尔变量，不论 a 和 b 是 true 还是 false，也不论使用的是短路运算符还是非短路运算符，命题都成立。

- 结合律：(a & b) & c 等价于 a & (b & c)
- 交换律：(a & b) 等价于 (b & a)
- 逻辑与相对于逻辑或的分配律：a & (b | c) 等价于 (a & b) | (a & c)
- 逻辑或相对于逻辑与的分配律：a | (b & c) 等价于 (a | b) & (a | c)
- (a & b) 等价于 ! (!a | !b)
- (a | b) 等价于 !(!a & !b)

如果对这些等价公式和它们的用途感兴趣，你可以在网上找到很多关于布尔逻辑的资源。

21.2 比较运算符

比较运算符可以将两个布尔值互相比较，还可以对其他布尔值进行运算，获得一个新的布尔值结果。

==（等于）

等于运算符用来检查两个变量或字面值是否相等。该运算符的结果是一个为 true 或

false的布尔值。

```
1   int i0 = 10;
2   int i1 = 10;
3   int i2 = 20;
4   float f0 = 1.23f;
5   float f1 = 3.14f;
6   float f2 = Mathf.PI;
7
8   print( i0 == i1 ); // 输出: true
9   print( i1 == i2 ); // 输出: false
10  print( i2 == 20 ); // 输出: true
11  print( f0 == f1 ); // 输出:  false
12  print( f0 == 1.23f ); //输出: true
13  print( f1 == f2 ); // 输出: false   //a
```

a. 第13行中的等于运算得到false，因为Math.PI数值的精确度要远高于3.14f，而等于运算符要求两边的值完全相等才返回true。

警告

不要混淆=和==　赋值运算符（=）和等于运算符（==）有时容易混淆。赋值运算符（=）用于设置变量的值，而等于运算符（==）用于对比两个值。以下列代码为例：

```
1 bool f = false;
2 bool t = true;
3 print( f == t ); // 输出 false
4 print( f = t ); // 输出 true
```

在第3行对变量f和t进行对比，因为它们并不相等，所以返回false并输出。而第4行中，变量f被赋予变量t的值，使变量f的值变为true，所以输出true。

我们在谈论这两个运算符时也容易造成混乱。为避免混淆，笔者把 i=5;读为“让i等于5”，而把i==5;读为“i等于5”。

关于不同类型变量对赋值运算符的处理，请参阅下面的“通过值或引用判断相等的测试”专栏。

通过值或引用判断相等的测试

Unity中的C#版本在对比简单类型的变量时通过值对比。也就是说，只要两个变量的值相等，这两个变量就等价。这种方式对于下列变量类型有效。

- 布尔型（bool）
- 整型（int）
- 浮点型（float）
- 字符串（string）
- 三维向量（Vector3）
- 颜色（Color）

- 字符型（char）
- 四元数（Quaternion）

但是，对于游戏对象（GameObject）、材质（Material）、渲染器（Renderer）等更复杂的变量类型，C#不再检查两个变量的所有值是否相等，而只是检查它们的引用是否相等。换句话说，它检查两个变量是否引用（或指向）计算机内存中的同一个对象（在下列示例中，假设 boxPrefab 是已经存在的变量，指向一个 GameObject 预设）。

```
1 GameObject go0 = Instantiate( boxPrefab ) as GameObject;
2 GameObject go1 = Instantiate( boxPrefab ) as GameObject;
3 GameObject go2 = go0;
4 print( go0 == go1 ); // 输出 false
5 print( go0 == go2 ); // 输出 true
```

尽管被赋予变量 go0 和 go1 的两个 boxPrefabs 实例具有相同的值(它们的位置、旋转等均完全相同)，但= =运算符似乎认为它们并不相同，因为它们实际上是两个不同的对象，因此存储在不同的内存位置。变量 go0 和 go2 被= =视为相等，因为它们引用了同一个对象。让我们继续上面的代码：

```
6 go0.transform.position = new Vector3( 10, 20, 30)
7 print( go0.transform.position); // Output: (10.0, 20.0, 30.0)
8 print( go1.transform.position); // Output: ( 0.0, 0.0, 0.0)
9 print( go2.transform.position); // Output: (10.0, 20.0, 30.0)
```

这里改变了 go0 的位置。因为 go1 是另一个 GameObject 的实例，因此它的位置保持不变。但是，因为 go2 和 go0 引用了同一个对象的实例，所以，在 go2.transform.position 中也反映出了所发生的变化。

```
10 go1.transform.position = new Vector3( 10, 20, 30);
11 print( go0.transform == go1.transform);  //  输出 false
12 print( go0.transform.position == go1.transform.position);  //输出 true
```

Go0 和 go1 的 transform 不一样，但是它们的位置相同，因为三维向量根据数值比较。

!=（不等于）

和==运算符相反，如果两个值不相等，不等于运算符返回 true，如果两个值相等，不等于运算符则返回 false（为使代码更加简明，在下面的对比中，将使用字面值，而不是变量）。

```
print( 10 != 10 );              // 输出 false
print( 10 != 20 );              // 输出 true
print( 1.23f != 3.14f );        // 输出 true
print( 1.23f != 1.23f );        // 输出 false
print( 3.14f != Mathf.PI );     // 输出 true
```

>（大于）和<（小于）

如果运算符左侧值大于右侧值，>运算符将返回 true，否则将返回 false。

```
print( 10 > 10 );          // 输出 false
print( 20 > 10 );          // 输出 true
print( 1.23f > 3.14f );    // 输出 false
print( 1.23f > 1.23f );    // 输出 false
print( 3.14f > 1.23f );    // 输出 true
```

如果运算符左侧值小于右侧值，<运算符将返回 true，否则将返回 false。

```
print( 10 < 10 );          // 输出 False
print( 20 < 10 );          // 输出 True
print( 1.23f < 3.14f );    // 输出 True
print( 1.23f < 1.23f );    // 输出 False
print( 3.14f < 1.23f );    // 输出 False
```

< 和 > 符号有时还会作为尖括号使用，特别是在 HTML、XML 或 C#的泛型函数中用于标签。但是，在作为比较运算符使用时，它们的叫法总是“小于”和“大于”。

>=（大于或等于）和<=（小于或等于）

如果运算符左侧值大于或等于右侧值，>=运算符将返回 true，否则将返回 false。

```
print( 10 >= 10 );         // 输出 true
print( 10 >= 20 );         // 输出 false
print( 1.23f >= 3.14f );   // 输出 false
print( 1.23f >= 1.23f );   // 输出 true
print( 3.14f >= 1.23f );   // 输出 true
```

如果运算符左侧值小于或等于右侧值，<=运算符将返回 true，否则将返回 false。

```
print( 10 <= 10 );         // 输出 true
print( 10 <= 20 );         // 输出 true
print( 1.23f <= 3.14f );   // 输出 true
print( 1.23f <= 1.23f );   // 输出 true
print( 3.14f <= 1.23f );   // 输出 false
```

21.3　条件语句

条件语句可结合布尔值和比较运算符使用，用来控制程序的流程。也就是说，条件为 true 时可以让代码产生一种结果，在条件为 false 时产生另一种结果。`if` 和 `switch` 是最常用的两个条件语句。

`if` 语句

只有圆括号`( )`中的值为 true 时，`if` 语句才会执行花括号`{ }`之间的代码。

```
if (true) {
        print( "第一个 if 语句中的代码被执行" );
}
if (false) {
        print( "第二个 if 语句中的代码被执行" );
}

// 上述代码执行输入的内容将是:
//          第一个 if 语句中的代码被执行
```

可以看到，第一个花括号{}之间的代码被执行，而第二个花括号之间的代码则没有。

注意：

用花括号括起来的语句，在花括号结束之后不需要再加分号。其他语句的末尾都需要使用分号。

float approxPi = 3.14159f; // 这里是标准分号

对于复合语句（即被花括号括起的语句），不需要在右花括号后面加分号：

```
if (true) {
print( "Hello" ); // 本行需要分号
print( "World" ); //本行需要分号
} // 在花括号结束之后，不需要再加分号
```

这个规则同样适用于其他使用花括号的复合语句。

结合比较运算符和布尔运算符使用 if 语句

if 语句可结合布尔运算符使用，对游戏中的不同状况做出反应。

```
bool night = true;
bool fullMoon = false;
if (night) {
    print( "现在是晚上。" );
}
if (!fullMoon) {
    print( "今晚月亮不圆。" );
}
if (night && fullMoon) {
    print( "小心狼人!!! " );
}
if (night && !fullMoon) {
    print( "今晚没有狼人! " );
}
// 上述代码将输出以下内容:
//          现在是晚上。
//          今晚月亮不圆。
//          今晚没有狼人!
```

当然，if 语句也可结合比较运算符使用。

```
if (10 == 10 ) {
    print( "10 等于 10。" );
}
if ( 10 > 20 ) {
    print( "10 大于 20。" );
}
if ( 1.23f <= 3.14f ) {
    print( "1.23 小于或等于 3.14。" );
}
if ( 1.23f >= 1.23f ) {
    print( "1.23 大于或等于 1.23。" );
}
if ( 3.14f != Mathf.PI ) {
    print( "3.14 不等于"+Mathf.PI+"。" );
    // +号可将字符串与其他数据类型相连接
    // 在这种情况下，其他数据会被转换为字符串
}
// 上述代码将输出以下内容：
//        10 等于 10。
//        1.23 小于或等于 3.14。
//        1.23 大于或等于 1.23。
//        3.14 不等于 3.141593。
```

警告

避免在任何 if 语句中使用赋值运算符= 如上文中的警告，==是比较运算符，用来判断两个值是否相等，而=是赋值运算符，用来给变量赋值。如果不小心在 if 语句中使用了=，将对变量赋值，而不是比较。

Unity 有时会发现这种错误，提示无法将数值隐式转换为布尔值。如果使用下面的代码，你会得到一条出错信息：

```
float f0 = 10f;
if ( f0 = 10 ) {
  print( "f0 is equal to 10.");
}
```

而其他时候，Unity 会向你提供一条警告信息，提醒你在 if 语句中使用了=，并询问你是否想输入==。

If...else

在很多情况下，你不但需要在条件为 true 时做一件事，还需要在条件为 false 时做另外一件事。这时，需要在 if 语句之后添加一个 else 语句。

```
bool night = false;
if (night) {
```

```
    print( "现在是晚上。" );
} else {
    print( "现在是白天，你有什么好担心的？" );
}
// 上述代码将输出以下内容：
//         现在是白天，你有什么好担心的？
```

这里，因为 night 变量的值是 false，所以执行的是 else 中的语句。

If...else if...else

另外，还可以使用 else 语句链。

```
bool night = true;
bool fullMoon = true;
if (!night) {       // 条件 1 (false)
    print( "现在是白天，你有什么好担心的？" );
} else if (fullMoon) {        // 条件 2 (true)
    print( "小心狼人!!! " );
} else {       // 条件 3（不检查）
    print( "现在是晚上，但月亮不圆。" );
}
// 上述代码将输出以下内容：
//         小心狼人!!!
```

在 if...else if...else 语句链中，一旦有条件为 true，所有后续条件都将不做判断（后续部分会被跳过）。在上面的代码中，条件 1 为 false，所以会检查条件 2；因为条件 2 为 true，计算机会完全跳过条件 3。

if 语句的嵌套

可以在 if 语句中嵌套另一个 if 语句，以便完成更加复杂的行为。

```
bool night = true;
bool fullMoon = false;
if (!night) {
    print( "现在是白天，你有什么好担心的？" );
} else {
    if (fullMoon) {
        print( "小心狼人!!! " );
    } else {
        print( "现在是晚上，但月亮不圆。" );
    }
}
// 上述代码将输出以下内容：
//         现在是晚上，但月亮不圆。
```

switch 语句

一个 switch 语句可代替多个 if...else 语句，但它在使用时受一些严格的限制。

- switch 语句只能比较是否相等。
- switch 语句只能比较单个变量。
- switch 语句只能将变量与字面值相比较（而不能与其他变量比较）。

以下是示例代码：

```
int num = 3;
switch (num) {          // 圆括号中的num变量是用于比较的变量
    case (0):           // 每个分支都是一个与num变量进行比较的字面值
        print( "数字是0" );
        break; // 每个分支的末尾都必须加上break语句
    case (1):
        print( "数字是1" );
        break;
    case (2):
        print( "数字是2" );
        break;
    default: // 如果上述分支均不为true，则执行default后的语句
        print( "数字大于2" );
        break;
} // switch语句结束于花括号处
// 上述代码输出以下内容：
//      数字大于2
```

如果任何一个分支中的字面值等于要比较的变量值，该分支中的代码会被执行，直到遇到 break 语句为止。在遇到 break 语句之后，计算机将退出 switch 语句，不再对后面的分支进行判断。

```
int num = 4;
switch (num) {
    case (0):
        print( "数字是0" );
        break;
    case (1):
        print( "数字是1" );
        break;
    case (2):
        print( "数字是2" );
        break;
    case (3):
    case (4):
    case (5):
        print( "数字是少许" );
        break;
    default:
        print( "数字大于少许" );
        break;
}
```

```
//上述代码输出以下内容：
//        数字是少许
```

在上述代码中，如果 num 等于 3、4 或 5，输出结果将是“数字是少许”。

在学会结合条件使用 if 语句之后，你可能会问什么时候会用到 switch 语句，因为它有这么多使用限制。在处理 GameObject 的各种可能状态时，switch 语句其实很常用。例如，你制作了一个可以让玩家变身为人、鸟、鱼或狼獾的游戏，其中可能会出现类似于下面的代码：

```
string species = "fish";
bool inWater = false;
// 不同物种有不同的运动方式
public function Move() {
    switch (species) {
        case ("person"):
            Run(); // 运行名为 Run()的函数
            break;
        case ("bird"):
            Fly();
            break;
        case ("fish"):
            if (!inWater) {
                Swim();
            } else {
                FlopAroundPainfully();
            }
            break;
        case ("wolverine"):
            Scurry();
            break;
        default:
            print( "未知物种: "+species );
            break;
    }
}
```

在上面的代码中，玩家（在水中的鱼）的运动方式为游泳 Swim()。一定要注意，这里有一个 default 分支，用于捕获任何 switch 语句未提前准备好如何处理的物种，它将输出所遇到的意外物种的名称。例如，当设置 species 变量为“Lion”时，输出结果将是：

```
未知物种：Lion
```

在上述代码中，你还看到有些函数名未经过定义（例如 Run()、Fly()、Swim()）。在第 24 章“函数与参数”中，将介绍如何创建自定义的函数。[2]

---

2. 由于某些原因，给不同的运动方式设定不同函数名不是好习惯，不过这个原因超出了本书的范围。当你读完这本书后，去找 Robert Nystrom 的网站和 *Game Programming Patterns* 图书获得更多信息和优秀编程策略。

21.4　本章小结

尽管布尔运算看上去可能有些无趣，但它们在编程核心内容中占有一席之地。计算机程序中有成百上千的分支节点，计算机将根据条件从中选择一个分支执行，这些分支归根结底都是布尔值和比较运算。在阅读本书后续内容时，如果对比较运算有任何疑惑，你可以复习本章内容。

第 22 章

循环语句

计算机程序经常会重复某个动作。在标准的游戏循环中，游戏在屏幕上绘制一帧画面，获取玩家输入并进行判断，然后在屏幕上绘制下一帧画面，每秒重复这套行为 30 次以上。

C#代码中的循环语句可以让计算机多次重复某个行为。这个行为可以是任何事，可以是遍历屏幕上的每个敌人并判断每个敌人的人工智能，也可以是检查碰撞等。在学完本章之后，你会了解到关于循环的必学内容，在下一章中，你将学会如何使用循环操作 list 和数组。

22.1 循环语句的种类

C#中只有四类循环语句：while、do...while、for 和 foreach。其中，for 和 foreach 循环最为常用，因为它们更加安全，也更适合解决游戏制作过程中遇到的问题。

- while 循环：最基本的循环类型。在每次循环开始时检查是否符合某个条件，决定是否继续循环。
- do...while 循环：类似于 while 循环，但在每次循环结束时检查是否符合某个条件，决定是否继续循环。
- for 循环：包含一条初始化子句，一个随循环次数而递增的变量和一个结束条件。for 循环是最为常用的循环结构。
- foreach 循环：自动遍历一个可枚举对象或集合中的所有元素。本章对 foreach 循环将进行简单论述，关于 C#的 List 和数组的内容将在后面章节中进行更详细的介绍。

22.2 创建项目

附录 A“项目创建标准流程”中详细讲解了如何为本书各章创建 Unity 新项目。在本书每个项目开始之前，你会看到类似于下面的注释框，请根据注释框中的指导创建本章所讲的新项目。

为本章创建新项目

按照标准的项目创建流程，在 Unity 中创建一个新项目。标准的项目创建流程，请参阅附录 A。

- 项目名称：Loop Examples
- 场景名称：_Scene_Loops
- C#脚本名称：Loops

将 Loops 脚本绑定到场景主摄像机上。

22.3 while 循环

while 循环是最基本的循环结构。但是，这也意味着它缺乏新式循环所具有的安全性。笔者在编写代码时，几乎不使用 while 循环，因为它有发生“死循环”的风险。

死循环的危害

在程序进入一个循环后无法退出时，就会发生死循环。我们写一段代码，看看运行后会发生什么。在 MonoDevelop 中打开 Loops 脚本（通过在项目面板中双击），并在其中添加下面的粗体字代码。

```
1 using System.Collections;
2 using System.Collections.Generic;
3 using UnityEngine;
4
5 public class Loops : MonoBehaviour {
6       void Start () {
7           while (true) {
8               print( "Loop" );
9           }
10      }
11 }
```

从 ModoDevelop 的菜单栏中执行 File>Save 命令，保存上述脚本。保存完毕后，切换回 Unity 并单击窗口上方的“播放”按钮。你会看到什么都没有发生……这种情况会不会一直持续下去呢？事实上，你可能必须强制退出 Unity 了（具体步骤见下文的专栏）。你刚才遇到的就是一个死循环，你可以看到，死循环会让 Unity 彻底失去响应。幸运的是，现在的操作系统都是多线程的，若换为旧式的单线程操作系统，死循环不但冻结应用程序，还会冻结整个计算机，需要重启才能恢复。

如何强制退出程序

在 macOS 系统中

通过下列步骤强制退出程序：

1. 按下 Command+Option+Esc 组合键，会弹出“强行结束应用程序”窗口。

2. 找到运行不正常的应用程序，在程序列表中，该程序名称后通常会显示“无响应”。

3. 单击该应用程序，然后单击“强制结束”按钮，系统可能需要几秒钟时间才能结束程序。

在 Windows 系统中

通过下列步骤强制退出程序：

1. 按下 Shift+Ctrl+Esc 组合键，会弹出“Windows 任务管理器”窗口。

2. 找到运行不正常的程序。

3. 单击该应用程序，然后单击“结束程序”按钮，可能需要几秒钟时间才能结束程序。

如果强行结束处于运行状态的 Unity 程序，从上次保存以来所做的修改会丢失。因为 C#脚本必须经常保存，所以脚本不是问题，但你可能需要重复一遍对场景所做的修改。在_Scene_Loops 场景中，如果你将 Loops 脚本绑定到主摄像机上之后未保存场景，结束 Unity 程序并重启之后，你需要再重新绑定一下。

那么，死循环是怎么造成的呢？要找到答案，需要检查一下 while 循环。

```
7           while (true) {
8               print( "Loop" );
9           }
```

只要 while 后面圆括号中的条件子句为 true，花括号中的代码就将一直被重复执行。在第 7 行中，条件永远是 true，因此代码 print ("Loop");将被无限次重复执行。

你可能会问：如果这行代码无限次重复执行，为什么没有在控制台面板上看到输出的“Loop”呢？尽管 print()函数被调用很多次（在你结束 Unity 程序之前，它可能已经被调用了上百万次），但你永远都看不到控制台面板上的输出，因为 Unity 程序已经陷入了 while 死循环，无法再重绘窗口（只有在窗口重绘之后才能看到控制台面板上的变化）。

更实用的 while 循环

在 MonoDevelop 中打开 Loops 脚本文件，将代码修改为以下内容。

```
1 using System.Collections;
2 using System.Collections.Generic;
3 using UnityEngine;3
```

```
4
5   public class Loops : MonoBehaviour {
6       void Start () {
7           int i=0;
8           while ( i<3 ) {
9               print( "Loop: "+i );
10              i++; // 请查看专栏“自增运算符和自减运算符”
11          }
12      }
13  }
```

保存代码并切换回 Unity 程序，然后单击“播放”按钮。这次 Unity 不会再陷入死循环，因为 while 条件子句（i<3）终将会变为 false。控制台面板上的程序输出内容（除去 Unity 程序输出的其他额外内容）将为：

```
Loop: 0
Loop: 1
Loop: 2
```

因为 while 每循环一次，都会调用一次 print(i)。注意在每次循环之前，都会对条件子句做一次判断。

自增运算符和自减运算符

在上述代码的第 10 行中，出现了本书中的首个自增运算符。自增运算符会使变量的值增加 1。所以，如果 i = 5，则 i++;语句将使 i 的值变为 6。

此外，还有自减运算符（--）。自减运算符会使变量的值减少 1。

自增运算符和自减运算符可以放在变量的前面或后面，这两种方式导致的运行结果略有不同（即++i 和 i++的运算过程不同），区别是返回变量的初始值（i++）还是增量值（++i）。下面是一个示例。

```
6   void Start() {
7       int i = 1;
8       print( i );      // 输出 1
9       print( i++ );    // 输出 1
10      print( i );      // 输出 2
11      print( ++i );    // 输出 3
12  }
```

第 8 行代码输出 i 的当前值，即 1。然后，在第 9 行，后自增运算符 i++首先返回 i 的当前值（结果为 1），然后递增 i，变量被设为 2。

第 10 行代码输出 i 的当前值，即 2。然后，在第 10 行，前自增运算符++i 首先将 i 的值从 2 增加到 3，然后将其返回到输出函数，输出 3。

提示：

在本章多数示例中，所使用的循环变量都命名为 i。编程人员经常使用 i、j、k 作为循环变量（即循环中的自增变量），因此，这些变量名很少用于其他场合。因为各个循环结构中会频繁地创建和销毁这些变量，所以你通常应当避免将变量名 i、j、k 用于其他用途。

22.4 do...while 循环

do...while 循环的工作方式与 while 循环相同，唯一的区别是前者在每次循环结束之后才对条件子句进行判断。do...while 循环会保证循环至少会运行一次。请将代码修改为以下内容。

```
1   using System.Collections.Generic;
2   using System.Collections;
3   using UnityEngine;
4
5 public class Loops : MonoBehaviour {
6       void Start () {
7           int i=10;
8           do {
9               print( "Loop: "+i );
10              i++;
11          } while ( i<3 );
12      }
13 }
```

请确保将位于 Start() 函数内的第 7 行代码修改为 int i=10;。尽管 while 条件永远都不为 true（10 永远都不会小于 3），但在第 11 行中对条件子句进行判断之前，其中的代码仍然执行了一次。如果像上文的 while 循环中那样将 i 的初始值定为 0，控制台中输出的内容看起来将没有变化，所以在第 7 行中让 i=10，用来演示不管 i 值是多少，do...while 循环总会至少循环一次。如第 11 行所示，在 do...while 循环中，条件子句之后要加上分号（;）。

请保存脚本文件并在 Unity 中进行测试，查看结果。

22.5 for 循环

在 while 和 do...while 循环的示例代码中，我们需要声明和定义变量 i 并使其自增，然后在条件子句中对变量 i 进行判断，这几个动作分别需要单独写一句代码完成。在 for 循环中，只需要一行代码就可以完成这几个动作。请在 Loops 脚本中写入以下代码并保存，然后在 Unity 中运行。

```
1   using System.Collections.Generic;
2   using System.Collections;
```

```
3   using UnityEngine;
4
5   public class Loops : MonoBehaviour {
6       void Start() {
7           for ( int i=0; i<3; i++ ) {
8               print( "Loop: "+i );
9           }
10      }
11  }
```

本例中的 for 循环与上文中“更实用的 while 循环”中的示例代码输出的内容相同，但代码的行数更少。要使 for 循环的结构有效，其中需要包含一个初始化子句、一个条件子句和一个循环子句。在上述代码中，三条语句分别为：

```
初始化子句：   for ( int i=0; i <3; i++ ) {
条件子句：     for ( int i=0; i <3; i ++ ) {
循环子句：     for ( int i=0; i<3; i ++ ) {
```

初始化子句（int i=0;）在 for 循环开始时执行。它声明并定义一个作用域在 for 循环内的局部变量。也就是说，在 for 循环完成之后，int i 变量将不复存在。关于变量的作用域，请查看附录 B“实用概念”中的“变量的作用域”。

在 for 循环第一次执行之前，会对条件子句（i<3）进行判断（与 while 循环中第一次循环之前会对条件子句进行判断一样）。如果条件子句为 true，就会执行 for 循环花括号中的代码。

花括号中的代码每执行完一次，就会执行一遍循环子句(i++)(即执行完 print(i) 后，会执行 i++)。之后会再次对条件子句进行判断，如果条件子句仍然为 true，花括号中的代码会再重复执行一次，然后再执行循环语句……。如此周而复始，直至条件语句变为 false 之后，for 循环结束。

由于每个 for 循环都要求必须有这三个子句，而且这些子句包含在同一行代码中，所以使用 for 循环更容易避免出现死循环。

警告

不要忘了在 for 循环的三个子句之间加上分号 一定要在初始化子句、条件子句和循环子句之间加上分号，这很重要。原因为它们均是独立子句，需要和 C#中其他语句一样用分号结束。C#中多数代码都需要在行末加上分号，同样，for 循环中的每个子句也需要在末尾加上分号。

循环子句不一定必须自增

尽管循环语句通常都是类似 i++这样的自增子句，但这不是强制性的。在循环子句中可以使用任何操作。

自减

其他常用循环子句之一是自减而不是自增，可以通过在 for 循环中使用自减运算符实现。

```
6    void Start() {
7        for ( int i=5; i>2; i-- ) {
8            print( "Loop: "+i );
9        }
10   }
```

上述代码将在控制台面板中输出以下内容：

```
Loop: 5
Loop: 4
Loop: 3
```

22.6 foreach 循环

foreach 循环类似于一种可以用于任何可枚举对象的自动 for 循环。在 C#中，多数数据集合都是可枚举的，包括下一章中讲到的 List 和数组。另外，字符串（作为字符的集合）也是可枚举的，请在 Unity 中试验以下代码。

```
1    using System.Collections.Generic;
2    using System.Collections;
3    using UnityEngine;
4
5    public class Loops : MonoBehaviour {
6        void Start() {
7            string str = "Hello";
8            foreach( char chr in str ) {
9                print( chr );
10           }
11       }
12   }
```

在每次循环中，控制台将依次输出 str 字符串中的一个字符，结果为：

```
H
e
l
l
o
```

foreach 循环可保证遍历到可枚举对象的所有元素。在本例中，它遍历了字符串"Hello"中的所有字符。在下一章中，会结合 List 和数组深入探讨 foreach 循环。[1]

1. 尽管现在不用太操心，但还是要记得 foreach 循环性能不如其他的好。也就是说，会造成更多的内存垃圾并自动被计算机回收。如果你在一台性能不好的设备（比如手机）上做一款高性能游戏，你最好少用 foreach 循环。另外，foreach 循环不保证在遍历集合时按照既定顺序，一般来说没什么问题。

22.7　循环中的跳转语句

所谓跳转语句，是指可使代码执行跳转到代码另一处的语句。前文 switch 语句的每个分支中出现的 break 语句即是其中一例。

break 语句

break 语句可以用于提前结束任何类型的循环结构。作为示例，请按以下代码修改 start() 函数：

```
6   void Start() {
7       for ( int i=0; i<10; i++ ) {
8           print( i );
9           if ( i==3 ) {
10              break;
11          }
12      }
13  }
```

注意，本代码片段中省略了第 1~5 行和仅包含右花括号}的最后一行(之前的第 13 行)，因为这些行与前文的代码完全相同。在你的 MonoDevelop 界面中，应该仍然保留这些代码，你只需用本代码中的第 7~12 行替换前文 foreach 循环示例代码中的第 7~10 行。

在 Unity 中运行本代码，你会看到如下输出内容：

```
0
1
2
3
```

break 语句会提前退出 for 循环。break 语句也可用在 while、do...while 和 foreach 循环中。

示例代码：　　　　　　　　　　　　　**代码输出内容：**

```
for ( int i=0; i<10; i++ ) {
    print( i );                          0
    if ( i==3 ) {                        1
        break;                           2
    }                                    3
}


int i = 0;                               0
while (true) { 0                         1
    print( i );                          2
    if ( i > 2 ) break;        // a      3
    i++;
}


int i = 3;                               3
```

```
do {                                        2
    print( i );
    i--;
    if ( i==1 ) break;              //b
} while ( i > 0 );


foreach (char c in "Hello") {               H
    if (c == 'l') {                         e
        break;
    }
    print( c );
}
```

以下列表中的编号分别对应上述代码中右侧带有//a、//b 注释的行。

a．本行显示了单行样式的 if 语句。如果只有一行，则不必使用花括号。

b．本代码只输出 3 和 2，因为在第二次执行该循环时，i--语句将 i 的值减为 1，这样第 11 行中 if 语句的条件成立，因而跳出循环。

请花点时间阅读上述几段代码，确保自己可以理解为什么上述代码会分别输出上述内容。如果对任何代码有疑问，请在 Unity 中输入该代码并使用调试器运行（在第 25 章“代码调试”中将详细介绍调试器）。

continue 语句

continue 语句用于强行使程序跳过本次循环的剩余部分，并继续执行下次循环。

代码：　　　　　　　　　　　　　　**输出内容：**

```
7   for (int i=0; i<=360; i++) {          0
8       if (i % 90 != 0) {                90
9           continue;                     180
10      }                                 270
11      print( i );                       360
12  }
```

在上述代码中，每当 I % 90 != 0（即 i/90 的余数不为 0）时，continue 语句会使 for 循环执行下次循环，跳过 print (i) 这一行。continue 语句还可用于 while、do...while 和 foreach 循环中。

取余运算符

上述 continue 语句示例代码的第 8 行中出现了本书的第一个取余运算符（%）。取余运算符返回一个数除以另一个数时所得的余数。例如 12%10 的返回值是 2，因为 12 除以 10 的余数是 2。

取余运算符还可用于浮点数，因此 12.4f%1f 将返回 12.4 除以 1 的余数 0.4f。

22.8 本章小结

要成为一名优秀的程序员，就必须理解循环。但是，在目前阶段来说，理解不透彻也没关系。一旦开始在游戏原型开发实战中使用循环，你就会越来越了解它们。请把每段示例代码输入到 Unity 中并运行，这样会帮助你理解这些内容。

不要忘了，在笔者编写代码时，通常会使用 `for` 和 `foreach` 循环，很少使用 `while` 和 `do...while` 循环，因为它们有造成死循环的危险。

在下一章中，你会学到数组和 List，这是两类可枚举和排序的相似元素的集合，你会看到如何使用循环遍历这些集合。

第 23 章

C#中的集合

C#中的集合可以让你以组的形式处理几个类似的操作。比如，你可以存放所有敌方 GameObjects 为一个 List，并且每帧循环更新它们的位置和状态。

本章将介绍 C#的三种重要的集合类型：List、数组和字典。学完本章之后，你将理解这些集合类型的工作原理，并根据不同情况选择应该使用的集合类型。

23.1 C#集合简介

集合是可通过一个变量引用的一组对象。在日常生活中，集合类似于一个人群、狮群或鸟群。和这些一群群的动物类似，C#中的集合只能存储一种数据类型（比如在狮群中不能加入一只老虎），尽管一些少见的集合允许存储多种数据类型。数组类型在 C#中底层构建，而其他本章中提到的集合类型则需要 System.Collections.Gener 代码库调用。

常用的集合

下面简单介绍一些最常用的集合，如果一个集合会在本章之后详细介绍，会有一个*标志在旁边。

- **数组***：数组是序列化排序的对象列表。与灵活的 List 不同，定义数组必须设定长度，并且不能更改。作为最基本的集合类型，数组有几个特别的类函数。另外，数组还能用过`[]`加数字增加和读取对象。

```
stringArray[0] = "Hello";
stringArray[1] = "World";
print( stringArray[0]+" "+stringArray[1] ); // 输出: Hello World
```

- **List***：List 是更为灵活的数组，但是性能略慢。List 是本书中最常用的集合，并且与数组一样可以用`[]`和数字读取。List 还包括了下列方法：

  `new List<T>()`——声明一个新 List 类型 T[1]

  `Add(X)` ——将一个类型为 T 的对象 X 加入 List 末端

---

1. 一个 List 是 generic collectio 的一种。在 C#中，generic 指的是用各种类型的能力。<T>表示当创建 List 时，必须要声明使用的类型（比如 `new List<GameObject>()` 或 `new List<Vector3>()`），你还能看到<T>在一些比如 `GetComponent<T>()` 中当作对象使用，尖括号之间是需要的组件（比如 `gameObject. GetComponent<Rigidbody>()`）。

Clear()——清空 List 中所有的对象
Contains(X)——如果类型 T 的对象 X 在 List 中，则返回 true
Count——属性[2] 返回 List 中对象的数量
IndexOf(X)——返回对象 X 在 List 中的序号。如果对象 X 不存在，则返回-1
Remove(X)——从 List 中移除对象 X
RemoveAt(#)——移除序号为#的对象

- **字典***:字典可以让你关联 key 和值，比如对象根据特定的 key 存储。一个现实的例子是图书馆，你可以用特定的 key 找到特定的书。与本章中其他集合不同，字典声明两个类型（key 类型和值类型）[3]。值可以用方括号增加或者读取（比如 dict["key"]）。字典包括下列方法：
  new Dictionary<Tkey, Tvalue>()——声明一个有 key 和值的字典
  Add(TKey, TValue)——对象 TValue 以 TKey 加入字典
  Clear()——移除所有对象
  ContainsKey(TKey)——如果 TKey 在字典中，则返回 true
  ContainsValue(TValue)——如果 TValue 在字典中，则返回 true
  Count——返回字典中 key 和值有几对
  Remove(TKey)——移除字典中 TKey 对应的值
- **队列（Queue）**：作为一个先入先出（FIFO）的集合，一个队列类似你在主题公园门口排队。对象用 Enqueue()加入队列的末尾，并用 Dequeque()从开头移除。队列包括下列方法：
  Clear()——移除队列中所有的对象
  Contains(X)——如果 X 在队列中，则返回 true
  Count——返回队列中有多少个对象
  Dequeue()——移除并返回队列的首个对象
  Enqueue(X)——把对象 X 加入队列末端
  Peek()——返回队列中首个对象，但不移除它
- **堆栈（Stack）**：一个先入后出（FILO）的集合，堆栈类似一叠牌。对象用 Push()加入堆栈的顶端，用 Pop()从顶端移除。堆栈包括下列方法：
  Clear()——移除堆栈中所有对象
  Contains(X)——如果 X 在堆栈中，则返回 true
  Count——返回堆栈中的对象数
  Peek()——返回堆栈中首个对象，但不移除它
  Pop()——返回并移除堆栈中的首个对象
  Push(X)——将对象 X 加入堆栈首部

因为 List 更为灵活，所以我们先从 List 开始讨论，关于如何根据情况选择适合的集

2. 作为一个属性，Count 看起来像是一个字段但其实是个函数（见 26 章“类”）。
3. 新的 Dictionary<Tkey, Tvalue>()函数包括了两个常见的指定，允许字典可以带着 key 和值类型创建，本章之后还会介绍更多信息。

合类型，我们会提供一个易用的指南。

为本章创建新项目

按照标准的项目创建流程，在 Unity 中创建一个新项目。如果你需要复习一下创建项目的标准流程，请参阅附录 A“项目创建标准流程”。

- 项目名称：Collections Project
- 场景名称：_Scene_Collections
- C#脚本名称：ArrayEx、DictionaryEx 、ListEx

将三个脚本均绑定到_Scene_Collections 场景的主摄像机上。

23.2 使用 Generic Collections

Unity 的 C#脚本开头自动包括三行以 using[4]开头的代码：

```
using UnityEngine;
using System.Collections;
using System.Collections.Generic;
```

每个 using 都会调用代码库，并且让你的脚本可以使用它们。第一行代码是 Unity 编程中最重要的，因为它让 C#脚本知道所有标准的 Unity 对象，包括 MonoBehaviour、GameObject、刚体、变换等。

第二行代码允许脚本使用一些无类型的集合，比如 ArrayList（一些 Unity 教程中可见）。作为无类型的集合，可以存放任何数据（比如数组、图像或者歌曲）。这种灵活度带来的风险让调试很难，所以笔者强烈建议不用无类型的集合。

第三行代码对于本章很重要，因为它启用了几个 generic 集合，包括 List 和字典。一个 generic 集合是强类型的一种。也就是说，只能保存单一特定的数据类型，通过尖括号指定。[5]声明 generic 集合的例子（例如，generic 集合的初始化创建）包括：

- public List<string> sList;——声明字符串的 List。
- public List<GameObject> goList;——声明 GameObject 的 List。
- public Dictionary<char,string> acronymDict;——声明一个字符串字典拥有字符 key（例如，你可以用字符'o'读取字符串"Okami"）。

System.Collections.Generic 也定义了几个其他 generic 数据类型，这超出了本章的范围，包括之前提到的 generic 版本的队列和堆栈。与固定长度的数组不同，所有

4. 在 Unity 5.5 之前，using System.Collections.Generic;默认不会加到脚本中，开发者要自己手动加，并且在 Unity 5.5 之后，代码顺序也不一样，不过顺序无关紧要，而且这个顺序更易读。
5. Generic 集合只能存储一个数据类型，看起来有点奇怪。单词 generic 在这里用来指定允许一种数据类型（如 List），能以一种正常的方式创建强类型的 List，用来存储任何数据类型。如何写 generic 类超出了本书的范围，但是你可以在网上搜索“C# generic”获取更多知识。

的 generic 集合类型都能动态调整长度。

23.3　List

在项目面板中双击 ListEx 脚本，打开 MonoDevelop 界面，在其中添加下面的粗体代码（你不需要添加每行最右侧的//[字母]注释，这些代码注释对应的是代码后面的注释序号）：

```
1   using UnityEngine;                                  // a
2   using System.Collections;                           // b
3   using System.Collections.Generic;                   // c
4
5   public class ListEx : MonoBehaviour {
6       public List<string> sList;                      // d
7
8       void Start () {
9           sList = new List<string>();                 // e
10          sList.Add( "Experience" );                  // f
11          sList.Add( "is" );
12          sList.Add( "what" );
13          sList.Add( "you" );
14          sList.Add( "get" );
15          sList.Add( "when" );
16          sList.Add( "you" );
17          sList.Add( "didn't" );
18          sList.Add( "get" );
19          sList.Add( "what" );
20          sList.Add( "you" );
21          sList.Add( "wanted." );
22          //上面的话出自我的导师 Randy Pausch 博士 (1960-2008)
23
24          print( "sList Count = "+sList.Count ); // g
25          print( "第 0 个元素为："+sList[0] );        // h
26          print( "第 1 个元素为："+sList[1] );
27          print( "第 3 个元素为："+sList[3] );
28          print( "第 8 个元素为："+sList[8] );
29
30          string str = "";
31          foreach (string sTemp in sList) {          // i
32              str += sTemp+" ";
33          }
34          print( str );
35      }
36  }
```

下面的编号分别对应上述代码中右侧带有//[字母]注释的行。

a. UnityEngine 库使程序可以使用 Unity 特有的类和数据类型（例如 GameObject、渲染器、网格等）。在 Unity 的 C#脚本中，这行是必须有的。

b．所有 C#脚本头部都会出现的 System.Collections 库使程序可以使用 ArrayList 类型（还有一些其他数据类型）。ArrayList 是 C#中的另一种集合类型，它与 List 类似，但 ArrayList 中的元素不局限于一种数据类型。这使 ArrayList 更为灵活，但笔者发现它与 List 相比缺点多于优点（其中包括显著的性能劣势）。

c．List 集合类型属于 System.Collection.Generic 库，因此必须先导入这个库才能使用 List。除 List 外，System.Collections.Generic 库中还包含大量的泛型对象。你可以上网搜索“C# System.Collections.Generic”了解更多知识。

d．该句声明 `List<string> sList`。所有的泛型集合数据类型后面都有包含数据类型名称的尖括号< >。在本例中，这是一个由字符串构成的 List。泛型的好处是它们可以用于任意数据类型。你可以很轻松地创建 `List<int>`、`List<GameObject>`、`List<Transform>`、`List<Vector3>`等。在声明 List 的同时必须指定其数据类型。

e．第 6 行中声明了 `sList` 变量，使 `sList` 成为一个变量名，表示一个由 string 构成的 List，但在第 9 行定义 `sList` 变量之前，`sList` 的值为 `null`（即没有任何值）。在定义 `sList` 变量之前，若试图向其中添加元素，就会产生错误。在对 List 进行定义时，必须在 `new` 语句的尖括号中重复说明 List 的类型。新定义的 List 不含任何元素，`Count` 属性为 0。

f．List 的 `Add()` 方法向其中添加一个元素。在本句中，将在 List 的第 0 个元素的位置插入一个字符串字面值`"Experience`"。关于下标从零开始的 List，详见“List 和数组的下标从零开始”专栏。

g．List 的 `Count` 属性返回一个 int 型数值，表示 List 中元素的数量。

h．第 25~28 行演示了使用下标访问 List 元素（例如：`sList[0]`）。下标访问使用方括号`[ ]`和整数引用 List 或数组中的特定元素。方括号中的数字称为“下标”。

i．`foreach`（在上一章中做过介绍）经常用于 List 和其他集合对象。类似于字符串是字符的集合，`List<string> sList` 是字符串的集合。`sTemp` 字符串变量的作用域为 `foreach` 循环，所以在 `foreach` 循环完成后，它将不复存在。因为 List 是强类型（即 C#知道 sList 是一个由字符串构成的 List），所以 sList 中的元素可以被赋给 `sTemp` 变量，不需进行任何转换。这是 List 集合相对于非强类型 ArrayList 类型的一个重要优势。

上述代码的控制台输出将为：

```
sList Count = 12
第 0 个元素为：Experience
第 1 个元素为：is
第 3 个元素为：you
第 8 个元素为：get
Experience is what you get when you didn't get what you wanted.
```

List 和数组的下标从零开始

List 和数组集合的下标是从零开始的。也就是说，其中的首个元素实际上是元素[0]。在本书中，笔者将把首个元素称为第 0 个元素。

作为示例，我们在伪代码中假定有一个集合 coll。“伪代码”不是某个特定编程语言的代码，而是为了便于演示某个代码概念而写的代码。

```
coll= [ "A", "B", "C", "D", "E" ]
```

这时，coll 的元素个数（count）或长度（length）为 5，有效下标的值在 0 到 coll.Count-1 的范围内（即 0、1、2、3、4）。

```
print( coll.Count );    // 输出 5
print( coll[0] );       // 输出 A
print( coll[1] );       // 输出 B
print( coll[2] );       // 输出 C
print( coll[3] );       // 输出 D
print( coll[4] );       // 输出 E

print( coll[5] );       // 输出"Index Out of Range Error!!!"
```

如果你试图用下标访问超出范围的下标，你会看到如下运行时的错误提示：

IndexOutOfRangeException: Array index is out of range.（IndexOutOfRangeException 异常：数组下标超出范围）

在 C#中使用集合时，要始终警惕，避免发生这种情况。

如之前一样，记得在结束代码编辑时通过 MonoDevelop 保存脚本。然后切换到 Unity 窗口，从层级面板中选择主摄像机。你会在检视面板中看到 List<string> sList 出现在 ListEx (Script)组件中，你可以单击检视面板中 sList 左侧的“三角形”按钮，查看其中的值（ArrayList 的另一缺点是它不能显示在检视面板中）。

List 的重要属性和方法

List 的属性和方法实在是太多了，但下面是最常用的。以下所有示例都引用下面的 List <string> sL，并且这些示例的效果不累积。换句话说，每个示例都使用下列三行语句中定义的 List 对象 sL，并且未经其他示例代码修改。

```
List<string> sL = new List<string>();
sL.Add( "A" ); sL.Add( "B" ); sL.Add( "C" ); sL.Add( "D" );
// 生成的 List 为：[ "A", "B", "C", "D" ]
```

属性

- sL[2]（下标访问）：返回由参数(2)所指定的下标位置的 List 元素。因为 C 是 sL 中第 2 个元素，所以这个表达式返回 C。
- sL.Count：返回 List 中当前的元素个数。因为 List 的长度可能随时间发生变化，所以 Count 属性非常重要。List 中最后一个有效下标总是 Count-1。sL.Count 的值是 4，因此最后一个有效下标是 3。

方法

方法是允许你更改 List 的函数。

- sL.Add("Hello")：在 sL 的末尾添加元素"Hello"，sL 变为：["A", "B", "C", "D", "Hello"] 。
- sL.Clear()：清除 sL 中现有的全部元素，使其变为空 List。sL 变为空：[ ]。
- sL.IndexOf("A")：查找 sL 中第一个为"A"的元素，并返回该元素的下标。因为"A"是 sL 中的第 0 个元素，所以这个表达式返回 0。如果 List 中不存在括号中的变量，该表达式将返回-1。要确定 List 中是否包含某个元素，这是一种既快速又安全的方法。
- sL.Insert(2, "B.5")：将元素"B.5"插入到 sL 第 2 个元素之前，其后的元素将逐个向后移动。这会使 sL 变为["A", "B", "B.5", "C", "D"]。第一个参数所指定的下标值的有效范围在 0 到 sL.Count 之间。若第一个参数的值超出有效范围，就会产生一个运行时的错误。
- sL.Remove("C")：从 List 中移除指定的元素。如果 List 中有两个元素的值都是"C"，则只有第一个被移除。sL 将变为["A", "B", "D"]。
- sL.RemoveAt(0)：移除参数所指定的下标处的元素。因为 List 中第 0 个元素是"A"，因此 sL 变为["B", "C", "D"]。

将 List 转换为数组

可以将 List 转换为简单数组（本章稍后将介绍相关内容），这很有用，因为一些 Unity 函数需要对象数组，而不是 List。

- sL.ToArray()：生成一个包含 sL 所有元素的数组。新数组中的元素类型与原来的 List 相同。返回一个新数组，其中包含的元素为：["A", "B", "C", "D"]。

要继续学习数组，请先确保 Unity 已停止播放，并且从检视面板中取消 ListEx(Script) 复选框的勾选状态，如图 23-1 所示。

图 23-1　取消 ListEx（Script）复选框的勾选状态

23.4　字典

你不能在检视面板中浏览字典，但它是存储数据的一把好手。字典的一大优势是它的恒定接入时间。也就是说不管你插入字典里多少东西，找起来的时间都是一样的。对比 List 或者数组，你必须挨个遍历整个集合，随着 List 和数组的尺寸增长，查找元素的时间也会变长，尤其是恰好你找的是最后一个元素。

字典有成对的 key 和值，key 用来接入值。打开 DictionaryEx C#脚本输出下面代码：

```
1 using System.Collections;
2 using System.Collections.Generic;                              // a
3 using UnityEngine;
4
5 public class DictionaryEx : MonoBehaviour {
6     public Dictionary<string,string>   statesDict;             // b
7
8     void Start () {
9       statesDict = new Dictionary<string, string>();           // c
10
11        statesDict.Add( "MD", "Maryland" );                      // d
12        statesDict.Add( "TX", "Texas" );
13        statesDict.Add( "PA", "Pennsylvania" );
14        statesDict.Add( "CA", "California" );
15        statesDict.Add( "MI", "Michigan" );
16
17        print("There are "+statesDict.Count+" elements in statesDict.");   //e
18
19        foreach (KeyValuePair<string,string> kvp in statesDict) {          //f
20           print( kvp.Key + ": " + kvp.Value );
21        }
22
23        print( "MI is " + statesDict["MI"] );                               // g
24
25        statesDict["BC"] = "British Columbia";                              // h
26
27        foreach (string k in statesDict.Keys)  {                            // i
28           print( k + " is " + statesDict[k] );
29        }
30    }
31
32 }
```

a. 必须有 System.Collections.Generic 才能开启字典。

b. 字典要声明 key 和值。对这个字典来说，key 和值都是字符串，但其他类型也可。

c. 类似 List，字典只有在初始化后才能用。

d. 当给字典新加元素时，你必须给每个元素赋予 key 和值。这五个 Add 声明在字典中新增了邮编和笔者曾住过的州。

e. 与其他 C#集合一样，你可以用 Count 试探字典中有多少元素。输出如下：

```
There are 5 elements in the Dictionary.
```

f. 你可以给字典用 foreach，但是值的类型是 KeyValuePair<,>。KeyValuePair<,>的两个类型必须符合字典（比如这里的<字符串，字符串>）。输出如下：

```
MD: Maryland
TX: Texas
PA: Pennsylvania
CA: California
MI: Michigan
```

g. 如果你知道 key，你可以用它和括号读取字典中的值。输出如下：

```
MI: Michigan
```

h. 另一个给字典中新增值的方式，笔者曾在 British Columbia（不列颠哥伦比亚省）短暂居住过。

i. 字典的 Key 也可以用 foreach 遍历。输出如下：

```
MD is Maryland
TX is Texas
PA isd Pennsylvania
CA is California
MI is Michigan
BC is British Columbia
```

保存 DictionaryEx 脚本，切换回 Unity，单击“运行”按钮，你可以看到如上所示的输出。记得字典不在 Unity 的检视面板中出现，所以即使 statesDict 是公共变量，你还是不会在检视面板中看到它。

字典的重要属性和方法

字典也有很多属性和方法，以下是最常用的。以下所有示例都引用下面的 Dictionary<int, string>dis，并且这些示例的效果不累积。也就是说，每个例子从 dIS 字典定义开始，不会被其他例子改变。

```
Dictionary<int,string> dIS;
 dIS = new Dictionary<int, string>();
dIS[0] = "Zero"; dIS[1] = "One";
dIS[10] = "Ten";
dIS[1234567890] = "A lot!";
```

另一种定义方式为：

```
dIS = new Dictionary<int, string>() {
{ 0, "Zero" },
{ 1, "One" },
{ 10, "Ten" },
{ 1234567890, "A lot!" }
```

```
};
```

在这种结合定义和声明的字典写法中，你会看到少见的在括号外有单分号。

属性

- dIS[10](括号接入)：返回序列为10的元素。因为"Ten"是key10的值。如果你要接入一个key不存在的值，你会收到一个KeyNotFoundException的运行错误并且程序会崩溃。
- dIS.Count:返回key/值的数量。因为字典的长度不固定，Count非常有用。

静态方法

- dIS.Add(12,"Dozen"):将"Dozen"加入字典key 12的位置。
- dIS[13] = "Baker's Dozen"：将"Baker's Dozen"加入字典key13的位置。如果用括号包括已有的值，会替换其内容。比如dIS[0] = "None"会把key 0替换成"None"。
- dIS.Clear()：移除dIS所有的key或值。
- dIS.ContainsKey(1)：如果key 1存在于字典中，则返回true。这是个非常快的方式，因为字典的设计如此。key在字典中是独有的，每个key只能有一个值。
- dIS.ContainsValue("A lot!"):如果字典存在"A lot!"，则返回true。这样会有点慢，因为字典设计为靠key找到值。值也是非唯一的，也就是说，可能有几个值相同。
- dIS.Remove(10):移除字典中符合key10的key或值。

在检视面板中能设定一个类似字典的东西是很不错的。为此，笔者可以创建一个List的简单类包含一个key和一个值。

在继续看数组之前，确保停止Unity回放并且取消勾选检视面板中DictionaryEx（Script）组件名字旁边的选框，反向激活DictionaryEx脚本。

23.5 数组

数组是最简单的集合类型，同时也是最快的。使用数组不要求导入任何库（即使用using命令），因为它们是C#中核心的内置对象。另外，数组中包括多维数组和交错数组，二者也非常实用。

数组长度是固定的，在定义数组时必须确定下来。请在项目面板中双击ArrayEx脚本，用MonoDevelop打开，输入以下代码：

```
1    using System.Collections;
2    using UnityEngine;
```

```
3
4    public class ArrayEx : MonoBehaviour {
5        public string[] sArray;                          // a
6
7        void Start () {
8            sArray = new string[10];                     // b
9
10           sArray[0] = "这";                            // c
11           sArray[1] = "是";
12           sArray[2] = "几个";
13           sArray[3] = "词";
14
15           print( "数组的长度为： "+sArray.Length );      // d
16
17           string str = "";
18           foreach (string sTemp in sArray) {           // e
19               str += "|"+sTemp;
20           }
21           print( str );
22       }
23   }
```

a．与 List 不同，C#的数组并非单独的数据类型，它是由任何现有数据类型构成的集合，在定义数组时，数据类型后面要加方括号。在上例中，sArray 并非被声明为字符串，而是由多个字符串构成的集合。注意，尽管 sArray 声明为数组，但并未定义其长度。

b．在本句中，sArray 被定义为长度为 10 的字符串数组。数组被定义之后，将使用该数组所含数据类型的默认值填充相应的长度。整数或浮点数的默认值为 0。对于字符串和 GameObject 等复杂对象，所有元素都被填充为 null（表示未赋予任何值）。

c．标准数组不能像 List 那样使用 Add()方法添加元素，而只能使用下标访问方式给数组元素赋值或获取数组元素的值。

d．数组与 C#中其他集合不同，它不使用 Count 属性，而使用 Length 属性。必须注意（从上文代码的输出内容可以看出）Length 返回整个数组的长度，包含已定义元素（例如上文示例代码中的 sArray[0]到 sArray[3]）和空元素（即仍为未定义的默认值，例如上文示例代码中的 sArray[4]到 sArray[9]）。

e．foreach 也可搭配数组使用，与其他 C#集合一样。唯一的区别是数组可能含有空元素或 null 元素，foreach 循环仍会遍历到它们。

在运行代码时，请确保在层级面板中选中主摄像机。这样，你可以在检视面板中打开 ArrayEX(Script)组件下 sArray 旁边的“三角形”按钮，查看 sArray 中的元素。

上述代码输出内容如下：

```
数组的长度为：10
|这|是|几个|词||||||
```

数组中的空元素

数组中间允许存在空元素，这是 List 无法做到的。如果你的游戏中有一个类似计分板的东西，每名玩家在计分板上有一种得分标记，但在标记之间可能有空位，数组的这种特性就非常实用。

请对上文代码做以下修改：

```
10  sArray[0] = "这";
11  sArray[1] = "是";
12  sArray[3] = "几个";
13  sArray[6] = "词";
```

代码的输出内容将变为：|这|是||几个|||词|||

我们可以看到，在输出的 sArray 中下标为 2、4、5、7、8、9 的元素为空。只要被赋值的元素下标（例如这里的 0、1、3、6）在有效数字范围内，你就可以使用下标访问方式把值放在数组中的任意位置，foreach 循环也会完美地处理数组。

若试图为超出数组定义范围的下标赋值(例如：sArray[10] = "oops!";或 sArray[99] = "error!";)，将会导致下列运行时错误：

IndexOutOfRangeException: Array index is out of range.（IndexOutOfRangeException 异常：数组下标超出范围）

请将代码修改回最初的状态：

```
10  sArray[0] = "这";
11  sArray[1] = "是";
12  sArray[2] = "几个";
13  sArray[3] = "词";
```

空数组元素和 foreach

重新播放项目并查看输出内容，它应该还原为之前的状态：

|这|是|几个|词||||||

str + = "|" + sTemp;语句在连接（即添加）每个数组元素之前会先连接一个管道符（|)。尽管 sArray[4]到 sArray[9]仍然是默认值 null，但 foreach 仍将这些元素计算在内并进行循环。在这种情况下适合使用 break 跳转语句。请将代码做以下修改：

```
18  foreach (string sTemp in sArray) {
19      str += "|"+sTemp;
20      if (sTemp == null) break;
21  }
```

修改后的输出内容将变为：|这|是|几个|词|

当 C#循环到 sArray[4]时，它仍然会将"|"+null 连接到 str 的尾部，但检查到 sArray[4]的值为 null 时，会跳出 foreach 循环，不再对数组元素 sArray[5]到 sArray[9]执行循环。作为练习，你可以考虑一下如何使用 continue 跳转语句跳过数

组中间的空元素，但并不彻底跳出 foreach 循环。

数组的重要属性和方法

数组也有很多属性和方法，以下是其中最常用的。以下所有示例都引用下面的数组，并且这些示例的效果不累积。

```
string[] sA = new string[] { "A", "B", "C", "D" };
// 生成的数组为：[ "A", "B", "C", "D" ]
```

从上面的代码中可以看到，在数组初始化表达式中可以用一行代码完成数组的声明、定义和数组赋值。注意，在使用数组初始化表达式时，数组的长度表示为花括号中元素的个数，无须另行指定。事实上，若使用花括号定义数组，则不允许再在数组声明的方括号中指定另一个数组长度。

属性

- sA[2]（下标访问）：返回由参数（2）所指定的下标位置的数组元素。因为"C"是数组 sA 的第 2 个元素，因此这个表达式返回："C"。
- 如果下标参数超出了数组下标的有效范围（在本例中，有效范围为 0 到 3），则会产生一个运行时错误。
- sA[1] = "Bravo"（用于赋值的下标访问）：将赋值运算符（=）右侧的值赋给指定位置的数组元素，取代原有的值。sA 将变为：["A", "Bravo", "C", "D"]。
- sA.Length：返回数组的总长度。所有元素都被计算在内，不论其是否已赋值。在本例中返回：4。

静态方法

数组的静态方法属于 System.Array 类，可作用于数组，使其具有 List 的部分功能。

- System.Array.IndexOf (sA, "C")：从数组 sA 中查找第一个值为"C"的元素并返回该元素的下标。因为"C"是数组 sA 的第 2 个元素，此表达式将返回：2。如果数组中不存在要查找的变量，则返回-1。这种方法可用于判断数组中是否包含特定元素。
- System.Array.Resize (ref Sa, 6)：这个 C#方法可以调整数组的长度。

第一个参数是对数组的引用（所以需要在前面加上 ref 关键词），第二个参数是为数组指定的新长度。sA 将变为：["A", "B", "C", "D", null, null]。

如果第二个参数所指定的长度小于数组原来的长度，多余的元素将被剔除出数组。System.Array.Resize (ref sA, 2)将使数组 sA 变为["A", "B"]。System.Array.Resize()方法对多维数组不起作用。

如何将数组转换为 List

如前文所述，可以将 List 转换为数组，同样，也可以将数组转换为 List。

- List<string> sL = new List<string> (sA)：这行代码将创建一个

名为 sL 的 List，并复制数组 sA 中的元素。

也可以使用数组初始化表达式在一行中声明、定义数组并填充 List，但代码有点不直白。

```
List<string> sL = new List <string> ( new string[] { "A", "B", "C" } );
```

这句代码声明了一个新的匿名字符串数组并立即传递给 new List<string>() 函数。

为了给下一个示例做准备，请在主摄像机检视面板中取消勾选 ArrayEx 脚本旁边的复选框，使脚本失效。

23.6 多维数组

另外，还可以创建具有两个或更多下标的多维数组，这种数组很实用。在多维数组中，方括号中的下标数目不止一个，而是两个或更多。在创建可以容纳其他物体的二维网格时，这种多维数组非常实用。

请创建一个名为 Array2dEx 的 C#脚本，并将其绑定到主摄像机。在 MonoDevelop 中打开 Array2dEX 脚本，输入以下代码：

```
1    using UnityEngine;
2    using System.Collections;
3    using System.Collections.Generic;
4
5    public class Array2dEx : MonoBehaviour {
6
7        public string[,] sArray2d;
8
9        void Start () {
10           sArray2d = new string[4,4];
11
12           sArray2d[0,0] = "A";
13           sArray2d[0,3] = "B";
14           sArray2d[1,2] = "C";
15           sArray2d[3,1] = "D";
16
17           print( "The Length of sArray2d is: "+sArray2d.Length );
18       }
19   }
```

上述代码将产生以下输出内容：数组 sArray2d 的长度为 16

可以看到，即使对于多维数组，Length（长度）仍然是一个整型数字。这里的长度是数组中元素的总个数，数组各维的长度需要由代码编写人员负责。

接下来，我们将为数组 sArray2d 生成一个格式化的输出。输出内容如下所示：

```
|A| | |B|
| | |C| |
```

```
| | | | |
| |D| | |
```

可以看到，A 是第 0 行、第 0 列（[0, 0]）的元素，B 是第 0 行、第 3 列（[0, 3]）的元素，以此类推。要实现这个效果，请在代码中添加以下用粗体字所示的代码：

```
17          print( "The Length of sArray2d is: "+sArray2d.Length );
18          string str = "";
19          for ( int i=0; i<4; i++ ) {
         // a
20              for ( int j=0; j<4; j++ ) {
21                  if (sArray2d[i,j] != null) {
     // b
22                      str += "|"+sArray2d[i,j];
23                  } else {
24                      str += "|_";
25                  }
26              }
27              str += "|"+"\n";
     // c
28          }
29          print( str );
30      }
31  }
```

a. 第 19、20 行演示了两个嵌套的 for 循环，用于遍历多维数组。在这种嵌套方式下，代码将这样运行：

（1）从 i=0 开始（第 19 行）。

（2）从 0 到 3 遍历所有的 j 值（第 20 至 26 行）。

`str is now "|A| | |B|\n"` （第 27 行）

（3）i 值递增为 1（第 19 行）。

（4）从 0 到 3 遍历所有的 j 值（第 20 至 26 行）。

`str is now "|A| | |B|\n| | |C| |\n"` （第 27 行）

（5）i 值递增为 2（第 19 行）。

（6）从 0 到 3 遍历所有的 j 值（第 20 至 26 行）。

`str is now "|A| | |B|\n|| |C| |\n| | | |\n"` （第 27 行）

（7）i 值递增为 3（第 19 行）。

（8）从 0 到 3 遍历所有的 j 值（第 20 至 26 行）。

`str is now "|A| | |B|\n| | |C| |\n| | | |\n| |D| | |\n"` （第 27 行）

这样可以保证代码依次访问多维数组的所有元素。仍然以网格为例，代码将访问第 1 行中所有的元素（通过让 j 从 0 递增到 3），然后让 i 值递增，进入到下一行。

b. 第 21~25 行检查数组元素 sArray2d[i, j] 的值是否不为 null。如果不为 null，则在字符串 str 末尾添加一个管道符以及 sArray2d[i , j] 的值；如果为 null，则在 str 末尾添加一个管道符和一个空格。管道符通常位于键盘上的 Return（或 Enter）键上方，按下 Shift+\（反斜线）组合键得到。

c. 本行代码在遍历全部 j 值之后，i 值还未递增之时执行。这行代码的效果是在 str 的末尾添加一个管道符和一个回车（即换行），为每个 i 值单独输出一行，使输出格式更为美观。\n 表示另起新行。[6]

本代码生成以下输出内容，但你只能在 Unity 的控制台面板中看到前面几行内容：

```
数组 sArray2d 的长度为：16
|A| | |B|
| | |C| |
| | | | |
| |D| | |
```

在 Unity 的控制台面板中，你只能看到前两行输出。但是，如果在控制台面板上单击输出的消息，会在该面板的下方出现更多数据，如图 23-2 所示。

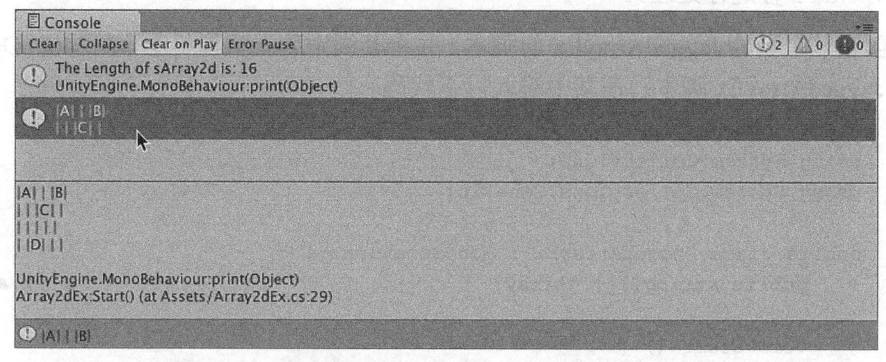

图 23-2　在控制台面板上单击输出的消息，会在该面板的下方出现更多数据
（请注意，最新的一行控制台消息还会出现在 Unity 窗口的左下角）

从图中可以看到，我们格式化的字符串在控制台面板中显示得并不整齐，因为控制台面板使用的字体为非等宽字体（即在该字体中，字母 i 的宽度与 m 并不相等，而在等宽字体中，字母 i 和 m 具有相等的宽度）。你可以单击控制台面板中的任何一行，在菜单栏中执行 Edit> Copy 命令复制该数据，然后粘贴到其他程序中。笔者通常会粘贴到一个文本编辑软件中（在 macOS 系统中，笔者倾向于使用 BBEdit[7]；在 Windows 系统中，笔者更喜欢 EditPad Pro[8]，这两个软件的功能都非常强大）。

还应该注意，在 Unity 的检视面板中不显示多维数组。事实上，如果检视面板不知道如何正确显示一个变量，它会彻底忽略这个变量，所以在检视面板中多维数组的变量名也根本不显示。

请再次单击“播放”按钮（使其由蓝变灰），停止 Unity 的执行，然后在主摄像机的

6. "\n"在这里被 C#当作一个单独的字母表示另起一行。
7. BBEdit 有免费版本。
8. EditPad Pro 有免费试用版。

检视面板中使 Array2dEx(Script)组件失效。

23.7 交错数组

交错数组是由数组构成的数组，它与多维数组有些类似，但它允许其中的子数组具有不同的长度。我们将创建一个交错数组容纳下列数据。

```
| A | B | C | D |
| E | F | G |
| H | I |
| J |   |   | K |
```

可以看到，第 0 行和第 3 行各包含 4 个元素，但第 1 行和第 2 行分别有 3 个和 2 个元素。注意，如第 3 行所示，其中仍然允许存在 `null` 元素。事实上，它还允许整行元素为 `null`（但那样会在下列代码的第 32 行产生一个错误，因为在该代码的设计意图中不包括对 `null` 行进行处理）。

请创建一个名为 JaggedArrayEx 的脚本，并将其绑定到主摄像机上。在 MonoDevelop 中打开 JaggedArrayEx 脚本，在其中输入以下代码。

```
1   using UnityEngine;
2   using System.Collections;
3   using System.Collections.Generic;
4
5   public class JaggedArrayEx : MonoBehaviour {
6       public string[][] jArray;                                       // a
7
8       void Start () {
9           jArray = new string[4][];                                   // b
10
11          jArray[0] = new string[4];                                  // c
12          jArray[0][0] = "A";
13          jArray[0][1] = "B";
14          jArray[0][2] = "C";
15          jArray[0][3] = "D";
16
17          // 以下用单行方式完成数组的初始化                              // d
18          jArray[1] = new string[] { "E", "F", "G" };
19          jArray[2] = new string[] { "H", "I" };
20
21          jArray[3] = new string[4];                                  // e
22          jArray[3][0] = "J";
23          jArray[3][3] = "K";
24
25          print( " jArray 的长度是: "+jArray.Length );                  // f
26          // 输出: jArray 的长度是: 4
27
28          print( " jArray[1]的长度是: "+jArray[1].Length );             // g
29          // 输出: jArray[1]的长度是: 3
```

```
30
31          string str = "";
32          foreach (string[] sArray in jArray) {                      // h
33              foreach( string sTemp in sArray ) {
34                  if (sTemp != null) {
35                      str += " | "+sTemp;                               // i
36                  } else {
37                      str += " |  ";                                    // j
38                  }
39              }
40              str += " | \n";
41          }
42
43          print( str );
44      }
45  }
```

a. 第 6 行将变量 jArray 声明为交错数组（即由数组构成的数组）。其中 string[] 是一个字符串集合，而 string[][]是一个由字符串数组（或 string[]）构成的集合。

b. 第 8 行将变量 jArray 定义为长度为 4 的交错数组。注意第 2 个方括号为空，表示子数组可为任意长度。

c. 第 11 行将 jArray 的第 0 个元素定义为一个长度为 4 的字符串数组。

d. 第 18、19 行中使用了单行代码定义数组的方式。因为数组元素已在花括号中定义了，因此无须明确指定数组的长度（因此 new string[]中方括号为空）。

e. 第 21~23 行将 jArray 的第 3 个元素定义为一个长度为 4 的字符串数组，并只为第 0 个和第 3 个元素赋了值，使第 1 个和第 2 个元素仍保持为 null。

f. 第 25 行将输出“jArray 的长度是：4”。因为 jArray 是一个由数组构成的数组（并非多维数组），jArray.Length 只计算可通过第一对方括号访问到的元素个数。

g. 第 28 行输出“jArray[1]的长度是：3”，因为 jArray 是由数组构成的数组，因此很容易确定子数组的长度。

h. 在交错数组中，foreach 对数组和子数组的作用是相互独立的。对 jArray 数组使用 foreach 语句会遍历四个 jArray 中包含的 string[]（字符串数组）元素。而对各个子数组使用 foreach 语句则遍历每个字符串数组中包含的字符串。注意 sArray 是一个字符串数组，而 sTemp 是一个字符串。

如之前所说，如果 jArray 中某一行元素为 null，则第 32 行将抛出一个 null 引用错误，如果在第 32 行对一个 null 变量使用 foreach 语句，将会导致 null 引用，null 引用是指试图引用一个为 null 的元素。foreach 语句会尝试访问 sArray 中的数据，例如 sArray.Length 和 sArray[0]。因为 null 数据中不包含数据或数值，因此访问 null.Length 这样的对象会导致错误。

i. 第 35 行双引号中的字符串字面值为：空格 管道符 空格。

j. 第 37 行双引号中的字符串字面值为：空格 管道符 空格 空格。

上述代码将在控制台面板上输出以下内容：

```
jArray 的长度是：4
jArray[1]的长度是：3
| A | B | C | D |
| E | F | G |
| H | I |
| J |   |   | K |
```

在交错数组中使用 for 循环替代 foreach 循环

另外，也可利用数组和子数组的 Length 属性使用 for 循环。可以用下列代码代替前文示例代码的 foreach 循环。

```
31        string str = "";
32        for (int i=0; i<jArray.Length; i++) {
33            for (int j=0; j<jArray[i].Length; j++) {
34              if (jArray[i][j] != null) {
35                str += " | "+jArray[i][j];
36              } else  {
37                str += " |  ";
38              }
39            }
40            str += " | \n";
41        }
```

本代码与前文示例代码产生完全相同的输出。你可以根据实际情况选择使用 for 或者 foreach。

交错 List

最后还有一类交错集合，即交错 List。可以用 List<List<string>>语句声明一个交错的二维字符串 List。和交错数组一样，每个子 List 一开始均为 null，你必须初始化这些子 List，如下列代码所示。与其他 List 一样，交错 List 也不允许空元素。请创建一个名为 JaggedListTest 的 C#脚本并绑定到主摄像机上，在其中输入以下代码。

```
1     using UnityEngine;
2     using System.Collections.Generic;                                   // a
3     using System.Collections;
4
5     public class JaggedListTest : MonoBehaviour {
6         public List<List<string>> jaggedList;
7
8         // 用于初始化
9         void Start () {
10            jaggedList = new List<List<string>>();
11
12            // 向 jaggedList 中添加两个 List<string>
13            jaggedList.Add( new List<string>() );
14            jaggedList.Add( new List<string>() );
15
```

```
16            // 向 jaggedList[0]中添加两个字符串
17            jaggedList[0].Add ("Hello");
18            jaggedList[0].Add ("World");
19
20            // 向 jaggedList 中添加第三个 List<string>，其中包含数据
21            jagged List.Add ( new List<string>( new string[]
       ➥{"complex","initialization"} ) );                          // b
22
23            string str = "";
24            foreach (List<string> sL in jaggedList) {
25                foreach (string sTemp in sL) {
26                    if (sTemp != null) {
27                        str += " | "+sTemp;
28                    } else {
29                        str += " | ";
30                    }
31                }
32                str += " | \n";
33            }
34            print( str );
35        }
36    }
```

a. 尽管在所有的 Unity C#脚本中默认都包含了 `using System.Collections;` 语句，但实际上这句并非必要（但 List 需要 System.Collections.Generic 库）。

b. 这是本书首次出现续行符➥。在本书中，若一行代码的长度超出了页面的宽度，则会用到➥。在程序中请不要输入这个➥，它只是告诉你上下两行其实属于同一行代码。若没有前面的缩进，第 21 行应该是这个样子：

```
jaggedList.Add( new List<string>( new string[] {"complex","initialization"} ) );
```

上述代码将在控制台面板中输出以下内容：

```
| Hello | World |
|
| complex | initialization |
```

23.8　应该使用数组还是 List

数组和 List 集合类型的区别主要在于以下几个方面：

- List 具有可变的长度，而数组的长度不太容易改变。
- 数组速度稍快，但在多数情况下感觉不出来。
- 数组允许有多维下标。
- 数组允许在集合中存在空元素。

因为 List 更容易使用，不需要事先筹划太多（因为它们的长度可以改变），笔者常倾向于使用 List，而不是数组。在制作游戏原型时，这种倾向更为明显，因为原型需要很大的灵活性。

23.9 本章小结

学会了 List、字典和数组的用法，你就可以在编写游戏时操作大量的对象了。例如，你可以回到第 19 章“Hello World：你的首个程序”，在 CubeSpawner 代码中添加一个 `List<GameObject>`，在初始化每个新立方体时，把它放到这个 List 中。这样你就可以引用每个立方体，在立方体创建之后对它进行操作。

练习

在本练习中，我们将回到第 19 章“Hello World：你的首个程序”，写一个脚本，将每个新创建的立方体都添加到一个名为 `gameObjectList` 的 `List<GameObject>`中。在每一帧中，使立方体缩小为上一帧的 95%大小。一旦立方体的尺寸缩小到 0.1f 以下，就将它从场景以及 `gameObjectList` 中删除。

然而，当我们删除 `gameObjectList` 中的一个元素而 `foreach` 循环仍然要遍历到它时，将会产生一个错误。为避免这种情况，需要被删除的立方体将被临时存放在另一个名为 `removeList` 的 List 中，之后对这个 List 进行遍历，从 `gameObjectList` 中删除其中的元素（你会从代码中看到笔者要表达的意思）。

打开你的 Hello World 项目，创建一个新的场景（在菜单栏中执行 File>Scene 命令），将场景保存为_Scene_3。创建一个名为 CubeSpawner3 的新脚本，并将其绑定到场景主摄像机上。然后在 MonoDevelop 软件中打开 CubeSpawner3 并输入以下代码。

```
1    using UnityEngine;
2    using System.Collections;
3    using System.Collections.Generic;
4
5    public class CubeSpawner3 : MonoBehaviour {
6        public GameObject cubePrefabVar;
7        public List<GameObject> gameObjectList;    // 用于存储所有的立方体
8        public float scalingFactor = 0.95f;
9        // ^ Amount that each cube will shrink each frame
10       public int numCubes = 0;                    // 已初始化的立方体数目
11
12       // Start()用于初始化
13       void Start() {
14               // 本句用于初始化 List<GameObject>
15               gameObjectList = new List<GameObject>();
16       }
17
18       //每帧都会调用一次 Update()
19       void Update () {
20           numCubes++;   // 使立方体数目增加 1                       // a
21
22       GameObject gObj = Instantiate( cubePrefabVar ) as GameObject;   // b
23
24           // 以下几行代码将设置新建立方体的一些属性值
```

```
25          gObj.name = "Cube "+numCubes;                              // c
26      Color c = new Color(Random.value, Random.value, Random.value);  // d
27          gObj.renderer.material.color = c;
28          // 为立方体随机指定一个颜色
29          gObj.transform.position = Random.insideUnitSphere;         // e
30
31          gameObjectList.Add (gObj); // Add gObj to the List of Cubes
32
33          List<GameObject> removeList = new List<GameObject>();      // f
34          //需要从 gameObjectList 中删除的立方体的信息
35          //将存储在这个 removeList 中
36
37          //遍历 gameObjectList 中的每个立方体
38          foreach (GameObject goTemp in gameObjectList) {            // g
39
40              // 获取立方体的大小
41              float scale = goTemp.transform.localScale.x;           // h
42              scale *= scalingFactor; // Shrink it by the scalingFactor
43              goTemp.transform.localScale = Vector3.one * scale;
44
45              if (scale <= 0.1f) {      //如果尺寸小于 0.1f......     // i
46                  removeList.Add (goTemp);//则加到 removeList 中
47              }
48          }
49
50          foreach (GameObject goTemp in removeList) {                // g
51              gameObjectList.Remove (goTemp);                        // j
52              // 从 gameObjectList 中删除这个立方体
53              Destroy (goTemp); // 销毁立方体 GameObject
54          }
55      }
56  }
```

a. 自增运算符（++）用于使 numCubes 变量增加 1，这个变量表示已创建立方体的数目。

b. 初始化 cubePrefabVar 的一个实例。“<GameObject>”必须要有，因为 Instantiate()可用于任何类型的对象（也就是说，C#无法知道 Instantiate()会返回一个什么类型的数据）。“<GameObject>”通知 C#这个对象应当作 GameObject 处理。

c. numCubes 变量用于为每个立方体指定一个专有的名称。第一个立方体将被命名为 Cube 1，第二个立方体被命名为 Cube 2，以此类推。

d. 第 26、27 行为每个立方体指定一个随机的颜色。颜色需要通过绑定到 GameObject 渲染器上的材质访问，如第 27 行所示。

e. Random.insideUnitSphere 返回一个半径为 1 的球体（球心位于坐标[0,0,0]）内的随机一个位置。这个代码使立方体随机分布在[0,0,0]附近，而不是出现在同一点上。

f. 如代码注释中所说，removeList 将存储需要从 gameObjectList 中删除的立方体。这个变量很有必要，因为 C#不允许在正在遍历该 List 的 foreach 循环中删除 List 中的元素（也就是说，在第 38~48 行中，在正在遍历 gameObject List 的 foreach 循环中不允许调用 gameObject.Remove()）。

g. foreach 循环会遍历 gameObjectList 中所有的立方体。注意在 foreach 中创建的临时变量 goTemp。在第 50 行处的 foreach 循环中也使用了 goTemp 变量，因此，第 38 行和第 50 行都对 goTemp 变量进行了声明。因为这两处 goTemp 的作用域都只是在各自的 foreach 代码中，所以在同一个 Update() 函数中声明两次同名变量并不会产生冲突。详见附录 B“实用概念”中的“变量的作用域”。

h. 第 41~43 行获得每个立方体当前的尺寸（通过其 transform.localScale 属性的 X），将其乘以 95%，然后将新产生的数值赋给 transform.localScale。若一个 Vector3 对象与一个浮点数相乘（如第 43 行所示），则每个维度的长度都会乘以相同的数值，因此[2,4,6]*0.5f 会得到[1,2,3]。

i. 如代码注释所说，如果新产生的尺寸小于 0.1f，则该立方体会被添加到 removeList 中。

j. 第 50~54 行的 foreach 循环遍历 removeList 并将 removeList 中所有的立方体都从 gameObjectList 中删除。因为 foreach 循环遍历的是 removeList，所以从 gameObjectList 中删除元素不会有任何问题。在调用 Destroy() 命令之前，已删除的立方体 GameObject 仍然会显示在屏幕上。即使到这个时候，它们仍然存在于内存中，因为它们仍然是 removeList 的元素。但是，因为 removeList 是 Update() 函数中的局部变量，一旦 Update() 函数运行完毕，removeList 变量将不复存在，任何只存在于 removeList 中的元素都会随之从内存中删除。

保存你的脚本并切换回 Unity。如果你想真正初始化任何立方体，你必须在项目面板中将 Cube Prefab 赋给主摄像机 CubeSpawner3（Script）组件中的 cubePrefabVar 变量。

完成上述操作之后，按下 Unity 的“播放”按钮，你会看到一些立方体开始出现，和前一版本的 Hello World 一样。但是，它们有不同的颜色，它们会随时间逐渐缩小，并且最终会被销毁（而不像上一版本中那样一直存在）。

因为 CubeSpawner3 代码将跟踪 gameObjectList 中的每个立方体，它可以在每帧中修改每个立方体的尺寸，并在其尺寸小于 0.1f 时将其销毁。当 scalingFactor 为 0.95f 时，每个立方体需要 45 帧才能缩小到 0.1f 以下，所以 gameObjectList 中的第 0 个立方体总会因尺寸过小而被删除和销毁，而 gameObjectList 的 Count 会保持在 45。

在下一章中，你会学到如何创建和命名除 Start() 和 Update() 外的函数。

第 24 章

函数与参数

本章将讲述如何充分利用强大的函数。你可以编写自定义函数，这些函数可以接受任意类型的变量作为参数，并返回一个值作为函数的结果。我们还会探讨一些特殊的函数参数案例，例如函数重载、可选参数和 params 关键字，这些案例将有助于你写出更加高效、模块化、可重用、灵活的代码。

24.1 创建函数示例的项目

附录 A“项目创建标准流程”中详细讲解了如何为本书各章创建 Unity 新项目。在本书每个项目开始之前，你会看到类似于下面的注释框，请根据注释框中的指导创建本章所讲的新项目。

为本章创建新项目

按照标准的项目创建流程，在 Unity 中创建一个新项目。项目创建标准流程，请参阅附录 A。

- 项目名称：Function Examples
- 场景名称：_Scene_Functions
- C#脚本名称：CodeExample

将 CodeExample 脚本绑定到场景主摄像机上。

24.2 函数的定义

实际上，在编写首个 Hello World 程序时，你已经写过函数了，但是至今为止，你只是往 Unity 内置的 MonoBehaviour 类中的 Start() 和 Update() 等函数中添加内容。从现在开始，你将可以编写自定义的函数。

我们可以把函数当作可以执行某些工作的代码片段。例如，如果要知道 Update() 函数被调用了多少次，你可以新建一个 C#脚本并在其中输入以下代码（你需要把加粗的几行代码添加进去）：

```
1   using UnityEngine;
2   using System.Collections;
3
4   public class CodeExample : MonoBehaviour {
5
6       public int numTimesCalled = 0;                                    // a
7
8       void Update() {
9           numTimesCalled++;                                             // b
10          Print Updates();                                              // c
11      }
12
13      void PrintUpdates() {                                             // d
14          string outputMessage = "Update 次数: "+numTimesCalled;          // e
15          print( outputMessage ); //输出内容示例  "Update 次数: 1"          // f
16      }
17
18  }
```

a. 声明一个名为 numTimesCalled 的全局变量，并将变量初始值定义为 0。因为 numTimesCalled 是在 CodeExample 类中被声明为全局变量，并且在所有函数的外部，所以它的作用域是整个 CodeExample 类模块，CodeExample 类中的所有函数都可以访问这些变量。

b. numTimesCalled 变量自增 1（其值加 1）。

c. 第 10 行调用 Print Updataes() 函数。当在代码中调用函数时，这个函数就执行一次。后面很快会做详细介绍。

d. 第 13 行声明了一个 Print Updates() 函数。声明函数与声明变量类似。void 是函数的返回类型（本章下文会讲到），第 13~16 行对函数进行了定义。第 13 行的左花括号和第 16 行的右花括号之间所有的代码都用来对 Print Updates() 函数进行定义。

请注意，函数在类中声明的先后顺序并不重要。

只要 Print Updates() 和 Update() 两个函数都在 CodeExample 类的花括号内部，哪个函数定义在先都没有关系。在运行任何代码之前，C#会检查类中所有的定义。所以，即使在第 10 行中调用 Print Updates() 函数，而在第 13 行中才声明这个函数，也毫无问题，因为 Print Updates() 和 Update() 函数都声明在 CodeExample 类中。

e. 第 14 行定义了一个名为 outputMessage 的字符串型局部变量。因为 outputMessage 是在 Print Updates() 函数中声明的，它的作用域仅限于 Print Updates() 函数内部。也就是说，outputMessage 在 Print Updates() 函数之外是没有值的。关于变量的作用域，详见附录 B 中的“变量的作用域”。

第 14 行还将 outputMessage 的值定义为字符串 "Updates 次数:" 和 numTimesCalled 变量组合起来所构成的字符串。

f. Unity 内置的 print() 函数在调用时以 outputMessage 作为唯一的参数。这会把 outputMessage 的值输出到 Unity 的控制台面板上。本章后续部分会讲到函数的参数。

在现实中，Print Updates()函数的功能并没有什么大用，但这个示例确实演示了本章中的两个重要概念。

- **函数封装操作：** 我们可以把函数当作被命名的一系列代码行。每次调用函数时，就会运行这些代码行。在本例以及第 17 章的 BuySomeMilk()代码示例中都演示过封装操作。
- **函数也有其作用域：** 从附录 B 的“变量的作用域”小节中可以了解到，变量是有其作用域的。因此，上述代码第 14 行中声明的 outputMessage 变量的作用域仅限于 Print Updates()函数内部。我们可以说“outputMessage 的作用域为 Print Updates()函数”，也可以说“outputMessage 是 Print Updates()函数的内部变量”。

全局变量 numTimesCalled 与 outputMessage 变量不同，它的作用域是整个 CodeExample 类，在 CodeExample 的任何函数中都可以访问它。

如果你在 Unity 中运行这段代码，你会看到，每运行一帧，就会运行一次 Print Updates()函数，将 numTimesCalled 的值输出到控制台面板上，numTimesCalled 的值也会增加 1。调用函数会使函数运行，当函数运行完之后，程序会返回到调用函数的那个位置。因此，在 CodeExample 类中，每帧都会执行一遍以下操作：

1. 每帧开始时，Unity 引擎都会调用 Update()函数（第 8 行）。
2. 在第 9 行中，numTimesCalled 会自增 1。
3. 第 10 行调用 Print Updates()函数。
4. 程序会跳到第 13 行 PrintUpdates()函数的开头执行代码。
5. 第 14、15 行的代码会被执行。
6. 当 Unity 运行到第 16 行 PrintUpdates()函数末尾的花括号时，程序会返回第 10 行（即调用函数的位置）。
7. 程序会继续执行第 11 行。

本章后续部分既有函数的简单应用，也有复杂应用，这里只是对复杂概念做了介绍。随着后面的学习，你会更深入地了解函数如何工作，并且会学到更多关于编写自定义函数的窍门。所以，如果你在学习本章中遇到任何难以理解的内容，可以学完本书更多内容后再回来学习。

在 Unity 中使用本章示例代码

本章的第一个示例代码包含了 CodeExample 类的所有代码，但后面的代码就不写这么完整了。如果想在 Unity 中运行本章后面的代码，你需要将这些代码写到一个类中。第 25 章“类”将详细讲解类的用法，但目前你只需要把本章后面的示例代码添加到以下代码中的粗体代码之后即可。

```
1 using UnityEngine;
2 using System.Collections;
3
4 public class CodeExample : MonoBehaviour {
5
            // 用实际代码取代本行注释
16
17 }
```

例如，如果没有粗体部分，本章第一个示例代码将是这样的：

```
6 public int numTimesCalled = 0;
7
8 void Update() {
9       CountUpdates();
10      }
11
12 void CountUpdates() {
13      numTimesCalled++;
14      print( "Updates: "+numTimesCalled ); // e.g., "Update 次数: 5"
15      }
```

如果希望试验第 6~15 行的这些代码，你需要在代码的前后添加上文的粗体代码。最终在 Monodevelop 中使用的代码将与本章第一个示例代码完全相同。

本章后面的示例代码将直接从第 6 行开始，表示前后需要有其他代码行才能构成完整的 C#脚本。

24.3　函数的形式参数和实际参数

有些函数在调用时后面跟一个空的括号（例如第一个示例代码中的 PrintUpdates()），而有些函数需要在括号之间传递数据（例如，下面代码中的 Say("Hello")）。当函数需要像这样通过括号接收外部数据时，这些外部数据的类型通过一个或多个形式参数加以指定，这些参数将创建特定类型的变量存放这些数据。在下面代码的第 10 行中，void Say(string sayThis) 声明了一个名为 sayThis 的字符串变量参数。之后可以在 Say() 函数中把 sayThis 当作局部变量使用。

通过参数向函数发送数据称为向函数传递数据。传递给函数的数据称为实际参数（简称“实参”）。在下面代码的第 7 行中，调用 Say() 函数时使用了“Hello”作为实际参数。也可以说“Hello”被传递给了 Say() 函数。传递给函数的实际参数的变量类型必须与形式参数相吻合，否则就会产生错误。

```
6   void Awake() {
7       Say("Hello");                                          // a
8   }
9
10  void Say( string sayThis ) {                               // b
```

```
11        print(sayThis);
12    }
```

a. 第 7 行中调用 Say()函数时，字符串字面值"Hello"作为实际参数被传递给 Say()函数，因此在第 10 行中会将 sayThis 的值设为"Hello"。

b. 字符串 sayThis 被声明为 Say()函数的参数变量。这意味着 sayThis 是一个局部变量，它仅作用于 say()函数（换句话说，变量 sayThis 不存在于 say()函数之外）。

理解 AWAKE(),START()和 UPDATE()

和你在 19 章体验的一样，Update()会每帧调用 GameObject 一次，Start()只运行一次，就在 Update()之前进行。就像 Start()、Update()一样，Awake()也是 Unity 的一种核心方法。Awake()只运行一次，就像 Start()一样，但是 Awake()是在 GameObject 创建后立即运行的。这就是说对于任何单个的 GameObject，Awake()会在 Start()之前运行。

在下面的脚本中，Awake()方法写在 testPrefab 的脚本上，会在"After instantiation"输出后运行，而 Start()方法则要晚几毫秒，等整个 Test()函数完成，就在 Update()允许之前。

```
void Test() {
print( "Before instantiation" );
Instantiate<GameObject>( testPrefab );
print( "After instantiation" );
  }
```

在上面示例代码的 Say()函数中，我们添加了一个名为 sayThis 的形式参数。和其他变量的声明一样，第一个单词（string）表示变量类型，第二个单词（sayThis）表示变量名。

和其他局部变量一样，函数的形式参数变量也会在函数结束运行之后从内存中消失。如果在 Awake()函数中使用 sayThis 变量，就会产生一个编译器错误，因为 sayThis 在 Say()函数外部是未定义变量。

在第 7 行中，传递给函数的实际参数是字符串字面值"Hello"，但实际上，只要与函数形式参数的变量类型相吻合，可以向函数传递任何变量或字面值（例如，在以下示例代码的第 7 行中，将 this.gameObject 作为实际参数传递给 PrintGameObjectName()函数）。如果函数有多个形式参数，实际参数应以逗号隔开（如以下代码第 8 行所示）。

```
6   void Awake() {
7       PrintGameObjectName( this.gameObject );
8       SetColor( Color.red, this.gameObject );
9   }
10
11  void PrintGameObjectName( GameObject go ) {
12      print( go.name );
13  }
14
```

```
15  void SetColor( Color c, GameObject go ) {
16      Renderer r = go.renderer;
17      r.material.color = c;
18  }
```

提示

C#函数可以任意顺序定义 你可能注意到了在之前列出的代码中 `PrintGameObject()`和 `SetColor()`被 `Awake()`在第 7 和 8 行调用，但是它们直到第 11~18 行才被定义，这在 C#中没关系。C#在执行前会搜索整个脚本，不用在意函数在哪里定义。

24.4 函数的返回值

函数除了可以通过形式参数接收数据，还可以返回一个值，称为函数结果，如下面代码第 13 行所示。

```
6   void Awake() {
7       int num = Add( 2, 5 );
8       print( num ); // 在控制台面板上输出数字 7
9   }
10
11  int Add( int numA, int numB ) {
12      nt sum = numA + numB;
13      return( sum );
14 }
```

在本例中，`Add()`函数有两个形式参数，分别是整型变量 `numA` 和 `numB`。在 `Add()`函数被调用时，它会计算传递进来的两个整型参数的和，并作为结果返回。在 `Add()`函数定义语句前面的 `int` 声明函数将返回一个整型结果。和必须先声明类型才能使用变量一样，函数也需要先声明返回值的类型，才能在代码其他位置调用这个函数。

返回 void

我们目前所写的函数多数都返回 `void` 类型，这表示函数没有返回值。尽管这些函数不返回特定的值，但是有时候你可能需要在函数内部调用 `return` 语句。

函数内部只要使用了 `return` 语句，它就会在此退出函数执行并返回到函数被调用的位置，如果你有一个超过 100,000 GameObject 的 List（例如以下代码中的 `reallyLongList`），并且希望将其中名为 Phil 的 GameObject 移动到坐标原点（Vector3.zero），但是不用关心其他对象，你可以使用下列代码：

```
6   public List<GameObject> reallyLongList; //在 Unity Editor 中定义    // a
7
8   void Awake() {
9       MoveToOrigin("Phil");                                          // b
10 }
```

```
11
12  void MoveToOrigin(string theName) {                                    // c
13      foreach (GameObject go in reallyLongList) {
14          if (go.name == theName) {                                      // d
15              go.transform.position = Vector3.zero;                      // e
16              return;                                                    // f
17          }
18      }
19  }
```

a. List<GameObject> reallyLongList 是一个非常大的 GameObjectList，我们假设已经在 Unity 的检视面板中预先进行了定义。因为在本例中假定已经预先定义了这个 List，所以仅把代码复制到 Unity 中是不行的，你必须对 reallyLongList 进行定义。

b. 调用 MoveToOrigin()函数时，实际参数是字符串字面值"Phil"。

c. 用 foreach 语句遍历 rellyLongList。

d. 如果找到名称是“Phil”的 GameObject。

e. 就把它移动到坐标原点，即坐标[0,0,0]。

f. 第 16 行将返回到第 9 行，避免遍历其余的 List 元素。

在 MoveToOrigin()函数中找到名为 Phil 的 GameObject 之后，你不用再检查其他的 GameObject，所以最好是直接结束函数并返回，免得浪费计算机资源。如果 Phil 是 List 中的最后一个元素，则节省不了多少时间，但如果 Phil 是第一个元素，就能节省不少时间。

注意，在返回 void 的函数中使用 return 时，后面不需要加括号。

24.5 使用合适的函数名称

前面说过，变量名需要能够表明其含义，以小写字母开头，使用骆驼式命名法（每个单词第一个字母大写），例如：

```
int      numEnemies;
float    radiusOfPlanet;
Color    colorAlert;
string   playerName;
```

函数名也一样，但是函数名应该以大写字母开头，这样便于和变量名区分。下面是好的函数名称命名方法：

```
void  ColorAGameObject( GameObject go, Color c ) {……}
void  AlignX( GameObject go0, GameObject go1, GameObject go2 ) {……}
void  AlignListX( List<GameObject> goList ) {……}
void  SetX( GameObject go, float eX ) {……}
```

24.6 什么情况下应该使用函数

函数是封装代码和功能，以便重用代码的最优方法。在通常情况下，如果需要多次使用同样的代码，最好的方法是定义一个函数。我们以下面这段代码为例进行介绍，其中包含了几段重复的代码。

下列代码中的`AlignX()`函数接收三个 GameObject 作为参数，取其 *X* 方向的平均值，并将平均值设置为三个 GameObject 的 *X* 方向的位置。

```
6   void AlignX( GameObject go0, GameObject go1, GameObject go2 ) {
7       float avgX = go0.transform.position.x;
8       avgX += go1.transform.position.x;
9       avgX += go2.transform.position.x;
10      avgX = avgX/3.0f;
11
12      Vector3 tempPos;
13      tempPos = go0.transform.position;                          // a
14      tempPos.x = avgX;                                          // a
15      go0.transform.position = tempPos;                          // a
16
17      tempPos = go1.transform.position;
18      tempPos.x = avgX;
19      go1.transform.position = tempPos;
20
21      tempPos = go2.transform.position;
22      tempPos.x = avgX;
23      go2.transform.position = tempPos;
24  }
```

a．Unity 不允许直接修改变换组件的 position.x 值，通过第 13~15 行，你可以了解我们如何解决这一限制。必须先把当前位置赋给另一个变量（例如`Vector3 tempPos`），然后修改这个变量的 x 值，最后把整个 Vector3 复制给`transofmr.position`。这个代码重复写起来很烦琐（如第 12~20 行所示），所以应该使用一个`SetX()`函数替代它，详见以下代码。下列代码中的`SetX()`函数可以用一行代码（即`SetX(this.gameObject, 25.0f)`）修改变换组件的 x 值。

因为不能直接修改`transform.position`的 x、y、z 值，所以在`AlignX()`函数的第 13~23 行之间有很多重复代码。输入这些代码会很枯燥乏味，如果将来要修改什么内容，就要同时修改三处，这是使用函数的首要原因。下面的示例代码用新定义的`SetX()`函数取代了重复代码，对之前代码的改动部分用粗体字表示。

```
6   void AlignX( GameObject go0, GameObject go1, GameObject go2 ) {
7       float avgX = go0.transform.position.x;
8       avgX += go1.transform.position.x;
9       avgX += go2.transform.position.x;
10      avgX = avgX/3.0f;
11
12      SetX ( go0, avgX );
13      SetX ( go1, avgX );
```

```
14         SetX ( go2, avgX );
15     }
16
17     void SetX( GameObject go, float eX ) {
18         Vector3 tempPos = go.transform.position;
19         tempPos.x = eX;
20         go.transform.position = tempPos;
21     }
```

在这段改良后的代码中，原来代码已经替换为第 17~21 行的函数定义，并且调用三次（第 12~14 行）。如果设置 x 值的方式需要改变，只需在 SetX()函数中修改一次就可以，不必像前面代码中那样修改三次。笔者希望这个简单的示例可以为你提供的强大工具。

本章后面部分将讲述更复杂和有趣的 C#函数编写方法。

24.7 函数重载

C#函数可以根据所传递参数的类型和数量做出不同操作，这种功能称为函数重载，这是一个很奇妙的术语。

```
6      void Awake() {
7          print( Add( 1.0f, 2.5f ) );
8          // 输出: "3.5"
9          print( Add( new Vector3(1, 0, 0), new Vector3(0, 1, 0) ) );
10         // 输出: "(1.0, 1.0, 0.0)"
11         Color colorA = new Color( 0.5f, 1, 0, 1);
12         Color colorB = new Color( 0.25f, 0.33f, 0, 1);
13         print( Add( colorA, colorB ) );
14         // 输出: "RGBA(0.750, 1.000, 0.000, 1.000)"
15     }
16
17     float Add( float f0, float f1 ) {                               // a
18         return( f0 + f1 );
19     }
20
21     Vector3 Add( Vector3 v0, Vector3 v1 ) {                         // a
22         return( v0 + v1 );
23     }
24
25     Color Add( Color c0, Color c1 ) {                               // a
26         float r, g, b, a;
27         r = Mathf.Min( c0.r + c1.r, 1.0f );                         // b
28         g = Mathf.Min( c0.g + c1.g, 1.0f );                         // b
29         b = Mathf.Min( c0.b + c1.b, 1.0f );                         // b
30         a = Mathf.Min( c0.a + c1.a, 1.0f );                         // b
31         return( new Color( r, g, b, a ) );
32     }
```

a. 在这段代码中，有三个不同版本的 Add()函数，在 Awake()函数中，根据各行代码传递的参数调用不同的 Add() 函数。当传递的是两个浮点型数字时，调用对浮点数进行操作的 Add() 函数；当传递的是两个 Vector3 变量时，调用对 Vector3 进行操作的 Add() 函数；当传递的是两个颜色时，调用对颜色进行操作的 Add() 函数。

b. 在对颜色进行操作的 Add() 函数中，需要注意不要让 r、g、b 或 a 的值大于 1，因为红、绿、蓝、透明度四个颜色通道的值仅限于 0 到 1 之间，这里采用 Mathf.Min() 函数解决这一问题。Mathf.Min() 可以接收任意数量的参数，并返回其中最小的值。在上述代码中，红色通道数值的和是 0.75f，返回的红色通道数值为 0.75f；绿色通道数值的和大于 1.0f，则返回的绿色通道数值为 1.0f。

24.8 可选参数

有时候，你会希望函数具有可选参数，以便根据实际情况传入或省略这些参数。在下面的代码中，SetX() 的 eX 参数是可选的。如果在函数定义中赋给某个参数一个默认值，编译器会将该参数解释为可选参数（例如，下面代码中的第 13 行，eX 的默认值为 0.0f）。

```
6   void Awake() {
7       SetX( this.gameObject, 25 );
    // b
8       print( this.gameObject.transform.position.x ); // 输出"25"
9       SetX( this.gameObject );
    // c
10      print( this.gameObject.transform.position.x ); // 输出"0"
11  }
12
13  void SetX( GameObject go, float eX=0.0f ) {
    // a
14      Vector3 tempPos = go.transform.position;
15          tempPos.x = eX;
16  go.transform.position = tempPos;
17  }
```

a. 浮点型参数 eX 被定义为一个默认值为 0.0f 的可选参数。在函数声明中赋给 eX 一个默认值（即“=0.0f”），使 eX 成为一个可选参数。如果没有为 eX 传入数值，则其值为 0.0f。

b. 因为浮点数可以存储任何整数值[1]，所以把整数值传给浮点型变量不会有问题（例如第 7 行中的整型字面值 25 被传递给第 13 行中的浮点型变量 eX）。

c. 在第 9 行，没有向 SetX() 传递 eX 的值（尽管为所需的 go 参数传递了一个值）。

1. 严格地说，浮点型数字可以存储大部分整数值。如第 20 章“变量和组件”中所说，在数字很大或很小时，浮点型数字会变得不太精确，非常大的数字会被舍入为浮点型所表达的或接近的数值。根据笔者在 Unity 中进行的试验，浮点型数字可以精确表达 16777217 以内的所有整数，大于这个值后，数字可能失去精度。

如果没有为可选参数传递值，则使用其默认值。在这种情况下，在第 13 行，eX 的默认值被设为 0.0f。

在 Awake()函数被第一次调用时，eX 参数被设为 25.0f，这将覆盖默认值 0.0f。但是，第二次被调用时，eX 参数被忽略，在 SetX()中其默认值为 0.0f。

可选参数必须出现在函数定义中的其他必需参数之后。

24.9 params 关键字

使用 params 关键字，可以让函数接收任意数量的同类型参数。这些参数会被转化为该类型的数组。

```
6   void Awake() {
7       print( Add( 1 ) ); // Outputs: "1"
8       print( Add( 1, 2 ) ); // Outputs: "3"
9       print( Add( 1, 2, 3 ) ); // Outputs: "6"
10      print( Add( 1, 2, 3, 4 ) ); // Outputs: "10"
11  }
12
13  int Add( params int[] ints ) {
14      int sum = 0;
15      foreach (int i in ints) {
16          sum += i;
17      }
18      return( sum );
19  }
```

Add()函数现在可以接收任意数量的整型值并返回这个数字之和。与可选参数一样，在定义函数时，params 列表同样需要放在函数的其他参数之后（在 params 之前可以放其他必需参数）。

这样，我们可以重写之前的 AlignX()函数，使它可以接收任意数量的 GameObject，代码如下：

```
6   void AlignX( params GameObject[] goArray ) {                // a
7       float sumX = 0;
8       foreach (GameObject go in goArray) {                    // b
9           sumX += go.transform.position.x;                    // c
10      }
11      float avgX = sumX / goArray.Length;                     // d
12
13      foreach (GameObject go in goArray) {                    // e
14          SetX ( go, avgX );
15      }
16  }
17
18  void SetX( GameObject go, float eX ) {
19      Vector3 tempPos = go.transform.position;
20      tempPos.x = eX;
```

```
21          go.transform.position = tempPos;
22      }
```

a．通过 parmas 关键字，使用传递进来的多个 GameObject 创建一个 GameObject 数组。

b．foreach 可以遍历 goArray 中的每个 GameObject。变量 GameObject go 的作用域在第 8 到 10 行的 foreach 循环内，因此与第 13~15 行之间的 GameObject go 并不冲突。

c．将当前 GameObject 的 *X* 坐标值累计到 sumX 中。

d．把所有 GameObject 的 *X* 坐标值之和除以 GameObject 的个数，得到所有 GameObject *X* 坐标的平均值。

e．通过另一个 foreach 循环再次遍历 goArray 数组中的每个 GameObject，将其作为参数传递给 SetX() 函数。

24.10 递归函数

有时一个函数需要重复调用自身，我们称之为递归函数。其中一个简单的示例是求数字的阶乘。

在数学中，5!（5 的阶乘）是所有小于或等于 5 的自然数之积（自然数是大于 0 的整数）。

$5! = 5\times4\times3\times2\times1 = 120$

0!=1 是阶乘中的一个特例。

为了我们的目标，我们可以用负数配合阶乘函数随时回到 0：

-5!=0

你可以用递归函数 Fac() 计算任意整数的阶乘：

```
6   void Awake() {
7       print( Fac(5) ); // 输出："120"              //a
8       print( Fac(0) ); // 输出："1"
9       print( Fac(-5) ); // 输出："0"
10  }
11
12  int Fac( int n ) {
13      if (n < 0) { //如果 n<0，则返回 0       //b,d
14          return( 0 );
15      }
16      if (n == 0) { //这里是"递归终点"       //e
17          return( 1 );
18      }
19      int result = n * Fac( n-1 ) ;              //c,f
```

```
20      return( result );                   //g
21 }
```

a．调用 Fac() 时，参数为整数 5。

b．设置 n=5，这里进入 Fac() 的第一次迭代。

c．在第 19 行，n（作为 5）乘以 Fac() 当值为 4 的结果，这个过程被叫作递归。

d．当第二次 Fac() 的迭代开始时 n=4。这个过程会继续迭代 6 次，直到 n=0。

e．因为 n 是 0，所以第五次的迭代结果返回一个 1。

f．相当于 1*1。

g．回传给第四次迭代一个 1，继续运行，直到 Fac() 的递归完成，Fac() 的第一次迭代返回值为 120，如代码第 7 行所示。

Fac() 函数的递归调用是这样运行的：

```
Fac(5)                                  //第一次迭代
= 5 * Fac(4)                            //第二次迭代
= 5 * 4 * Fac(3)                        //第三次迭代
= 5 * 4 * 3 * Fac(2)                    //第四次迭代
= 5 * 4 * 3 * 2 * Fac(1)                //第五次迭代
= 5 * 4 * 3 * 2 * 1 * Fac(0)            //第六次迭代
= 5 * 4 * 3 * 2 * 1 * 1                 //第五次迭代
= 5 * 4 * 3 * 2 * 1                     //第四次迭代
= 5 * 4 * 3 * 2                         //第三次迭代
= 5 * 4 * 6                             //第二次迭代
= 5 * 24                                //第一次迭代
= 120                                   //最后返回值
```

要了解递归函数中发生了哪些事情，最好的方法是使用调试器进行观察，调试器是 MonoDevelop 中的一个功能，可以让你观察程序每一步执行的过程，并且查看代码中的各个变量是如何变化的。关于调试过程，我们将在下一章介绍。

24.11 本章小结

在本章中，我们学习了函数的强大功能和它的几种用法。函数是现代编程语言的基础，编程经验越丰富，越能体会到函数的强大和不可或缺。

第 25 章“代码调试”将教你如何在 Unity 中使用调试工具。这些工具用于帮你找出代码中的错误，也有助于你理解代码如何工作。在下一章中学完调试之后，笔者建议你再次返回本章仔细检查 Fac() 函数。当然，你也可以利用调试器研究本书各章节中的其他函数。

第 25 章

代码调试

对于外行人来说，代码调试有点像“妖术”。事实恰好相反，调试是程序员必备的技能，虽然笔者很少教初学者如何调试，但不学调试会错过很多东西。所有的编程初学者都会犯错，如果知道如何调试，你就能找到这些错误并加以纠正，这比逐行查看代码来希望错误自己出现可要快捷得多。

学完本章之后，你会理解编译时错误和运行时错误的区别，学会如何在代码中设置断点，以及如何逐行运行程序，以便找出难以察觉的错误。

25.1 如何开始调试

要学习如何找错，我们首先要制造几处错误。在本章中，我们先以第 19 章“Hello World：你的首个程序”中的项目为例。

在本章中，笔者会要求你故意制造几处错误。这似乎有点奇怪，但笔者的目的是让你体验一下如何发现并纠正各种不同的错误，在使用 Unity 的过程中，你几乎肯定会犯这些错误。在示例样本中的这几种错误将来都会给你带来麻烦，这些样本有助于你在遇到错误时查找并纠正它们。

> **注意**
>
> 在本章中，笔者会用行号表示所发生的错误。有时候，这些行号与你看到的并不一定完全相同，有时候它会偏上或偏下几行。如果你的行号和笔者的不一样，请不要担心，你只要在这个行号附近查找相关的代码内容即可。

如前文所述，你需要修改 19 章中的 CubeSpawner 脚本。防止你修改过脚本，下面列出带行号的原版：

```
1 using System.Collections;
2 using System.Collections.Generic;
3 using UnityEngine;
4
5 public class CubeSpawner : MonoBehaviour {
6 public GameObject cubePrefabVar;
7
```

```
8 // 用这个来初始化
9 void Start () {
10 // Instantiate( cubePrefabVar );
11 }
12
13 // 每帧调用一次 Update 函数
14 void Update () {
15 Instantiate( cubePrefabVar );
16 }
17 }
```

小技巧：

90%的错误是拼写错误 笔者帮学生改了太多错误，找拼写错误非常熟练。[1] 最常见的如下：

- **拼写错误**：如果一个字母错了，计算机就无法识别。
- **大小写**：对于 C#编译器来说，A 和 a 是两个字母，所以 variable、Variable 和 variAble 不是一个词。
- **缺少分号**：如同每个句子后面应该有句号，每个 C#中的声明应该以分号（;）结束。如果少了分号，经常会对周围的语句造成错误。之所以用分号，是因为句号已经被用在了小数点语法中。（如 varName.subVarName.subSubVarName）

编译时错误

编译时错误是 Unity 在对 C#代码进行编译（编译是指对 C#代码进行解析并将其转换为通用中间语言，然后将通用中间语言转换为可在计算机上运行的机器语言）时发现的错误。在 Unity 中打开 Hello World 项目之后，请按下面步骤故意制造几个运行时的错误，然后研究这些错误的原理：

1．复制现有的_Scene_1。复制的操作步骤是：在项目面板上选中场景_Scene_1，然后在菜单栏中执行 Edit>Duplicate 命令。Unity 会自动将新场景的名称更名为_Scene_2。

2．双击_Scene_2，在层级面板和场景面板中打开它。打开场景后，Unity 窗口的标题栏会变为_Scene_2.unity-Hello World-PC, Mac, Linux Standalone。当按下“播放”按钮时，你会看到它的表现与_Scene_1 完全相同。

3．现在我们将编写另一个 CubeSpawner 类，这样做不会破坏_Scene_1 中的这个类。在项目面板中选中 CubeSpawner 脚本，然后在菜单栏中执行 Edit> Duplicate 命令。这样会创建一个名为 CubeSpawner1 的脚本文件，同时控制台面板马上会显示一条由 Unity 捕获到的一条编译时的错误消息，如图 25-1 所示。单击这条出错消息可以看到更多信息。

1．如果你够细心，你会发现笔者已经在 18 章中提过一次了，它的重要程度值得多提几次。

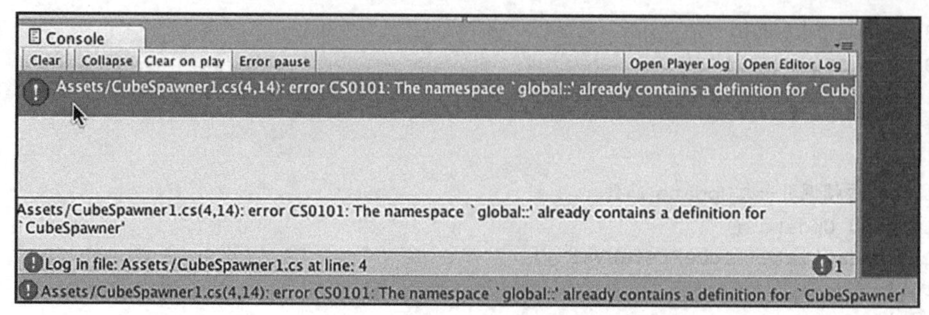

图 25-1　由 Unity 捕获到的一条编译时的错误消息

在这条错误消息中包含了大量的信息，让我们一点点分析。

Assets/CubeSpawner1.cs(4,14):

在 Unity 的每条错误消息中都包含该错误发生的位置。这条消息告诉我们错误发生在项目的 Assets 文件夹下的 CubeSpawner1.cs 脚本文件中，位于第 4 行的第 14 个字符。

error CS0101:

消息的第二段是错误的类型。如果不了解这是什么错误，你可以用“Unity error”和错误代码作为关键词在网上搜索相关信息。在本例中，应该在网上搜索“Unity error CS0101”。通过这种方法，几乎能查到关于该描述的帖子或其他文章。

The namespace 'global::' already contains a definition for 'CubeSpawner'

消息最后一段以浅显的英语解释了该错误。在本例中，这句话告诉我们在代码中已经存在 CubeSpawner 了，事实确实如此。这个时候，两个脚本文件 CubeSpawner 和 CubeSpawner1 都在试图定义 CubeSpawner 类。

以下是该错误的修复方法：

1．双击 CubeSpawner1，在 MonoDevelop 中打开它（你也可以双击控制台面板中的错误消息，这样会打开脚本并定位到出错的代码行）。

2．在 CubeSpawner1 脚本文件中，将第 4 行代码（即对 CubeSpwner 进行定义的那一行）修改为：

```
Public class CubeSpawner2 : MonoBehaviour {
```

笔者故意将 CubeSpawner2 的类名修改得与脚本文件名不一样，这样我们过一会儿会看到另一条错误消息。

3．保存文件并返回到 Unity 窗口，你会看到控制台面板上的出错消息消失了。

每当你保存脚本文件时，Unity 都会重新编译该脚本，以保证其中没产生错误。如果 Unity 遇到错误，我们就会看到类似于前面的错误消息。这些错误是最容易修改的，因为 Unity 知道错误发生的具体位置，并且把这些信息提供给了你。现在因为 CubeSpawner 脚本中定义的是 CubeSpawner 类，而 CuberSpawner1 脚本定义的是 CuberSpawner2 类，二者名称不冲突，所以前面的错误消息就会消失。

由于缺少分号产生的编译时错误

1．请删除第 14 行末尾的分号（;），第 14 行的内容是：

```
15 Instantiate( cubePrefabVar );
```

2．保存脚本，返回 Unity。两个新的编译时错误消息出现：

Assets/CubeSpawner1.cs(15,9): error CS1525: Unexpected symbol '}'

Assets/CubeSpawner1.cs(17,1): error CS8025: Parsing error

记住总是从上到下地修改错误，所以我们先从第一行开始：Assets/CubeSpawner1.cs(15,9): error CS1525: Unexpected symbol '}'

这条消息并没有告诉你“少写了一个分号”，但它的确能帮你找到编译脚本时出错的位置（第 15 行第 9 个字符）。这条消息还告诉你，它遇到了不应该在此处出现的右花括号（}）。根据这条消息，你应该能在这段代码附近发现缺少的分号。

3．请在第 14 行末尾加上分号并保存文件，这时 Unity 应该不会再提示错误。出错消息所提示的行号一般要么是代码出错的行，要么是后面一行。在本例中，第 14 行缺少分号，但错误出现在第 15 行。另外，许多编译时错误会引发更多问题。如果你一直按照从上到下修改错误，经常能同时修改好几个连续的问题。

绑定或移除脚本时出现的错误

返回到 Unity 界面并把 CubeSpawner1 脚本拖动到层级面板中的主摄像机上。这时，你会看到如图 25-2 所示的错误。

Unity 发出这条提示，是因为脚本名称 CubeSpawner1 与其中定义的类名 CubeSpawner2 不一致。在 Unity 中，如果你创建的类是由 MonoBehavior 类派生而来的（例如 `CubeSpawner2: MonoBehavior`），则定义这个类的文件名必须与类名一致。

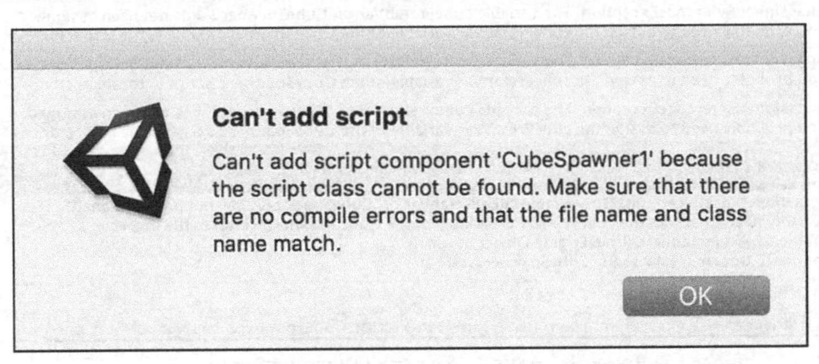

图 25-2　有些错误只发生在为 GameObject 绑定脚本的时候

① 在项目面板中单击 CubeSpawner1，然后再次单击将其重命名（在 Mac 系统中按下回车键或在 Windows 系统中按下 F2 键也可以重命名脚本文件）。

② 请将文件名修改为 CubeSpawner2，然后再尝试将其绑定到主摄像机上。这次应该不会再有问题。

③ 在层级面板上单击主摄像机。在检视面板中，你会看到主摄像机上同时绑定了

CubeSpawner 和 CubeSpawner2 两个脚本。

④ 你不需要两个脚本，所以在检视面板中单击 Cube Spawner(Script)右侧的小齿轮图标，然后从下拉菜单中选择移除组件（Remove Component），如图 25-3 所示。

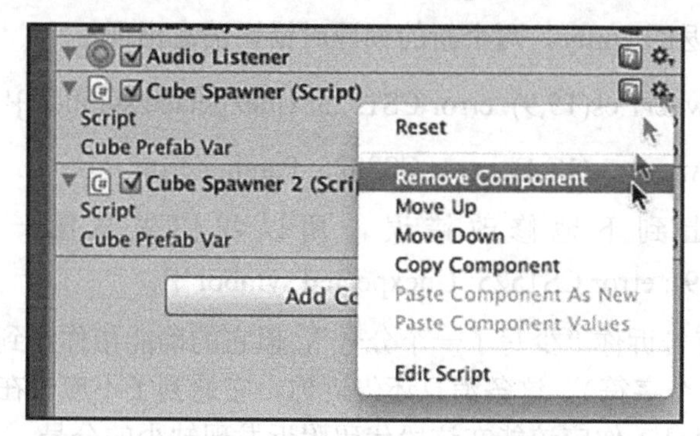

图 25-3 移除多余的 Cube Spawner（Script）组件

这样，就不会有两个不同的脚本同时摆放立方体组件了。在后续的几章中，每个 GameObject 上将只绑定一个脚本。

运行时错误

按照下面的步骤了解另一类错误：

1．现在单击“播放”按钮，你会遇到另一类型的错误，如图 25-4 所示。

2．单击“暂停”按钮（即“播放”按钮右侧带有两条竖线的按钮）暂停播放，研究一下这个错误。

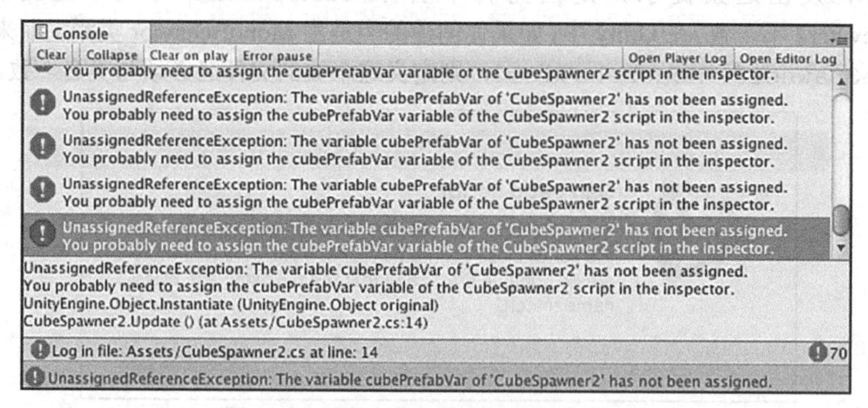

图 25-4 对同一个运行时错误的重复提示

这是一个运行时错误，也就是说只有当 Unity 尝试播放项目时才会出现的错误。当编译器认为代码中不存在语法错误，但程序在真正运行时出错，就会出现运行时错误。

你会看到这里的错误消息与之前遇到的不一样。每条错误消息的开头不再包含错误发生的位置，但是单击错误消息后，控制台底部会出现关于此错误的更多信息。在出现运行时错误时，最后一行告诉你 Unity 发现错误的位置。有时是这个位置上出现错误，有时是之后一行出现错误。这条错误消息要求你在 CubeSpawner2.cs 文件的第 14 行附近查找错误。

CubeSpawner2.Update () (at Assets/**CubeSpawner2.cs:14**)

通过查看 CubeSpawner2 脚本的第 14 行，我们发现这行代码是初始化 `cubePrefabVar` 的一个实例（注意你的行号可以与本书稍有不同，这样也没关系）。

```
14 Instantiate( cubePrefabVar );
```

正如编译器认为的那样，这行代码看起来没什么问题。让我们进一步分析一下出错消息。

UnassignedReferenceException: The variable cubePrefabVar of 'CubeSpawner2' has not been assigned. You probably need to assign the cubePrefabVar variable of the CubeSpawner2 script in the inspector. UnityEngine.Object.Instantiate (UnityEngine. Object original) CubeSpawner2.Update () (at Assets/CubeSpawner2.cs:14)

这条消息告诉我们还未将 `cubePrefabVar` 变量引用设置到对象的实例，如果你在检视面板中查看主摄像机的 CubeSpawner2(Script)组件，你会发现确实如此。

3．所以，请按照我们在前面章节中所做的那样，在检视面板中单击 `cubePrefabVar` 右侧的圆圈形图标，从资源列表中选择 cube Prefab 实例。现在，你应该可以在检视面板中看到它被设置给了 `cubePrefabVar`。

4．单击“播放”按钮，继续播放。你会看到场景中的立方体开始不停地出现。

5．再次单击“暂停”按钮停止播放。然后重新单击“播放”按钮从头开始播放。看看发生了什么？这条出错消息又出现了！

6．请单击暂停按钮停止播放。

> **警告**
>
> **在播放期间所做的修改不会被保留！** 将来你会频繁遇到这个问题。Unity 这样做有自己的道理，但对于新手来说，遇到这种情况会疑惑不解。在 Unity 播放或暂停期间，你所做的任何修改（例如刚才你对 `cubePrefabVar` 所做的修改）都会被重置回播放之前的状态。如果你希望所做的修改能保留，在进行修改之前，请确保 Unity 没有在运行。

7．现在 Unity 已经停止播放，请在检视面板中将主摄像机的 Cube Prefab 实例重新设置 `cubePrefabVar` 变量。因为这次设置时 Unity 没有在运行，所以改动可以保存。

8．单击“播放”按钮，一切正常。

25.2　使用调试器逐语句运行代码

除了前面讨论的自动代码检查工具，Unity 和 MonoDevelop 还允许我们逐句运行代码，这有助于我们理解代码是如何工作的。请把下面示例代码中的粗体字内容（即第 14 行和第 18 到 27 行）添加到你的 CubeSpawner2 脚本中。如果需要在脚本中添加空行，只需按下回车键即可。

```
1 using UnityEngine; // a
2 using System.Collections;
3
4 public class CubeSpawner2 : MonoBehaviour {
5 public GameObject cubePrefabVar;
6
7 // 用于初始化
8 void Start () {
9 // 实例化(cube PrefabVar)
10 }
11
12 // 每帧调用一次 Update
13 void Update () {
14 SpellItOut(); // b
15 Instantiate( cubePrefabVar );
16 }
17
18 public void SpellItOut () { // c
19 string sA = "Hello World!";
20 string sB = "";
21
22 for (int i=0; i<sA.Length; i++) { // d
23 sB += sA[i]; // e
24 }
25
26 print(sB);
27 }
28 }
```

a. 注意这里没有 System.Collections.Generic 库，因为不需要。不过在 Unity 5.5+，默认会在所有 C#脚本中。

b. 第 14 行调用了 SpellItOut()函数。

c. 第 18~27 行是对 SpellItOut()函数的声明和定义。这个函数会将字符串 sA 中的字符逐个复制到字符串 sB 中。

d. 这个 for 循环遍历 sA。因为字符串“Hello World”中包含 11 个字符，所以这个循环会重复 11 次。

5．第 23 行取出字符串 sA 中的第 *i* 个字符，将它添加到字符串 sB 的末尾。

请将上述代码全部输入到你的代码中并且仔细检查，然后在第 13 行单击左侧边框处，如图 25-5 所示。这样会在第 13 行创建一个断点，显示为一个红色圆圈。

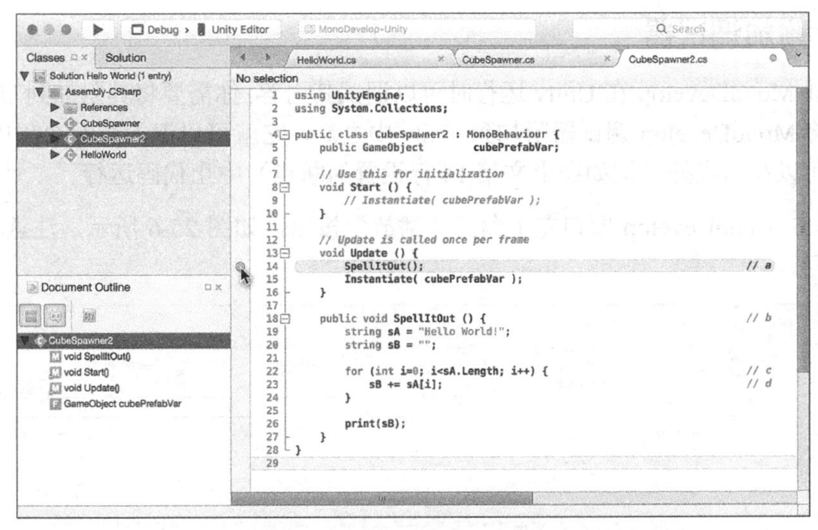

图 25-5 SpellItOut()函数，在第 14 行有个断点

当在 MonoDevelop 中设置完断点并对 Unity 进行调试时，每当 Unity 运行到断点处时，就会暂停执行。接下来我们就试验一下。

如何强制退出程序

在深入了解调试之前，知道如何强制退出程序（退出一个无响应的程序）很实用。有时候 Unity 或者 MonoDevelop 就会停止响应，所以你就需要强制退出了。

在 macOS 系统中

通过下面步骤强制退出程序：

1. 按下 Command+Option+Esc 组合键，会弹出“强行结束应用程序”窗口。
2. 找到运行不正常的应用程序，在程序列表中，该程序名称后通常会显示“（无响应）”。
3. 单击该应用程序，然后单击“强制结束”按钮。

在 Windows 系统中

通过下列步骤强制退出程序：

1. 按下 Shift+Ctrl+Esc 组合键，会弹出“Windows 任务管理器”窗口。
2. 找到运行不正常的程序。
3. 单击该应用程序，然后单击“结束程序”按钮。

如果强行结束处于运行状态的 Unity 程序，从上次保存以来所做的修改会丢失。因为 C#脚本必须经常保存，所以脚本不是问题，但你可能需要重做一遍对场景所做的修改。

给 Unity 附加调试器

为了让 MonoDevelop 在 Unity 运行时可以调试其内容，你需要将其附加到 Unity 进程当中。在将 MonoDevelop 调试器附加到 Unity 中之后，它就可以深入查看 C#中发生了什么，并且可以在断点处（例如在上文第 14 行设置的断点）中止代码运行。

1．单击 MonoDevelop 窗口左上角的“播放”按钮，如图 25-6 所示，注意不同系统中样子不同。

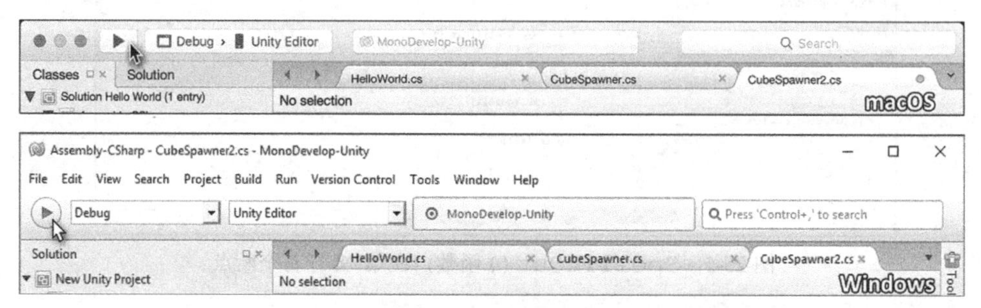

图 25-6　单击此按钮，将调试器附加到 Unity 编辑器进程

这样会自动搜索 Unity 编辑器进程并且附加 MonoDevelop 的调试器。如果这是你第一次这么干，可能会问你是否赋予 MonoDevelop 权限这么做。请允许。

当进程结束时会出现如图 25-7 所示的的窗口。左上角的“播放”按钮变成了“停止”按钮，一些窗口出现在了 MonoDevelop 的下方，并且出现了一些“控制调试器”按钮。

> **注意**
>
> 笔者的 MonoDevelop 界面可能与你在计算机上看到的不一致，MonoDevelop 和 Unity 一样，允许你随意移动窗口面板的位置。笔者移动了自己的面板，以便向你展示本书中的示例，但是这也会导致我们屏幕上的界面不一致。你的界面上应该也会有这些面板，但布局可能会稍有不同。

用调试器检查代码

现在调试器已经设置、附加完毕。

1．请切换到 Unity 中并再次单击“播放”按钮开始场景。Unity 窗口会立即冻结，MonoDevelop 窗口会立即弹出来。在 Windows 系统中，MonoDevelop 窗口有可能不会自动弹出来，但 Unity 窗口会冻结。你只需手动切换到 MonoDevelop 窗口，然后会看到如图 25-7 所示的界面。

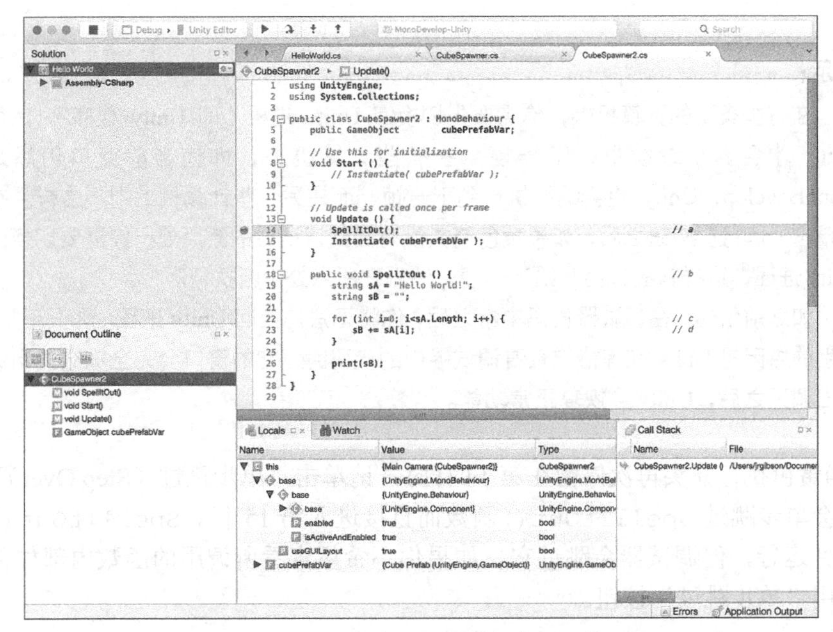

图 25-7　在调试器中，代码执行中断于第 14 行

Update()函数会在第 14 行断点处中断执行。左侧边框上的黄色箭头表示代码运行到的位置。当调试器中代码执行处于中断状态时，Unity 窗口会彻底冻结。也就是说，在 Unity 恢复运行之前，我们无法通过正常方式切换回 Unity 窗口。

在调试模式下，工具栏上方的有些按钮会发生变化，如图 25-8 所示。

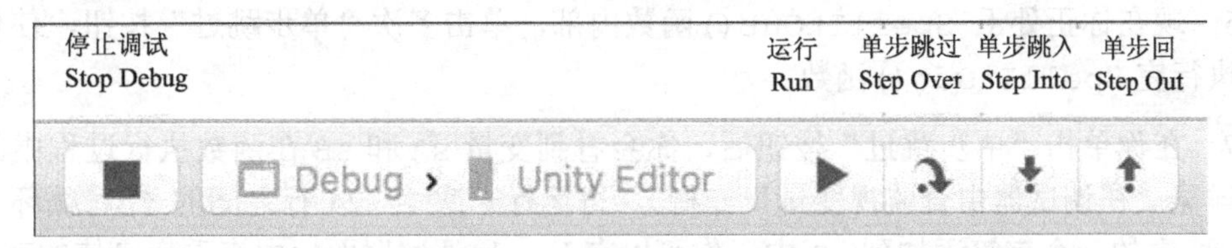

图 25-8　“调试器控制”按钮

下面的操作步骤会向你展示这些“调试器控制”按钮的功能。在进行这些操作之前，笔者建议先你阅读后面的“在调试器中监视变量”专栏。

2．在 MonoDevelop 中单击调试器的“运行”按钮，如图 25-8 所示。这会让 Unity 继续执行脚本。当遇到第 14 行那样的断点时，Unity 会中断执行，在继续运行之前，Unity 窗口会被完全冻结。

当单击“运行”按钮时，Unity 会继续运行，直至运行至下一个断点。当你单击“运行”按钮时，Unity 会完成游戏循环，并开始另一帧，然后在第 14 行会再次中断（当 Update()函数被调用时），所以除了 MonoDevelop 窗口闪烁一下，什么也不会发生。

提示：

在有些类型的计算机上，你需要先切换回 Unity 进程（即 Unity 程序），然后 Unity 才会真正继续执行下一帧。在有些计算机上，即使当前窗口仍然是 MonoDevelop，Unity 也会继续执行到下一帧，而在另一些计算机上则不这样。在你单击“运行”按钮之后，如果黄色箭头没有回到调试器的断点处，你需要切换回 Unity 进程，这样它应该会开始下一帧，然后在断点处中断执行。

如之前所述，在调试器代码中断之后，你将无法切换回 Unity 进程。这很正常，发生的原因是 Unity 在等待你查看调试器中的代码时，它的窗口会完全冻结。当你退出调试之后，Unity 会恢复正常功能。

3．当黄色执行箭头再次停留在第 14 行时，请单击“单步跳过（Step Over）”按钮。黄色箭头会单步跳过 `SpellItOut()` 函数而直接进入第 15 行。`SpellItOut()` 函数仍然被调用并运行，但调试器会跳过它。如果你不希望查看所调用的函数内部如何运行，就可以使用“单步跳过”按钮。

4．再次单击“运行”按钮。Unity 会前进到下一帧，黄色箭头会再次停留在第 14 行的断点处。

5．这是第三次运行到这个位置，单击“单步跳入（Step Into）”按钮。黄色箭头会从第 14 行跳入到第 19 行的 `SpellItOut()` 函数处。只要你单击“单步跳入”按钮，调试器就会进入所调用的函数，而单击“单步跳过”按钮则会跳过该函数。

6．现在你正处于 `SpellItOut()` 函数内部，单击多次“单步跳过”按钮，使代码逐句执行完 `SpellItOut()` 函数。

7．在你单击“单步跳过”按钮后，你会看到变量 `sA` 和 `sB` 在函数执行过程中的变化（详见“在调试器中查监视变量”专栏）。每运行一次 22~24 行之间的 `for` 循环，都会将 `sA` 中的一个字符添加到 `sB` 中。你可以在 Locals 调试器面板中查看变量值的变化。

8．如果黄色执行箭头仍然在 `SpellItOut()` 函数内部，请跳至第 9 步，但如果你按下“单步跳过”按钮的次数足够多，并已退出 `SpellItOut()` 函数的话，请单击“运行”按钮，然后单击“单步跳入”按钮使黄色箭头回到 `SpellItOut()` 函数内部。

9．在 `SpellItOut()` 函数内，单击“单步跳出（Step Out）”按钮。这会让调试器跳出 `SpellItOut()` 函数，然后继续执行第 15 行（`SpellItOut()` 函数调用完成之后的第一行）代码。这不同于 `return` 语句，因为 `SpellItOut()` 函数后面的代码仍然被执行到，你只是没有在调试器中查看代码的执行过程而已。当你需要退出当前函数但不希望通过单击“运行”按钮全速运行代码时，这个功能会很管用。

10．单击如图 25-8 所示的“停止调试（Stop Debug）”按钮，会将 MonoDevelop 调试器从 Unity 进程中断开，终止调试，使 Unity 返回正常执行状态。

笔者强烈推荐使用调试器查看第 24 章末尾所讲的 `Fac()` 函数的执行过程。这个函数可以用来演示如何借助调试器更好地理解代码。

在调试器中监视变量

所有调试器都有一个非常实用的功能，那就是随时监视某个变量的值。在MonoDevelop调试器中查看变量的值有三种方法。在尝试下面方法之前，请确保你按照本章所讲的步骤进入了调试过程，并且当前黄色箭头停留在调试器的一行代码中。

第一种方法最为简单，即在MonoDevelop代码窗口中把鼠标光标悬停在你要查看的任何变量之上。如果鼠标光标处是一个变量名，鼠标光标悬停大约1秒钟之后会出现一个提示文本框，里面显示了变量的值。但需要注意的是，所显示的变量值是黄箭头处该变量的值，而非鼠标光标所指的代码处也是该变量的值。例如，sB 变量在SpellItOut()函数中重复出现多次，无论鼠标光标悬停在哪个位置的变量 sB 上，所显示的变量值都是 sB 的当前值。

第二种方法是在调试器的 Locals 面板中查找变量。要查看这个面板，请在MonoDevelop的菜单栏中执行View（视图）>Debug Windows（调试器窗口）>Locals（局部变量面板）命令，这会将Locals变量监视面板前置。在这里，你会看到当前调试器可以访问的所有局部变量的列表。如果你按照本章指引单步跳入SpellItOut()函数，你会看到其中列出了三个局部变量：this、sA 和 sB。变量 sA 和 sB 初始值为 null，但当在第19行和第20行中分别给它们赋值之后，变量值会马上显示在局部变量面板中。当你在调试器中多次单击“单步跳过”按钮几次并运行到第22行时，你会看到在该行声明并定义了变量 i。变量 this 引用的是CubeSpawner2脚本的当前实例。单击 this 旁边的“三角形”按钮，可以查看 this 下的全局字段cubePrefabVar，以及一个名为 base 的变量。单击 base 旁边的“三角形”按钮，可以查看到与CubeSpawner2的基类MonoBehavior相关联的所有变量。MonoBehaviour这样的基类（也称超类或父类）会在第26章中讲解。

第三种监视变量的方法是将它输入到监视面板中。要将这个面板前置，可在菜单栏中执行View（视图）>Debug Windows（调试器窗口）>Watch（监视面板）命令。在监视面板中，单击其中一个空白行（带有“Click here to add a new watch”字样的行），在其中输入要监视的变量名称，MonoDevelop就会尝试显示这个变量的值。例如，在其中输入 this.gameObject.name 并按下回车键，就会显示“Main Camera”，即脚本所绑定的GameObject的名称。如果变量值过长，在监视面板中显示不全，你可以单击变量值旁边的放大镜图标查看完整内容，这在处理大字符串时会用到。

值得注意的是，有时候因为调试过程中的一个错误（讽刺的是）导致 this 在Locals面板未定义。如果发生这种情况，你可以把 this 加到监视面板中，即使 this 在Locals面板中不正常工作，这个方法通常也可以用。

25.3 本章小结

关于调试就介绍到这里。尽管我们在这里没借助调试工具查找出错误，但你可以看到它如何帮你更好地理解代码。记住：在代码中遇到不解之处时，你都可以使用调试器逐语执行代码。

尽管笔者指导你产生了这么多错误，这可能会让你有挫败感，但笔者衷心希望这有助于你体会和理解这些错误并学会如何查找并纠正它们。要记住，你可以通过从网上搜索错误提示内容（至少是错误编号）发现解决它的线索。如笔者在本章开头所说，高超的调试技巧是成为既合格又自信的程序员的要素之一。

第26章

学完本章之后，你会理解如何使用类。类把变量和函数集合到单个C#对象当中。类是现代游戏和面向对象编程的基本构件。

26.1 理解类

类是功能和数据的结合。另一个说法是，类是由函数和变量构成的，类中使用的函数和变量分别称为方法和字段。类通常用于代表游戏项目中的对象。例如，在标准的角色扮演游戏中，一个角色应该有以下字段（或称变量）：

```
string   name;             // 角色的名称
float    health;           // 角色的生命值
float    healthMax;        // 角色的最大生命值
List<Item>  inventory;     // 角色所有物品的列表
List<Item>  equipped;      // 角色目前已装备的物品列表
```

角色扮演游戏中的任何角色都有这些字段。因为角色应该有生命值、物品和名称。另外，角色还应该有一些方法（函数）可以使用（下面代码中的省略号“...”代表使函数正常工作所需的代码）。

```
void Move(Vector3 newLocation) {...}      // 让角色可以移动
void Attack(Character target) {...}       // 攻击目标角色
void TakeDamage(float damageAmt) {...}    // 降低角色的生命值
void Equip(Item newItem) {...}            // 向物品列表中添加新物品
```

显然，真实游戏中的角色不只需要上面这些字段和方法，还有更多，但关键是你编写的RPG游戏中必须有这些变量的函数。

> **提示**
>
> 虽然前文没有明确指出，但其实你已经使用过类了！从前文到本章，你在本书中所学到的全部代码都是写在类中的，在通常情况下，你可以把创建的每个C#文件本身当作一个类。

剖析类（以及 C#脚本）的结构

图 26-1 展示了几种大多数类都拥有的重要构成元素。这些元素并非每个类必有的，但它们极其常见。

- **引用（Include）**让 C#可以使用由其他人创建的类。引用通过 `using` 语句实现，这里显示的引用可以允许在代码中使用所有的 Unity 标准元素以及 List 之类的泛型集合。这是脚本文件的第一部分。
- **类声明（Class Declaration）**指定了类的名称，并确定它是哪个类的派生类（派生类的概念将会在本章"类的继承"中讲到）。在本例中，Enemy 是 MonoBehaviour 的派生类。
- **字段（Field）**是类的局部变量，也就是说类中的所有函数都可以通过名称访问这些字段。另外，标记为 `public` 的变量可以被其他实体访问（详见附录 B "实用概念" 下的 "变量的作用域"。）
- **方法（Method）**是类所包含的函数。它们可以访问类的所有局部字段（例如 `Move()` 函数中的三维向量 `tempPos`）。类能完成一些功能，依靠的就是方法。虚函数是一类特殊的方法，将会在本章 "类的继承" 中讲到。
- **属性（Property）**可以当作通过 `get` 和 `set` 存取器伪装成字段的方法。我们将在本章下文中加以讨论。

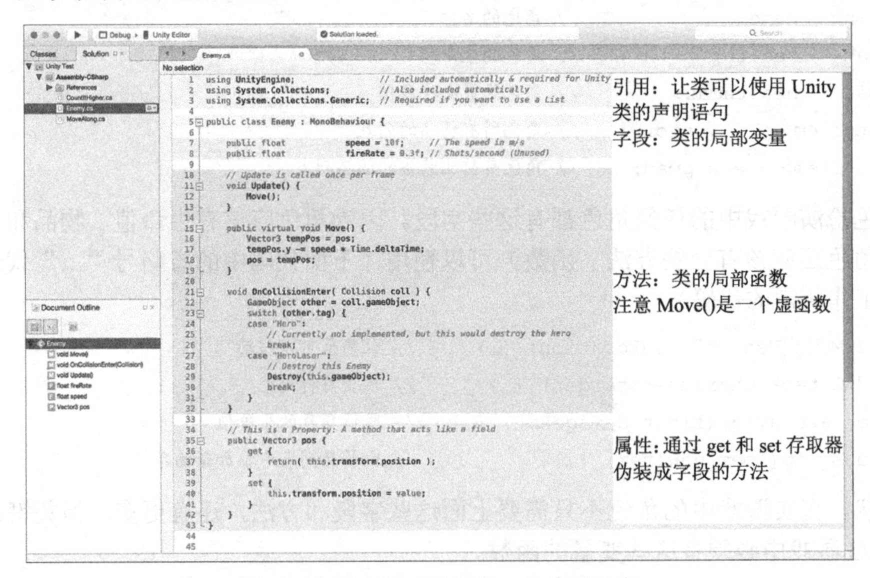

图 26-1 图中显示了类中一些重要元素

在深入研究这些元素之前，请先创建一个项目，你可以在其中试验代码。

创建 Enemy 类示例的项目

附录 A "项目创建标准流程" 中介绍了如何为本书各章创建 Unity 新项目。请根据注释框中的指导创建本章所讲的新项目。

为本章创建新项目

按照标准的项目创建流程，在 Unity 中创建一个新项目。标准的项目创建流程，请参阅附录 A。

- 项目名称：Enemy Class Sample Project
- 场景名称：_Scene_0（场景名称以下画线开头，可以保证它在项目面板中排列在最上方）
- C#脚本名称：暂无

你无须在场景主摄像机上绑定脚本。在本项目中，主摄像机上没有脚本。

1. 请按照附录 A 中的指导创建新项目，新建一个名为_Scene_0 的场景并保存，在层级面板中执行 Create（创建）>3D Object>Sphere（球体）命令，创建一个球体，如图 26-2 所示。

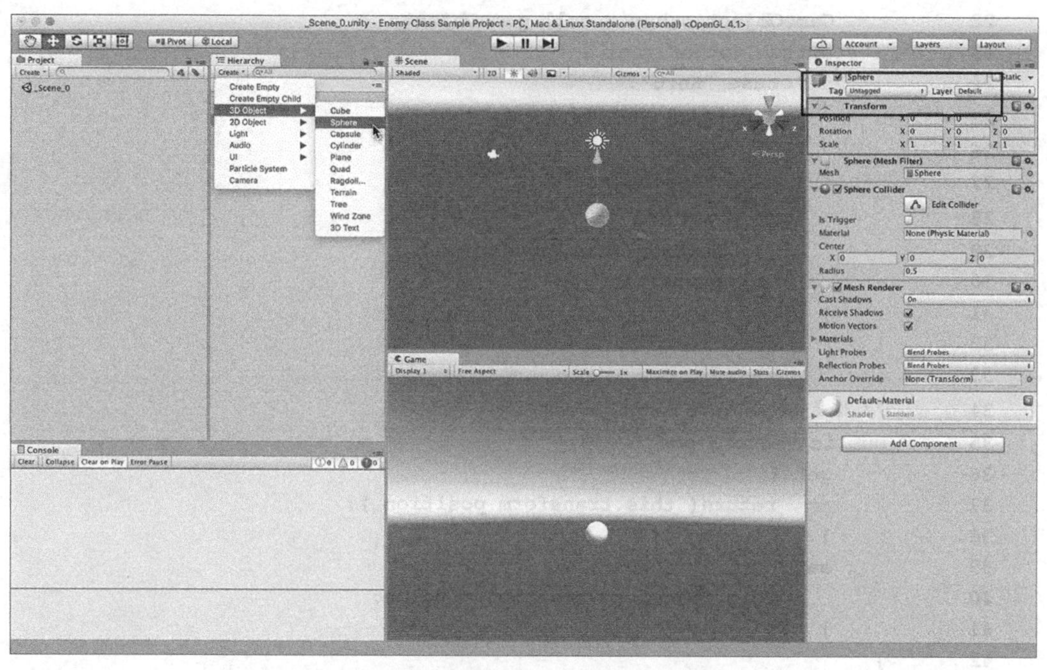

图 26-2　在场景_Scene_0 中创建一个球体

2. 在层级面板中单击球体的名称，选中它。然后使用变换（Transform）组件（如图 26-2 中方框标记部分所示）将球体位置设置到坐标原点[0,0,0]，即 x=0，y=0，z=0。

3. 在项目面板中执行 Create（创建）> C# Script 命令，并将脚本命名为 Enemy。双击该脚本，在 MonoDevelop 中打开，然后输入以下代码（与图 26-1 中的代码完全相同）。下面代码中的粗体字部分是需要添加的代码。

```
1    using UnityEngine;
2    using System.Collections;
3    using System.Collections.Generic;
4
```

```
5   public class Enemy : MonoBehaviour {
6
7       public float speed = 10f;      // 移动速度，单位为米/秒
8       public float fireRate = 0.3f; // 射击次数/秒（未使用）
9
10      // Update()函数每帧调用一次
11      void Update() {
12          Move();
13      }
14
15      public virtual void Move() {
16          Vector3 tempPos = pos;
17          tempPos.y -= speed * Time.deltaTime;
18          pos = tempPos;
19      }
20
21      void OnCollisionEnter( Collision coll ) {
22          GameObject other = coll.gameObject;
23          switch (other.tag) {
24              case "Hero":
25              //暂未实现，但这用于消灭游戏主角
26                  break;
27              case "HeroLaser":
28              // 敌人被消灭
29                  Destroy(this.gameObject);
30                  break;
31          }
32      }
33
34      // 这是一种属性，它是一种方法，但行为与字段相似
35      public Vector3 pos {
36          get {
37              return( this.transform.position );
38          }
39          set {
40              this.transform.position = value;
41          }
42      }
43
44  }
```

这些代码很直观，除了属性和虚函数的部分，你应该很熟悉其他代码。本章会讲解属性和虚函数。

属性：用起来像是字段的方法

在上面示例代码的第 16 和 18 行的 Move()函数中，pos 属性被当作变量使用。这是通过 get{}和 set{}存取器实现的，这两个存取器可以让你在读取或设置属性值时运行代码。每当读取 pos 属性时，就会执行 get{}存取器内的代码，get{}存取器必须返

回一个与属性类型相同的值，在这里是三维向量（Vectors）类型。每当设置 pos 属性时，就会执行 set{}存取器内的代码，其中的 value 关键字为隐式变量，其中存储的是要设置的新值。换句话说，代码在第 18 行中将 pos 属性的值设置为 tempPos，这样会运行第 40 行 set{}存取器中的代码。其中，被赋给 this.transform.position 的 value 变量中的值其实是 tempPos。隐式变量是不需要程序员明确声明即可存在的变量，所有属性的 set{}语句中都有一个隐式变量 vlaue。创建属性时可只包含一个 get{}或 set{}存取器，这样创建是只读或只写属性。

在 pos 属性示例中，pos 只是为了便于访问 this.transform.position。但下面的示例代码更为有趣。

1. 请创建一个名为 CountItHigher 的 C#脚本。

2. 将 CountItHigher 脚本绑定到场景中的球体上。

3. 在项目面板双击 CountItHigher 脚本，打开 MonoDevelop，然后输入以下代码：

```
1   using UnityEngine;
2   using System.Collections;
3   using System.Collections.Generic;
4
5   class CountItHigher : MonoBehaviour {
5
6       private int _num = 0;                                  // a
7
8       void Update() {
9           print( nextNum );
10      }
11
12      public int nextNum {                                   //b
13          get {
14              _num++; // num值自增1
15              return( _num ); //返回num的新值
16          }
17      }
18
19      public int currentNum {                                // c
20          get { return( _num ); }                            // d
21          set { _num = value; }                              // d
22      }
23  }
```

a. 整型字段_num 是私有变量，因此只能在 CountItHigher 类的实例内部才可以访问。其他类和 CountiHigher 类的其他实例无法访问此实例的私有变量（而且其他 CountiHigher 类的实例也有自己的_num 字段，此实例也无法访问）。

b. nextNum 是只读属性。因为其中没有 set{}语句，所以只能读取（例如 int X = nextNum;），不能设置（例如 nextNum=5;会导致错误）。

c. currentNum 属性既可读又可写。int x=currentNum;和 currentNum =5;都可以用。

d. get{}和 set{}语句也可以分别只写一行。注意如果采用单行格式，分号要写在右花括号之前，如第 20 和 21 行所示。

4. 在单击“播放”按钮之后，你会看到每运行一帧就会调用一次 update()函数，每帧 print(nextNum)输出的数字都会递增。前 5 帧的输出结果如下：

```
1
2
3
4
5
```

每当读取 nextNum 属性时（在 print(nextNum);语句中），_num 私有字段的值就会增加，然后将新值返回（如示例代码第 14、15 行）。虽然这个示例很小，但只要普通方法能做到的，get 和 set 存取器同样可以做到，它们甚至可以调用其他方法或函数。

currentNum 属性与之类似，可以读取或设置_num 的值。因为_num 是私有字段，所以应该让 currentNum 变为公有。

类实例是 GameObject 组件

在前面的章节中我们可以看到，当把 C#脚本拖动到 GameObject 上面时，脚本会成为 GameObject 的组件，与你在 Unity 检视面板中看到的 GameObject 的变换（Transform）、刚体（Regidbody）等其他组件一样。也就是说，你可以把类的类型放到 gameObject.GetComponent< >()语句的尖括号之间，用这种方法引用绑定到 GameObject 上的任何类（如下列示例代码的第 7 行）。

1. 请创建一个名为 MoveAlong 的 C#脚本。

2. 把它绑定到同一个球体对象上。

3. 然后在脚本中输入以下代码：

```
1 using System.Collections;
2 using System.Collections.Generic;
3 using UnityEngine;
4
5 class MoveAlong : MonoBehaviour {
6
7 void LateUpdate() { // a
8 CountItHigher cih=this.gameObject.GetComponent<CountItHigher>(); // b
9 if ( cih != null ) { // c
10 float tX = cih.currentNum/10f; // d
11 Vector3 tempLoc = pos; // e
12 tempLoc.x = tX;
13 pos = tempLoc;
14 }
15 }
```

```
16
17 public Vector3 pos { // f
18 get { return( this.transform.position ); }
19 set { this.transform.position = value; }
20 }
21
22 }
```

a．LateUpdate()是 Unity 中另一个每帧都会调用的内置函数。在每帧中，Unity 首先调用绑定到 GameObject 上的所有类的 Update()函数，在所有 Update()都执行完毕后，Unity 会调用所有对象上的 LateUpdate()函数。这里使用 LateUpdate()函数，是为了保证 CountItHigher 类中的 Update()函数早于 MoveAlong 类中的 LateUpdate()函数运行。

b．cih 是一个局部变量，类型是 CountItHigher，可以引用前面绑定到球体上的 CountItHigher 类的那个实例。GetComponent<CountItHigher>()会找到绑定到球体上的 CountItHigher(Script)组件。[1]

c．如果使用 GectComponent< >()方法，要获取的组件并未绑定到 GameObject 上，GetComponent< >()会返回一个 null（空值）。在使用 cih 之前，一定要检查它是否为空值。

d．虽然 cih.currentNum 是一个整数，但在与浮点数进行数学运算（例如 cih.currentNum/10f）或赋值给浮点数（如第 9 行所示）时，Unity 会自动把它当作浮点数处理。

e．第 11、13 行使用了第 17 到第 20 行定义的 pos 属性。

f．这与 Enemy 类中的 pos 属性基本等效，但 get{}和 set{}只使用了一行代码。

每次调用 LateUpdate 函数时，这段代码就会查找该 GameObject 的 CountItHigher 脚本组件，并从中获取 currentNum。然后脚本会把 currentNum 除以 10，得到的结果会设为 GameObject 的 *X* 坐标（通过 pos 属性）。因为 CountItHigher._num 的值每帧都会递增，所以 GameObject 会沿 *X* 轴移动。

4．确保保存了这个脚本和 CountItHigher 脚本。在 MonoDevelop 菜单栏中执行 File>Save all 命令。如果 Save all 为灰色，说明你已经保存过了。

5．请在 Unity 中单击“播放”按钮查看运行结果。

6．在进入到下一章之前，请保存场景（在菜单栏中执行 File>Save Scene 命令）。

1．每帧调用 GetComponent()效率很低，你一般会用 cih 类字段，并且把它的值设置为 Awake()或 Start()方法的一部分。不过现在执行效率没有简单、整洁重要，所以我们每帧都调用 GetComponent()。

警告

要特别小心竞态条件（**Race Conditions**）！竞态条件是指两件事务之间存在依赖关系，但你不确定哪件事务发生在前。在本例中使用 `LateUpdate()`函数正是出于这个原因。如果 MoveAlong 类中也使用 `Update()`函数，就无法确定 Unity 会先调用哪个函数中的 `Update()`函数，所以 GameObject 有可能在`_num` 数值增加之前移动，也有可能在`_num` 数值增加之后移动，这取决于哪个 `Update()`函数先被调用到。如果使用 `LateUpdate()`，我们就能确保场景中的各个 `Update()`函数先被调用到，然后才是 `LateUpdate()`函数。

26.2 类的继承

类可以派生自（或基于）其他类。在本章第一个示例代码中，与你目前所看到的所有类一样，Enemy 类也派生自 MonoBehaviour 类。请按下列指示操作，使 Enemy 类在你的游戏中起作用，然后我们将进行深入研究。

实现 Enemy 类的示例项目

请完成以下操作步骤：

1. 新建一个场景（在菜单栏中执行 File > New Scene 命令），将新场景保存为_Scene_1。
2. 在场景中新建一个球体（在菜单栏执行 GameObject > 3D Object > Sphere 命令）。
   a. 将其命名为 EnemyGO（GO 是 GameObject 的缩写）。这个新球体与场景_Scene_0 中的球体没有任何关系（例如，它没有绑定前面的两个脚本）。
   b. 在检视面板中将 EnemyGO 的 tranform.position 设置为[0,4,0]。
   c. 把之前所写的 Enemy 脚本从项目面板拖动到_Scene_1 场景层级面板中的 EnemyGo 上。
   d. 在层级面板中选择 EnemyGO，这时你会看到 EnemyGO GameObject 的组件中显示有 Enemy(Script)。

3. 把 EnemyGO 从层级面板拖动到项目面板中，创建一个名为 EnemyGO 的预设。如之前章节中所说的，项目面板中会出现一个名为 EnemyGO 的蓝色盒子状图标，表示已经成功创建了预设。同时，在层级面板中的 EnemyGO GameObject 的名称也会变为蓝色，表示它是 EnemyGO 预设的一个实例。

4. 在层级面板中选择主摄像机，按照如图 26-3 所示修改它的位置和摄像机设置。

- 把它的位置设置为[0,-15,-10]。
- 把摄像机清除标志（Clear Flags）设置为纯色（Solid Color）。

- 把摄像机投影方式（Projection）设置为正投影（Orthographic）。
- 把摄像机大小（Size）设置为 20。

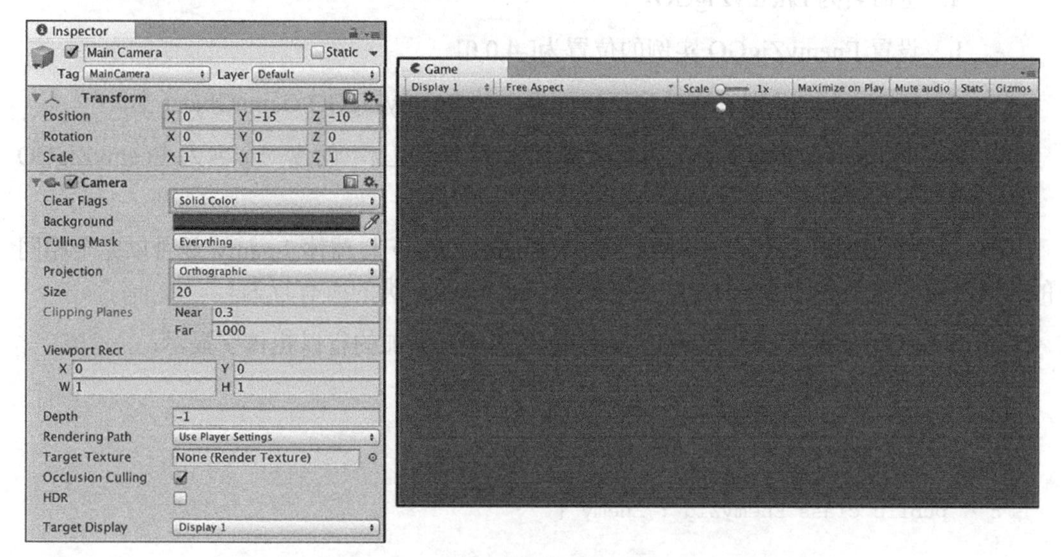

图 26-3　场景_Scene_1 中的摄像机设置和游戏面板最后的效果

上面右图所示的游戏面板是你通过摄像机看到的场景。

5. 单击“播放”按钮，你会看到 Enemy 实例会在场景中匀速下落。

6. 保存你的场景！记得总要保存场景！

理解父类和子类

存在继承关系的两个类分别被称为父类和子类。在示例中，Enemy 类继承自 MonoBehaviour 类。也就是说，Enemy 类不但包含 Enemy 脚本中定义的字段和方法，还包含其父类（即 MonoBehaviour）以及其父类所继承的类中所有的字段和方法。正因为如此，我们在 C#脚本中编写的所有代码都可以直接访问 gameObject、transform、rigidbody 等字段，或者调用 GetComponent<>() 等方法。

另外，我们也可以创建 Enemy 的子类。

1. 在项目面板中创建一个新脚本，命名为 EnemyZig。

2. 然后打开这个脚本，把它的父类由 MonoBehaviour 改为 Enemy，并且删掉 Start() 和 Update()方法，留下如下代码：

```
1    using UnityEngine;
2    using System.Collections;
3    using System.Collections.Generic;
4
5    public class EnemyZig : Enemy {
6    //删掉所有 Unity 放在这里的默认代码
7    }
```

3．在层级面板中执行 Create>Cube 命令，创建一个立方体。

a．重命名为 EnemyZigGO。

b．设置 EnemyZigGO 实例的位置为[-4,0,0]。

c．把 EnemyZig 脚本拖动到层级面板中的 EnemyZigGO GameObject 上。

d．把 EnemyZigGO 从层级面板拖动到项目面板上，创建一个名为 EnemyZigGO 的预设。

4．单击“播放”按钮。查看到立方体 EnemyZigGO 与球体 Enemy 是否以完全相同的速度下落？这是因为 EnemyZig 类已经继承了 Enemy 类的所有行为！

5．现在把下面的代码加入到 EnemyZig 脚本中，新加的行以粗体字显示：

```
1   using UnityEngine;
2   using System.Collections;
3   using System.Collections.Generic;
4
5   public class EnemyZig : Enemy {
6
7       public override void Move () {
8           Vector3 tempPos = pos;
9           tempPos.x = Mathf.Sin(Time.time * Mathf.PI*2) * 4;
10          pos = tempPos;         // 使用父类中定义的 pos 属性
11          base.Move();      // 调用父类中的 Move()方法
12      }
13
14  }
```

在本示例中，我们重写（override）了父类 Enemy 中的虚函数 `Move()`，用 `EnemyZig.Move()`取代。要在子类中重写父类的函数，必须在父类中将函数声明为虚函数（如 Enemy 类脚本第 15 行所示）。

这个重写的 `Move()`函数会使立方体在下落过程中左右摇摆，绘制出一条正弦波形。正弦和余弦函数在这样的周期性运动中很有用。在本代码中，GameObject 位置的 *X* 坐标被设置为关于当前时间（单击“播放”按钮之后经过的秒数）乘以 2π 的正弦函数，每秒为一个完整的正弦周期。这个数值乘以 4，使 *X* 位置的范围在-4 到 4 之间。

第 11 行的`base.Move()`函数的调用会让 EnemyZig 调用父类（或基类）中的`Move()`函数。因此，`EnemyZig.Move()`会处理左右运动，而 `Enemy.Move()`会使立方体与球体一样以匀速下落。

本例中的 GameObject 被命名为 Enemy，是因为在第 31 章中会使用类似的类层级体系表现敌人的行为。

26.3 本章小结

类可以把数据与功能相结合，让开发人员可以使用面向对象编程的思维，下一章中会介绍什么是面向对象。面向对象编程可以让程序员把类当作可以自行思考和移动的对象，这种思维可与 Unity 中基于 GameObject 的架构完美结合，让游戏开发变得更快、更容易。

第 27 章

面向对象思维

本章将介绍面向对象编程（OOP）的思维，面向对象编程是对类的逻辑扩展。

学完本章之后，你不但能理解如何以面向对象的方式进行思维，而且还能学会如何针对 Unity 开发环境设计特定的项目架构。

27.1 理解面向对象

要描述面向对象，简单的方法是用比喻。你可以想象一大群鸟中的所有个体。鸟群中有成百上千只鸟的个体，在跟随整个鸟群移动的时候，每只鸟都需要躲避障碍物和其他鸟。鸟群总体呈一种协调的行为，在很长一段时期里，人类都无法模拟这种行为。

以整体方式模拟鸟群

在面向对象编程（OOP）出现之前，程序基本上是一个巨大的函数，所有事务都在其中处理。[1]这个函数控制了所有的数据，以及移动所有的物体，处理从键盘操作、游戏逻辑到图形显示的所有事务。这种方法现在被称为单模块编程（monolithic programming），这是一种把所有工作都放在一个巨大函数中处理的方式。

要使用单块式程序模拟鸟群，似乎可以存储一个包括每只鸟在内的大数组，然后尝试为鸟群生成一种群体行为。这个程序将在每帧中移动每只鸟的位置，并在数组保存所有鸟的数据。

这样的单块式程序会非常庞大、笨拙、难以调试。幸好，现在有了另一种更好的方式。

面向对象编程是另外一种思路，它尝试模拟每只鸟的个体及其知觉和行为（这些都在其本身内部）。这正是上一章中用到的两个 Enemy 类所展示的。相比较而言，若是使用单块式程序，代码大概会是这样的：

```
1    using System.Collections;
2    using System.Collections.Generic;
3    using UnityEngine;
4
5    public class MonolithicEnemyController : MonoBehaviour {
6        // 所有 Enemy 实例的 List 列表，在 Unity 检视面板中填充成员
```

1. 当然，这种说法虽过于简化，但也能够说明问题。

```
7         public List<GameObject> enemies;                              // a
8         public float speed = 10f;
9
10        void Update () {
11            Vector3 tempPos;
12
13            foreach ( GameObject enemy in enemies ) {                 // b
14                tempPos = enemy.transform.position;
15
16                switch ( enemy.name ) {                               // c
17                    case "EnemyGO":
18                        tempPos.y -= speed * Time.deltaTime;
19                        break;
20                    case "EnemyZigGO":
21                        tempPos.x = 4*Mathf.Sin(Time.time * Mathf.PI*2);
22                        tempPos.y -= speed * Time.deltaTime;
23                        break;
24                }
25
26                enemy.transform.position = tempPos;
27                }
28        }
29    }
```

a. 这个 GameObject 的 List 用于存储所有的 Enemy 对象。在所有 Enemy 对象中都不包含任何代码。

b. 第 13 行的 `foreach` 循环遍历 Enemy List 中的所有 GameObject。

c. 因为在所有 Enemy 对象中都不包含任何代码，这个 `switch` 语句中需要存放 Eneny 对象所有可能的运动方式。

在这个简单的示例中，代码较短，而且并不是完全的“单模块”，但它的确欠缺第 26 章中示例代码的“优雅”和可扩展性。如果要使用这种单模块方式编写一个包含 20 种 Enemy 的游戏，这个 `Update()` 函数的行数很容易达到几百行。然而，同样是增加 20 种 Enemy，使用第 26 章中面向对象的子类化方法，只需要生成 20 个小类（例如 EnemyZig 类），每个小类的代码都很短，易于理解和调试。

当 OOP 试图模拟一群鸟而不是单独的个体时，会采用不同的方法模拟每一只鸟及其感知和行为（都是本地的）。

使用面向对象编程和 Boids 算法模拟鸟群

在 1987 年之前，人们已经尝试过几种使用单模块编程模拟鸟群或鱼群行为的方法。当时通常认为要生成一个群体复杂而又协调的行为，需要一个函数管理模拟过程中的所有数据。

在 1987 年，Craig W. Reynolds 发表了一篇名为《鸟群、牧群、鱼群：分布式行为模式》的论文，这种观念随之被打破。在这篇论文中，Reynolds 描述了一种非常简单的以面向对象思维模拟群体类行为的方法，他称之为 Boids。从底层来说，Boids 只使用了三个简单的规则：

- **排斥性**：避免与群体内邻近个体发生碰撞。
- **同向性**：趋向与邻近的个体采用相同的速度和方向。
- **凝聚向心性**：向邻近个体的平均位置靠近。

27.2 面向对象的 Boids 实现方法

在本节中，你将实现 Reynolds 的 Boids 对象，借此展示简单的面向对象代码在创建复杂的自然行为方面的强大之处。首先，请按照下列步骤创建一个新工程。

创建 Boids 项目

按照标准的项目创建流程，在 Unity 中创建一个新项目。标准的项目创建流程，请参阅附录 A“项目创建标准流程”。

- **项目名称**：Boids
- **场景名称**：_Scene_0

随着本章的进展，我们会创建一些其他内容。

创建一个简化的 Boid 模型

要创建一个 Boid 的演示模型，我们可以把几个变形的立方体组合。完成之后的 Boid 预设如图 27-1 所示。

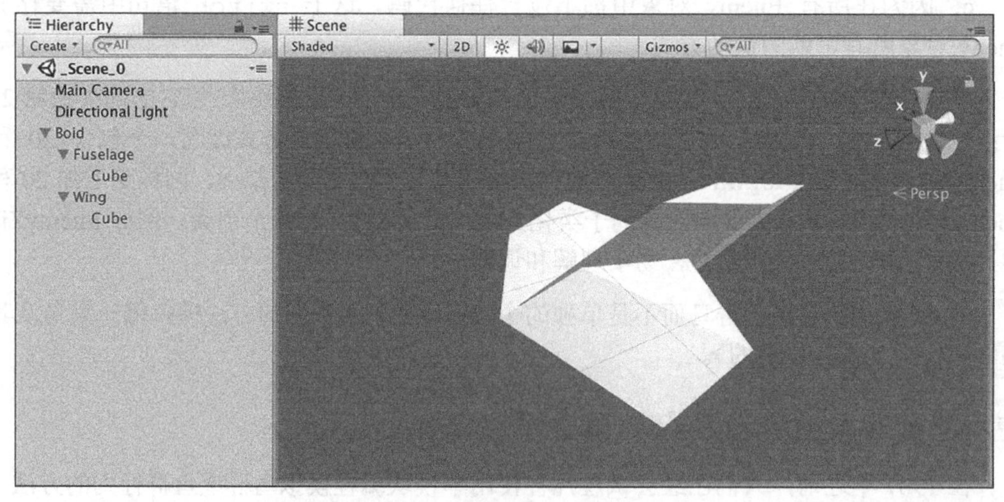

图 27-1 已完成的 Boid 预设

1. 在菜单栏中执行 GameObject> Create Empty 命令。

   a. 将 GameObject 的名称改为 Boid。

   b. 单击层级面板的背景，取消选择 Boid。

2．在菜单栏中执行 GameObject> Create Empty 命令。

a．将 GameObject 的名称改为 Fuselage。

b．在层级面板（图 27-2B 图）中将其拖动到 Boid 之上（图 27-2 A 图）。

这会使 Fuselage 成为 Boid 的子对象。这时 Boid 旁边会出现一个“三角形”展开按钮，点开后可以查看 Boid 的子对象。图 27-2C 图是 Boid 展开之后层级面板的外观。

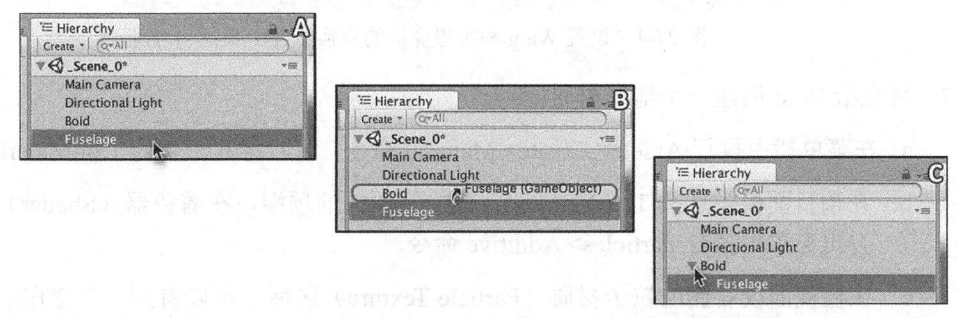

图 27-2 在层级面板中嵌套 GameObject（例如，创建子项）

3. 右击 Fuselage，执行 3D Object>Cube 命令，使新的 Cube 成为 Fuselage 的子对象（如果不是的话，你需要手动把 Fuselage 拖入 Cube 成为子项）。

4. 按照如图 27-3 所示设置 Fuselage 和 Cube 的变换组件。父对象 Fuselage 的拉伸和旋转会使 Cube 子对象发生斜切变形，Boid 模型的形状变得更加优美。

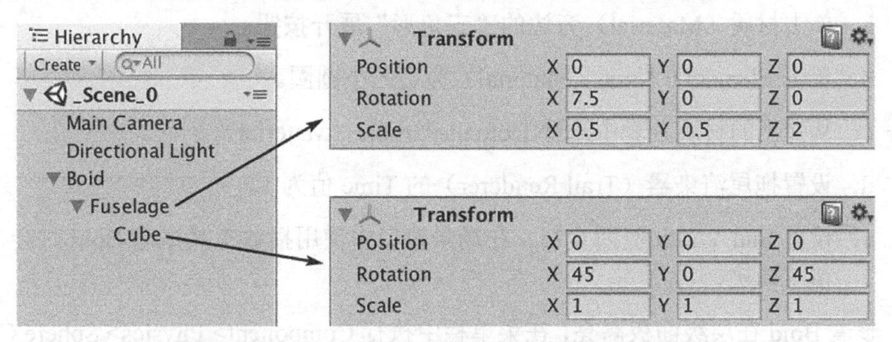

图 27-3 Fuselage 及其子对象 Cube 的变换组件设置

5. 选中 Fuselage 下的 Cube 对象。在检视面板盒碰撞器（Box Collider）组件上右击，从弹出菜单中选择移除组件（Remove Component）。这会移除 Cube 对象的盒碰撞器组件，使其他对象可以穿过它而不被撞上。移除盒碰撞器还有另外一个原因，那就是碰撞器组件不会随 Cube 发生变形，所以 Cube 的视觉边界与它的盒碰撞器并不吻合。

6. 选中 Fuselage，然后在菜单栏中执行 Edit> Duplicate 命令。这时层级面板中的 Boid 下会出现第二个 Fuselage。

a．将第二个 Fuselage 重命名为 Wing。

b．按照图 27-4 所示设置 Wing 和主摄像机的变换组件。

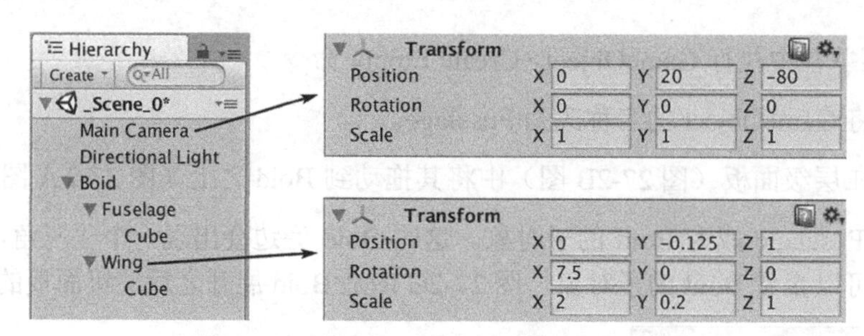

图 27-4 设置 Wing 和主摄像机的变换组件

7. 现在给 Boid 创建一个拖尾材质：

a. 在菜单栏中执行 Assets> Create> Material 命令，然后将其命名为 TrailMaterial。

b. 在项目面板中选择 TrailMaterial，在检视面板的顶端，在着色器（Shader）的弹出菜单中执行 Particles> Additive 命令。

c. 在检视面板右侧的粒子材质（Particle Texture）区域，可以看到一个空白的材质盒子显示 None（Texture）。单击这个盒子的“选择”按钮，在出现的窗口中选择默认材质（Default-Particle）。现在一个白色发光的圈会出现在材质盒子上。

8. 在层级面板选择 Boid 并高亮它。执行 Component>Effects>TrailRenderer 命令，为 Boid 添加一个拖尾渲染器组件。在检视面板的拖尾渲染器下：

a. 单击材质（Material）旁边的“三角形”展开按钮。

b. 单击 Element 0 None（Material）旁边的小圆圈。

c. 从弹出的材质列表中选择 Defualt-Particle（Material）。

d. 设置拖尾渲染器（Trail Renderer）的 Time 值为 1。

e. 设置 End Width 值为 0.25。在场景窗口中使用播放工具拖动 Boid 时会在后面留下轨迹。

9. 趁着 Boid 在层级面板高亮，在菜单栏中执行 Component> Physics> Sphere Collider 命令。这样可以给 Boid 加一个球体碰撞体。在球体碰撞体组件的检视界面中：

a. 将 Is Trigger 设为真（勾选）。

b. 将 Center 设置为[0,0,0]。

c. 将 Radius 设置为 4（这个会在随后的代码中调整）。

10. 趁着 Boid 在层级面板高亮，在菜单栏中执行 Component> Physics> Rigidbody 命令。确保在刚体组件的检视面板中将 Use Gravity 设置为否（不勾选）。

11. 把 Boid 从层级面板拖动到项目面板中，这样会创建一个名为 Boid 的预设（prefab）。完成后的 Boid 模型外观如图 27-1 所示。

12. 从层级面板删除蓝色的 Boid 的实例。现在你在项目面板就有了一个 Boid 预设，层级面板的 Boid 便没用了。

13．在层级面板选择主摄像机（Main Camera）并设置它的变形与图 27-4 一致。这样主摄像机可以让我们在远处同时看到尽量多的 Boid。

14．在菜单栏中执行 GameObject> Create Empty 命令。把新创建的 GameObject 重命名为 BoidAnchor。这个空白的 BoidAnchor GameObject 将作为添加到场景中的所有 Boid 的父对象实例，使层级面板尽量整洁。

15．保存场景。你修改了很多东西，不要弄丢了。

C#脚本

在本程序中，需要用到五个 C#脚本，每个都很重要。

- **Boid**——这个脚本将会贴在 Boid 预设上，它的用处是处理每个单独 Boid 的运动。因为这是个面向对象程序，每个 Boid 会根据自己对世界的理解做出反应。
- **Neighborhood**——这个脚本也会贴在 Boid 预设上，保证每个 Boid 之间离得不远。对于 Boid 来说，一个重要的知识就是其他 Boid 也在附近。
- **Attactor**——Boid 需要一个东西去聚集，这个脚本会贴在起这个作用的游戏对象上。
- **Spawner**——这个脚本会贴在主摄像机上，用于存储所有 Boids 的共享字段（变量），并初始化 Boid 预设的所有实例。
- **LookAtAttractor**——也贴在主摄像机上，这个脚本会让镜头每帧都转向 Attractor。

当然用更少的脚本也可以做到，但是每个脚本都会变得更大。这个例子还有个 OOP 的扩展，称作面向组件设计，更多信息参见边栏。

面向组件设计

“四人组”在 1994 年出版的 *Design Patterns: Elements of Reusable Object-Oriented Software*[2]中提出了组件模式（The Component Pattern）。组件模式的核心理念是将与功能相关的函数和数据放进一个类中，同时保持每个类尽量小和集中。[3]

你大概从名字中看得出来，你从一开始就在 Unity 中使用组件了。每个游戏对象都是一个很小的类，当作几个组件的容器，每个有特殊功能并且互相独立。比如：

- 变换（Transform）负责位置、旋转、大小和层级。
- 刚体（Rigibody）负责运动和物理。
- 碰撞（Collider）负责碰撞体的形状和体积。

2. 参考 Erich Gamma, Richard Helm, Ralph Johnson 和 John Vissides 所著的 *Design Patterns: Elements of Reusable Object-Oriented Software*。本书也提出了单例模式和其他一些本书中用到的模式。
3. 组件模式的完整描述要复杂得多，但这个已经够我们用了。

尽管这些互相有关，但是差别足以自成一个组件。这样它们可以在未来轻松扩展，从刚体中分离碰撞意味着你可以轻松加各种类型的碰撞，比如锥形碰撞，而刚体不需要跟着新的碰撞类型改变。

这对游戏引擎开发者来说特别重要，但是对于设计师呢？最重要的是，从面向组件的角度出发写出类且脚本更短小。当你的脚本更短小时，就更容易编写、分享、重用和调试。

面向组件设计的真正缺点在于需要提前考虑，与我们提倡的快速制作原型理论相悖。这个悖论的结果就是在本书的第三部分，你会在第 35 章“原型 6：地牢探险者”中遇到更传统的脚本和更面向组件的风格。

想知道更多软件设计的模式，参阅附录 B 中的“软件设计模式”部分。

Attractor 脚本

我们从 Attractor 脚本开始。Attractor 是所有 Boid 聚集的对象。没有它，Boid 只会飞出屏幕。

1．在菜单栏中执行 GameObject>3D Object> Sphere 命令，创造一个球体，重命名为 Attractor。

2．选择 Attractor。在它的检视面板，右击球体碰撞组件的名字，在弹出菜单中选择移除组件。

3．将 Attractor 变换中的 scale 设置为 S:[4,0.4,4](例如 x=4,y=0.1,z=4)。

4．在菜单栏中执行 Component> Effects>Trail Renderer 命令。在 Trail Renderer 组件的检视器中，进行如下操作：

a．单击材质（Material）旁边的三角形展开按钮。

b．单击 Element 0 None（Material）旁边的小圆圈。

c．从弹出的材质列表中选择 Defualt-Particle（Material）。

d．设置拖尾渲染器（Trail Renderer）的 Time 值为 0.4。

e．设置 End Width 值为 0.25。

5．在 Attractor 检视器的底部，单击“组件”按钮，选择新脚本（New Script）。命名新脚本为 Attractor，然后单击“创建”按钮并添加新脚本，一步搞定。

6．用 MonoDevelop 打开 Attractor 脚本并且输入下面代码。需要你输入的行为粗体字。

```
1 using System.Collections;
2 using System.Collections.Generic;
3 using UnityEngine;
4
5 public class Attractor : MonoBehaviour {
6 static public Vector3 POS = Vector3.zero; // a
7
8 [Header("Set in Inspector")]
```

```
9 public float radius = 10;
10 public float xPhase = 0.5f;
11 public float yPhase = 0.4f;
12 public float zPhase = 0.1f;
13
14 // 每次物理更新都会调用 FixedUpdate (例如，每秒 50 次)
15 void FixedUpdate () { // b
16 Vector3 tPos = Vector3.zero;
17 Vector3 scale = transform.localScale;
18 tPos.x = Mathf.Sin(xPhase * Time.time) * radius * scale.x; // c
19 tPos.y = Mathf.Sin(yPhase * Time.time) * radius * scale.y;
20 tPos.z = Mathf.Sin(zPhase * Time.time) * radius * scale.z;
21 transform.position = tPos;
22 POS = tPos;
23   }
24 }
```

a. 作为静态变量，POS 被所有的 Attractor 实例共享（不过在这个例子中，只有一个 Attractor 实例）。当字段是静态时，作用域局限于类本身而不是类的实例。这让 POS 成为一个类变量而不是实例字段。也就是说，只要 POS 和类 Attractor 为 public，任何其他类的实例可以通过 Attractor.POS 访问 POS。所有的 Boid 实例用此方法可以轻松访问 Attractor 的位置。

b. Fixedupdate()类似 Update()，但是在每个物理帧（而不是视觉帧）进行调用。

c. 如前文所述，因为波常用在循环运动中。这里，各个相位字段（如xPhase）让Attractor在场景里移动时，各轴（*X*、*Y*和*Z*）之间稍微相异。

7. 保存 Attractor 脚本，回到 Unity，单击运行按钮。你应该看到 Attractor 进行正弦运动，这个由 radius 乘以 Attractor 的 transform.localScale 定义。

FIXED UPDATES 和物理引擎

因为 Unity 想尽量使效率最高，它一有机会就会刷新一帧。这意味着在每次 Update()之间的 Time.deltaTime 的范围可以从高性能计算机的 1/400 秒到手机上的 1 秒，甚至更慢。另外，Update()的频率根据下一帧的内容会发生巨变，所以 Time.deltaTime 在每个 Update()中总是不同的。

物理引擎，比如 Unity 使用的 NVIDIA PhysX 引擎需要稳定和可预测性，Update()则提供不了。所以 Unity 有一个物理 update 总是以同样的速率运行，不管运行在什么设备。FixedUpdate()的频率由静态字段 Time.fixedDeltaTime 设定。在默认状态下，Time.fixedDeltaTime 为 0.02f（1/50），意思是每秒被 PhysX 引擎调用 50 次。结果 FixedUpdate()常被用在解决移动刚体的任务上（所以我们在 Attractor 和 Boid 更新中都用到了它），并且当你需要跨设备保持一致性的时候很好用。

FixedUpdate()在更新 PhysX 引擎前会立即调用。

> 另外注意 Input 方法，如 GetKeyDown()、GetKeyUp()、GetButtonDown() 和 GetButtonUp() 绝不要被 FixedUpdate() 调用，因为它们只能在当事件发生时用单个 Update() 调用。比如，GetKeyDown() 只在单个 Update() 调用时判断，如果在两个 Fixedupdates() 之间有多个 Update() 发生，调用在 FixedUpdated() 内的 Input.GetKeyDown() 只有在最后一个 Update() 发生时才会进行判断。不管这个合不合理，只要记住绝不要在 Fixupdate() 中用 Input.GetKeyDown()，或者不要在任何输入方法中以 Down()、Up() 作结尾。你会在本书第Ⅲ部分用到这些输入方法。

LookAtAttractor 脚本

接下来，你需要让主摄像机跟随 Attractor 移动。

1．在层级面板选择主摄像机（Main Camera）。

2．创建叫作 LookAtAttractor 的脚本并贴在 Main Camera 上（随便用什么办法）。

3．在 MonoDevelop 中打开 LookAtAttractor 脚本并输入下列代码：

```
5 public class LookAtAttractor : MonoBehaviour {
6
7 void Update () {
8 transform.LookAt(Attractor.POS); // 没错，只加这一行!
9 }
10
11 }
```

4．保存脚本，返回 Unity，单击“播放”按钮。

现在，主摄像机会一直盯着 Attractor。

Boid 脚本——第一部分

因为许多其他脚本会引用 Boid 类，我们现在来创建它，不过你还不需要加额外代码。这会让其他引用 Boid 类的 C#脚本可以正常编译（不需要担心 MonoDevelop 里看到红色的 Boid 出现）。

1．在项目面板选择 Boid 预设。

2．在检视器底部，单击“添加组件”按钮并且选择新脚本。将脚本命名为 Boid 创建并添加。

现在我们只需要做这么多。

Spawner 脚本——第一部分

Spawner 脚本会贴在主摄像机上，这样你就能在 Unity 检视器上编辑 Spawner 中的公共字段。这将会给你一个地方集中调试 Boid 们运动的数值。

1．在层级中选择主摄像机。

2．使用任何你知道的方法创建叫作 Spawner 的 C#脚本并贴在主摄像机上。

3．在 MonoDevelop 中打开 Spwaner 脚本并输入以下代码：

```
1 using System.Collections;
2 using System.Collections.Generic;
3 using UnityEngine;
4
5 public class Spawner : MonoBehaviour {
6 // 这是BoidSpawner的单例模式，只允许存在BoidSpawner的一个实例
7 // 所以我们把它存放在静态变量S中
8 static public Spawner S;                              // a
9 static public List<Boid> boids;                       // b
10
11 // 以下字段可以调整全体Boid对象的生产行为
12 [Header("Set in Inspector: Spawning")]
13 public GameObject boidPrefab;                          // c
14 public Transform boidAnchor;
15 public int numBoids = 100;
16 public float spawnRadius = 100f;
17 public float spawnDelay = 0.1f;
18
19 // 以下字段可以调整全体Boid对象的行为
20 [Header("Set in Inspector: Boids")]
21 public float velocity = 30f;
22 public float neighborDist = 30f;
23 public float collDist = 4f;
24 public float velMatching = 0.25f;
25 public float flockCentering = 0.2f;
26 public float collAvoid = 2f;
27 public float attractPull = 2f;
28 public float attractPush = 2f;
29 public float attractPushDist = 5f;
30
31 void Awake () {
32 // 设置单例变量S为BoidSpawner的当前实例
33 S = this;                                              // d
34 // 初始化Boids
35 boids = new List<Boid>();
36 InstantiateBoid();
37 }
38
39 public void InstantiateBoid() {
40 GameObject go = Instantiate(boidPrefab);
41 Boid b = go.GetComponent<Boid>();
42 b.transform.SetParent(boidAnchor);                     // e
43 boids.Add( b );
44 if (boids.Count < numBoids) {
45 Invoke( "InstantiateBoid", spawnDelay );      // f
46 }
47 }
48 }
```

a. 字段 S 是单例模式。你可以阅读附录 B 中的“软件设计模式”小节了解更多相关内容。当仅需要某个特定类的一个实例时，需要用它的单例模式。因为 Spawner 类的实例只需要一个，所以它可以存储在一个静态字段 S 中。若一个字段为静态，它的作用域就是类本身，而非类的任何实例。所以，我们可以在任何地方使用 Spawner.S 引用这个单例模式实例。

b. List<Boid> boids 会保存所有由 Spawner 实例化 Boid 的引用。

c. 要使脚本正常工作（在之后的第 5 和 6 步），需要在检视面板中将 Boid 预设赋给脚本的 boidPrefab 和 boidAnchor 字段。

d. 在这里，Spawner 的实例 this 赋给单例模式变量 S。在这个定义类的代码中，this 指的是类当前的实例。对于 Spawner 脚本，this 指的是 Spawner 加在主摄像机的实例，也是 Spwaner 在_Scene_0 的唯一实例。

e. 使同一个游戏对象的所有子 Boid 在层级面板保持整齐。这行代码让它们全部置于一个父变换 boidAnchor 下（在第六步，你将把 BoidANchor 游戏对象赋给 Spawner 检视器中的 boidAnchor 字段）。

f. InstantiateBoid()被 Awake()首先调用一次，之后靠 Invoke()继续调用自己，直到 Boid 的数量等于 numBoids。Invoke 使用的这两个声明是被调用方法的名字（为字符串："InstantiateBoid"）和调用之前需要等待的时间（spawnDelay 或者 0.1 秒）。

4. 保存 Spwaner 脚本，回到 Unity 在层级面板，选择主摄像机。

5. 从项目面板中将 Boid 预设赋予到主摄像机上 Spawner（Script）里的 boidPrefab 字段。

6. 从项目面板中将 BoidAnchor 游戏对象赋予到主摄像机上 Spawner（Script）里的 boidAnchor 字段。

单击 Unity 中的“播放”按钮。你会看到 10 秒钟的时间，Spawner 每隔 0.1 秒初始化一个新的 Boid 实例作为 BoidAnchor 的子元素，但是 Boid 都堆在场景中间的 BoidAnchor 处。现在回到 Boid 脚本。

Boid 脚本——第二部分

回到 Boid 脚本，跟随以下步骤：

① 在 MonoDevelop 中打开 Boid 脚本，并输入下面的加粗代码。

```
1 using System.Collections;
2 using System.Collections.Generic;
3 using UnityEngine;
4
5 public class Boid : MonoBehaviour {
6
7 [Header("Set Dynamically")]
8 public Rigidbody rigid; // a
```

```
9
10 // 用这个初始化
11 void Awake () {
12 rigid = GetComponent<Rigidbody>(); // a
13
14 // 设置一个随机初始位置
15 pos = Random.insideUnitSphere * Spawner.S.spawnRadius; // b
16
17 // 设置一个随机初始速度
18 Vector3 vel = Random.onUnitSphere * Spawner.S.velocity; // c
19 rigid.velocity = vel;
20
21 LookAhead(); // d
22
23 // 给Boid一个随机的颜色，并且保证不黯淡 // e
24 Color randColor = Color.black;
25 while ( randColor.r + randColor.g + randColor.b < 1.0f ) {
26 randColor = new Color(Random.value, Random.value, Random.value);
27 }
28 Renderer[] rends = gameObject.GetComponentsInChildren<Renderer>();// f
29 foreach ( Renderer r in rends ) {
30 r.material.color = randColor;
31 }
32 TrailRenderer tRend = GetComponent<TrailRenderer>();
33 tRend.material.SetColor("_TintColor", randColor);
34 }
35
36 void LookAhead() { // d
37 // 让Biod指向飞行的方向
38 transform.LookAt(pos + rigid.velocity);
39 }
40
41 public Vector3 pos { // b
42 get { return transform.position; }
43 set { transform.position = value; }
44 }
45
46 }
```

a. GetComponent<>()调用比较耗时，考虑到性能，最好缓存刚体组件的引用（例如，以可以快速读取的方式存储）。rigid 字段可以防止我们每一帧都调用 GetComponent<>()。

b. Random 类的 InsideUnitySphere 静态属性为只读，它会随机生成一个 Vector3 数值，位于单位为 1 的球体内。我们可以用 Spawner 的公共字段 spawnRadius 乘以它。这样可以给 Boid 实例一个随机位置，并且在原点（位置[0,0,0]）和 spawnRadius 之间。得出的 Vector3 赋予到代码最后的 pos 属性。

c. Random.onUnitSphere 静态属性生成一个位于半径为 1 的球体表面的

Vector3。也就是说，它让一个 Vector3 长度为 1，指向随机位置。我们用 Spawner 单例的 velocity 字段乘以这个值，然后赋予到 Boid 刚体组件上的速度（velocity）。

d. LookAhead()让 Boid 面向 rigid.velocity 的方向。

e. 第 24 到 33 行不是完全必要的，但会让场景看起来更好。这些代码设定了 Boid 颜色随机变化（显著增亮，更显眼）。

f. gameObject. GetComponentsInChildren<Renderer>()返回一个数列，包含了所有加在 Boid 游戏对象上的渲染组件和任何子项。这会返回机身和机翼下 Cubes 的渲染组件。

2. 保存脚本，返回 Unity，单击“播放”按钮。

现在 Boid 在不同的位置生成，朝各个方向飞行，并且是五颜六色的，但是不和其他物体互动。

3. 回到 MonoDevelop，在 Boid 脚本中加入下面加粗代码。注意有几行被跳过。贯穿本书，笔者用省略号(...)表示跳过的代码。不要删掉被跳过的代码。

```
5 public class Boid : MonoBehaviour {
… // a
41 public Vector3 pos {
42 get { return transform.position; }
43 set { transform.position = value; }
44 }
45
46 //每次物理更新时调用 FixedUpdate (例., 50 次/秒)
47 void FixedUpdate () {
48 Vector3 vel = rigid.velocity; // b
49 Spawner spn = Spawner.S; // c
50
51 // 向着 Attractor 移动
52 Vector3 delta = Attractor.POS - pos; // d
53 // 检查是向着还是躲着 Attractor 移动
54 bool attracted = (delta.magnitude > spn.attractPushDist);
55 Vector3 velAttract = delta.normalized * spn.velocity; // e
56
57 // 应用所有的速度
58 float fdt = Time.fixedDeltaTime;
59
60 if (attracted) { // f
61 vel = Vector3.Lerp(vel, velAttract, spn.attractPull*fdt);
62 } else {
63 vel = Vector3.Lerp(vel, -velAttract, spn.attractPush*fdt);
64 }
65
66 // 设置 vel 为 Spawner 单例中设置的速度
```

```
67 vel = vel.normalized * spn.velocity; // g
68 // 最后把它赋予给刚体
69 rigid.velocity = vel;
70 // 朝向新速度的方向
71 LookAhead();
72 }
73 }
```

a. 这里的省略号（...）表示我们跳过了一些代码，因为它们和之前列出的一样。

b. 这里的 Vector3 `vel` 和 `Awake()` 中的 Vector3 `vel` 是不同的变量，因为它们各自的作用域只在自己被声明的方法里。

c. 笔者创建了本地变量 `spn` 来缓存 `Spawner.S`，因为书页的宽度不适合显示 `Spawner.S` 的长段代码。

d. 这里我们读取静态公共字段 `Attractor.POS` 获得了 Attractor 的位置。通过在 Attractor 中减去 `pos`（这个 Boid 的位置），我们得到一个从 Boid 指向 Attractor 的 Vector3。之后根据 Boid 和 Attractor 的远近，它会被推开或者拉进。在第 54 行，你可以看到一个赋予变量比较后的布尔值的例子（而不是用比较结果作为 `if` 语句的一部分）。

e. 朝向 Attractor 的 `delta` vector 被 normalize（归一化）为单位长度（例如，长度为 1）并乘以 `spn.velocity`，给予 `velAttract` 和 `vel` 相同的长度。

f. 如果 Boid 离 Attractor 太远，并被吸引向它，会调用一个 `Lerp()` 作用于 `vel`，朝 `velAttract` 的方向线性插值。因为 `vel` 和 `velAttract` 有相同的量级（长度），插值会均匀分配。如果 Boid 离 `Attractor.POS` 太近，`vel` 会朝 `velAttract` 相反的方向线性插值。
线性插值取两个 Vector3 作为输入，均匀混合并创建一个新的 Vector3。每个原本的 Vector3 使用量根据第三个声明决定。如果第三个声明为 0，`vel` 会等于原本的 `vel`；如果第三个声明为 1，`vel` 等于 `velAttract`。因为我们会用 `spn.attractPull` 乘以 `fdt`（`Spawner.S.attractPull` 乘以 `Time.fixedDeltaTime` 的简称），这里的第三个参数等于 `Spawner.S.AttractPull/50`。你可以在附录 B“实用概念”的差值部分找到更多关于线性插值的信息。

g. 通过统一 vector 的量级，我们让 `vel` 的方向有了特定的速度。现在 `vel` 被规格化并且乘以 Spawner 单例中的 `velocity` 字段，得出这个 Boid 的最终速度。

4. 保存脚本，回到 Unity，单击“播放”按钮。

现在你可以看到 Boid 都被 Attractor 吸引。随着 Attractor 改变方向，跑过头的 Boid 要改变方向，重新向着 Attractor。这已经很不错了，但是我们可以做到更好。接下来，我们需要知道附近 Boid 的信息。

Neighborhood 脚本

Neighborhood 脚本用来跟踪附近其他 Boid 并且提供它们的信息，包括周围所有 Boid 的平均位置和速度，还有哪个 Boid 离得太近。

1. 创建一个新的 C#脚本，叫作 Neighborhood，通过项目面板将其加在 Boid 预设上。

2. 在 MonoDeveop 中打开 Neighborhood，并输入下面代码：

```
1 using System.Collections;
2 using System.Collections.Generic;
3 using UnityEngine;
4
5 public class Neighborhood : MonoBehaviour {
6 [Header("Set Dynamically")]
7 public List<Boid> neighbors;
8 private SphereCollider coll;
9
10 void Start() { // a
11 neighbors = new List<Boid>();
12 coll = GetComponent<SphereCollider>();
13 coll.radius = Spawner.S.neighborDist/2;
14 }
15
16 void FixedUpdate() { // b
17 if (coll.radius != Spawner.S.neighborDist/2) {
18 coll.radius = Spawner.S.neighborDist/2;
19 }
20 }
21
22 void OnTriggerEnter(Collider other) { // c
23 Boid b = other.GetComponent<Boid>();
24 if (b != null) {
25 if (neighbors.IndexOf(b) == -1) {
26 neighbors.Add(b);
27 }
28 }
29 }
30
31 void OnTriggerExit(Collider other) { // d
32 Boid b = other.GetComponent<Boid>();
33 if (b != null) {
34 if (neighbors.IndexOf(b) != -1) {
35 neighbors.Remove(b);
36 }
37 }
38 }
39
40 public Vector3 avgPos { // e
41 get {
42 Vector3 avg = Vector3.zero;
43 if (neighbors.Count == 0) return avg;
44
```

```
45 for (int i=0; i<neighbors.Count; i++) {
46 avg += neighbors[i].pos;
47 }
48 avg /= neighbors.Count;
49
50 return avg;
51 }
52 }
53
54 public Vector3 avgVel { // f
55 get {
56 Vector3 avg = Vector3.zero;
57 if (neighbors.Count == 0) return avg;
58
59 for (int i=0; i<neighbors.Count; i++) {
60 avg += neighbors[i].rigid.velocity;
61 }
62 avg /= neighbors.Count;
63
64 return avg;
65 }
66 }
67
68 public Vector3 avgClosePos { // g
69 get {
70 Vector3 avg = Vector3.zero;
71 Vector3 delta;
72 int nearCount = 0;
73 for (int i=0; i<neighbors.Count; i++) {
74 delta = neighbors[i].pos - transform.position;
75 if (delta.magnitude <= Spawner.S.collDist) {
76 avg += neighbors[i].pos;
77 nearCount++;
78 }
79 }
80 // 如果附近什么也没有，返回Vector为0
81 if (nearCount == 0) return avg;
82
83 // 否则，取它们的平均位置
84 avg /= nearCount;
85 return avg;
86 }
87 }
88
89 }
```

a. 这个 Start () 方法初始化 neighbors 列表，引用这个游戏对象的球体碰撞（记住，这是个 Biod 游戏对象，本身也有一个球体碰撞），设定球体碰撞的半径为Spawner单例的 neighborDist 的一半。取一半是因为neighborDist是我们想让游戏对象看到对方的距离，如果每个都有这个距离的一半，它们就在 neighborDist 的距离上几乎碰不到对方。

b. 每个 FixedUpdate()、Neighborhood 会检查 neighborDist 是否变化，如果变化它会改变球体碰撞的半径。让球体碰撞的半径可以导致大量 PhysX 计算，所以我们只有必要时才会用它。

c. 当其他物体进入此 SphereCollider 触发器（触发器是允许其他物体穿过的碰撞器）时，调用 OnTriggerEnter()。其他 Boid 应该是唯一带有碰撞器的东西，但是，我们要确认的是在 other Collider 上执行 GetComponent<Boid>()，并且只有当结果不为 null 时才能继续。那时，如果在附近移动的 Boid 还不在我们的 neighbors List 中，就添加它。

d. 类似的，当另一个 Boid 不再接触 Biod 的触发器时，OnTriggerExit()被调用，我们把它从 neighbors 列表中移除。

e. avgPos 是个只读属性，记录所有在 neighbors 列表中物体的平均位置。注意利用每个 Boid 上的公共属性 pos。如果附近什么也没有，我们将返回 Vector3.Zero。

f. 类似的，avgVel 记录附近 Boid 的平均速度。

g. 只读属性 avgClosePos 记录所有在 collisionDist 之内的邻居（来自 Spawner 单例），并且取平均位置。

3．保存好 Neighborhood 脚本，切换回 Unity 并且重新编辑看看是否有错。

Biod 脚本——第三部分

现在 Neighborhood 组件已经加在了 Boid 游戏对象上，该写完 Boid 类了。

1．在 MonoDevelop 里打开 Boid 脚本并加入下面加粗代码。写完后不一定与笔者的代码数完全一致。但是没关系，只要代码一样就好。C#对于所有 whitespace（空格、回合和制表等）一视同仁，所以额外的换行没有关系。为了更清楚，笔者会把整个 Boid 脚本列出。

```
1 using System.Collections;
2 using System.Collections.Generic;
3 using UnityEngine;
4
5 public class Boid : MonoBehaviour {
6
7 [Header("Set Dynamically")]
8 public Rigidbody rigid;
9
10 private Neighborhood neighborhood;
11
12 // 用这个来初始化
13 void Awake () {
14 neighborhood = GetComponent<Neighborhood>();
15 rigid = GetComponent<Rigidbody>();
```

```
16
17 // 设置一个随机起始位置
18 pos = Random.insideUnitSphere * Spawner.S.spawnRadius;
19
20 // 设置一个随机起始速度
21 Vector3 vel = Random.onUnitSphere * Spawner.S.velocity;
22 rigid.velocity = vel;
23
24 LookAhead();
25
26 // 给Boid一个随机的颜色，并且保证不黯淡
27 Color randColor = Color.black;
28 while ( randColor.r + randColor.g + randColor.b < 1.0f ) {
29 randColor = new Color(Random.value, Random.value, Random.value);
30 }
31 Renderer[] rends = gameObject.GetComponentsInChildren<Renderer>();
32 foreach ( Renderer r in rends ) {
33 r.material.color = randColor;
34 }
35 TrailRenderer trend = GetComponent<TrailRenderer>();
36 trend.material.SetColor("_TintColor", randColor);
37 }
38
39 void LookAhead() {
40 // 让Boid朝向飞行的方向
41 transform.LookAt(pos + rigid.velocity);
42 }
43
44 public Vector3 pos {
45 get { return transform.position; }
46 set { transform.position = value; }
47 }
48
49 // FixedUpdate每次物理更新时调用（例., 50次/秒）
50 void FixedUpdate () {
51 Vector3 vel = rigid.velocity;
52 Spawner spn = Spawner.S;
53
54 // 避免碰撞——避免Boid之间离得太近
55 Vector3 velAvoid = Vector3.zero;
56 Vector3 tooClosePos = neighborhood.avgClosePos;
57 // 如果返回Vector3.zero，不执行任何操作
58 if (tooClosePos != Vector3.zero) {
59 velAvoid = pos - tooClosePos;
60 velAvoid.Normalize();
61 velAvoid *= spn.velocity;
62 }
63
64 // 速度匹配——与周围邻居的速度保持一致
65 Vector3 velAlign = neighborhood.avgVel;
```

```
66 // 只在 velAlign 不为 Vector3.zero 时起效
67 if (velAlign != Vector3.zero) {
68 // 我们很在意方向，所以规范化速度
69 velAlign.Normalize();
70 // 然后设定成我们想要的速度
71 velAlign *= spn.velocity;
72 }
73
74 // 中心聚集 —— 朝本地邻居的中心移动
75 Vector3 velCenter = neighborhood.avgPos;
76 if (velCenter != Vector3.zero) {
77 velCenter -= transform.position;
78 velCenter.Normalize();
79 velCenter *= spn.velocity;
80 }
81
82 // 吸引 ——朝 Attractor 移动
83 Vector3 delta = Attractor.POS - pos;
84 // 检查我们朝着还是背着 Attractor 移动
85 bool attracted = (delta.magnitude > spn.attractPushDist);
86 Vector3 velAttract = delta.normalized * spn.velocity;
87
88 // 应用所有的速度
89 float fdt = Time.fixedDeltaTime;
90 if (velAvoid != Vector3.zero) {
91 vel = Vector3.Lerp(vel, velAvoid, spn.collAvoid*fdt);
92 } else {
93 if (velAlign != Vector3.zero) {
94 vel = Vector3.Lerp(vel, velAlign, spn.velMatching*fdt);
95 }
96 if (velCenter != Vector3.zero) {
97 vel = Vector3.Lerp(vel, velAlign, spn.flockCentering*fdt);
98 }
99 if (velAttract != Vector3.zero) {
100 if (attracted) {
101 vel = Vector3.Lerp(vel, velAttract, spn.attractPull*fdt);
102 } else {
103 vel = Vector3.Lerp(vel, -velAttract, spn.attractPush*fdt);
104 }
105 }
106 }
107
108 // 设定 vel 为 Spawner 单例中速度
109 vel = vel.normalized * spn.velocity;
110 // 最后将其赋予刚体
111 rigid.velocity = vel;
112 // 检查新速度的方向
113 LookAhead();
114 }
115}
```

2．确保你保存了所有的脚本，返回 Unity，单击“播放”按钮。

现在 Boid 看起来像是鸟群。你可以在层级选择主摄像机，用来试验 Boid 和 Spawner 单例的各种不同数值。表 27-1 中列出了一些有趣的版本，你可以试试。

表 27-1　Boid 值

	Default	Sparse Follow	Small Groups	Formation
velocity	30	30	30	30
neighborDist	30	30	8	30
collDist	4	10	2	10
velMatching	0.25	0.25	0.25	10
flockCentering	0.2	0.2	8	0.2
collAvoid	2	4	10	4
attractPull	2	1	1	3
attractPush	2	2	20	2
attractPushDist	5	20	20	1

27.3　本章小结

在本章中，你学到了面向对象编程的概念，在本书后续章节中，这个概念会贯穿始终。由于 Unity 的 GameObject 和组件的结构，Unity 非常适合使用面向对象编程。你还了解到了面向组建设计，它是一种非常合适 Unity 的程序设计模式，虽然概念上有点复杂，但会让你的代码更加简单和易管理。

面向对象编程的另一个有趣元素是模块化。从很多方面来说，模块化代码都与单模块编程相反。模块化代码趋向于制作小型、可重用、只做一种用途的函数和类。由于模块化的类和函数都比较小（通常小于 500 行代码），所以更易于调试和理解。

接下来，你会开始学习本书的第Ⅲ部分，一系列的专项教程将帮助你制作各类游戏的原型。笔者希望你会喜欢并且利用它们，开始你作为设计者、原型者和开发者之路。

第 III 部分

游戏原型实例和教程

第 28 章

游戏原型 1：《拾苹果》

是时候了！你将开始制作第一个游戏原型。

因为这是你的第一个游戏原型，所以比较简单。随着深入学习后面的电子游戏原型制作内容，项目会越来越复杂，用到的 Unity 功能也越来越多。

学完本章之后，你将拥有一个可运行的简单的电子游戏。

28.1 电子游戏原型的目的

在着手创建《拾苹果》游戏的原型之前，我们可能需要花点时间考虑一下电子游戏原型的目的。本书第 I 部分花了大量篇幅讨论纸面游戏原型和其为何具有实用性。纸面游戏原型可以帮你完成下面的工作：

- 快速试验、否定或修改游戏机制与规则。
- 探索游戏的动态行为，理解由规则自然产生的可能结果。
- 确保规则和游戏元素易于被玩家理解。
- 了解玩家对游戏的情绪反应。

在电子游戏原型中增加了游戏体验的功能。实际上，这才是它的基本目的。你会花费大量时间向别人详细介绍游戏机制，但让他们试玩这个游戏并亲身体验可能更为有效，以及有趣。Steve Swink 在其书 *Game feel* 中深入讨论了这个问题。[1]

在本章中，你将创建一个可玩的游戏，最终成品可以展示给你的好友和同事。在他们玩过之后，你可以问问游戏难度是过于简单、困难，还是刚刚好。使用反馈的信息调整游戏中的参数，为他们定制另一种难度级别。

接下来，让我们开始制作这个《拾苹果》游戏。

为本章创建新项目

按照标准的项目创建流程，在 Unity 中创建一个新项目。如果你需要复习创建项目的标准流程，请参阅附录 A 的“创建项目标准流程”。

---

1. *Game Feel: A Game Designer's Guide to Virtual Sensation*，游戏设计经典图书，此书的简体中文版由电子工业出版社出版。

- **项目名称**：Apple Picker Prototype
- **场景名称**：_Scene_0
- **C#脚本名称**：ApplePicker、Apple、AppleTree、Basket

不要把 C#脚本绑定到任何对象上。

28.2 准备工作

在第 16 章中，你已经为这个游戏原型做了不少准备工作。在该章中，我们分析了《拾苹果》游戏和经典的《炸弹人》游戏，《拾苹果》的游戏机制与《炸弹人》一样，请花点时间复习一下第 16 章，确认你已经理解了其中的流程图和三个元素：苹果树、苹果和篮筐。

建议你在学习本章内容时，每完成一个步骤，就用笔做标注记录。

开始工作：绘图资源

作为一个游戏原型，并不需要漂亮的绘图，它只要能运行即可。在本书中所用到的图片通常称为程序员绘图，它只是由程序员制作出来用于临时充数的图片，最终会被由美工绘制出来的正规游戏绘图取代。与游戏原型中的其他资源一样，这种绘图是为了让你尽快把概念实现为一个可以运行的程序。如果你的程序员绘图看起来不是很糟糕，就算不错了。

苹果树

下面先从苹果树开始。

1. 在菜单栏中执行 GameObject（游戏对象）> 3D Object（3D 对象）> Cylinder（圆柱体）命令。我们把这个圆柱体当作苹果树的树干。在层级面板中选中圆柱体并单击检视面板上方的名称，把它重命名为 Trunk。如图 28-1 所示，设置 Cylinder 的变换组件（Transform）。

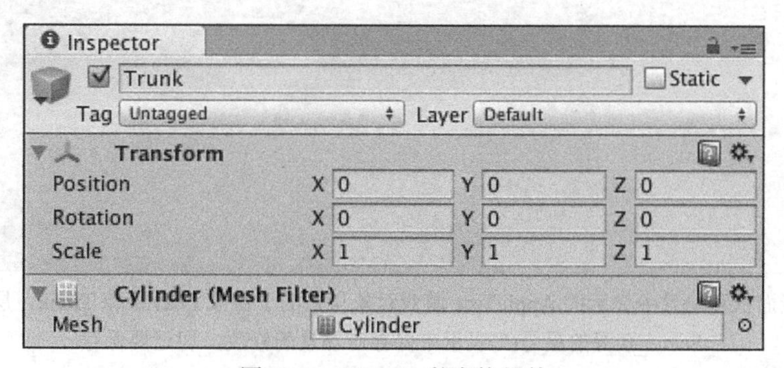

图 28-1 Cylinder 的变换组件

在本书中，使用如下格式教你设置游戏对象的变换组件：

Trunk (Cylinder) P:[0, 0, 0] R:[0, 0, 0] S:[1, 1, 1]

这一行表示这样设置游戏对象 Trunk 的位置：位置（P）x=0，y=0，z=0；旋转（R）x=0，y=0，z=0；缩放（S）x=1，y=1，z=1。括号中的 Cylinder 是游戏对象的类型（圆柱体）。有时候你会在段落中间看到这样的写法：P:[0,0,0] R:[0,0,0] S:[1,1,1]。

2．在菜单栏中执行 GameObject> 3D Object > Sphere 命令。将 Sphere 重命名为 Leaves，并按下列数字设置其变换组件：

Leaves (Sphere) P:[0,0.5,0] R:[0,0,0] S:[3,2,3]

这个球体和圆柱体结合在一起看起来有点像一棵树，但它们实际上是两个独立的对象。你需要创建一个空白游戏对象作为这两个对象的父对象，这两个对象为子对象。

3．在菜单栏中执行 GameObject > Create Empty 命令。这样会创建一个空白对象，把它的变换组件设置为：

GameObject (Empty) P:[0,0,0] R:[0,0,0] S:[1,1,1]

空白游戏对象只包含一个变换组件，所以它是容纳其他游戏对象的既简单又实用的容器。

4．在层级面板中，首先把这个游戏对象重命名为 AppleTree。另一种实现重命名的操作步骤是：单击游戏对象的名称，等待一秒钟，按下回车键（在 Windows 系统中则是按下 F2 键）或者再次单击游戏对象的名称，然后就可以输入新名称了。

5．分别把 Trunk 和 Leaves 拖动到 AppleTree 上（与把 C#脚本绑定到游戏对象上出现相同的弯箭头的操作方法类似），在层级面板中，它们会出现在 AppleTree 下。你可以单击 AppleTree 旁边的三角形展开按钮查看这两个子对象。完成上述操作之后，你的 AppleTree 游戏对象应该与图 28-2 差不多。

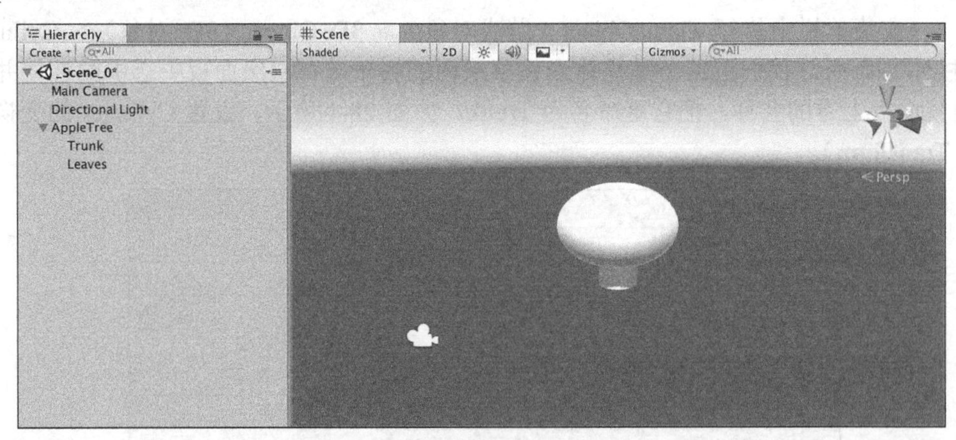

图 28-2 层级面板和场景中显示的 AppleTree 游戏对象与它的子对象 Leaves 和 Trunk，层级面板上方 _Scene_0 旁的星号(*)表示未保存对场景的修改，切记要保存

现在 Trunk 和 Leaves 游戏对象都成为了 AppleTree 的子对象，当你移动、缩放或旋转 AppleTree 时，Trunk 和 Leaves 也会随之移动、缩放或旋转。请试着修改 AppleTree

的变换组件，看看不同效果。

6．在试验结束后，请按以下数值设置 AppleTree 的变换组件。

AppleTree　P:[0,0,0]　R:[0,0,0]　S:[2,2,2]

这个设置会把 AppleTree 移动到中心点，使其尺寸变为最初的 2 倍。

7．在层级面板中添加 Rigidbody 组件到 AppleTree，并在 Unity 菜单栏中执行 Component > Physics > Rigidbody 命令。

8．取消勾选 AppleTree 的 Rigidbody 组件的“Use Gravity”选项。如果选中此项，运行场景时苹果树会从天而降。

如第 20 章所述，Rigidbody 组件可以保证在台阶上移动 AppleTree 时，物理仿真环境中的碰撞器 Trunk 和 Sphere 能进行更新。

用于 AppleTree 的简单材质贴图

虽然这只是一个程序员绘图，但它也不能是一个全白物体。下面将为场景添加颜色。

1．在菜单栏中执行 Assets> Create> Material 命令，在项目面板中创建一个新的材质。

a．将这个材质重命名为 Mat_Wood。

b．把 Mat_Wood 材质拖动到场景或层级面板中的 Trunk 对象上。

c．再次选中 Mat_Wood。

d．在检视面板中通过设置“Main Maps”选项，将白色 Mat_Wood 颜色设置为你喜欢的一种棕色。[2]也可以通过调整 Metallic 和 Smoothness 滑块设置你喜欢的颜色。[3]

2．用同样的方法创建一个名为 Mat_Leaves 的材质。

a．将 Mat_Leaves 拖动到层级面板或场景中的 Leaves 对象上。

b．将白色 Mat_Leaves 设置为绿色。

3．把 AppleTree 从层级面板拖动到项目面板中，用它创建一个预设。与前面章节中一样，这样会在项目面板中创建一个名为 AppleTree 的预设，并且层级面板中的 AppleTree 会变为蓝色字体。

4．此时场景中会出现默认的平行光（Directional Light）。按以下数值设置层级面板

2．使用 Unity Standard Shader 时，阴影的主色调为白色。在 Unity 手册中搜索 Standard Shader，可查看更详细的信息。从 Unity 文档左侧的目录中就可看出其中几个子章节都有这方面的阐述。搜索“Albedo Color and Transparency”可查看 Albedo 的入门知识。

3．笔者会设置 Metallic=0、Smoothness=0.25，这样就可以在场景面板中看到 Trunk 的效果，也可以在检视器底部搜索材质预览球体。如果不需要预览，单击检视器底部深灰色的 Mat_Wood 栏。

中光源的位置、旋转和缩放：

Directional Light　　P:[0,20,0]　　R:[50,-30,0]　　S:[1,1,1]

这会在场景中添加一束斜向穿过场景的平行光。注意，这里平行光源的位置并不重要（因为不论平行光源位置在哪，它都会照在所有物体上），但笔者把它设置为[0,20,0]，是为了把它移出场景中心位置，否则它的图标会出现在场景中心。如果查看光的旋转效果会发现，场景中第一束平行光是和太阳一起绑定在 Unity 默认的 skybox 上的。Apple Picker 不会用到这个设计，但的确是个不错的 3D 游戏效果。

现在，请把 AppleTree 向上移一点，在层级面板中选中 AppleTree 并把它的位置修改为 P:[0,10,0]，这会把它移出场景面板的视野，但你可以滚动鼠标滚轮拉远镜头，这样就可以看到 AppleTree 了。

苹果

现在苹果树已经做好了，你需要为下落的苹果制作游戏对象预设。

1．在菜单栏中执行 GameObject > 3D Object > Sphere 命令。将球体重命名为 Apple，将变换组件数值按如下设置：

Apple (Sphere)　　P:[0,0,0]　　R:[0,0,0]　　S:[1,1,1]

2．创建一个名为 Mat_Apple 的材质，设置为红色（如果你喜欢绿苹果，也可设置为浅绿色）。

3．将 Mat_Apple 拖动到层级面板 Apple 游戏对象上。

为苹果添加物理组件

你也许能回忆起我们在第 17 章中说过的刚体组件可以让对象做出物理反应，例如下落、与其他对象发生碰撞等。

1．在层级面板中选中 Apple。在菜单栏中执行 Component > Physics > Rigidbody 命令。

2．单击 Unity 的“播放”按钮，你会看到苹果会在重力作用下落到屏幕之外。

3．再次单击“播放”按钮停止播放，苹果树会回到初始位置。

为苹果添加 Apple 标签

最后，我们会希望获得屏幕上所有 Apple 游戏对象的一个数组，这可以通过为这些 Apple 游戏对象添加 Apple 标签来实现。

1．在层级面板中选中 Apple，单击检视面板上的 Tag 旁边的弹出菜单，从中选择 Add Tag（添加标签）菜单项，如图 28-3A 部分所示。这会在检视面板中显示 Unity 的标签和图层管理器（Layers Manager）。

2．单击 Tags 旁边的三角形展开按钮，查看如图 28-3 B 部分所示的视图显示。

3．在 New Tag Name 栏（如图 28-3 C 部分所示）中输入 Apple 并保存。此时 Apple

已存在 Tags 列表中（如图 28-3 D 部分所示）。

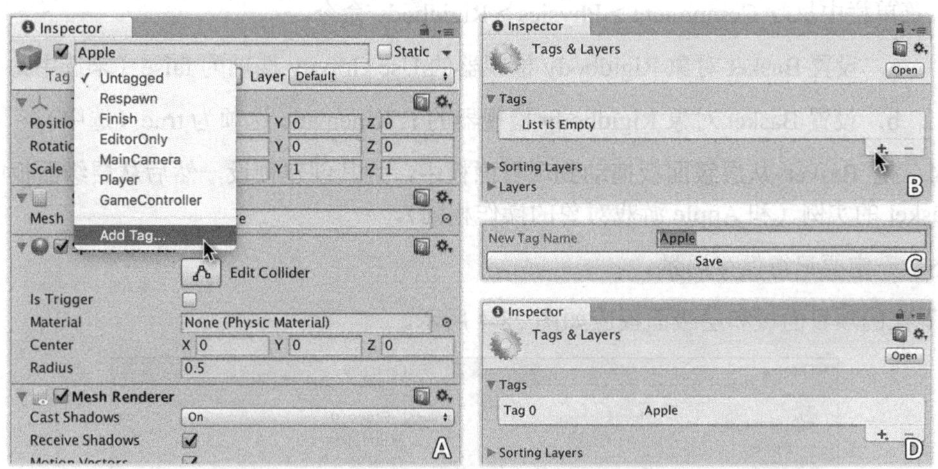

图 28-3　在标签列表中添加 Apple 标签的步骤

4．现在，在层级面板中单击 Apple，回到 Apple 游戏对象的检视面板。

5．这时打开 Tag 弹出菜单，可以看到 Tags 列表中多了一个 Apple。从列表中选择 Apple。现在所有的苹果游戏对象都会有一个 Apple 标签，这样就更容易查找和选择它们了。

创建 Apple 预设

按照以下步骤创建 Apple 预设：

1．把 Apple 从层级面板拖动到项目面板中，为它创建一个预设。[4]

2．当确认项目面板中存在 Apple 预设之后，就可以从层级面板中选中 Apple 的实例然后删除它了（方法为在右键快捷菜单中选择 Delete 选项，或按下 Command+Delete 组合键，在 Windows 系统中只需按下 Delete 键）。因为在游戏中我们会使用项目面板中的 Apple 预设生成它的实例，所以不必在场景一开始就有一个实例。

篮筐

与其他绘图资源一样，程序员绘制篮筐也非常简单。

1．在菜单栏中执行 GameObject> 3D Object > Cube 命令，将新创建的立方体重命名为 Basket，并按如下数值设置它的变换组件：

Basket (Cube)　　P:[0,0,0]　　R:[0,0,0]　　S:[4,1,4]

这会生成一个又扁又宽的长方体。

2．现在新建一个名为 Mat_Basket 的材质，将它的颜色设置为一种低饱和度的浅黄色（类似于稻草颜色），并应用到 Basket 上。

4．第 19 章详细介绍了有关预设的内容。

3．将 Rigidbody 组件添加到 Basket 对象中。选中层级面板中的 Basket 对象并在 Unity 菜单栏中执行 Component > Physics > Rigidbody 命令。

a．设置 Basket 对象 Rigidbody 检视器的 Use Gravity 选项为 false（未选中）。

b．设置 Basket 对象 Rigidbody 检视器的 Is Kinematic 选项为 true（选中）。

4．把 Basket 从层级面板拖动到项目面板中，为其创建预设，然后从层级面板中删除 Basket 的实例（和 Apple 游戏对象的操作相同）。

5．一定要记得保存场景。

现在的项目面板和层级面板应如图 28-4 所示。

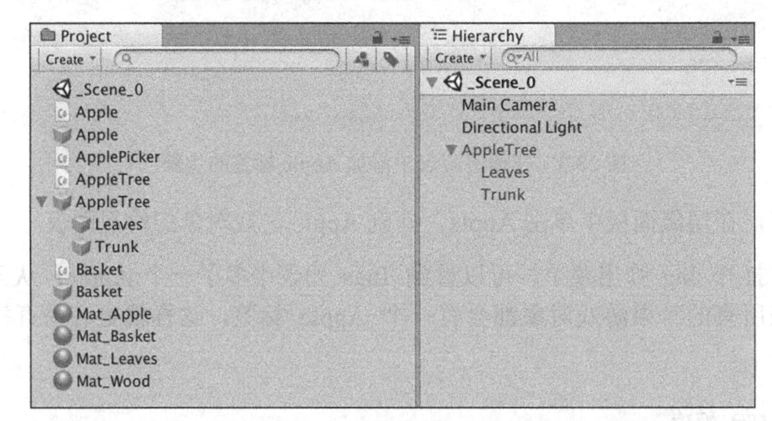

图 28-4　此时项目面板和层级面板的截图，其实在本章开始就应该创建 Apple、ApplePicker、AppleTree 和 Basket 游戏对象脚本作为项目步骤的一部分

摄像机设置

摄像机位置是游戏中最不能出错的内容之一。对于《拾苹果》游戏来说，我们希望摄像机显示一个大小适当的游戏区域。因为这个游戏的玩法完全是二维的，所以我们需要一个正投影（Orthographic）摄像机，而不是透视投影（Perspective）摄像机。

正投影摄像机和透视投影摄像机的对比

如图 28-5 所示，正投影摄像机和透视投影摄像机是游戏中的两类 3D 摄像机。

透视投影摄像机类似人的眼睛，因为光线经过透镜成像，所以靠近摄像机的物体显得较大，而远离摄像机的物体显得较小。这给透视投影摄像机一个平截头四棱锥体（像一个削去尖顶的四棱金字塔）的视野（也称投影）。要查看这种效果，请单击层级面板中的主摄像机，在场景面板中拉远镜头，从摄像机延伸出的金字塔状网格线的视野就是平截头四棱锥体视野，表示摄像机的可视范围。

对于正投影摄像机，物体与摄像机的距离不会影响它的大小。正投影摄像机的投影是一个长方体，而非平截头四棱锥体。要查看这种效果，请在层级面板中选中摄像机，在检视面板中找到 Camera 组件，将 Projection 属性从 Perspective 改为 Orthogonal。现在，灰色的视野范围将是一个三维矩形，而非金字塔形。

有时候将场景面板设置为正投影而非透视投影更有效。做法是：单击场景面板右上角坐标轴手柄下方的<*Persp* 字样（如图 28-5 所示）。单击坐标轴手柄下方的<*Psersp* 字样会在透视和等轴（缩写为 Iso）场景视图间切换（等轴是正投影的同义词）。

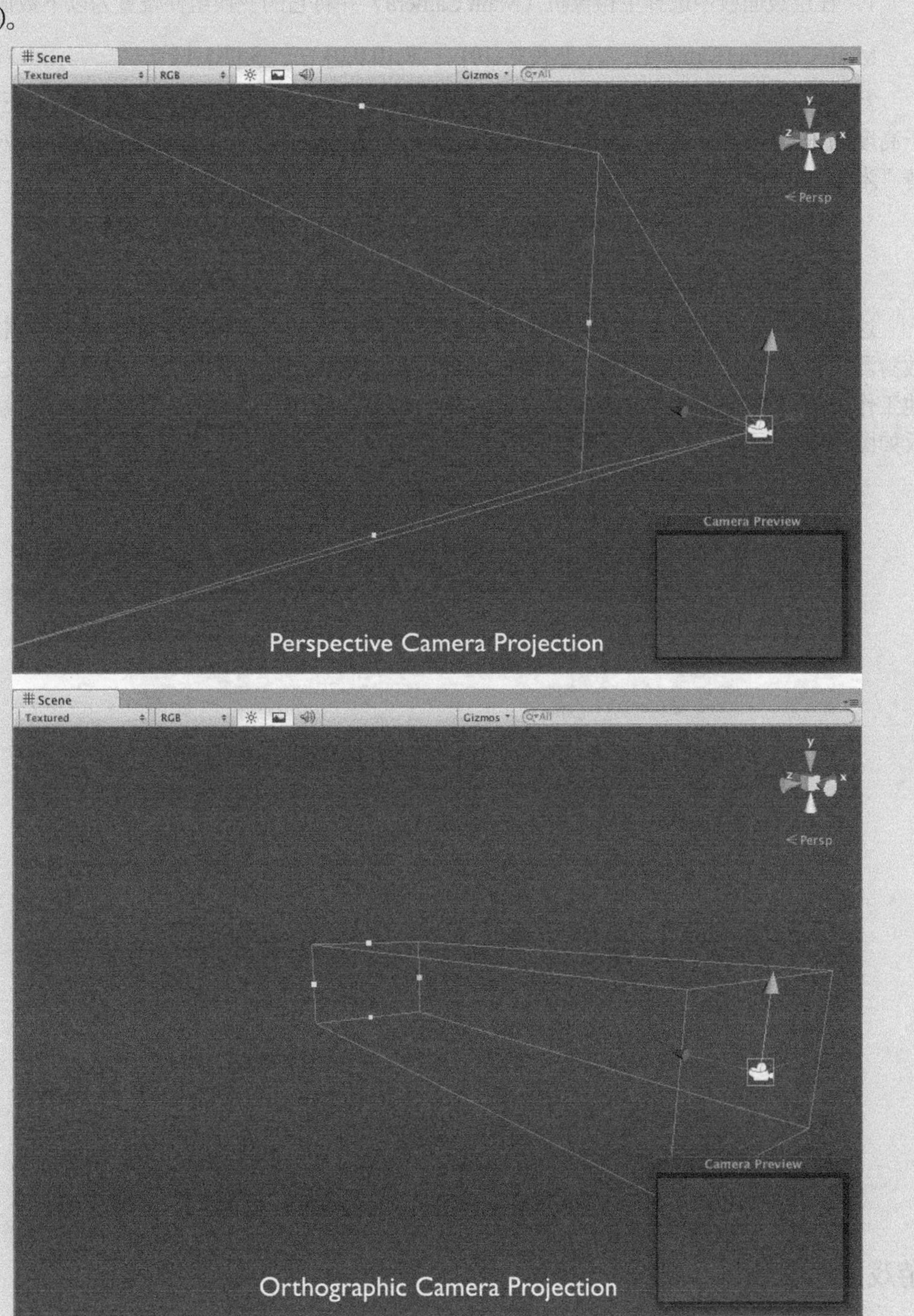

图 28-5　正投影摄像机和透视投影摄像机的对比

《拾苹果》游戏中的摄像机设置

下面将创建《拾苹果》游戏的摄像机设置。

1．在层级面板中选择主摄像机（Main Camera）并将它的变换组件设置为以下数值：

Main Camera (Camera)   P:[0,0,-10]   R:[0,0,0]   S:[1,1,1]

2．这会使摄像机的视角下降 1 米（Unity 中的一个单位等于 1 米的长度），正好位于高度为 0 的位置。因为 Unity 的单位等于米，在本书中，笔者有时会使用“单位”代替“米”。

a．将 Camera 组件的 Projection 属性改为 Orthographic。

b．将 Size 属性设置为 16。

这会使苹果树显示为合适大小，并为玩家抓住下落的苹果留出空间。通常，需要大致猜测一下摄像机设置等数值，然后在试玩游戏的过程中做精细调整。和游戏开发的其他工作一样，要找到最佳的摄像机设置，是一个重复的过程。最终，主摄像机的检视面板如图 28-6 所示。

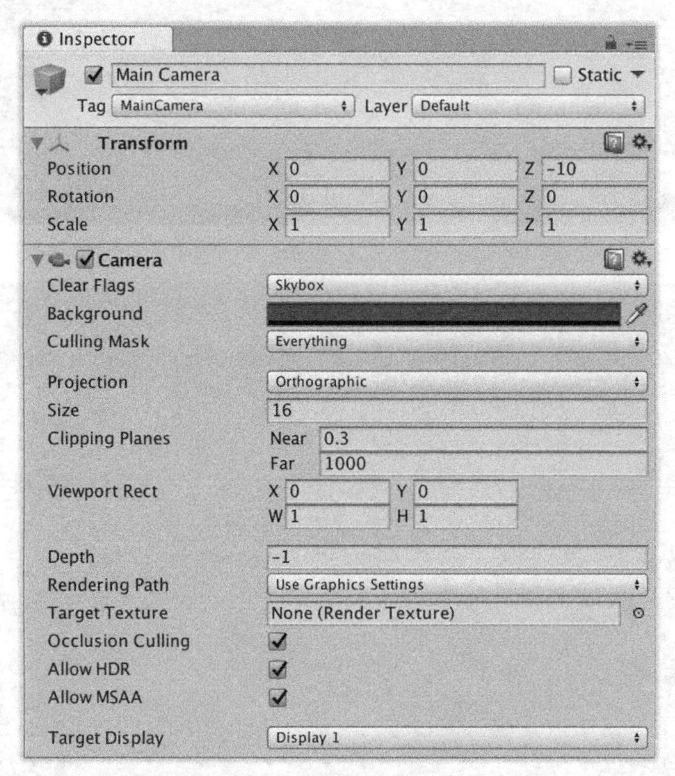

图 28-6 主摄像机的检视面板

游戏面板设置

游戏视图另外一个重要因素是游戏面板的长宽比。

1．游戏面板顶部的弹出式菜单会显示 Free Aspect，即长宽比设置的菜单。

2．单击长宽比设置菜单并选择 16∶9。这是宽屏电视和计算机显示器的标准格式，全屏玩游戏的效果不错。如果是 macOS 操作系统则应取消勾选低分辨率长宽比（Low Resolution Aspect Ratios）选项。

28.3　编写《拾苹果》游戏原型的代码

现在到了编写代码使游戏原型可以运行的阶段。图 28-7 为第 16 章中的苹果树游戏对象的动作流程图。

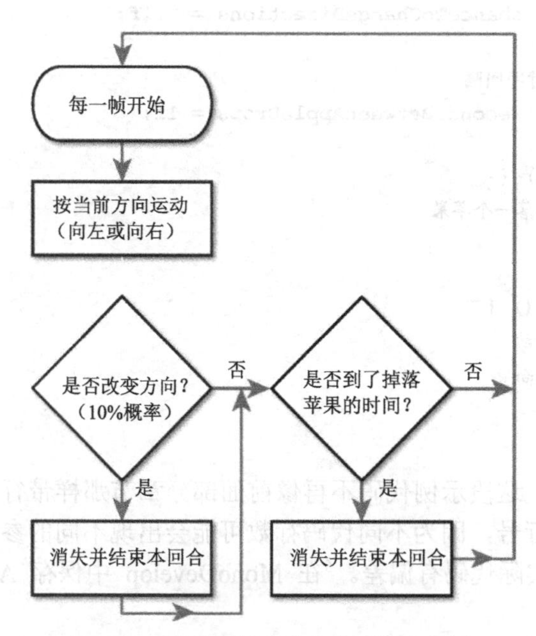

图 28-7　苹果树游戏对象的动作流程图

我们需要为苹果树编写的代码如下：

- 每帧都以一定的速度移动。
- 当碰到游戏区域的边界时改变方向。
- 随机改变方向。
- 每秒落下一个苹果。

就这么简单！接下来，我们开始写代码。在项目面板中双击，打开 AppleTree 脚本。

1．你需要设置一些变量，所以应该在 MonoDevelop 中选择 AppleTree 类并做如下修改。需添加的代码行以粗体标出。

```
using System.Collections;
using System.Collections.Generic;
using UnityEngine;

public class AppleTree : MonoBehaviour {

    [Header("Set in Inspector")]
```

```
    // 用来初始化苹果实例的预设
    public GameObject applePrefab;

    // 苹果树移动的速度
    public float speed = 1f;

    //苹果树的活动区域，到达边界时则改变方向
    public float leftAndRightEdge = 10f;

    // 苹果树改变方向的概率
    public float chanceToChangeDirections = 0.1f;

    // 苹果出现的时间间隔
    public float secondsBetweenAppleDrops = 1f;

    void Start () {
        // 每秒掉落一个苹果
    }

    void Update () {
        // 基本运动
        // 改变方向
    }
}
```

你可能会注意到，这段示例代码不再像前面部分章节那样带行号。本书第III部分的示例代码通常不会带行号，因为不同代码行数可能会出现不同的参数返回值，使得笔者的示例代码与读者的实际代码有偏差。[5]在 MonoDevelop 中保存 AppleTree 脚本并返回 Unity。

2．要真正看到这段代码如何运行，需要把它绑定到 AppleTree 游戏对象上。

  a．把项目面板中的 AppleTree 脚本拖动到同样位于项目面板的 AppleTree 预设之上。

  b．单击层级面板中的 AppleTree 实例，此时脚本不但添加到了 AppleTree 预设中，也添加到了层级面板中 AppleTree 预设的实例之中。

  c．在层级面板中选中 AppleTree 实例，你会看到前面代码中的所有变量都出现在了检视面板中 AppleTree(Script)组件之下。

3．请尝试修改检视面板变换组件的 *X* 和 *Y* 值，在场景中移动 AppleTree 的位置，找到苹果树的最佳垂直位置（position.y）和左右移动的边界。在笔者的计算机上，position.y 的最佳位置是 12，苹果树的水平位置在-20 到 20 之间时仍能显示在屏幕上。

  a．设置 AppleTree 的位置为[0,12,0]。

5．省略行号的另一个原因是笔者需要在每行显示出更多字符。

b. 设置检视面板 AppleTree(Script)组件的 leftAndRightEdge 变量值为 20。

Unity 引擎脚本参考

在深入学习本项目之前，如果你对上述代码有任何问题，最好查看一下 Unity 脚本参考。查看脚本参考有两种方法：

1. 在菜单栏中执行 Help > Scripting Reference（脚本参考）命令。这会打开浏览器并显示存放在计算机上的脚本参考文档，即使计算机没有联网也能查看。你可以在搜索框中输入任何函数名或类名查看详细信息。

在脚本参考网页的搜索框中输入 MonoBehaviour 并按回车键，然后单击第一个搜索结果，查看每个 MonoBehaviour 脚本的所有内置方法（这些方法，也是你编写并绑定到 Unity 游戏对象上的所有 MonoBehaviour 派生类的内置方法）。

2. 在使用 MonoDevelop 时，选择想深入了解其含义的任何文本，然后在菜单栏中执行 Help > Unity API Reference（Unity API 参考）命令，这样会弹出一个联机的 Unity 脚本参考，只能联网查看，但它的内容与第一种方法看到的本地参考是一模一样的。

你在第一次访问脚本参考页面时，需要从窗口右上方的长方形按钮区选择 C#或 JavaScript 语言。确保在窗口右上方选择的是 C#语言。Unity 很多示例代码既可以是 C#也可以是 JavaScript，而且很多老的示例只有 JavaScript 版本。

基本运动

下面对运动做如下修改：

1. 在 AppleTree 脚本的 `Update()` 方法中做如下修改，修改内容以粗体字标出。注意代码行中的省略号。这是笔者为了缩减书籍篇幅而省略掉的代码行。你在使用时千万不要删掉相应代码！

```
public class AppleTree : MonoBehaviour {
    ...                                                    //a
    void Update () {
        // 基本运动
        Vector3 pos = transform.position;                  //b
        pos.x += speed * Time.deltaTime;                   //c
        transform.position = pos;                          //d

        // 改变方向
    }
}
```

上述代码的解释如下。

a. 笔者在示例代码中使用省略号代表隐藏的代码行，不然后面章节的代码将会很长。你在看到这类省略号时，请保持代码原封不动，仅关注增加的代码（粗体显示）就行。这里的省略号表示不需要修改 AppleTree 类声明语句和

Update()方法之间隐藏的代码行。

b. 定义了一个三维向量变量 pos，使其等于 AppleTree 的当前位置。

c. 本行让 pos 的 x 组件增加 speed 和 Time.deltaTime 的乘积（后者是从上一帧到现在的秒数）。这样使 AppleTree 基于时间运动，这在游戏编程中是一个重要概念（见“让游戏中的运动基于时间”专栏）。

d. 将这个修改后的 pos 赋值给 transform. position（使 AppleTree 移动到新的位置）。如果不将 transform.position 设置为 pos，苹果树是不会移动的。

让游戏中的运动基于时间

让游戏中的运动基于时间，是指不管游戏的帧速率为多少，运动都保持恒定的速度。通过 Time.deltaTime 可以实现这一点，因为它能告诉我们从上一帧到现在经历了多少时间。Time.deltaTime 通常非常小。对于 25fps（帧/秒）的游戏来说，Time.deltaTime 为 0.04f，即每帧的时间为 4/100 秒。如果//b 行代码以 25fps 的帧速率运行，结果将解析为：

```
pos.x += speed * Time.deltaTime;
pos.x += 1.0f * 0.04f;
pos.x += 0.04f;
```

因此，在 1/25 秒的时间内，pos.x 将递增 0.04 米。在 1 秒钟内，pos.x 将增加 0.04 米/帧×25 帧，即 1 米/秒。

如果游戏以 100fps 的帧速率运行，该行代码将解析为：

```
pos.x += speed * Time.deltaTime;
pos.x += 1.0f * 0.01f;
pos.x += 0.01f;
```

所以，在 1/100 秒时间里，pos.x 每帧将递增 0.01f 米。在 1 秒钟的时间里，pos.x 的增量为 0.01 米/秒×100 帧，合计 1 米/秒。

不管游戏的帧速率为多少，基于时间的运动都可以保证游戏元素以恒定速度运动，这样可以保证游戏在最新配置和老配置的计算机上都可以玩。基于时间的编程在开发移动游戏时非常重要，因为移动设备的配置变化得非常快。

你可能会困惑为什么要使用三行代码完成这一功能，而不是一行。为什么代码不能这样写：

```
transform.position.x += speed * Time.deltaTime;
```

答案是 transform.position 是一个属性，即通过 get{}和 set{}存取器伪装成字段（例如将函数功能伪装为变量）的方法（参见第 26 章）。尽管可以读取属性子部件的值，但是不能直接设置属性的子部件。换句话说，transform.position.x 可读，但不可直接写。所以必须创建一个过渡的三维向量 pos，对这个变量做出修改，然后赋值给 transform.position。

2. 保存脚本，返回 Unity 并单击“播放”按钮。你会看到 AppleTree 开始慢慢移动。你可以在检视面板中为 speed 设置几个不同的值，看看哪个速度感觉更舒服。笔者将它设置为 10，使它以 10 米/秒的速度运动（每秒 10 米或者每秒 10 个 Unity 单位）。停止播放并在检视器中设置 speed 为 10。

改变方向

现在 AppleTree 能够以适当的速度运动了，但它很快就会“跑”出屏幕。我们需要让它在达到 leftAndReightEdge 值时改变方向。请将 AppleTree 脚本做如下修改：

```
public class AppleTree : MonoBehaviour {
    …
    void Update () {
        // 基本运动
    …
        // 改变方向
        if ( pos.x < -leftAndRightEdge ) {                      //a
            speed = Mathf.Abs(speed); // 向右运动               //b
        } else if ( pos.x > leftAndRightEdge ) {                //c
            speed = -Mathf.Abs(speed); // 向左运动              //c
        }
    }
}
```

a. 本行代码检查上一行中新设置的 pos.x 是否小于 leftAndRightEdge 设置的边界。

b. 如果 pos.x 太小，则将 speed 设置为 Mathf.Abs(spped)，即 speed 的绝对值，确保它是一个正数，速度为正，表示向右运动。

c. 如果 pos.x 大于 leftAndRightEdge，则将 speed 设置为 Mathf.Abs (speed)，确保 AppleTree 向左运动。

保存脚本，返回 Unity，单击“播放”按钮查看效果。

随机改变方向

按如下步骤加入随机改变方向的功能：

1. 添加下面的粗体代码：

```
public class AppleTree : MonoBehaviour {
    …
    void Update () {
        // 基本运动
        …
// 改变方向
if ( pos.x < -leftAndRightEdge ) {
    speed = Mathf.Abs(speed); // 向右移动
```

```
    } else if ( pos.x > leftAndRightEdge ) {
        speed = -Mathf.Abs(speed); // 向左移动
    } else if ( Random.value < chanceToChangeDirections ) {          //a
        speed *= -1; //改变方向                                          //b
    }
  }
}
```

a. Random.value 返回一个 0 到 1 之间的浮点数（包括 0 和 1，即结果有可能是 0 或者 1）。

b. 如果 a 中的随机数小于 ChanceToChangeDirections，苹果树的运动速度会变为它的相反数。

2. 单击"播放"按钮，你会看到当 ChanceToChangeDirections 为 0.1f 时，方向改变得太过频繁。在检视面板中，将 ChanceToChangeDirections 改为 0.02，感觉会好很多。

继续根据"让游戏中的运动基于时间"专栏内容探讨基于时间的游戏，这里运动发生改变的概率其实并非是基于时间的。在每一帧中，苹果树都有 2%的概率改变方向。在性能强的计算机上，有可能每秒运行 400 帧（导致平均每秒改变 8 次方向），而在性能较弱的计算机上，每秒可能只运行 30 帧（导致平均每秒改变 0.6 次方向）。

3. 要解决这一问题，需要把改变方向的代码从 Update() 函数中移到 FixedUpdate() 函数中，前者的调用频率与计算机渲染画面帧的速度一致，而后者不论计算机性能强弱，每秒均运行 50 次。

```
public class AppleTree : MonoBehaviour {
    …
void Update () {
    // 基本运动
…
    // 改变方向
    if ( pos.x < -leftAndRightEdge ) {
        speed = Mathf.Abs(speed); // 向右运动
    } else if ( pos.x > leftAndRightEdge ) {
        speed = -Mathf.Abs(speed); // 向左运动
    }                                                          //a
}
void FixedUpdate() {
    // 随机改变运动方向
    if ( Random.value < chanceToChangeDirections ) {          //b
        speed *= -1; // 改变方向
    }
}
}
```

a. 剪切步骤 1 中标记为 a 和 b 的两行代码，以右花括号代替。

b．粘贴到此处。

这将导致 AppleTree 平均每秒随机改变 1 次方向（每秒 50 次 FixedUpdate×0.02 的随机概率=每秒 1 次）。

掉落苹果

下面将介绍如何实现苹果的掉落。

1．在层级面板中选中 AppleTree，然后在检视面板中查看 Apple Tree(Script)组件。现在，applePrefab 字段值为 None (Game Object)，即暂未设置（括号里的 GameObject 是让我们知道 applePrefab 字段的类型是游戏对象）。这个值应设置为项目面板中的 Apple 预设。可以通过下面两种操作方法实现：

- 单击 Apple Prefab None (Game Object)右侧的小圆圈，然后从资源选项卡中选择 Apple。
- 或者把项目面板中的 Apple 预设拖动到检视面板中的 Apple Prefab 中。第 19 章的图 19-4 详细描述了相关步骤。

2．返回 MonoDevelop 窗口，将下面以粗体字表示的代码添加到 AppleTree 类中：

```
public class AppleTree : MonoBehaviour {
    ...
void Start () {
    // 每秒掉落一个苹果
    Invoke( "DropApple", 2f );                                          //a
}

void DropApple() {                                                      //b
    GameObject apple = Instantiate<GameObject>( applePrefab );          //c
    apple.transform.position = transform.position;                      //d
    Invoke( "DropApple", secondsBetweenAppleDrops );                    //e
}

void Update () { ... }                                                  //f
    ...
}
```

a．Invoke()函数以固定间隔调用某个函数。本行调用新的 DropApple()函数。第二个参数 2f 通知 Invoke()在调用 DropApple()函数之前先等待 2 秒。

b．DropApple()为自定义函数，可在苹果树所在位置实例化 Apple 对象。

c．DropApple()创建 applePrefab 对象并将值赋给 apple 游戏对象。

d．新的 apple 游戏对象位置将设置为苹果树的位置。

e．再次调用 Invoke()。此时会以 secondsBetweenAppleDrops 秒的间隔调用 DropApple()函数（本行的 secondsBetweenAppleDrops 值为检视器默认设置的 1 秒）。因为 DropApple()的自身调用机制，因此游戏运

行的效果为每秒都会掉落苹果。

f. 本行的{ ... }表示笔者隐藏了 `Update()` 方法的代码。当你看到省略号时，不需要修改任何对应的代码。

3．保存苹果树脚本，返回 Unity，然后单击“播放”按钮查看效果。

你能预见到苹果会往旁边掉落吗？与第 19 章的示例中所有的立方体都四处乱飞是同样的问题。笔者举这个例子是为了教会你如何修复此类问题。首先将苹果树的 Rigidbody 组件设置为 kinematic，即可以通过代码使苹果移动而不会与其他物体碰撞。

4．在苹果树检视器的 Rigidbody 组件中，勾选 Is Kinematic。

5．再次单击“播放”按钮，此时苹果仍然会发生碰撞问题。

虽然修复了苹果树碰撞问题，但苹果与苹果树仍然会发生碰撞，使苹果向两边掉落，而非垂直下落。要解决这个问题，你需要把苹果放在与苹果树不会发生碰撞的物理图层（Physics Layer）中。物理图层是指对象的分组，我们可以规定各组对象之间是否会发生碰撞。如果苹果树和苹果放在两个不同的物理图层中，并在图层管理器中规定两个图层不发生碰撞，这样苹果和苹果树也不会再撞到一起了。

设置游戏对象物理图层

首先，你需要创建几个新物理图层，步骤如下。

1．在层级面板中单击 AppleTree，然后在检视面板中 Layer 旁边的下拉菜单中选择 Add Layer（添加图层）命令。这将在检视面板中打开标签和图层管理器（Tags and Layers Manager），可以从中设置 Layers 标签下物理图层的名字（要看清楚，不要编辑 Tags 或者 Sorting Layers 标签下的内容）。可以看到，从 Layer 0 到 Layer 7 是内置图层，显示为不可编辑的灰色。但可以编辑 Layer 8 到 Layer 31 之间的图层。

2．请将 Layer 8 命名为 AppleTree，Layer 9 命名为 Apple，Layer 10 命名为 Basket。

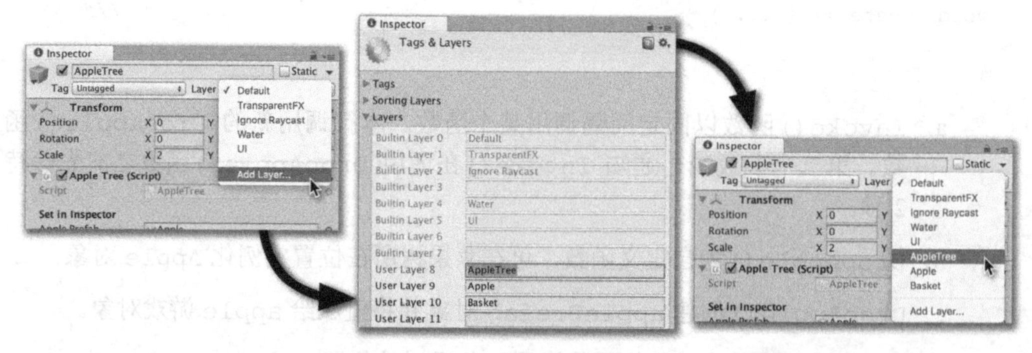

图 28-8　创建物理图层（步骤 1 和 2）以及为对象分配图层（步骤 5）的操作步骤

3．在菜单栏中执行 Edit > Project Settings > Physics 命令，在检视面板中显示物理管理器（Physics Manager）。物理管理器下方由复选框构成的图层碰撞矩阵表用来设置哪些物理图层可以互相碰撞，以及同一物理图层中的对象是否可以互相碰撞。

4．我们希望苹果与苹果树或其他苹果都不发生碰撞，但仍然需要与篮筐碰撞，所以图层碰撞矩阵表设置应该如图 28-9 所示。

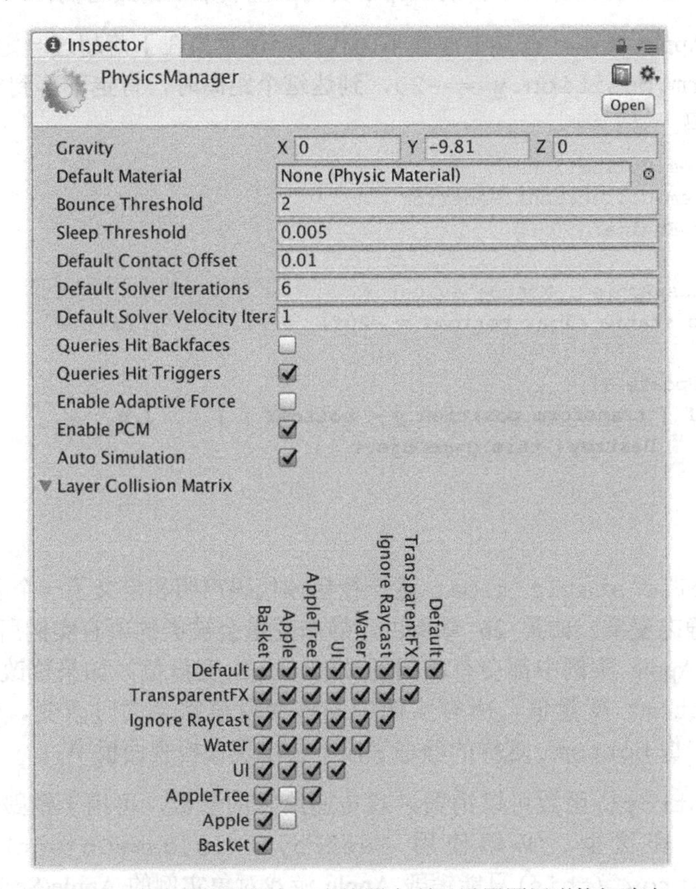

图 28-9　在物理管理器中，应按图中所示设置图层碰撞矩阵表

5．正确设置完图层碰撞矩阵表之后，需要将游戏中的重要对象分配到图层之中。

a．在项目面板中单击 Apple 预设。然后在检视面板上部从 Layer 旁边的下拉菜单中选择 Apple 图层。

b．在项目面板中选中 Basket，将其图层设置为 Basket。

c．然后在项目面板中选中 AppleTree，将其图层设置为 AppleTree。

当选择 AppleTree 的物理图层时，Unity 会提示是否同时修改 AppleTree 和其子对象的图层，这里肯定要选择 Yes，因为需要修改构成 AppleTree 树干和树冠的圆柱和圆球所在的物理图层。这一修改也会传递给场景中的 AppleTree 实例，可以单击层级面板中的 AppleTree 实例加以确认。

现在单击“播放”按钮，你会看到苹果以正常方式从树上落下。

在苹果下落一定距离后销毁苹果

如果让目前的程序多运行一会儿，你会发现在层级面板中出现了很多 Apple 对象。这是因为程序每秒都会创建一个新的 Apple 实例，但从来不销毁它们。

1．打开 Apple 脚本，在其中添加下面代码，使苹果在下落超过一定距离之后被销毁（transform.position.y ==-20，到达这个距离时，肯定下落到屏幕之外了）。以下为实现代码：

```
using System.Collections;
using System.Collections.Generic;
using UnityEngine;

public class Apple : MonoBehaviour {
    public static float bottomY = -20f;              //a

    void Update () {
        if ( transform.position.y < bottomY ) {      //b
            Destroy( this.gameObject );
        }
    }
}
```

a．public static float 这一行粗体代码声明和定义了一个名为 bottomY 的静态变量。如第 26 章所讲，静态变量会被类的所有实例所共享，因此所有 Apple 实例中都会有相同的 bottomY 变量值。如果修改一个实例中的 bottomY 变量值，所有实例中的该变量值都会同时改变。但需要指出的是，像 bottomY 这样的静态字段不会出现在检视面板中。

b．Destroy()函数可以销毁游戏传递给它的参数，可用于销毁组件和游戏对象。在这里，必须使用 Destroy(this.gameObject)，因为使用 Destroy (this)只能销毁 Apple 游戏对象实例的 Apple(Script)组件。在任何脚本中，this 都代表调用该语句的 C#类的当前实例（在本例中为 Apple 类），而非整个游戏对象。如果要从绑定的组件类代码中销毁整个游戏对象，必须调用 Destroy(this.gameObject)。

2．保存 Apple 脚本。

3．要运行这个 Apple 脚本，需要将它绑定到项目面板中的 Apple 预设之上。现在你已经学会把脚本拖动到预设上方这种方法，下面介绍另一种方法：

a．在项目面板中选择 Apple。

b．滚动到检视器底部，单击“Add Component（添加组件）”按钮。

c．在下拉菜单中执行 Scripts > Apple 命令。

现在单击 Unity 的“播放”按钮，你会看到苹果会下落一段距离，一旦 *Y* 值小于-20，苹果就会消失。

至此，就是有关苹果的所有内容。

实例化篮筐

要使篮筐对象工作，我们需要介绍一个概念，这个概念会在本书教程中反复出现。尽管面向对象的思维鼓励我们为每个游戏对象单独创建一个类（如 AppleTree 和 Apple），但有时也需要在一个脚本中控制整个游戏的运行。

1．把 ApplePicker 绑定到层级面板中的主摄像机上。笔者经常把这类游戏管理脚本绑定到主摄像机上，因为笔者确信每个场景都有一个主摄像机。

2．在 MonoDevelop 中打开 ApplePicker 脚本，输入以下代码并保存：

```
using System.Collections;
using System.Collections.Generic;
using UnityEngine;

public class ApplePicker : MonoBehaviour {

    [Header("Set in Inspector")]                              // a
    public GameObject basketPrefab;
    public int numBaskets = 3;
    public float basketBottomY = -14f;
    public float basketSpacingY = 2f;

    void Start () {
        for (int i=0; i<numBaskets; i++) {
            GameObject tBasketGO = Instantiate( basketPrefab ) as GameObject;
             Vector3 pos = Vector3.zero;
             pos.y = basketBottomY + ( basketSpacingY * i );
             tBasketGO.transform.position = pos;
        }
    }
}
```

a. 本行代码在 Unity 中为检视器增加了一个函数头，用于查看在检视器中应设置的变量。后面章节的示例代码会使用 Set Dynamically 函数头完成游戏中变量的计算和设置。

本段代码实例化了 3 个纵向排列的篮筐预设的副本。

3．在层级面板中单击主摄像机，在检视面板中将 basketPrefab 设置为之前创建的 Basket 游戏对象预设，然后单击播放按钮。你会看到这段代码在屏幕底部创建了三个篮筐。

让篮筐跟随鼠标移动

下面的代码实现了篮筐跟随鼠标移动的功能。

1．在项目面板的篮筐预设中添加篮筐脚本。

2．在 MonoDevelop 中打开 Basket C#脚本，输入以下代码：

```
using System.Collections;
```

```
using System.Collections.Generic;
using UnityEngine;

public class Basket : MonoBehaviour {

    void Update () {
        // 从 Input 中获取鼠标在屏幕中的当前位置
        Vector3 mousePos2D = Input.mousePosition;                  // a

        // 摄像机的 z 坐标决定在三维空间中将鼠标沿 z 轴向前移动多远
        mousePos2D.z = -Camera.main.transform.position.z;          // b

        // 将该点从二维屏幕空间转换为三维游戏世界空间
        Vector3 mousePos3D = Camera.main.ScreenToWorldPoint( mousePos2D );
                                                                    // c

        // 将篮筐的 x 位置移动到鼠标处的 x 位置处
        Vector3 pos = this.transform.position;
        pos.x = mousePos3D.x;
        this.transform.position = pos;
    }
}
```

a. 将 Input.mousePosition 赋值给 mousePos2D。这个值为屏幕坐标，即鼠标指针到屏幕左上角的像素数。Input.mousePosition 的 *z* 坐标始终默认为 0，因为它本质上是一个二维测量结果。

b. 本行代码将 mousePos2D 的 *z* 坐标设置为主摄像机 *z* 坐标的相反数。在游戏中，主摄像的 *z* 坐标为-10，所以 mousePose2D.*z* 为 10。这会让后面出现的 ScreenToWorldPoint()函数知道让 mousePose3D 在三维空间中向前移动多远。

c. ScreenToWorldPoint()将 mousePoint2D 转换为屏幕三维空间中的一个位置。如果 mousePos2D.z 为 0，结果得到的 mousePos3D 的 *z* 坐标将在 *z*=-10 处（与主摄像机 *z* 坐标相等）。将 mousePos2D.z 设置为 10 后，mousePos3D 会被影射到三维空间中 *z* 坐标距离主摄像机 10 米处，使 mousePose3D.z 为 0。这对《拾苹果》游戏影响不大，但对后面的游戏很重要。如果对这个问题有疑惑，建议在 Unity 脚本参考中查看 Camera.ScreenToWorldPoint()。[6]

现在单击“播放”按钮，篮筐就可以移动了，你可以使用篮筐碰到苹果，但还不能真正接住苹果。

接住苹果

下面实现了接住苹果功能。

---

6. 相关内容可以参考 Unity 官网上的 ScriptReference 文档。请确认单击“C#”按钮查看 C#文档（否则是 JavaScript 版本）。

1. 在 Basket 脚本中添加以下代码:

```
public class Basket : MonoBehaviour {
    void Update () {…}

    void OnCollisionEnter( Collision coll ) {                    // a
        // 检查与篮筐碰撞的是什么对象
        GameObject collidedWith = coll.gameObject;                // b
        if ( collidedWith.tag == "Apple" ) {                      // c
            Destroy( collidedWith );
        }
    }
}
```

   a. 只要有其他游戏对象碰撞到篮筐，就会调用 `OnCollissionEnter` 方法，并传递进来一个 Collision 参数，其中包含了全部碰撞信息，包括对碰撞到 Basket 碰撞器的游戏对象的一个引用。

   b. 本行代码将碰撞到的游戏对象赋值给临时变量 `collidedWith`。

   c. 检查 `collidedWith` 是否带有"`Apple`"标签，从而确定其是否为 Apple 对象。如果 `collidedWith` 是一个 Apple 对象，就将其销毁。现在当苹果碰到篮筐后就会消失。

2. 保存篮筐脚本，返回 Unity 并单击“播放”按钮。

到目前为止，游戏运行已经非常像我们要模仿的《炸弹人》游戏了，但它还缺少图形用户界面（graphical user interface，简称 GUI）元素，例如得分或剩余生命数量。但即使没有这些元素，《拾苹果》以目前状态也算是一个成功的原型游戏了。因为游戏原型可以让你进行调整以便达到合适的难度。

3. 请保存场景。

4. 为当前场景保存一个副本，用于测试游戏平衡性调整。

   a. 在项目面板中单击_Scene_0。

   b. 按下 Command+D 组合键（在 Windows 系统中为 Ctrl+D 组合键），或执行 Edit（编辑）>Duplicate（复制）命令复制场景，这会生成一个名为_Scene_1 的新场景。

   c. 双击打开_Scene_1。

由于它是_Scene_0 的副本，所以游戏在这个场景中没有发生变化。

在层级面板中单击苹果树，平衡化_Scene_1 变量，同时不修改_Scene_0 对应值（对项目面板中游戏对象的任何修改都同时适用于 2 个场景），可以提高游戏难度。当在_Scene_1 中调整到合适的难度时，请保存场景并重新打开_Scene_0。如果想确认当前打开的场景，可以查看 Unity 窗口顶部或层级面板顶部的标题栏，其中总会有当前场景的名称。

28.4 图形用户界面（GUI）和游戏管理

游戏制作的最后一项工作是实现 GUI 和游戏管理，使其更像是一个真正的游戏。我们要添加的 GUI 元素是一个计分器，要添加的游戏管理元素则是等级和生命值。

计分器

计分器可以让玩家知道自己在游戏中获得的成就级别。

1．在项目面板中双击，打开_Scene_0。

2．在菜单栏中执行 GameObject >UI>Text 命令。[7]

这是在本场景中添加的第一个 uGUI（Unity 图形用户接口）元素，用于向层级面板增加内容。首先你会看到画布（Canvas）。画布是 GUI 布局用的二维板，当查看场景面板时会发现，一个很大的 2D 框从边缘向 *X* 和 *Y* 方向延伸很远。

3．在层级中双击画布并放大查看。画布会调整大小，匹配游戏面板尺寸，比如设置的游戏面板长宽比为 16:9，那么画布的比例也相同。你也可以单击场景面板上的“2D”按钮转换为二维视图，方便配合画布的使用。

在层级面板顶部需要添加的另一个游戏对象为 EventSystem。用于运转那些在 uGUI 中创建的按钮、滚动条和其他 GUI 交互元素，不过在本模型中用不到。

这里有一个名为 Text 的游戏对象，是 Canvas 的子对象，如果看不到，单击层级面板中 Canvas 旁的三角形展开标志显示该子对象。双击层级面板中的 Text 游戏对象，使之放大，Text 的默认颜色为黑色，因此很难在场景面板的背景中看出它的存在。

4．在层级中选择 Text 游戏对象，并使用检视器面板将其重命名为 HighScore。

5．按照下面步骤设置 HighScore 检视器，如图 28-10 所示。

a．在 HighScore 检视器的 RectTransform 组件中：

- 设置 Anchors 为 Min X=0，Min Y=1，Max X=0，Max Y=1；
- 设置 Pivot 为 X=0，Y=1；
- 设置 Pos 为 X=10，Pos Y = –6，Pos Z = 0；
- 设置 Width=256，Height=32。

设置完成后，再次在层级面板中双击 HighScore，重定位到场景面板的中心视图。

b．在 HighScore 检视器的 Text(Script)组件中：

- 设置 Text 为 High Score: 1000。
- 设置 Font Style 为 Bold。

7．笔者在执行本节示例的 GameObject>UI>Text 命令时发现，Unity 菜单有时会出现变灰不可用的情况。如果你遇到相同问题，可以右击层级面板空白处，在弹出的快捷菜单中执行 UI>Text 命令。

- 设置 Font Size 为 28。
- 设置 Color 为白色，使之在游戏面板中可见。

6．在层级面板中右击 HighScore 并在打开的快捷菜单中选择“Duplicate”选项。[8]

7．选择新的 HighScore (1)游戏对象，并重命名为 ScoreCounter。

8．按照图 28-10 所示，在检视器中修改 ScoreCounter 的 RectTransform 和 Text 值。记住在 RectTransform 组件中设置 Anchors 和 Pivot 值，以及设置 Text 组件中的 Alignment 值。可以看到，在 RectTransform 中修改 Anchors 或 Pivot 时，Unity 会自动修正 Pos X，使得 ScoreCounter 在 Canvas 中的位置保持不变。要禁用 Unity 的此项功能，可以单击 ScoreCounter 检视器的 RectTransform 选区中的“R”按钮。

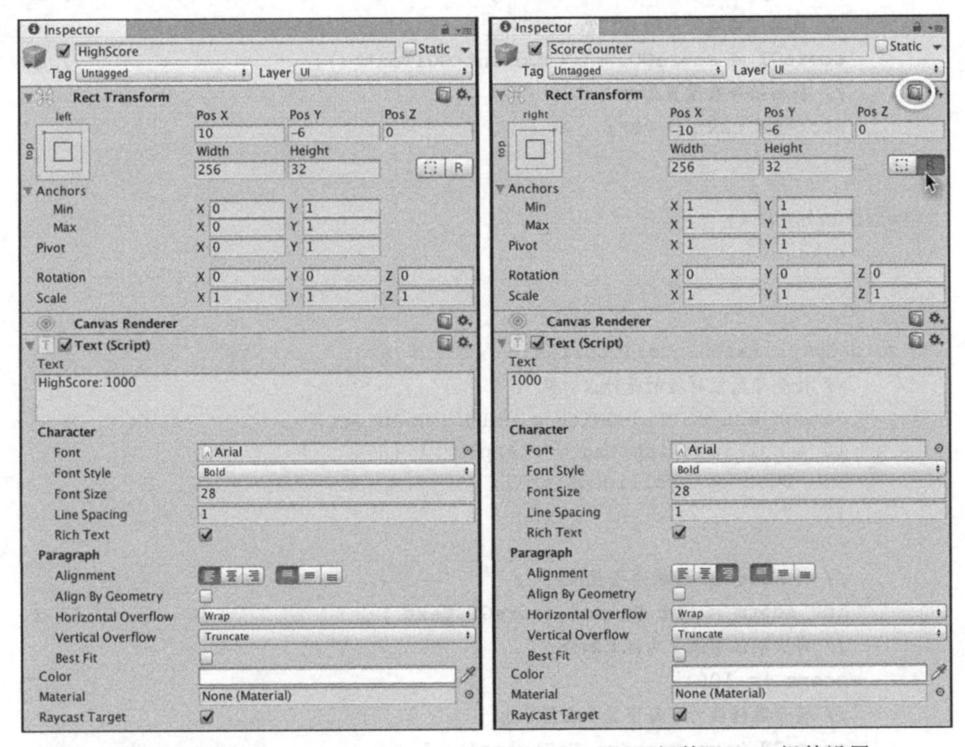

图 28-10　ScoreCounter 和 HighScore 的 RectTransform 组件及 Text 组件设置

每次接住苹果时为玩家加分

当苹果碰撞到篮筐时，Apple 和 Basket 脚本都会收到消息。在本游戏中，Basket 脚本中已经有了一个 `OnCollisionEnter()`方法，所以我们会修改这部分代码，让玩家每接到一个苹果就获得一定分数。每接到一个苹果得 100 分感觉是个合适的分数（尽管笔者总认为在分数后面多加几个零有点可笑）。

1．在 MonoDevelop 中打开 Basket 脚本，加入下面粗体字代码：

```
using System.Collections;
```

8．你可能需要再次单击层级面板查看 HighScore (1) 的副本。

```
using System.Collections.Generic;
using UnityEngine;
using UnityEngine.UI;                        //本行代码为 uGUI 特征库函数         // a
public class Basket : MonoBehaviour {

    [Header("Set Dynamically")]
    public Text scoreGT;                                                        // a

    void Start() {
        // 查找 ScoreCounter 游戏对象
        GameObject scoreGO = GameObject.Find("ScoreCounter");                   // b
        // 获取该游戏对象的 GUIText 组件
        scoreGT = scoreGO.GetComponent<GUIText>();                              // c
        // 将初始分数设置为 0
        scoreGT.text = "0";
    }

    void Update () {
        ......
    }

    void OnCollisionEnter( Collision coll ) {
        // 检查与篮筐碰撞的是什么对象
        GameObject collidedWith = coll.gameObject;
        if ( collidedWith.tag == "Apple" ) {
            Destroy( collidedWith );
        }

        // 将 scoreGT 转换为整数值
        int score = int.Parse( scoreGT.text );                                  // d
        // 每次接住苹果就为玩家加分
        score += 100;
        // 将分数转换为字符串显示在屏幕上
        scoreGT.text = score.ToString();
    }

  }
}
```

a. 请确保没有忽略这行代码，它独立于其他代码行。

b. `GameObject.Find("ScoreCounter")`方法在全部游戏对象中查找名为 `ScoreCounter` 的对象，并把它赋给局部变量 `scoreGO`。确认代码中的 ScoreCounter 没有空格或在层级中。

c. `scoreGO.Getcomponent<GUIText>()`方法用来查找 scoreGO 游戏对象的 GUIText 组件，并赋给全局字段 `scoreGT`。在下一行中，通过这个字段将初始分数设置为 0。如果没有声明 `using UnityEngine.UI;`代码行，

Unity 不支持定义 C#的 Text 组件。随着 Unity 编程技术不断改进，逐步可以通过手动添加代码库以支持新特性。

d. `int.Parse(scoreGT.text)`获得 ScoreCounter 中的文字内容，并转换为整数赋值给整型变量 `score`，让 `score` 的数值增加 100 后，使用 `score.ToString()`转换为字符串设置为 `scoreGT` 的文本内容。

未接住苹果时通知 Apple Picker 脚本

在未接住苹果时结束本回合并消毁篮筐，可以让《拾苹果》感觉更像一个真正的游戏。这时，由 Apple 负责销毁自身，这没有问题，但是 Apple 需要以某种方式将该事件通知 ApplePicker 脚本，以便让 Apple Picker 可以结束本回合并销毁其余的苹果，这涉及脚本间的相互调用。

1. 首先，请在 MonoDevelop 中对 Apple 脚本中做如下修改：

```
public class Apple : MonoBehaviour {

    [Header("Set in Inspector")]
    public static float bottomY = -20f;

    void Update () {
        if ( transform.position.y < bottomY ) {                        //a
            Destroy( this.gameObject );

            // 获取对主摄像机的ApplePicker组件的引用
            ApplePicker apScript = Camera.main.GetComponent<ApplePicker>(); // b
            // 调用 apScript 的 AppleDestroyed 方法
            apScript.AppleDestroyed();                                // c
        }
    }
}
```

a. 注意后面的代码都是在 `if` 语句中的。

b. 获取对主摄像机的 ApplePicker（Script）组件的引用。因为 `Camera` 类有一个内置的静态变量 `Camera.main`，用来引用主摄像机，所以不必使用 `GameObject.Find("Main Camera")`语句获取对主摄像机的引用。`GetComponent<applePicker>()`用于获取对主摄像机的 ApplePicker（Script）组件的引用，并将其赋给 `apScript`。然后，就可以访问绑定到主摄像机上的 ApplePicker 实例中的全局变量和方法了。

c. 调用 ApplePicker 类的 `AppleDestroyed()`方法，目前这个方法还不存在，因此在 MonoDevelop 中显示为空色行，除非定义 `AppleDestroyed()`才可以在 Unity 中运行游戏。

2. 目前 ApplePicker 脚本中还不存在全局方法 `AppleDestroyed()`，需要在 MonoDevelop 中打开 ApplePicker 脚本，在其中加入以下粗体代码：

```
public class ApplePicker : MonoBehaviour {
    …

    void Start () {…}


    public void AppleDestroyed() {                                          // a
    // 销毁所有下落中的苹果
    GameObject[] tAppleArray=GameObject.FindGameObjectsWithTag("Apple"); // b
    foreach ( GameObject tGO in tAppleArray ) {
            Destroy( tGO );
        }
    }
}
```

a. AppleDestroyed()方法必须声明为 public，这样其他类（例如 Apple）才能够调用。在默认情况下，方法为私有，不能被其他类所调用或者查看。

b. GameObject.FindGameObjectsWithTag("Apple")返回一个数组，其中包含了当前已经存在的所有 Apple 对象。[9]后面的 foreach 循环语句遍历每个 Apple 游戏对象并将其销毁。

保存 MonoDevelop 中所有脚本。现在定义了 AppleDestroyed()脚本，在 Unity 中可以继续玩游戏了。

当未接住苹果时，销毁一个篮筐

本场景的最后一部分代码负责在未接住苹果时销毁一个篮筐，并在所有篮筐都被销毁时，停止运行游戏。请在 ApplePicker 脚本中做以下修改（仅在本示例中列出了所有代码）：

```
using System.Collections;
using System.Collections.Generic;                                       // a
using UnityEngine;
using UnityEngine.SceneManagement;                                      // b

public class ApplePicker : MonoBehaviour {

    [Header("Set in Inspector")]
    public GameObject      basketPrefab;
    public int             numBaskets = 3;
    public float           basketBottomY = -14f;
    public float           basketSpacingY = 2f;
```

9. GameObject.FindGameObjectsWithTag()一般会消耗很多处理器资源，所以不推荐在 Update()或 FixedUpdate()函数中使用它。但本例只会在游戏玩家丢失篮筐（并且游戏被设计为在此处变慢）时出现这种情况，因此可以使用这个函数。

```
    public List<GameObject> basketList;

    void Start () {
        basketList = new List<GameObject>();                    //c
        for (int i=0; i<numBaskets; i++) {
            GameObject tBasketGO =Instantiate<GameObject>( basketPrefab );
            Vector3 pos = Vector3.zero;
            pos.y = basketBottomY + ( basketSpacingY * i );
            tBasketGO.transform.position = pos;
            basketList.Add( tBasketGO );                        // d
        }
    }

    public void AppleDestroyed() {
        // 销毁所有下落中的苹果
        GameObject[] tAppleArray =
GameObject.FindGameObjectsWithTag( "Apple" );
        foreach ( GameObject tGO in tAppleArray ) {
            Destroy( tGO );
        }
        // 销毁一个篮筐                                           //e
        // 获取basketList 中最后一个篮筐的序号
        int basketIndex = basketList.Count-1;
        // 取得对该篮筐的引用
        GameObject tBasketGO = basketList[basketIndex];
        // 从列表中销毁该篮筐并销毁该游戏对象
        basketList.RemoveAt( basketIndex );
        Destroy( tBasketGO );
    }
}
```

a. 这里会把所有 Basket 游戏对象存储在一个 List 中，所以需要引用 `System.Collections.Generic` 代码库（请参考第 23 章中关于 List 的说明）。`public List<GameObject> basketList` 在类的头部进行声明，在 `Start()`函数中定义并初始化。

b. 本行会在下一节中使用到。

c. 定义 `basketList` 作为新的 List<GameObject>。尽管`//b` 行代码已经声明，而声明后的 `basketList` 值为 `null`。本行的初始化操作使之成为可用的列表。

d. 在 `for` 循环的尾部新增加了一行代码，将 basket 添加到 `basketList` 中。basket 添加到 `basketList` 中的顺序与其创建顺序相同，即从下往上依次添加。

e. 在 `AppleDestroyed()`方法中新增加了一段代码，用于销毁一个篮筐。因为篮筐的添加顺序为从下往上，所以要保证先销毁 List 中的最后一个篮筐（篮筐的销毁顺序为从上向下）。

此时玩游戏并用完篮筐，Unity 会抛出 ndexOutOfRange 异常消息。

添加最高得分纪录

本节使用前文创建的 HighScore 文本游戏对象。

1．新建一个名为 HighScore 的 C#脚本，将其绑定到层级面板中的 HighScore 游戏对象上。

2．在 MonoDevelop 中打开 HighScore 脚本并添加以下代码：

```
using System.Collections;
using System.Collections.Generic;
using UnityEngine;
using UnityEngine.UI;                       //记住添加 uGUI 函数库

public class HighScore : MonoBehaviour {
    static public int score = 1000;                      //a

    void Update () {                                     //b
        Text gt = this.GetComponent<Text>();
        gt.text = "High Score: "+score;
    }
}
```

a．把整形变量 score 声明为全局静态变量，就可以在任何脚本中使用 HighScore.score 访问它。这是静态变量的优势，我们会在本书其他游戏原型中经常使用。

b．Update()中的代码只是用于显示 Text 组件中的得分。这里不需要调用 score 的 ToString()方法，因为使用+号把一个字符串与另一种数据类型的变量（这里是连接"High Score: "字符串和整型变量 score）相连接时，会隐式调用（自动调用）ToString()方法。

3．请打开 Basket 脚本，添加以下代码，学习全局静态变量的用法：

```
public class Basket : MonoBehaviour {
   …
   void OnCollisionEnter( Collision coll ) {
    …
    if ( collidedWith.tag == "Apple") {
    …
     // 把 score 转换为字符串并显示
     scoreGT.text = score.ToString();

     // 监视最高分
     if (score > HighScore.score) {
         HighScore.score = score;
     }
    }
  }
}
```

现在，每当目前得分超出 HighScore.score 时，就会重新设置 HighScore.score。

4．打开 ApplePicker 脚本，加入下面代码，在玩家失去所有篮筐后结束游戏。避免抛出前文提到的 IndexOutOfRange 异常消息。

```
public class ApplePicker : MonoBehaviour {
    …
    public void AppleDestroyed() {
     …
     // 从列表销毁篮筐并销毁游戏对象

     basketList.RemoveAt( basketIndex );
     Destroy( tBasketGO );

     // 如果没有篮筐剩余，重新开始游戏
     if ( basketList.Count == 0 ) {
         SceneManager.LoadScene ( "_Scene_0" );     //a
     }
   }
}
```

a. SceneManager.LoadScene ("_Scene_0")会重新加载场景_Scene_0。前提是当苹果先于篮筐掉落时，已经在销毁篮筐之前添加了 using UnityEngine.SceneManagement;代码。重新加载场景使得游戏回到初始状态。[10]

5．现在已经修改了一些脚本代码。你是否记得保存了？如果没有或者不确定，可以像笔者一样，在 MonoDevelop 菜单栏中执行 File > Save All 命令，保存所有已修改但未保存的脚本。如果“Save All”选项为灰色不可用状态，证明已经保存了所有修改。

在 PlayerPrefs 中保存最高得分

因为 HighScore.score 是一个静态变量，所以不会在重新开始游戏时被重置。也就是说，在进入游戏下一回合时，最高得分纪录不会改变。然而，无论何时停止游戏（再次单击“播放”按钮），HighScore.score 会恢复为初始值。要解决这一问题，需要用到 Unity 的 PlayerPrefs 功能。PlayerPrefs 可以将 Unity 脚本中的信息保存到计算机上，以供将来调用，并且即使游戏结束后也不会被销毁。PlayerPrefs 也可以在 Unity 编辑器、编译器和 WebGL 中使用，因此获得的最高得分可以传递给运转在同一台计算机上的其他对象。

10. 在 Unity 2017 及之前多个版本中，重新加载层级时常常会出现一个错误。如果使用 SceneManager 重载时，场景变得更暗，那么证明你遇到了相同问题。在 Unity 修复这个 Bug 之前，临时的解决方案是禁用自动光（预先计算场景大致光线）。在 Unity 菜单栏中执行 Window > Lighting > Settings 命令，打开照明面板可完成，取消选中照明面板底部的“Auto Generate”选项（在“Generate Lighting”按钮旁），然后单击一次“Generate Lighting”按钮，手动重建灯光，等待完成，并关闭灯光窗口。这个 Bug 只出现在 Unity 编辑器中，不影响任何 WebGL 或独立构建的应用程序。

1．打开 HighScore 脚本并加入下面以粗体字代码：

```
using System.Collections;
using System.Collections.Generic;
using UnityEngine;
using UnityEngine.UI;                        //记住添加 uGUI 函数库

public class HighScore : MonoBehaviour {
    static public int score = 1000;

    void Awake() {                                              // a
        // 如果 PlayerPrefs HighScore 已经存在，则读取其值
        if (PlayerPrefs.HasKey("HighScore")) {                  // b
            score = PlayerPrefs.GetInt("HighScore");
        }
        // 将最高得分赋给 HighScore
        PlayerPrefs.SetInt("HighScore", score);                 // c
    }

    void Update () {
        Text gt = this.GetComponent<Text>();
        gt.text = "High Score: "+score;
        // 如有必要，则更新 PlayerPrefs HighScore
        if (score > PlayerPrefs.GetInt("HighScore")) {          // d
            PlayerPrefs.SetInt("HighScore", score);
        }
    }
}
```

a．`Awake()`是 Unity MonoBehaviour 的内置方法（类似于 `Start()`或 `Update()`），在首次创建 HighScore 实例时运行（因此 `Awake()`总在 `Start()`之前发生）。

b．PlayerPrefs 是一个关键字和数值的字典，可以通过关键字（即独一无二的字符串）引用值。在本例中引用的关键字为 HighScore。本行检查 PlayerPrefs 中是否已经存在 HighScore，如果存在，就读取它的值。

c．`Awake()`中的最后一行将 `score` 的当前值赋给 PlayerPrefs 中的 HighScore 关键字。如果 HighScore 已经存在，该语句会将数值写入 PlayerPrefs。如果 HighScore 关键字不存在，该语句会创建 HighScore 关键字。

d．添加上述代码之后，`Update()`每帧都会检查当前的 `HighScore.score` 是否高于 PlayerPrefs 中存储的最高得分，如果确实如此，则更新 PlayerPrefs。

使用 PlayerPrefs 可以在本计算机上保存《拾苹果》的最高得分，即使结束游戏，退出 Unity，甚至重启计算机后，最高得分也能保存。

2．在 MonoDevelop 中再次执行 Save All 命令，确保保存所有修改。回到 Unity 并单击“播放”按钮。

至此，可以完整运行游戏并显示得分和最高分。如果想刷新最高分，停止游戏并重启，可以看到显示为最新的最高分。

28.5　本章小结

现在，你拥有了一个类似于 Activision 公司的《炸弹人》游戏的原型。尽管本游戏仍然缺少一些元素（例如持续增加游戏难度、游戏界面宽度变化等），但有了足够的编程经验后，你可以在游戏中添加这些元素。

后续工作

将来可以在游戏原型中添加一些元素，以下是相关说明。学习编程最好的方法就是先模仿例如本章的示例代码，然后尝试添加自己的修改。

- **欢迎界面**：可以在单独的场景中创建一个欢迎界面，并添加一个启动画面和一个“开始”按钮。由“开始”按钮调用 `SceneManager.LoadScene("_Scene_0")` 开始游戏。记住使用 SceneManager 之前，一定要在脚本头部添加 `using UnityEngine.SceneManagement` 语句。
- **Game Over 界面**：可以增加一个 Game Over 界面。可以在 Game Over 界面中展示玩家的最终得分，并让玩家知道自己是否打破了原来的最高得分纪录。Game Over 界面中还应该有一个“重新开始”按钮，用它调用 `SceneManager.LoadScene("_Scene_0")` 重新开始游戏。
- **变化的难度**：后面几个游戏原型中会涉及难度等级的变化，如果希望增加这个游戏的难度，可以把不同难度等级对应的 AppleTree 的各个字段值（例如 speed、chanceToChangeDirections、secondsBetweenAppleDrops 等）保存到一个数组或 List 中。使 List 中的每个元素对应不同难度等级下的各变量值，让第 0 个元素对应难度最小的级别，最后一个元素对应难度最大的级别。用变量 level 代表难度等级，在玩家玩游戏的过程中，每隔一段时间就让 level 增加 1，同时使用这个变量作为 List 的索引值，这样当 level=0 时，则使用 List 中第 0 个元素的各个变量。

如果想在游戏中添加一个开始场景或结束场景，需要将游戏中的每一个场景添加到 Build Seetings 场景列表。在 Unity 中打开每个场景，然后在 Unity 菜单中执行 File > Build Settings 命令。在打开的 Build Settings 窗口中单击“Add Open Scenes”按钮，当前场景的名称将被添加到场景的 Build 列表中。如果确实对此游戏创建了一个构建，则游戏在开始运行时首先加载编号为 0 的场景。

第 29 章

游戏原型 2：《爆破任务》

物理游戏很受大家欢迎，这也是《愤怒的小鸟》等游戏家喻户晓的原因。在本章中，将创建一个物理游戏，该游戏借鉴了《愤怒的小鸟》以及更早的 *Crossbows and Catapults*、*Worms*、*Scorched Earth* 等游戏。

本章包含以下内容：物理、碰撞、鼠标交互、难度级别和游戏状态管理。

29.1 准备工作：原型 2

因为这是第 2 个游戏原型，你已经拥有了一些开发经验，所以对于已经学习过的内容，笔者的讲解进度会加快一些。但对于新内容，仍会进行细致讲解。笔者建议你使用圆珠笔在教程中标记那些已经完成的步骤。

为本章创建新项目

按照标准的项目创建流程，在 Unity 中创建一个新项目。如果你需要复习流程，请参阅附录 A“项目创建标准流程”。

- 项目名称：Mission Demolition Prototype
- 场景名称：_Scene_0
- C#脚本名称：暂无

29.2 游戏原型概念

在本游戏中，玩家将使用弹弓把弹丸发射到一座城堡中，目标是炸掉城堡。每座城堡会有一个目标区域，弹丸需要碰到这些区域才能进入下一关。

以下是我们希望看到的事件顺序：

1．当玩家的鼠标光标处于弹弓附近的特定区域内时，弹弓会发光。

2．玩家在弹弓发光时单击鼠标左键（Unity 中的 button 0），会在鼠标光标位置出现一发弹丸。

3．当玩家按下鼠标左键并拖动时，弹丸会随鼠标移动，但会保持在弹弓的球状碰撞器内。

4．在弹弓的两个分叉到弹丸之间会出现两条白线，增加真实感。

5．玩家松开鼠标时，弹弓会把弹丸发射出去。

6．玩家的目标是让位于几米之外的城堡倒下并砸到其中的特定区域。

7．玩家要达到目标，可发射 3 发弹丸。最近发射的弹丸会留下一条轨迹，玩家可以在下一次发射时作为参考。

这些事件会涉及力学，唯有第 4 个事件仅涉及美学。其他用到绘图的元素都是出于游戏的力学，但第 4 个事件只是为了让游戏更为好看，所以绘图在本原型中并不十分重要。当你在纸上列出本游戏的概念时，要记得这一点。这并不是说你在原型中不需要美学的元素，你只需注意优先安排那些对游戏力学有直接影响的元素即可。对于时间和空间因素，本游戏关注的是其他元素，笔者留下第 4 个事件在后续章节介绍。

29.3　绘图资源

为进行后面的代码编写，需要先创建几个绘图资源。

地面

请按照以下步骤创建地面：

1．打开场景_Scene_0。确认在层级面板中可以看到_Scene_0 内容为主摄像机和平行光（如果看不到，单击层级面板_Scene_0 旁边的三角形展开符）。

2．创建一个立方体（在菜单栏中执行 GameObject>3D Object>Cube 命令）。将立方体重命名为 Ground。要使立方体在 *X* 轴方向上非常宽，请按以下数值设置它的变换组件。

Ground (Cube)　　　P:[0,-10,0]　　R[0,0,0]　　S[100,1,4]

3．新建一个材质（在菜单栏中执行 Assets>Create>Material 命令），将其命名为 Mat_Ground。

a．将材质设置为棕色。

b．将材质的 Smoothness 设置为 0（地面不会太亮）。

c．绑定到层级面板中的 Ground 游戏对象上（上一章中详细说明了操作方法）。

4．保存场景。

平行光

在 Unity 最新版本中，平行光默认存在场景中，但仍需要对其进行正确的设置，以符合实际项目。

1．在层级面板中选择平行光。平行光有一个特点，即它的位置变化对场景没有影响，这里只需要考虑平行光的方向。鉴于这个特点，我们可以按下列数值设置平行光源，把它移出去。

Directional Light P:[-10,0,0] R:[50,-30,0] S:[1,1,1]

2．保存场景。

摄像机设置

摄像机设置如下：

1．从层级面板中选择主摄像机（Main Camera），将其重命名为_Main Camera。

2．按以下数值设置其变换组件（确保 *Y* 坐标设置为 0）。

_Main Camera P:[0,0,-10] R:[0,0,0] S:[1,1,1]

3．对_MainCamera 摄像机组件做如下设置：

a．设置 Clear Flags 为 Solid Color。

b．选择一种看起来更像蓝天的亮背景色。

c．投影方式 Projection 更改为 Orthographic。

d．设置 Size 为 10。

最终设置如图 29-1 所示。特别要注意 Background 底部的颜色应为白色，而不是黑色。如果为黑色的，表明颜色值（或透明度）设置为 0（或完全透明/不可见）。要解决此问题，请单击颜色并将它的 A 值设置为 255。[1]

虽然前面已经使用过正投影摄像机，但未讨论过它的 Size 组件的含义。在正投影摄像机中，Size 用于设置摄像机视野中心到底部的距离，所以 Size 是摄像机视野高度的一半。可以参考下面的场景面板图解。Ground 位于 *Y*=–10 处，正好被游戏窗口的底边平分。[2]请尝试通过如图 29-2 所示中高亮显示的弹出菜单设置游戏面板的宽高比，你会发现不论选择哪种宽高比，立方体 Ground 的中心都正好位于游戏面板的底部之上。

4．在试验几次之后，选择 16:9 的宽高比。

5．保存场景（始终要记得保存场景）。

1．设置背景色并不那么重要，但通常 Unity 默认设置颜色为 0（前面章节已经提到过），笔者希望你养成检查所有颜色设置的习惯。

2．如果在游戏面板底部看不到 Ground，双击检查_MainCamera 的 *Y* 值为 0，并且 Ground 的 *Y* 值为 –10。如果在游戏面板中看不到平行光，可以单击“Gizmos”按钮使其可见。

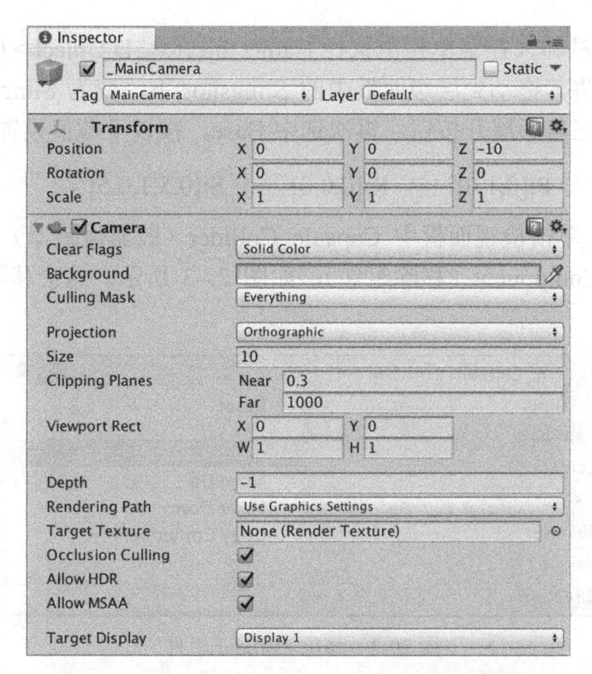

图 29-1　_Main Camera 的变换和摄像机组件设置

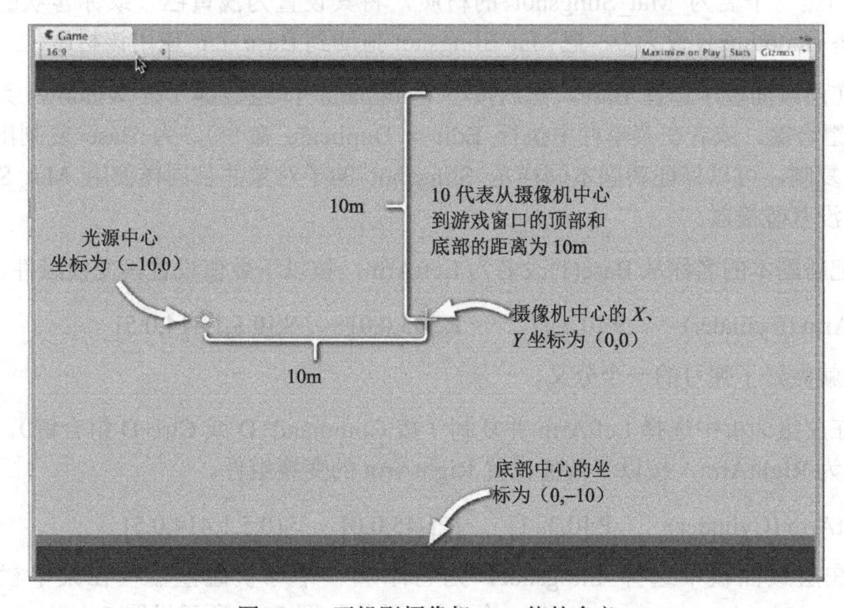

图 29-2　正投影摄像机 Size 值的含义

弹弓

接下来，我们会使用三个圆柱体做一个简单的弹弓：

1．首先创建一个空白游戏对象（在菜单栏中执行 GameObject > CrateEmpty 命令），将其命名为 Slingshot，并按以下数值设置变换组件。

Slingshot (Empty)　P:[0,0,0]　　R:[0,0,0]　　S:[1,1,1]

2．新建一个圆柱体（在菜单栏中执行 GameObject > 3D Object > Cylinder 命令），将其命名为 Base，并将其拖动到层级面板中的 Slingshot 下，变为 Slingshot 的子对象。单击 Slingshot 旁边的三角形展开按钮，再次选中 Base，按以下数值设置其变换组件。

Base (Cylinder)　　P:[0,1,0]　　R:[0,0,0]　　S:[0.5,1,0.5]

3．选中 Base，单击检视面板中 Capsule Collider（胶囊碰撞器）组件旁边的齿轮图标，选择 Remove Component（移除组件），如图 29-3 所示。这会移除 Base 的 Collider 组件。

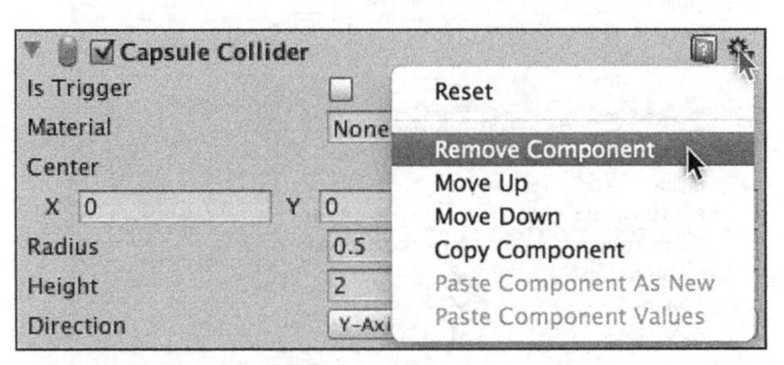

图 29-3　移除 Collider 组件

4．创建一个名为 Mat_Slingshot 的材质，将其设置为浅黄色（或你喜欢的任何颜色），并将 smoothness 设为 0。把 Mat_Slingshot 拖动到 Base 上，应用该材质。

5．在层级面板中选择 Base，然后按下 Command+D 组合键（在 Windows 系统下为 Ctrl +D 组合键，或者在菜单栏中执行 Edit > Duplicate 命令），为 Base 复制出一个副本。通过复制，可以保证新副本同样是 Slingshot 的子对象并且同样使用 Mat_Slingshot 材质，但没有碰撞器。

6．把新副本的名称从 Base(1)改名为 LeftArm，按以下数值设置其变换组件。

LeftArm (Cylinder)　　P:[0,3,1]　　R:[45,0,0]　　S:[0.5,1.414,0.5]

这样就做好了弹弓的一个分叉。

7．在层级面板中选择 LeftArm 并复制（按 Command+D 或 Ctrl+D 组合键）。将这个实例命名为 RightArm，按以下数值设置 RightArm 的变换组件。

RightArm (Cylinder)　　P:[0,3,-1]　　R:[-45,0,0]　　S[0.5,1.414,0.5]

8．在层级面板中选择 Slingshot，为它添加一个球状碰撞器（在菜单栏中执行 Component > Physics > Sphere Collider 命令），并按如图 29-4 所示设置 Sphere Collider 组件（Is Trigger= true，Center= [0, 4, 0]，Radius= 3）。

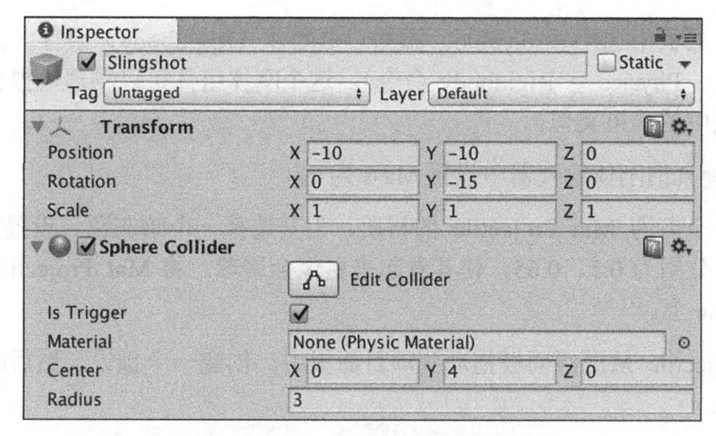

图 29-4 Sphere Collider 组件的设置

当碰撞器的 Is Trigger 为 true 时，它被称作触发器。在 Unity 中，触发器是物理模拟的构件之一，当其他碰撞器或触发器穿过时，触发器可以发出通知消息。但是，其他对象不会被触发器弹开，这一点有别于普通的碰撞器。我们将使用这个触发器处理弹弓的鼠标交互。

9．请按以下数值设置弹弓的变换组件。

Slingshot (Empty) P:[-10,-10,0] R:[0,-15,0] S:[1,1,1]

这样会把弹弓放在窗口左侧，即使在正投影摄像机下，加上 *Y* 轴上的-15°角的旋转也能使它产生一定的立体感。

10．最后，需要在弹弓上指定一个发射点，弹丸将从该位置发射出去。在层级面板中右击 Slingshot 并从快捷菜单中选择“Create Empty”选项创建一个新的 Slingshot 游戏子对象，重命名为 LaunchPoint。按以下数值设置 LaunchPoint 的变换组件。

LaunchPoint (Empty) P:[0,4,0] R:[0,15,0] S:[1,1,1]

Y 轴上 15°角的旋转会使 LaunchPoin 与全局坐标的 *XYZ* 坐标轴对齐（即抵消掉 Slingshot 上 15°角的旋转）。如果选择移动工具（按 W 键），可以在场景面板中看到 LaunchPoint 的位置和方位。[3]

11．保存场景。

弹丸

接下来是弹丸的设置。

1．在场景中创建一个名为 Projectile 的球体（在菜单栏中执行 GameObject >3D Object > Sphere 命令）。

3. 在 Unity 窗口左上方有两个按钮：一个用于在 Pivot 和 Center 之间切换，另外一个用于在 Local 和 Global 之间切换。“Local/Global”按钮用于设置 gizmo 的移动是否显示局部或全局坐标。通过选择 Move tool（W）选中一个旋转对象（比如弹弓），并切换这些按钮查看其对 gizmo 位置的影响。

2．在层级面板中选中 Projectile，添加一个刚体（Rigidbody）组件（在菜单栏中执行 Component > Physics > Rigidbody 命令）。这个刚体组件可以物理模拟真实弹丸，与《拾苹果》游戏中的苹果类似。

a．在弹丸的刚体检视器中设置 Mass 为 5。

3．新建一个名为 Mat_Projectile 的材质，为其选择一个暗灰色。设置它的 Metallic 和 Smoothness 分别为 0.5、0.65，使其看起来更像金属球。将 Mat_Projectile 应用到层级面板的 Projectile 上。

4．把 Projectile 从层级面板拖动到项目面板中，创建一个预设，然后删除层级面板中的 Projectile。

最终，项目面板和层级面板如图 29-5 所示。

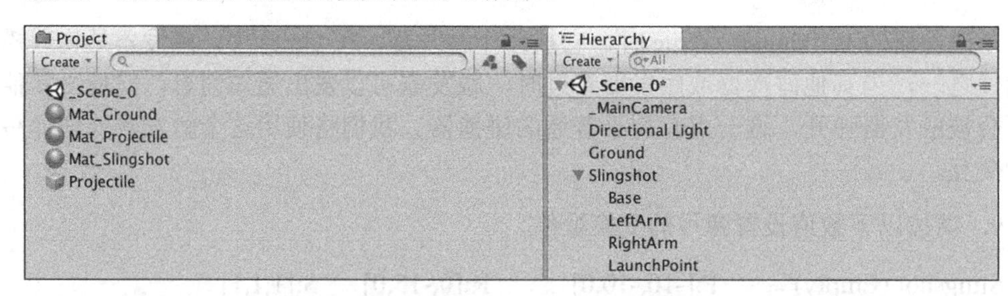

图 29-5　当前项目面板和层级面板，_Scene_0 旁边的星号提示保存修改

5．保存场景。

29.4　编写游戏原型的代码

准备好了绘图资源，接下来就应该编写项目代码了。将第一个脚本添加到 Slingshot 上，使它可以响应鼠标操作，实例化弹丸并发射。该脚本可以通过迭代累积的方式完成，即每次只增加一小段代码，测试完之后再增加一小段。在创建自己的代码时，这是一个很好的方法：实现一个容易编写的简单功能并测试，然后实现另一个小功能。

创建 Slingshot 类

请按以下步骤创建 Slingshot 类。

1．创建一个 C#脚本并命名为 Slingshot（在菜单栏中执行 Assets > Create > C# Script 命令），把它绑定到层级面板中的 Slingshot 上，然后在 MonoDevelop 中打开脚本，输入以下代码：

```
using UnityEngine;
using System.Collections;

public class Slingshot : MonoBehaviour {

    void OnMouseEnter() {
```

```
        print("Slingshot:OnMouseEnter()");
    }

    void OnMouseExit() {
        print("Slingshot:OnMouseExit()");
    }
}
```

2．保存脚本并返回 Unity。

3．单击“播放”按钮，然后让鼠标在游戏面板中的弹弓的球状碰撞器内移动。此时，会在控制台面板中输出 `Slingshot: OnMouseEnter()`。当鼠标移出弹弓的球状碰撞器时，会在控制台面板中输出 `Slingshot:OnMouseExit()`。脚本中的 `OnMouseEnter()`和 `OnMouseExit()`函数会自动在碰撞器和触发下运行。

这只是我们编写 Slingshot 脚本的第一步，但重要的是一小步一小步逐渐进行。

用画面显示 Slingshot 是否处于激活状态

接下来，我们将添加一个高光，让玩家知道 Slingshot 处于激活状态。

1．在层级面板中选择 LaunchPoint，为它添加一个 Halo（光晕）组件（在菜单栏中执行 Component > Effects > Halo 命令），即在 Launch Point 的位置创建一个发光球体。将光晕的大小调整为 3，颜色调整为浅灰色，确保醒目（笔者设置的值为[r: 191, g: 191, b: 191, a: 255]）。

2．然后在 Slingshot 脚本中添加以下代码。可以看出，现在应该注释出上次试验代码用的 `print()`语句：

```
public class Slingshot : MonoBehaviour {
    public GameObject launchPoint;

    void Awake() {
        Transform launchPointTrans = transform.Find("LaunchPoint");    //a
        launchPoint = launchPointTrans.gameObject;
        launchPoint.SetActive( false );                                 //b
    }

    void OnMouseEnter() {
        // print("Slingshot:OnMouseEnter()");
        launchPoint.SetActive( true );                                  //b
    }

    void OnMouseExit() {
        // print("Slingshot:OnMouseExit()");
        launchPoint.SetActive( false );                                 //b
    }
}
```

a. `transform.Find("LaunchPoint")`查询名为 LaunchPoint 的 Slingshot 的子对象，并返回给它的 Transform。下一行代码获取该 Transform 对应的游戏对象，并赋给游戏对象域的 LaunchPoint。

b. 游戏对象的 SetActive()方法可以让游戏渲染或忽视该游戏对象。下文很快会介绍到这部分。

3. 保存 Slingshot 脚本，返回 Unity 并单击“播放”按钮。你会看到当鼠标光标进入或离开弹弓的球状碰撞器时，光晕会变亮或变暗，表明玩家与弹弓交互的范围。

如代码//b 所示，如果游戏对象的 active 属性设置为 false，它就不会显示在屏幕上，也不会接受 Update()或 OnCollisionEnter()等任何函数调用。这时，游戏对象并没有销毁，它只是未激活。在游戏对象的检视面板中，在面板顶部的游戏对象名称左侧的复选框代表了游戏的激活状态，如图 29-6 所示。

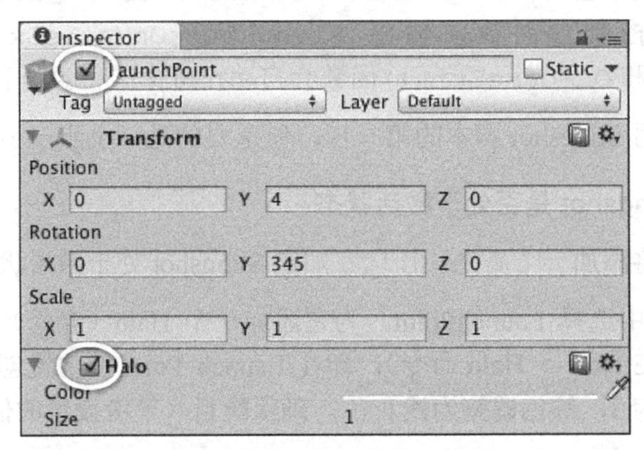

图 29-6　游戏对象的激活复选框和组件的启用复选框

游戏对象的组件也有类似的复选框，它表示该组件是否已启用。对于大多数组件（例如渲染器 Rederer 和碰撞器 Collider），可以通过代码设置其是否启用（例如 Renderer.Enabled=false），但出于某种原因，Halo 组件在 Unity 中不可访问，也就是说，我们不能通过 C#脚本操作 Halo 组件。在 Unity 中，会时不时地遇到这类问题，你需要换一种方法解决。在这里，不能禁用 Halo，所以我们转而停用包含该组件的游戏对象。

4. 保存场景。

实例化一个弹丸

接下来，当按下鼠标左键时，实例化一个弹丸对象。

警告：

不要修改下面列出的 **OnMouseEnter()**或 **OnMouseExit()**下的代码！在上一章中已经讲过这个问题，但这里再重复一遍，以防万一。

在 Slingshot 类的 OnMouseEnter()和 OnMouseExit()代码中，会看到花括号和省略号{...}（花括号内包含省略号）。随着我们的游戏越来越复杂，脚本也会越来越长。只要你看到之前已经写好的函数名称后面是{...}，这就代表花括号中的原有代码未做修改。在本例中，OnMouseEnter()和 OnMouseExit()中的代码应该仍然是：

```
void OnMouseEnter() {
    //print("Slingshot:OnMouseEnter()");
    launchPoint.SetActive( true );
}
void OnMouseExit() {
    //print("Slingshot:OnMouseExit()");
    launchPoint.SetActive( false );
}
```

请注意这一问题，如果代码中出现省略号，它是为了缩短本书中的示例代码长度，省略掉之前已经输入过的代码内容。{…}并非实际的C#代码。

1．在 Slingshot 脚本中添加以下代码：

```
public class Slingshot : MonoBehaviour {
    // 在Unity检视面板中设置的字段
    [Header("Set in Inspector")]                             // a
    public GameObject prefabProjectile;

    // 动态设置的字段
    [Header("Set Dynamically")]                              // a
    public GameObject launchPoint;
    public Vector3 launchPos;                                // b
    public GameObject projectile;                            // b
    public bool aimingMode;                                  // b

    void Awake() {
        Transform launchPointTrans = transform.FindChild("LaunchPoint");
        launchPoint = launchPointTrans.gameObject;
        launchPoint.SetActive( false );
        launchPos = launchPointTrans.position;               // c
    }

    void OnMouseEnter() {…} // Do not change OnMouseEnter()

    void OnMouseExit() {…} // Do not change OnMouseExit()

    void OnMouseDown() {                                     // d
        // 玩家在鼠标光标悬停在弹弓上方时按下了鼠标左键
        aimingMode = true;
        // 实例化一个弹丸
        projectile = Instantiate( prefabProjectile ) as GameObject;
        // 该实例的初始位置位于launchPoint处
        projectile.transform.position = launchPos;
        // 设置当前的isKinematic属性
        projectile. GetComponent<Rigidbody>().isKinematic = true;
    }
}
```

a．像这种括号之间的代码称为编译器属性，它向 Unity 或编译器发出特定指令。在本例中，Header 属性通知 Unity 在脚本检视视图中创建一个标题。保存代码后，在层级面板中选择 Slingshot，查看 Slingshot(Script)组件。你可以看到公有变量分为两类：一类是在检视器中已经设置的，另一类是在游戏运行时动态设置的。

在本例中，在运行游戏之前，必须先在检视面板中设置 `prefabProjectile`（指向用于创建所有弹丸实例的预设），而其他变量应当用代码动态设置。Header 文件使得在检视器中可以很清楚地看出它们的区别。

b．其他新字段如下：

- `LaunchPos` 变量用于存储 `launchPoint` 的 3D 世界坐标位置。
- `Projectile` 变量则用于引用已创建的 Projectile 实例。
- `aimingMode` 正常情况下为 false，但当在弹弓上按下鼠标左键时，就会将它的值设置为 true。这是一个状态变量，可以让其余代码做出相应动作。在下一节中，我们会为 Slingshot 的 `Update()` 方法编写 `aimingMode ==true` 时的代码。

c．在 `Awake()` 中，我们添加一行代码设置 `launchPos` 的值。

d．本段示例的大部分代码都包含在 `OnMouseDown()` 方法中。

只有当玩家在 Slingshot 游戏对象的 Collider 组件区域内按下鼠标左键时，才会调用 `OnMouseDown()`，所以只有当鼠标光标位于有效的初始位置时，才会调用这个方法。这时，会使用 `prefabProjectile` 创建一个实例，并且赋给 `projectitle` 变量。然后 `projectile` 会被放置在 `launchPos` 所指示的位置。最后，会把 Projectile 对象的 Rigidbody 组件的 `isKinematic` 设置为 true。当 Rigidbody 为运动学刚体时，对象的运动不会自动遵循物理原理，但仍然属于物理模拟的构成部分（即刚体的运动不会受到碰撞和重力的影响，但仍然会影响其他非运动学刚体的运动）。

2．保存并返回 Unity。请在层级面板中选中 Slingshot，将 `prefabProjectile` 设置为项目面板中的 Projectile 预设（方法是在检视面板中单击 prefabProjectile 右侧的小圆圈图标，或者直接把项目面板中的 Projectile 预设拖动到检视面板中的 prefabProjectile 之上）。

3．单击“播放”按钮，在弹弓的激活区域移动鼠标并单击，将看到鼠标光标位置处会出现弹丸的实例。

4．现在，我们要让它实现更多的功能。请在 `Slingshot` 类中加入以下字段以及 `Update()` 方法：

```
public class Slingshot : MonoBehaviour {
    //在Unity检视面板中设置的字段
    [Header("Set in Inspector")]
    public GameObject prefabProjectile;
    public float velocityMult = 8f;                                    // a
```

```
        // 动态设置的字段
        [Header("Set Dynamically")]
        …
        public bool  aimingMode;

        private Rigidbody  projectileRigidbody;                       // a

        void Awake() { … }
        …

        void OnMouseDown() {
            …
            //设置当前的 isKinematic 属性
            projectileRigidbody = projectile.GetComponent<Rigidbody>(); // a
            projectileRigidbody.isKinematic = true;                     // a
        }

    void Update() {
        // 如果弹弓未处于瞄准模式（aimingMode），则跳过以下代码
        if (!aimingMode) return;                                        // b

            // 获取鼠标光标在 2D 窗口中的当前坐标
            Vector3 mousePos2D = Input.mousePosition;                   // c

            mousePos2D.z = -Camera.main.transform.position.z;
            Vector3 mousePos3D = Camera.main.ScreenToWorldPoint( mousePos2D );

            // 计算 launchPos 到 mousePos3D 两点之间的坐标差
            Vector3 mouseDelta = mousePos3D-launchPos;
            //将 mouseDelta 坐标差限制在弹弓的球状碰撞器半径范围内
            float maxMagnitude = this.GetComponent<SphereCollider>().radius;
            if (mouseDelta.magnitude > maxMagnitude) {
            mouseDelta.Normalize();
            mouseDelta *= maxMagnitude;
            }
        // 将 projectitle 移动到新位置
        Vector3 projPos = launchPos + mouseDelta;
        projectile.transform.position = projPos;
        if ( Input.GetMouseButtonUp(0) ) {                              // e
            // 如果已经松开鼠标
            aimingMode = false;
            projectileRigidbody.isKinematic = false;
            projectileRigidbody.velocity = -mouseDelta * velocityMult;
            projectile = null;
        }
    }
}
```

在行间注释中已经对大部分代码做了解释，但这里需要对向量运算做一些说明，如图 29-7 所示。

a. 确保修改了这三个地方。`OnMouseDown()`新增的最后两行代码取代签名示例代码中对应部分。

b. 如果 Slingshot 不在 aimingMode 中则返回，不执行其余部分代码。

c. 将鼠标光标位置从屏幕坐标转换为世界坐标。前一章讨论了这部分内容。

d. 这段代码限制了弹丸的运动，以保持弹丸在球面刚体半径范围内的中心位置。下文会详细介绍。

e. `Input.GetMouseButtonUp(0)`是获取鼠标按键状态的另一种方式。

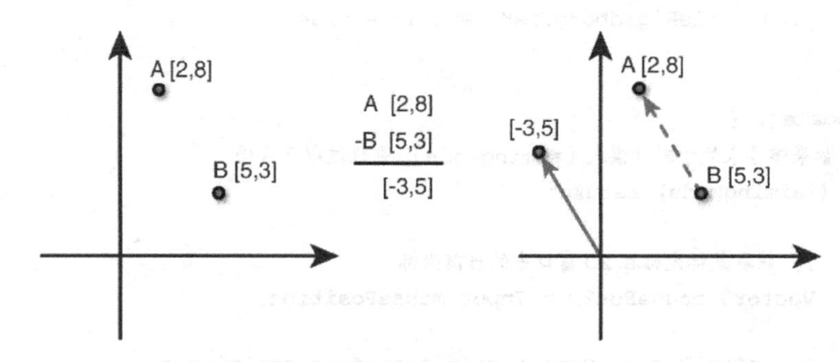

图 29-7 二维向量减法：*A–B* 指向 *A*

如图 29-7 所示，向量加减运算是将各分量分别相加减。图中以二维向量为例，但三维向量也适用同样的方法。向量 *A* 和 *B* 的 *X*、*Y* 分量分别相减，得到一个新的二维向量(2-5,8-3)，即(-3, 5)。图中演示的 *A-B* 得到的是 *A* 和 *B* 之间的向量距离，同时也是从点 B 移动到点 A 所移动的方向和距离。为方便记忆，可缩写为“*A-B* 指向 *A*”。

这在 `Update()`方法中非常重要，因为弹丸需要位于从 `launchPos` 出发指向当前鼠标光标位置的向量之上，这一向量称作 `mouseDelta`。但是，Projecttile 在 `mouseDelta` 上移动的距离不能大于 `maxMagnitude`，即 Slingshot 的球状碰撞器的半径（当前在检视面板中的 Collider 组件下将该数值设置为 3m）。

如果 `MouseDelta` 大于 `maxMagnitude`，则它的长度被限定为 `maxMagnitude`。这可以通过调用 `mouseDelta.Normalize()`方法（在保持 `MouseDelta` 方向不变的前提下将它的长度变为 `1`），然后让其乘以 `maxMagnitude` 来实现。

弹丸会被移动到计算得出的位置。如果你试玩这个游戏，会看到弹丸会随鼠标光标移动，但会被限制在特定的半径之内。

只有在松开鼠标左键后的第一帧中，`Input.GetMouseButtonUp(0)`才会返回

true。[4]也就是说 `Update()` 最后的 `if` 语句是在松开鼠标的帧中执行的。在该帧中：

- `aimingMode` 被设置为 `false`。
- 将弹丸的刚体组件设置为 non-kinematic（非运动学），使它可以受重力影响。
- 代码还给弹丸赋予了一个初速度，速度大小与其到 `launchPos` 的距离成正比。
- 最后，将 `projectile` 变量设置为 `null`。这不会删除已创建的弹丸实例，只是让 `projectile` 字段留空，以便在下次弹弓发射时可以在其中存储另一个实例。

5．单击“播放”按钮，体验一下游戏中的弹弓。看看弹丸实例发射的速度是否合适？请在检视面板中调整 `velocityMult` 的值，体验一下哪个值最合适。笔者最终选择的是 10。记得停止 Unity 重播，以维持当前设置。

6．保存场景。

现在，弹丸实例会很快飞出屏幕。可以设置一个摄像机追踪它的轨迹。

自动跟踪摄像机

在弹丸发射以后，我们需要让主摄像机（_Main Camera）跟踪它，但是摄像机的行为还要更为复杂一些。对摄像机行为的完整描述如下：

A．弹弓处于瞄准状态时（`aimingMode==true`），摄像机固定于初始位置。

B．弹丸发射之后，摄像机跟踪它（加一些平滑效果，使画面更流畅）。

C．摄像机随弹丸移到空中之后，要增加 Camera.orthographiceSize，使地面（Ground）始终保持在画面底部。

D．当弹丸停止运动之后，摄像机停止跟踪并返回到初始位置。

具体实现步骤如下：

1．创建一个名为 FollowCam 的脚本（在菜单栏中执行 Assets > Create > C# Script 命令）。

2．把 FollowCam 脚本拖动到_Main Camera 检视面板中，成为_Main Camera 的组件。

3．双击打开 FollowCam 脚本，并输入以下代码：

```
using UnityEngine;
using System.Collections;
```

4．这就是为什么在 `FixedUpdate()` 中不能可靠地使用以 `Up` 或者 `Down` 结束的输入函数，例如 `Input.GetMouseButtonUp()`、`Input.GetKeyDown()` 和其他类似函数。FixedUpdate 每秒正好运行 50 次，而 Update（或可视帧）每秒可能运行 400 次。如果是那样的话，两次 FixedUpdate 之间可能会多次执行 Update；如果 `Input.GetKeyDown()` 为 true（除非是多次 Update 情况下的最后一次），在 `FixedUpdate()` 中它的值始终为 false。当这种情况发生时，键盘或者鼠标按键就像坏了一样，因为单击时几乎不起作用。将…`Up` 或者…`Down` 的代码移到 `Update()` 中，就可以解决了。

```
public class FollowCam : MonoBehaviour {

    static public GameObject POI;       //兴趣点常量坐标            //a

[Header("Set Dynamically")]

    public float camZ;          // 摄像机的 Z 坐标

    void Awake() {
            camZ = this.transform.position.z;
    }

    void FixedUpdate () {
        // 如果 if 后面只有一行代码，可以不用花括号
        if (POI == null) return;  // 如果兴趣点不存在，则返回         //b

        // 获取兴趣点的位置
        Vector3 destination = POI.transform.position;
        // 保持 destination.z 的值为 camZ，使摄像机足够远
        destination.z = camZ;
        // 将摄像机位置设置到 destination
        transform.position = destination;
    }
}
```

a. POI 是摄像机应该追踪的兴趣点坐标值（比如弹弓）。作为一个全局静态变量，FollowCam 类所有单例对象的 POI 值都相同，可以在代码任何位置通过 FollowCam. POI 访问 POI 变量，这样 Slingshot 代码可以很方便通知 _MainCamera 和哪个弹弓匹配。

b. 如果 POI 设置为空（默认值），FixedUpdate()函数返回，即不会执行该方法的代码。

camZ 变量为摄像机的初始 *z* 坐标。在 FixedUpdate()中，摄像机与 POI 的 *x,y* 坐标一致，唯有 *z* 坐标不同（这可以避免摄像机距离 POI 过近而使其不可见）。笔者使用 Fixed Update()替换 Update()，是因为生成的弹弓是基于物理引擎移动的，该引擎通过 FixedUpdate()方法在 sync 中更新。

4. 打开 SlingShot 脚本，在 Update()代码最后两行之间加入相应的粗体字代码：

```
public class Slingshot : MonoBehaviour {
…
   void Update() {
     …
     if ( Input.GetMouseButtonUp(0) ) {
            …
        projectile.rigidbody.velocity = -mouseDelta * velocityMult;
        FollowCam. POI = projectile;
```

```
            projectile = null;
        }
    }
}
```

本行代码将静态公有变量 FollowCam. POI 设置为新发射的弹丸。请在 MonoDevelop 中保存所有脚本，返回 Unity，单击播放按钮查看游戏。

你可能会注意到下面一些问题：

A．如果把场景面板拉得足够远，会看到弹丸实际上已经飞出了地面的尽头。

B．如果朝向地面发射，会看到弹丸在撞到地面以后既不反弹也不停下来。如果在发射后按下暂停键，在层级面板中选中弹丸（高亮并使场景面板沿中心围绕），然后单击“播放”按钮，会看到它在撞到地面后会无休止地向前滚动。

C．当弹丸刚发射时，摄像机会跳到弹丸的位置，看起来有些突兀。

D．当弹丸达到一定高度之后（或超出地面边界），在画面上只能看到天空，很难看出它的高度。

按照以下步骤逐一解决这些问题（通常是按照由易到难的顺序解决）。

首先，要解决问题 A，可以把 Ground 的变换组件修改为 P:[100,-10,0] R:[0,0,0] S:[400,1,4]。

要解决问题 B，需要为弹丸添加刚体约束和物理材质（Physic Material）。

1．请在项目面板中选中 Projectile 预设。

2．在 Rigidbody 组件中，从 Collision Detection（碰撞检测）下拉菜单中选择 Continuous（连续）选项。若想深入了解碰撞检测的类型，可以单击 Rigidbody 组件右上角的帮助图标查看帮助文件。简而言之，连续碰撞检测比 Discrete（非连续）更加耗费 CPU 资源，但能够更精确地处理快速移动的物体，例如这里的弹丸。

3．同样在 Rigidbody 组件中：

a．展开 Constraints 选项。

b．勾选 Freeze Position（冻结位置）中的 Z 选项。

c．勾选 Freeze Rotation（冻结旋转）中的 X、Y 和 Z 选项。

勾选 Freeze Position 中的 Z 选项可以冻结弹丸的 *Z* 坐标，使它不会朝向摄像机移动或远离摄像机（使它与地面以及将来要添加的城堡处于相同的 *Z* 深度）。勾选 Freeze Rotation 中的 X、Y 和 Z 选项，使它不会滚动。

4．保存场景，单击“播放”按钮并再次尝试发射弹丸。

这些刚体组件设置可以防止弹丸无休止地滚动下去，但是感觉仍然不真实。我们在生活中一直能体验物理运动，可以从中直观地感受到哪些行为更像自然、真实世界的物理运动。对于玩家来说，同样如此。也就是说，尽管物理是一个需要大量数学建模的复杂系统，但如果能让游戏中的物理符合玩家的习惯，就不必向他们解释太多数学原理。

为物理模拟对象添加一种物理材质，可以让它感觉更为真实。

5．在菜单栏中执行 Assets > Create > Physic Material 命令。

6．将材质命名为 PMat_Projectile。

7．单击 PMat_Projectile，在检视面板中将 bounciness 设置为 1。

8．把 PMat_Projectile 拖动到 Projectile 预设（同样在项目面板中）之上，将其应用到 Projectile.SphereCollider。

9．保存场景，单击“播放”按钮并再次尝试发射弹丸。

选中 Projectile 预设，就能在检视面板中看到 PMat_projectile 已经赋给了球状碰撞器的材质。再次单击“播放”按钮，会看到弹丸在触地后会反弹起来，而不再是向前滑动。

问题 C 可以通过两种方法共同解决：通过插值使画面更平滑，并对摄像机位置加以限制。实现方式如下：

1．首先实现平滑，请在 FollowCam 加入以下粗体字代码：

```
public class FollowCam : MonoBehaviour {
static public GameObject POI;                              //兴趣点的静态坐标

[Header("Set in Inspector")]
public float easing = 0.05f;

[Header("Set Dynamically")]
…
void FixedUpdate () {
// 如果if语句后只有一行代码，那么就不需要括号
if (POI == null) return;                                   //没有poi则返回
//获取poi坐标
Vector3 destination = POI.transform.position;
// 在摄像机当前位置和目标位置之间增添插值
destination = Vector3.Lerp(transform.position, destination, easing);
// 保持destination.z的值为camZ，使摄像机距离足够远
destination.z = camZ;
// 设置摄像机到目标位置
transform.position = destination;
}
}
```

Vector3.Lerp()方法返回两点之间的一个线性插值位置，取两点位置的加权平均值。如果第三个参数 easing 的值为 0，Lerp()会返回第一个参数（transform.position）的位置。如果 easing 值为 1，Lerp()将返回第二个参数（destination）的位置；如果 easing 值在 0 到 1 之间，则 Lerp()返回值将位于两点之间（当 easing 为 0.5 时，返回两点的中点）。这里让 easing=0.05，让摄像机从当前位置将向 POI 位置移动，每 FixedUpdate 移动 5%的距离（比如物理模拟的更新频

率是50fps)。因为POI的位置在持续移动，所以我们会得到一个平滑的摄像机跟踪运动。请尝试使用不同的easing值，看看该值如何影响摄像机运动。这是一种非常简单的线性插值方法。请阅读附录B中的相关内容，了解关于线性插值的更多知识。

2. 现在，为跟踪摄像机的位置添加一些限制，代码如下:

```
public class FollowCam : MonoBehaviour {
…
[Header("Set in Inspector")]
public float easing = 0.05f;
public Vector2 minXY = Vector2.zero;;

[Header("Set Dynamically")]
…
void FixedUpdate () {
//如果if语句后只有一行代码，那么就不需要括号
if (POI == null) return;                    //没有poi则返回        //b

    //获取poi坐标
    Vector3 destination = POI.transform.position;
    // 限定x和y的最小值
    destination.x = Mathf.Max( minXY.x, destination.x );
    destination.y = Mathf.Max( minXY.y, destination.y );
    //在摄像机当前位置和目标位置之间增添插值
    …
    }
}
```

二维向量minXY的默认值是[0,0]，这个值正好满足我们的需要。Mathf.Max()取传入的两个参数当中的最大值。当弹丸刚发射时，它的X坐标值为负值，所以Mathf.Max()可以保证摄像机不会移动到X轴的负方向上。同样，第二行的Mathf.Max()代码可以避免当弹丸的Y坐标小于0时，摄像机落到$Y = 0$以下的面板上。

问题D可以通过动态调整摄像机的orthographicSize解决。

1. 请在FollowCam脚本中添加以下粗体代码:

```
public class FollowCam : MonoBehaviour {
  …
  void FixedUpdate () {
    …
    //设置摄像机到目标位置
    transform.position = destination;
    // 设置摄像机的orthographicSize，使地面始终处于画面之中
    Camera.main.orthographicSize = destination.y + 10;
  }
}
```

上面添加的Mathf.Max()代码可以解决这个问题，因为我们知道

destination.y 永远不会小于 0，所以 orthographicSize 的最小值是 10，随着 destination.y 增大，摄像机的 orthographicSize 同样会增大，使得地面始终处于画面之中。

2．在层级面板中双击 Ground，使整个 Ground 游戏对象在场景面板中完全显示。

3．选中_Main Camera，单击“播放”按钮，并发射弹丸。在场景面板中，会看到摄像机的视野会随着弹丸的飞行而平滑缩放。

4．保存场景。

相对运动错觉和速度感

跟踪摄像机现在已经可以完美工作了，但仍然很难感觉出弹丸的运动速度，当它在空中飞行时更是如此。要解决这个问题，我们需要利用相对运动错觉的概念。相对运动错觉是由于周围物体快速经过而造成运动感，在 2D 游戏中的视差滚动就是基于这一原理。在 2D 游戏中，视差滚动为使前景物体快速经过，而让背景物体以更慢的速度相对于主摄像机移动。关于视差滚动系统的完整介绍超出了本教程的范围，但在这里至少可以创建一些云朵并随机布置在天空中，从而制造一种简单的相对运动错觉。当弹丸经过云朵时，玩家就可以感知到这种相对运动。

绘制云朵

要完成这项工作，你需要制造一些简单云朵：

1．首先新建一个球体（在菜单栏中执行 GameObject > 3D Object > Sphere 命令）。

a．将鼠标光标移动到检视面板中的 Sphere Collider 组件之上，单击鼠标右键并从快捷菜单中选择“Remove Component”选项，移除球状碰撞器。

b．设置球体对象 Sphere 的变换组件为[0,0,0]，让它在游戏面板和场景面板中均可见。

c．将球体重命名为 CloudSphere。

2．新建一个材质（在菜单栏中执行 Asset > Create > Material 命令），并命名为 Mat_Cloud。

a．将 Mat_Cloud 拖动到 CloudSphere 上并在项目面板中选中 Mat_Cloud。

b．在检视面板 Shader（着色器）组件旁边的下拉菜单中执行 Self-Illiumin（自发光） > Diffuse（漫射光）命令。这个着色器是自发光的（它自身会发光），同时也会响应场景中的平行光。

c．单击检视面板中的色块，使用 Unity 的拾色器为 Mat_Clound 设置一种 50%的灰色（即 RGBA 为[128,128,128,255]），这样游戏面板中的 CloundSphere 左下角会稍呈浅灰色，看起来有点像阳光下的云朵。

d．将 CloudSphere 从层级面板拖动到项目面板中，创建为一个预设。

e．删除层级面板中的 CloudSphere 实例。

3．创建一个空白对象（在菜单栏中执行 GameObject > Create Empty 命令），将其重命名为 Cloud。

a．在层级中选择 Cloud，设置其变换组件为 P:[0,0,0]。

b．在 Cloud 检视器中，单击“Add Component”按钮并选择 New Script。

c．将新脚本命名为 Cloud，并确认是 C#语言的，然后单击“创建”和“添加”按钮。这个新建脚本会自动添加到 Cloud。

我们使用程序生成“云”（即通过随机化和代码），而不是自己编写“云”的代码。这和在 *Minecraft* 游戏中创建世界一样。相对于 *Minecraft*，创建云的代码非常简单，但它可以积累随机化和调整过程方面的编码经验。

4．打开 Cloud 脚本输入以下代码：

```
using System.Collections;
using System.Collections.Generic;
using UnityEngine;

public class Cloud : MonoBehaviour {
    [Header("Set in Inspector")]                                        //a
    public GameObject cloudSphere;
    public int  numSpheresMin = 6;
    public int  numSpheresMax = 10;
    public Vector3  sphereOffsetScale = new Vector3(5,2,1);
    public Vector2  sphereScaleRangeX = new Vector2(4,8);
    public Vector2  sphereScaleRangeY = new Vector2(3,4);
    public Vector2  sphereScaleRangeZ = new Vector2(2,4);
    public float  scaleYMin = 2f;

    private List<GameObject> spheres;                                   //b

    void Start () {
        spheres = new List<GameObject>();

        int num = Random.Range(numSpheresMin, numSpheresMax);           //c
        for (int i=0; i<num; i++) {
            GameObject sp = Instantiate<GameObject>( cloudSphere ); //d
            spheres.Add( sp );
            Transform spTrans = sp.transform;
            spTrans.SetParent( this.transform );

            // 随机分配位置
            Vector3 offset = Random.insideUnitSphere;                   //e
            offset.x *= sphereOffsetScale.x;
            offset.y *= sphereOffsetScale.y;
            offset.z *= sphereOffsetScale.z;
            spTrans.localPosition = offset;                             //f
```

```
            // 随机分配缩放
            Vector3 scale = Vector3.one;                                    //g
            scale.x = Random.Range(sphereScaleRangeX.x, sphereScaleRangeX.y);
            scale.y = Random.Range(sphereScaleRangeY.x, sphereScaleRangeY.y);
            scale.z = Random.Range(sphereScaleRangeZ.x, sphereScaleRangeZ.y);

                // 根据 x 与中心距离调整 y 的缩放
                scale.y *= 1 - (Mathf.Abs(offset.x) / sphereOffsetScale.x);
                // h
                scale.y = Mathf.Max( scale.y, scaleYMin );

                spTrans.localScale = scale;  // i
        }
    }

    // 每帧调用 Update 函数
    void Update () {
        if (Input.GetKeyDown(KeyCode.Space)) {                          //j
            Restart();
        }
    }

    void Restart() {                                                    //k
        //清除旧的球体
        foreach (GameObject sp in spheres) {
            Destroy(sp);
    }

    Start();
    }
}
```

a. 所有这些变量都用来设置随机生成云的参数。

- numSpheresMin/numSpheresMax：CloudSpheres 可以实例化的最小和最大值（实际上 max 大于 1）。
- sphereOffsetScale：在各个维度上，CloudSphere 距离云中心的最大距离（正或负）。
- sphereScaleRangeX/Y/Z：各个维度的缩放范围。CloudSpheres 的默认设置通常是宽度大于高度。
- scaleYMin：在 Start() 函数末尾，每个 CloudSphere 根据与 *X* 维度中心的距离，在 *Y* 维度上缩小，这使得云的左右变薄。scaleYMin 是 *Y* 维度上允许缩放的最小比例（否则会变成超级薄云）。

b. List<GameObject> spheres 保存当前云实例化的所有 CloudSpheres 的引用。

c. 随机选择添加到当前云的 CloudSpheres 数目。

d. 逐一实例化 CloudSphere 并添加到 spheres。CloudSphere 的变换会赋给 spTrans，每个 CloudSphere 的父对象将设置为当前云的变换。this.transform 与 transform 完全相同；this 是可选的。

e. 选择一个单位球面内的随机点（即距离原点[0, 0, 0]在 1 个单位内的任意点）。该点的每个维度（*X*，*Y*，*Z*）乘以对应的 sphereOffsetScale。

f. 分配给 CloudSphere 的 transform.position 的 localPosition 的偏移量变换总是位于世界坐标，而 transform.localPosition 是相对于父对象的中心（在本例中是 this Cloud）。

g. 不同尺度的随机化处理方式不同。对于每个 sphereScaleRange Vector2s，*X* 维度保存最小值，*Y* 维度保存最大值。

h. 在选择随机尺度之后，*Y* 维度根据 CloudSphere 距离 Cloud 在 *X* 方向的偏移量而改变。在 *X* 方向越远，*Y* 的尺度越小。

i. scale 赋给 CloudSphere 的 localScale。因为尺度总是与父对象的变换相关，因此不存在 transform.scale 变量，只有 localScale 和 lossyScale 变量。只读属性 lossyScale 以世界坐标返回尺度，表示其为估算值。

j. 这段代码只是用来测试的。在 Unity 中按空格键将调用 Restart()（如// k 代码）。

k. 当 Restart() 被调用时，它会销毁子对象 CloudSpheres 并再次调用 Start() 生成新的子对象。

5. 保存 Cloud 脚本并返回 Unity。

6. 在层级面板中选择 Cloud 并将 CloudSphere 预设赋给 Cloud(Script)检视器的 cloudSphere 变量。

单击“播放”按钮，你将看到生成一个随机云。每次按空格键会调用 Restart() 函数，销毁当前云对象并创建一个新的对象。这样通过反复按空格键可以在检视器的 Cloud(Script)中测试云的不同设置。你可以尝试一下，然后调整到自己喜欢的设置。

防止在游戏中丢失检视器设置值

如上一章所述，在停止游戏的时候（即再次单击“播放”按钮），在 Cloud(Script)检视器中修改的任何值都返回到它们的初始值，直到重新开始游戏。下面是解决这个问题的方法。

1. 当游戏仍在进行时，单击 Cloud(Script)组件名右边的小齿轮按钮，从弹出菜单中选择“Copy Component”选项。

2. 停止播放（再次单击“播放”按钮）。

3. 再次单击 Cloud(Script)组件名旁边的小齿轮按钮，这次选择“Paste Component

Values”选项。

在游戏中将使用第 3 步选择的值替换检视器中的值。

注释掉测试代码

按下空格键并创建新云的功能实际上只用于测试阶段，因此设置完你喜欢的 Cloud(Script)检视器值之后，该去掉测试代码了。你可能希望后面再使用此测试代码，这里不必删除代码，注释掉就可以。

1. 打开 Cloud 脚本。

2. 注释掉 `Update()` 函数中的所有代码行。

```
public class Cloud : MonoBehaviour {
    …
    void Update () {
//        if (Input.GetKeyDown(KeyCode.Space)) {
//            Restart();
//        }
    }
    …
}
```

现在，`Restart()`将不再被调用，所以不需要注释掉 `Restart()`函数。

绘制多朵云

在创建单朵云的基础上，本小节将讲解如何绘制多朵云。

1. 通过将层级中的 Cloud 游戏对象拖动到项目面板中生成 Cloud 预设。从层级中删除 Cloud 实例。删除层级面板中的 Cloud 实例。

2. 创建一个名为 CloudAnchor 的空白游戏对象（在菜单栏中执行 GameObject > Create Empty 命令），这个游戏对象将作为所有 Cloud 的父对象，使层级面板在游戏运行时可以保持整洁。设置 CloudAnchor 的变换为 P:[0, 0, 0]。

3. 新建一个名为 CloudCrafter 的脚本，将它添加到_Main Camera 上。这会为_Main Camera 添加第二个脚本组件，在 Unity 中，只要两个脚本不互相冲突（例如，不会在每一帧中设置同一游戏对象的位置），这样做没有任何问题。因为 FollowCam 脚本负责移动摄像机，而 CloudCrafter 脚本负责在空中摆放云朵，二者不会发生任何冲突。

4. 请在 CloudCrafter 脚本中输入以下代码：

```
using UnityEngine;
using System.Collections;

public class CloudCrafter : MonoBehaviour {
    [Header("Set in Inspector")]
    public int numClouds = 40;          // 要创建云朵的数量
    public GameObject[] cloudPrefabs; // 云朵预设的数组
```

```
public Vector3 cloudPosMin = new Vector3(-50,-5,10);   // 云朵位置的下限
public Vector3 cloudPosMax = new Vector3(150,100,10);  // 云朵位置的上限
public float cloudScaleMin = 1;      // 云朵的最小缩放比例
public float cloudScaleMax = 5;      // 云朵的最大缩放比例
public float cloudSpeedMult = 0.5f;  // 调整云朵速度

public GameObject[] cloudInstances;

void Awake() {
    //创建一个cloudInstances数组，用于存储所有云朵的实例
    cloudInstances = new GameObject[numClouds];
    // 查找CloudAnchor父对象
    GameObject anchor = GameObject.Find("CloudAnchor");
    // 遍历Cloud_s并创建实例
    GameObject cloud;
    for (int i=0; i<numClouds; i++) {
        //创建cloudPrefab实例
        cloud = Instantiate<GameObject>( cloudPrefab );
        // 设置云朵位置
        Vector3 cPos = Vector3.zero;
        cPos.x = Random.Range( cloudPosMin.x, cloudPosMax.x );
        cPos.y = Random.Range( cloudPosMin.y, cloudPosMax.y );
        // 设置云朵缩放比例
        float scaleU = Random.value;
        float scaleVal = Mathf.Lerp( cloudScaleMin, cloudScaleMax, scaleU );
        // 较小的云朵（即scaleU值较小）离地面较近
        cPos.y = Mathf.Lerp( cloudPosMin.y, cPos.y, scaleU );
        // 较小的云朵距离较远
        cPos.z = 100 - 90*scaleU;
        // 将上述变换数值应用到云朵
        cloud.transform.position = cPos;
        cloud.transform.localScale = Vector3.one * scaleVal;
        // 使云朵成为CloudAnchor的子对象
        cloud.transform.parent = anchor.transform;
        // 将云朵添加到CloudInstances数组中
        cloudInstances[i] = cloud;
    }
}
void Update() {
    // 遍历所有已创建的云朵
    foreach (GameObject cloud in cloudInstances) {
        // 获取云朵的缩放比例和位置
        float scaleVal = cloud.transform.localScale.x;
        Vector3 cPos = cloud.transform.position;
        // 云朵越大，移动速度越快
        cPos.x -= scaleVal * Time.deltaTime * cloudSpeedMult;
```

```
                // 如果云朵已经位于画面左侧较远位置
                if (cPos.x <= cloudPosMin.x) {
                    // 则将它放置到最右侧
                    cPos.x = cloudPosMax.x;
                }
                // 将新位置应用到云朵上
                cloud.transform.position = cPos;
            }
        }
}
```

5. 保存 CloudCrafter 脚本并返回 Unity。

6. 将 Cloud 预设从项目面板分配到_MainCamera 中的 CloudCrafter(Script)检视器的 `cloudPrefab` 变量。所有值均为默认设置。

7. 保存场景。

在 CloudCrafter 类中，用 `Awake()` 方法创建所有云朵并设置它们的位置。用 `Update()` 方法在每帧将每朵云向左移动一点距离。当云朵向左移动到水平位置小于 cloudPosMin.x 时，它就会移动到最右边的 cloudPosMax.x 处。

8. 单击“播放”按钮，可以看到实例化了几朵云在屏幕移动。

可以在场景面板中拉远镜头，查看云朵飘过。当再次发射弹丸时，飘过的云朵造成的视差错觉会让人感觉到弹丸真的在运动。

对项目面板分类

现在已经在项目面板中创建了很多对象，下面介绍对项目面板进行分类的内容。至少现在的项目面板看起来应该如图 29-8 左图所示。

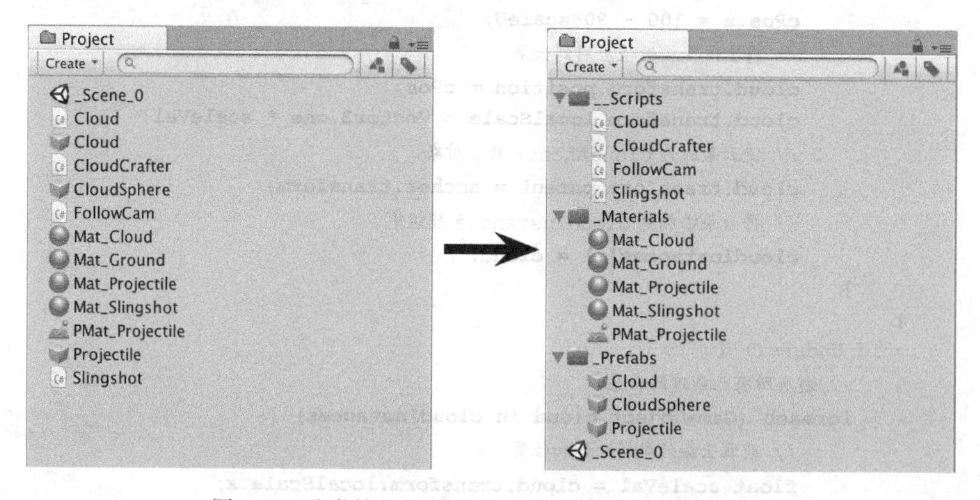

图 29-8 分类前（左图）和分类后（右图）的项目面板

如图 29-8 所示，为了让项目面板更有条理，在其中添加了几个文件夹。通常笔者会在每个项目初期就创建文件夹，但是为了让你感觉到区别，所以等到现在才创建。

1．创建 3 个文件夹（在菜单栏中执行 Assets > Create > Folder 命令），分别命名为 __Scripts、_Materials 和_Prefabs。文件名之前的下画线可以让文件夹在项目面板中排在其他资源之前，__Script 文件夹名称前面的双下画线可让它排在最上面。创建这些文件夹之后，将项目面板中的各种资源分别拖动到相应的文件夹下。这样操作同时会在计算机硬盘的 Assets 文件夹下创建子文件夹，所以项目面板和 Assets 文件夹都会变得有条理。

2．在项目面板中将对应的对象拖动到各个文件夹中。所有的物理素材和通用素材都会放入_Materials 文件夹。

Unity 的两列项目面板布局并不是为了分类功能的，但笔者一直不太喜欢用两列视图将所有资源默认为图标视图，并且使用两列视图与分类硬盘上的资源文件夹相比，并不具备优势。

创建城堡

《爆破任务》游戏需要爆破的目标，所以我们需要创建一座城堡。

1．单击坐标轴小手柄 *Z* 轴相对的箭头，使场景面板切换到正投影视图的后视图（如图 29-9 左图所示）。如果坐标轴小手柄下方的 Back 文字旁有楔形标记（<），则单击该图标，将显示 3 条平行线，表明已经从远景切换到等角（正投影）视图。

2．选择后视图（Back view），此时可以消除场景面板中的 Skybox 视图，如图 29-9 所示。通过单击位于场景面板顶部扬声器按钮右侧类似山形状的按钮（如图 29-9 右图中的鼠标光标所指），直到背景变为灰色。

3．在层级面板中双击_Main Camera，使场景面板视图缩放到合适大小，以便创建城堡。

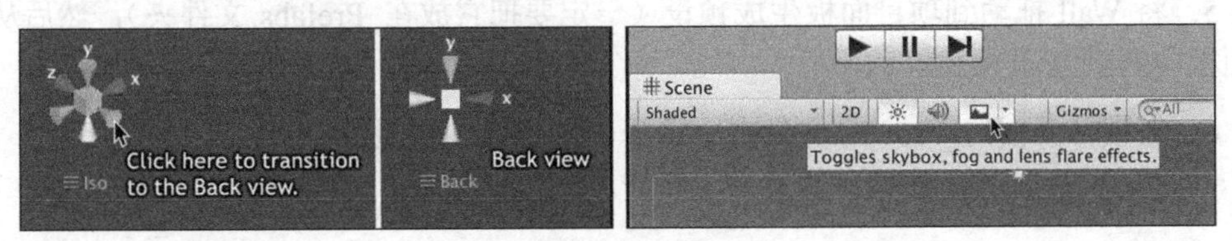

图 29-9　选择后视图

创建墙面和板子

下面创建城堡的游戏对象预设。

1．创建 Mat_Cloud 素材的副本并命名为 Mat_Stone。

　a．在项目面板中选择 Mat_Cloud。

　b．在菜单栏中执行 Edit > Duplicate 命令。

　c．将名称 Mat_Cloud 1 修改为 Mat_Stone。

　d．选择 Mat_Stone 并设置主色为 25%灰（RGBA: [64, 64, 64, 255]）。

2．创建一个新的立方体（在菜单栏中执行 GameObject > 3D Object > Cube 命令），并命名为 Wall。

a．设置 Wall 的变换组件为 P:[0,0,0] R:[0,0,0] S:[1,4,4]。

b．为 Wall 添加一个刚体组件（在菜单栏中执行 Component > Physics > Rigidbody 命令）。

c．通过检视面板设置 Rigidbody FreezePosition.的 Z 为 true，限制 Wall 的 *Z* 坐标。

d．通过设置刚体组件的 FreezeRotation 的 *X* 和 *Y* 均为 true，限制其旋转。

e．将 Rigidbody.mass 设置为 4。

f．将 Mat_Stone 拖动到 Wall，使之为灰色。

3．在__Scripts 文件夹中创建新的脚本，并命名为 RigidbodySleep，输入以下代码：

```
using UnityEngine;

public class RigidbodySleep : MonoBehaviour {
    void Start () {
        Rigidbody rb = GetComponent<Rigidbody>();
        if (rb != null) rb.Sleep();
    }
}
```

这样墙体刚体组件初始化为不能移动，使得城堡初始状态为稳定（在某些版本中会讨论到被弹丸击中之前城堡就倒塌的问题）。

4．将 RigidbodySleep 脚本添加到 Wall。

5．将 Wall 拖动到项目面板生成预设（一定要把它放在_Prefabs 文件夹），然后从层级面板中删除 Wall 实例。

6．在项目面板的_Prefabs 文件夹中选择 Wall 预设并复制。

a．将 Wall 1 重命名为 Slab。

b．在_Prefabs 文件夹中选择 Slab 并将其变换尺度设置为 S:[4, 0.5, 4]。

用墙面和板子创建城堡

下面使用墙面和板子创建城堡：

1．新建一个空白对象（在菜单栏中执行 GameObject > Create Empty 命令），作为城堡的根节点。

a．将该对象命名为 Castle。

b．设置变换组件为 P:[0,-9.5,0] R:[0,0,0] S:[1,1,1]。这样 Castle 游戏对象会处于适合建造的位置，它的底边正好与地面重合。

2．在层级面板中将 Wall 从_Prefabs 文件夹拖动到 Castle 下，成为 Castle 的子对象。

3．在层级面板中为 Wall 创建三个副本，并设置它们的位置分别为：

WallP:[-6, 2, 0]　Wall (1)P:[-2, 2, 0]　Wall (2)P:[2, 2, 0]　Wall (3)P:[6, 2, 0]

4．在项目面板中将 Slab 从_Prefabs 文件夹拖动到层级面板的 Castle 下，也成为 Castle 的子对象。

5．为 Slab 创建两个副本，并设置它们的位置分别为：

SlabP:[-4, 4.25, 0]　Slab (1)P:[0, 4.25, 0]　Slab (2)P:[4, 4.25, 0]

6．要建造城堡的第二层，使用鼠标选择第一层中三个相邻的墙面和其上方的两个板子，然后按 Command+D 或 Ctrl+D 组合键复制，并将副本移动到第一层的上方。[5]需要微调它们的位置，最终的位置应为如下数值：

Wall (4)P:[-4, 6.5, 0]　Wall (5)P:[0, 6.5, 0]　Wall (6)P:[4, 6.5, 0]
Slab (3)P:[-2, 8.75, 0]　Slab (4)P:[2, 8.75, 0]

7．继续按照上面的技巧，通过添加三个垂直墙面和一个水平墙面复制出第 3 层和第 4 层：

Wall (7)P:[-2, 11, 0]　Wall (8)P:[2, 11, 0]　Slab (5)P:[0, 13.25, 0]

Wall (9)P:[0, 15.5, 0]

使用预设创建城堡的一大优势是通过改变 Slab 预设使得同步修改所有 Slab 会更为容易。

8．在项目面板中选中 Slab 预设，在检视面板中将 scale.x 设置为 3.5，这样城堡的每个板子都会体现出这一修改。最终完成后的城堡应如图 29-10 所示，此时还未形成绿色目标区域。

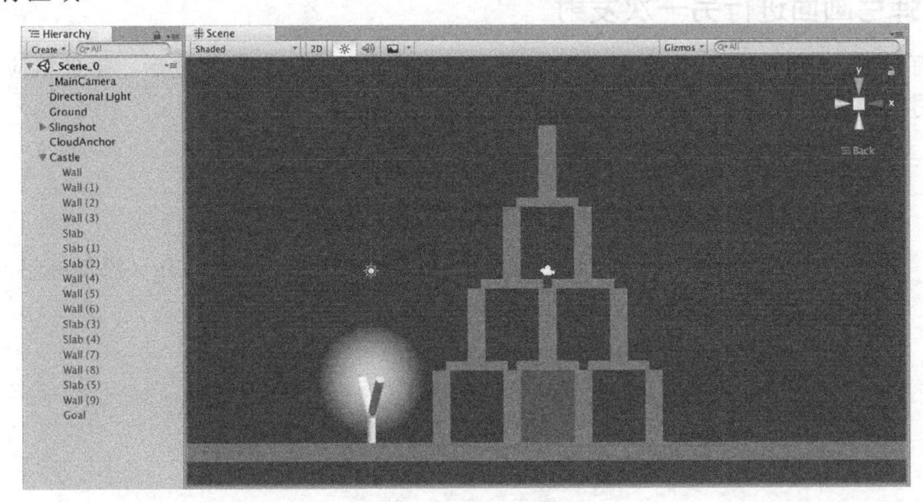

图 29-10　完成后的城堡

5．在 Unity 中，按住 Command 键（在 Windows 系统中为 Ctrl 键）移动对象，可以让它们自动对齐网格，而不需要细致调整这些对象的位置。

创建目标

城堡的最后一个游戏对象是一个供玩家用弹丸打击的目标（Goal）。

1．创建一个立方体，命名为 Goal：

a．使其成为 Castle 的子对象。

b．将它的变换组件设置为 P:[0,2,0] R:[0,0,0] S:[3,4,4]。

c．在 Goal 检视器中，设置 BoxCollider.isTrigger 为 true。

d．把 Goal 拖动到项目面板的_Prefabs 文件夹上，创建一个预设。

2．在_Materials 文件夹中新建一个名为 Mat_Goal 的材质。

a．将 Mat_Goal 拖动到 Goal 上应用。

b．在项目面板中选中 Mat_Goal，执行 Legacy Shaders>Transparent > Diffuse 命令。

c．设置颜色为浅绿色，透明度为 25%（在 Unity 拾色器中设置 RGBA 值为 [0,255,0,64]）。

测试城堡

执行以下步骤测试城堡：

1．将 Castle 的位置设置为 P:[50,-9.5,0]。单击播放按钮，可能需要重启游戏很多次，但最终将能够用弹丸击中城堡。

2．保存场景。

返回弹弓画面进行另一次发射

有了要击倒的城堡，现在需要增加更多游戏逻辑。当弹丸静止之后，摄像机应返回到弹弓的位置：

1．首先，应该为 Projectile 预设添加一个 Projectile 标签。

a．在项目面板中选中 Projectile 预设。

b．在检视面板中，展开 Tag 旁边的下拉菜单并选择“Add Tag（添加标签）”选项，打开 Tags & Layers 检视器。

c．单击空的 Tags 列表右下方的“+”按钮。

d．设置新的标签，并命名为 Projectile 并保存。

e．再次在项目面板中单击 Projectile 预设。

f．在检视面板中更新后的 Tag 列表里选中 Projectile，为它添加标签。

2．打开 FollowCam 脚本，修改以下代码行：

```
public class FollowCam : MonoBehaviour {
```

```
    …
    void FixedUpdate () {
        //-- //如果if语句只有一行代码，则不需要花括号              //a
        //--if (POI == null) return; //如果兴趣点（poi）不存在，则返回
        //--
        //-- //获取兴趣点位置
        //-- Vector3 destination = POI.transform.position;

        Vector3 destination;
        // 如果兴趣点（poi）不存在，返回到 P:[0,0,0]
        if (poi == null) {
            destination = Vector3.zero;
        } else {
            // 获取兴趣点的位置
            destination = POI.transform.position;
            // 如果兴趣点是一个Projectile实例，检查它是否已经静止
            if (POI.tag == "Projectile") {
                // 如果它处于sleeping状态（即未移动）
                if (POI.GetComponent<Rigidbody>().IsSleeping() ) {
                    // 返回到默认视图
                    POI= null;
                    // 在下一次更新时
                    return;
                }
            }
        }
        // 将X、Y限定为最小值

    destination.x = Mathf.Max( minXY.x, destination.x );
    …
  }
}
```

a. //--包含的所有代码都应该删除或注释掉。

现在，一旦 Projectile 停止运动（这样会使 `Rigidbody.IsSleeping()` 的值为 true），FollowCam 脚本会使 `POI` 变量值为 null，将摄像机设置回默认位置。然而，弹丸停下来需要一段时间。我们需要让物理引擎“更容易休眠”，也就是使它比在其他情况下更早地停止在物体上进行物理模拟。

3. 调整 PhysicsManager 的休眠阈值（Sleep Threshold）：

   a. 打开 PhysicsManager（在菜单栏中执行 Edit > Project Settings > Physics 命令）。

   b. 将休眠阈值 0.005 改为 0.02。休眠阈值是单一物理引擎帧内的移动距离，使得刚体可以在连续帧中进行模拟。如果一个物体移动在单个帧的移动距离小于这个值（此处为 2cm），PhysX 将休眠这个刚体并停止模拟（即停止移动

游戏对象），直到某个动作发生使它重新开始移动。

4．保存场景。现在玩游戏可以重置摄像机了，也可以多次发射。

为弹丸添加轨迹

尽管 Unity 中确实有自带的轨迹渲染器（Trail Renderer）效果，但它不能达到我们所要实现的目标，因为我们需要对轨迹进行更多控制。这里，我们将在 Line Renderer（线渲染器）组件的基础之上建立轨迹渲染器：

1．首先创建一个空白游戏对象（在菜单栏中执行 GameObjection > Create Empty 命令），将其命名为 ProjectileLine。

b．为其添加一个轨迹渲染器组件（在菜单栏中执行 Components > Effects >Line Renderer 命令）。

c．在 ProjectileLine 检视面板中，单击 Materials 旁边的三角形下拉按钮，按如图 29-11 所示进行 Line Renderer 组件的设置。

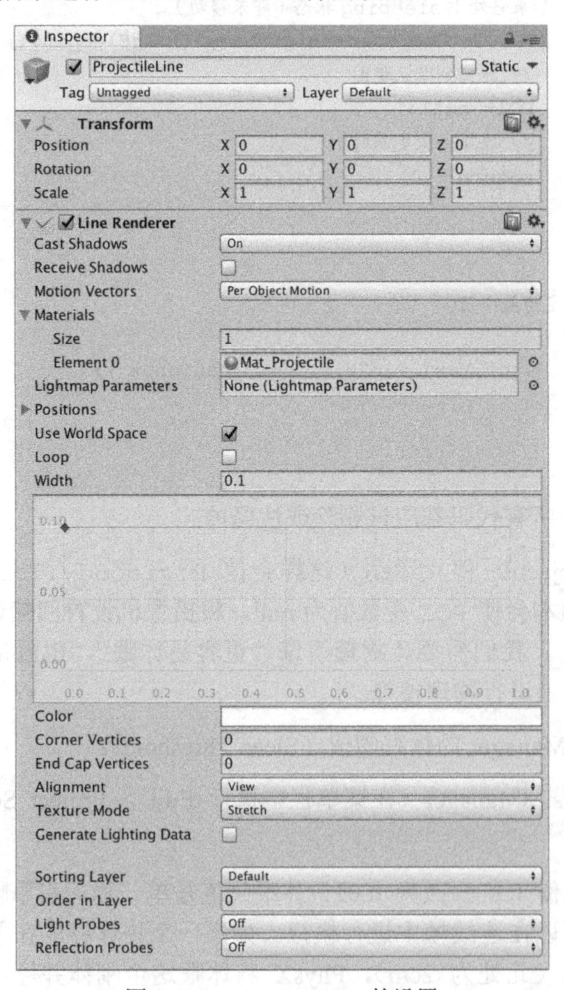

图 29-11 Line Renderer 的设置

2．创建一个 C#脚本（在菜单栏中执行 Assets > Create > C# Script 命令），将其命名为 ProjectileLine 并绑定到 ProjectileLine 游戏对象上。在 MonoDevelop 中打开脚本并输入以下代码：

```
using System.Collections;

using System.Collections.Generic;
using UnityEngine;

public class ProjectileLine : MonoBehaviour {
    static public ProjectileLine S;        // 单例对象

    [Header("Set in Inspector")]
    public float          minDist = 0.1f;


    public LineRenderer       line;
    private GameObject        _poi;
    public List<Vector3>      points;

    void Awake() {
        S = this;          // 设置单例对象
        // 获取对线渲染器(LineRenderer)的引用
        line = GetComponent<LineRenderer>();
        // 在需要使用 LineRenderer 之前，将其禁用
        line.enabled = false;
        // 初始化三维向量点的 List
        points = new List<Vector3>();
    }

    // 这是一个属性，即伪装成字段的方法
    public GameObject poi {
        get {
            return( _poi );
        }
        set {
            _poi = value;
            if ( _poi != null ) {
                // 当把_poi 设置为新对象时，将复位其所有内容
                line.enabled = false;
                points = new List<Vector3>();
                AddPoint();
            }
        }
    }

    // 这个函数用于直接清除线条
    public void Clear() {
        _poi = null;
        line.enabled = false;
        points = new List<Vector3>();
    }
```

```
    public void AddPoint() {
        // 用于在线条上添加一个点
        Vector3 pt = _poi.transform.position;
        if ( points.Count > 0 && (pt - lastPoint).magnitude < minDist ) {
            // 如果该点与上一个点的位置不够远，则返回
            return;
        }
        if ( points.Count == 0 ) {  // 如果当前是发射点


            Vector3 launchPosDiff = pt - Slingshot.LAUNCH_POS;;  //待定义
            // ……则添加一根线条，帮助之后瞄准
            points.Add( pt + launchPosDiff );
            points.Add(pt);
            line.positionCount = 2;              // 设置前两个点
            line.SetPosition(0, points[0] );
            line.SetPosition(1, points[1] );
            // 启用线渲染器
            line.enabled = true;
        } else {
            // 正常添加点的操作
            points.Add( pt );
            line.positionCount = points.Count;
            line.SetPosition( points.Count-1, lastPoint );
            line.enabled = true;
        }
    }

    // 返回最近添加的点的位置
    public Vector3 lastPoint {
        get {
            if (points == null) {
                // 如果当前还没有点，返回 Vector3.zero
                return( Vector3.zero );
            }
            return( points[points.Count-1] );
        }
    }

    void FixedUpdate () {
        if ( poi == null ) {
            // 如果兴趣点不存在，则找出一个
            if (FollowCam.POI != null) {
                if (FollowCam.POI.tag == "Projectile") {
                    poi = FollowCam.POI;
                } else {
                    return;  // 如果未找到兴趣点，则返回
                }
            } else {
                return; // 如果未找到兴趣点，则返回
            }
```

```
        }
        // 如果存在兴趣点，则在 FixedUpdate 中它的位置上增加一个点
        AddPoint();
        if (FollowCam.POI == null ) {
            // 当 FollowCam.POI 为 null 时，使当前 poi 也为 null）
            poi = null;
        }
    }
}
```

3．还需要在 Slingshot 脚本上添加一个静态 LAUNCH_POS 属性，以便让 AddPoint()引用 Slingshot 的 LaunchPoint 的位置。

```
public class Slingshot : MonoBehaviour {
    static public Slingshot        S;                                  // a

    // 在 Unity 检视面板中设置的变量

    [Header("Set in Inspector")]
    …
    private Rigidbody  projectileRigidbody;

    static public Vector3 LAUNCH_POS {
        get {
            if (S == null) return Vector3.zero;                  // b
            return S.launchPos;
        }
    }
    void Awake() {

        S = this;                                                  // c

        Transform launchPointTrans = transform.FindChild("LaunchPoint");
        …
    }
    …
}
```

a．这是弹弓的一个私有静态实例，类似单例，但它是私有的，所以只有弹弓类的实例可以访问它。

b．这里的静态公有属性使用静态私有的弹弓实例 S 来公有访问读取弹弓的 launchPos 值。如果 S 为空，返回[0, 0, 0]。

c．这里的弹弓实例分配给 S。因为 Awake()是所有 MonoBehaviour 子类实例最先运行的方法，在请求 LAUNCH_POS 之前应先设置 S。

现在再玩这个游戏，随着弹丸的运动，你会看到它后面会留下一条漂亮的灰色轨迹。之后每发射一次，都会由最新的轨迹取代旧轨迹。

4．保存场景。

击中目标

被弹丸击中后，城堡的目标需要做出响应：

1．创建一个名为 Goal 的脚本，将其绑定到项目面板_Prefabs 文件夹中的 Goal 预设上。在 Goal 脚本中输入以下代码：

```
using UnityEngine;
using System.Collections;

public class Goal : MonoBehaviour {
    // 可在代码任意位置访问的静态字段
    static public bool goalMet = false;

    void OnTriggerEnter( Collider other ) {
        // 当其他物体撞到触发器时
        // 检查是否是弹丸
        if ( other.gameObject.tag == "Projectile" ) {
            // 如果是弹丸，设置 goalMet 为 true
            Goal.goalMet = true;
            // 同时将颜色的不透明度设置得更高
Material mat = GetComponent<Renderer>().material;
Color c = mat.color;
            c.a = 1;
            mat.color = c;
        }
    }
}
```

现在，当发射的弹丸撞到目标时，它会变为浅绿色。可能要射击几次才能打穿城堡。为了提高射击能力，可以选择多个城堡墙壁，通过取消选中检视器面板顶部 Inspector 文字下方的复选框使得对应墙壁不被激活。记得在完成目标测试后再次勾选这些选项。

2．保存场景。

添加更多城堡

目前，在只有一个城堡的情况下，代码已经可以成功运行了，现在将添加更多城堡。

1．将 Castle 重命名为 Castle_0。

2．将其拖动到项目面板的_Prefabs 文件夹中创建一个预设。当 Castle_0 预设已存在时，在层级面板中删掉 Castle_0 实例。[6]

6．当生成 Castle_0 为预设后，所有的面板和墙的实例将断开与其预设的连接。Unity 修改位于中间，并加入 nested 预设，但是在 Unity 2017 版本中没有完全实现。如果预设有问题，可以查看本书原作者的主页获取更多信息，作者会在那里更新信息。

3．在项目面板中创建 Castle_0 的副本（它会自动命名为 Castle_1）。

4．将 Castle_1 放置到场景中，并修改它的布局。当删除其中一面墙时，很可能会看到 Break Prefab Instance 提示，不过完全不用担心，这完全没关系。只需按照自己的构想重新布置 Castle_1 预设。[7]

5．当完成 Castle_1 设置后，在层级结构中选择 Castle_1 并单击 Castle_1 检视器顶部附近的"Prefab Apply"按钮。单击"Apply"按钮，将此实例的修改分配到 Castle_1 预设。

6．现在可以删除层级面板中的 Castle_1 实例。

重复上述流程，创建各种各样的城堡。下面为笔者创建的一些其他城堡样式，如图 29-12 所示。

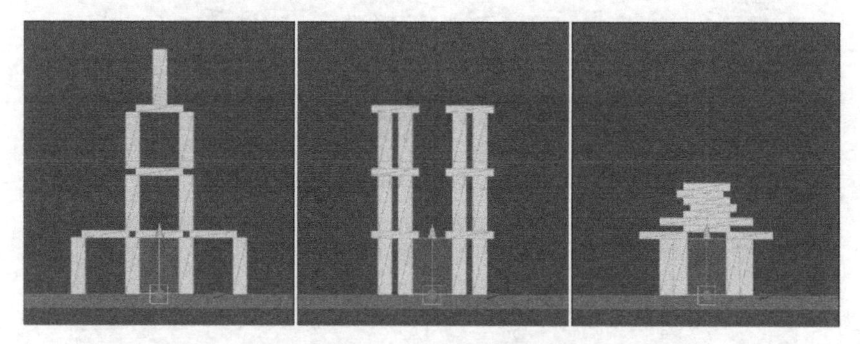

图 29-12　一些其他城堡样式

7．创建完所有的城堡后，确保层级中已删除全部城堡，并保存场景。

为场景添加用户接口（UI）

执行以下步骤为场景添加用户接口（UI）：

1．在场景中添加一个 UI Text 对象（在菜单栏中执行 GameObject > UI > Text 命令）并命名为 UIText_Level。

2．再创建第二个 UI Text 对象并命名为 UIText_Shots。

3．按照图 29-13 所示进行设置。

4．创建一个"UI"按钮（在菜单栏中执行 GameObject > UI > Button 命令）。将这个按钮命名为 UIButton_View。

5．按照图 29-14 所示设置 UIButton_View 及其文本子对象，而现在可以忽略 RectTransform 以外的设置。

7．如果在 macOS 系统中按住 Command 键（或在 Windows 系统中按住 Ctrl 键），每次可以快速移动墙和面板 0.5m 距离，这样更容易搭建城堡。另外，要避免任何城堡块的实际交互，否则就会如第 19 章的例子一样，它们会相互排斥。因为 RigidbodySleep 函数强制初始休眠组块，只有弹丸击中城堡时弹开效果才会发生，如果这也是你所期望的，那么可以制作出很好的爆炸城堡效果。

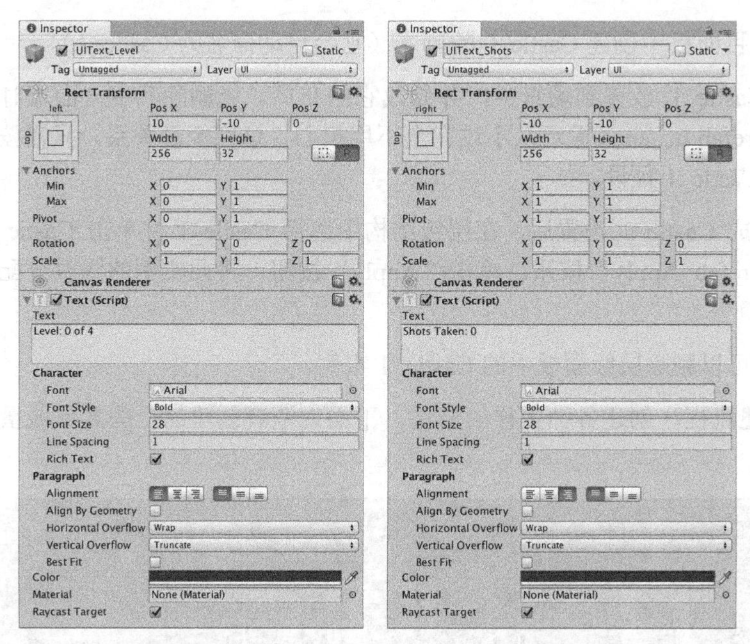

图 29-13 UIText_Level 和 UIText_Shots 的设置

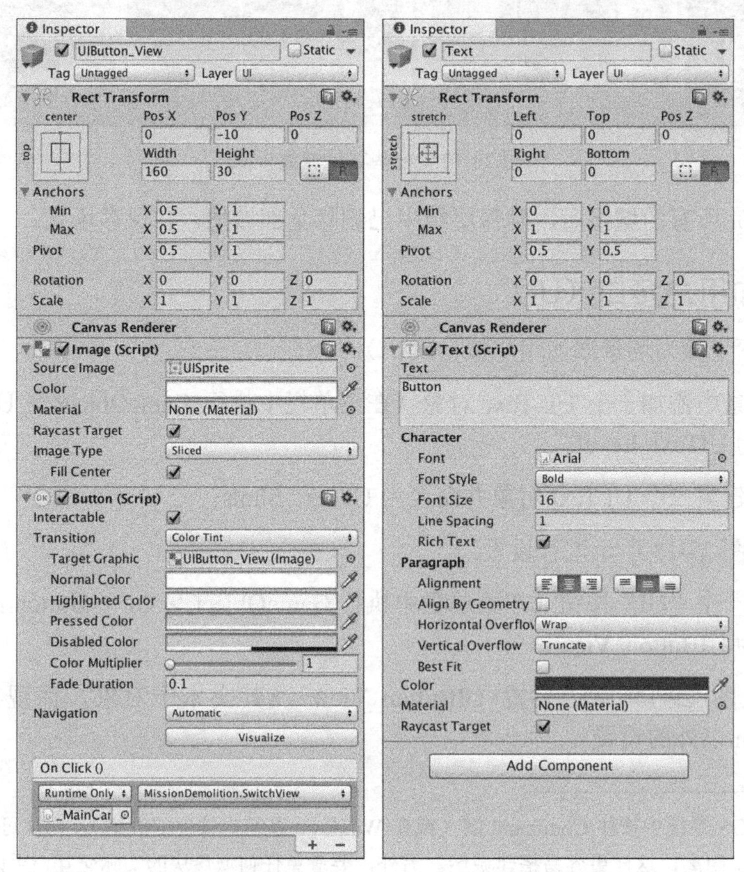

图 29-14 设置 UIButton_View 及其文本子对象

6．单击层级面板中 UIButton_View 旁边三角形展开标志，并将如图 29-14 所示的 Text(Script)设置赋给 UIButton_View 的文本子对象。不需要修改 Character 部分以外的任何地方。完成后保存场景。

添加更多游戏管理

首先，需要摄像机定位查看弹弓和城堡。

1．创建一个新的空白对象（在菜单栏中执行 GameObject > Create Empty 命令）并命名为 ViewBoth。设置 ViewBoth 的变换组件为 P:[25,25,0] R:[0,0,0] S:[1,1,1]。当我们需要同时查看城堡和弹弓时，它会充当摄像机的兴趣点。

2．在__Scripts 文件夹中新建一个名为 MissionDemolition 的脚本，将其绑定到_Main Camera 上，这个脚本将用来管理游戏状态。打开脚本并输入以下代码：

```
using UnityEngine;
using System.Collections;
using UnityEngine.UI;                                      // a

public enum GameMode {                                     // b
    idle,
    playing,
    levelEnd
}

public class MissionDemolition : MonoBehaviour {
    static private MissionDemolition      S;  // 私有单例对象


     [Header("Set in Inspector")]
     public Text  uitLevel; // UIText_Level 文本
     public Text uitShots; // UIText_Shots 文本
     public Text uitButton; // UIButton_View 上的文本
     public Vector3   castlePos;   // 放置城堡的位置
     public GameObject[]  castles;     // 存储所有城堡对象的数组


    [Header("Set Dynamically")]
    public int        level;        // 当前级别
    public int        levelMax;     // 级别的数量
    public int        shotsTaken;
    public GameObject    castle;       // 当前城堡
    public GameMode       mode = GameMode.idle;
    public string         showing = "Show Slingshot";    // 摄像机的模式

    void Start() {
        S = this;               // 定义单例对象
```

```
        level = 0;
        levelMax = castles.Length;
        StartLevel();
    }

    void StartLevel() {
        // 如果已经有城堡存在，则清除原有的城堡
        if (castle != null) {
            Destroy( castle );
        }

        // 清除原有的弹丸
        GameObject[] gos = GameObject.FindGameObjectsWithTag("Projectile");
        foreach (GameObject pTemp in gos) {
            Destroy( pTemp );
        }

        // 实例化新城堡
        castle = Instantiate<GameObject>( castles[level] );
        castle.transform.position = castlePos;
        shotsTaken = 0;

        // 重置摄像机位置
        SwitchView("Show Both");
        ProjectileLine.S.Clear();

        // 重置目标状态
        Goal.goalMet = false;

        UpdateGUI ();

        mode = GameMode.playing;
    }

    void UpdateGUI () {
        // 显示GUITexts中的数据
        uitLevel.text = "Level: "+(level+1)+" of "+levelMax;
        uitScore.text = "Shots Taken: "+shotsTaken;
    }

    void Update() {
        UpdateGUI ();

        // 检查是否已完成该级别
        if (mode == GameMode.playing && Goal.goalMet) {
            // 当完成级别时，改变mode，停止检查
            mode = GameMode.levelEnd;
            // 缩小画面比例
```

```
            SwitchView("Show Both");
            // 在2秒后开始下一级别
            Invoke("NextLevel", 2f);
        }
    }

    void NextLevel() {
        level++;
        if (level == levelMax) {
            level = 0;
        }
        StartLevel();
    }

    public void SwitchView( string eView = "") {                  // c
        if (eView == "") {
  eView = uitButton.text;
  }
  showing = eView;
        switch (showing) {
        case " Show Slingshot":
            FollowCam. POI = null;
  uitButton.text = "Show Castle";
            break;

        case " Show Castle":
            FollowCam. POI = S.castle;
  uitButton.text = "Show Both";
            break;

        case " Show Both":
            FollowCam. POI = GameObject.Find("ViewBoth");
  uitButton.text = "Show Slingshot";
            break;
        }
    }

    // 允许在代码任意位置增加发射次数的静态方法。
    public static void ShotFired() {                               // d
  S.shotsTaken++;
        S.shotsTaken++;
    }
}
```

a. 必须添加 using UnityEngine.UI;声明语句才可以使用 uGUI 类，如文本和按钮。

b. 这是本章有关枚举的第一个实例。查看“枚举”专栏获取更多信息。

c. `public SwitchView()`方法会被这里的 MissionDemolition 实例和 GUI 中的按钮调用（下文会介绍）。`string eView = ""`默认参数赋给 eView 的默认值为""，表明不需要以字符串形式传递。这样可以通过 `SwitchView("Show Both")`或 `SwitchView()`形式调用 `SwitchView()`。如果没有传入字符串，则第一个 `if` 语句设置 eView 的值为 GUI 顶部按钮的当前文本值。

d. `ShotFired()`是一个静态公有方法，当发射弹丸时，弹弓调用它来通知 MissionDemolition。

枚举

枚举（enum）在 C#中是定义特定数字并为其命名一种方式。MissionDemolition 脚本顶部的枚举定义声明了一个名为 GameMode 的枚举类型，有三个值：idle、playing 和 levelEnd。定义完枚举之后，使用枚举中定义的数值，就可以将变量场景设为这种类型。

```
public GameMode mode = GameMode.idle;
```

上面一行代码创建了一个名为 mode 的 GameMode 类型变量，其值为 GameMode.idle。

如果变量的取值选项有限，为了让人更容易看懂这些选项的含义，经常会使用枚举类型。其实，也可以使用字符串作为边界框测试的结果（例如："idle""playing"或"levelEnd"），但使用枚举类型更为整洁，不容易出现拼写错误，还可以在输入时使用自动完成功能。

要深入了解枚举类型，请查看附录 B"实用概念"。

3. MissionDemolition 类中有了静态方法 `ShotFired()`，我们就可以在 Slingshot 类中调用它。请在 Slingshot 脚本中添加以下粗体字代码：

```
public class Slingshot : MonoBehaviour {
    …
    void Update() {
        …
        if ( Input.GetMouseButtonUp(0) ) {
            //放开鼠标
            …
            FollowCam.POI = projectile;
            projectile = null;
            MissionDemolition.ShotFired();                    // a
            ProjectileLine.S.poi = projectile;                // b
        }
    }
}
```

a. 由于 MissionDemolition 中的 `ShotFired()`是一个静态方法，所以可以通过 MissionDemolition 类直接访问，而不必通过 MissionDemolition 类的实例。当 Slingshot 调用 `MissionDemolition.ShotFired()`时，它会

使 MissionDemolition. S.shotsTaken 变量递增。

b．当用弹弓发射弹丸时，本行代码使得 ProjectileLine 可以绑定到新的弹弓上。

4．保存所有脚本并切换回 Unity 窗口。

5．在层级面板中选择 UIButton_View，并查看 Button(Script)检视器下方。单击检视器 On Click()部分的“+”按钮。

a．在“Runtime Only”按钮下方是一个变量，当前显示为 None（对象）。

b．单击 None（对象）变量右边的小圆形目标并从弹出的窗口选择_MainCamera（双击_MainCamera）。这个选择使得_MainCamera 成为可以接收 UIButton_View 调用的游戏对象。

c．单击“弹出菜单”按钮，当前显示 No Function，执行 MissionDemolition > SwitchView(String)命令。[8]

因此，在任何时候单击 UIButton_View，它会调用添加到_MainCamera 中的 MissionDemolition 实例的公有 SwitchView()方法。Button(Script)检视器现在应该如图 29-14 所示。

6．在层级面板中选中_Main Camera。在检视面板的 MissionDemolition(Script)组件中，需要对几个变量进行设置，具体如下：

a．将 CastlePos 设置为[50,-9.5,0]，这会把城堡旋转在一个与弹弓距离适中的位置。

b．要设置 uitLevel，在检视面板中单击 uitLevel 右侧的小圆圈，并从弹出对话框的 Scene 选项卡中选择 UIText _Level。

c．在检视面板中单击 uitShots 右侧的小圆圈，在弹出对话框的 Scene 选项卡中选择 UIText_Shots。

d．单击 uitButton 右侧的小圆圈，在弹出对话框的 Scene 选项卡中选择 Text（这是场景中唯一的其他类型 uGUI 文本，并且其文本标签在 UIButton_View 上）。

e．接下来，单击 castles 左侧的三角形展开按钮，在 Size 一栏中填写你之前创建的城堡预设的数量（如图 29-15 所示填写的是 4，因为笔者之前创建了四个城堡）。

f．把你所创建的各个城堡预设分别拖动到 castles 数组的各元素中，请尽量按照从低到高的难度顺序排列。

7．保存场景。

8．在“MissionDemolition.SwitchView”按钮下方出现的灰色字段允许输入一个字符串并传递给 SwitchView 方法。在 SwitchView 中保留这个空的""字符串，与可选的 eView 参数的默认值相同，所以不需要修改这个字段。

现在，游戏会按照难度级别依次运行，并且能够记录已经发射的弹丸数量。也可以单击屏幕顶部的按钮切换视图。

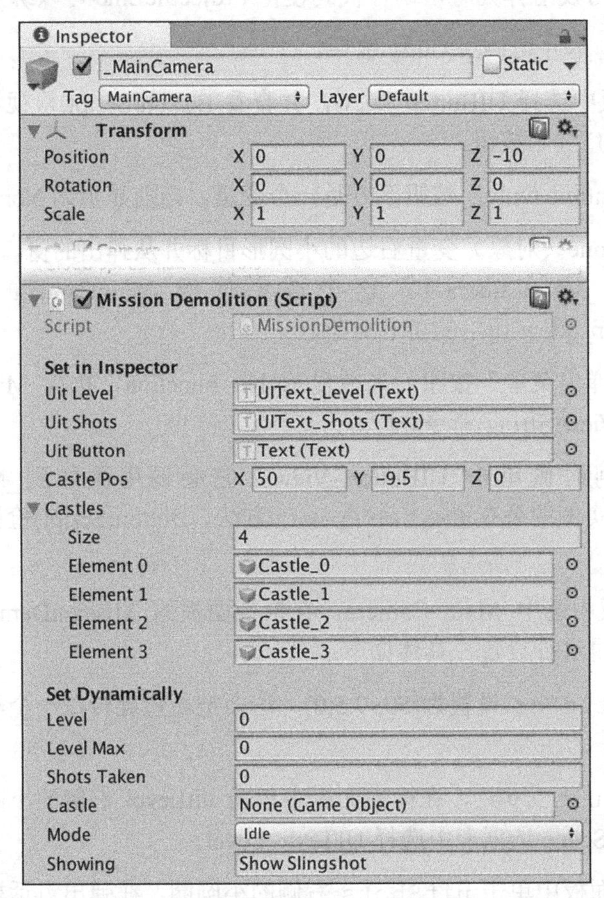

图 29-15 _Main Camera:Mission Demolition 脚本组件的最终设置（包括 Castles 数组）

29.5 本章小结

《爆破任务》游戏原型到这里就讲完了。我们仅仅通过一章的学习，就制作完成了一个类似于《愤怒的小鸟》的游戏，可以在此基础上继续完善和扩展。本章以及后面的教程的目的都是搭建起一个框架，你可以在这些框架的基础上构建自己的游戏。

后续工作

能够添加的功能特色有很多，其中包括：

- 像在《拾苹果》游戏中那样，通过 PlayerPref 保存每关的最佳分数。
- 使用不同的材质创建城堡部件，其中一些部件的质量可以调高或调低。如果撞击足够猛烈，有些材料甚至会被撞坏。
- 显示多条轨迹，而非只显示最近一条。

- 使用Line Renderer绘制弹弓的橡皮筋。
- 让背景云朵实现真正的视差滚动，添加更多背景元素，例如山丘和建筑物。
- 其他功能，你可以任意发挥！

在学完其他游戏原型之后，可以返回阅读本章，并思考还能为本游戏添加哪些内容。创造自己的设计，展示给别人，不断改进游戏。记住，设计是一个重复改进的过程。如果你对自己的某项修改并不满意，也不要灰心，可以把它当作一种经验记录下来，并接着做其他尝试。

第30章

游戏原型3：《太空射击》

《太空射击》（*SPACE SHMUP*）是一个射击游戏，同类型的射击游戏还包括20世纪80年代的经典游戏《小蜜蜂》和现代的知名游戏《斑鸠》。

在本章中，你将使用几种编程技术创建自己的射击游戏，这些技术包括类继承、枚举类型（enum）、静态字段和方法以及单例模式，在你的编程和原型制作生涯中，这些技术会派上用场。

30.1 准备工作：原型3

在本项目中，你将创建一个经典的《太空射击》游戏原型。和前两章一样，本章将创建相同层级的基础原型，而下一章将介绍如何实现其他更多特性。下面是本章和下一章完成后的游戏原型截图，如图30-1所示。在这两张图片中，玩家在图片底部乘坐飞船并被绿色光圈包围，还有升级的武器和敌人类型（标记着B、O、S的是升级道具）。

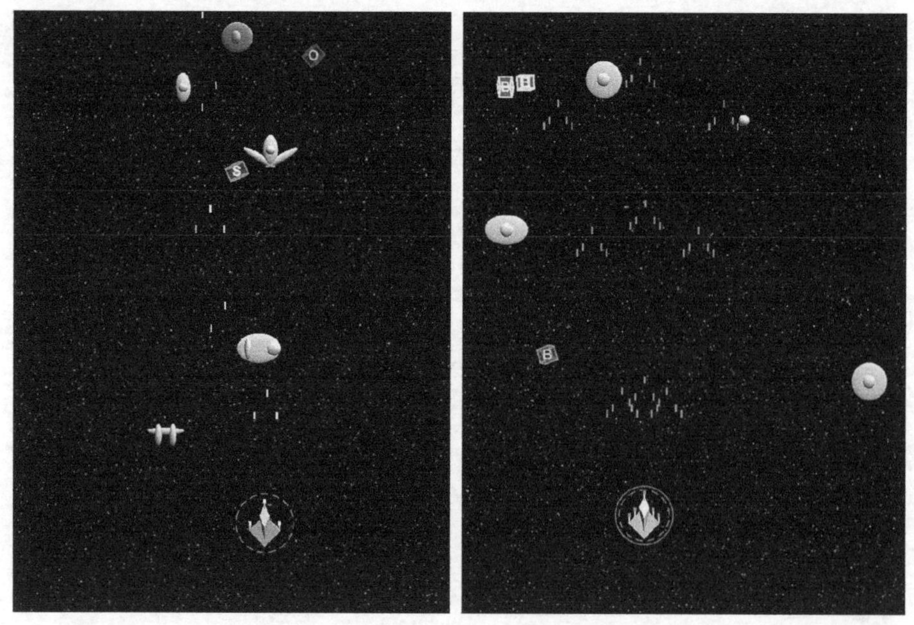

图30-1 《太空射击》游戏原型的两张截图。
在左图中，玩家使用的是高爆弹武器；在右图中，玩家使用的是霰弹武器

导入 Unity 资源包

在设置本原型时，你需要下载并导入一个自定义的 Unity 资源包。如何创建复杂造型和绘图，不在本书讨论范围之内，但笔者创建了一个资源包，其中包含了一些用于创建游戏视觉效果所需的简单资源。当然，如本书前文多次提到的，当你制作游戏原型时，它的玩法和体验要比外观更重要，但我们要理解游戏如何运作，仍然需要用到绘图资源。

> **为本章创建新项目**
>
> 按照标准的项目创建流程，在 Unity 中创建一个新项目。如果你需要复习创建项目的标准流程，请参阅附录 A“项目创建标准流程”。
>
> - 项目名称：Space SHMUP Prototype
> - 场景名称：_Scene_0
> - 项目文件夹：__Scripts（Scripts 前有 2 条下画线）、_Materials、_Prefabs
> - 下载并导入资源包：打开 http://book.prototools.net，从 Chapter 30 页面上下载
> - C#脚本名称：（暂无）
>
> 重命名：将 Main Camera 重命名为_MainCamera

要下载并安装“为本章创建新项目”注释栏中所说的资源包，首先需要打开本书网址并找到本章，然后下载 C30_Space_SHMUP_Starter. unitypackage，下载的文件通常会保存到 Downloads 文件夹中。在 Unity 中打开项目并在菜单栏中执行 Assets > Import Package > Custom Package 命令，在 Downloads 文件夹中找到 C30_Space_SHMUP_Starter.unitypackage 并双击打开，这样会打开如图 30-2 所示的对话框。

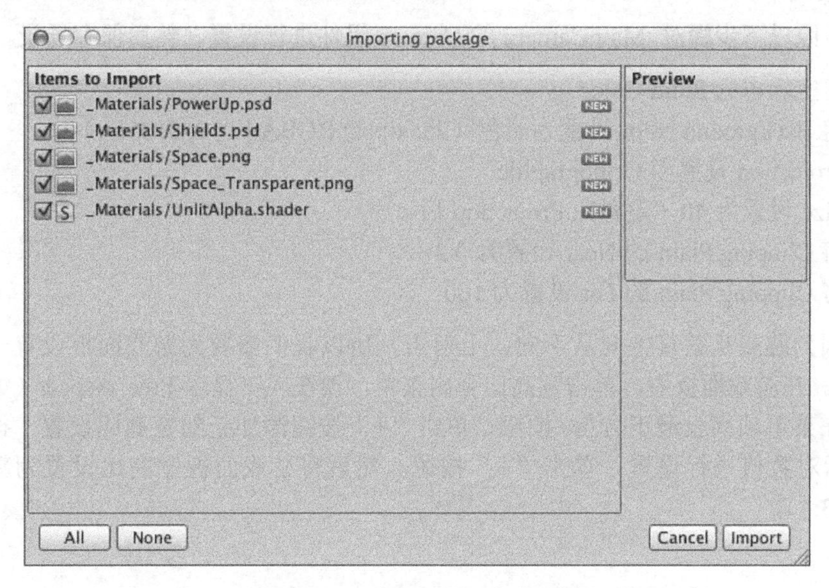

图 30-2 Import Package 对话框

选中图 30-2 所示的所有文件（通过单击“All”按钮），单击“Import”按钮，在_Materials 文件夹中将多出四个新材质和一个新着色器。文本通常仅为图片文件。关于如何创建材质，不在本书讨论范围之内，有很多相关书籍和在线教程可以参考。Photoshop 是非常流行的图像编辑软件，也可以使用其他免费的开源软件。

着色器的创建也不在本书讨论范围内。着色器是让计算机知道如何在游戏对象上渲染材质的程序，可以让场景看起来更有真实感或卡通感，或者产生其他感觉，着色器是现代游戏图形的一个重要部分。Unity 使用自己独有的着色器语言 ShaderLab。如果想深入了解，可以查看 Unity 着色器参考文档。

资源包中的着色器比较简单，它精简了很多着色器的功能，只是把一个有颜色无光照形状绘制到屏幕上。如果你希望某个屏幕元素具有特定的亮颜色，刚导入的 UnlitAlpha.shader 就很好用。UnlitAlpha 还允许不透明度混合和透明度，这在显示升级道具时很有用。

30.2 设置场景

执行以下步骤设置场景（建议你用笔记录已完成项）：

1．在层级面板中选择平行光源并将变换组件设置为：

P:[0,20,0]　　R:[50,-30,0]　　S:[1,1,1]。

2．将 Main Camera 重命名为_MainCamera（和项目结构栏的架构一样）。选中_MainCamera 并将其变换组件设置为：

P:[0,0,-10]　　R:[0,0,0]　　S:[1,1,1]

3．按照以下步骤对_MainCamera 的 Camera 组件进行设置。然后保存场景。

- 清空标志为 Solid Color
- 将 Background color 设置为黑色（255alpha; RGBA:[0, 0, 0, 255]）
- Projection 设置为 Orthographic
- Size 设置为 40（设置完 Projection 后）
- 将 Clipping Plain 的 Near 设置为 0.3
- 将 Clipping Plain 的 Far 设置为 100

4．因为游戏是垂直方向从下向，上射击，所以我们需要为游戏面板设置一个纵向的宽高比。在游戏面板中，单击宽高比弹出菜单，现在应该显示 Free Aspect（如图 30-3 所示）。在菜单项列表最下方为+按钮，单击“+”按钮添加新的宽高比设置。按照如图 30-3 所示对数值进行设置，单击“+”按钮。然后将游戏面板宽高比设置为新增加的 Portrait（3:4）。

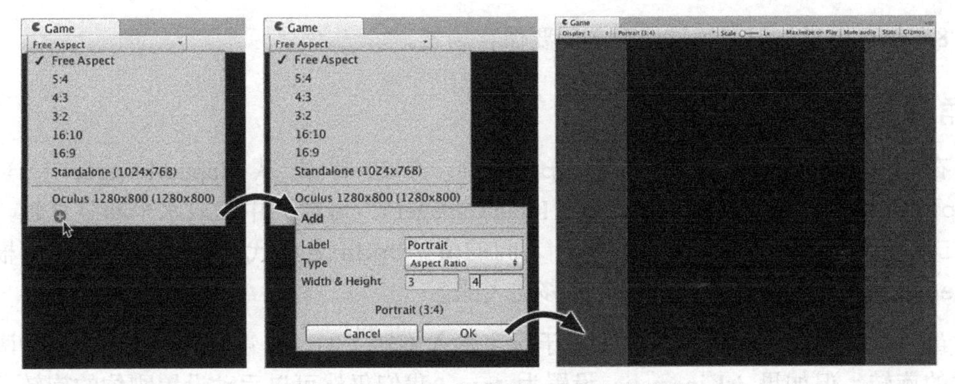

图 30-3　为游戏面板新增一个宽高比设置

30.3　创建主角飞船

在本章中，我们会一边创建图形一边写代码，而不是提前创建出所有的图形。要创建主角飞船，请按以下步骤操作：

1．创建一个空白游戏对象（在菜单栏中执行 GameObject > Create Empty 命令），并命名为 _Hero，将其变换组件设置为 P:[0,0,0] R:[0,0,0] S:[1,1,1]。

2．创建一个立方体（在菜单栏中执行 GameObject > 3D Object > Cube 命令）并将其拖动到层级面板中的_Hero 上，使其成为_Hero 的子对象。将立方体命名为 Wing 并设置其变换组件为 P:[0, -1, 0] R:[0, 0, 45] S:[3, 3, 0.5]。

3．创建一个空白游戏对象，命名为 Cockpit 并使它成为_Hero 的子对象。

4．创建一个立方体并使它成为 Cockpit 的子对象（右击 Cockpit，在弹出菜单中执行 3D Object > Cube 命令）。将立方体的变换组件设置为 P:[0,0,0] R:[315,0,45] S:[1,1,1]。

5．再次选中 Cockpit 并设置其变换组件为 P:[0,0,0] R:[0,0,180] S:[1,3,1]。这里在快速创建具有棱角的飞船时，使用的方法与第 27 章中的相同。

6．在层级面板选中_Hero 并单击检视器中的“Add Component”按钮。在弹出菜单中执行 New Script 命令。将脚本命名为 Hero，仔细检查确认为 C#版本，然后单击“Create”和“+”按钮。这是另一种制作新脚本并将其添加到游戏对象的方法。在项目面板中，将 Hero 脚本移动到__Scripts 文件夹。

7．在层级面板中选中_Hero，然后单击检视器的“Add Component”按钮，然后在菜单栏中执行 Add Component > Physics > Rigidbody 命令，为_Hero 对象添加一个刚体组件。对_Hero 的刚体组件设置如下：

- Use Gravity 设置为 false（取消勾选）
- isKinematic 设置为 true（勾选）
- 设置 Constraints：冻结 *Z* 轴位置以及 *X*、*Y*、*Z* 轴旋转（勾选这些项）

将来还要为_Hero 添加更多组件，但目前已经足够了。

8. 保存场景！记得每次修改之后要保存场景。

主角的 Update()方法

在下面的示例代码中，Update()方法首先从 InputManager（详见“Input.GetAxis()和输入管理器（InputManager）”专栏）中读取水平和竖直轴，为 xAxis 和 yAxis 设置一个-1 到 1 之间的值。Update()代码中的第二段代码根据 speed 设置，以一种基于时间的方式移动飞船。

最后一行（行末有//c 标记）基于玩家输入旋转飞船。尽管之前冻结了主角的刚体组件的旋转，但如果 isKinematic 设置为 true，我们仍然可以手动设置刚体的旋转角度（如前一章所说，isKinematic=true 表示刚体会被物理系统跟踪，但由于 Rigidbody.velocity 的关系，它不会自动移动）。这种旋转角度可以使飞船的运动更具动感和表现力，或者说更为鲜活。

在 MonoDevelop 中打开 Hero 脚本，输入以下代码：

```
using System.Collections;
usingSystem.Collections.Generic;
using UnityEngine;

public class Hero : MonoBehaviour {
    static public Hero    S;  // 单例对象                              //a

    [Header("Set in Inspector")]
    // 以下字段用来控制飞船的运动
    public float        speed = 30;
    public float        rollMult = -45;
    public float        pitchMult = 30;
        [Header("Set Dynamically")]
public float      shieldLevel = 1;


    void Awake() {
        if (S == null) {
            S = this; // 设置单例对象                                   //a
        } else {
Debug.LogError("Hero.Awake() - Attempted to assign second Hero.S!");
}
    }

    void Update () {
        // 从 Input（用户输入）类中获取信息
        float xAxis = Input.GetAxis("Horizontal");                    // b
        float yAxis = Input.GetAxis("Vertical");                      // b

// 基于获取的水平轴和竖直轴信息修改 transform.position
        Vector3 pos = transform.position;
        pos.x += xAxis * speed * Time.deltaTime;
```

```
        pos.y += yAxis * speed * Time.deltaTime;
        transform.position = pos;

// 让飞船旋转一个角度，使它更具动感                                    // c
        transform.rotation=Quaternion.Euler(yAxis*pitchMult,xAxis*rollMult,0);
    }
}
```

a. Hero 类的单例（参见附录 B 的“软件设计模式”）。如果你试图重复设置 Hero.S，Awake()中的代码会在控制台中显示一个错误（当同一场景中的两个 GameObject 都附带了 Hero 脚本，或两个 Hero 组件附加到一个 GameObject 上，可能会发生此情况）。

b. 这两行代码中使用 Unity 的 Input 类从 Unity InputManager 中获取信息。请查看下面的专栏了解更多相关内容。

c. 注释行之后的 Transform.rotation...这行代码根据飞船的移动速度使它发生一定的旋转，这样可以让人感觉飞船的响应更丰富，更为鲜活。

请试玩这个游戏，使用 WASD 键或者方向键移动飞船，仔细体会飞船的感觉。speed、rollMult 和 PitchMult 的数值对笔者来说很合适，但在你的游戏中，应该设置为你感觉合适的数值。如有必要，需在检视面板中修改_Hero 的设置。

_Hero 飞船让人感觉舒服的原因是飞船具有惯性。当松开控制键时，飞船会隔一小段时间才会减速停止。与之类似，当按下移动键时，飞船需要隔一小段时间才会提升速度。这种明显的运动惯性是由上述专栏中所说的灵敏度和重力设置产生的。在输入管理器中修改这些设置将影响_Hero 的运动和可操作性。

Input.GetAxis()和输入管理器（InputManager）

你可能对 Hero.Update() 中的大部分代码感到熟悉，但这里的 Input.GetAxis()方法在本书中是第一次出现。Unity 的输入管理器中可以设置多个输入轴，Input.GetAxis()可用于读取这些轴，要查看默认的输入轴列表，请在菜单栏中执行 Edit > Project Setting > Input 命令。

在如图 30-4 所示的设置中，需要注意有些轴出现了两次（例如 Horizontal、Vertical、Jump）。从图中展开后的 Horizontal 轴可以看到，这样既可以通过键盘按键控制 Horizontal 轴（如图 30-4 中左图所示），也可以通过游戏手柄的摇杆控制（如图 30-4 中右图所示）。可以通过多种不同的输入设备控制同一个输入轴，这是使用输入轴的最大优势之一。因此，你的游戏只需要一行代码读取输入轴的内容，而不必分别使用一行代码处理游戏手柄、键盘上的各个方向键和水平方向的 A、D 键。

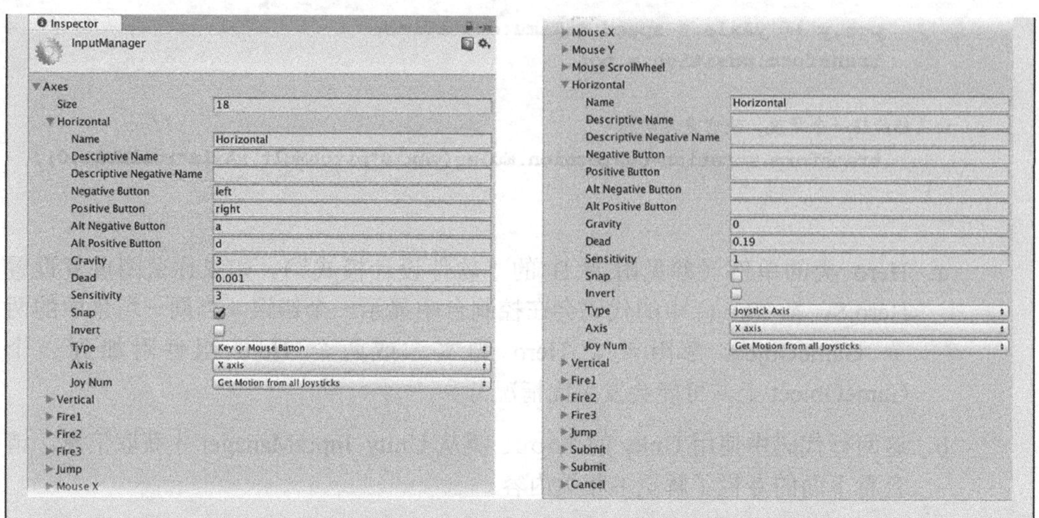

图 30-4 Unity 的输入管理器部分默认设置截图（分为两段显示）

每次调用 `Input.GetAxis()` 都会返回一个-1 到 1 之间的浮点数值（默认值为 0）。输入管理器中的每个轴还包括了灵敏度（Sensitivity）和重力（Gravity）的数值，但这两个值只适用于键盘和鼠标输入（如图 30-4 中左图所示）。灵敏度和重力可以在按下或松开按键时平滑插值（即在每次使用键盘或鼠标操作时，轴的数值不是立即跳到最终数值，而是从当前数值平滑过渡到最终数值）。在图中所示的 Horizontal 轴灵敏度为 3，表示当按下右方向键时，数值从 0 平滑过渡到 1 要经过 1/3 秒的时间；重力值为 3 则表示当松开右方向键时，数值平滑归 0 需要经过 1/3 秒的时间。灵敏度或重力数值越高，平滑过渡所需的时间越短。

与 Unity 中其他很多功能一样，你可以单击“帮助”按钮（外观像一本带有问号的书，位于检视面板上部 InputManager 字样和齿轮图标之间），查看关于输入管理器的更多内容。

主角飞船的护盾

_Hero 的护盾由透明度、带贴图的正方形（产生图像）和球状碰撞器（用于处理碰撞）组合而成。

1. 新建一个矩形（在菜单栏中执行 GameObject > 3D Object >Quad 命令），将其命名为 Shield 并设置为_Hero 的子对象。然后将 Shield 的变换组件设置为 P:[0,0,0] R:[0,0,0], S:[8,8,8]。

2. 在层级面板中选中 Shield，单击现有的 Mesh Collider 组件右侧的小齿轮图标，从弹出的菜单中选择“Remove Component”选项，删除 Mesh Collider 组件。然后为其添加一个球状碰撞器组件（在菜单栏中执行 Component > Physics > Sphere Clollider 命令）。

3. 新建一个材质（在菜单栏中执行 Assets > Create > Material 命令），将其命名为 Mat_Shield 并放置在项目面板的_Material 文件夹下。把 Mat_Shield 拖动到 Shield 之上

（位于层级面板中的_Hero 下），使材质应用到 Shield。

4．在层级面板中选中 Shield，你会在检视面板中看到 Mat_Shield 组件。将 Mat_Shield 的 Shader 组件设置为 ProtoTools > UnlitAlpha。在 Mat_Shield 下方有一块区域可以选择材质的主色和纹理（如果你看不到这块区域，可以单击检视面板中的 Mat_Shield，这样它应该就会出现）。

5．单击选择右下角的纹理区域，并选中名为 Shields 的纹理。单击颜色选取块，选择一种浅绿色（RGBA：[0,255,0,255]），然后设置参数：

- Tiling.x 设置为 0.2
- Offset.x 设置为 0.4
- Tiling.y 应保持 1.0 不变
- Offset.y 应保持 0 不变

纹理在水平方向上分为 5 部分。当 Tiling.x 设置为 0.2 时，使 Mat_Shield 在水平方向上只使用 Shield 纹理的 1/5。请尝试选择设置 X Offset 分别为 0、0.2、0.4、0.6、0.8，然后查看不同护盾等级的效果。

6．创建一个名为 Shield 的 C#脚本（在菜栏中执行 Asset > Create > C# Script 命令）。将其放置在项目面板的__Script 文件夹下，并拖动到层级面板的 Shield 上成为 Shiled 游戏对象的脚本组件。

7．在 MonoDevelop 中打开该脚本并输入以下代码：

```
using System.Collections;
using System.Collections.Generic;
using UnityEngine;

public class Shield : MonoBehaviour {
   [Header("Set in Inspector")]
   public float rotationsPerSecond = 0.1f;
      [Header("Set Dynamically")]
   public int levelShown = 0;

   // 非公共变量将不会出现在检视器中
Material mat;                          // a

void Start() {
mat = GetComponent<Renderer>().material;  // b
}

   void Update () {
      // 读取 Hero 单例对象的当前护盾等级
      int currLevel = Mathf.FloorToInt( Hero.S.shieldLevel );       // c
      // 如果当前护盾等级与显示的等级不符……
      if (levelShown != currLevel) {
         levelShown = currLevel;
```

```
            // 则调整纹理偏移量，呈现正确的护盾画面
            mat.mainTextureOffset = new Vector2( 0.2f*levelShown, 0 );// d
        }
        // 以基于时间的方式每秒钟将护盾旋转一定角度
        float rZ = -(rotationsPerSecond*Time.time*360) % 360f;       // e
        transform.rotation = Quaternion.Euler( 0, 0, rZ );
    }
}
```

a. Material 字段 mat 并未声明为公有，所以在检视器中不可见，因此，在这个 Shield 类之外无法被访问。

b. 在 Start()函数中，mat 定义为这个游戏对象渲染器组件的材料（层级的 Shield）。使得可以快速设置标注为// d 行代码的纹理偏移量。

c. 将当前 Hero.S.shieldLevel 浮点数值向下取整设置给 currLevel 变量。通过让 shiledLevel 向下取整，可以确保护着纹理的水平偏移量为单幅纹理宽度的倍数，而不会偏移到两张纹理图像之间。

d. 本行调整 Mat_Shield 的水平偏移量到合适位置，以显示正确的护盾等级。

e. 本行以及下面一行使 Shield 游戏对象缓慢绕 *Z* 轴旋转。

将_Hero 限制在屏幕内

截至目前，_Hero 飞船的动作感觉良好，缓慢旋转的护盾看起来很漂亮，但现在你很容易把飞船移出屏幕边界。这比我们之前所做的工作更为复杂，你现在需要编写一段用于将飞船限制在屏幕内的可重用代码。为了解决这个问题，需要生成一个可重用的组件脚本。更多信息请参见第 27 章关于组件软件设计模式的内容和附录 B 中的“软件设计模式”。简而言之，一个组件就是用于增加功能的一小段代码，并且将功能添加到游戏对象不会与该对象的其他代码冲突。之前在检视器中使用过的 Unity 组件（例如渲染器、变换等）都遵循这种模式。现在，你也同样可以用一个小脚本使得_Hero 飞船保持在屏幕中。请注意，此脚本只适用于正交摄像机。

1. 在层级面板中选择_Hero 并单击检视器的“Add Component”按钮，执行 Add Component > New Script 命令。将脚本命名为 BoundsCheck 并单击“Create”和“+”按钮。将项目面板中的 BoundsCheck 脚本拖动到__Scripts 文件夹。

2. 打开 BoundsCheck 脚本并输入以下代码：

```
using System.Collections;
using System.Collections.Generic;
using UnityEngine;

// 下面 4 行以输入///开始，然后按 Tab 键
/// <summary>
/// 保持游戏对象在屏幕
/// 注意只对位于[ 0, 0, 0 ]的主正交摄像机有效
/// </summary>
```

```
public class BoundsCheck : MonoBehaviour {                        // a
    [Header("Set in Inspector")]
    public float radius = 1f;

    [Header("Set Dynamically")]
    public float camWidth;
    public float camHeight;

    Awake() {
        camHeight = Camera.main.orthographicSize;                 // b
        camWidth = camHeight * Camera.main.aspect;                // c
    }

    void LateUpdate () {                                          // d
        Vector3 pos = transform.position;

        if (pos.x > camWidth - radius) {
            pos.x = camWidth - radius;
        }

        if (pos.x < -camWidth + radius) {
            pos.x = -camWidth + radius;
        }

        if (pos.y > camHeight - radius) {
            pos.y = camHeight - radius;
        }

        if (pos.y < -camHeight + radius) {
            pos.y = -camHeight + radius;
        }

        transform.position = pos;

    //使用OnDrawGizmos()方法在场景面板中绘制边界
    void OnDrawGizmos () {                                        // e
        if (!Application.isPlaying) return;
        Vector3 boundSize = new Vector3(camWidth*2, camHeight*2, 0.1f);
        Gizmos.DrawWireCube(Vector3.zero, boundSize);
    }
}
```

a. 因为这是一段可重用的代码块，所以增加了一些有用的内部文档。所有类声明之前且以///开始的部分都属于 C #内置的文件系统。本行代码表示位于<summary>之间的文本是对函数功能的概况。输入本行代码后，将鼠标指针悬停在// a 行的 BoundsCheck 上，就可以看到这个类摘要的弹出式窗口。

b. `Camera.main` 通过 MainCamera 标签访问场景中的第一个摄像机。如果摄像机是正交的，则`.orthographicSize` 表示摄像机检视器的 Size 数量（本例中是 40）。使得 `camHeight` 从世界坐标的原始位置（位置为[0, 0,

0]）移动到屏幕顶部或底部。

c. 通过定义游戏面板的纵横比（当前设定为 Portrait (3:4)）Camera.main.aspect，作为摄像机的长宽纵横比。camHeight 乘以.aspect 可以获得从原点到屏幕左或右边界的距离。

d. 所有游戏对象在调用 Update()方法后都会在每一帧调用 LateUpdate()。如果该行代码是在 Update()方法中，可能会在 Hero 脚本之前或之后调用 Update()。这里放到 LateUpdate()中可以避免两个 Update()函数间的竞态条件（race condition），并且保证在每帧调用 LateUpdate()前，Hero.Update()将_Hero 游戏对象移动到新的位置，并将_Hero 绑定到屏幕。

e. OnDrawGizmos()是 MonoBehaviour 内置的方法，可以绘制场景面板。

竞态条件为一个实例，决定两段代码执行的顺序（即 A 先于 B 或 B 先于 A），但无法人为控制这一顺序。例如在这段代码中，如果 BoundsCheck.LateUpdate()先于 Hero.Update()执行，_Hero 游戏对象可能会被移出边界（因为会首先限制飞船到边界，然后再移动飞船）。在 BoundsCheck 中使用 LateUpdate()方法强制规定两个脚本的执行顺序。

3. 单击“播放”按钮并试着放飞飞船。由 radius 的默认设置可以看到飞船停在屏幕 1 米的地方。如果在_Hero 检视器中设置 BoundsCheck.radius 为 4，飞船在屏幕上静止。如果设置 radius 为-4，飞船会退出屏幕边界并停住，准备返回。停止重播并设置 radius 为 4。

30.4 添加敌机

在第 26 章中有一部分内容与本游戏中的敌机类及其子类有关。在该章中，你学到了如何为所有敌机设置一个超类，再用子类对其加以扩展。在本游戏中，我们会延伸这部分内容，但首先，我们需要创建敌机的图形。

敌机图形

因为主角飞船的特征是具有棱角的，为了区别，所以用球体构建敌机，如图30-5所示。

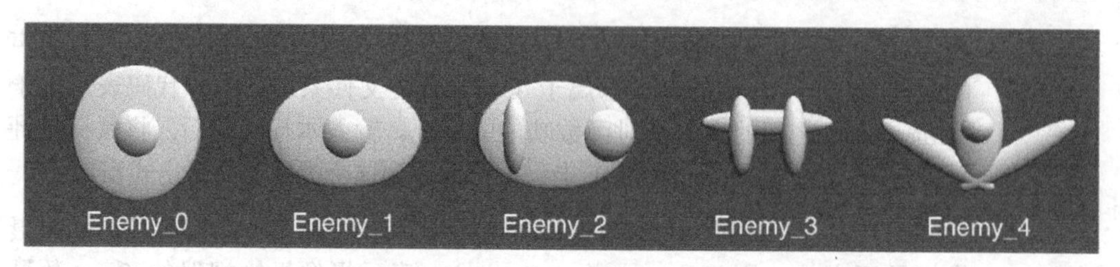

图 30-5 敌机的各种类型（在 Unity 中亮度稍有差别）

按照以下步骤创建 Enemy_0：

1．创建一个空白游戏对象并命名为 Enemy_0，并设置其转换为 P:[-20,10,0]，R:[0,0,0]，S:[1,1,1]。这个位置可以保证不会覆盖到之前创建的_Hero。

2．然后创建一个名为 Cockpit 的球体，使其成为 Enemy_0 的子对象，并将变换组件设置为 P:[0,0,0] R:[0,0,0] S:[2,2,1]。

3．再创建第二个球体，命名为 Wing，使其同样成为 Enemy_0 的子对象，将其变换组件设置为 P:[0,0,0] R:[0,0,0] S:[5,5,0.5]。

上述步骤可以用另一种方式表示为：

Enemy_0 (Empty)	P:[-20, 10, 0]	R:[0,0,0]	S:[1,1,1]
Cockpit (Sphere)	P:[0,0,0]	R:[0,0,0]	S:[2,2,1]
Wing (Sphere)	P:[0,0,0]	R:[0,0,0]	S:[5,5,0.5]

4．按照这种格式创建其他 4 类敌机。完成之后的敌机外形应与图 30-5 一致。

Enemy_1

Enemy_1 (Empty)	P:[-10,10,0]	R:[0,0,0]	S:[1,1,1]
Cockpit (Sphere)	P:[0,0,0]	R:[0,0,0]	S:[2,2,1]
Wing (Sphere)	P:[0,0,0]	R:[0,0,0]	S:[6,4,0.5]

Enemy_2

Enemy_2 (Empty)	P:[0, 10,0]	R:[0,0,0]	S:[1,1,1]
Cockpit (Sphere)	P:[-1.5,0,0]	R:[0,0,0]	S:[1,3,1]
Sphere	P:[2, 0,0]	R:[0,0,0]	S:[2,2,1]
Wing (Sphere)	P:[0, 10,0]	R:[0,0,0]	S:[6,4,0.5]

Enemy_3

Enemy_3 (Empty)	P:[10,10,0]	R:[0,0,0]	S:[1,1,1]
CockpitL (Sphere)	P:[-1,0,0]	R:[0,0,0]	S:[1,3,1]
CockpitR (Sphere)	P:[1,0,0]	R:[0,0,0]	S:[1,3,1]
Wing (Sphere)	P:[0,0.5,0]	R:[0,0,0]	S:[5,1,0.5]

Enemy_4

Enemy_4 (Empty)	P:[20,10,0]	R:[0,0,0]	S:[1,1,1]
Cockpit (Sphere)	P:[0,1,0]	R:[0,0,0]	S:[1.5,1.5,1.5]
Fuselage (Sphere)	P:[0,1,0]	R:[0,0,0]	S:[2,4,1]
Wing_L (Sphere)	P:[-1.5,0,0]	R:[0,0,-30]	S:[5,1,0.5]

Wing_R (Sphere)　　　P:[1.5,0,0]　　　R:[0,0,30]　S:[5,1,0.5]

5．你需要为每架敌机（即 Enemy_0、Enemy_1、Enemy_2、Enemy_3、Enemy_4）对象添加一个刚体。添加刚体的步骤如下：

a．在层级面板中选中 Enemy_0，在菜单栏中执行 Component > Physics > Rigidbody 命令。

b．在敌机的刚体组件中，将 Use Gravity 设置为 false。

c．将 isKinematic 设置为 true。

d．打开 Constraints 旁边的三角形展开按钮，冻结 *Z* 轴的坐标和 *X*、*Y*、*Z* 轴的旋转。

6．现在复制 4 个 Enemy_0 的刚体组件给其他敌机。为这 4 个敌机执行以下步骤：

a．在层级面板中选择 Enemy_0 并单击该 Enemy_0 刚体组件右上角的小齿轮按钮。

b．在弹出菜单中选择"Copy Component（复制组件）"选项。

c．选择需要添加刚体组件的敌机（例如 Enemy_1）。

d．单击敌机转换组件右上角的齿轮状按钮。

e．在弹出菜单中选择"Paste Component As New"选项。

这样向敌机添加了一个与 Enemy_0 相同设置的刚体组件。请确保对 5 类敌机都进行了上述操作。如果一个移动的游戏对象不具有刚体组件，那么该游戏对象的碰撞器就不会随游戏对象移动，而具有刚体组件的游戏对象在移动时，它本身以及它的所有子对象的碰撞器将逐帧更新（所以你无须为敌机游戏对象的每个子对象添加刚体组件）。

7．将每架敌机拖动到项目面板中的_Prefabs 文件夹中，分别为其创建预设。

8．然后在层级面板中只保留 Enemy_0，删除其余敌机的所有实例。

Enemy C#脚本

按照以下步骤创建 Enemy 脚本：

1．新建一个名为 Enemy 的 C#脚本并放入__Scripts 文件夹。

2．在项目面板（而非层级面板中）中选中 Enemy_0。在 Enemy_0 的检视器中，单击"Add Component"按钮，从下拉菜单中执行 Scripts > Enemy 命令。此时，如果单击项目面板或层级面板中的 Enemy_0，你会从检视面板中看到它已经绑定了 Enemy(Script) 脚本组件。

3．在 MonoDevelop 中打开 Enemy 脚本，输入以下代码：

```
using System.Collections;                 // 用于数组和其他集合
using System.Collections.Generic;         // 用于列表和字典
using UnityEngine;                        //用于 Unity 程序
```

```
public class Enemy : MonoBehaviour {
    [Header("Set in Inspector: Enemy")]
    public float speed = 10f;          // 运动速度，以m/s为单位
    public float fireRate = 0.3f;      //  发射频率（暂未使用）
    public float health = 10;
    public int   score = 100;          // 玩家击毁该敌机将得到的分数
    // pos是一个属性：即行为表现与字段相似的方法
    public Vector3 pos {                                        //a
        get {
            return( this.transform.position );
        }
        set {
            this.transform.position = value;
        }
    }


    void Update() {
        Move();
    }

    public virtual void Move() {                                //b
        Vector3 tempPos = pos;
        tempPos.y -= speed * Time.deltaTime;
        pos = tempPos;
    }


}
```

a. 如第 26 章所述，每个属性都是一个函数，并且可以作为变量。如果 pos 是一个敌机类变量，那么就可以获取并得到 pos 的值。

b. Move()方法获取 Enemy_0 的当前位置，沿 *Y* 方向向下移动，并将位置返回给 pos（设置游戏对象的位置）。

4．单击“播放”按钮，Enemy_0 的实例将向屏幕底部移动。但是基于现有代码，这个实例在移出屏幕之后仍然会不断向下移动，在游戏结束之前，它会一直存在。我们需要让敌机在完全移出屏幕之后销毁自身。这里的最佳方法是重用 BoundsCheck 组件。

5．将 BoundsCheck 脚本添加到 Enemy_0 预设，在层级面板（而不是项目面板）选中 Enemy_0 预设。在检视器中单击“Add Component”按钮并执行 Add Component > Scripts > BoundsCheck 命令。此时脚本添加到层级面板的 Enemy_0 实例，但还未添加到项目面板的 Enemy_0 预设。这么说是因为 BoundsCheck(Script)组件中所有文本都是粗体的。

6．在层级的 Enemy_0 实例中单击检视器顶部的“Apply”按钮，将对 Enemy_0 实例做出的修改反馈回它的预设。接着在检视器面板的 Enemy_0 预设查看脚本是否已附加。

7．在层级结构中选择 Enemy_0 实例并在 BoundsCheck 检视器中设置 radius 值为 -2.5。注意，这个值用粗体字表示，区别于预设中的值。再次单击检视器顶部的“Apply”按钮，此时 radius 值将不再加粗，表明与预设的值相同。

8．单击“播放”按钮，你可以看到，Enemy_0 实例刚飞出屏幕就立即停止。不过相比于强制 Enemy_0 停留在屏幕上，真实目的是能够判断它是否已飞出屏幕并销毁。

9．按照以下粗体字代码修改 BoundsCheck 脚本。

```
/// <summary>
/// 检查 GameObject 是否在屏幕上并强制使其保留
/// 注意只对正交主摄像机有效
/// </summary>
public class BoundsCheck : MonoBehaviour {
[Header("Set in Inspector")]
public float  radius = 1f;
public bool  keepOnScreen = true;                           // a
[Header("Set Dynamically")]
public bool  isOnScreen = true;                             // b
public float  camWidth;
public float  camHeight;
void Awake() { … }                                          // 记住，圆括号表示不修改该方法
void LateUpdate () {
Vector3 pos = transform.position;                           // c
isOnScreen = true;                                          // d
if ( pos.x > camWidth - radius ) {
pos.x = camWidth - radius;
isOnScreen = false;                                         // e
}
if ( pos.x < -camWidth + radius ) {
pos.x = -camWidth + radius;
isOnScreen = false;                                         // e
}
if ( pos.y > camHeight - radius ) {
pos.y = camHeight - radius;
isOnScreen = false;                                         // e
}
if ( pos.y < -camHeight + radius ) {
pos.y = -camHeight + radius;
isOnScreen = false;                                         // e
}
if ( keepOnScreen && !isOnScreen ) {                        // f
transform.position = pos;                                   // g
isOnScreen = true;
}
}
…
}
```

a. keepOnScreen 用于通过判断条件选择是否允许 BoundsCheck 强制游戏对象保留在屏幕上（当为 true 时），或者退出屏幕并返回完成（当为 false 时）。

b. 当游戏对象退出屏幕时，isOnScreen 值变为 false。更准确地说，当游戏对象穿过屏幕边界小于 radius 值时，isOnScreen 值变为 false。这就是为什么将 Enemy_0 的 radius 设置为-2.5，这样在 isOnScreen 设置为 false 前可使其完飞出屏幕。

c. 记住代码行中的圆括号表示不能修改 Start()方法。

d. 被修改前 isOnScreen 初始值为 true。这样当游戏对象在前一帧飞出屏幕但下一帧又返回时，isOnScreen 的值可以变回 true。

e. 如果 4 个 if 语句中任意一个为 true，那么游戏对象就会离开它的所在区域。将 isOnScreen 设置为 false，pos 调整到某个位置可以使游戏对象回到屏幕上。

f. 如果 keepOnScreen 为 true，可以尝试强制游戏对象保留在屏幕。如果 keepOnScreen 为 true 并且 isOnScreen 为 false，那么即使游戏对象已经飞出界了但会返回。在这种情况下，transform.position 设置为屏幕上更新的 pos 值，而 isOnScreen 设置为 true，因为通过这种位置分配已经让游戏对象回到屏幕上了。

   如果 keepOnScreen 为 false，那么 pos 的值不会赋给 transform.position，游戏对象会飞出屏幕，isOnScreen 始终为 false。另一种可能性是，对象一直在屏幕上，此时在//d 行设置的 isOnScreen 会一直为 true。

g. 注意这行代码的缩进表明是在//f 行的 if 语句中。

令人高兴的是，以上修改不会对_Hero 代码的使用产生负面影响，程序运行正常。我们创建的是一个可重用组件，同时适用于_Hero 和 Enemy 游戏对象。

删除飞出屏幕的敌机

下面通过适当设置 BoundsCheck 可以明确判断 Enemy_0 是否飞出屏幕。

1. 在项目面板_Prefabs 文件夹的 Enemy_0 预设中设置 BoundsCheck(Script)组件的 keepOnScreen 值为 false。

2. 在层级面板中选中 Enemy_0 实例并单击检视器顶部 BoundsCheck(Script)组件右边的齿轮标识，可以确保同步传递到到层级面板的 Enemy_0 实例中。在齿轮标识下拉菜单中选择“Revert to Prefab”选项，将层次面板中实例的值设置为预设的值。

此时，项目面板中 Enemy_0 预设和层级面板中 Enemy_0 实例的 Bounds Check (Script)组件应该分别如图 30-6 所示。

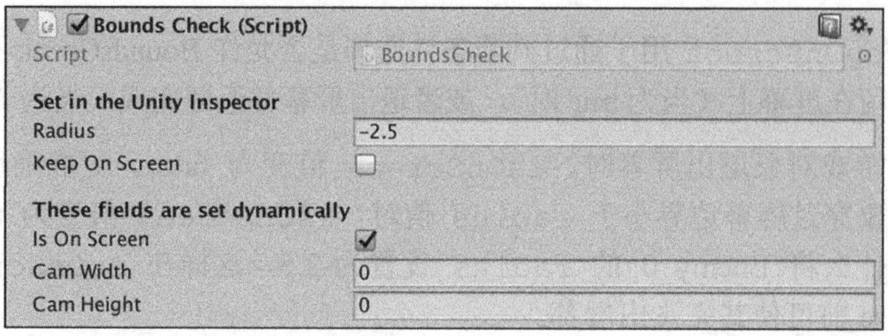

Bounds Check (Script)
Script　BoundsCheck
Set in the Unity Inspector
Radius　-2.5
Keep On Screen
These fields are set dynamically
Is On Screen
Cam Width　0
Cam Height　0

图 30-6　Enemy_0 预设和 Enemy_0 实例的敌机的 Bounds Check (Script)组件设置

3. 在 Enemy 脚本中添加以下粗体代码。

```
public class Enemy : MonoBehaviour {
…
public int  score = 100;                                    // 用于销毁的积分点值

private BoundsCheck bndCheck;                                // a

void Awake() {                                               // b
bndCheck = GetComponent<BoundsCheck>();
}
…

void Update() {
Move();

if ( bndCheck != null && !bndCheck.isOnScreen ) {            // c
// 检查以确保它从屏幕底部消失
if ( pos.y < bndCheck.camHeight - bndCheck.radius ) {        // d
// 飞出屏幕底部，所以销毁这个游戏对象
Destroy( gameObject );
}
}
}
…
}
```

a. 这个私有变量允许 Enemy 脚本保存相同游戏对象中 Bounds Check (Script)组件的引用。

b. 用 Awake()方法查找同一个游戏对象中的 BoundsCheck 脚本组件。如果没有找到，bndCheck 设置为 null。Awake()方法中的代码通常用于查找组件和保存引用，这样当游戏对象实例化时可以立即使用引用。

c. 首先检查并确认 bndCheck 不为 null。如果为游戏对象添加 Enemy 脚本时未同时附加 BoundsCheck 脚本，就会发生这种情况。只有通过 bndCheck != null 语句（即 BoundsCheck）才能判断游戏对象是否不在屏幕上。

d. 如果 isOnScreen 为 false，本行代码通过判断 pos.y 值为负来检查是否飞出屏幕（比如飞出屏幕底部的情况）。此时游戏对象会被销毁。

这样可以实现我们期望的功能，但是对于 camHeight 和 radius 来说，将这二者在 BoundsCheck 中的 pos.y 值进行比较容易产生混淆。

业界普遍认可的编程习惯是让每一个 C#类（或组件）处理其函数本身功能，而不会交叉执行。因此，需要修改 BoundsCheck，使之能够判断游戏对象朝哪个方向飞出屏幕。

4. 通过添加以下粗体字代码修改 BoundsCheck 脚本：

```
public class BoundsCheck : MonoBehaviour {
…
public float  camHeight;
[HideInInspector]
public bool offRight, offLeft, offUp, offDown;                    // a

void Start() { … }

void LateUpdate () {
    Vector3 pos = transform.position;
    isOnScreen = true;
    offRight = offLeft = offUp = offDown = false;                 // b

    if ( pos.x > camWidth - radius ) {
        pos.x = camWidth - radius;
        offRight = true;                                          // c
    }

    if ( pos.x < -camWidth + radius ) {
        pos.x = -camWidth + radius;
        offLeft = true;                                           // c
    }

    if ( pos.y > camHeight - radius ) {
        pos.y = camHeight - radius;
        offUp = true;                                             // c
    }

    if ( pos.y < -camHeight + radius ) {
        pos.y = -camHeight + radius;
        offDown = true;                                           // c
    }

    isOnScreen = !(offRight || offLeft || offUp || offDown);      // d
    if ( keepOnScreen && !isOnScreen ) {
        transform.position = pos;
        isOnScreen = true;
        offRight = offLeft = offUp = offDown = false;             // e
    }
```

```
    }
    ...
}
```

a. 这里声明了 4 个变量，代表游戏对象飞出屏幕的 4 个方向，默认值都为 false 的 bool 型变量。前一行代码[HideInInspector]使得这四个公共变量不会出现在检视器中，虽然它们是公有变量，但也可以被其他类读取（或设置）。[HideInInspector]适用于 4 个 bool 型 off__变量（即 offRight、offLeft 等），因为它们都是在[HideInInspector]之后声明的。如果 4 个 off__变量分别定义在不同代码行，那么在每个 off__变量前都需[HideInInspector]语句才能达到相同的效果。

b. 在每个 LateUpdate()函数的初始处设置 4 个 off__变量为 false。将本行代码中 offDown 首先设置为 false，然后将 offUp 设置为 offDown 的值（即同样为 false），其他两个变量以此类推，直到所有 off__变量值都为 false。代替了之前将 isOnScreen 设置为 true 的代码。

c. 现在各个 off__ = true 已经替代对应的 isOnScreen = false 实例，这样就知道游戏对象从哪个方向飞出屏幕。例如，当对象从屏幕右下角飞出时，对应两组 off__变量的值就为 true。

d. 本行将基于所有 off__变量的值设置 isOnScreen。首先，在圆括号中，对所有的 off__变量值进行逻辑或（||）运算。如果一个或多个变量为 true，结果为 true。然后，对这一结果进行逻辑否（!）运算，并将结果赋给 isonscreen。所以，如果一个或多个 off__变量为 true，isonscreenwill 为 false，否则 isonscreenis 为 true。

e. 如果 keepOnScreen 为 true，则强制游戏对象返回屏幕，isOnScreen 设置为 true，4 个 off__变量设置为 false。

5. 现在，对 Enemy 脚本做如下修改，完善 BoundsCheck 组件。

```
public class Enemy : MonoBehaviour {
    ...

    void Update() {
        Move();

        if ( bndCheck != null && bndCheck.offDown) {           // a
            // 飞出下方，因此销毁游戏对象                          // b
            Destroy( gameObject );                             // b
        }
    }
    ...
}
```

a. 现在，只需要检查 bndCheck.offDown，用来判定 Enemy 实例是否已经飞出屏幕底部。

b．这两行代码缩进相同是因为都在同一个 if 语句中。

利用 Enemy 类可简单实现以上代码，并且充分利用了 BoundsCheck 组件，无须复制 Enemy 类的功能就能实现。

现在播放场景就可以看到，Enemy_0 飞船向屏幕下方移动，当离开屏幕底部时就被立即销毁。

30.5　随机生成敌机

做完上述准备工作之后，我们就可以开始随机实例化一些 Enemy_0 了。

1．为_MainCamera 添加一个 BoundsCheck 脚本，并设置其 keepOnScreen 变量为 false。

2．创建一个名为 Main 的 C#脚本，将其绑定到_MainCamera 上，输入以下代码：

```
using System.Collections;                    // 用于数组和其他集合
using System.Collections.Generic;            // 用于 List 和字典
using UnityEngine;                           // 用于 Unity 程序
using UnityEngine.SceneManagement;           // 用于加载和重载场景

public class Main : MonoBehaviour {
    static public   Main          S;                         // Main 函数的单例

    [Header("Set in Inspector")]
    public   GameObject[] prefabEnemies;                     // Enemy 预设数组
    public   float        enemySpawnPerSecond = 0.5f;        // 每秒钟产生的敌机数量
    public   float        enemyDefaultPadding = 1.5f;        // 位置填充

private BoundsCheck bndCheck;

    void Awake() {
        S = this;

        //将 bndCheck 设置为当前游戏对象 BoundsCheck 组件的引用
        bndCheck = GetComponent<BoundsCheck>();
        //调用一次 SpawnEnemy()（默认值为每延迟 2 秒）
        Invoke( "SpawnEnemy", 1f/enemySpawnPerSecond );;          // a
    }

    public void SpawnEnemy() {
        // 随机选取一架敌机预设并实例化
        int ndx = Random.Range(0, prefabEnemies.Length);          //b
        GameObject go = Instantiate<GameObject> ( prefabEnemies[ ndx ] );//c

        // 使用随机生成的 x 坐标，将敌机置于屏幕上方
```

```
        float enemyPadding = enemyDefaultPadding;                    // d
        if (go.GetComponent<BoundsCheck>() != null) {                // e
            enemyPadding =
        Mathf.Abs( go.GetComponent<BoundsCheck>().radius );
        }

        //设置 spawned Enemy 的初始位置                                  //f
        Vector3 pos = Vector3.zero;
        float xMin = -bndCheck.camWidth + enemyPadding;
        float xMax = bndCheck.camWidth - enemyPadding;
        pos.x = Random.Range( xMin, xMax );
        pos.y = bndCheck.camHeight + enemyPadding;
        go.transform.position = pos;

        //再次调用 SpawnEnemy()
        Invoke( "SpawnEnemy", 1f/enemySpawnPerSecond);
        // g
    }
}
```

a. `Invoke()`函数基于默认值在 1/0.5 秒（即 2 秒）内调用 `SpawnEnemy()`方法。

b. 根据 `prefabEnemies` 数组长度，选择一个大小介于 0 和 `prefabEnemies.Length` 之间的随机数。因此，当 4 个预设在 `prefabEnemies` 数组中时，它将返回 0、1、2 或 3。int 类型的 `Random.Range()`函数将返回传入参数的最大向上取整值。而 float 类型可以返回最大数值。

c. 随机生成的 `ndx` 用于从 `prefabEnemies` 中选择游戏对象预设。

d. 在检视器中，enemyPadding 初始设置为 enemyDefaultPadding。

e. 然而，如果选定的敌机预设包含 BoundsCheck 组件，反而需要从该预设读取 `radius` 值。这里需要读取 `radius` 的绝对值，因为如 Enemy_0 示例所示，`radius` 有时会设置为负值，游戏对象必须完全飞出屏幕才能知晓 isOnScreen = false。

f. 此段代码为实例化的敌机设置初始位置。使用当前_MainCamera 游戏对象的 BoundsCheck 组件获取 camWidth 和 camHeight 值，当生成的敌机完全处于水平位置时再选定 *X* 坐标。然后当敌机出现在屏幕上时则选定 *Y* 坐标。

g. 再次调用 Invoke。这里使用 `Invoke()`而不是 `InvokeRepeating()`的原因是，我们希望动态调整生成敌机的时间差。当使用 `InvokeRepeating()`时，被调用函数的调用频率是固定的。在 `SpawnEnemy()`函数尾部添加 `Invode()`语句可以让游戏在运行期间动态调整 `enemySpawnRate`，并影响其后 `SpawnEnemy()`函数被调用的频率。

3. 在输入上述代码并保存之后，请返回 Unity 界面并进行下列步骤：

a．从层级面板中删除 Enemy_0（当然，项目面板中的 Enemy_0 预设要保留）。

b．在层级面板中选中_MainCamera。

c．在_MainCamera 的 Main(Script)组件下单击 `prefabEnemies` 左侧的三角形展开按钮，设置 `prefabEnemies` 的 Size 为 1。

d．将 Enemy_0 从项目面板中拖动到 `prefabEnemies` 数组的 Element 0 中。

e．保存场景！

如果在创建完这些敌机之后还未保存，那确实应该保存了。有很多意外问题会导致 Unity 程序崩溃，你不会愿意把所有工作都从头再做一遍。作为一名开发人员，养成经常保存场景的好习惯可以节省很多不必要浪费的时间和精力。

4．单击“播放”按钮，会看到每两秒钟生成一个 Enemy_0，它们会向屏幕下方移动，然后移出屏幕底部，并在两秒后消失。

但现在当_Hero 飞船和敌机相撞时，什么都不会发生。我们需要修正这一问题，首先，我们要检查一下图层。

30.6　设置标签、图层和物理规则

如第 28 章中所演示的，在 Unity 中，通过图层可以控制对象之间是否会发生碰撞。首先，我们要思考一下《太空射击》游戏原型。在本游戏中，存在不同类型的游戏对象，它们需要放置在不同图层中，并与其他游戏对象发生不同的交互：

主角飞船（Hero）：主角飞船应该会与敌机、敌机炮弹、升级道具相碰撞，但不会与主角飞船的炮弹相碰撞。

- **主角飞船的炮弹（ProjectileHero）**：主角飞船发射出的炮弹只与敌机相碰撞。
- **敌机（Enemy）**：敌机只与主角飞船以及主角飞船的炮弹相碰撞。
- **敌机的炮弹（ProjectileEnemy）**：敌机发射出的炮弹只与主角飞船相碰撞。
- **升级道具（PowerUp）**：升级道具只与主角飞船相碰撞。

要创建这五个图层以及后面会很有用的标签，请按以下步骤操作：

1．打开标签和图层管理器（在菜单栏中执行 Edit > Project Settings > Tags and Layers 命令）。标签和图层并不相同，但二者都可以在这设置。

2．打开 Tags 左侧的三角形展开按钮。单击标签下方的+符号并按照如图 30-7 左图所示输入标签名称。

为便于查看，标签名依次为 Hero、Enemy、ProjectileHero、ProjectileEnemy、PowerUp、PowerUpBox。

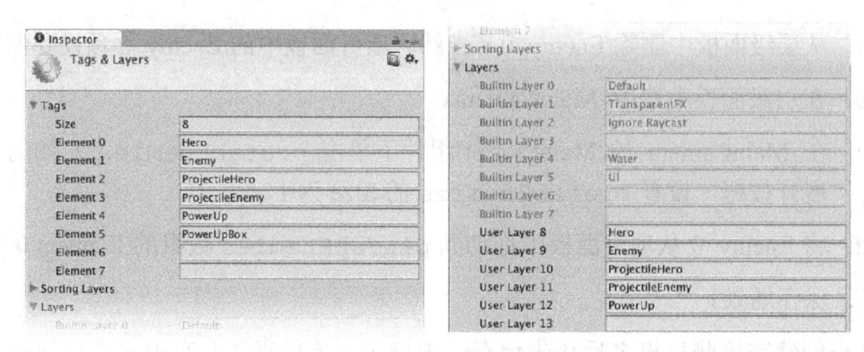

图 30-7　标签和图层管理器，图中显示了本游戏原型中所用的标签名称和图层名称

3．单击 Layers 旁边的三角形展开按钮。从 User Layer 8 开始，依次输入图 30-7 右图中显示的图层名称。Builtin Layer 0 到 Builtin Layer 07 由 Unity 保留，但可以修改 User Layer 8 到 User Layer 31 的名称。

图层名依次为：Hero、Enemy、ProjectileHero、ProjectileEnemy 和 PowerUp。

4．打开物理管理器（在菜单栏中执行 Edit > Project Settings >Physics 命令），按照如图 30-8 所示进行设置。

> **注意：**
>
> 在 Unity 4.3 中，菜单中有 Physics 和 Physics2D。在本章中，你设置的应该是 Physics（标准的三维 PhysX 物理库），而不是 Physics2D。

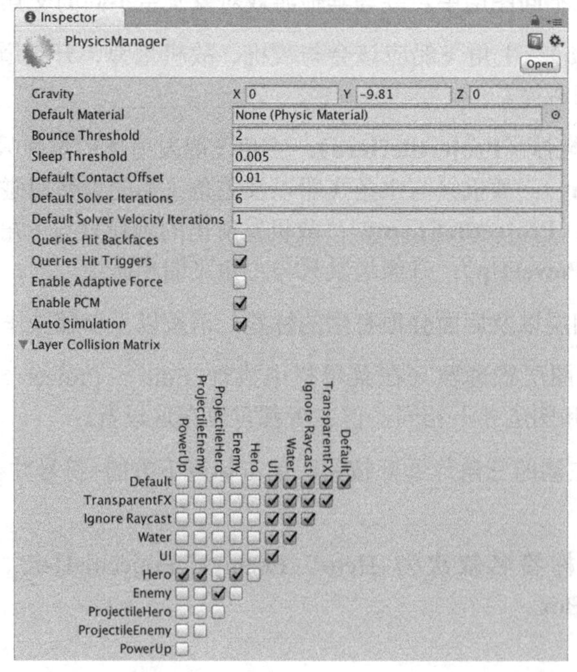

图 30-8　物理管理器，图中显示了本游戏原型中的正确设置

如第 28 章所述，在物理管理器底部的表格中，可以设置哪些图层之间可以互相碰撞。如果勾选某些图层，则这些图层上的游戏对象可以互相碰撞；如果未勾选某些图层，则那些图层上的游戏对象不会互相碰撞。取消勾选可以加快游戏运行的速度，因为要检测的互相碰撞的游戏对象会更少。从图 30-8 中可以看出，我们选中的图层碰撞矩阵满足前面的描述。

为游戏对象指定合适的图层

定义好图层之后，必须为游戏对象指定正确的图层，具体步骤如下：

1. 在层级面板中选中_Hero，然后在检视面板中从 Layer 下拉菜单中选择“Hero”选项。Unity 会询问是否将_Hero 的子对象也指定到该图层上，选择“Yes, change children”（是，修改子对象的图层）选项。

2. 在检视面板中，在 Tag 下拉菜单中选择 Hero 选项，为_Hero 设置标签。不需要修改_Hero 子对象的标签。

3. 从项目面板中选择这 5 个敌机预设，设置图层为 Enemy。如果出现提示，同样选择“Yes，change children”选项。

4. 设置每个敌机预设的标签为 Enemy。不需要修改它们的子对象的标签。

30.7　使敌机可以消灭主角飞船

现在敌机和主角飞船可以相互碰撞了，我们需要让它们对碰撞事件做出反应。

1. 在层级面板中单击_Hero 旁边的三角形展开按钮，选中 Shield（护盾）子对象。在检视面板中，设置护盾的球状碰撞器为触发器（勾选 Is Trigger 旁边的复选框），因为我们不需要物体从护盾上弹开，只需要知道它们是否相撞。

2. 在 Hero 脚本中添加以下粗体代码：

```
public class Hero : MonoBehaviour {
    …
    void Update() {
    …
    }

    void OnTriggerEnter(Collider other) {
        print("触发碰撞事件: " + other.gameObject.name);
    }
}
```

3. 播放场景并尝试撞击敌机，你会看到敌机子对象（例如 Cockpit 或 Wing）触发了单独的碰撞事件，但并非敌机本身。我们需要能够得到的 Enemy_0 游戏对象是驾驶舱和机翼的父元素，如果有更深层嵌套的子对象，同样需要找到最高元素或根元素。

幸运的是，因为这是最基本的要求，所以任何游戏对象都有转换组件。任何游戏对象调用 transform.root 都会返回根游戏对象的变换组件，方便获取游戏对象本身。

4. 用下面粗体字代码替换 Hero 脚本 OnTriggerEnter()方法中的代码：

```
public class Hero : MonoBehaviour {
    …

    void OnTriggerEnter(Collider other) {
    Transform rootT = other.gameObject.transform.root;
    GameObject go = rootT.gameObject;
    print("Triggered: "+go.name);
    }
}
```

现在当播放场景并用主角飞船撞击敌机时，你会看到 OnTriggerEnter()会声明它碰撞到 Enemy_0(Clone)，这是 Enemy_0 的一个实例。

提示：

迭代式代码开发：当制作你的游戏模型时，你可以经常使用这种控制台声明式的测试代码测试你的代码是否正常运行。笔者发现，与其连续编写几个小时的代码但最后才发现代码存在错误，不如用这种方法一点一点地修改、测试更有效率。迭代式开发可以使调试变得更加简单，因为你每次只在上次可以正常运行的代码基础上做细微修改，所以更容易找出产生错误的代码位置。

这种开发方法的另一关键元素是调试器的用法，在编写本书期间，只要笔者发现代码的运行不符合预期，笔者就会使用调试器检查发生了什么事情。如果你不记得如何使用 MonoDevelop 调试器，笔者强烈建议你重新阅读第 25 章。

有效地利用调试器，可以让你解决代码问题，而不是无谓地盯着代码看上几个小时。请尝试在 OnTriggerEnter()方法中设置一个调试断点，修改并监视代码如何调用，以及变量值如何变化。Utils.FindTaggedParent()的递归调用更为有趣。

迭代式代码开发与迭代式设计过程有着同样的优点，它是第 14 章中所述的敏捷开发的关键方法论。

5. 接下来，请修改 Hero 类的 OnTriggerEnter()方法，使主角飞船的护盾在撞到敌机之后下降一个等级，并消灭敌机。另外，重要的是，不能让同一父级游戏对象连续两次触发护盾碰撞器（如果游戏对象移动速度较快，并且它的两个子对象的碰撞器在同一帧中撞到了护盾的触发器，就会发生这种情况）。

```
public class Hero : MonoBehaviour {
    …

    public float shieldLevel = 1;

    // 此变量用于存储最后一次触发护盾碰撞器的游戏对象
    public GameObject lastTriggerGo = null;                          // a
    …
```

```
void OnTriggerEnter(Collider other) {

    Transform rootT = other.gameObject.transform.root;
    GameObject go = rootT.gameObject;
    //print("Triggered: "+go.name);    // b

        // 确保此次触发碰撞事件的对象与上次不同
        if (go == lastTriggerGo) {                               // c
            return;
        }
        lastTriggerGo = go;                                      // d

        if (go.tag == "Enemy") {     // 如果护盾被敌机触发
            shieldLevel--;    // 则让护盾下降一个等级           // e
            Destroy(go);      // 消灭敌机
        } else {
            print("触发碰撞事件: "+go.name);                     // f
        }
    }
}
```

a．此私有变量用于存储最后一次触发_Hero 的游戏对象。它的初始值为 null。

b．注释掉此行代码。

c．如果 lastTriggerGo 与 go（当前触发碰撞事件的对象）是同一对象，则将此次碰撞当作重复事件忽略，并且函数返回（比如退出）。当同一架敌机的两个子对象在同一帧中碰撞到护盾的碰撞器时，就会发生这种事情。

d．将 go 赋值给 lastTriggerGo，更新后供下一次 OnTriggerEnter()事件使用。

e．撞击到护盾之后，敌机游戏对象 go 即被消灭。因为我们检测到的游戏对象是通过 transform．root 方法查找到的敌机对象，所以这行代码将消灭整架敌机（及其子对象），而不是消灭与护盾发生碰撞的敌机子对象。

f．如果_Hero 碰撞后未触发 Enemy，则会在控制台显示出说明信息。

6．播放场景并尝试撞击敌机。在撞击几架之后，你会发现护盾有一个奇怪的现象：当护盾从满级降到零之后，又会回到满级状态。这是什么原因呢？请在播放过程中选中层级面板中的_Hero，在检视面板中查看 shieldLevel 字段如何变化。

因为 shieldLevel 没有数值下限，所以它会递减至负数。Shield 脚本会将 shieldLevel 解释为 Mat_Shield 的 *X* 偏移值为负数，因为材质的纹理被设置为循环，所以护盾看起来像是恢复到了满级的状态。

要解决这一问题，我们要把 shieldLevel 字段改为属性，让它对局部字段 _shieldLevel 的值加以保护和限制。shieldLevel 属性将监视_shieldLevel 字段的值，确保_shieldLevel 字段值永远不大于 4，并且当_shieldLevel 字段值小于 0 时消灭主角飞船。_shieldLevel 这样的受保护字段应设置为私有变量，因为不需要在其他类中访问它的值。但在 Unity 中，局部字段不能在检视面板中查看。要解决这一问题，需要在_shieldLevel 的声明语句前添加[SerializeField]，通知 Unity 在检视面板中显示它，即使它属于局部字段。属性永远不会显示在检视面板中，即使是全局属性也不例外。

7. 首先，将 Hero 类代码顶部的全局变量 shieldLevel 修改为局部字段_shieldLevel，并在前面添加一行[SerializeField]代码：

```
public class Hero : MonoBehaviour {
…
[Header("Set Dynamically")]
[SerializeField]
private float          _shieldLevel = 1;          // 记住下画线
//该变量存储最后触发游戏对象的引用
…
}
```

8. 然后，在 Hero 代码后部添加 shieldLevel 属性的代码：

```
public class Hero : MonoBehaviour {
    …
    void OnTriggerEnter(Collider other) {
        …
    }
    public float shieldLevel {
        get {
            return( _shieldLevel );                          // a
        }
        set {
            _shieldLevel = Mathf.Min( value, 4 );            // b
            // 如果护盾等级小于0
            if (value < 0) {                                 // c
                Destroy(this.gameObject);
            }
        }
    }
}
```

a. get{}语句只返回_shieldLevel 的值。

b. Mathf.Min()可以确保_shieldLevel 的值永远不大于 4。

c. 如果传入 set{}语句的_shieldLevel 值小于 0，则消灭_Hero。

OnTriggerEnter() 函数中的 shieldLevel--; 代码行同时使用了 shieldLevel 属性的 get 和 set 方法。首先通过 get 方法判断 shieldLevel 的当前位置，然后减去 1，并通过 set 方法将修改后的值赋给 shieldLevel。

30.8　重新开始游戏

在测试结果中可以看到，一旦主角飞船被消灭，游戏会变得非常无聊。我们现在需要同时修改 Hero 和 Main 类，在_Hero 被消灭 2 秒之后重新开始游戏。

1. 首先，在 Hero 类的顶部添加一个 gameRestartDelay 的字段：

```
public classHero : MonoBehaviour {
    static  public  Hero        S;          // 单例对象       // a
    [Header("Set in Inspector")]
    …
    public floatpitchMult = 30;
    public  float             gameRestartDelay = 2f;
    [Header("Set Dynamically")]
    …
}
```

2. 然后在 Hero 类的 shieldLevel 属性定义中添加以下粗体字代码：

```
public classHero : MonoBehaviour {
    …
    public floatshieldLevel {
    get{ … }
    set{
    …
    if (value < 0) {
        Destroy(this.gameObject);
        // 通知Main.S 延时重新开始游戏
        Main.S.DelayedRestart( gameRestartDelay );        // a
    }
   }
  }
}
```

a. 如果第一次在 MonoDevelop 中输入 DelayedRestart()方法，文字会变红，因为 Main 类中还没有 DelayedRestart()函数。

3. 最后，在 Main 类中添加下列方法使延时重新有效：

```
public class Main : MonoBehaviour {
    …
    public void SpawnEnemy() {
        …
    }

    public void DelayedRestart( float delay ) {
        // 延时调用 Restart()方法，延时秒数为 delay 变量的值
        Invoke("Restart", delay);
    }
    public void Restart() {
```

```
            // 重新加载场景_Scene_0，重新开始游戏
            SceneManager.LoadScene ("_Scene_0");
        }
    }
```

4．单击“播放”按钮测试游戏。现在，只要主角飞船被消灭，游戏将等待几秒钟并重新开始。

注意

如果重新加载场景后光线看起来怪怪的（比如主角飞船和敌机看起来有点暗），那么很可能遇到 Unity 光线系统很常见的错误（如在第 28 章中提到的）。希望 Unity 现在解决了这个问题，但是如果碰到这个问题，可以使用临时修复方法。按照以下步骤解决这个问题。

1．在菜单栏中执行 Window > Lighting> Settings 命令。

2．单击光线面板顶部的“Scene”按钮。

3．取消勾选光线面板底部（“Generate Lighting”按钮旁）的“Auto Generate”选项。这样可以使得 Unity 不会不断重新计算全局照明设置。

4．单击光线面板底部的“Generate Lighting”按钮，手动计算全局照明，确保光线正确构建。

5．等待几秒钟完成以上设置，然后单击“播放”按钮进行测试。此时应该可以看到即使在重新加载场景后光线也是一致的。在本章中不需要重新计算光线，但是如果确实修改了游戏中的光线，那么记得一定要手动重新计算。

30.9 射击

敌机可以伤害主角飞船了，现在应该让主角飞船有方法还击。本章只包括一种类型和层级的弹丸。在下一章中，可以使用游戏中的武器做更多有趣的事情。

主角的弹丸

按照以下步骤创建主角的弹丸。

1．在层级中创建一个名为 ProjectileHero 的立方体，转换设置如下：

ProjectileHero (Cube)　P:[10,0,0]　R:[0,0,0]　S:[0.25,1,0.5]

2．将 ProjectileHero 的标签和图层均设置为 ProjectileHero。

3．创建一个名为 Mat_Projectile 的新材质，并放入项目面板的_Materials 文件夹，将着色器指定为 ProtoTools> UnlitAlpha，并将材质应用到 ProjectileHero 游戏对象上。

4．为 ProjectileHero 游戏对象添加一个刚体组件，设置如下：

- Use Gravity 为 false（未勾选）

- isKinematic 为 false（未勾选）
- Collision Detection 为 Continuous
- Constraints：冻结 *Z* 坐标，且 *X*、*Y*、*Z* 旋转（勾选全部）

5．在 ProjectileHero 游戏对象的盒碰撞器组件中，设置 Size.Z 为 10，这会使弱丸可以撞击到 *XY*（如 *Z*=0）平面附近的任何物体。

6．创建一个名为 Projectile 的 C#脚本并添加给 ProjectileHero。后面需要修改脚本。

完成以上步骤，各设置项应该如图 30-9 所示（虽然只有在第 8 步添加完成后才能看到 BoundsCheck(Script)组件）。

7．保存场景。

8．把 BoundsCheck 脚本也添加到 ProjectileHero。设置 `keepOnScreen` 为 `false`，`radius` 为-1。BoundsCheck 的 `radius` 参数不会影响与其他游戏对象的碰撞，只有当 ProjectileHero 认为其已经飞出屏幕时才会生效。

9．把 ProjectileHero 拖动到项目面板中的_Prefabs 文件夹下，创建一个预设，并删除层级面板中的 ProjectileHero 实例。

10．记得保存场景。就像笔者之前所说的，应该随时保存场景。

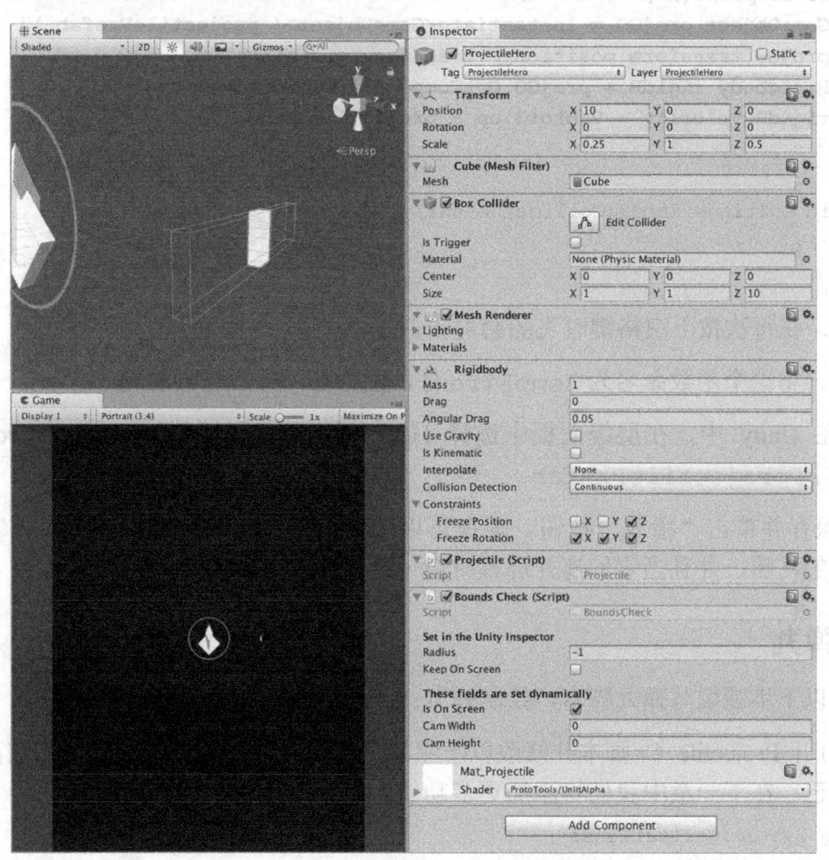

图 30-9　`ProjectileHero`，图中显示了盒碰撞器 Size.z 的正确设置

为主角飞船增加射击功能

现在为主角飞船增加射击弹丸的能力。

1．打开 Hero C #脚本并修改以下粗体字代码：

```
public class Hero : MonoBehaviour {
    …
    public float gameRestartDelay = 2f;
    public GameObject projectilePrefab;
    public float projectileSpeed = 40;
    …

  void Update () {
      …
      transform.rotation = Quaternion.Euler(yAxis*pitchMult,
      xAxis*rollMult,0);
      // Allow the ship to fire
      if ( Input.GetKeyDown( KeyCode.Space ) ) {          // a
      TempFire();
      }
  }
  void TempFire() {                                         // b
    GameObject projGO = Instantiate<GameObject>( projectilePrefab );
    projGO.transform.position = transform.position;
    Rigidbody rigidB = projGO.GetComponent<Rigidbody>();
    rigidB.velocity = Vector3.up * projectileSpeed;
  }

  void OnTriggerEnter(Collider other) { … }
      …
}
```

a．在每次按下空格键时飞船会射击。

b．将这个函数命名为 TempFire()，因为在下一章会被替换。

2．在 Unity 中，在层级面板中选择_Hero 并将项目面板的 ProjectileHero 分配给 Hero 脚本的 projectilePrefab。

3．保存并单击“播放”按钮。现在可以通过按下空格键来发射弹丸，但它们不会击沉敌人的飞船，并且当它们离开屏幕时会一直保持发射状态。

脚本化弹丸

按照以下步骤编写弹丸脚本，绘制弹丸：

1．打开 Projectile C#脚本并修改以下粗体字代码。弹丸需要做的就是当它离开屏幕时销毁自己。在下一章中我们将添加更多功能。

```
using System.Collections;
using System.Collections.Generic;
using UnityEngine;
```

```
public class Projectile : MonoBehaviour {

    private BoundsCheck  bndCheck;

    void Awake () {
        bndCheck = GetComponent<BoundsCheck>();
    }

    void Update () {
        if (bndCheck.offUp) {                 // a
            Destroy( gameObject );
        }
    }
}
```

a. 如果弹丸从屏幕顶部掉下来，就销毁它。

2. 一定记得保存。

使弹丸能够消灭敌机

弹丸还需要具备消灭敌机的能力。

1. 打开 Enemy C #脚本，将下面的代码添加脚本末尾:

```
public classEnemy : MonoBehaviour {
    …
    public virtual voidMove() { … }

    void OnCollisionEnter( Collisioncoll ) {
      GameObject otherGO = coll.gameObject;                          // a
      if( otherGO.tag == "ProjectileHero") {                         // b
        Destroy( otherGO );            // Destroy the Projectile
        Destroy( gameObject );         // Destroy this Enemy GameObject
      } else{
        print( "Enemy hit by non-ProjectileHero: "+ otherGO.name ); // c
      }
    }
}
```

a. 获得碰撞中被击中的 Collider 游戏对象。

b. 如果 otherGO 为 ProjectileHero 标识，那么销毁它和当前敌机实例。

c. 如果 otherGO 不为 projectilehero 标识，那么将击中对象的名字显示到控制台用于调试。如果想测试这个功能，可以从 ProjectileHero 预设暂时移除 ProjectileHero 标签并射击敌机[1]。

现在单击“播放”按钮，Enemy_0 将出现在屏幕上，此时可以用弹丸射击它们。本

1. 因为_Hero 的 Shield 子元素所含的对撞机是一个触发器，并且触发器不会调用 OnCollisionEnter()方法，因此不能通过在敌机中运行_Hero 进行测试。

章的目标就完成了：建立一个简单漂亮的原型。下一章将介绍如何添加扩展的敌机、三种升级方式和两种扩展的枪，用来丰富原型，以及介绍一些更有趣的编写代码的技巧。

30.10 本章小结

笔者在很多章节中，都会设置“其他功能”小节提供对项目进行扩展和自我提升的方法。然而对于本章的原型，这些提升内容将在下一章中介绍，并且还会介绍一些新的编程概念。小憩一下，然后快速进入下一章的学习，继续完成下一个原型。

第 31 章

游戏原型 3.5：《太空射击》升级版

本书讲解的原型，几乎在章节末尾都以“后续工作”结尾，内容为更多可添加到游戏中的东西。笔者将这部分内容单独成章，向你展示前一章介绍的原型的游戏升级版。

在本章中，笔者将为《太空射击》游戏添加装备升级、多重敌机，以及不同的武器类型。通过本章，你可以学习更多关于类继承、枚举、函数授权及其他几个重要课题。另外，还能使游戏更有趣！

31.1 准备工作：原型 3.5

前一章，已经很好地完成了《太空射击》游戏的基本版本，本章会让游戏变得更有趣、更充实。如果对前一章的游戏设计有任何问题，你可以直接从本书网站下载原型。

为本章创建新项目

不同于标准的项目创建流程，可通过以下两种方式创建项目：

1. 按照上一章内容创建本项目文件夹副本。
2. 从本书网站下载上一章原型的完整版。

创建好项目文件夹后，在 Unity 中打开_Scene_0，开始本章的游戏设计。

31.2 为其他敌机编程

本节主要实现扩充敌机类型，让主角飞船面对更难对付的敌人。

1. 创建 4 个名为 Enemy_1、Enemy_2、Enemy_3 和 Enemy_4 的 C#脚本。
2. 将以上脚本放入项目面板的__Scripts 文件夹。
3. 将它们分别绑定到项目面板中相应的 Enemy_#预设文件夹中。

我们将按顺序运行各个脚本。

Enemy_1

Enemy_1 以正弦波的形式在屏幕上移动，它扩展了 Enemy 类，这意味着它继承了

Enemy 的所有字段、方法和属性（公有或受保护的，私有元素不被继承）。有关类和类的继承（包括方法重写）的更多信息，请查阅本书第 26 章。

1．在 MonoDevelop 中打开 Enemy_1 脚本并输入以下代码：

```
using System.Collections;
using System.Collections.Generic;
using UnityEngine;

// Enemy_1 是 Enemy 的派生类
public class Enemy_1 : Enemy {                                          //a
    [Header("Set in Inspector: Enemy_1")]
    // 完成一个完整的正弦曲线周期所需的时间
    public float waveFrequency = 2;
    // 正弦曲线的宽度，以米为单位
    public float waveWidth = 4;
    public float waveRotY = 45;

    private float x0;     // 初始位置的 x 坐标
    private float birthTime;

    //可以执行 Start 函数是因为 Enemy 的父类没有使用它
    void Start() {
        // 将 x0 设置为 Enemy_1 的初始 x 坐标
        x0 = pos.x;                                                     //b

        birthTime = Time.time;
    }

    // 重写 Enemy 的 Move 函数
    public override void Move() {                                       // c
        // 因为 pos 是一种属性，不能直接设置 pos.x
        // 所以将 pos 赋给一个可以修改的三维向量变量
        Vector3 tempPos = pos;
        // 基于时间调整 theta 值
        float age = Time.time - birthTime;
        float theta = Mathf.PI * 2 * age / waveFrequency;
        float sin = Mathf.Sin(theta);
        tempPos.x = x0 + waveWidth * sin;
        pos = tempPos;

        // 让对象绕 y 轴稍微旋转
        Vector3 rot = new Vector3(0, sin*waveRotY, 0);
        this.transform.rotation = Quaternion.Euler(rot);

        // 对象在 y 方向上的运动仍由 base.Move() 函数处理
        base.Move();                                                    // d

        // print( bndCheck.isOnScreen );
```

```
    }
}
```

a. 作为 Enemy 的扩展类，Enemy_1 继承公有变量 speed、fireRate、health 和 score，以及公有属性 pos 和公有函数 Move()。但是没有继承私有变量 bndCheck，下面会说明。

b. 这里将 Enemy_1 的初始 *X* 位置设置为 x0，并且可以在 Start()函数中正常运行，这是因为在被 Start()函数调用前该坐标变量已经设置完成。如果这行代码放在 Awake()函数中则会报错，因为游戏对象实例化时就会调用 Awake()（即在 Main.cs 中的 Main:SpawnEnemy()函数设置坐标值之前）。

不在 Enemy_1 中实现 Awake()函数的另一个原因是，可能会导致重写父类 Enemy 中的 Awake()方法。对于 C#类继承，诸如 Awake()、Start()、Update()和其他内置 MonoBehaviour 方法，是通过特殊方式脚本化的，不需要使用 virtual 或 override 关键字，就可以被子类重写（参见第 26 章）。

c. 对于普通 C #函数，如 Enemy 中的 Move()方法，必须在超类方法前声明 virtual 关键字，同时在子类方法前加上 override 关键字，这样子类方法才能正确覆盖父类方法。因为 Move()方法在父类 Enemy 中被标记为虚函数，我们可以在这里重写该函数并使用另一函数取代它（同样名为 Move()）。

d. base.Move()调用了父类 Enemy 中的 Move()函数。本例中，子类 Enemy_1 的 Move()函数负责正弦波的水平移动，而 Enemy 父类的 Move()函数用于垂直移动。

2. 返回到 Unity 窗口，在层级面板中选中_MainCamera，在 Main(Script)组件下将 prefab Enemies 中的 Element 0 由 Enemy_0 修改为 Enemy_1（即项目面板中的 Enemy_1 预设）。这样使你可以用 Enemy_1 替代 Enemy 进行测试。

3. 单击“播放”按钮。这时敌机将由 Enemy_0 变为 Enemy_1，并且它的运动轨迹是一条正统波的形状。然而在场景面板中，当 Enemy_1 实例飞出屏幕底部时，它们并未消失。这是因为 Enemy_1 没有添加 BoundsCheck 组件。

4. 接下来为 Enemy_1 预设添加 BoundsCheck 组件并与 Enemy_0 预设设置相同的值。因此，按照以下步骤学习另一种为游戏对象添加脚本的方法。

a. 在项目面板的_Prefabs 文件夹中选中 Enemy_0。

b. 在 Enemy_0 检视器中，单击 BoundsCheck(Script)组件右上角的齿轮图标并选择“Copy Component”选项。

c. 在项目面板的_Prefabs 文件夹中选中 Enemy_1。

d. 在 Enemy_1 检视器中，单击 Transform 组件右上角的齿轮图标并选择“Paste Component as New”选项。这样就为 Enemy_1 预设添加新的 BoundsCheck(Script)组件，并且与从 Enemy_0 预设复制的 BoundsCheck 组件设置的值一样。

修改私有变量 bndCheck 为保护属性

有一个细节很重要，为 Enemy 类中的 bndCheck 变量声明私有变量。

```
private BoundsCheck bndCheck;
```

这表示除了 Enemy 类，该私有变量对任何其他类（包括 Enemy_1）都不可见，即使 Enemy_1 是 Enemy 的子类。这意味着，Enemy 中的 Awake() 和 Move() 函数可以访问并与 bndCheck 交互，然而 Enemy_1 的 override Move() 函数不知道这个变量的存在。以下是相关测试。

1. 打开 Enemy_1 脚本，注销 Move() 函数末尾的粗体字注释：

```
public override void Move() {
    …
    base.Move();
    print( bndCheck.isOnScreen );
}
```

因为 bndCheck 为 Enemy 类的私有变量，因此在 Enemy_1 中显示为红色并且不能读取。为了解决这个问题，需要将私有的 bndCheck 变量修改为受保护属性(protected)。与私有变量一样，受保护变量不能被其他类访问，但与私有变量不同的是，受保护变量可以由子类继承和访问（参见表 31-1）。

表 31-1

变量类型	对子类可见性	对其他类可见性
私有（private）	否	否
受保护（protected）	是	否
公有（public）	是	是

2. 打开 Enemy 脚本，将私有变量 bndCheck 修改为受保护属性，然后保存。

```
protected BoundsCheck bndCheck;
```

此时查看 Enemy_1 脚本会发现，bndCheck.isOnScreen 不再显示红色，代码也可以通过编译。

3. 返回 Enemy_1 脚本并注释掉 print() 行代码。

```
// print( bndCheck.isOnScreen );    //本行代码被再次注释掉
```

4. 单击“播放”按钮，此时可以看到当 Enemy_1 飞出屏幕底部时会对应消失。

提示：

球状碰撞器只能整体缩放 你可能已经注意到了，弹丸（或_Hero 主角飞船）还未接触到 Enemy_1 的机翼，就已经触发了碰撞事件。如果你在项目面板中选中 Enemy_1 并将它拖动到场景之中，你会看到 Enemy_1 周围绿色的球状碰撞器与机翼的扁平椭圆形态并不一致。这不是个大问题，但你要知道这一点。球状碰撞器的直径将取变换组件中三个维度的最大值（在本例中，因为机翼的 Scale.x 为 6，因此球状碰撞器的直径将取到这个值）。

也可以尝试其他类型的碰撞器，看看有没有哪种碰撞器可以与机翼形状相吻合。盒状碰撞器可以不整体缩放。当一个维度的长度远大于其他维度时，你也可以使用胶囊状碰撞器。网格碰撞器可以与物体轮廓相吻合，但运行速度比其他碰撞器要慢很多。在现代的高性能计算机上这可能不是什么问题，但在 iOS 或 Android 等移动平台上，网格碰撞器的速度通常会很慢。

如果为 Enemy_1 选择一个盒状碰撞器或网格碰撞器，当它沿 *Y* 轴旋转时，机翼边缘会离开 *XY* 平面（平面 *Z*==0），所以我们前面将 ProjectileHero 预设的 Size.z 设置为 10，即使机翼末端离开 *XY* 平面，也能保证弹丸会打中它。

编写其他敌机脚本的准备工作

其余敌机用到了线性插值，这是编程开发中的一个重要概念，附录 B 中有相关讲解。在第 29 章的 FollowCam 脚本中用到了一个非常简单的插值方法，但本章中的插值方法将更为有趣。在完成其他敌机的脚本之前，请你花点时间阅读附录 B 的“插值”部分。

Enemy_2

Enemy_2 的运动采用了通过正弦曲线加以平滑的线性插值。它将从屏幕一侧快速飞入、减速、改变方向，然后沿初始线路飞出屏幕。在该插值方法中，只使用了两个点，但 *u* 值使用正弦函数做了大幅修改。对于 Enemy_2 来说，*u* 值的平滑函数为下列曲线：

$$u = u + 0.6 * \mathrm{Sin}(2\pi * u)$$

附录 B 的“插值法”部分对这个平滑函数做了讲解。

1. 将 BoundsCheck 脚本添加到项目面板_Prefabs 文件夹下的 Enemy_2 预设中。在 Enemy_2 中将大量使用 BoundsCheck 组件。

2. 在 Enemy_2 预设的 BoundsCheck 检视器中，设置 `radius= 3` 和 `keepOnScreen= false`。

3. 打开 Enemy_2 脚本并输入以下代码。在代码正常运行之后，可以调整平滑曲线的 `sinEccentricity` 值，并观察对运动造成的影响。

```
using System.Collections;
using System.Collections.Generic;
```

```
using UnityEngine;

public class Enemy_2 : Enemy {                                    // a
    [Header("Set in Inspector: Enemy_2")]
    // 确定正弦波形对运动的影响程度
    public float sinEccentricity = 0.6f;
    public float lifeTime = 10;

    [Header("Set Dynamically: Enemy_2")]
    // Enemy_2 使用正弦波形修正两点插值
    public Vector3          p0;
    public Vector3          p1;
    public float birthTime;

    void Start () {
        // 从屏幕左侧随意选取一点
        p0 = Vector3.zero;                                        // b
        p0.x = -bndCheck.camWidth - bndCheck.radius;
        p0.y = Random.Range( -bndCheck.camHeight, bndCheck.camHeight );

        // 从屏幕右侧随意选取一点
        p1 = Vector3.zero;
        p1.x = bndCheck.camWidth + bndCheck.radius;
        p1.y = Random.Range( -bndCheck.camHeight, bndCheck.camHeight );

        // 有一半可能会换边
        if (Random.value > 0.5f) {
            // 将每个点的.x 值设为它的相反数,
            //可以将这个点移动到屏幕的另一侧
            p0.x *= -1;
            p1.x *= -1;
        }

        // 设置出生时间 birthTime 为当前时间
        birthTime = Time.time;                                    // c
    }

    public override void Move() {
        // 贝济埃曲线的形成基于一个 0 到 1 之间的 u 值
        float u = (Time.time - birthTime) / lifeTime;

        // 如果 u>1, 则表示自 birthTime 到当前的时间间隔已经大于生命周期(lifeTime)
        if (u > 1) {
            // 所以当前的 Enemy_2 实例将终结自己
            Destroy( this.gameObject );                           // d
            return;
        }

        // 通过叠加一个基于正弦曲线的平滑曲线调整 u 值
```

```
        u = u + sinEccentricity*(Mathf.Sin(u*Mathf.PI*2));

        // 在两点之间进行插值
        pos = (1-u)*p0 + u*p1;
    }
}
```

a．Enemy_2 还扩展为 Enemy 子类。

b．这部分代码在屏幕左边选择一个随机点。初始选择的 *X* 位置就在屏幕左边界：`-bndCheck.camWidth` 为屏幕左边界，而`-bndCheck.radius` 使得 Enemy_2 完全飞出屏幕（沿 *X* 方向离开屏幕的距离和 Enemy_2 的 radius 值相同）。

然后，在屏幕底部（`-bndCheck.camHeight`）和屏幕顶部（`bndCheck.camHeight`）之间选取一个随机的 *Y* 坐标。

c．`birthTime` 在 `Move()` 函数中用于线性插值。

d．如果从 `birthTime` 计时起已经超过 `lifeTime` 大小，那么 `u` 将大于 1，而 Enemy_2 也将被销毁。

4．在_MainCamera 的检视面板中，将 `prefabEnemies` 下的 Element 0 设置为用 Enemy_2 预设，然后单击“播放”按钮。

我们可以看到 Enemy_2 在屏幕两侧之间的前后摇摆运动会变得非常平滑。

Enemy_3

Enemy_3 将使用贝济埃曲线从上向下俯冲、减速并飞回屏幕顶部。在本例中，我们将使用一种非常简单的三点贝济埃曲线函数。可以查看附录 B 的相关章节，了解如何使用递归实现任意节点数量（不仅为三点）的贝济埃曲线函数。

1．将 BoundsCheck 脚本添加到项目面板的_Prefabs 文件夹下的 Enemy_3 预设中。

2．在 Enemy_3 预设的 BoundsCheck 检视器中，设置 `radius`= 2.5 和 `keepOnScreen`= false。

3．请打开 Enemy_3 脚本并输入以下代码：

```
using System.Collections;
using System.Collections.Generic;
using UnityEngine;


public class Enemy_3 : Enemy {        // Enemy_3是Enemy的派生类
    // Enemy_3将沿贝济埃曲线运动，
    // 贝济埃曲线由两点之间的线性插值点构成
    [Header("Set in Inspector: Enemy_3")]
    public float      lifeTime = 5;

    [Header("Set Dynamically: Enemy_3")]
```

```
    public Vector3[] points;
    public float     birthTime;

    // 同样，Start 函数可以运行是因为 Enemy 的父类没有使用它
    void Start () {
        points = new Vector3[3];        // 初始化节点数组

        // 初始位置已经在 Main.SpawnEnemy() 中进行过设置
        points[0] = pos;

        // xMin 和 xMax 值的设置方法与 Main.SpawnEnemy() 中相同
        float xMin = -bndCheck.camWidth + bndCheck.radius;
        float xMax = bndCheck.camWidth - bndCheck.radius;

        Vector3 v;
        // 在屏幕下部随机选取一个点作为中间节点
        v = Vector3.zero;
        v.x = Random.Range( xMin, xMax );
        v.y = -bndCheck.camHeight * Random.Range( 2.75f, 2 );
        points[1] = v;

        // 在屏幕顶部随机选取一个点作为终点
        v = Vector3.zero;
        v.y = pos.y;
        v.x = Random.Range( xMin, xMax );
        points[2] = v;

        //设置出生时间 birthTime 为当前时间
        birthTime = Time.time;
    }

    public override void Move() {
        // 贝济埃曲线的形成基于一个 0 到 1 之间的 u 值
        float u = (Time.time - birthTime) / lifeTime;

        if (u > 1) {
            // 当前的 Enemy_3 实例将终结自己
            Destroy( this.gameObject );
            return;
        }

        // 在三点贝济埃曲线上插值
        Vector3 p01, p12;
        p01 = (1-u)*points[0] + u*points[1];
        p12 = (1-u)*points[1] + u*points[2];
        pos = (1-u)*p01 + u*p12;
    }
}
```

4. 在_MainCamera 的检视面板中，将 `prefabEnemies` 下的 Element 0 设置为

Enemy_3 预设。

5．单击“播放”按钮查看这些敌机的运动方式。在播放一段时间之后，你会发现贝济埃曲线的一些特性。

a．尽管运动的中间节点在屏幕底部，但 Enemy_3 的实例不会真正下降到那么低的位置，因为对于贝济埃曲线，起点和终点都在曲线上，而中间节点只会影响曲线形状，不一定位于曲线之上。

b．Enemy_3 在曲线的中部运动速度会下降很多，这也是贝济埃曲线的一个特征。

6．如果想改进在贝济埃曲线中的运动并减缓曲线底部的下降速度，可以在 Enemy_3 脚本的 Move()方法中进行插值之前添加下面的粗体字代码。这会使 Enemy_3 的运动更为平滑，使它在曲线中部的运动更为平稳。

```
public override void Move() {
  …
  //对贝济埃曲线的三个坐标点进行插值运算
  Vector3 p01, p12;
  u = u - 0.2f*Mathf.Sin(u*Mathf.PI*2);
  p01 = (1-u)*points[0] + u*points[1];
  p12 = (1-u)*points[1] + u*points[2];
    pos = (1-u)*p01 + u*p12;
}
```

暂时保留 Enemy_4

在建立 Enemy_4 之前，我们首先需要对弹丸做一些修改并调整它们的运行方式。现阶段玩家可以用一次射击摧毁任何敌机。在下一节中，我们将学习如何为飞船添加拥有不同种类武器的能力。

31.3 回顾射击

在前一章中，我们学习的管理弹丸的方法适用于粗略的游戏原型，需要继续为游戏增加其他功能，从而提升层次。在本节中，我们将学习构建两种不同类型的武器，并且将来还可以进行扩展。因此，本节将创建一个 WeaponDefinition 类，用于定义各类武器的行为。

WeaponType 枚举

如第 29 章所述，枚举（简称 enum）可以将各种选项关联在一起，然后组成一种新的变量。在本游戏中，玩家通过捡拾被击毁敌机的装备升级，实现武器的升级和切换。玩家采用同样方法也可以增加护盾威力。在这里创建一个名为 WeaponType 的枚举，通过单一变量类型存储各类升级装备。

1．右击项目面板中的__Scripts 文件夹并在菜单栏中执行 Create > C# Script 命令。

将在__Scripts 文件夹中创建 NewBehaviourScript。

2．重命名 NewBehaviourScript 为 Weapon。

3．在 MonoDevelop 中打开 Weapon 脚本并输入以下代码。public enum WeaponType 声明应该介于 `using UnityEngine;`和`public`之间。

```
class Weapon : MonoBehaviour {.

using System.Collections;
using System.Collections.Generic;
using UnityEngine;

/// <summary>
/// 各类型武器的枚举
/// 包含"shield"类型代表护盾的装备升级
/// 标识[NI]表示本书“Not Implemented”
/// </summary>
public enum WeaponType {
    none,       // 默认为 no weapon
    blaster,    // 简单爆破
    spread,     // 同时射击 2 发
    phaser,     // [NI] 波浪形射击
    missile,    // [NI] 自控导弹
    laser,      // [NI]持续摧毁
    shield      // 提升护盾
}

public class Weapon : MonoBehaviour {
    … // 后续章节将完善 Weapon 类
}
```

作为 Weapon 类之外的公有枚举，WeaponTyp 可以被项目中任何其他脚本访问并使用。本章的其余部分还将继续应用这点。实际上，在 Main C#脚本中是通过 WeaponType 而不是 Weapon 脚本来定义武器的。

查看附录 B 中的“C#和 Unity 代码概念”小节，你可以获取更多关于枚举的信息。

可序列化的 WeaponDefinition 类

现在需要创建一个类来详细定义各种类型的武器。不同于本书中创建的其他类，在本节创造的不会是 MonoBehaviour 的子类，也不会把它单独添加到游戏对象。相反，和公有枚举 WeaponType 一样，在 Weapon C#中定义它应该是简单、独立、公有属性的类。

本节阐述的另一个重要内容为类是可序列化的，使得在 Unity 检视器中可以访问并编辑这个类！

请打开 Weapon 脚本，并在 `public enum WeaponType` 定义与 `public class`

Weapon 定义之间输入以下粗体字代码：

```
public enum WeaponType {
    …
}

/// <summary>
// WeaponDefinition 类可以让你在检视面板中设置特定武器属性
// Main 脚本中有一个 WeaponDefinition 的数组，可以在其中进行设置
/// </summary>
[System.Serializable]                                          // a
public class WeaponDefinition {                                // b
    public   WeaponType   type          = WeaponType.none;
    public   string       letter;                          // 升级道具中显示的字母
    public   Color        color         = Color.white;  // Collar &升级道具的颜色
    public   GameObject   projectilePrefab;                // 弹丸的预设
    public   Color        projectileColor  = Color.white;
    public   float        damageOnHit  = 0;                // 造成的伤害点数
    public   float        continuousDamage = 0;            // 每秒伤害点数（Laser）
    public   float        delayBetweenShots = 0;
    public   float        velocity = 20;                   //弹丸的速度
}

public class Weapon : MonoBehaviour {
    …         // 本章中 Weapon 类代码将填写在这里
}
```

a. [System.Serializable]属性使得 Unity 检视器中的类立即可以被定义为可序列化、可编辑。有些类因为太复杂而无法序列化，但 WeaponDefinition 足够简单，可以这样实现。

b. 可以通过修改 WeaponDefinition 类的变量改变飞船发射的弹丸的某个属性。在本章中不会使用所有变量，这样可以为进一步扩展这个游戏提供发挥空间。

如代码注释中所说，WeaponType 枚举类型定义了所有可能的武器和升级道具类型。WeaponDefinition 是一个由 WeaponType 和其他几个字段构成的类，可用于定义每种武器。

修改 Main 函数，使用 WeaponDefinition 和 WeaponType

现在需要在 Main 函数中使用新的 WeaponType 枚举和 WeaponDefinition 类。这里放在 Main 函数实现是因为可以生成敌机和最终升级道具。

1. 为 Main 函数添加下面的 weaponDefinitions 数组定义并保存。

```
public class Main : MonoBehaviour {
    ......
    public float          enemySpawnPerSecond = 0.5f;          // # 敌机数量/每秒
```

```
    public   float            enemyDefaultPadding= 1.5f;     // 敌机位置间隔
    public   WeaponDefinition[]   weaponDefinitions;
    private BoundsCheck    bndCheck;

    void Awake() {…}
    ……
}
```

2．保存脚本并从层级面板中选择_MainCamera，现在会在检视面板中看到 Main(Script)组件下的 weaponDefinitions 数组。

3．单击 weaponDefinitions 旁边的三角形展开按钮，将数组的 Size 设为 3。

4．按照如图 31-1 所示输入三种 WeaponDefinition 的值。可以看到此时 WeaponType 枚举以下拉菜单方式出现在检视器中（同样，枚举类型在检视器中已经为大写）。颜色可以不必完全一致，但每种颜色的透明度应设置为完全不透明的 255，图中显示为颜色选取块下方的白条。

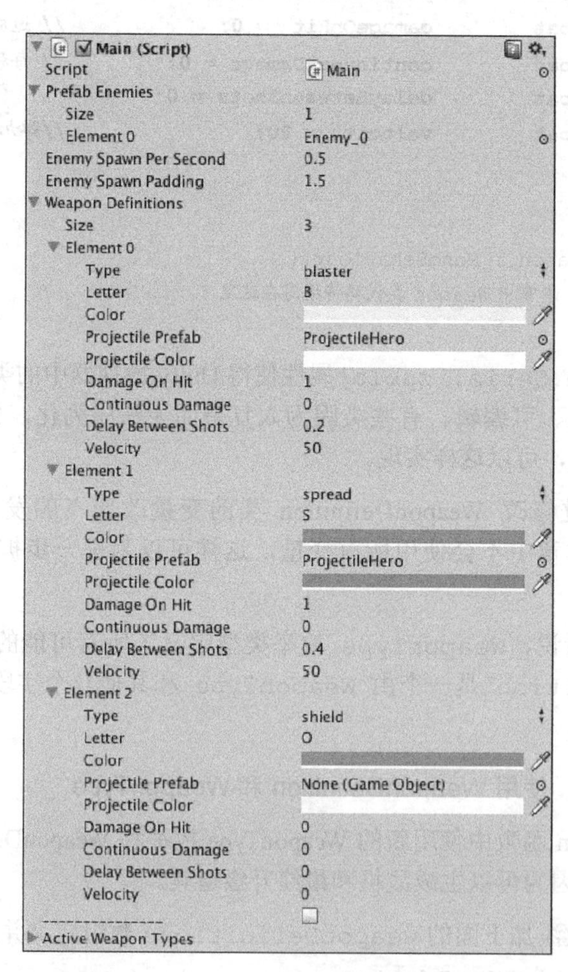

图 31-1　Main 脚本组件中 blaster、spread 和 shield 的 WeaponDefinition 设置

警告:

在某些情况下颜色默认为透明：当创建一个类似于 WeaponDefinition 这样包含颜色字段的可序列化类时，这些颜色的默认 alpha 值为 0（即颜色不可见）。要解决这一问题，请确保每个颜色定义下方的白条都是以白色填充（并非黑色）的。如果单击颜色选取块，你会看到颜色由 R、G、B、A 四个值所定义，请确保 A 值为 255，即完全不透明。

如果使用 macOS 操作系统并选择在 Unity 中使用 macOS 系统的拾色器，而非默认拾色器，则透明度值由拾色器窗口下方的透明度滑块设置（这时应设置为 100%的完全透明度）。

用于 WeaponDefinition 的泛型字典

为了便于访问 WeaponDefinitions，需要在运行时从 weaponDefinitions 矩阵将它们复制到名为 WEAP_DICT 的私有字典（Dictionary）变量。字典（Dictionary）类似于 List，也是一种泛型集合。但 List 是有序（线性）集合，而字典里包括关键字（key）和值（value），关键字用于返回值。字典可以很好地用于存储大数据量，因为访问其中任何一个数据都是基于固定时间操作的，意味着无论位于数据结构的哪个位置，所需操作时间都是相同的量级。与此形成鲜明对比的是列表或数组，如果是通过 blaster 类型 WeaponDefinition 的 weaponDefinitions 数组搜索，可以立即获取数据，而如果通过 shield 类型搜索相同数据，则会增加三倍时长。更多信息参见第 23 章。

这里的 WEAP_DICT 将枚举 WeaponType 作为关键字，将 WeaponDefinition 作为值。遗憾的是，字典不能显示在检视面板中，要不然我们在前面一开始就使用字典了。实际上，WEAP_DICT 字典先是在 Main 脚本的 Awake()方法中进行定义，然后在静态函数 Main.GetWeaponDefinition()中使用。

1．在 MonoDevelop 中打开 Main 脚本并输入以下粗体字代码。

```
public class Main : MonoBehaviour {
    static public Main S;                       //Main 的单例
    static Dictionary<WeaponType, WeaponDefinition> WEAP_DICT;  // a
    …
    void Awake() {
        …
            Invoke( "SpawnEnemy", 1f/enemySpawnPerSecond );
        //通用的 WeaponType 字典作为关键字
        WEAP_DICT = new Dictionary<WeaponType, WeaponDefinition>(); // a
        foreach( WeaponDefinition def in weaponDefinitions ) {  // b
            WEAP_DICT [def.type] = def;
        }
    }

}
```

a．声明并定义为字典关键字类型和值类型。WEAP_DICT 的静态和受保护属性表示 Main 的任何实例都可以访问它，Main 所有的静态方法也可以访问它，后面将实际运用。

b. 这个循环遍历 weaponDefinitions 数组的每个元素，并创建和它匹配的 WEAP_DICT 字典入口。

接下来，需要创建一个静态函数，允许其他类可以访问 WEAP_DICT 的数据。因为 WEAP_DICT 也是静态属性，因此 Main 类的任何静态方法都可以访问它（WEAP_DICT 不是公有，表示只有 Main 类的实例或静态方法可以直接访问它[1]）。声明新的公有静态函数 GetWeaponDefinition() 使得项目中其他代码行可以通过 Main.GetWeaponDefinition()形式调用该方法。

2. 在 Main C#脚本末尾添加以下粗体字代码：

```
public class Main : MonoBehaviour {
   …
   public void Restart() {
      //重载 Scene_0 重新开始游戏
SceneManager.LoadScene( "_Scene_0" );
   }
   /// <summary>
   /// 静态函数从 Main 类的静态受保护变量 WEAP_DICT 获取 WeaponDefinition
   /// </summary>
   /// <returns>: 返回 WeaponDefinition，或者，如果没有传入 WeaponType
   ///传入 WeaponType，则返回新的 WeaponDefinition 并包含空的 WeaponType
   ///</returns>
   /// <param name="wt">WeaponDefinition 所需的 WeaponType </param>
static public WeaponDefinition GetWeaponDefinition( WeaponType wt ) {    // a
      //确认 Dictionary 中有关键字
      // 目的在于检索不存在的关键字，然后抛出错误，因此下面的 if 语句很重要
      if (WEAP_DICT.ContainsKey(wt)) {                                    // b
         return( WEAP_DICT[wt] );
      }
      // 返回新的 WeaponDefinition 并包含空的 WeaponType，表示未能找出正确的
WeaponDefinition
      return( new WeaponDefinition() );                                   // c
   }
}
```

a. 以上函数代码中包含的注释不仅是功能概述，同样描述了函数返回值和传入的参数。

b. if 语句检查和确认 WEAP_DICT 入口关键字是否为传入的参数值 wt。如果不匹配（比如入口关键字为 WEAP_DICT[WeaponType.phaser]），则函

1. 更确切地说，因为 WEAP_DICT 既不是公有也不是私有，因此只能为受保护类中的受保护元素对类本身和它的任何子类（子类不能看到父类的私有元素）可见。结果就是，Main 的实例和静态方法或 Main 的任何子类都可以直接访问 WEAP_DICT。

数报错。

正常情况下 WeaponDefinition 返回的是 WeaponType 元素。

c. 如果 WEAP_DICT 没有将 WeaponType 关键字作为入口，那么将返回一个新的 WeaponType.none 类型的 WeaponDefinition。

修改 Projectile 类，应用 WeaponDefinitions

这里必须谨慎修改 Projectile 类，使它可以使用新的 WeaponDefinition。

1. 在 MonoDevelop 中打开 Projectile 类脚本。

2. 使 Projectile 类中的代码和下面的代码保持一致。

```
using System.Collections;
using System.Collections.Generic;
using UnityEngine;

public class Projectile : MonoBehaviour {
    private BoundsCheck    bndCheck;
    private Renderer       rend;

    [Header("Set Dynamically")]
    public Rigidbody  rigid;

    [SerializeField]                                                    // a
    private WeaponType _type;                                           // b

    // 这个全局属性屏蔽了_type 字段，并在设置_type 字段时运行一段代码
    public WeaponType type {                                            // c
        get {
            return( _type );
        }
        set {
            SetType( value );      // c
        }
    }

    void Awake() {

        bndCheck = GetComponent<BoundsCheck>();
        rend = GetComponent<Renderer>();                                    // d
        rigid = GetComponent<Rigidbody>();
    }

    void Update () {
        if (bndCheck.offUp) {
            Destroy( gameObject );
        }
    }

    /// <summary>
```

```
    ///设置 type 的私有变量并为 projectile 配色以匹配 WeaponDefinition
    /// </summary>
    /// <param name="eType">要使用的 WeaponType</param>

    public void SetType( WeaponType eType ) {                        // e
        // 设置 _type
        _type = eType;
        WeaponDefinition def = Main.GetWeaponDefinition( _type );
        rend.material.color = def.projectileColor;
    }

}
```

a. _type 声明上方的[SerializeField]属性使得_type 在 Unity 中为可见并且可设置。尽管_type 为私有属性，不过你不要在检视器中设置该变量。

b. 本书提供一个实用技巧，通过给属性加下画线的形式命名私有变量（例如私有_type 被 type 属性访问）。

c. type 属性的 get 语句和之前学习的其他属性的相同，但 set 语句调用 SetType()方法，除了设置_type，还可实现其他功能。

d. 需要为游戏对象的 SetType()方法添加渲染（Renderer）组件，因此在这里缓存。

e. SetType()方法不仅设置私有变量_type，同时将根据 Main 中的 weaponDefinitions 设置炮弹的颜色。

使用函数授权进行射击

在本游戏原型中，Hero 类将包括一个 fireDelegate 授权，用于发射所有武器，每个绑定在这个授权之上的武器将拥有各自的 Fire()方法。

1. 在继续学习后面内容之前，请阅读附录 B 中的“函数授权”部分。函数授权类似一个或多个函数的别名，通过授权调用一个函数就可以调用所有相关函数。

2. 请在 Hero 类中添加以下粗体字代码：

```
public class Hero : MonoBehaviour {
  …
          private GameObject     lastTriggerGo = null;

    // 声明一个新的授权类型 WeaponFireDelegate
    public delegate void WeaponFireDelegate();                          // a
    // 创建一个名为 fireDelegate 的 WeaponFireDelegate 类型字段
    public WeaponFireDelegate fireDelegate;

    void Awake() {

        if (S == null) {
            …
```

```
        }
        fireDelegate += TempFire;                                   // b
    }

    void Update () {
        …

            transform.rotation =
Quaternion.Euler(yAxis*pitchMult,xAxis*rollMult,0);
            //发射飞船
//          if ( Input.GetKeyDown(KeyCode.Space) ) {                // c
//              TempFire();                                         // c
//          }                                                       // c

            // 使用 fireDelegate 授权发射武器
            // 首先，确认玩家按下了 Axis("Jump")按钮
            // 然后确认 fireDelegate 不为 null，避免产生错误
            if (Input.GetAxis("Jump") == 1 && fireDelegate != null) {   // d
                fireDelegate();                                     // e
            }
    }


    void TempFire() {                                               // f
            GameObject projGO = Instantiate<GameObject>( projectilePrefab );
            projGO.transform.position = transform.position;
            Rigidbody rigidB = projGO.GetComponent<Rigidbody>();
//            rigidB.velocity = Vector3.up * projectileSpeed;       // g

            Projectile proj = projGO.GetComponent<Projectile>();    // h
            proj.type = WeaponType.blaster;
            float tSpeed = Main.GetWeaponDefinition( proj.type ).velocity;
            rigidB.velocity = Vector3.up * tSpeed;
    }

   void OnTriggerEnter(Collider other) { … }
    …

}
```

a. 虽然都是公有的，但 WeaponFireDelegate()授权类型和 fireDelegate 变量都不会出现在 Unity 检视器中。

b. 为 fireDelegate 添加 TempFire，使得 fireDelegate 被调用时也可像调用函数一样随时调用 TempFire（参见// e 代码行）。

   注意，当为 fireDelegate 添加 TempFire 时，没有遵循在函数名称后带括号的方式。这是因为添加的是函数本身，而不是通过调用函数和添加它的返回值（如果在函数名称后面加上括号，则通过这些方式）。

c. 确保注释掉（或删除）整个 if (Input.GetKeyDown (KeyCode.

Space)) { … }语句部分。

d. 当按下控制器上的空格键或跳跃按钮时，Input.GetAxis("Jump")的值等于 1。

在没有为 fireDelegate 分配方法时调用它，程序将会出现错误。因此在调用前通过 fireDelegate != null 判断其是否为空。

e. 当 fireDelegate 为函数时会在此处调用。反过来，还会调用所有已被添加到 fireDelegate 上的函数（在这里表示将调用 TempFire()）。

f. 现在 fireDelegate 将使用 TempFire()来发射一次标准的爆炸射击。后面在创建 Weapon 类时会替换掉 TempFire()方法。

g. 注释掉或删除此行代码。

h. 这部分代码获取弹丸类的 WeaponType 信息并用于设置 projGO 游戏对象的速度。

3. 单击“播放”按钮并尝试发射。此时应该可以快速发射大量的爆炸物。在下一节中，将添加一个 Weapon 类，可以更好地管理射击，并且在 Weapon 类中使用 Fire()函数代替 TempFire()。

创建武器游戏对象，用来发射弹丸

下面开始为新的武器游戏对象创建图形。武器的优势是可以尽可能多地为_Hero 飞船添加武器数量，每个武器都可以将自身添加到 Hero 类的 fireDelegate，然后当 fireDelegate 被作为函数调用时将其发射出去。

1. 创建一个空白游戏对象，命名为 Weapon（武器），然后为其添加以下组件和子对象：

Weapon (Empty)	P:[0,2,0]	R:[0,0,0]	S:[1,1,1]
Barrel (Cube)	P:[0,0.5,0]	R:[0,0,0]	S:[0.25,1,0.1]
Collar (Cube)	P:[0,1,0]	R:[0,0,0]	S:[0.375,0.5,0.2]

2. 首先移除 Barrel 和 Collar 的碰撞器组件，方法是分别选中它们，然后在检视面板中用鼠标右键单击它们的 Box Collider 组件，并从弹出菜单中选择“Remove Component”选项。你也可以单击 Box Collider 右侧的小齿轮图标，这样会弹出同样的菜单。

3. 然后，在项目面板的_Materials 文件夹中创建一个名为 Mat_Collar 的新材质。

4. 将材质拖动到 Collar 上应用。在检视面板中，从 Shader（着色器）下拉菜单中执行 Custom > UnlitAlpha 命令，如图 31-2 所示。

5. 将 Weapon C#脚本拖动到层级面板中的 Weapon 游戏对象上。

6. 然后把 Weapon 拖动到项目面板中的_Prefabs 文件夹中，创建一个预设。

7．让层级面板中的 Weapon 对象成为_Hero 飞船的子对象，将它的位置设置为[0,2,0]。这会使 Weapon 位于_Hero 飞船的头部，如图 31-2 所示。

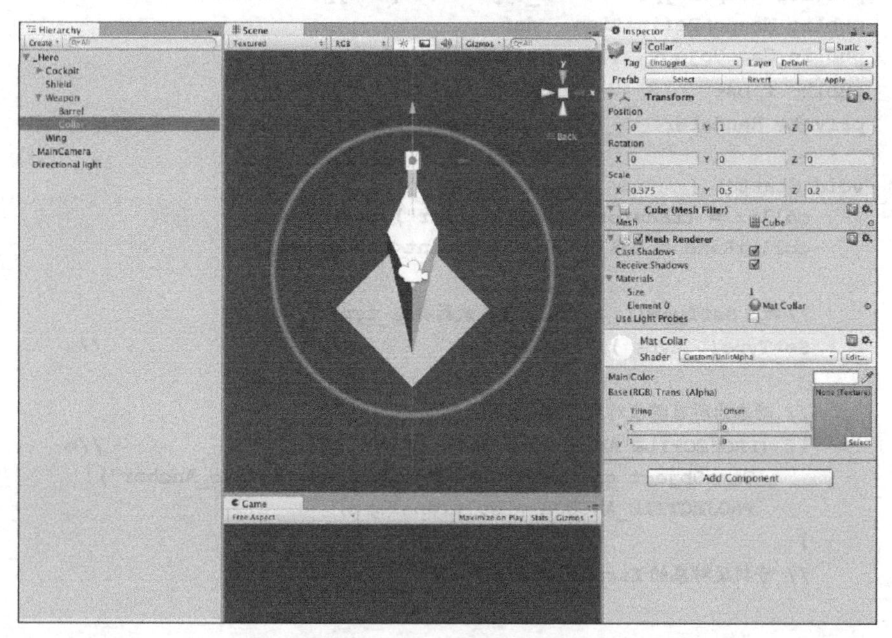

图 31-2 飞船武器，当前选中 Collar 子对象，并在检视面板中显示了材质和着色器的正确设置

8．保存场景！

为 Weapon C#脚本添加发射功能

按照以下步骤为武器脚本添加发射功能：

1．首先注释掉 Hero 中 fireDelegate 使用的 TempFire()方法。打开 MonoDevelop 中的 Hero C#脚本并注释掉以下代码行：

```
public class Hero : MonoBehaviour {
    …
    void Awake() {
…
//      fireDelegate += TempFire;
    }
…
}
```

这样使得 fireDelegate 不再调用 TempFire()。甚至可以从 Hero 类删除 TempFire()方法。现在单击“播放”按钮并按下“发射”按钮，主角飞船将不能射击。

2．在 MonoDevelop 中打开 Weapon C#脚本并添加下列代码：

```
public class Weapon : MonoBehaviour {
    static public Transform PROJECTILE_ANCHOR;
```

```
[Header("Set Dynamically")]  [SerializeField]
private WeaponType        _type = WeaponType.blaster;
public WeaponDefinition   def;
public GameObject         collar;
public float          lastShot; // 上一次发射的时间
private Renderer          collarRend;

void Start() {
    collar = transform.Find("Collar").gameObject;
    collarRend = collar.GetComponent<Renderer>();

    //调用 SetType()，正确设置默认武器类型_type
    SetType( _type );                                          //a

    // 动态为所有游戏对象创建 anchor
    if (PROJECTILE_ANCHOR == null) {                           //b
        GameObject go = new GameObject("_Projectile_Anchor");
        PROJECTILE_ANCHOR = go.transform;
    }
    // 查找父对象的 fireDelegate


    GameObject rootGO = transform.root.gameObject;             // c
    if ( rootGO.GetComponent<Hero>() != null ) {               // d
        rootGO.GetComponent<Hero>().fireDelegate += Fire;
    }
}

public WeaponType type {
    get { return( _type ); }
    set { SetType( value ); }
}

public void SetType( WeaponType wt ) {
    _type = wt;
    if (type == WeaponType.none) {                             //e
        this.gameObject.SetActive(false);
        return;
    } else {
        this.gameObject.SetActive(true);
    }
    def = Main.GetWeaponDefinition(_type);                     //f
    collarRend.material.color = def.color;
    lastShot = 0; // _type 设置后可以立即发射.//g
}

public void Fire() {
    // 如果 this.gameObject 处于未激活状态，则返回
    if (!gameObject.activeInHierarchy) return;                 //h
```

```
        // 如果距离上次发射的时间间隔不足最小时间间隔，则返回
        if (Time.time - lastShot < def.delayBetweenShots) {     //i
            return;
        }
        Projectile p;
        Vector3 vel = Vector3.up * def.velocity;                //j
        if (transform.up.y < 0) {
         vel.y = -vel.y;
      }

        switch (type) {                                         //k
        case WeaponType.blaster:
            p = MakeProjectile();
            p.rigidbody.velocity = vel;
            break;

        case WeaponType.spread:                                 //l
            p = MakeProjectile();      //创建中间弹丸
            p.rigid.velocity = vel;
            p = MakeProjectile();      //创建右边弹丸

            p.transform.rotation = Quaternion.AngleAxis( 10, Vector3.back );
           p.rigid.velocity = p.transform.rotation * vel;
            p = MakeProjectile();      //创建左边弹丸

            p.transform.rotation = Quaternion.AngleAxis(-10, Vector3.back );
           p.rigid.velocity = p.transform.rotation * vel;
            break;

        }
    }

    public Projectile MakeProjectile() {                        //m
        GameObject go = Instantiate<GameObject>( def.projectilePrefab );
        if ( transform.parent.gameObject.tag == "Hero" ) {      //n
            go.tag = "ProjectileHero";
            go.layer = LayerMask.NameToLayer("ProjectileHero");
        } else {
            go.tag = "ProjectileEnemy";
            go.layer = LayerMask.NameToLayer("ProjectileEnemy");
        }
        go.transform.position = collar.transform.position;
        go.transform.SetParent( PROJECTILE_ANCHOR, true );     //o
        Projectile p = go.GetComponent<Projectile>();
        p.type = type;
        lastShot = Time.time;                        //p
        return( p );
    }
}
```

a. 当启动武器游戏对象时，无论_type 设置为何种武器类型，它都会调用 SetType() 方法。这可以确保武器消失（如果_type 等于

WeaponType.none）或显示正确的外圈颜色（如果_type 等于 WeaponType.blaster 或 WeaponType.spread）。

b. PROJECTILE_ANCHOR 是一个静态变换，在层次结构中充当武器脚本创建的所有弹丸的父对象。如果 PROJECTILE_ANCHOR 为 null（因为它还没有被创建），脚本将创建一个新的游戏对象，名为_ProjectileAnchor，并将其变换赋给 ROJECTILE_ANCHOR。

c. 武器总是添加到其他游戏对象上（如_Hero）。本行代码查找武器子对象的根游戏对象。

d. 如果这个根游戏对象有添加 Hero 脚本，那么武器的 Fire()方法会被添加到 Hero 类实例的 fireDelegate 授权中。如果你想给敌机添加武器，可以在这里添加类似的 if 语句，检查是否增加 Enemy 脚本。即使为 rootGO 添加了 Enemy 子类（例如 Enemy_1、Enemy_2 等），当 rootGO 被 Enemy 脚本组件访问时，因为类继承规则，Enemy 子类仍会返回。

e. 如果 type 等于 WeaponType.none，则当前游戏对象被禁用。当游戏对象处于非激活状态时，它不接收任何 MonoBehaviour 方法的调用（例如 Update()、LateUp-date()、FixedUpdate()、OnCollisionEnter()等），它不是物理仿真的组成部分，因此从视觉上是消失了。但仍然可以在脚本调用函数或设置变量并添加给非激活状态的游戏对象，如果 SetType()被调用，或者将 type 属性设置为 WeaponType.blaster 或 WeaponType.spread，SetType()方法将被调用并重新激活与其关联的游戏对象。

f. SetType()不仅可以设置游戏对象是否激活，还可以在 Main 中定义 WeaponDefinition，设置外圈的颜色，并重置 lastShotTime 值。

g. 重置 lastShotTime 为 0，实现立即发射当前武器（参见//i 代码行）。

h. 如果武器非激活或者_Hero 游戏对象（武器的根对象）非激活或销毁，那么 gameObject.activeInHierarchy 为 false。只要 gameObject.activeInHierarchy 为 false，此时函数将返回，武器不会发射。

i. 如果当前时间和最后一次该武器发射时间之间的差值小于 WeaponDefinition 中定义的 delayBetweenShots，武器不会发射。

j. 在上行方向上设置初始速度，但如果 transform.up.y < 0（对敌机武器来说的确是向下的），那么 vel 的 y 组件也将设置为正面向下。

k. 这个 switch 语句为本章介绍的两种武器类型都设有的选项。WeaponType.blaster 为 MakeProjectile()调用创建的单个弹丸（向添加到新的弹丸游戏对象上的弹丸类实例返回引用），然后给刚体分配 vel 方向上的速度。

i. 如果_type 等于 WeaponType.spread，则生成三种不同的弹丸。其中两种弹丸的方向绕 Vector3.back 轴旋转 10 度（比如-*z* 轴是从屏幕向外延伸的）。然后 Rigidbody.velocity 设置为 rotation 和 vel 的乘积。当 Quaternion 乘以 Vector3 时，它旋转 Vector3 角度，使得到的速度指向炮弹倾斜的方向。

m. MakeProjectile()方法实例化存储在 WeaponDefinition 中的预设复本，并将引用返回给已添加的弹丸类实例。

n. 根据弹丸是由主角飞船发射还是敌机发射，弹丸被赋上正确的标签和物理层。

o. 弹丸游戏对象的父对象设置为 PROJECTILE_ANCHOR。此时它会被放在层级面板的_ProjectileAnchor 中，使层级保持相对工整，避免多个弹丸复本打乱层级面板结构。传入的 true 参数使 go 在转换中保持当前全局位置。

p. lastShotTime 设置为当前时间，防止武器延迟射击 def.delayBetweenShots 秒。

3．单击“播放”按钮，添加到主角飞船的武器消失。因为武器类型设置为 WeaponType.none。

4．在层级面板中选择添加给主角飞船的武器并将 Weapon(Script)组件的 type 设置为 Blaster。单击“播放”按钮，此时按住空格键可以每 0.2 秒发射一次火焰射击（根据_MainCamera 的 Main(Script)组件中定义的 weaponDefinitions 数组）。

5．在层级面板中选择添加给主角飞船的武器并将 Weapon(Script)组件的 type 设置为 Spread。单击“播放”按钮，此时武器外圈是蓝色的，当按住空格键时，每隔 0.4 秒以扩散模式发射三发弹丸。

调整敌机 OnCollisionEnter 方法

既然武器可以实现射击不同数量的弹丸（虽然目前设置为射击相同数量的弹丸），那么下面我们对敌机的 OnCollisionEnter()方法进行修改。

1．请在 MonoDevelop 中打开 Enemy 脚本，删除 OnCollisionEnter()方法。

2．用以下代码替换之前的 OnCollisionEnter()方法。

```
public class Enemy : MonoBehaviour {
    …

    public virtual void Move() { … }

    void OnCollisionEnter( Collision coll ) {                          //a
        GameObject otherGo = coll.gameObject;
        switch (otherGo.tag) {
        case "ProjectileHero":                                         //b
            Projectile p = otherGo.GetComponent<Projectile>();
            // 在进入屏幕之前，敌机不会受到伤害

            if (!bndCheck.isOnScreen) {                                //c
```

```
                    Destroy(otherGO);
                    break;
                }

                // 给这架敌机造成伤害
                // 根据Main.W_DEFS得出伤害值
                health -= Main. GetWeaponDefinition(p.type).damageOnHit;
                if (health <= 0) {                                              //d
                    // 消灭该敌机
                    Destroy(this.gameObject);
                }
                Destroy(otherGO);                                               //e
                break;

                default:
                print( "Enemy hit by non-ProjectileHero: " + otherGO.name );// f
                break;
            }
        }
}
```

a．确认完全替换了旧的 OnCollision Enter()方法。

b．如果击中敌机的游戏对象带有 ProjectileHero 标签，则会消灭这个敌机。如果是其他标签，将执行默认的 default 语句（代码行// f）。

c．如果敌机不在屏幕上，击中它的弹丸游戏对象被销毁，并且调用 break 代码行，退出 switch 语句而不执行 case "ProjectileHero"中的剩余代码。

d．如果敌机的生命值减到 0 以下，那么这架敌机就被消灭了。如果敌机的默认生命值为 10、火焰弹丸击中值为 1，那么需要发射 10 次火焰弹丸才能销毁敌机。

e．弹丸游戏对象被销毁。

f．如果击中敌机的游戏对象标记了其他内容而不是 ProjectileHero，关于它的消息将被发布到控制台面板。

3．在屏幕上单击“播放”按钮之前，你应该将已经创建的 Enemy_3 转换为创建普通敌机。在层级面板中选择_MainCamera 并将 Main(Script)组件 prefabEnemies 数组中的 Element 0 设置为 Enemy_0 预设。

现在，当你试玩游戏时，就可以消灭敌机了，但每架敌机需要 10 发弹丸才能被消灭，而且看不出它们是否受到伤害。

31.4 显示敌机受损

为了显示敌机被消灭，我们将添加代码使敌机在每次受到伤害时闪烁几帧红色，但要实现这种效果，需要访问每架敌机所有子对象的所有材质。这种功能似乎会在不同游戏原型中经常用到，所以我们把它添加到新的 Utils C#类中使之能被重用。

创建可重用的 Utils 脚本

本书后面章节还会用使用 Utils 类。Utils 类几乎构成了所有静态函数，以便可以在任何代码行调用这些函数。

创建一个名为 Utils 的 C#脚本并放入__Scripts 文件夹。请在 MonoDevelop 中打开 Utils 脚本，添加以下代码：

```
using System.Collections;
using System.Collections.Generic;
using UnityEngine;

public class Utils : MonoBehaviour {

    //============================ 材质函数 ===============================\\
    // 用一个 List 返回游戏对象或其子对象的所有材质
    static public Material[] GetAllMaterials( GameObject go ) {            //a
        Renderer [] rends = go.GetComponentsInChildren<Renderer >();     // b

        List<Material> mats = new List<Material>();

        foreach(Renderer rend in  rends ) {                                //c
            mats.Add( rend.material );
        }
        return( mats.ToArray() );                                          //d
    }
}
```

a. GetAllMaterials()作为静态公有函数，可以在程序的任何地方被 Utils.GetAllMaterials()调用。

b. GetComponentsInChildren<>()是游戏对象的一个方法，可以遍历游戏对象本身和其所有子对象，并且无论泛型< >参数传入何种组件类型参数，函数都会返回一个数组（本例中组件类型为渲染器）。

c. foreach 循环遍历 rends 数组中的渲染器组件，从每个数组元素中提取 material 字段。然后将该字段添加到 mats 列表中。

d. 最后，将 mats 列表转换成数组并返回。

使用 GetAllMaterials 让敌机闪烁红色

修改 Enemy，在 Utils 中使用 GetAllMaterials()静态函数。

1. 请在 Enemy 脚本中添加以下粗体字代码：

```
public class Enemy : MonoBehaviour {
    …
```

```
public int          score = 100;              // 消灭本架敌机将获得的点数

public   float       showDamageDuration =  0.1f;  //显示销毁持续时间    //a

[Header("Set Dynamically: Enemy" )]

public Color[]        originalColors;
public Material[]     materials;                // 本对象及其子对象的所有材质

public   bool        showingDamage =  false;
public   float        damageDoneTime; // 停止显示销毁的时间
public   bool        notifiedOfDestruction = false;  //后面会使用

protected BoundsCheck bndCheck;

void Awake() {
     bndCheck = GetComponent<BoundsCheck >();  //获取当前游戏对象和子对象的材
质和颜色
    materials = Utils.GetAllMaterials( gameObject );    //b
    originalColors = new Color[materials.Length];
    for (int i=0; i<materials.Length; i++) {
        originalColors[i] = materials[i].color;
    }
        }

...

    void Update() {
    Move();

 if  ( showingDamage &&  Time.time > damageDoneTime ) {              // c
        UnShowDamage();
    }

 if  ( bndCheck != null && bndCheck.offDown ) {
        // 松开按钮则销毁当前游戏对象
        Destroy( gameObject );
    }

 }

 void OnCollisionEnter( Collision coll ) {
     GameObject otherGO= coll.gameObject;
     switch (otherGO.tag) {
     case "ProjectileHero":
         ...
```

```
            // 给这架敌机造成伤害
            ShowDamage();           //d
            // 根据 Projectile.type 和 Main.W_DEFS 得出伤害值
            …
                                }
        }

    void ShowDamage() {             //e
        foreach (Material m in materials) {
            m.color = Color.red;
        }

        showingDamage =  true;
       damageDoneTime = Time.time + showDamageDuration;
    }

    void UnShowDamage() {           //f
        for ( int i=0; i<materials.Length; i++ ) {
            materials[i].color = originalColors[i];
        }
        showingDamage =  false;
    }
}
```

a. 在顶部添加所有粗体字段。

b. materials 数组使用新的 Utils.GetAllMaterials()方法填充数组值。然后本行代码重复遍历所有的材料并存储它们的原始颜色。虽然当前所有敌机游戏对象都是白色的，但是这个方法允许为其设置任何颜色，比如敌机被击中时显示红色，然后恢复原来颜色。

   重要的是，在 Awake()方法中实现 Utils.GetAllMaterials()调用，并将结果缓存在 materials 中。这保证了每架敌机只会产生一次调用。Utils.GetAllMaterials()会使用 GetComponentsInChildren<>()方法，这个函数会消耗处理时间并降低性能。因此通常最好只调用它一次并缓存结果，而不是每一帧都调用它。

c. 如果敌机当前显示被击中（即红色状态）并且当前时间大于 damageDoneTime，那么 UnShowDamage()方法被调用。

d. 在 OnCollisionEnter()方法中添加 ShowDamage()调用语句，实现攻击敌机。

e. ShowDamage()方法使 materials 数组中所有材料变红，设置 showingDamage 为 true，并设置停止显示被攻击的时间。

f. UnShowDamage()将 materials 数组中的所有材料恢复到原来的颜色并设置 showingDamage 为 false。

现在，当敌机被主角飞船的弹丸击中时，其所有材质就会在 `damageDoneTime` 所定义的帧数内变红，使整架敌机变红。超过 `damageDoneTime` 定义的时间后，Enemy 脚本复原，然后整架敌机恢复为正常颜色。

2. 单击“播放”按钮，测试游戏。这样就可以看到玩家是否击中敌机了，但仍然需要很多发弹丸，才能消灭一架敌机。接下来，让我们制作一些升级道具，增加玩家武器的攻击力和数量。

3. 一定要牢记随时保存。

31.5 添加升级道具和射击武器

在这里，将为游戏添加三种升级道具：

- **高爆武器[B]**：如果玩家的武器不是高爆武器，则武器将切换为高爆武器，并重置飞船装备 1 个炮筒。如果玩家的武器已经是高爆武器，则增加炮筒数量。
- **散射炮[S]**：如果玩家的武器不是散射炮，则武器将切换为散射炮，并重置飞船装备 1 个炮筒；如果玩家的武器已经是散射炮，则增加炮筒数量。
- **护盾[O]**：使玩家的护盾增加一个等级。

升级道具图形

升级道具由一个使用三维文字渲染的字母和一个旋转的立方体构成（本章最开始的图 30-1 中有几个升级道具）。请按下列步骤操作，制作升级道具。

1. 创建一个三维文字对象（在菜单栏中执行 GameObject > 3D Object > 3D Text 命令），将其命名为 PowerUp 并为其创建一个 Cube（立方体）子对象，并使用下列设置：

PowerUp (3D Text)	P:[10,0,0]	R:[0,0,0]	S:[1,1,1]
Cube	P:[0,0,0]	R:[0,0,0]	S:[2,2,2]

2. 选中 PowerUp。

3. 按照如图 31-3 所示设置 PowerUp 对象的 Text Mesh 组件。

4. 为 PowerUp 对象添加一个刚体组件（在菜单栏中执行 Component > Physics > Rigidbody 命令），并按照图 31-3 进行设置。

5. 将 PowerUp 的标签和图层均设置为 PowrUp，在弹出提示窗口时，选择“Yes, change children”选项。

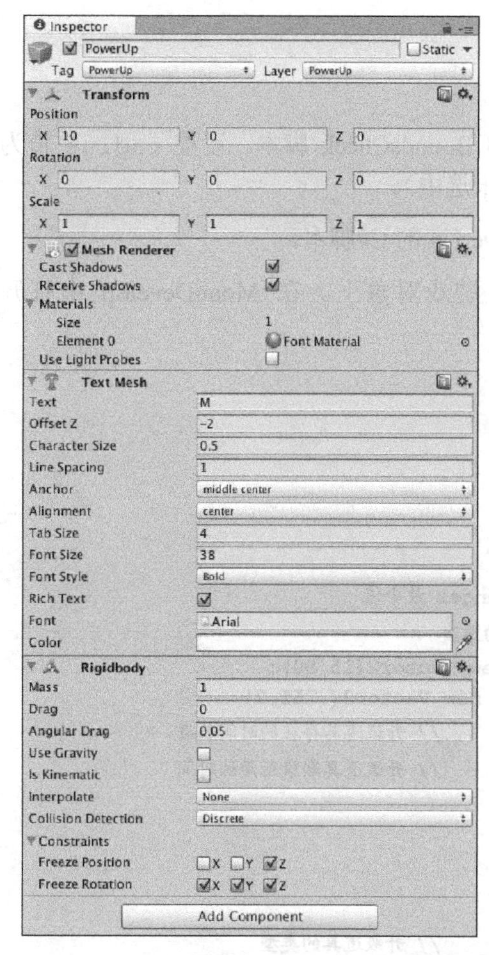

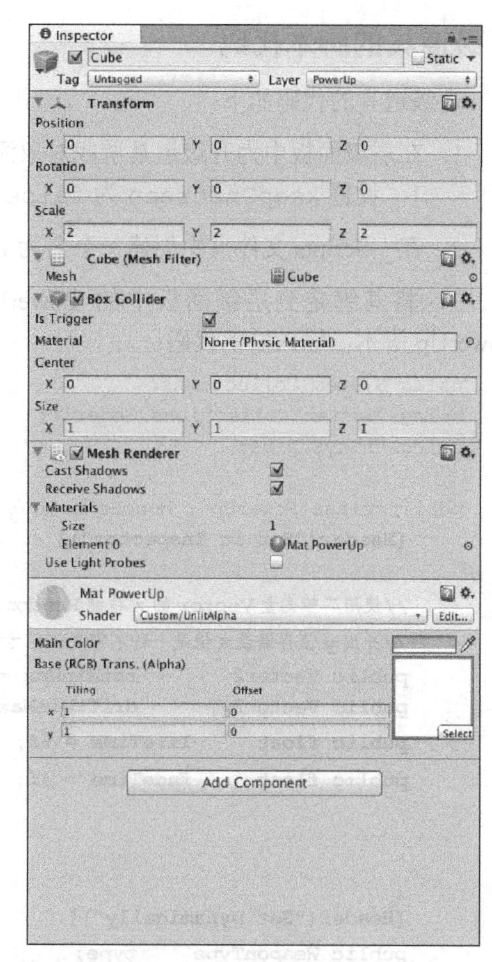

图 31-3　PowerUp 及其 Cube 子对象的设置（暂未绑定任何脚本）

6. 接下来，你需要为升级道具的立方体创建一个自定义材质，操作步骤如下：

   a. 新建一个名为 Mat_PowerUp 的材质并放入_Materials 文件夹。

   b. 将 Mat_PowerUp 材质拖动到 PowerUp 的 Cube 子对象上。

   c. 选中 PowerUp 的 Cube 子对象。

   d. 将 Mat PowerUp 的着色器（shader）设置为 ProtoTools>UnlitAlpha。

   e. 单击 Mat_PowerUp 纹理右下角的“Select”按钮，从 Assets 选项卡中选择名为 PowerUp 的纹理。此时可能需要单击检视器中 Mat_PowerUp 组件左下角的三角形展开按钮查看 Mat_PowerUp 的纹理。

   f. 设置 Mat PowerUp 的颜色为蓝绿色（RGBA 值为[0,255,255,255]的浅蓝色），为 PowerUp 设置一个颜色之后，它会变得可见。

   g. 将 Cube 的盒碰撞器设置为触发器（勾选 Is Trigger 旁边的复选框）。

仔细检查 PowerUp 及其 Cube 子对象的设置，确保其与图 31-3 一致。

升级道具的脚本代码

升级道具的代码如下：

1．在层级面板中为升级道具游戏对象添加 BoundsCheck 脚本。设置 `radius` 值为 1，设置 `keepOnScreen` 为 `false`（未选中）。

2．在__Scripts 文件夹中创建一个名为 PowerUp 的 C#脚本。

3．将其绑定到层级面板中的 PowerUp 游戏对象上。在 MonoDevelop 中打开 PowerUp 脚本，输入以下代码：

```
using System.Collections;
using  System.Collections.Generic;
using UnityEngine;

public class PowerUp : MonoBehaviour {
    [Header("Set in Inspector")]

    //使用二维向量 Vector 的 x 存储 Random.Ranger 最小值
    //并用 y 值存储最大值是一种不常见但很方便的用法
    public Vector2        rotMinMax = new Vector2(15,90);
    public Vector2        driftMinMax = new Vector2(.25f,2);
    public float     lifeTime = 6f;        // 升级道具存在的时间长度
    public float     fadeTime = 4f;        // 升级道具渐隐所用的时间



    [Header("Set Dynamically")]
    public WeaponType     type;            // 升级道具的类型
    public GameObject     cube;            // 对 Cube 子对象的引用
    public TextMesh       letter;          // 对文本网格的引用
    public Vector3        rotPerSecond;    // 欧拉旋转的速度
    public float     birthTime;

    private  Rigidbody         rigid;
    private  BoundsCheck       bndCheck;
    private  Renderer          cubeRend;

    void Awake() {
        // 设置 Cube 的引用
        cube = transform.Find("Cube").gameObject;
        // 查找文本网格和其他组件
        letter = GetComponent<TextMesh>();
        rigid = GetComponent< Rigidbody>();
        bndCheck = GetComponent<BoundsCheck >();
        cubeRend = cube.GetComponent< Renderer >();

        // 设置一个随机速度
```

```
        Vector3 vel = Random.onUnitSphere; // 获取一个随机的XYZ速度
        // 使用Random.onUnitSphere，可以获得一个以原点为球心，1米为半径的球体表面上的一个点
        vel.z = 0;                    // 使速度方向处于XY平面上
        vel.Normalize();                  // 使速度大小变为1
                vel *= Random.Range(driftMinMax.x, driftMinMax.y);       //a
                rigid.velocity = vel;

        // 将本游戏对象的旋转设置为[0,0,0]
        transform.rotation = Quaternion.identity;
        // Quaternion.identity的旋转为0

        // 使用rotMinMax的x、y值设置Cube子对象每秒旋转圈数rotPerSecond
        rotPerSecond = new Vector3( Random.Range(rotMinMax.x,rotMinMax.y),
                                   Random.Range(rotMinMax.x,rotMinMax.y),
                                   Random.Range(rotMinMax.x,rotMinMax.y) );


        birthTime = Time.time;
    }

    void Update () {

        cube.transform.rotation =
  Quaternion.Euler( rotPerSecond*Time.time );//b

        // 隔一定时间后，让升级道具渐隐
        // 根据默认值，升级道具可以存在10秒钟,然后再4秒内消失
        float  u = (Time.time - (birthTime+lifeTime)) / fadeTime;
        //在lifeTime秒数内，u将<= 0.当超过fadeTime时间后u将转化为1

        // 如果 u >= 1，消除升级道具
        if (u >= 1) {
            Destroy( this.gameObject );
            return;
        }
        // 使用变量u确定Cube和文字的不透明度
        if (u>0) {
            Color c = cubeRend.material.color;
            c.a = 1f-u;
            cubeRend.material.color = c;
            // 让字母也渐隐，只不过程度不一样
            c = letter.color;
            c.a = 1f - (u*0.5f);
              letter.color = c;
        }

        if  (!bndCheck.isOnScreen) {
            //如果升级道具完全退出屏幕则销毁
```

```
            Destroy( gameObject );
        }

        public void SetType( WeaponType wt ) {
            // 从Main脚本中获取WeaponDefinition值
            WeaponDefinition def = Main.GetWeaponDefinition( wt );
            // 设置Cube子对象的颜色
            cubeRend.material.color = def.color;
            //letter.color = def.color;   //也可以给字母上色
            letter.text = def.letter;     // 设置显示的颜色
            type = wt;             // 最后设置升级道具的类型
        }

    public void AbsorbedBy( GameObject target ) {
        // Hero类在收集到道具之后调用本函数
        // 我们可以让升级道具逐渐缩小，吸收到目标对象中
        // 但现在，简单消除this.gameObject即可
        Destroy( this.gameObject );
    }


}
```

a．将速度设置为 driftMinMax 的 *X*、*Y* 值之间的一个值。

b．将它的旋转角度设置为旋转速度乘以 Time.time，使它基于时间旋转。

5．现在单击“播放”按钮，应该会看到升级道具边旋转边漂移。如果让主角飞船撞到升级道具，控制台会显示消息“非敌机触发碰撞事件：PowerUp”，这样你能知道升级道具的触发器是否正常工作。

6．将层级面板中的 PowerUp 游戏对象拖动到项目面板中的_Prefabs 文件夹下，并创建一个预设。

使主角飞船收集升级道具

现在需要使主角飞船能收集升级道具。首先需要管理收集，然后在 Hero 脚本中进行升级并修改武器以响应道具升级。

1．在 Hero 脚本中进行以下修改，使主角飞船可以碰撞并收集升级道具。

```
public class Hero : MonoBehaviour {
    …

    void OnTriggerEnter(Collider other) {
        …


            if (go.tag == "Enemy") {
                // 如果护盾被敌机触发
```

```
            // 则让护盾下降一个等级
            shieldLevel--;
            // 消灭敌机
            Destroy(go);
        } else if (go.tag == "PowerUp") {
            // 如果护盾被升级道具触发
            AbsorbPowerUp(go);
        } else {
            print("触发碰撞事件: "+go.name);
        }
    }


    public void AbsorbPowerUp( GameObject go ) {
        PowerUp pu = go.GetComponent<PowerUp>();
        switch (pu.type) {

        //此 switch 语句暂时为空
        }
        pu.AbsorbedBy( this.gameObject );
    }

    public float  shieldLevel { … }
}
```

2．此时单击“播放”按钮可以看到，主角飞船飞入升级道具并获取。

从获取道具到真正可以使用它们之前，还需要为武器对象做一些设置。

3．在 Hero 脚本顶部为武器数组添加以下粗体字代码。

```
public class  Hero : MonoBehaviour {
    …
    public float              projectileSpeed = 40;
    public Weapon []          weapons;                               // a

    [Header("Set Dynamically")]
    …
}
```

a．在下一节中将生成 5 个武器对象作为_Hero 的子对象，完成飞船枪炮的作用。这里的 weapons 用于存储这些武器对象。

扩展武器选项

修改完代码之后，需要在 Unity 中对_Hero 做一些修改。

1．在层级面板中，单击_Hero 游戏对象旁边的三角形展开按钮。

2．选择_Hero 的子对象 Weapon。按 4 次 Command +D 组合键（在 Windows 系统下是 Ctrl+D 组合键），复制 4 个 Weapon。复制出的对象应该仍然是_Hero 的子对象。

3．将这 5 个武器分别命名为 Weapon_0 到 Weapon_4，并设置为以下数值：

_Hero	P:[0,0,0]	R:[0,0,0]	S:[1,1,1]
Weapon_0	P:[0,2,0]	R:[0,0,0]	S:[1,1,1]
Weapon_1	P:[-2,-1,0]	R:[0,0,0]	S:[1,1,1]
Weapon_2	P:[2,-1,0]	R:[0,0,0]	S:[1,1,1]
Weapon_3	P:[-1.25,-0.25,0]	R:[0,0,0]	S:[1,1,1]
Weapon_4	P:[1.25,-0.25,0]	R:[0,0,0]	S:[1,1,1]

4．选择_Hero，并在检视面板中单击 Hero(Script)脚本下 Weapons 字段旁边的三角形展开按钮。

5．将 `weapons` 的 Size 值设为 5，并将 Weapon_0 到 Weapon_4 分别赋值给 5 个武器栏（可以从检视面板中拖动过来，也可以单击武器栏右侧的小圆圈图标，从 Scene 选项卡下选择 Weapon_#）。设置完成后的界面如图 31-4 所示。

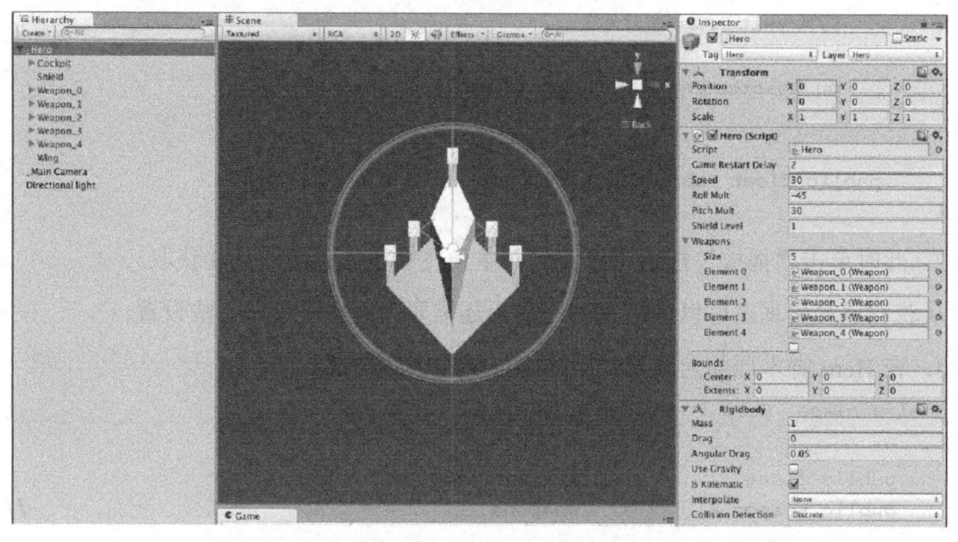

图 31-4　带有 5 个武器子对象（在 Weapons 字段中进行设置）的主角飞船

要让获取的升级道具具有真正的威力，需要对 Hero 脚本做如下修改。

6．打开 Hero 脚本，在 Hero 类最下方添加 `GetEmptyWeaponSlot()`方法和 `ClearWeapons()`方法。

```
public class Hero : MonoBehaviour {
    …
    public float shieldLevel {
        …
    }

Weapon GetEmptyWeaponSlot() {
        for ( int i=0 ; i<weapons.Length; i++) {
            if ( weapons[i].type == WeaponType.none ) {
                return ( weapons[i] );
```

```
            }
        }
        return ( null );
    }

    void ClearWeapons() {
        foreach  ( Weapon w in  weapons) {
            w.SetType(WeaponType.none);
        }
    }
}
```

7. 按照下面代码为AbsorbPowerUp()方法完善switch语句内容。

```
public class  Hero : MonoBehaviour {
    …
    public void AbsorbPowerUp( GameObject  go ) {
        PowerUp  pu = go.GetComponent< PowerUp>();
        switch (pu.type) {
            case  WeaponType.shield:                          // a
                shieldLevel++;
break;

            default:                                          // b
if  (pu.type == weapons[0 ].type) { // 如果是任何一种武器升级道具   // c
Weapon   w = GetEmptyWeaponSlot();
                if  (w != null) {
                    // 将其赋给pu.type
                    w.SetType(pu.type);
                }
            } else  { // 如果武器类型不一样                    // d
                ClearWeapons();
                weapons[0 ].SetType(pu.type);
            }
            break;
        }
        pu.AbsorbedBy( this.gameObject );
    }
    …
}
```

a. 如果升级道具有护盾武器类型，它可以为护盾增加1个等级。

b. 任何其他升级道具的武器类型都是武器，所以这是默认状态。

c. 如果升级道具与现有武器的武器类型相同，则代码将进行搜索查找未使用的武器槽，并尝试将空槽设置为相同武器类型。如果所有 5 个武器槽都在使用，则不执行任何操作。

d. 如果升级道具是不同的武器类型，则清空所有武器槽，并将拾到的新武器设置为 Weapon_0 武器类型。

8．接着进行测试，在层级面板中选择升级道具，并将检视器中 PowerUp(Script)组件的 type（在 Set Dynamically 函数头后面）设置为 Spread。通常，该类型是动态设置的，但你可以手动设置进行测试。

9．单击“播放”按钮，初始会装备 5 个高爆武器。当主角飞船飞到升级道具时，会将高爆武器转换为一个散射炮。因为是手动设置的类型，升级道具没有正确显示字母。还可以尝试用护盾类型测试，当主角飞船飞入升级道具时可以看到护盾等级增加。

管理竞态条件

本节需要为程序设置一些断点。这很重要，因为后面章节会遇到类似问题。

1．为 Hero 脚本的 Awake()方法添加以下粗体字代码：

```
public class Hero : MonoBehaviour {
    …
    void Awake() {
        S = this;   // 设置单例对象
//        fireDelegate += TempFire;

        // 重置武器，让主角飞船从 1 个高爆武器开始
        ClearWeapons();
        weapons[ 0 ].SetType(WeaponType.blaster);
    }
    …
}
```

2．单击“播放”按钮，你可能会在控制台面板中看到一条出错消息，如下所示：

NullReferenceException : Object reference not set to an instance of an object

Weapon.SetType (WeaponType wt) (at Assets/__Scripts/Weapon.cs:82)

Hero.Awake () (at Assets/__Scripts/Hero.cs:36)

该错误表示试图使用的内容为空，并且以下出错代码行位于 Weapon.cs 文件的 SetType() method 方法中（笔者的程序是第 82 行，你的可能不同）。

```
collarRend.material.color = def.color;
```

错误消息还指出上述代码行是通过 Hero.cs 文件的 Awake()方法中哪一行代码调用而运行的（笔者的程序是第 36 行，你的可能不同）。这行代码是：

```
weapons[ 0 ].SetType(WeaponType.blaster);
```

因此，回溯到这一点，看起来是主角飞船的 Awake()方法调用武器数组中第一个武器的 SetType()方法。武器的 SetType()方法用于设置 collarRend 的颜色，但 collarRend 为 null，因此会抛出空引用错误。

查看武器中的 Start()方法，即设置 collarRend 的地方。但主角飞船的 Awake()方法总是在武器的 Start()方法之前调用，因此我们试图在 collarRend 设

置之前读取它的值！通过添加以下步骤进行修改。

3. 在 Hero 脚本中，将 Awake() 方法的名称更改为 Start()。[2]

此时单击“播放”按钮，可能看起来上述修改已经修复了问题，但实际上并没有。目前只是可能修复了问题，因为 Weapon.Start() 的确可能先于 Hero.Start() 执行，但 Hero.Start() 也可能先执行。你需要确认。

4. 在菜单栏中执行 Edit > Project Settings > Script Execution Order 命令，打开脚本执行顺序检视器。

   a. 单击“+”按钮（如图 31-5 左图所示）并从弹出菜单中选择武器，会在表中为武器创建一行值为 100。数字 100 代表武器对其他脚本的执行顺序，前提是按照默认时间运行的。如果数字更高（如 100），所有武器脚本将在其他脚本之后执行，意味着 Weapon.Start() 方法将在 Hero.Start() 或任何其他脚本之后执行。

   b. 单击“Apply”按钮（锁定执行顺序）并单击“播放”按钮。

   c. 此时肯定会遇到一个空引用异常问题，不然就会在最后执行武器代码时报错。

   d. 再次打开脚本执行顺序检视器，并使用武器行左侧的双横杠按键（如图 31-5 右图所示）将武器行拖动到默认时间下面。这也将该行的值从 100 变为 –100。现在 Weapon.Start() 方法将先于任何其他 Start() 方法被执行。

   e. 再次单击“Apply”和“播放”按钮，这次应该不会出现任何错误。

设置竟态条件和脚本执行顺序的工作量很小，但记住在建立工程时这是非常重要的事项。

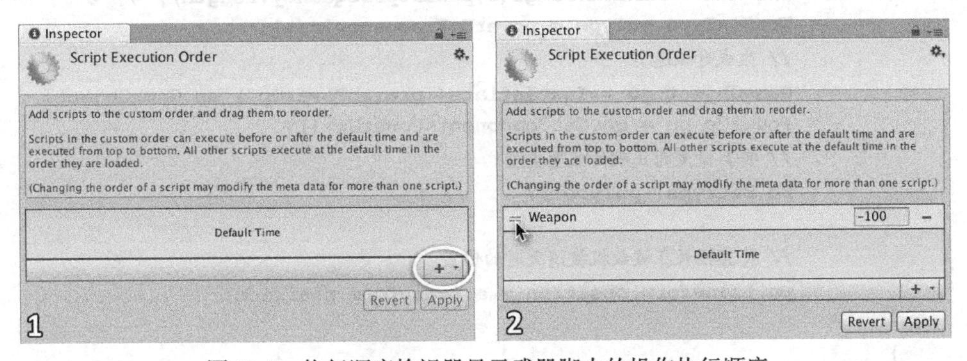

图 31-5　执行顺序检视器显示武器脚本的操作执行顺序

2. 记住，游戏对象实例化会立刻调用 Awake() 方法，而 Start() 方法是在第一次执行游戏对象 Update() 方法之前被调用。这两个对象都是场景的一部分，都在游戏开始时被实例化，因此这两个对象都会先调用 Awake() 方法。但是不能保证哪个游戏对象的 Start() 先被调用。设置脚本执行顺序（如步骤 4 所示）可以修改先后顺序。

31.6 让敌机可以掉落升级道具

回到升级道具的话题。我们使敌机被消灭时有一定概率掉落升级道具。这可以让游戏玩家更乐于消灭敌机，而非尝试避开敌机，这也可以让玩家有办法升级主角飞船。

当敌机被消灭时，会通知 Main 单例，然后 Main 单例实例化一个新的升级道具。这看起来有点迂回，但一般来说，最好在场景中限制不同类可以实例化的新游戏对象数量。如果较少的脚本能够完成一个任务（比如实例化），那么比较容易对产生的错误进行调试。

1. 首先让 Main 类可以实例化新的升级道具。请在 Main 脚本中添加以下代码：

```
public class Main : MonoBehaviour {
  …
  public WeaponDefinition[]        weaponDefinitions;
  public GameObject     prefabPowerUp;         // a
  public WeaponType[]       powerUpFrequency = new WeaponType[] {  // b
                        WeaponType.blaster, WeaponType.blaster,
                        WeaponType.spread,
  WeaponType.shield                         };


  private  BoundsCheck       bndCheck;

  public void ShipDestroyed( Enemy e ) {      // c
      // 掉落升级道具的概率
      if (Random.value <= e.powerUpDropChance) {      // d

          int ndx = Random.Range(0,powerUpFrequency.Length); // e
          WeaponType puType = powerUpFrequency[ndx];
          // 生成升级道具
          GameObject go = Instantiate( prefabPowerUp ) as GameObject;
          PowerUp pu = go.GetComponent<PowerUp>();
          // 将其设置为正确的武器类型
          pu.SetType( puType );     // f

          // 将其摆放在被敌机被消灭时的位置
          pu.transform.position = e.transform.position;
      }
  }

  void Awake() { … }
 …

}
```

a. 用于管理所有的升级道具预设。

b. powerUpFrequency 武器类型数组决定每种升级道具创建的频率。在默认情况下生成两个高爆武器，一个散射炮，一个护盾，所以高爆弹的频率是其他的两倍。

c. 敌机一旦被消灭就会调用 ShipDestroyed()方法。有时会生成一个升级道具代替被消灭的敌机。

d. 每种类型的飞船都将有一个名为 powerUpDropChance 的变量，其值介于 0 和 1 之间。Random.value 属性用于在 0（包含）和 1（包含）之间生成随机浮点数（因为 Random.value 包含 0 和 1 两个数，因此浮点数值可能是 0 或 1）。如果该数值小于或等于 powerUp-DropChance，则实例化一个升级道具。掉落也是 Enemy 类的一部分功能，这样不同敌机可以有更高或更低掉落的机会（例如 Enemy_0 几乎不掉落升级道具，而 Enemy_4 经常掉落）。这里在代码中用红色标注是因为我们还没有将它添加到 Enemy 类中。

e. 本行代码使用 powerUpFrequency 数组。当 Random.Range()被两个整数值调用时，它在第一个数（包含）和第二个数（排他）之间选择一个数。例如 Random.Range(0,4)可能生成整数值为 0，1，2 或 3。这对于在数组中选择随机入口是非常有用的。

f. 选好升级道具类型后，在实例化升级道具时会调用 SetType()方法，然后升级道具会自己处理着色、设置类型，并在 Tex tMesh 中显示正确的字母。

2．在 Enemy 脚本后面追加以下粗体字代码：

```
public class  Enemy :  MonoBehaviour  {
   …
   public float        showDamageDuration =  0.1f; // 显示伤害效果的秒数
   public   float        powerUpDropChance = 1f;   // 掉落升级道具的概率  // a

   [Header("These fields are set dynamically" )]
   …
   void OnCollisionEnter( Collision coll ) {
     GameObject  otherGO = coll.gameObject;
     switch (otherGO.tag) {
       case "ProjectileHero" :
        …
          // 攻击当前敌机
        …
        if  (health <=  0 ) {
             // 通知Main单例对象敌机已经被消灭                       // b
             if (!notifiedOfDestruction){
                 Main.S.ShipDestroyed( this  );
             }
             notifiedOfDestruction  =  true;
             // 消灭敌机
             Destroy(this.gameObject);
        }
        …
        break;
```

```
            ...
        }
    }
}
```

a. powerUpDropChance 的值决定敌机被消灭时武器掉落的频率。0 表示从不掉落武器，1 表示掉落一个武器。

b. 在敌机被消灭之前，它通过调用 ShipDestroyed()通知主单例。每架敌机只发生一次调用，由 bool 变量 notifiedOfDestruction 确定。

3. 要让这段代码正常工作，你需要先在 Unity 层级面板中选中_MainCamera，在其 Main(Script)组件的 prefabPowerUp 字段中填入项目面板_Prefabs 文件夹下的 PowerUp 预设。

4. 在层级面板中选中升级道具实例并删除（在项目面板中有升级道具预设就不再需要这个实例了）。

5. 在检视面板中应该已经设置好了 powerUpFrequency 字段，但以防万一，如图 31-6 显示了正确的设置。

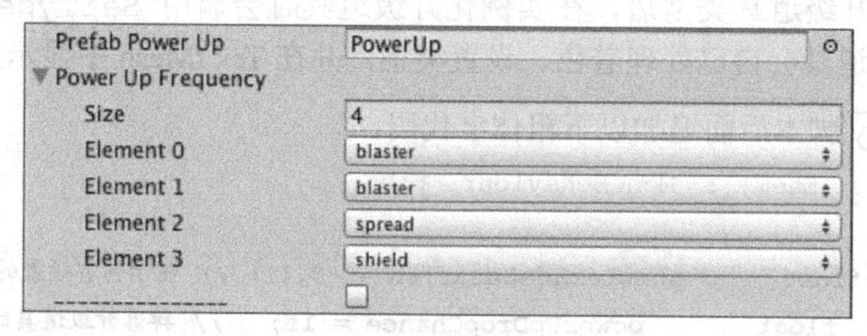

图 31-6 检视面板 Main(Script)组件下的 prefabPowerUp 和 powerUpFrequency 设置

6. 现在，播放场景并消灭几架敌机，它们就会掉落几个升级道具，这些道具应该可以升级你的飞船了。

试玩游戏一段时间后，你会发现高爆武器[B]比散射跑[S]和护盾[O]更为常见。这是因为 powerUpFrequency 中有两个高爆武器升级道具，而只有一个散射炮道具和一个护盾道具。通过调整 powerUpFrequency 中每种道具的相对数量，可以确定每种道具相对于其他道具出现的概率。我们也可以使用这种技巧设置 prefabEnemies 各类敌机的比例，从而控制各种类型敌机出现的概率。

31.7 Enemy_4——更复杂的敌机

作为一种 Boss 类型的敌机，Enemy_4 将比其他敌机拥有更高的生命值，并且具有分离式组件（不是所有组件同时被消灭）。它也会停留在屏幕上，从一点移向另一点，直至被玩家消灭。

修改碰撞器

在编写代码之前，需要先修改 Enemy_4 的碰撞器。

1．请在层级面板中放入一个 Enemy_4 的实例，并使它远离场景中的其他对象（默认值应设置为 P:[20, 10, 0]）。

2．打开层级面板中 Enemy_4 旁边的三角形展开按钮，选中 Fuselage 子对象。

3．在检视面板中单击球状碰撞器右上角的图标并选择 Remove Component 选项，用于从 Fuselage 子对象中手动移除球状碰撞器组件。

4．在菜单栏中执行 Component > Physics >Capsule Collider 命令，为 Fuselage 生成胶囊状碰撞器组件。然后按以下数值在 Fuselage 的检视面板中设置胶囊状碰撞器：

Center	[0,0,0]	**Height**	1
Radius	0.5	**Direction**	Y-Axis

可以随意修改上面这些值，看看它们会对游戏产生何种影响。对于机身来说，胶囊状碰撞器比球状碰撞器更为贴合它的形状。

5．现在，在层级面板中选中 Enemy_4 的左机翼 WingL，同样用胶囊状碰撞器替换它的球状碰撞器，碰撞器设置为 *X* 轴方向：

Center	[0,0,0]	**Height**	5
Radius	0.1	**Direction**	X-Axis

Direction 设置决定胶囊较长的方向沿哪个坐标轴的方向。它由局部坐标决定，因此，胶囊状碰撞器沿 *X* 轴的长度 1 会乘以 *X* 方向的长度 5。Radius 为 0.5，表示它的直径为长度乘以了 *Y* 轴或 *Z* 轴上的最长长度，那么胶囊状碰撞器的实际直径 0.5 是由 *Y* 轴的缩放比例计算而成的。可以看到，胶囊状碰撞器并非完全贴合机翼的形状，但比球状碰撞器要好得多。

6．选中右机翼 WingR，同样用胶囊状碰撞器替换球状碰撞器，并为胶囊状碰撞器设置与 WingL 同样的数值。

7．在层级面板中选中 Enemy_4，单击检视面板的“Add Component”按钮并执行 Add Component > Scripts > BoundsCheck 命令，为 Enemy_4 添加 BoundsCheck(Script)组件。

8．在 BoundsCheck(Script)组件中设置 `radius` = 3.5，`keepOnScreen` = `false`。

9．完成上述修改之后，单击检视面板上方的 Prefab，再单击“Apply”按钮，将修改应用到项目面板中的 Enemy_4 预设。

10．要检查工作是否成功完成，可以在层级面板中放入第二个 Enemy_4，并确保所有的碰撞器设置都正确无误。第一次放入时，新的实例会对齐已修改的对象。

11．从层级面板中删除 Enemy_4 的两个实例。

12．一定记得保存场景！

如果愿意，你也可以将 Enemy_3 中的球状碰撞器替换为胶囊状碰撞器。

Enemy_4 的运动

Enemy_4 将出现在屏幕上方，在屏幕内随机选取一个点，然后利用线性插值法运动到该点。每次 Enemy_4 运动到所选点之后，它会稍作停留，然后选择另一个点继续移动。

1. 打开 Enemy_4 脚本并输入以下代码：

```
using System.Collections;
using  System.Collections.Generic;
using UnityEngine;

/// <summary>
/// Enemy_4 最开始将出现在屏幕之外，
/// 然后在屏幕内随机选取一个运动终点，
/// 到达终点之后，它会在屏幕内随机选取另外一个运动终点，直至被玩家消灭
/// </summary>
public class Enemy_4 : Enemy {


    public Vector3   p0, p1;                  //插值的 p0 和 p1
    public float timeStart;                   // Enemy_4 的出生时间
    public float duration = 4;                // Enemy_4 每段运动的时间长度

    void Start () {
                        // Main.SpawnEnemy()中已经选定了一个初始位置
        // 所以把这个点作为初始的 p0 和 p1

        p0 = p1 = pos;                                  // a

        InitMovement();
    }

    void InitMovement() {                                // b

        p0 = p1;    //设置 p0 为之前的 p1
        //为 p1 分配新的屏幕位置
        float  widMinRad = bndCheck.camWidth - bndCheck.radius;
        float  hgtMinRad = bndCheck.camHeight - bndCheck.radius;
        p1.x = Random.Range(-widMinRad, widMinRad);
        p1.y = Random.Range(-hgtMinRad, hgtMinRad);
        // 重置时间
        timeStart = Time.time;
    }

    public override void Move () {                                   // c
        // 这个函数使用线性插值法彻底重写了 Enemy.Move()
```

```
        float u = (Time.time-timeStart)/duration;
        if (u>=1) {
            InitMovement();
            u=0;
        }

        u = 1 - Mathf.Pow( 1-u, 2 );        // u值使用慢速结束的平滑过渡 // d

        pos = (1 -u)*p0 + u*p1;   // 简单线性插值                      // e
    }
}
```

a. Enemy_4 从 p0 到 p1 进行插值（比如平滑地从 p0 移动到 p1）。Main.SpawnEnemy()脚本为这个实例提供位于屏幕上方的位置，这里可以赋值 p0 和 p1。然后调用 InitMovement()方法。

b. InitMovement()首先将当前 p1 位置存储在 p0 中（因为任何时间调用 InitMovement()，Enemy_4 都应该在 p1 位置）。接下来使用 BoundsCheck 组件在屏幕生成的位置作为 p1 的新位置。

c. Move()方法完全重写了继承的 Enemy.Move()方法。在 duration 时间内（默认为 4 秒）从 p0 到 p1 进行插值。当插值发生时，浮点数 u 随时间从 0 增加到 1，当 u>=1 时，调用 InitMovement()方法建立新的插值。

d. 本行代码将缓慢应用到 u 值，使得飞船以非线性方式移动。随着这种“渐变”缓动，飞船先开始快速运动，到达 p1 时然后减速。

e. 本行代码执行从 p0 到 p1 的简单线性插值。要了解更多关于插值和缓动的知识，请阅读附录 B“实用概念”中关于插值的章节。

2. 在层级面板中选择_MainCamera。将 Main(Script)检视面板 prefabEnemies 数组中的 Element 0 设置为项目面板_Prefabs 文件夹下的 Enemy_4 预设，并保存场景。

3. 单击“播放”按钮。你会看到生成的各个 Enemy_4 实例将一直停留在屏幕内部，直至将它们消灭。但是，目前它们跟其他敌机一样容易被消灭。

将 Enemy_4 拆分为多个组件

现在，我们将把 Enemy_4 拆分为 4 个组件，由其他部件保护中间的座舱 Cockpit。

1. 打开 Enemy_4 脚本，在脚本上部添加一个名为 Part 的可序列化类。确保在 Enemy_4 类中添加一个名为 parts 的 Part 类型数组。按照上一节方法在 Start()方法后面添加以下粗体字代码。

```
using System.Collections;
using  System.Collections.Generic;
using UnityEngine;

/// <summary>
```

```
// Part 另一个可序列化的数据存储类，与 WeaponDefinition 类似
/// </summary>
[System.Serializable]
public class Part {
    // 下面三个字段需要在检视面板中进行定义
    public string name;              // 组件的名称
    public float health;             // 组件的生命值
    public string[] protectedBy;     // 保护该组件的其他组件

    // 这两个字段将在 Start()代码中自动设置
    // 像这样的缓存变量可以让程序更快，并且更容易访问
    [HideInInspector]                // 使变量不会在检视面板的下一行出现
    public GameObject go;            // 组件的游戏对象引用
    [HideInInspector]
    public Material mat;             // 显示伤害的材质
}
...

public class Enemy_4 : Enemy {

    [Header("Set in Inspector: Enemy_4")]           // a
    public Part[] parts;             // 存储敌机各组件的数组

    private  Vector3      p0, p1;             // 插值的 p0 和 p1
    private  float        timeStart;          // Enemy_4 的出生时间
    private  float        duration = 4 ;      // Enemy_4 每段运动的时间长度

    void Start() {
        //Main.SpawnEnemy()已选择初始位置
        //因此设置为 p0 & p1 的初始位置
        p0 = p1 = pos;

        InitMovement();

        //分别缓存每个组块的游戏对象&材质
        Transform t;
        foreach  ( Part prt in  parts) {
            t = transform.Find(prt.name);
            if (t != null) {
                prt.go = t.gameObject;
                prt.mat = prt.go.GetComponent<Renderer >().material;
            }
        }
    }
    ...
}
```

a．在检视面板中，所有来自敌机的公有变量都被列在 Enemy_4 变量的上方。在函数头的末尾添加“: Enemy_4”，用来明确哪个脚本绑定到哪个变量，如图 31-7 所示。

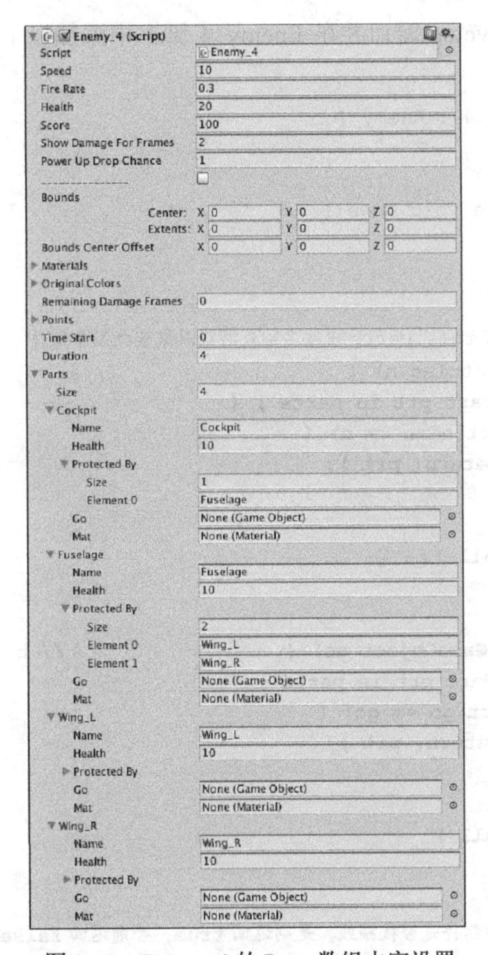

图 31-7　Enemy_4 的 Parts 数组内容设置

可序列化[3]的 Part 类用于存储 Enemy_4 的 4 个组件（Cockpit、Fuselage、WingL 和 WingR）的各种信息。

2．切换到 Unity 窗口并进行以下操作：

a．在项目面板中选中 Enemy_4 预设。

b．在检视面板的 Enemy_4(Script)组件下，单击打开 `Parts` 旁边的三角形展开按钮。

c．按照如图 31-7 所示进行设置。注意正确拼写所有单词。

3．请记住，使类可序列化可以在 Unity 检视面板中查看和设置其变量。简单的类更容易实现，如果类太复杂，Unity 检视面板将无法显示它。

如图 31-7 所示，每个组件有 10 点生命值，组件之间构成一种树状的保护关系。Cockpit（座舱）由 Fuselage（机身）保护，机身由左右机翼 WingL 和 WingR 保护。记得保存场景！

3．切换到 MonoDevelop 窗口并在 Enemy_4 脚本中添加以下代码，使保护功能可以起作用：

```
public class Enemy_4 : Enemy {
    …

    public override void Move() {
        …
    }

    // 下面两个函数在this.parts中按名称或游戏对象查找某个组件
    Part FindPart(string n) {                          // a
        foreach( Part prt in parts ) {
            if (prt.name == n) {
                return( prt );
            }
        }
        return( null );
    }

    Part FindPart(GameObject go) {                     // b
        foreach( Part prt in parts ) {
            if (prt.go == go) {
                return( prt );
            }
        }
        return( null );
    }

    // 下面的函数判断组件是否被摧毁，是则返回true，否则返回false
    bool Destroyed(GameObject go) {                    // c
        return( Destroyed( FindPart(go) ) );
    }

    bool Destroyed(string n) {
        return( Destroyed( FindPart(n) ) );
    }

    bool Destroyed(Part prt) {
        if (prt == null) { // 如果传入的参数不是真正的组件
            return(true);     // 返回true（表示它确实已被摧毁）
        }
        // 返回prt.health <= 0的比较结果
        // 如果组件的生命值prt.health 小于或等于0，则返回true（表示它确实已被摧毁）
        return (prt.health <= 0);
    }
```

```
// 这个函数将改变组件的颜色，而非整架敌机的颜色
void ShowLocalizedDamage(Material m) {              // d
    m.color = Color.red;

    damageDoneTime = Time.time + showDamageDuration;
   showingDamage =  true;
}

        // 这个函数将重写Enemy.cs中的OnCollisionEnter

void OnCollisionEnter( Collision coll ) {            // e
    GameObject other = coll.gameObject;
    switch (other.tag) {
    case "ProjectileHero":
        Projectile p = other.GetComponent<Projectile>();
        // 如果敌机离开屏幕，则不会受到伤害
                                      if (!bndCheck.isOnScreen) {
            Destroy(other);
            break;
        }

        // 给敌机造成伤害

        GameObject goHit = coll.contacts[0].thisCollider.gameObject;// f
        Part prtHit = FindPart(goHit);
        if (prtHit == null) {     // 如果未找到被击中的组件prtHit   // g

            goHit = coll.contacts[0].otherCollider.gameObject;
            prtHit = FindPart(goHit);
        }
        // 检查该组件是否受到保护
        if (prtHit.protectedBy != null) {       // h
            foreach( string s in prtHit.protectedBy ) {
                // 如果保护它的组件还未被摧毁……
                if (!Destroyed(s)) {
                    // 则暂时不对该组件造成伤害
                    Destroy(other); // 销毁弹丸ProjectileHero
                    return; // 在造成伤害之前返回
                }
            }
        }
        // 如果它未被保护，则会受到伤害
        // 根据弹丸类型Projectile.type和字典Main.W_DEFS得到伤害值
        prtHit.health -= Main.GetWeaponDefinition( p.type ).damageOnHit;
        // 在该组件上显示伤害效果
        ShowLocalizedDamage(prtHit.mat);
        if (prtHit.health <= 0) {               // i
            // 禁用被伤害的组件，而不是消灭整架敌机
            prtHit.go.SetActive(false);
```

```
            }
            // 查看是否整架敌机已被消灭
            bool allDestroyed = true;          // 假设它已经被消灭
            foreach( Part prt in parts ) {
                if (!Destroyed(prt)) {     // 如果有一个组件仍然存在
                    allDestroyed = false; //则将 allDestroyed 设置为 false
                    break; // 并跳出 foreach 循环
                }
            }
            if (allDestroyed) {  // 如果它确实已经完全被消灭          // j
                // 通知 Main 单例对象该敌机已经被消灭
                Main.S.ShipDestroyed( this );
                // 消灭该敌机
                Destroy(this.gameObject);
            }
            Destroy(other);  // 销毁弹丸 ProjectileHero
            break;
        }
    }


}
```

a. 行//a 和行//b 的 FindPart()方法彼此重载，即它们是使用相同的函数名但参数不同的两种方法（一个参数为字符串，另一个参数为游戏对象）。根据传入的变量类型执行对应的 FindPart()重载功能。在每次调用时，FindPart()通过遍历 parts 数组查找传入的字符串或游戏对象所在位置。

b. 游戏对象重载 FindPart()方法。之前使用过的另一个重载函数是 Random.range()，根据不同的浮点型或整型传入参数，函数响应不同行为。

c. 对 Destroyed()方法的三次重载用于确认某部分是否已被破坏或仍然有生命值。

d. ShowLocalizedDamage()是一个更标准的 Enemy. ShowDamage()继承类。它只会让敌机一部分变红，而不是整架敌机变红。

e. OnCollisionEnter()方法完全重写继承的 Enemy.OnCollisionEnter()方法。基于 MonoBehaviour 对普通 Unity 函数的定义方式，因此不需要在函数前加 override 关键字。

f. 本行代码找到被击中的游戏对象。碰撞器 coll 包含一个 contacts[]变量，即存储 ContactPoints 的数组。由于碰撞保证至少有一个碰撞点（即 contacts[0]）存在，并且每个碰撞点有一个名为 thisCollider 的变量，它是 Enemy_4 撞击的部分。

g. 如果找不到 prtHit（即 prtHit == null），那么通常是因为（但也很少遇到）contacts[0]上的 thisCollider 表示被 ProjectileHero 击中了飞

船而不是飞船的某组件。此时只需要用 contacts[0].otherCollider 替代。

h. 如果该组件仍然被另一个尚未被破坏的组件保护，则应向保护组件发起攻击。

i. 如果单个组件的生命值达到 0，则将其设置为非活跃，即消失并停止撞击事物。

j. 如果整个飞船被消灭，参照 Enemy 脚本方式通知 Main.S.ShipDestroyed() 方法（如果没有重写 OnCollisionEnter()）。

4. 现在播放场景，出现的敌机 Enemy_4 会让你难以招架，每架敌机都由两个机翼保护机身，而机身保护座舱。如果想要更高的存活机会，可以在_MainCamera 的检视面板中调小 Main(Script)组件下的 enemySpawnPerSecond 变量值，增加生成 Enemy_4 的时间间隔。

5. 我们现在已经接近制作完一个可玩的游戏了！下一步，在_MainCamera 的 Main(Script)中设置 prefabEnemies 数组，实现以合理的频率产生各种敌机。

a. 在层级面板中选择_MainCamera。

b. 将 Main(Script)检视面板 prefabEnemies 的大小设置为 10。

c. 为 Enemy_0 设置元素 0, 1 和 2（来自项目面板的_Prefabs 文件夹）。

d. 为 Enemy_1 设置元素 3 和 4。

e. 为 Enemy_2 设置元素 5 和 6。

f. 为 Enemy_3 设置元素 7 和 8。

g. 为 Enemy_4 设置元素 9。

按照以上设置使得 Enemy_0 掉落升级道具的频率最高，而出现 Enemy_4 的频率最低。

6. 设置每个类型敌机的 powerUpDropChance。

a. 在项目面板的_Prefabs 文件夹中选择 Enemy_0，在 Enemy(Script)检视面板中设置 powerUpDropChance 为 0.25（意思是 Enemy_0 有 25%的时间掉落升级道具）。

b. 设置 Enemy_1 的 powerUpDropChance 为 0.5。

c. 设置 Enemy_2 的 powerUpDropChance 为 0.5。

d. 设置 Enemy_3 的 powerUpDropChance 为 0.75。

e. 设置 Enemy_4 的 powerUpDropChance 为 1。

7. 保存场景并单击“播放”按钮，试玩你的游戏！

31.8 添加滚动星空背景

在完成上面的全部代码之后，还可以做一些其他工作使游戏看起来更漂亮，比如创建一个分为两层的星空背景，让游戏看起来更像外太空。

1．先创建一个矩形（在菜单栏中执行 Game Object > 3D Object > Quad 命令），将其命名为 StarfieldBG，并按如下设置：

StarfieldBG (Quad)　　P:[0,0,10]　　R:[0,0,0]　　S:[80,80,1]

这样会把 StarfieldBG 放在摄像机视野中心并填满摄像机视野。

2．接下来，新建一个名为 Mat Starfield 的材质，把它的着色器（shader）设置为 Custom>UnlitAlpha。将 Mat Starfield 的纹理设置为本章之初导入的 Space 二维纹理。

3．把 Mat Starfield 拖动到 StarfieldBG 上，主角飞船背后现在有了一个星空背景。

4．在项目面板中选中 Mat Sartfield 材质并复制（在 Mac 系统中按下 Command+D 组合键，在 Windows 系统中按下 Ctrl+D 组合键）。将新材质命名为 Mat Startfield Transparent。为该材质选择 Space_Transparent 作为纹理。

5．在层级面板中选中矩形 StarfieldBG 并复制，将新复制的矩形命名为 StarfieldFG_0。将 Mat Startfield Transparent 材质拖动到 StarfieldFG_0 上，并将其变换组件设置为：

StarfieldFG_0　　P:[0,0,5]　　R:[0,0,0]　　S:[160,160,1]

现在，如果四处拖动 StarfieldFG_0，就能看到背景中的星星位置固定，而前景中的星星在移动。接下来，我们将创建一种漂亮的视差运动效果。

6．复制 Starfield_FG_0，创建一个名为 Starfield_FG_1 的副本，要制造我们想要的视差运动效果，需要两个前景画面。

7．接下来，新建一个名为 Paralleax 的 C#脚本，并在 MonoDevelop 中输入以下代码：

```
using System.Collections;
using  System.Collections.Generic;
using UnityEngine;

public class Parallax : MonoBehaviour {
    [Header("Set in Inspector")]
    public GameObject    poi;           // 主角飞船
    public GameObject[]  panels;        // 滚动的前景画面
    public float       scrollSpeed = -30f;
    // motionMult 变量控制前景画面对玩家运动的反馈程度
    public float       motionMult = 0.25f;

    private float         panelHt;      // 每个前景画面的高度
    private float         depth;        // 前景画面的深度（即 pos.z）
```

```
    // Start()函数用于做一些初始化工作
    void Start () {
        panelHt = panels[0].transform.localScale.y;
        depth = panels[0].transform.position.z;
        // 设置前面画面的初始位置
        panels[0].transform.position = new Vector3(0,0,depth);
        panels[1].transform.position = new Vector3(0,panelHt,depth);
    }
    // 每帧游戏会调用一次 Update()
    void Update () {
        float tY, tX=0;
        tY= Time.time * scrollSpeed % panelHt + (panelHt*0.5f);
        if (poi != null) {
            tX = -poi.transform.position.x * motionMult;
        }
        // 设置panels[0]的位置
        panels[0].transform.position = new Vector3(tX, tY, depth);
        // 在必要时设置 Panel [1]的位置，使星空背景连续
        if (tY >= 0) {
            panels[1].transform.position = new Vector3(tX, tY-panelHt,
➥depth);
        } else {
            panels[1].transform.position = new Vector3(tX, tY+panelHt,
➥depth);
        }
    }
}
```

8. 保存脚本，返回到 Unity 窗口，然后将该脚本绑定到_MainCamera 上。在层级面板中选中 StarfieldBG 并在检视面板中找到 Parallax(Script)脚本组件，将层级面板中的_Hero 拖入 poi 字段，并将 StarfieldFG_0 和 StarfieldFG_1 添加到 panels 数组中。

9. 现在单击“播放”按钮，会看到星空会随主角飞船移动而向相反方向运动。

10. 当然，要记得保存场景。

31.9 本章小结

本章较长，但其中介绍了很多重要概念，笔者希望这些概念会为你将来编写自己的游戏项目提供帮助。多年以来，笔者大量使用了线性插值法和贝济埃曲线，使游戏及其他项目中的运动更为平滑和精细。只需一个简单的平滑函数就可以使游戏对象的运动变得或优雅、或活跃、或笨拙，在调整一个游戏的“感觉”时，这会非常实用。

在下一章中，我们会讲解另一类游戏：单人纸牌游戏《矿工接龙》(实际上这是笔者最喜欢的纸牌游戏)。下一章将演示如何从 XML 文件中读取信息，使用很少的图形资源建立一套完整的扑克牌，以及如何使用 XML 文件设置游戏本身的布局。最后，你将做出一个非常有趣的纸牌游戏。

后续工作

从前面教程的学习经历中，你已经理解了如何做下面的一些工作。如果你希望继续完善本章的游戏原型，下面是建议做的一些工作。

调整变量

你已经在纸面和电子游戏中学到，一些数字的调整非常重要，对游戏体验有很大影响。下面是一些你可以考虑调整的变量列表，借此改变游戏的体验。

- **主角飞船_Hero**：改变运动体验。
  - — 调整速度 speed。
  - — 在输入管理器 InputManager 中调整横向和纵向轴的 Gravity 和 Sensitivity。
- **武器（Weapons）**：使武器更为差异化。
  - — **散射武器（Spread）**：让散射武器可以一次发射 5 发弹丸，但同时增加发射时间间隔 `delayBetweenShots`。
  - — **高爆武器（Blaster）**：高爆武器可以发射得更快（让 `delayBetweenShots` 的值更小），但每发弹丸的伤害值更小（减少 `demageOnHit` 值）。

添加额外元素

尽管目前本游戏原型中已经具备了 5 类敌机和 2 类武器，但敌机和武器类型仍然有无数种其他可能。

- **武器（Weapons）**：添加更多武器。
  - — **相位武器（Phaser）**：发射两发沿正弦曲线前进的弹丸（运动方式类似于 Enemy_1）。
  - — **激光武器（Laser）**：并非造成一次性伤害，而是根据时间制造伤害。
  - — **导弹（Missile）**：导弹可以拥有锁定机制，发射速度非常慢，但可以跟踪敌机，每发必中。或许可以让导弹作为另一类的武器，使它只有有限的发射次数，使用另外一个按钮（不用空格键）发射。
  - — **转向武器（Swivel Gun）**：类似于散射炮，但是可以转向最近的敌人。但是这种武器的伤害值非常低。
- **敌机**：添加其他类型的敌机。对于本游戏来说，可以添加无数种敌机的类型。

  使敌机拥有其他能力：
  - — 允许敌机射击。
  - — 部分敌机可以跟踪并追击玩家，类似于射向玩家的导弹。

  添加关卡进度：
  - — 不让敌机无休止地随机生成，而是让它们一轮一轮的攻击。这可以通过使用一个`[System.Serializable] Wave` 类实现，其定义如下：

```
[System.Serializable]
public class Wave {
    float delayBeforeWave=1;      // 与上一轮攻击的时间间隔
    GameObject[] ships;       // 参与此轮攻击的敌机数组
    // 是否在本轮敌机完全被消灭之后再发动下一轮攻击?
    bool delayNextWaveUntilThisWaveIsDead=false;
}
```

添加一个 Level 类表示游戏的关卡，其中包含 Wave[]数组：

```
[System.Serializable]
public class Level {
    Wave[] waves;              // Wave 类的容器
    float timeLimit=-1;        // 如果值为-1，表示没有时间限制
    string name = "";          //关卡名称
}
```

但是，这会造成一个问题，因为即使 Level 类可序列化，Wave[]数组也不会在检视面板中正确显示，因为 Unity 的检视面板中不允许嵌套可序列化类，这意味着你可能需要使用 XML 文档之类的东西定义关卡和攻击轮次，从文档中读入 Level 和 Wave 类的数据。关于 XML 的相关知识，详见附录 B 中的“XML”部分，在下一章的游戏原型中，我们将用到 XML。

添加更多游戏架构和 GUI（图形用户界面）元素：

— 给玩家一个分数和一定的生命数量（这两方面内容都在第 29 章中讲过）。

— 添加难度设置。

— 记录最高得分（在《拾苹果》游戏和《爆破任务》游戏中讲过）。

— 为游戏创建一个欢迎界面，允许玩家选择难度等级。这个界面也可以用来显示最高分数。

第 32 章

游戏原型 4：《矿工接龙》

在本章中，你将创建自己的第一个纸牌游戏《矿工接龙》，类似电子版本的经典《三峰接龙》（*Tri-Peaks Solitaire*）游戏。学完本章之后，你不但可以获得一个能够正常运行的纸牌游戏，而且还能获得一个纸牌游戏框架，在将来的其他纸牌游戏中使用。

本章涉及几种新技术，例如使用 XML 配置文件、设计移动设备上的游戏，还会初次接触 Unity 的 2D Sprite 工具。

32.1 准备工作：原型 4

与原型 3 一样，首先需要为本游戏项目下载一个 Unity 资源包并导入。我们使用的图形资源来自 Chris Aguilar 的公开矢量纸牌图形库[1]1.3 版本。

为本章创建新项目

按照标准的项目创建流程，在 Unity 中创建一个新项目。如果需要复习创建项目的标准流程，请参阅附录 A“项目创建标准流程”。在创建项目时，你会看到一个提示框，询问默认为 2D 还是 3D，在本项目中，应该选 2D。

- 项目名称：Prospector Solitaire。
- 下载并导入资源包：在本书网址找到 Chapter 32 并下载。下载的资源包可以建立基础场景和一些文件夹。
- 场景名称：scene__Prospector_Scene_0 将随着初始包一同导入，因此无须创建。
- 项目文件夹：空（__Scripts、 _Prefabs、_Sprites 和资源是导入的 unitypackage 一部分）。
- C#脚本名称：（暂无）。
- 重命名：将 Main Camera 重命名为_MainCamera。

打开__Prospector_Scene_0，双击_MainCamera 并进行如下设置：

_ MainCamera (Camera)　　P:[0,0,-40]　　R:[0,0,0]　　S:[1,1,1]

---

1. 本案例中的纸牌图像基于 Chris Aguilar 的 Vectorized Playing Cards 1.3，根据 LGPL3 协议授权使用。

Projection: Orthographic

Size: 10

注意此 Unity 资源包中包含了一个 Utils 工具脚本，其具有上一章中的 Utils 脚本不具备的新功能。

32.2　Build 设置

这将是你设计的第一个可在移动设备上运行的程序。作为示例，笔者在这里把程序设置为在 iPad 上运行，但你也可以设置为在 Android、WebGL，甚至在独立设备上运行。Unity 会自动安装独立设备选项，可以使用 Unity 安装程序添加兼容 iOS、Android 或 WebGL 系统功能。本项目使用面向 iPad 用户的 4:3 纵向屏幕比例，与游戏面板下拉菜单中弹出的标准设备屏幕比（1024 像素×768 像素）是一样的。

尽管本项目设计用于移动设备，但移动设备程序的实际构建过程超出了本书的讨论范围（另外，不同设备之间有很大的差异），你可以在 Unity 网站上找到很多相关信息。

下面开始本章的学习。按照以下方式创建非独立设备平台：

1．双击打开项目面板中的_Prospector_Scene_0 场景。

2．在菜单栏中执行 File > Build Settings 命令，会弹出如图 32-1 所示的窗口。

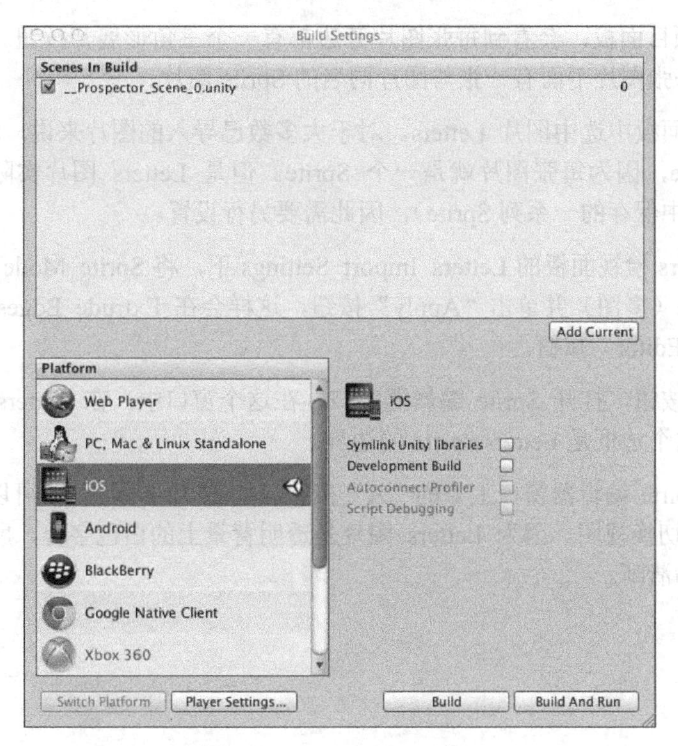

图 32-1　Build Settings 窗口

3．单击“Add Current（添加当前场景）”按钮，将_Prospector_Scene_0 添加到 Build 文件中。

4．从平台列表中选择“iOS”选项，并单击“Switch Platform（切换平台）”按钮。Unity 将重新导入所有图片，适配默认的 iOS 设置。切换完成后，“Switch Platform”按钮将变为灰色。在设置完成之后，即可关闭这个窗口（暂时不要单击“Build”按钮，那是游戏完成之后的工作）。

32.3 将图片导入为 Sprite

接下来，我们需要正确导入用作 Sprite 的图片。Sprite 是可以在屏幕上移动和旋转的 2D 图片，在 2D 游戏中很常见。

1．打开项目面板中的_Sprites 文件夹，选择所有的图片（先单击_Sprite 文件夹中最上方的一张图片，然后在按下 Shift 键的同时单击最下面的图片）。在检视面板的预览窗口中，会看到当前所有图片都导入为不带透明背景矩形图片。我们将做一些修改，使图片变为 Sprite。

2．在检视面板的 21 Texture 2Ds Import Settings（21 张纹理图片导入设置）部分，将 Texture Type（纹理类型）设置为 Sprite，然后单击“Apply”按钮，Unity 会按照合适的比例重新导入所有图片。如图 32-2 所示为最终的导入设置。

现在查看项目面板，会看到每张图片旁边都有一个三角形展开按钮。如果单击这些按钮，会发现每张图片下面有一张与图片同名的 Sprite 图片。

3．在项目面板中选中图片 Letters。对于大多数已导入的图片来说，Sprite Mode 应该设置为 Single，因为每张图片就是一个 Sprite。但是 Letters 图片实际上是一个图集（在同一张图片中保存的一系列 Sprite），因此需要另行设置。

4．在 Letters 检视面板的 Letters Import Settings 下，将 Sprite Mode（Sprite 模式）设置为 Multiple（多图）并单击“Apply”按钮，这样会在 Extrude Edges 字段下出现一个新的“Sprite Editor”按钮。

5．单击该按钮，打开 Sprite 编辑器窗口。在这个窗口中，在 Letters 图片边上有一个蓝色边框，这个边框是 Letters Sprite 的边界。

6．单击 Spirte 编辑器窗口上方的“A”按钮（如图 32-3 所示），可以在实际图像与 alpha 通道之间切换视图。因为 Letters 图片是透明背景上的白色字符，所以 alpha 通道视图看起来更为清晰。

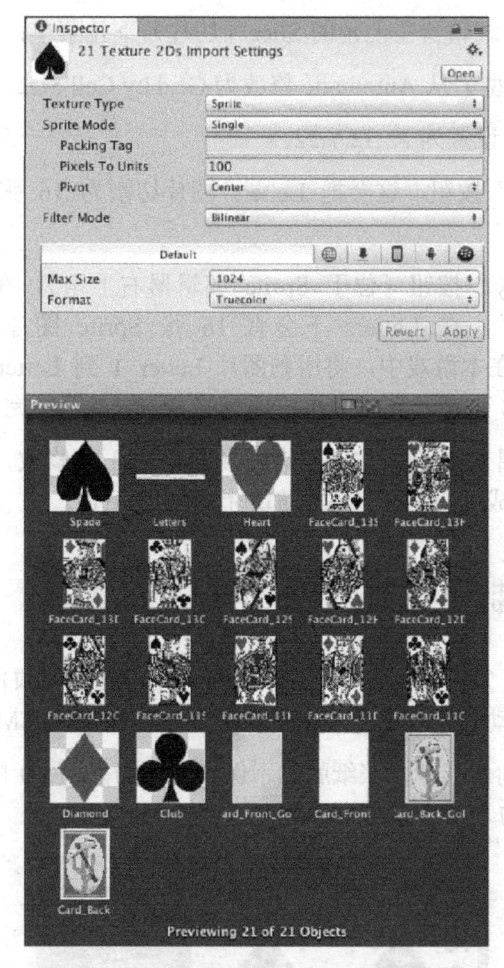

图 32-2　用作 Sprite 的 2D 纹理的导入设置

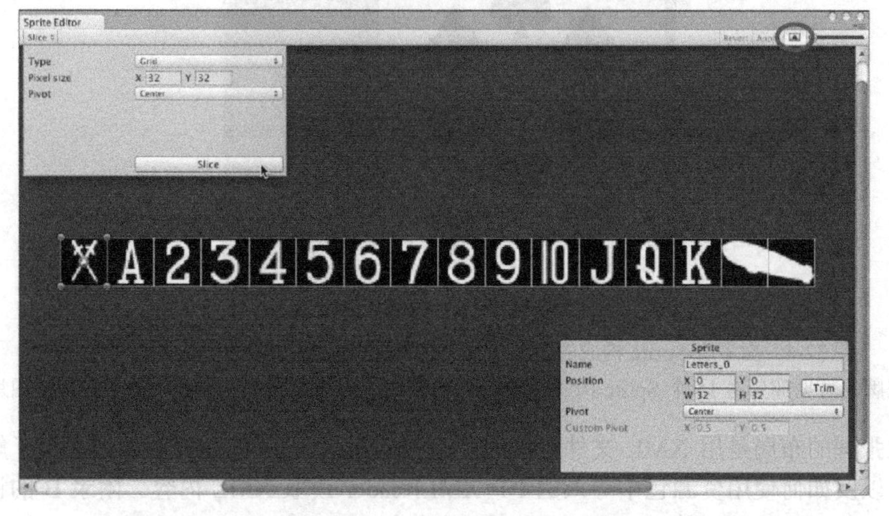

图 32-3　Sprite 编辑器界面，演示切割 Letters 图片时的正确设置

7．单击展开 Sprite 编辑器左上角的 Slice（切片）下拉菜单：

a．将 Type（类型）从 Automatic 修改为 Grid by Cell Size。

b．将 Pixel size 设置为 X: 32 Y:32。

c．单击“Slice”按钮。这会把 Letters 图片切割为 16 张 32 像素×32 像素的 Sprite。

d．单击“Apply”按钮（位于 Sprite 编辑器右上角），在项目面板中生成这些 Sprite。这样，在 Letters 下会有 16 张 Sprite 图片，名称为 Letter_0 到 Letter_15。在本游戏中，将用到图片 Letter_1 到 Letter_13，代表纸牌中的从 A 到 K 的 13 张牌。到此为止，所有的 Sprite 就已经完成，可以使用了。

8．保存场景。到目前为止，你还没有对场景做出正式修改，但时刻牢记保存场景是一种好习惯，应该养成做出任意修改后都进行保存的习惯。

32.4　用 Sprite 制作纸牌

我们将使用导入的 21 张图片逐步制作整副纸牌，这是本项目的重要特色之一。这样，最终编译出来的移动版程序会更小，而且你还有机会学习 XML 的工作原理。

如图 32-4 所示是制作其中一张纸牌的示例。图中的黑桃 10 牌是由 Card_Front、12 个黑桃和两个数字 10 的 Sprite 构成的。

图 32-4　由多个 Sprite 构成的黑桃 10，每个 Sprite 的边上都有自动生成的轮廓，本张牌的可见部分由 15 个 Sprite 构成（12 个黑桃图案、两个数字“10”和一个正面背景图片）

这张牌的布局是用 XML 文件定义的。请查看附录 B 中的 XML 部分深入了解相关内容，以及如何使用资源包中导入的 PT_XMLReader 读取 XML 内容。附录 B 的该部分还展示了本项目中使用的 DeckXML.xml 文件内容。

通过代码使用 XML

1. 作为本项目的第一步，创建三个 C#脚本文件，分别命名为 Card、Deck 和 Prospector。确保它们都放入__Scripts 文件夹。

- **Card：** 用于定义整副纸牌中每张牌的类。Card 脚本中还包含了 CardDefinition 类（用于存储不同点数的纸牌上各个 Sprite 的位置信息）和 Decorator 类（用于存储 XML 文件中定义的角码和花色符号的位置信息，图 32-4 显示了角码和花色的区别）。
- **Deck：** Deck 类解析 DeckXML.xml 中的信息，并使用这些信息创建整副纸牌。
- **Prospector：** Prospector 类管理整个游戏。Deck 用于创建纸牌，Prospector 则将这些纸牌变成一个游戏。Prospector 将纸牌归入不同的牌堆中（例如储备牌和弃牌），并管理游戏逻辑。

2. 首先创建 Card 脚本并输入以下代码。Card.cs 中的类存储 Deck 读取的 XML 文件信息。

```
using System.Collections;
using System.Collections.Generic;
using UnityEngine;

public class Card : MonoBehaviour {
    // 此类将在稍后进行定义
}

[System.Serializable]         //序列化类可以在检视面板中编辑
public class Decorator {
    // 此类用于存储来自 DeckXML 的角码符号（包括纸牌角部的点数和花色符号）的信息
    public string    type;     // 对于花色符号，type = "pip"
    public Vector3   loc;      // Spite 在纸牌上的位置信息
    public bool      flip = false;     // 是否垂直翻转 Spirte
    public float     scale = 1f;       // Sprite 的缩放比例
}

[System.Serializable]
public class CardDefinition {
    // 此类用于存储各点数的牌面信息
    public string             face; // 各张花牌（J、Q、K）所用的 Sprite
    public int                rank; // 此牌的点数（1~13）
    public List<Decorator>    pips = new List<Decorator>(); // 所用花色 // a
}
```

a. pips 是在非花牌上使用的装饰。例如，图 32-4 中显示的黑桃 10 牌上的 10 个黑桃图案。每张纸牌角上的装饰（例如，图 32-4 中纸牌边角处的数字 10 旁边的黑桃图案）不需要存储在 CardDefinition 中，因为它们在每张纸牌上都处于相同的位置。

3．在 MonoDevelop 中打开 Deck 脚本，并输入以下代码：

```
using System.Collections;
using System.Collections.Generic;
using UnityEngine;

public class Deck : MonoBehaviour {
    [Header("Set Dynamically")]

    public PT_XMLReader  xmlr;

    // 当 Prospector 脚本运行时，将调用这里的 InitDeck 函数
    public void InitDeck(string deckXMLText) {
        ReadDeck(deckXMLText);
    }

    // ReadDeck 函数将传入的 XML 文件解析为 CardDefinition 类的实例
    public void ReadDeck(string deckXMLText) {
        xmlr = new PT_XMLReader();     // 新建一个 XML 读取器 PT_XMLReader
        xmlr.Parse(deckXMLText);  // 使用这个 PT_XMLReader 解析 DeckXML 文件

        // 这里将输出一条测试语句，演示 xmlr 如何使用
        // 请阅读附录 B 中的 XML 部分了解更多相关内容
        string s = "xml[0] decorator[0] ";
        s += "type="+xmlr.xml["xml"][0]["decorator"][0].att("type");
        s += " x="+xmlr.xml["xml"][0]["decorator"][0].att("x");
        s += " y="+xmlr.xml["xml"][0]["decorator"][0].att("y");
        s += " scale="+xmlr.xml["xml"][0]["decorator"][0].att("scale");
        print(s);
    }
}
```

4．接下来，打开 Prospector 脚本，并输入以下代码：

```
using System.Collections;
using System.Collections.Generic;
using UnityEngine;
using  UnityEngine.SceneManagement;          // 后面将使用
using  UnityEngine.UI;                       // 后面将使用

public class Prospector : MonoBehaviour {
    static public Prospector  S;

    [Header( "Set in Inspector")]
    public TextAsset deckXML;

    [Header( "Set Dynamically")]
    public Deck          deck;

    void Awake() {
```

```
        S = this;                // 为 Prospector 类创建一个单例对象
    }

    void Start () {
        deck = GetComponent<Deck>(); // 获取 Deck 脚本组件
        deck.InitDeck(deckXML.text); // 将 DeckXML 传递给 Deck 脚本
    }
}
```

5．确保在返回 Unity 之前已经保存了所有这些脚本文件。在 MonoDevelop 菜单栏执行 File > Save All 命令。如果 Save All 命令是灰色的，说明已保存了。

6．代码准备好之后，返回 Unity 并将 Prospector 和 Deck 脚本都绑定到主摄像机_MainCamera 上（将两个脚本分别从项目面板拖动到层级面板上的_MainCamera 中）。然后，在层级面板中选中_MainCamera，会看到两个脚本都已经绑定为_MainCamera 的组件。

7．将项目面板中的 Resources 文件夹下的 DeckXML 拖动到检视面板中的 Prospector(Script)组件下的 deckXML 变量文本框中。

8．保存场景并单击“播放”按钮，会在控制台面板上看到下列输出内容：

```
xml[0] decorator[0] type=letter x=-1.05 y=1.42 scale=1.25
```

这行输出内容来自于 Deck:ReadDeck() 函数中的测试代码，结果显示 ReadDeck() 从 XML 文件中正确读取出了第 0 个 xml 标签的第 0 个角码的 type、x、y 和 scale 属性，如下面 DeckXML.xml 文件的代码所示（可以在附录 B 中查看整个 DeckXML.xml 文件，或用 MonoDevelop 打开并查看）。

```
<xml>
< !-- 每张牌都有角码，就像牌角的点数和花色一样 -->
<decorator type="letter" x="-1.05" y="1.42" z="0" flip="0" scale="1.25"/>
…
</xml>
```

解析 Deck XML 信息

现在，我们将使用这些内容做出真正的纸牌图像。

1．修改 Deck 类，添加下面粗体字代码：

```
public class Deck : MonoBehaviour {

    [Header("Set Dynamically")]
    public PT_XMLReader      xmlr;
    public List<string>      cardNames;
    public List<Card>        cards;
    public List<Decorator>       decorators;
    public List<CardDefinition>  cardDefs;
    public Transform      deckAnchor;
    public Dictionary<string,Sprite>  dictSuits;
```

```
// 当Prospector脚本运行时，将调用这里的InitDeck函数
public void InitDeck(string deckXMLText) {
    ReadDeck(deckXMLText);
}
// ReadDeck函数将传入的XML文件解析为CardDefinition类的实例
public void ReadDeck(string deckXMLText) {
    xmlr = new PT_XMLReader();     // 新建一个XML读取器PT_XMLReader
    xmlr.Parse(deckXMLText);  // 使用这个PT_XMLReader解析DeckXML文件

    // 这里将输出一条测试语句，演示xmlr如何使用
    // 请阅读附录B"实用概念"中的"XML"部分，了解更多相关内容
    string s = "xml[0] decorator[0] ";
    s + = "type=" + xmlr.xml["xml"][0]["decorator"][0].att("type");
    s + = " x=" + xmlr.xml["xml"][0]["decorator"][0].att("x");
    s + = " y=" + xmlr.xml["xml"][0]["decorator"][0].att("y");
    s + = " scale=" + xmlr.xml["xml"][0]["decorator"][0].att("scale");
    //print(s);  //注释掉这一行，因为我们已经完成了测试

    // 读取所有纸牌的角码（Decorator）
    decorators = new List<Decorator>();   //初始化一个Decorator对象列表
    // 从XML文件中获取所有<decorator>标签，构成一个PT_XMLHashList列表
    PT_XMLHashList xDecos = xmlr.xml["xml"][0]["decorator"];
    Decorator deco;
    for (int i=0; i<xDecos.Count; i++) {
        // 对于XML中的每一个<decorator>
        deco = new Decorator(); // 创建一个新的Decorator对象
        // 将<decorator>标签中的所有属性复制给该Decorator对象
        deco.type = xDecos[i].att("type");
        // 当flip属性文本为1时，deco.flip变量值为true
        deco.flip = ( xDecos[i].att ("flip") == "1" );         // a
        // 浮点数需要从属性字符串中解析出来
        deco.scale = float.Parse( xDecos[i].att ("scale") );
        // 3D向量loc已初始化为[0,0,0]，我们只需要修改其值
        deco.loc.x = float.Parse( xDecos[i].att ("x") );
        deco.loc.y = float.Parse( xDecos[i].att ("y") );
        deco.loc.z = float.Parse( xDecos[i].att ("z") );
        // 将临时变量deco添加到由角码构成的List
        decorators.Add (deco);
    }

    // 读取每种点数对应的花色符号位置
    cardDefs = new List<CardDefinition>();
    // 初始化由CardDefinition构成的List
    // 从XML文件中获取所有<card>标签，构成一个PT_XMLHashList列表
    PT_XMLHashList xCardDefs = xmlr.xml["xml"][0]["card"];
    for (int i=0; i<xCardDefs.Count; i++) {
        // 对于每个 <card>标签
```

```
            // 创建一个新的CardDefinition变量cDef
            CardDefinition cDef = new CardDefinition();
            // 解析其属性值并添加到cDef中
            cDef.rank = int.Parse( xCardDefs[i].att ("rank") );
            //获取当前<card>标签中所有的<pip>标签，构成一个PT_XMLHashList列表
            PT_XMLHashList xPips = xCardDefs[i]["pip"];
            if (xPips != null) {
                for (int j=0; j<xPips.Count; j++) {
                    //遍历所有的 <pip>标签
                    deco = new Decorator();
                    //通过Decorator类处理 <card>中的<pip>标签
                    deco.type = "pip";
                    deco.flip = ( xPips[j].att ("flip") == "1" );
                    deco.loc.x = float.Parse( xPips[j].att ("x") );
                    deco.loc.y = float.Parse( xPips[j].att ("y") );
                    deco.loc.z = float.Parse( xPips[j].att ("z") );
                    if ( xPips[j].HasAtt("scale") ) {
                        deco.scale = float.Parse( xPips[j].att ("scale") );
                    }
                    cDef.pips.Add(deco);
                }
            }
            // 花牌（J、Q、K）包含一个face属性

            if (xCardDefs[i].HasAtt("face")) {
                cDef.face = xCardDefs[i].att ("face");      // b
            }
            cardDefs.Add(cDef);
        }
    }
}
```

a．这是一个非典型但完美使用= =比较运算符的例子。它将返回 true 或 false，并分配给布尔变量 deco.flip。

b．cDef.face 是花牌 Sprite 的基本名称，例如，J 的基本名称是 FaceCard_11，而梅花 J 的名称是 FaceCard_11C，红桃 J 的名称是 FaceCard_11H 等。

现在，ReadDeck()方法将会解析 XML 文件并转化为一个由 Decorator（纸牌角上的花色和点数符号）和 CardDefinition（包含了从 A 到 K 的每个点数纸牌信息的类）构成的 List。

2．切回 Unity 窗口并单击“播放”按钮，然后单击_MainCamera 并在检视面板中查看 Deck(Script)组件。因为 Decorator 和 CardDefinition 都是序列化的类，所以可以在_MainCamera 的 Deck (Script)组件的检视面板中查看，如图 32-5 所示。

3．停止播放并保存场景。

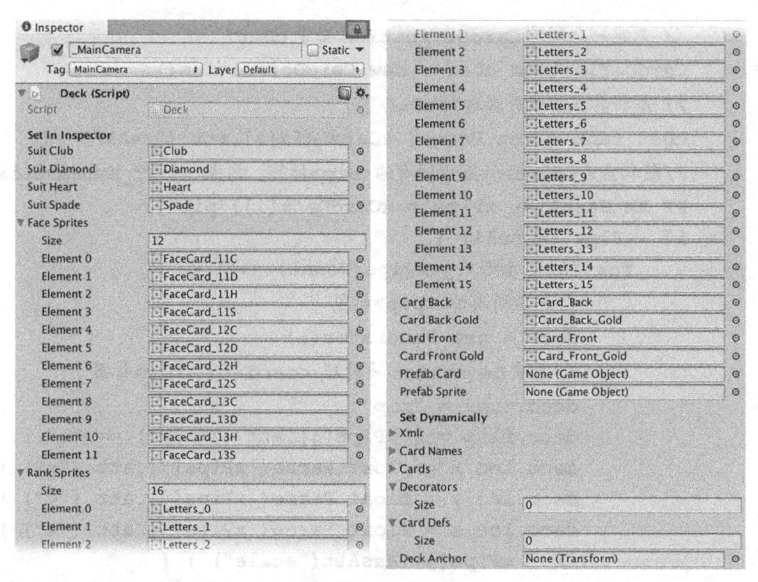

图 32-5 主摄像机 Deck(Script)组件的检视面板，其中显示了从 DeckXML.xml 文件中得到的 Decorator 和 Card Def 元素

利用 Sprite 制作纸牌

XML 可以正确读取并解释为有用的 List 之后，接下来就应该制作真正的纸牌了。第一步是获取对之前制作的所有 Spirte 的引用。

1．在 Deck 类脚本的顶部添加以下变量，用于存储上述 Sprite：

```
public class Deck : MonoBehaviour {
    [Header("Set in Inspector")]
    // 花色
    public Sprite          suitClub;           //梅花的 Sprite
    public Sprite          suitDiamond;        //方片的 Sprite
    public Sprite          suitHeart;          //红桃的 Sprite
    public Sprite          suitSpade;          //黑桃的 Sprite
    public Sprite[]        faceSprites;        //花牌的 Sprite
    public Sprite[]        rankSprites;        //点数的 Sprite
    public Sprite          cardBack;           //普通纸牌背面的 Sprite
    public Sprite          cardBackGold;       //金色纸牌背面的 Sprite
    public Sprite          cardFront;          //普通纸牌正面的背景 Sprite
    public Sprite          cardFrontGold;      //金色纸牌正面的背景 Sprite
    // 预设
    public GameObject      prefabSprite;
    public GameObject      prefabCard;

    [Header("Set Dynamically")]
   ...
}
```

当切换回 Unity 后，在_MainCamera 的 Deck(Sprite)的检视面板中，会出现很多需要定义的全局变量。

2．将项目面板中_Sprites 文件夹下的 Club、Diamon、Heart、Spade 的纹理分别拖动到 Deck 下面对应的变量（suitClub、suitDiamon、suitHeart 和 suitSpade）中。Unity 会自动把 Sprite 图形赋给变量（而不是把 2D 纹理图形赋给变量）。

3．接下来的步骤有些复杂。请先在层级面板中选中_MainCamera，然后单击检视面板上方的锁状小图标（如图 32-6 所示），锁定检视面板。锁定检视面板之后，在选择其他对象时，检视面板不会发生变化。

4．把以 FaceCard_开头的 Sprite 分配给 Deck(脚本)检视面板中的 faceSprites 数值：

a．在项目面板的_Sprites 文件夹中选择 FaceCard_11C，然后按住 Shift 键的同时单击 FaceCard_13S，现在你应该选中了 12 个 FaceCard_ Sprite。

b．将这组 Sprite 从项目面板拖动到检视面板 Deck(Script)组件下的 faceSprites 数组上。当把鼠标指针拖动到 faceSprites 变量名上方时，你会看到鼠标指针旁边显示<multiple>字样，并且有一个加号（+）图标（在计算机上可能只会看到一个加号图标）。

c．这时松开鼠标在键，如果前面操作正确，faceSprites 数组大小应扩展为 12，并且每个元素存储了 FaceCard_ sprites 的复本。如果顺序不正确，需要逐个添加这些字母。只要每个元素对应一个 FaceCard_ sprites 即可，元素的顺序并不重要，如图 32-6 所示。

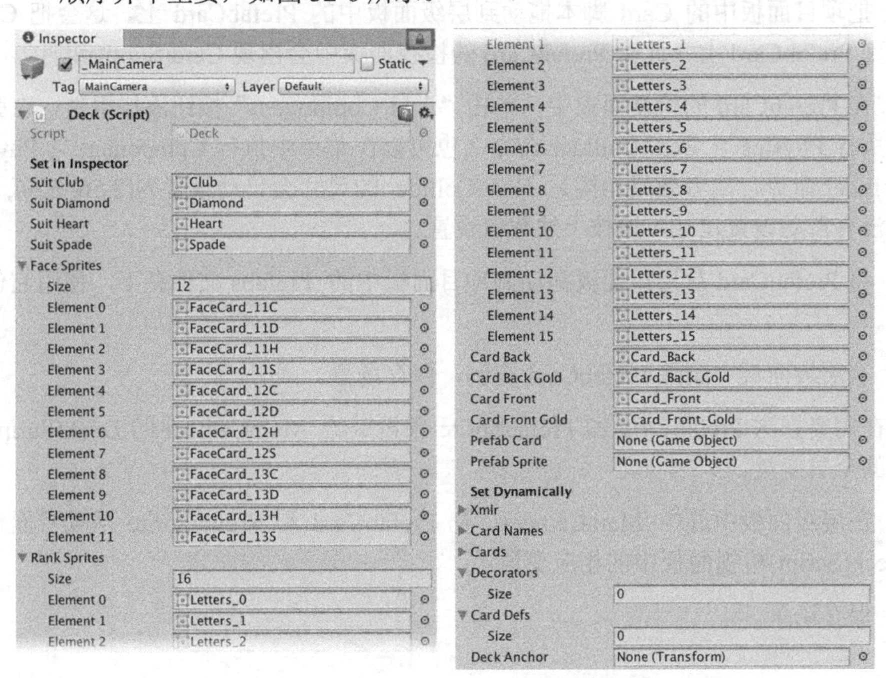

图 32-6　_MainCamera 的 Deck(Script)在检视面板中的设置

5．在项目面板_Sprites 文件夹中单击，打开 Texture2D 文字旁边的三角形按钮，然后选中 Letters_0，然后按住 Shift 键的同时单击 Letters_15，现在应该选中了 16 个 Sprite。将这组 Sprite 拖动到 Deck(Script)组件下的 `rankSprites` 变量上。如果前面操作正确，`rankSprites` 列表中现在应该有 16 个字母 Sprite，名称分别为 Letters_0 到 Letters_15。双击确认这些字母的顺序正确，如果顺序不正确，需要逐个添加这些字母。

6．把项目面板中的 Card_Back、Card_Back_Gold、Card_Front 和 Card_Front_Gold 分别拖动到检视面板中的 Deck(Script)组件下的对应变量中。

检视面板中的 Deck(Script)组件应与图 32-6 所示一致。

7．单击检视面板右上角的锁状小图标（如图 32-6 中的方框所示）解除锁定。

为 Sprite 和纸牌创建游戏对象预设

与屏幕上的其他元素一样，Sprite 也需要被包含在游戏对象中。在本项目中，需要创建两个预设：一个泛型的 PrefabSprite，用于所有的角码和花色符号（由 starter asset 包导入）；还有一个 PrefabCard，作为一副牌中各张纸牌的基础。

PrefabCard 游戏对象的创建步骤如下：

1．在菜单栏中执行 GameObject > 2D Object > Sprite 命令，创建一个 Sprite 游戏对象并命名为 PrefabCard 。

2．将项目面板中的 Card_Front 拖动到 PrefabCard 检视面板中的 Sprite Renderer 变量中，这样在场景面板中就可以看到 Card_Front 的 Sprite 图形。

3．把项目面板中的 Card 脚本拖动到层级面板中的 PrefabCard 上，这会把 Card 脚本绑定到 PrefabCard 上（此时 PrefabCard 的检视面板中会出现 Card(Script)组件）。

4．在 PrefabCard 的检视面板中，单击“Add Component”按钮添加组件，在弹出的菜单中执行 Physics > Box Collider 命令（也可以在菜单中执行 Component > Physics > Box Collider 命令，二者效果相同）。Box Collider 的尺寸会自动设置为[2.56, 3.56, 0.2]，但如果没有自动设置尺寸，请按上述数值设置。

5．将 PrefabCard 从层级面板拖动到项目面板中的_Prefabs 文件夹下，使用它创建一个预设。

6．从层级面板中删除 PrefabCard 实例，保存场景。

现在需要把这 PrefabCard 和 PrefabSprite 预设赋给_MainCamera 的 Deck(Script)组件下相应的全局变量。

7．在层级面板中选中_MainCamera，把 PrefabCard 和 PrefabSprite 从项目面板中拖动到 Deck(Script)检视面板中的相应变量。

8．保存场景。

在代码中创建纸牌

在 Deck 类中添加方法创建纸牌之前，需要先在 Card 脚本中添加一些变量，具体如下（虽然行数很多，但是一段不错的代码）。

1. 在 Card 脚本中为注释行`// This will be defined later`添加下面代码：

```
public class Card : MonoBehaviour {
    [Header( "Set Dynamically")]
    public string    suit;          // 牌的花色（红桃、黑桃、方片或梅花）
    public int       rank;          // 牌的点数（1~13）
    public Color     color = Color.black; // 花色符号的颜色
    public string    colS = "Black";      // 颜色的名称，值为"Black"或"Red"

    // 以下 List 存储所有的 Decorator 游戏对象
    public List<GameObject> decoGOs = new List<GameObject>();
    // 以下 List 存储所有的 Pip 游戏对象
    public List<GameObject> pipGOs = new List<GameObject>();

    public GameObject          back;    // 纸牌背面图像的游戏对象

    public CardDefinition      def;     // 该变量的值解析自 DeckXML.xml
}
```

2. 然后在 Deck 脚本中添加以下代码：

```
public class Deck : MonoBehaviour {
    …
    // 当 Prospector 脚本运行时，将调用这里的 InitDeck 函数
    public void InitDeck(string deckXMLText) {
        // 以下语句为层级面板中的所有 Card 游戏对象创建一个锚点
        if (GameObject.Find("_Deck") == null) {
            GameObject anchorGO = new GameObject("_Deck");
            deckAnchor = anchorGO.transform;
        }
        // 使用所有必需的 Sprite 初始化 SuitSprites 字典
        dictSuits = new Dictionary<string, Sprite>() {
            { "C", suitClub },
            { "D", suitDiamond },
            { "H", suitHeart },
            { "S", suitSpade }
        };
        ReadDeck(deckXMLText);     //之前已经有这行代码
        MakeCards();
    }

    // ReadDeck 函数将传入的 XML 文件解析为 CardDefinition 类的实例
    public void ReadDeck(string deckXMLText) {…}
    // 根据点数（1~13 分别代表纸牌的 A~K）获取对应的 CardDefinition（牌面布局定义）
    public CardDefinition GetCardDefinitionByRank(int rnk) {
```

```
            // 搜索所有的CardDefinition
            foreach (CardDefinition cd in cardDefs) {
                // 如果点数正确，返回相应的定义
                if (cd.rank == rnk) {
                    return( cd );
                }
            }
            return( null );
        }
        // 创建Card游戏对象
        public void MakeCards() {
            // List型变量cardNames中是要创建的纸牌的名称
            // 每种花色均包含1到13的点数（例如黑桃为C1到C13）
            cardNames = new List<string>();
            string[] letters = new string[] {"C","D","H","S"};
            foreach (string s in letters) {
                for (int i=0; i<13; i++) {
                    cardNames.Add(s+(i+1));
                }
            }
            // 创建一个List，用于存储所有的纸牌
            cards = new List<Card>();


            // 遍历前面得到的所有纸牌名称
            for (int i=0; i<cardNames.Count; i++) {
                // 生成纸牌并添加到纸牌Deck
               cards.Add ( MakeCard(i) );
             }
        }

    private  Card MakeCard(int cNum) {                  // a
                // 创建一个新的Card游戏对象
                GameObject cgo = Instantiate(prefabCard) as GameObject;
                // 将transform.parent设置为锚点
                cgo.transform.parent = deckAnchor;
                Card card = cgo.GetComponent<Card>(); // 获取Card组件

                // 以下语句用于排列纸牌，使其整齐摆放
               cgo.transform.localPosition = new Vector3( (i%13)*3, i/13*4, 0 );

                // 设置纸牌的基本属性值
                card.name = cardNames[cNum];
                card.suit = card.name[0].ToString();
                card.rank = int.Parse( card.name.Substring(1) );
                if (card.suit == "D" || card.suit == "H") {
                    card.colS = "Red";
                    card.color = Color.red;
                }
```

```
            // 提取本张纸牌的定义
            card.def = GetCardDefinitionByRank(card.rank);
            AddDecorators(card);

        return card;
    }

// 这些私有变量会在helper方法中重用
private Sprite _tSp = null;
    private GameObject _tGO = null;
    private SpriteRenderer _tSR = null;

    private void AddDecorators(Card card) {                    // a
            // 添加角码
            foreach( Decorator deco in decorators ) {
                if (deco.type == "suit") {
                    //初始化一个Sprite游戏对象
                        _tGO = Instantiate( prefabSprite ) as GameObject;
                    // 获取SpriteRenderer组件
                        _tSR = tGO.GetComponent<SpriteRenderer>();
                    // 将Sprite设置为正确的花色
                        _tSR.sprite = dictSuits[card.suit];
                } else {
                        _tGO = Instantiate( prefabSprite ) as GameObject;
                        _tSR = tGO.GetComponent<SpriteRenderer>();
                    // 获取正确的Sprite显示该点数
                        _tS = rankSprites[ card.rank ];
                    // 将表示点数的Sprite赋给SpriteRender
                        _tSR.sprite =    _tS;
                    // 使点数符号的颜色与纸牌的花色相符
                        _tSR.color = card.color;
                }
                // 使表示角码的Sprite显示在纸牌之上
                    _tSR.sortingOrder = 1;
                // 使表示角码的Sprite成为纸牌的子对象
                    _tGO.transform.parent = card.transform;
                // 根据DeckXML中的位置设置localPosition
                    _tGO.transform.localPosition = deco.loc;
                // 如果有必要，则翻转角码
                if (deco.flip) {
                    // 让角码沿z轴进行180°的欧拉旋转，即会使它翻转
                        _tGO.transform.rotation = Quaternion.Euler(0,0,180);
                }
                // 设置角码的缩放比例，以免其尺寸过大
                if (deco.scale != 1) {
                        _tGO.transform.localScale = Vector3.one * deco.scale;
                }
```

```
                    // 为游戏对象指定名称，使其易于查找
                    _tGO.name = deco.type;
                    // 将这个 deco 游戏对象添加到 card.decoGos 列表 List 中
                    card.decoGOs.Add(     _tGO);
                }
            }
        }
```

a. MakeCard()和 AddDecorator()是 MakeCards()的私有帮助函数。这使你可以编写一个较短的 MakeCards()方法，并且如果你与多个程序员共同编写程序，不同的人可以按实际需要写出这三种方法。笔者亲自试验了这类小函数，在第 35 章中也会涉及相关内容。

3. 保存脚本，返回 Unity，单击“播放”按钮，会看到 52 张纸牌整齐排列。纸牌上还没有中间的花色符号，但纸牌确实可以正确显示，并且其上面带有正确的角码和颜色。

4. 接下来，我们将在 Deck 类添加另外三个 helper 方法，显示中间的花色符号和花牌的代码：

```
public class  Deck : MonoBehaviour {
    …
private  Card MakeCard(int cNum) {
    …
    card.def = GetCardDefinitionByRank(card.rank);
        AddDecorators(card);
        AddPips(card);
        AddFace(card);

         return card;
    }

private void  AddDecorators(Card card)  { … }

private  void  AddPips( Card  card) {
        // 对于定义内容中的每个花色符号
        foreach( Decorator pip in card.def.pips ) {
            // 初始化一个 Sprite 游戏对象
            _tGO = Instantiate( prefabSprite ) as GameObject;
            // 将 Card 设置为它的父对象
            _tGO.transform. SetParent( card.transform );
            // 按照 XML 内容设置其位置
            _tGO.transform.localPosition = pip.loc;

            // 必要时进行缩放（只适用于点数为 A 的情况）
            if (pip.scale != 1) {
                _tGO.transform.localScale = Vector3.one * pip.scale;
            }
```

```
            // 为游戏对象指定名称
            _tGO.name = "pip";
            // 获取它的 SpriteRenderer 组件
            _tSR = _tGO.GetComponent<SpriteRenderer>();
            // 将 Sprite 设置为正确的花色符号
            _tSR.sprite = dictSuits[card.suit];
            // 设置 sortingOrder，使花色符号显示在纸牌背景 Card_Front 之上
            _tSR.sortingOrder = 1;
            // 将 Add this to the Card's list of pips
            card.pipGOs.Add(_tGO);
        }
    }

    private  void  AddFace( Card  card) {
              if (card.def.face != "") {
// 如果 card.def 的 face 字段不为空（表示纸牌有牌面图案）
            _tGO = Instantiate( prefabSprite ) as GameObject;
            _tSR = tGO.GetComponent<SpriteRenderer>();
            // 生成正确的名称并传递给 GetFace()
            _tSp = GetFace( card.def.face+card.suit );
            _tSR.sprite = _tSp; // 将这个 Sprite 赋给_tSp 变量
            _tSR.sortingOrder = 1; // 设置 sortingOrder
            _tGO.transform. SetParent( card.transform );
            _tGO.transform.localPosition = Vector3.zero;
            _tGO.name = "face";
        }


// 查找正确的花牌 Sprite
public Sprite GetFace(string faceS) {
    foreach (Sprite _tSP in faceSprites) {
        //如果 Sprite 名称正确……
        if (_tSP.name == faceS) {
            //则返回这个 Sprite
            return(_tSP );
        }
    }
    // 如果查找不到，则返回 null
    return( null );
}
}
```

5. 单击“播放”按钮，会看到 52 张纸牌都整齐排列，并且拥有正确的花色符号和花牌图案。

接下来要做的是为纸牌添加背面图案，纸牌并不会真的翻转，而是背面图案的排序高于纸牌的所有其他元素。当纸牌背面朝上时，让背面图案可见；而当纸牌正面朝上时，则让背面图案不可见。

6．要完成可见性的切换，需要为 Card 类添加 faceUp 属性。作为一个属性，faceUp 拥有伪装成字段的两个函数（即 get 和 set）：

```
public class Card : MonoBehaviour {
    …
    public GameObject       back;  // 纸牌背面图案游戏对象

    public CardDefinition def; // 解析自 DeckXML.xml

    public bool faceUp {
        get {
            return( !back.activeSelf );
        }
        set {
            back.SetActive(!value);
        }
    }
}
```

7．然后，可在 Deck 类中为纸牌添加背景。请在 Deck 类中添加以下变量和 helper 方法的代码：

```
public class  Deck : MonoBehaviour {
    [Header("Set in Inspector")]
    public bool                  startFaceUp = false;
    // Suits
    public Sprite                suitClub;
    …

private  Card MakeCard(int cNum) {
    …
    AddPips(card);
        AddFace(card);
        AddBack(card);

    return card;
    }
   …

   //查找正确的花牌 Sprite
   private  Sprite GetFace( string faceS) { … }


private void  AddBack( Card card) {
        // 添加纸牌背景
        // Card_Back 将覆盖纸牌上的所有其他元素
        _tGO = Instantiate( prefabSprite ) as GameObject;
        _tSR = tGO.GetComponent<SpriteRenderer>();
        _tSR.sprite = cardBack;
        _tGO.transform. SetParent( card.transform );
        _tGO.transform.localPosition = Vector3.zero;
```

```
            // 它的 sortingOrder 值高于纸牌上的所有其他元素
            _tSR.sortingOrder = 2;
            _tGO.name = "back";
            card.back = _tGO;

            // face-up 的默认值
            card.faceUp = startFaceUp; // 使用 Card 的 faceUp 属性


        }
    }
```

8．保存所有脚本，返回 Unity，单击"播放"按钮，会看到所有的纸牌都变为背面朝上。

9．停止播放，把_MainCamer 的 Deck(Script)检视面板中的 `startFaceUp` 变量修改为 true，再次播放，所有纸牌都为变为正面朝上。

10．记得保存场景。

洗牌

所有纸牌都创建完毕并可以在屏幕上显示之后，下一步需要使 Deck 类具有洗牌的功能。

1．在 Deck 类代码的尾部添加以下公有静态 `Shuffle()` 方法：

```
public class Deck : MonoBehaviour {
    …
    private void  AddBack( Card card) { … }

    // 为 Deck.cards 中的纸牌洗牌
    static public void Shuffle(ref List<Card> oCards) {            // a
                                           // 创建一个临时 List，用于存储洗牌后纸牌的新顺序
        List<Card> tCards = new List<Card>();

        int ndx;       //这个变量将存储要移动的纸牌的索引
        tCards = new List<Card>();      //初始化临时 List

        // 只要原始 List 中还有纸牌，就一直循环
        while (oCards.Count > 0) {
            // 随机抽取一张牌，并得到它的索引
            ndx = Random.Range(0,oCards.Count);
            // 把这张纸牌加到临时 List 中
            tCards.Add (oCards[ndx]);
            // 同时把它从原始 List 中删除
            oCards.RemoveAt(ndx);
        }
        // 用新的临时 List 取代原始 List
        oCards = tCards;
```

```
            // 因为 oCards 是一个引用型参数，所以传入的原始 List 也会被修改
        }
    }
```

a. ref 关键字确保传递给 List<Card> Ocards 的 List<Card>是通过引用进行传递的，而不是复制到 oCards 中的。即对 oCards 所做的任何修改都会同样发生在传递进来的变量上。换句话说，如果一副纸牌是通过引用传递进来的，这些纸牌不需返回变量即会被洗牌。

2. 在 Prospector.Start()方法中加入以下代码，查看上述代码的效果：

```
public class Prospector : MonoBehaviour {

    …

    void Start () {
        deck = GetComponent<Deck>();  // 获取 Deck 脚本组件
        deck.InitDeck(deckXML.text);  // 将 DeckXML 传递给 Deck 脚本
    Deck.Shuffle(ref deck.cards); // 本行代码执行洗牌任务        //a

        Card c;
        for ( int cNum=0 ; cNum<deck.cards.Count; cNum++) {        // b
           c = deck.cards[cNum];
         c.transform.localPosition = new Vector3( (cNum% 13)*3 , cNum/13*
4 , 0 );
        }

    }
}
```

a. 在调用函数时，必须使用 ref 关键字。

b. for 循环用于重新定位屏幕上新的洗牌顺序。

3. 如果现在保存脚本并播放场景，在层级面板中选中_MainCamera 并查看 Deck.cards 变量，你会看到整副牌的顺序已经洗过了。

现在 Deck 类具有了洗牌功能，你就拥有了一个创建任何纸牌游戏的基本工具。在本原型中，要创建的游戏称为《矿工接龙》。

32.5 《矿工接龙》游戏

前文所写的代码只是创建任何纸牌类游戏的基本工具。接下来，将专门讨论我们要制作的游戏。[2]

2.《矿工接龙》是由 Jeremy Gibson Bond、Ethan Burrow 和 Mike Wabschall 于 2001 为 Digital Mercenaries 设计的一款游戏。

《矿工接龙》基于经典的接龙游戏 *Tri-Peaks*，二者的规则相同，只有以下区别：

- 《矿工接龙》游戏的理念是玩家向下挖黄金，而 *Tri-Peaks* 游戏则是玩家攀登三座山峰。
- *Tri-Peaks* 游戏的目标是清除所有的纸牌；而《矿工接龙》游戏的目标是，在从储备牌堆中翻牌之前的一个回合中，通过更长的连续接龙获取更多的积分，在一个回合中获得的金色纸牌可使本回合的积分翻倍。

《矿工接龙》游戏的规则

要进行试验，请拿出一副普通纸牌（不是我们刚才创建的虚拟纸牌，而是真实的纸牌）。从中去掉王牌，对剩下的 52 张牌进行洗牌。

1．按照如图 32-7 所示摆放其中的 28 张纸牌。下面三排纸牌应该正面朝下摆放，最上面一排纸牌则正面朝上摆放。纸牌的边缘不必互相接触，但上一排纸牌应该盖住下一排纸牌。这样会用纸牌布置出一个“矿井”形状的初始场景，之后由“矿工”采掘。

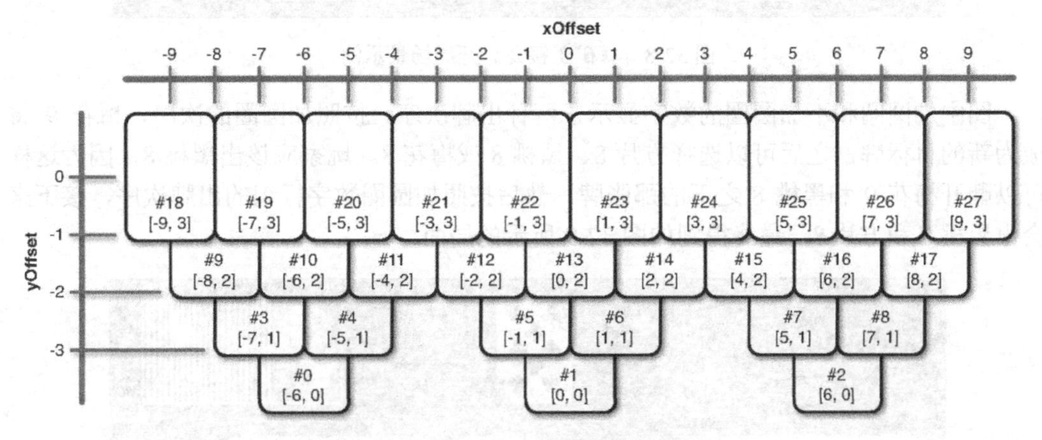

图 32-7　《矿工接龙》游戏的初始场景

2．剩余的纸牌将归到储备牌堆中。这些纸牌将正面朝下放在右上方。

3．从储备牌堆中摸出最上面的一张牌，将它正面朝上放在正上方，作为目标牌。如图 32-8 所示为整体布局。

4．场景中点数比目标牌大 1 点或小 1 点的任何牌都可以旋转到目标牌上，成为新的目标牌。A 牌和 K 牌可以互相接龙，即 A 牌可以放置到 K 牌之上，反过来也是如此。

5．如果在正面朝下的纸牌之上没有其他纸牌，就可以把它翻过来。

6．如果所有正面朝上的纸牌都不能放到目标牌上，可以从储备牌堆中再摸一张牌作为新的目标牌。

7．如果能够清除场景中的所有纸牌，则获胜（在数字版游戏中，将保存得分和金色纸牌数目）！

游戏示例

如图 32-8 所示为《矿工接龙》游戏的一个开局示例。在图中所示的局面下，玩家可以把梅花 9 或者黑桃 7 放到目标牌红桃 8 上。

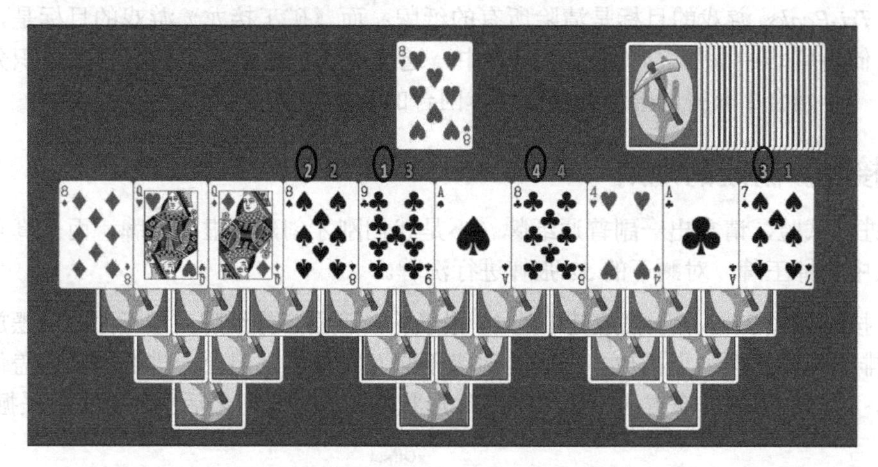

图 32-8　《矿工接龙》开局场景示例

图中加圆圈和不加圆圈的数字显示了两种出牌次序。按照加圆圈的次序，梅花 9 将成为新的目标牌，之后可以选择方片 8、黑桃 8 或梅花 8。玩家应该出黑桃 8，因为这样可以翻开梅花 9 和黑桃 8 之下的那张牌。然后按照加圆圈数字标识的出牌次序，接下来会出黑桃 7 和方片 8，最终得到如图 32-9 所示的局面。

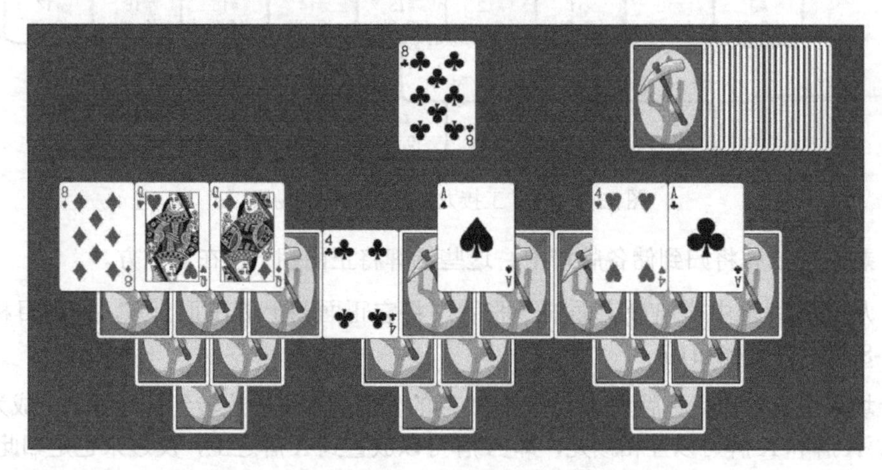

图 32-9　第一回合结束时的《矿工接龙》游戏示例

现在，因为场景中任何一张正面朝上的纸牌都不能进行接龙，玩家必须从储备牌堆中再摸出一张牌作为目标牌。

这里再次建议你尝试从储备牌堆中摸牌并多玩几局，找一找感觉。访问本书网站，可以在第 32 章配套内容中找到此游戏的链接。

32.6 在代码中实现《矿工接龙》游戏

玩过的人都知道,《矿工接龙》是一个非常简单的游戏,但趣味性十足。后面我们可以添加漂亮的视觉效果和得分提示增加游戏趣味性,但这里先从最基础的工作开始。

矿井场景布局

在数字版本的《矿工接龙》游戏中,我们需要使用与刚才的纸质版本游戏相同的场景布局。要实现这种布局,需要根据如图 32-7 所示的布局生成一些 XML 代码。

1. 在 Unity 中,在 Resources 文件夹中打开 LayoutXML.xml 文件,你会看到下面布局信息。请注意在 XML 中是通过<!—和-->符号标注注释的(与 C#中的/* */符号同理)。

```
<xml>
    <!-- This file holds info for laying out the Prospector card game. -->
    <!--本文件用于存储《矿工接龙》纸牌游戏中的布局信息-->

    <!-- The multiplier is multiplied by the x and y attributes below. -->
    <!-- This determines how loose or tight the layout is. -->
    <!-- 下面的 multiplier 是系数,与后面的 x、y 属性值相乘 -->
    <!-- 这两个数字决定了布局紧凑或松散的程度-->
    <multiplier x="1.25" y="1.5" />

    <!-- In the XML below, id is the number of the card -->
    <!-- x and y set position -->
    <!-- faceup is 1 if the card is face-up -->
    <!-- layer sets the depth layer so cards overlap properly -->
    <!-- hiddenby is the ids of cards that keep a card face-down -->
    <!-- 在下面的 XML 代码中,id 代表纸牌的编号 -->
    <!-- x 和 y 值分别设置水平和垂直方向位置 -->
    <!-- 如果 faceup 属性值为 1,则纸牌正面朝上 -->
    <!-- layer 属性设置了各排的上下层位置,使纸牌正确交叠-->
    <!-- hiddenby 是该纸牌上方的两张牌的 id -->

    <!-- Layer0, the deepest cards. -->
    <!-- 第 0 排,位于最下面一层的纸牌 -->
    <slot id="0" x="-6" y="-5" faceup="0" layer="0" hiddenby="3,4" />
    <slot id="1" x="0"  y="-5" faceup="0" layer="0" hiddenby="5,6" />
    <slot id="2" x="6"  y="-5" faceup="0" layer="0" hiddenby="7,8" />

    <!-- Layer1, the next level. -->
    <!--第 1 排,往上一层-->
    <slot id="3" x="-7" y="-4" faceup="0" layer="1" hiddenby="9,10" />
    <slot id="4" x="-5" y="-4" faceup="0" layer="1" hiddenby="10,11" />
    <slot id="5" x="-1" y="-4" faceup="0" layer="1" hiddenby="12,13" />
    <slot id="6" x="1"  y="-4" faceup="0" layer="1" hiddenby="13,14" />
    <slot id="7" x="5"  y="-4" faceup="0" layer="1" hiddenby="15,16" />
```

```
        <slot id="8" x="7"  y="-4" faceup="0" layer="1" hiddenby="16,17" />


        <!-- Layer2, the next level. -->
        <!--第 2 排，再往上一层-->
        <slot id="9"  x="-8" y="-3" faceup="0" layer="2" hiddenby="18,19" />
        <slot id="10" x="-6" y="-3" faceup="0" layer="2" hiddenby="19,20" />
        <slot id="11" x="-4" y="-3" faceup="0" layer="2" hiddenby="20,21" />
        <slot id="12" x="-2" y="-3" faceup="0" layer="2" hiddenby="21,22" />
        <slot id="13" x="0"  y="-3" faceup="0" layer="2" hiddenby="22,23" />
        <slot id="14" x="2"  y="-3" faceup="0" layer="2" hiddenby="23,24" />
        <slot id="15" x="4"  y="-3" faceup="0" layer="2" hiddenby="24,25" />
        <slot id="16" x="6"  y="-3" faceup="0" layer="2" hiddenby="25,26" />
        <slot id="17" x="8"  y="-3" faceup="0" layer="2" hiddenby="26,27" />


        <!-- Layer3, the top level. -->
        <!--第 3 排，最上面一层-->
        <slot id="18" x="-9" y="-2" faceup="1" layer="3" />
        <slot id="19" x="-7" y="-2" faceup="1" layer="3" />
        <slot id="20" x="-5" y="-2" faceup="1" layer="3" />
        <slot id="21" x="-3" y="-2" faceup="1" layer="3" />
        <slot id="22" x="-1" y="-2" faceup="1" layer="3" />
        <slot id="23" x="1"  y="-2" faceup="1" layer="3" />
        <slot id="24" x="3"  y="-2" faceup="1" layer="3" />
        <slot id="25" x="5"  y="-2" faceup="1" layer="3" />
        <slot id="26" x="7"  y="-2" faceup="1" layer="3" />
        <slot id="27" x="9"  y="-2" faceup="1" layer="3" />

        <!-- This positions the draw pile and staggers it -->
        <!--以下代码设置储备牌堆的位置并使其摊开摆放 -->
        <slot type="drawpile" x="6" y="4" xstagger="0.15" layer="4"/>

        <!-- This positions the discard pile and target card -->
        <!--以下代码设置弃牌和目标牌的位置-->
        <slot type="discardpile" x="0" y="1" layer="5"/>

</xml>
```

如你所见，这里有场景中的每张牌（以不带 type 属性值的<slot>标签表示）以及两个特殊牌堆（即弃牌和目标牌，用带有 type 属性值的<slot>标签表示）的位置。

2．下面编写代码，将 LayoutXML 文件解析为有用的信息。请在__Scripts 文件夹中创建一个名为 Layout 的类，并输入以下代码：

```
using System.Collections;
using System.Collections.Generic;
using UnityEngine;


// SlotDef 类并非 MonoBehaviour 的子类，因此不需要单独创建一个 C#文件
```

```
[System.Serializable] // 本行代码使 SlotDefs 在 Unity 检视面板中可见
public class SlotDef {
    public float x;
    public float y;
    public bool faceUp=false;
    public string layerName="Default";
    public int layerID = 0;
    public int id;
    public List<int> hiddenBy = new List<int>();
    public string type="slot";
    public Vector2 stagger;
}

public class Layout : MonoBehaviour {
    public PT_XMLReader xmlr; // 与 Deck 类一样，本类中也有一个 PT_XMLReader
    public PT_XMLHashtable xml; // 定义本变量是为了便于访问 xml
    public Vector2 multiplier; // 设置牌面中心的距离
    // SlotDef 引用
    public List<SlotDef> slotDefs; // 该 List 存储了从第 0 排到第 3 排中所有纸牌的 SlotDefs
    public SlotDef drawPile;
    public SlotDef discardPile;
    // 以下字符串数组存储了根据 LayerID 确定的所有图层名称
   public string[] sortingLayerNames = new string[] { "Row0", "Row1", "Row2",
"Row3", "Discard", "Draw" };

    // 以下函数将被调用以读取 LayoutXML.xml 文件内容
    public void ReadLayout(string xmlText) {
        xmlr = new PT_XMLReader();
        xmlr.Parse(xmlText); // 对 XML 格式字符串进行解析
        xml = xmlr.xml["xml"][0]; // 将 xml 设置为访问 XML 内容的 快捷方式

        // 读取用于设置纸牌间距的系数
        multiplier.x = float.Parse(xml["multiplier"][0].att("x"));
        multiplier.y = float.Parse(xml["multiplier"][0].att("y"));
        // 读入牌的位置
        SlotDef tSD;
        // slotsX 是读取所有的<slot>的快捷方式
        PT_XMLHashList slotsX = xml["slot"];

        for (int i=0; i<slotsX.Count; i++) {
            tSD = new SlotDef(); // 新建一个 SlotDef 实例
            if (slotsX[i].HasAtt("type")) {
                // 如果<slot>标签中有 type 属性，则解析其内容
                tSD.type = slotsX[i].att("type");
            } else {
                // 如果没有 type 属性，则将 type 设置为"slot"，表示场景中的纸牌
                tSD.type = "slot";
            }
```

```
            // 各种属性均被解析为数值
            tSD.x = float.Parse( slotsX[i].att("x") );
            tSD.y = float.Parse( slotsX[i].att("y") );
            tSD.layerID = int.Parse( slotsX[i].att("layer") );
            // 将 layerID 的编号转换为 layerNavne 文本
            tSD.layerName = sortingLayerNames[ tSD.layerID ];        // a

            switch (tSD.type) {
                // 基于此<slot>的类型，拉取附属属性
            case "slot":
                tSD.faceUp = (slotsX[i].att("faceup") == "1");
                tSD.id = int.Parse( slotsX[i].att("id") );
                if (slotsX[i].HasAtt("hiddenby")) {
                    string[] hiding = slotsX[i].att("hiddenby").Split(',');
                    foreach( string s in hiding ) {
                        tSD.hiddenBy.Add ( int.Parse(s) );
                    }
                }
                slotDefs.Add(tSD);
                break;

            case "drawpile":
                tSD.stagger.x = float.Parse( slotsX[i].att("xstagger") );
                drawPile = tSD;
                break;

            case "discardpile":
                discardPile = tSD;
                break;
            }
        }
    }
}
```

a. SlotDef 的 layerName 变量用于确认所需纸牌位于顶部。在 Unity 2D 中，所有属性都在相同的 *Z* 深度，因此它们之间用层级区分，确定哪张纸牌在上。

此时，你应该对大部分语法都比较熟悉了。SlotDef 类以更可行的方式用于存储从 XML <slot>s 读取的信息。接着定义 Layout 类和 ReadLayout() 函数，以 XML 格式的字符串作为输入并将其转换为一系列 SlotDef。

3．打开 Prospector 类并添加如下粗体代码：

```
public class Prospector : MonoBehaviour {
    static public Prospector S;

    [Header("Set in Inspector")]

    public TextAsset deckXML;
    public TextAsset layoutXML;

    [Header("Set Dynamically")]
```

```
    public Deck deck;
    public Layout layout;


    void Awake() {
        S = this; // 为 Prospector 创建一个单例
    }

    void Start () {
        deck = GetComponent<Deck>(); //获取 Deck 脚本组件
        deck.InitDeck(deckXML.text); //将 DeckXML 传递给 Deck 脚本
        Deck.Shuffle(ref deck.cards); //本行代码执行洗牌任务


//这部分可以被注释掉；现在是真正实现布局
//        Card c;
//        for (int cNum=0; cNum<deck.cards.Count; cNum++) {
//            c = deck.cards[cNum];
//     c.transform.localPosition = new Vector3((cNum%13)*3,cNum /13*4,0);
//        }

        layout = GetComponent<Layout>();        // 获取布局
        layout.ReadLayout(layoutXML.text);      // 将 LayoutXML 传递给脚本
    }
}
```

4．在 MonoDevelop 中保存所有脚本并返回 Unity。

5．在 Unity 的层级面板中选择_MainCamera。在菜单栏中执行 Component > Scripts > Layout 命令，将 Layout 脚本添加到_MainCamera（这是另一种将脚本添加到游戏对象的方式）。现在应该能够向下滚动检视面板并在底部看到 Layout（Script）组件了。

6．找到_MainCamera 的 Prospector（Script）组件。此时会看到已经有了公有变量 layout 和 layoutXML。单击 layoutXML 旁边的“target”按钮，从 Assets 标签选择 LayoutXML（或者单击出现在 Select Text Asset 窗口顶部的“Assets”按钮）。

7．保存场景。

8．现在单击“播放”按钮。如果在层级面板中选择_MainCamera 并向下滚动到 Layout(Script)组件，应该能够打开 slotDefs 旁边的三角形展开按钮并看到解析出了 XML 中所有的<slot>。

使用 Card 的子类 CardProspector

在场景中放置纸牌之前，需要为 Card 类添加一些《矿工接龙》游戏所特有的特性。因为 Card 和 Deck 需要在其他卡牌游戏中重用，我们将创建一个 CardProspector 类作为 Card 类的一个子类，而不是直接修改 Card。

1．在__Scripts 文件夹中新建一个名为 CardProspector 的 C #脚本并输入如下代码：

```
using System.Collections;
using System.Collections.Generic;
using UnityEngine;


public enum eCardState {
    drawpile,
    tableau,
    target,
    discard
}

public class CardProspector : Card { // 确保 CardProspector 从 Card 继承
    [Header("Set Dynamically: CardProspector")]
    // 枚举 CardState 的使用方式
    public eCardState                   state = eCardState.drawpile;
    // hiddenBy 列表保存了使当前纸牌朝下的其他纸牌
    public List<CardProspector>          hiddenBy = new List<CardProspector>();
    // LayoutID 对当前纸牌和 Layout XML id 进行匹配，判断是否为场景纸牌
    public int                          layoutID;
    // The SlotDef 存储从 LayoutXML <slot>导入的信息
    public SlotDef                      slotDef;
}
```

a．这个枚举定义的变量类型只具有特定名称值。eCardState 变量类型的值为以下 4 种之一：drawpile、tableau、target 和 discard，用于 CardProspector 实例追踪游戏中的位置。笔者习惯在枚举前加小写字母 e 作为前缀。

对 CardProspector 类中 Card 的这些扩展将用于支持诸如在布局中可以将纸牌放置在 4 种类型的位置（drawpile、tableau [矿井中初始的 28 张纸牌之一]、discard 或 target [弃牌堆顶部的有效牌]），存储布局信息（slotDef），以及定义纸牌应朝上或朝下的信息（hiddenBy 和 layoutID）。

在这个子类可用后，有必要将纸牌从 Cards 转换为 CardProspectors。

2．为 Prospector 类添加以下代码：

```
public class Prospector : MonoBehaviour {
    …
    [Header("Set Dynamically")]
    public Deck                           deck;
    public Layout                         layout;
    public List<CardProspector> drawPile;

    void Awake() { … }

    void Start () {


        layout = GetComponent<Layout>(); //获取 Layout 脚本组件
```

```
        layout.ReadLayout(layoutXML.text); //将 LayoutXML 传递给 Layout 脚本
        drawPile = ConvertListCardsToListCardProspectors( deck.cards );
    }

    List<CardProspector> ConvertListCardsToListCardProspectors(List<Card> lCD) {
        List<CardProspector> lCP = new List<CardProspector>();
        CardProspector tCP;
        foreach( Card tCD in lCD ) {
            tCP = tCD as CardProspector; // a
            lCP.Add( tCP );
        }
        return( lCP );
    }
}
```

a. 关键字 as 用于将 Card 转换为 CardProspector。

3. 在 MonoDevelop 中保存脚本并返回 Unity。

4. 有了这段代码后，尝试运行它，然后在检视面板查看 drawPile。

此时，注意到 drawPile 中所有的纸牌都为 null（在前面代码中标注为// a 的那行放置一个断点也可以看到这样的情况）。当我们试图把 Card tCD 作为 CardProspector 时，as 返回 null，而不是转换后的 Card。这是基于面向对象编码在 C #中的工作原理（参见“关于父类和子类”专栏）。

关于父类和子类

通过第 25 章的介绍我们已经很熟悉超类和子类了。然而，你可能想知道为什么不能将一个父类强制转换为一个子类。

在 Prospector 中，Card 是父类，CardProspector 是子类。可以简单地认为就像父类 Animal 和子类 Scorpion。所有的 Scorpions 都是 Animals，但并非所有的 Animals 都是 Scorpions。可以总是将 Scorpion 作为“某个 Animal”，但不能将任何 Animal 作为 Scorpion。同样的思路，Scorpion 可能有 Sting() 函数，但 Cow 可能没有。这就是为什么不能将任何 Animal 看作 Scorpion，因为试图在任何其他 Animal 上调用 Sting() 可能会导致发生错误。

在 Prospector 中，我们想用 Deck 脚本创建一堆纸牌，类似 CardProspectors。这就像有一类 Animals 被当作 Scorpions（但是已经讲过这是不可能的）。然而，将 Scorpion 作为 Animal 总是可行的，所以我们在 Prospector 中使用的解决方案是让 PrefabCard 包含 CardProspector（Script）组件而不只是一个 Card（Script）组件。如果一开始只创建 Scorpions，然后通过几个函数把它们作为 Animal 处理（这是可以做到的，因为 Scorpion 是 Animal 的一个子类），当后面调用 Scorpion s = Animal as Scorpion;时，代码能很好地运行，因为 Animal 总是默认生成 Scorpion。

> 在 Prospector 中执行同样的操作，而不是将 Card(Script)组件添加到 PrefabCard，你可以在它的位置添加一个 CardProspector（Script）组件。然后 CardProspector 实例将被所有 Deck 函数作为 Card 引用，但需要时也可被引用为 CardProspector。

在这种情况下的解决方案是确保 `CardProspector` 总是为 `CardProspector`，并且伪装为 `Card` 用于 `Deck` 类的所有代码。

5．在项目面板选择 PrefabCard，你会发现它出现在检视面板并带有一个 Card(Script)组件。

6．单击“Add Component”按钮并执行 Add Component > Scripts > CardProspector 命令，会为 PrefabCard 游戏对象添加一个 CardProspector(Script)组件。

7．如果想删除 Card(Script)组件，单击 Card(Script)检视器右上角的齿轮符号并从下拉菜单中选择“Remove Component”选项。

8．如果从层级面板选择_MainCamera 并播放场景，你会看到 `drawPile` 中的所有对象现在全用 CardProspectors 替换 `null`。

当 Deck 脚本实例化为 PrefabCard 和获得 Card 组件时，代码仍然正常运行，因为 CardPrefab 总是可以被当作 Card。当 `ConvertListCardsToListCardProspectors()`函数试图调用 `tCP = tCD as CardProspector;`时，一切运转正常。

9．保存场景。

在场景中定位纸牌

现在一切准备就绪，是时候为 Prospector 添加一些代码来实际布局游戏：

```
public class Prospector : MonoBehaviour {
    static public Prospector        S;

    [Header("Set in Inspector")]
    public TextAsset  deckXML;
    public TextAsset layoutXML;
    public float xOffset = 3;
    public float yOffset = -2.5f;
    public Vector3 layoutCenter;

    [Header("Set Dynamically")]
    public Deck                     deck;
    public                          Layout layout;
    public List<CardProspector> drawPile;
    public Transform                layoutAnchor;
    public CardProspector           target;
    public List<CardProspector> tableau;
    public List<CardProspector> discardPile;

    void Awake() { … }
```

```
    void Start () {
        …
        drawPile = ConvertListCardsToListCardProspectors( deck.cards );
        LayoutGame();
    }

    List< CardProspector> ConvertListCardsToListCardProspectors(List<
Card> lCD) {
        …
    }

    // Draw 将从 drawPile 取出一张纸牌并返回
    CardProspector Draw() {
        CardProspector cd = drawPile[0]; // 取出 0 号 CardProspector
        drawPile.RemoveAt(0); // 然后从 List<> drawPile 删除它
        return(cd); //最后返回它
    }

    // LayoutGame()定位纸牌的初始场景, a.k.a. “矿井”
    void LayoutGame() {
        // 创建一个空的游戏对象作为场景//1 的锚点
        if (layoutAnchor == null) {
            GameObject tGO = new GameObject("_LayoutAnchor");
            // ^在层级面板中创建一个空的名为_LayoutAnchor 的游戏对象
            layoutAnchor = tGO.transform; // 获取 Transform
            layoutAnchor.transform.position = layoutCenter; //定位
        }

        CardProspector cp;
        // 按照布局
        foreach (SlotDef tSD in layout.slotDefs) {
            // ^遍历 layout.slotDefs 中为 tSD 的 所有 SlotDefs
            cp = Draw(); // 从 drawPile 的顶部（开始）取一张纸牌
            cp.faceUp = tSD.faceUp; // 设置该张纸牌的 faceUp 为 SlotDef 中的值
            cp.transform.parent = layoutAnchor; //设置它的父元素为 layoutAnchor
            // 替代先前的父元素 deck.deckAnchor, 即场景播放时出现在层级结构中的_Deck
            cp.transform.localPosition = new Vector3(
                layout.multiplier.x * tSD.x,
                layout.multiplier.y * tSD.y,
                -tSD.layerID );
            // ^ 根据 slotDef 设置纸牌的 localPosition
            cp.layoutID = tSD.id;
            cp.slotDef = tSD;
            // 画面中的 CardProspectors 具有 CardState.tableau 状态
            cp.state = eCardState.tableau;

            tableau.Add(cp); // Add this CardProspector to the List<>
tableau
```

```
            }
        }
    }
```

保存脚本并返回 Unity。此时开始游戏，你会发现纸牌确实按照 LayoutXML.xml 的描述放在矿井画面布局，并且右边的纸牌分别是朝上和朝下的，但排序层还有问题，如图 32-10 所示。

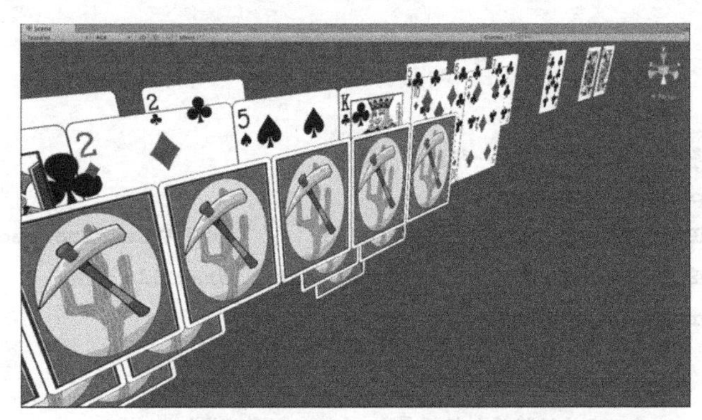

图 32-10　纸牌已放置好，但有几个关于排序层的问题（初始网格布局剩余的纸牌之前已经有了）

按住 Option/Alt 键，并在场景窗口中使用鼠标左键环视四周，你会发现当使用 Unity 的 2D 工具时，2D 对象和摄像机的距离与游戏对象的深度排序无关（即那些游戏对象是呈现在彼此的顶部）。其实对于纸牌的创建还是有点运气的，因为我们是从后到前生成的纸牌，所有点数和花色都显示在纸牌正面。但是这里实际上更需要注意的是游戏布局，以避免出现如图 32-10 所示的问题。

Unity 2D 有两种处理深度排序的方法：

- **排序层**：排序层用于 2D 对象组。所有在较低排序层的对象都在较高排序层对象的后面。每个 SpriteRenderer 组件有一个 `sortingLayerName` 字符串变量，可设置一个排序层的名称。
- **排序次序**：每个 SpriteRenderer 组件也有一个可设置的 `sortingOrder` 变量。用于定位每个排序层中的元素与其他层的相对位置。

没有排序层和排序次序时，Sprites 常常按照被创建时的顺序从后到前呈现，但这根本是不可靠的。继续下面操作前先停止播放。

设置排序层

按以下步骤建立排序层：

1. 在菜单栏中执行 Edit > Project Settings > Tags and Layers 命令。之前已经为物理层和标签使用了标签和层，但还没有接触排序层。

2. 单击 Sorting Layers 旁边的三角形展开按钮，并按如图 32-11 所示输入各层。通过单击列表右下角的“+”按钮添加新的排序层。在该检视器中，“行（Draw）按钮”在所有其他层之前。

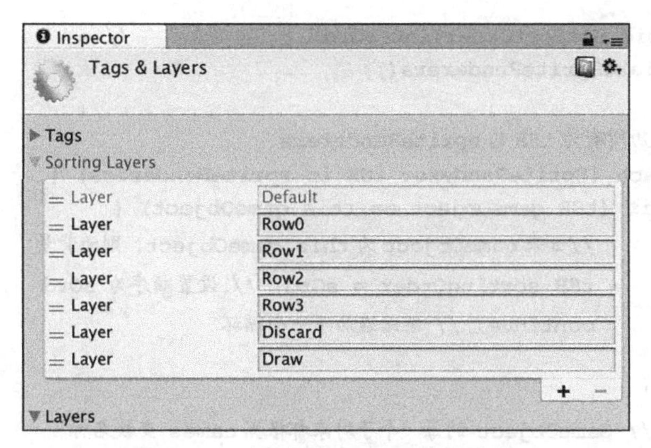

图 32-11　用于 Prospector 的排序层

因为 SpriteRenderers 和深度排序是使用代码库构建任何纸牌游戏所必需的，所以处理深度排序的代码应该添加到 Card 类（不同于 CardProspector 子类只在游戏中使用）。

3．打开 Card 脚本并添加下面的代码：

```
public class Card : MonoBehaviour {
    …
    public CardDefinition def; // 解析 DeckXML.xml

    //当前游戏对象的 SpriteRenderer 组件列表及其子类
    public SpriteRenderer[] spriteRenderers;

    void Start() {
        SetSortOrder(0); // 保证纸牌开始于正确的深度排序
    }

    //如果未定义 spriteRenderers，使用该函数定义
    public void PopulateSpriteRenderers() {
        //如果 spriteRenderers 为 null 或 empty
        if (spriteRenderers == null || spriteRenderers.Length == 0) {
            //获取当前游戏对象的 SpriteRenderer 组件及其子类
            spriteRenderers = GetComponentsInChildren<SpriteRenderer>();
        }
    }

    // 设置所有 SpriteRenderer 组件的 sortingLayerName
    public void SetSortingLayerName(string tSLN) {
        PopulateSpriteRenderers();

        foreach (SpriteRenderer tSR in spriteRenderers) {
            tSR.sortingLayerName = tSLN;
        }
    }

    // 设置所有 SpriteRenderer 组件的 sortingOrder
```

```
        public void SetSortOrder(int sOrd) {              // a
            PopulateSpriteRenderers();

            // 遍历所有为 tSR 的 spriteRenderers
            foreach (SpriteRenderer tSR in spriteRenderers) {
                if (tSR.gameObject == this.gameObject) {
                    //如果 gameObject 为 this.gameObject，则为背景
                    tSR.sortingOrder = sOrd; // 设置顺序为 sOrd
                    continue; // 继续遍历下一个循环

                }
                // GameObject 的每一个子对象都根据 names 变换名称
                switch (tSR.gameObject.name) {
                case "back": // 如果名称为"back"
                    // ^ 设置为最高层，覆盖所有
                    tSR.sortingOrder = sOrd+2;

                    break;

                case "face": //名字为“face”
                default: // 或其他
                     // ^ 设置为中层，置于背景之上
                    tSR.sortingOrder = sOrd+1;

                    break;
                }
            }
        }

        public bool faceUp {...}
    }
```

a. 白色背景的纸牌在底部（sOrd）。

顶层为所有 pips、decorators、face 等（sOrd+1）。

因为底层在上方，当使其可见时，会覆盖其余纸牌（sOrd+2）。

4. 现在，检视器需要在 LayoutGame() 末尾添加一行代码确保初始“矿井”布局中的纸牌放置在适当的分类层：

```
public class Prospector : MonoBehaviour {
    …

    // LayoutGame()定位纸牌初始画面，即“矿井”
    void LayoutGame() {
        ...
        foreach (SlotDef tSD in layout.slotDefs) {
            ...
            cp.state = CardState.tableau;
            // 画面中的 CardProspectors 具有 CardState.tableau 状态
```

```
                cp.SetSortingLayerName(tSD.layerName); // 设置排序层

                tableau.Add(cp); // 将 CardProspector 添加到 List<> tableau
            }
        }
    }
```

5. 保存所有脚本，返回 Unity 并运行场景。

现在会看到纸牌一张叠一张地堆放在“矿井”中。但还没有实现收集剩余纸牌放入弃牌堆的功能，我们在后续完成。

32.7 实现游戏逻辑

在我们移动纸牌到储备牌堆之前，先来规定可能发生在游戏中的行为：

A. 如果目标纸牌被任何其他纸牌所取代，将被取代的目标纸牌移动到弃牌堆。

B. 纸牌可以从储备牌堆移动到目标纸牌。

C. 矿井画面里的纸牌比那些可移动成为目标的纸牌具有高或低的分值。

D. 如果一张朝下的纸牌下面没有更多的牌了，那么它将朝上。

E. 当矿井为空（赢）或储备牌堆为空且无法再继续玩（输）时，游戏结束。

这里的行动项 B 和 C 是可能的行为，当纸牌是物理移动时，则行动项 A、D 和 E 是被动行为，作为 B 或 C 的后续结果。

使纸牌可单击

因为所有行为都是通过单击一张纸牌触发的，我们首先需要做的是使得纸牌可单击。

1. 这是每一个纸牌游戏必备的基础条件，所以为 Card 类末尾添加以下方法：

```
public class Card : MonoBehaviour {
    ...

    public bool faceUp {
        get { ... }
        set { ... }
    }

    //通过在子类函数中使用相同名字可以重写虚函数
    virtual public void OnMouseUpAsButton() {
    print (name); // 单击时，输出纸牌名
    }
}
```

现在单击“播放”按钮，可以单击场景中任何一张纸牌，将显示它的名字。

2. 而在《矿井接龙》游戏中，需要通过单击纸牌实现更多的动作，所以在

CardProspector 类末尾添加如下方法：

```
public class CardProspector : Card {//确认 CardProspector 继承 Card 类
    ...
    // SlotDef 类存储从 LayoutXML <slot>解析出的信息
    public SlotDef                  slotDef;

    // 使得纸牌可以响应单击动作
    override public void OnMouseUpAsButton() {
        //调用 Prospector 单例的 CardClicked 方法
        Prospector.S.CardClicked(this);
        // 同时调用基础类（Card.cs）的当前方法
        base.OnMouseUpAsButton();                      // a
    }
}
```

a. 因为这行调用 `OnMouseUpAsButton()`的基类（Card）版本，单击时 Card Prospectors 仍会将其名称打印到控制台面板中（除此之外还会调用新的 `Prospector.S.CardClicked()`方法，见下一步）。

3. 现在，必须在 Prospector 脚本中编写 `CardClicked` 方法，但首先需要添加几个函数。为 Prospector 类添加 `MoveToDiscard()`、`MoveToTarget()`和 `UpdateDrawPile()`方法。

```
public class Prospector : MonoBehaviour {
    …

    void LayoutGame() { ... }

    // 移动当前目标纸牌到弃牌堆
    void MoveToDiscard(CardProspector cd) {
        //设置纸牌状态为丢弃
        cd.state = eCardState.discard;
        discardPile.Add(cd); // 添加到 discardPile List<>
        cd.transform.parent = layoutAnchor; // 更新 transform 父元素

        // 定位到弃牌堆
        cd.transform.localPosition = new Vector3(
            layout.multiplier.x * layout.discardPile.x,
            layout.multiplier.y * layout.discardPile.y,
            -layout.discardPile.layerID+0.5f );
        cd.faceUp = true;
        //放到牌堆顶部用于深度排序
        cd.SetSortingLayerName(layout.discardPile.layerName);
        cd.SetSortOrder(-100+discardPile.Count);
    }

    //使 cd 成为新的目标牌
    void MoveToTarget(CardProspector cd) {
```

```
        //如果当前已有目标牌，则将它移动到弃牌堆
        if (target != null) MoveToDiscard(target);
        target = cd; // cd成为新的目标牌
        cd.state = eCardState.target;
        cd.transform.parent = layoutAnchor;
        //移动到目标位置
        cd.transform.localPosition = new Vector3(
            layout.multiplier.x * layout.discardPile.x,
            layout.multiplier.y * layout.discardPile.y,
            -layout.discardPile.layerID );
        cd.faceUp = true; // 纸牌正面朝上
        // 设置深度排序
        cd.SetSortingLayerName(layout.discardPile.layerName);
        cd.SetSortOrder(0);
    }

    //排开所有储备牌显示剩余张数
    void UpdateDrawPile() {
        CardProspector cd;
        //遍历所有储备牌
        for (int i=0; i<drawPile.Count; i++) {
            cd = drawPile[i];
            cd.transform.parent = layoutAnchor;
            //使用layout.drawPile.stagger精确定位
            Vector2 dpStagger = layout.drawPile.stagger;
            cd.transform.localPosition = new Vector3(
                layout.multiplier.x * (layout.drawPile.x + i*dpStagger.x),
                layout.multiplier.y * (layout.drawPile.y + i*dpStagger.y),
                -layout.drawPile.layerID+0.1f*i );
            cd.faceUp = false; // 使所有牌朝下
            cd.state = eCardState.drawpile;
            // 设置深度排序
            cd.SetSortingLayerName(layout.drawPile.layerName);
            cd.SetSortOrder(-10*i);
        }
    }
}
```

4. 在 `Prospector.LayoutGame()` 末尾抽出初始目标纸牌并洗好储备牌。此代码还添加了 `CardClicked()` 方法的初始版本，以处理所有 Prospector 类末尾对 CardProspectors 的单击。现在，`CardClicked()` 只处理从弃牌堆拖动一张纸牌到目标牌的操作（先前列表中的字母 B），但后面会扩展这个方法。

```
public class Prospector : MonoBehaviour {
    …
    // LayoutGame()定位纸牌初始画面，即“矿井”
    void LayoutGame() {
        …
        foreach (SlotDef tSD in layout.slotDefs) {
```

```
            …
            tableau.Add(cpp);    //将 CardProspector 添加到 List<> tableau
        }
        //设置初始目标纸牌
        MoveToTarget(Draw ());

        // 设置储备牌
        UpdateDrawPile();
    }

    //将当前目标纸牌移动到弃牌堆
    void MoveToDiscard(CardProspector cd) { … }

    void MoveToTarget( CardProspector cd) { … }
    …
    void UpdateDrawPile() { … }

    // 在游戏中任何时刻单击纸牌都会调用 CardClicked
    public void CardClicked(CardProspector cd) {
        //根据被单击纸牌的状态进行响应
        switch (cd.state) {
        case eCardState.target:
            //单击目标纸牌无响应
            break;

        case eCardState.drawpile:
            //单击任何储看牌堆将抽出下一张牌
            MoveToDiscard(target); // 移动目标纸牌到弃牌堆
            MoveToTarget(Draw()); // 将抽出的牌移动为目标纸牌
            UpdateDrawPile(); // 重洗储备牌
            break;

        case eCardState.tableau:
            //单击画面中的纸牌将检查是否有效
            break;
        }
    }
}
```

5．保存脚本，返回 Unity 并播放场景。

单击储备牌（屏幕右上角）后会抽出一张新的目标纸牌。我们快要完成一个完整的游戏了！

从“矿井”匹配纸牌

为了使“矿井”中的纸牌有效，需要几行代码检查，以确保被单击纸牌是高于或低于目标纸牌的（当然也包括花色 A 和 K 的牌）。

1. 为 Prospector 脚本 CardClicked()方法添加以下粗体字代码:

```
public class Prospector : MonoBehaviour {
…

    //在游戏中任何时间单击纸牌都会调用 CardClicked
    public void CardClicked(CardProspector cd) {
        //根据被单击纸牌的状态进行响应
        switch (cd.state) {
        …
        case eCardState.tableau:
            //单击画面中的纸牌将检查是否为有效
            bool validMatch = true;
            if (!cd.faceUp) {
                //如果纸牌朝下则无效
                validMatch = false;
            }
            if (!AdjacentRank(cd, target)) {
                //如果不为相邻点数则无效
                validMatch = false;
            }
            if (!validMatch) return; // 无效则返回

            // 如果执行到这一步, 那么: 耶! 这是一张有效牌
            tableau.Remove(cd); //从 tableau List 移除
            MoveToTarget(cd); //使之成为目标牌
            break;
        }
    }

    // 如果 2 张牌为相邻点数则返回 true (包括 A & K)
    public bool AdjacentRank(CardProspector c0, CardProspector c1) {
        //如果有纸牌朝下, 则不相邻
        if (!c0.faceUp || !c1.faceUp) return(false);

        // 如果只差 1 个点数, 则相邻
        if (Mathf.Abs(c0.rank - c1.rank) == 1) {
            return(true);
        }
        //如果一个为 A 一个为 K, 则相邻
        if (c0.rank == 1 && c1.rank == 13) return(true);
        if (c0.rank == 13 && c1.rank == 1) return(true);

        //否则返回 false
        return(false);
    }
}
```

2. 保存脚本并返回 Unity。

现在进行游戏并可以正确操作顶层纸牌了。然而，随着游戏的继续，你会注意到朝下的纸牌永远不会翻转朝上。这就是 List<CardProspector> CardProspector.hiddenBy 变量的作用。在 List<int> SlotDef.hiddenBy 中保存了关于那些纸牌下面隐藏了其他纸牌的信息，但是需要能够从 SlotDef.hiddenBy 的整型 ID 转换为实际具有这个 ID 的 CardProspectors。

3．在 Prospector 中添加以下代码：

```
public class Prospector : MonoBehaviour {
    …
    // LayoutGame()定位纸牌初始画面，即“矿井”
    void LayoutGame() {
        …
        CardProspector cp;
        // 根据布局
        foreach (SlotDef tSD in layout.slotDefs) {
            …
            Tableau.Add(cpp);     //将CardProspector添加到List<> tableau
        }

        // 设置纸牌间如何覆盖隐藏
        foreach (CardProspector tCP in tableau) {
            foreach( int hid in tCP.slotDef.hiddenBy ) {
                cp = FindCardByLayoutID(hid);
                tCP.hiddenBy.Add(cp);
            }
        }

        // 设置目标纸牌
        MoveToTarget(Draw ());

        // 设置储备牌
        UpdateDrawPile();
    }

    // 将整型 layoutID 转换为具有该 ID 的 CardProspector
    CardProspector FindCardByLayoutID(int layoutID) {
        foreach (CardProspector tCP in tableau) {
            // 遍历 tableau List<>中所有纸牌
            if (tCP.layoutID == layoutID) {
                //如果纸牌具有相同 ID，返回它
                return( tCP );
            }
        }
        //如果没找到，返回 null
        return( null );
    }
```

```
    //纸牌变为朝上或朝下
    void SetTableauFaces() {
        foreach( CardProspector cd in tableau ) {
            bool fup = true; //假设纸牌朝上
            foreach( CardProspector cover in cd.hiddenBy ) {
                //如果画面中有被盖住的纸牌
                if (cover.state == eCardState.tableau) {
                    faceUp = false; //那这张纸牌朝下
                }
            }
            cd.faceUp = fup; // 设置纸牌分数
        }
    }

    // 将当前目标纸牌移动到弃牌堆
    void MoveToDiscard(CardProspector cd) { … }

    // 使cd成为新的目标纸牌
    void MoveToTarget( CardProspector cd) { … }

    // 排开所有储备牌显示剩余张数
    void UpdateDrawPile() { … }

    //在游戏中任何时间单击纸牌都会调用CardClicked
    public void CardClicked(CardProspector cd) {
        //根据被单击纸牌的状态进行响应
        switch (cd.state) {
        …
        case CardState.tableau:
            …
            //如果执行到这一步，那么,这是一张有效牌
            tableau.Remove(cd);   // 从tableau List移除
            MoveToTarget(cd);     // 使之成为目标纸牌
            SetTableauFaces();    // 更新朝上纸牌
            break;
        }
    }

    //如果2张牌为相邻点数则返回 true(包括A & K)
    public bool AdjacentRank( CardProspector c0, CardProspector c1) { … }

}
```

现在，保存脚本返回 Unity，整个游戏就可以玩了！

4. 下一步是使游戏知道只需要在玩家每次单击纸牌时检查一次是否结束就行，所以检查代码将在 Prospector.CardClicked()后面进行。为 Prospector 类添加以下代码：

```
public class Prospector : MonoBehaviour {
    …

    //在游戏中任何时候单击纸牌都会调用 CardClicked
    public void CardClicked(CardProspector cd) {
        //根据被单击纸牌的状态进行响应
        switch (cd.state) {
            …
            SetTableauFaces(); // 更新正面朝上的纸牌
            break;
        }
        // 检查游戏是否结束
        CheckForGameOver();
    }

    //检查游戏是否结束
    void CheckForGameOver() {
        //如果画面为空，则游戏结束
        if (tableau.Count==0) {
            // 调用 GameOver()并且结果为赢
            GameOver(true);
            return;
        }

        //如果储备堆中仍有牌，则游戏未结束
        if (drawPile.Count>0) {
            return;
        }

        //检查剩余有效可玩纸牌
        foreach ( CardProspector cd in tableau ) {
            if (AdjacentRank(cd, target)) {
                // 如果有可玩纸牌，则游戏未结束
                return;
            }
        }

        //没有可玩纸牌，则游戏结束
        // 调用 GameOver 并且结果为输
        GameOver (false);
    }

    // 游戏结束时调用。仅用于此处，但可扩展
    void GameOver(bool won) {
        if (won) {
            print ("Game Over. You won! :)");
        } else {
            print ("Game Over. You Lost. :(");
```

```
        }
        // 重新加载场景，重置游戏
        SceneManager.LoadScene("__Prospector_Scene_0");
    }
}
```

5．保存所有脚本并返回 Unity，对游戏进行测试。

现在游戏可以玩了并且能反复进行，也知道什么时候是赢或输。可以通过运行游戏并单击目标纸牌堆直到耗尽来测试游戏的失败。此时应该重新加载场景，开始新回合。可能需要尝试几次，以测试游戏是否赢。

下一步添加得分机制。

32.8　为游戏添加得分机制

早期的《矿工接龙》游戏（或鼻祖游戏 *Tri-Peaks*），无论玩家赢或输都没有得分机制。但作为一个电子游戏，使用分数肯定是有帮助的，高的得分使玩家有动力继续游戏（不断超越最高分）。

在游戏中获得分数的方法

我们将在游戏中实施以下几种获得分数的方法：

A．将纸牌从“矿井”移动到目标纸牌获得 1 分。

B．每一张从“矿井”移除的且还没从储备牌堆抽出的纸牌将增加 1 分，所以一个回合删除五张没有抽过的纸牌将分别获得 1、2、3、4、5 分，总分为 15（1 + 2 + 3 + 4 + 5 = 15）。

C．如果玩家赢得本轮回合，他的得分将带到下一轮。无论哪一轮输了，也是计算其所有回合的总得分，并与最高分数进行比较。

D．玩家在某轮中得到一张特殊的“黄金”纸牌的话，该轮获得的分数将增加一倍。例如在游戏中从字母 B 获得的 2 张纸牌为金色，则该轮分数是 60（15×2×2 = 60）。

Prospector 类将处理得分，因为它知道所有得分的条件。我们还将创建一个名为 Scoreboard 的脚本来处理所有显示玩家得分的视觉元素。

在本章中我们将完成 A 到 C 项，留下 D 项等你以后实现。

运行回合分数

为了跟踪游戏得分，需要为_MainCamera 创建一个 ScoreManager 脚本。因为启用了游戏回合并最终通过使用“黄金”纸牌使得回合分数增加一倍，因此有必要单独存储每个回合得分，然后在所有回合结束时（从储备牌堆抽牌）计算该轮的总分数。

1．在__Scripts 文件夹中创建一个名为 ScoreManager 的 C#脚本。

2．将 ScoreManager 脚本添加到_MainCamera。

3．打开 ScoreManager 脚本并输入以下代码：

```
using System.Collections;
using System.Collections.Generic;
using UnityEngine;

// 用于处理所有可能的得分事件的枚举
public enum eScoreEvent {
    draw,
    mine,
    mineGold,
    gameWin,
    gameLoss
}

//ScoreManager 处理所有得分
public class ScoreManager: MonoBehaviour {                    // a
    static public ScoreManager S;                             // b

    static public int SCORE_FROM_PREV_ROUND = 0;
    static public int HIGH_SCORE = 0;

    [Header("Set Dynamically")]
    // 记录得分信息的变量
    public int chain = 0;
    public int scoreRun = 0;
    public int score = 0;

    void Awake() {
        if (S == null) {                                      // c
            S = this;  //设置私有单例
        } else {
            Debug.LogError("ERROR: ScoreManager.Awake(): S is already set!");
}

        // 确认 PlayerPrefs 中的高分值
        if (PlayerPrefs.HasKey ("ProspectorHighScore")) {
            HIGH_SCORE = PlayerPrefs.GetInt("ProspectorHighScore");
        }
        //将分数添加到上一轮，如果赢的话分数>0
        score += SCORE_FROM_PREV_ROUND;
        // 并且重置 SCORE_FROM_PREV_ROUND
        SCORE_FROM_PREV_ROUND = 0;
    }

    static public void EVENT( eScoreEvent  evt) {             // d
        try  {  // try-catch 语句防止停止运行程序的错误
                S.Event(evt);
```

```
        } catch (System. NullReferenceException nre) {
        Debug. LogError( "Scor eManager:EVENT() called while S=null. \n"
+ nre );
      }
    }

  // ScoreManager 处理所有得分
  void Event (eScoreEvent evt) {
      switch (evt) {
      //无论是抽牌、赢或输，需要有对应动作
      case eScoreEvent.draw: // 抽一张牌
      case eScoreEvent.gameWin: // 赢得本轮
      case eScoreEvent.gameLoss: // 本轮输了
          chain = 0; //重置分数变量 chain
          score += scoreRun; //将 scoreRun 加入总得分
          scoreRun = 0; // 重置 scoreRun
          break;

      case eScoreEvent.mine: //删除一张矿井纸牌
          chain++; //分数变量 chain 自加
          scoreRun += chain; // 添加当前纸牌的分数到这回合
          break;
      }

      // 第二个 switch 语句处理本轮的输赢
      switch (evt) {
      case eScoreEvent.gameWin:
          // 赢的话，将分数添加到下一轮
          // 基于 SceneManager.LoadLevel()，无须重置静态变量
          SCORE_FROM_PREV_ROUND = score;
          print ("You won this round! Round score: "+score);
          break;

      case eScoreEvent.gameLoss:
          //输的话，与最高分进行比较
          if (HIGH_SCORE <= score) {
              print("You got the high score! High score: "+score);
              HIGH_SCORE = score;
              PlayerPrefs.SetInt("ProspectorHighScore", score);
          } else {
              print ("Your final score for the game was: "+score);
          }
          break;
      default:
          print ("score: "+score+" scoreRun:"+scoreRun+" chain:"+chain);
          break;
      }
  }
```

```
        static public int CHAIN {  get { return S.chain; } }        // e
        static public int SCORE {  get { return S.score; } }
        static public int SCORE_RUN {   get { return S.scoreRun; } }
}
```

a. 在本书的第 1 版中，ScoreManager 是《矿工接龙》游戏的一种方法，而不是一个单独的类，但从那时起笔者就开始倾向于使用软件设计模式中的组件模式了（component pattern）。在组件模式中，开发人员尝试使用小型、可重用且自包含的类。通过让 ScoreManager 成为一个单独的类，笔者已经创建了以后可以再次使用的程序，而且代码简化。你可以在附录 B 中阅读更多关于组件模式设计的内容，在第 35 章中会广泛使用它。

b. `static private ScoreManager S;`是私有版本的单例模式。虽然本书中的大多数单例都是公有的，但这里的属性为私有，使之更具防护性，只有 ScoreManager 类可以访问它。

c. 这个更复杂的单例赋值确保了如果两个不同的 ScoreManager 实例试图声明自己是单例 S 时会抛出错误消息。

d. 静态公有版本的 `EVENT()`方法使得其他类（如 Prospector）可以将 eScoreEvents 发送给 ScoreManager 类。当它们这样做时，`EVENT()`调用 `EVENT()`私有单例 S 上的公有非静态方法 `Event()`。当代码体为 null 时仍然调用 `EVENT()`，则这里的 `try-catch` 语句将抛出警告消息。

e. 这些静态属性对公有变量中的私有 ScoreManager 单例 S 是只读访问。

4. 将以下 4 行粗体字代码添加到 Prospector 的 `CardClicked()`和 `GameOver()`方法中，用于 ScoreManager：

```
public class  Prospector  : MonoBehaviour {
    …
    //当纸牌在任意时刻被单击时都会调用 CardClicked 方法
    public void CardClicked(CardProspector cd) {
        //交互行为由被单击纸牌的当前状态决定
        switch (cd.state) {
            …
            case eCardState.drawpile:
            //在储备牌中单击任意一张牌都会抽下一张牌
            MoveToDiscard(target);      //将目标牌移到弃牌堆
            MoveToTarget(Draw());       //将抽取的下一张牌作为目标牌
            UpdateDrawPile();           //重洗储备牌
            ScoreManager.EVENT(eScoreEvent .draw);
            break;

        case eCardState.tableau:
        …
            //如果执行到这一步，那么，这是一张有效牌
            tableau.Remove(cd);         //从 tableau 列表删除
```

```
            MoveToTarget(cd);           //使之成为目标牌
            SetTableauFaces();          //更新tableau card face-ups
            ScoreManager.EVENT(eScoreEvent .mine);
            break;
            }
            //检查游戏是否结束
            CheckForGameOver();
        }

        //测试游戏是否结束
        void CheckForGameOver() { … }

        //游戏结束时调用。现在比较简单，待后续扩展
        void GameOver(bool won) {
            if  (won) {
                // print ("Game Over. You won! :)");   // 注释掉
                ScoreManager.EVENT(eScoreEvent .gameWin);
            } else {
                // print ("Game Over. You Lost. :("); // 注释掉
                ScoreManager.EVENT(eScoreEvent .gameLoss);
            }
            // 重载场景，重置游戏
            SceneManager.LoadScene( "__Prospector_Scene_0");
        }
        …
    }
```

5．在MonoDevelop中保存脚本，返回Unity，并单击“播放”按钮。

现在播放游戏，会在控制台面板中看到提示分数的信息。此外，如果在层级面板中选择_MainCamera并查看ScoreManager(Script)检视器，会发现如果你赢了一轮，分数会累积到下一轮。这样可以很好地通过测试，但可以让玩家从视觉上看起来更好一些。

向玩家展示得分

在本游戏中，我们将创建几个可重复使用的组件用于显示得分。其中一个是Scoreboard类，用于管理所有的分数显示。另一个是屏幕数字FloatingScore，可以自己在屏幕上滚动。我们还将使用Unity的SendMessage()函数，可以通过名称和一个参数在任何游戏对象上调用方法：

1．在__Scripts文件夹中创建新的C#脚本，命名为FloatingScore，并输入以下代码：

```
using System.Collections;
using System.Collections.Generic;
using UnityEngine;
using  UnityEngine.UI;

// 用于记录FloatingScore所有状态的枚举
public enum eFSState {
    idle,
```

```
    pre,
    active,
    post
}

//FloatingScore可以在屏幕上沿着贝济埃曲线移动
public class FloatingScore : MonoBehaviour {
    [Header("Set Dynamically")]
    public eFSState state = eFSState.idle;

    [SerializeField]
    protected int _score = 0;
    public string scoreString;

    // score 属性页可设置_score 和 scoreString
    public int score {
        get {
            return(_score);
        }
        set {
            _score = value;
            scoreString = _score.ToString( "N0"); // "N0" 为 num 添加逗号
            //为 ToString 格式查找"C# Standard Numeric Format Strings"
            GetComponent<Text>().text = scoreString;
        }
    }

    public List<Vector3> bezierPts;              //用于移动的贝济埃坐标
    public List<float> fontSizes;                //用于字体缩放的贝济埃坐标
    public float timeStart = -1f;
    public float timeDuration = 1f;
    public string easingCurve = Easing.InOut;   //使用 Utils.cs 的 Easing

    // 移动完成时游戏对象将接收 SendMessage
    public GameObject reportFinishTo = null;

    private  RectTransform  rectTrans;
    private  Text           txt;

    //设置 FloatingScore 和移动
    //注意默认参数 eTimeS & eTimeD 的使用
    public void Init(List<Vector3> ePts, float eTimeS = 0, float eTimeD = 1) {
        rectTrans = GetComponent<RectTransform >();
        rectTrans.anchoredPosition =  Vector2.zero;

        txt = GetComponent<Text>();

        bezierPts = new List<Vector3>(ePts);
```

```
        if (ePts.Count == 1) {     //如果只有一个坐标
            //只运行至此
            transform.position = ePts[0];
            return;
        }

        //如果 eTimeS 为默认值，就从当前时间开始
        if (eTimeS == 0) eTimeS = Time.time;
        timeStart = eTimeS;
        timeDuration = eTimeD;

        state = eFSState.pre; //设置为 pre state，准备好开始移动
    }

    public void FSCallback(FloatingScore fs) {
        //当 SendMessage 调用这个 callback 时，从参数 FloatingScore 获得要加的分数
        score += fs.score;
    }

    // 每个结构调用 Update
    void Update () {
        //如果没有移动，则返回
        if (state == eFSState.idle) return;

        //从当前时间和持续时间计算 u，u 范围为 0 到 1（通常）
        float u = (Time.time - timeStart)/timeDuration;
        //使用 Utils 的 Easing 类描绘 u 值曲线图
        float uC = Easing.Ease (u, easingCurve);
        if (u<0) { //如果 u<0，那么还不能移动
            state = eFSState.pre;

        txt.enabled= false; // 隐藏初始得分
        } else {
            if (u>=1) { //如果 u>=1，已完成移动
                uC = 1; //设置 uC=1 避免越界溢出
                state = eFSState.post;
                if (reportFinishTo != null) { //如果有回调 GameObject
                    //…就使用 SendMessage 调用 FSCallback 方法，并带 this 参数
                    reportFinishTo.SendMessage("FSCallback", this);
                    //消息发送后，销毁当前游戏对象
                    Destroy (gameObject);
                } else { //如果没有回调
                    //不销毁当前游戏对象，仅保持
                    state = eFSState.idle;
                }
            } else {
                // 0<=u<1 代表当前对象有效且正在移动
                state = eFSState.active;
```

```
                txt.enabled = true; //再次显示得分
            }
            //使用贝济埃曲线将当前对象移动到正确坐标
            Vector2 pos = Utils.Bezier(uC, bezierPts);
            // RectTransform 用于 UI 对象定位整个屏幕所处位置
            rectTrans.anchorMin = rectTrans.anchorMax = pos;
            if (fontSizes != null && fontSizes.Count>0) {
                //如果 fontSizes 有值
                    //那么调整 GUIText 的 fontSize
                int size = Mathf.RoundToInt( Utils.Bezier(uC, ontSizes) );
                GetComponent<Text>().fontSize = size;
            }
        }
    }
}
```

2. 在__Scripts 文件夹中创建一个新的 C#脚本，命名为 Scoreboard，并输入下面代码：

```
using System.Collections;
using System.Collections.Generic;
using UnityEngine;
using  UnityEngine.UI;

// Scoreboard 类管理向玩家展示的分数
public class Scoreboard : MonoBehaviour {
    public static Scoreboard S; //Scoreboard 单例

    [Header("Set in Inspector")]
    public GameObject prefabFloatingScore;

    [Header("Set in Inspector")]
    [SerializeField] private int _score = 0;
    [SerializeField] public string _scoreString;
    private Transform    canvasTrans;

    // score 属性也可以设置 scoreString
    public int score {
        get {
            return(_score);
        }
        set {
            _score = value;
            scoreString = _score.ToString( "N0");
        }
    }

    // scoreString 属性也可以设置 Text.text
    public string scoreString {
        get {
            return(_scoreString);
        }
```

```
        set {
            _scoreString = value;
            GetComponent<Text>().text = _scoreString;
        }
    }

    void Awake() {
        if  (S ==  null) {
            S =  this;   //设置私有单例
        } else {
            Debug.LogError("ERROR: Scoreboard.Awake(): S is already set!");
        }
        canvasTrans = transform.parent;
    }

    //当被 SendMessage 调用时，将 fs.score 加到 this.score 上
    public void FSCallback(FloatingScore fs) {
        score += fs.score;
    }

    //实例化一个新的 FloatingScore 游戏对象并初始化。它返回一个 FloatingScore 创建的
    //指针，这样调用函数可以完成更多功能（如设置 fontSizes 等）
    public FloatingScore CreateFloatingScore(int amt, List<Vector2> pts) {
        GameObject go = Instantiate< GameObject >(prefabFloatingScore);
        go.transform.SetParent( canvasTrans );
        FloatingScore fs = go.GetComponent<FloatingScore>();
        fs.score = amt;
        fs.reportFinishTo = this.gameObject; //设置 fs 为回调的当前对象
        fs.Init(pts);
        return(fs);
    }

}
```

3．保存所有脚本并返回 Unity。

现在，需要为 Scoreboard 和 FloatingScore 创建游戏对象。

创建 FloatingScore 游戏对象

通过以下方式创建 FloatingScore 游戏对象：

1．在菜单栏中执行 GameObject > UI > Text 命令。将 Text 重命名为 PrefabFloatingScore。

2．在修改 PrefabFloatingScore 设置前，确保将游戏面板的长宽比设置为 Standalone（1024 像素×768 像素）或者 iPad Wide（1024 像素×768 像素）。确认设置一致。

3．将 PrefabFloatingScore 按如图 32-12 所示进行设置。完成后会在游戏面板的中间看到一个白点浮动。

4．将脚本 FloatingScore 添加到游戏对象 PrefabFloatingScore（在层级面板中拖动该脚本到 FloatingScore 上）。

5．然后在项目面板中，将 PrefabFloatingScore 从层级面板拖动到_Prefabs 文件夹，把它转换为预设。

6．最后，删除保留在层级面板中的 PrefabFloatingScore 实例。

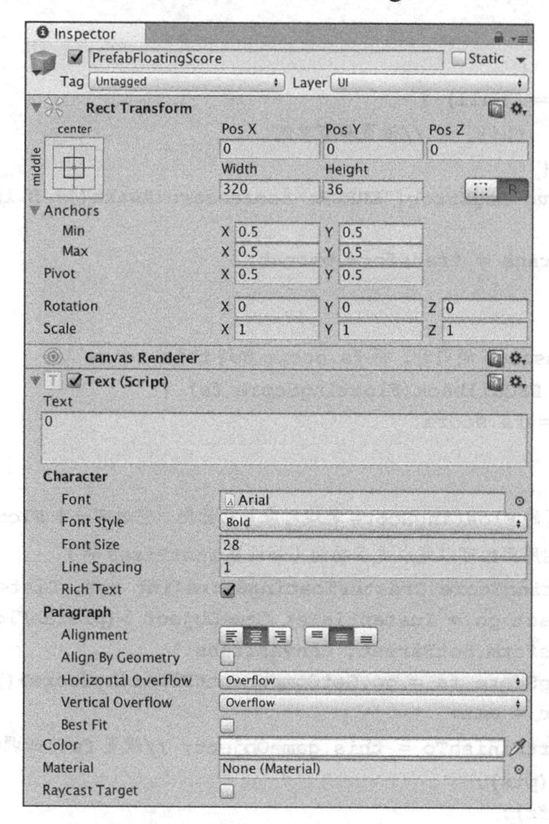

图 32-12　设置 PrefabFloatingScore

创建 Scoreboard 游戏对象

通过以下方式创建 Scoreboard 游戏对象：

1．在场景中创建另一个 Text 游戏对象（在菜单栏中执行 GameObject > UI > Text 命令）。

2．将此 Text 游戏对象重命名为 Scoreboard。

3．将 C #脚本 Scoreboard 添加到 Scoreboard 游戏对象并按照如图 32-13 所示设置 Scoreboard。包括将 PrefabFloatingScore 预设从_Prefabs 文件夹拖动到 Scoreboard (Script) 组件的公有变量 `prefabFloatingScore`。

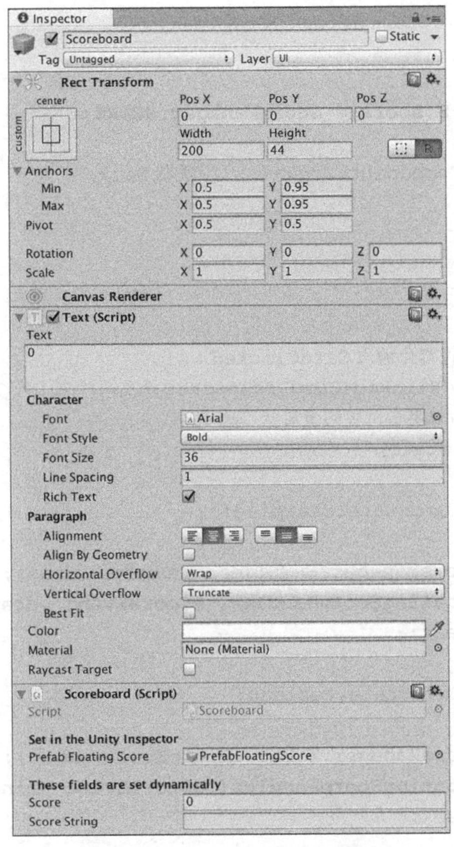

图 32-13　Scoreboard 设置项

4．保存场景。

5．现在需要做的是稍微修改一下 Prospector 类，合并新的代码和游戏对象。为 Prospector 类添加以下粗体字代码：

```
public class Prospector : MonoBehaviour {
    …
    [Header("Set in Inspector")]

    …
    public Vector3          layoutCenter;
    public Vector2          fsPosMid     = new Vector2(0.5f, 0.90f);
    public Vector2          fsPosRun     = new Vector2(0.5f, 0.75f);
    public Vector2          fsPosMid2    = new Vector2(0.4f, 1.0f);
    public Vector2          fsPosEnd     = new Vector2(0.5f, 0.95f);


    [Header("Set Dynamically")]
    …
    public List< CardProspector>  tableau;
    public List< CardProspector>  discardPile;
    public FloatingScore          fsRun;
```

```
    void Awake() { … }

    void Start () {
        Scoreboard.S.score = ScoreManager.SCORE;

        deck = GetComponent<Deck>(); //获取 Deck
        …
    }

    …

    // 任何时刻单击纸牌都会调用 CardClicked
    public void CardClicked(CardProspector cd) {
        // 交互行为由被单击纸牌的当前状态决定
        switch (cd.state) {
            …
            case eCardState.drawpile:
                …
                ScoreManager.EVENT(eScoreEvent .draw);
                FloatingScoreHandler( eScoreEvent .draw);
                break;

            case eCardState.tableau:
                …
                ScoreManager.EVENT(eScoreEvent .mine);
                FloatingScoreHandler( eScoreEvent .mine);
                break;
        }
        …
    }
    //测试游戏是否结束
    void CheckForGameOver() { … }

    // 游戏结束时调用。现在比较简单，待后续扩展
    void GameOver(bool won) {
        if  (won) {
            // print ("Game Over. You won! :)");  // 注释掉
            ScoreManager.EVENT(eScoreEvent .gameWin);
            FloatingScoreHandler(eScoreEvent .gameWin);
        } else {
            // print ("Game Over. You Lost. :(");  // 注释掉
            ScoreManager.EVENT(eScoreEvent .gameLoss);
            FloatingScoreHandler(eScoreEvent .gameLoss);
        }
        //重置场景，重置游戏
        SceneManager.LoadScene( "__Prospector_Scene_0");
    }

    …

    //如果两张牌为连续牌则返回 true (比如 A & K)
    public bool AdjacentRank( CardProspector c0, CardProspector c1) { … }
```

```
    //处理 FloatingScore 行为
    void FloatingScoreHandler (eScoreEvent evt) {
        List<Vector2> fsPts;
        switch (evt) {
        //无论是抽牌、赢或输都需要响应相同的动作
        case eScoreEvent.draw:         //抽牌
        case eScoreEvent.gameWin:      //赢
        case eScoreEvent.gameLoss:     //输

            // 将 fsRun 添加到 Scoreboard 分数
            if (fsRun != null) {
                //创建贝济埃曲线的坐标点
                fsPts = new List<Vector2>();
                fsPts.Add( fsPosRun );
                fsPts.Add( fsPosMid2 );
                fsPts.Add( fsPosEnd );
                fsRun.reportFinishTo = Scoreboard.S.gameObject;
                fsRun.Init(fsPts, 0, 1);
                //同时调整 fontSize
                fsRun.fontSizes = new List<float>(new float[] {28,36,4});
                fsRun = null; //清除 fsRun 以再次创建
            }
            break;
        case eScoreEvent.mine: // 移除矿井纸牌

            // 为当前分数创建 FloatingScore
            FloatingScore fs;
            //从 mousePosition 移动到 fsPosRun
            Vector2 p0 = Input.mousePosition;
            p0.x /= Screen.width;
            p0.y /= Screen.height;
            fsPts = new List<Vector2>();
            fsPts.Add( p0 );
            fsPts.Add( fsPosMid );
            fsPts.Add( fsPosRun );
            fs = Scoreboard.S.CreateFloatingScore(ScoreManager.CHAIN,fsPts);
            fs.fontSizes = new List<float>(new float[] {4,50,28});
            if (fsRun == null) {
                fsRun = fs;
                fsRun.reportFinishTo = null;
            } else {
                fs.reportFinishTo = fsRun.gameObject;
            }
            break;
        }
        ...
    }
}
```

6. 保存场景并在 Unity 中播放游戏。

现在进行游戏时，应该能看到分数在屏幕环绕。这确实非常重要，因为它有助于让

玩家了解得分来自哪里，并展示游戏原理，用来帮助玩家通关（而不是让玩家阅读烦琐的说明）。

32.9 为游戏添加一些设计

让我们通过增加背景为游戏添加一些设计吧。在 Materials 文件夹中，有项目初始导入的一张名为 ProspectorBackground 的 PNG 图片和名为 ProspectorBackground Mat 的素材。这些都已经设置好，并且在前面的章节中我们已经学习了如何使用它们。

1．在 Unity 中，为场景添加一个象限（在菜单栏中执行 GameObject > 3D Object > Quad 命令）。

2．把 ProspectorBackground Mat 从 Materials 文件夹拖动到象限上。

3．重命名 ProspectorBackground 象限并按照如下所示将其转换：

ProspectorBackground (Quad) P:[0,0,0] R:[0,0,0] S:[26.667,20,1]

因为_MainCamera 的投影大小是 10，这意味着屏幕中心和最近边缘之间（本例中是顶部和底部）的距离是 10 个单位，屏幕上可见的总高度为 20 个单位。因此 ProspectorBackground 象限为 20 个单位高（*Y* 轴）。而且，因为屏幕的横纵比为 4:3，我们需要设置背景的宽度（*X* 轴）为 20 / 3 * 4 = 26.667 个单位。

4．保存场景。

此时的游戏应该看起来如图 32-14 所示[3]。

图 32-14 带背景的《矿工接龙》游戏

3．此原型的设计，包括人物、背景和卡片背面，是由艺术家 Jimmy Tovar 在 2001 年为 Digital Mercenaries 创作的。

提示回合的开始和结束

相信你已经注意到，游戏回合结束得很突然，让我们优化一下这部分。首先，使用 Invoke() 函数延迟实际的层级加载。为 Prospector 添加以下粗体字代码：

```
public class Prospector : MonoBehaviour {
    …
    [Header("Set in Inspector")]
    …
    public  Vector2     fsPosEnd  =  new  Vector2( 0.5f, 0.95f );
    public float        reloadDelay = 2f; // 回合间有 2 秒间隔

    [Header("Set Dynamically")]
    …

    // 游戏结束时调用。仅用于此处，但可扩展
    void GameOver(bool won) {
        if (won) {
            …
        } else {
            …
        }
        //重新加载场景，重置游戏
        // SceneManager.LoadScene("__Prospector_Scene_0"); //先注释掉!

        //在 reloadDelay 时间内重新加载场景
        //定义分数环绕屏幕的时刻
        Invoke ("ReloadLevel", reloadDelay); //a
            }

    void ReloadLevel() {
        //重新加载场景，重置游戏
        SceneManager.LoadScene ("__Prospector_Scene_0");
    }

    //如果两张牌为连续牌则返回 true（比如 A 和 K 牌）
    public bool AdjacentRank( CardProspector c0, CardProspector c1) { … }
    …
}
```

a. Invoke() 代码在 reloadDelay 秒内调用一个名为"ReloadLevel"的函数。与 SendMessage() 的原理很相似，但它具有一个延迟功能。现在进行游戏，等待 2 秒后才会重新加载游戏。

向玩家反馈得分

我们还想在每一回合结束时告知玩家成绩如何。

1. 为场景增加一个新的 UI Text。在层级面板中选择 Canvas，并在菜单栏中执行 GameObject > UI > Text 命令。

2. 将其重命名为 GameOver，并按照如图 32-15 左图所示进行设置。

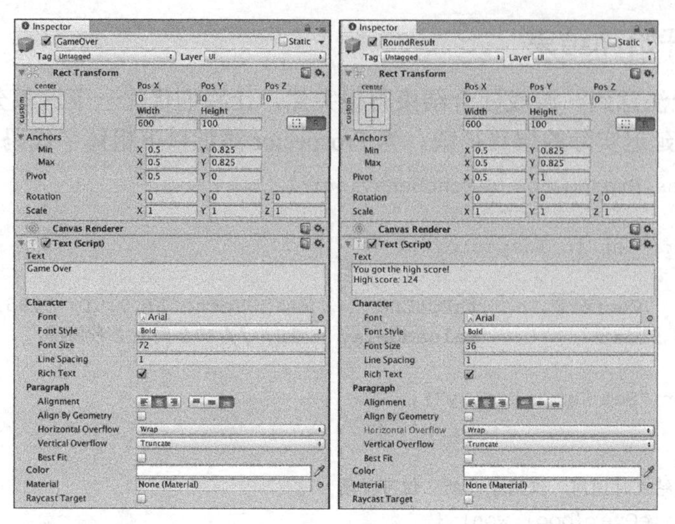

图 32-15　GameOver 和 RoundResult UI Text 的设置项

3．接下来还应该添加另一个 UI Text：在层级面板中右键 GameOver，并从下拉菜单中选择“Duplicate”选项。

4．将这个 GameOver(1)文本重命名为 RoundResult，并按照如图 32-15 右图所示进行设置。

5．添加第 3 个 UI Text 作为 Canvas 子元素，并命名为 HighScore。

6．按照如图 32-16 所示对 HighScore 进行设置。

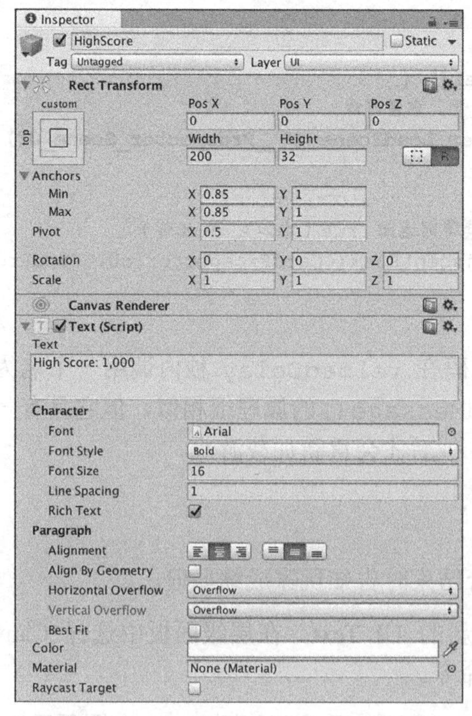

图 32-16　HighScore UI Text 的设置项

这些设置项中的数字是根据以往的试验和错误确定的，根据实际情况可自由调整。这些设置项应该嵌套在最高分标识的右下方。

7. 保存场景。

8. 在 Prospector 类添加如下粗体字代码，使这些 UI Text 对象可运行：

```
public class Prospector : MonoBehaviour {
    …
    [Header("Set in Inspector")]
    …
    public float      reloadDelay = 1f; //回合间的间隔
    public   Text     gameOverText, roundResultText, highScoreText;

    [Header("Set Dynamically")]
    …

    void Awake() {
        S = this;
        SetUpUITexts();
    }

    void  SetUpUITexts() {
        //设置 HighScore UI Text
        GameObject  go = GameObject.Find( "HighScore" );
        if  (go != null) {
            highScoreText = go.GetComponent< Text>();
        }
        int  highScore = ScoreManager.HIGH_SCORE;
    string  hScore = "High Score: "+ Utils.AddCommasToNumber(highScore);
        go.GetComponent< Text>().text = hScore;

        // 设置最后一轮显示的 GUITexts

        go = GameObject.Find ("GameOver");
        if (go != null) {
            gameOverText= go.GetComponent<Text>();
        }
        go = GameObject.Find ("RoundResult");
        if (go != null) {
            roundResultText= go.GetComponent<Text>();
        }

        // 使之不可见
        ShowResultsUI( false );
    }

    void ShowResultUI(bool show) {
        gameOverText.gameObject.SetActive(show);
        roundResultText.gameObject.SetActive(show);
    }
```

```
    …

    //游戏结束时调用。目前功能简单，后面再扩展
    void GameOver(bool won) {
        int  score = ScoreManager.SCORE;
        if (fsRun != null)  score += fsRun.score;
        if (won) {
            gameOverText.text = "Round Over";
            roundResultText.text =
"You won this round!\nRound Score: "+score;
            ShowResultsUI( true );
            // print ("Game Over. You won! :)");   //注释掉
            ScoreManager.EVENT(eScoreEvent .gameWin);
            FloatingScoreHandler(eScoreEvent .gameWin);
        } else {
            gameOverText.text = "Game Over" ;
            if ( ScoreManager.HIGH_SCORE <= score) {
                string str =  "You got the high score! \nHigh score: "
+score;
                roundResultText.text = str;
            } else {
                roundResultText.text =  "Your final score was: " +score;
            }
            ShowResultsUI( true );
            // print ("Game Over. You Lost. :("); // 注释掉
            ScoreManager.EVENT(eScoreEvent .gameLoss);
            FloatingScoreHandler(eScoreEvent .gameLoss);
        }
        //在 reloadDelay 秒后重新加载场景
        //让分数在场景中环绕一段时间
        Invoke ( "ReloadLevel" , reloadDelay);              // a
        // SceneManager.LoadScene("__Prospector_Scene_0"); // 先注释掉!
    }

    …

}
```

9．在 MonoDevelop 中保存脚本并再次启动游戏。

到此，当结束一回合或游戏结束时，应该可以看到如图 32-17 所示的信息。

图 32-17　游戏结束信息示例

32.10　本章小结

本章创建了一个完整的纸牌游戏，从 XML 文件开始构建，并且包含得分、背景图片和主题。本书讲解实例教程的目的之一是提供一个框架，让你构建更多的游戏，在下一章中我们就会这样做。笔者会引导你基于本书第 1 章内容完成 *Bartok* 游戏的制作。

后续工作

以下是几个笔者建议的改进方案，供你自行选择。

“黄金”纸牌

这里所说的“黄金”纸牌是指本章“在游戏中赚取分数的方法”小节中的 D 项，但本章并没有实现相应功能。相关的图片在导入的资源包中（Card_Back_Gold 和 Card_Front_Gold）。“黄金”纸牌的作用是让分数翻倍，而且它只能从“矿井”中获取。“矿井”中的任意纸牌都有 10%的机会成为“黄金”纸牌。请你自行尝试实现这一功能。

开发手机版游戏

虽然本游戏是针对 iPad 设计的，但针对手机进行开发并不在本书范围之内。Unity 提供了不少相关资料，建议你针对自己的手机系统上网搜索合适的内容。例如，搜索“Unity iOS 开发入门”。目前，需要考虑的平台主要是 iOS、Android，以及嵌入网站的 WebGL，Unity 提供的文档包括有关这些平台的入门资料。

根据笔者的经验，开发 Android 版游戏比较简单。加上安装与配置附加软件的时间，开发 iOS 版游戏大约花了两个小时（其中大部分时间用于设置 iOS 开发人员账户和配置文件），而开发 Android 版游戏大约用了 20 分钟。

在此强烈建议你研究一下进行移动开发的辅助工具。例如 TestFlight，Apple 公司在几年前收购的一款软件，可以帮助你通过互联网将游戏的测试版本轻松分发到 iOS 设备，很多 iOS 开发人员都在使用它。如果你想实现跨平台发布，如发布到 Android 上（对于 iOS 来说不太方便），可以试试 TestFairy 软件。

建议你尝试一下 Unity 云构建（Cloud Build）——Tsugi。Unity 云构建可以监视 Unity Collaborate 代码存储库中的代码更改，如果发现任何更改，就会自动编译新版本。如果你正在进行跨平台的手机应用或 WebGL 开发，使用 Unity 云构建可以节省大量时间，繁重的编译任务将由服务器完成，而不是你的个人计算机。

第 33 章

游戏原型 5：*Bartok*

与其他章节有所不同，本章不是创建一个全新的项目，而是告诉你如何基于某个已经构建好的原型项目再构建另一个不同的游戏。

在开始这个项目之前，建议先完成本书的游戏原型 4，从而了解纸牌游戏框架的内部运作。

在本书的第 1 章提到过 *Bartok* 这个游戏，下面将把它制作出来。

33.1 准备工作：原型 5

这一次，需要把原型 4 的项目文件夹整个复制，而不是像之前那样下载一个 Unity 资源包。同样，我们使用的图形资源来自 Chris Aguilar 的公开矢量纸牌图形库 1.3 版本。

认识 *Bartok*

关于 *Bartok* 的描述以及操作方式的说明，请参见本书第 1 章，它被广泛用作设计实践。总之，*Bartok* 和商业游戏 *Uno* 非常相似，其不同之处在于商业游戏 *Uno* 是玩一副标准的扑克牌，而在传统的 *Bartok* 纸牌游戏里，每一轮的获胜者可以添加一个游戏规则。在第 1 章的案例中，提到了三个不同的规则，但是这些规则将不会在本章创建，而是留给你在以后完成。

创建新场景

与很多此类项目类似，我们将要使用的场景也基于 Prospector 的场景。

1．在 Project 面板中单击__Prospector_Scene_0，然后在菜单栏中执行 Edit > Duplicate 命令，这将创建一个名为__Prospector_Scene_1 的新场景。

2．将这个新场景重命名为__Bartok_Scene_0 并双击打开。Unity 窗口的标题栏会改变以显示新的场景名称，自此新场景被打开，并且__Bartok_Scene_0 出现在层级面板的顶部。

让我们删除一些不需要的东西。

3．在层级面板中选择_Scoreboard 和 High Score 并删除（在菜单栏中执行 Edit > Delete 命令）。该游戏不计分，所以不需要这些。

4．同样，从场景中同时删除 Canvas 的子对象 GameOver 和 Round Result。稍后需要使用它们时，从__prospector_scene_0 抓取备份以供使用。

5．选中_MainCamera 并删除 Prospector (Script)、ScoreManager(Script)和 Layout (Script)组件（右击每个项目名称，或单击每个项目右侧的齿轮图标，然后选择 Remove Component）。最后保留的_MainCamera 应该正确设置了 Transform 和 Camera，并且仍然含有 Deck (Script)组件。

6．最后，修改背景。首先在 Hierarchy 面板（不是 Texture2D ProjectPane）选择 ProspectorBackground GameObject，并将其重命名为 BartokBackground。

7．在 Materials 文件夹创建一个新的 Material（在菜单栏中执行 Assets > Create > Material 命令），然后命名为 BartokBackground Mat。拖动这种新材质到 BartokBackground，你会发现这种材质让 Game 面板变得很暗（这是因为新的材质具有 Diffuse 渲染，而此前的材质使用的是 UnlitAlpha 渲染）。

8．为了解决这个问题，在场景里增加一个定向光（在菜单栏中执行 GameObject > Light > Directional Light 命令）。BartokBackground 和定向光变换应如下所示：

BartokBackground (Quad)	P:[0,0,1]	R:[0,0,0]	S:[26.667,20,1]
Directional Light	P:[-100,-100,0]	R:[50,-30,0]	S:[1,1,1]

这样就正确设置了场景。注意，定向光的位置完全不会影响场景（只有旋转会影响定向光），但是它确实能使光线按照要求的方式从场景面板中消失。保存场景。

添加纸牌动画的重要性

这将是一个单人游戏，但 *Bartok* 需要 4 名玩家，因此其中 3 名玩家将是 AI（Artificial Intelligences，人工智能）。因为 *Bartok* 是一个简单的游戏，不需要多高级的 AI，它们只需要配合玩牌。当多名玩家轮流坐庄，特别是有 AI 参与时，我们必须让玩家知道轮到谁了，以及其他玩家正在做什么。为了让游戏正常运作，我们将在游戏的各场景中不停地制作纸牌动画。但在 Prospector 里就不需要，因为玩家就可以完成所有动作，而且结果对他来说是显而易见的。因为对于 *Bartok* 的这名玩家，其他 3 名玩家的牌是扣着的，这个动画可以作为一个传递信息的重要方式，传递出 AI 玩家正在采取怎样的行动。

在制作本案例的过程中，我们所面临的大部分挑战就是制作精良的动画，以及在每一个动画结束前并跳转到下一个动画的过程中确保游戏正常等待。正因为如此，我们将会看到在这个项目中使用了 `SendMessage()` 和 `Invoke()` 函数，而且使用更具体的回调消息比 `SendMessage()` 函数更合适。相反，当对象完成移动后，我们会传递一个 C#类实例对象，然后调用实例的回调函数，这样即使没有使用 `SendMessage()` 函数灵活，但是更快、更明确，同时也可用于非扩展 MonoBehaviour 的 C#类。

33.2　编译设置

由于最后一个项目被设计成一个移动端 App，这将是一个适用于 Mac 或 PC 端的独立应用程序或者在线 WebGL 游戏，所以编译设置需要改变。

1．在菜单栏中执行 File > Build Settings 命令，弹出如图 33-1 所示的窗口。

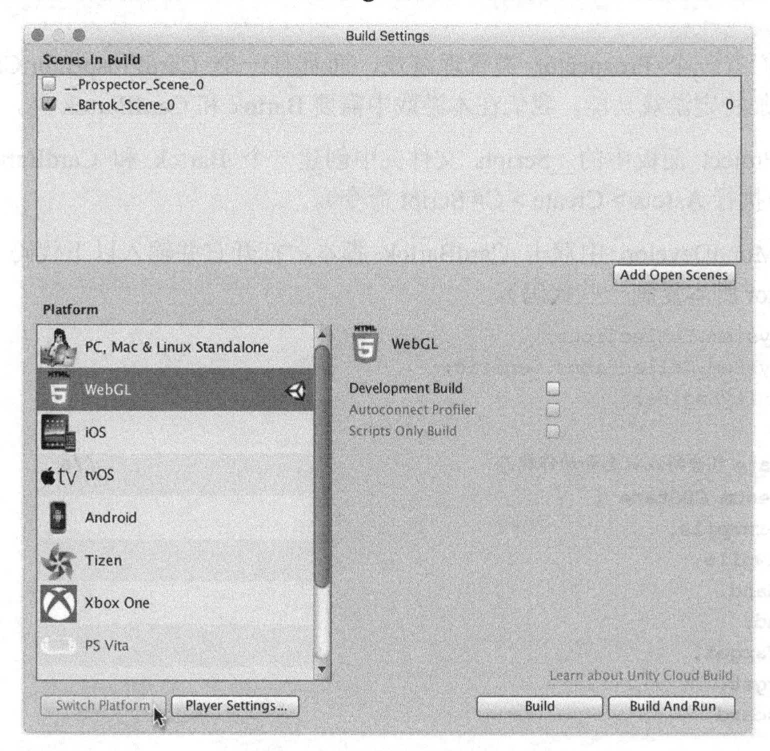

图 33-1　Build Settings 窗口

在当前的 Scenes In Build 列表中会看到__Prospector_Scene_0 unity，但__Bartok_Scene_0 unity 不在列表中。

2．单击“Add Open Scenes”按钮，将__Bartok_Scene_0.unity 添加到该场景的列表中。

3．取消勾选__Prospector_Scene_0.unity，将其从场景列表中删除。此时 Scenes In Build 内容应该如图 33-1 所示。

4．如果使用 Unity 安装包安装 WebGL 工具，那么在 Platform 列表框中选择 WebGL，或选中“PC, Mac & Linux Standalone”选项，并单击“Switch Platform”按钮。

切换完成后，“Switch Platform”按钮就会变成灰色。这可能需要一秒钟，但是相当快。所有其他的设置都应如此。

编译设置完成后（如图 33-1 所示），关闭该窗口（不要单击“Build”按钮，在后续实际创建游戏时再进行此操作）。

5．关闭窗口后，检查一下 Game 面板标题栏下的弹出式菜单，将长宽比选项设置为 Standalone (1024 像素×768 像素)。这样可以确保游戏的长宽比看起来和在本书中看到的案例一样。

33.3 *Bartok* 编程

正如我们有一个 Prospector 类管理游戏，而且有一个 CardProspector:Card 类扩展 Card 以及添加特定游戏功能，我们在本游戏中需要 Bartok 和 CardBartok 类。

1．在 Project 面板中的__Scripts 文件夹中创建一个 Bartok 和 CardBartok C#脚本（在菜单栏中执行 Assets > Create > C# Script 命令）。

2．在 MonoDevelop 中双击 CardBartok 脚本，打开它并输入以下代码（也可以从 CardProspector 脚本复制一些代码）。

```
using System.Collections;
using System.Collections.Generic;
using UnityEngine;

// CBState 包含游戏状态和动作状态                                    //a
public enum CBState {
    toDrawpile,
    drawpile,
    toHand,
    hand,
    toTarget,
    target,
    discard,
    to,
    idle
}

public class CardBartok : Card {                                     // b
    //这些静态字段用于设置在 CardBartok 所有实例中都相同的值
    static public float       MOVE_DURATION = 0.5f;
    static public string      MOVE_EASING = Easing.InOut;
    static public float       CARD_HEIGHT = 3.5f;
    static public float       CARD_WIDTH = 2f;

    [Header("Set Dynamically: CardBartok" )]
    public CBState         state = CBState.drawpile;

    //存储纸牌移动和旋转信息的字段
    public List<Vector3> bezierPts;
    public List<Quaternion> bezierRots;
    public float           timeStart, timeDuration;

                            //当纸牌完成移动，将调用 reportFinish To.SendMessage()
```

```
public GameObject      reportFinishTo = null;

//MoveTo 告知纸牌插入到一个新的位置并旋转
public void MoveTo(Vector3 ePos, Quaternion eRot) {
    //为纸牌做新的插值表
    //位置和旋转将各有两个值
    bezierPts = new List<Vector3>();
    bezierPts.Add ( transform.localPosition ); // 当前位置
    bezierPts.Add ( ePos );                    // 新的位置

    bezierRots = new List<Quaternion>();
    bezierRots.Add ( transform.rotation );     // 当前旋转
    bezierRots.Add ( eRot );                   // 新的旋转


    if (timeStart == 0) {                                          // c
    timeStart = Time.time;
    }
    // timeDuration 开始总是一样，但可以稍后改变
    timeDuration = MOVE_DURATION;

            state = CBState.to;                                    // d
}

    public void MoveTo(Vector3 ePos) {                             // e
    MoveTo(ePos, Quaternion.identity);
}

void Update() {
    switch (state) {
            case CBState.toHand:                                   // f
    case CBState.toTarget:
    case CBState.toDrawpile:
    case CBState.to:
        float u = (Time.time - timeStart)/timeDuration;            // g

        float uC = Easing.Ease (u, MOVE_EASING);

        if (u<0) {                                                 // h
            transform.localPosition = bezierPts[0];
            transform.rotation = bezierRots[0];
            return;
        } else if (u>=1) {                                         // i
            uC = 1;                  //从 to 状态变为如下状态
            if (state == CBState.toHand) state = CBState.hand;
            if (state == CBState.toTarget) state = CBState.toTarget;
            if (state == CBState.toDrawpile) state = CBState.drawpile;
            if (state == CBState.to) state = CBState.idle;

            //移动到最终位置
```

```
                    transform.localPosition = bezierPts[bezierPts.Count-1];
                    transform.rotation = bezierRots[bezierPts.Count-1];

                    // TimeStart 重置 0，这样下次就会被重写
                    timeStart = 0;

                    if (reportFinishTo != null) {                       // j
                        reportFinishTo.SendMessage("CBCallback", this);
                        reportFinishTo = null;
                    } else { //如果无回调，就什么都不做
                    }
                } else { // 0<=u<1，意味着这是现在的插值                  // k
                    Vector3 pos = Utils.Bezier(uC, bezierPts);
                    transform.localPosition = pos;
                    Quaternion rotQ = Utils.Bezier(uC, bezierRots);
                    transform.rotation = rotQ;
                }
                break;
        }
    }
}
```

a. enum CBState 包含 CardBartok 在游戏中的所有可能状态，各类 to…声明表示 CardBartok 触发为这些状态。

b. CardBartok 扩展 Card，和 CardProspector 类似。

c. 如果 timeStart 为 0，那么它被设置为当前时间（使得立即开始移动）。否则，移动将始于 timeStart。这样，如果 timeStart 在之前被设置为 0 以外的值，它不会被重写。这样使我们可以错开各种动画的时间。

c. 首先，将 state 设置为 CBState.to。调用函数后面会指定 state 的值，应该是 CBState.toHand 或者 CBState.toTarget。

e. 这是 MoveTo()方法的重载，但不需要传入旋转参数。

f. switch 语句的 fall through 用于没有任何代码的情况，因此所有的 to… CBStates（即 toHand、toTarget 等）都可以一起处理，比如将纸牌从一个地方插到另一个地方。

g. 浮点型变量 u 在 CardBartok 运动过程中从 0 到 1 进行插值。U 继承当前时间，因为 timeStart 被 movement 所期望的持续时间所除（例如，如果 timeStart =5，timeDuration = 10，并且 Time.time = 11，那么 u = (11-5) / 10 = 0.6）。然后将这个 u 传递到 Utils.cs 的 Easing.Ease()方法中调整曲线值 u，这样 uC 的值会使动画显得更自然。请参阅附录 B 中的“缓动线性插值”小节以获得更多信息。

h. u 通常在 0 到 1 之间。这里处理 u<0 的情况，此时不应该移动，应保持在初始位置。当 timeStart 设定为将来的某个时间来延迟移动的开始时间，

会出现 u<0 的情况。

i. 当 u >= 1 时，希望 u 值尽量靠近 1，使得纸牌不会超过其移动目标。此时可以通过切换到另一个 CBState 停止移动。

j. 如果回调游戏对象，那么使用 SendMessage() 调用 CBCallback 方法并将 this 作为参数。调用 SendMessage() 后，reportFinishTo 必须设置为 null，这样当前 CardBartok 不会在每次移动时都继续向同一个游戏对象报告。

k. 当 0 <= u < 1 时，只从前一个位置插到下一个位置。使用贝济埃曲线函数移动到正确坐标。定位和旋转处理分别使用不同的重载 Utils.Bezier() 方法实现。参见附录 B 中的“贝济埃曲线”小节以取更多信息。

以上代码很多都是在前一章看到过的 FloatingScore 类的改写和扩展。插值的 CardBartok 版本也进行了插值 Quaternions（即处理旋转类），这很重要，因为我们想要 *Bartok* 的纸牌好像被玩家操控一样在扇动。

3. 现在，打开 Bartok 类，并输入以下代码。需要做的第一件事是确保 Deck 类工作正常，创建 52 张纸牌。

```
using System.Collections;
using System.Collections.Generic;
using UnityEngine;
using UnityEngine.SceneManagement;

public class Bartok : MonoBehaviour {
    static public Bartok S;

    [Header("Set in Inspector")]
    public TextAsset            deckXML;
    public TextAsset            layoutXML;
    public Vector3              layoutCenter = Vector3.zero;


    [Header("Set Dynamically")]
    public Deck                 deck;
    public List<CardBartok>     drawPile;
    public List<CardBartok>     discardPile;

    void Awake() {
        S = this;
    }

    void Start () {
        deck = GetComponent<Deck>();  // 获得Deck值
        deck.InitDeck(deckXML.text);  // 传递DeckXML值给它
        Deck.Shuffle(ref deck.cards); // 重置deck                    // a
        //
```

```
    }
}
```

a. Ref 关键字将引用传递给 deck.cards，允许 Deck.Shuffle() 修改 deck.cards。

正如你所见到的，大部分代码都与 Prospector 类是一样的，只是处理纸牌使用的是 CardBartok 类，而不是 CardProspector 类。

在检视面板中设置 PrefabCard

此时，应在检视面板中调整 PrefabCard 的其他方面。

1. 在 Project 面板的_Prefabs 文件夹中选择 PrefabCard。
2. 将 Box Collider 组件的 Is Trigger 字段设置为 true。
3. 将 Box Collider 的 Size.z 组件设置为 0.1。
4. 增加一个 Rigidbody 组件到 PrefabCard（在菜单栏中执行 Component > Physics > Rigidbody 命令）。
5. 设置 Rigidbody 的 Use Gravity 字段为 false。
6. 设置 Rigidbody 的 Is Kinematic 字段为 true。

完成后，在 PrefabCard 上的 Box Collider 和 Rigidbody 组件设置看起来应如图 33-2 所示。

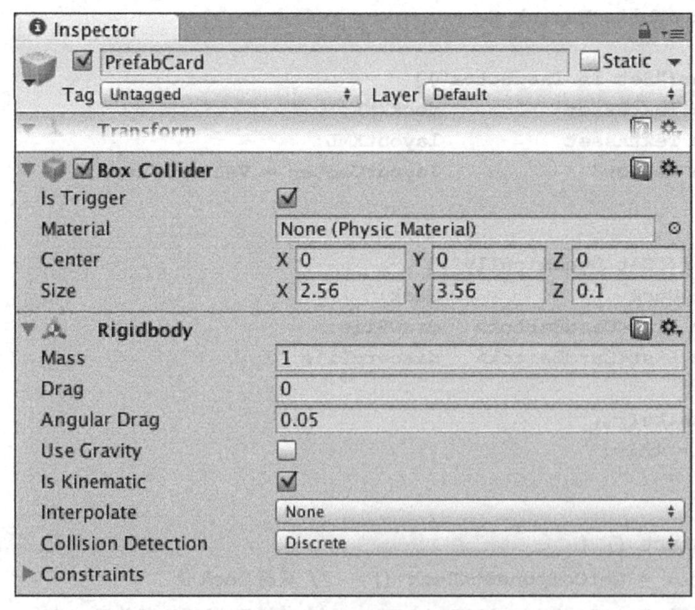

图 33-2 Box Collider 和 Rigidbody 组件设置

7. 接下来需要用新的 CardBartok (Script) 组件替换已有的 CardProspector (Script) 组件。

a．单击 CardBartok (Script) 组件右边的齿轮按钮并选择 Remove Component 选项。

b．为 PrefabCard 添加 CardBartok 脚本。

在检视面板中设置_MainCamera

按照以下步骤在检视面板中设置_MainCamera。

1．将 Bartok 脚本添加到 Hierarchy 面板（按照个人喜好分配，但需要明确正在做什么）。

2．在 Hierarchy 面板中，选择_MainCamera。添加的 Bartok (Script)组件在检视面板的底部（如果想要将它向上移动，可以单击其名称旁边的齿轮按钮并选择“Move Up”选项）。

3．将 Bartok（Script）的 `DeckXML` 字段设置为 Project 面板的 Resources 文件夹中的 DeckXM 文件（因为 deck 保持不变，仍然是 4 套装的 13 张牌，这是《矿工接龙》使用过的相同文件）。

4．设置 Deck (Script)组件的 `startFaceUp` 变量为 true（选中）。当单击“播放”按钮时显示所有正面朝上的纸牌。

现在单击“播放”按钮，可以看到网格排列的纸牌，正如你在《矿工接龙》的早期阶段看到的一样。只需很少操作就可以有大的改变。

游戏布局

Bartok 的布局明显不同于《矿工接龙》。在 *Bartok* 中，屏幕中间将有一张抽牌和一张弃牌，四份手牌分布在屏幕的上、下、左、右。这几份手牌就好像扇子那样被玩家拿在手里，如图 33-3 所示。

图 33-3　*Bartok* 的布局

这将需要一个与用于《矿工接龙》的格式稍微不同的 XML 文档。

1. 在 Project 面板的 Resources 文件夹中选择 Layout XML 并复制它（在菜单栏中执行 Edit > Duplicate 命令）。

2. 将该副本命名为 Bartok Layout XML，并输入以下内容。粗体文本不同于原始的 LayoutXML 文本。确保信息完全一致。

```
<xml>
    <!-- 这个文件包含了编排 Bartok 游戏的信息 -->

    <!-- multiplier 的值是由以下的 x 和 y 值相乘得到 -->
    <!-- 这决定了布局是松散的或紧凑的 -->
    <multiplier x="1" y="1" />

    <!-- 牌堆的位置 -->
    <slot type="drawpile" x="1.5" y="0" xstagger="0.05" layer="1"/>

    <!-- 弃牌的位置 -->
    <slot type="discardpile" x="-1.5" y="0" layer="2"/>

    <!-- 目标牌的位置-->
    <slot type="target" x="-1.5" y="0" layer="4"/>

    <!--这些位置是 4 位玩家所握 4 份手牌的位置-->
    <slot type="hand" x="0" y="-8" rot="0" player="1" layer="3"/>
    <slot type="hand" x="-10" y="0" rot="270" player="2" layer="3"/>
    <slot type="hand" x="0" y="8" rot="180" player="3" layer="3"/>
    <slot type="hand" x="10" y="0" rot="90" player="4" layer="3"/>

</xml>
```

C#脚本 BartokLayout

现在，布局的类必须重写，从而保证能正常以扇形摆放纸牌以及利用新功能插入纸牌。

1. 在 Scripts 文件夹创建一个新的 C#脚本，命名为 BartokLayout 并且输入如下代码：

```
using System.Collections;
using System.Collections.Generic;
using UnityEngine;


[System.Serializable]               // a
public class SlotDef {              // b
    public float x;
    public float y;
    public bool faceUp=false;
    public string layerName="Default";
    public int layerID = 0;
    public int id;
```

```
    public List<int> hiddenBy = new List<int>();  //在Bartok中未使用
    public float rot;
    public string type="slot";
    public Vector2 stagger;
    public int player;              //一位玩家的编号
    public Vector3 pos;             //从x，y以及multiplier得到pos值
}

public class BartokLayout : MonoBehaviour {
    //暂时为空
}
```

a. `[System.Serializable]`使SlotDef能够在检视面板中被看到。

b. SlotDef类不基于MonoBehaviour，所以不需要它自己的文件。

2. 保存此代码并返回Unity。

控制台会报错：

error CS0101: The namespace 'global::' already contains a definition for 'SlotDef'.

这是因为Layout脚本中（来自《矿工接龙》）公共类SlotDef与新的BartokLayout脚本公共类SlotDef冲突。

3. 要么完全删除Layout脚本，要么在MonoDevelop中打开Layout脚本并注释掉定义SlotDef部分。

a. 若要注释掉大量代码，只需在代码前插入“/*”，并在想要注释掉的代码后插入“*/”就可以了。也可以通过在MonoDevelop中选择代码行，然后在菜单栏中执行Edit > Format > Toggle Line Comment(s)命令注释掉一大段代码，在所选行之前会被放置一个单行注释符（`//`）。

b. 不论采用何种在Layout脚本注释掉SlotDef的方法，确保同时也注释掉SlotDef声明前的`[System.Serializable]`代码行。

c. 在Layout脚本中消除SlotDef类之后，保存Layout脚本。

4. 回到BartokLayout脚本，并继续编辑代码，添加以下代码中的粗体字代码：

```
public class BartokLayout : MonoBehaviour {
    [Header("Set Dynamically")]
    public PT_XMLReader      xmlr;         //就像Deck，这有一个PT_XMLReader
    public PT_XMLHashtable   xml;          //这个变量是为了提高xml访问速度
    public Vector2           multiplier;   //设置SlotDef场景的参考间距
    // SlotDef引用
    public List<SlotDef>     slotDefs;
    public SlotDef           drawPile;
    public SlotDef           discardPile;
    public SlotDef           target;

    //Bartok调用此函数在LayoutXML.xml文件中读取
```

```
    public void ReadLayout(string xmlText) {
        xmlr = new PT_XMLReader();
        xmlr.Parse(xmlText);              //解析 XML
        xml = xmlr.xml["xml"][0];         //将 xml 设置为 XML 的快捷方式

        //在 multiplier 中读取，设置牌间距
        multiplier.x = float.Parse(xml["multiplier"][0].att("x"));
        multiplier.y = float.Parse(xml["multiplier"][0].att("y"));

        //读取 slots
        SlotDef tSD;
        //将 slotsX 用作所有<slot>的快捷方式
        PT_XMLHashList slotsX = xml["slot"];

        for (int i=0; i<slotsX.Count; i++) {
            tSD = new SlotDef(); //创建一个新的 SlotDef 实例
            if (slotsX[i].HasAtt("type")) {
                //如果这个<slot>具有解析它的类型属性
                tSD.type = slotsX[i].att("type");
            } else {
                //如果没有，就将属性设定为"slot"；即某行中的一张纸牌
                tSD.type = "slot";
            }

            //将多种属性解析为数值
            tSD.x = float.Parse( slotsX[i].att("x") );
            tSD.y = float.Parse( slotsX[i].att("y") );
           tSD.pos = new Vector3( tSD.x*multiplier.x, tSD.y*multiplier.y, 0 );

            //排序图层
            tSD.layerID = int.Parse( slotsX[i].att("layer") ); // a

            tSD.layerName = tSD.layerID.ToString();               // b


            //基于每个<slot>的类型，拉取附属属性
            switch (tSD.type) {
            case "slot":
                //忽略"slot"类型的位置
                break;

            case "drawpile":       // c

                tSD.stagger.x = float.Parse( slotsX[i].att("xstagger") );
                drawPile = tSD;
                break;
```

```
            case "discardpile":
                discardPile = tSD;
                break;

            case "target":
                                    target = tSD;
                break;

            case "hand":            // d
                                    tSD.player =
int.Parse( slotsX[i].att("player") );
                tSD.rot = float.Parse( slotsX[i].att("rot") );
                slotDefs.Add (tSD);
                break;
            }
        }
    }
}
```

a. 在这个游戏中，分类层被命名为 1，2，3，…，10。这些分层用来确保纸牌在其顶部。在 Unity 2D，所有对象都在同一 *Z* 维深度，所以我们使用排序层区分它们。

b. 将 `layerID` 的编号转换成文本 `layerName`。

c. drawpile `xstagger` 可读，但在 *Bartok* 中没有用，因为玩家不需要知道储备牌堆中有多少张牌。

d. 此部分读取每个玩家手牌的特定数据，包括旋转方向和可以访问该手牌的玩家数量。

5. 将 BartokLayout 脚本添加到_MainCamera（在 Hierarchy 面板中将 BartokLayout 脚本从 Project 面板拖动到_MainCamera 上）。

6. 在_MainCamera 上的 Bartok(Script)组件中，还需要将 Resources 文件夹中的 BartokLayoutXML 分配给 `layoutXML` 字段。

7. 现在，将下面的粗体字代码添加到 Bartok 脚本并使用 BartokLayout：

```
public class Bartok : MonoBehaviour {
    static public Bartok S;
    …

    public List<CardBartok>   discardPile;

    public BartokLayout       layout;
    public Transform          layoutAnchor;
        void Awake() { … }

    void Start () {
        deck = GetComponent<Deck>();        //获取 Deck
```

```
        deck.InitDeck(deckXML.text);        //传递 DeckXML 给它
        Deck.Shuffle(ref deck.cards);       //重新洗牌

        layout = GetComponent<BartokLayout>();      //获取 Layout
        layout.ReadLayout(layoutXML.text);          //传递 LayoutXML 给它

        drawPile = UpgradeCardsList( deck.cards );
    }

    //
    //
    List<CardBartok> UpgradeCardsList(List<Card> lCD) {       // a
        List<CardBartok> lCB = new List<CardBartok>();
        foreach( Card tCD in lCD ) {
            lCB.Add ( tCD as CardBartok );
        }
        return( lCB );
    }
}
```

a. 该函数将所有在 `List <Card>lCD` 里的 Cards 转换为 CardBartoks，并生成新的 `List<CardBartok>`存储它们。和 Prospector 采用的方法一样，它们总为 CardBartoks，但这需要让 Unity 知道。

8. 返回 Unity 并运行项目。

运行该项目时，从 Hierarchy 面板中选择_MainCamera 并扩展 BartokLayout(Script)组件的变量，从而可以看到它们被正确从 BartokLayoutXML 读入。同时也应查看 Bartok(Script)的 `drawPile` 字段是否正确填充了 52 个 CardBartok 洗牌实例。

Player 类

因为游戏有 4 个玩家，笔者会创建一个类代表玩家（Player），执行将牌汇集到一起，以及通过简单的 AI 选择怎么出牌等操作。需要注意的是，这次的 Player 类相对于之前编写的其他代码，其独特之处在于 Player 类不会扩展 MonoBehaviour（或者其他任何类），并且有独立的 C#脚本文件。因为 Player 类不会扩展 MonoBehaviour，它不会接收来自 `Awake()`、`Start()`或者 `Update()`函数的调用，而且不能从内部调用像 `print()`这样的函数，或者作为一个组件连接到一个 GameObject。那些操作对于 Player 类来说都是不需要的，因此 Player 类没有 MonoBehaviour 子类使得实际编写起来更简单。

1. 在__Scripts 文件夹中创建一个名为 Player 的新 C#脚本，并输入以下代码：

```
using System.Collections;
using System.Collections.Generic;
using UnityEngine;
using System.Linq; //启用 LINQ 查询，后面会解释其用途
//玩家可以是真人或 AI
```

```
public enum PlayerType {
    human,
    ai
}

[System.Serializable]      // a
public class Player {      // b

    public PlayerType          type = PlayerType.ai;
    public int                 playerNum;
    public SlotDef             handSlotDef;
    public List<CardBartok>    hand;    //玩家手牌

    //增加一张牌
    public CardBartok AddCard(CardBartok eCB) {
        if (hand == null) hand = new List<CardBartok>();

        //手中增加一张牌
        hand.Add (eCB);

        return( eCB );
    }

    //去除一张牌
    public CardBartok RemoveCard(CardBartok cb) {
        //如果hand为null或没有包含cb，返回null
        if ( hand == null || !hand.Contains(cb) ) return null ;
        hand.Remove(cb);
        return(cb);
    }
}
```

a. [System.Serializable]指导 Unity 序列化 Player 类，使 Player 类在检视面板中可见和可编辑。

b. Player 类存储每位玩家的重要信息。如前面所述，Player 类不能扩展 MonoBehaviour（或者其他任何类），因此必须删除本行的" : MonoBehaviour "。

2. 现在，将下面的代码添加到 *Bartok* 中并使用 Player 类：

```
public class Bartok : MonoBehaviour {
    …
    [Header("Set in Inspector")]
    …
    public Vector3              layoutCenter = Vector3.zero;
    public float                handFanDegrees = 10f;          // a

    [Header("Set Dynamically")]
    …
    public List< CardBartok>        discardPile;
```

```
    public List<Player>          players;                      // b
    public CardBartok            targetCard;

    private  BartokLayout        layout;
    public Transform             layoutAnchor;

    void Awake() { … }

    void Start () {
        …
        drawPile = UpgradeCardsList( deck.cards );
        LayoutGame();
    }
    List<CardBartok> UpgradeCardsList(List<Card> lCD) { … }

    //在 drawPile 里正确定位所有的牌
    public void ArrangeDrawPile() {
        CardBartok tCB;

        for (int i=0; i<drawPile.Count; i++) {
            tCB = drawPile[i];
            tCB.transform. SetParent( layoutAnchor );
            tCB.transform.localPosition = layout.drawPile.pos;
            //旋转应该从 0 开始
            tCB.faceUp = false;
            tCB.SetSortingLayerName(layout.drawPile.layerName);
            tCB.SetSortOrder(-i*4);   //命令它们前端到后端
            tCB.state = CBState.drawpile;
        }

    }

    //执行初始游戏布局
    void LayoutGame() {
        //创建空的 GameObject 作为画面的锚点                          // c
        if (layoutAnchor == null) {
            GameObject tGO = new GameObject("_LayoutAnchor");
            layoutAnchor = tGO.transform;
            layoutAnchor.transform.position = layoutCenter;
        }

        //定位 drawPile 的牌
        ArrangeDrawPile();

        //设置玩家
        Player pl;
        players = new List<Player>();
        foreach (SlotDef tSD in layout.slotDefs) {
            pl = new Player();
            pl.handSlotDef = tSD;
```

```
            players.Add(pl);
            pl.playerNum = players.Count;
        }
        players[0].type = PlayerType.human;     // 构建第 0 个真人玩家
    }

    //Draw 函数将从 drawpile 拉取单张纸牌并且返回
    public CardBartok Draw() {
        CardBartok cd = drawPile[0];          //拉取第 0 个 CardProspector
        drawPile.RemoveAt(0);                 //从 List<> drawPile 中删除
        return(cd);                           //返回
    }

    //此 Update 方法用于测试给玩家添加纸牌
    void Update() {                 // d
        if (Input.GetKeyDown(KeyCode.Alpha1)) {
            players[0].AddCard(Draw ());
        }
        if (Input.GetKeyDown(KeyCode.Alpha2)) {
            players[1].AddCard(Draw ());
        }
        if (Input.GetKeyDown(KeyCode.Alpha3)) {
            players[2].AddCard(Draw ());
        }
        if (Input.GetKeyDown(KeyCode.Alpha4)) {
            players[3].AddCard(Draw ());
        }
    }
}
```

a. handFanDegrees 确定每张牌以扇形分布的度数。

b. List<Player> players 用于存储每个玩家的数据引用。因为 Player 类为 [System.Serializable]，因此在检视面板中可以对 players 列表进行深度检索。

c. layoutAnchor 是在层级面板中创建的所有纸牌的父元素 Transform。首先创建了一个空的游戏对象并命名为_LayoutAnchor。然后游戏对象的 Transform 组件分配给 layoutAnchor 变量。最后，layoutAnchor 定位于 layoutCenter 指定位置。

d. Update()函数用于测试给玩家添加纸牌的代码。它是临时的，并且在后面章节中会被替换。Keycode.Alpha4 中的 Keycode.Alpha1 代表主键盘上的键盘字母 1~4。当按下任一字母键时，一张纸牌会添加到玩家手中。

3．保存脚本，返回 Unity，再次运行游戏。

4．在层级面板中选择_MainCamera，并在 Bartok(Script)组件上找到 Players 字段。单击 Players 旁边的小三角图标展开下级选项，可看到 4 个 Element，每个玩家对应一个。继续单击小三角图标展开下级选项，包括那些 Hand 属性。由于在新的

Update()方法中测试代码，在 Game 面板中（能够对游戏进行响应且支持键盘输入），在键盘上按下 1~4 数字键（键盘首行的数字键，不是小键盘），可以看到纸牌被添加到玩家手中。Bartok(Script)组件的检视面板应显示牌正被添加到玩家的手中，如图 33-4 所示。

此 Update()方法当然不会用于游戏的最终版本，但是它在完善游戏其他方面之前，允许建立一些用来进行功能测试的函数，是相当有用的。在这种情况下，我们需要一种方法，用来测试 Player.AddCard()方法是否正确工作，这是一种相当快捷的方法。

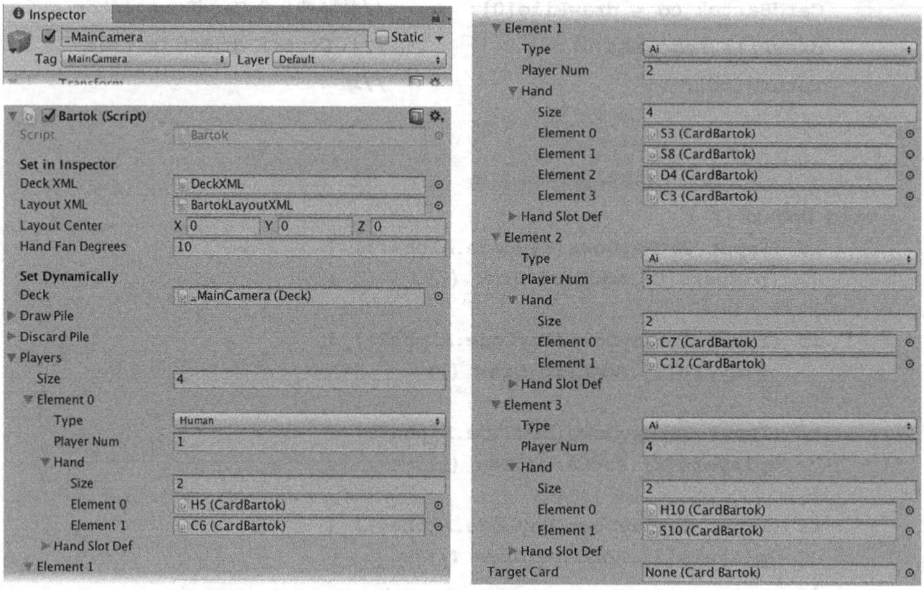

图 33-4　Bartok(Script)组件显示玩家和他们的手

扇形手牌

现在，纸牌正从牌堆移动到玩家的手中，最好以图形化的方式进行展现。

1. 将下面的代码添加到 Player 类实现这一目标。

```
public class Player {
    …

    public CardBartok AddCard(CardBartok eCB) {
        if (hand == null) hand = new List<CardBartok>();

        //将纸牌添加到手中
        hand.Add (eCB);
        FanHand();
        return( eCB );
    }

    //从手中拿掉一张牌
    public CardBartok RemoveCard(CardBartok cb) {
        //如果 hand 为空或不包含 cb，则返回 null
        if (hand == null || !hand.Contains(cb) ) return null ;
```

```
        hand.Remove(cb);
        FanHand();
        return(cb);
    }

    public void FanHand() {                                           // a
        // startRot是第一张牌的Z旋转                                   // b
        float startRot = 0;
        startRot = handSlotDef.rot;
        if (hand.Count > 1) {
            startRot += Bartok.S.handFanDegrees * (hand.Count-1) / 2;
        }

        //将所有纸牌移动到新位置
        Vector3 pos;
        float rot;
        Quaternion rotQ;
        for (int i=0; i<hand.Count; i++) {
            rot = startRot - Bartok.S.handFanDegrees*i;
            rotQ = Quaternion.Euler( 0, 0, rot );                     // c

            pos = Vector3.up * CardBartok.CARD_HEIGHT / 2f;           // d

            pos = rotQ * pos;                                         // e

            //添加玩家手牌的基本位置（在扇形排列的纸牌底部中心）
            pos += handSlotDef.pos;                                   // f
            //纸牌在Z方向错开，这是不可见的，可避免重叠
            pos.z = -0.5f*i;                                          // g

            //设置localPosition以及第i张牌的旋转
            hand[i].transform.localPosition = pos;                    // h
            hand[i].transform.rotation = rotQ;
            hand[i].state = CBState.hand;

            hand[i].faceUp = (type == PlayerType.human);              // i

            //设置纸牌的SortOrder，以便它们能正确重叠
            hand[i].SetSortOrder(i*4);                                // j
        }
    }
}
```

a. `FanHand()` 旋转纸牌使得它们按照图 33-1 所示以扇形结构出现在 arc。

b. `startRot` 是第一张牌的 *Z* 旋转（即旋转 counterclockwise 值的纸牌）。它在手中的初始旋转始于 BartokLayoutXML 定义的值，然后按照 counterclockwise 值旋转，这样在旋转时扇形纸牌会出现在中间位置。旋转 `startRot` 后，每个子序列纸牌会从上一张纸牌顺时针旋转 `Bartok.S.handFanDegrees` 角度。

c. rotQ 保存 Quaternions，表示 *Z* 轴的 rot 值。

d. pos 被选中，pos 是 Vector3 纸牌在[0,0,0]之上一半的高度，那么 pos 的初始值为[0, 1.75, 0]。

e. 然后，Vector3 pos 乘以 Quaternion rotQ。当 Quaternion 乘以 Vector3 时会旋转 Vector3，因此 pos 已沿 *Z* 轴的初始位置旋转了 rot 度。

f. 将 hand 初始位置添加到 pos。

g. 玩家手中的各张纸牌在 pos.z 方向错开。实际是不可见的（因为是 2D），这样可避免 3D 盒子碰撞器产生的重叠。

h. 应用计算得出的玩家手中第 *i* 张牌的 pos 和 rotQ 值。

i. 只有真实玩家的纸牌会朝上。

j. 设置每张纸牌的排序，以便它们在单个排序层能正确重叠。

2. 保存 Player 脚本，返回 Unity 并单击播放按钮。

在键盘上按下数字键 1、2、3、4，应该能看到纸牌直接插入玩家的手中并且呈扇形排列。然而，你可能注意到玩家的手牌并不按顺序排列，看起来有点松散。幸运的是，我们可以为此做些事情。[1]

LINQ 简介

LINQ，就是语言集成查询（Language INtegrated Query），是一组用于 C#语言的出色扩展，有很多介绍它的图书。Joseph Albahari 和 Ben Albahari 的著作 *C# 5.0 Pocket Reference: Instant Help for C# 5.0 Programmers*（O'Reilly Media 于 2012 年出版）中有 24 页着重描述 LINQ（其中只有几页涉及数组）。大多数 LINQ 远远超出了本书需要掌握的范围，但希望通过笔者的简介可以让你意识到 LINQ 可以作为后面解决项目问题的方法之一。

LINQ 能够在 C#的单行中做类似数据库查询，可以选择和排序数组中的特定元素。笔者就是利用此方法排列玩家手中的纸牌。

1. 添加以下粗体字代码到 Player.AddCard()。

```
public class Player {
  …

    public CardBartok AddCard(CardBartok eCB) {
        if (hand == null) hand = new List<CardBartok>();

        //将牌插入手中
        hand.Add (eCB);
```

1. 你可能已经注意到，如果把所有牌从目标牌堆中抽出来，游戏会显示错误消息“Argument Out Of Range Exception”。别担心，我们后面会解决这个问题。

```
            //如果这是一个真人玩家，将其手牌进行排序
            if (type == PlayerType.human) {
                CardBartok[] cards = hand.ToArray();                    // a

                //LINQ 调用
                cards = cards.OrderBy( cd => cd.rank ).ToArray();    // b

                hand = new List<CardBartok>(cards);                      // c
                //LINQ 运行可能有点慢（简单的调用大概需要几毫秒）
                //因为每轮只进行一次，所以这不是问题
            }

            FanHand();
            return( eCB );
        }
        …
    }
```

a. LINQ 用于存储数组值，因此需通过 `List<CardBartok> hand` 创建一个 `CardBartok[]` 纸牌数组。

b. 用 LINQ 处理 CardBartoks 数组。它类似于做一个遍历（即 `foreach (CardBartok cd in cards)`）并按照得分排序（即 `cd => cd.rank`）。然后返回一个已排序的数组赋给纸牌，替代未排序的旧数组。LINQ 语法不同于前面学习的 C#，因此你可能会感觉陌生。

c. Cards 数组排序后，再创建一个 `List<CardBartok>`并赋给 hand，替换旧的未排序数组。

正如上面所示，在很少的几行 LINQ 代码中即可完成排序。LINQ 有着超出本书所涉及的更强大功能，如果你需要对数组中的元素进行排序或进行其他类似查询的话（例如，需要在一个数组中找出年龄在 18 至 25 岁之间的人，并且名字首字母为 J），笔者强烈建议你学习一下。

2. 现在保存脚本并返回 Unity，运行这个场景，你会看到真人玩家的手牌都能按顺序排列了。

为了让游戏更直观，纸牌的移动需要进行动画处理。所以，下面让我们实现纸牌的移动。

让纸牌动起来

现在到了有趣的部分，我们要让纸牌从一个位置旋转、移动并插入到另一个位置。这将使纸牌游戏看起来更逼真，同时，这也让玩家更容易理解游戏里正在发生的事情。

下面进行的很多修改都基于 Prospector 里的 FloatingScore。就像 FloatingScore 一样，我们先开始一个插值，由这张牌控制，当这张牌完成移动时，它将发送一个回调消

息告知游戏它已完成移动。

先来把纸牌顺利地移动到玩家的手牌里。在 CardBartok 中已经有很多为移动编写的代码，所以要充分利用它们。

1. 在 Player.FanHand()方法中修改代码，如下面的粗体字代码所示。

```
public class Player {
    …
    public void FanHand() {
        …
        for (int i=0; i<hand.Count; i++) {
            …
            pos.z = - 0.5f*i;

            //设置第 i 张牌的当前位置及旋转
            hand[i].MoveTo(pos, rotQ);      //告诉 CardBartok 插入
            hand[i].state = CBState.toHand;
            //移动之后，CardBartok 将状态设置为 CBState.hand

            /* <= 多行注释开始                              // a
            hand[i].transform.localPosition = pos;
            hand[i].transform.rotation = rotQ;
            hand[i].state = CBState.hand;
            多行注释结束 =>*/                               // b

            hand[i].faceUp = (type == PlayerType.human);
            …
        }
    }
}
```

a. “/*”为多行注释的开始标记，它与下面的“*/”之间的所有代码行都被注释掉（被 C#忽略）。这和在本章开头 Laylout 脚本中注释掉 SlotDef 类是同样的方式。

b. */作为多行注释的结束符号。

2. 保存脚本，返回 Unity，并运行场景。

现在，运行这个场景并按下数字键 1、2、3、4，能看到纸牌移动到正确的位置！因为大部分繁重的工作由 CardBartok 完成，这里只需要用很少的代码。这是面向对象编程的最大优点之一。我们相信 CardBartok 知道如何移动，所以可以只通过一个位置及旋转参数调用 MoveTo()，而 CardBartok 将完成剩下的工作。

发牌管理

在每一轮 *Bartok* 游戏的开头，给每位玩家发 7 张牌，然后从牌堆里取一张牌并翻开，作为第一张目标牌。

1．将下面的代码添加到 *Bartok* 以实现这些功能：

```
public class Bartok : MonoBehaviour {
    …
    [Header("Set in Inspector")]
    …
    public float     handFanDegrees = 10f;
    public int       numStartingCards = 7;
    public float     drawTimeStagger = 0.1f;
    …

    void LayoutGame() {
        …
        players[0].type = PlayerType.human;     //创建第 0 位真人玩家

        CardBartok tCB;
        //给每位玩家发 7 张牌
        for (int i=0; i<numStartingCards; i++) {
            for (int j=0; j<4; j++) {                                   //a
                tCB = Draw ();   //抽一张牌
                //稍微错开抽牌的时间
                tCB.timeStart = Time.time + drawTimeStagger * ( i*4 + j );
//b

                players[ (j+1)%4 ].AddCard(tCB);                        //c
            }
        }

        Invoke("DrawFirstTarget", drawTimeStagger * (numStartingCards*4+4) );
        //d
    }

    public void DrawFirstTarget() {
        //从牌堆中翻开第一张目标牌
        CardBartok tCB = MoveToTarget( Draw () );
    }

    //使另一张牌成为目标牌
    public CardBartok MoveToTarget(CardBartok tCB) {
        tCB.timeStart = 0;
        tCB.MoveTo(layout.discardPile.pos+Vector3.back);
        tCB.state = CBState.toTarget;
        tCB.faceUp = true;

        targetCard = tCB;

        return(tCB);

    }
```

```
    // Draw 将从目标堆中抽取一张牌并返回
    public CardBartok  Draw() { … }
    …
}
```

a. 因为有 4 个玩家，变量 j 的值为从 0 到 3。如果游戏模拟不同数量的玩家，那么需要动态定义而不是在代码中使用整型数字 4。最好使用常量 const，但不适用于页面宽度。

b. 启动每一张纸牌的 timeStart 都会使它们一张张被分发出去。记住这里的数学运算顺序：在添加 Time.time 之前执行 drawTimeStagger * (i*4 + j)。这样第 0 号纸牌开始移动后，稍等片刻所有纸牌依次开始移动，使玩家看起来会很舒服。

c. 将纸牌添加到玩家手中。(j+1)%4 使 players 列表的索引依次遍历编号 1、2、3、0，从 players[1]开始依次处理各个玩家的纸牌（从 Player[0]顺时针开始）。

d. 当初始牌被打出时，调用 DrawFirstTarget()。

2. 保存 Bartok 脚本，返回 Unity，并运行场景。

运行场景后，可看到 7 张牌的分布和第 1 张目标牌的抽取如期进行，然而，真人玩家的牌以奇怪的方式互相重叠。就像你在《矿工接龙》中所做的一样，我们需要非常仔细地管理纸牌每个元素的 sortingLayerName 和 sortingOrder。

2D 深度排序管理

除了 2D 对象深度排序的标准配置问题，我们现在必须解决这个问题：纸牌正在移动时，有时需要它们在移动的起初有一个排序，在它们到达时，有另一个不同的排序。若要实现这个，我们需要将 eventualSortLayer 和 eventualSortOrder 字段添加到 CardBartok。这样，当一张纸牌移动时，它将在移动中途切换到 eventualSortLayer 和 eventualSortOrder。

1. 需要做的第一件事是重命名所有的排序层。在菜单栏中执行 Edit > Project Settings > Tags & Layers 命令。

2. 打开 Tags & Layers 管理器，然后将从 1 到 10 的 Sorting Layers 命名为 1 到 10，如图 33-5 所示。添加所需的排序层。

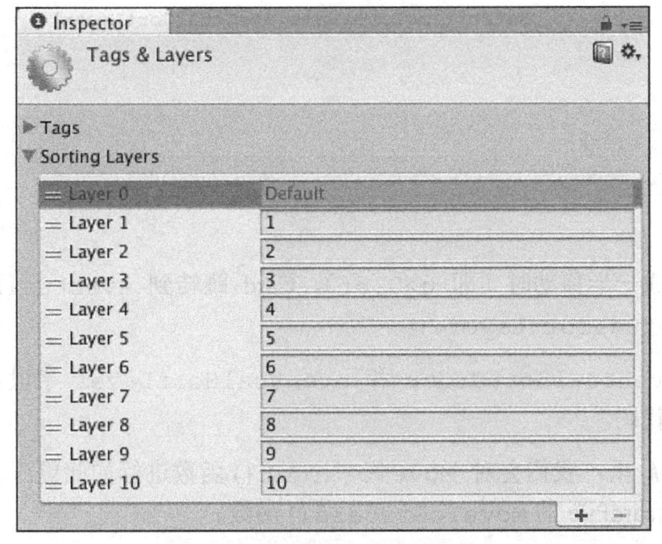

图 33-5　简单命名 *Bartok* 的排序层

3．完成后，将下面的粗体字代码添加到 CardBartok：

```
public class CardBartok : Card {
    …
    [Header("Set Dynamically")]
    …
    public float          timeStart, timeDuration;
    public int            eventualSortOrder;
    public string         eventualSortLayer;

    …

    void Update() {
        switch (state) {
                case CBState.toHand:
        case CBState.toTarget:
        case CBState.to:
            …
            } else {
                Vector3 pos = Utils.Bezier(uC, bezierPts);
                transform.localPosition = pos;
                Quaternion  rotQ = Utils.Bezier(uC, bezierRots);
                transform.rotation = rotQ;

                if (u>0.5f) {                                        // a
                    SpriteRenderer sRend = spriteRenderers[ 0 ];
                    if  (sRend.sortingOrder != eventualSortOrder) {
                        //跳转到正确的排序位置
                        SetSortOrder(eventualSortOrder);
                    }
                if (sRend.sortingLayerName != eventualSortLayer) {
                    //跳转到正确的排序层
```

```
                    SetSortingLayerName(eventualSortLayer);
                }

            }
            break;
        }
    }
}
```

a. 当完成一半移动时（即 u>0.5f），Card 跳转到 eventualSortOrder 和 eventualSortLayer。

由于存在 eventualSortOrder 和 eventualSortLayer 字段，需要使用它们遍历已经写好的代码。

4. 在 *Bartok* 里，我们会对 MoveToTarget()函数进行如此更改，并且添加一个移动目标牌到 discardPile 的 MoveToDiscard()函数。

```
public class Bartok : MonoBehaviour {
    …

    public CardBartok MoveToTarget(CardBartok tCB) {
        tCB.timeStart = 0;
        tCB.MoveTo(layout.discardPile.pos+Vector3.back);
        tCB.state = CBState.toTarget;
        tCB.faceUp = true;

        tCB.SetSortingLayerName("10");
        tCB.eventualSortLayer = layout.target.layerName;
        if (targetCard != null) {
            MoveToDiscard(targetCard);
        }
        targetCard = tCB;

        return(tCB);
    }
    public CardBartok MoveToDiscard(CardBartok tCB) {
        tCB.state = CBState.discard;
        discardPile.Add ( tCB );
        tCB.SetSortingLayerName(layout.discardPile.layerName);
        tCB.SetSortOrder( discardPile.Count*4 );
       tCB.transform.localPosition = layout.discardPile.pos + Vector3.back/2;

        return(tCB);
    }

    // Draw将从目标牌堆中抽取一张牌并返回
    public CardBartok  Draw() { … }
    …
}
```

5．在 Player 里需要对 AddCard()函数和 FanHand()函数做一些更改：

```
public class Player {
    …
    public CardBartok AddCard(CardBartok eCB) {
        …
        //如果这是一个真人玩家，使用 LINQ 对纸牌进行排序
        if (type == PlayerType.human) {
            …
        }

        eCB.SetSortingLayerName("10");    //此处排序将纸牌移动到顶部      // a
        eCB.eventualSortLayer = handSlotDef.layerName;

        FanHand();
        return( eCB );
    }


    //从手中移除纸牌
    public CardBartok  RemoveCard( CardBartok  cb) { … }

    public void FanHand() {
        …


            hand[i].faceUp = (type == PlayerType.human);

            //设置纸牌的 SortOrder，以便能正确重叠
            hand[i].eventualSortOrder = i*4;                      // b
            //hand[i].SetSortOrder(i*4);
        }
    }
}
```

a. 将移动纸牌的分类层设置为 10，使其在移动时高于其他卡片。基于本节步骤 3 添加到 CardBartok 的代码，移动一半时纸牌将跳转到它的 eventualSortLayer。

b. 注释掉此行（当前显示在后面代码行上）并替换。

6．请确保已经保存了对脚本的所有更改，返回 Unity，然后单击“播放”按钮。现在看到的纸牌分层应该好得多了。

处理轮转

在这个游戏中，玩家需要轮流出牌。首先为 Bartok 脚本添加记录出牌顺序的功能。

1．打开 Bartok 脚本并添加如下所示的粗体字代码。

```
using System.Collections;
using System.Collections.Generic;
```

```
using UnityEngine;

//此枚举包含一个游戏轮转的不同阶段
public enum TurnPhase {
    idle,
    pre,
    waiting,
    post,
    gameOver
}

public class Bartok : MonoBehaviour {
    static public Bartok S;
        static public Player CURRENT_PLAYER;                          // a

    …

    [Header("Set Dynamically")]
    …
    public CardBartok          targetCard;

    public TurnPhase           phase = TurnPhase.idle;
    private BartokLayout       layout;
    …

    public void DrawFirstTarget() {
        //在中间翻开目标牌
        CardBartok tCB = MoveToTarget( Draw () );
        //完成时，在此 Bartok 上设置 CardBartok，用来调用 CBCallback
        tCB.reportFinishTo = this.gameObject;                         // b
    }
    //最后一张牌开始处理时将使用此回调
        public void CBCallback(CardBartok cb) {                       // c
        //你有时希望就像这样调用报告方法
        Utils.tr("Bartok.CBCallback()",cb.name);                      // d

        StartGame(); //开始游戏
    }

    public void StartGame() {
        //真人玩家左边的玩家先出牌
        //players[0]是真人玩家
        PassTurn(1);                                                  // e
    }

    public void PassTurn(int num=-1) {                                // f
        //如果没有号码传入，就选择下一位玩家
        if (num == -1) {
            int ndx = players.IndexOf(CURRENT_PLAYER);
            num = (ndx+1)%4;
```

```
    }
    int lastPlayerNum = -1;
    if (CURRENT_PLAYER != null) {
        lastPlayerNum = CURRENT_PLAYER.playerNum;
    }
    CURRENT_PLAYER = players[num];
    phase = TurnPhase.pre;

    //CURRENT_PLAYER.TakeTurn();                                    // g

    //报告轮转传递
    Utils.tr("Bartok.PassTurn()","Old: "+lastPlayerNum,             // h
    ➥ "New: "+CURRENT_PLAYER.playerNum);                            // h
}

// ValidPlay 验证所选的纸牌可以放入弃牌堆
public bool ValidPlay(CardBartok cb) {
    //如果 rank 是相同的，它就是一个有效操作
    if (cb.rank == targetCard.rank) return(true);

    //如果 suit 是相同的，它就是一个有效操作
    if (cb.suit == targetCard.suit) {
        return(true);
    }

    //否则，返回 false
    return(false);
}

//生成新的目标牌
public  CardBartok MoveToTarget(CardBartok tCB) { … }
…

/*现在是注释掉该测试代码的好时机                                      // i
//此更新方法用于测试给玩家发牌
void Update() {
    if (Input.GetKeyDown(KeyCode.Alpha1)) {
        players[0].AddCard(Draw ());
    }
    if (Input.GetKeyDown(KeyCode.Alpha2)) {
        players[1].AddCard(Draw ());
    }

    if (Input.GetKeyDown(KeyCode.Alpha3)) {
        players[2].AddCard(Draw ());
    }
    if (Input.GetKeyDown(KeyCode.Alpha4)) {
        players[3].AddCard(Draw ());
    }
}
```

```
    */                                                                  // i
}
```

a. CURRENT_PLAYER 为静态字段，原因有两方面：游戏中始终只能有一个当前玩家，静态变量使得在后续章节中创建的 TurnLight 可以轻松访问它。

b. reportFinishTo 是 CardBartok 类中已经存的游戏对象变量。它将 CardBartok 的引用返回给当前 Bartok 实例的游戏对象（本例中是 _MainCamera）。如果不为 null，现有的 CardBartok 代码已经在 reportFinishTo 游戏对象上调用 SendMessage("CBCallback", this)。

c. 当移动到指定位置时（如刚才所述），CDCallback()方法会被第一目标纸牌调用。

d. 本行对 Utils.tr()的调用会向控制台报告 CBCallback()被调用。这是首次使用 static public Utils.tr()方法（tr 是“trace”的缩写）。此方法接收任意数量的参数（通过 params 关键字），用它们之间的选项卡连接，并将它们输出到控制台面板。它是导入到 Prospector 的 unitypackage 中添加到 Utils 类的元素之一。

   这里使用字符方法("Bartok:CBCallback()")和 CBCallback()游戏对象调用 tr()。

e. 游戏总是从真人玩家顺时针开始。因为真人玩家为 players[0]，传递到下一个 1 号玩家，激活 players[1]。

f. PassTurn()方法有一个可选参数，允许指定下一个玩家顺序。如果没有传入任何整型参数，num 默认值为-1，并且在执行四行代码之后，num 被分配给顺时针的下一个玩家。

g. 此行目前被注释掉，因为 Player 类还没有实现 TakeTurn()方法。这将作为下一章节的内容讲述。

h. 这两行实际上是一段话。可以通过一行或两行表示。因为第一行末尾没有分号（;），Unity 将两行作为一个语句读取。注意，第一行末尾的// h 也没有让 Unity 理解为多行。本例中，笔者在第二行开头使用➥继续符号。你不需要键入➥符号。

i. Update()方法最初用于测试，但这里不再需要它。可以通过在整个代码段前后添加/ *和*/将其注释掉。

2. 保存 Bartok 脚本，返回 Unity，然后单击“播放”按钮。应该能看到初始的发牌手，然后是一条控制台消息，显示如下信息：

Bartok:PassTurn()　Old: -1　New: 1

让场景折射光线

虽然前面练习中的 Bartok:PassTurn()控制台消息可以让玩家知道 Unity 运行时的轮次信息，但玩家将无法访问控制台。真人玩家必须知道即将轮到谁出牌。我们将通过高亮显示当前玩家背景的方式实现这一目的。

1. 在菜单栏中执行 GameObject > Light > Point Light 命令生成新的光。

2. 新建光，并命名为 TurnLight，并设置如下：

TurnLight (Point Light)	P:[0,0,-3]	R:[0,0,0]	S:[1,1,1]

正如你所见到的，这将在背景上折射出明显的光线。还需要添加代码，显示 CURRENT_PLAYER。

3. 在项目面板的__Scripts 文件夹中创建一个名为 TurnLight 的新脚本。

4. 在层级面板中将 TurnLight C#脚本附加到 TurnLight 游戏对象。

4. 打开 TurnLight 脚本，输入以下代码。

```
using UnityEngine;
using System.Collections;

public class TurnLight : MonoBehaviour {

    void Update () {
        transform.position =  Vector3.back* 3 ;                             // a

        if ( Bartok .CURRENT_PLAYER == null) {                              // b
            return ;
        }

        transform.position += Bartok .CURRENT_PLAYER.handSlotDef.pos;     // c
    }
}
```

a. 本行代码将灯光移动到板子中心（[0, 0, -3]）的默认位置。

b. 如果 Bartok.CURRENT_PLAYER 为 null，则完成。

c. 如果 Bartok.CURRENT_PLAYER 不为 null，仅将当前玩家位置添加到下方的移动灯光。

在本书的上一版本中，移动 TurnLight 的代码是 Bartok 类的一部分，但从那之后，笔者更倾向于基于组件的代码，其核心思想是将代码分离成更简、单更小的功能块。Bartok 脚本目前还不需要知道光的存在，所以在第 2 版中，笔者加入了光的自我管理。

6. 保存 TurnLight 脚本，返回 Unity，单击“播放”按钮。

此时会看到发牌的场景，然后 TurnLight 移动到左边的玩家手牌上，表示现在轮到那位玩家出牌。

简单的Bartok AI

现在，我们来让AI玩家轮流出牌。

1．打开 Bartok 脚本，并从前几页的“处理轮转”中查找代码列表中标记为// g的行。从该行开始删除注释斜线。此时该行应显示为：

```
CURRENT_PLAYER.TakeTurn ();                                    // g
```

2．保存Bartok脚本。

3．打开Player脚本并添加如下粗体字代码：

```
public class Player {
    …

    public void FanHand() {
        …
        Quaternion  rotQ;
        for (int i=0; i<hand.Count; i++) {
            …
            pos += handSlotDef.pos;
            pos.z = -0.5f*i;

            //如果它不是游戏最开始发的牌，下面一行代码确保纸牌立即开始移动
            if (Bartok.S.phase != TurnPhase.idle) {                   // a
                hand[i].timeStart = 0;
            }

            //设置手牌中第i张牌的位置和旋转
            hand[i].MoveTo(pos, rotQ);  //让CardBartok进行插值
            …
        }
    }

    // TakeTurn()函数启用计算机玩家的AI
    public void TakeTurn() {
        Utils.tr ("Player.TakeTurn");

        //如果这是真人玩家，不需要做任何事情
        if (type == PlayerType.human) return;

        Bartok.S.phase = TurnPhase.waiting;

        CardBartok cb;

        //如果这是AI玩家，需要选择出什么牌
        //找出有效的牌
        List<CardBartok> validCards = new List<CardBartok>();         // b
        foreach (CardBartok tCB in hand) {
            if (Bartok.S.ValidPlay(tCB)) {
                validCards.Add ( tCB );
```

```
            }
        }
        //如果没有有效牌
        if (validCards.Count == 0) {                              // c
            //抓一张牌
            cb = AddCard( Bartok.S.Draw () );
            cb.callbackPlayer = this;                             // e
            return;
        }

        //否则，如果有一张或多张可出的牌，选择一张
        cb = validCards[ Random.Range (0,validCards.Count) ];     // d
        RemoveCard(cb);
        Bartok.S.MoveToTarget(cb);
        cb.callbackPlayer = this;                                 // e

    }

    public void CBCallback(CardBartok tCB) {
        Utils.tr ("Player.CBCallback()",tCB.name,"Player "+playerNum);
        //此牌完成移动，传递轮转次序
        Bartok.S.PassTurn();
    }
}
```

a. 虽然希望纸牌在游戏开始的初始交易时以交错的方式移动。但不希望以后有任何延迟，所以本行代码确保使纸牌移动。

b. 这里 AI 查找有效回合。它在每张纸牌上调用 `ValidPlay()`，如果纸牌为有效回合，则将纸牌添加到 validCards 列表中。

c. 如果 validCards 数量为 0（即没有有效回合），那么 AI 绘制一张纸牌然后返回。

d. 如果要从中选择有效的纸牌，AI 随机选择一张并使之成为新的目标牌（即把它放在弃牌堆上）。

e. 在这两行中 `callbackPlayer` 是红色的，因为还没有为 CardBartok 添加公共变量 `callbackPlayer`。

4. 保存 Player 脚本。

上面添加的最后一个方法是个 `CBCallback` 函数，在处理移动任务时 CardBartok 会调用。然而，因为 Player 类没有扩展 MonoBehaviour，我们需要使用 `SendMessage()` 以外的方法完成。作为替代，我们将传递 CardBartok 引用给这个 Player 类，CardBartok 可以在 Player 实例上直接调用 `CBCallback()`。该 Player 引用将作为 `callbackPlayer` 字段存储在 CardBartok 上。

5. 打开 CardBartok 并添加如下代码。

```
public class CardBartok : Card {
    …
```

```
[Header("Set Dynamically")]
…
    public GameObject         reportFinishTo = null;
[System.NonSerialized]                                    // a
public Player                 callbackPlayer = null;      // b

// MoveTo 让纸牌插入到新位置并旋转
public void MoveTo(Vector3  ePos,  Quaternion  eRot) { … }
…

void Update() {
    switch (state) {
            case CBState.toHand:
    case CBState.toTarget:
    case CBState.to:
        …
        if  (u< 0 ) {
            …
        } else if (u>=1) {
            …

            if (reportFinishTo != null) {
                reportFinishTo.SendMessage("CBCallback", this);

                reportFinishTo = null;
            } else if (callbackPlayer != null) {          // c
                //如果此处有一个 Player 回调
                //就在 Player 上直接调用 CBCallback
                callbackPlayer.CBCallback(this);
                callbackPlayer = null;
            } else { //如果没有什么需要回调的，就让它保持静止
            }
        } else {
            …
        }
        break;
    }
}
}
```

a. 和[System.Serialized]一样，[System.NonSerialized]影响它后面的代码行。本例中，要求 callbackPlayer 变量不序列化，这意味两点：它不会出现在检视面板中，检视面板也不会给它赋值。本例中第二点最重要。请参见下面注释 c 的说明原因。

b. 完成定义 callbackPlayer 后，在 Player 脚本中它就不再显示为红色了。

c. 如果 callbackPlayer 不为空，则这里只调用 callbackPlayer.CBCallback()。这就是为什么 callbackPlayer 不能被序列化。如果允许检视面板序列化 callbackPlayer，它将为 callbackPlayer 创建一

个新的玩家实例，以便可以在检查面板中显示。换言之，如果 callbackPlayer 由检查面板序列化，在游戏开始之前它将被设置为 null 以外的值。生成非序列化的 callbackPlayer 防止一开始就发生这种情况。为了测试这一点，可以尝试注释掉[System.NonSerialized]并试玩游戏。此时会出现异常，因为 CardBartoks 试图在无效的玩家上调用检视面板创建的 CBCallback()。

6．保存 CardBartok 脚本并返回 Unity。

现在，运行该场景后，就可以看到其他三位玩家依次出牌了。

启用真人玩家

让真人玩家通过单击纸牌来操作出牌的时候到了。

1．将以下粗体字代码添加到 CardBartok 的末尾。

```
public class CardBartok : Card {
    …
    void update() {…}

    //让纸牌被单击时做出反应
    override public void OnMouseUpAsButton() {
        //在 Bartok 单人模式中调用 CardClicked 方法
        Bartok.S.CardClicked(this);                    // a
        //调用此方法的基本类（Card.cs）版本
        base.OnMouseUpAsButton();
    }
}
```

a．CardClicked 显示为红色，是因为还未将 CardClicked() 函数添加到 Bartok 类。

2．保存 CardBartok 脚本。

3．现在将 CardClicked() 方法添加到 Bartok 脚本的末尾。

```
public class Bartok : MonoBehaviour {
    …
    public CardBartok Draw() { … }

    public void CardClicked(CardBartok tCB) {
        if (CURRENT_PLAYER.type != PlayerType.human) return;          // a
        if (phase == TurnPhase.waiting) return;                        // b

        switch (tCB.state) {                                           // c
            case CBState.drawpile:                                     // d
                // 抓取顶部的牌，不一定是单击的那张牌
                CardBartok cb = CURRENT_PLAYER.AddCard( Draw() );
                cb.callbackPlayer = CURRENT_PLAYER;
                Utils.tr ("Bartok:CardClicked()","Draw",cb.name);
                phase = TurnPhase.waiting;
```

```
                break;

            case CBState.hand:                                          // e
                // 检查纸牌是否有效
                if (ValidPlay(tCB)) {
                    CURRENT_PLAYER.RemoveCard(tCB);
                    MoveToTarget(tCB);
                    tCB.callbackPlayer = CURRENT_PLAYER;
                    Utils.tr("Bartok:CardClicked()","Play",tCB.name,
                        ➥targetCard.name+" is target");                 // f
                    phase = TurnPhase.waiting;
                } else {
                    // 忽略，但记录玩家的操作
                    Utils.tr("Bartok:CardClicked()","Attempted to Play",
                        ➥tCB.name,targetCard.name+" is target");  // f
                }
                break;

        }
    }
}
```

a. 如果没有轮到真人玩家，不响应单击操作，返回即可。

b. 如果游戏正在等待一张纸牌移动，不响应。这样玩家必须等待游戏继续。

c. Switch 语句会根据这张牌是在手里还是在牌堆里被单击采取不同的动作。

d. 如果是牌堆里的牌被单击，则抓取顶部的牌。因为牌堆不是使用排序或其他方式排列的，因此抓取的牌不一定是被单击的那张牌。

e. 如果被单击的纸牌在玩家手上，则检查纸牌是否有效。如果有效，将牌放置到目标牌堆（弃牌堆）。如果无效，请忽略单击，但需要在控制台做记录。

f. 请记住，这里不需要键入连续字符➥。

4. 保存 Bartok 脚本，返回 Unity，单击“播放”按钮。

现在，这个游戏可以正常玩了。但是，当牌局结束时还无法结束游戏。仅需要稍作加工，这个原型就可以正确运行了！

处理空的目标牌堆

现在玩家和 AI 都可以玩了，玩家可以清空牌堆，有可能会让游戏死机。让我们添加一些代码让 *Bartok* 处理这个问题。将以下代码添加到 Bartok 类：

```
public class  Bartok : MonoBehaviour {
    …

  //Draw 函数将从目标牌堆中抽出一张牌并返回
  public CardBartok  Draw() {
      CardBartok  cd = drawPile[0 ];       //抽出 0 号 CardProspector

      if  (drawPile.Count == 0 ) {        //如果目标牌堆不为空
```

```
            //将弃牌堆洗牌并放入目标牌堆
            int ndx;
            while  (discardPile.Count >  0 ) {
                //从弃牌堆随机抽取一张牌
                ndx = Random .Range(0 , discardPile.Count);     // a
                drawPile.Add( discardPile[ndx] );
                discardPile.RemoveAt( ndx );
            }
            ArrangeDrawPile();
            //显示移动到目标牌堆的纸牌
            float  t = Time.time;
            foreach  ( CardBartok  tCB in  drawPile) {
                tCB.transform.localPosition = layout.discardPile.pos;
                tCB.callbackPlayer =  null;
                tCB.MoveTo(layout.drawPile.pos);
                tCB.timeStart = t;
                t +=  0.02f;
                tCB.state = CBState.toDrawpile;
                tCB.eventualSortLayer = "0" ;
            }
        }
        drawPile.RemoveAt( 0 );                     //从List<> drawPile移除
        return (cd);                                // 并返回
    }
    …
}
```

a. 使用 while 循环更容易从弃牌堆随机洗牌，而不是将弃牌堆从 List<CardBartok>列表转换为 List<Card>，这样就可以在弃牌堆上调用 Deck.Shuffle()。

添加游戏 UI

与《矿工接龙》类似，我们希望在玩家打完一局牌时能告知他游戏结束。为实现这一功能，需要创建一些 uGUI Text 变量。

1．在菜单栏中执行 GameObject > UI > Text 命令，以添加新的 Text 作为层级中 Canvas 的子元素。

2．将这个 Test 重命名为 GameOver，并将其设置为图 33-6 左图所示的设置。

3．通过选中该文本并在菜单栏中执行 Edit > Duplicate 命令，复制 GameOver。

4．重命名 GameOver (1)为 RoundResult，它们的设置如图 32-6 右图所示。通常，当编辑 Min 和 Max 值时，Unity 同时会更改 Pos X 和 Pos Y 值。可以通过单击 Rect Transform 中的“R”按钮限制这个操作，但是这样做后 Unity 会有点混乱。

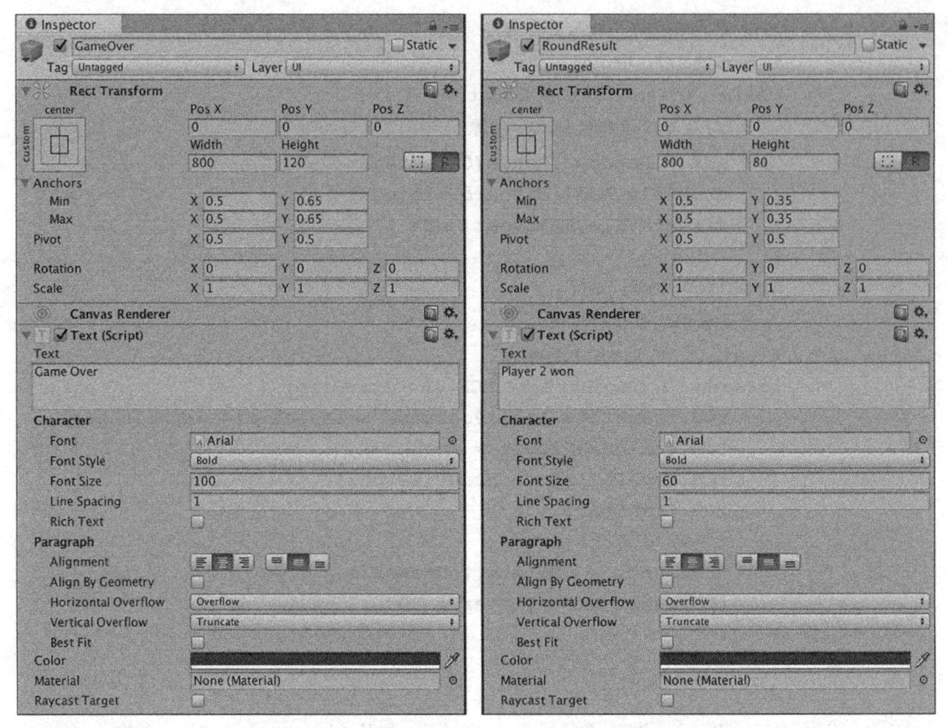

图 33-6　GameOver 和 RoundResult 的设置

和 TurnLight 一样，每一个 Text 都可以有自己的脚本，这样 *Bartok* 就不必担心会出现以上问题。

5．在项目面板的__Scripts 文件夹中创建一个名为 GameOverUI 的 C#脚本，并将其添加到层级面板中的 GameOver 游戏对象，代码如下：

```
using System.Collections;
using System.Collections.Generic;
using UnityEngine;
using UnityEngine.UI;                    //用于 uGUI 类，比如 Text

public class GameOverUI : MonoBehaviour {
    private Text     txt;

    void Awake() {
        txt = GetComponent<Text>();
        txt.text = "";
    }

    void Update () {
        if ( Bartok .S.phase != TurnPhase.gameOver) {
            txt.text = "";
            return ;
        }
        // 只有游戏结束时才会运行至此
        if ( Bartok .CURRENT_PLAYER == null) return ;                // a
```

```
            if  ( Bartok .CURRENT_PLAYER.type ==  PlayerType.human) {
                txt.text = "You won!";
            } else {
                txt.text = "Game Over" ;
            }
        }
}
```

a. Bartok.CURRENT_PLAYER 在游戏初始时不为 null，所以你需要适应这种情况。

6. 保存 GameOverUI 脚本。

7. 在项目面板的__Scripts 文件夹中创建一个名为 RoundResultUI 的 C#脚本，并添加到层级面板中的 RoundResult 游戏对象，代码如下：

```
using  System.Collections;
using  System.Collections.Generic;
using  UnityEngine;
using  UnityEngine.UI;                          //用于 uGUI 类，比如 Text

public class  RoundResultUI  : MonoBehaviour {
    private  Text     txt;

    void Awake() {
        txt = GetComponent<Text>();
        txt.text =  "";
    }

    void Update () {
        if  ( Bartok .S.phase != TurnPhase.gameOver) {
            txt.text = "";
            return ;
        }
        // 只有游戏结束时才会运行至此
Player cP = Bartok .CURRENT_PLAYER;
        if  (cP == null || cP.type == PlayerType.human)  {          // a
            txt.text = "";
        } else {
            txt.text = "Player "+(cP.playerNum)+ " won" ;
        }
    }
}
```

a. 记住||（逻辑 OR）是一个短函数，所以如果 cP 为 null，这行代码将永远不会访问 cP.type，也不会抛出 null 引用异常。

8. 保存 RoundResultUI 脚本。

游戏结束逻辑

既然已经使用 UI 显示游戏结束信息，那么下面让游戏真正能实现结束功能。

1．打开 Bartok 脚本并添加以下粗体字代码管理游戏结束功能。

```
public class Bartok : MonoBehaviour {
    …

    public void PassTurn(int num=-1) {
        …
        if (CURRENT_PLAYER != null) {
            lastPlayerNum = CURRENT_PLAYER.playerNum;
            //检查 Game Over，弃牌需要重新洗牌
            if ( CheckGameOver() ) {                              // a
                return;
            }
        }
        …
    }

        public bool CheckGameOver() {
        //判断是否需要将弃牌重新洗入牌堆中
        if (drawPile.Count == 0) {
            List<Card> cards = new List<Card>();
            foreach (CardBartok cb in discardPile) {
            cards.Add (cb);
        }
        discardPile.Clear();
        Deck.Shuffle( ref cards );
        drawPile = UpgradeCardsList(cards);
        ArrangeDrawPile();
    }

    //检查当前玩家是否取胜
    if (CURRENT_PLAYER.hand.Count == 0) {
        //当前玩家获胜!
        phase = TurnPhase.gameOver;
        Invoke("RestartGame", 1);      // b
        return(true);
    }
        return(false);
    }

    public void RestartGame() {
        CURRENT_PLAYER = null;
        SceneManager.LoadScene ("__Bartok_Scene_0");
    }

    // ValidPlay 用于检查弃牌堆中纸牌选择功能
        public bool ValidPlay(CardBartok  cb) { … }
        …
}
```

a．如果游戏结束，玩家在转身前返回。这使 CURRENT_PLAYER 被设置为获胜的玩家，并且可以被 GameOverUI 和 RoundResultUI 读取出来。

b．在 1 秒内激活 `RestartGame()`，在重新启动游戏之前显示几秒钟结果。

2．保存 Bartok 脚本，返回 Unity，单击“播放”按钮。

现在游戏能够正常运行了，牌局结束时游戏就会结束，也会正确重启。

33.4　构建 WebGL

下面让我们制作一个可发布的版本。这些操作用于 WebGL，但和独立编译很相似。构建 iOS 或 Android 涉及更多的步骤。

1．在菜单栏中执行 File > Build Settings 命令。这是本章开头使用过的窗口。

2．在 Build Settings 窗口单击“Player Settings”按钮。将在检视面板中打开 PlayerSettings 窗口。如果是编译 WebGL，那么 PlayerSettings 窗口应该如图 33-7 所示。

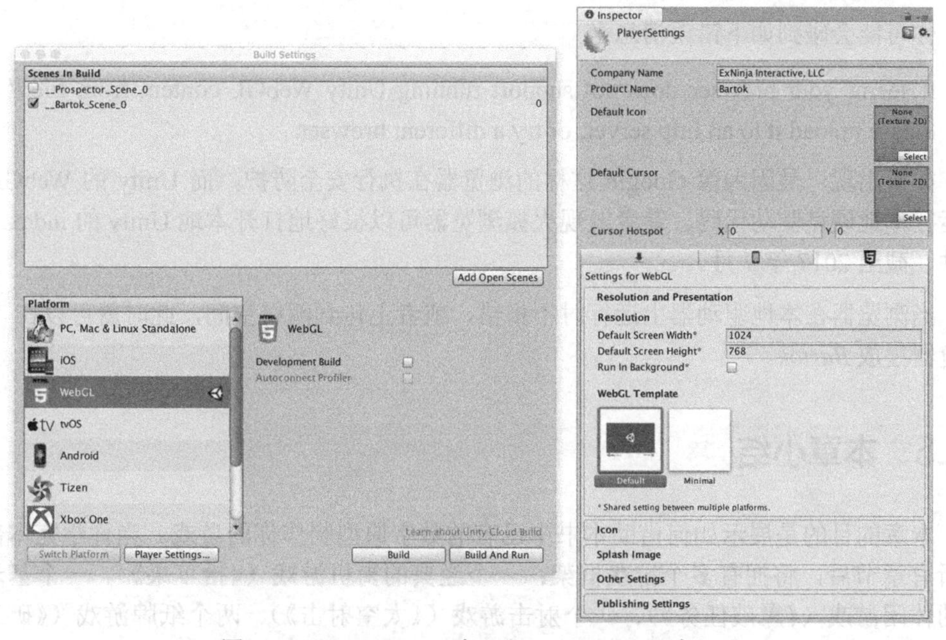

图 33-7　Build Settings 窗口和 PlayerSettings 窗口

3．单击 PlayerSettings 窗口中的 Resolution 和 Presentation 选项卡，如图 33-7 所示设置 Default Screen Width（默认屏幕宽度）为 1024 像素，Default Screen Height（默认屏幕高度）为 768 像素。

4．随意设置 Company Name 和 Product Name。所有其他 PlayerSettings 也应该设置好。保存场景。

5．返回到 Build Settings 窗口（如果已关闭，在菜单栏中执行 File > Build Settings 命令再次打开它），然后单击“Build”按钮。

6．出现一个标准文件保存对话框，要求选择文件夹名称和 WebGL 编译位置。这是一个文件夹，建议将它保存在桌面上，以便很容易地找到（默认位置位于 Unity 的项目文件夹内，但笔者不认为这是最好的位置）。

7. 在 Save As 界面中输入文件夹名。对于编译 WebGL，重要的是不要在文件夹名称中出现任何空格。在某些机器上，如果在名称有空格的文件夹中运行文件，JavaScript（WebGL）会崩溃（这也是不建议将它放在 Unity 项目文件夹中的另一个原因，它或它上面的任何文件夹的名字都可能含有空格）。试试 Bartok_WebGL 这个名字。

8. 单击“保存”按钮，等待一段时间。有时编译 WebGL 需要几分钟，在极少数情况下，可能需要多达 30 分钟或更长时间。但是，如果进度条停留超过一个小时，应该取消（有时 WebGL 编译进程会崩溃）。在笔者的 i7 MacBook Pro 上编译 *Bartok* 花了大约 5 分钟。

9. 查找并打开桌面上的 Bartok_WebGL 文件夹。打开文件夹并尝试双击 index.html 文件。

你可能会碰到如下错误消息：

It seems your browser does not support running Unity WebGL content from file:// urls. Please upload it to an http server, or try a different browser.

如果出现，是因为像 Google 这样的浏览器在执行安全防护，而 Unity 的 WebGL 不会运行本地硬盘驱动代码。笔者发现火狐浏览器可以很好地打开本地 Unity 的 index.html 文件（截至 2017 年 7 月）。

当浏览器在本地驱动器上运行时不报错，或者上传到网络空间，此时就可以在 Web 浏览器播放 *Bartok*。

33.5 本章小结

本章的目的是展示如何借助本书中已有的数字原型制作你的游戏。当你学完本部分的所有章节后，将拥有多个游戏框架：一个经典的街机游戏（《拾苹果》）、一个基于物理的休闲游戏（《爆破任务》）、一个射击游戏（《太空射击》）、两个纸牌游戏（《矿工接龙》与 *Bartok*）、一个 *Word Game*（文字游戏）、一个纵版冒险游戏（*Dungeon Delver*）。作为原型，这些都不是完整的游戏，但其中任何一个都可以成为你开发新游戏的基础。

后续工作

在真实的经典 *Bartok* 纸牌游戏中，每一轮的获胜者可以增加附加游戏规则，这对于本章的电子游戏是不可能的。但是，你可以通过编写代码在游戏中添加任意规则，就像在本书第 1 章中所提到的一样。

你可以在第 33 章的配套 Unity 项目中找到扩充版 *Bartok*，包括第 1 章提到的所有可选的规则。对于尝试为自己的游戏添加规则，这应该是一个很好的起点。

第 34 章

游戏原型 6：*Word Game*

本章将介绍如何创建一个简单的文字游戏。创建此游戏涉及前面已学过的几个概念，并且会接触到协程（Coroutine）的概念。

学完本章，你会获得一个简单的、可自行扩展的文字游戏。

34.1 准备工作：原型 6

像往常一样，本章从导入一个 Unity 资源包开始，该资源包包含一些属性和在之前章节中创建的一些 C#脚本。

本章项目设置

按照标准的项目创建流程，在 Unity 中创建一个新项目。如果你需要复习创建项目的标准流程，请参阅本书附录 A。在创建项目时，需要选择默认为 2D 还是 3D，在本项目中应该选择 3D。

本项目需要从 unitypackage 导入基本场景，因此你不需要建立_MainCamera。

- **项目名称**：Word Game
- **下载并导入资源包**：访问本书网络，从 Chapter 34 页面下载
- **场景名称**：__WordGame_Scene_0（从 Unity 资源包中导入）
- **项目文件夹**：__Scripts，_Prefabs，Materials & Textures，Resources
- **C#脚本名称**：导入到 ProtoTools 文件夹的脚本

打开场景__WordGame_Scene_0，其中已有一个为游戏设置好的_MainCamera。而且，一些在前面的章节中创建的可复用 C#脚本都已经放入__Scripts/ProtoTools 文件夹中，与本项目中即将创建的新脚本区分开。这很有用，每次笔者只需将 ProtoTools 文件夹的副本放入某个新项目的__Scripts 文件夹，就“整装待发”了。

在编译设置中，确保将选项设置为 PC, Mac, & Linux Standalone，将 Game 面板的长宽比设置为 Standalone (1024 像素×768 像素)。如果你愿意，也可以编译 WebGL 或移动端版本，但本章对这方面的内容不进行介绍。

34.2　关于 *Word Game*

这是一个经典类型的文字游戏。这种游戏的商业案例包括 Pogo.com 出品的 *Word Whomp*，Branium 出品的 *Jumbline 2*，Words and Maps 出品的 *Pressed for Words* 以及其他许多游戏。玩家需要用特定字母（通常是 6 个字母）拼写出至少一个单词，并且任务是找出所有可以用这些字母拼写的单词。本章的游戏包含一些流畅的动画（使用贝济埃插值）和得分模式，鼓励玩家在找出那些短单词之前先找出长单词。本章所创建的游戏画面如图 34-1 所示。

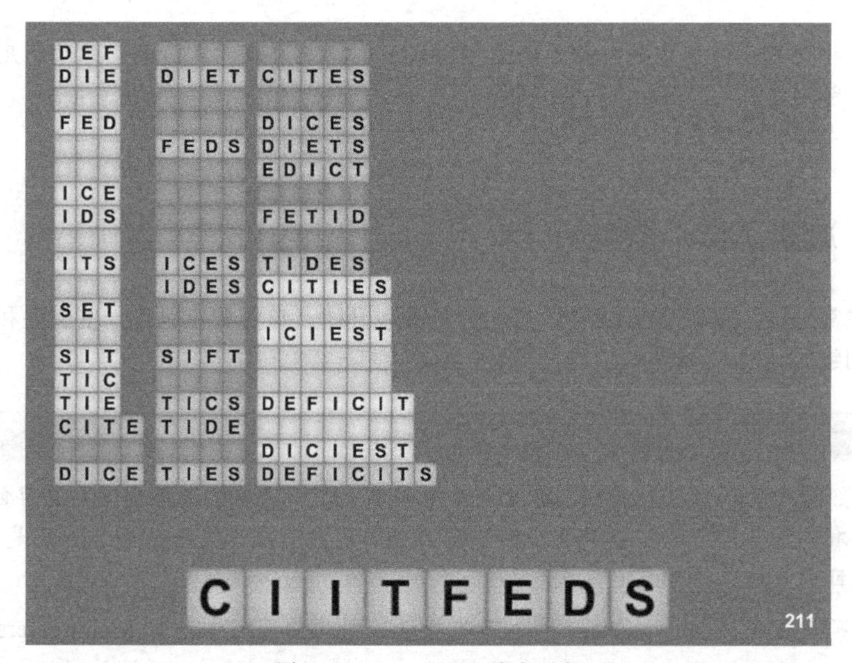

图 34-1　*Word Game* 游戏画布

通过图 34-1 可以看到，每个单词被拆分为单个字母，并且有两种尺寸的字母：屏幕底端是大的字母，其上方是稍小的字母。由于是面向对象，我们将创建一个处理单个字母的 Letter 类和收集单词的 Word 类。我们还会创建一个 WordList 类读取包含可用单词的大字典，并将其转化为可用的游戏数据。这个游戏将由 WordGame 类控制，并且之前原型里的 Scoreboard 和 FloatingScore 类可用于显示玩家得分。此外，Utils 类将用于插值和缓动。PT_XMLReader 类随项目被导入，但并不使用。该脚本留在 Unity 资源包中的作用是鼓励玩家构建自己的有用脚本集合，这些脚本可用于导入任何新建项目，以帮助你快速起步（就像本书项目中用到的 ProtoTools 文件夹）。建议随时将创建的任何有用脚本添加到此集合，并在开始创建每一个新游戏原型时，把导入此合集作为第一项工作。

34.3 解析 Word List

本游戏使用 2of12inf 单词列表[1]（Alan Beale 创建）的改进版，其已经删除了一些不文明词语，并对其余部分也进行了适当修订。欢迎使用这个单词列表，只需遵守 Alan Beale 和 Kevin Atkinson 的版权声明即可。笔者还对单词列表进行了修改，将所有字母转为大写形式，并把行结束符从“`\r\n`”（一个回车符和一个换行符，这是标准的 Windows 文本文件格式）改为“`\n`”（只是一个换行符，标准的 macOS 文本格式）。这样做是因为通过换行符便于将文件拆分成单个单词，并且在 Windows 上也可以与在 macOS 上一样运行。

在本游戏中需要删除不文明词语。在 *Scrabble* 或 *Letterpress* 之类的游戏中，玩家会得到一组字母图块，并可以用这些字母自行选择拼写哪些单词。如果本游戏也和那些游戏一样，我们将不能删除单词列表中的任何单词。在这类游戏中，玩家被要求拼写出列表中的每一个单词，该列表来自给玩家提供的所有字母能够组成的集合。这意味着游戏可能会迫使玩家拼写出一些不文明词语。在本游戏中，选择单词的决定权已经从玩家转移到计算机，而且强迫玩家拼写不文明词语会让人感觉不舒服。当然，在超过 75000 个单词的列表中，笔者也可能存在疏漏。

要读取单词列表文件，我们需要将其文本内容放入一个大的字符串中，并将该字符串拼写到保存单个字母的数组（用“`\n`”分隔原始字母）。完成后，需要逐个分析每个单词并决定是否把它添加到游戏字典中（基于它的长度）。逐字分析这些词可能需要一些执行时间，相比在某帧上暂停游戏等待这个过程完成，创建一个协程（协同程序）处理多个帧中的进程更加合适（参见“协程的应用”专栏）。

协程的应用

协程可以在执行过程中暂停让其他函数更新。它具有 Unity C#特性，允许开发人员控制代码中重复的任务或用于处理大量任务。在本章中，你将通过一个协程程序从 2of12inf 单词列表解析所有 75000 个单词，并学习其原理。

协程是通过对 `StartCoroutine()` 的调用进行初始化的，该调用只能在 MonoBehaviour 的扩展类中实现。以这种方式启动之后，协程执行，直到遇到 `yield` 语句。`yield` 告诉协程暂停一定时间，并允许在暂停期间执行其他代码。当暂停时间过去后，协程继续执行 `yield` 语句下一行代码。这意味着在协程中可以有一个无限 `while(true) {}`循环，只要在 `while` 循环中有 `yield` 语句存在，就不会暂停游戏。在这个游戏中，协程 `ParseLines()` 每 10000 次生成一次它解析的单词。

---

1. `Alan Beale` 已将其所有单词列表向公共领域发布。使用、复制、修改、分发和销售 `AGID` 数据库、相关的脚本和用脚本创建的作品，以及用于任何目的的参考资料，都由 `Kevin Atkinson` 免费授予相关权限，仅要求版权声明出现在所有副本中，并且该版权声明和许可信息都显示在支持文档中。对于任何目的使用，`Kevin Atkinson` 不对此数组的适用性作任何陈述，只是按“原样”提供且无明确或暗示的担保。

> 如果你有一台性能强劲的计算机，那么本章案例中的协程并非必要。但是，当你针对移动设备（或配有低配置处理器的其他设备）进行开发时，这就显得尤为重要。在旧款 iPhone 上解析同样的单词列表可能会耗时 10 到 20 秒，因此在解析过程中设置中断很重要，这样 App 可以处理其他任务，从而避免出现停止响应的情况。
>
> 查阅 Unity 参考文档可以了解更多关于协程的信息。

1. 在__Scripts 文件夹中创建一个新 C#脚本，命名为 WordList，并输入以下代码。

```
using System.Collections;
using System.Collections.Generic;
using UnityEngine;

public class WordList : MonoBehaviour {
    public static WordList S;                                          // a

    [Header( "Set in Inspector")]
    public TextAsset        wordListText;
    public int              numToParseBeforeYield = 10000;
    public int              wordLengthMin = 3;
    public int              wordLengthMax = 7;

    [Header( "Set Dynamically")]
    public int              currLine = 0;
    public int              totalLines;
    public int              longWordCount;
    public int              wordCount;

    //私有变量
    private string[]        lines;                                     // b
    private List<string>    longWords;
    private List<string>    words;

    void Awake() {
        S = this;           //建立单例模式
    }

    void Start () {
        lines = wordListText.text.Split('\n');                         // c
        totalLines = lines.Length;

        StartCoroutine( ParseLines() );                                // d
    }

    //
    public IEnumerator ParseLines() {                                  // e
        string word;
        //初始化列表，保存最长的单词和所有有效单词
        longWords = new List<string>();                                // f
        words = new List<string>();
```

```
        for (currLine = 0; currLine < totalLines; currLine++) {      // g
            word = lines[currLine];

            //如果该单词和wordLengthMax一样长
            if (word.Length == wordLengthMax) {
                longWords.Add(word); // 将其保存在longWords中
            }

            //如果单词的长度介于wordLengthMin和wordLengthMax之间
            if ( word.Length>=wordLengthMin && word.Length<=wordLengthMax )
{

                words.Add(word);      // 将其添加到有效单词列表中
            }

            //确定协程是否yield
            if (currLine % numToParseBeforeYield == 0) {              // h
                //统计每个列表中的单词，显示解析进展
                longWordCount = longWords.Count;
                wordCount = words.Count;
                //该yield将执行到下一帧
                yield return null;                                    // i

                //该yield将暂停此方法的运行，在此等待其他代码的运行
                //以后会从该点继续运行到下一个for循环遍历
            }
        }
        longWordCount = longWords.Count;
         wordCount = words.Count;
    }

    //这些方法允许其他类访问私有List <string>                           // j
    public List<string> Get_Words() {
        return(S.words);
    }

    public string Get_Word(int ndx) {
        return(S.words[ndx] );
    }

    public List<string> Get_Long_Words() {
        return(S.longWords );
    }

    public string Get_Long_Word(int ndx) {
        return(S.longWords[ndx] );
    }

    static public int WORD_COUNT {
        get { return S.wordCount; }
    }
```

```
    static public int LONG_WORD_COUNT {
        get { return S.longWordCount; }
    }

    static public int NUM_TO_PARSE_BEFORE_YIELD {
        get { return S.numToParseBeforeYield; }
    }

    static public int WORD_LENGTH_MIN {
        get { return S.wordLengthMin; }
    }

    static public int WORD_LENGTH_MAX {
        get { return S.wordLengthMax; }
    }
}
```

a. 这是私有的单例（因为它是私有的，所以不再是单例程序了）。将单例 *S* 设置为私有可以确保只有 WordList 类的实例可以查看它，保护它免受其他代码的影响。该私有单例用于`// j`行中的访问器。

b. 由于这些变量是私有的，因此它们不会出现在检视面板中。由于这些变量包含很多数据，如要在检视面板中显示它们，会大幅拖慢回放速度，因此必须限制这些私有变量，只有 WordList 类的实例可以访问它们，并在最后使公共访问器函数允许该实例外部的代码访问它们。

c. 通过换行符拆分 `wordListText` 文本，用列表中的所有单词创建一个大规模、已填充的 string []。

d. 这将启动协程 `ParseLines()`。具体参见“协程的应用”专栏。

e. 所有协程以 `IEnumerator` 作为返回类型。这样能够让 `yield` 方法运行并允许其他方法运行，直到返回协程。这对于加载大文件或解析大量数据的进程是非常重要的（就像我们本章面对的情况）。

f. 字符串数组 `lines` 将被分成两个列表：`longWords` 用于组成 `wordLengthMax` 单词的所有字符，`words` 用于 `wordLengthMin` 和 `wordLengthMax`（包含）之间的字符。例如，如果 `wordLengthMin` 为 3 个字符，`wordLengthMax` 为 6 个字符，则单词 DESIGN 用 `longWords` 表示，而 DIE、DICE、GAME、BOARD 和 DESIGN 则用 `words` 表示。这里解析整个列表，使玩家只需要等待一次，然后就可以用许多不同的单词连续玩多个回合。

g. `for` 循环遍历 `lines` 中所有 75000 个条目。每次遇到 `numToParseBeforeYield` 单词，`yield` 语句将暂停此 `for` 循环并允许其他代码运行。然后，在下一帧中，执行返回到 `for` 循环执行的下一行 `numToParseBeforeYield` 代码。

h. 确定协程是否 yield。使用取模函数（%）每 10000 条记录 yield 一次（也可以通过 `numToParseBeforeYield` 进行其他设置）。

i. 因为 `yield` 语句返回 `null`，因此协程 yield 直到下一帧。可以使用 `yield return new WaitForSeconds(1);`语句让协程 yield 特定的时长，在继续运行协程之前至少等待 1 秒（注意协程 yield 时间很合理，但不精确）。这也意味着在协程中可以设置定时重复任务，而不是使用 `InvokeRepeating()`方法。

j. 在`//i` 行下面的 4 个方法是静态公有 accessors，用于私有变量 `words` 和 `longWords`。游戏中任何地方的代码都可以调用 `WordList.GET_WORD(10)`获取此单例实例中私有 `words` 数组的第 10 个单词。此外，最后几个访问器是只读静态公有属性，显示访问私有变量 WordList 的另一种方法。按照惯例，静态的变量和方法通常用 ALL_CAPS_SNAKE_CASE 命名。

2. 代码编写完成并保存后，切换回 Unity。

3. 将 WordList 的 C#脚本附加到_MainCamera。

4. 然后在层级面板中选择_MainCamera，并在检视面板中将 WordList(Script)组件的 `wordListText` 变量设置为文件 2of12inf，可以在 Project 面板的 Resources 文件夹中找到该文件。

5. 设置完成后，单击“播放”按钮。

我们可以看到 `currLine`、`longWordCount` 和 `wordCount` 将按 10000 秒逐步计数。发生这样的情况是因为协程 `ParseLines()`每次 yield，数字都在更新。

如果在检视面板中将 `numToParseBeforeYield` 改为 100，这些数字的增加将相当缓慢，因为在协程中每 100 个单词 yield 一次。然而，如果将它更改为 100000，这些数字将只更新一次，因为列表中的单词少于 10 万个。如果你有兴趣了解每次通过 `ParseLines()`协程要花费多少时间，试试使用性能分析器（Unity Profiler），详情可参阅下面的介绍。

Unity 的性能分析器

Unity 的性能分析器（Unity Profiler）是进行游戏性能优化的最强大的工具之一，并且是 Unity 中众多可使用的免费工具之一。对于游戏的每一帧，性能分析器收集并统计各环节花费的时长、每个 C#函数、调用的图形引擎、处理用户输入等。通过在这个项目上运行性能分析器，可以充分了解它是如何工作的。

1. 首先，确保 WordList 代码工作正常。

2. 接下来，在同组的 Scene 面板中添加一个 Profiler 面板。这样，确保可以同时查看 Game 面板和 Profiler 面板。若要添加 Profiler 面板，在当前 Scene 面板中单击顶部的“弹出式菜单”按钮，然后执行 Add Tab > Profiler 命令，如图 34-2 所示。

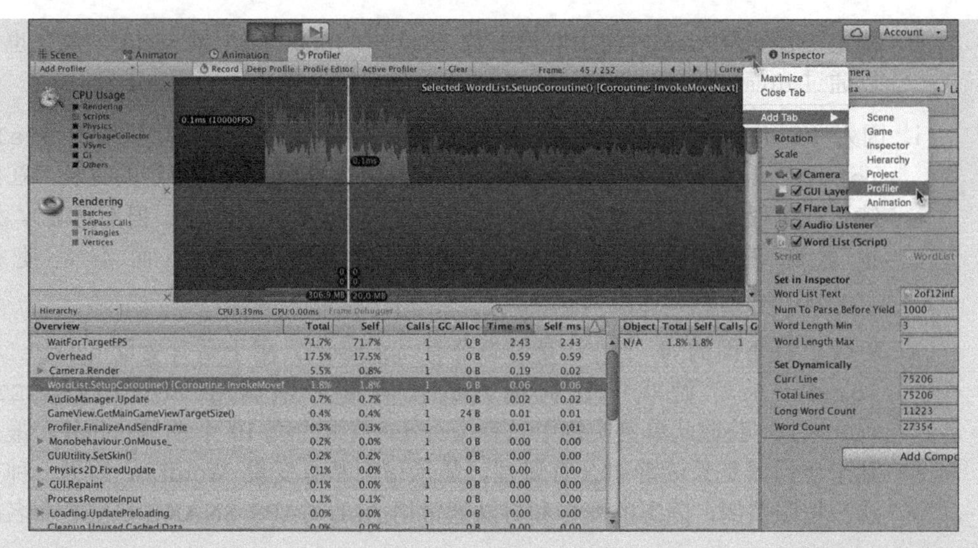

图 34-2　Profiler 面板

3. 要在运行中查看性能分析器，首先单击 Unity 窗口顶部的“暂停”按钮，然后单击“播放”按钮。这样，Unity 做好了运行游戏的准备，并在第一帧开始前暂停。再次单击“暂停”按钮，将会看到一张曲线图出现在性能分析器中，在曲线完全达到屏幕的左侧之前再次暂停游戏。

随着游戏的暂停，性能分析器将停止绘图并且保持在最后一帧的状态。在 CPU Usage 旁边的曲线图上，每种颜色分别代表着 CPU（计算机的主处理器）资源被用于某一方面。在后面的帧中，如果运行在一台高性能的计算机上，可以看到图表的大部分是黄色的。黄色代表 Unity 将时间花在了 VSync 上（也就是说，等待屏幕准备显示另外一帧），这阻碍了我们去了解到底有多少时间用在了脚本上（浅蓝色显示），所以要把它隐藏。

4. 在性能分析器的左边，CPU Usage 下面有多个小色框，分别代表不同的 CPU 当前进程。若想关闭 Scripts 框（蓝色）之外的所有显示，单击 Scripts 以外选项的彩色框。这样将显示如图 34-2 所示的蓝色曲线图。

5. 现在，按下鼠标左键并沿着蓝色曲线图拖动，会看到一根白色线条跟随着鼠标光标移动。这根白色线条代表图表中的单个帧。随着线条的移动，性能分析器下半部分显示的文字将随之更新，以显示在该帧中每个函数或后台进程所占用的处理时间是多少。我们感兴趣的是 WordList.SetupCoroutine()[Coroutine:InvokeMoveNext] 协程，它只在前几帧运行，所以不会在图表的右边看到相关数据。在曲线图的开始部分可以看到一个脚本活动的高峰，如图 33-2 所示，这代表 `ParseLines()` 协程所占用的时长。

6. 在 Profiler 面板顶部和底部之间的分隔条上有一个搜索区域，在此区域中键入 ParseLines 以搜索 WordList:ParseLines 方法。此方法只在前几个帧中运行，所以不会在图表的右侧看到它。但是，你应该在图的开始处看到一点脚本活动，如图 34-2 所示。

7. 用长钉将白色线条移到图表，两个 WordList. ParseLines()列出现在图表的数据区域。在图表下方搜索栏单击 WordList.ParseLines()[Coroutine:MoveNext]，图表中所对应的部分将高亮显示，而其他部分则相对变暗。单击 Profiler 面板右上角的“左右箭头”按钮，可以向前或向后逐帧查看在每一帧中 `ParseLines()`占用的 CPU 资源。在本案例的分析中，笔者设置 `numToParseBeforeYield` 为 1000，可看到在前面的几帧中，每帧的 CPU 时间被占用了近 6.7%（所用计算机类型与处理器速度不同，具体数值会有所不同）。

除了脚本分析，性能分析器还可以协助你探明游戏中绘图或者物理模拟的哪部分占用了最多的时间。如果你曾经在游戏中遇到过帧速率的问题，可以用性能分析器看看发生了什么（在进行分析时，要把 CPU 的所有其他类型图示重新启用，即再次单击本例在前面取消选中的所有颜色框，方便隔离 CPU Usage 下的脚本）。

如果想要看看不同的性能分析器图表，可以尝试在本书第 19 章的 Hello World 项目上运行性能分析器。我们在 Hello World 中可以看到，花费在物理方面的时间比脚本更多（关闭图表的 VSync 显示，可以更清楚地查看）。

通过 Unity 参考资料可以了解更多性能分析器的相关信息。

完成后记得将 `numToParseBeforeYield` 设置回 10,000。

34.4　创建游戏

我们将创建一个 WordGame 类管理游戏，在此之前，需要对 WordList 进行一系列的调整。首先，我们需要做的不是在 `Start()`中开始解析单词，而是等待 `Init()`方法被另一个类调用。其次，当解析完成时，需要让 WordList 通知后面的 WordGame 脚本。为实现这一点，我们让 WordList 使用 `SendMessage()`命令发送一条消息给_MainCamera 游戏对象。这条信息将由 WordGame 进行解析。

1. 在 WordList 中，将 `void Start()`方法的名字更改为 `public void Init()`，并将下面的粗体字代码，包括 `static public void INIT()`函数和 `ParseLines` 方法末尾代码添加到 WordList 中。

```
public class WordList : MonoBehaviour {
    …

    void Awake() { … }

    public void Init() {        //该行替换"void Start()"

        lines = wordListText.text.Split('\n');
        totalLines = lines.Length;

        StartCoroutine( ParseLines() );
    }
```

```
    static public void  INIT () {                                   // a
        S.Init();
    }

    //所有协程的返回类型为 IEnumerator
    public IEnumerator ParseLines() {
        …
        for (currLine = 0; currLine < totalLines; currLine++) {
            …
        }
        longWordCount = longWords.Count;
        wordCount = words.Count;

        //发送一条消息到游戏对象，告知解析已完成
        gameObject.SendMessage("WordListParseComplete");            // b
    }

    // 这些方法允许其他类访问私有 List<string>s
        static public  List< string > GET_WORDS() { … }
    …
}
```

a. INIT()方法为公有的静态变量，意味着 WordGame 类可以访问它。

b. 在 GameObject_MainCamera 上执行 SendMessage()命令（因为 WordList 是 _MainCamera 的一个脚本组件）。此命令将调用 WordListParseComplete()方法，附加在游戏对象的任何脚本上（即_MainCamera）。

2．现在，在__Scripts 文件夹中创建一个 WordGame C#脚本并将其添加到_MainCamera 作为脚本组件。输入以下代码，充分利用对 WordList 所做的修改。

```
using System.Collections;
using System.Collections.Generic;
using UnityEngine;
using System.Linq;                          //即将使用 LINQ

public enum GameMode {
    preGame,        //游戏开始之前
    loading,        //正在加载和解析单词列表
    makeLevel,      //创建单个 WordLevel
    levelPrep,      //实例化等级图示
    inLevel         //等级在提高
}

public class WordGame : MonoBehaviour {
    static public WordGame     S;  //单例模式

    [Header( "Set Dynamically")]
    public GameMode        mode = GameMode.preGame;
```

```
    void Awake() {
        S = this;    //分配单例模式
    }

    void Start () {
        mode = GameMode.loading;
        //调用 WordList 的静态 Init()方法
        WordList. Init();
    }

    //由 WordList 中的 SendMessage()命令调用
    public void WordListParseComplete() {
        mode = GameMode.makeLevel;
    }

}
```

3. 在层级面板中选择_MainCamera，并且在检视面板中查看 WordGame (Script) 组件。单击“播放”按钮，会看到状态字段值开始从 `preGame` 变为 `loading`。然后，当所有的单词都被解析之后，它会从 `loading` 变为 `makeLevel`。这说明工作一切正常。

使用 WordLevel 类创建等级

现在从 WordList 中取出单词并且将它们分级。Level 类将包含如下内容：

- 基于单词长度的等级（如果 `maxWordLength` 为 6，代表是一个 6 字母单词，其字母将被重组为其他单词）。
- 该词的索引号在 WordList 数组的 `longWords` 中。
- 等级编号 `int levelNum`。在本章中，每次游戏开始时我们都会选择一个随机单词。[2]
- 一个关于单词每个字母以及使用次数的 `Dictionary<,>`。所有 Dictionary 与 List 都是 System.Collections.Generic 的一部分。
- 一个 `List<>`，包含上述 Dictionary 中的字符可以组成的所有其他单词。

`Dictionary<,>`是包含一系列关键值对的泛型集合类型，在第 23 章中介绍了值对。在每一等级中，`Dictionary<,>`将使用字符关键字和 int 值存储长词中每个字符使用次数的信息。例如，以下是长词 MISSISSIPPI 的显示形式：

```
Dictionary<char,int> charDict = new Dictionary<char,int>();
charDict.Add('M',1);  // MISSISSIPPI 有 1 个 M
charDict.Add('I',4);  // MISSISSIPPI 有 4 个 I
charDict.Add('S',4);  // MISSISSIPPI 有 4 个 S
```

---

2. 如果需要，可以在 `WordGame.Awake()`方法中调用 `Random.InitState(1)`，将 `Random` 的初始随机数种子设置为 1，只要使用 `Random` 选择等级，等级 8 总是同一个词。在本章的“后续工作”小节中，还有一种方法可以解决这个问题。

```
charDict.Add('P',2); // MISSISSIPPI有2个P
```

WordLevel 也包含两个有效的静态方法：

- MakeCharDict()：使用任意字符串填充 charDict。
- CheckWordInLevelt()：查看是否可以在 WordLevel charDict 中使用字符拼写单词。

1. 在__Scripts 文件夹中创建一个新 C#脚本，命名为 WordLevel，输入以下代码。请注意，WordLevel 不会扩展 MonoBehaviour，所以它不是一个可以附加到游戏对象作为脚本组件的类，而且也不能调用 StartCoroutine()、SendMessage()或其他 Unity 专用函数。

```
using System.Collections;
using System.Collections.Generic;
using UnityEngine;

[System.Serializable]           //在 Inspector 中可查看 WordLevels
public class WordLevel {        // WordLevel 不会扩展 MonoBehaviour
    public int                  levelNum;
    public int                  longWordIndex;
    public string                   word;
    //包含单词中所有字母的 Dictionary<,>
    public Dictionary<char,int>     charDict;
    //所有单词都可以用 charDict 中的字母拼写
    public List<string>             subWords;

    //一个计算字符串中字符实例数的静态函数
    //返回包含此信息的 Dictionary<char,int>
    static public Dictionary<char,int> MakeCharDict(string w) {
        Dictionary<char,int> dict = new Dictionary<char, int>();
        char c;
        for (int i=0; i<w.Length; i++) {
            c = w[i];
            if (dict.ContainsKey(c)) {
                dict[c]++;
            } else {
                dict.Add (c,1);
            }

        }
        return(dict);
    }

    //此静态方法查看是否可以用 level.charDict 中的字符拼写该单词
    public static bool CheckWordInLevel(string str, WordLevel level) {
        Dictionary<char,int> counts = new Dictionary<char, int>();
        for (int i=0; i<str.Length; i++) {
            char c = str[i];
            //如果 charDict 包含 char c
```

```
            if (level.charDict.ContainsKey(c)) {
                //如果计数时没有将 char c 作为关键字
                if (!counts.ContainsKey(c)) {
                    //…添加一个新的密钥值 1
                    counts.Add (c,1);
                } else {
                    //否则，将 1 添加到当前值
                    counts[c]++;
                }
                //如果在 str 中，字符 c 的实例比 level.charDict 中可用的多
                if (counts[c] > level.charDict[c]) {
                    // …返回 false
                    return(false);
                }
            } else {
                // char c 不在 level.word 中，所以返回 false
                return(false);
            }
        }
        return(true);
    }
}
```

2．接下来，为了使用 WordLevel 类，修改 WordGame，注意加粗显示的代码。

```
public class WordGame : MonoBehaviour {

    static public WordGame      S; // 单例

    [Header("Set Dynamically")]
    public GameMode             mode = GameMode.preGame;
    public WordLevel            currLevel;

    …

        public void WordListParseComplete() {
        mode = GameMode.makeLevel;
        //设定级别并分配给 currLevel，即当前 WordLevel
        currLevel = MakeWordLevel();
    }


    public WordLevel MakeWordLevel(int levelNum = -1) {           // a
        WordLevel level = new WordLevel();
        if (levelNum == -1) {
            //选择一个随机级别
            level.longWordIndex = Random.Range(0,WordList. LONG_WORD_COUNT);
        } else {
            //可在以后添加
        }
        level.levelNum = levelNum;
```

```
        level.word = WordList. GET_LONG_WORD (level.longWordIndex);
        level.charDict = WordLevel.MakeCharDict(level.word);

        StartCoroutine( FindSubWordsCoroutine(level) );              // b

        return( level );                                             // c
    }

    //此协程查找该级别中可以拼写出的单词
    public IEnumerator FindSubWordsCoroutine(WordLevel level) {
        level.subWords = new List<string>();
        string str;

        List<string> words = WordList. GET_WORDS ();                 // d

        //遍历 WordList 中的所有单词
        for (int i=0; i<WordList. WORD_COUNT; i++) {
            str = words[i];
            //检查是否可以使用 level.charDict 拼写每一个单词
            if (WordLevel.CheckWordInLevel(str, level)) {
                level.subWords.Add(str);
            }
            //如果已分析此帧中的大量词语, Yield
            if (i%WordList. NUM_TO_PARSE_BEFORE_YIELD == 0) {
                // Yield, 直到下一帧
                yield return null;
            }
        }

        level.subWords.Sort ();                                      // e

        level.subWords = SortWordsByLength(level.subWords).ToList();

        //协程完成, 调用 SubWordSearchComplete()
        SubWordSearchComplete();
    }

    //使用 LINQ 将接收的数组排序并返回一个副本                          // f
    public static IEnumerable<string> SortWordsByLength(IEnumerable<string> ws)
{
        ws = ws.OrderBy(s => s.Length);
        return ws;
    }

    public void SubWordSearchComplete() {
        mode = GameMode.levelPrep;

    }
}
```

a. 默认值为-1，此方法获得随机单词的级别。

b．调用协程检查 WordList 中的所有单词，查看是否每个单词都可用 `level.charDict` 中的字符拼写。

c．协程完成之前返回 WordLevel 的 `level` 代码体，协程完成时 `SubWordSearchComplete()` 也被调用。

d．由于 List<string>通过引用传递，所以非常快（因此，C#不需要复制 WordList 的 `List<string> words`，只返回引用）。

e．这两行对 `WordLevel.subWords` 中的单词进行排序。`List<string>.Sort()` 按字母顺序对单词进行排序（因为这是 List<string>的默认值）。然后，调用自定义 `SortWordsByLength()` 方法将单词按照每个单词中的字符进行排序。这些按字母顺序排序的单词长度相同。

f. 这个客户化的排序函数使用 LINQ 将接收的数组排序并返回一个副本。本函数中的 LINQ 语法不同于常规的 C#，同时也超出本书的范围。可以通过在线搜索“C#LINQ”获取更多信息。

以上代码创建了级别，选择一个目标单词，并使用由目标单词的字母拼写的 `subWords` 填充。保存脚本，返回 Unity 并单击“播放”按钮，可以看到在 _MainCamera 的 WordGame(Script)检视面板中填充的 `currLevel` 字段。

3．保存场景！如果一直没有保存场景，你需要提醒自己经常保存。

34.5　屏幕布局

现在已创建了级别的数据表示法，该制作屏幕上的视觉效果了，包括用于拼写单词的大个字母和单词的常规字母。首先，需要创建一个 PrefabLetter 用来实例化每个字母。

制作 PrefabLetter

按照以下步骤制作 PrefabLetter：

1．在菜单栏中执行 GameObject > 3D Object > Quad 命令，将新建四边形，然后重命名为 PrefabLetter。

2．在菜单栏中执行 Assets > Create > Material 命令，命名该材料为 LetterMat，并将其放在 Materials & Textures 文件夹中。

3．在层级面板中拖动 LetterMat 到 PrefabLetter 上进行分配。单击 PrefabLetter，将 LetterMat 的着色器（Shader）设置为 Unlit > Transparent。

4．选择 Rounded Rect 256 作为 LetterMat 材料的纹理（可能需要单击 PrefabLetter 检视面板中 LetterMat 区域旁的三角符号）。

5．在层级面板中双击 PrefabLetter，会看到一个漂亮的圆角矩形。如果没有看到，将 Camera 绕到另一边。参见下面的 Backface Culling 专栏了解为何四边形只从一面可见，而另一面不可见。执行 ProtoTools > UnlitAlpha 命令，这样 LetterMat 的阴影使得四边形的另一面也可见。

Backface Culling

Backface Culling 是一种渲染优化，多边形只有从正确的方向才能被渲染。当渲染像球体这样的东西时，这种方法效果很好。当观察球体时，形成球体表面的多边形的一半是面向观察者的，而另一半（球体远侧的那些）则面向另一边。计算机科学家们意识到，他们只需要渲染面向观察者的一面，而不需要整个渲染。背向观察者的那一面不需要渲染。如果观察者看向背面，则从渲染中剔除背面。因此，术语为 Backface Culling。

Unity 中的四边形仅由形成一个正方形的两个三角形组成，两面朝同一个方向。当在 Unity 中从后面观察四边形时，这些四边形通常被剔除，并且未被渲染。

Unity 中有一些着色器不使用 Backface Culling，包括在本章和第 31 章中使用的 ProtoTools UnlitAlpha 着色器。

6. 在层级面板中右击 PrefabLetter，在弹出的菜单中执行 3D Object > 3D Text 命令。这将创建一个新的文本游戏对象，使其成为 PrefabLetter 的一个子类。

7. 将新建的文本子游戏对象重命名为 3D Text（3D 后有一个空格）。

8. 在层级面板中选择 3D Text 并设置其参数，如图 34-3 所示。如果 W 没有排列在中间位置，你可能不小心在 W 后的文本框中按了 Tab 键（写本书时笔者是这么做的）。

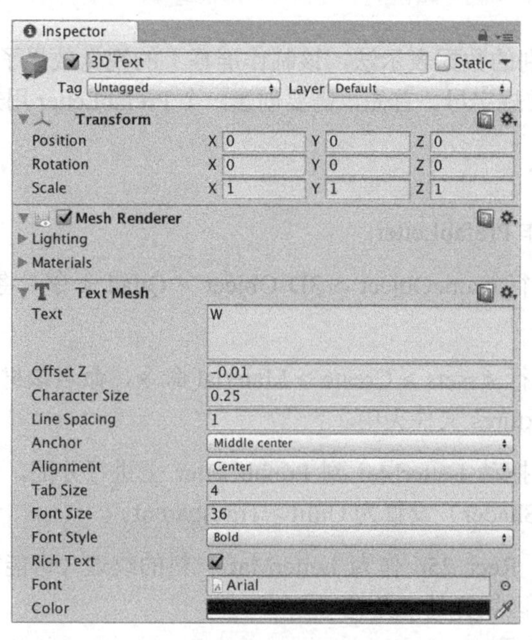

图 34-3 3D Text 和子类 PrefabLetter 的 Inspector 设置

9. 将 Prebletter 从层级面板中拖动到 Project 面板的_Prefabs 文件夹，然后从层级面板中删除剩余的 Prebletter 实例。保存场景。

Letter C#脚本

PrefabLetter 将使用自己的 C#脚本设置字符的显示、颜色以及其他属性。

1．创建一个新的 C#脚本，命名为 Letter，放入__Scripts 文件夹，并将其添加到 PrefabLetter。

2．在 MonoDevelop 中将其打开，输入以下代码：

```
using System.Collections;
using System.Collections.Generic;
using UnityEngine;

public class Letter : MonoBehaviour {


    [Header("Set Dynamically")]
    public TextMesh        tMesh;    // TextMesh 显示的字符
    public Renderer        tRend;    // 3D Text 的 Renderer，决定该字符是否可见
    public bool            big = false; //大写字母有不同的操作

    private char           _c;       //该 Letter 显示的字符
    private  Renderer      rend;

    void Awake() {
        tMesh = GetComponentInChildren<TextMesh>();
        tRend = tMesh. GetComponent<Renderer >();
        rend = GetComponent<Renderer >();
        visible = false;
    }

    //用于获取或设置_c 以及 3D Text 显示的字母
    public char c {
        get { return( _c ); }
        set {
            _c = value;
            tMesh.text = _c.ToString();
        }
    }

    //获取或设置_c 为一个字符串
    public string str {
        get { return( _c.ToString() ); }
        set { c = value[0]; }
    }
    //启用或禁用 3D Text 渲染，分别会导致 char 可见或不可见
    public bool visible {
        get { return( tRend.enabled ); }
```

```
        set { tRend.enabled = value; }
    }

    //获取或设置圆角矩形的颜色
    public Color color {
        get { return(rend.material.color); }
        set { renderer.material.color = value; }
    }

    //设置该 Letter 游戏对象的位置
    public Vector3 pos {
        set {
            transform.position = value;
            // 后面继续添加代码
        }
    }
}
```

变量设置完成后，该类通过几个属性（具有 get{}与 set{}的字段）执行各种操作。举个例子，WordGame 去设置一个 Letter 中的 char c，就不必操心如何转换为字符串并通过 3D Text 显示出来。这种在一个类中进行封装的功能是面向对象编程的核心。请注意如果 get{}或 set{}语句只做声明，笔者通常用一行代码完成。

Wyrd 类：Letters 集合

Wyrd 类将作为 Letters 的集合，其名称中使用了字母 y，以区别于本书代码和文本中经常出现的单词 word。Wyrd 是另一个类，不能扩展 MonoBehaviour，也不能添加到 GameObject,，但它可以包含到 GameObjects 中的类列表。

1. 在__Scripts 文件夹中创建一个新的 C#脚本并命名为 Wyrd。
2. 在 MonoDevelop 中打开 Wyrd 并输入以下代码：

```
using System.Collections;
using System.Collections.Generic;
using UnityEngine;

public class Wyrd {                          // Wyrd 不扩展 MonoBehaviour
    public string           str;    //该词的字符串表示
    public List<Letter> letters = new List<Letter>();
    public bool         found = false;   //如果玩家找到该词，返回 True

    //设置 3D Text 中每个 Letter 的可见属性
    public bool visible {
        get {
            if (letters.Count == 0) return(false);
            return(letters[0].visible);
        }
        set {
            foreach( Letter l in letters) {
```

```
                l.visible = value;
            }
        }
    }

    //设置每个Letter圆角矩形的颜色属性
    public Color color {
        get {
            if (letters.Count == 0) return(Color.black);
            return(letters[0].color);
        }
        set {
            foreach( Letter l in letters) {
                l.color = value;
            }
        }
    }

    //添加一个Letter到letters
    public void Add(Letter l) {
        letters.Add(l);
        str += l.c.ToString();
    }

}
```

WordGame.Layout()方法

Layout()函数将在游戏中生成Wyrd和Letter，玩家可使用大写字母拼写层级单词(参见图34-1中底部的灰色大字母)。我们将从小字母开始，对于原型的这一阶段，会使字母在开始就可见，而不是像最终版本那样隐藏它们。

1. 将下面的代码添加到WordGame：

```
public class WordGame : MonoBehaviour {
    static public WordGame    S; // 单例模式

    [Header("Set in Inspector")]
    public GameObject       prefabLetter;
    public Rect             wordArea = new Rect(-24,19,48,28);
    public float            letterSize = 1.5f;
    public bool             showAllWyrds = true;

    [Header("Set in Inspector")]
    public GameMode         mode = GameMode.preGame;
    public WordLevel        currLevel;
    public List<Wyrd>       wyrds;

    void  Awake() {
        S = this; //分配单例
        letterAnchor = new GameObject( "LetterAnchor").transform;
```

```
    bigLetterAnchor =  new GameObject( "BigLetterAnchor").transform;
}

...

public void SubWordSearchComplete() {
    mode = GameMode.levelPrep;
    Layout();     //在 WordSearch 之后调用 Layout()函数
}

void Layout() {
    //将 currLevel 的每个字单词（subword）的字母放置在屏幕上
    wyrds = new List<Wyrd>();

    //声明在该方法中将使用的众多变量
    GameObject   go;
    Letter       lett;
    string       word;
    Vector3      pos;
    float        left = 0;
    float        columnWidth = 3;
    char         c;
    Color        col;
    Wyrd         wyrd;

    //确定屏幕上适合显示多少行字母
    int numRows = Mathf.RoundToInt(wordArea.height/letterSize);

    //生成每个 level.subWord 的 Wyrd
    for (int i=0; i<currLevel.subWords.Count; i++) {
        wyrd = new Wyrd();
        word = currLevel.subWords[i];

        //如果该词长度超过 columnWidth，就扩展
        columnWidth = Mathf.Max( columnWidth, word.Length );

        //为单词中的每个字母实例化 PrefabLetter
        for (int j=0; j<word.Length; j++) {
            c = word[j]; //抓取单词中的第 j 个字母
            go = Instantiate<GameObject>( prefabLetter );
            go.transform.SetParent( letterAnchor );
            lett = go.GetComponent<Letter>();
            lett.c = c;  //设置 Letter 的 c 值
            // Letter 的位置
            pos = new Vector3(wordArea.x+left+j*letterSize, wordArea.y, 0);
            //此处的 %将多列进行排队
            pos.y -= (i%numRows)*letterSize;
            lett.pos = pos;  //后面将扩展本行代码
            go.transform.localScale = Vector3.one*letterSize;
```

```
                wyrd.Add(lett);
            }

            if (showAllWyrds) wyrd.visible = true;
            wyrds.Add(wyrd);

            //如果已经到达 numRows(th)行，开始新的一列
            if (i%numRows == numRows-1) {
                left += (columnWidth+0.5f)*letterSize;
            }
        }
    }
}
```

2．在单击“播放”按钮之前，需要在 Project 面板中为_MainCamera 中的 WordGame (Script)组件的 `prefabLetter` 字段指定 PrefabLetter 预设项。完成该操作之后，单击播放按钮，会看到一个单词列表显示在屏幕上，游戏当前状态示例如图 34-4 所示。[3]

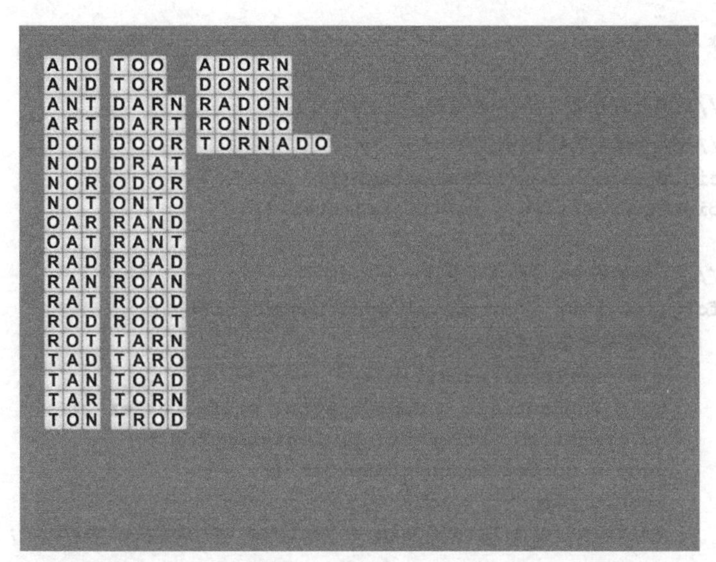

图 34-4　游戏当前状态示例：TORNADO 一词的级别

在底部添加大字母

接下来，我们需要在 `Layout()` 中将大字母放在屏幕的底部。

1．添加以下代码：

```
public class WordGame : MonoBehaviour {
    static public WordGame    S;  // 单例
    [Header("Set in Inspector")]
```

3．当保存这些脚本并返回 Unity 时，将在脚本中看到两个关于未使用变量的黄色警告（col 和 bigLetterAnchor）。别担心，我们马上就处理。

```
…
public bool             showAllWyrds = true;
public float            bigLetterSize = 4f;
public Color            bigColorDim = new Color(0.8f, 0.8f, 0.8f);
public Color            bigColorSelected = new Color( 1f, 0.9f, 0.7f );
public Vector3          bigLetterCenter = new Vector3(0, -16, 0);

[Header("Set Dynamically")]
…
    public List<Wyrd>     wyrds;
public List<Letter>     bigLetters;
public List<Letter>     bigLettersActive;
…

void Layout() {
    …

    //每个 level.subWord 生成一个 Wyrd
    for (int i=0; i<currLevel.subWords.Count; i++) {
        …
    }

    //放置大写字母
    //为大字母实例化 List<>
    bigLetters = new List<Letter>();
    bigLettersActive = new List<Letter>();

    //在目标单词中为每个字母创建一个大写字母
    for (int i=0; i<currLevel.word.Length; i++) {
        //类似于普通字母的处理
        c = currLevel.word[i];
        go = Instantiate < GameObject>( prefabLetter );
        go.transform.SetParent( bigLetterAnchor );
        lett = go.GetComponent<Letter>();
        lett.c = c;
        go.transform.localScale = Vector3.one*bigLetterSize;

        //设置大写字母的初始位置
        pos = new Vector3( 0, -100, 0 );
        lett.pos = pos;        //后面会扩充本行代码

        col = bigColorDim;
        lett.color = col;
        lett.visible = true; //对于大写字母，该值通常为 true
        lett.big = true;
        bigLetters.Add(lett);
    }
    //大写字母洗牌
    bigLetters = ShuffleLetters(bigLetters);
```

```
        //将它们排列在屏幕上
        ArrangeBigLetters();

        //设置为游戏内置模式
        mode = GameMode.inLevel;
    }

    //随机重排 List<Letter>, 返回结果
    List<Letter> ShuffleLetters(List<Letter> letts) {
        List<Letter> newL = new List<Letter>();
        int ndx;
        while(letts.Count > 0) {
            ndx = Random.Range(0,letts.Count);
            newL.Add(letts[ndx]);
            letts.RemoveAt(ndx);
        }
        return(newL);
    }

    //排序屏幕上的大写字母
    void ArrangeBigLetters() {
        // halfWidth 使大写字母居中对齐
        float halfWidth = ( (float) bigLetters.Count )/2f-0.5f;
        Vector3 pos;
        for (int i=0; i<bigLetters.Count; i++) {
            pos = bigLetterCenter;
            pos.x += (i-halfWidth)*bigLetterSize;
            bigLetters[i].pos = pos;
        }
        // bigLettersActive
        halfWidth = ( (float) bigLettersActive.Count )/2f-0.5f;
        for (int i=0; i<bigLettersActive.Count; i++)  {
            pos = bigLetterCenter;
            pos.x += (i-halfWidth)*bigLetterSize;
            pos.y += bigLetterSize*1.25f;
            bigLettersActive[i].pos = pos;
        }
    }

}
```

2. 现在，除了屏幕上方的字母，屏幕下方也能看到大写字母了，而且是目标单词各字母的乱序模式。下面将在游戏中添加一些交互元素。

34.6 添加交互

在本章的游戏中，我们希望玩家根据屏幕上显示的可用大写字母，通过键盘输入单词，然后按下回车键提交。玩家也可以按下 Backspace/Delete 键删除已输入的最后一个

字母，或者按空格键重新排列剩余未选中的字母。

当玩家按下回车键时，把输入的单词与 WordLevel 中的可选单词进行比较，如果玩家输入的单词在 WordLevel 中，即可获得分数，该词中的每个字母获得 1 分。此外，如果输入的这个单词包含 WordLevel 中的任意小单词，每个符合要求的单词还会为玩家赚取加倍的得分。继续完成前面提到的 TORNADO 示例，如果一个玩家输入 TORNADO 作为第一个单词并且按下回车键，将会获得总共 36 分，如下所示：

TORNADO	7×1 分	1 分/字母×1（第 1 个单词）= 7 分
TORN	4×2 分	1 分/字母×2（第 2 个单词）= 8 分
TOR	3×3 分	1 分/字母×3（第 3 个单词）= 9 分
ADO	3×4 分	1 分/字母×4（第 4 个单词）= 12 分
	总共 36 分	

WordGame 中所有这些交互将由 `Update()` 函数处理，并且基于 `Input.inputString` 字符串用于接收当前帧的所有键盘输入。

1. 在 WordGame 中添加 `Update()` 方法和支撑方法。

```
public class WordGame : MonoBehaviour {
    …

    [Header("Set Dynamically")]
    …
    public List<Letter>         bigLettersActive;
    public string               testWord;
    private string              upperCase = "ABCDEFGHIJKLMNOPQRSTUVWXYZ";

    …

    void ArrangeBigLetters() { … }

    void Update() {
        //声明一些有用的局部变量
        Letter ltr;
        char c;

        switch (mode) {
        case GameMode.inLevel:
            //遍历玩家在此帧输入的每个字符
            foreach (char cIt in Input.inputString) {
                //将 cIt 转换为大写字母
                c = System.Char.ToUpperInvariant(cIt);

                //检查以确认是否是大写字母
                if (upperCase.Contains(c)) {  //任意大写字母
                    //根据该字符在 bigLetters 中查找可用的 Letter
```

```
                ltr= FindNextLetterByChar(c);
                //如果有Letter返回
                if (ltr != null) {
                    //则添加一个字符到testWord
                    //将返回的big Letter移动到bigLettersActive
                    testWord += c.ToString();
                    //将其从非活动列表移动到活动列表
                    bigLettersActive.Add(ltr);
                    bigLetters.Remove(ltr);
                    ltr.color = bigColorSelected; //设为激活状态颜色
                    ArrangeBigLetters(); //重排big Letters
                }
            }
            if (c == '\b') { //Backspace键
                //删除bigLettersActive的末尾Letter
                if (bigLettersActive.Count == 0) return;
                if (testWord.Length > 1) {
                    //清除testWord的末尾字符
                    testWord = testWord.Substring(0,testWord.Length-1);
                } else {
                    testWord = "";
                }

                ltr = bigLettersActive[bigLettersActive.Count-1];
                    //将其从活动列表移动到非活动列表

                bigLettersActive.Remove(ltr);
                bigLetters.Add (ltr);
                ltr .color = bigColorDim;     //设置为非激活状态颜色
                ArrangeBigLetters();        //重排big Letters
            }

            if (c == '\n' || c == '\r') { //回车键 macOS/Windows
                //依据WordLevel中的单词检测testWord
                CheckWord();
            }

            if (c == ' ') {  //空格键
                //重排big Letters
                bigLetters = ShuffleLetters(bigLetters);
                ArrangeBigLetters();
            }
        }

        break;
    }

}
```

```
//在 bigLetters 中根据 char c 查找可用 Letter
//如果没有任何可用的就返回 null
Letter FindNextLetterByChar(char c) {
    //在 bigLetters 中搜索每个 Letter
    foreach (Letter ltr in bigLetters) {
        //如有与 c 相同的字符
        if (ltr.c == c) {
            // 则返回它
            return(ltr);
        }
    }
    //否则，返回 null
    return( null );
}

public void CheckWord() {
    //根据 level.subWords 检测 testWord
    string subWord;
    bool foundTestWord = false;

    //创建一个 List<int>，存放包含在 testWord 里的其他 subWords 索引
    List<int> containedWords = new List<int>();

    //在 currLevel.subWords 中遍历每个单词
    for (int i=0; i<currLevel.subWords.Count; i++) {

        //确认是否已找到 WYRD
        if (wyrds[i].found) {                          // a
            continue;
        }

        subWord = currLevel.subWords[i];
        //确认此 subWord 是 testWord 还是包含在其中
        if (string.Equals(testWord, subWord)) {        // b
            HighlightWyrd(i);
            foundTestWord = true;
        } else if (testWord.Contains(subWord)) {
            containedWords.Add(i);
        }
    }

    if (foundTestWord) {
        //如果在 subWords 里找到检测单词，则高亮显示 testWord 中的其他单词
        int numContained = containedWords.Count;
        int ndx;
        //倒序高亮显示单词
        for (int i=0; i<containedWords.Count; i++) {
            ndx = numContained-i-1;
```

```
                HighlightWyrd( containedWords[ndx] );
            }
        }

        //清除活动big Letters，不论testWord是否有效
        ClearBigLettersActive();
    }

    //高亮显示Wyrd
    void HighlightWyrd(int ndx) {
        //激活subWord
        wyrds[ndx].found = true;  //告知它已被找到
        //减弱其颜色
        wyrds[ndx].color = (wyrds[ndx].color+Color.white)/2f;
        wyrds[ndx].visible = true;    //使其3D Text可见
    }

    //删除bigLettersActive中的所有Letter
    void ClearBigLettersActive() {
        testWord = "";                  //清除testWord
        foreach (Letter ltr in bigLettersActive) {
            bigLetters.Add(ltr);        //将每个Letter添加到bigLetters
            ltr.color = bigColorDim;  //将其设置为非活动状态的颜色
        }
        bigLettersActive.Clear();       //清除List<>
        ArrangeBigLetters();            //重排屏幕上的Letter
    }
}
```

a. 如果屏幕上的第 *i* 个 Wyrd 已被找到，继续并跳过此次遍历的其他部分。由于屏幕上的Wyrd和`subWords List`中的单词顺序相同，所以可行。

b. 确认`subWord`是不是`testWord`，如果是则高亮显示`subWord`。如果不是`testWord`，确认`testWord`是否包含这个`subWord`（例如SAND包含AND），如果是则将其添加到`containedWords`列表。

2. 保存WordGame脚本，返回Unity。

3. 在_MainCamera组件的WordGame(Script)的检视面板中，将`showAllWyrds`设置为false。然后，单击“播放”按钮。

现在你有了一个能够运行的游戏以及一个随机等级。可以用键盘玩游戏了。

34.7 添加计分

由于Scoreboard和FloatingScore的代码已经编写完成并已导入项目，所以在游戏中加入计分功能十分简单。

1．在菜单栏中执行 GameObject > UI > Canvas 命令，为 UI Text 变量创建一个可用的画布。

2．从 Project 面板的_Prefab 文件夹中将 Scoreboard 拖动到层级面板的画布上。

3．双击 Scoreboard 游戏对象 Scoreboard(Script)组件的 `prefabFloatingScore` 变量，会将其设置为_Prefabs 文件夹的 PrefabFloatingScore 预设（如果想要了解它们是如何工作的，请查阅本书第 32 章）。

4．在__Scripts 文件夹中创建一个新的脚本，命名为 ScoreManager，并添加到 Scoreboard。

5．在 MonoDevelop 中打开 ScoreManager 并输入以下代码：

```
using  System.Collections;
using  System.Collections.Generic;
using  UnityEngine;
using  UnityEngine.UI;

public class WordGame : MonoBehaviour {

    static private ScoreManager  S;    // 另一个私有单例

    [Header("Set in Inspector")]
    public List<float>           scoreFontSizes = new List<float> {36, 64, 64, 1 };
    public Vector3               scoreMidPoint = new Vector3(1,1,0);
    public float                 scoreTravelTime = 3f;
    public float                 scoreComboDelay = 0.5f;

    private  RectTransform      rectTrans;

    void Awake() {
        S = this;
        rectTrans = GetComponent<RectTransform >();
    }

    // 该方法允许 ScoreManager.SCORE()可在任何地方被调用
        static public void  SCORE( Wyrd wyrd,  int combo) {
            S.Score(wyrd, combo);
        }

    //添加到该单词的得分
    // int combo 是该词的组合数目
    void Score(Wyrd wyrd, int combo) {
        //为 FloatingScore 创建一个贝济埃曲线点 List<>
        List<Vector2> pts = new List<Vector2>();

        //在 wyrd 中获取第一个 Letter 的位置
        Vector3 pt = wyrd.letters[0].transform.position;        // a
        pt = Camera.main.WorldToViewportPoint(pt);
```

```
        //制作pt的第一个贝济埃曲线点
        pts.Add(pt);                                          // b

        //添加第二个贝济埃曲线点
        pts.Add( scoreMidPoint );

        //制作Scoreboard的最后一个贝济埃曲线点
        pts.Add(rectTrans.anchorMax);

        //设置Floating Score值
        int value = wyrd.letters.Count * combo;
        FloatingScore fs = Scoreboard.S.CreateFloatingScore(value, pts);

        fs.timeDuration = scoreTravelTime;
        fs.timeStart =  Time.time + combo * scoreComboDelay;
        fs.fontSizes = scoreFontSizes;

        // InOut Easing双倍效果
        fs.easingCurve = Easing.InOut+Easing.InOut;

        //使FloatingScore文本的显示类似“3x2”
        string txt = wyrd.letters.Count.ToString();
        if (combo > 1) {
            txt += " x "+combo;
        }
        fs. GetComponent< Text>().text = txt;
    }
}
```

a. 我们想让 FloatingScore 的起始位置直接在 wyrd 之上。首先获取 3D，即 wyrd 第 0 个字母的世界坐标。在下一行中，使用_MainCamera 将其从 3D 世界坐标转换为 ViewportPoints。ViewportPoints 在 *X* 和 *Y* 坐标中，范围从 0 到 1，指示点与屏幕的相关宽度和高度，并用于 UI 坐标。

b. 当 Vector3 `pt` 被添加到 List<Vector2> `pts` 时，*Z* 坐标被删除。

6. 保存 ScoreManager 脚本。

7. 打开 WordGame 脚本，为 `CheckWord()` 函数添加以下分数代码：

```
public class WordGame : MonoBehaviour {
    …

    public void CheckWord() {
        …
        for  (int  i= 0 ; i<currLevel.subWords.Count; i++) {
            …
            //确认subWord是否为testWord或包括在内
            if (string .Equals(testWord, subWord)) {
                HighlightWyrd(i);
```

```
                ScoreManager.SCORE( wyrds[i], 1  ); //testWord计分      // a
                foundTestWord = true;
            } else if (testWord.Contains(subWord)) {
                …
            }
        }

        if (foundTestWord) { //如果在 subWords 中找到测试单词
            ...
            for (int i=0; i<containedWords.Count; i++) {
                ndx = numContained-i-1;
                HighlightWyrd( containedWords[ndx] );
                ScoreManager.SCORE( wyrds[ containedWords[ndx] ], i+2 );
//b
            }
        }
        …
    }
    …
}
```

a. 本行调用静态 ScoreManager.SCORE()方法计算玩家拼写的 testWord 分数。

b. ScoreManager.SCORE()被调用，用来计算包含在 testWord 中所有更小单词的分数。第二个参数（i + 2）是这个词在组合中的编号。

8. 保存 WordGame 脚本，返回 Unity，单击“播放”按钮。

每次输入正确的单词就可以获得分数，所输入单词中如果包含其他有效单词，都会获得额外分数。但是在白色的字母块上不容易看出白色分数。在后面为游戏添加更多颜色时会修复这个问题。

34.8 添加动画

类似于计分的处理，我们可以通过在 Utils 脚本中导入的插值函数轻松地添加 Letters 动画。

1. 将下面的代码添加到 Letter C#脚本：

```
public class Letter : MonoBehaviour {
    [Header("Set in Inspector")]
    public float          timeDuration = 0.5f;
    public string         easingCuve = Easing.InOut;    //从 Utils.cs 淡出

    [Header("Set Dynamically")]
    public TextMesh       tMesh;        // TextMesh 显示字符
    public Renderer       tRend;        // 3D Text 渲染器，确定字符是否可见
    public bool           big = false; //大字母稍有不同
```

```
    //线性插值字段
    public List<Vector3> pts = null;
    public float          timeStart = -1;

    private char          _c;            // 单词显示的字母
    …

    //设置Letter游戏对象的位置
    //设置一条贝济埃曲线来移动到新位置
    public Vector3 pos {
        set {
            // transform.position = value;          //注释掉这行代码

            //找到一个中点，与当前位置到传入值之间的实际中点的距离为随机
            Vector3 mid = (transform.position + value)/2f;

            //随机距离小于到实际中点的距离的1/4
            float mag = (transform.position - value).magnitude;
            mid += Random.insideUnitSphere * mag*0.25f;

            //创建贝济埃曲线点的List<Vector3>
            pts = new List<Vector3>() { transform.position, mid, value };

            //如果timeStart为默认值-1，为其赋值
            if (timeStart == -1 ) timeStart = Time.time;
        }
    }

    //立即移动到新位置
    public Vector3 posImmediate {                                       // a
        set {
            transform.position = value;
        }
    }

    //插值代码
    void Update() {
        if (timeStart == -1) return;

        //标准线性插值代码
        float u = (Time.time-timeStart)/timeDuration;
        u = Mathf.Clamp01(u);
        float u1 = Easing.Ease(u,easingCurve);
        Vector3 v = Utils.Bezier(u1, pts);
        transform.position = v;

        //如果插值完成，将timeStart恢复为-1
        if (u == 1) timeStart = -1;
    }
}
```

a. 因为设置 pos 会立马生成新位置的插值，添加 posImmediate 使得可以立即跳过这个单词到下一个位置。

2. 保存 Letter 脚本，返回 Unity 并单击“播放”按钮。

现在运行场景，会看到所有字母插补到其新位置。然而，这看起来有些奇怪，因为所有的字母会从屏幕中心同时开始移动。

3. 让我们对 WordGame.Layout()进行小改动，用来改善这种情况。

```
public class WordGame : MonoBehaviour {
    …
    void Layout() {
        …
            for (int i=0; i<currLevel.subWords.Count; i++) {
                …
                //为单词的每个字母实例化一个 PrefabLetter
            for (int j=0; j<word.Length; j++) {
                …
                //此处的%使多个列排队
                pos.y -= (i%numRows)*letterSize;

                //立即将 lett 移动到屏幕上方位置
                lett.posImmediate = pos+Vector3.up*(20+i%numRows);
                //设置插入位置
                lett.pos = pos;       // 后面会扩展此行代码
                //增加 lett.timeStart，在不同时间移动 Wyrd
                lett.timeStart = Time.time + i*0.05f;

                go.transform.localScale = Vector3.one*letterSize;
                wyrd.Add(lett);
            }
            …
        }
        …
        //为目标单词中的每个字母创建一个大字母
        for (int i=0; i<currLevel.word.Length; i++) {
            …
            //设置屏幕下面的大字母初始位置
            pos = new Vector3( 0, -100, 0 );

            lett.posImmediate = pos;
            lett.pos = pos;       // 后面会扩展此行代码

            //增加 lett.timeStart 让大字母加入
            lett.timeStart = Time.time + currLevel.subWords.Count*0.05f;
            lett.easingCuve = Easing.Sin+"-0.18"; // Bouncy easing

            col = bigColorDim;
```

```
            …
        }
        …
    }
    …
}
```

4．保存 WordGame 脚本，返回 Unity 并单击“播放”按钮。

以上代码可以让游戏的动画效果流畅美观。

34.9　添加色彩

现在为游戏添加一些色彩。

1．将下面的代码添加到 WordGame，根据长度对 Wyrd 进行上色。

```
public class WordGame : MonoBehaviour {
    static public WordGame    S;  // 单例

    [Header("Set in Inspector")]
    …
    public Vector3          bigLetterCenter = new Vector3( 0 , - 16, 0 );
    public Color[]          wyrdPalette;

    [Header("Set Dynamically")]
    …

    void Layout() {
        …
        //为每个 level.subWord 设置一个 Wyrd
        for (int i=0; i<currLevel.subWords.Count; i++) {
            …
            //为单词的每个字母实例化一个 PrefabLetter
            for (int j=0; j<word.Length; j++) {
                …
            }

            if (showAllWyrds) wyrd.visible = true;

            //根据长度为 Wyrd 上色
            wyrd.color = wyrdPalette[word.Length-WordList. WORD_LENGTH_MIN];
            wyrds.Add(wyrd);
            …
        }
        …
    }
}
```

这些代码更改起来非常简单，因为我们已经有了适合的支持代码（例如，Wyrd.color 和 Letter.color 属性以及 Utils 类中的 Easing 代码）。

现在，需要为 wyrdPalette 设置大约 8 种颜色。要做到这点，需要用到在本项目开始时导入的 Color Palette 图像。使用滴管设置颜色，可能你会好奇如何同时看到 Color Palette 图像和_MainCamera 检视面板。为实现这一点，需要用到 Unity 可以同时打开多个检视面板的功能。

2．如图 34-5 所示，单击面板中的“选项”按钮（见插图上的圆圈标注），并执行 Add Tab> Inspector 命令，将检视面板添加到 Game 选项卡。

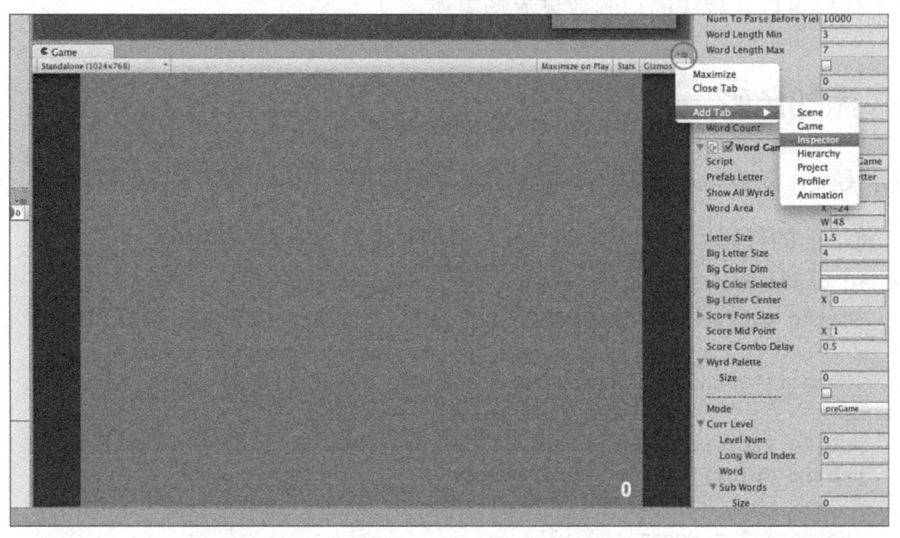

图 34-5　单击面板中的“选项”按钮将检视面板添加到 Game 选项卡

3．然后在 Project 面板 Materials & Textures 文件夹中选择 Color Palette 图像，它会在这两个检视面板中显示（拖动检视面板的图像预览部分的边框，使它看起来如图 34-6 所示）。

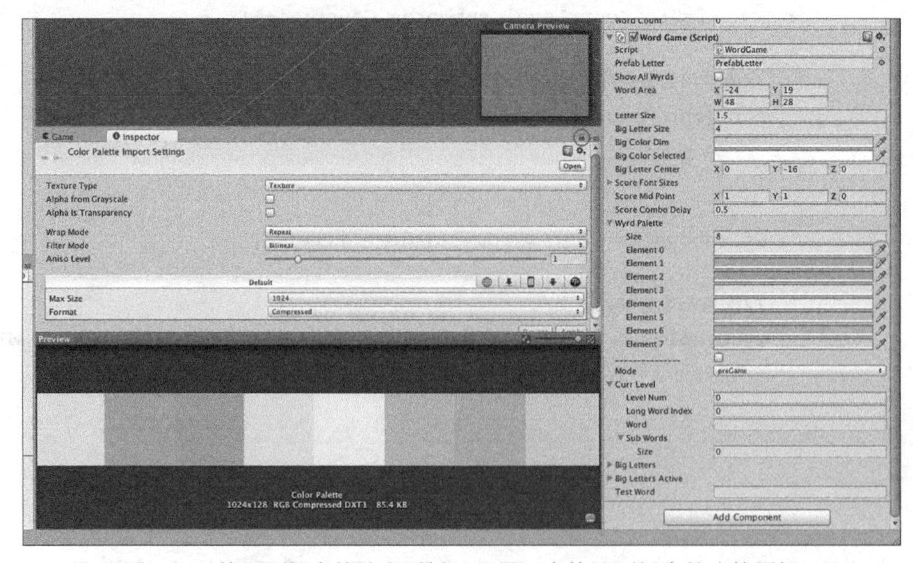

图 34-6　检视面板中的锁定图标以及另一个检视面板中的滴管图标

4．在一个检视面板中单击“锁”图标（如图 34-6 中的圆圈标注）。

5．在层级面板中选择 _MainCamera。将会看到解锁的检视面板更改为 _MainCamera，但锁定的那个仍然显示 Color Palette。

6．在 _MainCamera Inspector 中展开 `wyrdPalette` 旁边的下拉菜单，将 Size 设置为 8。

7．单击每个 `wyrdPalette element` 旁边的滴管图标（如图 34-6 中的方框标注），然后在 Color Palette 图像中单击一种颜色。为每个 element 设置颜色，使 Color Palett 图像显示 8 种不同颜色，但它们的 alpha 值都默认为 0（因此不可见）。可以将 `wyrdPalette` 中每个颜色栏的 alpha 值设置为 0。

8．单击 `wyrdPalette` 队列中的每个颜色栏并设置其 alpha 值（或 A）为 255，使其完全不透明。完成后，`wyrdPalette` 中每个颜色栏将由黑色变为白色。

9．保存场景。

现在运行这个场景，效果会和本章开始的屏幕截图类似。

34.10　本章小结

在本章中，我们创建了一个简单的文字游戏，并使用了一些漂亮的插值移动为其赋予了更强大的功能。如果你一直按顺序学习本书的章节，可能会意识到开发过程变得越来越简单。随着对 Unity 的逐步理解，现在你已拥有不少现成的 Unity 脚本，例如 Scoreboard、FloatingScore 和 Utils。这样，你就能把更多精力放在游戏新功能的编程上，而不是不断重复劳动。

后续工作

在之前的原型中，我们学习了如何设置一系列游戏状态处理游戏的不同阶段，以及从一个等级到下一个等级的转换。本章这个原型没有涉及其中任何一项。对你自己而言，应该将这类控制结构添加到这个游戏中。

下面是一些提示：

- 什么时候玩家应该前进到下一个级别？他是否必须猜出每一个单独的词？或是总分达到某个标准或猜出目标单词即可升级？
- 如何处理等级？你是否会像我们现在这样只选择一个完全随机的单词，或者是否会修改随机性以确保第 5 级始终是同一个单词？这样可以确保各个玩家在第 5 级的得分比较公平。如果你决定尝试修改随机性，下面是一个提示。

```
using UnityEngine;
using System.Collections;

public  class  LevelPicker  :  MonoBehaviour  {
```

```
    static   private System. Random    rng;

    [Header("Set in Inspector")]
    public   int randomSeed =  12345;

    void Awake() {
        rng = new  System. Random (randomSeed);
    }

    static   public   int  Next( int  max=-1) {
        //由 rng 返回下一个在 0 和 max-1 之间的数字
        //如果传入-1，忽略 max
        if (max == -1) {
            return  rng.Next();
        } else {
            return  rng.Next( max );
        }
    }

}
```

- 当 subWords 太多或者太少的时候要如何处理等级？一些由 7 个字母组成的集合有很多单词，以至于它们会超出屏幕显示范围，而其他较少的集合却只有一列。在这种情况下，想让游戏跳过下一个单词吗？如果是这样，该如何实现类似让 PickNthRandom 函数跳过某个数字的功能呢？

现在你已拥有足够的编程和原型知识，可以带着这些问题去制作一个真正的游戏。你已掌握了这些技能，现在去实现吧！

第 35 章

游戏原型 7：*Dungeon Delver*

本章创建的游戏 *Dungeon Delver* 部分借鉴了任天堂的《塞尔达传说》(*Legend of Zelda*)。笔者在授课时发现，重建旧游戏可以真正帮助设计人员学习它们，《塞尔达传说》是实现这种方式的最佳游戏之一。

这是本书的最后一个原型，也是最复杂的原型。这个原型比其他原型使用了更多基于组件的设计，所以独立脚本会更短。读完本章，你可以完成动作冒险游戏的框架，并且可以自己进行扩展。

35.1　游戏概览

本章的篇幅比其他章要长得多，这里创建了一个规模较大的游戏。这是一个基于任天堂的《塞尔达传说》的动作冒险游戏，主要情节是一个名叫 Dray 的冒险家探索地牢、与骷髅战斗，以及寻找 Grappler（抓钩、攀爬钩）。

本章结束时游戏 *Dungeon Delver* 所呈现的效果如图 35-1 所示。游戏先从《塞尔达传说》中的第 1 个地牢开始，然后切换到第 2 个地牢（在第 9 章中介绍过）。学完本章后，请访问本书网站，查找第 35 章的内容，可以看到这个游戏的等级编辑器以及如何自己制作地牢的说明。

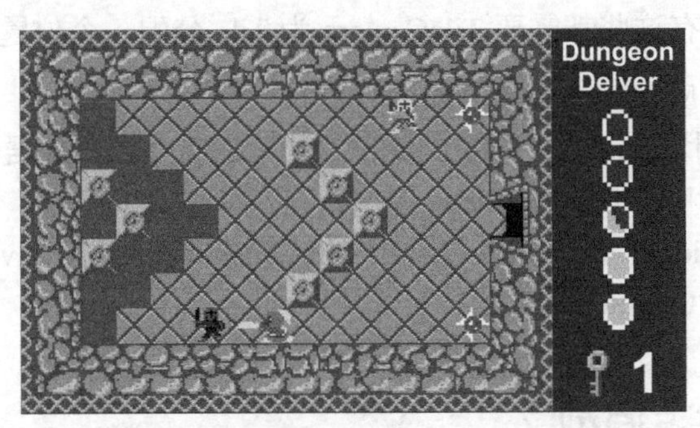

图 35-1　游戏 *Dungeon Delver* 的效果

基于组件的设计

对于这个原型，我们将尽量使用基于组件的设计（参见第 27 章）。要正确做到这一点，你需要提前考虑希望游戏如何运作。《塞尔达传说》和当时的大多数游戏都是用图块拼接（tile-based）的方式实现的，这意味着游戏的地图是由有限数量的图块（tile）反复使用、拼接构成的。在图 35-2 中，我们可以看到左图是图块集，右图是使用其中一部分图块拼接成的房间地图。

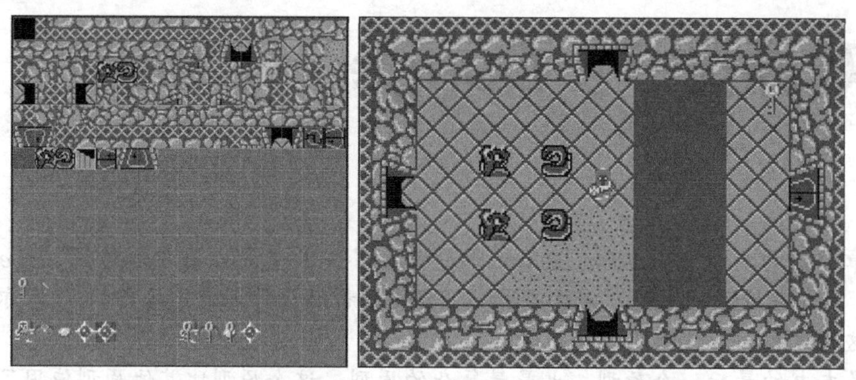

图 35-2　左图是图块集，右图是用图块拼接成的房间地图
（左图铺设了网格，有助于更清楚地看到图块的边缘）

Unity 没有内置的图块引擎，所以我们必须制作一个。这意味着我们既需要为图块生成预设，也需要用摄像机脚本排布这些图块。出于尝试，以面向对象的方式思考这一目的，我们应该为每个图块生成脚本（Tile.cs），以应付所有可能的情况，使用摄像机脚本（TileCamera.cs）为每个图块分配一个位置。下面是相应的计划。

1. TileCamera.cs

- **自定位**：摄影机从地牢的入口开始，跟随主角 Dray 进入其他房间。
- **读取地图数据**：TileCamera 读取 DelverData 地图文件，包括 DelverCollisions 碰撞信息，以及包含所有图块 Sprite 的 DelverTiles Texture 2D。
- **为 Tile 分配位置**：TileCamera 实例化 Tile 游戏对象并在地图上为它们分配一个位置。

2. Tile.cs——所有这些都需要 TileCamera 为 Tile 分配一个位置。

- **自定位**：Tile 应该定位到被分配的位置。
- **显示正确的图块 Sprite**：Tile 应该在 DelverData MAP 数据中查找 TileCamera，找到应该显示哪个图块 Sprite。
- **管理 BoxCollider**：Tile 应该查看由 TileCamera 管理的 DelverCollisons 数据并恰当地设置 BoxCollider。

35.2 准备工作：原型 7

该项目的 Unity 资源包包含许多素材、材料和脚本。因为你已经有了在 Unity 中构建对象和切片的经验，因此不要求在本章里做这些工作。相反，可以导入一系列预设完成这个游戏的美术工作。

本章项目设置

按照标准的项目创建流程，在 Unity 中创建一个新项目。如果需要复习创建项目的标准流程，请参阅本书附录 A“项目创建标准流程”。在创建项目时，会看到一个提示框，询问默认为 2D 还是 3D，在本项目中，应该选 2D。

- **项目名称**：*Dungeon Delver*。
- **下载并导入资源包**：打开本书网站，从 Chapter 35 页面下载。
- **场景名称**： _Scene_Eagle（此场景的地牢布局与《塞尔达传说》中的 Eagle 地牢相同）。
- **项目文件夹**：从 Unity 资源包导出所有文件夹。
- **C#脚本名称**：无须导入更多脚本。

Unity 资源包中的__Scripts 文件夹包括 Spiker.cs 脚本，其中包含大量被注释掉的代码。完成本章之后，可以取消对代码的注释，将 Spiker 脚本附加到 Spiker 预设。

本章中所有的人物、图块、物品等图像都是由笔者颇具创造力的同事兼朋友 Andrew Dennis 完成的，他在密歇根州立大学教艺术和动画。

35.3 设置摄像机

这是本书第一个使用多台摄像机的项目。第 1 个 Main Camera 将显示实际的游戏，而第 2 个 GUI Camera 将显示图形用户游戏界面。允许独立管理每台摄像机，使得 GUI 编码更加简单。

游戏面板

在调整摄像机之前，应该准备好游戏面板。

在游戏面板的 Aspect Ratio 菜单中选择“1080p（1920×1080）”选项。如果游戏面板中没有该选项，执行以下操作：

1．在游戏面板顶部展开 Aspect Ratio 菜单（左边的第 2 个下拉菜单）并单击菜单底部的“+”按钮。

2．在出现的对话框中，进行如下设置：

- Label 为 1080p
- Type 为 Fixed Resolution
- W 为 1920
- H 为 1080

3．单击“OK”按钮，保存为预置。

4．在 Aspect Ratio 菜单中选择“1080p（1920×1080）”选项。

Main Camera（主摄像机）

在层级面板中选择 Main Camera，进行如下设置：

- **Transform**：P:[23.5, 5, -10]　R:[0, 0, 0]　S:[1, 1, 1]
- **Camera**：

  —Clear Flags：纯色

  —Background：设置为黑色（RGBA:[0, 0, 0, 255]）

  —Projection：正射

  —Size：5.5

  —Viewport Rect：X:0　Y:0　W:0.8　H:1

GUI Camera

按照以下步骤创建一个名为 GUI Camera 的摄像机。

1. 在菜单栏中执行 GameObject > Camera 命令，创建一台新摄像机。
2. 将摄像机重命名为 GUI Camera。
3. 在层级面板中选择 GUI Camera 并在检视面板中进行如下设置：

- **Tag: Untagged**：确保 `Camera.main` 仍然引用 Main Camera。
- **Transform**：P:[-100, 0, -10]　R:[0, 0, 0]　S:[1, 1, 1]
- **Camera**：

  —Clear Flags：纯色

  —Background：当前设置为灰色（RGBA:[128, 128, 128, 255]）

  —Projection：正射

  —Size：5.5

  —Viewport Rect：X:0.8　Y:0　W:0.2　H:1

- **Audio Listener**：在一个场景中只能有一个 Audio Listener，本场景是 Main Camera。

  —单击 Audio Listener 组件右侧的齿轮图标，在弹出菜单中选择“Remove Component”选项。

这些设置将把游戏面板分成两个更小的面板。Main Camera 将占据大部分屏幕，GUI Camera 将填补右边剩余的 20%。

35.4 理解地牢数据

在项目面板的 Resources 文件夹中的三个文件保存了这个游戏中的所有地牢信息

（像.png 这样的文件扩展名不会出现在 Project 面板中）：

- **DelverTiles.png**：一个 Texture 2D 图像文件，其中包含可用于显示地牢的所有图片。
- **DelverCollisions.txt**：一个文本文件，其中保存了 DelverTiles.png 中每个图块 Sprite 的碰撞信息。稍后将介绍这个文件中每个字母的含义。
- **DelverData.txt**：一个文本文件，包含把 DelverTiles.png 中的这些图块 Sprite 放到哪里的信息。

准备 DelverTiles

请按照以下步骤准备 DelverTiles：

1. 在项目面板的 Resources 文件夹中选择 DelverTiles。
2. 按照如图 35-3 所示，在检视器中设置导入选项。

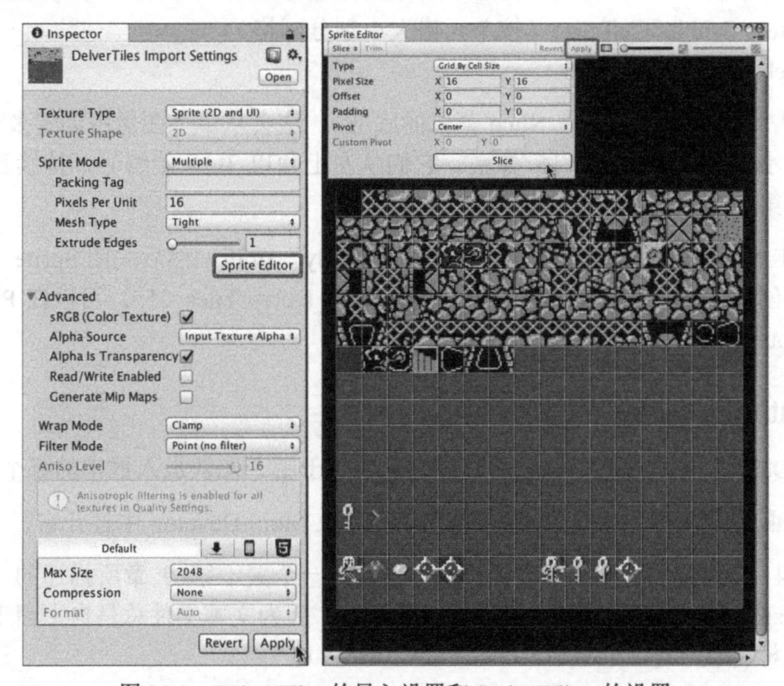

图 35-3　DelverTiles 的导入设置和 Sprint Editor 的设置

- **Texture Type**：Sprite (2D and UI)
- **Sprite Mode**：Multiple（多重）
- **Pixels Per Unit**：16。这意味着在场景中有一个 16 像素宽的 Sprite 将以 1m 宽度显示。因为每个图块为 16 像素×16 像素，使得地图的每个图块占据 1 平方米（即 1 平方 Unity 单位）。
- **Generate Mip Maps**：False。MIP 映射是一种加速渲染的方法，通过以不同的分辨率存储图像的多个版本。本项目不需要这种处理。
- **Wrap Mode**：Clamp。如果多边形的纹理坐标设置为小于 0 或大于 1，Clamp 模式将导致该图像重复边缘像素（而不是通过重复整个图像平铺）。

- **Filter Mode**：Point (no filter)（无过滤器）。用于保持锐化、8-bit 外观。
- Compression（在面板底部的 Default 选项卡中）：None。虽然压缩对于大型图像来说非常重要（需要导入的 png 文件很适合无损压缩），但 Unity 的压缩对图片损坏很严重，尤其对于这样的 8-bit 小图。
- 此面板底部的其他选项卡都包含压缩设置，允许为特定平台创建导入设置，包括 PC、Mac、Linux、WebGL，以及已安装的其他平台（如 iOS 选项）。请确保其中的 Override 复选框为未选中状态。

3．单击“Apply”按钮。

4．单击图 35-3 中用方框标记的“Sprite Editor”按钮，打开 Sprite Editor 编辑器（在图 35-3 的右图可以看到）。

5．单击 Sprite Editor 左上角的 Slice 菜单，并进行如下设置：

- **Type**：Grid by Cell Size（按单元格大小划分网格）
- **Pixel Size**：x:16　y:16

6．单击“Slice”按钮（在 Slice 菜单的底部），这会从单个图像中创建多个 Sprite，所有图像大小均为 16 像素×16 像素。它们从左上角以 0 开始编号，持续到右上角的 15，然后换第二行。

7．单击 Sprite Editor 编辑器窗口顶部的“Apply”按钮，然后关闭 Sprite Editor 编辑器。总共将创建 256 个 Sprite，从 DelverTiles_0 到 DelverTiles_255，可以在 Project 窗口中展开 Resources 和 DelverTiles 选项查看。

DelverData 文本文件

DelverData 存储十六进制信息，这些信息是关于哪个图块放入地牢的哪个位置。

在项目面板中，双击 Resources/DelverData，在 MonoDevelop 中打开它。

图 35-4 显示了 DelverData.txt 的内容。这是一个关于第 9 章所描述的《塞尔达传说》中的 Eagle 地牢的颠倒版本[1]。图像是颠倒的，因为文本文件总是自上而下读取，而地图的 *Y* 坐标将从下往上移动。

1．这个版本的 DelverData 不包括任何可炸毁的墙，因为本章不需要。然而，在学完本章之后，你可以自己添加它们。这里也不包含敌人或可放置的物品，不过本章后面将教练如何将这些内容添加到另一个地牢中。

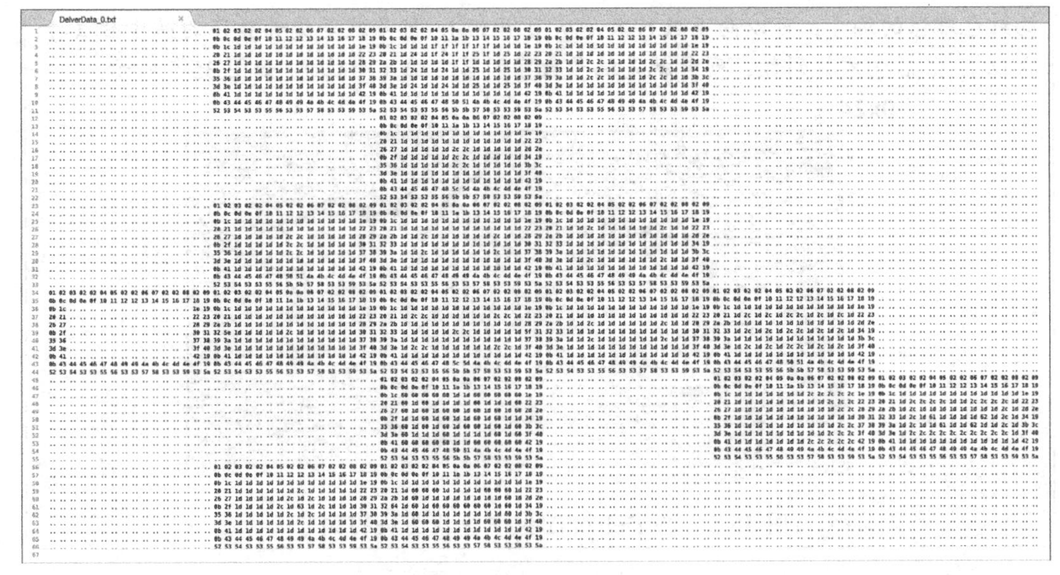

图35-4 DelverData.txt

该文件包括几个由空格分隔的两位十六进制数（参见下面的“十六进制数”专栏）。为了更容易看到地牢模式，笔者已经用十六进制数“00”替换了此文件中的“..”。

十六进制数

如果你曾经做过任何Web开发，那么肯定看过用十六进制数指定颜色的示例（例如，FF0000代表亮红色）。DelverData.txt文件使用两位的十六进制数，可以表示0~255的十进制数。

就像普通的十进制数一样，十六进制数也有位的概念（例如，个位、十位等）。在常规十进制数中，一位数可以表示0~9，而十六进制数可以表示0~15。十六进制用字符a~f表示数字10~15，如下所示：

十进制	0	1	2	3	4	5	6	7	8	9	10	11	12	13	14	15	16
十六进制	**0**	**1**	**2**	**3**	**4**	**5**	**6**	**7**	**8**	**9**	**a**	**b**	**c**	**d**	**e**	**f**	**10**

字母a~f可以是大写字母，也可以是小写字母。笔者在DelverData中选择了小写字母，因为觉得看起来稍微顺眼一些。在C#编程中，十六进制数使用了前缀0x，以便与十进制数区分。

例如，十六进制数0x10的十六位是1、个位是0，可以用1×16+0×1表示（正如十进制数10表示1×10+0×1）。所以，十六进制数0x10等于十进制数16。

在DelverTiles中为图块使用十六进制编号的好处之一是，图像中可以有256个图块以及256个两位的十六进制编号。而且，在引用图像时，编号的第1个十六进制数始终表示行，第2个十六进制数始终表示列。所以，如果想得到地图中面向右的红色雕像的编号，可以向下数行数（从 0 开始），行号就是编号数字的第 1 位（十六位），然后向右数列数，列号就是编号数字的第 2 位（个位），如图 35-5 所示。

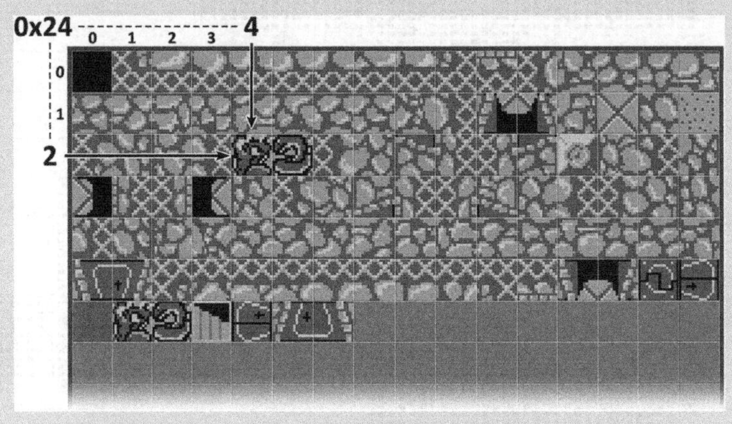

图 35-5 在 DelverTiles 中查找图块的编号

使用数据生成地图

现在，已经创建了图块的图像和一个文本文件（该文件用于确定哪个图块放在哪里），可以将它们组合成实际的地图了。下面将创建 TileCamera 和 Tile 类，它们是相互关联的。

Tile 类——准备

让我们从 Tile 类开始。Tile 类能够从 TileCamera 类获得一个整型数，以获知显示哪个图块。

1．在层级面板中创建一个新的 Sprite（在菜单栏中执行 GameObject>2DObject>Sprite 命令），并重命名为 Tile。

2．在__Scripts 文件夹中创建一个名为 Tile 的新 C#脚本。

3．在层级面板中将 Tile 脚本附加到 Tile 游戏对象。

4．在 MonoDevelop 中打开 Tile 脚本并输入以下代码。

```
using  System.Collections;
using  System.Collections.Generic;
using  UnityEngine;

public class  Tile : MonoBehaviour {

    [Header( "Set Dynamically")]
    public int                  x;
    public int                  y;
    public int                  tileNum;

    public void SetTile( int eX, int eY, int eTileNum =  -1 ) {        // a
        x = eX;
```

```
        y = eY;
        transform.localPosition =  new Vector3(x, y,  0 );
        gameObject.name = x.ToString( "D3")+"x" +y.ToString("D3");  // b

        if  (eTileNum == -1 ) {
            eTileNum =  TileCamera.GET_MAP(x,y);                   // c
        }
        tileNum = eTileNum;
        GetComponent< SpriteRenderer>().sprite = TileCamera.SPRITES[tileNum];
    // d
    }
}
```

a．此方法为 eTileNum 声明一个默认（可选）参数。如果没有给 eTileNuming 传递任何参数（或-1），则从 TileCamera.GET_MAP()读取默认的图块数量。

b．整数 x 和 y 的 ToString("D3")方法输出特定格式的字符串。"D"表示输出为十进制数（即基数 10），而"3"表示使用至少 3 个字符（根据需要添加前置零）。因此，如果 x=23 和 y=5，那么该行将输出"023x005"。关于各种格式的更多信息，请在线查阅相关文档。

c．如果-1 被传递到 eTileNum，则将从 TileCamera.MAP 读取图块编号。

d．一旦 TileCamera.SPRITES 存在，它将为当前 Tile 分配适当的 Sprite。

5．保存 Tile 脚本并返回 Unity。将在控制台中看到两个红色错误，因为还没有编写 TileCamera 类。

6．将 Tile 从层级面板拖动到项目面板中的_Prefabs 文件夹，使其成为预设。

7．从层级面板中删除 Tile 实例。

目前只需要做这些。可以从 TileCamera 调用 SetTile()，Tile 将自动跳转到正确的位置并设置其名称。

TileCamera 类——解析数据和 Sprite 文件

TileCamera 类负责解析和存储 DelverTiles.png 图像中的所有 Sprite 并读取 DelverData.txt，以确定这些图块的位置。让我们从读取这两个文件开始吧。很重要的一点是，DelverData 和 DelverTiles 文件都位于项目面板的 Resources 文件夹。Resources 是 Unity 的特殊项目文件夹名称之一。无论是否包含在场景中，Resources 中的任何文件都会被包含在 Unity 编译项目中。而且，在 Resources 文件夹中的文件，可以使用 UnityEngine 的 Resources 类加载到代码中。

1．在__Scripts 文件夹中创建一个名为 TileCamera 的新 C#脚本。现在不能将它附加到游戏对象，因为在控制台中会出现编译器错误。现在查看 Tile.cs，TileCamera 已经变成蓝色，但是后面的静态变量名称是红色的，因为尚未定义它们。

2．在 MonoDevelop 中打开 TileCamera 并输入以下代码。

```
using System.Collections;
using System.Collections.Generic;
using UnityEngine;

public class TileCamera : MonoBehaviour {
    static private int        W, H;
    static private int [,]    MAP;
    static public Sprite []   SPRITES;
    static public Transform   TILE_ANCHOR;
    static public Tile[,]     TILES;

    [Header( "Set in Inspector")]
    public TextAsset          mapData;
    public Texture2D          mapTiles;
    public TextAsset          mapCollisions; // 稍后使用
    public Tile               tilePrefab;

    void Awake() {
        LoadMap();
    }

    public void LoadMap() {
        // 生成TILE_ANCHOR，所有Tiles 的父元素
        GameObject go = new GameObject( "TILE_ANCHOR" );
        TILE_ANCHOR = go.transform;
        //从 mapTiles 加载所有 Sprite
        SPRITES = Resources.LoadAll<Sprite >(mapTiles.name);       // a

        //读取地图数据
        string [] lines = mapData.text.Split ( '\n' );             // b
        H = lines.Length;
        string [] tileNums = lines[0 ].Split( ' ' );
        W = tileNums.Length;

        System.Globalization. NumberStyles hexNum;                 // c
        hexNum = System.Globalization.NumberStyles.HexNumber;
        //将地图数据放入 2D 数组便于更快访问
        MAP = new int [W,H];
        for ( int j=0 ; j<H; j++) {
            tileNums = lines[j].Split( ' ' );
            for ( int i=0 ; i<W; i++) {
                if (tileNums[i] == "..") {
                    MAP[i,j] = 0 ;
                } else {
                    MAP[i,j] = int . Parse( tileNums[i], hexNum ); // d
                }
            }
        }
        print( "Parsed "+SPRITES.Length+ " sprites." );            // e
        print( "Map size: "+W+ " wide by " +H+ " high");
    }
```

```
    static public int GET_MAP(  int x,  int y ) {                    // f
        if  ( x<0 || x>=W || y< 0 || y>=H ) {
            return - 1 ;   // 不允许 IndexOutOfRangeExceptions
        }
        return MAP[x,y];
    }
    static public int GET_MAP(  float  x,  float  y ) {
    // float 类型重载 GET_MAP()
        int tX =  Mathf.RoundToInt(x);
        int tY =  Mathf.RoundToInt(y - 0.25f);                       // g
        return GET_MAP(tX,tY);
    }

    static public void  SET_MAP(  int x,  int y,  int tNum ) {       // f
        //这里可以设置额外的安全措施或断点
        if  ( x<0 || x>=W || y< 0 || y>=H ) {
            return ;   //不允许 IndexOutOfRangeExceptions
        }
        MAP[x,y] = tNum;
    }
}
```

a. 因为 mapTiles 图像（DelveTiles.png）在 Resources 文件夹中，所以可以使用 Resources.LoadAll<Sprite>()方法加载它的所有图块。

b. 使用分配给 TextAsset 的 mapData 变量的 DelverData.txt，可以通过 mapData.text 访问它的文本。此行在 carriage 上将其分隔，返回“\n”，这将每行映射转换为 lines 字符串数组中的元素。行的总数分配给 H。然后，第一行在空格' '上被分割，此时会将一个两位数的十六进制代码放入 tileNums 数组的每个元素。tileNums 的元素数量被分配给 W。

c. 将 tileNums 中的两字符的十六进制字符串转换为十六进制数字，需要将 System.Globalization.NumberStyles.HexNumber 常量传递到 int.Parse()方法中。这个常量需要很多字符拼写，无法在//d 行中表示全，所以把它放在 hexNum 变量中。

d. int.Parse()方法试图将字符串解析为 int。第二个数字类型的 hexNum 参数知道查找十六进制数字。可以在 if 子句中查看每个 tileNums 元素是否首先确认为“..”，该元素会直接转换为 int 0。

e. 如果在运行游戏之前在该行上放置一个调试断点，则可以看到所有存储在静态变量 MAP 和 SPITES 中的值。

f. 静态公有 GET_MAP()和 SET_MAP()方法提供受保护方法，用来获取和设置 MAP，同时防止发生 IndexOutOfRangeExceptions 这样的情况。

g. 这里的 y - 0.25f 解释了这个游戏中强制透视的原因，可以在图块外显示主角的上半身，并且在该图块上仍然处于控制状态。在本章后面这点很重要，因为 Grappler 需要确定它是否已经将主角 Dray 放在不安全的图块上。

3．保存 TileCamera 脚本，然后切换回 Unity。

4．编译器没有报错，将 TileCamera 脚本添加到 Main Camera。

5．将以下 TileCamera 变量分配到 Main Camera 检视器：

- **mapData**：从项目面板 Resources 文件夹中分配 DelverData。
- **mapTiles**：从项目面板 Resources 文件夹中分配 DelverTiles。
- **mapCollisions**：从项目面板 Resources 文件夹中分配 DelverCollisions。本章后面将使用 mapCollisions。
- **tilePrefab**：从项目面板的_Prefabs 文件夹中分配 Tile。因为这是 Tile 类型而不是游戏对象，必须将其从项目面板拖动到检视器插槽中。单击检视器 tilePrefab 旁的目标将不起作用。

6．保存场景。

7．单击“播放”按钮，将看到以下两行信息输出到控制台：

```
Parsed 256 sprites.
Map size: 96 wide by 66 high
```

显示地图

要显示映射，需要对另一种方法进行编码。

TileCamera——ShowMap()

在 TileCamera 类中，我们将创建一个同时显示整个映射的方法。这不是我们能做的最有效的事情，但对于原型，它肯定会运行得足够快。

1．将以下粗体字代码添加到 TileCamera。

```
public class  TileCamera  : MonoBehaviour {
   ...
   public void LoadMap() {
      ...
      print("Parsed "+SPRITES.Length+ " sprites." );
      print("Map size: "+W+ " wide by " +H+ " high");

      ShowMap();                                                    // a
   }
   /// <summary>
   /// 一次生成整个地图的所有 Tiles
   /// </summary>
   void ShowMap() {
      TILES =  new Tile[W,H];

      // 需要时运行整个地图并实例化 Tiles
      for ( int j=0 ; j<H; j++) {
         for ( int i=0 ; i<W; i++) {
```

```
                if ( MAP[i,j] != 0 ) {
                    Tile ti = Instantiate<Tile>(tilePrefab);      // b
                    ti.transform.SetParent( TILE_ANCHOR );
                    ti.SetTile(i, j);                             // c
                    TILES[i,j] = ti;
                }
            }
        }
    }

    static public int GET_MAP( int x, int y ) { ... }
    ...
}
```

a. 在 LoadMap()的末尾，调用 ShowMap()将图块放到场景中。

b. 这是一个不同于之前的实例化的用法。因为真正需要的是 Tile 实例而不是它所连接的游戏对象，可以将 tilePrefab 作为 Tile 实例化，并将其传递给局部变量 ti。所含的游戏对象仍然在场景中被实例化，不需要用代码处理它。

c. 只使用位置在 ti 上调用 SetTile()（省略可选的 eTileNum 参数，并使得 TileCamera.MAP 中的 tileNum 可用）。

2. 保存脚本，返回 Unity，然后单击“播放”按钮。

在场景面板中，可以看到地牢的整个地图是在很短的时间内生成的。为了更好地查看整个地图，双击层级面板中的 TILE_ANCHOR。

主摄像头应该显示地牢中的一个房间，如图 35-6 所示。（如果看不到这个房间，检查一下在本章前面设置的主摄像头的 transform.position。）

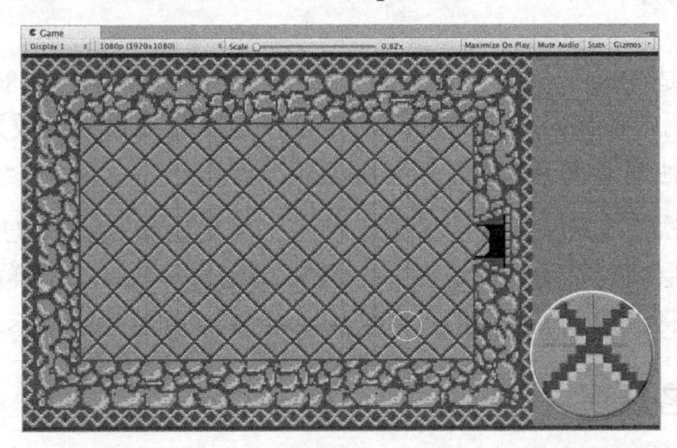

图 35-6 添加 ShowMap 代码的结果，缩放区域显示了抗混叠问题

处理抗混叠问题

在默认情况下，当希望使图像看起来不错时 Unity 会使用抗混叠功能（几乎总是这样），但是在处理 8 bit 样式的图形时可能会引起问题，例如 *Dungeon Delver* 中的图形。

抗混叠是一种过采样渲染的方法，Unity 会在内存中创建一张很大的屏幕图像，然后缩小采样使图形看起来更平滑，默认设置为 2x Multi Sampling。2x Multi Sampling 是一种过采样方法，Unity 以屏幕大小的两倍呈现图像，然后将其缩小为常规大小，在此过程中混合像素。这对 3D 图形很有效，但它可以使 2D 图形看起来像图 35-6 中的放大区域，其中图块的边缘重叠，而不是完全并排。对于 *Dungeon Delver*，应该关闭抗混叠得到所想要的图像。

1．在菜单栏中执行 Edit > Project Settings > Quality 命令。QualitySettings 检视器将在检视面板中打开。

在默认情况下，应该看到 Ultra 行高亮显示（深灰色）。在 Standalone 列可以看到（Standalone build 列有一个向下指向的箭头），Ultra 行有一个绿色的复选框。这意味着 Ultra 为运行 Standalone build 的默认质量设置（可以通过单击 Default 列中的三角形按钮为每种 build 类型设置默认值）。

2．单击 Ultra 行以确保选中它，并在 Rendering 标题下查找 Anti Aliasing[2]设置。

3．设置 Anti Aliasing 为 Disabled。

4．保存场景，然后再次尝试播放。

现在不应该再看到重叠的图块边框。欲知有关质量设置的详细信息，可以单击 QualitySettings 检视器顶部的问号标志。

从 Unity 2017 开始，还有一种方法可以通过质量设置打开或关闭各台摄像机的抗混叠功能。选择 Main Camera 和 GUI Camera，并设置“Allow MSAA”复选框为 false。（MSAA 代表 MultiSample Anti-Aliasing。）

35.5　添加主角

本游戏的主角是 Dray，一个穿着盔甲的骑士。为了模拟早期的 8 bit 版本《塞尔达传说》，主角能够朝向任何四个方向移动，并且在走路时播放动画效果。稍后几节会介绍当主角用剑或其他武器攻击敌人时如何添加俯冲姿态。

这是本书第一次在 Unity 中使用 Sprite 动画（后文简称 Sprite。Unity 动画系统用于创建非常复杂、多层的三维动画。这很好，但像 *Dungeon Delver* 这样的简单游戏是不需要的。因此，我们将以稍微不标准的方式使用 Animator 和 Animations。

Dray Sprite 命名规则

Dray Sprite 需要特定的命名规则，以便在代码中使用它们：

1．打开项目面板中_Images 文件夹旁边的三角形展开符号。

2．打开 Dray Texture 2D 图像资源旁边的三角形展开符号。

2．大多数人用连字符拼写 anti-aliasing，但 QualitySettings 检视器中的 Unity 设置不这样使用。

这里，你将看到在导入的图像上选择了特定的 Sprite 名称（这里使用 Import Settings 检视器中的 Sprite Editor 对 Dray 图像进行了此操作）。图 35-7 显示了这些叠加在 Dray 图像上的名称。

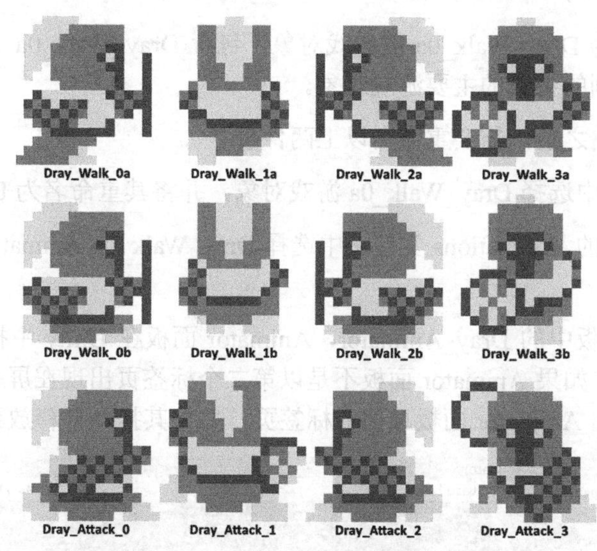

图 35-7 叠加在 Dray 图像上的名称

创建此游戏的一个关键点是在图 35-7 中指定的编号约定。在整个项目中，数字 0 表示面朝右边，1 表示面朝向上，2 表示面朝向左，3 表示面朝向下。这里选择这个编号是因为如果开始箭头指向右（沿 *X* 轴的正方向），并将其绕 *Z* 轴旋转 90°，则会指向上。旋转 180°（2×90°），使其指向左，然后旋转 270°（3×90°），使其指向下。你将会发现，游戏中使用的方向和命名组合发挥了很大的作用。

第一个动画

要创建第一个动画，请执行以下步骤：

1．在项目面板中创建一个名为_Animations 的新文件夹（在菜单栏中执行 Assets>Create>Folder 命令）。

2．在项目面板的_Images 文件夹中 Dray 下的 Sprite 选择 Dray_Walk_0a 和 Dray_Walk_0b（要执行此操作，可以单击一个，然后按住 Shift 键再单击另一个）。

3．将它们从项目面板拖动到层级面板并释放。会出现一个对话框，要求命名此动画。

4．将其命名为 Dray_Walk_0，并将其保存到_Animations 文件夹中。

会创建以下几项：

- 在项目面板的_Animations 文件夹中：
  — Dray_Walk_0：保存为 Dray_Walk_0.anim 的动画。这个动画包括两张 Dray 向右行走的图片。

— Dray_Walk_0a：这是一个 Animator，它存储了几个不同的动画并控制何时显示各个动画。

- 在层级面板中：

— 一个名为 Dray_Walk_0a 的游戏对象，包含 Dray_Walk_0a Animator。这是玩家将控制的主角的主要游戏对象。

在完成其他事情之前，需要重命名以上两件事。

5. 在层级面板中选择 Dray_Walk_0a 游戏对象，并将其重命名为 Dray。

6. 在项目面板的_Animations 文件夹中选择 Dray_Walk_0a Animator，然后将其重命名为 Dray_Animator。

7. 双击项目面板中的 Dray_Animator，Animator 面板在 Unity 中打开（Animator 面板如图 35-8 所示）。如果 Animator 面板不是以第二个标签页出现在屏幕相同区域中作为场景面板，那么单击 Animator 面板顶部的标签页，并将其拖动并释放到场景面板右侧。

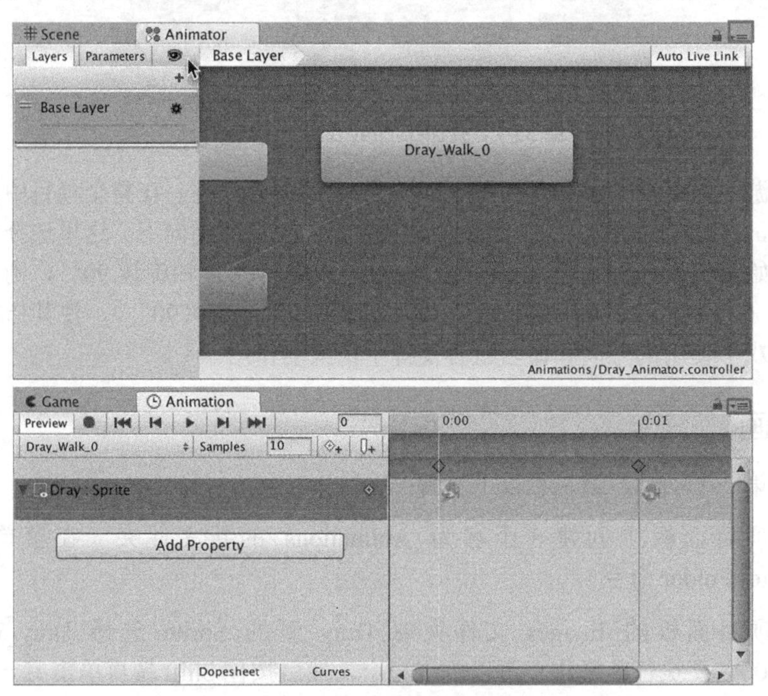

图 35-8　Animator 和 Animation 面板

8. 如果动画面板太小，看不到发生了什么（如图 35-8 所示），单击睁眼标志（在图 35-8 中的光标下）以隐藏不会使用的那部分 Animator。可以按住键盘上的 Option/Alt 键，同时单击并拖动 Animator 背景以移动视图。

9. 在层级面板中选择 Dray，并将转换位置设置为 P:[23.5, 5, 0]。会将 Dray 置于游戏面板主摄像头视图中心。

10. 单击“播放”按钮。

Unity 切换到游戏面板，应该看到主角 Dray 快速移动到一个开放房间的中间位置[3]。另外，在动画视图中，应该看到一个蓝色的进度条反复填充橙色的 Dray_Walk_0 矩形，表明 Dray_Walk_0 是当前正在播放且重复的动画。

11．在 Unity 中停止播放并保存场景。

Sprite 分层

当 Dray 在房间里走动时，你可能会注意到他有时在地板 Sprite 前面，有时在地板 Sprite 后面。基于游戏创建的各种元素的顺序，可能不会在游戏面板中遇到，但还是应该适当地对 Sprite 进行排序，以保证未来不会碰到 Sprite 分层问题。

1．在层级面板中选择 Dray。

2．在 Dray 的 Sprite Renderer 组件中，单击 Sorting Layer 旁边的弹出菜单，选择“Add Sorting Layer”选项。打开 Tags & Layers 编辑器并显示 Sorting Layers。

3．单击 Sorting Layers 列表右下角的“+”按钮，并命名新的 Dray 层。

4．重复此过程以创建三个层：地面（Ground）、敌人（Enemies）和物品（Items）。

5．从上到下排列这几层：地面，Default，敌人，Dray，物品。这确保地面总是在其他元素后面，敌人在未知项（Default）和 Dray 之间，Dray 在除物品之外的所有东西前面，物品在最前面。

6．在层级面板中选择 Dray，并将 Dray 的 Sprite Renderer 检视器的 Sorting Layer 设置为 Dray（不要试图更改 Dray 检视器顶部的图层，这是物理图层）。

7．在项目面板的_Prefabs 文件夹中选择 Tile，并设置 Tile 的 Sprite Renderer 检视器的 Sorting Layer 为地面。这样确保任何 Tile 实例都可以在游戏中出现。

8．保存场景。

当为游戏添加更多的元素时，也需要设置它们的 Sorting Layers。

调整 Dray_Walk_0 动画

现在，Dray 跑得太快了，而且只能向右跑。下面使用动画面板修复这两个问题。

1．单击游戏面板右侧的三栏菜单（图 35-8 下方标准框处）。在菜单中执行 Add Tab > Animation 命令，以打开动画面板，作为与游戏面板中相同的选项卡（如图 35-8 下图所示）。

2．要使动画面板看起来如图 35-8 所示，在层级面板中选择 Dray，打开动画面板 Dray : Sprite 旁边的三角形展开标志。

3．因为还没有设置 Sprite 的排序层，所以单击“播放”按钮时，Dray 藏在地图图块后面。如果出现这种情况，可以单击层级面板中的 TILE_ANCHOR，然后在检视器中单击 TILE_ANCHOR 名称旁边的复选框。这将激活 TILE_ANCHOR 及其所有子元素，让 Dray 可见。

动画面板中有一个弹出菜单，当前显示 Dray_Walk_0（仅在红色 Animation Record 圈的下方）。笔者在本节的其余部分把这个弹出菜单称为动画选择器（Animation Selector）。动画选择器右侧是用于输入样本的数字变量。示例设置动画的播放速率（即每秒显示的帧）。

3．将采样数设置为 10，然后按回车键。这使 Dray 大约每秒前进 5 步。

4．要从 Dray 身上看到这个动作：

- 切换到场景面板（单击场景选项卡以显示它，而不是显示动画）。
- 双击层级面板中的 Dray 以在场景中聚焦它们。
- 单击“动画播放（Animation Play）”按钮（在动画面板中的动画选择器正上方）。

5．再次单击“动画播放”按钮以停止播放。

如果动画面板顶部的时间栏将色调从蓝色变为红色，意味着已切换到录制模式（recording mode）。在 Unity 2017 版之前，每次单击“动画播放”按钮都会出现这种情况，但现在似乎已修复。但是，如果以录制模式结束，就要单击“动画录制按钮”（Animation Record，位于“动画播放”按钮左边，显示为红色圈）退出录制模式。

添加其他 Dray 动画

我们需要给 Dray 添加其他动画，以便可以在所有四个方向上制作动画。

1．单击动画选择器菜单，然后选择“Create New Clip”选项。

2．将新动画片段命名为 Dray_Walk_1，并将其保存在_Animations 文件夹中。

3．将新 Dray_Walk_1 动画的示例设置为 10，然后按回车键。

4．在项目面板中选择 Dray_Walk_1a 和 Dray_Walk_1b，并将它们拖动到动画面板的时间线区域（可以在图 35-8 中看到 Dray 图像）。

这使得 Dray_Walk_1 看起来和图 35-8 中的动画面板一致，除了 Dray 现在在动画中面朝上（方向 1）。它还可以将动画面板切换到录制模式。如果出现，请单击动画面板中的“动画录制”按钮以退出录制模式。

5．对 Dray_Walk_ 2 和 Dray_Walk_ 3 重复前面的步骤 1 至 4，使用适当的命名和 Sprite。

6．完成后保存场景。

Animator 中的动画状态

如果切换回动画面板视图（在菜单栏中执行 Window>Animator 命令），可以看到这里为 Dray 列出四个状态。这个 Animator 是层级面板中的一个 Dray 游戏对象，它将 Dray 游戏对象和四个 Dray_Walk_# Sprite 动画组合在一起。

移动 Dray

在移动 Dray 之前，必须向其添加一个刚体。

1．在层次面板中选择 Dray 游戏对象。

2．将刚体组件添加到 Dray（在菜单栏中执行 Component > Physics > Rigidbody 命令）。

- 将 Use Gravity 设置为 false（未选中）。
- Under Constraints：

  — 将 Freeze Position Z 设置为 true。

  — 将 Freeze Rotation X、Y、Z 设置为 true。

3．保存场景。

现在，向 Dray 添加一个脚本，让它们移动。

4．在脚本文件夹中创建一个名为 Dray 的 C#脚本，在层级面板中将其附加到 Dray 游戏对象。

5．在 MonoDevelop 中打开 Dray 脚本并输入以下代码：

```
using  System.Collections;
using  System.Collections.Generic;
using  UnityEngine;

public  class  Dray  :  MonoBehaviour  {
   [Header( "Set in Inspector")]
   public  float        speed =  5 ;

   [Header( "Set Dynamically")]
   public  int           dirHeld = - 1 ;  // 移动关键字方向
   private Rigidbody       rigid;

   void  Awake () {
       rigid = GetComponent< Rigidbody>();
   }

   void Update () {
       dirHeld = - 1 ;
       if  (   Input.GetKey( KeyCode.RightArrow) ) dirHeld =   0      // a
       if  (   Input.GetKey( KeyCode.UpArrow    ) ) dirHeld =   1 ;
       if  (   Input.GetKey( KeyCode.LeftArrow ) ) dirHeld =   2 ;
       if  (   Input.GetKey( KeyCode.DownArrow ) ) dirHeld =   3 ;

       Vector3 vel =  Vector3.zero;
       switch  (dirHeld) {                                          // b
          case 0 :
              vel =  Vector3.right;
              break;
```

```
            case  1 :
                vel =  Vector3.up;
                break;
            case  2 :
                vel =  Vector3.left;
                break;
            case  3 :
                vel =  Vector3.down;
                break;
        }

        rigid.velocity = vel * speed;
    }
}
```

a. 这是由 `Update()`函数开头的 `if` 子句中的四行代码，如果同时按住多个方向键，则最后一行计算结果为真，将覆盖其余内容（例如，如果按住向下和向右方向键，则 Dray 只向下移动）。因为这个游戏很简单，所以这里选择了这样的方式，完成本章的实例后你可以改进。

b. 整个 `switch` 子句在下一节中将被更合适的代码替换。

6. 保存 Dray 脚本，返回 Unity，然后单击“播放”按钮。现在按方向键可以通过非常简单的方式使 Dray 在舞台上走动。

更有趣的移动方法

因为这里使用的 `dirHeld` 整数值范围为从 0 到 3，所以可以利用有趣的方式来使用 `dirHeld`。例如，重复使用前面 `switch` 语句中标记为`//b` 的代码，并使用 `dirHeld` 值选择四个方向中的一个。看看下面的代码，了解如何利用 `dirHeld` 的 0~3 值。

再次打开 MonoDevelope 中的 Dray 脚本并更新代码。

```
public class Dray : MonoBehaviour {
    ...
    private  Rigidbody          rigid;

    private  Vector3[]          directions =  new Vector3[] {
        Vector3.right,  Vector3.up, Vector3.left, Vector3.down };    // a

    void Awake () {
        rigid = GetComponent< Rigidbody>();
    }

    void Update () {
        dirHeld = - 1 ;
         if  ( Input.GetKey( KeyCode.RightArrow) ) dirHeld = 0 ;
         if  ( Input.GetKey( KeyCode.UpArrow    ) ) dirHeld = 1 ;
         if  ( Input.GetKey( KeyCode.LeftArrow ) ) dirHeld = 2 ;
         if  ( Input.GetKey( KeyCode.DownArrow ) ) dirHeld = 3 ;
         Vector3  vel =  Vector3.zero;
```

```
        // 删除以前这里的整个 switch 子句
        if  (dirHeld > -1 ) vel = directions[dirHeld];             // b

        rigid.velocity = vel * speed;
    }
}
```

a. 这个 Vector3 数组的 `directions` 便于引用四个方向向量。

b. 这一行取代了前面代码中的整个第 14 行 `switch` 语句。

如果再次尝试在 Unity 中玩游戏，会发现用更少的代码行实现了相同的功能。你将继续以这种方式使用 `dirHeld` 简化本章代码。

处理输入键的更好方法

对 `directions` 数组施以类似方式，还可以存储用于在矩阵中移动的键。对 Dray 类进行修改，代码如下。

```
public class  Dray : MonoBehaviour {
    [Header("Set in Inspector")]
    public float              speed =  5 ;

    [Header("Set Dynamically")]
    public int                dirHeld = - 1 ; // 移动关键字方向

    private  Rigidbody         rigid;

    private  Vector3[]        directions = new Vector3[] {
        Vector3.right,  Vector3.up, Vector3.left, Vector3.down };

    private  KeyCode[]        keys  =  new KeyCode[] { KeyCode.RightArrow,
        KeyCode.UpArrow, KeyCode.LeftArrow, KeyCode.DownArrow };    // a

    void Awake () {
        rigid = GetComponent< Rigidbody>();
    }

    void Update  () {
        dirHeld = - 1 ;
        // 删除这里的 4 行“if ( Input.GetKey…” 语句
        for ( int i=0 ; i<4 ; i++) {
            if  ( Input.GetKey(keys[i]) ) dirHeld = i;                // b
        }
    Vector3  vel =  Vector3.zero;
    if  (dirHeld > -1 ) vel = directions[dirHeld];

    rigid.velocity = vel * speed;
    }
}
```

a. 这个数组用于轻松地引用每个方向键。

b. 这个 for 循环迭代 keys 数组中所有可能的 KeyCodes，并确认是否任何键被按住。

使用新的 KeyCode 数组，可以再次利用 dirHeld 的 0~3 特性，并通过更好的代码维持使用方向键的功能。

为 Dray 制作行走动画

在 MonoDevelop 中再次打开 Dray，并添加以下代码：

```
public  class  Dray : MonoBehaviour  {
    ...
    private  Rigidbody       rigid;
    private  Animator        anim;                                      // a
    ...
void Awake () {
        rigid = GetComponent< Rigidbody>();
        anim = GetComponent<Animator >();                               // a
    }
void Update () {
        ...
        rigid.velocity = vel * speed;

        // Animation
        if (dirHeld == -1 ) {                                           // b
            anim.speed = 0 ;
        } else {
            anim.CrossFade( "Dray_Walk_"+dirHeld, 0  );                 // c
            anim.speed = 1 ;
        }
    }
}
```

a. 在私有变量 anim 中缓存对 Dray 的 Animator 组件的引用。

b. 如果没有按住方向键（即 dir == -1），那么 Animator 的速度设置为 0，将动画冻结到当前位置。

c. 如果 Dray 朝着某个方向移动，则 dirHeld 数字将连接到 Dray_Walk_末尾，它提供了添加到 Dray 的动画的名称之一。[4]anim.CrossFade()函数的作用是告诉动画师 anim 按名称切换到新的动画，转换需要 0 秒。如果 anim 已经显示命名的动画，则没有效果。

保存 Dray 脚本并返回 Unity。现在玩这个游戏可以看到 Dray 移动时有动画效果。

4. 如果 Dray 动画不起作用，请仔细检查它们的名称是否正确：Dray_Walk_0、Dray_Walk_1、Dray_Walk_2 和 Dray_Walk_3。还需要检查动画面板，因为动画中的名称可能与.anim 文件中保存的名称不同。

35.6　为 Dray 添加攻击动画

是时候给 Dray 添加攻击能力了！要完成这一点，首先需要为它们添加攻击动画（本章稍后将实现 Dray 的攻击对敌人造成伤害）。

生成攻击动画

通过执行以下操作生成攻击姿势：

1．在层级面板中选择 Dray 并切换到动画面板（在菜单栏中执行 Window > Animation 命令）。

2．使用动画选择器选择 Create New Clip，并将新片段在_Animations 中另存为 Dray_Attack_0。

3．在动画选择器中选择 Dray_Attack_0。

4．将 Dray_Attack_0 的样本设置为 10，然后按回车键。

5．选择项目面板_Images 文件夹中 Dray 图片下的 Dray_Attack_0 sprite。

6．将 Dray_Attack_0 sprite 从项目面板拖动到动画窗口的时间线区域。

7．重复步骤 2 到 6 以创建名为 Dray_Attack_1、Dray_Attack_2 和 Dray_Attack_3 的动画，并为每个动画分配适当的 Sprite。

你如果检查动画面板，应该看到四个新的攻击动画现在都出现在动画中。

编码攻击动画

要向 Dray 类添加另一个动画状态，需要使其更复杂一些。作为其中的一部分，需要区分 `dirHeld`（当前 hold 的方向移动键）和一个新变量 `facing`（Dray 所面向的方向）。当 Dray 攻击敌人时，它们在攻击期间会暂时冻结，需要确保在这段时间里它们不会改变方向。

1．在 MonoDevelop 中打开 Dray，并在脚本顶部添加枚举和变量。

```
public class  Dray : MonoBehaviour {
    public enum eMode  { idle, move, attack, transition }              // a

    [Header("Set in Inspector")]
    public float              speed =  5 ;
    public float              attackDuration =  0.25f; //攻击的持续秒数
    public float              attackDelay =   0.5f;      //攻击的时间间隔

    [Header("Set Dynamically")]
    public int                dirHeld = - 1 ;    //当前按键指示的方向
    public int                facing =   1 ;     //Dray 所面向的方向
    public eMode              mode =   eMode.idle;                      // a
```

```
    private float          timeAtkDone =   0 ;                        // b
    private float          timeAtkNext =   0 ;                        // c

    private  Rigidbody     rigid;
    private  Animator      anim;
    ...
}
```

a. eMode 枚举和 mode 变量提供了一种可扩展的跟踪和查询 Dray'状态的方法。

b. timeAtkDon 是攻击动画应该完成的时间。

c. timeAtkNext 是 Dray 能够再次发起攻击的时间间隔。

2. 因为这些新变量会导致 Update()方法的工作方式发生重大变化，所以下面的代码包括 Dray 类中 Update()方法的完整代码列表。包括前面代码列表中显示的所有相同概念，只是稍微重新排列了一下。将 Dray 类中的 Update()方法替换为以下内容（粗体字代码是新的）：

```
void Update () {
    //——处理键盘输入并管理 eDrayModes——
    dirHeld = - 1 ;
    for ( int   i=0 ; i<4 ; i++) {
        if ( Input.GetKey(keys[i]) ) dirHeld = i;
    }

    //按住攻击键
    if ( Input.GetKeyDown(KeyCode.Z) &&  Time.time >= timeAtkNext) {  // a
          mode = eMode.attack;
          timeAtkDone = Time.time + attackDuration;
          timeAtkNext =  Time.time + attackDelay;
    }

    // 结束时完成攻击
    if (Time.time >= timeAtkDone) {                                    // b
          mode = eMode.idle;
    }

    //未攻击时选择正确的模式
    if (mode !=  eMode.attack) {                                       // c
          if  (dirHeld == - 1 ) {
              mode =  eMode.idle;
          } else {
              facing = dirHeld;                                        // d
              mode =  eMode.move;
          }
    }

    //——执行当前模式——
```

```
        Vector3  vel =  Vector3.zero;
        switch (mode) {                                              // e
            case eMode.attack:
                anim.CrossFade(  "Dray_Attack_"+facing, 0  );
                anim.speed =  0 ;
                break;

            case eMode.idle:
                anim.CrossFade(  "Dray_Walk_"+facing, 0  );
                anim.speed =  0 ;
                break;

            case eMode.move:
                vel = directions[dirHeld];
                anim.CrossFade(  "Dray_Walk_"+facing, 0  );
                anim.speed =  1 ;
                break;
        }

        rigid.velocity = vel * speed;
    }
```

a．如果按下“攻击”按钮（键盘上的 Z 键），并且距上次攻击间隔时间足够长，则将 `mode` 设置为 `eMode.attack`。

此外，还设置了 `timeAtkDone` 和 `timeAtkNext` 变量，使 Dray 实例知道何时应该停止攻击动画以及何时能够再次播放攻击动画。

b．Dray 进入攻击模式后，将会停在那里，直到攻击结束（在 `attackDuration` 秒之后发生，默认为 0.25 秒）。此时间结束后，`mode` 恢复为 `eMode.idle`。

c．如果 Dray 不处于攻击模式，此代码将根据玩家是否按住移动键（即 `dirHeld >-1`）在 `idle` 和 `move` 之间进行选择。

d．此处专门设置了 `facing`。唯一会修改 Dray 的时间是在一个方向上移动时。确保 Dray 在攻击或站着不动时朝同一个方向。

e．在确定 Dray 的正确 `mode` 后，此 `switch` 语句管理产生的事态将作为该 mode 的一部分。这里同时处理 `anim` 和 `vel`。

现在 Dray 可以朝着正确的方向摆出攻击的姿势，为攻击动画添加武器将很容易。

35.7　Dray 的剑

Dray 的主要武器是一把剑，可以刺向任何方向。这把剑的 Texture 2D 和 Sprite 是在本章开头 unitypackage 包一起导入的。

1．在层级面板中选择 Dray。右击层级面板中的 Dray，并从弹出菜单中选择

“Create Empty”选项。将空的游戏对象重命名为 SwordController。

2．将 SwordController 的转换设置为 P:[0, 0, 0] R:[0, 0, 0] S:[1, 1, 1]。

3．打开_Images 文件夹下 Texture 2D Swords 旁边的三角形展开符。

4．将 Swords_0 Sprite 从项目面板拖动到层级面板。让它成为 SwordController 子元素（Dray 的孙子）。

- 将层级面板中的 Swords_0 实例重命名为 Sword。
- 将 Sword 的变换设置为 P:[0.75, 0, 0] R:[0, 0, 0] S:[1, 1, 1]。
- 将 Sword Sprite 渲染器的排序层设置为 Enemies（因此它将位于 Ground 上方，Dray 下方）。

5．将 Box Collider 添加到 Sword 在菜单栏中执行 Component > Physics > Box Collider 命令）。若大小不合适，将 Box Collider 的大小设置为[1, 0.4375, 0.2]。

- 设置 Sword Box Collider 的 Is Trigger 为 true。

6．在层级面板中选择 SwordController。

- 在 SwordController 检视器中，单击“Add Component”按钮。
- 在弹出菜单中选择“New Script”选项。
- 命名新的脚本为 SwordController。
- 在项目面板中，将 SwordController 脚本移动到__Scripts 文件夹中。

7．打开 SwordController 脚本并输入以下代码：

```
using System.Collections;
using System.Collections.Generic;
using UnityEngine;

public class SwordController : MonoBehaviour {
    private GameObject sword;
    private Dray       dray;

    void Start () {
        sword = transform.Find( "Sword").gameObject;                        // a
        dray = transform.parent.GetComponent<Dray>();
         // 停用剑
        sword.SetActive( false);                                            // b
    }

    void Update () {
        transform.rotation = Quaternion.Euler(0, 0, 90*dray.facing);        // c
        sword.SetActive(dray.mode == Dray. eMode.attack);                   // d
    }
}
```

a．这两行代码引用了 Sword 子游戏对象和 Dray 类附加到父游戏对象的实例。

b．对游戏对象调用 SetActive(false)，会从渲染、碰撞、运行等脚本删除游戏对象。当停用剑时，它将变为不可见。

c. 本行代码使剑指向 Dray 所面对的方向。因为剑是 SwordController 游戏对象的一个子对象，在本地 *X* 轴方向偏移 0.75，SwordController 的旋转与 Dray 的 `facing` 相匹配，使 Dray 无论面对任何方向，剑都会出现在 Dray 的手中。

d. 每次更新，如果 Dray 处于攻击模式，剑将被启用。

8. 将所有脚本保存在 MonoDevelop 中[5]，返回 Unity，然后单击“播放”按钮。现在可以使用方向键在舞台周围移动 Dray，并按下 Z 键进行攻击。剑只在 Dray 攻击时出现，并且总是指向正确的方向。

35.8　敌人：骷髅

这些骷髅将是 Dray 的初级敌人。与《塞尔达传说》一样，骷髅在它们所在的地牢里随意走动。骷髅可以相互穿过而无任何影响，但可以通过接触对 Dray 进行攻击。

骷髅美工

按以下方法完成骷髅的美工：

1. 选择名为 Skeletos_0 和 Skeletos_1 的两个 Sprite（它们在 Project Pane > _Images > Skeletos 之下）。

2. 将这两个 Sprite 拖动到层级面板中。这将创建一个新的动画，将其命名为 Skeletos.anim，保存到 __Animations 文件夹中。

3. 将层级面板中的 Skeletos_0 游戏对象重命名为 Skeletos。

4. 将骷髅的变换位置设置为 P:[19, 7, 0]。

5. 将刚体组件附加到骷髅（在菜单栏中执行 Component > Physics > Rigidbody 命令）。

- 将 Use Gravity 设置为 false（未选中）。
- Under Constraints：

将 Freeze Position *Z* 设置为 true。

将 Freeze Rotation *X*、*Y*、*Z* 设置为 true。

6. 将球体碰撞器添加到骷髅（在菜单栏中执行 Component > Physics > Sphere Collider 命令）。

7. 在 Skeletos 检视器的 Sprite Renderer 组件中，将排序层设置为 Enemies.。

8. 在层级面板中选择 Skeletos 并切换到动画面板（在菜单栏中执行 Window >

---

5. 如果 File > Save All 菜单命令为灰色不可用状态，说明之前已经保存了所有选项。

Animation 命令）。

9．将 Skeletos 动画的示例设置为 5，然后按回车键。

10．保存场景。

单击“播放”按钮，可以看到骷髅与 Dray 在同一个房间中出现。

Enemy 基类

Dungeon Delver 中的所有敌人都将从一个名为 Enemy 的基类继承。

1．在项目面板的__Scripts 文件夹中新建一个名为 Enemy 的 C#脚本。

2．打开 MonoDevelop 中的 Enemy 脚本并输入以下代码：

```
using System.Collections;
using System.Collections.Generic;
using UnityEngine;

public class Enemy : MonoBehaviour {
    protected static Vector3[] directions = new Vector3[] {          // a
        Vector3.right, Vector3.up, Vector3.left, Vector3.down };

    [Header( "Set in Inspector: Enemy")]                               // b
    public float         maxHealth = 1 ;                               // c

    [Header( "Set Dynamically: Enemy" )]
    public float         health;                                       // c

    protected Animator          anim;                                  // c
    protected Rigidbody         rigid;                                 // c
    protected SpriteRenderer    sRend;                                 // c

    protected virtual void Awake() {                                   // d
        health = maxHealth;
        anim = GetComponent<Animator >();
        rigid = GetComponent< Rigidbody>();
        sRend = GetComponent< SpriteRenderer>();
    }
}
```

a．敌人使用 directions 的方式与 Dray 类似。因为所有敌人实例的值都相同，可以将其设置为 static。它被声明为 protected，使得可以被敌人的任何子类访问。

b．笔者已经为检视器修改了标准的[Header(…)]，用于显示哪些变量是从 Enemy 基类继承的，哪些是 Skeletos 以及其他敌人子类的一部分。

c．Enemy 类还声明了几个常被 Enemy 子类使用的变量，包括跟踪运行状况的变量和常用引用组件的变量。

d．Enemy 的 Awake()方法为 health 和公共组件引用 anim、rigid 和

sRend 设置默认值。protected virtual 声明允许在子类中重写它（稍后将看到）。

敌人的 Skeletos 子类

按照以下步骤创建 Skeletos 子类：

1．在项目面板的__Scripts 文件夹中新建一个名为 Skeletos 的 C#脚本。

2．将 Skeletos 脚本附加到层级面板中的 Skeletos 游戏对象。

3．在 MonoDevelope 中打开 Skeletos 脚本并输入以下代码：

```
using  System.Collections;
using  System.Collections.Generic;
using  UnityEngine;

public class  Skeletos  : Enemy  {                                      // a
    [Header( "Set in Inspector: Skeletos")]                            // b
    public int       speed =  2 ;
    public float     timeThinkMin = 1f;
    public float     timeThinkMax = 4f;
    [Header("Set Dynamically: Skeletos")]
    public int        facing = 0 ;
    public float     timeNextDecision =  0 ;

    void Update () {
         if   ( Time.time >= timeNextDecision) {                        // c
            DecideDirection();
        }
        //从 Enemy 继承网格并在 Enemy.Awake() 中实例化
        rigid.velocity = directions[facing] * speed;
    }

    void  DecideDirection() {                                            // d
        facing = Random.Range(0 , 4 );
        timeNextDecision = Time.time + Random.Range(timeThinkMin,timeThinkMax
);
    }
}
```

a．Skeletos 是 Enemy（而不是 MonoBehaviour）的子类。

b．笔者在这里也修改了标准的`[Header(...)]`，显示哪些变量继承于 Enemy，哪些属于 Skeletos。

c．当 Skeletos 最后一次修改方向时，并且在有效时间内，将再次调用`DecideDirection()`。

d．在再次决策前，在`DecideDirection()`中选择随机变量 facing 和随机时间值。

4．保存所有脚本，切换到 Unity，单击“播放”按钮。

此时可以看到骷髅随机穿过地板和房间！下面需要编写脚本，用来控制骷髅和敌人保持在房间中。[6]

35.9 InRoom 脚本

地牢分为几个房间，每个房间宽 16 米，高 11 米。InRoom 脚本将提供几个有用的服务。为了知道骷髅是否试图走出房间，需要知道它在哪个房间里，因为地牢里所有房间大小相同，这很容易实现。

1．在项目面板的__Scripts 文件夹中新建一个名为 InRoom 的 C#脚本。

2．在 MonoDevelop 中打开 InRoom 脚本并输入以下代码：

```
using  System.Collections;
using  System.Collections.Generic;
using  UnityEngine;

public class  InRoom : MonoBehaviour {
    static public float      ROOM_W = 16;                        // a
    static public float      ROOM_H = 11;
    static public float      WALL_T = 2 ;

    // 角色在当前房间里的坐标位置
    public Vector2            roomPos {                          // b
        get {
            Vector2  tPos = transform.position;
            tPos.x %= ROOM_W;
            tPos.y %= ROOM_H;
            return tPos;
        }
        set {
            Vector2  rm = roomNum;
            rm.x *= ROOM_W;
            rm.y *= ROOM_H;
            rm += value;
            transform.position = rm;
        }
    }

    // 角色在哪个房间
    public Vector2            roomNum {                          // c
        get {
            Vector2  tPos = transform.position;
            tPos.x =  Mathf.Floor( tPos.x / ROOM_W );
            tPos.y =  Mathf.Floor( tPos.y / ROOM_H );
            return tPos;
```

6．如果骷髅在原地跳舞了很长时间，确保是否完成了第 2 步（附加脚本）。然而，站着不动对骷髅来说是一种合理的行为，所以可能只需要等待久一点。

```
            }
            set {
                Vector2  rPos = roomPos;
                Vector2  rm = value;
                rm.x *= ROOM_W;
                rm.y *= ROOM_H;
                transform.position = rm + rPos;
            }
        }
    }
```

a. 这些静态浮点变量设置了房间的基本宽度和高度（Unity 测量单位 unit / meter / tile 均相同）。WALL_T 指墙壁厚度。

b. roomPos 属性用于获取或设置游戏对象相对房间左下角（即 *X*:0, *Y*:0）的位置。

c. roomNum 属性用于获取或设置游戏对象所在的房间（地牢左下角的房间是 *X*:0, *Y*:0）。如果设置游戏对象到另一个房间，它在新房间保留同样的相对值 roomPos。

InRoom 的基本版本可以附加到各种游戏对象上，并能够找到任何一个房间里的游戏对象。InRoom 还可以设置游戏对象在房间的相对坐标或移动到另一个房间的游戏对象。

保持游戏对象在房间内

如前所述，希望让骷髅留在房间内。要做到这一点，需要添加一个 LateUpdate()方法，该方法检查每帧以确认骷髅是否游荡到房间的主要区域之外。每个游戏对象在调用 update()方法之后都会调用 LateUpdate()方法[7]。LateUpdate()方法非常适合清理操作，比如将四处游荡的骷髅返回到房间所在位置。

1. 将 InRoom 脚本附加到层级面板中的 Skeletos。

2. 在 MonoDevelop 中打开 InRoom 并添加以下粗体字代码：

```
public class  InRoom : MonoBehaviour {
    static public float      ROOM_W = 16;
    static public float      ROOM_H = 11;
    static public float      WALL_T = 2 ;

    [Header("Set in Inspector")]
    public bool              keepInRoom =  true;
    public float             gridMult =  1 ;                          // a

    void LateUpdate() {
        if  (keepInRoom) {                                            // b
            Vector2  rPos = roomPos;
            rPos.x =  Mathf.Clamp( rPos.x, WALL_T, ROOM_W- 1 -WALL_T);   // c
```

---

7. 例如，如果五个游戏对象有一个 Update()方法，其中两个游戏对象有一个 LateUpdate()方法，五个游戏对象都会调用 Update()方法，然后两个具有 LateUpdate()方法的游戏对象会调用 LateUpdate()。

```
                rPos.y = Mathf.Clamp( rPos.y, WALL_T, ROOM_H- 1 -WALL_T);
                roomPos = rPos;                                                // d
            }
        }

        // 角色在房间的相对位置
        public Vector2          roomPos { ... }
        ...
    }
```

a. 本章稍后将使用 gridMult 变量。

b. 如果勾选了 keepInRoom，那么在每一帧，本行代码都会检查游戏对象的 roomPos 是否留在房间的墙上。

c. Mathf.Clamp()确保 rPos.x 值在最小值 WALL_T 和最大值 ROOM_W-1-WALL_T 之间，防止骷髅穿过房间的墙壁。

d. 对房间范围内的检查完成后，重新分配 rPos 到 roomPos，它执行 roomPos 属性的 set 子句并移动游戏对象（如果需要移回房间）。

3. 保存 InRoom 脚本并返回 Unity 进行测试。现在应该看到骷髅在房间里四处游荡，但不再像以前那样穿过墙壁。

InRoom 脚本对于有效地模拟敌人与墙之间的碰撞非常有用。但是也需要让游戏中的角色直接与一些图块发生碰撞（例如，房间中的一些雕像和方尖碑）。为此，需要实现按图块碰撞。

35.10 按图块碰撞

DelverData 文本文件保存每个位置应放置哪些图块的信息。DelverTiles 图像为每个图块提供图像。另一个名为 DelverCollisions 的文本文件负责存储每种类型图块的碰撞信息，它是以某种编码方式实现的，如图 35-9 所示。

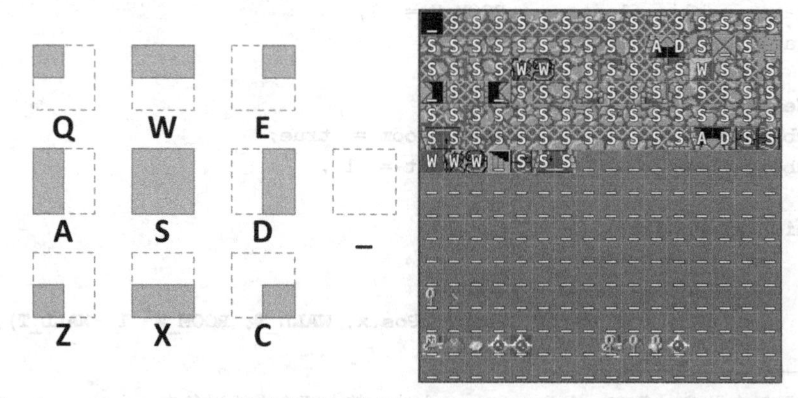

图 35-9 DelverCollisions 文本文件（左图）的编码和位于 DelverTiles 顶部（右图）的 DelverCollisions 文本

在图 35-9 的左图，可以看到 DelverCollisions 文本文件的编码，将正确的 Box Collider 形状与 DelverTiles 图像中的每个图块匹配。左图的每个字母表示特定碰撞，灰色虚线代表整个图块，阴影框表示碰撞器覆盖的内容。例如，带有 W 的图块将只有覆盖图块上半部分的碰撞器，用于放置所有房间中央位置的柱子和雕像。*Dungeon Delver* 只使用_（无碰撞）、S（完全碰撞）、A（左半部分碰撞）、D（右半部分碰撞）和 W（上半部分碰撞），但笔者提供了其他的（Q、E、Z、X 和 C）字母可用于开发其他游戏。

在图 35-9 的右图，可以看到 DelverCollisions 文本文件添加在 DelverTiles 图像中的图块上。

要使用此 DelverCollisions 信息，请首先将碰撞器添加到 Tile 预设。

1. 在项目面板的_Prefabs 文件夹中选择 Tile 游戏对象。

2. 将一个 Box Collider 连接到 Tile（在菜单栏中执行 Component > Physics > Box Collider 命令）。[8]

按图块碰撞脚本

接下来，在 TileCamera 和 Tile C#脚本中添加一些代码，以启用 DelverCollisions 数据。

1. 打开 MonoDevelope 中的 TileCamera 脚本，添加以下粗体字代码：

```
public class  TileCamera  : MonoBehaviour {
    static public int           W, H;
    static private int[,]       MAP;
    static public Sprite []     SPRITES;
    static   public   Transform  TILE_ANCHOR;
    static   public   Tile[,]    TILES;
    static public string        COLLISIONS;                           // a

    [Header("Set in Inspector")]
    ...
    void Awake() {
        COLLISIONS =  Utils.RemoveLineEndings( mapCollisions.text ); // b
        LoadMap();
    }
    ...
}
```

a. 静态公有变量 COLLISIONS 字符串可以被任何其他脚本访问。字符串是这里最适用的数据类型，因为括号可轻松访问单个字符串中的字符，能够为任何 tileNum 提取冲突字符。

b. 这里，TextAsset 类型的 mapCollisions 变量的文本通过 Utils 方法去掉行尾（使结果成为一个 256 个字符的字符串，没有换行符），留下与 Sprite 数组对齐的字符数组（以字符串的形式）。

---

8. 与大多数拥有碰撞器的游戏对象不同，Tile 预设不需要刚体组件，因为它在游戏中永远不会被移动。如果后面要实现滑块，那么也要在 Tile 预设上加刚体组件。

2. 保存 TileCamera 脚本。

3. 打开 Tile 脚本并添加以下粗体字代码：

```
public class  Tile : MonoBehaviour {
   [Header("Set Dynamically")]
   public int               x;
   public int               y;
   public int               tileNum;

   private  BoxCollider      bColl;                                   // a

   void Awake() {
       bColl = GetComponent< BoxCollider >();                        // a
   }

   public void SetTile( int eX, int eY, int eTileNum = -1 ) {
       ...
       GetComponent<SpriteRenderer>().sprite = TileCamera.SPRITES[tileNum];

       SetCollider();                                                // b
   }

   // 为图块分配碰撞器
   void SetCollider() {
        //从DelverCollisions.txt导出碰撞器信息
       bColl.enabled =  true;
       char c = TileCamera.COLLISIONS[tileNum];                      // c
       switch (c) {
           case 'S' : // 完全碰撞
               bColl.center =  Vector3.zero;
               bColl.size =  Vector3.one;
                break;
           case 'W' : // 顶部碰撞
               bColl.center =  new Vector3( 0 , 0.25f, 0 );
               bColl.size =    new Vector3( 1 , 0.5f, 1 );
                break;
           case 'A' : // 左碰撞
               bColl.center =  new Vector3( - 0.25f, 0 , 0 );
               bColl.size =    new Vector3( 0.5f, 1 , 1 );
                break;
           case 'D' : // 右碰撞
               bColl.center =  new Vector3( 0.25f, 0 , 0 );
               bColl.size =    new Vector3( 0.5f, 1 , 1 );
               break;

           // vvvvvvvv-------- 以下为可选的 --------vvvvvvvv               // d
           case 'Q' : // 顶部&左碰撞
               bColl.center =  new Vector3( - 0.25f, 0.25f, 0 );
               bColl.size =    new Vector3( 0.5f, 0.5f, 1 );
```

```
                break;
            case 'E' : // 顶部&右碰撞
                bColl.center =  new Vector3( 0.25f, 0.25f, 0 );
                bColl.size =    new Vector3( 0.5f, 0.5f, 1 );
                break;
            case 'Z' : // 底部&左碰撞
                bColl.center =  new Vector3( - 0.25f, - 0.25f, 0 );
                bColl.size =    new Vector3( 0.5f, 0.5f, 1 );
                break;
            case 'X' : // 底部碰撞
                bColl.center =  new Vector3( 0 , - 0.25f, 0 );
                bColl.size =    new Vector3( 1 , 0.5f, 1 );
                break;
            case 'C' : // 底部&右碰撞
                bColl.center =  new Vector3( 0.25f, - 0.25f, 0 );
                bColl.size =    new Vector3( 0.5f, 0.5f, 1 );
                break;
            // ^^^^^^^^-------- 以上为可选的 --------^^^^^^^^          // d

            default: // Anything else: _, |, etc.                     // e
                bColl.enabled = false;
                break;
        }
    }
}
```

a. bColl 提供了对该图块的框碰撞器的引用。

b. 在 SetTile()方法的末尾，调用 SetCollider()。

c. 这里，tileNum 用于从 TileCamera. COLLISIONS 访问正确的冲突字符。

d. 两个//d 标记之间的代码（即字符 Q、E、Z、X 和 C）对于 *Dungeon Delver* 不是必需的，但可能在其他项目中有用。

e. 最后的 default 情况是处理“_”字符所必需的。

4. 保存 Tile 脚本并返回 Unity。

向 Dray 添加碰撞器

最后，要查看按图块碰撞的结果，必须向 Dray 添加一个碰撞器。

1. 在层级面板中选择 Dray。

2. 将球体碰撞器添加到 Dray（在菜单栏中执行 Component > Physics > Sphere Collider 命令）。

■ 将球体碰撞器的 Radius 设置为 0.4。

尝试保存并播放场景。让 Pray 四处走动，看看遇到墙壁时会发生什么。当骷髅被困在房间里时，可以走进门口。但是可能会遇到两个问题：

■ 与门完全对齐有点困难。
■ 不能移动到别的房间去。

下面依次处理这些问题。

35.11　与网格对齐

在《塞尔达传说》最初版本的系统中，将玩家排列在网格中，但仍然让他们觉得自己可以自由漫步。玩家基本上可以自由移动，但越往同一方向移动，就逐渐以 0.5 单位网格对齐。为了在本游戏中使用，我们可以利用之前编写的 InRoom 脚本进行一些扩展，以获取网格上离房间最近位置的信息。

1. 将 InRoom 脚本附加到层级面板中的 Dray 游戏对象。

■ 将 Dray 的 keepInRoom 设置为 false。

2. 在 MonoDevelope 中打开 InRoom 脚本，并将以下方法添加到类定义。GetRoomPosOnGrid()方法将在房间和网格上找到与游戏对象最近的位置（默认网格大小为 1 米）。

```
public class  InRoom : MonoBehaviour {
    ...
    // 角色在哪个房间
    public Vector2           roomNum { ... }

    // 离角色最近的网格位置
    public Vector2  GetRoomPosOnGrid(float  mult = - 1 ) {
        if  (mult == -1 ) {
            mult = gridMult;
        }
        Vector2  rPos = roomPos;
        rPos /= mult;
        rPos.x =   Mathf.Round( rPos.x );
        rPos.y =   Mathf.Round( rPos.y );
        rPos *= mult;
        return rPos;
    }

}
```

3. 保存 InRoom 脚本并返回 Unity。

IFacingMover 接口

除 Dray 外，你也许还想让地牢里的所有生物都能移动，下面使用 GridMove 脚本应用于所有对象。Dray 和骷髅有一些相同的特征（例如，0~3 朝向控制行为的移动或静止等），但 Dray 和骷髅唯一共享的类是 MonoBehaviour。此时应该考虑使用 C#的 interface 方法了。如果想深入了解接口，请阅读附录 B 的“接口”小节。

简单地说，接口用于声明方法或属性，可以在类中使用。任何实现接口的类都可以在代码中引用为接口类型而不是特定的类类型。这不同于子类，其中最重要的两个方面是：

- 一个类可以同时实现几个不同的接口，而一个类只能扩展单个超类。
- 不管父类是什么，任何类都可以实现相同的接口。

你可以将接口视为承诺：任何实现接口的类都承诺具有可以安全调用的特定方法或属性。

这里实现的 IFacingMover 接口非常简单，可以轻松地应用于骷髅和 Dray。

1．在__Scripts 文件夹中创建一个名为 IFacingMover 的新 C#脚本（接口名通常以 I 开头）。

2．在 MonoDevelope 中打开 IFacingMover 并输入以下代码。请注意，IFacingMover 不扩展 MonoBehaviour，也不是类。

```
using  System.Collections;
using  System.Collections.Generic;
using  UnityEngine;

public interface IFacingMover  {                                          // a
    int GetFacing();                                                      // b
    bool moving { get ; }                                                 // c
    float  GetSpeed();
    float  gridMult {  get ; }                                            // d
    Vector2  roomPos { get ; set ; }                                      // e
    Vector2  roomNum { get ; set ; }
    Vector2  GetRoomPosOnGrid( float  mult = - 1 );                       // f
}
```

a．这是 IFacingMover 接口的公开声明。

b．接口包括方法和属性，这些方法和属性必须在任何实现此接口的类中为公有可访问属性。此行声明任何实现 IFacingMover 的类都有一个公有 `int` 类型的 `GetFacing()`方法。

c．除了方法外，还可以使用接口保证属性的实现。此行声明只读 `bool` 类型的 `moving` 属性，将在实现 IFacingOver 的任何类中完成。

d．`gridMult` 的只读属性允许 IFacingMovers 将 InRoom 中的 `gridMult` 变量传递给 GridMove 等脚本，而不需要 GridMove 直接访问 InRoom。

e．`gridMult` 和 `roomPos` 属性以及 `GetRoomPosOnGrid()`方法将要求 Dray 和 Skeletos 实现对 InRoom 的访问。然而，尽管需要 Dray 和 Skeletos 访问 InRoom，它允许任何类将 Dray 和 Skeletos 作为 IFacingMover 调用，而不需要访问 InRoom。

f．此接口方法包含其参数 `mult` 的默认值。如果没有值或者将-1 传递给 `GetRoomPosOnGrid()`，它将查找 `gridMult` 属性。有趣的是，如果 `mult` 的默认值与实现 IFacingMover 的任何脚本中的默认值不一致，则这里的值将重写这些实现类中的默认值。

在 Dray 类中实现 IFacingMover 接口

接下来，按照以下步骤在 Dray 类中实现 IFacingMover 接口：

1. 打开 Dray 类并添加以下代码，使其正确实现 IFacingMover 接口。

```
public class Dray  : MonoBehaviour , IFacingMover  {              // a
    ...
    private  Rigidbody         rigid;
    private  Animator          anim;
    private  InRoom            inRm;                              // b

    ...

    void Awake () {
        rigid = GetComponent< Rigidbody>();
        anim = GetComponent<Animator >();
        inRm = GetComponent<InRoom >();                           // b
    }

    void Update () { ... }

    // 实现 IFacingMover
    public int  GetFacing() {                                     // c
        return facing;
    }

    public bool moving {                                          // d
        get {
            return (mode == eMode.move);
        }
    }

    public float  GetSpeed() {                                    // e
        return speed;
    }

    public float  gridMult {
        get {  return inRm.gridMult; }
    }

    public Vector2  roomPos {                                     // f
        get { return inRm.roomPos; }
        set { inRm.roomPos = value; }
    }

    public  Vector2  roomNum {
        get  {  return  inRm.roomNum; }
        set  { inRm.roomNum =  value; }
```

```
    }

    public Vector2 GetRoomPosOnGrid( float mult = -1 ) {
        return inRm.GetRoomPosOnGrid( mult );
    }
}
```

a. “, IFacingMover”声明此类实现 IFacingMover 接口。

b. inRm 提供对附加的 InRoom 类的访问，并在 Awake()中分配。

c. 由 IFacingMover 决定 public int GetFacing()方法的实现。

d. 从 IFacingMover 实现 public bool moving { get; }只读属性。

e. 从 IFacingMover 实现 float GetSpeed()。

f. roomPos 的实现与任何其他读写属性一样。

2. 保存 Dray 并返回 Unity，确保所有的编译都没有问题。

现在看来这似乎有很多额外的工作，但要注意为 Skeletos 实现了相同的接口后会发生什么。

3. 打开 Skeletos 脚本并输入以下粗体等代码。

```
public class Skeletos   : Enemy, IFacingMover  {                    // a
    ...
    public float     timeNextDecision =  0 ;

    private  InRoom   inRm;                                          // b

    protected override void  Awake () {                              // c
        base.Awake();
        inRm = GetComponent<InRoom >();
    }

    void Update () { ... }

    void DecideDirection() { ... }

    // 实现 IFacingMover
    public int  GetFacing() {
         return facing;
    }

    public bool moving {  get { return true ; }  }                   // d

    public float  GetSpeed() {
         return speed;
    }

    public float  gridMult {
         get {   return inRm.gridMult; }
```

```
    }

    public Vector2 roomPos {
        get { return inRm.roomPos; }
        set { inRm.roomPos = value; }
    }

    public Vector2 roomNum {
        get { return inRm.roomNum; }
        set { inRm.roomNum = value; }
    }

    public Vector2 GetRoomPosOnGrid( float mult = - 1 ) {
        return inRm.GetRoomPosOnGrid( mult );
    }
}
```

a. Skeletos 中大多数实现方式都是相同的。

b. 还必须为 Skeletos 声明和定义 inRm。

c. Skeletos 中的 Awake()必须声明为 protected override，才能在与超类 Enemy 的 protected virtual Awake()方法匹配。Awake()方法中的第一行调用基类的 Awake()方法（Enemy:Awake()）。然后 Skeletos:Awake()继续分配 inRm 的值。

d. Skeletos 总是在移动，所以这里实现的 bool moving { get; }只返回 true，与 Dray 类不同。

4. 保存所有 MonoDevelop 中的脚本并返回 Unity。

现在，无论是 Dray 还是 Skeletos 都可以使用与 IFacingMover 相同的代码处理，而不需要为每个类编写单独的代码。让我们实现 GridMove 脚本，用来测试这个功能。

GridMove 脚本

下面将 GridMove 应用于任何实现了 IFacingMover 类的游戏对象。

1. 在__Scripts 文件夹中创建一个名为 GridMove 的新 C#脚本，并将其附加到 Dray。

2. 在 MonoDevelop 中打开 GridMove 脚本并输入以下代码。

```
using System.Collections;
using System.Collections.Generic;
using UnityEngine;

public class GridMove : MonoBehaviour {
    private IFacingMover mover;

    void Awake() {
        mover = GetComponent< IFacingMover>();                    // a
    }
```

```
    void FixedUpdate() {
        if  ( !mover.moving ) return ; // 如果不移动，不做任何动作
        int facing = mover.GetFacing();

        // 如果在一个方向移动，分配到网格
        // 首先，获取网格位置
        Vector2  rPos = mover.roomPos;
        Vector2  rPosGrid = mover.GetRoomPosOnGrid();
        // 根据 IFacingMover（使用 InRoom 的）选择网格空间

        // 然后移动到网格行
        float  delta =  0 ;
        if  (facing ==  0 || facing ==  2 ) {
            // 水平移动，分配到 y 网格
            delta = rPosGrid.y - rPos.y;
        } else {
            // 垂直移动，分配到 x 网格
            delta = rPosGrid.x - rPos.x;
        }
        if  (delta == 0 ) return ; //完成分配到网格

        float  move = mover.GetSpeed() *  Time.fixedDeltaTime;
        move = Mathf.Min( move, Mathf.Abs(delta) );
        if  (delta < 0 ) move = -move;

        if  (facing ==  0 || facing ==  2 ) {
            // 水平移动，分配到 y 网格
            rPos.y += move;
        } else {
            // 垂直移动，分配到 x 网格
            rPos.x += move;
        }

        mover.roomPos = rPos;
    }
}
```

a. `GetComponent<IFacingMover>()`查找附加到此游戏对象的任何实现了 IFacingMover 接口的组件。这将返回一个 Dray 或者 Skeletos 引用，与将来实现 IFacingMover 接口一致。

GridMove 被实现为 `FixedUpdate()`的一部分，因为物理引擎正在更新并实际移动各种游戏对象。

3．在 MonoDevelop 中保存所有脚本，返回 Unity，然后单击“播放”按钮。

当 Dray 四处移动时，会看到它们将逐渐地移动到同一个单元网格。这样可更容易

与门对齐。

4. 停止播放。

5. 选择 Dray 并将 InRoom 检视器的 gridMult 设置为 0.5。

再次测试，会发现 Dray 可以在半网格上移动，就像《塞尔达传说》中那样。

6. 将 GridMove 附加到层级面板中的 Skeletos 游戏对象。

7. 保存场景，然后再次单击“播放”按钮。

如果仔细观察，可以看到 Skeletos 现在沿一个单位网格移动。

35.12 从一个房间移动到另一个房间

现在 Dray 能与门排成一排，下面可以让他冒险进入地牢。因为 Dray 是唯一一个从一个房间移动到另一个房间的人，所以我们可以将此代码转换为 Dray 类。但是，全局房间信息，如门的位置、地图的总体尺寸，仍应通过 InRoom 进行管理。

1. 在 MonoDevelop 中打开 InRoom 脚本并输入以下代码：

```
public class InRoom : MonoBehaviour {
    static public float      ROOM_W = 16;
    static public float      ROOM_H = 11;
    static public float      WALL_T = 2 ;

    static public int        MAX_RM_X =  9 ;                          // a
    static public int        MAX_RM_Y =  9 ;

    static public Vector2[] DOORS =  new Vector2[] {                  // b
        new Vector2( 14,   5 ),
        new Vector2( 7.5f, 9 ),
        new Vector2( 1 ,   5 ),
        new Vector2( 7.5f, 1 )
    };

    [Header("Set in Inspector")]
    public bool              keepInRoom =  true;
    ...
}
```

a. 静态 int 型变量 MAX_RM_X 和 MAX_RM_Y 标记地图的最大边界。设置为 9，将使用在本章末尾描述的 Delver Level 编辑器的当前最大值。如果需要画一张更大的地图，必须修改这个值。

b. 静态 Vector2 数组的 DOORS 存储每个门在房间的相对位置。

2. 保存 InRoom 脚本。

3. 打开 MonoDevelop 中的 Dray 类并输入以下代码：

```
public class Dray : MonoBehaviour , IFacingMover  {
```

```
...
[Header("Set in Inspector")]
...
public float            attackDelay = 0.5f;     // 攻击间隔
public float            transitionDelay = 0.5f; // 房间转换间隔   // a
[Header("Set Dynamically")]
...

private float           timeAtkDone = 0 ;
private float           timeAtkNext = 0 ;
private float           transitionDone = 0 ;                      // a
private Vector2         transitionPos;

private  Rigidbody       rigid;
...

void Update () {
    if  ( mode == eMode.transition ) {                            // b
        rigid.velocity =  Vector3.zero;
        anim.speed = 0 ;
        roomPos = transitionPos;  // 让Dray待在原地
        if  ( Time.time < transitionDone)  return ;
        // 如果Time.time >= transitionDone, 则实现下面代码
        mode =  eMode.idle;
    }

    //———处理键盘输入和eDrayModes———
    dirHeld = - 1
    ...
}

void LateUpdate() {
    // 获取游戏对象的半网格位置
    Vector2  rPos = GetRoomPosOnGrid( 0.5f  );  // 强制转换半网格  // c

    //确认是否在门图块中
    int doorNum;
    for  (doorNum=0 ; doorNum<4 ; doorNum++) {
        if  (rPos == InRoom .DOORS[doorNum]) {
            break;                                                // d
        }
    }

    if  ( doorNum > 3  || doorNum != facing ) return  ;            // e

    // 移动到下一个房间
    Vector2  rm = roomNum;
    switch (doorNum) {                                            // f
        case 0 :
            rm.x +=  1 ;
```

```
                break;
            case 1 :
               rm.y += 1 ;
                break;
            case 2 :
               rm.x -= 1 ;
                break;
                case 3 :
                rm.y -= 1 ;
                break;
        }
         //确认跳转的 rm 是否有效
        if (rm.x >= 0 && rm.x <= InRoom .MAX_RM_X) {                    // g
            if (rm.y >= 0 && rm.y <= InRoom .MAX_RM_Y) {
                roomNum = rm;
                transitionPos = InRoom .DOORS[ (doorNum+2 ) % 4 ];    // h
                roomPos = transitionPos;
                mode = eMode.transition;                                // i
                transitionDone = Time.time + transitionDelay;
            }
        }
    }

    // 实现 IFacingMover
    public int  GetFacing() { ... }
    ...
}
```

a. 确保不要漏掉这些代码行。

b. 当 Dray 从一个房间移动到另一个房间时，本行让 Dray 在原地保持不动一小会儿。这可以防止玩家进入危险的房间，直到摄像机切换到新房间。

c. 半格设置为 0.5，是因为 InRoom.DOORS 位于半格上。

d. 这个循环遍历每个门，当它找到站立的玩家时中断循环。如果玩家没有站在门的任何位置，doorNum 以 4 结束 for 循环。

e. 如果 doorNum>3（即 Dray 没有站在门口），或者如果 Dray 没有面朝门口（即 doorNum != facing），则此处执行返回。

f. 只有当 Dray 通过一扇门时，才能执行到这行代码。这个 switch 语句会根据 Dray 通过门时更改 Vector2 的 roomNum。

g. 这里，在地图的范围内检查有效性。例如，防止 Dray 走出地牢的入口（这将把它们的 roomNum.y 设置为-1）。

h. (doorNum+2) % 4 代码选择房间中的对面门（例如，如果 Dray 从 DOORS[3]离开，它们将进入 DOORS[1]）。然后将 transitionPos 设置为该值，在下一行，Dray 的 roomPos 也被设置到相同的位置，将其放置在隔壁房间的门口。

i. Dray 进入 transition 模式，暂时不会移动，让玩家在进入新房间之前有时间观察情况。

4. 在 MonoDevelop 中保存所有脚本，切换回 Unity，然后单击播放按钮。

摄像机还不能跟着 Dray 进入新房间，所以需要查看场景面板，但现在可以看到 Dray 通过走廊进入另一个房间。

35.13　让摄像机跟随 Dray

现在 Dray 可以从一个房间移动到另一个房间，是时候让摄像机跟着 Dray 行动。

1. 在__Scripts 文件夹中创建一个名为 CamFollowDray 的新 C#脚本。

2. 将 CamFollowDray 添加到层级面板中的主摄像头。

3. 在 MonoDevelop 中打开 CamFollowDray 并输入以下代码：

```
using  System.Collections;
using  System.Collections.Generic;
using  UnityEngine;

public class  CamFollowDray : MonoBehaviour {
    static public bool  TRANSITIONING =  false;

    [Header("Set in Inspector")]
    public InRoom          drayInRm;                                    // a
    public float           transTime = 0.5f;

    private  Vector3       p0, p1;

    private  InRoom        inRm;                                        // b
    private float          transStart;

    void Awake() {
        inRm = GetComponent<InRoom >();
    }

    void Update () {
        if  (TRANSITIONING) {                                           // c
            float  u = (Time.time - transStart) / transTime;
            if  (u >=  1 ) {
                u = 1 ;
                TRANSITIONING = false;
            }
            transform.position = ( 1 -u)*p0 + u*p1;
        } else {                                                        // d
            if  (drayInRm.roomNum != inRm.roomNum) {
                TransitionTo( drayInRm.roomNum );
            }
        }
```

```
        }

        void TransitionTo( Vector2  rm ) {                          // e
            p0 = transform.position;
            inRm.roomNum = rm;
            p1 = transform.position + (Vector3.back *  10);
            transform.position = p0;

            transStart =  Time.time;
            TRANSITIONING =  true;
        }
    }
```

a. 需要在检视器中指定公有变量 drayInRm。

b. CamFollowDray 也使用自己的 InRoom 实例。

c. 如果 CamFollowDray 正在转换，它会将摄像机在 0.5 秒内（默认值）从旧房间（p0）移动到新房间（p1）。

d. 如果 CamFollowDray 不转换，它会观察 drayInRm 是否处于这个游戏对象（主摄像头）的不同状态。

e. 当调用 TransitionTo()时，CamFollowDray 将其当前位置缓存在 p0 中，然后临时移动到新房间并在 p1 中缓存该位置。这里需要代码“+ (Vector3.back * 10)”，因为只需设置 InRoom 的 roomNum，会将游戏对象的 *Z* 位置设置为 0。然后 CamFollowDray 跳回到原始位置，从 p0 到 p1 初始化线性插值，并设置 TRANSITIONING 为 true。

4. 保存 CamFollowDray 脚本并返回 Unity。

5. 在层级面板中选择 Main Camera。

6. 将 InRoom 脚本附加到主摄像头。

■ 将 keepInRoom 设置为 false（取消选中）。

7. 将 Dray 分配到主摄像头 CamFollowDray 检视器中的 drayInRoom 变量。这为 CamFollowDray 提供了附加到 Dray 的 InRoom 组件的引用。

8. 保存场景，然后单击“播放”按钮。

现在应该可以在地牢底层的三个房间里移动，但是中间那扇锁着的门现在成了问题。

35.14 打开门锁

要打开地牢的门，需要一把钥匙，并且必须用开门图块替换带锁门图块。代码将查找 Dray 和带锁门图块之间的冲突。如果 Dray 有钥匙，当他撞上一扇锁着的门时，钥匙数量将减少 1。朝上和朝下（1 和 3）时的情况会稍微复杂一些，因为它们是一对图块，在下文也会处理。

IKeyMaster 类

Dray 是地牢中唯一一个可以开门的人，下面通过实现 IKeyMaster 接口完成在单个类中实现多个接口。

1. 在__Scripts 文件夹中创建一个名为 IKeyMaster 的新 C#脚本。

2. 在 MonoDevelop 中打开 Keymaster 并输入以下代码：

```
using  System.Collections;
using  System.Collections.Generic;
using  UnityEngine;

public interface IKeyMaster {
    int keyCount {  get ; set ; }                              // a
    int GetFacing();                                           // b
}
```

a. `keyCount` 可以获取和设置钥匙数量。

b. 在 Dray 类中已经实现 `GetFacing()`（通过 IFacingMover）。

3. 保存 IKeyMaster 并打开 Dray 脚本。在 Dray 中输入以下粗体字代码。

```
public class  Dray  : MonoBehaviour , IFacingMover, IKeyMaster  {     // a
    ...
    [Header("Set Dynamically")]
    public int               dirHeld = - 1 ; // 移动键的方向
    public int               facing = 1 ;   //  Dray 面对的方向
    public eMode             mode = eMode.idle;
    public int               numKeys = 0 ;                             // b

    private float            timeAtkDone = 0 ;
    ...
    // 实现 IFacingMover
    public int  GetFacing() {                                           // c
        return facing;
    }
    ...
    public Vector2  GetRoomPosOnGrid( float  mult = - 1 ) {
        return inRm.GetRoomPosOnGrid( mult );
    }

    // 实现 IKeyMaster
    public int  keyCount {                                             // d
        get { return numKeys; }
        set { numKeys = value; }
    }
}
```

a. IKeyMaster 被添加到由 Dray 类实现的接口列表中。

b. `public int numKeys` 变量存储 Dray 拥有的钥匙数。这样可以在 Unity 检视器中轻松修改它。属性为[serializefield]的私有变量[SerializeField]是另一个不错的选项。

c. `GetFacing()` 已经在 Dray 类中实现（通过 IFacingMover）。

d. `keyCount` 实现为一个简单的公有属性。

4. 保存 Dray 脚本。现在，已经准备好实现 GateKeeper 类了。

GateKeeper 类

GateKeeper 类通过将 TileCamera.MAP 的已锁门图块替换为开启门图块解锁门。`Tile.SetTile()` 方法能够获取两个参数（将图块的 *x* 和 *y* 位置定义为 `eX` 和 `eX`）或三个参数（添加的 `eTileNum` 参数将特定的图块分配到其他位置）。这里需要对这个方法做细微的修改，不仅显示当时传入的 `eTileNum` 的 Sprite，还要修改 TileCamera.MAP 以呈现新的图块。

为 TileCamera.MAP 提供保护

这是一本关于游戏原型的书，所以在本书中，笔者更关心的是游戏的运行能否很好地保护类。但笔者想指出的是，允许 Tile 类直接操作 TileCamera 类中的静态公有 MAP 数组不是很好的方式，这就是为什么 TileCamera.MAP 为私有，并且有两个访问器方法——`GET_MAP()` 和 `SET_MAP()`。这两个方法都有安全措施，不允许超出 MAP 的 `eX` 或 `eY` 值，从而避免出现 IndexOutOfRangeExceptions 异常。

使用诸如 `SET_MAP()` 这样的访问器方法的另一个原因是改进了跟踪漏洞功能。如果将来发现有什么东西以奇怪的方式修改地图，可以在 `SET_MAP()` 函数中设置调试断点，然后运行调试器。在任何时候调用 `SET_MAP()`，函数执行都将在该断点上暂停，可以查找 MonoDevelop 中的 Call Stack 面板，查看哪个方法调用了 `SET_MAP()`，以及传入了哪些参数。如果看到一个或多个不希望看到的方法或参数，那么找到了问题根源。

使用 Tile.SetTile()修改 TileCamera.MAP

在 MonoDevelop 中打开 Tile 脚本，并对 `SetTile()` 函数进行如下修改：

```
public class Tile : MonoBehaviour {
    ...
    public void SetTile( int eX, int eY, int eTileNum = -1 ) {
        ...
        if (eTileNum == -1 ) {
            eTileNum = TileCamera.MAP[x,y];
        } else {
            TileCamera.SET_MAP(x, y, eTileNum);
            // 若非默认 tileNum，则替换
        }
        tileNum = eTileNum;
        ...
```

```
    }
    ...
}
```

实现 GateKeeper 脚本

通过以下步骤创建 GateKeeper 脚本：

1．在__Scripts 文件夹中创建一个名为 GateKeeper 的 C#脚本。

2．将 GateKeeper 附加到层级面板中的 Dray 游戏对象。

3．在 MonoDevelop 中打开 GateKeeper 并输入以下代码：

```
using  System.Collections;
using  System.Collections.Generic;
using  UnityEngine;

public class  GateKeeper  : MonoBehaviour {
    // 这些常量根据默认的 DelverTiles 图片确定
    // 如果重新布局，则 DelverTiles 需要修改！
    //————锁门的 tileNums                                        // a
    const int                lockedR  =  95;
    const int                lockedUR =  81;
    const int                lockedUL =  80;
    const int                lockedL  =  100 ;
    const int                lockedDL =  101 ;
    const int                lockedDR =  102 ;

    //————开门的 tileNums
    const int                openR  = 48;
    const int                openUR = 93;
    const int                openUL = 92;
    const int                openL  = 51;
    const int                openDL = 26;
    const int                openDR = 27;

    private  IKeyMaster       keys;

    void Awake() {
        keys = GetComponent<IKeyMaster>();
    }

    void OnCollisionStay( Collision coll ) {                     // b
        // 没有钥匙，不需要运行
        if  (keys.keyCount < 1 ) return ;

        // 只需要担心撞到图块
        Tile ti = coll.gameObject.GetComponent< Tile>();
        if  (ti == null) return ;

        //当 Dray 朝向门时才打开（防止意外使用钥匙）
```

```
            int facing = keys.GetFacing();
            // 确认是否为门图块
            Tile ti2;
            switch (ti.tileNum) {                                       // c
                case lockedR:
                    if  (facing !=  0 ) return ;                        // d
                    ti.SetTile( ti.x, ti.y, openR );
                    break;

                case lockedUR:
                    if  (facing !=  1 ) return ;
                    ti.SetTile( ti.x, ti.y, openUR );
                    ti2 = TileCamera.TILES[ti.x-1 , ti.y];
                    ti2.SetTile( ti2.x, ti2.y, openUL );
                    break;

                case lockedUL:
                    if  (facing !=  1 ) return ;
                    ti.SetTile( ti.x, ti.y, openUL );
                    ti2 = TileCamera.TILES[ti.x+1 , ti.y];
                    ti2.SetTile( ti2.x, ti2.y, openUR );
                    break;

                case lockedL:
                    if  (facing !=  2 ) return ;
                    ti.SetTile( ti.x, ti.y, openL );
                    break;

                case lockedDL:
                    if  (facing !=  3 ) return ;
                    ti.SetTile( ti.x, ti.y, openDL );
                    ti2 = TileCamera.TILES[ti.x+1 , ti.y];
                    ti2.SetTile( ti2.x, ti2.y, openDR );
                    break;

                case lockedDR:
                    if  (facing !=  3 ) return ;
                    ti.SetTile( ti.x, ti.y, openDR );
                        ti2 = TileCamera.TILES[ti.x-1 , ti.y];
                        ti2.SetTile( ti2.x, ti2.y, openDL );
                        break;
                default:
                    return ; // 返回，防止钥匙数量减少
            }

            keys.keyCount--;
        }
}
```

a. 这里的 const ints 是每扇可能上锁或打开门的图块编号（例如，`lockedR` 为 95，以及 Texture 2D DelverTiles 的第 95 个 Sprite 表示朝右边锁着的门）。

b. 如果 Dray 没有钥匙，或者碰撞的物体不是图块，或者 Dray 没有面向上锁的门，则 `OnCollisionStay()` 方法将返回。这可以防止钥匙数量减少，除非门实际上已解锁，允许玩家走过一扇门而不打开它。

c. `switch` 语句中的事例不能是变量，这就是为什么所有的 int 型变量都在类的顶部声明为 `const`。

d. 如果 Dray 不朝向门，则函数返回。

4. 保存 MonoDevelop 中所有脚本并返回 Unity。

5. 单击"播放"按钮并在房间向右走。如果想离开朝向北并且上锁的门，目前还无法实现。

6. 在 Unity 仍在播放的情况下，在层级面板中选择 Dray 并设置 Dray（Script）组件的 `numKeys` 变量为 6（钥匙应该足够穿过整个地牢）。现在如果靠近门，应该能够穿过它，然后探索整个地牢！[9]

35.15　为钥匙计数器和生命值添加 GUI

玩家无法通过查看 Unity 检视器跟踪钥匙的数量，所以需要添加一些 GUI 元素。

1. 在菜单栏中执行 GameObject > UI > Canvas 命令创建新画布，会在层级面板的顶部同时创建 Canvas 和 Event System。

2. 在层级面板中选择 Canvas。

3. 在 Canvas 游戏对象上的 Canvas 检视器中：

- 将 Render Mode 设置为 Screen Space – Camera。
- 单击 Render Camera 右侧的目标图标，然后在 Scene 选项卡中选择"GUI Camera"选项。

当你导入本章的初始 unitypackage 时，已经在项目面板的_Prefabs 文件夹中包含了一个名为 DelverPanel 的 UI 面板。

4. 将 DelverPanel 从_Prefabs 文件夹拖动到层级面板中的画布上，使 DelverPanel 成为画布的子元素。现在应该看到 Delver Panel 出现在 GUI Camera 图像中屏幕的右侧。在默认情况下，GUI 显示 0 键和半生命值状态。

下面我们编写一个脚本让这个 UI 工作。

为 Dray 添加生命值

现在，Dray 类能够跟踪钥匙的数量，但还没有生命值跟踪或发起攻击功能。让我们解决第一个问题。

---

9. 目前仍然不能进入地牢最左边的房间，那是一种不同的门，无法用钥匙打开。

1. 在 MonoDevelop 中打开 Dray 脚本并输入以下代码：

```
public class Dray : MonoBehaviour , IFacingMover, IKeyMaster {
    public enum eMode { idle, move, attack, transition }

    [Header("Set in Inspector")]
    public float              speed =  5 ;
    public float              attackDuration = 0.25f; // 追踪的时间秒数
    public float              attackDelay = 0.5f;     // 攻击间的间隔
    public float              transitionDelay = 0.5f; // 转换间的间隔
    public int                maxHealth =  10;                // a

    [Header("Set Dynamically")]
    public int                dirHeld = - 1 ; // held移动键方向
    public int                facing = 1 ;    // Dray 面对的方向
    public eMode              mode = eMode.idle;
    public int                numKeys = 0 ;

    [SerializeField]                                          // b
    private int               _health;

    public int  health {                                      // c
        get {  return _health; }
        set { _health =  value; }
    }

    private float             timeAtkDone = 0 ;
    private float             timeAtkNext = 0 ;
…

void Awake () {
        rigid = GetComponent< Rigidbody>();
        anim = GetComponent<Animator >();
        inRm = GetComponent<InRoom >();
        health = maxHealth;                                   // d
    }
}
```

a. GUI 显示 5 个圆圈，每个圆圈代表 2 个单位的生命值，因此，总共可以显示 10 个单位的生命值。

b. [SerializeField]属性允许 Unity 显示和编辑检视器中的_health 变量，即使是 private 属性。

c. health 属性允许在任何地方对 private int _health 进行读写访问。这有助于调试，因为如果_health 发生变化，可以在 set 子句设置断点，但并不知道原因。

d. 当 Dray 被实例化时，health 被设置为最大值。

2. 保存 MonoDevelop 中所有脚本并返回 Unity。

将 GUI 连接到 Dray

下面需要为 UI 编写一个脚本，以反映 Dray 的 health 和 numKeys 值。

1．在项目面板的__Scripts 文件夹中创建名为 GuiPanel 的新脚本。

2．将 GuiPanel 脚本附加到 DelverPanel 游戏对象（在层级面板中的 Canvas 下）。

3．在 MonoDevelope 中打开 GuiPanel 并输入以下代码：

```
using  System.Collections;
using  System.Collections.Generic;
using  UnityEngine;
using  UnityEngine.UI;

public class  GuiPanel : MonoBehaviour {
    [Header("Set in Inspector")]
    public Dray         dray;
    public Sprite       healthEmpty;
    public Sprite       healthHalf;
    public Sprite       healthFull;

    Text                keyCountText;
    List< Image>        healthImages;

    void Start () {
        // 钥匙计数
        Transform trans = transform.Find("Key Count" );                  // a
        keyCountText = trans.GetComponent< Text>();
        //生命值图标
        Transform healthPanel = transform.Find( "Health Panel");
        healthImages = new List< Image>();
        if  (healthPanel != null) {                                      // b
            for ( int i=0 ; i<20; i++) {
                trans = healthPanel.Find("H_"+i);
                if  (trans == null) break;
                healthImages.Add( trans.GetComponent<Image>() );
            }
        }
    }

    void Update () {
        // 显示钥匙
        keyCountText.text = dray.numKeys.ToString();                     // c

// 显示生命值
int health = dray.health;
        for ( int i=0 ; i<healthImages.Count; i++) {                     // d
            if  (health > 1 ) {
                healthImages[i].sprite = healthFull;
            } else if  (health == 1 ) {
                healthImages[i].sprite = healthHalf;
```

```
            } else {
                healthImages[i].sprite = healthEmpty;
            }
            health -= 2 ;
        }
    }
}
```

a. 本行代码完全依赖于被适当命名的 DelverPanel 转换的子元素。这里查找一个名为 Key Count 的 DelverPanel 子元素。然后将此子元素转换的组件分配给 keyCountText。没有在此处进行双重检查，因此如果 Key Count 发生更改，则 GetComponent 行将抛出空引用异常。

b. 首先，要找一个名为 Health Panel 的 Delverpanel 子元素。如果找到了，就按顺序依次搜索名为 H_0 到 H_19 的 Health Panel 子元素。只要找到，将每个图像组件都添加到 healthImages 列表中。如果子元素转换未找到（例如，在当前面板中搜索 H_5），则退出 for 循环。

c. dray 的 numKeys 被分配给 keyCountText 的 text。

d. 生命值有点复杂。当前生命值是从 dray 读取的，并存储在本地 int 型变量 health 中。当每次为 healthImage 迭代一次 for 循环时，都从底部开始（H_0）。如果 health 大于 1，则显示 healthFull；如果 health 为 1，则显示 healthHalf；如果 health 小于 1，则显示 healthEmpty。在每完成一个循环后，当前 health 将递减 2，然后执行下一个循环。这样，每个 healthImage 最多显示 2 个单位的生命值。

4. 保存 GuiPanel 脚本并返回 Unity。

5. 在层级面板中选择 DelverPanel，并在 GuiPanel(Script)检视器中设置以下内容：

- 将层级面板中的 Dray 指定给 dray 变量。
- 将项目面板_Images 文件夹中 Health 图片的 Health_0 Sprite 分配给 healthEmpty。
- 将项目面板中 Health 图片 Health_1 分配给 healthHalf。
- 将项目面板中 Health 图片 Health_2 分配给 healthFull。

6. 单击“播放”按钮，将看到 GUI 中的生命值指示跳到满格。

7. 当 Unity 播放时，在层级面板中选择 Dray，并在 Dray(Script)检视器中调整其 numKeys 和_health 的各种值。应该能在 GUI 面板中看到这些变化。保存场景。

35.16 使敌人攻击 Dray

下面为敌人增加攻击 Dray 的功能。敌人通过接触伤害 Dray，并使其后退一点，并且在短时间内无响应。

实现 DamageEffect

DamageEffect 脚本将用于跟踪敌人对 Dray 的攻击程度，以及与敌人接触是否会造成反击。稍后，我们将把这个脚本也应用到 Dray 的武器，以定义这些武器如何影响敌人。

1．在_Scripts 文件夹中新建一个名为 DamageEffect 的新 C#脚本。

2．将 DamageEffect 脚本附加到层级面板中的 Skeletos 游戏对象。

3．在 MonoDevelop 中打开 DamageEffect 并输入以下代码：

```
using  System.Collections;
using  System.Collections.Generic;
using  UnityEngine;

public class  DamageEffect  : MonoBehaviour {
    [Header("Set in Inspector")]
    public int       damage = 1 ;
    public bool      knockback = true;
}
```

4．在 MonoDevelop 中保存 DamageEffect 并切换回 Unity。现在我们可以看到 Skeletos 上的 DamageEffect(Script)检视器有两个公有变量。

在默认情况下，造成的伤害值为 1，相当于前面 GUI 中实现的一个半单位的生命值。默认值对于 Skeletos 足够，因此不需要修改其检视器。

修改 Dray 类

下面对 Dray 进行更改，以便能够使用添加到 Skeletos 中的 DamageEffect 脚本。

1．在 MonoDevelope 中打开 Dray 脚本，并参照如下粗体字代码进行更改。

```
public class  Dray : MonoBehaviour , IFacingMover, IKeyMaster {
    public enum eMode { idle, move, attack, transition, knockback }      // a

    [Header("Set in Inspector")]
    ...
    public float              attackDelay = 0.5f;      // 攻击间迟延
    public float              transitionDelay = 0.5f; // 转换间迟延
    public int                maxHealth = 10;
    public float              knockbackSpeed = 10;                       // b
    public float              knockbackDuration = 0.25f;
    public float              invincibleDuration =  0.5f;

    [Header("Set Dynamically")]
    ...
    public int                numKeys = 0 ;
    public bool               invincible =  false;                       // c

    [SerializeField]
    private int               _health;
    ...
```

```
private float             transitionDone = 0 ;
private  Vector2          transitionPos;
private float             knockbackDone =  0 ;                   // d
private float             invincibleDone = 0 ;
private  Vector3          knockbackVel;

private  SpriteRenderer   sRend;                                 // e
private  Rigidbody        rigid;
...
void Awake () {
    sRend = GetComponent< SpriteRenderer>();                     // e
    rigid = GetComponent< Rigidbody>();
    ...
}

void Update () {
     // 确认是否反击和暂时失效
    if (invincible && Time.time > invincibleDone) invincible = false;   // f
    sRend.color = invincible ? Color.red : Color.white;
     if  ( mode == eMode.knockback ) {
        rigid.velocity = knockbackVel;
        if  ( Time.time < knockbackDone) return ;
    }

     if  ( mode == eMode.transition ) { ... }
    ...
}

void LateUpdate() { ... }

void OnCollisionEnter( Collision  coll ) {
     if  (invincible)  return ; // 如果 Dray 无敌则返回          // g
     DamageEffect  dEf = coll.gameObject.GetComponent<DamageEffect>();
     if  (dEf ==  null) return ; // 如果没有 DamageEffect 则退出此函数

    health -= dEf.damage; // 从生命值提取攻击数值                // h
    invincible =  true; // 使 Dray 无敌
    invincibleDone = Time.time + invincibleDuration;

     if  (dEf.knockback) { //  Dray 反击                         // i
        // 确定反击方向
        Vector3  delta = transform.position - coll.transform.position;
        if  ( Mathf.Abs(delta.x) >= Mathf.Abs(delta.y)) {
             // 反击为水平方向
            delta.x = (delta.x >  0 ) ? 1  : - 1 ;
            delta.y =  0 ;
        } else  {
             // 反击为垂直方向
            delta.x =  0 ;
```

```
                delta.y = (delta.y >  0 ) ? 1  : - 1 ;
            }

            // 将反击速度应用到 Rigidbody
            knockbackVel = delta * knockbackSpeed;
            rigid.velocity = knockbackVel;

            // 为反击设置模式以及停止反击的时间
            mode =  eMode.knockback;
            knockbackDone = Time.time + knockbackDuration;
        }
    }

    // 实现 IFacingMover
    public int  GetFacing() { ... }
    ...
}
```

a. 在枚举 `eMode` 中添加了一个新的 `eMode.knockback`。

b. 可以在检视器中设置 `knockbackSpeed`、`knockbackDuration` 和 `invincibleDuration`。

c. 当 Dray 对攻击免疫时，`public bool invincible` 为 true。这是一个 bool 变量，而不是 eMode 状态，因为 Dray 可以在不同 eMode 下呈现无敌状态（如果 Dray 只有在被击退时才无敌，那么没有必要实现）。

d. 增加了几个新的私有变量实现击退和无敌。

e. 为了向玩家展示已经攻击了 Dray 的敌人，以及 Dray 的无敌状态，Dray 将被染成红色。要实现这一点，需要引用 Dray 的 Sprite Renderer 组件。

f. 对每个 `Update()`方法开头的新代码检查是否为无敌状态或已过击退时间。如果 Dray 为无敌状态，`sRend` 是红色的；如果 Dray 被击退，则 `knockbackVel` 被指定为 `rigid.velocity`。

g. 每当 Dray 与另一个游戏对象的碰撞器冲撞时会调用 `OnCollisionEnter()`方法。

如果 Dray 是无敌的或者与 Dray 碰撞的对象没有 DamageEffect 组件（即 Dray 一直撞墙，但墙不会对其造成伤坏），在同一个 Dray 游戏对象的多个脚本上使用 `OnCollisionEnter()`方法是比较好的方法，Unity 将对每一个脚本调用 `OnCollisionEnter()`方法。

h. 减去 `health` 得出 DamageEffect 的 `damage` 值，并且 Dray 为暂时无敌状态。

i. 如果 Dray 碰撞的游戏对象的 DamageEffect 调用反击，那么执行此 `if` 语句。会找出 Dray 和碰撞的游戏对象之间的位置差异，将差异锁定为垂直或水平，并将其转化为 `knockbackVelocity`。然后，Dray 被设置为反击模式，直到 Time.time 值大于 `knockbackDone`。

2．在 MonoDevelop 中保存所有脚本，返回 Unity，然后单击“播放”按钮。

现在，如果 Dray 走近骷髅，可以看到 Dray 发起攻击、被击退，并变成无敌状态。如果要测试无敌状态，可以使用 Dray 游戏对象的 Dray(Script)检视器将 invincibleDuration 增加到 10 秒，然后再多次走近这些骷髅。

这里想使用 OnCollisionEnter()方法处理对 Dray 的攻击，并使用 OnTriggerEnter()方法处理对骷髅和其他敌人的攻击。因为 Dray 所有武器的 isTrigger 变量都会设置为 true，并且触发器和冲突之间的这种区分能够使用 DamageEffects 对 Dray 和敌人都造成伤害。

35.17 使 Dray 的攻击能够伤害敌人

Dray 已经能暂时挥动他的剑了，下面为剑添加尖刺。

1．在层级面板中选择 Sword（它是 Dray 的子元素）。

2．在 Sword 上附加一个 DamageEffect 脚本。

- 将 DamageEffect(Script)的 damage 设置为 2。剑足够锋利了。

3．保存场景。

下面使敌人能够受到攻击。鉴于本章提到的接口应用较广泛，你可能会考虑创建一个可对 Dray 和敌人以及 Damage 脚本都有效的 IDamageable 接口，并且都可以添加（就像 GridMove 脚本那样）。这当然可以实现，但在这里不这样实现的主要原因有两个：

- Dray 与敌人的 OnCollisionEnter()方法碰撞，而敌人与 Dray 的 OnTriggerEnter()方法碰撞（因为 Sword 的对撞机是一个触发器）。
- 所有的敌人都是 Enemy 的子类，所以在 Enemy 上添加代码可以实现所有目的。

1．打开 MonoDevelop 中的 Enemy 脚本，添加以下代码：

```
public class Enemy : MonoBehaviour {
    ...
    [Header("Set in Inspector: Enemy")]
    public float            maxHealth = 1 ;
    public float            knockbackSpeed = 10;                // a
    public float            knockbackDuration = 0.25f;
    public float            invincibleDuration =  0.5f;

    [Header("Set Dynamically: Enemy" )]
    public float            health;
    public bool             invincible =  false;                // a
    public bool             knockback = false;

    private float           invincibleDone = 0 ;                // a
    private float           knockbackDone =  0 ;
    private  Vector3        knockbackVel;
```

```
    ...

    protected virtual void Awake() { ... }

    protected virtual void Update() {                                   // b
        // 确认反击和无敌状态
        if  (invincible && Time.time > invincibleDone) invincible =  false;
         sRend.color = invincible ? Color.red : Color.white;
         if  ( knockback ) {
             rigid.velocity = knockbackVel;
             if  ( Time.time < knockbackDone) return ;
         }

         anim.speed =  1 ;                                               // c
         knockback = false;
    }

    void OnTriggerEnter(  Collider colld ) {                            // d
        if  (invincible)  return ; // 如果无敌则返回
        DamageEffect  dEf = colld.gameObject.GetComponent<DamageEffect>();
        if  (dEf ==  null) return ; // 如果没有 DamageEffect 则退出此函数

        health -= dEf.damage; // 从生命值提取攻击数
        if  (health <=  0 ) Die();                                      // e

        invincible =  true; // 成为无敌状态
        invincibleDone = Time.time + invincibleDuration;

        if  (dEf.knockback) { // 反击
            // 确定反击方向
            Vector3  delta = transform.position -
colld.transform.root.position;
            if  ( Mathf.Abs(delta.x) >= Mathf.Abs(delta.y)) {
               // 反击为垂直方向
               delta.x = (delta.x >  0 ) ? 1 : - 1 ;
               delta.y =  0 ;
            } else {
                // 反击为水平方向
                delta.x =  0 ;
                delta.y = (delta.y >  0 ) ? 1 : - 1 ;
            }

            // 将反击速度应用到 Rigidbody
            knockbackVel = delta * knockbackSpeed;
            rigid.velocity = knockbackVel;

            // 设置反击模式和停止反击的时间
            knockback =  true;
            knockbackDone = Time.time + knockbackDuration;
```

```
            anim.speed = 0 ;
            }
        }

    void Die() {                                                    // f
        Destroy(gameObject);
    }
}
```

a．在 Enemy 和最新修改的 Dray 之间添加的大部分变量是相同的。唯一的区别是 knockback 是一个 bool 类型，在 Dray 脚本中有 Dray.eMode 属性。

b．Update()方法声明为 protected virtual，以便可以重写像 Skeletos 这样的子类。在下一段代码列表中将实现。

c．这两行只有在反击结束后才会发生。

d．使用 OnTriggerEnter()方法是因为 Dray 的剑有一个触发碰撞器。请注意，OnTriggerEnter()传递的是一个碰撞器（Collider），而不是碰撞（Collision）。除此以外，大部分脚本都非常类似 Dray 类中编写的脚本。

e．如果 Enemy 的生命值下降到或低于 0，将调用新的 Die()方法。

f．Die()目前的代码行还不多，但稍后的修改将实现在敌人被消灭时会丢掉物品。

2．保存 Enemy 脚本。

3．在 MonoDevelope 中打开 Skeletos 脚本，并进行以下修改：

```
public class Skeletos : Enemy, IFacingMover {
    ...
    protected override void Awake () { ... }

    override protected void Update () {                             // a
        base.Update();
        if (knockback) return ;

        if ( Time.time >= timeNextDecision) {
            DecideDirection();
        }
        // 从 Enemy 继承网格，在 Enemy.Awake()中定义
        rigid.velocity = directions[facing] * speed;
    }
    ...
}
```

a．必须在 Update()方法的开头添加 override protected 声明。

Update()方法的第一行调用 Enemy.Update()基类方法。如果骷髅被击退，则代码在调用 base.Update()方法后返回，防止骷髅改变其方向或调整其速度，直到击退完成。

4．在 MonoDevelop 中保存所有脚本，并切换到 Unity。

5．选择层级面板中的 Skeletos，并将 Skeletos(Script)检视器中的 `maxHealth` 设置为 4。在骷髅被消灭之前，使得 Dray 的剑可以对骷髅发起 2 次攻击（每次攻击造成 2 点伤害）。

6．保存场景并单击“播放”按钮。

现在，Dray 可以攻击骷髅，造成伤害，并击退它。

35.18　拾起物品

既然 Dray 能杀死敌人，那么下面应该实现既能获取钥匙又能增加生命值的功能。先从获取钥匙开始。

1．将 Key 从项目面板的_Images 文件夹拖动到层级面板中，创建一个带有 Sprite Renderer 的游戏对象，可显示 Key Sprite。

2．在 Key 检视器中进行如下设置：

- **Transform** : P:[28, 3, 0]
- **Sprite Renderer** : Sorting Layer:　Items

3．向 Key 游戏对象添加一个框碰撞器。

- 将框碰撞器的 Is Trigger 设置为 true。

4．保存场景。

5．在__Scripts 文件夹中创建一个名为 PickUp 的新 C#脚本。

6．将 PickUp 脚本附加到层级面板中的 Key 游戏对象。

7．在 MonoDevelop 中打开 PickUp 脚本并输入以下代码：

```
using System.Collections;
using System.Collections.Generic;
using UnityEngine;

public class PickUp : MonoBehaviour {
    public enum eType { key, health, grappler }

    public static float     COLLIDER_DELAY = 0.5f;

    [Header( "Set in Inspector")]
    public  eType           itemType;

    // Awake()和Activate()方法让PickUp的对撞机失效0.5秒
    void Awake() {
        GetComponent<Collider >().enabled = false;
        Invoke("Activate", COLLIDER_DELAY);
```

```
        }

        void Activate() {
            GetComponent< Collider >().enabled = true;
        }
    }
```

8. 保存 PickUp 脚本。

9. 打开 Dray 脚本并添加以下粗体字代码：

```
public class  Dray : MonoBehaviour , IFacingMover, IKeyMaster  {
    ...

    void OnCollisionEnter( Collision coll ) { ... }

    void OnTriggerEnter(  Collider colld ) {
        PickUp pup = colld.GetComponent<PickUp >();                     // a
        if (pup == null) return ;

        switch (pup.itemType) {
            case PickUp . eType.health:
                health = Mathf.Min( health+ 2 , maxHealth );
                break;

            case PickUp . eType.key:
                keyCount++;
                break;
        }

        Destroy( colld.gameObject );
    }

    // 实现 IFacingMover
    public int  GetFacing() { ... }
    ...
}
```

a. 如果与此触发器碰撞的游戏对象没有附加 PickUp 脚本，则此方法返回时不做任何操作。

10. 在 MonoDevelop 中保存所有脚本，并返回 Unity。

11. 选择层级面板中的 Key，并将 PickUp(Script)组件检视器中的 `itemType` 设置为 Key。

12. 保存脚本并单击“播放”按钮。

现在应该能够拾起钥匙，在 GUI 中看到钥匙计数增加，然后使用钥匙打开第一扇门。

35.19 敌人死亡时掉落物品

下面实现让某些敌人死亡时总是掉落钥匙，并且让其他敌人死亡时，偶而会掉落生命值物品。

掉落钥匙

按照以下步骤让敌人掉落钥匙：

1．在 MonoDevelop 中打开 Enemy 脚本并添加以下代码：

```
public class  Enemy  : MonoBehaviour {
    ...
    [Header("Set in Inspector: Enemy")]
    ...
    public float                  invincibleDuration = 0.5f;
    public GameObject             guaranteedItemDrop =  null;

    [Header("Set Dynamically: Enemy" )]
    ...
    void Die() {
        GameObject  go;
        if  ( guaranteedItemDrop != null ) {
            go = Instantiate< GameObject>( guaranteedItemDrop );
            go.transform.position = transform.position;
        }
        Destroy(gameObject);
    }
}
```

2．保存 Enemy 脚本，返回 Unity。

3．将 Key 从层级面板中拖动到项目面板的_Prefab 文件夹中，使其成为预设。

4．选择层级面板中的 Skeletos，然后（从_Prefabs 文件夹）将 Key 预设指定给 Skeletos 游戏对象上的 Skeletos(Script)检视器的 `guaranteedItemDrop` 变量。

5．保存场景，单击“播放”按钮。

现在，如果杀死骷髅，它会掉落一把能拾起的钥匙。

掉落随机物品

本节将教大家实现在一定概率下使敌人掉落随机物品。如果没有 `guaranteedItemDrop`[10]，那么将从潜在物品数组中选择一个随机项，由于列表包含几个空条目，因此该物品并不总是出现。

首先，需要做一些准备工作。

10. 尽管某些数据类型（如 vector3）在检视器中不允许为空，但游戏对象 `guaranteedItemDrop` 可以设置为 None（游戏对象），Unity 将其解析为 `null`。

创建 Health PickUp 物品

执行以下步骤，创建生命值项：

1．在项目面板中，选择_Images 文件夹中 Health Texture 2D 下的 Health_2 和 Health_3 Sprite。

2．将它们拖动到层级面板中，以创建新的游戏对象和动画。

3．将创建的动画命名为 Health.anim，并将其保存在_Animations 文件夹中。

4．在层级面板中选择 Health_2 游戏对象并执行以下操作：

- **Name**：将 Health_2 名称修改为 Health。
- **Transform**：设置 Health 位置为 P:[28, 7, 0]。
- **Sprite Renderer**：设置 Sorting Layer 为 Items。
- 为 Health 添加 Box Collider。
- **Box Collider**：设置 Is Trigger 为 true。
- 为 Health 添加 PickUp(Script)组件。
- **PickUp (Script)**：设置 `itemType` 为 Health。

5．使层级面板中的 Health 游戏对象处于选中状态，打开动画面板（执行 Window > Animation 命令），并将 Health 动画的 Samples 设置为 4（使 Health 项以每秒 4 帧的合理速率闪烁）。

6．将 Health 游戏对象从层级面板拖动到项目面板的_Prefabs 文件夹中，生成 Health 预设。

7．保存场景并单击“播放”按钮。

8．让 Dray 接触几次骷髅以获得一些伤害，然后使其走过 Health 项目，应该可以获取该生命值物品并“回血”。

实现随机物品掉落

按照以下步骤为随机物品掉落创建代码。

1．在 MonoDevelop 中打开 Enemy 脚本，并参照以下粗体字代码进行修改：

```
public class  Enemy  : MonoBehaviour {
    ...
    [Header("Set in Inspector: Enemy")]
    ...
    public float              invincibleDuration =  0.5f;
    public GameObject[]       randomItemDrops;                     // a
    public GameObject          guaranteedItemDrop =  null;
    ...
    void OnTriggerEnter(  Collider colld ) { ... }

    void Die() {
        GameObject  go;
        if  ( guaranteedItemDrop !=  null ) {
```

```
            go = Instantiate< GameObject>( guaranteedItemDrop );
            go.transform.position = transform.position;
        } else if  (randomItemDrops.Length > 0 )   {                    // b
            int n =  Random .Range( 0 , randomItemDrops.Length );
            GameObject  prefab = randomItemDrops[n];
            if  (prefab != null) {
                go = Instantiate<GameObject>( prefab );
                go.transform.position = transform.position;
            }
        }
        Destroy(gameObject);
    }
}
```

a. randomItemDrops 数组可以容纳任意数量的潜在物品（无 None 类型），并且敌人被消灭时，可以任意选择其中的项目。

b. 如果没有 guaranteedItemDrop，并且在 randomItemDrops 数组中有对象，将选择其中一个对象并将其分配给 prefab。如果 prefab 不为 null，则将实例化 prefab 的一个实例。

2. 保存 Enemy 脚本并返回 Unity。
3. 在层级面板中选择 Skeletos 游戏对象。
   - 从 guaranteedItemDrop 中删除钥匙，用 None（游戏对象）代替。
   - 单击 Skeletos(Script)检视器中 randomItemDrops 旁边的三角形展开标志。
   - 将 randomItemDrops 的大小设置为 1。
   - 将 Health 预设（在_Prefabs 文件夹中）分配给 randomItemDrops 的 Element 0。
4. 通过将 Skeletos 从层级面板拖动到项目面板的_Prefabs 文件夹中生成预设。
5. 保存场景并单击“播放”按钮。

现在，当 Dray 杀死骷髅时，它会掉落一个生命值物品。

6. 选择项目面板（不是层级面板）_Prefabs 文件夹中的 Skeletos 预设。
   - 将 Skeletos(Script)检视器中的 randomItemDrops 大小设置为 2。
   - 从 Element 1 中删除 Health 预设。
   - 将 randomItemDrops 的大小设置为 3。将生成两个完全空的对象（None），使 Skeletos 掉落（没有 guaranteedItemDrop 设置）1/3 生命值。

Skeletos 预设中的这些修改应自动反映在层级面板中的 Skeletos 实例。

35.20 实现抓钩

最后一个要实现的物品是抓钩，使玩家能够通过之前无法通行的红色图块。

1．在本章开头导入的 unitypackage 的_Prefabs 文件夹中包含一个 Grappler 预设。选择项目面板_Prefabs 文件夹中的 Grappler 预设。

- Sprite Renderer：设置 Grappler 的 Sorting Layer 为 Items。

2．将 Grappler 拖动到层级面板中的 Dray 游戏对象上，使其成为 Dray 子元素（和 SwordController 同级）。

3．在__Scripts 文件夹中创建一个名为 Grapple 的新 C#脚本，将此脚本命名为 Grapple（执行动作后，而不是物品），是为了与 Grappler 项区分。名称差异是因为 Grapple 脚本将附加到 Dray，而不是 Grappler。

4．将 Grapple 脚本添加到 Dray。

5．在 MonoDevelop 中打开 Grapple 脚本并输入以下代码。这个脚本比本章其他脚本要长。

```
using  System.Collections;
using  System.Collections.Generic;
using  UnityEngine;

public class  Grapple  : MonoBehaviour {
    public enum eMode  { none, gOut, gInMiss, gInHit }                      // a

    [Header("Set in Inspector")]
    public float              grappleSpd =  10;
    public float              grappleLength =  7 ;
    public float              grappleInLength = 0.5f;
    public int                unsafeTileHealthPenalty =  2 ;
    public TextAsset          mapGrappleable;

    [Header("Set Dynamically")]
    public eMode              mode = eMode.none;
    // 可以抓取的 TileNums
    public List< int >         grappleTiles;                               // b
    public List< int >         unsafeTiles;

    private  Dray              dray;
    private  Rigidbody         rigid;
    private  Animator          anim;
    private  Collider          drayColld;

    private  GameObject        grapHead;                                   // c
    private  LineRenderer      grapLine;
    private  Vector3           p0, p1;
    private int               facing;

    private  Vector3[]        directions = new Vector3[] {
        Vector3.right,  Vector3.up, Vector3.left, Vector3.down };

    void Awake() {
        string gTiles = mapGrappleable.text;                               // d
```

```
        gTiles = Utils.RemoveLineEndings( gTiles );
        grappleTiles = new List< int >();
        unsafeTiles = new List< int >();
        for ( int i=0 ; i<gTiles.Length; i++) {
            switch (gTiles[i]) {
                case 'S' :
                    grappleTiles.Add(i);
                    break;

                case 'X' :
                    unsafeTiles.Add(i);
                    break;
            }
        }

        dray = GetComponent<Dray>();
        rigid = GetComponent< Rigidbody>();
        anim = GetComponent<Animator >();
        drayColld = GetComponent<Collider >();

        Transform trans = transform.Find("Grappler");
        grapHead = trans.gameObject;
        grapLine = grapHead.GetComponent<LineRenderer>();
        grapHead.SetActive(false);
    }

    void Update () {
        if  (!dray.hasGrappler ) return ;                                   // e

        switch (mode) {
          case eMode.none:
              // 如果按下抓取键
              if  ( Input.GetKeyDown(KeyCode.X) ) {
                  StartGrapple();
              }
              break;
        }
    }

    void StartGrapple() {                                                   // f
        facing = dray.GetFacing();

        dray.enabled = false;                                               // g
        anim.CrossFade(  "Dray_Attack_"+facing, 0 );
        drayColld.enabled = false;
        rigid.velocity = Vector3.zero;

        grapHead.SetActive(true);

        p0 = transform.position + ( directions[facing] *  0.5f );
        p1 = p0;
```

```
        grapHead.transform.position = p1;
        grapHead.transform.rotation = Quaternion.Euler(0 , 0 , 90*facing);

        grapLine.positionCount = 2 ;                                    // h
        grapLine.SetPosition( 0 ,p0);
        grapLine.SetPosition( 1 ,p1);
        mode = eMode.gOut;
    }

    void FixedUpdate() {
        switch (mode) {
            case eMode.gOut: // 发射抓取器                  // i
                p1 += directions[facing] * grappleSpd * Time.fixedDeltaTime;
                grapHead.transform.position = p1;
                grapLine.SetPosition( 1 ,p1);

                // 确认抓取器是否击中物体
                int tileNum = TileCamera.GET_MAP(p1.x,p1.y);
                if  ( grappleTiles.IndexOf( tileNum ) != -1 ) {
                    // 将撞击可抓取的图块!
                    mode = eMode.gInHit;
                    break;
                }
                if  ( (p1-p0).magnitude >= grappleLength ) {
                    // 抓取器到末尾并且未碰到任何物体
                    mode = eMode.gInMiss;
                }
                 break;

            case eMode.gInMiss: // 抓取器消失，以双倍速度返回              // j
                p1-=directions[facing]*2*grappleSpd*Time.fixedDeltaTime;
                if  ( Vector3.Dot( (p1-p0), directions[facing] ) > 0 ) {
                    // 抓取器仍然在 Dray 前面
                    grapHead.transform.position = p1;
                    grapLine.SetPosition(1 ,p1);
                } else {
                    StopGrapple();
                }
                 break;

            case eMode.gInHit: // 抓取器碰到物体，将 Dray 推到墙              // k
                float dist=grappleInLength+grappleSpd*Time.fixedDeltaTime;
                if  (dist > (p1-p0).magnitude) {
                    p0 = p1 - ( directions[facing] * grappleInLength );
                    transform.position = p0;
                    StopGrapple();
                    break;
                }
                p0 += directions[facing] * grappleSpd * Time.fixedDeltaTime;
                transform.position = p0;
```

```
                grapLine.SetPosition( 0 ,p0);
                grapHead.transform.position = p1;
                break;
        }

    }

    void StopGrapple() {                                          // l
        dray.enabled = true;
        drayColld.enabled = true;

        // 确认不安全的图块
        int tileNum = TileCamera.GET_MAP(p0.x,p0.y);
        if  (mode == eMode.gInHit && unsafeTiles.IndexOf(tileNum) != - 1 ) {
            // 落到不安全的图块
            dray.ResetInRoom  ( unsafeTileHealthPenalty );
        }

        grapHead.SetActive(false);

        mode = eMode.none;
    }

    void OnTriggerEnter(  Collider colld ) {                      // m
        Enemy  e = colld.GetComponent<Enemy>();
        if  (e ==  null) return  ;

        mode = eMode.gInMiss;
    }
}
```

a. 四种抓钩模式为：
   - none：Inactive。
   - gOut：抓取器伸出。
   - gInMiss：抓取器未碰到任何物体并再次搜索，Dray 没有移动。
   - gInHit：抓取器碰到物体并驱使 Dray 向其移动。

b. grappleTiles 存储了 Grappler 可能会碰撞的游戏对象的类型列表，以获得 gInHit 分数。unsafeTiles 列表存储着在 gInHit 之后不安全的图块类型（对 Dray 来说）。在房间中这个功能很重要，这样移动抓钩可以把 Dray 放在红色图块上。

c. grapHead 是对 Grappler 函数头的游戏对象引用。grapLine 是对抓取器上 LineRenderer 的引用。

d. 在 Awake() 方法中，读取 mapGrappleable 文本文件以生成 grappleTiles 和 unsafeTiles 列表。Awake()还会查找需要缓存杂项组件的引用。

e. 如果抓钩 mode 为 none，而 Dray 有 Grappler 方法，则 Update()方法会观察要按下的抓钩键（X）。dray.hasGrappler 是红色的，因为仍然需要向 Dray 添加代码，用来使用 Grappler。

f. StartGrapple()将抓钩与 Dray 的位置和方向对齐并设置抓钩发射。

g. StartGrapple()还禁用 Dray 的 dray 脚本，会阻止玩家与 Dray 交互，直到抓钩完成动作。anim 设置为特定状态，Dray 的对撞机也被禁用了。

h. 这里设置了线性渲染器 grapLine。抓钩总是直线飞行，所以线性渲染器只需要两个坐标点。

i. 当抓钩射出时，通过 FixedUpdate()方法以固定的速度离开 Dray。当 grapHead 移动时，则线性渲染器的 p1 随之移动。不需要使用碰撞器，直接将 grapHead 和 TileCamera.MAP 的位置进行比对，查看它是否碰到任何 grappleTiles。如果确实碰到 grappleTile，则 Grapple 类变为 gInHit 模式；如果 Grapple 移动到足够远而不碰到任何东西，它就会变为 gInMiss 模式。

j. 在 gInMiss 模式下，抓钩以双倍速度缩回。这里使用 dot 产品测试，用于查看 p1 是否仍在 Dray 前面（查阅附录 B 可以了解更多有关在编码中使用 dot 产品的信息）。

k. 在 gInHit 模式下，Dray 被带向 grapHead。因为 Dray 的对撞机被停用，其可以穿过沿路任何东西（允许 Dray 穿过之前无法通行的红色图块）。

l. StopGrapple()将重新启用 dray 和 drayColld 脚本。然后，若 Grapple 脚本处于 gInHit 模式，将检查 Dray 的位置，如果 Dray 位于不安全的图块上，则其生命值会受到一些伤害，并且 Dray 在房间中的位置将被重置到最后进入的那扇门的位置。实现这些功能的 Dray.ResetInRoom()方法还不完整。

m. 如果 grapHead 与 Enemy 接触，OnTriggerEnter()方法使 Grappler 与 gInMiss 交互。下面会添加一个 DamageEffect 脚本到层级结构中的 Grappler，使它也可以攻击敌人。

6. 保存 Grapple 脚本。

修改 Dray 并启用抓钩

按照以下步骤使 Dray 能够使用抓钩：

1. 在 MonoDevelop 中打开 Dray 脚本并参照以下粗体字代码进行修改：

```
public class  Dray : MonoBehaviour , IFacingMover, IKeyMaster  {
  ...
  [Header("Set Dynamically")]
  ...
  public bool               invincible =  false;
```

```
    public bool            hasGrappler = false;
    public Vector3         lastSafeLoc;                             // a
    public int             lastSafeFacing;

    [SerializeField]
    private int            _health;
    ...

    void Awake () {
        ...
        health = maxHealth;
        lastSafeLoc = transform.position;  // 起始位置是安全的
        lastSafeFacing = facing;
    }
    ...

  void LateUpdate() {
        ...
        // 确认要跳转的 rm 是有效的
        if  (rm.x >= 0 && rm.x <=  InRoom .MAX_RM_X) {
            if  (rm.y >= 0 && rm.y <=  InRoom .MAX_RM_Y) {
                roomNum = rm;
                transitionPos = InRoom .DOORS[ (doorNum+2 ) % 4 ];
                roomPos = transitionPos;
                lastSafeLoc = transform.position;                   // b
                lastSafeFacing = facing;
                mode = eMode.transition;
                transitionDone = Time.time + transitionDelay;
            }
        }
    }
    ...
    void OnTriggerEnter( Collider colld ) {
        ...
         switch (pup.itemType) {
            ...
            case PickUp . eType.key:
                keyCount++;
                break;

            case PickUp . eType.grappler:                           // c
                hasGrappler = true;
                break;
        }
        ...
    }

    public void ResetInRoom(int healthLoss =  0 ) {                 // d
        transform.position = lastSafeLoc;
        facing = lastSafeFacing;
```

```
            health -= healthLoss;

            invincible =  true; // 使Dray无敌
            invincibleDone = Time.time + invincibleDuration;
        }

        // 实现IFacingMover
        ...
}
```

a. 当 Dray 获得抓钩时，将 hasGrappler 设置为 true。lastSafeLoc 和 lastSafeFacing 存储 Dray 最后一次进入房间时的位置和方向。如果抓钩将其放在不安全的图块上，可以重置到这个位置和方向。

b. 每次 Dray 进入新房间时，都会设置 lastSafeLocation 和 lastSafeFacing。

c. 当 Dray 接触到抓钩类型的 PickUp 时，将 hasGrappler 设置为 true。

d. 被调用时，ResetInRoom()方法将 Dray 移动到最后一个安全位置并面向当前房间，生命值也会被减掉。

你可能已经注意到在 Dray 中没有向 Update()方法添加任何代码激活抓钩，这是因为 Grapple 脚本中的 Update()方法可以处理这种交互。这是否是好的方法有待讨论：一方面，让所有交互用同一个代码实现通常是好的；另一方面，使它成为 Grapple 的一部分意味着不需要修改 Dray 脚本中的交互代码，就可以在以后添加其他武器和工具以及地图键盘。这是从原型项目到实际开发转变中非常重要的考量。

2. 将所有脚本保存在 MonoDevelop 中并返回 Unity。

3. 在层级面板中选择 Dray。

■ Grapple(Script)：将 DelverGrappleable 文本文件从项目面板 Resources 文件夹分配到 mapGrappleable 变量。此文本文件用于填充 Grapple 脚本的 grappleTiles 和 unsafeTiles 列表。

4. 保存场景。

给抓钩增加伤害能力

将 DamageEffect 脚本附加到 Grappler 游戏对象，将使其可用于伤害敌人。这样，Dray 能够获得一个能使用的低伤害远程武器。

1. 在层级面板中选择 Grappler 器（Dray 子元素）。

2. 将 DamageEffect(Script)组件附加到 Grappler。

■ 设置 damage 为 1。
■ 设置 knockback 为 false（未选中）。

3. 保存场景。

实现抓钩 PickUp

在通关过程中，Dray 需要有能力拾起抓钩。幸运的是，本章开头导入的 unitypakage 中包含 GrapplerPickUp 预设，但仍然需要将 PickUp 脚本添加到其中以使其运行。

1. 将 GrapplerPickUp 从项目面板的_Prefabs 文件夹拖动到层级面板中。

2. 将 Transform 设置为 P:[19, 3, 0]，R:[0, 0, 0]，S:[2, 2, 2]。

3. 将 PickUp(Script)组件添加到 GrapplerPickUp，并设置 PickUp(Script)组件的 `itemType` 为 Grappler。

4. 单击 GrapplerPickUp 检视器顶部的“Apply”按钮，将层级面板中的 GrapplerPickUp 修改回项目面板_Prefabs 文件夹中的 GrapplerPickUp 预设。

5. 在项目面板中选择 GrapplerPickUp 预设，以确保这些更改确实已经应用。

测试抓钩

要测试抓钩，请执行以下步骤：

1. 单击“播放”按钮。按键盘上的 X 键，此时什么也不会发生。

2. 将 Dray 移动到 Grappler PickUp 上方，会将 Dray 的 `hasGrappler` 变量设置为 true。

现在可以按 X 键使用抓钩。它应该贴在墙上，把玩家拉向墙壁。抓钩还可以用来抓取钥匙和生命值物品。此外，它还可以用于攻击骷髅，伤害能力只有剑的一半，但不会造成击退。

3. 暂停游戏（单击屏幕顶部中间的“暂停”按钮），然后将 Dray 的 transform.position 设置为 p:[39.5 ,40 ,0]。Dray 会出现在房间的正下方，靠近墙边有几个红色图块的地方（在《塞尔达传说》中鹰地牢的“颈部”）。

4. 取消暂停游戏（再次单击“暂停”按钮），向上移动 Dray 并穿过门，进入带有许多红色图块的房间（进入房间会设置 `lastSafeLocation` 和 `lastSafeFacing`）。

5. 试着钩住这个房间的墙壁。当钩子钩住墙壁时，Dray 最终会落到一块红色的图块上。可以看到 Dray 减掉了一些生命值，然后重新回到了安全走廊。

6. 再次暂停，将 Dray 的 transform.position 设置为 p:[40 ,49.5 ,0]，然后取消暂停。

7. 面朝右边，把 Grappler 发射进墙里。

在 TileCamera[11] 的 `GET_MAP(float, float)` 方法中，`y - 0.25f` 代码行给 Dray 创建了一个安全的位置（不减去 `0.25f`，Dray 的位置将被四舍五入到红色图块

---

11. 参见本章前面的“TileCamera 类——解析数据和 Sprite 文件”小节，在 TileCamera 代码中标记为 `//g` 的代码行。

中）。

8．停止播放并保存场景。

当完成对抓钩的测试后，下面换一个地牢布局。

35.21 新的地牢——Hat

下面我们要实现的地牢是第 9 章中的原型，还将实现一种将敌人嵌入 DelverData 文件的方法。

准备场景

按照以下步骤准备场景：

1．在菜单栏中执行 File > Save Scene As 命令，将场景的新副本另存为_Scene_Hat。

2．当另存场景时，Unity 有时会停留在旧的场景中。再次检查一下窗口标题应该显示的是_Scene_Hat。如果不是，双击项目面板中的_Scene_Hat，打开它。

3．确保已经创建了骷髅、钥匙拾取和生命值拾取的预设，应该能在项目面板的_Prefabs 文件夹中看到它们。如果没有，将它们从层级面板拖动到_Prefabs 文件夹。

4．从层级面板中删除骷髅、钥匙、生命值物品和 GrapplerPickUp 游戏对象。现在，在层级面板的顶层应该只有 6 个游戏对象：Main Camera、Directional Light[12]、GUI Camera、Dray、Canvas 和事件系统（以及 Dray 和 Canvas 各自的子元素）。

5．在层级面板中选择 Main Camera。

- **Transform**：将位置设置为 P:[55.5, 5, -10]。
- **TileCamera(Script)**：从项目面板的 Resources 文件夹分配 DelverData_Hat 文本文件到 Tilecamera(Script)组件的 `mapData` 变量。

6．在层级面板中选择 Dray。

- **Transform**：将位置设置为 P:[55.5, 1, 0]。
- **Dray(Script)**：确保 `hasGrappler` 为 False（未选中）。

7．保存场景并单击“播放”按钮。

此时会看到游戏已经加载了一个全新的地牢供玩家探索。在第一个房间里，可以看到一张无法获取的钥匙图片。如果向左移动一个房间，你会看到两张骷髅敌人的图片，但它们无法移动。现在，所有这些看起来像敌人和物品的对象都是图块。下面需要编写一些代码将这些特殊图块转换为实物，因为不能在没有钥匙或抓钩的情况下探索地牢，而且没有敌人很没有挑战性。

---

12. 有时在 Unity 中创建新项目时，初始场景没有包含平行光。如果没有，可以在此处添加一个，尽管在本项目中，平行光对 Sprite 渲染器的明暗器没有影响（从 Unity 2017 版开始）。

替换敌人和物品图块

这里对 TileCamera 脚本进行修改，将为地图中的敌人、物品或地砖替换特殊图块。在项目面板的 Resources 文件夹中查看 DelverTiles 图像，可以看到界面的下半部分包含了各种物品的图块，例如敌人和拿着钥匙的敌人。这些是最后要放入地图的特殊图块，即在普通地面图块上生成物品或敌人。

1．在 MonoDevelope 中打开 TileCamera 脚本，参照以下粗体字代码进行修改：

```
using  System.Collections;
using  System.Collections.Generic;
using  UnityEngine;

[System.Serializable]
public class  TileSwap {                                              // a
    public int                      tileNum;
    public GameObject               swapPrefab;
    public GameObject               guaranteedItemDrop;
    public int                      overrideTileNum = - 1 ;
}

public class  TileCamera : MonoBehaviour {
    ...
    [Header("Set in Inspector")]
    ...
    public Tile                 tilePrefab;
    public int                  defaultTileNum;                       // b
    public List<TileSwap>       tileSwaps;                            // c

    private  Dictionary< int ,TileSwap> tileSwapDict;                 // c
    private  Transform          enemyAnchor, itemAnchor;

    void Awake() {
        COLLISIONS = Utils.RemoveLineEndings( mapCollisions.text );
        PrepareTileSwapDict();                                        // d
        enemyAnchor = (new GameObject( "Enemy Anchor")).transform;
        itemAnchor = (new GameObject( "Item Anchor" )).transform;
        LoadMap();
    }

    public void LoadMap() {
        ...
        MAP = new int[W,H];
         for ( int j=0 ; j<H; j++) {
            tileNums = lines[j].Split(' ' );
            for ( int i=0 ; i<W; i++) {
                if  (tileNums[i] ==  "..") {
                    MAP[i,j] =  0 ;
                } else {
                    MAP[i,j] =  int .Parse( tileNums[i], hexNum );
                }
```

```
                CheckTileSwaps(i,j);                              // e
            }
        }
        ...
    }

    void ShowMap() { ... }

    void PrepareTileSwapDict() {                                  // d
        tileSwapDict = new Dictionary< int , TileSwap>();
        foreach  (TileSwap ts  in  tileSwaps) {
            tileSwapDict.Add(ts.tileNum, ts);
        }
    }

    void CheckTileSwaps(int i,  int j) {                          // e
        int tNum = GET_MAP(i,j);
        if  ( !tileSwapDict.ContainsKey(tNum) ) return ;
        // 交换图块
        TileSwap ts = tileSwapDict[tNum];
        if  (ts.swapPrefab != null) {                             // f
            GameObject  go = Instantiate(ts.swapPrefab);
            Enemy  e = go.GetComponent<Enemy>();
            if  (e !=  null) {
                go.transform.SetParent( enemyAnchor );
            } else {
                go.transform.SetParent( itemAnchor );
            }
            go.transform.position = new Vector3(i,j,0 );
            if  (ts.guaranteedItemDrop != null) {                 // g
                if  (e != null) {
                    e.guaranteedItemDrop = ts.guaranteedItemDrop;
                }
            }
        }
        // 其他图块替换
        if  (ts.overrideTileNum == - 1 ) {                        // h
            SET_MAP( i, j, defaultTileNum );
        } else {
            SET_MAP( i, j, ts.overrideTileNum );
        }
    }

    ...
}
```

a. 可序列化 TileSwap 类包含地图中的特殊图块需要交换为普通图块（通常为上面有敌人或物品的图块）的所有信息。

- tileNum：要替换的特殊图块的图块编号。
- swapPrefab：交换到这个特殊图块上的敌人或物品的预设。

- guaranteedItemDrop：某些特殊的图块表明特定的敌人在被消灭时会掉落一把钥匙。guaranteedItemDrop 将被 Enemy 的 guaranteedItemDrop 变量替代。
- overrideTileNum：大多数特殊图块应替换为 defaultTileNum 图块（即普通图块）。为此变量分配一个 int 型值以替换使用特定的其他图块的特殊图块。地牢右上角房间的 Spiker 敌人将使用这个功能地牢的房间；它们应该坐在红色的地板上，而不是标准的地面图块。

b. defaultTileNum 是要交换的地板图块的编号，通常用于替换任何特殊图块。在本游戏中，defaultTileNum 是 29，指的是 DelverTiles_29 Sprite 显示黄色地板。

c. 列表是可序列化的，但字典不是。然而，字典更容易搜索（它们的关键字建立在哈希表上，可实现快速搜索）。需要在 tileSwaps 列表中输入 TileSwap 信息，然后在 Awake()函数中用 PrepareTileSwapDict()方法将把它解析为 tileSwapDict。

d. PrepareTileSwapDict()迭代 tileSwaps 列表中的所有条目，并将它们添加到 tileSwapDict，在要交换的特殊瓷砖的 tileNum 上进行标注。

e. CheckTileSwaps()方法将地图位置作为输入。它在 MAP 中查找该位置，如果包含在 tileSwapDict 中，则交换图块。CheckTileSwaps()方法使用 GET_MAP()和 SET_MAP()使以后的调试更方便（在 SET_MAP()这样的访问函数中设置断点总是比跟踪方法更容易直接修改变量）。

f. 如果 tileSwapDict 在指定位置包含 tileNum（tNum）的条目，CheckTileSwaps()方法将从 tileSwapDict 中获取 TileSwap 类的实例。然后，如果存在 swapPrefab，它将实例化敌人或物品预设，并将其放置在当前图块位置。

g. 如果存在 guaranteedItemDrop，并且 swapPrefab 有 Enemy 组件，则 TileSwap 中的 guaranteedItemDrop 将放入已实例化 Enemy 的 guaranteedItemDrop 变量。

h. 最后 TileCamera.MAP，用 defaultTileNum（黄色地板）替换初始特殊图块。如果 TileSwap ts 包含的 overrideTileNum 不是-1，tileNum 将被分配到 MAP 位置而不是默认位置。

2. 保存 TileCamera 脚本并返回 Unity。

3. 在层级面板中选择 Main Camera，并设置以下内容：

- **TileCamera(Script)：** 设置 defaultTileNum 为 29。
- **TileCamera(Script)：** 设置 tileSwaps 的大小为 6。
- **TileCamera(Script)：** 将 tileSwaps 设置为如图 35-10 所示的效果。

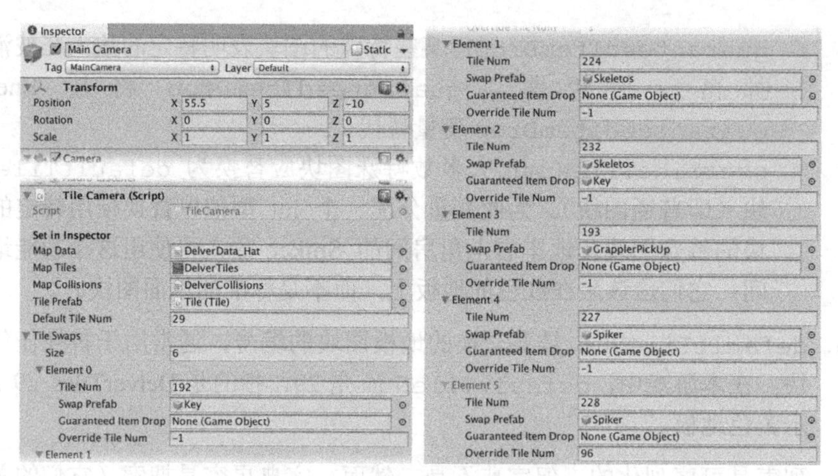

图 35-10　主摄像机 TileCamera(Script)组件的 tileSwaps 列表设置

`tileSwaps` 数组的元素 4 和 5 使用初始导入的 unitypackage 中的 Spiker 预设。现在，Spiker 敌人没有很多功能，但这两个条目可以演示如何使用 `overrideTileNum` 将专用图块替换为非默认地板（在本例中为红色图块）。你可以在 Hat 地牢右上角的房间看到。

4．保存场景并单击“播放”按钮。现在应该可以通关了，包括拾起所有的钥匙（大部分来自被击败的敌人）和抓钩！[13]

35.22　Delver Level 编辑器

如果你想制作自定义版本的 *Dungeon Delver* 关卡，可以访问本书原作者的网站下载 Delver Level 编辑器。Delver Level 编辑器中包含构建关卡以及将它们导入刚完成的 *Dungeon Delver* 游戏原型的说明。

35.23　本章小结

这是本书最后一个原型！通过对这个原型的讲解，笔者向你介绍了许多新概念，如接口和更广泛地使用基于组件的思维。基于本章内容，你可以创建各种动作冒险游戏，继续深入探索吧！

后续工作

如果想继续本项目的开发，还有一些额外的元素可以添加，使它成为一个更有趣的游戏。

---

13. 如果没有足够的钥匙，就要确保已经杀死了所有的骷髅敌人，特别是有钥匙的骷髅。如果 Dray 的生命值太低，不要担心，当 Dray 的生命值下降到 0 时，永远不会出现丢失钥匙的状态。这是你现在绝对可以自己完成的功能。

1. 自己制作关卡！参照第 9 章的内容，尝试制作游戏原型。

2. 制作新的敌人——Spiker。预设已经有了，但需要做一些加工。在本章开头导入的 unitypackage 中，Spiker C#脚本中有一个长注释描述了如何实现。

3. 生成更多敌人。在本章开头导入的 unitypackage 中，还包含了几个用于敌人的 Sprite，但超过了本章要实现的内容。你可以尝试添加一些具有新行为的敌人。

4. 当抓钩击中敌人时，使其晕眩。这样，抓钩在使用中，就非常像《塞尔达传说》中的回旋镖了。

5. 另一个可以从《塞尔达传说》中借鉴的元素是魔法剑，当 Link 满血时可以发射。Swords 图像文件中的第二个剑的图像可用于开发此功能。

6. 设计并实现新武器或物品，可以从其他动作冒险类游戏中找灵感。《塞尔达传说》中的 Hookshot 一直是笔者的最爱，这就是为什么笔者在本章制作了抓钩的原因。

7. 目前，如果抓钩沿着两个图块交界处延伸，程序将只能检测到与其中一个图块的碰撞。可以在 `Grapple:FixedUpdate()`中修改 `eMode.gOut`，当抓钩在两个图块中间时可以检测与任何一个图块的碰撞（记住要检测水平和垂直两种情况）。

8. 随心所欲去做！本书到此就结束了。当然绝不仅限于此！

感谢你阅读这本书。真诚希望本书能帮助你实现梦想！

——Jeremy Gibson Bond

第IV部分

附录

附录A

项目创建标准流程

本书讲了很多次创建一个新的项目然后编写代码尝试运行。项目创建标准流程应该是每次创建一个新的项目，设置一个场景，创建一个新的C#脚本，并将脚本附到场景的Main Camera。本书为了避免重复介绍这些指令，下面将其列出。

A.1 建立新项目

按照下列步骤建立一个新项目。屏幕镜头显示在两种操作系统（macOS 和 Windows）上的过程如下所示：

1．第一次启动 Unity 时，你将看到如图 A-1 所示的开始窗口。在这里，可以单击“New”按钮创建一个新项目。或者，如果已经运行 Unity 了，在菜单栏中执行 File > New Project 命令。

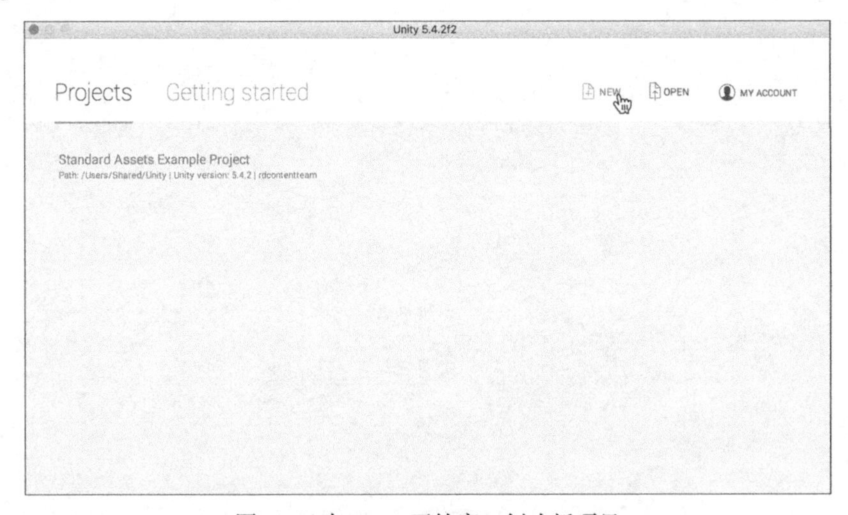

图 A-1　在 Unity 开始窗口创建新项目

2．这将打开如图 A-2 所示的 Unity New Project 窗口。填写 A.2 中的表单后，Unity 将使用在 Location*变量中设置的 Project name*变量值创建一个新的项目文件夹。单击 Location*变量右边的省略号，允许使用标准系统文件对话框。一般来说，对于本书，你应该单击“3D 复选框”按钮并设置 Enable Unity Analytics 为 Off。请查看“新项目选项”专栏，获取更多信息。

例如，使用 A.2 中的设置，Unity 将在 Mac 桌面上创建一个名为 ProtoTools Project 的项目，默认为 3D 布局。

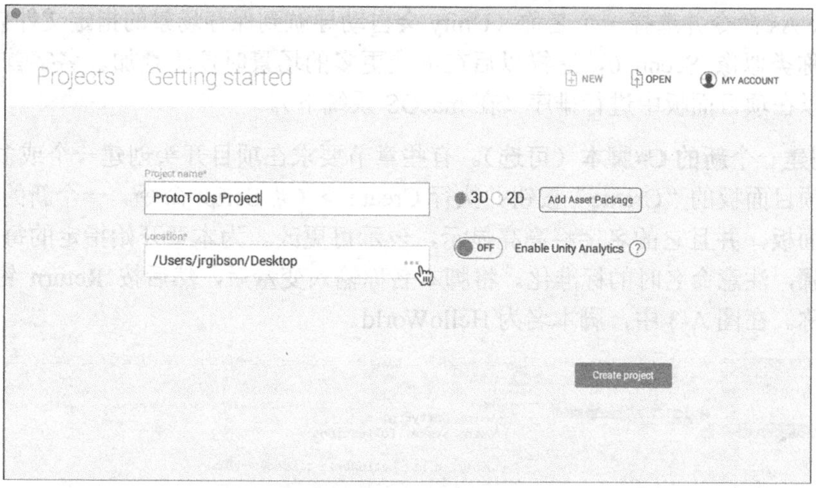

图 A-2　New Project Screen 窗口

新项目选项

Unity 在新项目窗口有如下几个选项。

3D / 2D (Choose 3D)：“3D / 2D”单选按钮在项目中设置一个默认的摄像机，可以是视角（3D）或投影（2D），并且默认为场景视图。

启用 **Unity Analytics (选择 Off)**：Unity Analytics 是一种获取有多少玩家以及他们在做什么等信息的方法。这是一个了不起的工具，但本书中项目不需要。

添加 **Asset Package**（否）：Unity 有很多 Asset Packages 提供 terrain 工具、particle 等。但对于本书，没有理由将它们添加到项目中。笔者一般不使用它们的理由如下：

- 项目扩张：如果导入每一个可能的包，该项目的规模将扩展到原始大小的 1000 倍（从≈300KB 到≈300MB）!
- 项目面板杂乱：导入所有的包也会在 Assets 文件夹和项目面板中添加大量条目和文件夹。
- 随时可以导入：任何时候都可以在菜单栏中执行 Assets > Import Package 命令，导入在项目向导中列出的任何包。

3．在新建项目中，单击图 A-2 所示的“Create Project”按钮。Unity 将关闭并重启，新项目将显示为空白。这种重启可能需要几秒钟，请耐心等待。

A.2　场景编码就绪

我们刚刚创建的新项目是一个默认的场景。遵循如下指令开始准备编码（虽然不是所有项目都需要）：

1．保存场景。我们要做的第一件事应该总是先保存场景。在菜单栏中执行 File > Save Scene As 命令并选择一个名称（Unity 会自动导航到保存场景的指定文件夹）。笔者倾向的名称类似像_Scene_0，这样以后在创造更多的场景时便于叠加。名字首部的下画线使其可以在项目面板中进行排序（在 macOS 系统下）。

2．创建一个新的 C#脚本（可选）。有些章节要求在项目开头创建一个或多个 C#脚本。单击项目面板的“Create”按钮并执行 Create > C# Script 命令。一个新的脚本将添加到项目面板，并且它的名字将高亮显示，表示可更改。为本章开始指定的每个脚本执行相同步骤，注意命名时的标准化。将脚本名称输入变量后，然后按 Return 键或 Enter 键保存名称。在图 A-3 中，脚本名为 HelloWorld。

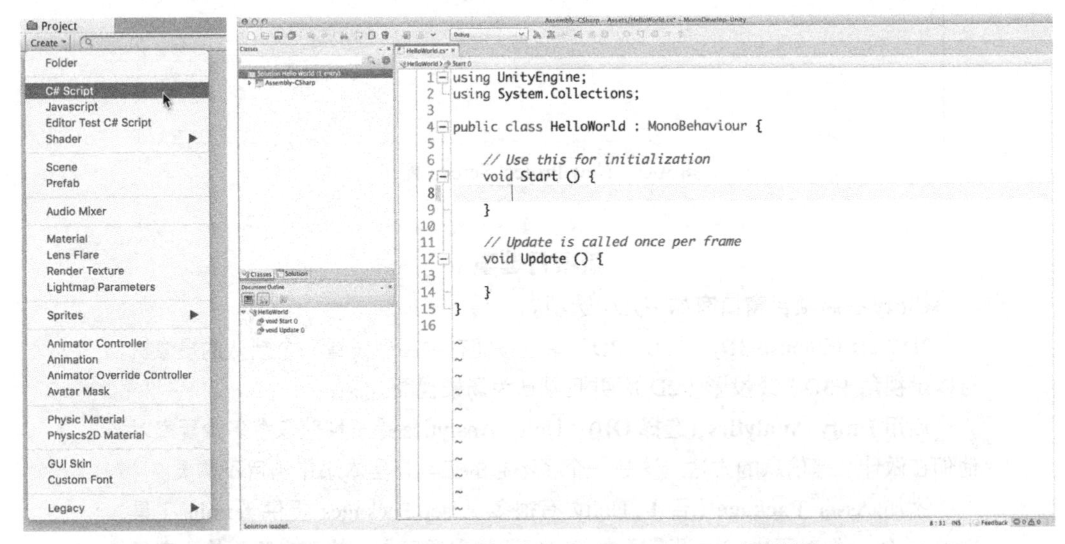

图 A-3　创建一个新的 C#脚本并在 MonoDevelop 中预览脚本

> **警告**
>
> **脚本被创建后修改名称可能会导致问题**　当你将设置脚本名称作为创建过程的一部分时，Unity 也将自动更改类声明中的名称（图 A-3 第 4 行）。然而，如果在初始化之后修改 C #脚本的名称，不仅需要在项目面板中更改其名称，脚本本身所在行的类声明中的名称也会修改。在图 A-3 中，类声明在第 4 行，HelloWorld 需要更新为新脚本名。

3．将 C#脚本添加到场景的 Main Camera（可选）。一些章节要求添加一个或多个新脚本到 Main Camera。添加一个脚本到一个游戏对象（如 Main Camera）将使脚本成为游戏对象的一个组件。所有的场景都将从一个包含就绪的 Main Camera 开始，所以在这里添加任何想要运行的基础脚本是补充的选择。一般来说，如果一个 C#脚本不添加到场景中的游戏对象，它是无法运行的。

下一部分有点麻烦，但我们很快就会习惯，因为在 Unity 中会反复运用。单击新脚本的名称，将它拖动到层级面板的 Main Camera 中，并释放鼠标左键。现在应该如图 A-4 所示。

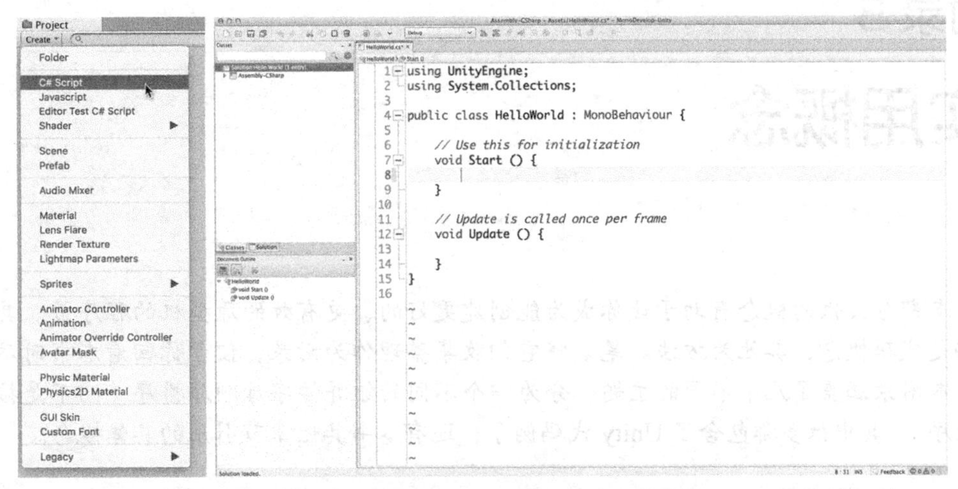

图 A-4 将 C#脚本拖动到层级面板的 Main Camera 中，将 HelloWorld 脚本添加到 Main Camera 游戏对象

C#脚本现在已添加到 Main Camera，如果选择 Main Camera，它将出现在检视器中。开始在 MonoDevelop 中编辑 C#脚本代码，只需在项目面板中双击该脚本的名称。

附录 B

实用概念

本部分提供的概念有助于让你成为能创建更好的、更有效的原型机的程序员。其中一些是代码概念，其他为方法。笔者将它们收集整理作为附录，便于你回看本书时参考。

本附录涵盖了几个不同的主题，分为四个不同的组并按字母顺序排序（而不是按概念排序）。其中很多都包含了 Unity 代码例子，还有本书其他章节引用的具体概念。

B.1 C#和 Unity 代码概念

本部分涵盖的 C#代码，在你通读了本书之后可能想要回看复习。本部分还有一些虽然很重要，但不太适合普通章节的代码。

按位布尔运算符和层遮罩

正如在本书第 21 章提到的“布尔运算和条件”，一个单一的“或”符号（|）可以作为非短接条件或运算符，一个单一的“与”符号（&）可以作为非短接条件与运算符。但|和&可用于整型的按位运算符，因此，有时也表示为“按位或”和“按位与”。

在按位运算符中，对整型的每一位的比较采用的是 C#中的 6 位运算符。如下所示的运算符列表包括它们在 8 位比特上的使用效果（一个简单的整型数据可以保存 0~255 范围大小）。运算符在 32 位整型上的原理与其相同（但 32 位整型不在本节使用范围）。

```
&      与           00000101 & 01000100 返回 00000100
|      或           00000101 | 01000100 返回 01000101
^      异或         00000101 ^ 01000100 返回 01000001
~      非（位非）   00000101 返回 11111010
<<     左移         00000101 << 1 返回 00001010
>>     右移         01000100 >> 2 返回 00010001
```

在 Unity 中，按位运算符最常用于管理 LayerMasks。Unity 允许开发者定义最多 32 个不同的层，LayerMask 是一个 32 位整型，代表哪一层应该划分为物理引擎或光线投射操作。在 Unity 中，变量类型 LayerMask 用于 LayerMasks，但它不过是在 32 位整型上附加一点额外功能。使用 LayerMask 时，任何为 1 的位代表该层可见，任何为 0 的位代表该层被忽略（即隐藏）。当想要检查是否碰撞到特定的对象层，或是想隐藏指定层时，这是非常有用的（例如，名为 Ignore Raycast 的内置层 2 会对所有的光线投射测试自动隐藏）。

Unity 有 8 个保留“内置”层，所有的游戏对象最初都放置在第零（0th）层，命名为 Default。其余层的编号为 8 至 31，被称作 User Layers，当为其中的一个层命名时，会将它放置在任何弹出式菜单层中（例如，每一个游戏对象检视器的 Layer 弹出式菜单）。

因为层数从零开始，LayerMask 最右边位置的位 LayerMask 表示非隐蔽第零层为 1（参见下面代码清单的 `lmZero` 变量）。这可能有点复杂（因为这个整型的值表示 1，不是 0），所以许多 Unity 开发者使用按位左移运算符（<<）分配 LayerMask 值（例如，1 << 0 生成值 1，为第零层；1 << 4 在适当的地方产成一个 1，隐藏所有；但第四物理层除外）。以下代码清单包括更多的例子：

```
LayerMask lmNone = 0; // 00000000000000000000000000000000 bitwise // a
LayerMask lmAll = ~0; // 11111111111111111111111111111111 bitwise // b
LayerMask lmZero = 1; // 00000000000000000000000000000001 bitwise
LayerMask lmOne = 2; // 00000000000000000000000000000010 bitwise // c
LayerMask lmTwo = 1<<2; // 00000000000000000000000000000100 bitwise // d
LayerMask lmThree = 1<<3; // 00000000000000000000000000001000 bitwise

LayerMask lmOneOrThree = lmZero | lmTwo; // e
// 创建 00000000000000000000000000000101 bitwise

LayerMask lmZeroThroughThree = lmZero | lmOne | lmTwo | lmThree;
//创建 00000000000000000000000000001111 bitwise

lmZero = 1 << LayerMask.NameToLayer("Default"); // f
//创建 00000000000000000000000000000001 bitwise
LayerMask lmZeroOrOne = LayerMask.GetMask("Default", "TransparentFX");  // g
// 创建 000000000000000000000000000000 11 bitwise
```

a. 当所有位设置为 0 时，LayerMask 将隐藏所有层。

b. 当所有位设置为 1 时，LayerMask 将与所有层交互。

c. LayerMask 第二个位置的整数值为 2，表明它是如何使用整型值混淆分配 LayerMask 的值。第一层是 Unity 中预定义的“Transpar entFX”层。

d. 在本例中使用左移运算符会更清晰，因为 1 代表将第二物理层向左移 2 位。

e. “按位或”用于和 0 层或 2 层碰撞。

f. 静态方法`LayerMask.NameToLayer()`在传递层名称时返回一个层号（一个整型数值），而不是LayerMask。例如，`LayerMask.NameToLayer ("TransparentFX")`返回 1。

g. 使用 `GetMask()`函数可以从层名列表直接访问 LayerMask。

协程

协程是 C#的一个特性，允许方法在运行过程中暂停，让其他方法执行，然后再返回被中断的方法，运行剩余程序。Unity 中常使用协程，因为执行单个函数可能会运行很长时间（使得用户以为计算机死机了）。下文的“骰子概率”小节就是其中一个例子。计算所有输出结果可能花费几分钟甚至几小时，因此中途停止有利于屏幕更新。协程也可用作特定时间触发的任务定时器（另一个选择为使用 InvokeRepeating 调用）。

Unity 示例

在这个例子中，我们要打印每一秒的时间。如果使用 Update()方法打印时间，它每秒会打印几十次，次数太多了。

创建一个新的 Unity 项目。然后创建一个名为 Clock 的 C#脚本，将它添加到 Main Camera，并输入下面代码：

```
using UnityEngine;
using System.Collections;

public class Clock : MonoBehaviour {

    //初始化
    void Start () {
        StartCoroutine(Tick());
    }

    //所有协程具有 IEnumerator 返回类型
    IEnumerator Tick() {
        //无限 while 会阻止打印除非协程被挂起或程序停止
        while (true) {
            print(System.DateTime.Now.ToString());
            // yield 语句告诉协程在继续之前等待大约 1 秒，协程的时间不是非常精确
            yield return new WaitForSeconds(1);
        }
    }

}
```

不同于其他函数，只要 while 循环中含有 yield，就可以在协程中使用 while(true)语句初始化循环。

有几个不同种类的 yield 语句：

```
yield return null;                          //立刻继续，通常在下一结构
yield return new WaitForSeconds(10);        //等待 10 秒
yield return new WaitForEndOfFrame();       //等待直到下一个结构
yield return new WaitForFixedUpdate();      //等待直到下一个修复的更新
```

协程的另一个应用是解析第 34 章“*Word Game*”中大的字典文本文件。

枚举

枚举是一个简单的方法，用来声明一个只有少数特定选项类型的变量，本书都会使用到它。枚举在类定义之外声明，枚举名称通常以小写字母 e 开头。

```
public enum ePetType {
    none,
    dog,
    cat,
    bird,
    fish,
    other
}

public enum eLifeStage  {
    baby,
    teen,
    adult,
    senior,
    deceased
}
```

后面，使用枚举的类型可以在一个类中变量声明（例如 public ePetTyp）。一个枚举的各种选项代表枚举类型、一个点和枚举选项（例如 ePetType.dog）：

```
public class Pet {
    public string name = "Flash";
    public ePetType pType = ePetType.dog;
    public eLifeStage    age =  eLifeStage.baby;
}
```

整数枚举实际上是整数伪装成其他值，所以它们可以转换为 int（如下面代码清单中第 7、8 行所示）。这也意味着如果没有显式设置，一个枚举将默认为第零号选项。例如，使用前面定义的枚举 eLifeStage 声明一个新的变量 eLifeStage age（如下面第 4 行代码），将自动为 age 分配默认值 eLifeStage.baby。

```
1 public class Pet {
2   public string name = "Flash";
3   public ePetType pType = ePetType.dog;
4   public eLifeStage     age;    //  age 默认值 eLifeStage.baby          // a
5
6   void Awake() {
7       int i = (int) ePetType.cat; // i 可能等于 2                        // b
8       ePetType pt = (ePetType) 4; // pt 可能等于 PetType.fish            // c
9   }
10 }
```

a. age 接收默认值为 eLifeStage.baby。

b. 第 7 行所示代码（int）是一个显式类型转换，将 PetType.cat 强制转换为 int。

c. 这里，代码将 int 文字 4 显式类型转换为 ePetType（ePetType）。

枚举通常使用 switch 语句（正如在本书中所看到的）。

函数授权

函数授权简单理解为相似函数（或方法）的一个容器，并且都被调用一次。如第 31 章“太空射击升级版”所示，授权使得添加到玩家飞船的单次调用 fireDelegate() 可以发射所有武器。授权可以用来实现策略模式用于游戏中的人工智能（AI）代理。本附录的“软件设计模式”小节中描述了策略模式。

使用函数授权的第一步是定义授权类型（见随后的 FloatOpDelegate 例子）。类型会设置参数并返回包含的授权和函数的值（如本节稍后定义的授权变量 fod）。同时会命令参数并返回分配给该授权类型实例函数所需的返回值。

```
public delegate float FloatOpDelegate( float f0, float f1 );
```

上一行创建了一个 FloatOpDelegate（Float Operation Delegate 的缩写）授权定义，需要两个 float 作为输入并返回一个 float。一旦设定了定义，就可以定义适合该授权定义的目标方法（如下方的 FloatAdd()和 FloatMultiply()）：

```
using UnityEngine;
using System.Collections;

public class DelegateExample : MonoBehaviour {
    //创建一个名为 FloatOpDelegate 的授权定义
    //为模板函数定义参数和返回类型
    public delegate float FloatOpDelegate( float f0, float f1 );

    // FloatAdd 必须和 FloatOperationDelegate 具有相同的参数和返回类型
    public float FloatAdd( float f0, float f1 ) {
        float result = f0+f1;
        print("The sum of "+f0+" & "+f1+" is "+result+".");
        return( result );
    }

    // FloatMultiply 必须也具有相同的参数和返回类型
    public float FloatMultiply( float f0, float f1 ) {
        float result = f0 * f1;
        print("The product of "+f0+" & "+f1+" is "+result+".");
        return( result );
    }
}
```

现在，可以创建 FloatOperationDelegate 类型的变量，并且目标函数都可以分配给它。然后，这个授权变量可以像函数一样被调用（参见下面语法中的授权变量 fod）。

```
using  UnityEngine;
using  System.Collections;
```

```
public class DelegateExample : MonoBehaviour {
    // 创建一个授权定义，并命名为 FloatOpDelegate
    // 定义参数并返回目标函数的类型
    public delegate float FloatOpDelegate( float f0, float f1 );

    // FloatAdd 必须有相同参数并且返回类型为 FloatOpDelegate
    public float FloatAdd( float f0, float f1 ) { ... }

    // FloatMultiply 必须有相同参数并且返回函数类型
    public float FloatMultiply( float f0, float f1 ) { ... }

    //声明一个 FloatOpDelegate 类型变量“fod”
    public FloatOperationDelegate fod; // 授权变量

    void Awake() {
        //为 fod 分配 FloatAdd()方法
        fod = FloatAdd;

        //当 fod 作为方法时调用它; fod 接着调用 FloatAdd()
        fod( 2, 3 ); // Prints: The sum of 2 & 3 is 5.

        //为 fod 分配 FloatMultiply()方法，替换 FloatAdd()
        fod = FloatMultiply;

        //调用 fod(2,3); 它将调用 FloatMultiply(2,3)，返回 6
        fod( 2, 3 ); //打印: The product of 2 & 3 is 6
    }

}
```

授权也可以多播，意味着多个目标方法可以同时分配给授权。在本书第 31 章中我们使用这种机制装备武器，在玩家的飞船上，一个单一的 fireDelegate()授权轮流调用武器的所有 Fire()方法。如果多播授权的返回类型为非 void（如本例中），最后目标方法的调用将是一个返回值。但是，如果没有添加任何函数就调用授权，它会抛出一个错误。通过第一次检查它是否为空防止这种情况的发生。

```
// Start()方法应该被添加到 DelegateExample 类
void Start () {
    //为 fod 分配 FloatAdd()方法
    fod = FloatAdd;

    //添加 FloatMultiply()方法，现在都被 fod 调用
    fod += FloatMultiply;

    //调用前检查 fod 是否为空
    if (fod != null) {
        //调用 fod(3,4); 它先调用 FloatAdd(3,4)，然后调用 FloatMultiply(3,4)
        float result = fod( 3, 4 );
```

```
            //打印：The sum of 3 & 4 is 7.
            //然后打印：The product of 3 & 4 is 12.

            print( result );
            // 打印：12
            //最后一个目标函数的调用通过授权返回一个值，使得最终返回值为 12
        }
    }
```

接口

一个接口声明的方法和属性将由一个类实现。任何实现接口的类都可以在代码中引用，并作为接口类型，而不是作为其实际类类型。这与子类有几点不同，其中最大的不同是，一个类可以同时实现几个不同的接口，而一个类只能扩展一个超类。接口名通常以大写字母 I 开头，与类名区别。接口在第 35 章有详细介绍。

Unity 示例

在 Unity 中新建一个项目。在该项目中创建一个名为 Menagerie 的 C#脚本并输入以下代码：

```
using System.Collections;
using System.Collections.Generic;
using UnityEngine;

//两个枚举用于设置类中变量的特定选项
public enum ePetType {
    none,
    dog,
    cat,
    bird,
    fish,
    other
}

public enum eLifeStage {
    baby,
    teen,
    adult,
    senior,
    deceased
}

// IAnimal 接口声明所有动物都具有的两个 public 属性和两个 public 方法
public interface IAnimal {
    //public 属性
    ePetType     pType { get; set; }
    eLifeStage   age { get ; set ; }
    string       name { get ; set ; }
```

```
    //public方法
    void          Move();
    string        Speak();
}

// Fish 实现 IAnimal 接口
public class Fish : IAnimal {
    private ePetType _pType = ePetType.fish;                     // a
    public ePetType pType {
        get { return( _pType ); }
        set { _pType = value; }
}

    public eLifeStage          age {  get ; set ; }             // b
    public string              name { get ; set ; }             // c

    public void Move() {
        Debug.Log("The fish swims around.");
    }

    public string Speak() {
        return("…!");
    }
}

// Mammal 是由 Dog 和 Cat 扩展的超类                                // d
public class Mammal {
    protected eLifeStage       _age;
    public eLifeStage  age {
        get { return( _age ); }
        set { _age = value; }
    }

    public string              name { get ; set ; }             // c
}

//Dog 是 Mammal 的一个子类并且实现 IAnimal
public class Dog : Mammal, IAnimal {                            // e
    private ePetType _pType = ePetType.dog;

    public ePetType pType {
        get { return( _pType ); }
        set { _pType = value; }
    }

    public void Move() {
        Debug.Log("The dog walks around.");
    }

    public string Speak() {
        return("Bark!");
```

```
    }
}

// Cat 是Mammal 的一个子类并实现 IAnimal
public class Cat : Mammal, IAnimal {
    private ePetType _pType = ePetType.cat;

    public ePetType pType {
        get { return( _pType ); }
        set { _pType = value; }
    }

    public void Move() {
        Debug.Log("The cat stalks around.");
    }

    public string Speak() {
        return("Meow!");
    }
}

// Menagerie 是 MonoBehaviour 的一个子类
public class Menagerie : MonoBehaviour {
    //下面的代码可以作为实现 IAnimal 的任何类的例子
    public List<IAnimal> animals;

    void Awake () {
        animals = new List<IAnimal>();

        Dog d = new Dog();
        d. age =  eLifeStage.adult;
        //当把 d 添加到 IAnimal，它就作为 IAnimal，而不是 Dog
        animals.Add( d );
        animals.Add( new Cat() );
        animals.Add( new Fish() );

        animals[ 0 ].name = "Wendy";
        animals[ 1 ].name = "Caramel";
        animals[ 2 ].name = "Nemo" ;

        string [] types =  new string[] {"none" , "dog", "cat", "bird" ,
        ➥  "fish" , "other"};                                        // f
        string [] ages = new string[] {"baby" , "teen" , "adult", "senior",
        ➥  "deceased"};
        //在这个循环中，使用相同方法处理所有 IAnimals，尽管它们不尽相同
        string  aName;
        IAnimal animal;
        for (int i=0; i<animals.Count; i++) {
            animal = animals[i];                                      // g
            aName = animal.name;
```

```
            print("Animal #" + i + " is a " + types[ (int ) animal.pType ]
            ➥ + " named " + aName + "." );                              // h
            animal.Move();
            print(aName + " says: "+animal.Speak());

            switch (animals.age) {
                case eLifeStage.baby:
                case eLifeStage.teen:
                case eLifeStage.senior:
                    print(aName+" is a "+ages[(int) animal.age] +".");
                    break;
                case eLifeStage.adult:
                    print(aName + " is an adult.");
                    break;
                case eLifeStage.deceased:
                    print(aName + " is deceased.");
                    break;
            }
        }
    }
}
```

a. _pType 为私有变量，pType 属性是其可见的公有访问器。

b. 这是自动属性。如果类似这里的 age 属性只在括号中有 get; set;语句，编译器将创建只被该属性访问的私有变量。

c. 这里的 name 为另一个自动属性。

d. 注意 Mammal 不会实现 IAnimal。确实是这样的，但笔者想强调的是，尽管超类不能实现接口，但其子类可以实现接口。

e. Dog 是 Mammal 的一个子类并且实现 IAnimal。因为 Dog 是 Mammal 的一个子类，它继承 protected 类型变量_age 和 public 属性 age 及 name，如果_age 为私有 e 类型，Dog 将无法从 Mammal 继承_age，也无法访问它。因为 Dog 可以访问公有属性 age，且 age 在 Mammal（而不是 Dog）中定义，age 可以设置和修改_age。age 的继承性满足 IAnimals 具有公有 age 属性的要求。查看 Variable Scope 获取更多受保护变量和类继承信息。

f. 记住➥是代码换行字符，因此“"fish" ,"other"};”是上一行的继续。你不需要输入➥。

g. 无论初始化类型为何，animals 的第 i 号元素将分配给本地变量 IAnimal animal，并作为 IAnimal 处理。

h. animal.pType 返回 IAnimal 类型作为一个 ePetType。(int)表示将 ePetType 转换为 int 类型，用于访问 types 字符串数组中的元素。

正如你在代码中所看到的，使用 IAnimal 接口允许 Cat、Dog 和 Fish 类以相同方式处理并存储在同一个 List<IAnimal>中，并分配给相同的本地变量 IAnimal

animal。

命名约定

命名约定在本书第 20 章的“变量和组件”章节首次讲到，它们很重要，需要在这里再次介绍。本书中的代码遵循一些规则，包括变量、函数、类的命名等。虽然这些规则非强制，遵循它们将使你的代码具有更高的可读性，不仅方便那些尝试阅读你的代码的人，而且你在隔了数月后自己回看这些代码时也可以很好理解。每个程序员遵循的规则稍有不同，这几年笔者遵从的规则也在不断变化，但这里笔者推荐的规则对于我和我的学生都很适用，它们与大部分笔者在 Unity 中使用的 C#代码一致。

1．全部使用驼峰命名。在由多个单词组成的变量名中，使用驼峰命名的每个单词的首字母要大写（除了变量名的第一个单词）。

2．变量名必须以小写字母开头（例如 `someVariableName`）。

3．函数名必须以大写字母开头（例如 `Start()`，`FunctionName()`）。

4．类名应该以大写字母开头（例如 `GameObject`，`ScopeExample`）。

5．接口名通常以大写字母 I 开头（例如 `IAnimal`）。

6．私有变量名可以用下画线开头（例如 `_hiddenVariable`）。

7．静态变量名可以使用 snake_case 全部大写（例如 `NUM_INSTANCES`）。正如你所看到的，snake_case 使用下画线结合多个单词。

8．枚举类型名通常以小写字母 e 开头（例如 `ePetType`，`eLifeStage`）。

运算符优先级和操作顺序

与代数一样，一些 C#运算符的优先级高于其他。一个你可能熟悉的例子是*的优先级高于+（例如，`1 + 2 * 3` 等于 7，因为 2 和 3 先相乘再加 1）。下面是一个常见运算符和它们优先级的列表。这个列表中的高优先级运算符将先于低优先级运算符进行运算。

`( )`	圆括号运算符总是具有高优先级
`F( )`	函数调用
`a[ ]`	访问数组
`i++`	后置自加
`i--`	后置自减
`!`	非
`~`	按位非（补码）
`++i`	前置自加
`--i`	前置自减

`*`　　乘

`/`　　除

`%`　　模

`+`　　加

`-`　　减

`<<`　　按位左移

`>>`　　按位右移

`<`　　小于

`>`　　大于

`<=`　　小于或等于

`>=`　　大于或等于

`==`　　等于（比较运算符）

`!=`　　不等于

`&`　　按位与

`^`　　按位异或（XOR）

`|`　　按位或

`&&`　　条件与

`||`　　条件或

`=`　　赋值

竞争条件

与本节中的其他主题不同，竞争条件是确定不想要出现在代码里的内容。在有必要时，竞争条件会出现在代码中，其用于在一件事情之前先进行另一件事情，但这两件事情发生的先后顺序可能混乱并产生意想不到的行为，甚至崩溃。竞争条件是一系列的周全考量，设计的代码需要在多处理器计算机、多线程操作系统或网络应用程序上运行（这样世界各地的不同计算机能够最终在一个竞争的条件下一起完成运行），但 Unity 游戏也会遇到这样的问题，因为数量庞大的游戏对象相互作用，各个 `Awake()`、`Start()`和 `Update()`函数会在同一时刻随意调用彼此。第 31 章详细介绍了竞争条件。

这里举一个例子。

Unity 示例——竞争条件

按照下列步骤执行：

1. 创建一个新的 Unity 项目，命名为 Unity-RaceCondition。

2．生成一个 C#脚本，命名为 SetValues 并输入下列代码：

```
1 using UnityEngine;
2 using System.Collections;
3
4 public class SetValues : MonoBehaviour {
5     static public int[] VALUES;
6
7     void Start() {
8         VALUES = new int[] { 0, 1, 2, 3, 4, 5 };
9     }
10
11 }
```

3．生成第二个脚本，命名为 ReadValues 并输入下列代码：

```
1 using UnityEngine;
2 using System.Collections;
3
4 public class ReadValues : MonoBehaviour {
5
6     void Start() {
7         print( SetValues.VALUES[2] );
8     }
9
10 }
```

4．返回 Unity 前确保已保存所有脚本。

5．将所有脚本添加到 Main Camera 并单击“播放”按钮。此时很可能在控制台面板中会出现下面两条消息：

- 2
- **NullReferenceException**: Object reference not set to an instance of an object

这两个结果之间的差异是两个 `Start()` 函数中的哪一个先调用。如果 `SetValues.Start()`在 `ReadValues.Start()`之前调用，则代码运行正常。但是，如果在 `SetValues.Start()`之前调用 `ReadValues.Start()`，则得到一个空引用异常，因为 `ReadValues.Start()`试图访问 `SetValues. VALUES[2]`，而 `SetValues.VALUES` 仍然 null。

在 Unity 5 之前，很难知道哪个 `Start()`方法最先被调用。令人高兴的是，改进的新版本 Unity 允许选择哪个脚本执行。

6．菜单栏中执行 Edit > Project Settings > Script Execution Order 命令，打开 SEO（脚本执行顺序）检视器，如图 B-1 所示。

7．通过单击“+”按钮，将 ReadValues 类添加到 SEO 检视器，鼠标光标将指向图 B-1 的左图。

8．同样要向 SEO 检视器添加 SetValues 类。

在默认情况下，ReadValues 和 SetValues 将获得执行顺序值 100 和 200，如图 B-1 左图所示。

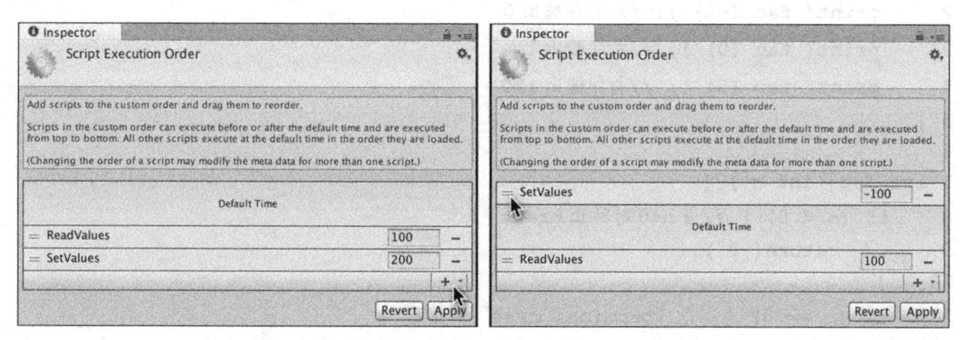

图 B.1 SEO（脚本执行顺序）检视器

9．单击 SEO 检视器中的“Apply”按钮，然后单击“播放”按钮。此执行命令将确保在控制台中出现 NullReferenceException。

10．停止播放 Unity。

11．在 SEO 检视器中的 SetValues 栏上使用双行句柄（如图 B-1 右侧图像上的箭头）将 SetValues 拖动到 Default Time。现在 SEO 检视器应该如图 B-1 的右图所示。

12．单击 SEO 检视器中的“Apply”按钮，然后单击“播放”按钮。

现在，可以保证 `SetValues.Start()`在 `ReadVal..Start()`之前被调用，结果“2”也确保出现在控制台中。

当处理两个同时使用 `Start()`、`Awake()`或任何其他由 Unity 管理的 MonoBehaviour 调用时，SEO 检视器是唯一能保证它们之间的执行顺序的方法。所有未指定的脚本都运行 Default Time，所以如果从未显式地将 ReadValues 添加到 SEO 检视器，则会得到相同的结果。

递归函数

当函数被设计为重复调用它自己时称其为递归函数。一个简单的例子是计算数字的阶乘。

数学中，5!（5 阶乘）是该数和其他小于它的自然数的乘积：

```
5! = 5 * 4 * 3 * 2 * 1 * = 120
```

特殊情况是 0! = 1，并且我们假设负数的阶乘为 0：

```
0! = 1
-123! = 0
```

我们可以编写一个递归函数计算任意整数的阶乘：

```
1 using UnityEngine;
2 using System.Collections;
3
4 public class Factorial : MonoBehaviour {
5
```

```
1 void Awake() {
2     print( fac (-1) ); // 打印输出 0
3     print( fac (0) ); //打印输出 1
4     print( fac (5) ); //打印输出 120
5 }
6
7 int fac( int n ) {
8     if (n < 0) { //当 n<0 时防止 break
9         return( 0 );
10    }
11    if (n == 0) { // “terminal case”的情形
12        return( 1 );
13    }
14    int result = n * fac( n-1 ); //这里为递归
15    return( result );
16 }
```

当 fac(5)被前面的代码调用，并且程序运行到第 19 行，fac(n-1)被调用，此时调用 fac(4)。这个反复过程使得 fac(n-1)被调用了四次，直到 fac(0)被调用。在 fac(0)递归的第 16 行，n == 0 为 true，所以返回 1。这是递归的最后一轮，即函数开始返回值。1 返回给 fac(1)递归的第 19 行，fac(1)可以在第 20 行返回 1（结果为 n * 1）。每一次递归调用都可以往复并展开递归。递归链解决问题的原理如下：

```
fac(5)
5 * fac(4)
5 * 4 * fac(3)
5 * 4 * 3 * fac(2)
5 * 4 * 3 * 2 * fac(1)
5 * 4 * 3 * 2 * 1 * fac(0)
5 * 4 * 3 * 2 * 1 * 1
5 * 4 * 3 * 2 * 1
5 * 4 * 3 * 2
5 * 4 * 6
5 * 24
120
```

真正理解这个递归函数过程的最好方法是在 19 行放置一个断点，将 MonoDevelop 调试器连接到 Unity Process，并且使用 Step In 一步步查看递归发生过程（如果需要回顾调试器，请查看第 25 章）。

贝济埃曲线的递归函数

递归函数的另一个经典例子是贝济埃曲线插值静态方法（名为 Bezier），包含在 ProtoTools Utils 类中作为在 32 章以后开头导入的 Unity 资源包的一部分。这个函数可以在贝济埃曲线中插值点的位置组成任意数量的点。Bezier 函数的代码列在本附录“插值”章节的末尾。

软件设计模式

1994 年，Erich Gamma、Richard Helm、Ralph Johnson 和 John Vissides 出版了 *Design Patterns: Elements of Reusable Object-Oriented Software* 一书[1]，描述了各种可以用于软件开发的设计模式，用来创建有效的、可重用的代码。本书采用了其中的两种模式并引用了一种。

单例模式

单例模式是本书中最常用的模式，可以在很多章中找到。如果游戏中可以确定特定的类只有一个单一的实例，那么可以为该类创建一个单例，作为该类类型的静态变量，可以在代码的任何地方引用。代码示例如下：

```
public class Hero : MonoBehaviour {
    static public Hero S;                    // a

    void Awake() {
        if  (S ==  null) {                   // c
        S = this; // 2                       // b
        } else {
           Debug.LogError("The singleton S of Hero has already been set!" );
        }
    }
}

public class Enemy : MonoBehaviour {
    void Update() {
        public Vector3 heroLoc = Hero.S.transform.position; // d
    }
}
```

a. 静态公共变量 S 是 hero 的单例。笔者命名所有自定义的单例为 S。

b. 因为 Hero 类只可能有一个实例，当实例被创建时 S 被分配到 Awake()。

c. if (S == null)防止某处代码生成第二个 Hero 实例。如果出现第二个 Hero 实例并尝试分配给 S，则程序出现错误消息。

d. 因为变量 S 是公共并且静态的，通过类名 Hero.S 可以在代码任何地方引用它。

如果在网上搜索单例模式，我们可能会发现很多对单例模式的负面评价。主要有两个原因：

- **单例在生产环境中是不安全的**：单例是静态和公有属性，意味着代码库中的任何类或函数都可能访问它们。因此危险在于其他人编写的一些随机类可能会改

1. 参考 Erich Gamma、Richard Helm、Ralph Johnson 和 John Vissides 所著的 *Design Patterns: Elements of Reusable Object-Oriented Software*。工厂模式是该书着重描述的模式之一。包括单例模式在内的其他模式被用于本书教程。

变单例类实例中的公有变量，而你可能根本不知道是谁写的！

幸运的是，你可以通过几种方式避免这种危险。笔者喜欢的方法是使用静态私有单例，所以只有类实例（并且只有一个，因为它是单例）可以访问它。然后编写静态公有访问器属性，其他类和功能可以改变单例变量。如果发现代码中未知的内容在更改属性，那么可以在属性的设置器中放置调试器断点，并使用调试器中的 Call Stack 查看设置属性的方法是什么。

- **单例模式实现起来非常简单，因此经常被过度使用：**人们常使用单例实现最简单的设计模式，但由于前面提到的原因，很快就引起了问题。这意味着很多人在不适合的地方使用它。

当编写原型时，开发速度通常比安全性更重要，所以建议你在编写原型时一定要十分留意使用单例，因此通常应该避免在代码中使用它们。

组件模式

本书第 27 章第一次提到组件模式，并在 Unity 中使用。组件模式的核心思想是将密切相关的功能和数据放入单个类中，同时使每个类尽量小并且功能聚焦。[2]

添加到 Unity 游戏对象的组件都基于此模式。Unity 中的每个游戏对象是一个非常小的类，可以作为几个组件的容器，每个组件完成特定且独立的工作。例如：

- Transform 处理位置、旋转、缩放和层次结构
- Rigidbody 处理运动和物理
- Colliders 处理实际碰撞和碰撞体积的形状

虽然这些工作都是相关的，但它们足够独立实现自成组件。使每个组件独立，有利于在将来能够轻松扩展：将碰撞器独立于刚体意味着可以轻松地添加一种新型的碰撞器（例如 ConeCollider），并且在不修改刚体代码的前提下可以使用 Rigidbody。

这对游戏引擎开发者来说当然很重要，但是它对游戏设计师和原型设计师意味着什么呢？在面向组件的思想中，最重要的事情是教会你编写更小、更短类的方法。当脚本较短时，它们更容易编码，更容易与其他人共享，更容易重用，也更容易调试，所有这些都很重要。

面向组件设计的唯一缺点是实现它需要适度预估，这与原型思维中让事情尽快开始有点背道而驰。由于这一困境，这本书的第Ⅲ部分涵盖了更传统的原型写作风格，在前几章中只写原理，最后一章为更复杂的面向组件方法。本书第 35 章很好地诠释了组件的应用，是本书第 2 版的崭新章节。

策略模式

正如本附录“函数授权”章节提到的，策略模式往往用于人工智能和其他领域，即根据不同场合改变行为，但只调用一个单一的函数授权。在策略模式中，创建一个函数授

2. 组件模式的完整描述要复杂得多，但是这个定义满足我们的需求。

权用于类可执行的一组动作（例如，在战斗中采取行动），并且该授权基于特定条件被赋值和调用。它避免了代码中复杂的 switch 语句，因为仅一行代码就可以调用授权：

```
using UnityEngine;
using System.Collections;

public class Strategy : MonoBehaviour {
    public delegate void ActionDelegate(); // a

   public ActionDelegate act; // b
8
    public void Attack() {} // c
      // Attack 代码从这里开始
    }

    public void Wait() { ... }//这里也可以定义两个方法
    public void Flee() { ... }//省略号为占位符

    void Awake() {
        act = Wait; // d
    }

   void Update() {
       Vector3 hPos = Hero.S.transform.position;
       if ( (hPos - transform.position).magnitude < 100 ) {
           act = Attack; // e
       }

       if (act != null) act(); // f
    }
}
```

a. 定义 ActionDelegate 授权类型。它没有参数，返回类型为 void。

b. 创建 act，作为 ActionDelegate 的一个实例。

c. 这里的 Action()、Wait()和 Flee()函数为占位符，用于显示被定义的各种动作，用来匹配参数并返回 ActionDelegate 授权类型的类型。

d. agent 的初始策略是 Wait,因此 Wait 是作为 act 的目标方法。

e. 如果 Hero 单例接近 agent 并在 100 米范围内，通过替换目标方法为 act 函数授权，用来切换到 Attack 策略。

f. 无论选择哪种策略，都会调用 act()执行它。调用它之前有必要检查 act != null，因为调用一个空函数授权（即尚未分配给它一个目标函数）会导致 runtime 错误。

其他软件设计模式

Robert Nystrom 撰写的 *Game Programming Patterns* 是一本不错的书，书中涵盖了游

戏中使用的常见软件设计模式，对改进你的代码很有价值。

变量作用域

变量作用域在任何编程语言中都是一个重要概念。变量作用域是指有多少代码知道变量的存在。全局作用域意味着任何地方的任何代码都可以看到和引用该变量，而局部作用域意味着在某些方面该变量的范围是有限的，它不对所有代码可见。如果一个变量是一个类的局部变量，那么只有类中的其他属性可以看到它。如果一个变量是一个函数的局部变量，那么它只存在于该函数中，并且函数运行完毕时销毁一次。

下面的代码演示了在一个类中不同变量的几个不同级别的作用域。代码后面的字符标记代表下文将解释该代码行的作用。

下面是 ScopeExample 类的代码，扩展了 MonoBehaviour：

```
using UnityEngine;
using System.Collections;

public class ScopeExample : MonoBehaviour {

    //公有作用域(public class variables)
    public bool trueOrFalse = false;                                     // a
    public int graduationAge = 18;
    public float goldenRatio = 1.618f;

    //私有作用域(private class variables)
    private bool _hiddenVariable = false;                                // b
    private float _anotherHiddenVariable = 0.5f;

    //受保护作用域(protected class variables)
    protected int partiallyHiddenInt = 1;                                // c
    protected float anotherProtectedVariable = 1.0f;

    //静态公有作用域(static public class variables)
    static public int NUM_INSTANCES = 0;                                 // d
    static private int NUM_TOO = 0;                                      // e

   public bool hiddenVariableAccessor {                                  // f
      get {  return _hiddenVariable;  }
   }

    void Awake() {
        trueOrFalse = true; //正常：将 true 赋给 trueOrFalse              // g
        print("tOF: "+ trueOrFalse ); //正常：打印“tOF: true”

        int ageAtTenthReunion = graduationAge + 10; //正常               // h
        print("_aHV:"+_anotherHiddenVariable);//正常：打印“_aHV:0.5”    // i
        NUM_INSTANCES += 1; //正常                                       // j
        NUM_TOO++; //正常                                                // k
```

```
    }

    void Update() {
        print( ageAtTenthReunion ); //错误                           // l
        float ratioed = 1f; //正常
        for (int i=0; i<10; i++) { //正常                             // m
            ratioed *= goldenRatio; //正常
        }
        print("ratioed: " + ratioed ); //正常: 打印“ratioed: 122.9661”
        print( i ); //错误                                            // n
    }
}
```

下面是 ScopeExampleChild 类代码，扩展了 ScopeExample：

```
using  UnityEngine;
using  System.Collections;

public class SubScopeExample : ScopeExample{                          // o
    void Start() {
        print("tOF: "+ trueOrFalse ); //正常: 打印“tOF: true”         // p
        print("pHI: "+ partiallyHiddenInt ); //正常: 打印“pHI: 1”     // q
        print("_hV: "+ _hiddenVariable ); //错误                      // r
        print("NI: " + NUM_INSTANCES ); //正常                        // s
        print("NT: " + NUM_TOO ); //错误                              // t
        print("hVA:"+hiddenVariableAccessor ); //正常:打印"hVA: True"// u
    }
}
```

a. 公有作用域：这里的三个变量 trueOrFalse、graduationAge 和 goldenRatio 都是公有变量。所有变量都是类成员变量，表明它们被声明为类的一部分，并且对类的成员函数都是可见的。因为这些变量是公共的，它们继承子类 ScopeExampleChild，子类 ScopeExample Child 也有一个公有变量 trueOrFalse。公共变量也可以被任何其他引用该类的实例代码访问。允许使用一个函数和变量 ScopeExample se 访问和设置 se.trueOrFalse 变量。

b. 私有作用域：这里有两个变量为私有作用域。私有作用域只对当前 ScopeExample 实例可见（表示 ScopeExample 实例可以访问和修改自己的私有变量，但其他成员不可见）。子类不会继承私有变量，因此子类 SubScopeExample 没有私有作用域_hiddenVariable。使用函数和变量 ScopeExample se 将无法查看或访问作用域 se.hiddenVariable。

c. 受保护作用域：标记为受保护的作用域介于公有和私有之间。子类会继承受保护变量，因此 SubScopeExample 子类有一个受保护作用域 partiallyHiddenInt。但受保护变量对其他类及其子类不可见，因此函数和变量 ScopeExample se 将无法查看或访问作用域 se.partiallyHiddenVariable。没有显性标注为私有或公有的变量将默认为受保护变量。

d. 静态作用域：静态作用域是类本身的一个作用域，而不是类的实例。这意味着 NUM_INSTANCES 作为 ScopeExample.NUM_INSTANCES 被访问。这是笔者使用 C#中最接近全局作用域的作用域，笔者的脚本中的任何代码都可以访问 ScopeExample.NUM_INSTANCES，并且 NUM_INSTANCES 对所有 ScopeExample 实例相同。函数和变量 ScopeExample se 无法访问 se.NUM_INSTANCES（因为不存在），但它可以访问 ScopeExample.NUM_INSTANCES。通过 ScopeExample 的子类 SubScopeExample 也可以访问 NUM_INSTANCES。在 ScopeExample 成员中，NUM_INSTANCES 可以直接被访问（没有 ScopeExample.前缀）。

e. NUM_TOO 是一个静态私有变量，意味着所有 ScopeExample 实例共享相同的 NUM_TOO 值，但其他类不可以看到或访问它。ScopeExampleChild 子类不能访问 NUM_TOO。

f. hiddenVariableAccessor 为只读属性的公有变量，允许其他类访问 _hiddenVariable。因为没有 set 语句，所有为只读。

g. “//works”注释表明该行代码执行没有任何错误。trueOrFalse 是 ScopeExample 的一个公共作用域，所以 ScopeExample 的 this 方法可以访问它。

h. 该行声明和定义一个名为 ageAtTenthReunion 变量，作为 ScopeExample.Awake()方法的局部作用域。表明一旦 ScopeExample.Awake()函数执行完毕，变量 ageAtTenthReunion 将被销毁。此外，这个函数以外的任何代码都不能看到或访问 ageAtTenthReunion。

i. 私有作用域_anotherHiddenVariable 只能被当前类实例中的方法访问。

j. 在一个类中，静态公有作用域可以用它们的名称表示，比如 ScopeExample.Awake()方法可以引用 NUM_INSTANCES 而不需要前面的类名。

k. NUM_TOO 可以在 ScopeExample 类内的任何地方访问。

l. “//WORK”注释表示本行将不会正确运行。该行出现一个错误，因为 ageAtTenthReunion 是 ScopeExample.Awake()方法中的局部变量，在 ScopeExample.Update()中无效。

m. 声明并定义在当前 for 循环中的变量 i 局部作用于 for 循环。意味着当 for 循环完成时，i 不再有意义。

n. 该行抛出一个错误，因为跳出 for 循环，i 没有任何意义。

o. 该行声明和定义了 ScopeExample 类的子类 ScopeExampleChild。作为一个子类，ScopeExampleChild 可以访问 ScopeExample 的公有和受保护作用域，但私有作用域除外。因为 ScopeExampleChild 自身没有定义 Awake()或 Update()函数，它将运行基类 ScopeExample 中定义的版本。

p. trueOrFalse 是公有的，所以 ScopeExampleChild 继承了 trueOrFalse 作用域。此外，因为在调用 ScopeExampleChild 的 Start()时已运行基类（ScopeExample）版本的 Awake()，trueOrFalse 已被 Awake()方法设置为 true。

q. ScopeExampleChild 也有一个从 ScopeExample 继承的受保护作用域 partiallyHiddenInt。

r. _hiddenVariable 不是从 ScopeExample 继承的，因为它是私有的。

s. NUM_INSTANCES 对 ScopeExampleChild 可见，因为它是公有变量，是从基类 ScopeExample 继承的。此外，这两个类共享相同的 NUM_INSTANCES 值，所以如果一个类的实例被初始化，无论是从 ScopeExample 或 ScopeExampleChild 访问，NUM_INSTANCES 值始终为 2。

t. 作为一个私有静态变量，NUM_TOO 不是继承于 ScopeExampleChild。然而值得注意的是，尽管 NUM_TOO 非继承，当 ScopeExampleChild 实例化并运行 ScopeExample 基类中定义的基类版本的 Awake()时，该 Awake()方法访问 NUM_TOO 不会报错，因为基类版本运行在 ScopeExample 类范围内，即使它实际上运行的是 ScopeExampleChild 类实例。

u. 在大部分最难的例子中，ScopeExampleChild 可以读取公共属性 hiddenVariableAccessor，这很容易理解。在 hiddenVariableAccessor 的 get 子句中，它可以读取私有变量_hiddenVariable。这是变量范围很微妙但重要一方面。因为 ScopeExampleChild 扩展 ScopeExample，ScopeExample 的所有私有变量为 ScopeExampleChild 实例创建，即使 ScopeExampleChild 实例也不能直接访问它们。ScopeExampleChild 实例可以使用公共访问器，如 hiddenVariableAccessor，隶属于 ScopeExample 基类，可访问私有变量（比如_hiddenVariable），这些变量也隶属于 ScopeExample 基类。继承方法如 Awake()，由 ScopeExampleChild 从 ScopeExample 继承可以访问基类的私有变量。

这些注释包括非常简单和非常复杂的变量作用域的例子。如果你无法理解其中某些例子，也没关系。在使用一阵 C#并且遇到更具体的作用域问题时可以再回看本部分内容。

XML

XML（可扩展标记语言）是一种被设计为灵活且可读性高的文件格式。第 32 章的“Prototype 4: Prospector Solitaire”有一些 XML 的例子。添加额外的空格使它更具可读性，而且 XML 通常会将任何数量的空格或行结束处理为一个空格。

```
<xml>
    <!-- decorators are the suit and rank in the corners of each card. -->
    <decorator type="letter" x="-1.05" y="1.42" z="0" flip="0" scale="1.25"/>
    <decorator type="suit" x="-1.05" y="1.03" z="0" flip="0" scale="0.4" />
    <decorator type="suit" x="1.05" y="-1.03" z="0" flip="1" scale="0.4" />
```

```
        <decorator type="letter" x="1.05" y="-1.42" z="0" flip="1" scale="1.25"/>
        <!-- A list of all cards that defines where pips are placed. -->
        <card rank="1">
            <pip x="0" y="0" z="0" flip="0" scale="2"/>
        </card>
        <card rank="2">
            <pip x="0" y="1.1" z="0" flip="0"/>
            <pip x="0" y="-1.1" z="0" flip="1"/>
        </card>
</xml>
```

即使不太了解 XML，你也多少应该能阅读一点。XML 基于标签（也被称为标记的文档），即两个角括号之间的内容（例如<xml>，<card rank="2">）。大多数 XML 元素都有一个开始标签（例如<card rank="2">）和一个由向前斜线和开始标签组成的结束标签（例如</card>）。开始和结束标签之间的任何内容（如<card>和</card>XML 列表之间的<pip …/>标签）被认为是该元素的文本。也有空元素标签，即开始和结束标签之间没有文本的标签。例如，<pip x="0" y="1.1" z="0" flip="0" />是一个单空元素标签，不需要匹配</pip>标签，因为它是以/>结束的。在一般情况下，XML 文件应该以<xml>开始并以</xml>结束，所以 XML 文档就是<xml>元素的文本。

XML 标签可以有属性，类似于 C#的作用域。XML 代码中看到的空元素<pip x="0" y="1.1" z="0" flip="0"/>包括 X，Y，Z 和 flip 属性。

在 XML 文件中，<!--和-->之间的任何内容都是注释，因此任何读取 XML 文件的程序都会忽略它。在前面的 XML 代码中可以看到，笔者用注释 C#代码同样的方式使用它。

在 C# .NET 中有一个强大的 XML 阅读器，但笔者发现它非常大（它编译过的应用程序的大小增加了大约 1MB，如果用于手机开发将是很大的）并且笨拙（使用起来并不简单）。所以，笔者在 ProtoTools 脚本中使用了一个更小的（虽然不是对所有健壮）XML 解释器，名为 PT_XMLReader，在最后几章开头导入，作为 unitypackage 的一部分。回看第 32 章查看其使用的例子。

B.2 数学概念

很多人听到数学这个词都很害怕，但真的不需要这样。正如你在本书中看到的，使用数学可以完成一些非常酷的事情。在本部分，笔者只介绍一些著名的数学概念，有助于游戏开发。

正弦和余弦（Sin 和 Cos）

Sine 和 Cosine 函数将一个角度值 Θ（theta）转换为沿波形的点，范围从-1 至 1，如图 B-2 所示。

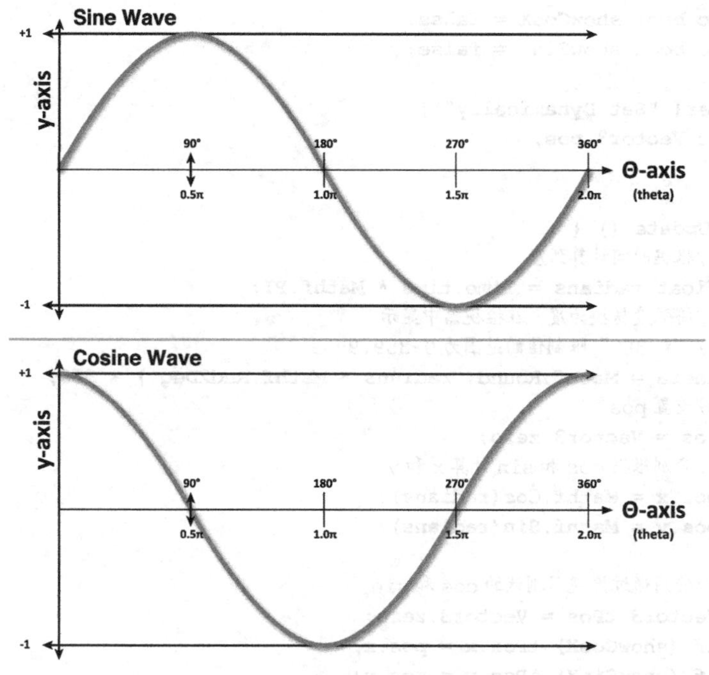

图 B-2 Sine 和 Cosine 的常见描述

但 Sine 和 Cosine 不仅仅是波，当环绕一个圆圈时它们描述 *X* 和 *Y* 的关系。下面会用一些代码进行解释。

Unity 示例——Sine 和 Cosine

按照下面步骤执行：

1．打开 Unity 创造一个新的场景。在场景面板的顶部，查找看起来像正弦波的按钮（在扬声器图标的右边）。单击该按钮，场景面板的背景从 skybox 变为深灰色，使场景面板中的元素更容易看到（你可能需要多次单击它）。

2．在场景中创建一个新的球面（在菜单栏中执行 GameObject > 3D Object > Sphere 命令）。设置球面的变换为 P:[0, 0, 0]，R:[0, 0, 0]，S:[0.1, 0.1, 0.1]。

3．为球面添加一个 TrailRenderer（在层级面板中选择 Sphere 并在菜单栏中执行 Component > Effects > Trail Renderer 命令）。打开 Sphere:TrailRenderer 检视器中 Materials 旁边的三角形展开按钮并单击元素 0 右边的圆圈，选择 Default-Particle 作为 TrailRenderer 的文本。同时设置 `Time=1`，`Width=0.1`。

4．创建一个新的 C#脚本，命名为 Cyclic。将它附加到层级面板中的 Sphere。然后在 MonoDevelop 打开 Cyclic 脚本，并输入如下代码：

```
using UnityEngine;
using System.Collections;

public class Cyclic : MonoBehaviour {
    [Header( "Set in Inspector")]
    public float theta = 0;
```

```
    public bool showCosX = false;
    public bool showSinY = false;

    [Header( "Set Dynamically")]
    public Vector3 pos;


    void Update () {
        //根据时间计算弧度
        float radians = Time.time * Mathf.PI;
        //将弧度转换为度，在检视器中显示
        // "% 360"限制值的范围为0-359.9999
        theta = Mathf.Round( radians * Mathf.Rad2Deg ) % 360;
        //重置pos
        pos = Vector3.zero;
        //分别根据cos和sin计算x和y
        pos.x = Mathf.Cos(radians);
        pos.y = Mathf.Sin(radians);

        //使用通过检视器测试的cos和sin
        Vector3 tPos = Vector3.zero;
        if (showCosX) tPos.x = pos.x;
        if (showSinY) tPos.y = pos.y;
        // 定位当前游戏对象（即Sphere）
        transform.position = tPos;
    }

    void OnDrawGizmos() {
        if (!Application.isPlaying) return;    //只在播放时显示

        // 绘制波浪形着色线（也可以不要下面的循环语句）
        int inc = 10;
        for ( int i=0 ; i<360 ; i+=inc) {
                int i2 = i+inc;
                float  c0 = Mathf.Cos(i*Mathf.Deg2Rad);
                float  c1 = Mathf.Cos(i2* Mathf.Deg2Rad);
                float  s0 = Mathf.Sin(i*Mathf.Deg2Rad);
                float  s1 = Mathf.Sin(i2* Mathf.Deg2Rad);
                Vector3  vC0 =  new Vector3( c0, -1f-(i/360f),  0 );
                Vector3  vC1 =  new Vector3( c1, -1f-(i2/360f),  0 );
                Vector3  vS0 =  new Vector3( 1f+(i/360f), s0, 0 );
                Vector3  vS1 =  new Vector3( 1f+(i2/360f), s1, 0 );

                Gizmos .color = Color.HSVToRGB( i/ 360f, 1 , 1 );
                Gizmos .DrawLine(vC0, vC1);
                Gizmos .DrawLine(vS0, vS1);
        }

        // 绘制球体游戏对象相关的线和圈
        Gizmos .color = Color.HSVToRGB( theta/360f, 1 , 1 );
        //使用Gizmos显示各个Sin和Cos
        Vector3 cosPos = new Vector3( pos.x, -1f-(theta/360f), 0 );
        Gizmos.DrawSphere(cosPos, 0.05f);
        if (showCosX) Gizmos.DrawLine(cosPos, transform.position);
```

```
            Vector3 sinPos = new Vector3( 1f+(theta/360f), pos.y, 0 );
            Gizmos.DrawSphere(sinPos, 0.05f);
            if (showSinY) Gizmos.DrawLine(sinPos, transform.position);
        }
    }
```

5. 单击“播放”按钮之前，通过单击场景面板顶部的“2D”按钮将场景面板设置为 2D。然后单击“播放”按钮。

我们会看到球体并没有开始移动，但有彩色圆圈移动到球体的下面和右边（可能需要放大才能看到）。右边的圆圈遵循 `Mathf.Sin(theta)` 中对波的定义，下面的圆圈遵循 `Mathf.Cos(theta)` 中对波的定义。

你如果在 Sphere:Cyclic(Script)检视器查看 `showCosX`，Sphere 会开始在 *X* 方向沿余弦波移动。你可以看到 Sphere 的 *X* 移动是如何直接连接到波谷的余弦运动。取消 `showCosX` 并选择 `showSinY`。现在可以看到 Sphere 的 *Y* 移动是如何连接到正弦波上的。如果同时选择 `showCosX` 和 `showSinY`，Sphere 会移动到通过结合 $X = \cos(\text{theta})$和 $Y = \sin(\text{theta})$定义的圆圈中。完整的圆圈是 360°，或弧度为 2π（即 2 * Mathf.PI）。

图 B-3 也显示了这种连接，它使用 Unity 例子中相同的颜色。

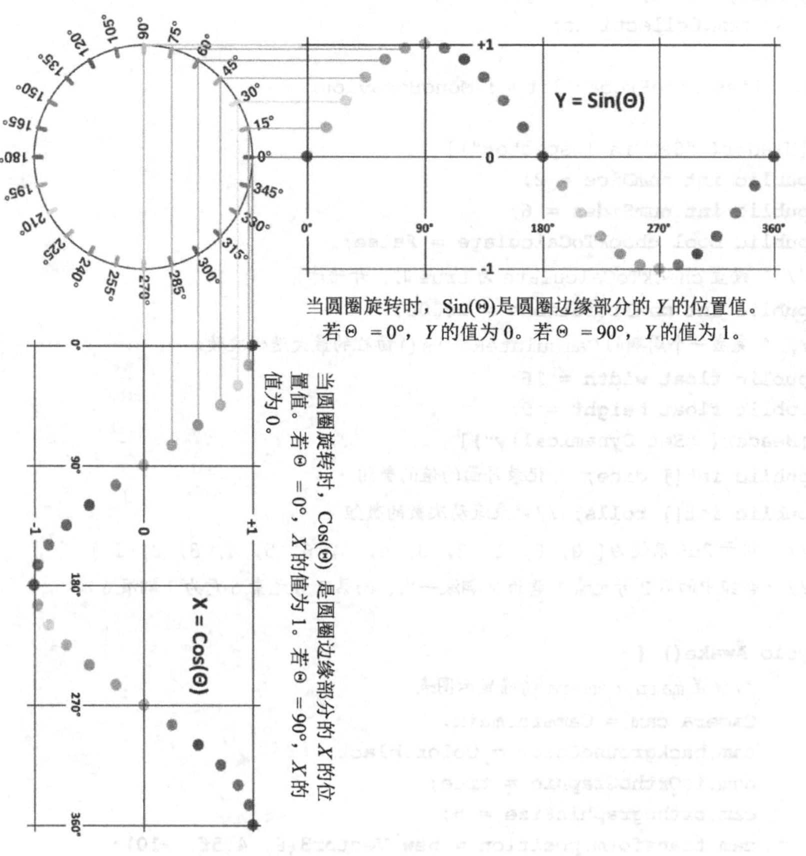

图 B-3　用于圆圈的正弦和余弦关系

第 31 章的游戏原型使用了正弦和余弦的这些属性，为 Enemy_1 类型的敌人定义了波移动方式，为 Enemy_2 类型的敌人调整线性插值宽松策略（参见本附录的“插值”部分，获取线性插值与宽松策略相关信息）。

骰子概率

本书第 11 章提到了 Jesse Schell 的概率法则 4：枚举能解决复杂的数学问题。这里的快速入门 Unity 程序将枚举任何数量的具有任意面的骰子的所有可能性。然而，要注意的是，骰子每增加一面会大大增加必要的计算量（例如，5d6 [五个六面骰子] 比 4d6 多花 6 倍的计算时间，比 3d6 多花 36 倍的计算时间）。

Unity 示例

按照以下步骤创建一个项目，枚举任意数量边的骰子的所有可能性。此代码的默认值是 2d6（26 面骰子）。有了这些默认值，程序将得出两个骰子的所有结果（例如，1|1，1|2，1|3，1|4，1|5，1|6，2|1，2|2，…，6|5，6|6），跟踪每个概率的总和。

1．创建一个新的 Unity 项目。创建一个新的 C#脚本，命名为 DiceProbability，并将其拖动到场景面板中的 Main Camera。打开 DiceProbability 并输入如下代码：

```
using UnityEngine;
using System.Collections;

public class DiceProbability : MonoBehaviour {

    [Header( "Set in Inspector")]
    public int numDice = 2;
    public int numSides = 6;
    public bool checkToCalculate = false;
    // ^ 设置 checkToCalculate 为 true 时，开始计算
    public int maxIterations = 10000;
    // ^ 完成一个周期的 CalculateRolls()协程的最大迭代次数
    public float width = 16;
    public float height = 9;
    [Header( "Set Dynamically")]
    public int[] dice; //记录每面的值的数组
    public int[] rolls; //记录滚动次数的数组
    // ^对于 2d6 来说为[ 0, 0, 1, 2, 3, 4, 5, 6, 5, 4, 3, 2, 1 ]
    // ^数组中的第 2 号元素 1 意为 2 翻滚一次，而第 7 号元素 6 意为 7 翻滚 6 次

    void Awake() {
        //设置 main camera 精确显示图表
        Camera cam = Camera.main;
        cam.backgroundColor = Color.black;
        cam.isOrthoGraphic = true;
        cam.orthographicSize = 5;
        cam.transform.position = new Vector3(8, 4.5f, -10);
    }
```

```
void Update() {
    if (checkToCalculate) {
        StartCoroutine( CalculateRolls() );
        checkToCalculate = false;
    }
}

void OnDrawGizmos() {
    float minVal = numDice;
    float maxVal = numDice*numSides;

    //如果rolls数组未就绪，返回
    if (rolls == null||rolls.Length ==0 || rolls.Length != maxVal+1) {
        return;
    }

    //描绘rolls数组
    float maxRolls = Mathf.Max(rolls);
    float heightMult = 1f/maxRolls;
    float widthMult = 1f/(maxVal-minVal);

    Gizmos.color = Color.white;
    Vector3 v0, v1 = Vector3.zero;
    for (int i=numDice; i<=maxVal; i++) {
        v0 = v1;
        v1.x = ( (float) i - numDice ) * width * widthMult;
        v1.y = ( (float) rolls[i] ) * height * heightMult;
        if (i != numDice) {
            Gizmos.DrawLine(v0,v1);
        }
    }
}

public IEnumerator CalculateRolls() {
    //计算每面的最大值（即翻滚的最大可能值）（例如2d6的maxValue = 12）
    int maxValue = numDice*numSides;
    //使数组足够大保证存储所有可能值
    rolls = new int[maxValue+1];

    //为每个骰子生成一个带元素的数组。除第一个骰子的值设为0，其他所有都设为1
    //使RecursivelyAddOne()函数能正常运行
    dice = new int[numDice];
    for (int i=0; i<numDice; i++) {
        dice[i] = (i==0) ? 0 : 1;
    }

    //对骰子进行迭代
    int iterations = 0;
    int sum = 0;
```

```
        //一般笔者不使用 while 循环，因为它会导致无限循环
        //但这里的协程在 while 循环中有输出，因此不会有什么大问题
        while (sum != maxValue) {
            // ^ 当所有骰子达到自身最大值时将有 sum == maxValue

            //在 dice 数组中增加第 0 号骰子
            RecursivelyAddOne(0);

            //对所有骰子求和
            sum = SumDice();
            //对 rolls 数组当前位置加 1
            rolls[sum]++;

            //迭代器加 1 并输出
            iterations++;
            if (iterations % maxIterations == 0) {
                yield return null;
            }
        }
        print("Calculation Done");

        string s = "";
        for (int i=numDice; i<=maxValue; i++) {
            s += i.ToString()+"\t"+rolls[i]+"\n";                    // a
        }

        int totalRolls = 0;
        foreach (int i in rolls) {
            totalRolls += i;
        }
        s += "\nTotal Rolls: "+totalRolls+"\n";                       // a

        print(s);

    }

    //下面为递归函数调用自身。本附录后面会介绍递归方法
    public void RecursivelyAddOne(int ndx) {
        if (ndx == dice.Length) return; //超过 dice 数组长度，返回

        //对 ndx 位置的骰子自加
        dice[ndx]++;
        //如果超过骰子最大限度...
        if (dice[ndx] > numSides) {
            dice[ndx] = 1; //那么设置当前骰子为 1……
            RecursivelyAddOne(ndx+1); //并对下一个骰子自加
        }
        return;
```

```
    }

    public int SumDice() {
        //在dice数组中对所有骰子的值求和
        int sum = 0;
        for (int i=0; i<dice.Length; i++) {
            sum += dice[i];
        }
        return(sum);
    }
}
```

a. 这里的.ToString("N0")是 ToString()的一个例子，使用 C#中的标准数字格式字符串（Standard Numeric Format Strings），每三个数字添加一个分隔符（例如 123,456,789 中的逗号），0 表示小数点后应该为零。上网搜索“C# Standard Numeric Format Strings”可以获取更多信息。

2. 要使用 DiceProbability 枚举器的话，可以单击“播放”按钮，然后在层级面板中选择 Main Camera。

3. 在 Main Camera:Dice Probability(Script)检视器中，你可以设置 numDice（骰子数）和 numSides（每个骰子具有几面），然后单击 checkToCalculat，计算这些骰子投掷出的任何具体的数字的概率。

Unity 将枚举所有可能的结果，然后将结果输出到控制台面板。为了更好地查看图形，可能需要单击场景面板顶部的“山形”按钮（关掉 skybox 视图），转换为 2D 视图并放大。

第一次试着用 2 个 6 面骰子（2d6），将在控制台得到如下结果（你需要选择控制台消息以查看前两行之后的信息）：

```
2   1
3   2
4   3
5   4
6   5
7   6
8   5
9   4
10  3
11  2
12  1

Total Rolls: 36

UnityEngine.MonoBehaviour:print(Object)
<CalculateRolls>c__Iterator0:MoveNext() (at Assets/DiceProbability.cs:110)
UnityEngine.MonoBehaviour:StartCoroutine(IEnumerator)
DiceProbability:Update() (at Assets/DiceProbability.cs:34)
```

4. 在检视面板中，尝试设置 numDice=8，numSides =6。然后查看

checkToCalculate。

你会看到这需要更长的时间来计算，而且在每次协程（参见本附录中“协程”章节）输出后，结果（以及曲线图）才逐步更新。如果想加速，尝试设置 maxIterations =100,000。在协程 yield 之前，代码将计算骰子滚转次数 maxIterations，并允许 Unity 显示结果。maxIterations 越大，整个计算完成得越快，因为代码会在显示结果之间计算更多的滚转。较少的 maxIterations 将更频繁地显示结果，但这将极大地减缓计算总时间。

现在，你想在任何时候获取某事情的概率，如滚动 8d6 的骰子得到 13 的概率，可以通过枚举实现。控制台的一些输出如下所示：

```
8     1
9     8
...
12    330
13    792
14    1,708
...
47    8
48    1
Total Rolls: 1,679,616
```

这里表示骰子得到 13 的概率是 792 / 1679616 = 11 / 23328≈0.00047≈0.05%。

此外，该代码可以用来选择每次随机滚动次数并输出一个实际的概率值。滚动次数多可以获得特定概率而不是书面的理论概率（查看第 11 章的 Jesse Schell 概率法则 9）。

点积

另一个非常有用的数学概念是点积。两个向量的点积是将每个向量的 *X*、*Y* 和 *Z* 分别和另一个向量相乘并将结果相加，如下面代码所示：

```
1 Vector3 a = new Vector3( 1, 2, 3 );
2 Vector3 b = new Vector3( 4, 5, 6 );
3 float dotProduct = a.x*b.x + a.y*b.y + a.z*b.z; // a
4 // dotProduct = 1*4 + 2*5 + 3*6
5 // dotProduct = 4 + 10 + 18
6 // dotProduct = 32
7 dotProduct = Vector3.Dot(a,b); // C#中的实现方式 // b
```

a．第 3 行显示手工计算 Vector3s 的 a 和 b 的点积。

b．第 7 行显示使用内置静态方法 Vector3.Dot()进行相同的计算。

也许点积看起来并不是那么重要，但它有一个非常有用的特性：返回的浮点数的点积 product4 $a \bullet b$[3]也等同于 *a.magnitude* * *b.magnitude* * Cos(Θ)，其中 Θ 是两个向量之间

3. 符号 • 在这里用来表示点积（通常用于数学中），不同于表示浮点数的标准乘法的*符号和表示两个向量乘积的×符号。

的夹角，如图 B-4所示。

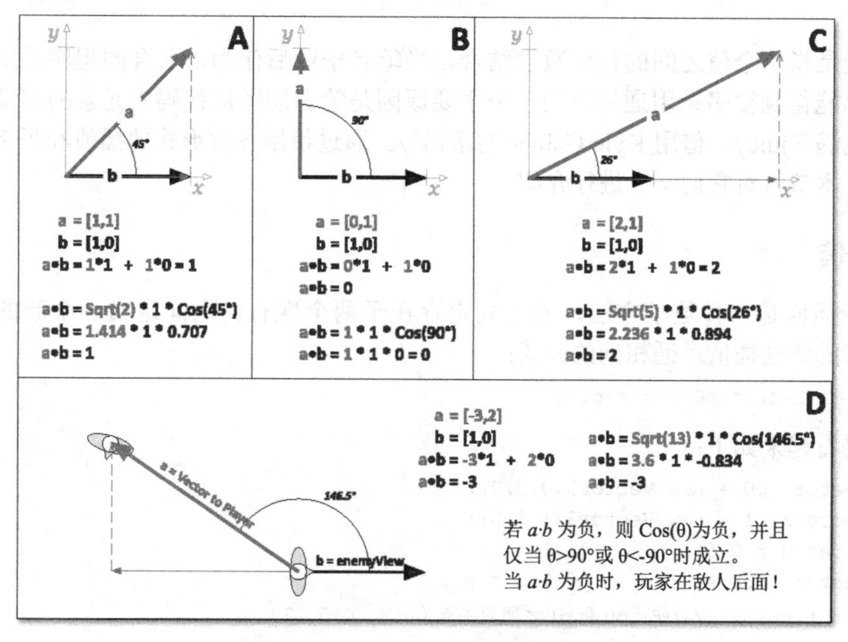

图 B-4 点积例子（十进制数为近似值）

图 B-4 的图 A 显示了点积的标准示例。在这个例子中，单位向量[4] *b* 是指向 *X* 轴。*b* 的坐标为[1, 0]，而向量 *a* 的坐标为[1，1]。向量 *a* 可以理解为两部分：平行于 *b* 的部分（a 的 *X* 坐标，在 *b* 顶部用细绿线显示），垂直于 *b* 的部分（*a* 的 *Y* 坐标，用绿色虚线显示）。*a* 与 *b* 平行的部分的长度称为 *a* 到 *b* 的投影，是点积 *a* • *b* 的结果。点积获得整个 *a*[1,1]，它的长度等于 2 的平方根（≈1.414），并告诉我们有多少向量与 *b* 平行。如前文所述，有两种方式计算点积，两者都显示在图 B-4 的图 A 中，它们都得出结果 1。这意味着当投影到单位向量 *b* 上时，向量 *a* 的长度是 1。

图 B-4 的图 B 显示了当两个向量完全垂直时，它们的点积是零。所以这里 *a* 到 *b* 的投影是零。

图 B-4 的图 C 显示了一个较长的向量 *a* 到 *b* 的投影。当然两种点积计算方法也给出了同样的正确结果。

如图 B-4 的图 D 所示，这可以用来判断敌人是否面对玩家角色（在隐形游戏中会很有用）。这里，向量 *a* 是[-3，2]，而 *b* 是[1, 0]。点积 *a* • *b* 为-3。如果敌人正在向 *b* 方向看，则点积向量投影到玩家 *a* 上的单位向量 *b* 是负的，这意味着玩家在敌人后面。尽管图 B-4 中的所有示例都显示 *b* 指向 *X* 轴，不管 *b* 指向哪个方向，点积仍然可以完美地工作，只要 *b* 是单位向量。

你也可以在其他地方使用点积，在计算机图形编程中也很常见（例如，点积用于确定表面是否面向灯光）。

---

4. 单位向量是幅值为 1（即长度为 1）的向量。

B.3 插值

插值是指两个值之间的任何数学结合。当笔者毕业后作为一名合同程序员工作时，觉得自己能得到很多录用通知书的一个主要原因是笔者的图形代码中元素的移动看起来平滑且饱满（juicy，借用 Kyle Gabler 的术语[5]）。通过使用各种形式的插值和贝济埃曲线可实现，本节将对它们一一进行介绍。

线性插值

线性插值是一种数学方法，通过规定存在于两个现有值之间定义一个新的值或位置。所有的线性插值遵循相同的公式：

```
p01 = (1-u) * p0 + u * p1
```

代码看起来如下：

```
1 Vector3 p0 = new Vector3(0,0,0);
2 Vector3 p1 = new Vector3(1,1,0);
3 float u = 0.5f;
4 Vector3 p01 = (1-u) * p0 + u * p1;
5 print(p01); //打印：p0和p1之间的半点(0.5, 0.5, 0)
```

在上面的代码中，通过在 P0 和 P1 之间插值创建一个新的点 p01。U 的取值范围在 0 和 1 之间。其可以生成任何数量的维度，尽管我们在 Unity 中一般使用 Vector3s 插值。

基于时间的线性插值

在基于时间的线性插值中，可以保证插值将在一段指定的时间内完成，因为 u 的值是基于时间数量除以所需的总时间插值的结果。

Unity 示例——基于时间的线性插值

遵循以下步骤创建一个 Unity 例子：

1. 新建一个新的 Unity 项目，命名为 Interpolation Project。保存场景为 _Scene_Interp。

2. 在层级面板中创建一个立方体（在菜单栏中执行 GameObject > 3D Object > Cube 命令）。

   a. 在层级面板中选择 Cube 并添加一个 TrailRenderer（在菜单栏中执行 Components > Effects > Trail Renderer 命令）。

   b. 打开 TrailRenderer 的 Materials 数组并为内置素材 Default-Particle 设置命令（单击 Element 0 右边的圆圈，会在可用的素材列表中看到 Default-

5. “Juice It or Lose It”来自 Martin Jonasson 和 Petri Purho 在 2012 年关于为游戏增加趣味性的演讲。你可以上网搜索“Juice It or Lose It”，然后查看相关信息。

Particle)。

3．在工程面板中创建一个新的 C#脚本，命名为 Interpolator。将它添加到 Cube，然后在 MonoDevelop 中打开它并输入下列代码：

```
using UnityEngine;
using System.Collections;

public class Interpolator : MonoBehaviour {
    [Header( "Set in Inspector")]
    public Vector3 p0 = new Vector3(0,0,0);
    public Vector3 p1 = new Vector3(3,4,5);
    public float timeDuration = 1;
    //设置 checkToCalculate 为 true 开始移动
    public bool checkToCalculate = false;

    [Header( "Set Dynamically")]
    public Vector3 p01;
    public bool moving = false;
    public float timeStart;

    //每一帧都会调用 Update
    void Update () {
        if (checkToCalculate) {
            checkToCalculate = false;

            moving = true;
            timeStart = Time.time;
        }

        if (moving) {
            float u = (Time.time-timeStart)/timeDuration;
            if (u>=1) {
                u=1;
                moving = false;
            }

            //标准线性插值函数
            p01 = (1-u)*p0 + u*p1;

            transform.position = p01;
        }

    }
}
```

4．切换回 Unity 并单击“播放”按钮。在 Cube:Interpolator(Script)组件中，勾选 checkToStart 旁边的框，Cube 将在 1 秒内从 P0 移动到 P1。如果调整 timeDuration 为另一个值并再次勾选 checkToStart，我们可以看到 Cube 总是在 timeDuration 时间内从 P0 移动到 P1。在 Cube 移动时你也可以改变 P0 或 P1 的位置，它将相应跟着更新。

利用 Zeno 悖论的线性插值

Zeno Elea 是一位古希腊哲学家，他提出了一系列关于日常非现实哲学和常识性运动的悖论。

在 Zeno 的二分法悖论中，其焦点是一个移动的物体能否到达固定点。假设一只青蛙跳向一堵墙，每跳一次，它到墙的距离就减少一半，无论青蛙跳了多少次，最后一次跳跃后它仍然距离剩余墙壁一半距离，所以它将永远无法越过墙。

忽略其中的哲学意义（而且完全缺乏理性思维），我们实际上可以使用线性插值中的一个类似概念创建一个平滑运动，最后收缩到一个特定的点。本书使用这个方法创建摄像机，使它可以随意跟拍兴趣点。

Unity 示例——Zeno 悖论线性插值

继续之前的 Interpolation Project 工程：

1．现在为场景增加一个球体（在菜单栏中执行 GameObject > Create Other > Sphere 命令）并放在远离 Cube 的某个地方。

2．在工程面板中创建一个新的 C#脚本，命名为 ZenosFollower 并添加到 Sphere。

3．在 MonoDevelop 中打开 ZenosFollower，输入如下代码：

```
using UnityEngine;
using System.Collections;

public class ZenosFollower : MonoBehaviour {

    [Header( "Set in Inspector")]
    public GameObject poi; //兴趣点
    public float u = 0.1f;
    public Vector3 p0, p1, p01;

    //每一帧都会调用 Update
    void FixedUpdate () {
        //获取 this 和 poi 的位置
        p0 = this.transform.position;
        p1 = poi.transform.position;

        //二插值
        p01 = (1-u)*p0 + u*p1;

        //将 this 移动到新位置
        this.transform.position = p01;
    }
}
```

4．保存代码并返回 Unity。

5．设置 Sphere:ZenosFollower 的 poi 为 Cube（拖动 Cube 从层级面板到 Sphere: ZenosFollower(Script)检视器的 poi 窗口）。

6．记得保存场景！

现在单击“播放”按钮，球体将向立方体移动。如果选择立方体并勾选 checkToStart 框，该球体将跟随立方体移动。我们也可以手动在场景窗口中移动立方体，然后让球体跟着移动。

尝试改变 Sphere:ZenosFollower 检视器中 u 的值。较小的值使它移动缓慢，较大的值让它速度加快。值为 0.5 会使球体可以覆盖每一帧到立方体一半的距离，完全类似 Zeno 的二分法悖论（但实际中跟得太近）。确实使用这个特殊代码会让球体永远无法到达与立方体完全相同的位置，而且事实上因为这个代码不是基于时间的，在高速计算机上球体将运动得很快，而在低速计算机上则变慢，但它也只是一个快速入门的易实现的简单脚本。

FixedUpdate()用于替代 ZenosFollower 中的 Update()，使计算机上所有行为一致。如果使用了 Update()，则取决于处理器负载在计算机上的任何特定时间，球体将更近或更远，因为每秒都会发生更多或更少的 Update()调用，帧速率自然产生变化。使用 Update()还会因为同样的原因使球体在快速的机器上比慢速的机器跟随得更近。FixedUpdate()使所有机器上的行为一致，因为每秒总是被调用 50 次[6]。

其他插值

你几乎可以插值任何类型的数值，在 Unity 中意味着我们可以很容易实现插值，如尺度、旋转以及颜色等。

Unity 示例——插值的各种属性

我们可以像前面的插值实例一样在同一个项目或新的项目中完成：

1．在层级面板中创建一个新场景，命名为_Scene_Interp2，将两个新的立方体分别名为 c0 和 c1。

2．为每一个立方体生成新的素材（在菜单栏中执行 Assets > Create > Material 命令）并分别命名为 Mat_c0 和 Mat_c1。

3．通过拖动到顶部分别将各个素材应用到立方体上。

---

6. FixedUpdate()每秒被调用 50 次，因为 Time.fixedDeltaTime 的默认值为 0.02（即 1 秒的 1/50），但可以通过调整 Time.fixedDeltaTime 更改某次 FixedUpdate()被调用的频率。特别是将 Time. timeScale 调整为 0.1 很有用（将 Unity 放慢到正常速度的十分之一）。当 Time. timeScale 为 0.1 时，FixedUpdate()将实时地每 0.2 秒调用一次，明显地快于缓慢的物理运动。无论何时更改 Time.timeScale，都应该同时更改 Time.fixedDeltaTime 为相同值。所以对于 Time.timeScale 为 0.1 情况，需要设置 Time. fixedDeltaTime 为 0.002，保证每一秒完成 50 次 FixedUpdate()调用。

4．选择 c0 并设置为任何你想要的位置、旋转和尺度（只要在屏幕上可见并且 scale *X*、*Y*、*Z* 为正向）。在检视器的 c0:Mat_c0 部分也可以设置为任何你喜欢的颜色。

5．对 c1 做同样的操作并设置颜色为 Mat_c1，保证 c0 和 c1 彼此具有不同的位置、旋转、尺度和颜色。

6．为场景添加第三个立方体，设置位置为 P:[0, 0, 0]，并将其命名为 Cube01。

7．创建一个新的 C#脚本，命名为 Interpolator2，并将它添加到 Cube01。在 Interpolator2 中输入下面的代码：

```
using UnityEngine;
using System.Collections;

public class Interpolator2 : MonoBehaviour {
    [Header( "Set in Inspector")]
    public Transform c0;
    public Transform c1;
    public float timeDuration = 1;
    //设置 checkToCalculate 为 true 开始移动
    public bool checkToCalculate = false;

    [Header("Set Dynamically")]
    public Vector3 p01;
    public Color c01;
    public Quaternion r01;
    public Vector3 s01;
    public bool moving = false;
    public float timeStart;

     private  Material mat, matC0, matC1;

    void Awake() {
        mat = GetComponent< Renderer >().material;
        matC1 = c1.GetComponent< Renderer >().material;
        matC0 = c0.GetComponent< Renderer >().material;
    }

    //每一帧都会调用 Update
    void Update () {
        if (checkToCalculate) {
            checkToCalculate = false;

            moving = true;
            timeStart = Time.time;
        }

        if (moving) {
            float u = (Time.time-timeStart)/timeDuration;
            if (u>=1) {
                u=1;
```

```
                moving = false;
            }

            //标准线性插值函数
            p01 = (1-u)*c0.position + u*c1.position;
            c01 = (1 -u)*matC0.color + u*matC1.color;
            s01 = (1-u)*c0.localScale + u*c1.localScale;
            //旋转的处理方法稍有不同，因为四元数有点麻烦
            r01 = Quaternion.Slerp(c0.rotation, c1.rotation, u);

            //将上面的值赋给当前 Cube01
            transform.position = p01;
            mat.color = c01;
            transform.localScale = s01;
            transform.rotation = r01;
        }
    }
}
```

8．保存脚本并返回 Unity。

9．将 c0 从层级面板拖动到 Cube01:Interpolator2(Script)检视器 c0 字段。同样将层级面板的 c1 拖动到 Interpolator2 脚本中的 c1 字段。

10．单击“播放”按钮，然后勾选 Cube01:Interpolator2 检视器中 checkToCalculate 复选框。你会发现除了位置，Cube01 现在还会对其他进行插值计算。

线性外插法

我们迄今所做的所有插值的 u 值范围都是从 0 到 1。如果让 u 超出这个范围，可以实现外插（如此命名是因为不同于在两值之间的内插值，它是在两个原点之外插入数据）。

假设两个原点为 10 和 20，外插 u=2 的效果如图 B-5 所示。

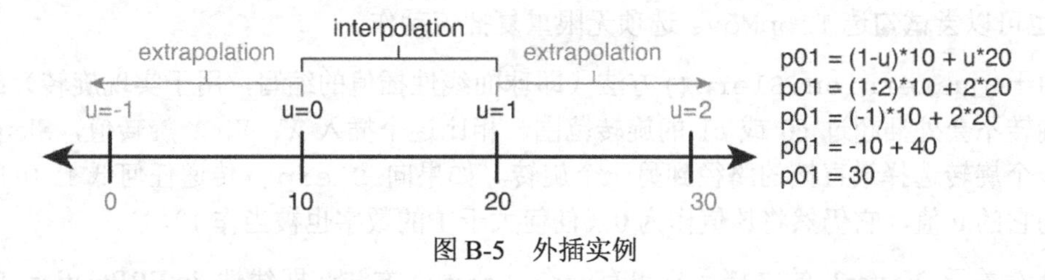

图 B-5 外插实例

Unity 示例——线性外插法

对 Interpolator2 进行如下修改，可在代码中实现外插。对于外插，以下代码还可以实现循环移动。

```
public class Interpolator2 : MonoBehaviour {
    [Header( "Set in Inspector")]
    public Transform      c0;
```

```
    public Transform     c1;
    public float         uMin = 0;
    public float         uMax = 1;
    public float         timeDuration = 1;
    public bool          loopMove = true; // 重复移动
...

    void Update () {
        ...
        if (moving) {
            float u = (Time.time-timeStart)/timeDuration;
            if (u>=1) {
                u=1;
                if  (loopMove) {
                    timeStart = Time.time;
                } else {
                    moving = false;   // 本行代码在 else 语句中
                }
            }
            //调整 u 的范围为 uMin 到 uMax
            u = (1-u)*uMin + u*uMax;
            // ^似曾相识？线性内插也是这样做的！

            //标准线性插值函数
            p01 = (1-u)*c0.position + u*c1.position;
            ...
        }
    }
}
```

现在单击“播放”按钮并勾选 Cube01 的 checkToStart 框，会得到与前面相同的结果。尝试将 Cube01:Interpolator2(Script)检视器的 uMin 和 uMax 值分别改为-1 和 2。现在，勾选 checkToStart，你会发现颜色、位置都实现外插并超出设置的原始范围[7]。你也可以尝试勾选 loopMove 选项无限重复插值动作。

由于 Quaternion.Slerp()方法（即球面线性插值的缩写，用于实现旋转）的限制，旋转不会外插超过 c0 或 c1 的旋转范围。相比逐个插入 *X*、*Y*、*X* 旋转值，Slerp 尝试从一个旋转选择最直接的路径到另一个旋转。如果向 Slerp()传递任何低于 0 的数字作为它的 u 值，它仍然将该值作为 0（任何大于 1 的数字也被当作 1）。

查看关于 Vector3 的文档，它也有一个 Lerp()方法（即线性 intERPolation 的缩写）在 Vector3s 之间实现插值，但笔者从来没有使用过这个函数，因为它限制 u 的值为从 0 到 1，且不允许外插。在 Unity 5 中，出现的 Vector3.LerpUnclamped()方法不会限制 u 的值范围。笔者习惯使用不限制范围的版本，但建议你学习限制范围的版本，

---

7. 可能会显示一条告警信息“BoxColliders does[sic] not support negative scale or size”。别担心，外插缩放会引起反向缩放，但在本例中不用担心冲突检测。

因此本章代码不使用`Vector3.LerpUnclamped()`方法。

缓动线性插值

目前，我们已经很好地实现了插值，但仍然让人感觉它们非常机械，因为是突然开始，以固定的速度移动，然后突然停止。令人高兴的是，有几个不同的缓动函数可以使它们更灵活。下面是一个最容易理解的Unity例子。

Unity示例—缓动线性插值

按照以下步骤创建示例。

1．在MonoDevelop中创建一个新的C#脚本，命名为Easing，打开脚本进行以下修改。注意Easing并不继承MonoDevelop。

```
using UnityEngine;

public class  Easing {

    public enum Type {                                          // a
        linear,
        easeIn,
        easeOut,
        easeInOut,
        sin,
            sinIn,
    sinOut
}

    Static public float Ease (float u, Type eType, float eMod = 2) {// c
        float u2 = u;

        switch (eType) {                                        // b

            case Type.linear:
                u2 = u;
                break;

            case Type.easeIn:
                u2 = Mathf.Pow(u, eMod);
                break;

            case Type.easeOut:
                u2 = 1 - Mathf.Pow( 1-u, eMod );
                break;

            case Type.easeInOut:
                if ( u <= 0.5f ) {
                    u2 = 0.5f * Mathf.Pow( u*2, eMod );
                } else {
                    u2 = 0.5f+0.5f*(1-Mathf.Pow(1-(2*(u-0.5f)),eMod));
```

```
                }
                break;

            case Type.sin:
                //设 eMod 的值为 0.15f 并且 EasingType.sin 为-0.2f          // C
                u2 = u + eMod * Mathf.Sin( 2*Mathf.PI*u );
                break;

            case Type.sinIn:
                // eMod 被 SinIn 忽略
                u2 = 1 - Mathf.Cos( u * Mathf.PI * 0.5f );
                break;

            case Type.sinOut:
                // eMod 被 SinOut 忽略
                u2 = Mathf.Sin( u * Mathf.PI * 0.5f );
                break;
        }

        return( u2 );
    }
}
```

a. 该枚举是在 Easing 类型中定义的，因此类之外该枚举类型的变量将被声明为 Easing.Type。在 Easing 类中，可以使用 Type 替代。

b. Switch 语句会保存每种类型的缓动。

c. eMod 是静态 Ease() 函数的可选浮动参数。它用途广泛，可以作为许多 easing 类型的修饰符。例如，对于 easeIn，它可以提升 u；如果 eMod 是 2，那么 u2 = u2；如果 eMod 是 3，那么 u2 = u3。对于 sin easing，eMod 是正弦曲线振幅的乘数，它被加到本行（相关示例请参见图 B.6）。

这个 Easing 类包含 u 的所有 easing 函数，因此很容易将它们导入任何项目。图 B-6 显示并描述了各种 easing 曲线，除了 sinIn 和 sinOut 是基于 sine 的，其余为灵活度稍低的 easeIn 和 easeOut。

2. 保存 Easing 脚本，打开 Interpolator2 脚本，进行如下修改。

```
public class  Interpolator2 : MonoBehaviour {
    [Header("Set in Inspector")]
    ...

    public bool          loopMove =  true; // 使移动重复
    public Easing.Type   easingType =  Easing.Type.linear;
    public float         easingMod = 2;

    // 单击 checkToStart 复选框开始移动
    public bool          checkToStart = false;
```

```
...
void Update () {
     ...
     if  (moving) {
          ...
          // 调整u，从uMin至uMax
          u = (1-u)*uMin + u*uMax;
          // ^ 看起来眼熟吧？这里也用线性插值
          // Easing.Ease函数调整u，控制对移动的调整
          u =  Easing .Ease(u, easingType, easingMod);

          // 这是标准的线性插值函数
          p01 = (1-u)*c0.position + u*c1.position;
          ...
     }
}
}
```

3．保存Interpolator2并返回Unity。

4．在Cube01:Interpolator2(Script)检视器中设置uMin和uMax的值为0和1。检查loopMove是否设置为true。

5．保存场景。

6．单击“播放”按钮，勾选checkToCalculate。现在，因为loopMove也被选中，Cube01不断在c0和c1之间进行插值计算。

试着对easingType.easingMod用不同的设置，将会影响easeIn、easeOut、easeInOut和sin缓动类型。对于sin类型，分别设置easingMod为0.16以及0.2，我们可以看到Sin-based缓动类型的灵活度。

在图B-6中用图形展示了各种缓动曲线。图中水平维度代表初始u值，而垂直维度表示缓动u值（u2）。在每一个例子中都可以看到，当u=1时，u2也等于1。这样一来，如果线性插值是基于时间的，无论怎样设置缓动，值总是在同一时间完整地从p0移动到p1。

线性曲线显示没有缓动效果（u2 = u）。如其他每条曲线所示，线u2=u作为虚线对角线显示常规线性行为。如果曲线垂直分量一直低于虚线对角线，那它的运动速度比线性曲线慢。相反，如果曲线的垂直分量是在虚线对角线之上，那么缓动曲线将提前于线性移动产生。曲线角度代表该点插值的速度：45°斜率与线性插值速度一致，而角度越“缓”则速度越慢，角度越“陡”则速度越快。

EaseIn曲线启动缓慢，然后逐渐加快向终点移动（u2 = u*u）。这就是所谓的“easing in”，因为第一部分的运动是“简单”并且缓慢的，然后才加快。

EaseOut曲线与EaseIn曲线相反。该曲线运动开始很快，然后放缓直到结束。这就是所谓的“easing out”。

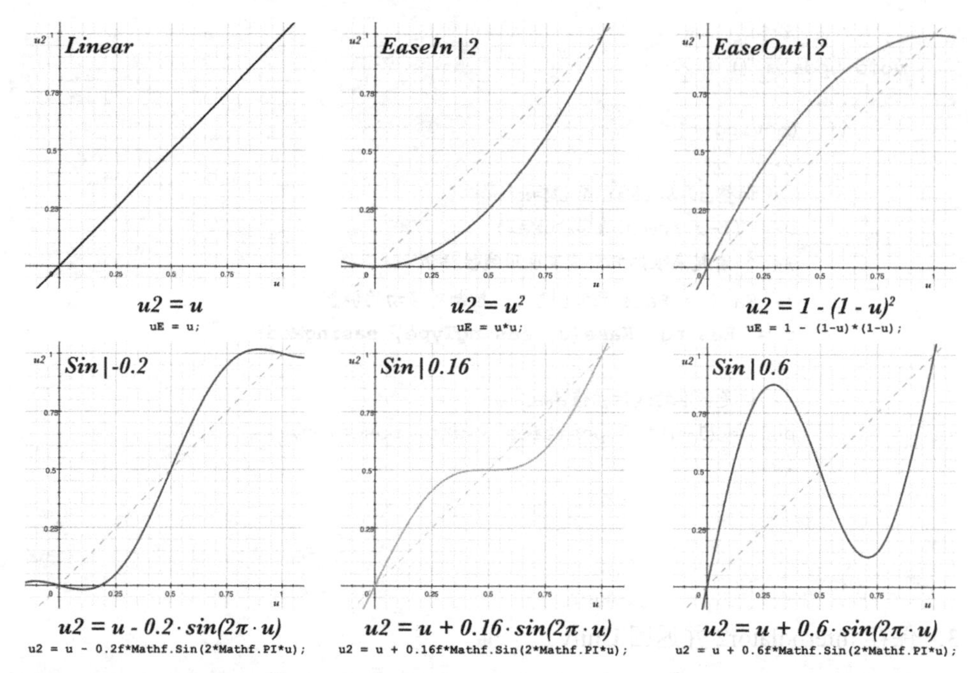

图 B-6　不同的缓动曲线及其公式。在每一种情况下，单管（|）后面的数字代表 easingMod 值

图 B-6 底部的三条 Sin 曲线都遵循相同的公式（u2 = u + eMod * sin(u*2π)），其中 eMod 是一个浮点数（即代码中的变量 eMod 或 easingMod）。乘法 u * 2π 里面的 sin()确保 u 从 0 移动到 1，使它通过全正弦波（移动到中心、上、中心、下，回中心）。如果 eMod = 0，没有正弦曲线效果（即曲线仍然是线性的），因为 eMod 从零开始在所有方向移动（正向或负向），它的效果更明显。

曲线 Sin|-0.2 是一个跳动的缓慢开始和缓慢结束的过渡效果。eMod 的值-0.2 为线性进程增加了一个负正弦波，使移动的物体从 p0 向后退一点，快速移动到 p1，超过一点，然后定在 p1。Sin|-0.1 中 *n* 值接近零，使物体从中心全速开始，接近 p1 时再慢下来，不会外插到任何一端。

在 Sin|0.16 中，一条稀疏的正弦曲线会添加到线性 u 进程，使曲线先于线性，在中间变慢，然后再超过。如果移动一个对象将使它来到中心，在中间变慢，“作用”一段时间，然后移走。

曲线 Sin|0.6 是第 31 章 Enemy_2 中使用的缓动曲线。在本例中，添加强正弦波使物体穿过中心到距离 p1 大约 80%远的一个点，然后回到距离 p1 约 20%的点，最后移动到 p1。

贝济埃曲线

贝济埃曲线实现大于 2 点的线性插值。使用常规的线性插值，其基本公式为 p01 = (1-u) * p0 + u * p1。贝济埃曲线只是增加了更多的点和计算量。

假设三个点 p0，p1 和 p2：

```
p01 = (1-u) * p0 + u * p1
p12 = (1-u) * p1 + u * p2
p012 = (1-u) * p01 + u * p12
```

我们在前文的方程中已证明过，对点 p0，p1 和 p2 来说，它们在贝济埃曲线中的位置是通过首先在 p0 和 p1 之间（最终结果点称为 p01）完成线性插值，然后在 p1 和 p2 间（称为 p12）完成线性插值，最后在 p01 和 p12 之间完成线性插值，获得最终点 p012。如图 B-7 所示用图形显示该过程。

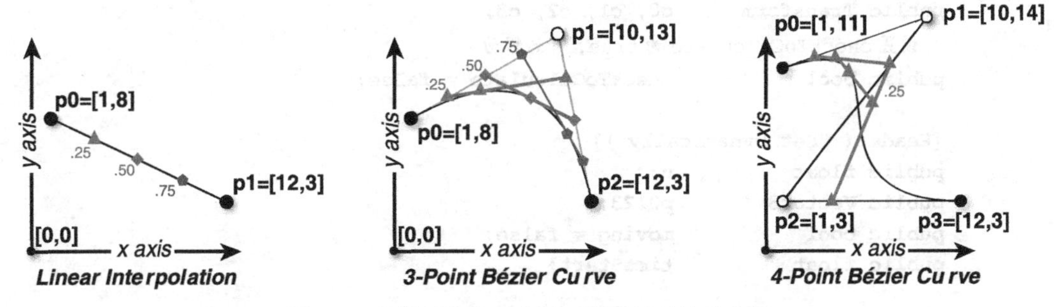

图 B-7 线性插值和三坐标、四坐标贝济埃曲线

一条四坐标贝济埃曲线需要更大的计算量囊括 4 个点：

```
p01 = (1-u) * p0 + u * p1
p12 = (1-u) * p1 + u * p2
p23 = (1-u) * p2 + u * p3
p012 = (1-u) * p01 + u * p12
p123 = (1-u) * p12 + u * p23
p0123 = (1-u) * p012 + u * p123
```

四坐标贝济埃曲线常用于画图软件定义控制高度的曲线，包括：Flash、Illustrator、Photoshop、Groups 的 OmniGraffle 等。实际上，Unity 中用于动画和 TrailRenderer 使用的就是四坐标类型的贝济埃曲线。

Unity 示例——贝济埃曲线

按照下面的步骤在 Unity 中生成一条贝济埃曲线。在编写代码时，笔者没有在 Bézier 中使用重音符号é，因为代码应该避免任何重音字符。

1. 在 Unity 中创建一个新的场景，命名为_Scene_Bezier。

2. 添加 4 个名为 c0、c1、c2 和 c3 的立方体。

a. 设置各立方体的 transform.scale 为 S:[0.5, 0.5, 0.5]。

b. 环绕场景将各立方体放置在不同位置，并调整场景视线，让你能看到所有。

3. 接着，为场景添加球面。

a. 在球面上附加 TrailRenderer。

b. 打开 TrailRenderer 的 `Materials` 数组，设置 `Element 0` 为内置素材 Default-Particle。

4．生成一个新的 C#脚本，命名为 Bezier 并添加到 Sphere。在 MonoDevelop 中打开 Bezier 并输入如下代码，演示一条由四坐标构成的贝济埃曲线：

```
using UnityEngine;
using System.Collections;

public class Bezier : MonoBehaviour {
    [Header( "Set in Inspector")]
    public float          timeDuration = 1;
    public Transform      c0, c1, c2, c3;
    //设置 checkToCalculate 为 true，开始移动
    public bool           checkToCalculate = false;

    [Header( "Set Dynamically")]
    public float          u;
    public Vector3        p0123;
    public bool           moving = false;
    public float          timeStart;

    void Update () {
        if (checkToCalculate) {
            checkToCalculate = false;
            moving = true;
            timeStart = Time.time;
        }

        if (moving) {
            u = (Time.time-timeStart)/timeDuration;
            if (u>=1) {
                u=1;
                moving = false;
            }

            //四坐标贝济埃曲线计算
            Vector3 p01, p12, p23, p012, p123;

            p01 = (1-u)*c0.position + u*c1.position;
            p12 = (1-u)*c1.position + u*c2.position;
            p23 = (1-u)*c2.position + u*c3.position;

            p012 = (1-u)*p01 + u*p12;
            p123 = (1-u)*p12 + u*p23;

            p0123 = (1-u)*p012 + u*p123;

            transform.position = p0123;
        }
    }
}
```

5．保存 Bezier 脚本，返回 Unity。

6. 在 Sphere:Bezier(Script)检视器中将 4 个立方体分配到各自所属字段。

7. 在检视器中单击“播放”按钮并勾选“checkToStart”复选框。

Sphere 会描绘四个立方体之间的贝济埃曲线。这里要注意的很重要的一点是，Sphere 只与 c0 和 c3 相交，它受 c1 和 c2 作用但不与之相交，所有的贝济埃曲线都是如此。曲线的末端总是通过第一个和最后一个点，但不会通过它们之间的任何点。如果你对会通过中间点的曲线感兴趣，可上网搜索“Hermite spline”的相关文章（也可以搜索其他类型的样条曲线资料）。

递归贝济埃曲线函数

正如你在上一节中看到的，为贝济埃曲线添加更多的控制点带来额外计算量都是很简单的概念，但需要一点时间输出所有增加的代码行。接下来的代码清单使用一个递归函数处理任何没有附加代码的点数。这在概念上有点复杂，所以让我们开始考虑应该如何完成。

为了插值标准的三坐标贝济埃曲线，从点[p0, p1, p2]开始。然而，为了实现插值，需要首先将其分解为两个更小的插值[p0, p1]和[p1, p2]，对每一个进行插值并返回插值点 p01 和 p12。最后，在 p01 和 p12 之间进行插值以获得最终点 p012。

Bezier()函数完成相同功能，递归地将问题分解为越来越小的点列表，直到每个分支到达仅一个点列表，然后将这些点返回到递归链上，在上行过程中进行插值。

在本书的第 1 版中，对于每次递归，递归 Bezier()函数创建了一个新的 List<Vector3>，但这是非常低效的，因为每次创建新的 List 都会浪费内存和进程处理能力。实际上，用第 1 版的 Bezier()方法插值四坐标贝济埃曲线将创建另外 14 个列表。

相比生成一大堆新列表，第 2 版的 Bezier()将引用传递给同一个 List，并将其与两个整数（iL 和 iR）一起传递到它的每个递归中。你可以在 Bezier()函数声明中看到。

```
static public Vector3  Bezier(float  u, List< Vector3> pts, int iL= 0 ,
➥ int iR=-1 ) {...}
```

整数 iL 和 iR 都是 List pts 中的索引，这意味着 iL 和 iR 是 pts 元素的引用。如果 iL 是 0，那么它指向第 0 号 pts 元素。如果 iR 是 3，那么它指向第三个 pts 元素。iL 和 iR 是可选参数。如果两者都不传入（即 Bezier()只被参数 u 和 pts 调用），那么 iL 将为 0，iR 将从-1 开始，但之后将给出 pts 的最后一个元素的索引。

iL 表示 Bezier()递归涵盖的所有最左边的 pts 元素，iR 表示最右边的元素。因此，对于四坐标 List pts，iL 初始值是 0，iR 从 3（pts 中最后一点的索引）开始。每次 Bezier()函数递归，它开始分支并发送更少的点到下一级。相比于创建新的列表，新版本的 Bezier()调整 iL 和 iR，查找整体中较小部分的 List pts。最终，在每个分支中将到达终端情况，其中 iL 和 iR 都指向到相同的 pts 元素，然后将该元素的值作为 Vector3，实际插值序列随着递归链的展开而发生。

图 B-8 显示了一系列递归调用，是通过一个四坐标对 Bezier()函数的调用实现的。实线箭头跟踪调用，虚线箭头显示返回。可以看到，iL 或 iR 分别递增或递减调用，图中黑色的 pts 元素是每次调用 Bezier() 时从 iL 到 iR 变化范围。

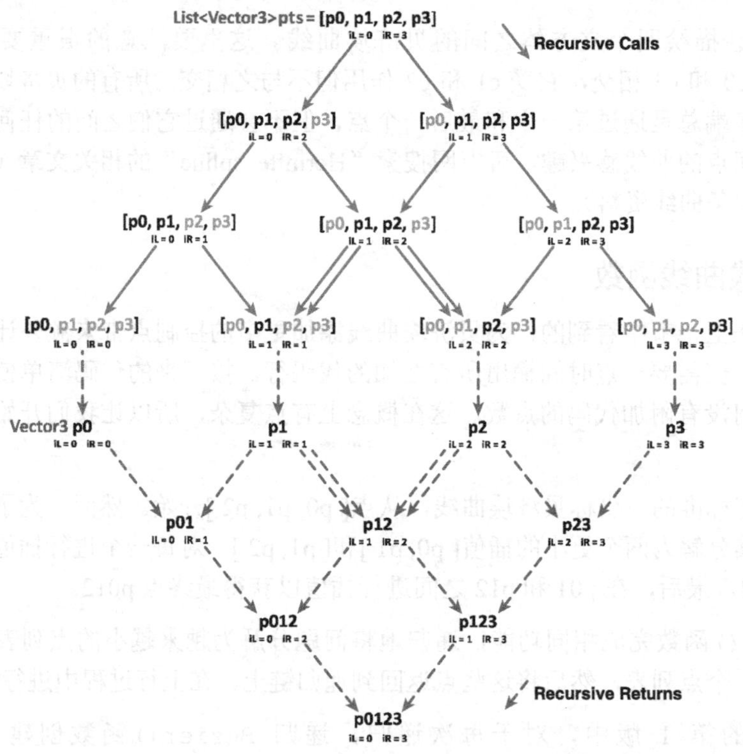

图 B-8　四坐标 Bezier 曲线进行插值时递归调用的路径（实线箭头）和返回（虚线箭头）

Bezier() 函数确实执行了两个单独的调用确定 p12 值（它有指向它的两个实线箭头和从它返回的两个虚线箭头）。虽然效率很低，但是消除这种重叠需要更复杂的代码。

下面的代码清单包括一个精简的递归函数，用于计算包含任意点的贝济埃曲线。它包含在 ProtoTools Utils 类作为第 31 到 35 章初始 unitypackage 的一部分：

```
static public Vector3 Bezier( float u, List <Vector3> pts,
➥ int iL= 0 , int iR = -1 ) {                                  // a
    if  (iR == -1 ) {                                           // b
        iR = pts.Count-1 ;
    }

    if (iL == iR) {  // 这是极端情况                              // c
        return(pts [iL] );
    }

    // 两个递归调用贝济埃曲线，分别使用 1 中的坐标点
    Vector3 lV3 = Bezier(u, pts, iL,   iR-1);                    // d
    Vector3  rV3 = Bezier(u, pts, iL+1, iR   );                  // e

    // 从 d 与 e 行的贝济埃递归获取插值结果
    Vector3 res =  Vector3. LerpUnclamped( lV3, rV3, u );        // f
```

```
    return ( res );
}
```

a. Bezier()函数以浮点 u 和点坐标 List<Vector3> pts 作为输入进行插值。它还具有两个可选参数，iL 和 iR，它们表示这个 Bezier()递归涵盖的最左（iL）和最右（iR）的 pts 元素。请参见图 B-8 获取更多信息。

b. 如果 iR 为-1 传入，iR 被设置为 pts 中最后一个元素的索引。

c. 当 iL == iR，到达最后一层递归。如果 iL == iR，那么 List pts 中的左索引和右索引都指向同一个 Vector3 元素。当这种情况发生时，返回它们都指向的 Vector3。

d. 这是其中一个递归调用 Bezier()。这里，pts 中的 iR 索引以 1 递减，使用 iL 和 iR 作为参数将完整的列表 pts 传递到递归中。这与创建一个除最后一个 pts 元素外包含所有元素的新 List 的效果相同，但它的效率要高得多。

e. 这是另一个递归调用 Bezier()。这里，pts 中的索引 iL 以 1 递增。这与将 pts 的第一个元素以外的所有元素传递到下一个递归的效果相同。

f. 在 d 和 e 行递归调用的结果已经存储在两个 Vector3 中：lV3 和 rV3。这两个 Vector3 用 Vector3.LerpUnclamped()进行插值，将结果返回递归链。

Utils C#脚本包括针对不同坐标类型的几个 Bezier()重载函数（例如 Vector3、Vector2、float 和 Quaternion）。它还包括使用 params 关键字的重载，允许将任意数量的坐标而不是 List 作为参数传入 Bezier()函数。

```
// 重载 Bezier()，将数组或 Vector3s 系列作为输入
static public Vector3  Bezier(  float  u,  params Vector3[] vecs ) { // g
    return ( Bezier( u,  new List< Vector3>(vecs) ) );  //在 a 行调用 Bezier()
}
```

g. 如第 24 章中所述，params 关键字使得 vecs 数组接受一个 Vector3 数组或一系列用逗号分隔的单个 Vector3 作为参数（在第一个浮点参数之后）。

因此，对于五坐标 Bezier 曲线，对 Bezier()重载的两个可能的有效调用可以是：

```
float u =  0.1f;
Vector3  p0, p1, p2, p3, p4;

Vector3[] points = new Vector3[] { p0, p1, p2, p3, p4 };

Utils.Bezier( u, points );                                    // h
Utils.Bezier( u, p0, p1, p2, p3, p4 );                        // i
```

h. 这里，数组 points 被传入数组 vecs。

i. 本行的 params 关键字使得一系列 Vector3 参数（如 p0, p1, p2, p3, p4）可以自动转换到 Vector3 数组并分配给 vecs。

行 h 和 i 都将使用 vecs 数组（在第 g 行声明）调用 Bezier()的重载。然后，在重

载那行上，将 vecs 数组转换为 List<Vector3>，并且当使用 List<Vector3>作为第二个参数调用 Bezier()时，它调用在前面的代码清单的第 a 行声明的原始版本的 Bezier()。

B.4 角色扮演游戏

业界有很多优秀的角色扮演游戏（RPG），威世智（Wizards of the Coast）公司出品的《龙与地下城》（*Dungeons & Dragons*，简称 D&D）就是其中的佼佼者。在本书撰写时，D&D 已经推出了第 5 版。从第 3 版开始，D&D 就基于 D20 系统开发，使用一个单独的 20 面骰子替代先前系统中频繁使用的众多复杂骰子。笔者喜欢 D&D 的很多方面。但笔者发现很多学生第一次运行 D&D 时都会陷于战斗环节，里面有大量独特的战斗角色，特别是第 4 版。

对于第一个 RPG 系统，笔者推荐 Evil Hat 公司出品的 FATE 系列，特别是 FATE Accelerated（FAE）系统。FATE 是一个简单的系统，比起其他系统，它允许玩家直接参与的剧情更多。你可以访问 faterpg 网站了解更多关于 FATE 的信息，也可以访问 fate-srd 网站阅读免费的 FATE 系统参考文献（SRD）。

运作优秀角色扮演游戏的技巧

运作一个RPG系统能提升你的游戏设计能力和讲故事的能力。下面是一些笔者认为对开发RPG系统很有用的技巧：

1. **从简单的开始**：业界有很多不同的 RPG 系统，其规则的复杂程度不一。笔者建议从一个简单的系统开始，例如 Evil Hat 公司出品的 FATE Accelerated 系统。多玩几款 FATE 系列游戏后，可以尝试更复杂的系统，例如 D&D。D&D 第 5 版系统具有一个相对简单的核心玩法，随着玩家深入系统，需要掌握更多的玩法。

2. **从短的开始**：不要想着从计划打一整年的战役开始，先试着从一个简单任务开始，例如制作一个能畅玩一晚的小游戏。这样可以让游戏开发团队成员体验他们的角色和系统，看看是否都喜欢。如果不喜欢，也很容易更换。更重要的是，玩家们更享受角色扮演的最初体验，而不是你发起的一场史诗级的战役。

3. **帮助玩家入门**：如果你的玩家没什么 RPG 游戏经验，那么你需要为他们创建一些特定角色。这样可以确保各角色在技能和属性方面能够互补，并能组成一个优秀的团队。一个标准的角色扮演团队通常具有下列角色：

- 战士，能够抵抗敌人伤害，进行近距离作战（例如 tank）。
- 巫师，能够实施远程伤害和侦查法术（例如 glass cannon）。
- 盗贼，能够解除陷阱，进行强力偷袭（例如 blaster）。
- 牧师，能够发现恶魔，并能治愈其他团队成员（例如 controller）。

如果你要为玩家创建角色，应该尽早得到他们的认可，去了解他们想要哪种游戏体验，以及他们希望角色具有什么类型的技能。早期的认可和兴趣，是让玩家走出可能会在游戏之初遇到的困境的主要方法之一。

4．**即兴策略**：玩家经常会做你不期望的事情，唯一的应对方法就是将系统设计得足够灵活，能够临场应变。例如，随时准备好通用的空间地图，玩家可能会或可能不会遇到的 NPC（非玩家角色）名字列表，和一些能随意出现的不同难度级别的通用敌人或怪物。事先做的准备越充分，在游戏中你花在查看游戏玩法的时间就越少。

5．**做决策**：如果你花了 5 分钟在游戏玩法中还是找不到某个问题的答案，那就基于你的最佳判断和玩家意见做出决策，在游戏任务结束后可以看到最终结果。这样可以避免陷入游戏玩法的"泥潭"。

6．**玩家也要参与**：记住要允许玩家偏离常规路线。如果你准备的游戏场景太狭窄，会阻止玩家随心所欲地"探险"，则可能会扼杀玩家享受游戏的兴趣。

7．**请记住，持续的高难度挑战并不有趣**：我们通过本书第 8 章中关于心流（flow）的讨论可以看到，如果玩家总是面对高难度的挑战，他们很快会失去兴趣。在 RPG 游戏中也是如此。玩家经常需要面对的 Boss 战是游戏中不可缺少的，但也应该偶尔设置一些可以轻松获胜的战斗（这有助于向玩家展示他们的角色正随着等级的提升变得更强大），甚至有时玩家为了生存需要逃离战斗（玩家通常认为他们无法逃离战斗，这样做可能会使他们感到意外）。不同于大部分游戏，FATE 有趣的游戏机制使得玩家更愿意放弃战斗并逃离，而不是参与一场注定要失败的战斗，这也是笔者喜欢此游戏的另一个原因。

如果能记住以上提示，对于游戏设计者和玩家，都有助于让角色扮演游戏变得更加有趣。

B.5 用户接口概念

本节将介绍按钮映射，此方法允许你在 Windows、macOS 或 Linux 系统中使用微软游戏手柄控制器（Microsoft gamepad controller），并讲解如何在 macOS 系统中启用鼠标右击功能。

微软控制器的摇杆和按键映射

虽然本书中提及的大多数游戏使用鼠标或键盘接口，但笔者想你可能最终想在游戏中使用手柄。一般来说，对于 PC、macOS 或 Linux 系统，使用起来最简单的手柄是微软 Xbox 360 的控制器，尽管有不少玩家使用 PS4 或 Xbox One 的控制器。

不幸的是，各平台（PC、macOS 及 Linux）对控制器的解码方式不同，所以你需要设置 Unity InputManager 适应不同平台上的控制器的工作方式。或者，为了避免麻烦，你可以从 Unity 资源库中选择一个输入管理器。笔者的一些学生已经在使用 Gallant Games 的 InControl，它可以将来自微软（Microsoft）、索尼（Sony）、罗技（Logitech）和欧雅（Ouya）控制器的输入映射为相同的 Unity 代码。

如果你想自己配置 Unity 的 InputManager，如图 B-9 所示了来自 Unify 社区关于 Xbox 360 控制器的信息。图中的数字表示可通过 InputManager Axes 窗口访问的手柄按键编号。摇杆是用字母前缀 a 表示的（例如 aX、a5）。如果想在同一台机器上使用多个手柄，你可以在 InputManager Axes 中使用 joystick # button #（例如“joystick 1 button 3”）指代某个手柄。在 Unify 社区中也可以下载同时安装 4 个微软控制器的 InputManager 安装包。

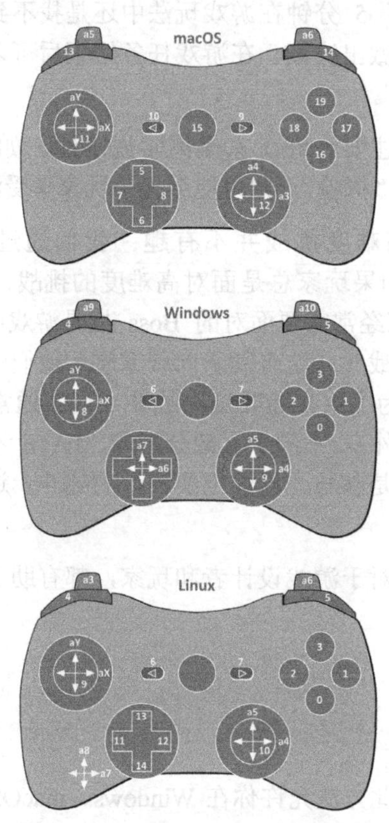

图 B-9　用于 Windows、macOS 和 Linux 系统的 Xbox 控制器映射图

在 Windows 系统上，控制器的驱动程序通常能够自动安装。在 Linux 系统上（Ubuntu 13.04 及以上版本）也应该能够自动安装。对于 macOS 系统，需要从 GitHub 网站的 360Controller 项目下载驱动程序。

在 macOS 系统中实现鼠标右击

在本书中，经常要求执行鼠标右击操作。然而许多人不知道如何在 macOS 系统中实现鼠标右击，因为这在 macOS 系统的触控板和鼠标中不是默认设置。实际上有几种方法实现鼠标右击，选择何种方式取决于你的 macOS 版本和喜欢的人机交互方式。

Control+单击=右击

在主流的苹果计算机键盘上，左下区域会有一个 Control 键。如果按住 Control 键，然后用鼠标左键单击（正常单击）任何屏幕元素，macOS 系统会视为右击。

使用 PC 鼠标

你可以在 macOS 系统中使用几乎任何两键或三键鼠标。笔者通常使用罗技 MX Anywhere 2 或者雷蛇 Orochi 鼠标。

设置 macOS 鼠标的右击

如果你的苹果鼠标为 2005 年或之后生产的（Apple Mighty 鼠标或 Apple Magic 鼠标），通过执行以下步骤可以激活该鼠标的右击功能：

1．从屏幕左上角的系统菜单中执行 System Preferences > Mouse 命令。

2．选择窗口顶部的 Point & Click 标签。

3．勾选 Secondary click 复选框。

4．从弹出菜单中选择 Secondary Click 下面的“Click on right side”选项。

这样设置后，单击鼠标左键执行单击操作，单击鼠标右键执行右击操作。

设置 macOS 触控板的右击

和苹果鼠标一样，所有苹果笔记本计算机的触控板（或蓝牙触控板）都可配置为支持右击操作。

1．从屏幕左上角的系统菜单中执行 System Preferences > Trackpad 命令。

2．选择窗口顶部的 Point & Click 标签。

3．勾选 Secondary click 复选框。

4．从弹出菜单中选择 Secondary Click 下面的“Click or tap with two fingers”选项，可设置成单指轻击为标准的单击、双指轻击为右击。当然，还有其他可选的触控板右击选项。